Springer-Lehrbuch

Springer

Berlin
Heidelberg
New York
Hongkong
London
Mailand
Paris
Tokio

J. Lunze

Regelungstechnik 1

Systemtheoretische Grundlagen, Analyse und Entwurf einschleifiger Regelungen

4., erweiterte und überarbeitete Auflage

Mit 372 Abbildungen, 59 Beispielen, 161 Übungsaufgaben sowie einer Einführung in das Programmsystem MATLAB

Springer

Professor Dr. -Ing. Jan Lunze
Ruhr-Universität Bochum
Lehrstuhl für Automatisierungstechnik und Prozessinformatik
44780 Bochum
Lunze@esr.rub.de

Bibliografische Information der Deutschen Bibliothek
Die Deutsche Bibliothek verzeichnet diese Publikation in der Deutschen Nationalbibliografie; detaillierte bibliografische Daten sind im Internet über <http://dnb.ddb.de> abrufbar.

ISBN 3-540-20742-2 4. Aufl. Springer-Verlag Berlin Heidelberg New York

Springer-Verlag ist ein Unternehmen von Springer Science+Business Media

springer.de

Umschlag-Entwurf: Design & Production, Heidelberg
Satz: Reproduktionsfertige Druckvorlage des Autors
Gedruckt auf säurefreiem Papier 7/3020 Rw 5 4 3 2 1 0

Vorwort

Die Regelungstechnik ist ein Pflichtfach vieler Ingenieurstudienrichtungen. Für Elektrotechnik-Studenten erweitert sie die Kenntnisse über dynamische Systeme vor allem um das Wichtigste der Regelungstechnik, den Entwurf von Rückführsteuerungen. Für Studierende der Verfahrenstechnik, des Maschinenbaus und anderer Disziplinen kommt ein weiterer Aspekt hinzu. Die Regelungstechnik basiert auf der Beschreibung und der Analyse der Systemdynamik und betont diesen Aspekt gegenüber stationären Modellvorstellungen, wie sie in der Kinetik chemischer Prozesse oder der Kinematik mechanischer Systeme zum Ausdruck kommen.

Modellbildung und Analyse dynamischer Systeme sowie der Entwurf von Regelungen stehen im Mittelpunkt dieses Lehrbuches, das die Leser in anwendungsnaher Weise mit den methodischen Grundlagen der Regelungstechnik vertraut macht.

In den ersten Kapiteln wird ausführlich auf das Zeitverhalten dynamischer Systeme eingegangen. Dabei wird das Zustandsraummodell eingeführt, das auf dem fundamentalen und zugleich ingenieurtechnisch sehr gut interpretierbaren Begriff des Systemzustandes beruht und eine Standardform dynamischer Systembeschreibungen darstellt. In der nachfolgenden Analyse wird gezeigt, dass nicht nur zwischen der Eigenbewegung und der erzwungenen Bewegung eines Systems zu unterscheiden ist, sondern die erzwungene Bewegung weiter in das Übergangsverhalten und das stationäre Verhalten zerlegt werden kann. Dies hat mehrere Konsequenzen. Aus der Zerlegung wird deutlich, dass wichtige Kenngrößen wie Pole und Nullstellen im Zeitverhalten sichtbar sind. Darüber hinaus erkennt der Leser, dass zwischen Forderungen an das stationäre und an das Übergangsverhalten des Regelkreises unterschieden werden muss, wobei sich später herausstellt, dass die erste Gruppe von Forderungen durch eine zweckmäßige Wahl der Reglerstruktur erfüllt werden kann, während die Erfüllung der zweiten Forderung eine zweckmäßige Parameterauswahl notwendig macht.

Mit dieser ausführlichen Darstellung der Modellformen und der Analysemethoden im Zeitbereich verlässt dieses Buch den traditionellen Weg, einschleifige Regelkreise von vornherein mit Frequenzbereichsmethoden zu behandeln, und umgeht damit die Schwierigkeit, dass die Lernenden von Beginn an Eigenschaften des Zeitverhaltens dynamischer Systeme in den Frequenzbereich transformieren müssen. Hier werden diese Eigenschaften zunächst direkt im Zeitbereich erläutert.

Die Behandlung dynamischer Systeme im Frequenzbereich schließt sich an die Betrachtungen im Zeitbereich an, wobei die bereits behandelten Systemeigenschaften wie Pole und Nullstellen jetzt als Kenngrößen des Frequenzgangs bzw. der Übertragungsfunktion wiedererkannt werden. Deshalb ist es in späteren Kapiteln möglich, auf Zeitbereichs- oder Frequenzbereichsdarstellungen wechselweise zurückzugreifen, je nachdem, wie es die im dritten Teil des Buches behandelten Entwurfsaufgaben erfordern.

Ein wichtiges Ziel bei der Stoffauswahl bestand darin, möglichst viele regelungstechnische Grundprinzipien zu berücksichtigen. So wurden mit der Modellvereinfachung, dem Inneren-Modell-Prinzip und einfachen Methoden der Robustheitsanalyse Themen aufgenommen, die in vielen Grundlagenbüchern fehlen, obwohl sie wichtige und bereits bei einschleifigen Regelkreisen sehr nutzbringende Methoden darstellen.

Das Wissen der Regelungstechniker umfasst allgemeingültige Methoden, die durch Blockschaltbilder, Gleichungen und Algorithmen dargestellt werden. Um dieses Wissen anschaulich zu machen, werden zahlreiche **Anwendungsbeispiele** aus so unterschiedlichen Gebieten wie der Elektrotechnik, der Verfahrenstechnik, des Maschinenbaus und der Verkehrstechnik sowie aus der Biologie und Bereichen des täglichen Lebens behandelt. Diese Beispiele demonstrieren gleichzeitig den fachübergreifenden Charakter der Regelungstechnik und tragen den unterschiedlichen Interessen der Studenten der genannten Fachrichtungen Rechnung.

Zahlreiche **Übungsaufgaben** dienen zur Festigung des Stoffes und regen die Leser an, über Anwendungen oder auch Erweiterungen des Stoffes nachzudenken. Die Lösungen der wichtigsten Aufgaben sind im Anhang angegeben.

Die **Literaturhinweise** am Ende jedes Kapitels beziehen sich auf Aufsätze und Bücher, die maßgeblich zur Entwicklung der Regelungstheorie beigetragen haben. Ausserdem werden Lehrbücher für ein vertiefendes Studium einzelner Anwendungsgebiete der Regelungstechnik empfohlen.

Die Lösung praktischer Regelungsaufgaben erfordert umfangreiche numerische Auswertungen, die man problemlos einem Rechner übertragen kann. Um den Anschluss an die rechnergestützte Arbeitsweise der Regelungstechniker herzustellen, werden die grundlegenden Befehle des **Programmsystems** MATLAB angegeben. MATLAB wurde gewählt, weil dieses System an allen Universitäten und in vielen Bereichen der Industrie angewendet wird. Die angeführten MATLAB-Befehle sollen die Leser anregen, den erlernten Stoff an umfangreicheren Beispielen zu erproben und dabei ein Gefühl für dynamische Vorgänge zu bekommen sowie erste Erfahrungen beim Reglerentwurf zu sammeln. Bei der Behandlung von MATLAB wird auch offensichtlich, dass zwar die numerischen Berechnungen einem Rechner übertragen werden können, dass aber die Aufbereitung der Aufgabenstellung und die Interpretation der erhaltenen Ergebnisse dem Ingenieur überlassen bleiben und dass dafür die in diesem Buch vermittelten regelungstechnischen Kenntnisse notwendig sind.

Die Lehre in der Regelungstechnik lebt im Spannungsfeld zwischen mathematischer Exaktheit und Allgemeingültigkeit einerseits sowie ingenieurgemäßer Darstellung und Interpretation andererseits. Die Mathematik wird als Sprache verwendet, in der Regelungsaufgaben und Lösungsmethoden kompakt und so allgemein formuliert werden können, dass sie für sehr unterschiedliche praktische Probleme anwendbar sind. Das Buch zeigt diesen Aspekt der Regelungstechnik, ohne die größtmögliche Allgemeingültigkeit der Darstellung anzustreben. Unter Nutzung praktisch zweckmäßiger Vereinfachungen wird der mathematische Apparat auf das Notwendige beschränkt, so dass von den Lesern lediglich Kenntnisse in Matrizenrechnung sowie über die Fourier- und Laplacetransformation vorausgesetzt werden müssen. Die Abschnitte zu den Integraltransformationen geben keine mathematisch tiefgründige Einführung, sondern stellen die ingenieurtechnische Interpretation in den Mittelpunkt, die für die Kombination der Denkweisen im Zeit- und im Frequenzbereich unabdingbar ist.

Die wichtigsten Ideen der Regelungstechnik lassen sich in Formeln kurz und prägnant ausdrücken. Dennoch besteht das regelungstechnische Wissen nicht aus einer Formelsammlung, sondern aus dem Verständnis dieser Formeln. Der Denkweise des Ingenieurs entsprechend nimmt die Interpretation der mathematisch beschriebenen Methoden einen breiten Raum ein. Das Buch enthält eine Vielzahl von Beispielen, Kurven und Bildern, die den Inhalt der Formeln illustrieren.

Das Buch ist in zwei Bände unterteilt, wobei der erste Band den Stoff einer Einführungsvorlesung, der zweite Band den einer Vertiefungsvorlesung enthält. Da Beispiele aus allen Anwendungsgebieten behandelt werden, kann es für alle ingenieurtechnischen Studienrichtungen eingesetzt werden. Dabei können für Elektrotechnikstudenten die im ersten Teil behandelten systemtheoretischen Grundlagen kürzer abgehandelt werden als im Buch, weil die Hörer mit dynamischen Modellen und einigen Analysemethoden aus vorhergehenden Lehrveranstaltungen zur Systemtheorie, zu elektrischen Netzwerken und zur Signalanalyse vertraut sind. An der Ruhr-Universität Bochum setze ich dieses Buch für eine Pflichtveranstaltung des Studienschwerpunktes Automatisierungstechnik ein, die an eine für alle Elektrotechnikstudenten obligatorische Einführungsvorlesung in die Automatisierungstechnik anschließt[1]. Die Regelungstechnikvorlesung bietet vor allem mit der Anwendung bekannter Modellbildungsmethoden auf nichtelektrische Systeme und der Analyse rückgekoppelter Systeme Neues und widmet sich dann ausführlich den Reglerentwurfsverfahren. Im Unterschied dazu ist den Studenten des Maschinenbaus, der Verfahrenstechnik oder der Informatik die systemtheoretische Denkweise weniger geläufig, so dass für diese Hörer die Modellbildung und die Erläuterung verschiedener Verhaltensweisen dynamischer Systeme einen breiten Raum einnehmen müssen. In allen Fällen geht das Buch etwas über den Vorlesungsumfang hinaus und ermöglicht ein weiterführendes Studium einzelner Gebiete.

---

[1] vgl. J. Lunze: *Automatisierungstechnik*, Oldenbourg-Verlag, München 2003

Bei der Konzipierung meiner Vorlesung und später dieses Buches wurde mir bewusst, wie stark meine Auffassungen von der Regelungstechnik durch meinen verehrten Lehrer, Herrn Prof. Dr.-Ing. habil. Dr. E. h. KARL REINISCH, geprägt sind, der in seinen Lehrveranstaltungen in Ilmenau moderne Theorie mit anschaulichen Beispielen aus vielen Bereichen kombinierte. Das in seinem Institut mit regelungstechnischen Methoden untersuchte Wachstum der Gewächshausgurke ist anschauliches Beispiel dafür, dass das Anwendungsgebiet der Regelungstechnik nicht auf technische Bereiche beschränkt ist.

Die mehrjährige Ausarbeitung meiner Vorlesung, aus der dieses Buch entstand, haben meine Mitarbeiter und Studenten durch Kritik und Verbesserungsvorschläge unterstützt. Gern habe ich auch Hinweise meiner Fachkollegen, die dieses Buch in ihren Lehrveranstaltungen einsetzen, aufgegriffen. Bei der Überarbeitung des Textes für die vierte Auflage half vor allem mein Mitarbeiter Dipl.-Ing. TOBIAS KLEINERT. Frau PETRA KIESEL und Frau ANDREA MARSCHALL verbesserten die Gestaltung des Textes und die Abbildungen.

Gegenüber der dritten Auflage wurde das Buch um Aufgaben für Projekte erweitert (Anhang 4). Zur Lösung dieser Aufgaben sollen die Studenten vorlesungsbegleitend die erlernten regelungstechnischen Methoden mit Hilfe von MATLAB auf überschaubare praktische Beispiele anwenden. Der Text wurde an vielen Stellen überarbeitet und die Einführung in MATLAB der aktuellen Version dieses Programmsystems angepasst.

Bochum, im Oktober 2003 *J. Lunze*

Auf der Homepage `www.ruhr-uni-bochum.de/atp` → `Books` des Lehrstuhls für Automatisierungstechnik und Prozessinformatik der Ruhr-Universität Bochum finden Interessenten weitere Informationen zu den Beispielen, die zur Erzeugung einiger Bilder verwendeten MATLAB-Programme sowie die Abbildungen dieses Buches in A4-Vergrößerung für Overhead-Folien.

Inhaltsverzeichnis

Teil 1: Einführung

Teil 2: Modellbildung und Systemanalyse

Teil 3: Entwurf einschleifiger Regelkreise

Anhänge

Verzeichnis der Anwendungsbeispiele

Regelung von Elektroenergieversorgungssystemen

Flugregelungen

Prozessregelung

Gebäudeautomatisierung

Steuerung von Fahrzeugen

- **Modellierung der Fahrzeugbewegung**

- **Abstandsregelung von Kraftfahrzeugen**

- **Regelung eines Schiffes**

Biologische Regelkreise

Analyse und Regelung einer Verladebrücke

Drehzahlgeregelter Gleichstrommotor

Weitere Regelungsaufgaben

- **Regelkreise im täglichen Leben**

- **Technische Realisierung von Reglern**

Inhaltsübersicht des zweiten Bandes

mit 226 Abbildungen, 41 Beispielen und 62 Übungsaufgaben

Hinweise zum Gebrauch des Buches

Formelzeichen. Die Wahl der Formelzeichen hält sich an folgende Konventionen: Kleine Buchstaben bezeichnen Skalare, z. B. x, a, t. Vektoren sind durch halbfette Kleinbuchstaben ($\boldsymbol{x}$, $\boldsymbol{a}$) und Matrizen durch halbfette Großbuchstaben ($\boldsymbol{A}$, $\boldsymbol{X}$) dargestellt. Entsprechend dieser Festlegung werden die Elemente der Matrizen und Vektoren durch kursive Kleinbuchstaben (mit Indizes) symbolisiert, beispielsweise mit x_1, x_2, x_i für Elemente des Vektors $\boldsymbol{x}$ und a_{12}, a_{ij} für Elemente der Matrix $\boldsymbol{A}$. Werden Größen, die im allgemeinen Fall als Vektor oder Matrix geschrieben werden (z. B. $\boldsymbol{x}$, $\boldsymbol{A}$), in einem einfachen Beispiel durch Skalare ersetzt, so wird dies durch den Übergang zu kleinen kursiven Buchstaben (x bzw. a) verdeutlicht. Dann gelten die vorher mit Vektoren und Matrizen geschriebenen Gleichungen mit den skalaren Größen gleichen Namens. Mengen sind durch kalligrafische Buchstaben dargestellt: $\mathcal{Q}, \mathcal{P}$.

Funktionen der Zeit und deren Fourier- bzw. Laplacetransformierte haben denselben Namen, unterscheiden sich aber in der Größe. So sind der Funktion $f(t)$ im Zeitbereich die Funktionen $F(j\omega)$ bzw. $F(s)$ im Frequenzbereich zugeordnet.

Bei den Indizes wird zwischen steil gesetzten Abkürzungen und kursiv gesetzten Laufindizes unterschieden. Beispielsweise kennzeichnet der Index „m" bei y_{m} den *Messwert* einer Ausgangsgröße y, während er bei y_m den m-ten Systemausgang bezeichnet. Im zweiten Fall kann für m eine beliebige Zahl eingesetzt werden und es gibt außer y_m z. B. auch die Größe y_{m-1}.

Die verwendeten Formelzeichen und Bezeichnungen orientieren sich an den international üblichen und weichen deshalb von der DIN 19299 ab. Beispielsweise werden für die Regelgröße und die Stellgröße die Buchstaben y und u. x bzw. $\boldsymbol{x}$ sind die international gebräuchlichen Formelzeichen für eine Zustandvariable bzw. den Zustandsvektor.

Wenn bei einer Gleichung hervorgehoben werden soll, dass es sich um eine Forderung handelt, die durch eine geeignete Wahl von bestimmten Parametern erfüllt werden soll, wird über das Gleichheitszeichen ein Ausrufezeichen gesetzt ($\stackrel{!}{=}$).

Bei Verweisen auf Textstellen des zweiten Bandes ist den Kapitelnummern eine römische Zwei vorangestellt, z. B. II-3.

Bei den Beispielen wird mit Zahlengleichungen gearbeitet, in die die physikalischen Größen in einer zuvor festgelegten Maßeinheit einzusetzen sind. Bei den Ergebnissen werden die Maßeinheiten wieder an die Größen geschrieben. Dabei wird zur Vereinfachung der Darstellung in den Gleichungen nicht zwischen den physikalischen Größen und ihren auf eine vorgegebene Maßeinheit bezogenen Größen unterschieden (vgl. Abschn. 4.4.4).

Übungsaufgaben. Die angegebenen Übungsaufgaben sind ihrem Schwierigkeitsgrad entsprechend folgendermaßen gekennzeichnet:

- Aufgaben ohne Markierung dienen der Wiederholung und Festigung des unmittelbar zuvor vermittelten Stoffes. Sie können in direkter Analogie zu den behandelten Beispielen gelöst werden.
- Aufgaben, die mit einem Stern markiert sind, befassen sich mit der Anwendung des Lehrstoffes auf ein praxisnahes Beispiel. Für ihre Lösung werden vielfach außer dem unmittelbar zuvor erläuterten Stoff auch Ergebnisse und Methoden vorhergehender Kapitel genutzt. Die Leser sollen bei der Bearbeitung dieser Aufgaben zunächst den prinzipiellen Lösungsweg festlegen und erst danach die Lösungsschritte nacheinander ausführen. Die Lösungen dieser Aufgaben sind im Anhang 1 angegeben.
- Aufgaben, die mit zwei Sternen markiert sind, sollen zum weiteren Durchdenken des Stoffes bzw. zu Erweiterungen der angegebenen Methoden anregen.

MATLAB. Eine kurze Einführung in das Programmpaket MATLAB wird im Anhang 2 gegeben. Die wichtigsten Funktionen der *Control System Toolbox* werden am Ende der einzelnen Kapitel erläutert. Dabei wird nur auf die unbedingt notwendigen Befehle und deren einfachste Form eingegangen, denn im Vordergrund steht die Demonstration des prinzipiellen Funktionsumfangs heutiger rechnergestützter Analyse- und Entwurfssysteme. Von diesen Erläuterungen ausgehend können sich die Leser mit Hilfe des MATLAB-Handbuchs den wesentlich größeren Funktionsumfang des Programmsystems leicht erschließen. Programmzeilen sind in der `Schreibmaschinenschrift` gesetzt.

Die Behandlung von MATLAB zur Demonstration der rechnergestützten Arbeitsweise des Ingenieurs bringt die Schwierigkeit mit sich, dass das Buch mit jeder neuen MATLAB-Version veraltet, weil wichtige Befehle von Version zu Version umgestellt werden. Es sei deshalb darauf hingewiesen, dass derartige Umstellungen zwar die fehlerfreie Nutzung des Programmsystems erschweren, nicht jedoch die methodischen Grundlagen der Regelungstechnik verändern, die im Mittelpunkt dieses Buches stehen.

Die MATLAB-Programme, mit denen die in diesem Buch gezeigten Abbildungen hergestellt wurden und die deshalb als Muster für die Lösung ähnlicher Analyse- und Entwurfsprobleme dienen können, stehen über die Homepage des Lehrstuhls für Automatisierungsteschnik und Prozessinformatik der Ruhr-Universität Bochum `http://www.ruhr-uni-bochum.de/atp` → `Books` jedem Interessenten zur Verfügung.

1

Zielstellung und theoretische Grundlagen der Regelungstechnik

Dieses Kapitel behandelt die Zielstellung der Regelungstechnik und gibt eine Übersicht über die in beiden Bänden dieses Buches behandelten Themen.

1.1 Aufgaben der Regelungstechnik

Die Regelungstechnik befasst sich mit der Aufgabe, einen sich zeitlich verändernden Prozess von außen so zu beeinflussen, dass dieser Prozess in einer vorgegebenen Weise abläuft. Aufgaben diesen Typs findet man nicht nur überall in der Technik, sondern auch im täglichen Leben. Beispielsweise soll die Raumtemperatur, die sich in Abhängigkeit von der Sonneneinstrahlung und anderen Einflüssen zeitlich ändert, zwischen vorgegebenen Grenzwerten bleiben. Der Greifer eines Roboters soll sich entlang der Kante eines Werkstückes bewegen oder so schnell wie möglich von einem zu einem anderen Punkt geführt werden, um dort ein Werkstück zu greifen. Gleiches gilt für den Greifer eines Kranes, der Ziegel zu einem bestimmten Platz auf der Baustelle befördern soll.

In allen diesen Fällen muss eine von außen beeinflussbare Größe so ausgewählt werden, dass das vorgegebene Ziel erreicht wird. Da diese Auswahl in Abhängigkeit davon getroffen wird, inwieweit das Ziel bereits erreicht ist, entsteht ein Regelkreis, der aus dem gegebenen Prozess und einer neu zu schaffenden Einrichtung, dem Regler, besteht. Im ersten Beispiel war der Prozess der betrachtete Raum und der Regler das Thermoventil, das die aktuelle Lufttemperatur misst und in Abhängigkeit von deren Abweichung von der Solltemperatur mehr oder weniger Wärme in den Heizkörper strömen lässt. Im Roboterbeispiel übernimmt eine Steuereinrichtung die Aufgabe, den Greifer auf einer vorgegebenen Bahn bzw. zu einem gegebenen Punkt zu führen, wobei die Steuerung auf Daten, die von den am Greifer montierten Sensoren geliefert werden, zurückgreift und die Antriebe des Roboters beeinflusst. Im dritten Beispiel stellt der Kranfahrer den Regler dar, der mit Augenmaß die aktuelle Greiferposition ermittelt und den Kran steuert.

Grundbegriffe. Etwas abstrakter formuliert befasst sich die Regelungstechnik mit der Steuerung dynamischer Systeme. – Diese Begriffsbestimmung bezieht sich auf die zwei wichtigen Begriffe „dynamisches System" und „Steuerung", die einer Erläuterung bedürfen.

Als *dynamisches System* wird eine Funktionseinheit bezeichnet, deren wichtigsten Kenngrößen sich zeitlich ändern und die deshalb als Funktionen der Zeit dargestellt werden. Dabei wird zwischen Eingangsgrößen, die auf das System einwirken und die zeitlichen Veränderungen innerhalb des Systems verursachen, und Ausgangsgrößen unterschieden, die das Verhalten des Systems als Reaktion auf die Eingangsgrößen beschreiben. In Abhängigkeit von der betrachteten Problemstellung können sehr unterschiedliche technische Geräte und Anlagen, Lebewesen oder soziale Einheiten als dynamisches System aufgefasst werden. Bei einer Klimaregelung stellt der Raum mit der Heizenergie als Eingangsgröße und der Temperatur als Ausgangsgröße das dynamische System dar. Beim Autofahren ist es das Fahrzeug mit den Winkelstellungen des Gas- und Bremspedals sowie des Lenkrades als Eingangsgrößen und der Geschwindigkeit (mit Betrag und Richtung) als Ausgangsgrößen.

Die Veränderungen, die sich in einem dynamischen System abspielen, werden als *dynamischer Prozess* bezeichnet. Bei der Klimaanlage stellt das Erwärmen der Raumluft den betrachteten Prozess dar. Man kann ein dynamisches System deshalb auch als einen Teil der Welt auffassen, in dem dynamische Prozesse ablaufen. Für Regelungsaufgaben ist der Unterschied zwischen System und Prozess unwesentlich, so dass beide Begriffe synonym verwendet werden.

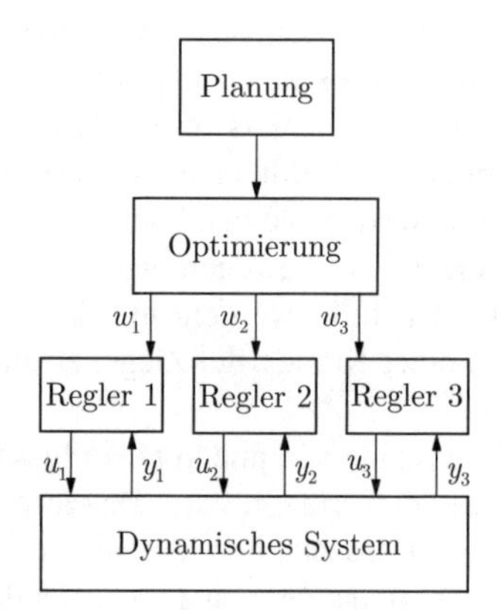

Abb. 1.1: Struktureller Aufbau einer Mehrebenensteuerung

Unter *Steuerung* wird die zielgerichtete Beeinflussung eines dynamischen Systems bezeichnet. In Abhängigkeit von der Betrachtungsebene können mehrere Arten der Steuerung unterschieden werden (Abb. 1.1). Auf der unteren Ebene wird die Steuergröße u_i durch den Regler i direkt in Abhängigkeit von der gemessenen Ausgangsgröße y_i berechnet. Dies geschieht in sehr kurzen Zeitabschnitten, also kontinuierlich oder quasikontinuierlich. Steuereinrichtung und gesteuertes System stehen in ständiger Wechselwirkung und bilden einen „Kreis". Man spricht deshalb von einer Steuerung im geschlossenen Wirkungskreis oder einer *Regelung*. Diese Steuerungsebene steht im Mittelpunkt aller weiteren Betrachtungen. Es wird deshalb an Stelle von „Steuerung" i. Allg. mit dem Begriff „Regelung" gearbeitet.

Die höheren Ebenen betreffen längerfristigere Steuerungsaufgaben als die Regelung. Die Optimierung befasst sich mit der Bestimmung von Arbeitspunkten, die im Sinne von Gütekriterien, welche aus Qualitätsparametern, Sicherheitsvorschriften oder ökonomischen Bewertungen abgeleitet werden, besonders günstig sind. Wie die Abbildung zeigt, werden im Ergebnis der Optimierung Vorgaben w_i für die Ebene der Regelung gemacht. Diese Vorgaben betreffen einen langen Entscheidungshorizont. Für Produktionsprozesse kann schließlich die Ebene des Managements zu den Steuerungsebenen gezählt werden, denn hier werden Entscheidungen getroffen, die das langfristige Verhalten der betrachteten Anlage betreffen. In der Abbildung ist die Produktionsplanung als Beispiel dafür angegeben. Das Planungsergebnis ist ein Zeitplan, der Randbedingungen für die Optimierung festlegt.

Die in vielen Bereichen anwendbaren Begriffe „dynamisches System" und „Regelung" sind die Grundlage dafür, dass die Regelungstechnik eine fachübergreifende Ingenieurwissenschaft ist. Ihre Methoden können auf Systeme angewendet werden, deren physikalische Wirkungsprinzipien sich grundlegend voneinander unterscheiden. Diese Tatsache wird durch die vielen in diesem Buch behandelten Regelungsaufgaben aus der Verfahrens- und Energietechnik, dem Maschinenbau, der Gebäudeautomatisierung und aus vielen anderen Bereichen offensichtlich werden.

Regelungsaufgabe. Die bisherigen Erläuterungen haben deutlich gemacht, dass sich die Regelungstechnik mit folgender Aufgabenstellung befasst:

> **Gegeben** ist ein dynamisches System (*Regelstrecke*, kurz: *Strecke*) mit einer von außen beeinflussbaren Größe (*Stellgröße*) und einer messbaren Größe (*Regelgröße*). Weiterhin ist ein Regelungsziel vorgegeben, das typischerweise die Aufgabe enthält, die messbare Größe auf einem vorgegebenen konstanten Wert zu halten oder in der durch die *Führungsgröße* vorgegebenen Weise zeitlich zu verändern. Gleichzeitig soll die Wirkung der äußeren *Störung* unterdrückt werden.
>
> **Gesucht** ist eine Regeleinrichtung (kurz: *Regler*), die unter Nutzung der gemessenen Werte die *Stellgröße* so vorgibt, dass das geregelte System das Regelungsziel erfüllt.

Abbildung 1.2 erläutert diese Aufgabenstellung. Die Regelgröße $y(t)$ hängt von der Stellgröße $u(t)$ und einer Störgröße $d(t)$ ab, die nicht beeinflussbar ist. Ziel der Regelung ist es, die Regelgröße der vorgegebenen Führungsgröße $w(t)$ nachzuführen, so dass idealerweise $y(t) = w(t)$ für alle Zeitpunkte t gilt. Der Regler muss deshalb die Stellgröße $u(t)$ so vorgeben, dass der Einfluss der Störgröße auf die Regelgröße kompensiert und die Regelgröße der Führungsgröße angepasst wird. Dabei steht dem Regler als Information neben dem gewünschten Wert $w(t)$ auch der aktuelle Wert $y(t)$ der Regelgröße zur Verfügung. Als Differenz

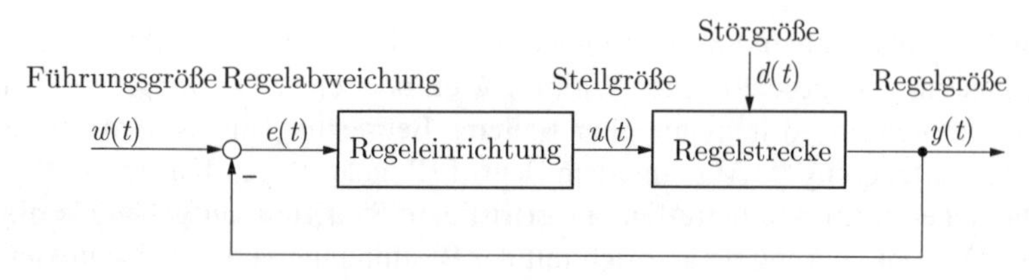

Abb. 1.2: Grundstruktur des Regelkreises

$$e(t) = w(t) - y(t)$$

beider Größen kann der Regler die *Regelabweichung* (Regeldifferenz) bestimmen und in Abhängigkeit von dieser die Stellgröße zweckmäßig vorgeben. Der Regler stützt sich also nicht nur auf die Führungsgröße $w(t)$, sondern auch auf den aktuellen Istwert $y(t)$ der Regelgröße. Wenn die Führungsgröße konstant ist ($w(t) = \bar{w}$), bezeichnet man $\bar{w}$ auch als Sollwert.

Die beschriebene Regelungsaufgabe wird in diesem Band für Systeme behandelt, die eine Stellgröße und eine Regelgröße haben (einschleifige Regelkreise). Der zweite Band untersucht die Regelungsaufgabe für Strecken mit mehreren Stell- und Regelgrößen.

1.2 Prinzipielle Funktionsweise von Regelungen

Grundstruktur des Regelkreises. In Abb. 1.3 ist eine gegenüber Abb. 1.2 erweiterte Struktur eines Regelkreises aufgezeichnet. Diese Abbildung zeigt, dass bei Regelungen häufig zwischen der Regelgröße $y(t)$ und der gemessenen Regelgröße $y_{\mathrm{m}}(t)$ unterschieden werden muss, weil das Messglied selbst dynamische Eigenschaften besitzt, auf Grund derer die Messgröße u. U. erheblich von der tatsächlich im Prozess vorhandenen Größe abweicht. Dasselbe trifft auf die Eingangsseite der Regelstrecke zu. Der vom Regler vorgegebene Wert $u(t)$ für die Stellgröße wird durch das Stellglied in den am Prozess wirksamen Wert $u_{\mathrm{R}}(t)$ umgesetzt. Stellglieder weisen i. Allg. ein eigenes dynamisches Verhalten auf und besitzen sehr häufig nichtlineare Eigenschaften, die sich z. B. in oberen und unteren Schranken für die Stellgröße $u_{\mathrm{R}}(t)$ oder in einer Ansprechempfindlichkeit bemerkbar machen, auf Grund derer $u_{\mathrm{R}}(t)$ nur dann verändert wird, wenn sich $u(t)$ um einen Mindestbetrag verändert. Der Block „Stellglied" repräsentiert diese typischen Stellgliedeigenschaften.

Bei der Regelstrecke muss zwischen der Wirkung der Stellgröße und der Wirkung der Störgröße unterschieden werden. Darauf wird in Abb. 1.3 durch die Verwendung zweier Blöcke hingewiesen.

Auch das Reglergesetz kann erweitert werden, so dass der Regler an Stelle der Regelabweichung die Führungsgröße w und die gemessene Regelgröße y_{m} als getrennte Eingangsgrößen erhält. Dies eröffnet z. B. die Möglichkeit, die Führungsgröße zunächst durch ein Vorfilter zu verändern oder das Messrauschen aus der Messgröße zu filtern, bevor Regel- und Führungsgröße verglichen werden.

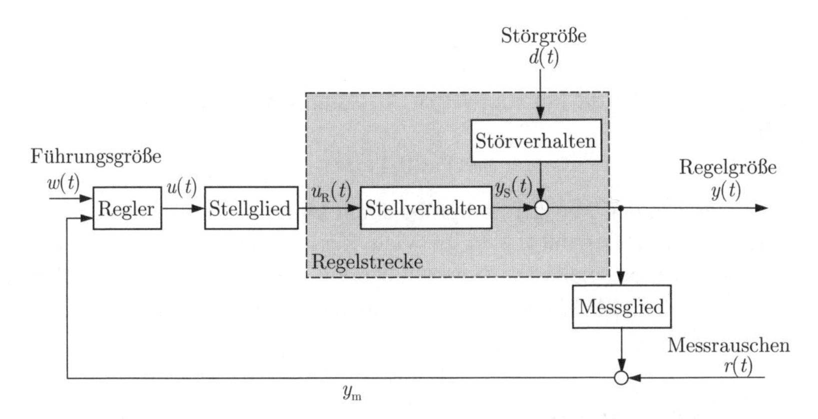

Abb. 1.3: Erweiterte Grundstruktur des Regelkreises

In Abhängigkeit von der betrachteten Regelungsaufgabe bzw. den zu untersuchenden Eigenschaften eines geschlossenen Regelkreises wird im Folgenden entweder auf die detaillierte Abb. 1.3 oder die vereinfachte Abb. 1.2 zurückgegriffen. Abbildung 1.2 geht aus Abb. 1.3 durch Zusammenfassung des Stellgliedes, des Stellverhaltens der Strecke und des Messgliedes zur erweiterten Regelstrecke hervor. Der Vergleich beider Abbildungen zeigt, dass beim vereinfachten Kreis keine Unterschiede zwischen $u_{\rm R}(t)$ und $u(t)$ bzw. $y_{\rm m}(t)$ und $y(t)$ gemacht werden und dass das Stellglied und das Messglied zur Regelstrecke hinzugerechnet werden.

Prinzipielle Wirkungsweise der Regelung. Jede Regelung beinhaltet drei wichtige Schritte:

1. **Messen.** Die Regelgröße wird entweder direkt gemessen oder – bei nicht messbaren Regelgrößen wie z. B. Qualitätskennwerten – aus anderen Messgrößen berechnet.

2. **Vergleichen.** Der Wert der Regelgröße wird mit dem Wert der Führungsgröße verglichen. Die Differenz zwischen beiden Größen ist die Regelabweichung $e(t) = w(t) - y(t)$.

3. **Stellen.** Aus der Regelabweichung wird unter Berücksichtigung der dynamischen Eigenschaften der Regelstrecke die Stellgröße bestimmt.

Reglergesetz. Welche Stellgröße $u(t)$ der Regler bei einer Regelabweichung $e(t)$ als Eingangsgröße für die Regelstrecke vorgeben soll, wird durch das Reglergesetz (1.1) beschrieben, das die allgemeine Form

$$u(t) = k(y(t), w(t)) \tag{1.1}$$

hat und in vielen Fällen als direkte Beziehung zwischen e und u geschrieben wird:

$$u(t) = k_R(e(t)) \tag{1.2}$$

Das Reglergesetz (also die Funktion k bzw. $k_{\rm R}$) kann sehr einfach sein und beispielsweise die Form

$$u(t) = 0{,}4\, e(t)$$

haben, bei der sich der Wert der Stellgröße durch Multiplikation des aktuellen Wertes der Regelabweichung mit 0,4 ergibt. Viele Regler enthalten jedoch dynamische Komponenten wie beispielsweise einen Integrator, der die integrierte Regelabweichung $e_{\rm I}(t) = \int_0^t e(\tau)d\tau$ ermittelt und dann die Stellgröße entsprechend

$$u(t) = 0{,}2\, e(t) + 0{,}8\, e_{\rm I}(t)$$

bestimmt. Bei diesen Reglern hängt der aktuelle Wert $u(t)$ der Stellgröße nicht nur vom aktuellen Wert $y(t)$ der Regelgröße, sondern vom Verlauf der Regelabweichung bis zum Zeitpunkt t ab. Die Funktion k in Gl. (1.1) ist dann, streng genommen, keine Funktion der reellwertigen Menge der Signalwerte von y mehr, sondern eine Funktion, die über die Menge der möglichen Zeitverläufe von y definiert ist.

Obwohl viele Regelungsaufgaben mit einem sehr einfachen Reglergesetz gelöst werden können, ist die Auswahl des Reglergesetzes für eine vorgegebene Regelstrecke und für vorgegebene Güteforderungen nicht einfach. Der Grund dafür liegt in der Dynamik der Regelstrecke, auf die bei der Auswahl des Reglers auch dann Rücksicht genommen werden muss, wenn der Regler selbst keine dynamischen Eigenschaften besitzt. Im einfachsten Fall äußert sich die Dynamik der Regelstrecke in einer zeitlichen Verzögerung, mit der die Regelgröße auf die Stellgröße reagiert. Wie die folgenden einfachen Beispiele zeigen, muss die Regelung diese zeitliche Verzögerung berücksichtigen.

Beispiel 1.1 *Temperaturregelung einer Dusche*

Stellen Sie sich vor, Sie stehen unter einer Dusche mit einer Einhebelmischbatterie. Die Dusche ist die Regelstrecke mit der Stellung der Mischbatterie als Stellgröße und der Temperatur des Wassers an der Brause als Regelgröße. Sie selbst übernehmen die Aufgabe des Reglers, die Wassertemperatur Ihren gefühlsmäßigen Vorgaben anzupassen. Sie verstellen den Mischbatteriehebel in Abhängigkeit von der Regelabweichung, also der Differenz aus der „gemessenen" und der „vorgegebenen" Temperatur. Dabei müssen Sie berücksichtigen, dass auf Grund des Transportweges des Wassers von den Ventilen zur Brause eine Zeitverzögerung eintritt. Sie müssen warten, bis die Wirkung Ihrer Ventilverstellung als Temperaturveränderung fühlbar wird. Reagieren Sie zu heftig, so verpassen Sie sich selbst Hitze- oder Kälteschauer... □

Beispiel 1.2 *Positionierung einer Last mit einem Portalkran*

An der Laufkatze eines Portalkrans hängt ein Haken mit einer Last, die zu einem vorgegebenen Punkt transportiert werden soll. Zur Vereinfachung der Aufgabe wird nur die horizontale Veränderung $y(t)$ der Last betrachtet. Das Regelungsziel besteht in der Bewegung der Last zum Punkt w, d. h., es soll für einen möglichst frühen Zeitpunkt T die Beziehung $y(T) = w$ gelten. Außerdem wird verlangt, dass die Last nicht schwingt, d. h., dass $\dot{y}(T) = 0$ gilt. Als Kranführer können Sie die Beschleunigung $u(t)$ der Laufkatze beeinflussen. Sie übernehmen dabei die Funktion des Reglers.

Es ist offensichtlich, dass es nicht ausreicht, die Laufkatze senkrecht über die vorgegebene Position w zu fahren, denn dann würde die Last über dieser Position pendeln und erst nach sehr langer Zeit am Zielpunkt zur Ruhe kommen. Der Kranfahrer muss die Dynamik der aus Laufkatze, Haken und Last bestehenden Regelstrecke beachten. Dafür nutzt ein geübter Kranfahrer kein mathematisches Modell, sondern ein „mentales Modell“, das er aus seiner Erfahrung besitzt. Er fährt die Laufkatze über die vorgegebene Position w hinweg, um durch ein anschließendes Zurückfahren der Laufkatze die Pendelbewegung der Last zu dämpfen.

Offensichtlich ändert sich die Regelstrecke in Abhängigkeit von der Last. Dies hat Auswirkungen auf die Wahl der Stellgrößen, obwohl das Regelungsziel unverändert bleibt. □

Beispiel 1.3 *Regelung einer Dampfmaschine*

Der Fliehkraftregler für Dampfmaschinen ist einer der ersten industriell genutzten Regler. Die Mitte des 18. Jahrhunderts vor allem im Bergbau eingesetzten Dampfmaschinen mussten unterschiedliche mechanische Arbeitsgeräte antreiben und wurden dabei in zeitlich sehr stark veränderlicher Weise belastet. Da es zunächst keine Regelung für die Drehzahl gab, änderte sich die Drehzahl in Abhängigkeit von der Last.

J. WATT[1] erfand eine einfache mechanische Rückführung von der Drehzahl auf das Dampfeinlassventil, die diese Drehzahlschwankungen wesentlich dämpfte. Die Achse des in Abb. 1.4 gezeigten Fliehkraftreglers ist mit der Dampfmaschine verbunden, so dass die Drehzahl n dieser Anordnung proportional zur Drehzahl der Maschine ist. Aufgrund der gezeigten mechanischen Verbindung ist der Klappenwinkel β vom Winkel α abhängig, der seinerseits von der Drehzahl n abhängt. Wird die Drehzahl aufgrund einer Laständerung größer, so hebt die größer werdende Fliehkraft die beiden rotierenden Massen an und α vergrößert sich. Aufgrund der gezeigten Anordnung verkleinert sich β und der Druck p bzw. der Massenstrom des Dampfes in den Kolben wird verkleinert. Damit wird der vergrößerten Drehzahl entgegengewirkt, denn mit kleinerer Dampfzufuhr verringert sich die Drehzahl der Maschine.

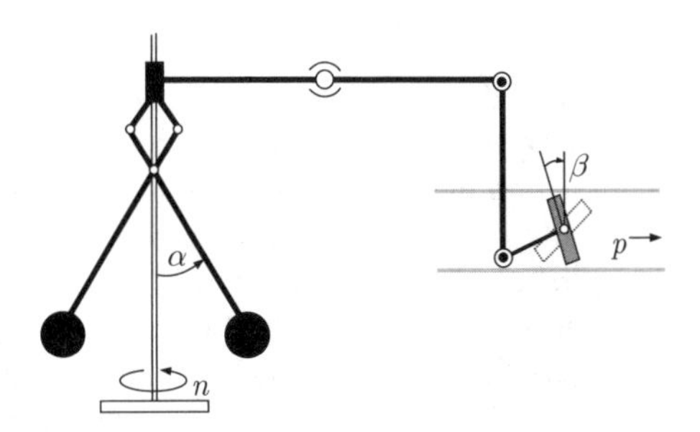

Abb. 1.4: Prinzip des Fliehkraftreglers

[1] JAMES WATT (1736 – 1819), britischer Ingenieur, Erfinder der Dampfmaschine

Die gezeigte Anordnung weist auf eine wichtige Eigenschaft von Regelkreisen hin: Der Regler muss der Ursache der Drehzahlabweichung *entgegenwirken.* Der „Wirkungsweg" von der aktuellen Drehzahl über den Regler und das Dampfeinlassventil zurück zur Drehzahl muss ein „Minuszeichen" enthalten - die Rückkopplung muss also eine *Gegenkopplung* sein. Was passiert, wenn die Wirkungskette dieses Minuszeichen nicht enthält, kann man sich leicht überlegen, wenn man die Klappe des Dampfeinlassventils in der gestrichelt gezeigten Weise einbaut. □

Das *Know-how* des Regelungstechnikers liegt in der Art und Weise, wie er für ein gegebenes Regelungsproblem ein Reglergesetz auswählt. Auch wenn dabei als Ergebnis letzten Endes ein sehr einfacher Zusammenhang zwischen $e(t)$ und $u(t)$ herauskommt, kann der Weg zu diesem Reglergesetz lang und beschwerlich sein. Aus diesem Grund wird mit dem Entwurf des Reglergesetzes erst im Kap. 7 begonnen. Alle vorhergehenden Erläuterungen dienen der Beschreibung und Analyse dynamischer Systeme, auf denen der Reglerentwurf aufbaut.

Vergleich von Regelung und Steuerung. Prinzipiell kann ein dynamisches System auch ohne Rückführung gesteuert werden (Abb. 1.5). In einer Steuerkette wird die Stellgröße direkt aus der Führungsgröße ermittelt, d. h., es gilt

$$u(t) = k_{\rm S}(w(t)).$$

Man spricht dann von der Steuerung in der offenen Wirkungskette oder von *Steuerung* im engeren Sinne des Wortes. Das betrachtete dynamische System heißt Steuerstrecke, die steuernde Einheit Steuereinrichtung (kurz: Steuerung).

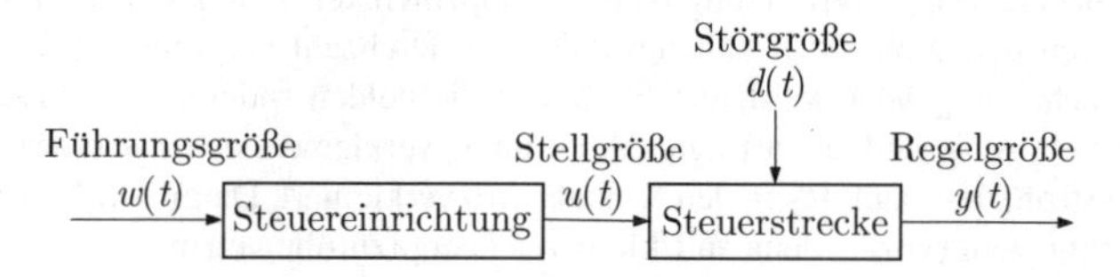

Abb. 1.5: Grundstruktur einer Steuerung

Damit in einer Steuerkette das gewünschte Ziel $y(t) = w(t)$ erreicht werden kann, müssen zwei Bedingungen erfüllt sein. Erstens muss genau bekannt sein, welche dynamischen Eigenschaften die Steuerstrecke besitzt. Unter Beachtung dieser Eigenschaften kann die Stellgröße so ausgewählt werden, dass die Ausgangsgröße der Steuerstrecke dem zeitlichen Verlauf von $w(t)$ möglichst nahe kommt. Zweitens darf die Steuerstrecke nicht gestört sein. Da die Steuereinrichtung keine Informationen über die Störgröße erhält, kann sie nicht auf die Störung reagieren. In der Steuerkette übertragen sich die Wirkungen der Störung ungemindert auf die Regelgröße.

Vorteile der Regelung gegenüber der Steuerung in der offenen Wirkungskette. Aus diesen Betrachtungen wird offensichtlich, dass die Verwendung einer Regelung gegenüber der Steuerung in der offenen Wirkungskette zwei entscheidende Vorzüge besitzt. Durch die Steuerung im geschlossenen Wirkungskreis (Regelung) kann das Regelungsziel $y(t) \approx w(t)$ auch dann gut erreicht werden, wenn

- die Regelstrecke durch nichtmessbare Störungen beeinflusst wird und
- wenn die dynamischen Eigenschaften der Regelstrecke nicht genau bekannt sind oder wenn sie sich zeitlich verändern.

Die erste Eigenschaft wird als *Störkompensation*, die zweite Eigenschaft als *Robustheit* bezeichnet. Auf beide wird später ausführlich eingegangen. Hier sei nur erwähnt, dass die Störkompensation möglich ist, weil mit Hilfe des Reglers das dynamische Verhalten der Regelstrecke bezüglich der Störung in weiten Grenzen verändert werden kann. Die Robustheit hat zur Folge, dass einerseits ein am genauen Regelstreckenmodell entworfener Regler auch dann noch eingesetzt werden kann, wenn sich die Eigenschaften der Regelstrecke wesentlich verändert haben. Andererseits kann man Regler auch dann entwerfen, wenn nur ein Näherungsmodell der Strecke verfügbar ist.

Um dies zu verdeutlichen, sei an das o.a. Beispiel der Temperaturregelung einer Dusche erinnert. Die Regelungsaufgabe wird i. Allg. gelöst, ohne vorher die Dusche als nichtlineares System mit Totzeit – wie es in späteren Kapiteln genannt wird – zu modellieren. Grobe Kenntnisse über die Funktionsweise sind ausreichend. Außerdem kann die Temperaturregelung auch dann erfolgreich ausgeführt werden, wenn das heiße Wasser langsam kälter wird, also eine äußere Störung wirkt. Die Dusche in der offenen Wirkungskette zu steuern hieße, den Hebel der Mischbatterie ohne Berücksichtigung der tatsächlich eintretenden Wassertemperatur auf eine vorgegebene Winkelstellung einzustellen und sich dann unter die Dusche zu stellen ...

Die beiden genannten Vorzüge der Regelung beruhen auf dem Prinzip der *Rückkopplung*. Jede Rückkopplung besitzt die Eigenschaft, dass Informationen über das aktuelle Verhalten der Regelstrecke zur Regeleinrichtung zurückgeführt werden. Der Regler kann deshalb die Stellgröße in Abhängigkeit von den sich tatsächlich einstellenden Werten der Regelgröße – und nicht nur in Abhängigkeit von dem mit einem Modell vorhergesagten Verhalten der Regelstrecke – festlegen. Die Rückkopplung ist deshalb das wichtigste Grundprinzip der Regelungstechnik.

Um die Steuerung in der offenen Wirkungskette von der im geschlossenen Wirkungskreis zu unterscheiden, wird im Folgenden mit den Begriffen Steuer*kette* und Regel*kreis* gearbeitet. Diesem deutschen Begriff entsprechen im englischen Sprachraum die Worte *feedforward control* bzw. *feedback control*, wobei *control* sowohl mit Steuerung als auch mit Regelung übersetzt werden kann. Der deutsche Begriff Steuerung wird heute vor allem für diskrete Steuerungen verwendet, die auf *diskrete* Messgrößen mit diskreten Stellgrößen reagieren und dabei einen Regelkreis bilden, der im Unterschied zu dem hier behandelten Regelkreis nicht in kontinuierlicher Zeit, sondern nur zu den Zeitpunkten arbeitet, an denen die Steuerstrecke Messereignisse erzeugt.

1.3 Lösungsweg für Regelungsaufgaben

Charakteristisch für Regelungen ist, dass die Stellgröße über ein Reglergesetz bestimmt wird, das die allgemeine Form (1.2) hat. Nachdem die Funktion $k_{\rm R}$ ausgewählt und als Funktionseinheit (z. B. als Reglerbaustein) mit der Regelstrecke zu einem Kreis verschaltet ist, arbeitet die Regelung selbsttätig. Bei der Lösung einer Regelungsaufgabe können deshalb zwei Phasen unterschieden werden:

- **Vorbereitungsphase:** Für eine gestellte Regelungsaufgabe wird das Reglergesetz $k_{\rm R}$ ermittelt und durch eine Funktionseinheit technisch realisiert.

- **Arbeitsphase:** Der gerätetechnisch realisierte Regler bestimmt kontinuierlich aus der Regelabweichung $e(t)$ den aktuellen Wert $u(t)$ der Stellgröße.

Gegenstand dieses Lehrbuches ist das Problem, für eine gegebene Regelungsaufgabe ein geeignetes Reglergesetz $k_{\rm R}$ zu bestimmen bzw. gegebenenfalls zu erkennen, dass und warum die Regelungsaufgabe unter Beachtung aller in ihr enthaltenen Randbedingungen nicht lösbar ist. Die gerätetechnische Realisierung wird nur insoweit betrachtet, wie sie die Wahl des Reglergesetzes beeinflusst.

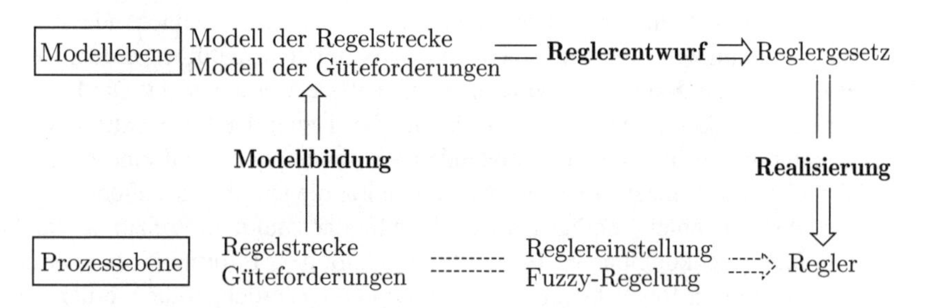

Abb. 1.6: Prinzipieller Lösungsweg für Regelungsaufgaben

Der prinzipielle Lösungsweg ist in Abb. 1.6 dargestellt. Es wird zwischen der Prozessebene und der Modellebene unterschieden. Ausgangs- und Endpunkt für Regelungsaufgaben ist die Prozessebene, auf der die Regelstrecke als „Gerät" vor dem Betrachter steht und der Regler als neues Gerät in Betrieb genommen werden soll. Demgegenüber wird auf der Modellebene mit unterschiedlichen Beschreibungsformen für die Regelstrecke, die Güteforderungen an den Regelkreis und das Reglergesetz gearbeitet.

Der erste Schritt für die Lösung von Regelungsaufgaben besteht in der Modellbildung, die sowohl die Regelstrecke als auch die Güteforderungen betrifft. Die Analyse der Regelstrecke, die Auswahl der Regelungsstruktur und die Festlegung des Reglergesetzes erfolgt auf der Modellebene, d. h., unter Verwendung der vorhandenen Modelle. Um den Regler in Betrieb nehmen zu können, muss das Reglergesetz gerätetechnisch realisiert werden.

Schwerpunkt dieses Lehrbuches ist die Lösung von Regelungsaufgaben auf der Modellebene, wobei davon ausgegangen wird, dass ein ausreichend genaues Modell der Regelstrecke vorliegt und dass das Reglergesetz im Prinzip vollkommen frei gewählt werden kann. Diese Annahmen treffen nur unter idealisierten Bedingungen zu. Wenn man mit ihnen arbeitet, kann man jedoch zunächst einmal untersuchen, was durch eine Regelung prinzipiell möglich ist bzw. was unter den Gegebenheiten einer konkreten Regelungsaufgabe nicht realisierbar ist. Dabei sollte man beachten, dass in der ingenieurtechnischen Praxis die Entscheidung darüber, was *nicht* möglich ist, mindestens von gleichem Wert ist wie die Lösung der Aufgabe unter zweckmäßig gewählten Voraussetzungen.

An vielen Stellen wird in den folgenden Kapiteln auch darauf eingegangen, welche Erweiterungen der behandelten Modellierungs-, Analyse- und Entwurfsverfahren notwendig sind, wenn die genannten idealisierten Bedingungen nicht zutreffen. Beispielsweise wird im Kap. 8 gezeigt, wie die Stabilitätsanalyse auf Systeme erweitert werden kann, deren Modelle fehlerbehaftet sind. Im Abschn. 12.2 wird erläutert, wie Regler so entworfen werden können, dass sie robust gegenüber Modellunsicherheiten sind. Randbedingungen, die aus der technischen Realisierung des Reglers resultieren, werden beispielsweise im Kap. II–9 bei der dezentralen Regelung betrachtet, bei der sich das zu realisierende Reglergesetz aus mehreren unabhängigen Teilreglern zusammensetzt. Dabei ist u. a. die Frage zu beantworten, unter welchen Bedingungen mehrere Regelkreise unabhängig voneinander als einschleifige Regelkreise entworfen werden dürfen.

Reglereinstellung und Fuzzyregelung. Ein alternativer Weg für die Lösung von Regelungsaufgaben ist in Abb. 1.6 durch den gestrichelten Pfeil auf der Prozessebene eingetragen. Bei diesem Lösungsweg wird versucht, ohne die häufig recht aufwändige Modellbildung auszukommen und den Regler direkt am Prozess einzustellen. Darauf wird im Abschn. 9.4 eingegangen, wo es um die Einstellung von PID-Reglern ohne Verwendung von Modellen geht. Dieser Lösungsweg wird auch bei der hier nicht behandelten *Fuzzyregelung* beschritten, bei der das als bekannt vorausgesetzte Reglergesetz in Form von Regeln notiert und mit Hilfe eines Verfahrens zur Verarbeitung unscharfer Regeln realisiert wird.

1.4 Übersicht über die theoretischen Grundlagen der Regelungstechnik

Die Methoden der Regelungstechnik dienen dem Ziel, Kriterien, Richtlinien und systematische Verfahren für die Auswahl des Reglergesetzes k_{R} zu finden. Grundlagen dafür bilden Methoden zur Beschreibung dynamischer Systeme und zur Analyse von Regelkreisen. Die Modellbildung, die Analyse dynamischer Systeme und der Reglerentwurf bilden die drei Schwerpunkte dieses Buches.

Modellbildung. Der erste Teil dieses Buches befasst sich mit der Modellbildung. Für ein gegebenes dynamisches System sind Modelle aufzustellen, die für die Analyse des Regelstreckenverhaltens und für den Entwurf von Reglern verwendet werden können. Dabei wird in drei Schritten vorgegangen:

1. Das im Kap. 3 behandelte Blockschaltbild zeigt die Gliederung des Systems in seine Elemente und deren Verkopplung, gibt jedoch die dynamischen Eigenschaften der Elemente noch nicht genau wieder. Dennoch erweist sich diese strukturelle Beschreibung als aussagekräftig und übersichtlich genug, um wichtige Phänomene von Regelkreisen erklären zu können.
2. Modelle in Form von Differenzialgleichungen beschreiben das zeitliche Verhalten dynamischer Systeme quantitativ exakt. Im Kap. 4 wird neben der Differenzialgleichung das Zustandsraummodell als eine „standardisierte" Modellform eingeführt, auf der viele Analyse- und Entwurfsverfahren für Regelkreise beruhen.
3. Für den Reglerentwurf spielt neben dem zeitlichen Verhalten auch das Verhalten dynamischer Systeme im Frequenzbereich eine wichtige Rolle. Diese Form der Systembeschreibung wird im Kap. 6 eingeführt und ausführlich diskutiert.

Analyse rückgekoppelter Systeme. Die zweite Grundlage für die Lösung von Regelungsaufgaben bilden Verfahren zur Analyse rückgekoppelter dynamischer Systeme.

1. Im Kap. 5 wird gezeigt, wie mit Hilfe eines Zustandsraummodells eines dynamischen Systems für eine gegebene Eingangsgröße $u(t)$ die durch das System erzeugte Ausgangsgröße $y(t)$ berechnet werden kann. Ein alternativer Weg zur Berechnung des Eingangs-Ausgangs-Verhaltens beruht auf der Verwendung der im Kap. 6 eingeführten Übertragungsfunktion.
2. Neben den quantitativ exakten Verhaltensbeschreibungen spielt eine qualitative Bewertung der Eigenschaften der Regelstrecke bzw. des Regelkreises eine große Rolle. Diese Bewertung beruht auf der Zerlegung des betrachteten Systems in elementare Übertragungsglieder, von denen nicht die exakten Parameterwerte, sondern deren Zugehörigkeit zur Klasse der proportionalen, integralen oder differenzierenden Übertragungsglieder maßgebend sind. Auf diese Klassifikation wird in den Abschnitten 5.7 und 6.7 ausführlich eingegangen.
3. Um Aussagen über die Lösbarkeit von Regelungsaufgaben sowie über die Art der eingesetzten Regler machen zu können, wird im Kap. 7 untersucht, wie das stationäre Verhalten und das Übergangsverhalten von Regelkreisen durch die Wahl des Reglers beeinflusst werden kann, welche Regelgüte erreicht werden kann bzw. welche Entwurfskompromisse gemacht werden müssen.
4. Die Stabilitätsanalyse von rückgekoppelten Systemen spielt eine zentrale Rolle beim Reglerentwurf. Im Kap. 8 werden die dabei angewendeten Stabilitätskriterien behandelt.

Reglerentwurf. Der dritte Teil des Lehrbuches behandelt Verfahren zum Reglerentwurf mit folgenden Schwerpunkten:

1. Kapitel 9 gibt eine Übersicht über die Entwurfsverfahren und behandelt die Reglereinstellung ohne Modell.
2. Zwei ausführlich behandelte Entwurfsverfahren beruhen auf der Konstruktion der Wurzelortskurve (Kap. 10) bzw. der Veränderung des Frequenzganges der offenen Kette (Kap. 11).
3. Weitere Entwurfsverfahren werden im Kap. 12 behandelt, insbesondere solche, bei denen der Regler das Regelstreckenmodell als wesentliche Komponente enthält.
4. Einen Ausblick auf mehrschleifige Regelkreise gibt das Kap. 13.

Mit den in diesem Band behandelten Methoden werden die Grundlagen für die Lösung einer großen Zahl von Regelungsaufgaben gelegt. Neben einschleifigen Regelungen, die hier im Mittelpunkt stehen, basieren auch vermaschte Regelungen, Mehrgrößenregelungen und dezentrale Regelungen auf den in diesem Band eingeführten Modellen und Analyseverfahren. Diese Themen sind Gegenstand des zweiten Bandes. Dort werden die bei Mehrgrößensystemen auftretenden neuen dynamischen Phänomene, die zusätzlichen Freiheitsgrade von Mehrgrößenreglern und die Entwurfsverfahren für Systeme mit mehreren Stell- und Regelgrößen erläutert. Außerdem wird mit der digitalen Regelung ein für die technische Realisierung von Reglern wichtiges Thema behandelt.

2

Beispiele für technische und nichttechnische Regelungsaufgaben

Es werden praktische Regelungsaufgaben erläutert, um das breite Einsatzgebiet der Regelungstechnik deutlich zu machen und auf Randbedingungen hinzuweisen, die bei den in späteren Kapiteln behandelten Beispielen nur teilweise beachtet werden können. Es zeigt sich dabei, dass sich die aus sehr unterschiedlichen Anwendungsgebieten stammenden Aufgaben in einheitlicher Weise systemtheoretisch formulieren lassen.

2.1 Gebäudeautomatisierung

Die Gebäudeautomatisierung befasst sich mit Steuerungen und Regelungen zur Herstellung und Aufrechterhaltung eines vorgegebenen Raumklimas. Dieses weite Feld reicht von der Regelung der Raumtemperatur bis zum *air conditioning* großer Räume, das einen ausreichenden Luftaustausch und die Sicherung einer angemessenen Luftfeuchtigkeit einschließt. Als wichtige Aufgabe wird im Folgenden auf die Raumtemperaturregelung eingegangen.

Die Regelung der Raumtemperatur ist notwendig, weil die Temperatur durch unterschiedliche Störgrößen wie Sonneneinstrahlung, Lüftung und die Anwesenheit von Personen beeinflusst wird, die Führungsgröße jedoch einen konstanten Wert vorschreibt. Im einfachsten Fall wird die Raumtemperatur einer Wohnung geregelt (Abb. 2.1(oben)). Der Brenner wird solange eingeschaltet, bis der Referenzraum (z. B. das Wohnzimmer) die vorgegebene Temperatur hat. Abbildung 2.2 (oben) zeigt das Blockschaltbild des Regelkreises, das dieselbe Struktur wie in Abb. 1.2 hat. Heizkessel, Heizkörper und Raum stellen die Regelstrecke dar. Die Stellgröße ist die Brennerleistung.

Abgesehen von der Tatsache, dass diese Regelung die Brennerleistung nicht kontinuierlich verstellen, sondern nur ein- und ausschalten kann und daraus Schwankungen in der Raumtemperatur entstehen, besteht der wesentliche Mangel dieser Regelung in der Tatsache, dass diese Regelung nur *einen* Raum auf der vorgegebenen

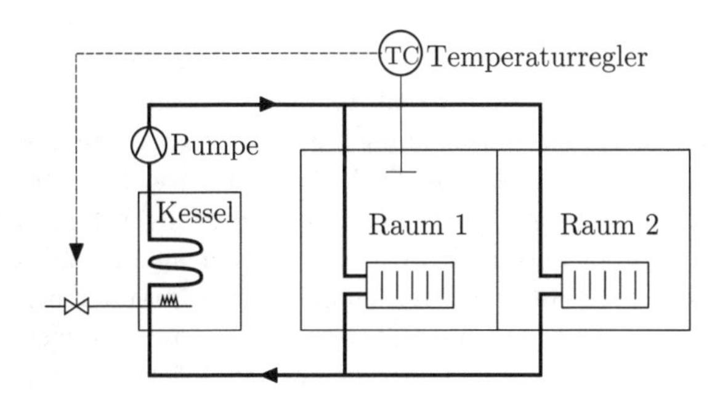

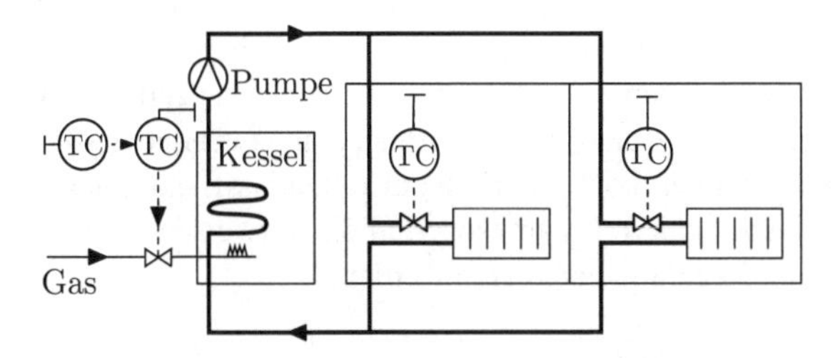

Abb. 2.1: Raumtemperaturregelung: Einzelraumregelung (oben); Regelung mit Thermoventilen und außentemperaturgeführter Vorlauftemperatur (unten)

Temperatur halten kann, weil nicht mehr als *eine* Stellgröße zur Verfügung steht. Unterliegen die anderen Räume anderen Wärmebelastungen, so kann deren Temperatur wesentlich von der des Referenzraumes abweichen.

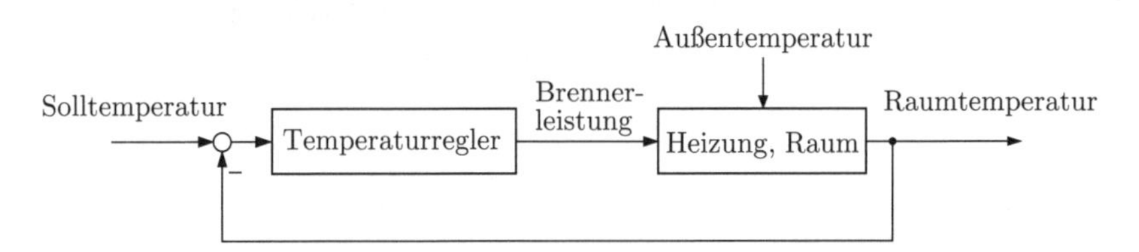

Abb. 2.2: Blockschaltbild der Raumtemperaturregelung

Eine Verbesserung der Regelgüte erreicht man durch zwei Maßnahmen (Abb. 2.1 (unten)). Die Vorlauftemperatur der Heizung wird über eine Kesselregelung konstant gehalten und die Räume werden einzeln durch Thermostatventile geregelt. Dabei kann der Sollwert für jeden Raum einzeln festgelegt und die Raumtemperatur einzeln durch eine geeignete Einstellung der in die Heizkörper fließenden Wärmemengen beeinflusst werden (vgl. Aufgabe 7.6). Bei diesem Prinzip macht sich aus ökonomischen Gründen eine weitere Maßnahme notwendig. Wenn bei relativ hoher Außentemperatur die Thermostatventile überwiegend in der Nähe ihres Schließbereiches arbeiten, geht viel Energie bei der Wärmeerzeugung und dem -transport verloren. Deshalb wird der Sollwert der Vorlauftemperatur der Außentemperatur angepasst, also bei kaltem Wetter herauf- und bei warmem Wetter herabgesetzt. Dies entspricht einer Störgrößenaufschaltung (vgl. Kap. 13 und Aufgabe 13.1).

Dieses einfache Beispiel lässt die Komplexität von Regelungsaufgaben erahnen, die zur Herstellung und Aufrechterhaltung eines angenehmen Klimas in großen Räumen gelöst werden müssen. Dort kommt es nicht nur auf eine gute mittlere Temperatur, sondern auch auf eine angenehme Temperaturverteilung im Raum sowie auf die Erzeugung einer passenden Luftfeuchtigkeit an. Um übermäßigen Luftzug zu verhindern, muss gleichmäßig über die gesamte Fläche des Raumes eingegriffen werden, beispielsweise über Lüftungen an den Rückenlehnen vieler Sitze.

Die Gebäudeautomatisierung beinhaltet einerseits einfache Regelkreise wie die durch die Thermostatventile realisierten. Andererseits weist sie viele verkoppelte Regelungen auf, die dynamisch nicht voneinander getrennt behandelt und deshalb nicht in mehrere Einfachregelungen zerlegt werden können. Hier müssen die im Kap. 13 beschriebenen Prinzipien vermaschter Regelungen angewendet werden. Da sich die Leistung von Brennern nicht kontinuierlich einstellen lässt, muss der Regler nichtlineares Verhalten, insbesondere Hystereseverhalten, aufweisen. Er kann mit Methoden der nichtlinearen Regelung entworfen werden.

Aufgabe 2.1 *Blockschaltbild einer Raumtemperaturregelung*

Die Temperatur in einem Raum soll unabhängig von äußerern Einwirkungen konstant gehalten werden.

1. Durch Veränderung der Heizkörperventilstellung wird die Zimmertemperatur gesteuert. Wenden Sie Abb. 1.5 auf dieses Beispiel an. Wie sieht dieses Blockschaltbild für die Temperatursteuerung eines Raumes aus?
2. Thermoventile dienen der Temperaturregelung. Was sind die Elemente dieses Regelkreises und wie sieht Abb. 1.3 für dieses Beispiel aus? □

2.2 Prozessregelung

In der Verfahrenstechnik spielen Regelungen eine sehr große Rolle, so dass sie dort mit einem eigenen Begriff belegt wird: Prozessregelung. Der Grund liegt darin, dass verfahrenstechnische Anlagen nur dann zum gewünschten Ergebnis führen und dieses Ergebnis auf ökonomisch und ökologisch bestem Wege erzielen, wenn die verarbeiteten Ausgangsstoffe genau in einer gegebenen Menge, Konzentration und Temperatur vorliegen und der Prozess einen vorgegebenen zeitlichen Ablauf besitzt. Im Folgenden wird an einigen Beispielen die Vielfalt der Regelungsaufgaben und die Vielzahl der mit der Realisierung einer Regelung verbundenen Probleme erläutert.

Viele verfahrenstechnische Prozesse laufen in Reaktoren ab, so dass Füllstands-, Durchfluss- und Temperaturregelungen zu den Grundaufgaben der Prozessregelung

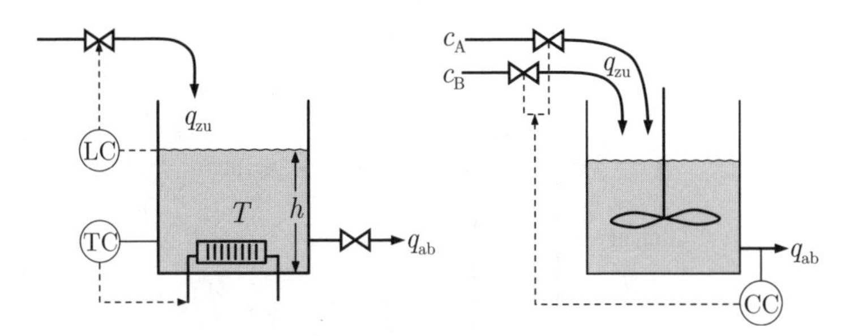

Abb. 2.3: Rührkesselregelungen (LC = Füllstandsregelung; TC = Temperaturregelung; CC = Konzentrationsregelung)

gehören. Im linken Beispiel von Abb. 2.3 besteht die Aufgabe der beiden angegebenen Regelkreise darin, den Füllstand h konstant zu halten und den Stoff auf eine vorgegebene Temperatur T zu erwärmen. Als Störgröße wirkt die Stoffentnahme $q_{\rm ab}$, die durch einen entsprechenden Zufluss $q_{\rm zu}$ ausgeglichen werden muss.

Diese Regelungsaufgabe ist relativ einfach, weil einerseits die Regelgrößen gut messbar sind und andererseits das dynamische Verhalten des Behälters bezüglich Veränderungen des Zulaufs und der Heizleistung in sehr einfacher Weise beschrieben werden können. Typisch für verfahrenstechnische Anlagen ist die Tatsache, dass mehrere voneinander unabhängige Regler an derselben Anlage arbeiten.

Komplizierter wird die Regelungsaufgabe, wenn in dem Behälter eine chemische Reaktion abläuft. Im rechten Teil von Abb. 2.3 ist ein Rührkesselreaktor dargestellt, der mit zwei Stoffen A und B gefüllt wird. Der Reaktor kann auf Grund des Rührwerkes als homogen durchmischt angesehen werden. Die beiden Stoffe reagieren miteinander, wodurch sich die Konzentrationen im Reaktor verändern. Durch die Regelung soll erreicht werden, dass dem Reaktor ständig ein Produkt entnommen werden kann, in dem die Stoffe A und B in vorgegebener Konzentration auftreten.

Reaktoren dieser Art werden kontinuierlich betrieben („Konti-Reaktor"), d. h., die dem Reaktor pro Zeiteinheit zugeführte Stoffmenge ist gleich der abgeführten Menge ($q_{\rm ab} = q_{\rm zu}$). Die Regelung ist notwendig, weil sich die Konzentrationen $c_{\rm A}$ und $c_{\rm B}$, mit denen die Stoffe A und B in den beiden Zuflüssen vorliegen, ändern. Stellgrößen sind die über die beiden Ventile festgelegten Massenströme, wobei jedoch der gesamte Zulaufstrom $q_{\rm zu}$ konstant bleibt.

Die Regelung muss auf zwei dynamische Effekte Rücksicht nehmen. Erstens verändern sich die Stoffkonzentrationen im Reaktor auf Grund veränderter Stoffkonzentrationen im Zulauf, wobei sich die zugegebenen Stoffe auf das gesamte Reaktorvolumen verteilen und mit den bereits vorhandenen Stoffen mischen. Zweitens ist die Reaktionsrate sowohl von der Verweilzeit als auch von der Temperatur abhängig. Die Temperaturabhängigkeit wird häufig dadurch kompensiert, dass außer der in der Abbildung eingetragenen Regelung eine Temperaturregelung für den Reaktor installiert wird und dass bei besonders empfindlichen Reaktionen die Ausgangsstoffe dem Reaktor mit einer vorgegebenen und durch eine Regelung konstant gehaltenen Temperatur zugeführt werden.

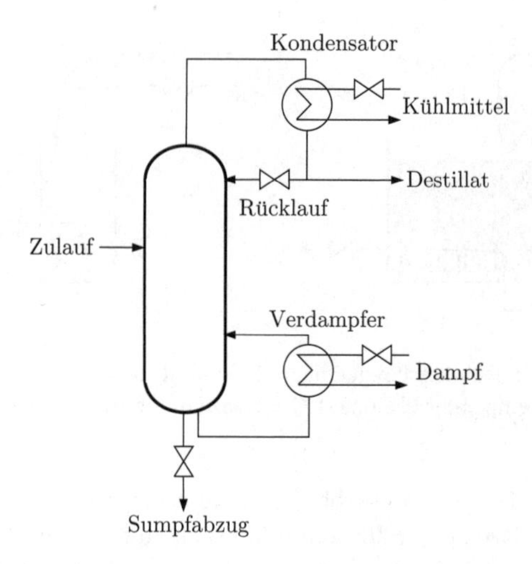

Abb. 2.4: Destillationskolonne

Regelung einer Destillationskolonne. Die Realisierung der Regelung wird noch schwieriger, wenn ein Teil des Produktes in die Apparatur zurückgeführt wird (*Recycling*). Diese Methode wird in der Verfahrenstechnik sehr häufig angewendet, beispielsweise bei Destillationskolonnen (Abb. 2.4). Sie ist sehr wichtig, da sich mit ihr durch geeignete Wahl des Rücklaufverhältnisses das statische Verhalten der Anlage einstellen lässt. Die Rückführungen haben aber auch wichtige Konsequenzen für das dynamische Verhalten, das für die Regelung ausschlaggebend ist.

Destillationskolonnen dienen zur Trennung von Stoffgemischen. Regelgrößen sind die Konzentrationen der Stoffe im Destillat und im Sumpfabzug. Stellgrößen sind die Heizleistung des Verdampfers, das Rücklaufverhältnis, das den auf den Zulauf bezogenen Anteil des in den Kopf der Kolonne rückgeführten Destillats beschreibt, sowie der Volumenstrom am Sumpfabzug. Die Regelung muss den Temperaturverlauf längs der Destillationskolonne gegenüber Umgebungseinflüssen konstant halten und Störungen in Form schwankender Stoffkonzentrationen im Zulauf ausgleichen.

Destillationskolonnen haben ein wesentlich komplizierteres dynamisches Verhalten als die zuvor beschriebenen Rührkessel. Da die genannten Stell- und Regelgrößen dynamisch streng verkoppelt sind, kann die Regelungsaufgabe nicht mit einschleifigen Regelkreisen gelöst werden, sondern es müssen vermaschte Regelungen (Kap. 13) oder Mehrgrößenregelungen (Band 2) angewendet werden.

Weitere Schwierigkeiten für den Reglerentwurf entstehen durch die Tatsache, dass die Parameter des Kolonnenmodells nicht exakt bekannt sind. Die Regelung muss deshalb so entworfen werden, dass sie gegenüber Modellfehlern robust ist und die Regelungsaufgabe auch dann erfüllt wird, wenn sich die Regelstrecke in Wirklichkeit etwas anders verhält als ihr Modell. Überdies weist die Kolonne ein ausgeprägtes nichtlineares Verhalten auf, das allerdings in der Umgebung des Arbeitspunktes linearisiert werden kann.

2.3 Regelungsaufgaben in Energiesystemen

Große Energieverbundsysteme, deren Aufgabe in der Versorgung einer großen Anzahl von Abnehmern mit elektrischem Strom, Gas oder Wärme besteht, sind vernetzte Systeme, in denen mehrere Regelungsaufgaben gleichzeitig durch jeweils eine größere Anzahl von Reglern gelöst werden müssen. Als Beispiel wird das in Abb. 2.5 gezeigte Elektroenergienetz betrachtet. Die in der Energietechnik üblichen Darstellung zeigt, dass das Netz vier Generatoren besitzt, die in unterschiedlichen Knoten Energie einspeisen. Das Netz transportiert diese Energie über die dargestellten Leitungen zu fünf Verbrauchern. Sowohl die Generatoren G als auch die Last L stellen summarisch die erzeugte Energie mehrerer Kraftwerksblöcke bzw. den Energieverbrauch mehrerer (i. Allg. sehr vieler) Verbraucher dar.

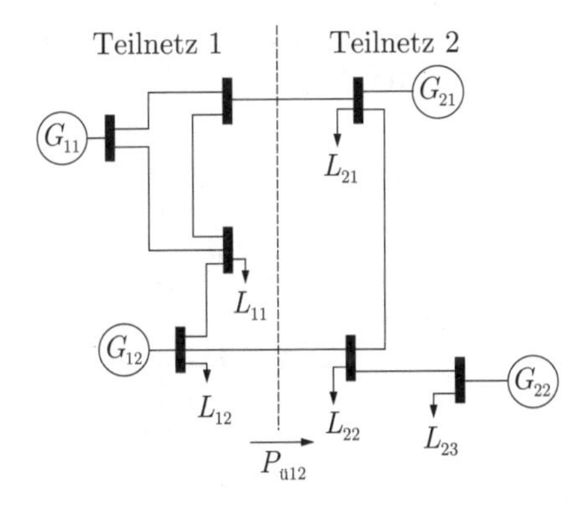

Abb. 2.5: Ein aus zwei Teilnetzen bestehendes Elektroenergieverbundsystem

Entsprechend der Aufgabe des Netzes muss durch geeignete Regelungen dafür gesorgt werden, dass die Verbraucher zu jeder Zeit die von ihnen benötigte Elektroenergie erhalten, wobei es nicht nur auf die geforderte Leistung, sondern auch darauf ankommt, dass die Energie für den Verbraucher mit konstanter Spannung (230 V) und konstanter Frequenz (50 Hz) zur Verfügung steht. Diese Zielstellung kann nur dann erreicht werden, wenn die erzeugte Leistung $p_{\rm G}$ ständig der verbrauchten Leistung $p_{\rm V}$ angepasst wird, so dass

$$p_{\rm G}(t) = p_{\rm V}(t)$$

gilt. Da nur große Abnehmer ihren Verbrauch im voraus den Energieerzeugern mitteilen müssen, besteht das Regelungsproblem im Ausgleich der nicht vorhersehbaren Änderungen des Leistungsbedarfs $p_{\rm V}(t)$ der Verbraucher und im Ausgleich von Änderungen der Leistungserzeugung, die beispielsweise auf Grund des unvorhersehbaren Ausfalls von Kraftwerksblöcken entstehen.

Die Steuerung erfolgt in der in Abb. 1.1 gezeigten hierarchischen Struktur. Die Planungskomponente liefert die Lastvorhersage, die den zeitlichen Verlauf des Leistungsbedarfs für einen oder mehrere Tage beschreibt („Tagesgang"). Zwischen den

Betreibern der einzelnen Netze ist eine Übergabeleistung vereinbart. Um diese muss die in einem Netz erzeugte Leistung höher bzw. niedriger als die verbrauchte Leistung sein. Aus diesen Angaben werden Einsatzzeiten und Arbeitspunkte aller Kraftwerke festgelegt. Diese Aufgabe gehört zur Schicht „Optimierung“ in Abb. 1.1. Sie wird für jedes Netz einzeln gelöst.

Die Lastverteilung beruht auf Lastflussrechnungen, aus denen hervorgeht, welcher Leistungsfluss sich für vorgegebene Leistungserzeugung und vorgegebenen Verbrauch im Netz einstellt, wobei auch die Spannungen an den Einspeiseknoten der Erzeuger eine wichtige Rolle spielen. Ziel dieses Schrittes ist es, den zeitlichen Verlauf der Energieerzeugung und der Einspeisespannungen so festzulegen, dass keine Übertragungsleitung überlastet wird und das System in einem wirtschaftlich günstigen Arbeitspunkt arbeitet. Diese Aufgabe kann mit Hilfe einer statischen Netzbeschreibung gelöst werden, in die die Struktur und die Parameter aller im Netz vorhandenen Leitungen, Erzeuger und Verbraucher eingehen. Als Ergebnis entstehen die Sollwerte w_i für die unterlagerten Regelkreise.

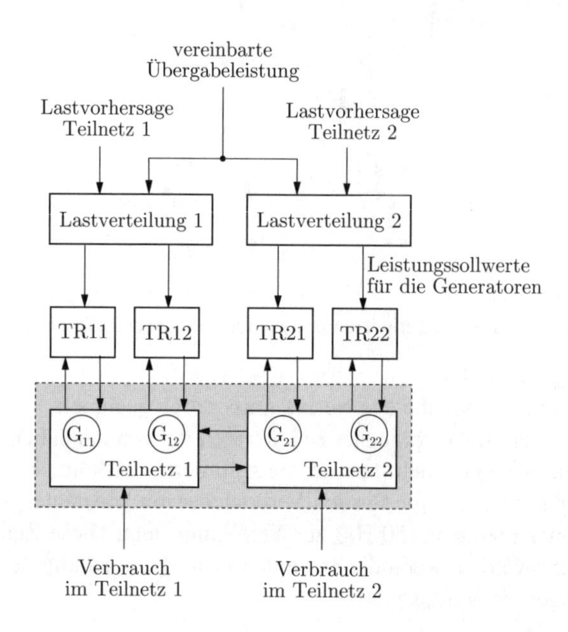

Abb. 2.6: Steuerung von Elektroenergieverbundsystemen

Aufgabe der Regelungen ist es, diese Arbeitspunkte einzustellen und Störungen, die in Form von Abweichungen der erzeugten bzw. verbrauchten Leistung von den Arbeitspunktwerten auf das System einwirken, auszugleichen (s. Aufgabe 7.4). Die Regelungen werden für die einzelnen Teilnetze getrennt voneinander aufgebaut und bestehen für jedes Netz selbst wiederum aus mehreren unabhängigen Teilreglern (TR). Es entsteht also eine *dezentrale Regelung*. Die Regler schreiben Sollwerte für die von jedem Kraftwerk zu erzeugende Leistung sowie für die Generatorspannung vor. Dafür stehen den Reglern die aktuellen Werte der Netzfrequenz, der Übergabeleistung und der Knotenspannungen zur Verfügung.

Die beschriebene Regelungsaufgabe kann in zwei weitgehend separate Teilaufgaben zerlegt werden, die als UQ-Regelung bzw. FÜ-Regelung bezeichnet werden. Einerseits wird die Spannung, die sich an den wichtigsten Netzknoten einstellt, maßgebend vom Blindleistungsfluss beeinflusst. Das zur Erzielung des beabsichtigten Leistungsflusses notwendige Spannungsprofil über dem Netz wird deshalb durch Veränderung von Transformatorstufungen und Blindleistungseinspeisungen erzeugt, wofür eine Spannungs-Blindleistungsregelung (UQ-Regelung) aufgebaut wird. Andererseits hängen die Netzfrequenz und die Wirkleistungsbilanz eng miteinander zusammen, so dass die aktuelle Netzfrequenz als Indikator für die aktuelle Leistungsbilanz $p_{\rm G}(t) - p_{\rm L}(t)$ verwendet und das Regelungsziel im Ausgleich der Frequenzabweichung Δf besteht:

$$\lim_{t\rightarrow\infty} \Delta f = 0.$$

Da mit dieser Regelung gleichzeitig die zwischen den Teilnetzen fließende Übergabeleistung $p_{ü12}$ auf dem vereinbarten Wert gehalten wird, spricht man von der Frequenz-Übergabeleistungsregelung (FÜ-Regelung).

Die Aufgabe der Frequenz-Übergabeleistungsregelung wird durch zwei verkoppelte Regelungen gelöst. Weil der Leistungsbedarf eines Teiles der Verbraucher wie auch die erzeugte Leistung der Kraftwerke von der Frequenz abhängen, gleicht das Netz einen Teil des Fehlers $\Delta p = p_{\rm G} - p_{\rm L}$ in der Leistungsbilanz selbstständig aus, wobei sich ein erhöhter Bedarf ($\Delta p < 0$) in einer Frequenzabsenkung bemerkbar macht. Diese Regelung wird Primärregelung genannt. Sie beruht auf der Tatsache, dass die Leistungsaufnahme der synchron mit der Netzfrequenz rotierenden Maschinen bei Verkleinerung der Netzfrequenz abnimmt und dass andererseits die Drehzahlregler der Kraftwerksblöcke bei einer Abnahme der Drehzahl für eine Erhöhung der Leistungserzeugung sorgen.

Die Primärregelung ist jedoch nicht in der Lage, das Leistungsdefizit vollständig abzubauen. Ihr wird deshalb eine Sekundärregelung überlagert, die für jedes Netz separat die Leistungsbilanz ausgleicht

$$\lim_{t\rightarrow\infty} \Delta p_i = \lim_{t\rightarrow\infty} (p_{Gi} - p_{Li}) = 0$$

und gleichzeitig die Netzfrequenz und die Übergabeleistung auf die Sollwerte bringt.

Abbildung 2.6 ist also sowohl für die FÜ- als auch für die UQ-Regelung gültig, wobei im ersten Falle die angegebenen Teilregler aus der Netzfrequenz und der Übergabeleistung die Sollwerte der Generatorleistungen berechnen und im zweiten Fall die Knotenspannung durch Verstellung der Transformatorstufungen und über eine Veränderung der Sollwerte der Generatorspannungen geregelt werden. In beiden Fällen wirken die Kraftwerke als Stellglieder, über die das Verhalten des Verbundsystems als Ganzes beeinflusst wird.

Diese Regelungen werden u. a. in den Aufgaben 7.4 und 13.5 sowie im Beispiel 11.1 genauer behandelt.

2.4 Robotersteuerungen

Roboter sind ein wichtiger Bestandteil der Fertigungsautomatisierung. Sie übernehmen Füge-, Montage- und Transportarbeiten, beispielsweise im Fahrzeugbau das Schweißen und Lackieren der Karosserie oder die Montage von Getrieben. In Fertigungszellen sind sie für den Wechsel von Werkstücken und Werkzeugen verantwortlich. Neben einer Qualitätserhöhung der Produkte kann durch den Einsatz von Robotern vor allem eine Flexibilisierung der Produktionsanlagen erreicht werden, denn die Bewegungsabläufe der Roboter können durch eine entsprechende Programmierung der Steuerung in sehr einfacher Weise verändert werden.

Die Entwicklung von Industrierobotern wird in drei Generationen unterteilt. Roboter der ersten Generation können vorprogrammierte Bewegungssequenzen ausführen. Die Steuerung erfolgt in der offenen Wirkungskette (vgl. Abb. 1.5), so dass Störungen, die die Arbeitsweise des Roboters oder die Größe oder Positionierung der zu bearbeitenden Werkstücke betreffen, nicht berücksichtigt werden können. Man spricht deshalb auch von einer Roboter*steuerung* und keiner Roboterregelung. Roboter der ersten Generation sind in den traditionellen Einsatzgebieten des Punktschweißens, Lackierens sowie der Werkstückhandhabung einsetzbar, wo einfache Bewegungsabläufe häufig wiederholt werden müssen und wenige Störungen im Arbeitsablauf auftreten.

Der Übergang von der ersten zur zweiten Generation wurde mit dem Einbau von Sensoren vollzogen. Dieser Schritt ist regelungstechnisch sehr bedeutend, denn über die Sensoren erhält die Steuerung Informationen über die aktuelle Bewegung des Greifers einschließlich der vom Greifer auf das Werkzeug bzw. die Werkstücke ausgeübten Kräfte sowie über die Werkstückposition und über die Umgebung des Roboters. Damit wird aus der Robotersteuerung eine Roboter*regelung* (obwohl sich dieser Begriff nicht eingebürgert hat). Der Roboter kann seine Bewegung an veränderte Werkstückgeometrie und -position anpassen und gegebenenfalls auf alternative Handhabungssequenzen umschalten. Infolge dessen wird der Einsatzbereich von Robotern auf Gebiete ausgeweitet, bei denen komplizierte Konturen verfolgt oder Montageaufgaben gelöst werden müssen, bei denen die Werkstücke größere geometrische Unsicherheiten aufweisen.

Der Entwurf der Robotersteuerung ist durch zwei wichtige praktische Randbedingungen gekennzeichnet. Erstens kann von Robotern als Regelstrecke ein sehr gutes Modell aufgestellt werden, was für Analyse- und Entwurfsaufgaben vorteilhaft ist. Darin unterscheidet sich die Robotersteuerung – wie auch viele andere Regelungsaufgaben für mechanische Systeme – wesentlich von der Regelung verfahrenstechnischer Prozesse. Die erhaltenen Modelle sind allerdings i. Allg. stark nichtlinear. Zweitens muss berücksichtigt werden, dass sich wichtige Parameter wie Trägheitsmomente oder Gewichtsangaben während der Bewegung des Roboters bzw. durch das Greifen von Werkstücken ändern. Die Regelung muss robust gegenüber diesen Parameteränderungen sein oder sich diesen Veränderungen anpassen (adaptive Regelung).

Die Robotersteuerung beruht in den beiden genannten Generationen auf einer expliziten Programmierung, bei der die Folge der auszuführenden Aktionen Schritt

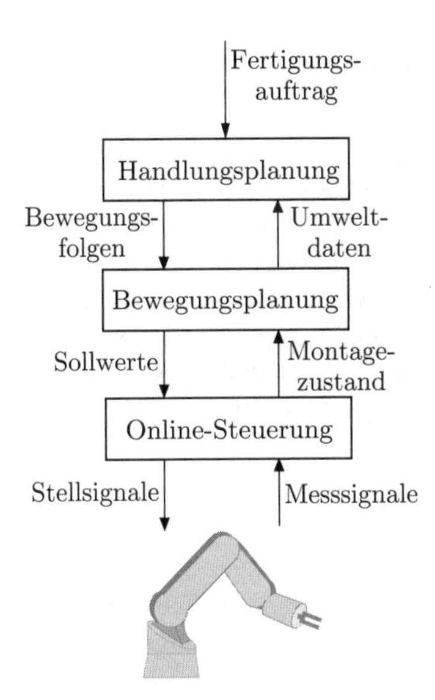

Abb. 2.7: Hierarchische Struktur von Robotersteuerungen

für Schritt vorgeschrieben werden muss. Mit dem gegenwärtigen Übergang zu Robotern der dritten Generation soll diese Steuerung um Komponenten für die Bewegungsplanung und die Handlungsplanung erweitert werden, so dass der Roboter die Folge der auszuführenden Bewegungen selbst aus einer gegebenen Aufgabenstellung ableiten kann. Die Robotersteuerung erhält dabei den in Abb. 2.7 gezeigten hierarchischen Aufbau. Die Online-Steuerung und Regelung in der untersten Ebene sorgt dafür, dass der Roboter einer bestimmten Sollkurve folgt bzw. den Greifer an einer vorgegebenen Stelle positioniert. Übergeordnet ist die Bewegungsplanung, durch die in Abhängigkeit vom aktuellen Montagezustand und unter Berücksichtigung von Hindernissen in der Roboterumgebung eine Solltrajektorie für die Online-Steuerung vorgegeben wird. In der obersten Ebene wird die durch den Roboter auszuführende Handlungsfolge aus einem gegebenen Fertigungsauftrag ermittelt.

Ein anderer Entwicklungsweg führt zu Leichtbaurobotern, bei denen das Gewicht des Roboters im Vergleich zum Gewicht der bewegten Teile wesentlich günstiger ist als bei den heute eingesetzten Robotern, deren Gewicht i. Allg. das der bewegten Teile deutlich übersteigt. Bei Leichtbaurobotern muss bei der Positionierung des Greifers und bei der Bewegung berücksichtigt werden, dass sich die Arme in Abhängigkeit von den auftretenden Kräften elastisch verformen. Der Einsatz derartiger Roboter wird erst durch Verwendung geeigneter Regelungen ermöglicht. Die Regelung sorgt dafür, dass der Greifer trotz elastischer Verformungen des Roboters die vorgegebene Position erreicht bzw. auf das Werkstück die geforderte Kraft ausübt.

2.5 Regelung von Fahrzeugen

Fahrzeuge sind ein sehr umfangreiches Anwendungsgebiet der Regelungstechnik. Sie sind heute mit einer Vielzahl von Regelkreisen ausgestattet, von denen das Antiblockiersystem (ABS), die Antriebsschlupfregelung, die Fahrdynamikregelung und elektronische Stabilisierung (ESP) oder die aktive Dämpfung die bekanntesten sind. Aber auch der Zündvorgang wird heute durch aufwändige Steuerungen überwacht und dem aktuellen Fahrzustand angepasst. Moderne Autos verfügen darüber hinaus über Geschwindigkeitsregler und überwachen den Abstand zum vorausfahrenden Fahrzeug. Die Grundideen dieser Regelungen wird in den Aufgaben 3.2, 7.8 und 11.7 behandelt.

Bei Schienenfahrzeugen ist die Neigetechnik nur durch regelungstechnische Eingriffe möglich. Auch das Prinzip der Magnetschwebebahn ist nur mit Hilfe einer Regelung realisierbar. Um den Fahrkörper in einem bestimmten Abstand über der Schiene zu halten, sind nicht nur starke Elektromagnete notwendig, sondern auch eine Regelung, die die Magnetkraft so der aktuellen Lage des Fahrkörpers anpasst, dass der Abstand zur Schiene konstant gehalten wird (vgl. Aufgabe II–6.5).

Bei vielen der angeführten Beispiele wird das Prinzip verwendet, mit Hilfe von Regelungen mechanische Systeme konstruktiv zu vereinfachen bzw. deren dynamisches Verhalten relativ frei zu gestalten. So beruht die aktive Federung von Fahrzeugen auf einer Regelung, die die Position bzw. Beschleunigung des Fahrzeugaufbaus misst und über Hydraulikventile das Verhalten der Federbeine beeinflusst. Dies verbessert nicht nur das dynamische Verhalten des Fahrzeugs, sondern ermöglicht es auch, dass die Dämpfung der Federung der aktuellen Situation angepasst wird, also beispielsweise für die Fahrt auf der Autobahn härter und für die Fahrt im Gelände weicher eingestellt wird. Ohne Regelung ließe sich eine derartige Anpassung nur durch konstruktive Veränderungen des Fahrzeugs realisieren.

2.6 Mechatronik

Als Mechatronik wird ein aktuelles Gebiet bezeichnet, in dem durch Verknüpfung von Methoden des Maschinenbaus, der Regelungstechnik und der Informatik neue Funktionsprinzipien und Verhaltensformen für mechanische Systeme realisiert werden. Auf der Grundlage regelungstechnischer Methoden und realisiert mit Rechnerarchitekturen und Programmiermethoden der Echtzeitdatenverarbeitung wird das dynamische Verhalten mechanischer Systeme Forderungen angepasst, die allein durch konstruktive Maßnahmen nicht erfüllbar wären. Wichtige Schnittstellen zwischen dem zu steuernden mechanischen System und der Regelung bilden Sensoren und Aktoren, über die der aus dem mechanischen System und einem Rechner bestehende Regelkreis geschlossen wird. Die Integration der drei genannten Fachdisziplinen wird besonders offensichtlich, wenn mechanische und informationsverarbeitende Elemente auf einem gemeinsamen Chip vereinigt werden, wie es beispielsweise beim Airbag-Sensor geschieht (Aufg. A4.4).

2.7 Flugregelung

Die Steuerung von Flugzeugen und Raumflugkörpern ist ein umfangreiches Gebiet, in dem die Regelungstechnik eine große Rolle spielt. Das soll hier beispielhaft an der Regelung von Flugzeugen erläutert werden. Ziel dieser Regelungen ist die Einhaltung vorgegebener Flugbahnen und die Kompensation der auf das Flugzeug wirkenden atmosphärischen Störungen.

Die Regelung hat den bereits mehrfach erwähnten hierarchischen Aufbau, durch den unterschiedliche Regelungsaufgaben zwar weitgehend voneinander entkoppelt, aber dennoch unter Beachtung ihrer Interaktion gelöst werden. Auf der untersten Ebene besteht die Aufgabe in der Stabilisierung des Flugzeugs im Raum. Roll- und Nickwinkel sollen auf Sollwerten gehalten werden. Dies erfolgt manuell durch den Piloten, der einen „künstlichen Horizont“ auf der Instrumententafel sieht und das Flugzeug danach ausrichtet. Automatisch kann diese Aufgabe gelöst werden, wenn die Winkelgeschwindigkeiten in beiden Richtungen durch Kreisel gemessen und durch Regler auf die Ruder zurückgeführt werden. Als Beispiel wird später die Stabilisierung der Rollbewegung behandelt (Aufgaben 6.27, 11.6 und A4.2). Diese Regelungen nutzen die Ruder als Stellglieder, die ihrerseits wiederum durch Regelungen in die vorgegebene Position gebracht werden. Als Beispiel hierfür wird in Aufgabe 10.9 die Regelung eines hydraulischen Ruderstellventils betrachtet.

Der Vorteil der automatischen Flugregelung liegt nicht nur in der Entlastung des Piloten von Routineaufgaben. Eine Regelung kann auch schneller reagieren als ein Pilot. Dies trifft insbesondere auf außergewöhnliche Situationen zu. Fällt beispielsweise ein Triebwerk aus, so erzeugen die verbleibenden Triebwerke eine Gierbeschleunigung („Drehbeschleunigung“ bezüglich der Hochachse), die mit Hilfe des Seitenruders ausgeglichen werden muss. Piloten reagieren typischerweise erst 2 Sekunden nach einem plötzlichen Triebwerksausfall und versuchen, ihre verspätete Reaktion durch einen starken Ruderausschlag zu kompensieren. Das Ruder muss so konstruiert sein, dass es die dabei entstehenden hohen Kräfte übertragen kann. Eine automatische Regelung, die schneller reagiert, kommt mit kleineren Ruderausschlägen aus, so dass die Ruder „leichter“ dimensioniert werden können. Der Einsatz einer automatischen Regelung hat also nicht nur eine Verbesserung des Verhaltens des Flugzeugs zur Folge, sondern erhöht die Sicherheit und ermöglicht auch eine leichtere Bauweise des Flugzeugs.

Auf der zweiten Steuerungsebene befinden sich Regelungen zur Kurs- und Geschwindigkeitshaltung. Diese Regelungen verwenden dieselben Aktoren, arbeiten jedoch in einem viel langsameren Zeitmaßstab.

Die dritte Regelungsebene betrifft die Bahnhaltung. Regelgrößen sind die Flughöhe und -richtung. Stellgröße ist der Triebwerksschub. Funknavigation wird zur Ortung eingesetzt.

Die Regelungen der zweiten und dritten Ebene führen dazu, dass der Pilot bei modernen Maschinen nur noch Sollwerte für Richtung, Höhe und Geschwindigkeit vorgibt. Durch diese Regelungen braucht sich der Pilot nicht mehr mit den in kurzen Zeitabständen notwendigen Steuerhandlungen zu befassen. Seine Aufgabe besteht jetzt in der Überwachung des Fluges.

Bei diesen Regelungen wird das Flugzeug als Regelstrecke betrachtet. Regelgrößen sind die Koordinaten und Bewegungsrichtungen des Flugzeugs im Raum, wobei für die unterste Regelungsebene die Ausrichtung des Flugzeuges im Raum und für die beiden höheren Ebenen das Flugzeug als Bewegung eines Punktes im Raum von Bedeutung ist. Stellgrößen sind die Winkel der Quer-, Seiten- und Höhenruder, der Flügelklappen sowie der Schub.

Diesen Regelungen des einzelnen Flugzeugs ist die Flugsicherung übergeordnet, die die Bahnen der Flugzeuge untereinander koordiniert und Vorgaben für den Weg der Flugzeuge macht. Im Gegensatz zur Regelung umfasst die Flugsicherung vor allem Planungsaufgaben, die in der Zuweisung von bestimmten Korridoren und in Zeitvorgaben für die einzelnen Flugzeuge resultieren.

Hohe Sicherheitsanforderungen waren der Grund dafür, dass selbsttätige Regelungen, bei denen sich der Pilot nicht mehr direkt im Regelkreis befindet, sehr zögernd und stets mit Hilfe redundanter Mess- und Stellsysteme eingeführt wurden. Besondere Vorbehalte gab es aus sicherheitstechnischen Gründen bei der Einführung des *fly-by-wire*, also von Regelungen, die elektronisch realisiert sind und in der zivilen Luftfahrt erst seit Einsatz des „Airbus“ angewendet werden. Traditionell wurden Regelkreise durch hydraulische oder mechanische Komponenten ausgeführt.

2.8 Der Mensch als Regler

Bei vielen Problemen des täglichen Lebens muss der Mensch Geräte oder Maschinen steuern. Dabei beobachtet er das Resultat seiner Handlungen, vergleicht dieses mit dem gewünschten Ergebnis und verändert gegebenenfalls seine Handlung. Der Mensch steht also als Regler direkt im Regelkreis.

Eine große Zahl von Beispielen aus dem täglichen Leben zeigt, dass die Lösung von Regelungsaufgaben tatsächlich „alltäglich“ ist. Die Positionierung eines Cursors mit Hilfe der Maus ist genauso ein Regelungsvorgang wie Fahrrad fahren (vgl. Aufgabe 10.11).

Andererseits verlangen viele technologische Prozesse, dass der Mensch als Regler wirkt und den Prozess in einer vorgegebenen Weise steuert. Der Mensch muss dabei jedoch nicht wie in den Beispielen, die in den folgenden Kapiteln behandelt werden, kontinuierlich auf den Prozess einwirken. Seine Aufgaben liegen auf dem Gebiet der Prozessüberwachung und der operativen Steuerung, also auf den in Abb. 1.1 gezeigten höheren Steuerungsebenen. Die Überwachung und der Eingriff in den Prozess erfolgt nur in bestimmten, häufig unregelmäßigen Zeitabständen, während im Folgenden von einer kontinuierlich wirkenden Regelung ausgegangen wird. Trotz dieser Unterschiede sind auch die den Mensch einschließenden Regelkreise rückgekoppelte Systeme mit den diesen Systemen eigenen Stabilitätsproblemen.

Aufgabe 2.2 *Steuerung eines Abfüllautomaten*

Ein Abfüllautomat hat die Aufgabe, Behälter mit einer Flüssigkeit zu füllen, ohne dass die Behälter überlaufen.

1. Diese Aufgabe wird heute meist durch eine Steuerung (in der offenen Wirkungskette) gelöst. Zeichnen Sie die dazugehörige Steuerkette entsprechend Abb. 1.5. Inwiefern muss bei der Festlegung der Steuerung ein Modell der zu füllenden Behälter verwendet werden? Überlegen Sie, was passiert, wenn die Steuerstrecke verändert wird, indem andersartige Behälter zum Füllen bereitgestellt werden. Was sind denkbare Störungen, auf die die Steuerung nicht reagieren kann?
2. Ergänzen Sie den Abfüllautomat so, dass der Füllvorgang durch eine Regelung beeinflusst wird. Was passiert im Regelkreis, wenn Behälter ausgetauscht werden oder Störungen wirken? □

Aufgabe 2.3 *Der Chauffeur als Regler*

Jeder Autofahrer ist ein Regler. Zeichnen Sie das Strukturbild dieser Regelung und erläutern Sie, welche Führungs- und Störgrößen auftreten sowie was „messen“, „vergleichen“, und „stellen“ in diesem Regelkreis bedeuten. □

Aufgabe 2.4* *Lautstärkeregler*

Warum ist der „Lautstärkeregler“ Ihres Radios oder der HiFi-Anlage kein Regler in dem hier verwendeten Sinn? Welchem regelungstechnischen Begriff entspricht diese umgangssprachlichen Bezeichnung? □

2.9 Biologische Regelkreise

In der Biologie besteht die Aufgabe von Regelungen darin, die inneren Bedingungen in Organismen konstant zu halten. Höher entwickelte Lebewesen sind existenziell davon abhängig, dass sie eine gleichbleibende Körpertemperatur haben, in ihren Zellen ein konstanter pH-Wert vorliegt und der Blutdruck und der Blutzuckerspiegel nach einer körperlichen Belastung auf Normalwerte zurückgehen. Das Konstanthalten der inneren Lebensbedingungen wird bei Lebewesen *Homöostase* genannt.

Die Analogien zwischen technischen und biologischen Regelungen betreffen sowohl den strukturellen Aufbau von Regelkreisen als auch die dynamischen Phänomene, die sich in diesen Regelkreisen abspielen. Beispielsweise kann die Körpertemperaturregelung des Menschen mit Hilfe des in Abb. 1.2 auf S. 4 gezeigten Blockschaltbildes erklärt werden. Die Regelgröße y ist die Körpertemperatur, genauer gesagt die Bluttemperatur im Zwischenhirn, die durch temperaturempfindliche Nervenzellen „gemessen“ wird. Die Stellgröße u erzeugt Anreize, die die Wärmeabgabe des Körpers über die Haut an die Umgebung oder die Wärmebildung in den

Muskeln stimulieren. Der Versuch des Körpers, seine Temperatur durch zitternde Muskeln zu erhöhen, ist oft im Freibad zu beobachten. Dieser Regelkreis bewirkt eine Kompensation von Störungen auf die Körpertemperatur, die einerseits in einer zu hohen oder zu niedrigen Umgebungstemperatur oder andererseits in aktiver körperlicher Bewegung bestehen. Interessanterweise ist der Regelkreis durch eine Störgrößenaufschaltung (vgl. Abschn. 13.1.1) erweitert, denn die Thermorezeptoren auf der Haut erkennen eine zu hohe bzw. zu niedrige Umgebungstemperatur, so dass der Körper auf veränderte Umgebungsbedingungen reagieren kann, bevor sich diese Störung auf die Körpertemperatur auswirkt.

Ähnliche Regelkreise arbeiten, um den Blutdruck und den Blutzuckerspiegel konstant zu halten, um die Lichtstärke auf der Netzhaut mit Hilfe der Pupillen einzugrenzen, um den Kreislauf an den aktuellen Sauerstoffverbrauch anzupassen usw. Zwar treten im Gegensatz zu technischen Regelungen an die Stelle von Messgliedern Rezeptoren, an die Stelle des durch einen Computer realisierten Reglers nervöse oder hormonelle Regelungsvorgänge und an die Stelle von Stellgliedern biologische Effektoren, das Grundprinzip ist jedoch in beiden Gebieten dasselbe.

Im Gegensatz zu technischen Regelungen besteht bei biologischen Regelkreisen das Ziel nicht in der Schaffung geeigneter Regler, sondern in der Analyse bereits bestehender Regelkreise, um fehlerhaftes Verhalten diagnostizieren, erklären und gegebenenfalls medizinisch behandeln zu können. Obwohl biologische Regelkreise stark nichtlineare Elemente enthalten, hat das typisch regelungstechnische Vorgehen, den Regelkreis durch Blockschaltbilder zu beschreiben und die Elemente einzeln und in ihrem Zusammenspiel zu analysieren, ermöglicht, dass eine Reihe dieser Regelungen auch parametrisch beschrieben werden können. Diese Kenntnisse werden z. B. in der Medizintechnik genutzt, um bestimmte, durch eine Erkrankung außer Kraft gesetzte physiologische Regelungen durch technische Regelungen zu ersetzen (z. B. Herzschrittmacher) bzw. um technische Systeme an die physiologischen Systeme anzupassen (z. B. Beatmungsgeräte).

2.10 Gemeinsamkeiten von Regelungen in unterschiedlichen Anwendungsgebieten

Die aufgeführten Beispiele haben Gemeinsamkeiten von Regelungsaufgaben aus unterschiedlichen Anwendungsgebieten gezeigt und Probleme bei der Realisierung offensichtlich werden lassen.

Gemeinsam ist allen Aufgaben, dass die behandelten Steuerungsprobleme durch einen Regelkreis gelöst werden, wobei Regel- und Stellgrößen von Fall zu Fall physikalisch völlig unterschiedliche Größen darstellen, in jedem Fall aber Signalen entsprechen, die das Verhalten des Systems beschreiben bzw. durch die das Verhalten des Systems beeinflusst werden kann.

Die Regelstrecke ist ein dynamisches System mit u. U. sehr kompliziertem dynamischen Verhalten. Um die Regelungsaufgabe lösen zu können, muss deshalb bekannt sein, welche Wirkungen die Einganggröße auf das zeitliche Verhalten der Regelstrecke hat. Die mathematische Beschreibung linearer dynamischer Systeme und die Berechnung des Systemverhaltens sind deshalb Gegenstand der Kap. 3 – 6.

Regelungen sind notwendig, um

- Störungen auszugleichen,
- die Regelgröße dem zeitlichen Verlauf der Führungsgröße anzupassen,
- die Dynamik der Regelstrecke zu verändern, insbesondere instabile Systeme zu stabilisieren,
- die Steuerungsaufgaben trotz veränderter Eigenschaft der Regelstrecke zu erfüllen.

Wie die in diesem Kapitel behandelten Beispiele gezeigt haben, wird die Regelung bei vielen System nicht nur gebraucht, um das Verhalten des Systems zu verbessern, sondern um den bestimmungsgemäßen Betrieb der Anlage überhaupt zu ermöglichen.

Voraussetzung für die Realisierung einer Regelung ist, dass die Regelgröße gemessen, die Regelstrecke über Stellgrößen in ihrem Verhalten beeinflusst und der Sollwert exakt vorgegeben werden kann und dass alle diese Daten schnell genug zum und vom Regler übertragen werden können. Für viele technische Systeme ist die letzte Forderung sehr einfach erfüllbar, die erste aber mit Problemen behaftet, weil beispielsweise pH-Wert-Sensoren einen hohen Wartungsaufwand erfordern und deshalb die Güte von pH-Wert-Regelungen entscheidend von den Sensoren abhängig ist. Ein anderes Beispiel, das Probleme bei der Messung der Regelgröße verdeutlicht, sind sensorgeführte Roboter. Roboter, bei denen der Greifer über keine Sensorik verfügt, können nur in der offenen Wirkungskette gesteuert werden. Damit kann die für Montageaufgaben erforderliche Genauigkeit bei der Positionierung nur bedingt erreicht werden, weil die Steuerung nicht auf Änderungen in der Arbeitsweise des Roboters reagieren kann, die sich beispielsweise durch unterschiedliche Last im Greifer ergeben. Nur wenn Sensoren vorhanden sind, kann die Kraft, die ein Werkzeug auf ein Werkstück ausübt, oder die Position des Greifers exakt durch eine Regelung eingestellt werden.

Dass auch die Sollwertvorgabe Schwierigkeiten bereiten kann, wird beim Kran auf einer Baustelle deutlich. Die Aufgabe, den Lasthaken an eine vorgegebene Position zu bewegen, könnte ohne weiteres automatisiert werden, wenn man dafür nicht die aktuelle Position messen und die gewünschte Position exakt vorgeben müsste. Die quantitativ exakte Vorgabe des Sollwertes würde es notwendig machen, ein Koordinatensystem für die Baustelle einzuführen und die Sollpositionen bezogen auf dieses Koordinatensystem dem Regler mitzuteilen. Diese Schwierigkeiten führen dazu, dass das Kranfahren noch nicht automatisiert ist und nach wie vor durch einen Kranfahrer, der einen menschlichen Regler darstellt, ausgeführt wird. Die Steuerung erfolgt zwar nicht automatisch, aber auch der Mensch nutzt das Rückführprinzip, um die ihm gestellte Steuerungsaufgabe zu lösen.

Probleme bezüglich der Schnelligkeit der Mess- und Stellwertübertragung treten bei geografisch weit verteilten Systemen, wie beispielsweise bei Elektroenergieverbundsystemen, auf. Da es nicht möglich ist, alle Daten in der für die Regelung elektroenergetischer Vorgänge notwendigen Geschwindigkeit und mit der erforderlichen

Sicherheit zu übertragen, werden mehrere Einzelregler (dezentrale Regler) verwendet, die gemeinsam die gestellte Regelungsaufgabe erfüllen.

Systemtheoretische Betrachtungen zum Messen und Stellen. Die soeben angesprochenen Probleme betrafen die technische Realisierung des Messens und Stellens, wobei nur die konkrete Ausführbarkeit dieser Vorgänge und nicht die technische Realisierung im Detail angesprochen wurde. Um diese Vorgänge technisch realisieren zu können, ist es notwendig, auch die auf den Signalwegen notwendigen Wandlungen der physikalischen Messsignale in analoge und digitale Größen, Randbedingungen für eine möglichst fehlerfreie Übertragung usw. zu berücksichtigen.

Im Folgenden wird vereinfachend angenommen, dass sich diese technischen Probleme lösen lassen und zwar so schnell und fehlerfrei, dass die in Wirklichkeit nur zu bestimmten Abtastzeitpunkten auftretenden binär kodierten Signale wie kontinuierliche, exakte Signale behandelt werden können. Auch der Regleralgorithmus, der u. U. umfangreiche numerische Operationen erfordert, soll so schnell ablaufen, dass seine Abarbeitung keine nennenswerte Verzögerungen hervorruft.

Obwohl die genannten technischen Probleme hier außer Acht gelassen werden, sollen die mit der Messung und dem Stellen verbundenen dynamischen Wirkungen in die Betrachtungen einbezogen werden. So kann beispielsweise nicht davon ausgegangen werden, dass auf dem Weg vom Sensor zum Regler Signale beliebig hoher Frequenz verzögerungsfrei übertragen werden. Um dieser Tatsache gerecht zu werden, kann die Messdynamik beispielsweise durch eine Differenzialgleichung erster Ordnung dargestellt werden. Ähnliches gilt für den Signalweg vom Regler zum Stellglied bzw. für das Stellglied selbst. Steht als Stellglied beispielsweise ein durch einen Motor betätigtes Ventil zur Verfügung, so hat das Stellglied ein integrales Verhalten, denn seine Öffnung ist proportional dem Integral des Stellsignals u. Dies kann ebenfalls durch eine Differenzialgleichung erster Ordnung erfasst werden.

Im Folgenden wird stets von linearen Systemen ausgegangen, obwohl viele Regelstrecken nichtlineares Verhalten besitzen. Insbesondere sind viele Stellglieder und Sensoren nichtlinear. Dennoch können die meisten Regelungsaufgaben mit Hilfe linearer Modelle der Regelstrecke gelöst werden. Der Grund dafür liegt in der Tatsache, dass sich diese Regelungen damit befassen, ein System in der Nähe eines vorgegebenen Arbeitspunktes zu halten, so dass nur Abweichungen um den Arbeitspunkt von Interesse sind. In der Nähe des Arbeitspunktes kann das Verhalten vieler Regelstrecken näherungsweise durch ein lineares Modell beschrieben werden. Außerdem können Nichtlinearitäten von Stell- und Messgliedern häufig dadurch kompensiert werden, dass die „inverse" Nichtlinearität diesen Gliedern vor- bzw. nachgeschaltet wird, so dass die Reihenschaltung aus Kompensation und Stell- bzw. Messglied näherungsweise linear ist.

Aufgabe 2.5* *Praktische Regelungsaufgaben*

Überlegen Sie sich, warum die folgenden technischen Probleme nur mit Hilfe von Regelungen gelöst werden können:

- Die Temperatur der Kühlflüssigkeit im Motor eines Kraftfahrzeugs soll konstant sein.

- Ein Raumflugkörper soll mit einer Radarantenne verfolgt werden.
- Die Papiergeschwindigkeit in einer Druckmaschine soll konstant sein.
- Temperatur, Druck und Luftfeuchtigkeit in einer Flugzeugkabine sollen konstant sein.

Inwiefern ist die Lösung dieser Regelungsaufgaben für die Realisierbarkeit technologischer Wirkprinzipien notwendig? Welche Ähnlichkeiten weisen die genannten Regelungsaufgaben trotz der unterschiedlichen Anwendungsgebiete auf? □

Aufgabe 2.6 *Heizungspumpenregelung*

In einer Anzeige mit der Überschrift „Stromersparnis durch Heizungspumpenregelung" heißt es: „Der Thermodrive-Heizungsregler ist ein elektronisches Vorschaltgerät, dass die Temperaturen des Vor- und Rücklaufes einer Heizung misst und die Leistungsaufnahme der Pumpe regelt. Ziel ist es, die Wärme möglichst energiesparend zu transportieren. Dazu wird die Temperaturdifferenz zwischen Vor- und Rücklauf konstant gehalten und der Massenstrom durch Änderung der Pumpenleistung variiert."

Beschreiben Sie den Aufbau des Regelkreises, die Wirkungsweise der Regelung und begründen Sie, warum diese Regelung zur Energieeinsparung beitragen kann. □

Aufgabe 2.7 *Thermostat im Backofen*

Moderne Backöfen besitzen einen Thermostat, der die Temperatur im Backraum auf einem vorgegebenen Sollwert hält.

1. Warum ist eine solche Regelung notwendig?
2. Diskutieren Sie die Tätigkeit des Bäckers an Backöfen mit bzw. ohne Thermostat und erläutern Sie, inwiefern der Thermostat die Benutzung des Backofens vereinfacht. □

Literaturhinweise

Für jedes der angegebenen Anwendungsgebiete gibt es Spezialliteratur, in der die typischen Regelungsprobleme und die bewährten Regelungsverfahren im Detail beschrieben sind. Empfohlen werden können u. a. [66] für die Prozessregelung, [72] für die Regelung von Elektroenergiesystemen, [33] und [37] für die Regelung von Fahrzeugen, [8] und [51] für Flugregelungen und [12], [32] und [67] für biologische Regelkreise. Als Literatur zu Stellgeräten wird auf [15] und [54] verwiesen.

3

Strukturelle Beschreibung dynamischer Systeme

Nach einer kurzen Übersicht über die Ziele und den allgemeinen Weg der Modellbildung wird das Blockschaltbild dynamischer Systeme eingeführt und an Beispielen erläutert. Dann wird auf den Signalflussgrafen als alternative Beschreibungsform eingegangen.

3.1 Ziele und wichtige Schritte der Modellbildung

In der Regelungstechnik wird mit Modellen gearbeitet, die das Verhalten dynamischer Systeme durch Signale und Signalumformungen beschreiben. Ein *dynamisches System* wird als Funktionseinheit zur Verarbeitung und Übertragung von Signalen definiert, wobei unter *Signalen* zeitveränderliche Größen verstanden werden. Die Modelle haben deshalb typischerweise die Form von (linearen) Differenzialgleichungen, in denen die Signale und deren zeitliche Ableitungen sowie Koeffizienten vorkommen, die von den physikalischen Parametern des betrachteten Systems abhängen.

Um für eine gegebene Anlage zu dem gesuchten Modell zu gelangen, muss vom physikalischen Charakter der dynamischen Vorgänge abstrahiert werden. Ziel dieser Abstraktion ist es, alle zeitlichen Vorgänge durch Zeitfunktionen (Signale) zu beschreiben und alle Beziehungen zwischen diesen Vorgängen als funktionale Abhängigkeiten zwischen den Zeitfunktionen zu interpretieren. Es ist dabei vollkommen gleichgültig, ob die zeitlich veränderlichen Größen Energie-, Massen- oder Kapitalströme darstellen. Wichtig ist, welche sich zeitlich ändernden Beschreibungsgrößen dieser Phänomene das dynamische Verhalten des betrachteten Systems wiedergeben. Von unterschiedlichen physikalischen Flüssen wird also der Informationsfluss abstrahiert. Dabei wird sich zeigen, dass Systeme mit verschiedenartigen Wirkprinzipien in Bezug auf die Signalübertragung gleiche oder ähnliche Eigenschaften aufweisen können.

Die Modellbildung vollzieht sich typischerweise in folgenden Schritten:

1. **Beschreibung des Modellierungszieles.** Das Modellierungsziel wird durch die zu lösende Regelungsaufgabe bestimmt. Das Modell soll nur diejenigen Verhaltensformen der Regelstrecke wiedergeben, die für die betrachtete Aufgabe wichtig sind. Aus der konkreten Regelungsaufgabe wird ersichtlich, auf welchen Teil der Anlage sich die Regelungsaufgabe bezieht und welche Größen das Verhalten der Regelstrecke maßgebend beeinflussen bzw. beschreiben. Es ist ferner festzulegen, mit welcher Genauigkeit die Regelstrecke zu modellieren ist, ob also beispielsweise Nichtlinearitäten zu berücksichtigen sind oder mit linearisierten Beschreibungen gearbeitet werden kann. Aus der Abgrenzung der Regelstrecke gegenüber ihrer Umgebung erkennt man, welche Einflussgrößen von der Umgebung auf das System einwirken (Eingangsgrößen) bzw. welche Größen die Reaktion des Systems auf die Umgebung kennzeichnen (Ausgangsgrößen).

2. **Auswahl der Modellannahmen.** In Abhängigkeit von den Modellierungszielen wird festgelegt, welche Phänomene, Teilsysteme, Wechselwirkungen mit der Umgebung usw. im Modell berücksichtigt werden müssen. Andererseits wird festgelegt, was das Modell *nicht* enthalten muss, welche Einschränkungen für den Gültigkeitsbereich akzeptabel sind und welche Klassen von Eingangsgrößen und Anfangsbedingungen betrachtet werden sollen. Diese Festlegungen bilden die Modellannahmen, auf die sich die weiteren Modellierungsschritte beziehen.

3. **Verbale Beschreibung der Regelstrecke.** Das Modell entsteht häufig zunächst in Form einer umgangssprachlichen Beschreibung des Systems und seiner Elemente, Funktionen und strukturellen Verknüpfungen. Dieses „Wortmodell“ kann von allen an der Modellbildung Beteiligten (und nicht nur vom Regelungstechniker) verstanden und überprüft werden.

4. **Aufstellung des Blockschaltbildes.** Im nächsten Schritt der Modellbildung werden aus dem Wortmodell die wichtigsten Elemente des Systems und deren Verknüpfungen herausgearbeitet. Die Zerlegung des Systems in seine Elemente ist ein wichtiger Schritt, weil die Elemente in den weiteren Modellierungsschritten häufig unabhängig voneinander behandelt werden können, was die Komplexität der Modellbildung (und später auch die der Analyse und Regelung) wesentlich verringert. Die Verknüpfung der Elemente über Signale beschreibt die innere Struktur des Systems. Für die Aufstellung des Blockschaltbildes ist noch keine Kenntnis der quantitativen Zusammenhänge notwendig, die durch die einzelnen Elemente dargestellt werden.

5. **Aufstellung der Modellgleichungen.** Für jedes einzelne Element muss man nun feststellen, auf welche Weise die Eingangsgrößen des Elements in die Ausgangsgrößen umgewandelt werden. Dabei stellt man die Gleichungen für die einzelnen Systemelemente auf. Später werden diese Gleichungen unter Beachtung der Systemstruktur zu einem Modell des Gesamtsystems verknüpft. Die gesuchten

quantitativen Beziehungen können entweder durch theoretische Modellbildung aus den in den Elementen wirkenden physikalischen Gesetzmäßigkeiten abgeleitet oder, sofern das betrachtete Element experimentell untersucht werden kann, aus Messdaten bestimmt werden. Der zweite Weg wird als experimentelle Modellbildung oder Identifikation bezeichnet. Einen Eindruck von diesem Modellbildungsweg gibt Abschn. 5.8. Das Ergebnis ist bei beiden Formen der Modellbildung ein quantitatives Modell des betrachteten Systems.

6. **Modellvalidierung.** Die Überprüfung des Modells erfolgt im Idealfall durch einen Vergleich des mit dem Modell berechneten und des experimentell ermittelten Systemverhaltens. Wenn keine ausreichenden Experimentdaten vorliegen, kann die Modellgenauigkeit durch Analyse von Teilmodellen, Überprüfung stationärer Vorgänge oder qualitative Betrachtungen bewertet werden.

Im Folgenden wird das Blockschaltbild dynamischer Systeme eingeführt. Es entsteht in einer frühen Phase der Modellierung, bevor zur quantitativen Beschreibung übergegangen wird. Das Blockschaltbild ist ein wichtiges Handwerkszeug des Regelungstechnikers, das nicht nur als Zwischenschritt der Modellbildung, sondern auch bei der Systemanalyse und beim Reglerentwurf eingesetzt wird. Dieses Buch enthält deshalb viele Blockschaltbilder.

3.2 Blockschaltbild

Das in diesem Abschnitt eingeführte Blockschaltbild beschreibt die Struktur des betrachteten dynamischen Systems. Obwohl der Begriff „Struktur" in sehr unterschiedlicher Weise verwendet wird, bezeichnet er in jedem Falle Eigenschaften, die von bestimmten Parametern weitgehend unabhängig und deshalb typisch für eine ganze Klasse von Systemen sind. Durch das im Folgenden eingeführte Blockschaltbild wird beschrieben, aus welchen Teilsystemen sich ein gegebenes System zusammensetzt und durch welche Signale die Teilsysteme verkoppelt sind. Dieses Bild ist weitgehend unabhängig von den Systemparametern. In ähnlicher Form wird der Strukturbegriff im Kap. II–3 verwendet, wo aus den Matrizen des Zustandsraummodells Strukturmatrizen abgeleitet werden, die nur noch aussagen, welche Elemente von null verschieden sind und folglich Signalkopplungen kennzeichnen.

Dass zunächst der strukturelle Aufbau eines dynamischen Systems betrachtet wird, hat zwei Gründe:

- Die Genauigkeit jedes Modells hängt in entscheidender Weise davon ab, ob das Modell das betrachtete reale System strukturell richtig beschreibt. Man muss deshalb bei jeder Aufgabe zunächst die Systemstruktur analysieren.
- Strukturelle Darstellungen vermitteln eine Übersicht über die dynamischen Eigenschaften des Systems und tragen deshalb entscheidend zum Verständnis des Systemverhaltens bei. Sie zeigen, wie die Signale untereinander verkoppelt sind,

wo im System Rückkopplungen auftreten und ob das Gesamtsystem möglicherweise in unabhängige oder schwach gekoppelte Teilsysteme zerlegt werden kann. Vor jeder quantitativen Analyse sollte man deshalb ein gegebenes System auf der strukturellen Betrachtungsebene untersuchen.

Strukturelle Modelle können häufig schon aus einer verbalen Beschreibung des Systems abgeleitet werden, ohne dass die das System beschreibenden Gleichungen und die Parameterwerte bekannt sind.

Das *Blockschaltbild*, das auch als *Wirkungsschema* oder *Strukturbild* bezeichnet wird, geht von der im Abschnitt 3.1 dargestellten Betrachtungsweise aus, bei der das System von seiner Umgebung abgegrenzt wird und bei der die Wechselwirkungen von System und Umgebung durch Signale beschrieben werden. Stellt man das System durch einen Block dar, so entsteht Abb. 3.1. Die Eingangsgrößen sind diejenigen Größen, durch die die Umwelt auf das System einwirkt und die folglich die Ursachen für alle in dem System ablaufenden Vorgänge darstellen. In dem später aufzustellenden quantitativen Modell stellen sie die unabhängigen Veränderlichen dar. Ausgangsgrößen sind diejenigen Größen, die das Verhalten des Systems beschreiben und durch die das System möglicherweise auf seine Umwelt zurückwirkt. Im quantitativen Modell sind sie die abhängigen Veränderlichen.

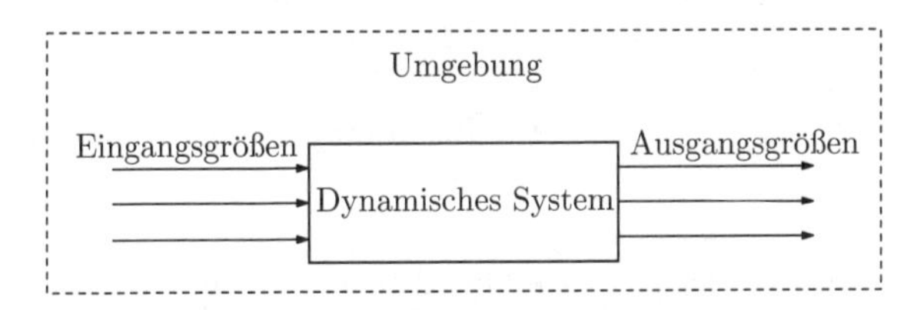

Abb. 3.1: Blockschaltbild eines Systems

In Abb. 3.1 und bei allen weiteren Abbildungen ist folgendes sehr wichtig:

- **Pfeile** stellen zeitlich veränderliche Größen, also Signale, dar.
- **Blöcke** stellen Verarbeitungseinheiten, also dynamische Systeme, dar.
- Signale haben eine eindeutige **Wirkungsrichtung**, die durch die Pfeile beschrieben wird. Der Pfeilanfang beschreibt, wo das Signal entsteht. Die Pfeilspitze weist auf den Block, in dem das Signal als Ursache anderer Vorgänge auftritt.

Blöcke sind grundsätzlich *rückwirkungsfrei*, d. h., die Vorgänge innerhalb eines Blockes verändern die Eingangssignale nicht (es sei denn, ein Ausgangssignal wird zum Eingang desselben Blockes zurückgeführt).

Die Blöcke werden auch als *Übertragungsglieder* bezeichnet, wobei dieser Begriff vor allem dann angewendet wird, wenn die Blöcke lediglich eine Eingangsgröße und eine Ausgangsgröße besitzen. Sie können jedoch auch mehr als ein Eingangssignal und mehr als ein Ausgangssignal besitzen. Vektoriell zusammengefasste Signale werden häufig durch einen Doppelpfeil $\Longrightarrow$ gekennzeichnet.

Im Blockschaltbild wird der Inhalt der Blöcke zunächst verbal beschrieben. Im Laufe der Modellerstellung können diese Beschreibungen durch quantitative Modelle (z. B. Differenzialgleichungen) oder durch Kennfunktionen (z. B. Übergangsfunktionen) ersetzt werden.

In gleicher Weise, wie es bisher für das gesamte System getan wurde, kann der innere Aufbau des Systems durch Blöcke und Pfeile beschrieben werden, wobei alle Pfeile Signalen und alle Blöcke Funktionalbeziehungen zwischen Signalen entsprechen. Von dieser Darstellungsform wurde bereits in den Kap. 1 und 2 Gebrauch gemacht, um den strukturellen Aufbau von Regelkreisen und Steuerungen zu erläutern.

Spezielle Symbole. Für eine Reihe spezieller funktionaler Abhängigkeiten, die auch durch einen Block dargestellt werden könnten, sind einfachere Symbole eingeführt worden (Abb. 3.2). Eine *Signalverzweigung* wird durch einen Punkt dargestellt. Die beiden Pfeilenden stellen dasselbe Signal dar (und nicht etwa Teilströme eines von links zum Knoten fließenden Stromes!). Bei der *Summationsstelle* kann mit Hilfe eines Minuszeichens, das rechts von der Pfeilspitze steht, eine Subtraktion dargestellt werden. *Nichtlineare Übertragungsglieder* werden besonders gekennzeichnet, weil von allen anderen Blöcken in der Regelungstechnik häufig die Linearität vorausgesetzt wird.

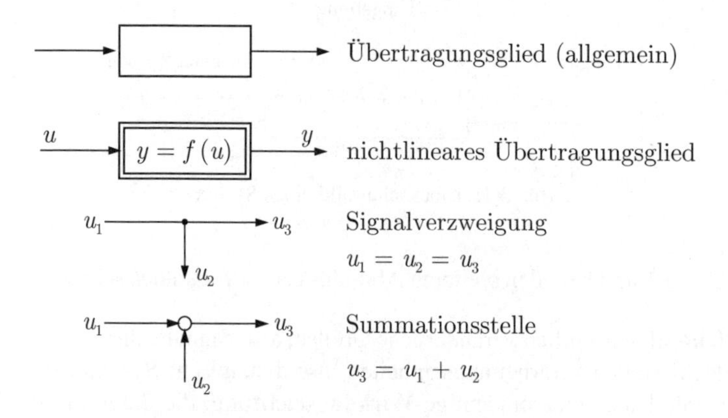

Abb. 3.2: Spezielle Symbole in Blockschaltbildern

Beispiel 3.1 *Strukturelle Modellierung von Drehrohrofen und Klinkerkühler*

Bei der Zementherstellung wird ein Gemisch aus Kalkstein, Mergel, Ton und Sand in einem Drehrohrofen bei etwa 1600°C gebrannt und der dabei entstehende Klinker wird in einem Kühler abgekühlt. Abbildung 3.3 veranschaulicht die Wechselwirkungen, die dabei zwischen dem Ofen und dem Kühler auftreten und das dynamische Verhalten dieses Prozesses maßgebend bestimmen. In dem dargestellten rechten Ende des Ofens findet der

Brennprozess statt. Der gebrannte Klinker fällt mit einer Temperatur um 1350°C aus dem sich drehenden Ofen auf einen Rost im Kühler, durch den von unten Luft geblasen wird. Der Rost bewegt sich und transportiert den sich abkühlenden Klinker nach rechts. Die beim Abkühlen des Klinkers erhitzte Luft wird nach dem Gegenstromprinzip als Sekundärluft mit einer Temperatur von 950°C dem Brennraum zugeführt, wodurch die rückgewonnene Wärme beim Brennen wiederverwendet werden kann.

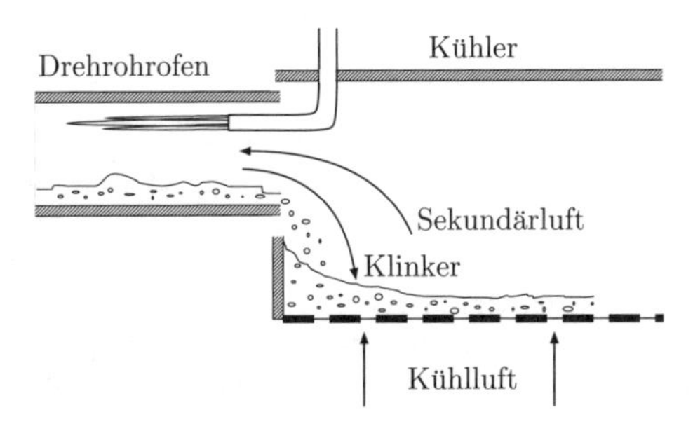

Abb. 3.3: Drehrohrofen und Klinkerkühler

Um eine gute Zementqualität zu erreichen, muss der Brandprozess möglichst gleichmäßig ablaufen. Wesentliche Störungen resultieren aus zeitlich wechselnden Eigenschaften der Ausgangsstoffe und des Brennstoffs. Um das Verhalten der Regelstrecke verstehen zu können, soll ein Blockschaltbild für die dynamischen Wechselwirkungen von Ofen und Kühler aufgestellt werden.

In einem sehr einfachen Blockschaltbild erscheinen Ofen und Kühler jeweils als ein Block. Der Ofen beeinflusst das Verhalten des Kühlers durch den mit hoher Temperatur auf den Rost fallenden Klinker, dessen wichtigste sich zeitlich verändernden Größen die pro Zeiteinheit herabfallende Masse und die Temperatur sind. Beides wird durch die Ofendrehzahl und die pro Zeiteinheit zugeführte Brennstoffmenge beeinflusst. Als weitere wichtige Größe beeinflusst die pro Zeiteinheit vom Kühler in den Ofen zurückgeführte Wärmemenge den Brandprozess. Da mit einem näherungsweise konstanten Luftvolumenstrom gearbeitet wird, ist die Sekundärlufttemperatur das diese Rückkopplung beschreibende Signal. Weitere Einflussgrößen wie der Massenstrom der Ausgangsstoffe werden bei diesen Betrachtungen als konstant angesehen und erscheinen deshalb nicht als Signale im Blockschaltbild, sondern müssen in einer detaillierten quantitativen Beschreibung später als Parameter berücksichtigt werden.

Das Verhalten des Klinkerkühlers wird auch durch die Rostgeschwindigkeit und die Lüfterdrehzahl beeinflusst, die für die Kühlluftmenge maßgebend ist. Ausgangsgrößen sind der Klinkermassenstrom und die Klinkertemperatur am Ende des Kühlers.

Abbildung 3.4 zeigt das aus diesen Überlegungen abgeleitete Blockschaltbild. Obwohl dieses Bild nur eine strukturelle Darstellung der komplexen dynamischen Vorgänge ist, weist es auf wichtige gegenseitige Abhängigkeiten der betrachteten Größen hin. Typscherweise wird durch eine Kühlerregelung versucht, Schwankungen in der Sekundärlufttemperatur abzubauen, wobei die Rostgeschwindigkeit und die Lüfterdrehzahl als Stellgrößen verwendet werden. Das Blockschaltbild zeigt, dass dabei nicht der Kühler allein als Regelstrecke wirkt, sondern die dynamischen Eigenschaften der Regelstrecke wesentlich durch Ofen und Kühler gemeinsam bestimmt werden. Beide Anlagen befinden sich nämlich in einer Rückkopplungsschaltung. Veränderungen im Brandprozess führen zu Schwankungen im Klinkermassenstrom und in der Klinkertemperatur, die sich wiederum in Schwankungen

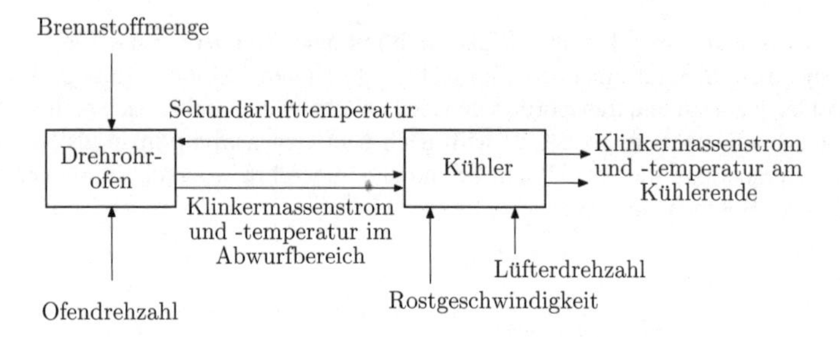

Abb. 3.4: Blockschaltbild zur Beschreibung der dynamischen Wechselwirkungen von Drehrohrofen und Klinkerkühler

der Sekundärlufttemperatur niederschlagen und weitere Veränderungen im Brandprozess hervorrufen. Eine genauere Analyse zeigt, dass dieses rückgekoppelte System zu Schwingen neigt (Aufg. 8.18). Der zu entwerfende Regler muss auf diese Eigenschaft der Regelstrecke Rücksicht nehmen.

Dieses Beispiel zeigt, dass sich eine regelungstechnische Betrachtung von einer verfahrenstechnischen grundlegend unterscheiden kann. Drehrohrofen und Klinkerkühler werden beim Aufbau eines Zementwerkes häufig von unterschiedlichen Herstellern geliefert, die sich jeweils nur um die Funktion des von ihnen aufgestellten Teils der Anlage kümmern. Aus regelungstechnischer Sicht können viele Einzelheiten der Anlage vernachlässigt werden bzw. gehen als Parameter in die dynamischen Modelle ein. Im Gegensatz zu den Herstellern spielt jedoch das Zusammenspiel beider Anlagen die entscheidende Rolle bei der Analyse des dynamischen Verhaltens und beim Reglerentwurf. □

Beispiel 3.2 *Blockschaltbild der Regelung eines UASB-Reaktors*

Abbildung 3.5 zeigt den Aufbau eines UASB-Reaktors (*Upflow Anaerobic Sludge Blanket Reactor*), in dem Abwasser durch Bioorganismen gereinigt wird. Das Abwasser wird durch eine Zulaufpumpe in den Zirkulationskreis des Reaktors geführt. Der Zirkulationskreis entnimmt Abwasser aus dem oberen Bereich des Reaktors und pumpt es im unteren Bereich wieder in den Reaktor hinein. Dadurch wird eine gute Durchmischung von Abwasser und Biomasse erreicht und die Biomasse über die gesamte Höhe des Reaktors verteilt. Das geklärte Wasser wird am Reaktorkopf abgezogen, wobei ein Sedimenter verhindert, dass Biomasse auf diesem Weg den Reaktor verlässt. Das Biogas, das im Wesentlichen aus Methan besteht, wird vor der weiteren Verwendung gereinigt. Durch den Heizmantel wird der Reaktor auf einer Temperatur von 38^oC gehalten.

Abbildung 3.5 zeigt eine für verfahrentechnische Betrachtungen typische Darstellung einer solchen Anlage. Für regelungstechnische Untersuchungen kann diese Darstellung wesentlich vereinfacht werden, was im Folgenden am Beispiel der pH-Wert-Regelung veranschaulicht wird. Die Regelung erscheint in Abb. 3.5 als Rückführung der Messgröße „pH-Wert“ auf die Drehzahl der Zulaufpumpe. Um das Blockschaltbild dieser Regelung aufzustellen, kann von vielen Einzelheiten des Anlagenschemas abstrahiert werden. Auf Grund des Zirkulationskreises kann davon ausgegangen werden, dass der Reaktor homogen durchmischt ist und insbesondere der pH-Wert des Reaktorinhaltes überall derselbe ist. Folglich spielt im Weiteren der Zirkulationskreis keine Rolle mehr.

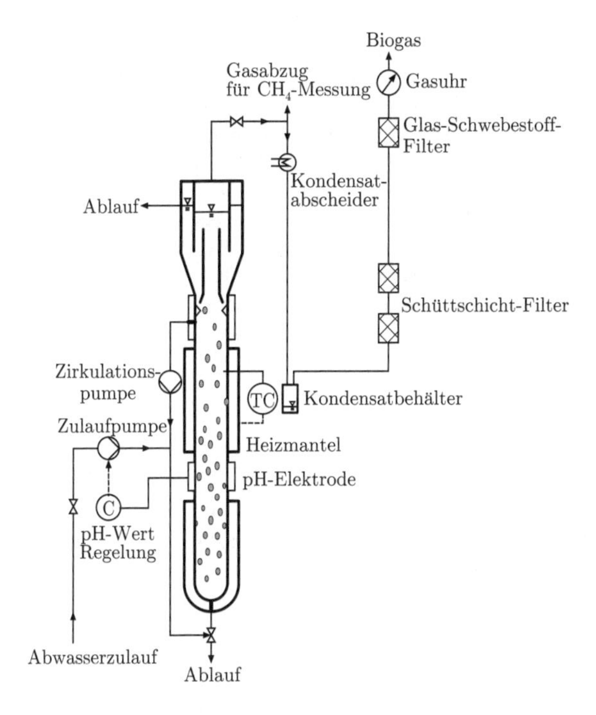

Abb. 3.5: UASB-Reaktor

Auf Grund der im Anlagenschema durch einen Kreis mit der Bezeichnung TC eingetragenen Temperaturregelung kann davon ausgegangen werden, dass der Reaktor eine konstante Temperatur besitzt, so dass wechselnde Temperaturen des zugeführten Abwassers und der Reaktorumgebung nicht als Störgröße betrachtet werden müssen.

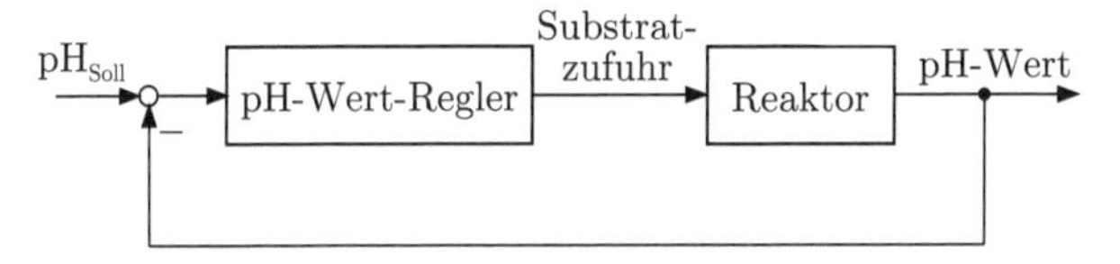

Abb. 3.6: Blockschaltbild der pH-Wert-Regelung

Regelgröße ist der pH-Wert, Stellgröße die Substratzufuhr, also die „Nährstoffzufuhr“ für die Bioorganismen. Die Substratzufuhr wird im Wesentlichen durch die Drehzahl der Zulaufpumpe bestimmt. Genau genommen, gibt der Regler die Spannung für den Motor der Zulaufpumpe vor. Wenn man aber die Wirkung einer Spannungsänderung auf eine Drehzahländerung und damit auf eine Änderung der Substratzufuhr als verzögerungsfrei betrachten kann, so unterscheiden sich Substratzufuhr und Spannung nur um einen konstanten Faktor und man kann mit dem in Abb. 3.6 gezeigten Blockschaltbild arbeiten.

Die Regelgröße wird durch den Abbauprozess ständig verändert. Die Regelung soll diese „Störung“ ausgleichen und den pH-Wert dem vorgegebenen Sollwert pH_{soll} angleichen.

Als weitere Störung wirkt die sich zeitlich verändernde Zusammensetzung des Abwassers, Abbildung 3.6 zeigt das aus diesen Überlegungen entstehende Blockschaltbild.

Der Übergang von Abb. 3.5 und Abb. 3.6 macht deutlich, wie der Regelungstechniker aus einem oft sehr komplizierten Anlagenschema ein häufig recht einfaches Blockschaltbild konstruiert. Das Blockschaltbild zeigt, welche Teile der Anlage dynamisch modelliert und beim Reglerentwurf berücksichtigt werden müssen. Die Analyse der Regelstrecke führt bei der Bearbeitung der Regelungsaufgabe häufig zu einem detaillierteren Blockschaltbild, bei dem die jetzt in einem Block zusammengefassten Ursache-Wirkungs-Beziehungen durch mehrere verkoppelte Blöcke dargestellt werden. Dass dabei das Blockschaltbild wieder komplizierter wird, ist kein Mangel, sondern Ausdruck des besseren Verstehens der Regelstrecke. Wichtig ist, dass der Regelungstechniker dabei auf der Abstraktionsebene des Blockschaltbildes bleibt, also alle Einzelheiten der Anlage durch Signale und Signalübertragungen beschreibt. □

Die folgenden Beispiele wurden aus dem nichttechnischen Bereich ausgewählt, um einerseits zu zeigen, dass regelungstechnische Betrachtungsweisen nicht auf elektrische, verfahrenstechnische oder mechanische Systeme beschränkt sind. Andererseits wird bei diesen Beispielen besonders offensichtlich, dass auch dann ein Blockschaltbild aufgestellt werden kann, wenn die das System beschreibenden quantitativen Zusammenhänge nicht vollständig bekannt sind.

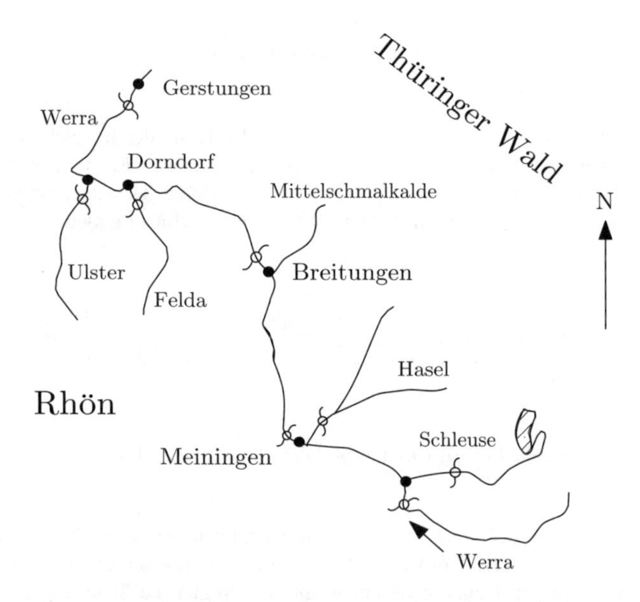

Abb. 3.7: Flussgebiet der Werra im Raum Thüringen

Beispiel 3.3 *Strukturelle Modellierung des Flussgebietes der Werra*

Für die Vorhersage der Wasserstände der Werra im Gebiet des Thüringer Waldes (Abb. 3.7) ist ein Modell aufzustellen. Das betrachtete System, das in der Abbildung geografisch dargestellt ist, ist durch den Niederschlag in Form von Regen oder Schnee (beschrieben durch die Schneehöhe und Schneedichte) als Eingangsgrößen sowie die in der Karte eingetragenen Pegelstände als Ausgangsgrößen charakterisiert. Da die Niederschläge gebietsweise unterschiedlich sind, muss mit mehreren Eingangsgrößen gearbeitet werden.

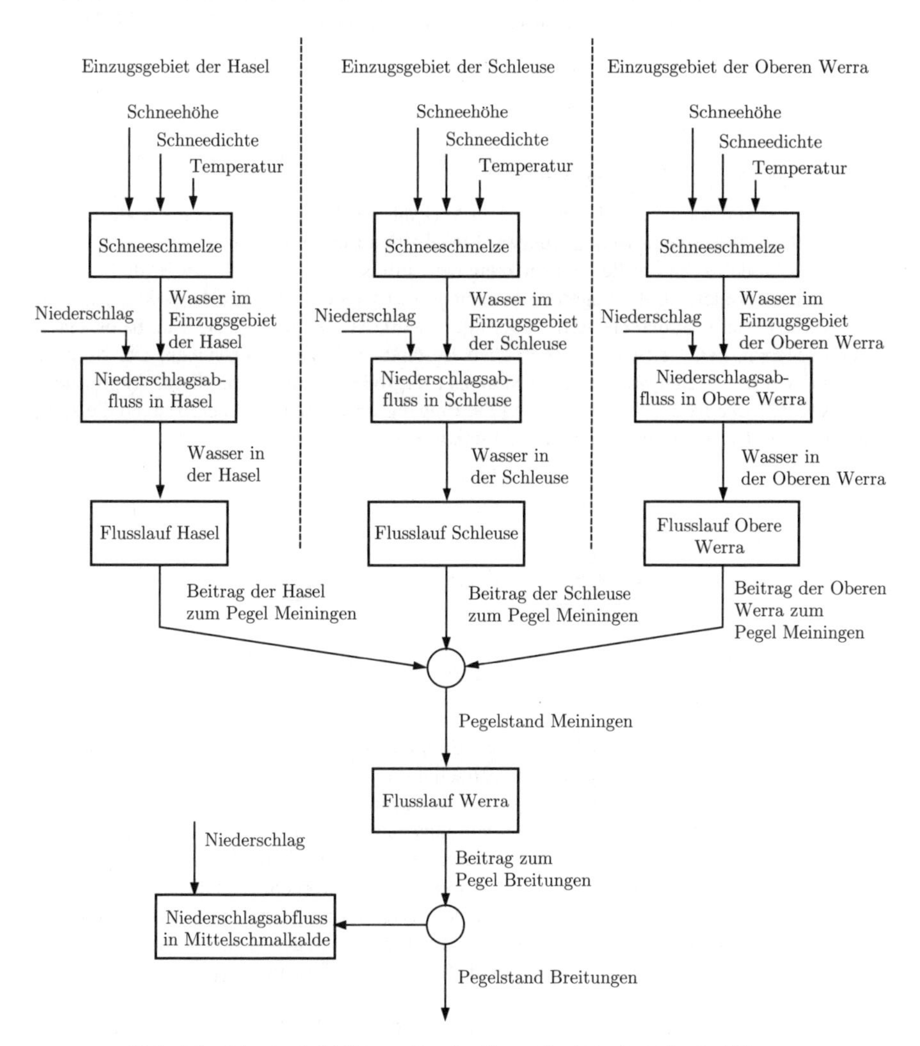

Abb. 3.8: Blockschaltbild zur Beschreibung der Pegelstände der Werra

Der das System charakterisierende globale Zusammenhang zwischen Niederschlägen und Pegelständen kann genauer beschrieben werden. Durch einzelne Blöcke sind folgende Prozesse zu erfassen: die Schneeschmelze in den einzelnen Gebieten, der Abfluss des Wassers aus dem Gebirge in die einzelnen Nebenflüsse der Werra, der Transport des Wassers entlang der einzelnen Flüsse, deren Zusammenführung in der Werra und der Transport des Wassers in der Werra. Dementsprechend ist das Modell strukturiert, das in Abb. 3.8 gezeigt ist.

Die Blöcke stellen dynamische Elemente dar, die mit erheblichen Verzögerungen verbunden sind. Diese Verzögerungen entstehen durch das Schmelzen des Schnees bzw. den Transport des Wassers. Die Summationsstellen zeigen, dass sich die Wassermenge der Nebenflüsse am Zusammenfluss addieren. Das System besteht aus in Reihe bzw. parallel geschalteten Blöcken, die der geografischen Struktur entsprechen. Es gibt keine Rückkopplungen. □

Beispiel 3.4 *Modell einer Lagerhaltung*

Das Modell soll die Dynamik der mit dem Verkauf, der Lagerhaltung und der Bestellung verbundenen Prozesse zwischen Kunden, Einzelverkauf und Großhandel darstellen. Damit kann das Modell z. B. für die Untersuchung der Einflüsse unterschiedlicher Bestellstrategien und Lieferzeiten auf die Lagerbestände eingesetzt werden. Die Tagesbestellung, die von der Verkaufsstelle an den Hersteller übermittelt wird, ist die Steuergröße. Ziel ist es, einen vorgegebenen, evtl. zeitlich veränderlichen Bestand im Lager zu erreichen. Der Verkauf wirkt dabei im regelungstechnischen Sinn als Störgröße. Entsprechend dieser Abgrenzung der Regelstrecke ist die Tagesbestellung die Eingangsgröße und der Lagerbestand die Ausgangsgröße. Der Bestellvorgang hat die Funktion eines Reglers.

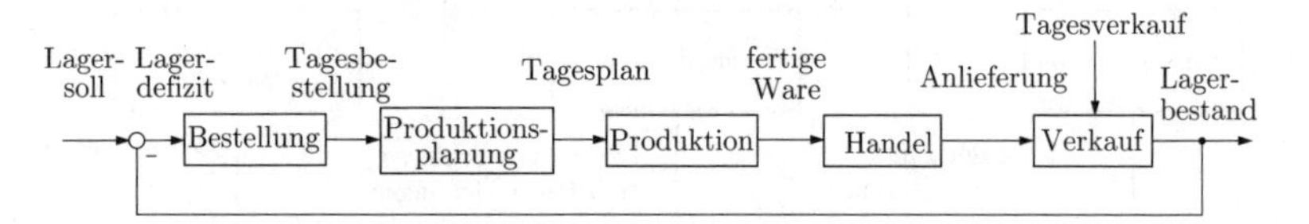

Abb. 3.9: Blockschaltbild für das Modell einer Lagerhaltung

Das System kann in der in Abb. 3.9 dargestellten Weise strukturiert werden. Der Lagerbestand wird aus der Differenz zwischen angelieferter und verkaufter Stückzahl sowie dem Vortagesbestand gebildet. In Abhängigkeit vom Lagerdefizit wird die Ware nachbestellt.

Wesentliche dynamische Eigenschaften entstehen dadurch, dass von der Tagesbestellung bis zur Anlieferung der bestellten Ware eine erhebliche Zeit („Totzeit") vergeht. Die Bestellung darf also keinesfalls so vorgenommen werden, dass jeweils das aktuelle Lagerdefizit als Tagesbestellung verwendet wird. Der Bestellvorgang muss selbst dynamisch sein, wobei sich der Verkäufer im einfachsten Fall alle bereits abgegebenen, aber noch nicht realisierten Tagesbestellungen merkt und versucht, nur das darüber hinausgehende Lagerdefizit auszugleichen.

Als wichtige Eigenschaft gibt das Blockschaltbild die Rückkopplungsschleife wieder. Wie später noch ausführlich behandelt wird, sind Totzeiten in rückgekoppelten Systemen kritisch für die Stabilität des Systems. Dass der Bestellvorgang auf diese Totzeit Rücksicht nehmen muss, ist bereits aus dem Blockschaltbild ersichtlich. Im Übrigen zeigt dieses Beispiel, dass wichtige Eigenschaften der Lagerhaltung aus dem Blockschaltbild erkannt werden können, ohne dass für die einzelnen Blöcke dieses Bildes ein quantitatives Modell bekannt ist. □

Andere strukturelle Beschreibungen technischer Systeme. In den einzelnen Anwendungsgebieten der Regelungstechnik sind sehr verschiedene Darstellungsformen gebräuchlich, wie die Beispiele im Kap. 2 gezeigt haben. So geben technologische Schemata einen Überblick über den Aufbau einer Anlage. In ihnen sind u. U. auch die für die Lösung von Regelungsaufgaben wichtigen Mess- und Stellglieder sowie in einigen Fällen die eingesetzten Regler eingetragen. Derartige Diagramme sind bei der praktischen Anwendung die Vorstufe für Baugliedpläne oder Mess-, Steuer- und Regel-Schemata (MSR-Schemata), in denen alle einzusetzenden Baugruppen einer Regelung aufgeführt sind.

Diese Darstellungen, die wie das Blockschaltbild den strukturellen Aufbau der Anlagen beschreiben, entstehen im Lauf der Projektierung einer Regelungs- bzw. Automatisierungseinrichtung, wobei der Projektant im Einzelnen festlegen muss, mit welchen Messprinzipien die Informationen gewonnen und mit welchen Geräten die Signale übertragen, in andere Signale gewandelt und verarbeitet werden. Um diese Entscheidungen treffen zu können, muss vorher jedoch entschieden werden, welche Regelungsstruktur und welche Regler zur Anwendung kommen. Dies ist die wichtigste Frage, die in den folgenden Kapiteln behandelt wird. Für deren Lösung ist die systemtheoretische Betrachtungsweise notwendig, bei der alle Elemente einer Anlage als Systeme und alle wichtigen zeitabhängigen Größen als Signale interpretiert werden. Diese Betrachtungsweise mündet im Blockschaltbild.

Aufgabe 3.1 *Erweiterung des Blockschaltbildes der Lagerhaltung*

Beantworten Sie folgende Fragen zum Modell der Lagerhaltung aus Beispiel 3.4:

1. Kann der Block „Verkauf“ in Abb. 3.9 durch ein Summationsglied ersetzt werden?
2. Eine einfache Bestellstrategie besagt, dass täglich soviel Ware nachbestellt werden muss, wie verkauft wurde. Wie vereinfacht sich bei dieser Bestellstrategie das Blockschaltbild? Entspricht diese Bestellstrategie einer Steuerung in der offenen Wirkungskette oder einer Regelung im geschlossenen Wirkungskreis?
3. Unter welchen Bedingungen ist die in Abb. 3.9 gezeigte Abhängigkeit der Tagesbestellung vom Lagerdefizit besser als die Verwendung des Tagesverkaufes als Grundlage der Bestellung?
4. Für den Inhaber einer Verkaufsstelle ist es wünschenswert, die Lagerbestände der erwarteten Nachfrage anzupassen. Er wird vor einer erwarteten hohen Nachfrage das Lager rechtzeitig auffüllen, aber während des Verkaufes nur noch einen Teil der verkauften Ware nachbestellen. Wie muss das Blockschaltbild erweitert werden, wenn der Verkäufer diese Zielstellungen bei seiner Bestellung berücksichtigt? □

Aufgabe 3.2* *Blockschaltbild des Antriebsstranges eines Kraftfahrzeugs*

In Abb. 3.10 ist schematisch der Antriebsstrang eines Kraftfahrzeugs dargestellt. Der Motor erzeugt ein Antriebsmoment, das über die Kurbelwelle, die Kupplung, das Schaltgetriebe und das Differenzial (sowie weitere Komponenten) auf die Antriebsräder übertragen wird.

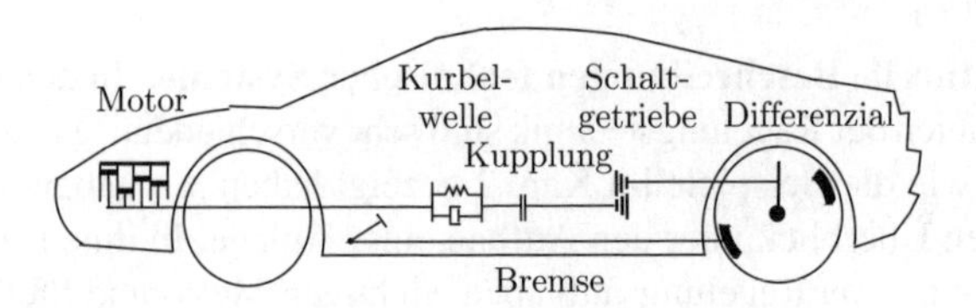

Abb. 3.10: Schematische Darstellung des Antriebsstranges eines Kraftfahrzeugs

Das Drehmoment auf die Räder beschleunigt das Fahrzeug, das sich dann mit einer Geschwindigkeit v bewegt.

Zeichnen Sie ein Blockschaltbild, das die Signalübertragung vom Gaspedalwinkel zur Fahrzeuggeschwindigkeit beschreibt. Tragen Sie weitere wichtige Einflussgrößen der Geschwindigkeit in dieses Blockschaltbild ein. Wie entsteht daraus der Regelkreis für die Geschwindigkeitsregelung, über die heute einige Fahrzeuge verfügen? □

Aufgabe 3.3* *Künstliche Beatmung*

Durch die Atmung nimmt der Mensch Sauerstoff aus der Umgebungsluft auf und scheidet Kohlendioxid aus. Dabei wird die Atemfrequenz durch einen inneren Regelkreis so eingestellt, dass die Partialdrücke p_{O_2} und p_{CO_2} beider Gase in den Arterien vorgegebene Werte haben. Als Störung wirkt beispielsweise ein körperliche Belastung, durch die mehr Sauerstoff benötigt und mehr Kohlendioxid im Körper produziert wird.

Wenn die eigene Atmung auf Grund einer Erkrankung den Gasaustausch nicht aufrecht erhalten kann, muss der Mensch beatmet werden. Dabei presst das Beatmungsgerät Luft mit einem vorgegebenen Druck p_{Mund} in den Mund des Patienten oder erzeugt einen vorgegebenen Volumenstrom $\dot{V}_{\mathrm{Mund}}$, wodurch ein bestimmter Druck p_{Lunge} in der Lunge entsteht und die Lunge mit einem bestimmten Gasvolumen V_{Lunge} gefüllt ist. Durch den Gasaustausch ergeben sich daraus im Blut die Partialdrücke p_{O_2} und p_{CO_2}. Bei dem Beatmungsgerät können u. a. der Druck p_{Luft} der Atemluft, die Atemfrequenz RR und die Sauerstoffkonzentration f_{O_2} vorgegeben werden.

1. Zeichnen Sie ein Blockschaltbild, aus dem die Abhängigkeit der arteriellen Partialdrücke p_{O_2} und p_{CO_2} von den Vorgaben für das Beatmungsgerät hervorgeht.
2. Erfolgt die Steuerung in der offenen Wirkungskette oder im geschlossenen Regelkreis?
3. Ergänzen Sie das Blockschaltbild, wenn die Einstellwerte des Beatmungsgerätes in Abhängigkeit von Messwerten für die Partialdrücke p_{O_2} und p_{CO_2} so verändert werden, dass diese Größen auch unter Wirkung der Störungen an vorgegebene Sollwerte $p_{O_2\mathrm{Soll}}$ und $p_{CO_2\mathrm{Soll}}$ angepasst werden. □

3.3 Signalflussgraf

Um die gegenseitige Beeinflussung einzelner Signale untereinander genauer darstellen zu können, wird später außer dem Blockschaltbild der *Signalflussgraf* eingesetzt. Der Signalflussgraf ist ein gerichteter Graf, bei dem die Knoten Signale und die Kanten Übertragungseigenschaften beschreiben.

Der Signalflussgraf hat folgende Interpretation:

> Der Wert jedes Signals kann in Abhängigkeit von den Signalen bestimmt werden, von denen Pfeile auf das betreffende Signal zeigen. Die Wirkung jedes Pfeiles ergibt sich als Produkt des Kantengewichts und des Wertes desjenigen Signals, von dem die Kante ausgeht. Zeigen zwei oder mehrere Kanten auf denselben Knoten, so addieren sich ihre Wirkungen.

Das folgende Beispiel verdeutlicht dies.

Beispiel 3.5 *Signalflussgraf*

Der in Abb. 3.11 dargestellte Signalflussgraf ist äquivalent zu folgendem Gleichungssystem:

$$\begin{aligned} E &= W - Y \\ U &= KE \\ Y &= GU. \end{aligned}$$

Über dem Signalflussgraf ist zum Vergleich das Blockschaltbild angegeben. □

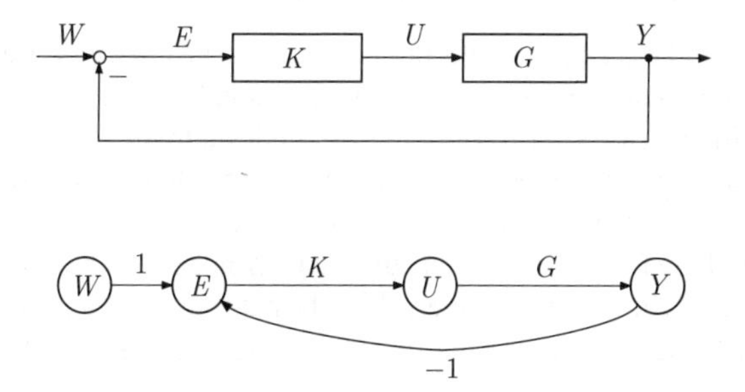

Abb. 3.11: Blockschaltbild (oben) und Signalflussgraf (unten) eines Regelkreises

Abbildung 3.12 vergleicht die Elemente von Blockschaltbildern mit denen der Signalflussgrafen. Man erkennt, dass bei beiden Darstellungsformen die Bedeutung der Kanten (Pfeile) und Blöcke bzw. Knoten vertauscht ist.

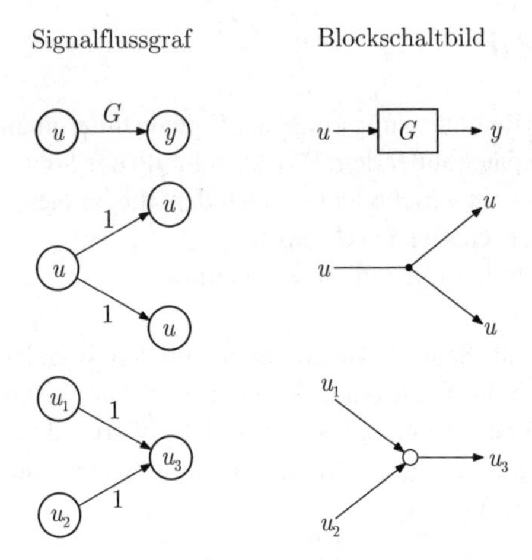

Abb. 3.12: Vergleich der wichtigsten Elemente im Blockschaltbild und im Signalflussgraf

Drei wichtige Eigenschaften haben beide Darstellungsformen gemeinsam:

- Sie beschreiben die Struktur des Systems, ohne auf detaillierte dynamische Eigenschaften einzugehen.
- Die Darstellung eines Systems kann aus den entsprechenden Darstellungen der Teilsysteme zusammengesetzt werden, denn die Elemente der Blockschaltbilder bzw. der Signalflussgrafen sind beliebig kombinierbar. Man spricht in diesem Zusammenhang von *kompositionaler Modellbildung*.
- Beide Darstellungen abstrahieren von der physikalischen Realität, die im Gegensatz dazu in elektrischen Netzwerken oder RI-Schemata gut erkennbar ist.

Im Unterschied zum Blockschaltbild beschreibt der Signalflussgraf nicht nur den globalen Zusammenhang zwischen den Signalen, sondern auch, wie die Signale im Einzelnen miteinander verknüpft werden. Er steht deshalb in sehr engem Zusammenhang mit dem quantitativen Modell des betrachteten Systems und wird vor allem zur Veranschaulichung „kleinerer“ Modelle eingesetzt. Demgegenüber kann das Blockschaltbild als globale Darstellung auch aus einer verbalen Beschreibung des Systems aufgestellt werden. Ein weiterer Unterschied besteht in der Tatsache, dass der Signalflussgraf im Wesentlichen nur bei linearen Systemen angewendet werden kann.

Literaturhinweise

Für eine ausführlichere Erläuterung der kybernetischen Grundbegriffe wie System, Element, Bewegung, Verhalten, Signal und Information wird auf [61], Kap. 2 und 5 verwiesen.

Die im Abschnitt 3.1 angegebenen Schritte der Modellbildung sind ausführlich in [10] und [47], Kap. 7 erläutert, wobei in [10] auch auf Beispiele aus der Ökologie zurückgegriffen und damit demonstriert wird, dass die hier dargestellte Herangehensweise bei der Modellbildung sehr vielseitig angewendet werden kann. Im Beispiel 3.1 wird die in [14] angeregte systemtheoretische Betrachtungsweise für die Klinkerherstellung in der Zementindustrie verwendet. Der im Beispiel 3.2 beschriebene Reaktortyp ist aus regelungstechnischer Sicht in [57] untersucht worden. Problemstellung und Blockschaltbild des Beispiels 3.3 sind [71] entnommen. Das Beispiel 3.4 entstand in Anlehnung an die systemtheoretische Behandlung von Lagerhaltungsproblemen in [10]. Eine ausführliche regelungstechnische Analyse der in Aufgabe 3.3 behandelten künstlichen Beatmung findet man in [41].

4

Beschreibung linearer Systeme im Zeitbereich

Dieses Kapitel beschreibt die Modelle linearer Systeme im Zeitbereich. Neben der Differenzialgleichung wird das Zustandsraummodell eingeführt. Dieses Modell basiert auf dem fundamentalen systemtheoretischen Begriff des „Zustandes" eines dynamischen Systems. Es ist eine Standardform für Modelle, auf der viele Analyse- und Entwurfsverfahren für Regler aufbauen.

4.1 Modellbildungsaufgabe

Dieses Kapitel befasst sich mit der Aufstellung eines mathematischen Modells für ein gegebenes dynamisches System. Entsprechend Abb. 4.1 hat das System die Eingangsgröße $u(t)$ und die Ausgangsgröße $y(t)$. Das Modell soll den Zusammenhang zwischen beiden Signalen beschreiben. Das heißt, es soll möglich sein, mit dem Modell für einen gegebenen Verlauf des Eingangssignals u den Verlauf des vom System erzeugten Ausgangssignals y zu berechnen.

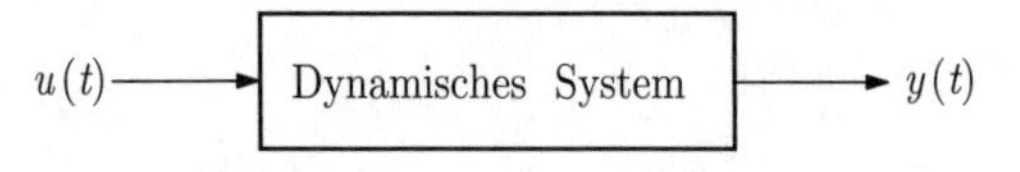

Abb. 4.1: Strukturbild des Systems

In diesem Kapitel werden zwei Modellformen behandelt. Es wird zunächst gezeigt, wie man dynamische Systeme durch Differenzialgleichungen beschreiben kann. Dann wird das Zustandsraummodell eingeführt. Die Modellbildungsaufgabe kann deshalb folgendermaßen zusammengefasst werden:

Modellbildungsaufgabe

Gegeben:	Dynamisches System mit Eingangsgröße u und Ausgangsgröße y
Gesucht:	Differenzialgleichung oder Zustandsraummodell

Im Kap. 6 wird mit der Übertragungsfunktion eine weitere Modellform behandelt.

Bei der Behandlung der genannten Modelle ist es nicht nur wichtig zu untersuchen, welche mathematischen Eigenschaften diese Modell haben. Für die Anwendung ist es mindestens genauso wichtig zu wissen, wie sich die physikalischen Eigenschaften eines gegebenen Systems in diesen Modellen niederschlagen.

Bei der Aufstellung der Modelle geht man i. Allg. von den physikalischen Grundgesetzen aus. Dies sind bei elektrischen Systemen z. B. die Kirchhoff'schen Gesetze und bei mechanischen Systemen die Erhaltungssätze für Energie und Impuls. Das Aufstellen der in einem System wirkenden physikalischen Beziehungen und deren Umformung in eine Differenzialgleichung bzw. ein Zustandsraummodell bezeichnet man als theoretische Modellbildung. Dieser Modellbildungsweg wird für die meisten in diesem Buch behandelten Beispiele beschritten.

Ein alternativer Weg geht von Experimenten aus, bei denen man für vorgegebene Verläufe der Eingangsgröße u die Ausgangsgröße y misst und das Modell dann so auswählt, dass es für die gegebene Eingangsgröße den gemessenen Verlauf der Ausgangsgröße reproduziert. Dieser Modellbildungsweg wird als experimentelle Prozessanalyse oder Identifikation bezeichnet. Im Abschn. 5.8 wird auf diesen Modellbildungsweg kurz eingegangen.

Voraussetzungen. Im Folgenden werden nur Systems betrachtet, die als Systeme mit konzentrierten Parametern behandelt werden können und für die als Modell folglich eine gewöhnliche Differenzialgleichung entsteht. Die dynamischen Eigenschaften des Systems sollen zeitlich unveränderlich sein, so dass die Differenzialgleichung konstante Koeffizienten bzw. die im Zustandsraummodell vorkommenden Matrizen und Vektoren konstante Elemente besitzen.

Das Verhalten der Systeme wird im Zeitbereich nur im Zeitintervall $t = 0...\infty$ untersucht. Deshalb werden alle Signale nur für dieses Zeitintervall $t = 0...\infty$ beschrieben und es wird angenommen, dass die Signale für $t < 0$ verschwinden. Wenn man beispielsweise ein sinusförmige Eingangsgröße u mit der Frequenz ω und der Amplitude $\bar{u}$ betrachtet, so ist die vollständige Beschreibung des Signalverlaufs durch

$$u(t) = \begin{cases} 0 & \text{für } t < 0 \\ \bar{u} \sin \omega t & \text{für } t \geq 0 \end{cases}$$

sehr umständlich. Um die Darstellung der Signale abzukürzen, wird im Folgenden für alle Signale stillschweigend angenommen, dass die erste Zeile gilt und es wird nur die zweite Zeile aufgeschrieben:

$$u(t) = \bar{u} \sin \omega t.$$

Die Nachwirkung, die die Bewegung des Systems im Zeitintervall $-\infty...0$ auf das Systemverhalten im Zeitintervall $0..\infty$ hat, ist durch die Anfangsbedingung der Differenzialgleichung bzw. den Anfangszustand des Systems beschrieben.

4.2 Beschreibung linearer Systeme durch Differenzialgleichungen

4.2.1 Lineare Differenzialgleichung n-ter Ordnung

Die Differenzialgleichung beschreibt den dynamischen Zusammenhang zwischen der Eingangsgröße $u(t)$ und der Ausgangsgröße $y(t)$, also die Übertragungseigenschaften des in Abb. 4.1 gezeigten Blocks. Sie hat die allgemeine Form

$$\begin{aligned} a_n \frac{d^n y}{dt^n} + a_{n-1} \frac{d^{n-1} y}{dt^{n-1}} + ... + a_1 \frac{dy}{dt} + a_0 y(t) = \\ = b_q \frac{d^q u}{dt^q} + b_{q-1} \frac{d^{q-1} u}{dt^{q-1}} + ... + b_1 \frac{du}{dt} + b_0 u(t). \end{aligned} \quad (4.1)$$

Gleichung (4.1) ist eine lineare gewöhnliche Differenzialgleichung n-ter Ordnung. a_i und b_i sind reellwertige Koeffizienten, die aus den physikalischen Parametern des betrachteten Systems berechnet werden können. Die erste und zweite Ableitung nach der Zeit kennzeichnet man häufig mit einem bzw. zwei Punkten über der abgeleiteten Größe:

$$\begin{aligned} \frac{dy}{dt} = \dot{y}, \qquad \frac{du}{dt} = \dot{u} \\ \frac{d^2 y}{dt^2} = \ddot{y}, \qquad \frac{d^2 u}{dt^2} = \ddot{u}. \end{aligned}$$

Die Differenzialgleichung wird häufig so umgeformt, dass

$$a_n = 1$$

gilt:

Systembeschreibung durch eine Differenzialgleichung:

$$\frac{d^n y}{dt^n} + a_{n-1} \frac{d^{n-1} y}{dt^{n-1}} + ... + a_1 \dot{y} + a_0 y(t) = b_q \frac{d^q u}{dt^q} + ... + b_1 \dot{u} + b_0 u(t). \quad (4.2)$$

Für eine gegebene Eingangsgröße $u(t),\ t \geq 0$ hat die Differenzialgleichung eine eindeutige Lösung $y(t),\ t \geq 0$, wenn für die n Anfangsbedingungen

$$\frac{d^{n-1} y}{dt^{n-1}}(0) = y_{0n}\ , ...,\ \dot{y}(0) = y_{02}, \quad y(0) = y_{01}. \quad (4.3)$$

die Werte y_{01}, y_{02}, ..., y_{0n} gegeben sind. Es wird angenommen, dass für die Grade der höchsten Ableitungen von y und u die Beziehung

$$q \leq n$$

gilt, weil nur Systeme, die diese Bedingung erfüllen, technisch realisierbar sind.

Bei der Systembeschreibung durch eine Differenzialgleichung interessiert man sich für die zukünftige Bewegung, also für $y(t)$ für $t \geq 0$ (oder allgemeiner $t \geq t_0$). Deshalb muss auch die Eingangsgröße nur für $t \geq 0$ bekannt sein. Die Wirkung der Eingangsgröße für $t < 0$ spiegelt sich in den Anfangsbedingungen der Differenzialgleichung wider. Aus diesem Grunde werden im Folgenden nur Funktionen der Zeit t betrachtet, die für $t < 0$ verschwinden. Diese Voraussetzung gilt für die in der Differenzialgleichung (4.1) vorkommenden Funktionen $u(t)$ und $y(t)$ genauso wie für alle später eingeführten Signale.

4.2.2 Aufstellung der Differenzialgleichung

Die folgenden Beispiele zeigen, wie die Differenzialgleichung (4.1) aus den physikalischen Grundgleichungen abgeleitet werden kann. Dabei wird offensichtlich, dass die Form der Gleichung unabhängig davon ist, ob elektrische, mechanische oder verfahrenstechnische Prozesse betrachtet werden. Bei allen weiteren regelungstechnischen Untersuchungen kann also davon ausgegangen werden, dass von der Regelstrecke ein Modell der Form (4.1) zur Verfügung steht.

Beispiel 4.1 *Aufstellung der Differenzialgleichung eines Reihenschwingkreises*

Betrachtet wird der Reihenschwingkreis in Abb. 4.2, in der die Spannung u_1 eine von außen beeinflussbare Größe darstellt und die Spannung u_2 als Reaktion des Schwingkreises gemessen wird. Das System hat also das in der Abbildung rechts angegebene Strukturbild.

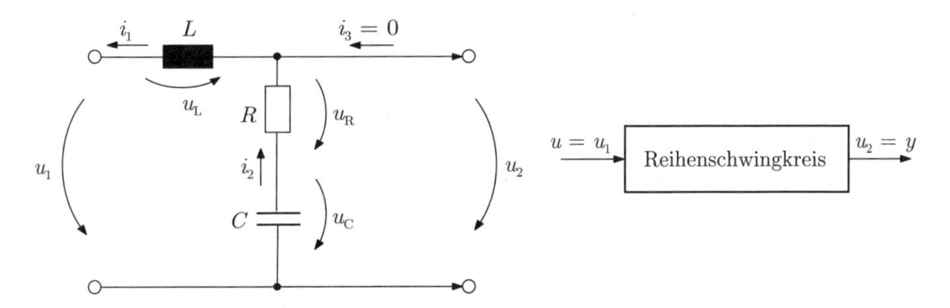

Abb. 4.2: Schaltung und Blockschaltbild eines Reihenschwingkreises

R, L und C stellen einen ohmschen Widerstand, eine Induktivität und eine Kapazität dar. Es wird angenommen, dass zur Zeit $t = 0$ kein Strom durch die Induktivität fließt und die Kondensatorspannung einen bekannten Wert u_0 besitzt:

$$i_1(0) = 0, \qquad u_C(0) = u_0.$$

Ferner wird angenommen, dass der Schwingkreis nicht belastet ist und folglich $i_3 = 0$ und $i_1 = i_2$ gilt.

Die einzelnen Bauelemente sind durch die folgenden Gleichungen beschrieben:

$$u_\mathrm{R} = R\, i_1 \tag{4.4}$$

$$u_\mathrm{L} = L\, \frac{di_1}{dt} \tag{4.5}$$

$$u_\mathrm{C} = u_\mathrm{C}(0) + \frac{1}{C} \int_0^t i_1(\tau)\, d\tau. \tag{4.6}$$

Die Kirchhoff'schen Gesetze besagen, dass die Summe der Spannungen innerhalb einer Masche gleich null ist. Also gilt für die rechte Masche

$$u_2 = u_\mathrm{R} + u_\mathrm{C} \tag{4.7}$$

und für die linke Masche

$$u_1 = u_\mathrm{L} + u_\mathrm{R} + u_\mathrm{C}. \tag{4.8}$$

Im Folgenden ist aus den angegebenen Gleichungen eine Differenzialgleichung abzuleiten, in der nur noch die Eingangsgröße $u = u_1$ und die Ausgangsgröße $y = u_2$ sowie deren Ableitungen vorkommen. Aus (4.5), (4.7) und (4.8) folgen die Beziehungen

$$u_1 = L\, \frac{di_1}{dt} + u_2$$

und

$$\frac{di_1}{dt} = \frac{1}{L}(u_1 - u_2). \tag{4.9}$$

Wird die zweite Gleichung nach der Zeit abgeleitet, so erhält man

$$\frac{d^2 i_1}{dt^2} = \frac{1}{L}\left(\frac{du_1}{dt} - \frac{du_2}{dt}\right). \tag{4.10}$$

Aus den Gln. (4.4), (4.6) und (4.7) erhält man die Beziehung

$$u_2 = R\, i_1 + u_\mathrm{C}(0) + \frac{1}{C} \int_0^t i_1(\tau)\, d\tau, \tag{4.11}$$

die zweimal nach der Zeit abgeleitet die Differenzialgleichung

$$\frac{d^2 u_2}{dt^2} = R\, \frac{d^2 i_1}{dt^2} + \frac{1}{C}\frac{di_1}{dt}$$

ergibt. Mit Hilfe der Gln. (4.9) und (4.10) erhält man schließlich die Differenzialgleichung zweiter Ordnung

$$\ddot{u}_2 = \frac{R}{L}(\dot{u}_1 - \dot{u}_2) + \frac{1}{LC}(u_1 - u_2).$$

Diese Gleichung kann in die Standardform überführt werden:

$$CL\ddot{u}_2 + CR\dot{u}_2 + u_2(t) = CR\dot{u}_1 + u_1(t). \tag{4.12}$$

Gleichung (4.1) gilt mit

$$a_2 = CL, \qquad a_1 = CR, \qquad a_0 = 1$$
$$b_1 = CR, \qquad b_0 = 1.$$

Für die Anfangsbedingungen erhält man aus $i_1(0) = 0$ und $u_C(0) = u_0$ die Beziehung

$$u_2(0) = u_0.$$

Eine Differenziation von Gl. (4.11) und Einsetzen von Gl. (4.9) liefert

$$\dot{u}_2 = \frac{R}{L}(u_1 - u_2) + \frac{1}{C}i_1.$$

Da nach Voraussetzung $i_1(0) = i_2(0) = 0$ ist und $u_1(t) = 0$ für $t < 0$ gilt, ist die zweite Anfangsbedingung

$$\dot{u}_2(0) = -\frac{R}{L}u_0. \;\square$$

Beispiel 4.2 *Aufstellung der Differenzialgleichung eines Feder-Masse-Schwingers*

Als Beispiel eines mechanischen Systems wird der Schwinger in Abb. 4.3 betrachtet, bei dem $x_1(t)$, $x_2(t)$ und $x_3(t)$ die Positionen der in der Abbildung gekennzeichneten Punkte bezeichnen. Es wird angenommen, dass das System nur Bewegungen entlang einer vertikalen Achse ausführen kann. $x_1(t)$ ist die Eingangsgröße des Systems, d. h., der Schwinger wird bei einer von außen erzwungenen Bewegung des oberen Endes der Feder betrachtet. Beobachtet wird die Position x_3 der Masse m. c ist die Federkonstante und d die Dämpfungskonstante. Es wird davon ausgegangen, dass die Größen x_1, x_2 und x_3 so gemessen werden, dass in der Ruhelage $x_i = 0$ für $i = 1, 2, 3$ gilt. Die Erdanziehung wird im Folgenden vernachlässigt.

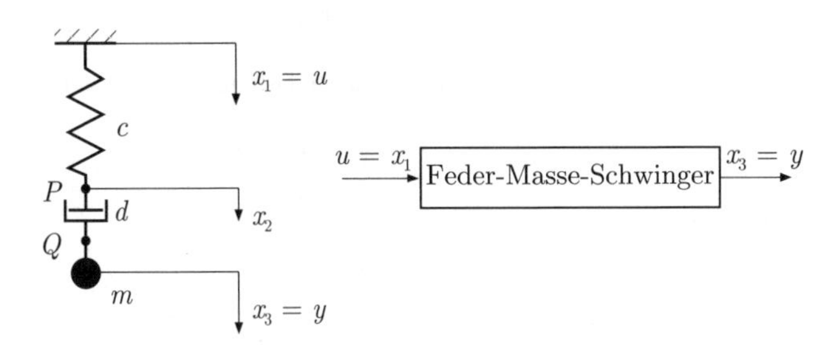

Abb. 4.3: Feder-Masse-Schwinger

Entsprechend dem Newtonschen Gesetz ist die Beschleunigung der Masse m proportional zur Summe der äußeren Kräfte F_m:

$$F_m(t) = m\,\ddot{x}_3. \tag{4.13}$$

Bei geschwindigkeitsproportionaler Dämpfung wird die durch den Dämpfer übertragene Kraft F_d durch die Relativbewegung der beiden Enden des Dämpfers und die Dämpfungskonstante bestimmt:

$$F_d(t) = d\,(\dot{x}_2 - \dot{x}_3). \tag{4.14}$$

Die Federkraft F_c lässt sich aus den Positionen x_1 und x_2 der Federenden sowie der Federkonstanten berechnen:

$$F_c(t) = c\,(x_1(t) - x_2(t)). \tag{4.15}$$

Für die Kopplung der drei Elemente erhält man aus den Kräftegleichgewichten an den Punkten P und Q zwei algebraische Beziehungen. Da die Erdanziehung vernachlässigt wird, ist die auf die Masse wirkende Kraft F_m gleich der vom Dämpfer ausgeübten Kraft F_d:

$$F_m(t) = F_d(t). \tag{4.16}$$

Andererseits stimmt im Punkt Q die Federkraft F_c mit der Dämpferkraft F_d überein:

$$F_d(t) = F_c(t). \tag{4.17}$$

Die Gln. (4.13) – (4.17) beschreiben das Feder-Masse-System vollständig. Die folgenden Umformungen dienen dazu, aus diesen Beziehungen eine Differenzialgleichung abzuleiten, in der nur die Eingangsgröße $u = x_1$ und die Ausgangsgröße $y = x_3$ vorkommt. Aus den Gln. (4.13) und (4.15) – (4.17) erhält man

$$\ddot{x}_3 = \frac{c}{m}\,(x_1 - x_2) \tag{4.18}$$

und aus den Gln. (4.13), (4.14) und (4.16)

$$\dot{x}_2 = \frac{m}{d}\,\ddot{x}_3 + \dot{x}_3.$$

Um x_2 aus Gl. (4.18) zu eliminieren, wird die letzte Gleichung nach der Zeit integriert:

$$x_2(t) - x_2(0) = \frac{m}{d}\,\dot{x}_3 + x_3(t) - \left(\frac{m}{d}\,\dot{x}_3(0) + x_3(0)\right).$$

Damit diese Gleichung für alle Zeitpunkte t erfüllt ist, muss

$$x_2(t) = \frac{m}{d}\,\dot{x}_3 + x_3(t)$$

gelten. In Gl. (4.18) eingesetzt erhält man die gesuchte Differenzialgleichung

$$\ddot{x}_3 = \frac{c}{m}x_1(t) - \frac{c}{m}\,\frac{m}{d}\,\dot{x}_3 - \frac{c}{m}x_3(t)$$

und nach Umstellung

$$\frac{m}{c}\ddot{x}_3 + \frac{m}{d}\dot{x}_3 + x_3(t) = x_1(t). \tag{4.19}$$

Diese Gleichung hat die Standardform (4.1) mit

$$a_2 = \frac{m}{c}, \quad a_1 = \frac{m}{d}, \quad a_0 = 1$$
$$b_0 = 1. \quad \square$$

Beispiel 4.3 *Aufstellung der Differenzialgleichung für einen Rührkesselreaktors*

Als drittes Beispiel wird gezeigt, wie für den in Abb. 4.4 gezeigten homogen durchmischten Rührkesselreaktor ein dynamisches Modell aufgestellt werden kann. Der Reaktor arbeitet mit konstanter Flüssigkeitshöhe, d. h., der Massenstrom w (gemessen in $\frac{\mathrm{kg}}{\mathrm{min}}$) der zulaufenden Flüssigkeit ist gleich dem der ablaufenden Flüssigkeit.

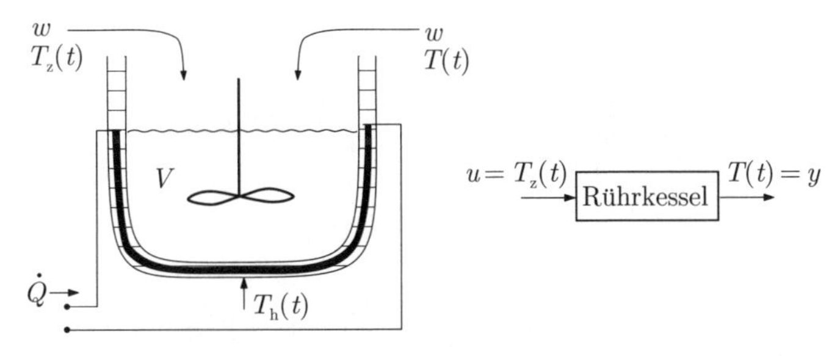

Abb. 4.4: Rührkesselreaktor

Die elektrische Heizung des Reaktors liefert pro Zeiteinheit eine konstante Wärmemenge $\dot{Q}$. Die Temperatur $T_{\mathrm{z}}(t)$ der zulaufenden Flüssigkeit beeinflusst die Temperatur $T(t)$ der im Reaktor befindlichen Flüssigkeit. Das Modell soll den Zusammenhang zwischen beiden Temperaturen beschreiben.

In die Wärmebilanz der Flüssigkeit gehen die durch den Zulauf pro Zeiteinheit dem Reaktor zugeführte Wärme wcT_{z}, die durch den Ablauf entnommene Wärme wcT sowie die über die Heizung pro Zeiteinheit zugeführte Wärme $\alpha A(T_{\mathrm{h}} - T)$ ein. Dabei bezeichnet c die spezifische Wärmekapazität der Flüssigkeit, α den Wärmeübergangskoeffizienten der Reaktorwand zur Flüssigkeit sowie A die Fläche der geheizten Reaktorwand. Da sich die Summe dieser pro Zeiteinheit dem Reaktor zugeführten Wärme in einer Temperaturerhöhung niederschlägt, erhält man folgende Differenzialgleichung:

$$mc\frac{dT}{dt} = wcT_{\mathrm{z}}(t) - wcT(t) + \alpha A(T_{\mathrm{h}}(t) - T(t)). \tag{4.20}$$

In die Wärmebilanz der geheizten Reaktorwand geht die pro Zeiteinheit durch die Heizung der Wand zugeführte Wärme $\dot{Q}$ sowie die an die Flüssigkeit abgegebene Wärme $\alpha A(T_{\mathrm{h}} - T)$ ein, woraus sich folgende Differenzialgleichung ergibt:

$$m_{\mathrm{h}}c_{\mathrm{h}}\frac{dT_{\mathrm{h}}}{dt} = \dot{Q} - \alpha A(T_{\mathrm{h}}(t) - T(t)). \tag{4.21}$$

Dabei bezeichnen m_{h} und c_{h} die Masse bzw. die spezifische Wärmekapazität der Reaktorwand.

Die gesuchte Differenzialgleichung für den Reaktor erhält man durch Umformung der beiden angegebenen Gleichungen. Stellt man die erste Gleichung nach T_{h} um, so erhält man

$$T_{\mathrm{h}} = \frac{mc}{\alpha A}\frac{dT}{dt} - \frac{wc}{\alpha A}T_{\mathrm{z}}(t) + \frac{wc}{\alpha A}T(t) + T(t).$$

Durch Differenziation ergibt sich daraus

$$\frac{dT_{\mathrm{h}}}{dt} = \frac{mc}{\alpha A}\frac{d^2T}{dt^2} - \frac{wc}{\alpha A}\frac{dT_{\mathrm{z}}}{dt} + \left(1 + \frac{wc}{\alpha A}\right)\frac{dT}{dt}.$$

Nachdem man beide Gleichungen in (4.21) eingesetzt hat, erhält man

$$m_{\mathrm{h}}c_{\mathrm{h}}\left(\frac{mc}{\alpha A}\frac{d^2T}{dt^2} - \frac{wc}{\alpha A}\frac{dT_{\mathrm{z}}}{dt} + \left(1 + \frac{wc}{\alpha A}\right)\frac{dT}{dt}\right)$$
$$= \dot{Q} - \alpha A\left(\frac{mc}{\alpha A}\frac{dT}{dt} - \frac{wc}{\alpha A}T_{\mathrm{z}}(t) + \frac{wc}{\alpha A}T(t) + T(t) - T(t)\right)$$

und nach Umstellung

$$\frac{m_{\mathrm{h}}c_{\mathrm{h}}mc}{\alpha A}\frac{d^2T}{dt^2} + \left(m_{\mathrm{h}}c_{\mathrm{h}}\left(1+\frac{wc}{\alpha A}\right)+mc\right)\frac{dT}{dt} + wcT(t)$$
$$= \frac{m_{\mathrm{h}}c_{\mathrm{h}}wc}{\alpha A}\frac{dT_{\mathrm{z}}}{dt} + wcT_{\mathrm{z}}(t) + \dot{Q}$$

und

$$\frac{m_{\mathrm{h}}c_{\mathrm{h}}m}{w\alpha A}\frac{d^2T}{dt^2} + \left(\frac{m_{\mathrm{h}}c_{\mathrm{h}}}{wc}+\frac{m_{\mathrm{h}}c_{\mathrm{h}}}{\alpha A}+\frac{m}{w}\right)\frac{dT}{dt} + T(t)$$
$$= \frac{m_{\mathrm{h}}c_{\mathrm{h}}}{\alpha A}\frac{dT_{\mathrm{z}}}{dt} + T_{\mathrm{z}}(t) + \frac{1}{wc}\dot{Q}. \tag{4.22}$$

Dies ist eine Differenzialgleichung zweiter Ordnung, in der als zeitabhängige Größen die Eingangsgröße T_{z} und die Ausgangsgröße T des Reaktors vorkommen. Die Gleichung hat aber noch nicht die vorgeschriebene Gestalt, denn auf der rechten Seite steht die Konstante $\frac{\dot{Q}}{wc}$.

Diese Konstante kann man dadurch eliminieren, dass man das statische Verhalten des Reaktors berechnet und im Modell nur die Abweichungen von diesem Verhalten berücksichtigt. Bei konstanter Zulauftemperatur $T_{\mathrm{z}}(t) = \bar{T}_{\mathrm{z}}$ stellt sich nach langer Zeit (theoretisch bei $t \to \infty$) eine konstante Temperatur $T(t) = \bar{T}$ ein, die man dadurch berechnen kann, dass man dem statischen Zustand entsprechend alle Ableitungen gleich null setzt. Man erhält die Gleichung

$$\bar{T} = \bar{T}_{\mathrm{z}} + \frac{1}{wc}\dot{Q}, \tag{4.23}$$

die aussagt, dass sich die Reaktortemperatur gegenüber der Zulauftemperatur erhöht und zwar um den auf die Zulaufmenge und die spezifische Wärmekapazität der Flüssigkeit bezogene Wärmestrom $\dot{Q}$ der Heizung.

Bezeichnen δT und δT_{z} die Abweichungen der Temperaturen von diesen Arbeitspunktwerten

$$\delta T(t) = T(t) - \bar{T}$$
$$\delta T_{\mathrm{z}}(t) = T_{\mathrm{z}}(t) - \bar{T}_{\mathrm{z}},$$

so gelangt man durch Einsetzen in Gl. (4.22) zu der Differenzialgleichung

$$\frac{m_{\mathrm{h}}c_{\mathrm{h}}m}{w\alpha A}\frac{d^2\delta T}{dt^2} + \left(\frac{m_{\mathrm{h}}c_{\mathrm{h}}}{wc}+\frac{m_{\mathrm{h}}c_{\mathrm{h}}}{\alpha A}+\frac{m}{w}\right)\frac{d\delta T}{dt} + \delta T(t) = \frac{m_{\mathrm{h}}c_{\mathrm{h}}}{\alpha A}\frac{d\delta T_{\mathrm{z}}}{dt} + \delta T_{\mathrm{z}}(t),$$

die die vorgegebene Form (4.1) besitzt. Da in der Regelungstechnik häufig nicht mit absoluten Werten, sondern mit Abweichungen von einem gegebenen Arbeitspunkt gearbeitet wird, ist es üblich, an Stelle der Abweichungen δT und δT_{z} wieder die alten Formelzeichen T bzw. T_{z} zu schreiben und sich dabei zu merken, dass in das Modell die Abweichungen vom Arbeitspunkt eingehen:

$$\frac{m_{\mathrm{h}}c_{\mathrm{h}}m}{w\alpha A}\frac{d^2T}{dt^2} + \left(\frac{m_{\mathrm{h}}c_{\mathrm{h}}}{wc}+\frac{m_{\mathrm{h}}c_{\mathrm{h}}}{\alpha A}+\frac{m}{w}\right)\frac{dT}{dt} + T(t) = \frac{m_{\mathrm{h}}c_{\mathrm{h}}}{\alpha A}\frac{dT_{\mathrm{z}}}{dt} + T_{\mathrm{z}}(t).$$

Diese Gleichung hat die Standardform (4.1), wobei gilt

$$a_2 = \frac{m_{\mathrm{h}}c_{\mathrm{h}}m}{w\alpha A},\ a_1 = \frac{m_{\mathrm{h}}c_{\mathrm{h}}}{wc}+\frac{m_{\mathrm{h}}c_{\mathrm{h}}}{\alpha A}+\frac{m}{w},\ a_0 = 1$$
$$b_1 = \frac{m_{\mathrm{h}}c_{\mathrm{h}}}{\alpha A}, \qquad b_0 = 1.\ \square$$

Die Beispiele zeigen, dass die Differenzialgleichung (4.1) in vier Schritten abgeleitet wird:

Algorithmus 4.1 *Aufstellung einer Differenzialgleichung*

Gegeben: Kontinuierliches System mit Eingang u und Ausgang y

1. **Systemzerlegung:** Das System wird in Komponenten zerlegt.
2. **Komponentenmodelle:** Es werden die physikalischen Gesetze aufgeschrieben, die das Verhalten der Komponenten beschreiben.
3. **Kopplungsbeziehungen:** Es werden die Beziehungen beschrieben, die zwischen den Komponenten bestehen.
4. **Modellumformung:** Die Gleichungen werden zu einer Differenzialgleichung zusammengefasst.

Ergebnis: Differenzialgleichung der Form (4.1)

Nur der vierte Schritt hängt davon ab, welches Signal als Eingangsgröße und welches als Ausgangsgröße betrachtet wird. So könnte bei dem Reihenschwingkreis an Stelle der Spannung $u_2(t)$ auch der Strom $i_2(t)$ als Ausgangsgröße genutzt werden. Bei der Modellierung würden dann dieselben Bauelementebeschreibungen und Maschengleichungen verwendet, diese jedoch zu einer Differenzialgleichung umgeformt werden, in die $u_1(t)$ als Eingangsgröße und $i_2(t)$ an Stelle von $u_2(t)$ als Ausgangsgröße eingeht.

Welche Methoden bzw. Gesetze angewendet werden müssen, um zu den Komponentenmodellen und den Kopplungsbeziehungen zu gelangen, hängt vom Charakter des betrachteten Systems ab.

- **Elektrische und elektronische Systeme** werden durch die Maxwell'schen Gleichungen beschrieben. Kann man das System zunächst in ein Schaltbild überführen, so wendet man für die Modellbildung die Kirchhoff'schen Gesetze an.

- **Verfahrenstechnische Anlagen** werden zunächst in Bilanzräume unterteilt. Für diese Räume werden dann Energie- und Stoffbilanzen aufgestellt. Die Koppelgleichungen für die Bilanzräume ergeben sich aus dem Energie- bzw. Stoffaustausch zwischen diesen Räumen.

- **Mechanische Systeme** werden durch Kräfte- und Momentengleichungen beschrieben.

Die hier aufgezählten Prinzipien werden auch in vielen anderen Disziplinen eingesetzt, beispielsweise bei der Verkehrsflussmodellierung, bei der ein „Erhaltungssatz" für die in einen Straßenabschnitt hinein- bzw. herausfahrenden Fahrzeuge als Grundlage der Modellbildung dient.

Aufgabe 4.1 *Erweiterung des Modells aus Beispiel 4.1*

Wie muss das in Beispiel 4.1 aufgestellte Modell erweitert werden, wenn die rechten Klemmen des Schwingkreises entweder durch einen ohmschen Widerstand R_1 oder durch eine Kapazität C_2 verbunden werden? Geben Sie für beide Fälle die Differenzialgleichung an. Hat sich die Ordnung der Differenzialgleichung geändert? □

Aufgabe 4.2 *Thermisches Verhalten eines Rührkesselreaktors*

Im Beispiel 4.3 wurde eine Rührkesselreaktor bei konstanter Heizleistung $\dot{Q}$ und veränderlicher Temperatur T_z des Zuflusses betrachtet. Wenn man eine Regelung entwerfen will, die die Temperatur T der Flüssigkeit im Reaktor durch Veränderung der Heizleistung $\dot{Q}$ konstant halten soll, braucht man ein Modell, das den Zusammenhang von $\dot{Q}$ als Eingangsgröße auf T als Ausgangsgröße bei konstanter Temperatur T_z des Zuflusses beschreibt. Wie heißt diese Differenzialgleichung? Wodurch unterscheidet sich der Modellbildungweg, auf dem Sie diese Differenzialgleichung erhalten, von dem im Beispiel 4.3 behandelten? □

4.2.3 Linearität dynamischer Systeme

Ein dynamisches System heißt *linear*, wenn sich die Wirkungen zweier linear überlagerter Eingangssignale am Ausgang des Systems in gleicher Weise linear überlagern (*Superpositionsprinzip*). Wird also für $u(t)$ die Linearkombination

$$u(t) = k\,u_1(t) + l\,u_2(t) \tag{4.24}$$

der beiden Funktionen $u_1(t)$ und $u_2(t)$ eingesetzt, so fordert das Superpositionsprinzip, dass sich die dabei erhaltene Ausgangsgröße $y(t)$ als Linearkombination

$$y(t) = k\,y_1(t) + l\,y_2(t) \tag{4.25}$$

darstellen lässt. Dabei ist $y_1(t)$ die Lösung der Differenzialgleichung (4.1) mit $u = u_1(t)$ und $y_2(t)$ die Lösung für $u = u_2(t)$, d. h., es gilt

$$a_n \frac{d^n y_1}{dt^n} + ... + a_1 \frac{dy_1}{dt} + a_0 y_1(t) = b_q \frac{d^q u_1}{dt^q} + ... + b_1 \frac{du_1}{dt} + b_0 u_1(t) \tag{4.26}$$

$$a_n \frac{d^n y_2}{dt^n} + ... + a_1 \frac{dy_2}{dt} + a_0 y_2(t) = b_q \frac{d^q u_2}{dt^q} + ... + b_1 \frac{du_2}{dt} + b_0 u_2(t). \tag{4.27}$$

Für diese Beziehung wird die vereinfachende Schreibweise

$$u_1(t) \mapsto y_1(t), \qquad u_2(t) \mapsto y_2(t) \tag{4.28}$$

eingeführt. Der Pfeil $\mapsto$ kennzeichnet also das durch Gl. (4.1) beschriebene dynamische System als Funktionseinheit, die $u_1(t)$ in $y_1(t)$ bzw. $u_2(t)$ in $y_2(t)$ überführt.

Mit dieser Schreibweise kann die Linearitätseigenschaft des dynamischen Systems durch

$$\text{Linearität:} \quad u(t) = ku_1(t) + lu_2(t) \;\mapsto\; y(t) = ky_1(t) + ly_2(t) \tag{4.29}$$

dargestellt werden, wobei für die Komponenten von $y(t)$ und $u(t)$ die Beziehung (4.28) erfüllt ist. Zu beachten ist, dass die Beziehung (4.29) auch für die Anfangsbedingungen (4.3) gelten muss, d. h., die Linearitätseigenschaft gilt nur unter der Bedingung

$$\frac{d^i y}{dt^i}(0) = k\,\frac{d^i y_1}{dt^i}(0) + l\,\frac{d^i y_2}{dt^i}(0) \qquad (i = 0, 1, ...n-1). \tag{4.30}$$

Diese Bedingung ist insbesondere dann erfüllt, wenn sich das System zur Zeit $t = 0$ in der Ruhelage befindet und folglich alle Anfangsbedingungen verschwinden.

Beweis der Linearitätseigenschaft. Um die angegebene Linearitätseigenschaft zu beweisen, setzt man die Beziehungen (4.24) und (4.25) in die linke Seite von der Differenzialgleichung (4.1) ein, wodurch man

$$\begin{aligned} & a_n \frac{d^n(ky_1 + ly_2)}{dt^n} + ... + a_1 \frac{d(ky_1 + ly_2)}{dt} + a_0(ky_1 + ly_2) \\ = \; & k\left(a_n \frac{d^n y_1}{dt^n} + ... + a_1 \frac{dy_1}{dt} + a_0 y_1\right) + l\left(a_n \frac{d^n y_2}{dt^n} + ... + a_1 \frac{dy_2}{dt} + a_0 y_2\right) \end{aligned}$$

erhält. Ein Vergleich der letzten Zeile mit den Gln. (4.26) und (4.27) zeigt, dass

$$\begin{aligned} & a_n \frac{d^n(ky_1 + ly_2)}{dt^n} + ... + a_1 \frac{d(ky_1 + ly_2)}{dt} + a_0(ky_1 + ly_2) \\ = \; & k\left(b_q \frac{d^q u_1}{dt^q} + ... + b_1 \frac{du_1}{dt} + b_0 u_1\right) + l\left(b_q \frac{d^q u_2}{dt^q} + ... + b_1 \frac{du_2}{dt} + b_0 u_2\right) \\ = \; & b_q \frac{d^q u}{dt^q} + ... + b_1 \frac{du}{dt} + b_0 u \end{aligned}$$

gilt und $y(t) = ky_1 + ly_2$ folglich die Lösung der Differenzialgleichung (4.1) für $u(t) = ku_1 + lu_2$ darstellt.

Diskussion. Die Linearität des Systems schlägt sich in der Tatsache nieder, dass die das System beschreibende Differenzialgleichung linear ist. Beide Seiten der Gleichung stellen Linearkombinationen der Signale $u(t)$ und $y(t)$ sowie deren Ableitungen dar. Es muss jedoch darauf hingewiesen werden, dass die Klasse der linearen Differenzialgleichungen nicht auf die der Form (4.1) beschränkt ist.

Gewöhnliche Differenzialgleichungen heißen linear, wenn sie die Form

$$f_n \frac{d^n y}{dt^n} + f_{n-1} \frac{d^{n-1} y}{dt^{n-1}} + ... + f_1 \frac{dy}{dt} + f_0 y + f = 0 \tag{4.31}$$

haben, wobei $f(t), f_0(t), f_1(t), ..., f_n(t)$ gegebene Funktionen der Zeit t oder Konstante sind. Diese Gleichungen sind linear in dem Sinne, dass sich ihre Lösungen y aus den Lösungen der homogenen und der inhomogenen Gleichungen zusammensetzen (vgl. Abschn. 5.2.1).

Die Differenzialgleichung (4.1) ist linear, denn die Funktionen f_0, f_1, ..., f_n entsprechen den Konstanten a_0, a_1, ..., a_n und die rechte Seite der Funktion $-f$. Aus diesem Vergleich sieht man, dass bei linearen Systemen die Funktion f in Gl. (4.31) auf Linearkombinationen von u, $\dot{u}$, ..., $\frac{d^q u}{dt^q}$ eingeschränkt wird und insbesondere keine Konstante enthält. Der Grund dafür liegt in der Tatsache, dass bei dynamischen Systemen nicht wie in der Mathematik die Überlagerung der homogenen und inhomogenen Lösungen als Kriterium für die Linearität herangezogen wird, sondern die Tatsache, dass Linearkombinationen von Eingangsgrößen durch das System entsprechend Gl. (4.29) in Linearkombinationen von Ausgangsgrößen abgebildet werden. Lineare dynamische Systeme sind also durch eine spezielle Klasse linearer Differenzialgleichungen beschrieben.

4.2.4 Kausalität

Eine wichtige Eigenschaft dynamischer Systeme ist ihre Kausalität. Die Kausalität besagt, dass der Wert der Eingangsgröße zur Zeit $\bar{t}$ das Verhalten des Systems nur für zukünftige Zeitpunkte $t \geq \bar{t}$ beeinflussen kann.

Betrachtet man die in einem System ablaufenden physikalischen Vorgänge, so ist die Kausalität eine selbstverständliche Eigenschaft. Beim Entwurf von Reglern kann es jedoch vorkommen, dass Reglergesetze entstehen, für die diese Kausalitätseigenschaft nicht zutrifft. Im Folgenden muss deshalb untersucht werden, wie man erkennen kann, ob ein System kausal ist.

Zur Definition der Kausalität wird das Verhalten des Systems für zwei „Experimente“ betrachtet, bei denen das System mit den Eingangsgrößen $u = k_1$ bzw. $u = u_2$ angeregt wird, die bis zum Zeitpunkt T gleich sind, d. h., für die die Beziehung

$$u_1(t) = u_2(t) \quad \text{für} \quad 0 \leq t \leq T \tag{4.32}$$

gilt. Es wird vorausgesetzt, dass alle Anfangsbedingungen der Differenzialgleichung verschwinden. Ein dynamisches System ist kausal, wenn für beliebige Zeitpunkte T und beliebig gewählte Funktionen $u_1(t)$ und $u_2(t)$ mit $0 \leq t \leq \infty$, für die die Beziehung (4.32) gilt, die beiden durch diese Eingangsgrößen hervorgerufenen Ausgangsgrößen y_1 und y_2 die Beziehung

$$y_1(t) = y_2(t) \quad \text{für} \quad 0 \leq t \leq T \tag{4.33}$$

erfüllen. $y_1(t)$ und $y_2(t)$ können sich also erst für $t > T$ unterscheiden (Abb. 4.5). Dabei wird wieder mit der Beziehung (4.28) zwischen den Eingangs- und Ausgangsgrößen gearbeitet. In abgekürzter Schreibweise kann dieser Sachverhalt durch

$$\boxed{\text{Kausalität:} \quad u_1(t) = u_2(t) \;\mapsto\; y_1(t) = y_2(t) \quad \text{für} \quad 0 \leq t \leq T} \tag{4.34}$$

beschrieben werden.

In der Differenzialgleichung (4.1) äußert sich die Kausalität in der Tatsache, dass die Eingangsgröße u nicht mit höherer Ableitung als die Ausgangsgröße y erscheint, d. h., dass

$$\boxed{\text{Kausalität linearer Systeme:} \quad q \leq n} \tag{4.35}$$

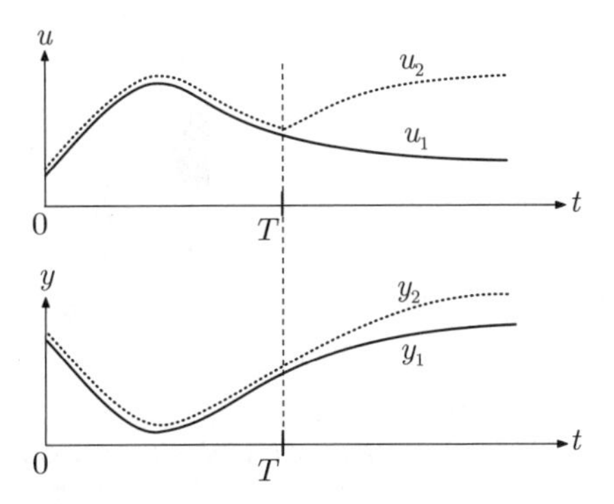

Abb. 4.5: Interpretation der Kausalität dynamischer Systeme

gilt. Diese Bedingung schränkt die Klasse der Differenzialgleichungen der Form (4.1) auf die Klasse kausaler dynamischer Systeme ein. Wäre diese Bedingung verletzt, so müsste das System reine Differenziationen der Eingangsgröße ausführen, die, wie das folgende Beispiel zeigt, physikalisch nicht realisierbar sind.

Beispiel 4.4 *Technische Realisierung einer Differenziation*

Die über einer Induktivität gemessene Spannung ist bekanntlich proportional zur zeitlichen Ableitung des durch die Induktivität fließenden Stromes. Man kann eine Induktivität deshalb als technische Realisierung einer „reinen" Differenziation betrachten. Sieht man sich den Zusammenhang zwischen dem durch eine Stromquelle mit Innenwiderstand R vorgegebenen Strom $u(t)$ und der Spannung $y(t)$ über der Induktivität anhand der Abb. 4.6 genauer an, so erhält man folgende Beziehungen:

$$\begin{aligned} y(t) &= L\frac{di_{\mathrm{L}}}{dt} \\ i_{\mathrm{L}}(t) &= u(t) - i_{\mathrm{R}}(t) \\ i_{\mathrm{R}}(t) &= \frac{1}{R}y(t). \end{aligned}$$

Aus diesen Gleichungen folgt die Differenzialgleichung

$$\frac{L}{R}\dot{y} + y(t) = L\dot{u}, \tag{4.36}$$

die offensichtlich die Kausalitätseigenschaft (4.35) erfüllt. Mit dem endlichen Widerstand R ist die Schaltung technisch realisierbar. Sie führt allerdings keine exakte Differenziation aus, sondern enthält eine Zeitverzögerung.

Die gewünschte reine Differenziation

$$y(t) = L\dot{u}$$

erhält man nur unter der idealisierenden Annahme, dass der Innenwiderstand R der Stromquelle unendlich groß ist. Die exakte Differenziation ist also technisch nicht realisierbar.

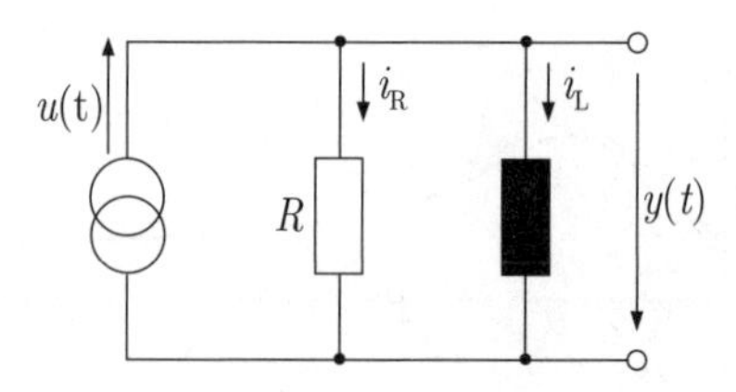

Abb. 4.6: RL-Glied zur Differenziation

Das Beispiel macht außerdem deutlich, dass in der Differenzialgleichung (4.1) dynamischer Systeme auf der rechten Seite zwar Ableitungen der Eingangsgröße stehen können, diese Ableitungen jedoch nicht durch reine Differenzierglieder innerhalb des Systems tatsächlich gebildet werden. In dem in Abb. 4.6 gezeigten RL-Glied tritt nämlich nicht $L\frac{du}{dt}$, sondern

$$y(t) = L\frac{di_{\rm L}}{dt} = L\frac{du}{dt} - \frac{L}{R}\frac{dy}{dt}$$

als Signal auf. Nur unter der genannten, technisch nicht erfüllbaren Bedingung $R \rightarrow \infty$ ist das Signal $L\frac{du}{dt}$ tatsächlich messbar. □

Aus den im Beispiel genannten Gründen bezeichnet man Systeme, die die Bedingung (4.35) erfüllen, als *technisch realisierbar*. Die Forderung nach technischer Realisierbarkeit ist für die Regelstrecke natürlich stets erfüllt. Für den Reglerentwurf schränkt sie jedoch die Klasse der einsetzbaren Reglergesetze ein.

Die Realisierbarkeitsbedingung muss offensichtlich erfüllt sein, wenn der Regler durch analoge Bauelemente gerätetechnisch realisiert werden soll. Es ist jedoch ein Trugschluss anzunehmen, dass sie verletzt werden kann, wenn man den Regler mit Hilfe eines Rechners realisiert und damit nicht mehr an dieselben technischen Randbedingungen gebunden ist wie bei einer analogen Realisierung. Versucht man nämlich, ein dynamisches System (4.1) mit $q > n$ durch einen Algorithmus zu realisieren, so muss diese Realisierung reine Differenziationen der Eingangsgröße ausführen. Für zeitgetaktete Signale, wie sie ein Rechner verarbeiten kann, müssen die Differenzialquotienten durch Differenzenquotienten ersetzt werden, was gleichbedeutend damit ist, dass wiederum ein verzögertes an Stelle eines „reinen" Differenziergliedes verwendet wird. Auch hier gilt also die Realisierbarkeitsbedingung!

4.2.5 Zeitinvarianz

Eine weitere Eigenschaft der hier behandelten Systeme besteht darin, dass die Koeffizienten der Differenzialgleichung von der Zeit unabhängig sind. Das System ist *zeitinvariant*. Es reagiert auf eine Erregung (also einen vorgegebenen Verlauf $u(t)$) unabhängig davon, wann die Erregung eintrifft. Das heißt, dass eine Verschiebung der Eingangsgröße auf der Zeitachse nach rechts eine gleichgroße Verschiebung der Ausgangsgröße bewirkt. Man spricht hierbei auch vom Verschiebeprinzip.

Bezeichnet man die Verschiebung mit $T_{\rm t}$ ($T_{\rm t} > 0$), so gilt in der bereits in Gl. (4.29) verwendeten Schreibweise

$$\boxed{\text{Zeitinvarianz:} \quad u_1(t) = u_2(t - T_\mathrm{t}) \;\mapsto\; y_1(t) = y_2(t - T_\mathrm{t}),} \tag{4.37}$$

wobei wiederum vorausgesetzt wird, dass alle Anfangsbedingungen verschwinden.

Viele Regelungssysteme können als zeitinvariante Systeme aufgefasst werden, wenn man annimmt, dass eine Parameterdrift oder Veränderungen in der Systemstruktur entweder ganz vernachlässigt werden können oder sich so langsam vollziehen, dass sie auf das Verhalten des Regelkreises keinen Einfluss haben.

4.3 Zustandsraumdarstellung linearer Systeme

In der Regelungstechnik wird an Stelle von der Differenzialgleichung (4.1) von einem Zustandsraummodell ausgegangen. Dieses Modell besteht aus einem System von Differenzialgleichungen erster Ordnung. Wie noch gezeigt werden wird, kann es aus der Differenzialgleichung (4.1) abgeleitet werden und ist somit eine äquivalente mathematische Beschreibung des gegebenen Systems. Das Zustandsraummodell wird gegenüber der Differenzialgleichung bevorzugt, weil es mit dem Systemzustand eine ingenieurtechnisch gut interpretierbare Größe beschreibt und dieser Zustand ein wichtiges Element bei der Analyse dynamischer Systeme und beim Reglerentwurf darstellt. Außerdem hat das Zustandsraummodell eine Form, die sich sehr gut für die rechnergestützte Verarbeitung eignet.

Die Aufstellung eines Zustandsraummodells soll zunächst an einem Beispiel betrachtet werden.

Beispiel 4.5 *Zustandsraummodell für einen Reihenschwingkreis*

Für den Reihenschwingkreis in Abb. 4.2 werden jetzt an Stelle der im Beispiel 4.1 angegebenen Differenzialgleichung zweiter Ordnung zwei Differenzialgleichungen erster Ordnung abgeleitet. Die Differenzialgleichungen werden so geschrieben, dass die abgeleiteten Größen auf der linken Seite stehen. Als erste Gleichung wird Gl. (4.9) übernommen:

$$\frac{di_1}{dt} = \frac{1}{L}(u_1 - u_2).$$

Die zweite Gleichung erhält man durch einmalige Differenziation der Gl. (4.11)

$$\begin{aligned} \frac{du_2}{dt} &= R\frac{di_1}{dt} + \frac{1}{C}i_1 \\ &= \frac{R}{L}u_1 - \frac{R}{L}u_2 + \frac{1}{C}i_1, \end{aligned}$$

wobei zur Umformung in die zweite Zeile wieder die Beziehung (4.9) verwendet wurde. Ordnet man die rechten Seiten so, dass die Summanden mit der Eingangsgröße u_1 ganz rechts stehen, so kann man beide Gleichungen zu folgendem Differenzialgleichungssystem zusammenfassen:

$$\begin{aligned}\frac{di_1}{dt} &= -\frac{1}{L}u_2 + \frac{1}{L}u_1 \\ \frac{du_2}{dt} &= \frac{1}{C}i_1 - \frac{R}{L}u_2 + \frac{R}{L}u_1.\end{aligned}$$

Dieses Gleichungssystem kann übersichtlicher dargestellt werden, wenn man den Vektor

$$\boldsymbol{x} = \begin{pmatrix} i_1 \\ u_2 \end{pmatrix} \tag{4.38}$$

einführt und zu folgender Matrizenschreibweise übergeht:

$$\begin{pmatrix} \frac{di_1}{dt} \\ \frac{du_2}{dt} \end{pmatrix} = \begin{pmatrix} 0 & -\frac{1}{L} \\ \frac{1}{C} & -\frac{R}{L} \end{pmatrix} \begin{pmatrix} i_1 \\ u_2 \end{pmatrix} + \begin{pmatrix} \frac{1}{L} \\ \frac{R}{L} \end{pmatrix} u_1.$$

Mit dem eingeführten Zustandsvektor heißt die Gleichung auch

$$\dot{\boldsymbol{x}} = \begin{pmatrix} 0 & -\frac{1}{L} \\ \frac{1}{C} & -\frac{R}{L} \end{pmatrix} \boldsymbol{x} + \begin{pmatrix} \frac{1}{L} \\ \frac{R}{L} \end{pmatrix} u_1. \tag{4.39}$$

Sie beschreibt den Zusammenhang zwischen der Eingangsgröße u_1 und den Signalen i_1 und u_2 des Schwingkreises. Im Gegensatz zur Differenzialgleichung (4.12) tritt hier die Größe i_1 auf, obwohl sie weder Eingangs- noch Ausgangsgröße des Systems ist. Sie erscheint in der Gleichung, weil die Form jeder einzelnen Gleichung auf eine Differenzialgleichung *erster* Ordnung festgelegt wurde. □

Die Gleichung (4.39) kann in der allgemeineren Form

$$\frac{d}{dt}\boldsymbol{x} = \boldsymbol{A}\boldsymbol{x}(t) + \boldsymbol{b}u(t)$$

mit einem n-dimensionalen Vektor $\boldsymbol{x}$, einer (n, n)-Matrix $\boldsymbol{A}$ und einem n-dimensionalen Vektor $\boldsymbol{b}$ geschrieben werden. In dieser Darstellung tritt die Ausgangsgröße $y(t)$ nicht explizit auf. Im vorangegangenen Beispiel war sie gleich der zweiten Komponente des Vektors $\boldsymbol{x}$, d. h., es galt

$$y(t) = (0 \quad 1)\, \boldsymbol{x}.$$

Im Allgemeinen ist die Ausgangsgröße eine Linearkombination der Zustandsgrößen x_i und der Eingangsgröße u und kann deshalb in der Form

$$y(t) = \boldsymbol{c}'\boldsymbol{x}(t) + du(t)$$

dargestellt werden, wobei $\boldsymbol{c}$ ein Vektor mit derselben Dimension wie $\boldsymbol{x}$ und d ein Skalar ist.

Aus diesen Gleichungen erhält man die gebräuchliche Form des Zustandsraummodells eines linearen Systems mit einer Eingangsgröße und einer Ausgangsgröße, wenn die zeitliche Ableitung wieder durch einen Punkt über der abzuleitenden Größe symbolisiert wird:

$$\boxed{\text{Zustandsraummodell:} \quad \begin{aligned} \dot{\boldsymbol{x}} &= \boldsymbol{A}\boldsymbol{x}(t) + \boldsymbol{b}u(t), \quad \boldsymbol{x}(0) = \boldsymbol{x}_0 \\ y(t) &= \boldsymbol{c}'\boldsymbol{x}(t) + du(t). \end{aligned}} \tag{4.40}$$

Die erste Gleichung wird als *Zustandsgleichung*, die zweite als *Ausgabegleichung* bezeichnet.

$\boldsymbol{x}$ ist i. Allg. ein n-dimensionaler Vektor mit den zeitabhängigen Elementen $x_i(t)$

$$\boldsymbol{x}(t) = \begin{pmatrix} x_1(t) \\ x_2(t) \\ \vdots \\ x_n(t) \end{pmatrix},$$

$\boldsymbol{A}$ eine konstante (n, n)-Matrix

$$\boldsymbol{A} = \begin{pmatrix} a_{11} & a_{12} & \cdots & a_{1n} \\ a_{21} & a_{22} & \cdots & a_{2n} \\ \vdots & \vdots & & \vdots \\ a_{n1} & a_{n2} & \cdots & a_{nn} \end{pmatrix},$$

$\boldsymbol{b}$ ein n-dimensionaler Spaltenvektor

$$\boldsymbol{b} = \begin{pmatrix} b_1 \\ b_2 \\ \vdots \\ b_n \end{pmatrix},$$

und $\boldsymbol{c}'$ ein n-dimensionaler Zeilenvektor mit konstanten Elementen

$$\boldsymbol{c}' = (c_1 \; c_2 \; ... \; c_n).$$

d ist ein Skalar, der bei vielen Systemen gleich null ist. $\boldsymbol{A}$ wird als *Systemmatrix* bezeichnet.

$\boldsymbol{x}_0$ ist ein n-dimensionaler Vektor, der die Anfangsbedingungen aller Komponenten von $\boldsymbol{x}$ beschreibt. Bei der Anwendung des Modells (4.40) wird i. Allg. vorausgesetzt, dass x_0 bekannt ist. Die Dimension n der Vektoren und der Matrix heißt Ordnung des Systems.

Das Beispiel 4.5 hat gezeigt, dass sich der Modellbildungsweg für das Zustandsraummodell nur wenig von dem im Algorithmus 4.1 gezeigten Weg unterscheidet. Die für die Komponenten und die Kopplungen aufgestellten Gleichungen werden jetzt nicht zu der Differenzialgleichung, sondern zu einem Zustandsraummodell umgeformt.

Algorithmus 4.2 *Aufstellung eines Zustandsraummodells*

Gegeben: Kontinuierliches System mit Eingang u und Ausgang y

1. **Systemzerlegung:** Das System wird in Komponenten zerlegt.
2. **Komponentenmodelle:** Es werden die physikalischen Gesetze aufgeschrieben, die das Verhalten der Komponenten beschreiben.
3. **Kopplungsbeziehungen:** Es werden die Beziehungen beschrieben, die zwischen den Komponenten bestehen.
4. **Modellumformung:** Die Gleichungen werden zu einem Zustandsraummodell zusammengefasst.

Ergebnis: Zustandsraummodell (4.40)

Grafische Veranschaulichung des Zustandsraummodells. Die durch die Gl. (4.40) beschriebenen Zusammenhänge zwischen den Signalen $u(t)$, $x_i(t)$ und $y(t)$ sind in der Abb. 4.7 durch ein Blockschaltbild veranschaulicht. Doppelpfeile stellen vektorielle Größen dar. Vier Blöcke sind statische Übertragungsglieder mit den Übertragungsfaktoren $\boldsymbol{A}$, $\boldsymbol{b}$, $\boldsymbol{c}'$ und d. Der mittlere Block enthält n Integratoren.

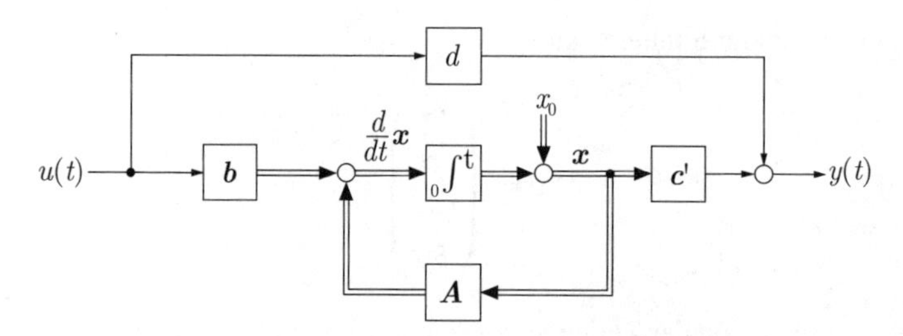

Abb. 4.7: Strukturbild des Zustandsraummodells

Eine detailliertere Darstellung als das Blockschaltbild erfolgt im Signalflussgraf in Abb. 4.8, in dem alle Signale einzeln durch Knoten repräsentiert werden. Die gerichteten Kanten zeigen, welches Signal direkt auf welches andere Signal einwirkt. Die Elemente der Matrix $\boldsymbol{A}$ bzw. der Vektoren $\boldsymbol{b}$ und $\boldsymbol{c}'$ sowie der Skalar d treten als Kantengewichte auf. Sind die entsprechenden Elemente gleich null, so wird keine Kante in den Signalflussgraf eingetragen.

Zustandsbegriff. Aus der Mathematik ist bekannt, dass jede lineare Differenzialgleichung n-ter Ordnung in ein System von n Differenzialgleichungen erster Ordnung überführt werden kann. Es ist deshalb stets möglich, für ein gegebenes System (4.1) ein Modell der Form (4.40) aufzustellen. Außerdem ist bekannt, dass für eine gegebene Anfangsbedingung (4.3) die Differenzialgleichung (4.1) eine eindeutige Lösung hat. Dies gilt folglich auch für das Differenzialgleichungssystem (4.40) mit der durch $\boldsymbol{x}_0$ gegebenen Anfangsbedingung.

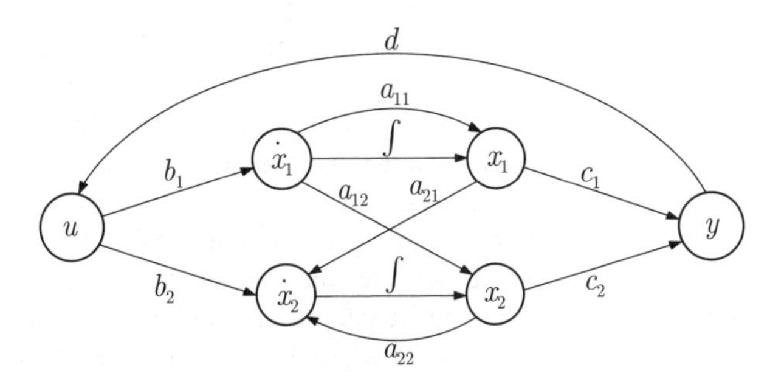

Abb. 4.8: Signalflussgraf eines Systems zweiter Ordnung

Das heißt, dass die in $\boldsymbol{x}(0)$ enthaltenen Informationen ausreichen, um für eine beliebig gegebene Eingangsgröße $u(t),\ t \geq 0$ die Ausgangsgröße $y(t)$ für $t \geq 0$ eindeutig zu berechnen. $\boldsymbol{x}(0)$ beschreibt also den Zustand, in dem sich das System zum Zeitpunkt $t = 0$ befindet. Diese Eigenschaft gilt für jeden beliebigen Zeitpunkt $\bar{t}$. Das heißt, wenn $\boldsymbol{x}(\bar{t})$ bekannt und die Eingangsgröße $u(t)$ für $t \geq \bar{t}$ gegeben ist, so kann mit dem Modell (4.40) die Ausgangsgröße $y(t)$ für den Zeitraum $t \geq \bar{t}$ eindeutig berechnet werden. $\boldsymbol{x}(t)$ heißt deshalb *Zustand* des Systems zum Zeitpunkt t.

Definition 4.1 (Zustand eines dynamischen Systems)
Ein Vektor $\boldsymbol{x}$ wird Zustand eines Systems genannt, wenn für eine beliebige Zeit $t_\mathrm{e} \geq 0$ die Elemente $x_i(0)$ von $\boldsymbol{x}$ zum Zeitpunkt 0 zusammen mit dem Verlauf der Eingangsgröße $u(\tau)$ für $0 \leq \tau \leq t_\mathrm{e}$ den Wert $\boldsymbol{x}(t_\mathrm{e})$ und den Wert der Ausgangsgröße $y(t_\mathrm{e})$ eindeutig bestimmen. $\boldsymbol{x}$ heißt auch Zustandsvektor und die Komponenten $x_i(t)$ von $\boldsymbol{x}$ Zustandsvariable oder Zustandsgrößen.

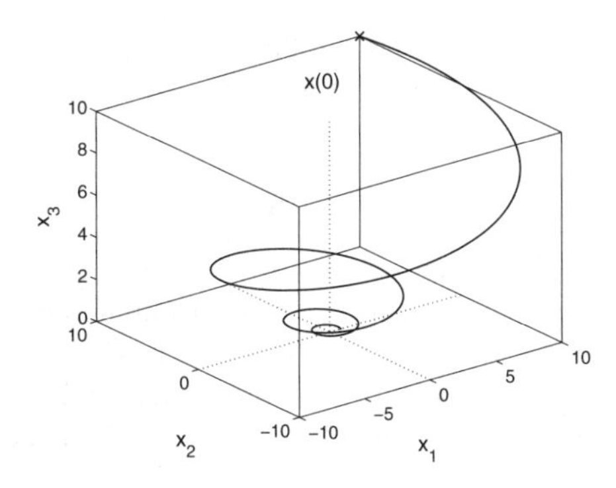

Abb. 4.9: Trajektorie eines Systems dritter Ordnung im Zustandsraum

Verschiedene physikalische Größen können als Zustandsvariablen verwendet werden. Bei elektrischen Systemen sind es in der Regel Ströme und Spannungen, bei mechanischen Systemen Winkel, Wege, Geschwindigkeiten und Beschleunigungen. Dies sind physikalische Größen, die das Verhalten von Speicherelementen wie z. B. Kapazitäten, Induktivitäten, Massen oder Federn beschreiben. Wenn man diese Größen zum Zeitpunkt 0 kennt, so kann man das Systemverhalten für $\tau > 0$ vorhersagen, wobei in die Vorhersage natürlich auch die Eingangsgröße eingeht.

Die Systemordnung n stimmt in der Regel mit der Zahl der im System enthaltenen Speicherelemente überein. Beispielsweise haben der Reihenschwingkreis und das Feder-Masse-System aus den Beispielen 4.1 und 4.2 mit Kapazität und Induktivität bzw. Masse und Feder je zwei Speicherelemente, so dass ihre dynamische Ordnung gleich zwei ist. Es können aber auch Größen als Zustandsvariable verwendet werden, die physikalisch nicht interpretierbar sind (vgl. Abschn. 5.3).

Zustandsraum. Die zeitliche Abhängigkeit des n-dimensionalen Vektors $\boldsymbol{x}$ kann man sich als Bewegung eines Punktes im n-dimensionalen Vektorraum $\mathrm{I\!R}^n$ vorstellen (Abb. 4.9). $\mathrm{I\!R}^n$ wird deshalb als *Zustandsraum* bezeichnet. Der durch die Koordinaten von $\boldsymbol{x}$ beschriebene Punkt verändert sich mit der Zeit und beschreibt eine Kurve, die *Trajektorie* oder *Zustandskurve* des Systems heißt.

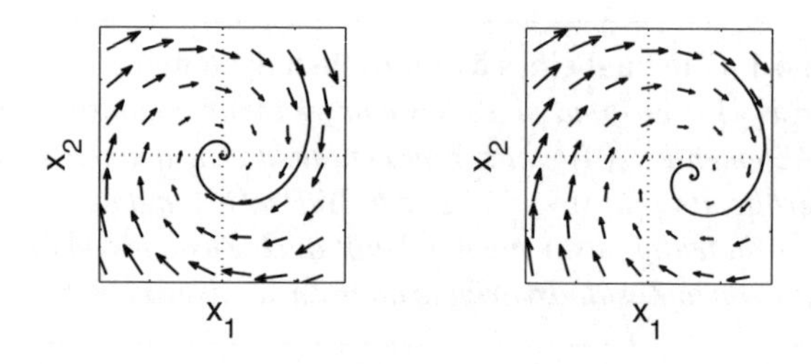

Abb. 4.10: Vektorfeld eines schwingungsfähigen Systems

Die Zustandsgleichung (4.40) beschreibt für jeden Punkt $\boldsymbol{x}$ des Zustandsraumes die zeitliche Ableitung $\dot{\boldsymbol{x}}$ der Bewegung $\boldsymbol{x}(t)$. Hat das System keine Eingangsgröße ($u(t) = 0$), so erhält man $\dot{\boldsymbol{x}}$ aus der Beziehung

$$\dot{\boldsymbol{x}} = \boldsymbol{A}\boldsymbol{x}.$$

Die „Geschwindigkeit“ $\dot{\boldsymbol{x}}$, mit der sich das System im Punkt $\boldsymbol{x}$ des Zustandsraumes bewegt, wird durch die Pfeile in Abb. 4.10 dargestellt, deren Betrag und Richtung sich von Punkt zu Punkt ändern. Da mit steigender Entfernung des Punktes $\boldsymbol{x}$ vom Ursprung des zweidimensionalen Zustandsraumes auch der Betrag von $\dot{\boldsymbol{x}}$ steigt, sind die äußeren Pfeile länger als die weiter innen liegenden. Außerdem ist zu sehen, dass sich die Pfeilrichtung ändert.

Da die Gleichung $\dot{\boldsymbol{x}} = \boldsymbol{A}\boldsymbol{x}$ jedem Punkt $\boldsymbol{x}$ des Raumes $\mathrm{I\!R}^n$ einen Vektor $\dot{\boldsymbol{x}}$ zuordnet, spricht man bei der Funktion $\boldsymbol{f}(\boldsymbol{x}) = \boldsymbol{A}\boldsymbol{x}$ auch von einem Vektorfeld.

Dieser in der Mathematik gebräuchliche Begriff ist für die Analyse dynamischer Systeme sehr anschaulich. Interpretiert man $\dot{\boldsymbol{x}}$ als Strömungsfeld, so kann man sich das Verhalten eines Systems ausgehend vom Anfangszustand $\boldsymbol{x}_0$ als Bewegung eines Partikels in diesem Strömungsfeld vorstellen. In jedem Punkt des Zustandsraumes erfährt das Partikel eine Beschleunigung, durch die seine Geschwindigkeit in Betrag und Richtung den Pfeilen entspricht. Dabei entsteht eine Trajektorie wie die in der Abbildung eingetragene Kurve.

Wirkt auf das System eine Eingangsgröße $u(t)$, so verändert sich das Vektorfeld

$$\dot{\boldsymbol{x}} = \boldsymbol{A}\boldsymbol{x} + \boldsymbol{b}u$$

nicht nur von Ort zu Ort, sondern auch von Zeitpunkt zu Zeitpunkt. Damit ist die Kraft, die auf das Partikel einwirkt, nicht mehr nur von der Position $\boldsymbol{x}$, sondern auch von der Eingangsgröße $u(t)$ abhängig. Durch die Wirkung von u wird beispielsweise das in der Abb. 4.10 links gezeigte Vektorfeld zu dem im rechten Abbildungsteil dargestellten Vektorfeld verändert. In dem Beispiel wurde mit einer konstanten Eingangsgröße $u(t) = \bar{u}$ gerechnet, wodurch das Vektorfeld um $\boldsymbol{b}\bar{u}$ verschoben wurde. Das System schwingt nicht mehr in den Ursprung des Zustandsraumes, sondern in den Punkt $-\boldsymbol{A}^{-1}\boldsymbol{b}\bar{u}$ ein, den man aus der Zustandsgleichung für $\dot{\boldsymbol{x}} = \boldsymbol{0}$ berechnen kann.

Beispiel 4.6 *Trajektorie und Phasenporträt eines Reihenschwingkreises*

Der Reihenschwingkreis mit der Zustandsgleichung (4.39) wird für die Eingangsgröße $u_1(t) = 0\,\mathrm{V}$ und den Anfangszustand $i_1(0) = 1\,\mathrm{A}$ und $u_2(0) = 1\,\mathrm{V}$ betrachtet. Mit den Parametern $R = 10\,\Omega$, $C = 100\,\mu\mathrm{F}$ und $L = 100\,\mathrm{mH}$ erhält man bei Messung des Stromes i_1 in Ampere, der Spannung u_2 in Volt und der Zeit in Sekunden das Modell

$$\begin{pmatrix} \frac{di_1}{dt} \\ \frac{du_2}{dt} \end{pmatrix} = \begin{pmatrix} 0 & -10 \\ 10000 & -100 \end{pmatrix} \begin{pmatrix} i_1 \\ u_2 \end{pmatrix}, \qquad \begin{pmatrix} i_1(0) \\ u_2(0) \end{pmatrix} = \begin{pmatrix} 1 \\ 1 \end{pmatrix}.$$

Das Systemverhalten kann man sich in unterschiedlicher Weise grafisch veranschaulichen. Abbildung 4.11 zeigt den zeitlichen Verlauf von Strom und Spannung. Diese Darstellung hat den Vorteil, dass man ablesen kann, welche Werte beide Zustandsvariablen zu bestimmten Zeitpunkten annehmen.

Abbildung 4.12 zeigt die Trajektorie des gedämpften Schwingkreises im Zustandsraum, also in der i_1/u_2-Ebene. Diese Darstellung lässt erkennen, welche Werte die Zustandsvariablen i_1 und u_2 gleichzeitig annehmen. Die Zeit ist jedoch nicht mehr explizit zu erkennen. Mit fortlaufender Zeit t bewegt sich das System vom Anfangspunkt $\binom{1}{1}$ auf der spiralförmigen Kurve „nach innen". Dass die Zustandstrajektorie eine Spirale ist, ist typisch für schwingende Systeme. □

Phasenporträt. Besonders anschaulich ist die Zustandsraumdarstellung für zweidimensionale Systeme, weil dann der x_1/x_2-Raum eine Fläche aufspannt. Wenn für die beiden Zustandsvariablen die Beziehung

$$x_2 = \dot{x}_1 \tag{4.41}$$

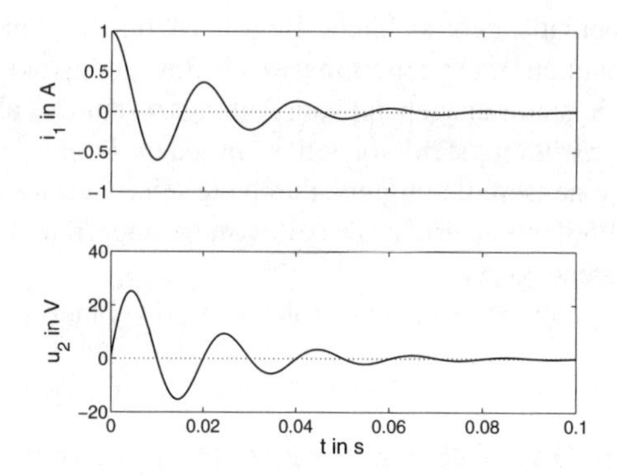

Abb. 4.11: Verlauf von Strom und Spannung des Reihenschwingkreises

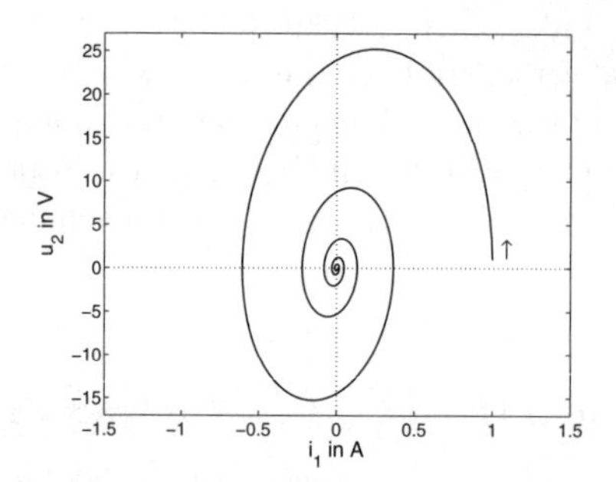

Abb. 4.12: Bewegung des Reihenschwingkreises im Zustandsraum

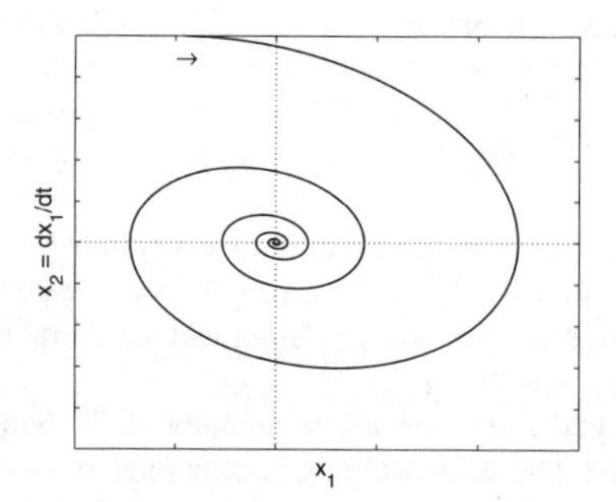

Abb. 4.13: Phasenporträt eines schwingenden Systems

gilt, so spricht man auch vom Phasenraum und nennt die Trajektorie auch das Phasenporträt. Physikalisch sehr anschaulich ist diese Darstellung, wenn x_1 einen Weg oder eine Geschwindigkeit beschreibt, weil dann x_2 eine Geschwindigkeit bzw. eine Beschleunigung darstellt, also auch physikalisch interpretierbar ist. Abbildung 4.13 zeigt ein Beispiel.

Das Phasenporträt für Systeme ohne Eingangsgröße wird stets im Uhrzeigersinn durchlaufen, denn positive Werte für x_2 führen entsprechend Gl. (4.41) zu einer Vergrößerung von x_1. Für gedämpfte schwingende Systeme hat das Phasenporträt den in der Abbildung gezeigten spiralförmigen Verlauf.

Zustandsraumdarstellung von Mehrgrößensystemen. Das Modell (4.40) kann für Systeme erweitert werden, die mehr als eine Eingangsgröße $u(t)$ und mehr als eine Ausgangsgröße $y(t)$ besitzen. Derartige Systeme werden Mehrgrößensysteme genannt. Ihre m Eingangssignale $u_i(t)$ und r Ausgangssignale $y_i(t)$ werden zu den Vektoren $\boldsymbol{u}(t)$ bzw. $\boldsymbol{y}(t)$ zusammengefasst:

$$\boldsymbol{u}(t) = \begin{pmatrix} u_1 \\ u_2 \\ \vdots \\ u_m \end{pmatrix}, \qquad \boldsymbol{y}(t) = \begin{pmatrix} y_1 \\ y_2 \\ \vdots \\ y_r \end{pmatrix}.$$

Das Modell (4.40) hat dann die allgemeinere Form

$$\dot{\boldsymbol{x}} = \boldsymbol{A}\boldsymbol{x}(t) + \boldsymbol{B}\boldsymbol{u}(t), \quad \boldsymbol{x}(0) = \boldsymbol{x}_0 \tag{4.42}$$

$$\boldsymbol{y}(t) = \boldsymbol{C}\boldsymbol{x}(t) + \boldsymbol{D}\boldsymbol{u}(t). \tag{4.43}$$

Dabei gelten folgende Bezeichnungen und Formate:

Zustandsvektor	$\boldsymbol{x}$	$(n, 1)$-Vektor
Eingangsvektor	$\boldsymbol{u}$	$(m, 1)$-Vektor
Ausgangsvektor	$\boldsymbol{y}$	$(r, 1)$-Vektor
Systemmatrix	$\boldsymbol{A}$	(n, n)-Matrix
Steuermatrix	$\boldsymbol{B}$	(n, m)-Matrix
Beobachtungsmatrix	$\boldsymbol{C}$	(r, n)-Matrix
Durchgangsmatrix	$\boldsymbol{D}$	(r, m)-Matrix

Aufgabe 4.3 *Zustandsraummodell eines Feder-Masse-Schwingers*

Leiten Sie aus den Gln. (4.13) – (4.17) das Zustandsraummodell des Feder-Masse-Schwingers aus Beispiel 4.2 ab. □

Aufgabe 4.4* *Zustandsraummodell eines gekoppelten Feder-Masse-Systems*

Bei dem in Abb. 4.14 gezeigten System ist die Kraft f_e die Eingangsgröße und die Position y der linken Masse die Ausgangsgröße.

1. Stellen Sie die Zustandsgleichung des Systems auf.
2. Zeichnen Sie den Signalflussgrafen und interpretieren Sie ihn. Erklären Sie, warum viele Signale nicht direkt verkoppelt, also im Signalflussgrafen nicht durch direkte Kanten verbunden sind. □

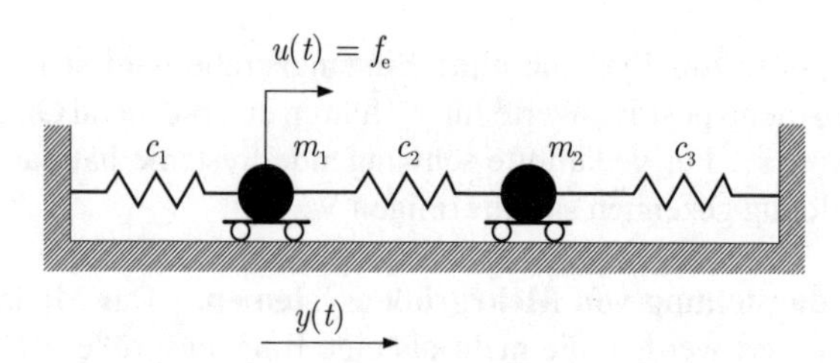

Abb. 4.14: Gekoppeltes Feder-Masse-System

Aufgabe 4.5* *Phasenporträt eines ungedämpften Schwingkreises*

Zeigen Sie unter Verwendung des Zustandsraummodells 4.39 des gedämpften Schwingkreises, dass das Phasenporträt eines *ungedämpfter* Schwingkreises ohne Eingangsgröße aus Kreisen bzw. Ellipsen besteht. □

Aufgabe 4.6 *Strukturbild und Signalflussgraf eines Mehrgrößensystems*

1. Wie müssen die Abbildungen 4.7 bzw. 4.8 verändert und erweitert werden, damit sie ein Mehrgrößensystem mit zwei Eingängen u_1, u_2 und zwei Ausgängen y_1, y_2 beschreiben?
2. Welche Erweiterung der Modellgleichungen und der Abbildungen sind notwendig, wenn eine Störung $d(t)$ als zusätzliche Eingangsgröße auftritt? □

4.4 Aufstellung des Zustandsraummodells

In diesem Abschnitt werden mehrere Wege gezeigt, auf denen man von den physikalischen Gesetzen zum Zustandsraummodell gelangen kann. Ausgangspunkte sind eine gegebene Differenzialgleichung, ein System von Differenzial- und algebraischen Gleichungen bzw. Zustandsraummodelle für die Teilsysteme des zu modellierenden Systems. Im Abschn. 4.4.4 wird gezeigt, wie man aus den mit physikalischen Einheiten behafteten Gleichungen (Größengleichungen) zu reinen Zahlengleichungen kommen kann.

4.4.1 Ableitung des Zustandsraummodells aus der Differenzialgleichung

Differenzialgleichungen mit $q = 0$. Es wird nun ein Weg angegeben, auf dem aus der Differenzialgleichung (4.1) ein Zustandsraummodell abgeleitet werden kann. Dabei wird zunächst von einer Differenzialgleichung ausgegangen, in der keine Ableitungen der Eingangsgröße vorkommen ($q = 0$). Außerdem wird angenommen, dass die Gleichung so umgeformt ist, dass $a_n = 1$ gilt:

$$\frac{d^n y}{dt^n} + a_{n-1}\frac{d^{n-1}y}{dt^{n-1}} + ... + a_1\frac{dy}{dt} + a_0 y(t) = b_0 u(t). \tag{4.44}$$

Der wichtigste Schritt bei der Ableitung des Zustandsraummodells besteht in der Wahl der Zustandsvariablen. Aus der Differenzialgleichung geht hervor, dass n Zustandsvariable geeignet zu definieren sind. Als Zustandsvariablen x_i werden die Ausgangsgröße $y(t)$ sowie deren Ableitungen $\dot{y}$, $\ddot{y}$,..., $\frac{d^{n-1}y}{dt^{n-1}}$ multipliziert mit $\frac{1}{b_0}$ verwendet

$$\boldsymbol{x}(t) = \frac{1}{b_0}\begin{pmatrix} y \\ \frac{dy}{dt} \\ \frac{d^2y}{dt^2} \\ \vdots \\ \frac{d^{n-1}y}{dt^{n-1}} \end{pmatrix},$$

so dass man für die Ableitungen $\dot{x}_i$

$$\begin{aligned} \dot{x}_1 &= \frac{1}{b_0}\dot{y} = x_2 \\ \dot{x}_2 &= \frac{1}{b_0}\ddot{y} = x_3 \\ &\vdots \\ \dot{x}_{n-1} &= \frac{1}{b_0}\frac{d^{n-1}y}{dt^{n-1}} = x_n \end{aligned} \tag{4.45}$$

$$\dot{x}_n = \frac{1}{b_0}\frac{d^n y}{dt^n} \tag{4.46}$$

erhält. Für $\dot{x}_n$ entsteht aus Gl. (4.44) die Beziehung

$$\begin{aligned} \dot{x}_n &= \frac{1}{b_0}\frac{d^n y}{dt^n} \\ &= -a_{n-1}\frac{1}{b_0}\frac{d^{n-1}y}{dt^{n-1}} - ... - a_1\frac{1}{b_0}\dot{y} - a_0\frac{1}{b_0}y + u(t) \\ &= -a_{n-1}x_n - ... - a_1 x_2 - a_0 x_1 + u(t). \end{aligned}$$

Werden die voranstehenden Gleichungen zusammengefasst, so erhält man ein Zustandsraummodell (4.40) mit

$$\boldsymbol{A} = \begin{pmatrix} 0 & 1 & 0 & \cdots & 0 \\ 0 & 0 & 1 & \cdots & 0 \\ \vdots & \vdots & & \ddots & \\ 0 & 0 & 0 & \cdots & 1 \\ -a_0 & -a_1 & -a_2 & \cdots & -a_{n-1} \end{pmatrix} \tag{4.47}$$

$$\boldsymbol{b} = \begin{pmatrix} 0 \\ 0 \\ \vdots \\ 0 \\ 1 \end{pmatrix} \tag{4.48}$$

$$\boldsymbol{c}' = (b_0 \quad 0 \quad 0 \ldots 0) \tag{4.49}$$

$$d = 0. \tag{4.50}$$

Die Matrix $\boldsymbol{A}$ mit der Form (4.47) wird als *Begleitmatrix* oder *Frobeniusmatrix* bezeichnet.

Die Anfangsbedingungen (4.3) der Differenzialgleichung lassen sich auf Grund der Definition des Zustands direkt zum Vektor $\boldsymbol{x}_0$ zusammenfassen:

$$\boldsymbol{x}(0) = \frac{1}{b_0} \begin{pmatrix} y_{01} \\ y_{02} \\ \cdots \\ y_{0n} \end{pmatrix}. \tag{4.51}$$

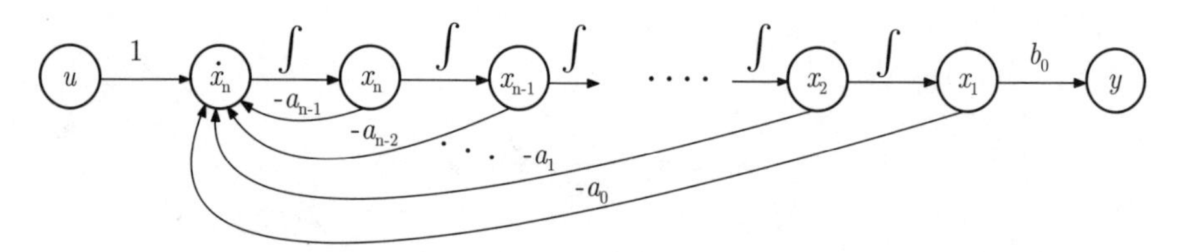

Abb. 4.15: Signalflussgraf für ein Zustandsraummodell mit Systemmatrix in Frobeniusform

Abbildung 4.15 zeigt den Signalflussgrafen des Zustandsraummodells. Auf Grund des speziellen Aufbaus von $\boldsymbol{A}$ und $\boldsymbol{b}$ gibt es nur sehr wenige direkte Kopplungen zwischen den Signalen. Der Eingang u wirkt nur auf $\dot{x}_n$ direkt; der Ausgang ist proportional zur Zustandsvariablen x_1.

Erweiterung auf Differenzialgleichungen mit $q \neq 0$. Die bisher beschriebene Methode kann auf Differenzialgleichungen (4.1) mit $q \neq 0$ erweitert werden, wobei zur Vereinfachung der Darstellung wieder mit $a_n = 1$ gearbeitet wird:

$$\frac{d^n y}{dt^n} + \ldots + a_1 \frac{dy}{dt} + a_0 y(t) = b_q \frac{d^q u}{dt^q} + \ldots + b_1 \frac{du}{dt} + b_0 u(t) \tag{4.52}$$

$$\frac{d^{n-1}y}{dt^{n-1}}(0) = y_{0n}\,, \;\ldots,\; \frac{dy}{dt}(0) = y_{02}, \quad y(0) = y_{01}. \tag{4.53}$$

Dabei wird ausgenutzt, dass auf Grund der Linearität der Differenzialgleichung die Beziehung

$$u(t) \mapsto y(t) \implies \frac{du}{dt} \mapsto \frac{dy}{dt} \tag{4.54}$$

gilt. Das heißt, wenn man an Stelle einer Funktion $u(t)$ deren Ableitung $\dot{u}(t)$ als Eingangsgröße verwendet, so entsteht als Lösung der Differenzialgleichung die Ableitung $\dot{y}$ der für u erhaltenen Lösung y. Fasst man die rechte Seite der Differenzialgleichung als eine Summe von q unterschiedlichen Eingangssignalen auf und überlagert die durch diese Eingänge einzeln hervorgerufenen Ausgangssignale, so erhält man für $q = n$ ein Zustandsraummodell (4.40) mit

$$\boldsymbol{A} = \begin{pmatrix} 0 & 1 & 0 & \cdots & 0 \\ 0 & 0 & 1 & \cdots & 0 \\ \vdots & \vdots & & \ddots & \\ 0 & 0 & 0 & \cdots & 1 \\ -a_0 & -a_1 & -a_2 & \cdots & -a_{n-1} \end{pmatrix} \tag{4.55}$$

$$\boldsymbol{b} = \begin{pmatrix} 0 \\ 0 \\ \vdots \\ 0 \\ 1 \end{pmatrix} \tag{4.56}$$

$$\boldsymbol{c}' = (b_0 - b_n a_0 \;\; b_1 - b_n a_1 \; ... \; b_{n-1} - b_n a_{n-1}) \tag{4.57}$$

$$d = b_n. \tag{4.58}$$

Für $q < n$ haben $\boldsymbol{c}'$ und d die einfachere Form

$$\boldsymbol{c}' = (b_0 \;\; b_1 \dots b_q \;\; 0 \dots 0) \tag{4.59}$$

$$d = 0. \tag{4.60}$$

Ein Zustandsraummodell (4.40) mit $\boldsymbol{A}$ in Begleitmatrixform (4.55) und $\boldsymbol{b}$ in der Form (4.56) heißt Modell in *Regelungsnormalform*. Für jedes System kann das Zustandsraummodell durch eine Transformation in diese Form gebracht werden. Wie spätere Überlegungen zeigen werden, erleichtern die speziellen Formen von $\boldsymbol{A}$ und $\boldsymbol{b}$ die Analyse des Systems und den Reglerentwurf.

Erläuterungen. Um die Ableitung der Regelungsnormalform aus der Differenzialgleichung im Einzelnen darstellen zu können, wird zunächst die Differenzialgleichung (4.44) mit $b_0 = 1$ betrachtet, wobei y durch $\tilde{y}$ und u durch $\tilde{u}$ ersetzt und verschwindende Anfangsbedingungen angenommen werden:

$$\frac{d^n\tilde{y}}{dt^n} + a_{n-1}\frac{d^{n-1}\tilde{y}}{dt^{n-1}} + \dots + a_1\frac{d\tilde{y}}{dt} + a_0\tilde{y}(t) = \tilde{u}(t), \tag{4.61}$$

$$\frac{d^{n-1}\tilde{y}}{dt^{n-1}}(0) = 0 \,, \dots, \quad \frac{d\tilde{y}}{dt}(0) = 0, \quad \tilde{y}(0) = 0.$$

Diese Gleichung ergibt für eine gegebene Eingangsgröße $\tilde{u}(t)$ die Lösung $\tilde{y}(t)$:

$$\tilde{u}(t) \mapsto \tilde{y}(t).$$

Wird an Stelle der Funktion $\tilde{u}(t)$ die Ableitung $\frac{d\tilde{u}}{dt}$ als Eingangsgröße verwendet, so entsteht als Lösung der Differenzialgleichung (4.61) die Ableitung $\frac{d\tilde{y}}{dt}$ der bisherigen Lösung:

$$\frac{d\tilde{u}}{dt} \mapsto \frac{d\tilde{y}}{dt}.$$

Um dies zu zeigen, wird Gl. (4.61) noch einmal für $\bar{u}$ und $\bar{y}$ an Stelle von $\tilde{u}$ bzw. $\tilde{y}$ aufgeschrieben:

$$\frac{d^n\bar{y}}{dt^n} + a_{n-1}\frac{d^{n-1}\bar{y}}{dt^{n-1}} + ... + a_1\frac{d\bar{y}}{dt} + a_0\bar{y}(t) = \bar{u}(t). \tag{4.62}$$
$$\frac{d^{n-1}\bar{y}}{dt^{n-1}}(0) = 0\ , ..., \quad \frac{d\bar{y}}{dt}(0) = 0, \quad \bar{y}(0) = 0.$$

Diese Gleichung ergibt für die Eingangsgröße $\bar{u}(t)$ die Lösung $\bar{y}(t)$. Wird nun $\bar{u}(t) = \frac{d\tilde{u}}{dt}$ gesetzt, so erhält man aus Gl. (4.62) die Beziehung

$$\frac{d^n\bar{y}}{dt^n} + a_{n-1}\frac{d^{n-1}\bar{y}}{dt^{n-1}} + ... + a_1\frac{d\bar{y}}{dt} + a_0\bar{y}(t) = \frac{d\tilde{u}}{dt}$$

und aus Gl. (4.61) durch Differenziation die Gleichung

$$\frac{d^{n+1}\tilde{y}}{dt^{n+1}} + a_{n-1}\frac{d^n\tilde{y}}{dt^n} + ... + a_1\frac{d^2\tilde{y}}{dt^2} + a_0\frac{d\tilde{y}}{dt} = \frac{d\tilde{u}}{dt}$$

mit den Anfangsbedingungen

$$\frac{d^n\tilde{y}}{dt^n}(0) = 0\ , ..., \quad \frac{d^2\tilde{y}}{dt^2}(0) = 0, \quad \frac{d\tilde{y}}{dt}(0) = 0.$$

Da diese beiden Gleichungen dieselbe rechte Seite und verschwindende Anfangsbedingungen haben, folgt aus ihnen

$$\bar{y}(t) = \frac{d\tilde{y}}{dt}.$$

Dieses Ergebnis kann symbolisch durch Gl. (4.54) dargestellt werden. Es gilt nicht nur für Gl. (4.61), sondern für beliebige lineare Differenzialgleichungen der Form (4.1).

Die Lösung der Differenzialgleichung (4.52) kann als Lösung $\tilde{y}$ der Differenzialgleichung (4.61) für

$$\tilde{u}(t) = b_q\frac{d^q u}{dt^q} + ... + b_1\frac{du}{dt} + b_0 u(t)$$

berechnet werden, wobei auf Grund der Beziehung (4.54) und des Superpositionsprinzips (4.29)

$$y = b_q\frac{d^q\tilde{y}}{dt^q} + ... + b_1\frac{d\tilde{y}}{dt} + b_0\tilde{y}(t) \tag{4.63}$$

entsteht.

Besitzt die gegebene Differenzialgleichung im Gegensatz zu Gl. (4.44) nicht verschwindende Anfangsbedingungen (4.53)

$$\frac{d^{n-1}\tilde{y}}{dt^{n-1}}(0) = y_{0n}\ , ..., \quad \frac{d\tilde{y}}{dt}(0) = y_{02}, \quad \tilde{y}(0) = y_{01},$$

dann muss die Beziehung (4.63) um die Lösung $\tilde{y}_{\rm h}(t)$ der homogenen Differenzialgleichung

$$\frac{d^n\tilde{y}_{\rm h}}{dt^n} + a_{n-1}\frac{d^{n-1}\tilde{y}_{\rm h}}{dt^{n-1}} + ... + a_1\frac{d\tilde{y}_{\rm h}}{dt} + a_0\tilde{y}_{\rm h}(t) = 0,$$
$$\frac{d^{n-1}\tilde{y}_{\rm h}}{dt^{n-1}}(0) = y_{0n}\ , ..., \quad \frac{d\tilde{y}_{\rm h}}{dt}(0) = y_{02}, \quad \tilde{y}_{\rm h}(0) = y_{01}$$

zu

$$y = b_q\frac{d^q\tilde{y}}{dt^q} + ... + b_1\frac{d\tilde{y}}{dt} + b_0\tilde{y}(t) + \tilde{y}_{\rm h}(t)$$

ergänzt werden.

Zur Differenzialgleichung (4.61) gehört das Zustandsraummodell (4.40) mit $\boldsymbol{A}$, $\boldsymbol{b}$, $\mathbf{c}'$ und d aus Gln. (4.47) – (4.50) mit $b_0 = 1$, wobei die Zustandsvariablen entsprechend

$$\begin{aligned} x_1 &= \tilde{y} \\ x_2 &= \frac{d\tilde{y}}{dt} \\ &\vdots \\ x_n &= \frac{d^{n-1}\tilde{y}}{dt^{n-1}} \end{aligned}$$

definiert sind und für den Anfangszustand die Beziehung

$$\boldsymbol{x}(0) = \begin{pmatrix} y_{01} \\ y_{02} \\ ... \\ y_{0n} \end{pmatrix} \tag{4.64}$$

gilt. $y(t)$ lässt sich entsprechend

$$y(t) = b_q x_{q+1} + b_{q-1}x_q + ... + b_1 x_2 + b_0 x_1$$

aus den ersten $q+1$ Zustandsgrößen bilden, vorausgesetzt, dass $q < n$ gilt. Man erhält also für die Differenzialgleichung (4.1) das Zustandsraummodell (4.40) mit $\boldsymbol{A}$, $\boldsymbol{b}$, $\boldsymbol{c}'$ und d aus (4.55), (4.56), (4.59) und (4.60). Ist $q = n$, so hängt $y(t)$ auch von der n-ten Ableitung von $\tilde{y}(t)$ ab:

$$\begin{aligned} y(t) &= b_n\dot{x}_n + b_{n-1}x_n + ... + b_1x_2 + b_0x_1 \\ &= b_n(-a_0x_1 - ... - a_{n-1}x_n + u) + b_{n-1}x_n + ... + b_0x_1 \\ &= (b_0 - b_na_0)x_1 + ... + (b_{n-1} - b_na_{n-1})x_n + b_nu. \end{aligned}$$

In der zweiten Zeile wurde die Darstellung von $\dot{x}_n$ in Abhängigkeit von $x_1, x_2, ..., x_n$ und u verwendet, die als letzte Zeile im Modell (4.40), (4.55), (4.56) steht. Damit ist das Modell (4.40) mit $\boldsymbol{A}$, $\boldsymbol{b}$, $\boldsymbol{c}'$ und d nach Gln. (4.55) – (4.58) abgeleitet.

Ist $q = n$, so gilt $d \neq 0$. Folglich wirkt die Eingangsgröße $u(t)$ nicht nur über die Zustandsgrößen $x_i(t)$, sondern auch direkt auf die Ausgangsgröße $y(t)$. Wie später noch genauer untersucht werden wird, ist das System *sprungfähig*, denn eine sprungförmige Änderung der Eingangsgröße wird unverzögert auf den Ausgang übertragen und führt dort zu einer sprungförmigen Änderung. Die hier abgeleiteten Beziehungen zwischen der Differenzialgleichung (4.44) und dem Zustandsraummodell zeigen, dass ein System genau dann sprungfähig ist, wenn $u(t)$ und $y(t)$ in die Differenzialgleichung mit derselben höchsten Ableitung eingehen $(q = n)$.

Der gezeigte Weg, ein Zustandsraummodell aus einer Differenzialgleichung abzuleiten, zeigt noch eine weitere Tatsache: Offenbar gibt es für Systeme, in deren Differenzialgleichung der Grad der höchsten Ableitung der Eingangsgröße den der Ausgangsgröße überschreitet $(q > n)$, kein Zustandsraummodell. Dies gilt allgemein: Zustandsraummodelle gibt es nur für kausale, also technisch realisierbare Systeme $(q \leq n)$.

4.4.2 Aufstellung des Zustandsraummodells aus den physikalischen Grundbeziehungen

Im Abschn. 4.4.1 wurde erläutert, wie man zum Zustandsraummodell gelangt, wenn vorher die Differenzialgleichung aufgestellt wurde. Häufig wird bei der Modellbildung jedoch versucht, das Zustandsraummodell direkt aus den physikalischen Grundbeziehungen, die das gegebene System beschreiben, abzuleiten und dabei die Differenzialgleichung als Zwischenergebnis zu umgehen. Dieser Weg wird im Folgenden genauer untersucht.

Ein wichtiges Problem bei der Aufstellung des Zustandsraummodells entsteht aus der Tatsache, dass aus den physikalischen Grundbeziehungen nicht nur Differenzialgleichungen, sondern auch algebraische Gleichungen folgen. Der Reihenschwingkreis im Beispiel 4.1 ist durch die Differenzialgleichungen (4.5) und (4.6) für die Induktivität und die Kapazität sowie durch die algebraischen Gleichungen (4.4), (4.7) und (4.8) für den Widerstand und die beiden Maschen beschrieben.

Für die Aufstellung des Zustandsraummodells müssen erstens die algebraischen Gleichungen eliminiert werden, denn im Zustandsraummodell treten nur Differenzialgleichungen auf. Zweitens enthalten die aufgestellten Gleichungen mehr Signale, als für das Zustandsraummodell notwendig sind. Alle nicht als Zustandsvariablen bzw. Eingangsgröße fungierenden Signale sind ebenfalls zu eliminieren. Für die praktische Durchführung dieser Schritte steht die Frage, unter welcher Bedingung alle algebraischen Gleichungen eliminiert werden können und wie die Elimination auf möglichst systematischem Wege erfolgen kann.

Um die genannten Schritte durchzuführen, reduziert man zunächst alle Differenzialgleichungen auf solche erster Ordnung, indem man, ähnlich wie in Gl. (4.45), für höhere Ableitungen neue Signale einführt. Anschließend werden alle Differenzialgleichungen und alle algebraischen Gleichungen untereinander geschrieben, so dass ein Gleichungssystem der Form

$$\boldsymbol{E}\dot{\boldsymbol{z}} = \boldsymbol{F}\boldsymbol{z}(t) + \boldsymbol{g}u(t), \qquad \boldsymbol{z}(0) = \boldsymbol{z}_0 \tag{4.65}$$

$$y(t) = \boldsymbol{h}'\boldsymbol{z}(t) + ku(t) \tag{4.66}$$

entsteht. $\boldsymbol{z}$ ist ein n_{d}-dimensionaler Vektor, $\boldsymbol{E}$ eine $(n_{\mathrm{e}}, n_{\mathrm{d}})$-Matrix mit $n_{\mathrm{e}} \geq n_{\mathrm{d}}$. Ist die i-te Zeile von Gl. (4.65) eine Differenzialgleichung, so ist mindestens ein

Element e_{ij} ($j = 1, 2, ..., n_\mathrm{d}$) der Matrix $\boldsymbol{E}$ von null verschieden. Stellt diese Zeile eine algebraische Gleichung dar, so verschwinden alle Matrixelemente auf der linken Seite dieser Zeile. $\boldsymbol{g}$ und $\boldsymbol{h}$ sind n_e- bzw. n_d-dimensionale Vektoren. Die Gl. (4.66) beschreibt die Abhängigkeit der Ausgangsgröße y von der Eingangsgröße u sowie vom Vektor $\boldsymbol{z}$. Das Modell (4.65), (4.66) wird als *Deskriptorsystem* bezeichnet.

Da die Matrix $\boldsymbol{E}$ rechteckig ist, kann sie nicht invertiert werden, so dass eine direkte Umformung der Gl. (4.65) in die Standardform (4.40) des Zustandsraummodells durch Multiplikation mit $\boldsymbol{E}^{-1}$ nicht möglich ist. Mit n wird der Rang von $\boldsymbol{E}$ bezeichnet:

$$\text{Rang } \boldsymbol{E} = n. \tag{4.67}$$

Es wird sich zeigen, dass dieser Rang die Dimension des Zustandsvektors in der Zustandsgleichung bestimmt, so dass die Gl. (4.67) zur Bestimmung der unbekannten Systemordnung n verwendet werden kann.

Überführung des Deskriptorsystems in ein Zustandsraummodell. Im Weiteren wird zunächst von der Voraussetzung ausgegangen, dass die Matrix $\boldsymbol{E}$ durch Umordnen der Zeilen in Gl. (4.65) sowie durch Umordnen der Elemente des Vektors $\boldsymbol{z}$ auf die Form

$$\boldsymbol{E} = \begin{pmatrix} \boldsymbol{E}_{11} & \boldsymbol{0} \\ \boldsymbol{0} & \boldsymbol{0} \end{pmatrix} \tag{4.68}$$

gebracht wurde, wobei die (n, n)-Matrix $\boldsymbol{E}_{11}$ den Rang n hat. Nun werden der Vektor $\boldsymbol{z}$, die Matrix $\boldsymbol{F}$ und die Vektoren $\boldsymbol{g}$ und $\boldsymbol{h}$ in

$$\begin{aligned} \boldsymbol{z} &= \begin{pmatrix} \boldsymbol{z}_1 \\ \boldsymbol{z}_2 \end{pmatrix} \\ \boldsymbol{F} &= \begin{pmatrix} \boldsymbol{F}_{11} & \boldsymbol{F}_{12} \\ \boldsymbol{F}_{21} & \boldsymbol{F}_{22} \end{pmatrix} \\ \boldsymbol{g} &= \begin{pmatrix} \boldsymbol{g}_1 \\ \boldsymbol{g}_2 \end{pmatrix} \\ \boldsymbol{h}' &= (\boldsymbol{h}_1' \; \boldsymbol{h}_2') \end{aligned}$$

zerlegt, wobei $\boldsymbol{z}_1$, $\boldsymbol{g}_1$ und $\boldsymbol{h}_1$ n-dimensionale Vektoren und $\boldsymbol{F}_{11}$ eine (n, n)-Matrix ist. Auf Grund dieser Zerlegungen zerfallen die Gln. (4.65) und (4.66) in

$$\begin{aligned} \boldsymbol{E}_{11}\dot{\boldsymbol{z}}_1 &= \boldsymbol{F}_{11}\boldsymbol{z}_1(t) + \boldsymbol{F}_{12}\boldsymbol{z}_2(t) + \boldsymbol{g}_1 u(t) \\ \boldsymbol{0} &= \boldsymbol{F}_{21}\boldsymbol{z}_1(t) + \boldsymbol{F}_{22}\boldsymbol{z}_2(t) + \boldsymbol{g}_2 u(t) \\ y(t) &= \boldsymbol{h}_1'\boldsymbol{z}_1(t) + \boldsymbol{h}_2'\boldsymbol{z}_2(t) + ku(t). \end{aligned}$$

Die zweite Gleichung kann in

$$\boldsymbol{z}_2 = -\boldsymbol{F}_{22}^{-1}\boldsymbol{F}_{21}\boldsymbol{z}_1(t) - \boldsymbol{F}_{22}^{-1}\boldsymbol{g}_2 u(t)$$

umgestellt werden, wenn $\boldsymbol{F}_{22}$ invertierbar ist, was hier vorausgesetzt wird. Das Einsetzen dieser Beziehung in die erste und dritte Gleichung ergibt das Zustandsraummodell

$$\dot{\boldsymbol{z}}_1 = \boldsymbol{E}_{11}^{-1}\left(\boldsymbol{F}_{11} - \boldsymbol{F}_{12}\boldsymbol{F}_{22}^{-1}\boldsymbol{F}_{21}\right)\boldsymbol{z}_1(t) + \boldsymbol{E}_{11}^{-1}\left(\boldsymbol{g}_1 - \boldsymbol{F}_{12}\boldsymbol{F}_{22}^{-1}\boldsymbol{g}_2\right)u(t) \quad (4.69)$$

$$y(t) = \left(\boldsymbol{h}_1' - \boldsymbol{h}_2'\boldsymbol{F}_{22}^{-1}\boldsymbol{F}_{21}\right)\boldsymbol{z}_1(t) + \left(k - \boldsymbol{h}_2'\boldsymbol{F}_{22}^{-1}\boldsymbol{g}_2\right)u(t). \quad (4.70)$$

Aus diesen beiden Gleichungen kann ersehen werden, wie sich die Matrix $\boldsymbol{A}$, die Vektoren $\boldsymbol{b}$ und $\boldsymbol{c}'$ sowie der Faktor d des Zustandsraummodells (4.40) aus den in den Gleichungen (4.65) und (4.66) vorkommenden Matrizen zusammensetzen.

Überführung der Matrix $\boldsymbol{E}$ in die geforderte Form. Der beschriebene Weg für die Aufstellung des Zustandsraummodells setzt voraus, dass die Matrix $\boldsymbol{E}$ zuvor in die Form (4.68) überführt wurde. Außerdem müssen die Matrizen $\boldsymbol{E}_{11}$ und $\boldsymbol{F}_{22}$ invertierbar sein. Um $\boldsymbol{E}$ in der gewünschten Weise zu zerlegen, sortiert man die in (4.65) vorkommenden n_{e} Gleichungen so, dass alle Differenzialgleichungen oben und die algebraischen Gleichungen unten stehen. Dieser Schritt kann durch Multiplikation der Gl. (4.65) von links mit einer $(n_{\mathrm{e}}, n_{\mathrm{e}})$-Permutationsmatrix[1] $\boldsymbol{V}$ dargestellt werden. Anschließend versucht man, die Elemente des Vektors $\boldsymbol{z}$ so umzuordnen, dass der obere rechte Block in $\boldsymbol{E}$ eine Nullmatrix wird. Dieser Schritt bedeutet die Multiplikation des Vektors $\boldsymbol{z}$ mit einer $(n_{\mathrm{d}}, n_{\mathrm{d}})$-Permutationsmatrix $\boldsymbol{W}$, wobei der neue Vektor

$$\tilde{\boldsymbol{z}} = \boldsymbol{W}\boldsymbol{z}$$

entsteht. Da die Gl. (4.65) offenbar äquivalent zu

$$\boldsymbol{V}\boldsymbol{E}\boldsymbol{W}^{-1}\boldsymbol{W}\dot{\boldsymbol{z}} = \boldsymbol{V}\boldsymbol{F}\boldsymbol{W}^{-1}\boldsymbol{W}\boldsymbol{z}(t) + \boldsymbol{V}\boldsymbol{g}u(t)$$

ist, erhält man durch die beiden beschriebenen Schritte eine neue Matrix $\tilde{\boldsymbol{E}} = \boldsymbol{V}\boldsymbol{E}\boldsymbol{W}^{-1}$ auf der linken Seite, für die durch geeignete Wahl von $\boldsymbol{V}$ und $\boldsymbol{W}$ erreicht werden soll, dass sie in der Form (4.68) zerlegt werden kann. Das Deskriptorsystem hat dann die neue Form

$$\tilde{\boldsymbol{E}}\dot{\tilde{\boldsymbol{z}}} = \tilde{\boldsymbol{F}}\tilde{\boldsymbol{z}}(t) + \tilde{\boldsymbol{g}}u(t), \quad (4.71)$$

auf die das oben beschriebene Vorgehen angewendet werden kann.

Da viele Systeme aus kleineren, überschaubaren Einheiten bestehen, beispielsweise elektrische Netzwerke aus mehreren Maschen, kann die gewünschte Struktur der Gl. (4.65) sehr häufig durch einfaches Umordnen gefunden werden. Gelingt dieser Schritt nicht, so müssen $\boldsymbol{V}$ und $\boldsymbol{W}$ als beliebige reguläre Matrizen gewählt werden. Die Multiplikation mit $\boldsymbol{V}$ bedeutet dann, dass die Gleichungen linear kombiniert werden. Die Operation mit der Matrix $\boldsymbol{W}$ entspricht einer Transformation des Vektors $\boldsymbol{z}$.

Wenn die Matrix $\boldsymbol{E}$ auf die gewünschte Form gebracht wurde, muss $\boldsymbol{F}_{22}$ quadratisch und invertierbar sein. Diese Bedingung bedeutet, dass ausreichend viele algebraischen Gleichungen vorhanden sind, um die in $\boldsymbol{z}_2$ stehenden Signale aus dem Modell zu eliminieren, und dass diese Gleichungen linear unabhängig voneinander sind. Ist $\boldsymbol{F}_{22}$ rechteckig, so müssen algebraische Gleichung gestrichen oder neue

[1] Eine Permutationsmatrix ist eine quadratische Matrix, bei der in jeder Zeile und in jeder Spalte genau eine Eins vorkommt und alle anderen Elemente Nullen sind.

Gleichungen hinzugefügt werden. Ist die Matrix singulär, so müssen linear abhängige Gleichungen gegen neue, linear unabhängige Gleichungen ausgetauscht werden.

Beispiel 4.7 *Aufstellung des Zustandsraummodells eines Reihenschwingkreises*

Der in Abb. 4.2 gezeigte Reihenschwingkreis aus Beispiel 4.1 ist durch die Gln (4.4) – (4.8) beschrieben, die hier zunächst in folgender Reihenfolge angegeben werden:

$$\begin{aligned} u_2 &= u_\mathrm{R} + u_\mathrm{C} \\ u_1 &= u_\mathrm{L} + u_\mathrm{R} + u_\mathrm{C} \\ u_\mathrm{R} &= R\, i_1 \\ u_\mathrm{L} &= L\, \frac{di_1}{dt} \\ i_1 &= C\, \frac{du_\mathrm{C}}{dt}. \end{aligned}$$

Diese Differenzialgleichungen und algebraischen Gleichungen lassen sich entsprechend Gl. (4.65) zusammenfassen:

$$\begin{pmatrix} 0 & 0 & 0 & 0 & 0 \\ 0 & 0 & 0 & 0 & 0 \\ 0 & 0 & 0 & 0 & 0 \\ 0 & 0 & 0 & 0 & L \\ 0 & C & 0 & 0 & 0 \end{pmatrix} \begin{pmatrix} \dot{u}_\mathrm{R} \\ \dot{u}_\mathrm{C} \\ \dot{u}_2 \\ \dot{u}_\mathrm{L} \\ \dot{i}_1 \end{pmatrix} = \begin{pmatrix} 1 & 1 & -1 & 0 & 0 \\ 1 & 1 & 0 & 1 & 0 \\ 1 & 0 & 0 & 0 & -R \\ 0 & 0 & 0 & 1 & 0 \\ 0 & 0 & 0 & 0 & 1 \end{pmatrix} \begin{pmatrix} u_\mathrm{R} \\ u_\mathrm{C} \\ u_2 \\ u_\mathrm{L} \\ i_1 \end{pmatrix} + \begin{pmatrix} 0 \\ -1 \\ 0 \\ 0 \\ 0 \end{pmatrix} u_1$$

$$u_2 = (0\ \ 0\ \ 1\ \ 0\ \ 0) \begin{pmatrix} u_\mathrm{R} \\ u_\mathrm{C} \\ u_2 \\ u_\mathrm{L} \\ i_1 \end{pmatrix}.$$

Offensichtlich ist der Rang von $\boldsymbol{E}$ gleich 2, d. h., dass ein Zustandsraummodell mit der Ordnung $n = 2$ aufzustellen ist. Um die in Gl. (4.68) vorgegebene Struktur von $\boldsymbol{E}$ zu erzeugen, werden als erstes die beiden Differenzialgleichungen nach oben verschoben, so dass

$$\begin{pmatrix} 0 & 0 & 0 & 0 & L \\ 0 & C & 0 & 0 & 0 \\ 0 & 0 & 0 & 0 & 0 \\ 0 & 0 & 0 & 0 & 0 \\ 0 & 0 & 0 & 0 & 0 \end{pmatrix} \begin{pmatrix} \dot{u}_\mathrm{R} \\ \dot{u}_\mathrm{C} \\ \dot{u}_2 \\ \dot{u}_\mathrm{L} \\ \dot{i}_1 \end{pmatrix} = \begin{pmatrix} 0 & 0 & 0 & 1 & 0 \\ 0 & 0 & 0 & 0 & 1 \\ 1 & 1 & -1 & 0 & 0 \\ 1 & 1 & 0 & 1 & 0 \\ 1 & 0 & 0 & 0 & -R \end{pmatrix} \begin{pmatrix} u_\mathrm{R} \\ u_\mathrm{C} \\ u_2 \\ u_\mathrm{L} \\ i_1 \end{pmatrix} + \begin{pmatrix} 0 \\ 0 \\ 0 \\ -1 \\ 0 \end{pmatrix} u_1$$

entsteht. Dies entspricht der Multiplikation des gegebenen Deskriptorsystems mit der Matrix

$$\boldsymbol{V} = \begin{pmatrix} 0 & 0 & 0 & 1 & 0 \\ 0 & 0 & 0 & 0 & 1 \\ 1 & 0 & 0 & 0 & 0 \\ 0 & 1 & 0 & 0 & 0 \\ 0 & 0 & 1 & 0 & 0 \end{pmatrix}$$

Im zweiten Schritt werden die Elemente u_R und i_1 im Vektor $\boldsymbol{z}$ getauscht, was einer Multiplikation dieses Vektors von links mit der Permutationsmatrix

$$\boldsymbol{W} = \begin{pmatrix} 0&0&0&0&1 \\ 0&1&0&0&0 \\ 0&0&1&0&0 \\ 0&0&0&1&0 \\ 1&0&0&0&0 \end{pmatrix}.$$

entspricht:

$$\begin{pmatrix} L & 0 & \vdots & 0 & 0 & 0 \\ 0 & C & \vdots & 0 & 0 & 0 \\ \cdots & \cdots & \cdots & \cdots & \cdots & \cdots \\ 0 & 0 & \vdots & 0 & 0 & 0 \\ 0 & 0 & \vdots & 0 & 0 & 0 \\ 0 & 0 & \vdots & 0 & 0 & 0 \end{pmatrix} \begin{pmatrix} \dot{i}_1 \\ \dot{u}_\mathrm{C} \\ \cdots \\ \dot{u}_2 \\ \dot{u}_\mathrm{L} \\ \dot{u}_\mathrm{R} \end{pmatrix} = \begin{pmatrix} 0 & 0 & \vdots & 0 & 1 & 0 \\ 1 & 0 & \vdots & 0 & 0 & 0 \\ \cdots & \cdots & \cdots & \cdots & \cdots & \cdots \\ 0 & 1 & \vdots & -1 & 0 & 1 \\ 0 & 1 & \vdots & 0 & 1 & 1 \\ -R & 0 & \vdots & 0 & 0 & 1 \end{pmatrix} \begin{pmatrix} i_1 \\ u_\mathrm{C} \\ \cdots \\ u_2 \\ u_\mathrm{L} \\ u_\mathrm{R} \end{pmatrix} + \begin{pmatrix} 0 \\ 0 \\ \cdots \\ 0 \\ -1 \\ 0 \end{pmatrix} u_1 .$$

Die (2, 2)-Matrix

$$\boldsymbol{E}_{11} = \begin{pmatrix} L & 0 \\ 0 & C \end{pmatrix}$$

ist regulär, ebenso wie die (3, 3)-Matrix

$$\boldsymbol{F}_{22} = \begin{pmatrix} -1 & 0 & 1 \\ 0 & 1 & 1 \\ 0 & 0 & 1 \end{pmatrix}.$$

Die angegebenen Gleichungen beschreiben den Reihenschwingkreis also vollständig. Entsprechend der Gln. (4.69) und (4.70) erhält man das gesuchte Zustandsraummodell:

$$\begin{aligned} &\frac{d}{dt}\begin{pmatrix} i_1 \\ u_\mathrm{C} \end{pmatrix} \\ &= \begin{pmatrix} \frac{1}{L} & 0 \\ 0 & \frac{1}{C} \end{pmatrix} \left(\begin{pmatrix} 0 & 0 \\ 1 & 0 \end{pmatrix} - \begin{pmatrix} 0 & 1 & 0 \\ 0 & 0 & 0 \end{pmatrix} \begin{pmatrix} -1 & 0 & 1 \\ 0 & 1 & -1 \\ 0 & 0 & 1 \end{pmatrix} \begin{pmatrix} 0 & 1 \\ 0 & 1 \\ -R & 0 \end{pmatrix} \right) \begin{pmatrix} i_1 \\ u_\mathrm{C} \end{pmatrix} \\ &\quad + \begin{pmatrix} \frac{1}{L} & 0 \\ 0 & \frac{1}{C} \end{pmatrix} \left(\begin{pmatrix} 0 \\ 0 \end{pmatrix} - \begin{pmatrix} 0 & 1 & 0 \\ 0 & 0 & 0 \end{pmatrix} \begin{pmatrix} -1 & 0 & 1 \\ 0 & 1 & -1 \\ 0 & 0 & 1 \end{pmatrix} \begin{pmatrix} 0 \\ -1 \\ 0 \end{pmatrix} \right) u_1 \\ &= \begin{pmatrix} \frac{-R}{L} & -\frac{1}{L} \\ \frac{1}{C} & 0 \end{pmatrix} \begin{pmatrix} i_1 \\ u_\mathrm{C} \end{pmatrix} + \begin{pmatrix} \frac{1}{L} \\ 0 \end{pmatrix} u_1 \end{aligned}$$

$$u_2 = \left((0\ \ 0) - (1\ \ 0\ \ 0) \begin{pmatrix} -1 & 0 & 1 \\ 0 & 1 & -1 \\ 0 & 0 & 1 \end{pmatrix} \begin{pmatrix} 0 & 1 \\ 0 & 1 \\ -R & 0 \end{pmatrix} \right) \begin{pmatrix} i_1 \\ u_\mathrm{C} \end{pmatrix}$$

$$+ \left(0 - (1\ 0\ 0) \begin{pmatrix} -1 & 0 & 1 \\ 0 & 1 & -1 \\ 0 & 0 & 1 \end{pmatrix} \begin{pmatrix} 0 \\ -1 \\ 0 \end{pmatrix} \right) u$$

$$= (R \quad 1) \begin{pmatrix} i_1 \\ u_C \end{pmatrix}.$$

Dieses Modell unterscheidet sich von dem in Gl. (4.39) angegebenen, kann aber durch eine Zustandstransformation (5.26) in dieses Modell überführt werden (mit welcher Transformationsmatrix $\boldsymbol{T}$?). □

Deskriptorsysteme (4.65) wurden hier als Zwischenschritt der Modellbildung eingeführt. Es soll abschließend erwähnt werden, dass die Klasse derjenigen Systeme, die durch Deskriptorgleichungen beschrieben werden können, größer ist als die Klasse der Systeme, für die man ein Zustandsraummodell aufstellen kann. Durch Deskriptorgleichungen können insbesondere auch technische nicht realisierbare Systeme dargestellt werden wie beispielsweise ein Differenzierglied, für das

$$y(t) = \frac{du(t)}{dt}$$

gilt. Die Deskriptorgleichung dieses Übertragungsgliedes heisst

$$\begin{pmatrix} 0 & 1 \\ 0 & 0 \end{pmatrix} \begin{pmatrix} \dot{x}_1 \\ \dot{x}_2 \end{pmatrix} = \begin{pmatrix} 1 & 0 \\ 0 & 1 \end{pmatrix} \begin{pmatrix} x_1(t) \\ x_2(t) \end{pmatrix} + \begin{pmatrix} 0 \\ 1 \end{pmatrix} u(t) \tag{4.72}$$

$$y(t) = (1 \quad 0) \begin{pmatrix} x_1(t) \\ x_2(t) \end{pmatrix}. \tag{4.73}$$

Aufgabe 4.7 *Zustandsraummodell des Feder-Masse-Schwingers*

Stellen Sie mit Hilfe der Gln. (4.13) – (4.17) ein Modell der Form (4.65), (4.66) für den Feder-Masse-Schwinger aus Beispiel 4.2 auf und formen Sie dieses Modell in ein Zustandsraummodell (4.40) um. □

4.4.3 Zustandsraummodell gekoppelter Systeme

Bei größeren Systemen wird man bei der Modellbildung zunächst Zustandsraummodelle für Teilsysteme aufschreiben und diese dann entsprechend den im Gesamtsystem geltenden Koppelbeziehungen verknüpfen. Diese Vorgehensweise soll hier für die Reihenschaltung, die Parallelschaltung sowie die in Abb. 4.18 dargestellte Rückkopplung zweier Teilsysteme beschrieben werden. Alle Überlegungen lassen sich leicht auf mehr als zwei Teilsysteme erweitern.

Gegeben seien die Zustandsraummodelle der beiden Teilsysteme

$$\dot{\boldsymbol{x}}_1(t) = \boldsymbol{A}_1\boldsymbol{x}_1(t) + \boldsymbol{b}_1 u_1(t), \qquad \boldsymbol{x}_1(0) = \boldsymbol{x}_{10} \tag{4.74}$$

$$y_1(t) = \boldsymbol{c}_1'\boldsymbol{x}_1(t) + du_1(t) \tag{4.75}$$

und

$$\dot{\boldsymbol{x}}_2(t) = \boldsymbol{A}_2\boldsymbol{x}_2(t) + \boldsymbol{b}_2 u_2(t), \qquad \boldsymbol{x}_2(0) = \boldsymbol{x}_{20} \tag{4.76}$$

$$y_2(t) = \boldsymbol{c}_2'\boldsymbol{x}_2(t) + du_2(t). \tag{4.77}$$

Gesucht ist das Zustandsraummodell

$$\dot{\boldsymbol{x}}(t) = \boldsymbol{A}\boldsymbol{x}(t) + \boldsymbol{b}u(t), \qquad \boldsymbol{x}(0) = \begin{pmatrix} \boldsymbol{x}_1(0) \\ \boldsymbol{x}_2(0) \end{pmatrix} \tag{4.78}$$

$$y(t) = \boldsymbol{c}'\boldsymbol{x}(t) + du(t) \tag{4.79}$$

der Zusammenschaltung beider Teilsysteme. Für alle drei Verknüpfungen der Teilsysteme setzt sich der Zustandsvektor des Gesamtsystems aus den beiden Zustandsvektoren des Teilsystems zusammen:

$$\boldsymbol{x} = \begin{pmatrix} \boldsymbol{x}_1 \\ \boldsymbol{x}_2 \end{pmatrix}.$$

Für die dynamische Ordnung n des Gesamtsystems gilt deshalb

$$n = n_1 + n_2,$$

wobei n_1 und n_2 die dynamischen Ordnungen der Teilsysteme bezeichnen.

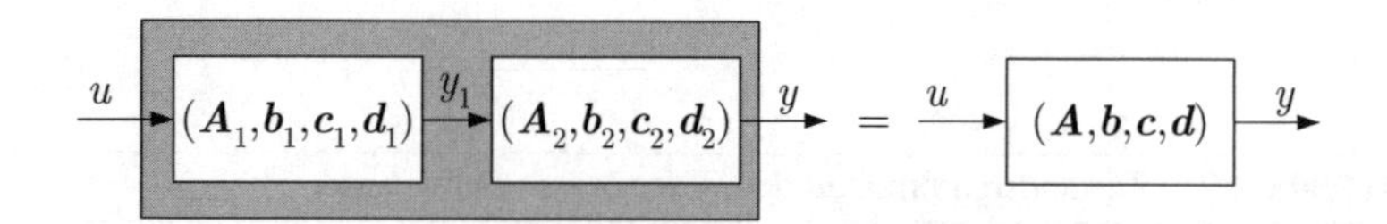

Abb. 4.16: Reihenschaltung zweier Teilsysteme

Reihenschaltung. Bei der Reihenschaltung ist der Ausgang y_1 des ersten Teilsystems gleich dem Eingang u_2 des zweiten Teilsystems (Abb. 4.16):

$$u(t) = u_1(t)$$
$$u_2(t) = y_1(t)$$
$$y(t) = y_2(t).$$

Verknüpft man die Teilsystemgleichungen in dieser Weise, so erhält man das Modell (4.78), (4.79) des Gesamtsystems mit

$$\boldsymbol{A} = \begin{pmatrix} \boldsymbol{A}_1 & \boldsymbol{O} \\ \boldsymbol{b}_2\boldsymbol{c}_1' & \boldsymbol{A}_2 \end{pmatrix} \tag{4.80}$$

$$\boldsymbol{b} = \begin{pmatrix} \boldsymbol{b}_1 \\ d_1\boldsymbol{b}_2 \end{pmatrix} \tag{4.81}$$

$$\boldsymbol{c}' = (d_2\boldsymbol{c}_1' \;\; \boldsymbol{c}_2'), \tag{4.82}$$

$$d = d_1 d_2. \tag{4.83}$$

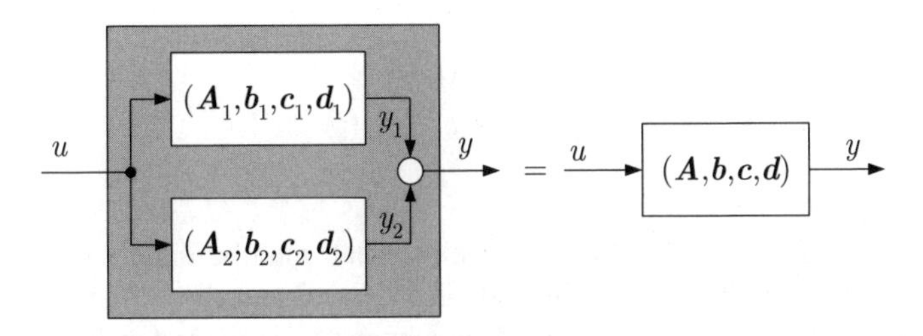

Abb. 4.17: Parallelschaltung zweier Teilsysteme

Parallelschaltung. Bei der Parallelschaltung entsteht der Ausgang des Gesamtsystems durch Addition der Ausgänge y_1 und y_2 der Teilsysteme, die denselben Eingang u erhalten (Abb. 4.17):

$$\begin{aligned} u(t) &= u_1(t) = u_2(t) \\ y(t) &= y_1(t) + y_2(t). \end{aligned}$$

Aus diesen Koppelbeziehungen und den Teilsystemgleichungen erhält man das Modell (4.78), (4.79) des Gesamtsystems mit:

$$\boldsymbol{A} = \begin{pmatrix} \boldsymbol{A}_1 & \boldsymbol{O} \\ \boldsymbol{O} & \boldsymbol{A}_2 \end{pmatrix} \tag{4.84}$$

$$\boldsymbol{b} = \begin{pmatrix} \boldsymbol{b}_1 \\ \boldsymbol{b}_2 \end{pmatrix} \tag{4.85}$$

$$\boldsymbol{c}' = (\boldsymbol{c}_1' \;\; \boldsymbol{c}_2') \tag{4.86}$$

$$d = d_1 + d_2. \tag{4.87}$$

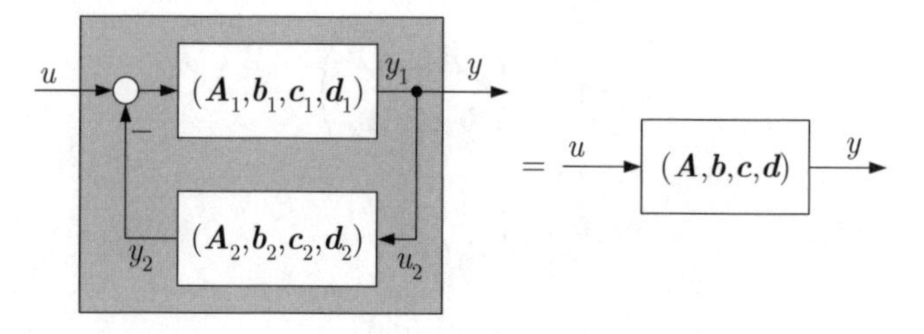

Abb. 4.18: Rückkopplungsschaltung zweier Teilsysteme

Rückkopplungsschaltung. Entsprechend Abb. 4.18 gelten für die Rückkopplungsschaltung folgende Beziehungen:

$$y(t) = y_1(t) \tag{4.88}$$

$$u_1(t) = u(t) - y_2(t) \tag{4.89}$$

$$u_2(t) = y_1(t). \tag{4.90}$$

Das Zustandsraummodell des Gesamtsystems erhält man besonders schnell, wenn beide Teilsysteme nicht sprungfähig sind, also $d_1 = 0$ und $d_2 = 0$ gilt. Dann setzt man die Beziehung (4.89) in die Zustandsgleichung (4.74) des ersten Teilsystems ein und erhält unter Verwendung von (4.77) die Beziehung

$$\begin{aligned} \dot{\boldsymbol{x}}_1 &= \boldsymbol{A}_1 \boldsymbol{x}_1 + \boldsymbol{b}_1 (u - y_2) \\ &= \boldsymbol{A}_1 \boldsymbol{x}_1 - \boldsymbol{b}_1 \boldsymbol{c}_2' \boldsymbol{x}_2 + \boldsymbol{b}_1 u. \end{aligned} \tag{4.91}$$

Auf ähnliche Weise erhält man aus den Gln. (4.75), (4.76) und (4.90) die Gleichung

$$\begin{aligned} \dot{\boldsymbol{x}}_2 &= \boldsymbol{A}_2 \boldsymbol{x}_2 + \boldsymbol{b}_2 y_1 \\ &= \boldsymbol{A}_2 \boldsymbol{x}_2 + \boldsymbol{b}_2 \boldsymbol{c}_1' \boldsymbol{x}_1. \end{aligned} \tag{4.92}$$

Für die Ausgangsgröße y gilt entsprechend Gl. (4.88)

$$y = \boldsymbol{c}_1' \boldsymbol{x}_1. \tag{4.93}$$

Schreibt man die Gln. (4.91), (4.92) und (4.93) untereinander, so erhält man

$$\begin{aligned} \begin{pmatrix} \dot{\boldsymbol{x}}_1 \\ \dot{\boldsymbol{x}}_2 \end{pmatrix} &= \begin{pmatrix} \boldsymbol{A}_1 & -\boldsymbol{b}_1 \boldsymbol{c}_2' \\ \boldsymbol{b}_2 \boldsymbol{c}_1' & \boldsymbol{A}_2 \end{pmatrix} \begin{pmatrix} \boldsymbol{x}_1 \\ \boldsymbol{x}_2 \end{pmatrix} + \begin{pmatrix} \boldsymbol{b}_1 \\ \boldsymbol{0} \end{pmatrix} u(t) \\ y &= \boldsymbol{c}_1' \boldsymbol{x}_1 \end{aligned}$$

und schließlich ein Modell der Form (4.78), (4.79) mit

$$\boldsymbol{A} = \begin{pmatrix} \boldsymbol{A}_1 & -\boldsymbol{b}_1 \boldsymbol{c}_2' \\ \boldsymbol{b}_2 \boldsymbol{c}_1' & \boldsymbol{A}_2 \end{pmatrix} \tag{4.94}$$

$$b = \begin{pmatrix} b_1 \\ 0 \end{pmatrix} \tag{4.95}$$

$$c' = (c_1' \;\; 0') \tag{4.96}$$

$$d = 0, \tag{4.97}$$

wobei die beiden Nullvektoren die Dimensionen n_2 haben. Die Gln. (4.94) – (4.96) zeigen, wie sich $\boldsymbol{A}$, $\boldsymbol{b}$ und $\boldsymbol{c}$ aus den Teilsystemmodellen berechnen lassen, wenn nach Voraussetzung $d_1 = d_2 = 0$ gilt.

Wenn beide Teilsysteme sprungfähig sind, wird die Berechnung etwas aufwändiger, denn u_1 hängt über y_2 direkt von y_1 ab und y_1 direkt wieder von u_1. Diese Abhängigkeiten sind durch die algebraischen Gleichungen (4.75), (4.77) und (4.89) beschrieben, weshalb man auch von einer *algebraischen Schleife* spricht. Die beiden Teilsysteme können genau dann zu einem Gesamtsystemmodell verknüpft werden, wenn die Bedingung

$$d_1 d_2 \neq -1 \tag{4.98}$$

erfüllt ist, wovon im Folgenden ausgegangen wird.

Für y_2 erhält man aus den genannten Gleichungen

$$\begin{aligned} y_2 &= c_2' x_2 + d_2 y_1 \\ &= c_2' x_2 + d_2 c_1' x_1 + d_2 d_1 u - d_2 d_1 y_2 \\ y_2 &= \frac{1}{1 + d_1 d_2} (c_2' x_2 + d_2 c_1' x_1 + d_1 d_2 u) \end{aligned}$$

und analog dazu für y_1

$$y_1 = \frac{1}{1 + d_1 d_2} (c_1' x_1 - d_1 c_2' x_2 + d_1 u) .$$

An Stelle der Gln. (4.91) – (4.93) führen die Zustandsgleichungen der Teilsysteme auf

$$\begin{aligned} \dot{x}_1 &= \left(A_1 - \frac{d_2}{1 + d_1 d_2} b_1 c_1' \right) x_1 - \frac{1}{1 + d_1 d_2} b_1 c_2' x_2 + \frac{1}{1 + d_1 d_2} b_1 u \\ \dot{x}_2 &= \left(A_2 - \frac{d_1}{1 + d_1 d_2} b_2 c_2' \right) x_2 + \frac{1}{1 + d_1 d_2} b_2 c_1' x_1 + \frac{d_1}{1 + d_1 d_2} b_2 u \\ y &= \frac{1}{1 + d_1 d_2} c_1' x_1 - \frac{d_1}{1 + d_1 d_2} c_2' x_2 + \frac{d_1}{1 + d_1 d_2} u \end{aligned}$$

und zum Modell des Gesamtsystems (4.78), (4.79) mit

$$A = \begin{pmatrix} A_1 - \frac{d_2}{1+d_1 d_2} b_1 c_1' & -\frac{1}{1+d_1 d_2} b_1 c_2' \\ \frac{1}{1+d_1 d_2} b_2 c_1' & A_2 - \frac{d_1}{1+d_1 d_2} b_2 c_2', \end{pmatrix} \tag{4.99}$$

$$b = \begin{pmatrix} \frac{1}{1+d_1 d_2} b_1 \\ \frac{d_1}{1+d_1 d_2} b_2 \end{pmatrix} \tag{4.100}$$

$$c' = \left(\frac{1}{1+d_1 d_2} c_1' \quad \frac{d_1}{1+d_1 d_2} c_2' \right) \tag{4.101}$$

$$d = \frac{d_1}{1+d_1 d_2}. \tag{4.102}$$

Die Gleichungen zeigen, dass das Gesamtsystem sprungfähig ist, solange das Teilsystem im Vorwärtszweig sprungfähig ist ($d_1 \neq 0$). Der Faktor $\frac{1}{1+d_1 d_2}$, der durch die algebraische Schleife in die Gleichungen hineinkommt, entfällt, wenn eines der beiden Teilsysteme nicht sprungfähig ist. Für $d_1 = d_2 = 0$ geht schließlich das Gleichungssystem in die einfachere Form (4.78) – (4.96) über.

Diskussion. Bei allen drei Zusammenschaltungen erscheinen die Systemmatrizen A_1 und A_2 der Teilsysteme als Hauptdiagonalblöcke in der Systemmatrix A des verkoppelten Systems. Bei der Reihenschaltung und der Parallelschaltung ist A eine Blockdreiecksmatrix bzw. eine Blockdiagonalmatrix. Deshalb setzt sich die Menge der Eigenwerte von A für diese beiden Zusammenschaltungen aus den beiden Eigenwertmengen von A_1 und A_2 zusammen, was für die Eigenschaften des Systems eine entscheidende Rolle spielt (vgl. Gl. (5.65) auf S. 134). Bei der Rückkopplungsschaltung sind die beiden Teilsysteme in beiden Richtungen verkoppelt, was sich auch in der Zusammensetzung der Matrix A ausdrückt. Hier stimmen die Eigenwerte der Verkopplung nicht mit den Eigenwerten der Teilsysteme überein.

Bei den angegebenen Modellen wird der Zustandsvektor der Zusammenschaltung aus den beiden Zustandsvektoren der Teilsysteme gebildet, so dass ein Modell mit der dynamischen Ordnung $n = n_1 + n_2$ entsteht. Wenn die Teilsysteme spezielle Eigenschaften haben, kann man möglicherweise ein Modell der Zusammenschaltung finden, das eine kleinere dynamische Ordnung hat. Beispielsweise kann die Parallelschaltung zweier identischer Teilsysteme durch ein Modell n_1-ter Ordnung dargestellt werden. Unter welchen Bedingungen eine derartige Vereinfachung möglich ist, wird im Zusammenhang mit minimalen Realisierungen dynamischer Systeme im Kap. II–3 behandelt.

4.4.4 Gültigkeitsbereich der Modelle und Normierung

Gültigkeitsbereich des Zustandsraummodells. Jedes Modell beruht auf Modellannahmen, die für den Gültigkeitsbereich des Modells maßgebend sind. Die Modellannahmen beschreiben einerseits, welche Teile der technischen Anlage durch das

Modell dargestellt werden sollen. Diese Annahmen ergeben sich aus der Regelungsaufgabe. Andererseits beinhalten die Modellannahmen Informationen darüber, unter welchen Bedingungen das Modell gültig sein soll. Diese Bedingungen schränken die Signalwerte auf Intervalle ein, wie es beispielsweise durch

$$\begin{aligned} |u(t)| &\leq \bar{u} \\ \underline{x}_1 \leq x_1(t) &\leq \overline{x}_1 \end{aligned}$$

für vorgegebene Schranken $\bar{u}$, $\underline{x}_1$ und $\overline{x}_1$ geschieht.

Streng genommen gehört deshalb zu jedem Zustandsraummodell eine Menge von Bedingungen, mit denen überprüft werden kann, dass bei Analyse-, Entwurfs- oder Simulationsaufgaben der Gültigkeitsbereich des Modells nicht verlassen wird. Diese Bedingungen können in der Form

$$\boldsymbol{h}(u, \boldsymbol{x}, y) \leq \bar{\boldsymbol{h}} \tag{4.103}$$

zusammengefasst werden, wobei das Ungleichheitszeichen für alle Elemente der Vektorfunktion $\boldsymbol{h}$ gilt. Ein typisches Beispiel ist das Behältersystem in Abb. 4.20, dessen Differenzialgleichung nur solange gilt, wie die Behälter weder leer sind noch überlaufen. Zu- und Abfluss können ihr Vorzeichen nicht wechseln. Ein anderes Beispiel sind Stellgrößenbeschränkungen. Häufig werden die Stellglieder als lineare Übertragungsglieder aufgefasst. Die Modellgleichungen gelten nicht für beliebige Signalwerte, sondern nur, solange obere Schranken für die Stellgrößen nicht überschritten werden.

Bedingungen der Form (4.103) entstehen auch dann, wenn das im Großen nichtlineare Verhalten des Systems durch ein lineares Modell angenähert wird. In diesem Falle werden entweder die Signalwerte von vornherein so eingeschränkt, dass alle Systemelemente durch lineare Beziehungen beschrieben werden können, oder das Modell wird in der Nähe eines Arbeitspunktes $\bar{\boldsymbol{x}}$ linearisiert (vgl. Abschn. 4.5.1), wobei sich Gl. (4.103) dann auf die Abweichung $\delta\boldsymbol{x}$ vom Arbeitspunkt $\bar{\boldsymbol{x}}$ bezieht und den Gültigkeitsbereich des linearisierten Modells beschreibt.

Bei der Modellbildung hat man stets einen Kompromiss zwischen einem möglichst großen Gültigkeitsbereich und einer möglichst hohen Genauigkeit des Modells einerseits und der Handhabbarkeit des Modells andererseits zu schließen. So ist es nicht falsch, sondern zweckmäßig, dass für die Lösung von Regelungsaufgaben häufig lineare Modelle niedriger dynamischer Ordnung eingesetzt werden. Ob man dabei die Gültigkeitsbedingungen des verwendeten Modells in der Form (4.103) aufschreibt oder nicht – man muss sich stets über die Tatsache im Klaren sein, dass das Modell die Realität nur in einem beschränkten Bereich des Zustandsraumes bzw. für beschränkte Eingangsgrößen wiedergibt, um damit auch die Grenzen für die Gültigkeit der erhaltenen Analyse- und Entwurfsergebnisse abzustecken. Inwieweit diese Ergebnisse über den Gültigkeitsbereich des Modells hinaus eingesetzt werden können, wird in der Praxis häufig heuristisch (mit dem „Gefühl des Ingenieurs") entschieden. Im Abschn. 8.6 wird mit der Robustheitsanalyse ein Weg gezeigt, wie man dies in einer methodisch fundierten Weise tun kann.

Normierung der Signale und Parameter. Die im Zustandsraummodell auftretenden Parameter und Signale sind i. Allg. physikalische Größen, die nicht allein durch ihren Zahlenwert, sondern zusätzlich dazu durch ihre physikalische Einheit beschrieben werden:

$$\text{Physikalische Größe} = \text{Zahlenwert} \cdot \text{Einheit}$$

Dabei symbolisiert der Punkt · eine Multiplikation! Die bei der Bildung des Modells aufgeschriebenen physikalischen Grundgesetze sind deshalb *Größengleichungen*, in die jedes Signal und jeder Parameter mit seinem Betrag und seiner Einheit eingeht. Beispielsweise wird in der Gleichung

$$F = m\frac{d^2x}{dt^2}$$

die Kraft F in Newton (N), der Weg x in Metern (m), die Masse m in Kilogramm (kg) und die Zeit t in Sekunden (s) gemessen. Um aus den Größengleichungen Zahlenwertgleichungen abzuleiten, in denen die physikalischen Einheiten nicht mehr vorkommen, muss jede Größe auf eine festgelegte physikalische Einheit normiert werden. Dabei möchte man nicht alle Größen in den Grundeinheiten darstellen, sondern man wird solche Einheiten auswählen, die für das betrachtete System aussagekräftig sind bzw. in denen die von den Messeinrichtungen gelieferten Größen dargestellt sind. Beispielsweise wird die Zeit bei einem sich schnell verändernden System in Millisekunden oder Sekunden, bei einem sich langsam bewegenden System in Minuten oder Stunden gemessen. Auf Grund der Beziehungen zwischen den gewählten Einheiten können nach der Normierung neue, dimensionslose Faktoren in den Gleichungen auftreten, wie im folgenden Beispiel gezeigt wird.

Von einer Größengleichung kommt man zu einer *zugeschnittenen Größengleichung*, indem man alle Parameter und Signale entsprechend der gewählten Einheiten erweitert, d. h. sie durch die gewählten Einheiten dividiert und mit der in Grundeinheiten umgerechneten Einheit multipliziert. Will man die o.a. Beziehung verwenden, wenn man die Kraft in Newton, die Masse in Tonnen, den Weg in Metern und die Zeit in Sekunden misst, so erhält man

$$\frac{F}{\mathrm{N}}\frac{\mathrm{kg\,m}}{\mathrm{s}^2} = \frac{m}{\mathrm{t}}\,10^3\,\mathrm{kg}\,\frac{d^2\frac{x}{\mathrm{m}}\,\mathrm{m}}{d\frac{t^2}{\mathrm{s}^2}\,\mathrm{s}^2}.$$

Daraus entsteht durch Multiplikation beider Seiten mit $\frac{\mathrm{s}^2}{\mathrm{kg\,m}}$ die zugeschnittene Größengleichung

$$\frac{F}{\mathrm{N}} = 10^3\,\frac{m}{\mathrm{t}}\,\frac{d^2\frac{x}{\mathrm{m}}}{d\frac{t^2}{\mathrm{s}^2}}.$$

Führt man nun die auf die gewählten Maßeinheiten normierten Größen ein

$$\tilde{F} = \frac{F}{\mathrm{N}}$$
$$\tilde{m} = \frac{m}{\mathrm{t}}$$

$$\tilde{x} = \frac{x}{\mathrm{m}}$$
$$\tilde{t} = \frac{t}{\mathrm{s}},$$

so erhält man die Beziehung

$$\tilde{F} = 10^3 \, \tilde{m} \, \frac{d^2 \tilde{x}}{d\tilde{t}^2},$$

die eine Zahlengleichung darstellt, in der keine Maßeinheiten mehr vorkommen, bei der jedoch $\tilde{F}$ die in Newton gemessene Kraft F, $\tilde{m}$ die in Tonnen gemessene Masse m, $\tilde{x}$ die in Metern gemessene Entfernung x und $\tilde{t}$ die in Sekunden gemessene Zeit t bezeichnen.

Zur Vereinfachung der Darstellung wird in allen später verwendeten Modellen die Tilde über den auf die gewählten Maßeinheiten bezogenen Größen weggelassen, so dass in diesem Beispiel mit der Gleichung

$$F = 10^3 \, m \, \frac{d^2 x}{dt^2}$$

gerechnet wird. Man muss diesen Übergang von den physikalischen Größen zu den auf die gewählten Maßeinheiten bezogenen Größen jedoch im Gedächtnis behalten, um die mit dem Modell erhaltenen Ergebnisse richtig interpretieren zu können. Offensichtlich ist bei dem hier verwendeten Beispiel der Faktor 10^3 in die Gleichung hineingekommen, damit die gewählten Einheiten zueinander passen. Derartige Faktoren treten häufig auf, wenn die in der Gleichung vorkommenden Größen nicht in den physikalischen Grundeinheiten eingesetzt werden sollen. Man sollte deshalb die Überführung der Größengleichungen in Zahlengleichungen Schritt für Schritt ausführen!

Normierung der Zeit. Besondere Beachtung erfordert die Wahl der Zeitachse, auf der alle Signale betrachtet werden. Die gewählte Zeiteinheit soll der „Änderungsgeschwindigkeit", mit der sich das System bewegt, angemessen sein.

Welche Veränderungen im Modell die Transformation

$$t = k\bar{t}$$

der Zeit mit sich bringt, kann man durch Anwendung dieser Transformation auf das Zustandsraummodell

$$\frac{d\boldsymbol{x}}{dt} = \boldsymbol{A}\boldsymbol{x}(t) + \boldsymbol{b}u(t)$$

erkennen. Das Modell gilt für die alte Zeitachse mit der Zeitvariablen t. Es soll so umgeformt werden, dass es das Systemverhalten mit der Zeitvariablen $\bar{t}$ beschreibt. Setzt man die Transformation in das Modell ein, so erhält man unter Verwendung von $k\,d\bar{t} = dt$ die Beziehung

$$\frac{d\boldsymbol{x}(k\bar{t})}{k\,d\bar{t}} = \boldsymbol{A}\boldsymbol{x}(k\bar{t}) + \boldsymbol{b}u(k\bar{t}).$$

Als Signale, die über die neue Zeitachse definiert sind, werden nun

$$\begin{aligned}\bar{\boldsymbol{x}}(\bar{t}) &= \boldsymbol{x}(k\bar{t})\\ \bar{u}(\bar{t}) &= u(k\bar{t})\end{aligned}$$

eingeführt. Damit erhält man das neue Modell

$$\frac{d\bar{\boldsymbol{x}}(\bar{t})}{d\bar{t}} = k\boldsymbol{A}\bar{\boldsymbol{x}}(\bar{t}) + k\boldsymbol{b}\bar{u}(\bar{t}).$$

Die Umformung zeigt, dass sich mit der Veränderung der Zeitachse auch die in der Matrix $\boldsymbol{A}$ und im Vektor $\boldsymbol{b}$ stehenden Modellparameter ändern. Insbesondere werden alle Eigenwerte von $\boldsymbol{A}$, die bei der Systemanalyse eine große Rolle spielen, um den Faktor k verändert, um zu den Eigenwerten der neuen Systemmatrix $\bar{\boldsymbol{A}} = k\boldsymbol{A}$ zu kommen. Die Lage der Eigenwerte von $\boldsymbol{A}$ in der komplexen Ebene muss also immer in Bezug zur gewählten Maßeinheit für die Zeit beurteilt werden.

In diesem Zusammenhang sei auch darauf hingewiesen, dass die Eigenwerte λ_i die Maßeinheit $\frac{1}{\mathrm{s}}$ oder $\frac{1}{\mathrm{min}}$ und die später als Zeitkonstanten eingeführten Kehrwerte $T_i = \frac{1}{\lambda_i}$ die Maßeinheit Sekunde oder Minute haben. Dies wird häufig vergessen, weil man i. Allg. nur mit Zahlengleichungen rechnet.

Beispiel 4.8 *Normierung der Zeit für ein System zweiter Ordnung*

Für Systeme zweiter Ordnung wird die Differenzialgleichung häufig in der Form

$$T^2\ddot{y} + 2dT\dot{y} + y(t) = k_{\mathrm{s}}u(t) \tag{4.104}$$

angesetzt, wobei T eine Zeitkonstante, d einen Dämpfungsfaktor und k_{s} die statische Verstärkung bezeichnen (vgl. Gl. (5.124) auf S. 163). Will man das Verhalten in Abhängigkeit vom Dämpfungsfaktor untersuchen, so kann man eine neue, auf die Zeitkonstante T normierte Zeit $\bar{t}$ einführen

$$\bar{t} = \frac{t}{T},$$

wodurch die Zeitkonstante T aus der Differenzialgleichung verschwindet. Es gelten nämlich mit den oben eingeführten Bezeichnungen

$$\left.\begin{aligned}\bar{y}(\bar{t}) = y(t)\\ \bar{u}(\bar{t}) = u(t)\end{aligned}\right\} \quad \text{für } \bar{t} = \frac{t}{T}$$

die Beziehungen

$$\begin{aligned}\dot{\bar{y}}(\bar{t}) &= \frac{d\bar{y}}{d\bar{t}} = \frac{dy(t)}{dt}\frac{dt}{d\bar{t}} = \dot{y}(t)\cdot T\\ \ddot{\bar{y}}(\bar{t}) &= \frac{d^2\bar{y}}{d\bar{t}^2} = \frac{d^2y(t)}{dt^2}\frac{d^2t}{d\bar{t}^2} = \ddot{y}(t)\cdot T^2.\end{aligned}$$

Aus Gl. (4.104) erhält man durch Einsetzen der auf die neue Zeitachse bezogenen Größen die Differenzialgleichung

$$\ddot{\bar{y}} + 2d\dot{\bar{y}} + \bar{y}(\bar{t}) = k_{\mathrm{s}}\bar{u}(\bar{t}), \tag{4.105}$$

in der T nicht mehr vorkommt. Das Systemverhalten kann mit diesem Modell in Abhängigkeit von d (oder k_{s}) untersucht werden, wobei die erhaltenen Ergebnisse auf Systeme mit unterschiedlicher Zeitkonstante T dadurch übertragen werden können, dass die Zeitachse entsprechend T gestreckt oder gestaucht wird. □

Aufgabe 4.8* *Zustandsraummodell eines RC-Gliedes*

Gegeben ist das in Abb. 4.19 gezeigte RC-Glied. Die Spannung u ist die Eingangsgröße, die Spannung y die Ausgangsgröße des Systems. Das RC-Glied ist an der Ausgangsseite nicht belastet. Zum Zeitpunkt $t = 0$ sind die beiden Kondensatorspannungen bekannt.

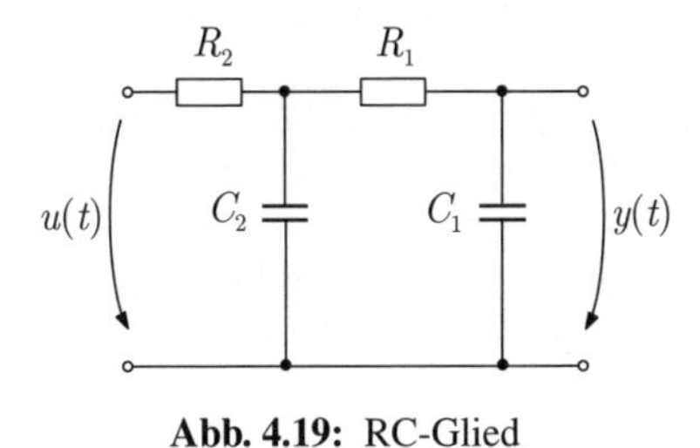

Abb. 4.19: RC-Glied

1. Stellen Sie die Zustandsgleichung auf.
2. Welche Größen treten in Ihrem Modell als Zustandsgrößen auf? Wie heißt die Ausgabegleichung?
3. Zeichnen Sie den Signalflussgrafen des Systems und bestimmen Sie, mit welchen physikalischen Größen die Kanten gewichtet sind.
4. Können Sie das Modell auch so aufstellen, dass y und $\dot{y}$ als Zustandsvariable fungieren (wenn ja, geben Sie das Modell an.)?
5. Welche Maßeinheiten haben die in Ihren Gleichungen auftretenden Signale und Parameter?
6. Welche Parameterwerte treten im Zustandsraummodell aus Aufgabenteil 2 auf, wenn $R_1 = 100\,\Omega$, $R_2 = 2\,\mathrm{k}\Omega$, $C_1 = 1\,\mu\mathrm{F}$, $C_2 = 400\,\mathrm{nF}$ gilt? Wählen Sie geeignete Maßeinheiten für die im Modell auftretenden Signale und für die Zeit. □

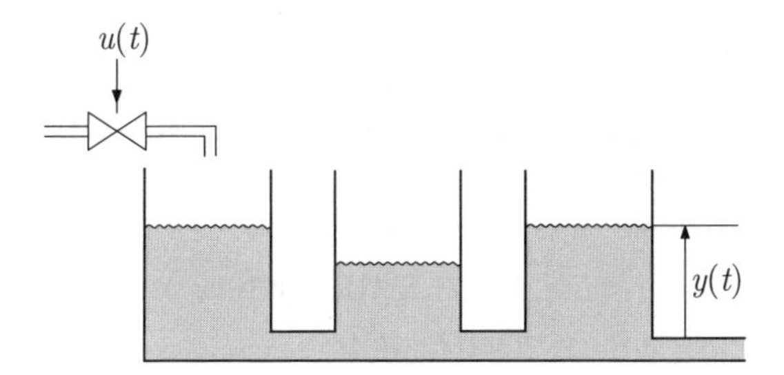

Abb. 4.20: 3-Tank-System

Aufgabe 4.9* *Zustandsraummodell eines 3-Tank-Systems*

Gegeben ist das in Abb. 4.20 skizzierte System, das aus drei miteinander verkoppelten Behältern besteht. Der durch das Ventil beeinflussbare Zufluss dient als Eingangsgröße, der Flüssigkeitsstand im rechten Behälter als Ausgangsgröße.

1. Überlegen Sie sich, wieviele Zustandsvariable Sie (vermutlich) brauchen, um das System beschreiben zu können. Welche physikalischen Größen sind geeignete Zustandsgrößen?
2. Leiten Sie aus den Massenbilanzen der drei Behälter das Zustandsraummodell des Systems ab, wobei Sie zur Vereinfachung von linearen Zusammenhängen zwischen den physikalischen Größen ausgehen.
3. Unter welchen Einschränkungen gilt das von Ihnen aufgestellte Modell? Schreiben Sie diese Einschränkungen in der Form (4.103) auf. □

4.5 Erweiterungen

4.5.1 Linearisierung nichtlinearer Systeme

Die physikalischen Gleichungen, aus denen das Zustandsraummodell abgeleitet wird, sind i. Allg. nichtlinear. Wenn man beispielsweise berechnen will, wie schnell die Füllhöhe h eines zylindrischen Behälters abnimmt, wenn die Flüssigkeit aus einem Ventil am Behälterboden herausläuft, so erhält man nach dem Gesetz von TORICELLI die nichtlineare Differenzialgleichung

$$\dot{h} = -\frac{S_{\text{v}}}{A}\sqrt{2gh(t)} \quad \text{für } h \geq 0, \tag{4.106}$$

in der A den Behälterquerschnitt, S_{v} eine Ventilkonstante und g die Erdbeschleunigung beschreibt. Auch die Differenzialgleichungen für ein Pendel oder ein fahrendes Auto mit quadratisch steigendem Luftwiderstand sind nichtlinear. Dass derartige Nichtlinearitäten bei den bisher behandelten Beispielen keine Rolle gespielt haben, liegt daran, dass bisher von vornherein ein linearer Ansatz für alle auftretenden Differenzialgleichungen und algebraischen Gleichungen gewählt wurde.

Für viele reale Systeme entsteht also an Stelle der linearen Differenzialgleichung (4.1) bzw. des linearen Zustandsraummodells (4.40) eine nichtlineare Differenzialgleichung bzw. ein nichtlineares Zustandsraummodell, das in der Form

$$\dot{\boldsymbol{x}} = \boldsymbol{f}(\boldsymbol{x}(t), u(t)), \quad \boldsymbol{x}(0) = \boldsymbol{x}_0 \tag{4.107}$$

$$y(t) = g(\boldsymbol{x}(t), u(t)) \tag{4.108}$$

geschrieben wird. Dabei stellt $\boldsymbol{f}$ eine Vektorfunktion dar. Ausführlich geschrieben heißt Gl. (4.107)

$$\begin{pmatrix} \dot{x}_1 \\ \dot{x}_2 \\ \vdots \\ \dot{x}_n \end{pmatrix} = \begin{pmatrix} f_1(x_1, x_2, ..., x_n, u) \\ f_2(x_1, x_2, ..., x_n, u) \\ \vdots \\ f_n(x_1, x_2, ..., x_n, u) \end{pmatrix}.$$

In der Regelungstechnik verwendet man trotz dieses nichtlinearen Charakters der realen Welt sehr häufig lineare Modelle. Das gilt insbesondere bei Regelungen, die die Aufgabe haben, ein System trotz der Einwirkung äußerer Störungen in einem vorgegebenen Arbeitspunkt zu halten. Der Grund für die Verwendung linearer Modelle ist dann sehr einfach einzusehen: Wenn die Regelung funktioniert, bleibt das System in der Umgebung des Arbeitspunktes und es ist ausreichend, wenn das Modell die Systembewegung um diesen Arbeitspunkt beschreibt. Für kleine Abweichungen kann man nichtlineare Modelle linearisieren.

Ausgangspunkt für die Linearisierung ist also die Festlegung eines Arbeitspunktes. Der Arbeitspunkt wird durch die Größen $\bar{\boldsymbol{x}}$, $\bar{u}$ und $\bar{y}$ beschrieben, die die Bedingungen

$$\mathbf{0} = \boldsymbol{f}(\bar{\boldsymbol{x}}, \bar{u}) \tag{4.109}$$

$$\bar{y} = g(\bar{\boldsymbol{x}}, \bar{u}) \tag{4.110}$$

erfüllen. Die erste Bedingung besagt, dass der Zustand $\bar{\boldsymbol{x}}$ einen stationären Zustand des Systems darstellt, der sich bei der Eingangsgröße $u(t) = \bar{u}$ einstellt. Die zweite Bedingung gibt an, dass in diesem stationären Zustand die Ausgangsgröße den Wert $y(t) = \bar{y}$ hat.

An Stelle der Originalgrößen $\boldsymbol{x}(t), u(t)$ und $y(t)$ sollen im linearisierten Modell die Abweichungen dieser Größen von den vorgegebenen Arbeitspunktwerten $\bar{\boldsymbol{x}}, \bar{u}$ und $\bar{y}$ stehen:

$$\begin{aligned} \delta\boldsymbol{x}(t) &= \boldsymbol{x}(t) - \bar{\boldsymbol{x}} \\ \delta u(t) &= u(t) - \bar{u} \\ \delta y(t) &= y(t) - \bar{y}. \end{aligned} \tag{4.111}$$

Aus (4.107) und (4.111) erhält man

$$\frac{d\,\delta\boldsymbol{x}}{dt} = \dot{\boldsymbol{x}}$$

und

$$\frac{d\,\delta\boldsymbol{x}}{dt} = \boldsymbol{f}(\bar{\boldsymbol{x}} + \delta\boldsymbol{x}(t), \bar{u} + \delta u(t)).$$

Wird die Vektorfunktion $\boldsymbol{f}$ um den Arbeitspunkt $(\bar{u}, \bar{\boldsymbol{x}})$ in eine Taylorreihe entwickelt, so entsteht

$$\frac{d\,\delta\boldsymbol{x}}{dt} =$$
$$\boldsymbol{f}(\bar{\boldsymbol{x}}, \bar{u}) + \left(\frac{\partial \boldsymbol{f}}{\partial \boldsymbol{x}}\right)_{\boldsymbol{x} = \bar{\boldsymbol{x}},\, u = \bar{u}} \delta\boldsymbol{x}(t) + \left(\frac{\partial \boldsymbol{f}}{\partial u}\right)_{\boldsymbol{x} = \bar{\boldsymbol{x}},\, u = \bar{u}} \delta u(t) + \boldsymbol{r}(\delta\boldsymbol{x}, \delta u),$$

wobei $\boldsymbol{r}(\delta\boldsymbol{x}, \delta u)$ das Restglied der Taylorreihe darstellt und der erste Summand auf der rechten Seite auf Grund der Bedingung (4.109) gleich null ist. Voraussetzung für diese Vorgehensweise ist, dass die Funktion $\boldsymbol{f}$ (und für die Linearisierung der

Ausgabegleichung die Funktion g) im Arbeitspunkt differenzierbar ist. Diese Voraussetzung ist sehr häufig erfüllt, jedoch nicht z. B. für das System $\dot{x} = \sqrt{|x|} + u$ im Arbeitspunkt $\bar{x} = 0, \bar{u} = 0$.

Bewegt sich das System in der näheren Umgebung des gegebenen Arbeitspunktes, so sind $\delta\mathbf{x}(t)$ und $\delta u(t)$ betragsmäßig klein und das Restglied kann gegenüber den Gliedern erster Ordnung vernachlässigt werden. Die beiden Differenzialquotienten beschreiben Ableitungen eines Vektors nach einem Vektor bzw. einem Skalar und stellen demzufolge eine Matrix bzw. einen Vektor dar, die mit $\boldsymbol{A}$ bzw. $\boldsymbol{b}$ bezeichnet werden:

$$\left(\frac{\partial \boldsymbol{f}}{\partial \boldsymbol{x}}\right)_{\boldsymbol{x} = \bar{\boldsymbol{x}}, u = \bar{u}} = \begin{pmatrix} \frac{\partial f_1}{\partial x_1} & \frac{\partial f_1}{\partial x_2} & \dots & \frac{\partial f_1}{\partial x_n} \\ \frac{\partial f_2}{\partial x_1} & \frac{\partial f_2}{\partial x_2} & \dots & \frac{\partial f_2}{\partial x_n} \\ \vdots & \vdots & & \vdots \\ \frac{\partial f_n}{\partial x_1} & \frac{\partial f_n}{\partial x_2} & \dots & \frac{\partial f_n}{\partial x_n} \end{pmatrix}_{\boldsymbol{x} = \bar{\boldsymbol{x}}, u = \bar{u}} = \boldsymbol{A} \quad (4.112)$$

$$\left(\frac{\partial \boldsymbol{f}}{\partial u}\right)_{\boldsymbol{x} = \bar{\boldsymbol{x}}, u = \bar{u}} = \begin{pmatrix} \frac{\partial f_1}{\partial u} \\ \frac{\partial f_2}{\partial u} \\ \vdots \\ \frac{\partial f_n}{\partial u} \end{pmatrix}_{\boldsymbol{x} = \bar{\boldsymbol{x}}, u = \bar{u}} = \boldsymbol{b}. \quad (4.113)$$

Die Matrix (4.112) heißt *Jacobimatrix* oder *Funktionalmatrix*.

Damit erhält man die lineare Beziehung

$$\frac{d\,\delta\boldsymbol{x}}{dt} \approx \boldsymbol{A}\,\delta\mathbf{x}(t) + \boldsymbol{b}\,\delta u(t), \quad \delta\boldsymbol{x}(0) = \boldsymbol{x}(0) - \bar{\boldsymbol{x}}.$$

Da in der Regelungstechnik sehr häufig mit Abweichungen vom Arbeitspunkt an Stelle der absoluten Werte der Signale gerechnet wird, lässt man das Delta vor den Signalen weg und ersetzt das Rundungszeichen durch ein Gleichheitszeichen:

$$\frac{d\boldsymbol{x}}{dt} = \boldsymbol{A}\boldsymbol{x}(t) + \boldsymbol{b}u(t), \qquad \boldsymbol{x}(0) = \boldsymbol{x}(0) - \bar{\boldsymbol{x}}. \quad (4.114)$$

Bei der Interpretation der Ergebnisse, die mit diesem Modell erhalten werden, muss man sich diese vereinfachte Schreibweise ins Gedächtnis zurückrufen.

In gleicher Weise kann die nichtlineare Ausgabegleichung (4.108) linearisiert werden, wobei

$$\delta y(t) \approx \boldsymbol{c}'\,\delta\boldsymbol{x}(t) + d\,\delta u(t)$$

bzw.

$$y(t) = \boldsymbol{c}'\boldsymbol{x}(t) + du(t) \quad (4.115)$$

mit

$$\left(\frac{\partial g}{\partial \boldsymbol{x}}\right)_{\boldsymbol{x} = \bar{\boldsymbol{x}}, u = \bar{u}} = \boldsymbol{c}' \tag{4.116}$$

$$\left(\frac{\partial g}{\partial u}\right)_{\boldsymbol{x} = \bar{\boldsymbol{x}}, u = \bar{u}} = d \tag{4.117}$$

entsteht. Die Gln. (4.114), (4.115) stellen ein lineares Zustandsraummodell dar, das die Bewegung des nichtlinearen Systems (4.107), (4.108) um den Arbeitspunkt $(\bar{u}, \bar{\boldsymbol{x}}, \bar{y})$ beschreibt.

Übrigens entspricht die vorgestellte Linearisierung der in der Elektrotechnik üblichen Vorgehensweise, mit der das Kleinsignalverhalten einer Schaltung mit Hilfe von linearen Modellen untersucht wird.

Beispiel 4.9 *Linearisierung eines statischen Übertragungsgliedes*

Strukturbilder dynamischer Systeme werden häufig so aufgebaut, dass die einzelnen Blöcke entweder lineare dynamische Glieder oder nichtlineare statische Glieder darstellen. Wenn eine solche Zerlegung durchgeführt werden kann, vereinfacht sich die Linearisierung, denn es müssen nur statische Übertragungsglieder linearisiert und anschließend mit den linearen dynamischen Gliedern zum Näherungsmodell zusammengefügt werden. Betrachtet wird deshalb als Beispiel die nichtlineare Kennlinie

$$y(t) = n(u(t))$$

eines nichtlinearen statischen Systems. Die an den Arbeitspunkt gestellte Bedingung heißt für das Beispiel

$$\bar{y} = n(\bar{u}).$$

Sie fordert, dass der Arbeitspunkt $(\bar{u}, \bar{y})$ tatsächlich auf der nichtlinearen Kennlinie liegt.

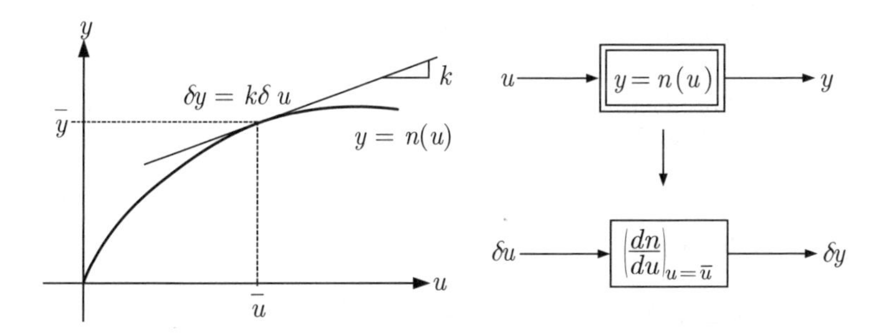

Abb. 4.21: Linearisierung einer statischen Nichtlinearität

Die Kennlinie kann als Ausgabegleichung (4.108) interpretiert werden. Da y nicht von einem Systemzustand abhängt, ist der Vektor $\boldsymbol{c}'$ im linearisierten Modell gleich null. Für d

erhält man aus Gl. (4.117) die Beziehung

$$d = \left(\frac{\partial n}{\partial u} \right)_{u=\bar{u}},$$

so dass das linearisierte Modell die Form

$$\delta y(t) \approx d \, \delta u(t)$$

bzw. in abgekürzter Schreibweise

$$y(t) = du(t)$$

hat. Grafisch bedeutet die Linearisierung, dass an Stelle der nichtlinearen Kennlinie mit der Tangente an die Kennlinie im Arbeitspunkt gearbeitet wird (Abb. 4.21).

Im Blockschaltbild kann die Nichtlinearität durch einen statischen linearen Block ersetzt werden. □

Beispiel 4.10 *Linearisierung des Modells eines Fahrzeugs*

Ein Fahrzeug mit der Masse m bewegt sich auf einer geradlinigen, ebenen Straße. Das Modell soll den Zusammenhang zwischen der Winkelstellung $u(t)$ des Gaspedals, die der vom Motor erbrachten Beschleunigungskraft $F_{\mathrm{M}}(t)$ des Fahrzeugs näherungsweise proportional ist, und der Geschwindigkeit $v(t)$ beschreiben. Es wird angenommen, dass für die durch den Luftwiderstand verursachte Kraft F_{B} die Beziehung

$$F_{\mathrm{B}}(t) = c_{\mathrm{w}} \, v^2(t)$$

gilt, wobei c_{w} den Luftwiderstandsbeiwert darstellt.

Die das Fahrzeug beschreibende nichtlineare Differenzialgleichung erhält man aus dem Kräftegleichgewicht

$$F_{\mathrm{M}}(t) = F_{\mathrm{T}}(t) + F_{\mathrm{B}}(t),$$

demzufolge die durch den Motor erzeugte Kraft F_{M} gleich der Summe von Trägheitskraft

$$F_{\mathrm{T}}(t) = m\dot{v}(t)$$

und Bremskraft F_{B} des Luftwiderstandes ist. Auf Grund der angenommenen Proportionalität von $F_{\mathrm{M}}(t)$ und $u(t)$ gilt

$$F_{\mathrm{M}}(t) = k \, u(t),$$

wobei k einen Proportionalitätsfaktor bezeichnet. Da $v(t) = y(t)$ gilt, erhält man aus dem Kräftegleichgewicht die Beziehung

$$k \, u(t) = m \, \dot{y}(t) + c_{\mathrm{w}} y^2(t).$$

Führt man die Zustandsgröße

$$x_1(t) = y(t)$$

ein, so folgt aus der Differenzialgleichung das Zustandsraummodell

$$\begin{aligned} \dot{x}_1 &= -\frac{c_{\mathrm{w}}}{m} \, x_1^2(t) + \frac{k}{m} u(t) \\ y(t) &= x_1(t). \end{aligned}$$

Es hat die Form (4.107), (4.108) mit

$$\begin{aligned} f_1(x_1, u) &= -\frac{c_{\mathrm{W}}}{m}\, x_1^2 + \frac{k}{m}\, u \\ g(x_1, u) &= x_1. \end{aligned}$$

Für die Linearisierung ist ein Arbeitspunkt $(\bar{u},\ \bar{x},\ \bar{y})$ festzulegen, der die Bedingungen (4.109), (4.110) erfüllt. Aus Gl. (4.109) erhält man

$$\frac{c_{\mathrm{W}}}{m}\, \bar{x}_1^2 = \frac{k}{m}\, \bar{u}.$$

Der Arbeitspunkt wird also durch eine Winkelstellung $\bar{u}$ des Gaspedals und die Geschwindigkeit $\bar{x}_1$ der dazugehörigen gleichförmigen Bewegung bestimmt, beispielsweise durch die Winkelstellung, bei der das Fahrzeug nach Beendigung der Beschleunigungsphase mit der gleichbleibenden Geschwindigkeit von $50\,\mathrm{km/h}$ fährt. Diese Geschwindigkeit ist dann auch die zum Arbeitspunkt gehörende Ausgangsgröße, denn aus der Bedingung (4.110) folgt für dieses Beispiel die Beziehung

$$\bar{y} = \bar{x}_1.$$

Die Linearisierung führt auf das lineare Modell erster Ordnung

$$\begin{aligned} \delta\dot{x}_1 &\approx a\, \delta x_1 + b\, \delta u \\ \delta y &\approx c\, \delta x_1 + d\, \delta u \end{aligned}$$

bzw.

$$\begin{aligned} \dot{x}_1 &= a x_1 + b u \\ y &= c x_1 + d u \end{aligned}$$

mit

$$\begin{aligned} a &= \left(\frac{\partial f_1}{\partial x_1}\right)_{x_1=\bar{x}_1, u=\bar{u}} &&= -2\frac{c_{\mathrm{W}}}{m}\bar{x}_1 \\ b &= \left(\frac{\partial f}{\partial u}\right)_{x_1=\bar{x}_1, u=\bar{u}} &&= \frac{k}{m} \\ c &= \left(\frac{\partial g}{\partial x_1}\right)_{x_1=\bar{x}_1, u=\bar{u}} &&= 1 \\ d &= \left(\frac{\partial g}{\partial u}\right)_{x_1=\bar{x}_1, u=\bar{u}} &&= 0, \end{aligned}$$

wenn die Beziehungen (4.112), (4.113), (4.116) und (4.117) für das Beispiel mit der dynamischen Ordnung $n = 1$ angewendet werden. Man erkennt, dass nur der Modellparameter a vom Arbeitspunkt abhängt. Das erhaltene Modell beschreibt, wie die Geschwindigkeit $y(t)$ vom Arbeitspunkt $\bar{x}_1 = \bar{y}$ abweicht, wenn die Winkelstellung $u(t)$ des Gaspedals vom Arbeitspunktwert $\bar{u}$ abweicht. □

Linearisierung statischer Systeme ohne Verschiebung des Arbeitspunktes. Die bisher beschriebene Linearisierungsmethode hat für Systeme mit häufig verändertem Arbeitspunkt den Nachteil, dass mit dem Arbeitspunkt derjenige Punkt verschoben wird, um den linearisiert wird. Für statische Systeme geht man bei der Linearisierung deshalb so vor, dass man die nichtlineare Funktion

$$y(t) = n(u(t))$$

als ein lineares System

$$y(t) = k(u(t))\, u(t)$$

mit dem Verstärkungsfaktor

$$k(u(t)) = \frac{y(t)}{u(t)}$$

auffasst, der von der Eingangsgröße abhängig ist. Vernachlässigt man dann noch die Abhängigkeit zwischen k und u und arbeitet mit dem festen Wert

$$k = \frac{n(\bar{u})}{\bar{u}},$$

so erhält man die linearisierte Beschreibung

$$y(t) = ku(t). \tag{4.118}$$

Auch diese Beschreibung hängt natürlich vom gewählten Arbeitspunkt $(\bar{u}, \bar{y})$ ab, aber y und u in Gl. (4.118) sind die absoluten Größen und nicht wie in den bisher verwendeten Modellen die Abweichungen vom Arbeitspunkt.

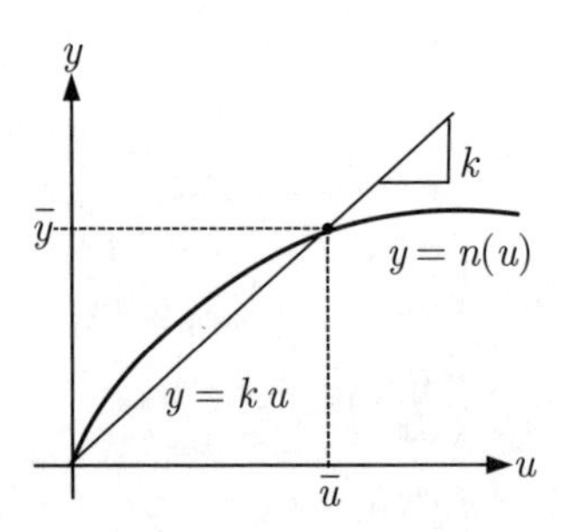

Abb. 4.22: Linearisierung der TORICELLI-Gleichung

Für die TORICELLI-Gleichung (4.106) ist diese Vorgehensweise in Abb. 4.22 dargestellt. An Stelle der nichtlinearen Abhängigkeit

$$y = \frac{S_{\rm v}}{A} \sqrt{2gu},$$

die hier in der Form $y = n(u)$ geschrieben ist, wird mit der linearen Beziehung

$$y = ku$$

gerechnet, wobei der Verstärkungsfaktor

$$k = \frac{S_\mathrm{v}}{A}\sqrt{\frac{g}{2\bar{u}}}$$

durch den gewählten Arbeitspunkt $(\bar{u}, \bar{y})$ bestimmt ist. Eingesetzt in Gl. (4.106) erhält man als linearisiertes dynamisches Modell die Beziehung

$$\dot{h} = kh(t).$$

Aufgabe 4.10* *Linearisierung der Pendelgleichungen*

Gegeben ist ein Pendel mit der Pendellänge l und der Masse m. Das Pendel wird von einer Kraft $f(t)$ ausgelenkt. Der den Pendelausschlag beschreibende Winkel $\varphi(t)$ soll in Abhängigkeit von der Kraft $f(t)$ berechnet werden ($|\varphi| < 90^o$).

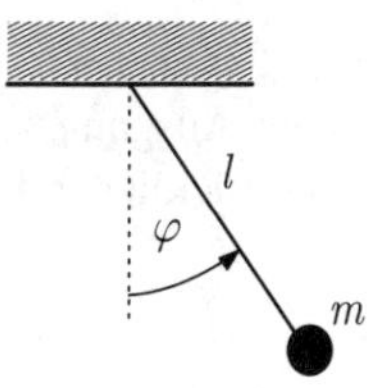

Abb. 4.23: Pendel

1. Stellen Sie das nichtlineare Zustandsraummodell des Pendels auf, wobei Sie annehmen, dass das Pendel durch den Luftwiderstand nicht gedämpft wird. Welche Signale stellen den Zustand $\boldsymbol{x}$ bzw. die Eingangsgröße u dar?
2. Linearisieren Sie das Modell um die sich bei $f(t) = \bar{f}$ einstellende Gleichgewichtslage.
3. Geben Sie das linearisierte Modell für $m = 1\,\mathrm{kg}$, $\bar{f} = 2\,\mathrm{N}$ und $l = 1\,\mathrm{m}$ an. □

Aufgabe 4.11** *Linearisierung entlang einer Trajektorie*

Wie kann das im Abschn. 4.5.1 beschriebene Vorgehen erweitert werden, wenn sich das System nicht in einem festen Arbeitspunkt befindet, sondern entlang einer Nominaltrajektorie $\bar{\boldsymbol{x}}(t)$ bewegt. Das Modell soll eine lineare Beziehung für die Abweichung $\delta\boldsymbol{x}(t) = \boldsymbol{x}(t) - \bar{\boldsymbol{x}}(t)$ darstellen. Worin unterscheidet sich dieses Modell prinzipiell von dem Modell (4.114)? □

Aufgabe 4.12** *Linearisierung nichtlinearer Systeme in kanonischer Normalform*

Viele nichtlineare Systeme (4.107) kann man durch eine entsprechende Wahl der Zustandsvariablen in die Normalform

$$\begin{pmatrix} \dot{x}_1 \\ \dot{x}_2 \\ \vdots \\ \dot{x}_{n-1} \\ \dot{x}_n \end{pmatrix} = \begin{pmatrix} x_2 \\ x_3 \\ \vdots \\ x_n \\ a(\boldsymbol{x}) \end{pmatrix} + \begin{pmatrix} 0 \\ 0 \\ \vdots \\ 0 \\ b(\boldsymbol{x})u(t) \end{pmatrix}$$

$$y(t) = (1 \;\; 0 \;\; 0 \;\; 0...0)\, \boldsymbol{x}(t)$$

bringen, wobei $a(\boldsymbol{x})$ und $b(\boldsymbol{x})$ zwei nichtlineare Funktionen des Zustandes $\boldsymbol{x}$ sind. Wie sieht das lineare Zustandsraummodell aus, das man durch Linearisierung dieses Systems erhält? □

4.5.2 Totzeitsysteme

Bei Totzeitsystemen hängt der Wert des Ausgangssignales y zum Zeitpunkt t nur von dem um eine feste Zeitdifferenz T_{t} zurückliegenden Wert der Eingangsgröße u ab. Es gilt also die Beziehung

$$y(t) = f(u(t - T_{\mathrm{t}}))$$

mit einer gegebenen Zeitdifferenz T_{t}, die *Totzeit* genannt wird. Das reine Totzeitglied verschiebt die Eingangsgröße, ohne sie zu verformen, so dass

$$y(t) = u(t - T_{\mathrm{t}}) \tag{4.119}$$

gilt.

Totzeiten treten typischerweise dann auf, wenn Signale mit endlicher Ausbreitungsgeschwindigkeit übertragen werden. Förderbänder oder Rohrleitungen sind Beispiele dafür, wenn man die am Anfang bzw. am Ende gemessenen Mengen oder Konzentrationen des transportierten Stoffes als Eingangs- bzw. Ausgangssignal betrachtet. Haben diese Übertragungskanäle die Länge l und werden die Stoffe mit der Geschwindigkeit v bewegt, so entsteht zwischen dem Eingang und dem Ausgang eine Totzeit $T_{\mathrm{t}} = \frac{l}{v}$.

Die Erweiterung der bisher betrachteten nicht totzeitbehafteten Systeme durch Totzeitglieder bereitet in der Zustandsraumbeschreibung Schwierigkeiten, da Totzeitglieder nicht durch ein Modell der Form (4.40) beschrieben werden können. Demgegenüber lässt sich die im Abschn. 6.5 eingeführte Systembeschreibung mittels Übertragungsfunktionen einfacher auf Totzeitsysteme erweitern, weshalb Totzeitsysteme im Folgenden vor allem im Frequenzbereich untersucht werden. Für die in Kap. II–11 erläuterte zeitdiskrete Systemdarstellung gibt es für Totzeitsysteme ein Zustandsraummodell, wenn die Totzeit T_{t} ein ganzzahliges Vielfaches der Abtastzeit T ist.

4.5.3 Zeitvariable Systeme

Eine andere Erweiterung der bisher behandelten Systemklasse betrifft Systeme, deren Parameter sich mit der Zeit ändern. Derartige Parameteränderung können einerseits durch die Verwendung unterschiedlicher Rohstoffe, andererseits durch die Alterung der Anlage begründet sein. Wird der im Beispiel 4.3 behandelte Rührkesselreaktor für Flüssigkeiten mit unterschiedlicher spezifischer Wärme eingesetzt, so verändern sich die dynamischen Eigenschaften in Abhängigkeit vom Stoffeinsatz.

Um das zeitvariable Verhalten beschreiben zu können, muss die Zeitabhängigkeit der Parameter in das Modell eingeführt werden. Für das nichtlineare Modell (4.107), (4.108) äußert sich diese Erweiterung darin, dass die Zeit explizit als Argument der Funktionen $\boldsymbol{f}$ und g auftritt:

$$\dot{\boldsymbol{x}} = \boldsymbol{f}(\boldsymbol{x}(t), u(t), t), \quad \boldsymbol{x}(0) = \boldsymbol{x}_0 \tag{4.120}$$

$$y(t) = g(\boldsymbol{x}(t), u(t), t). \tag{4.121}$$

Im linearen Zustandsraummodell sind die Matrix $\boldsymbol{A}$, die Vektoren $\boldsymbol{b}$ und $\boldsymbol{c}$ sowie die Konstante d zeitabhängig:

$$\dot{\boldsymbol{x}} = \boldsymbol{A}(t)\boldsymbol{x}(t) + \boldsymbol{b}(t)u(t), \quad \boldsymbol{x}(0) = \boldsymbol{x}_0 \tag{4.122}$$

$$y(t) = \boldsymbol{c}'(t)\boldsymbol{x}(t) + d(t)u(t). \tag{4.123}$$

Wenn man derartige Modelle verwendet, so setzt man i. Allg. voraus, dass die zeitliche Abhängigkeit der Parameter bekannt und insbesondere nicht von der Steuerung $u(t)$ abhängig ist. Alle in diesem Buch behandelten Systeme sind zeitinvariant, so dass $\boldsymbol{A}$, $\boldsymbol{b}$, $\boldsymbol{c}'$ und d nicht von der Zeit abhängen.

4.6 MATLAB-Funktionen für die Beschreibung dynamischer Systeme

Die meisten der in diesem und in den folgenden Kapiteln behandelten Modellierungs-, Analyse- und Entwurfsaufgaben erfordern in der praktischen Anwendung einen erheblichen rechnerischen Aufwand. Sofern dieser Aufwand nicht das Aufstellen und Umstellen von Gleichungen, also symbolische Rechenoperationen, sondern das numerische Lösen von Gleichungen betrifft, kann er mit Hilfe eines Rechners erheblich gemindert werden. In diesem und in weiteren Abschnitten werden die wichtigsten Funktionen des Programmpakets MATLAB angegeben, um zu zeigen, wie einfach es mit Hilfe der heute verfügbaren Rechner ist, diese numerischen Rechenoperationen auszuführen. Trotz dieser Hilfsmittel bleiben die wichtigsten Ingenieuraufgaben bestehen, nämlich zu erkennen, *welche* Rechenschritte auszuführen sind und wie das Ergebnis zu *interpretieren* ist.

Eine kurze Einführung in die bei MATLAB verwendeten Datenstrukturen wird im Anhang 2 gegeben.

Zustandsraummodelle der Form

$$\dot{\boldsymbol{x}}(t) = \boldsymbol{A}\boldsymbol{x}(t) + \boldsymbol{b}u(t), \qquad \boldsymbol{x}(0) = \boldsymbol{x}_0$$
$$y(t) = \boldsymbol{c}'\boldsymbol{x}(t) + du(t)$$

werden durch Angabe der Matrix $\boldsymbol{A}$, der Vektoren $\boldsymbol{b}$ und $\boldsymbol{c}$, des Skalars d sowie der Anfangsbedingung $\boldsymbol{x}_0$ notiert, wobei man zweckmäßigerweise für die Variablen in MATLAB dieselben Namen `A`, `b`, `c`, `d` und `x0` verwendet. Ein System zweiter Ordnung wird beispielsweise durch die Anweisungen

```
>> A = [-0.8 2; -2 -0.8];
>> b = [1; 1];
>> c = [1 1];
>> d = 0.3;
>> x0 = [1; 1];
```

notiert. Die in $\boldsymbol{A}$, $\boldsymbol{b}$, $\boldsymbol{c}$ und d stehenden Systemparameter werden durch die Funktion `ss` einer Variablen `System` zugewiesen, so dass sie später unter Verwendung eines gemeinsamen Namens aufgerufen werden können:

```
>> System = ss(A, b, c, d);
```

An Stelle von `System` kann man aussagekräftige Namen wie `Regelstrecke` oder `Teilsystem1` verwenden. Will man die Systemparameter für ein `System` auslesen, so verwendet man die Funktion `ssdata`:

```
>> [A, b, c, d] = ssdata(System);
```

Das Modell kann durch den Funktionsaufruf

```
>> printsys(A, b, c, d)
```

auf dem Bildschirm ausgegeben werden.

Das Zustandsraummodell einer Reihen-, Parallel- oder Rückführschaltung zweier Teilsysteme, die als `System1` und `System2` bezeichnet sind, kann mit den Funktionen

```
>> Reihenschaltung = series(System1, System2);
>> Parallelschaltung = parallel(System1, System2);
>> Rueckfuehrschaltung = feedback(System1, System2);
```

entsprechend der Gln. (4.80) – (4.83), (4.84) – (4.87) bzw. (4.99) – (4.102) berechnet werden. Bei der Rückführschaltung wird von einer negativen Rückkopplung ausgegangen; andernfalls muss als drittes Argument +1 eingegeben werden.

Literaturhinweise

Gegenstand dieses und der weiteren Kapitel sind lineare zeitinvariante Systeme mit einer Eingangs- und einer Ausgangsgröße. Die Erweiterung des Zustandsraummodells auf Mehrgrößensysteme wird im Band 2 ausführlich behandelt. Im Kap. II–11 wird auf zeitdiskrete Systeme eingegangen, bei denen die Werte der Eingangs- und Ausgangsgrößen nur zu vorgegebenen Zeitpunkten $t = kT$, $(k = 0, 1, ...)$, die um die Abtastzeit T voneinander entfernt liegen, von Interesse sind.

Das Zustandsraummodell wurde von KALMAN in [31] eingeführt. Es ist heute die Standardform zur Beschreibung dynamischer Systeme. Nicht alle Regelungsprobleme lassen sich unter den diesen Modellklassen zu Grunde liegenden Annahmen behandeln. Auf die Erweiterung zu zeitvariablen Systemen wurde im Abschn. 4.5.3 hingewiesen. Ausführlich sind derartige Systeme in [39] und [44] beschrieben.

Nichtlineare Systeme und insbesondere die in der Aufgabe 4.12 genannte Normalform sind in [27] behandelt.

Zwei hier nicht angesprochene Klassen dynamischer Systeme betreffen Systeme mit verteilten Parametern und Systeme mit stochastischen Eingangsgrößen. Die erste Systemklasse ist dadurch gekennzeichnet, dass sich die dynamischen Vorgänge in einer örtlich verteilten Weise abspielen. Beispielsweise sind die durch ein elektrisches Feld hervorgerufenen Kräfte nicht nur von der Zeit, sondern auch vom betrachteten Ort abhängig. Wenn man örtlich verteilte Wirkungen nicht näherungsweise durch eine „konzentrierte“ Wirkung ersetzen kann, muss man Modelle in Form partieller Differenzialgleichungen verwenden. Die dann notwendige Erweiterung der Theorie dynamischer Systeme wird für regelungstechnische Problemstellungen z. B. in [21] erläutert.

Die Behandlung dynamischer Systeme mit stochastischen Einflussgrößen führt auf eine statistische Betrachtungsweise, bei der das im Mittel zu erwartende Verhalten untersucht wird. Dieses hier nicht behandelte Thema kann beispielsweise in [64] oder nachgelesen werden.

5

Verhalten linearer Systeme

Die Lösung der Zustandsgleichung beschreibt das zeitliche Verhalten eines Systems. Im ersten Teil dieses Kapitels wird die Bewegungsgleichung für unterschiedliche Formen des Zustandsraummodells angegeben und diskutiert. Daraus werden anschließend die Übergangsfunktion und die Gewichtsfunktion als wichtige Kennfunktionen für das Übertragungsverhalten abgeleitet. Dann werden die Übertragungsglieder anhand des qualitativen Verlaufes ihrer Übergangsfunktionen klassifiziert. Das Kapitel schließt mit einem Abschnitt über Modellvereinfachung und Kennwertermittlung, in dem gezeigt wird, dass viele Systeme näherungsweise durch sehr einfache Übertragungsglieder beschrieben werden können.

5.1 Vorhersage des Systemverhaltens

Das Zustandsraummodell (4.40)

$$\dot{\boldsymbol{x}} = \boldsymbol{A}\boldsymbol{x}(t) + \boldsymbol{b}u(t), \qquad \boldsymbol{x}(0) = \boldsymbol{x}_0 \tag{5.1}$$

$$y(t) = \boldsymbol{c}'\boldsymbol{x}(t) + du(t). \tag{5.2}$$

beschreibt, wie sich ein gegebenes dynamisches System im Zustandsraum bewegt und welche Ausgangsgröße es dabei erzeugt. Es kann deshalb verwendet werden, um das Verhalten eines Systems vorherzusagen. Anstelle ein Experiment mit dem System durchzuführen und dabei die Ausgangsgröße zu messen, kann man die Zustandsgleichung (5.1) lösen und den dabei erhaltenen Zustand in die Ausgabegleichung (5.2) einsetzen, um den Wert der Ausgangsgröße zu bestimmen.

Das Zustandsraummodell zeigt, dass man für die Berechnung der Ausgangsgröße y zum Zeitpunkt t zwei Dinge wissen muss, nämlich den Anfangszustand $\boldsymbol{x}_0$ und den Verlauf der Eingangsgröße für das Zeitintervall $0...t$. Die Zustandsgleichung liefert dafür den Verlauf des Zustandes für das Zeitintervall $0...t$ und mit Hilfe der Ausgabegleichung kann daraus der Verlauf der Ausgangsgröße für dasselbe Zeitintervall ermittelt werden. Die Vorhersageaufgabe lässt sich deshalb folgendermaßen zusammenfassen:

Vorhersageaufgabe

Gegeben:	Zustandsraummodell
	Anfangszustand $\boldsymbol{x}_0$
	Verlauf der Eingangsgröße u für das Zeitintervall $0...t$
Gesucht:	Verlauf der Ausgangsgröße y für das Zeitintervall $0...t$

Die folgenden Abschnitte zeigen, dass die Lösung der Zustandsgleichung explizit in Abhängigkeit vom Anfangszustand und vom Verlauf der Eingangsgröße angegeben werden kann. Diese Lösung ist die Grundlage für eine tiefgründige Analyse des Systemverhaltens, die wesentlich mehr ergibt als nur den Wert des Zustandes oder der Ausgangsgröße zu einem bestimmten Zeitpunkt t. Es wird sich zeigen, dass das Verhalten jedes linearen Systems in die freie Bewegung und die erzwungene Bewegung zerlegt werden kann, wobei die freie Bewegung nur vom Anfangszustand $\boldsymbol{x}_0$ und die erzwungene Bewegung nur von der Eingangsgröße u abhängt. Beide Bewegungen können in Modi zerlegt werden, deren zeitlicher Verlauf durch die Eigenwerte der Systemmatrix $\boldsymbol{A}$ bestimmt wird. Eine weitergehende Analyse wird zeigen, dass die erzwungene Bewegung in das Übergangsverhalten und das stationäre Verhalten zerlegt werden kann, was sowohl für die im nächsten Kapitel eingeführte Frequenzbereichsbetrachtung als auch für die Bewertung des Verhaltens von Regelkreisen von grundlegender Bedeutung ist.

5.2 Lösung der Zustandsgleichung

5.2.1 Lösung einer linearen Differenzialgleichung erster Ordnung

Es wird jetzt untersucht, wie für einen gegebenen Anfangszustand $\boldsymbol{x}_0$ und eine gegebene Eingangsgröße $u(t)$ die Zustandsgleichung gelöst werden kann. Als Grundlage dafür wird zunächst die aus der Mathematik bekannte Lösung einer linearen Differenzialgleichung erster Ordnung

$$\dot{x} = ax(t) + bu(t), \quad x(0) = x_0 \tag{5.3}$$

wiederholt, die der Zustandsgleichung eines Systems erster Ordnung entspricht.

Bekanntlich setzt sich die allgemeine Lösung einer linearen Differenzialgleichung aus der allgemeinen Lösung der homogenen Gleichung und einer partikulären Lösung der inhomogenen Gleichung zusammen. Deshalb wird zunächst die homogene Differenzialgleichung

$$\dot{x} = ax(t), \quad x(0) = x_0 \tag{5.4}$$

betrachtet. Mit dem Lösungsansatz

$$x(t) = k\,\mathrm{e}^{\lambda t}$$

erhält man

$$\dot{x} = k\lambda \mathrm{e}^{\lambda t}$$

und nach Einsetzen in Gl. (5.4)

$$k\lambda\,\mathrm{e}^{\lambda t} = ak\,\mathrm{e}^{\lambda t}$$

und

$$k\lambda = ak.$$

Folglich gilt $\lambda = a$ und

$$x(t) = k\,\mathrm{e}^{at} \tag{5.5}$$

ist die allgemeine Lösung der homogenen Differenzialgleichung (5.4).

Die partikuläre Lösung der inhomogenen Differenzialgleichung (5.3) erhält man mit der Methode der Variation der Konstanten, bei der die Konstante k in Gl. (5.5) durch eine Zeitfunktion $k(t)$ ersetzt wird. Der Lösungsansatz heißt dann

$$x(t) = k(t)\,\mathrm{e}^{at}.$$

Wird dieser Ansatz nach t abgeleitet und in (5.3) eingesetzt, so erhält man

$$a\,\mathrm{e}^{at}k(t) + \mathrm{e}^{at}\dot{k} = a\,\mathrm{e}^{at}k(t) + bu(t)$$

und daraus

$$\dot{k} = \mathrm{e}^{-at}bu(t).$$

Die Integration über das Intervall $0...t$ ergibt

$$\int_0^t \dot{k}(\tau)\,d\tau = k(t) - k(0) = \int_0^t \mathrm{e}^{-a\tau}bu(\tau)\,d\tau,$$

so dass als allgemeine Lösung der Differenzialgleichung die Beziehung

$$x(t) = k(0)\,\mathrm{e}^{at} + \int_0^t \mathrm{e}^{a(t-\tau)}bu(\tau)\,d\tau \tag{5.6}$$

entsteht, wobei $k(0)$ eine zunächst noch unbekannte Konstante darstellt. Unter Beachtung der Anfangsbedingung erhält man

$$k(0) = x_0.$$

Damit erhält man als Lösung der Differenzialgleichung erster Ordnung die Beziehung

$$x(t) = e^{at}x_0 + \int_0^t e^{\,a(t-\tau)} b\, u(\tau)\, d\tau\,. \tag{5.7}$$

In der Literatur wird die e-Funktion auch mit $\phi(t)$ bezeichnet

$$e^{\,at} = \phi(t),$$

so dass die Lösung dann in der Form

$$x(t) = \phi(t)x_0 + \int_0^t \phi(t-\tau)\, bu(\tau)\, d\tau$$

geschrieben wird. Die Beziehung (5.7) ist die *Bewegungsgleichung* des durch die Zustandsgleichung (5.3) beschriebenen Systems.

Diskussion der Lösung. Die Lösung (5.7) besteht aus zwei Summanden, von denen der erste Summand die homogene Lösung und der zweite Summand die partikuläre Lösung der Differenzialgleichung darstellt. Technisch interpretiert beschreibt die homogene Lösung

$$x_{\text{frei}}(t) = e^{\,at}x_0$$

die *Eigenbewegung* oder *freie Bewegung* des Systems, also diejenige Bewegung im Zustandsraum, die das System ohne Erregung von außen auf Grund der Anfangsauslenkung x_0 ausführt. Die partikuläre Lösung

$$x_{\text{erzw}}(t) = \int_0^t e^{\,a(t-\tau)}\, bu(\tau)\, d\tau$$

beschreibt die durch die äußere Erregung $u(t)$ *erzwungene Bewegung* des Systems. Da das System linear ist, überlagern sich beide Bewegungen additiv:

$$x(t) = x_{\text{frei}}(t) + x_{\text{erzw}}(t).$$

Die *Eigenbewegung* hat in Abhängigkeit vom Vorzeichen des Parameters a drei typische Formen (Abb. 5.1):

- Für $a < 0$ klingt die Eigenbewegung ab und das System geht asymptotisch in den Ruhezustand $x = 0$ über.
- Für $a = 0$ verharrt das System im Anfangszustand x_0.
- Für $a > 0$ klingt die Eigenbewegung auf, d. h., die Zustandsgröße wächst exponentiell über alle Grenzen und das System entfernt sich immer weiter von der Ruhelage $x = 0$.

Diese drei charakteristischen Bewegungsformen werden im Zusammenhang mit der Stabilitätsanalyse genauer untersucht. Dabei wird ein System, das von einer Anfangsauslenkung x_0 zum Ruhezustand $x = 0$ zurückkehrt, als asymptotisch stabil bezeichnet. Für das hier betrachtete System erster Ordnung liegt asymptotische Stabilität offenbar genau dann vor, wenn $a < 0$ gilt.

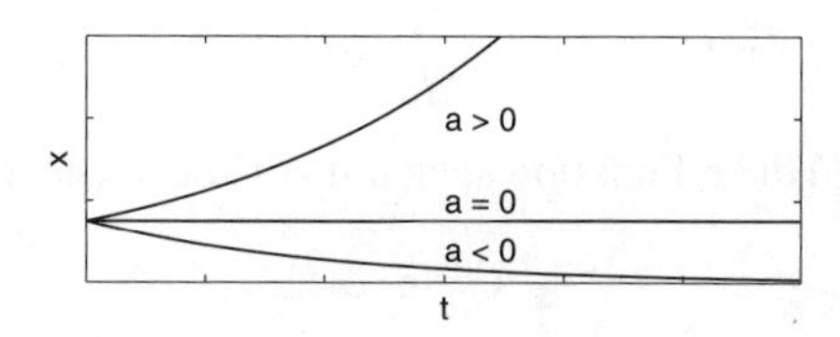

Abb. 5.1: Eigenbewegung eines Systems erster Ordnung für $x_0 = 1$

Die *erzwungene Bewegung* hängt von der gegebenen Eingangsgröße ab. Als Beispiel wird das System für ein sprungförmiges Eingangssignal betrachtet:

$$u(t) = \begin{cases} 0 & \text{für} \quad t < 0 \\ 1 & \text{für} \quad t \geq 0 \end{cases}. \tag{5.8}$$

Für den Anfangszustand $x_0 = 0$ ergibt Gl. (5.7) mit der Substitution $\tau' = t - \tau$

$$x(t) = \int_0^t \mathrm{e}^{\,a\tau'} b \, d\tau' = \begin{cases} \frac{b}{a}(\mathrm{e}^{\,at} - 1) & \text{für} \quad a \neq 0 \\ bt & \text{für} \quad a = 0. \end{cases}$$

Wieder können drei charakteristische Formen der Bewegung unterschieden werden (Abb. 5.2):

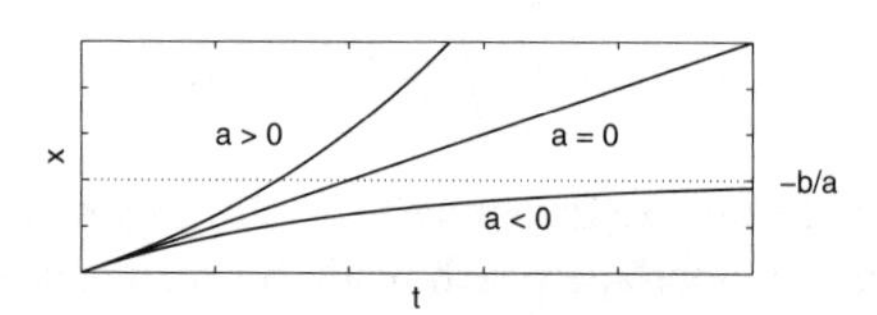

Abb. 5.2: Erzwungene Bewegung eines Systems erster Ordnung

- Für $a < 0$ nähert sich das System asymptotisch dem Endwert $-\frac{b}{a}$.
- Für $a = 0$ verläuft der Zustand auf einer Geraden („Rampenfunktion“).
- Für $a > 0$ wächst der Zustand exponentiell über alle Grenzen.

Aufgabe 5.1* *Eigenbewegungen zweier gekoppelter Wasserbehälter*

Betrachtet werden die beiden gekoppelten Wasserbehälter in Abb. 5.3, die ein ungestörtes System darstellen, denn es gibt keine Eingangsgröße.

1. Stellen Sie die Zustandsgleichung des Systems auf, wobei Sie von linearen Zusammenhängen zwischen Wasserdrücken und Durchflüssen ausgehen. Die Trägheitskräfte der Wassersäulen sollen vernachlässigt werden.

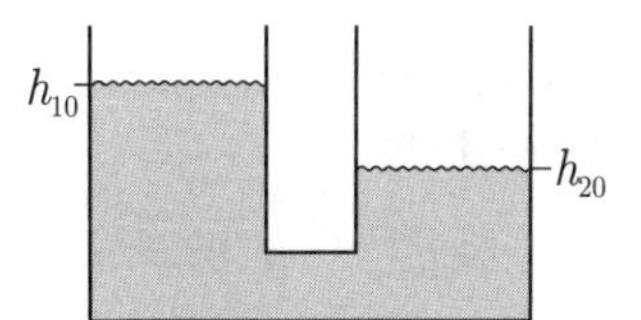

Abb. 5.3: Behältersystem

2. Berechnen Sie die Eigenbewegung des Systems, wenn die Wasserstände zum Zeitpunkt 0 die Werte $h_1(0) = h_{10}$ und $h_2(0) = h_{20}$ haben, und stellen Sie diese qualitativ grafisch dar. □

Aufgabe 5.2* *Bewegungsgleichung für ein RC-Glied erster Ordnung*

Abbildung 5.4 stellt ein System erster Ordnung mit den Spannungen $u(t)$ und $y(t)$ als Eingangsgröße bzw. Ausgangsgröße dar.

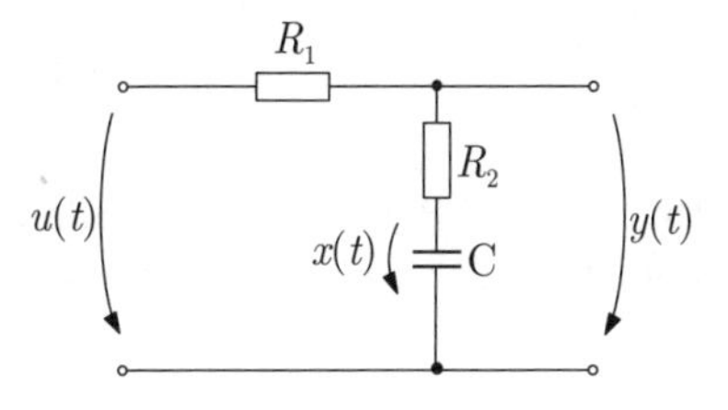

Abb. 5.4: RC-Glied

1. Stellen Sie die skalare Zustandsgleichung des RC-Gliedes auf, wobei die Kondensatorspannung $u_{\mathrm{C}}(t)$ als Zustandsvariable fungiert.
2. Berechnen Sie die Eigenbewegung des RC-Gliedes für den Fall, dass für die Kondensatorspannung $u_{\mathrm{C}}(0) = \frac{1}{2}$ gilt.
3. Berechnen Sie die erzwungene Bewegung für sprungförmige Erregung $u(t) = 1$ und $u_{\mathrm{C}}(0) = 0$.
4. Stellen Sie beide Bewegungen in einem gemeinsamen Diagramm grafisch dar. Wie kann aus den beiden Kurven die Trajektorie des Systems für den Fall konstruiert werden, dass die Sprungerregung bei der Anfangsbedingung $u_{\mathrm{C}}(0) = \frac{1}{2}$ wirkt? □

5.2.2 Lösung eines Differenzialgleichungssystems erster Ordnung

Die (vektorielle) Zustandsgleichung

$$\dot{\boldsymbol{x}} = \boldsymbol{A}\boldsymbol{x}(t) + \boldsymbol{b}u(t), \quad \boldsymbol{x}(0) = \boldsymbol{x}_0 \tag{5.9}$$

kann in ähnlicher Weise gelöst werden wie die skalare Gleichung (5.3). Betrachtet wird zunächst die homogene Gleichung

$$\dot{\boldsymbol{x}} = \boldsymbol{A}\boldsymbol{x}(t), \quad \boldsymbol{x}(0) = \boldsymbol{x}_0. \tag{5.10}$$

Analog zum skalaren Fall wird der Ansatz

$$\boldsymbol{x}(t) = \mathrm{e}^{\boldsymbol{A}t}\boldsymbol{k} \tag{5.11}$$

gemacht, wobei auf Grund der dort erhaltenen Lösung $a = \lambda$ der Exponent $\boldsymbol{A}t$ eingesetzt wurde. $\boldsymbol{k}$ ist ein n-dimensionaler Vektor. Die n-dimensionale quadratische Matrix $\mathrm{e}^{\boldsymbol{A}t}$ wird als *Matrixexponentialfunktion* bezeichnet. Sie ist durch folgende Reihe definiert:

$$\mathrm{e}^{\boldsymbol{A}t} = \sum_{i=0}^{\infty} \frac{\boldsymbol{A}^i t^i}{i!} = \boldsymbol{I} + \boldsymbol{A}t + \frac{\boldsymbol{A}^2}{2!}t^2 + \frac{\boldsymbol{A}^3}{3!}t^3 + ... \tag{5.12}$$

Diese Reihe ist analog der Reihenentwicklung der e-Funktion aufgebaut:

$$\mathrm{e}^{at} = \sum_{i=0}^{\infty} \frac{a^i t^i}{i!} = 1 + at + \frac{a^2}{2!}t^2 + \frac{a^3}{3!}t^3 + ...$$

Es kann bewiesen werden, dass die Reihe (5.12) für alle quadratischen Matrizen $\boldsymbol{A}$konvergiert. Deshalb kann die Differenziation mit der Summenbildung vertauscht werden, so dass man

$$\frac{d}{dt}\mathrm{e}^{\boldsymbol{A}t} = \boldsymbol{A} + \boldsymbol{A}^2 t + \frac{\boldsymbol{A}^3}{2!}t^2 + ... = \boldsymbol{A}\left(\boldsymbol{I} + \boldsymbol{A}t + \frac{\boldsymbol{A}^2}{2!}t^2 + \frac{\boldsymbol{A}^3}{3!}t^3 + ...\right)$$

$$\frac{d}{dt}\mathrm{e}^{\boldsymbol{A}t} = \boldsymbol{A}\,\mathrm{e}^{\boldsymbol{A}t} = \mathrm{e}^{\boldsymbol{A}t}\boldsymbol{A}$$

erhält. Die Differenziation der Matrixexponentialfunktion führt also auf ein ähnliches Ergebnis, wie es von der e-Funktion bekannt ist: $\frac{d}{dt}\mathrm{e}^{at} = a\mathrm{e}^{at}$.

Setzt man den Lösungsansatz (5.11) in die homogene Gleichung ein, so sieht man, dass er diese Gleichung erfüllt und folglich die allgemeine Lösung der homogenen Differenzialgleichung ist.

Für die Lösung der inhomogenen Zustandsgleichung (5.9) wird wieder entsprechend der Methode der Variation der Konstanten der Vektor $\boldsymbol{k}$ als zeitabhängig angenommen und mit dem Ansatz

$$\boldsymbol{x}(t) = \mathrm{e}^{\boldsymbol{A}t}\boldsymbol{k}(t)$$

gearbeitet. Nach der Differenziation und dem Einsetzen in die Differenzialgleichung erhält man die Beziehung

$$\boldsymbol{A}\mathrm{e}^{\boldsymbol{A}t}\boldsymbol{k} + \mathrm{e}^{\boldsymbol{A}t}\dot{\boldsymbol{k}} = \boldsymbol{A}\mathrm{e}^{\boldsymbol{A}t}\boldsymbol{k} + \boldsymbol{b}u.$$

Aus der Reihenentwicklung von $\mathrm{e}^{\boldsymbol{A}t}$ weiß man, dass die Matrixexponentialfunktion für beliebige Matrizen $\boldsymbol{A}$ und für alle t regulär ist und folglich invertiert werden kann. Dabei gilt

$$(\mathrm{e}^{\boldsymbol{A}t})^{-1} = \mathrm{e}^{-\boldsymbol{A}t} = \mathrm{e}^{\boldsymbol{A}(-t)}.$$

Folglich ist

$$\dot{\boldsymbol{k}} = \mathrm{e}^{-\boldsymbol{A}t}\boldsymbol{b}u,$$

woraus sich durch Integration die Beziehung

$$\int_0^t \dot{\boldsymbol{k}}(\tau)\, d\tau = \boldsymbol{k}(t) - \boldsymbol{k}(0) = \int_0^t \mathrm{e}^{-\boldsymbol{A}\tau}\boldsymbol{b}u(\tau)\, d\tau$$

ergibt. Aus dem Ansatz und dieser Gleichung entsteht unter Beachtung der Anfangsbedingung die Lösung

$$\text{Bewegungsgleichung:} \quad \boldsymbol{x}(t) = \mathrm{e}^{\boldsymbol{A}t}\boldsymbol{x}_0 + \int_0^t \mathrm{e}^{\boldsymbol{A}(t-\tau)}\boldsymbol{b}u(\tau)\, d\tau. \tag{5.13}$$

Nach Einführung der Abkürzung

$$\boldsymbol{\Phi}(t) = \mathrm{e}^{\boldsymbol{A}t} \tag{5.14}$$

kann man die Lösung in der Form

$$\boldsymbol{x}(t) = \boldsymbol{\Phi}(t)\,\boldsymbol{x}_0 + \int_0^t \boldsymbol{\Phi}(t-\tau)\,\boldsymbol{b}u(\tau)\, d\tau$$

schreiben.

Gleichung (5.13) heißt *Bewegungsgleichung* des Systems. Die darin vorkommende Matrix (5.14) wird *Übergangsmatrix*, *Transitionsmatrix* oder *Fundamentalmatrix* genannt. Die Existenz und Eindeutigkeit der durch Gl. (5.13) beschriebenen Lösung der Zustandsgleichung folgt aus der bekannten Existenz und Eindeutigkeit der Lösung der zugehörigen linearen gewöhnlichen Differenzialgleichung.

Die Bewegungsgleichung weist auf die Bedeutung des bereits eingeführten Begriffs des Zustands hin: Der Einfluss der Bewegung des Systems im Zeitraum $t < 0$ auf die Bewegung im Zeitraum $t > 0$ wird vollständig durch den Anfangszustand $\boldsymbol{x}_0$ wiedergegeben, denn es ist zur Berechnung von $\boldsymbol{x}(t)$ nur der Verlauf von $u(\tau)$ für $0 \leq \tau \leq t$ erforderlich.

Diskussion der Lösung. Wie im skalaren Fall setzt sich die Bewegung $\boldsymbol{x}(t)$ aus zwei Komponenten zusammen

$$\boldsymbol{x}(t) = \boldsymbol{x}_{\mathrm{frei}}(t) + \boldsymbol{x}_{\mathrm{erzw}}(t),$$

die der Eigenbewegung

$$\boldsymbol{x}_{\text{frei}}(t) = \mathrm{e}^{\boldsymbol{A}t}\,\boldsymbol{x}_0$$

bzw. der erzwungenen Bewegung

$$\boldsymbol{x}_{\text{erzw}}(t) = \int_0^t \mathrm{e}^{\boldsymbol{A}(t-\tau)}\,\boldsymbol{b}u(\tau)d\tau$$

des Systems entsprechen.

Die Eigenbewegung entfällt, wenn $\boldsymbol{x}_0 = \boldsymbol{0}$ gilt. Das kann anschaulich so interpretiert werden, dass das System zum Zeitpunkt $t = 0$ keine Energie gespeichert hat und deshalb aus eigener Kraft keine Bewegung ausführt. Beachtet man, dass $\boldsymbol{x}$ nicht den absoluten Wert der Zustandsgrößen, sondern vielfach die Abweichung $\delta\boldsymbol{x}$ vom Arbeitspunkt beschreibt, so heißt $\boldsymbol{x}_0 = \boldsymbol{0}$, dass das System keine Energie zusätzlich zu der beim Arbeitspunkt auftretenden gespeichert hat und keine freie Bewegung um den Arbeitspunkt ausführt.

Die für die skalare Differenzialgleichung getroffene Fallunterscheidung bezüglich des Vorzeichens von a muss hier auf den Realteil der Eigenwerte von $\boldsymbol{A}$ bezogen werden:

- Gilt für alle Eigenwerte λ_i von $\boldsymbol{A}$

$$\text{Re}\{\lambda_i\} < 0, \qquad (i = 1, 2, ..., n), \tag{5.15}$$

so klingt die Eigenbewegung ab, d. h., das System nähert sich asymptotisch seiner Ruhelage $\boldsymbol{x} = \boldsymbol{0}$.

- Gilt für wenigstens einen Eigenwert

$$\text{Re}\{\lambda_i\} > 0,$$

so wächst mindestens eine Zustandsvariable $x_i(t)$ für $t \to \infty$ über alle Grenzen.

Diese Fallunterscheidung wird bei der Stabilitätsanalyse im Kap. 8 ausführlich untersucht. Ein System soll jedoch bereits jetzt als stabiles System bezeichnet werden, wenn die Bedingung (5.15) erfüllt ist. Man spricht in diesem Zusammenhang auch von stabilen bzw. instabilen Eigenwerten, je nachdem, ob der Eigenwert die Gl. (5.15) erfüllt oder nicht.

5.2.3 Verhalten linearer Systeme

Aus der Lösung der Zustandsgleichung kann mit Hilfe der Ausgabegleichung die Ausgangsgröße $y(t)$ des Systems

$$\begin{aligned} \dot{\boldsymbol{x}} &= \boldsymbol{A}\boldsymbol{x}(t) + \boldsymbol{b}u(t), \quad \boldsymbol{x}(0) = \boldsymbol{x}_0 \\ y(t) &= \boldsymbol{c}'\boldsymbol{x}(t) + du(t) \end{aligned} \tag{5.16}$$

berechnet werden. Für eine gegebene Anfangsbedingung $\boldsymbol{x}_0$ und eine für den Zeitraum $t \geq 0$ gegebene Eingangsgröße $u(t)$ ergibt sich die Ausgangsgröße $y(t)$ für den Zeitraum $t \geq 0$ aus der Beziehung

Bewegungsgleichung für den Ausgang:

$$y(t) = \boldsymbol{c}'\mathrm{e}^{\boldsymbol{A}t}\boldsymbol{x}_0 + \int_0^t \boldsymbol{c}'\mathrm{e}^{\boldsymbol{A}(t-\tau)}\boldsymbol{b}u(\tau)\,d\tau + d\,u(t). \tag{5.17}$$

Wie in der Bewegungsgleichung (5.13) beschreibt der erste Summand die Eigenbewegung und der zweite Summand die erzwungene Bewegung des Systems. Beide Summanden werden deshalb auch durch $y_{\mathrm{frei}}(t)$ und $y_{\mathrm{erzw}}(t)$ symbolisiert:

$$y(t) = y_{\mathrm{frei}}(t) + y_{\mathrm{erzw}}(t). \tag{5.18}$$

Beispiel 5.1 *Verhalten einer Verladebrücke*

Die in Abb. 5.5 gezeigte Verladebrücke wird mit s_{k}, $\dot{s}_{\mathrm{k}}$, θ und $\dot{\theta}$ als Zustandsvariablen sowie der Kraft F als Eingangsgröße $u(t)$ und der horizontalen Position s_{G} der Last als Ausgangsgröße $y(t)$ durch

$$\dot{\boldsymbol{x}} = \begin{pmatrix} 0 & 1 & 0 & 0 \\ 0 & 0 & 14{,}72 & 0 \\ 0 & 0 & 0 & 1 \\ 0 & 0 & -3{,}066 & 0 \end{pmatrix} \boldsymbol{x} + \begin{pmatrix} 0 \\ 0{,}001 \\ 0 \\ -0{,}000125 \end{pmatrix} u(t) \tag{5.19}$$

$$y(t) = (1 \quad 0 \quad 8 \quad 0)\,\boldsymbol{x} \tag{5.20}$$

beschrieben.

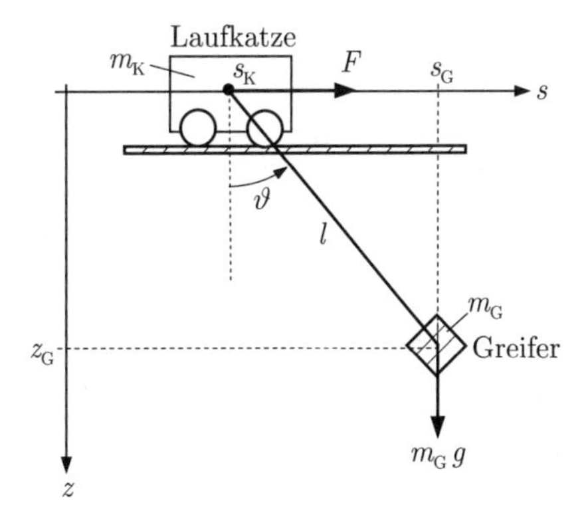

Abb. 5.5: Verladebrücke

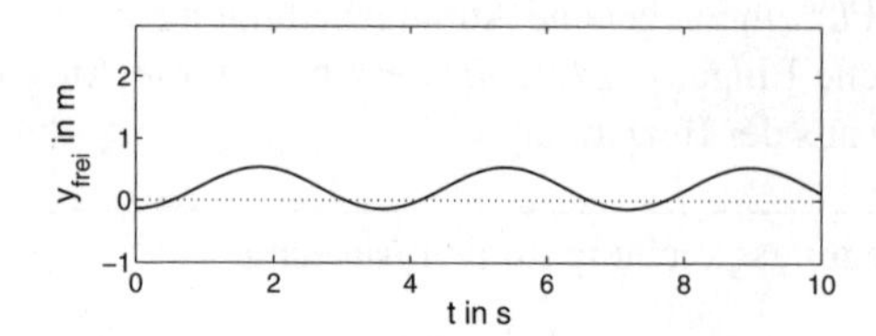

Abb. 5.6: Eigenbewegung der Verladebrücke

Entsprechend Gl. (5.18) setzt sich die Bewegung der Verladebrücke aus der freien Bewegung und der erzwungenen Bewegung zusammen. Die freie Bewegung wird durch den Anfangszustand bei verschwindender Eingangsgröße ($u(t) = 0$) erzeugt. Sie ist für

$$\boldsymbol{x}_0 = \begin{pmatrix} 0{,}7 \\ 0 \\ -0{,}1047 \\ 0 \end{pmatrix}$$

in Abb. 5.6 dargestellt. Diese Bewegung wird durch eine Anfangsposition der Laufkatze bei $s_{\mathrm{k}} = 0{,}7$ m und einen Winkel des Lasthakens von -6° hervorgerufen. Die Kurve zeigt die pendelnde Bewegung des Lasthakens, die nicht abklingt, weil bei der Modellbildung die Schwingung des Lasthakens als reibungsfrei angenommen wurde.

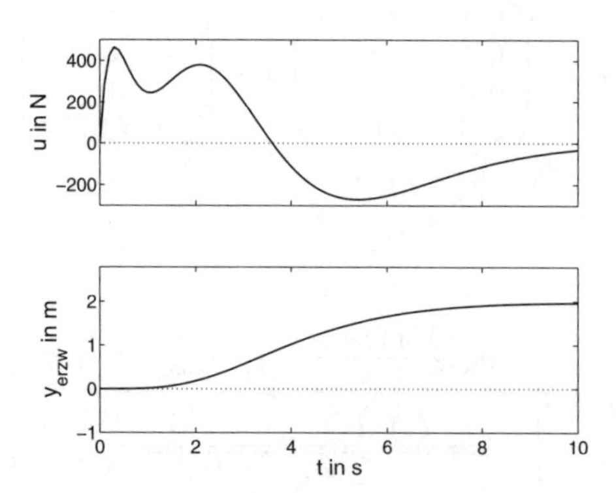

Abb. 5.7: Erzwungene Bewegung der Verladebrücke

Die erzwungene Bewegung entsteht durch die Wirkung der Eingangsgröße $u(t)$, die für dieses Beispiel in Abb. 5.7 (oben) zu sehen ist. Die Laufkatze wird zunächst beschleunigt ($F > 0$) und später wieder gebremst ($F < 0$). Der untere Teil der Abbildung zeigt, dass der Lasthaken durch diese Kraft von der Nullage in die Position $y = 2$ m bewegt wird.

Die Bewegung der Verladebrücke unter den Wirkungen der Anfangsauslenkung und der Eingangsgröße erhält man schließlich als Summe beider Bewegungen. Das heißt, die in Abb. 5.8 gezeigte Kurve entsteht durch Addition der $y(t)$-Kurven in den beiden vorherigen Bildern. Der Lasthaken wird zu seiner neuen Position gesteuert, pendelt aber auf Grund der Eigenbewegung um die Endlage. □

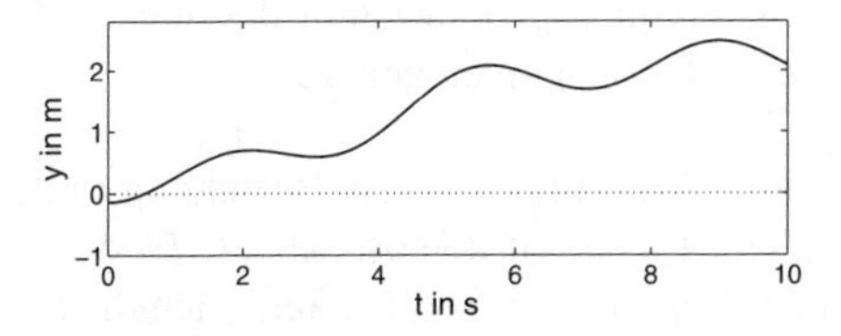

Abb. 5.8: Summe von Eigenbewegung und erzwungener Bewegung der Verladebrücke

Eingangs-Ausgangs-Verhalten. Unter dem Eingangs-Ausgangs-Verhalten (E/A-Verhalten) eines Systems versteht man die Reaktion des Systemausgangs auf eine gegebene Eingangsgröße. Dabei wird vorausgesetzt, dass sich das System zur Zeit $t = 0$ im Ruhezustand $\boldsymbol{x}(0) = \boldsymbol{0}$ befindet, weil ansonsten die der erzwungenen Bewegung überlagerte Eigenbewegung des Systems verhindert, dass die Wirkung der Eingangsgröße auf die Ausgangsgröße eindeutig bestimmt werden kann. Unter dieser Annahme ergibt sich für das E/A-Verhalten des durch das Zustandsraummodell (5.16) beschriebenen Systems die Beziehung

$$\text{E/A-Verhalten:} \qquad y(t) = \int_0^t \boldsymbol{c}'\mathrm{e}^{\boldsymbol{A}(t-\tau)}\,\boldsymbol{b}u(\tau)\,d\tau + d\,u(t). \tag{5.21}$$

Man könnte beim E/A-Verhalten an Stelle von $y(t)$ also stets $y_{\mathrm{erzw}}(t)$ schreiben, was jedoch ungebräuchlich ist. Die E/A-Beschreibung gibt an, wie das System ein gegebenes Eingangssignal in ein Ausgangssignal überführt. Sie kennzeichnet also das *dynamische Übertragungsverhalten* des Systems.

Anhand von Gl. (5.21) kann noch einmal auf die bereits auf S. 77 beschriebene Eigenschaft eingegangen werden, dass ein System sprungfähig ist, wenn der Parameter d in der Ausgabegleichung nicht verschwindet. Für $t = 0$ gilt für das E/A-Verhalten

$$y(0) = du(0),$$

d. h., die Ausgangsgröße nimmt bei $u(0) \neq 0$ genau dann einen von null verschiedenen Wert an, wenn $d \neq 0$ gilt. Das System folgt der „springenden“ Eingangsgröße ohne Verzögerung auf die mit dem Faktor d multiplizierte „Höhe“.

Vergleich der Modellformen. Die in diesem Abschnitt angegebenen Modellformen (5.16) und (5.21) stellen zwei Beschreibungsformen dar, die im Folgenden immer wieder verwendet werden. Während die „innere“ Beschreibung (5.16) des Systems zunächst die Wirkung des Eingangs u auf den Systemzustand $\boldsymbol{x}$ abbildet und daraus dann den Ausgang y berechnet, stellt die E/A-Beschreibung (5.21) einen direkten Zusammenhang zwischen dem Eingang u und dem Ausgang y her. Dabei darf man jedoch nicht vergessen, dass die E/A-Beschreibung nur für Systeme gilt, die zur Zeit $t = 0$ im Ruhezustand $\boldsymbol{x}(0) = \boldsymbol{0}$ sind. Die E/A-Beschreibung kann also nicht verwendet werden, um die Eigenbewegung des ungestörten Systems von einem gegebenen Anfangszustand aus zu untersuchen.

Linearität des Systems. Mit Hilfe der E/A-Beziehung (5.21) kann die bereits in Abschn. 4.2.3 behandelte Linearitätseigenschaft (4.29) des Systems für das E/A-Verhalten sehr einfach nachgewiesen werden. Setzt sich die Eingangsgröße des Systems, das sich zur Zeit $t = 0$ im Ruhezustand $\boldsymbol{x}(0) = \boldsymbol{0}$ befindet, aus einer Linearkombination

$$u(\tau) = ku_1(\tau) + lu_2(\tau)$$

der Eingangssignale u_1 und u_2 zusammen, so entsteht eine Ausgangsgröße $y(t)$, die sich aus derselben Linearkombination von y_1 und y_2 zusammensetzt:

$$u = ku_1 + lu_2 \mapsto y(t) = ky_1(t) + ly_2(t). \qquad (5.22)$$

Die Gültigkeit der Beziehung (5.22) folgt aus der E/A-Beziehung (5.21).

Es ist zu beachten, dass diese Linearitätseigenschaft nur für die erzwungene Bewegung zutrifft. Ist das System zum Zeitpunkt $t = 0$ im Zustand

$$\boldsymbol{x}(0) = \boldsymbol{x}_0 \neq \boldsymbol{0},$$

so gilt die Beziehung (5.22) nur dann, wenn für die Anfangszustände die Bedingung (4.30) erfüllt ist. Wendet man aber u_1 und u_2 nacheinander auf das System mit demselben Anfangszustand $\boldsymbol{x}_0$ an, so gilt Gl. (5.22) nicht!

Aufgabe 5.3* *Bewegungsgleichung eines Fahrzeugs*

Ein Fahrzeug mit der Masse m bewegt sich auf einer geradlinigen, ebenen Straße. Bei den folgenden Betrachtungen ist die Beschleunigungskraft des Fahrzeugs, die näherungsweise proportional zur Winkelstellung des Gaspedals ist, die Eingangsgröße $u(t)$ und die Geschwindigkeit des Fahrzeugs die Ausgangsgröße $y(t)$.

1. Stellen Sie das Zustandsraummodell des Fahrzeugs unter der Annahme auf, dass in der Umgebung des betrachteten Arbeitspunktes die durch den Luftwiderstand erzeugte Bremskraft proportional zur Geschwindigkeit ist (vgl. linearisiertes Modell im Beispiel 4.10).
2. Leiten Sie aus dem Modell die Bewegungsgleichung des Fahrzeugs ab.
3. Welcher Geschwindigkeitsverlauf lässt sich aus der Bewegungsgleichung ableiten, wenn das Fahrzeug eine Anfangsgeschwindigkeit v_0 besitzt, die um δv_0 höher als der Arbeitspunkt $\bar{v}_0$ ist, und das Gaspedal auf der durch den Arbeitspunkt $\bar{v}_0$ vorgegebenen Stellung gehalten wird? Stellen Sie die Lösung grafisch dar.
4. Welche erzwungene Bewegung ergibt sich aus der Bewegungsgleichung, wenn das Fahrzeug aus dem Arbeitspunkt $\bar{v}_0$ im Zeitraum $0...t_1$ mit konstanter Kraft beschleunigt und im Zeitraum $t_1...t_2$ weder beschleunigt noch gebremst wird ($\delta u = 0$)? Stellen Sie die Lösung grafisch dar.
5. Stellen Sie ein Zustandsraummodell auf, das das Systemverhalten für den Zeitraum $t \geq t_1$ beschreibt. Welchen Wert hat der Anfangszustand?
(Hinweis: Führen Sie eine neue Zeitachse $t' = t - t_1$ ein und stellen Sie ein Modell für $t' \geq 0$ auf.) □

Aufgabe 5.4* *Fahrt mit der Eisenbahn*

Ein Personenzug besteht aus einer Lokomotive (Masse 150 t) und 10 Wagen (Masse je 10 t). Der Rollwiderstand erzeugt eine von der Geschwindigkeit v des Zuges abhängige Bremskraft $F_{\mathrm{r}} = cv$, wobei für die Konstante der Wert $c = 2\frac{\mathrm{t}}{\mathrm{s}}$ angenommen wird. Nach Abfahrt des Zuges am Bahnhof 1 zur Zeit $t = 0$ beschleunigt die Lokomotive den Zug mit der Kraft $F_{\mathrm{a}} = 75\,\mathrm{kN}$ bis zum Zeitpunkt $t_1 = 200\,\mathrm{s}$. Anschließend rollt der Zug ohne Beschleunigung durch die Lok, aber unter Wirkung des Rollwiderstandes, um vom Zeitpunkt $t_2 = 300\,\mathrm{s}$ an mit konstanter Bremskraft von $F_{\mathrm{b}} = 80\,\mathrm{kN}$ bis zum Stillstand abgebremst zu werden.

1. Stellen Sie die Differenzialgleichung des Zuges auf und überführen Sie diese in ein Zustandsraummodell (Eingangsgröße: Beschleunigungskraft, Ausgangsgröße: Geschwindigkeit).
2. Lösen Sie die Bewegungsgleichung für die beschriebene Eingangsgröße.
3. In welcher Zeit t_3 kommt der Zug zum Stillstand? □

Aufgabe 5.5* *Verhalten zweier Rührkessel*

Abbildung 5.9 zeigt zwei Rührkesselreaktoren, in deren Flüssigkeit der Stoff A gelöst ist. Es soll untersucht werden, wie sich die Konzentration in beiden Behältern verändert, wenn am Zulauf über eine bestimmte Zeit Flüssigkeit mit einer zu hohen Konzentration in den linken Behälter fließt.

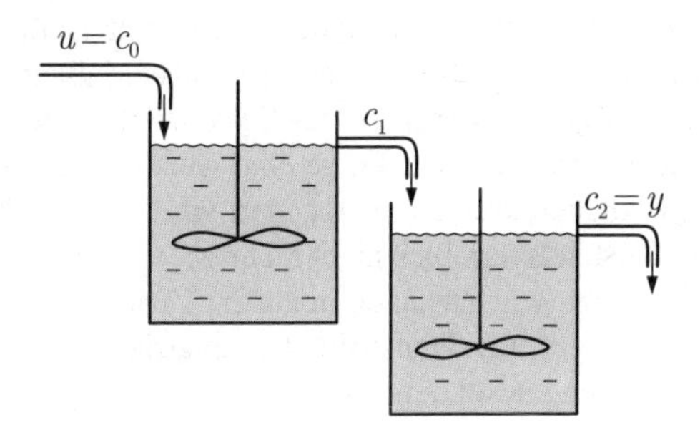

Abb. 5.9: Rührkessel

Es wird davon ausgegangen, dass beide Behälter homogen durchmischt sind, der Volumenstrom im Zulauf gleich dem konstanten Volumenstrom im Auslauf ist und zur Zeit $t = 0$ in beiden Behältern die geforderte Konzentration c_{A} vorliegt. In den Behältern tritt keine chemische Reaktion auf.

1. Stellen Sie das Zustandsraummodell auf. Eingangsgröße ist die Zulaufkonzentration, Ausgangsgröße die Konzentration im zweiten Behälter.
2. Bestimmen Sie die Parameter des Zustandsraummodells, wenn folgende Daten bekannt sind:

$$\text{Volumen:} \quad V_1 = 4\,\mathrm{m}^3,\ V_2 = 3\,\mathrm{m}^3$$

$$\text{Durchfluss:} \quad 2\,\frac{\mathrm{m}^3}{\mathrm{min}}$$

3. Welcher Anfangszustand stellt sich zur Zeit $t = 0$ ein, wenn für $t < 0$ die Zulaufkonzentration den konstanten Wert von $1\,\frac{\mathrm{mol}}{\mathrm{m}^3}$ besitzt? Verändern Sie das Modell so, dass es nur die Abweichungen von dieser Eingangsgröße bzw. von diesem Anfangszustand beschreibt.
4. Die Konzentration des Zulaufes verändert sich folgendermaßen:

$$u(t) = \begin{cases} 6\,\frac{\mathrm{mol}}{\mathrm{m}^3} & 0 \le t \le 0{,}25\ \mathrm{min} \\ 1\,\frac{\mathrm{mol}}{\mathrm{m}^3} & t > 0{,}25\ \mathrm{min} \end{cases} \qquad (5.23)$$

Berechnen Sie, wie sich auf Grund dieser Konzentrationsschwankung die Konzentrationen in beiden Behältern verändert. Stellen Sie den Verlauf grafisch dar.
(Hinweis: Überlegen Sie sich, welches der beiden aufgestellen Modelle für diese Rechnung das zweckmäßigere ist. Nutzen Sie zur Berechnung der Matrixexponentialfunktion die Formel von SYLVESTER (5.84).) □

5.3 Normalformen des Zustandsraummodells

Bei der Aufstellung eines Zustandsraummodells (5.16)

$$\dot{\boldsymbol{x}} = \boldsymbol{A}\boldsymbol{x}(t) + \boldsymbol{b}u(t), \quad \boldsymbol{x}(0) = \boldsymbol{x}_0 \qquad (5.24)$$

$$y(t) = \boldsymbol{c}'\boldsymbol{x}(t) + du(t) \qquad (5.25)$$

ist die Wahl der Zustandsvariablen nicht eindeutig. Deshalb ist die Frage interessant, inwieweit man durch eine Veränderung der Zustandsvariablen ein Modell finden kann, mit Hilfe dessen sich das Verhalten des Systems besonders einfach analysieren lässt. Im Folgenden wird auf diese Frage eine Antwort gegeben, indem der Zustandsvektor in einer solchen Weise transformiert wird, dass sich die Bewegungen der neu eingeführten Zustandsvariablen nicht mehr gegenseitig beeinflussen. Es wird zunächst allgemein gezeigt, wie Zustände in andere Zustände transformiert werden können. Dann wird eine spezielle Transformationsmatrix gewählt, für die die transformierte Zustandsgleichung besonders einfach ist.

5.3.1 Transformation der Zustandsgleichung

Aus dem Zustand $\boldsymbol{x}$ wird durch die Beziehung

$$\tilde{\boldsymbol{x}}(t) = \boldsymbol{T}^{-1}\boldsymbol{x}(t) \qquad (5.26)$$

ein neuer Zustand gebildet, der – genauso wie $\boldsymbol{x}$ – alle Merkmale eines Systemzustandes besitzt, also als Grundlage für die Aufstellung einer Zustandsgleichung dienen kann. Voraussetzung dafür ist, dass die (n, n)-Transformationsmatrix $\boldsymbol{T}$ regulär ist.

Die neue Zustandsgleichung, die sich auf $\tilde{\boldsymbol{x}}$ an Stelle von $\boldsymbol{x}$ bezieht, erhält man folgendermaßen. Zunächst wird die alte Zustandsgleichung (5.24) von links mit der Matrix $\boldsymbol{T}^{-1}$ multipliziert:

$$T^{-1}\dot{x} = T^{-1}Ax(t) + T^{-1}bu(t).$$

Aus Gl. (5.26) folgt

$$\dot{\tilde{x}} = T^{-1}\dot{x}$$

und

$$x(t) = T\tilde{x}(t),$$

so dass die Zustandsgleichung in

$$\dot{\tilde{x}} = T^{-1}AT\,\tilde{x}(t) + T^{-1}bu(t)$$

überführt werden kann. Unter Verwendung der Abkürzungen

$$\tilde{A} = T^{-1}AT \tag{5.27}$$

$$\tilde{b} = T^{-1}b \tag{5.28}$$

erhält man die transformierte Zustandsgleichung

$$\dot{\tilde{x}} = \tilde{A}\,\tilde{x}(t) + \tilde{b}u(t), \quad \tilde{x}(0) = T^{-1}x_0. \tag{5.29}$$

In gleicher Weise kann aus der Ausgabegleichung (5.25) die transformierte Gleichung

$$y(t) = \tilde{c}'\,\tilde{x}(t) + du(t) \tag{5.30}$$

mit

$$\tilde{c}' = c'T \tag{5.31}$$

gewonnen werden. Der Skalar d bleibt unverändert.

Die Gleichungssysteme (5.24), (5.25) und (5.29), (5.30) sind äquivalent. Das heißt, für beliebige Anfangszustände x_0 und beliebige Eingangsgrößen $u(t)$ sind die durch die beiden Gleichungssysteme erhaltenen Ausgangssignale $y(t)$ identisch. Dabei ist natürlich zu beachten, dass in (5.24) der Anfangszustand x_0 und in (5.29) der transformierte Anfangszustand

$$\tilde{x}_0 = T^{-1}x_0 \tag{5.32}$$

einzusetzen ist.

Aufgabe 5.6* *Transformation des Zustandsraumes eines RC-Gliedes*

Für das in Abb. 4.19 auf S. 93 gezeigte RC-Glied kann man mit den Zustandsvariablen $x_1 = u_{C_1}$ und $x_2 = u_{C_2}$ das folgende Modell aufstellen

$$\dot{x} = \begin{pmatrix} -\frac{1}{R_1C_1} & \frac{1}{R_1C_1} \\ \frac{1}{R_1C_2} & -\frac{R_1+R_2}{R_1R_2C_2} \end{pmatrix} x + \begin{pmatrix} 0 \\ \frac{1}{R_2C_2} \end{pmatrix} u, \quad x(0) = \begin{pmatrix} u_{C1}(0) \\ u_{C2}(0) \end{pmatrix}$$

$$y = (1 \quad 0)\,x.$$

1. Transformieren Sie dieses Modell so, dass y und $\dot{y}$ den neuen Zustandsvektor $\tilde{x}$ bilden.
2. Warum hat die transformierte Systemmatrix $\tilde{A}$ die Form (4.47)? □

5.3.2 Kanonische Normalform

Transformation der Systemmatrix A auf Diagonalform. Die im Folgenden verwendete Transformationsmatrix $\boldsymbol{T}$ beruht auf der Ähnlichkeitstransformation der Systemmatrix $\boldsymbol{A}$. Die (n,n)-Matrix $\boldsymbol{A}$hat bekanntlich n Eigenwerte λ_i, $(i = 1, 2, ..., n)$, die sich als Lösung der Gleichung

$$\det(\lambda \boldsymbol{I} - \boldsymbol{A}) = \lambda^n + a_{n-1}\lambda^{n-1} + ... + a_1\lambda + a_0 = 0 \tag{5.33}$$

ergeben. Die Gl. (5.33) heißt *charakteristische Gleichung* und das auf der linken Seite stehende Polynom *charakteristisches Polynom* des Systems bzw. charakteristisches Polynom der Matrix $\boldsymbol{A}$. Mit jedem Eigenwert λ_i ist die Eigenwertgleichung

$$\boldsymbol{A}\boldsymbol{v}_i = \lambda_i \boldsymbol{v}_i \tag{5.34}$$

für einen Vektor $\boldsymbol{v}_i$ erfüllt, der Eigenvektor zum Eigenwert λ_i heißt. Werden diese Eigenvektoren in einer Matrix angeordnet, so entsteht die (n, n)-Matrix

$$\boldsymbol{V} = (\boldsymbol{v}_1 \ \boldsymbol{v}_2 \ ... \ \boldsymbol{v}_n). \tag{5.35}$$

Diese Matrix ist regulär, wenn die n Eigenvektoren linear unabhängig sind. Im Folgenden wird angenommen, dass diese Bedingung erfüllt ist. Dies ist insbesondere dann gesichert, wenn die Eigenwerte λ_i paarweise verschieden sind. Dann gilt

$$\boldsymbol{A}\boldsymbol{V} = (\boldsymbol{A}\boldsymbol{v}_1 \ \boldsymbol{A}\boldsymbol{v}_2 \ ... \ \boldsymbol{A}\boldsymbol{v}_n) = (\lambda_1\boldsymbol{v}_1 \ \lambda_2\boldsymbol{v}_2 \ ... \ \lambda_n\boldsymbol{v}_n) = \boldsymbol{V} \ \mathrm{diag} \ \lambda_i,$$

wobei diag λ_i eine Abkürzung für die Diagonalmatrix

$$\mathrm{diag} \ \lambda_i = \begin{pmatrix} \lambda_1 & & & & \\ & \lambda_2 & & & \\ & & \lambda_3 & & \\ & & & \ddots & \\ & & & & \lambda_n \end{pmatrix}$$

ist, in der alle nicht bezeichneten Elemente gleich null sind. Also gilt

$$\boldsymbol{V}^{-1}\boldsymbol{A}\boldsymbol{V} = \mathrm{diag} \ \lambda_i. \tag{5.36}$$

Diese Gleichung beschreibt eine Ähnlichkeitstransformation der Matrix $\boldsymbol{A}$. Die Matrizen $\boldsymbol{A}$und $\boldsymbol{V}^{-1}\boldsymbol{A}\boldsymbol{V}$ haben dieselben Eigenwerte, nämlich λ_1,λ_2,..., λ_n.

Kanonische Normalform der Zustandsgleichung. Verwendet man in der Zustandstransformation (5.26) die Matrix $\boldsymbol{V}$ als Transformationsmatrix $\boldsymbol{T}$

$$\tilde{\boldsymbol{x}} = \boldsymbol{V}^{-1}\boldsymbol{x}, \tag{5.37}$$

so erhält man für die transformierte Systemmatrix $\tilde{\boldsymbol{A}}$ in Gl. (5.27) die Diagonalmatrix (5.36). Die transformierten Systemgleichungen (5.29) und (5.30) heißen dann

Zustandsraummodell in kanonischer Normalform:

$$\dot{\tilde{\boldsymbol{x}}} = \text{diag}\,\lambda_i\,\tilde{\boldsymbol{x}}(t) + \tilde{\boldsymbol{b}}u(t), \quad \tilde{\boldsymbol{x}}(0) = \tilde{\boldsymbol{x}}_0 \tag{5.38}$$

$$y(t) = \tilde{\boldsymbol{c}}'\,\tilde{\boldsymbol{x}}(t) + du(t),$$

wobei

$$\tilde{\boldsymbol{b}} = \boldsymbol{V}^{-1}\boldsymbol{b} \tag{5.39}$$

$$\tilde{\boldsymbol{c}}' = \boldsymbol{c}'\boldsymbol{V} \tag{5.40}$$

$$\tilde{\boldsymbol{x}}(0) = \boldsymbol{V}^{-1}\boldsymbol{x}_0 \tag{5.41}$$

gilt.

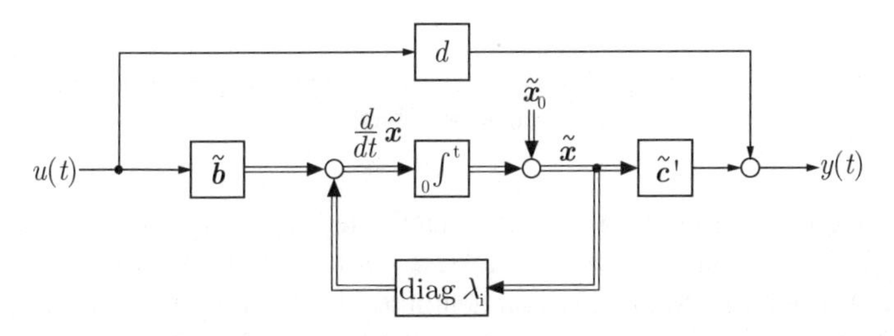

Abb. 5.10: Blockschaltbild des transformierten Modells

Das Blockschaltbild des transformierten Modells ist in Abb. 5.10 angegeben. Es unterscheidet sich vom Strukturbild in Abb. 3.2 des nicht transformierten Modells auf den ersten Blick nur in den Bezeichnungen der Signale und Blöcke. Betrachtet man jedoch die homogene Zustandsgleichung

$$\frac{d\tilde{\boldsymbol{x}}}{dt} = \text{diag}\,\lambda_i\,\tilde{\boldsymbol{x}}(t), \quad \tilde{\boldsymbol{x}}(0) = \boldsymbol{V}^{-1}\boldsymbol{x}_0 = \tilde{\boldsymbol{x}}_0,$$

so wird die Wirkung der vorgenommenen Zustandstransformation deutlich. Die Vektordifferenzialgleichung kann in n unabhängige skalare Differenzialgleichungen zerlegt werden:

$$\begin{aligned}
\frac{d\tilde{x}_1}{dt} &= \lambda_1\tilde{x}_1(t), \qquad \tilde{x}_1(0) = \tilde{x}_{01}\\
\frac{d\tilde{x}_2}{dt} &= \lambda_2\tilde{x}_2(t), \qquad \tilde{x}_2(0) = \tilde{x}_{02}\\
&\vdots\\
\frac{d\tilde{x}_n}{dt} &= \lambda_n\tilde{x}_n(t), \qquad \tilde{x}_n(0) = \tilde{x}_{0n}.
\end{aligned}$$

Die Zustandsvariablen werden deshalb als *kanonische Zustandsvariablen* bezeichnet. Kanonische Zustandsvariablen sind i. Allg. keine physikalisch interpretierbaren

Größen, sondern reine Rechengrößen. Die folgenden Betrachtungen werden zeigen, dass sich unter Verwendung kanonischer Zustandsvariabler viele Analyseaufgaben vereinfachen lassen.

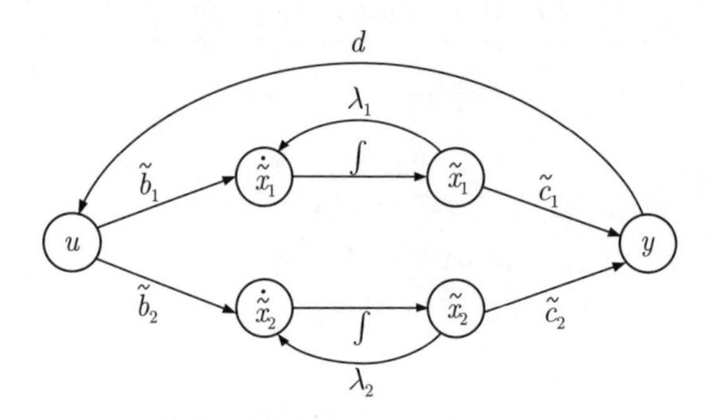

Abb. 5.11: Signalflussgraf eines Systems zweiter Ordnung mit kanonischen Zustandsvariablen

Wie die einzelnen Zustandsvariablen durch die Eingangsgröße angeregt werden und wie sie die Ausgangsgröße beeinflussen, wird durch die Vektoren $\tilde{\boldsymbol{b}}$ und $\tilde{\boldsymbol{c}}'$ beschrieben. Das wird im Signalflussgraf deutlich, der für ein System zweiter Ordnung in Abb. 5.11 gezeigt ist. Gegenüber Abb. 4.8 fehlen die Kopplungen zwischen den Zustandsvariablen.

Bei der Betrachtung der Zustandsgleichung in kanonischer Normalform sei daran erinnert, dass die Eigenwerte λ_i der Systemmatrix die Maßeinheit der Frequenz haben, also bespielsweise $\frac{1}{\mathrm{s}} = \mathrm{Hz}$ oder $\frac{1}{\mathrm{min}}$ (je nach gewählter Maßeinheit für die Zeit).

Beispiel 5.2 *Zustandsraummodell eines Gleichstrommotors*

Für den in Abb. 5.12 dargestellten Gleichstrommotor können folgende Gleichungen angegeben werden:

$$u_{\mathrm{A}}(t) = R_{\mathrm{A}} i_{\mathrm{A}} + L_{\mathrm{A}} \frac{di_{\mathrm{A}}}{dt} + u_{\mathrm{M}}(t) \tag{5.42}$$

$$u_{\mathrm{M}}(t) = k_{\mathrm{M}} \frac{d\phi}{dt} \tag{5.43}$$

$$M(t) = k_{\mathrm{T}}\, i_{\mathrm{A}}(t) \tag{5.44}$$

$$M(t) = J \frac{d^2\phi}{dt^2} + k_{\mathrm{L}} \frac{d\phi}{dt} \tag{5.45}$$

$$n(t) = \frac{\omega}{2\pi} \tag{5.46}$$

$$\omega(t) = \frac{d\phi}{dt}. \tag{5.47}$$

Dabei bezeichnet $u_{\mathrm{A}}(t)$ die Ankerspannung, $i_{\mathrm{A}}(t)$ den Ankerstrom, $M(t)$ das durch den Motor erzeugte Drehmoment, $u_{\mathrm{M}}(t)$ die im Motor induzierte Spannung, $\phi(t)$ den Drehwinkel, $\omega(t)$ die Drehfrequenz und $n(t)$ die Drehzahl. Die erste Beziehung stellt die Maschengleichung mit $R_{\rm A}$ und $L_{\rm A}$ als Widerstand bzw. Induktivität des Ankerkreises dar. Die zweite Gleichung entsteht aus der Anwendung des Induktionsgesetzes und beschreibt die in der Motorwicklung induzierte Gegenspannung. Die nächsten beiden Gleichungen besagen, dass das vom Motor erzeugte Drehmoment proportional zum Ankerstrom ist und dass sich dieses Drehmoment in einer Erhöhung der Drehgeschwindigkeit niederschlägt und dabei die geschwindigkeitsproportionale Reibung überwindet, wobei die Koeffizienten $k_{\rm T}$ und $k_{\rm L}$ vom Aufbau des Motors und der Lagerung der Welle abhängig sind und J das Trägheitsmoment des Ankers und der Last beschreibt. Die letzten beiden Gleichungen dienen zur Berechnung der Winkelgeschwindigkeit und der Drehzahl.

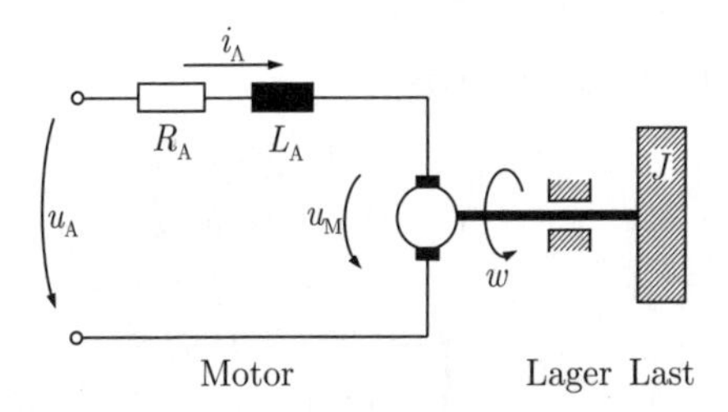

Abb. 5.12: Gleichstrommotor

Der Motor wird bezüglich der Eingangsgröße $u(t) = u_{\rm A}(t)$ und der Ausgangsgröße $y(t) = n(t)$ betrachtet. Verwendet man den Ankerstrom $i_{\rm A}$ und die Winkelgeschwindigkeit $\dot{\phi}$ als Zustandsvariable

$$\boldsymbol{x} = \begin{pmatrix} i_{\rm A} \\ \dot{\phi} \end{pmatrix},$$

so erhält man aus den Gln. (5.43) – (5.47) das Zustandsraummodell

$$\dot{\boldsymbol{x}} = \begin{pmatrix} -\frac{R_{\rm A}}{L_{\rm A}} & -\frac{k_{\rm M}}{L_{\rm A}} \\ \frac{k_{\rm T}}{J} & -\frac{k_{\rm L}}{J} \end{pmatrix} \boldsymbol{x}(t) + \begin{pmatrix} \frac{1}{L_{\rm A}} \\ 0 \end{pmatrix} u(t), \quad \boldsymbol{x}(0) = \begin{pmatrix} i_{\rm A}(0) \\ \dot{\phi}(0) \end{pmatrix} \tag{5.48}$$

$$y(t) = (0 \;\; \frac{1}{2\pi})\, \boldsymbol{x}(t). \tag{5.49}$$

Für die Motorparameter

$$\begin{aligned} R_{\rm A} &= 9\,\Omega \\ L_{\rm A} &= 110\,\text{mH} \\ J &= 0{,}1\,\frac{\text{Nms}^2}{\text{rad}} \\ k_{\rm T} &= 1\,\frac{\text{Nm}}{\text{A}} \\ k_{\rm M} &= 5\,\frac{\text{Vs}}{\text{rad}} \\ k_{\rm L} &= 0{,}1\,\frac{\text{Nms}}{\text{rad}} \end{aligned} \tag{5.50}$$

erhält man bei Messung aller Signale in den Standardmaßeinheiten die Modellgleichungen

$$\dot{\boldsymbol{x}} = \begin{pmatrix} -81{,}82 & -45{,}45 \\ 10 & -1 \end{pmatrix} \boldsymbol{x}(t) + \begin{pmatrix} 9{,}09 \\ 0 \end{pmatrix} u(t), \quad \boldsymbol{x}(0) = \begin{pmatrix} i_{\mathrm{A}}(0) \\ \dot{\phi}(0) \end{pmatrix} \tag{5.51}$$

$$y(t) = (0 \;\; 0{,}159)\, \boldsymbol{x}(t). \tag{5.52}$$

Zur Transformation in die kanonische Normalform berechnet man zunächst die beiden Eigenwerte

$$\lambda_1 = -75{,}74 \quad \text{und} \quad \lambda_2 = -7{,}08$$

sowie die zugehörigen Eigenvektoren

$$\boldsymbol{v}_1 = \begin{pmatrix} -0{,}991 \\ 0{,}133 \end{pmatrix} \quad \text{und} \quad \boldsymbol{v}_2 = \begin{pmatrix} 0{,}519 \\ -0{,}854 \end{pmatrix},$$

aus denen man die Transformationsmatrix

$$\boldsymbol{V} = \begin{pmatrix} -0{,}991 & 0{,}519 \\ 0{,}133 & -0{,}854 \end{pmatrix}$$

und deren Inverse

$$\boldsymbol{V}^{-1} = \begin{pmatrix} -1{,}098 & -0{,}668 \\ -0{,}171 & -1{,}274 \end{pmatrix}$$

erhält. Entsprechend Gl. (5.37) steht in der kanonischen Normalform des Zustandsraummodells der Zustandsvektor

$$\tilde{\boldsymbol{x}} = \begin{pmatrix} -1{,}098 & -0{,}668 \\ -0{,}171 & -1{,}274 \end{pmatrix} \boldsymbol{x},$$

deren Elemente

$$\begin{aligned} \tilde{x}_1 &= (-1{,}098 \quad -0{,}668)\, \boldsymbol{x} \\ \tilde{x}_2 &= (-0{,}171 \quad -1{,}274)\, \boldsymbol{x} \end{aligned}$$

Linearkombinationen des Ankerstromes i_{A} und der Winkelgeschwindigkeit $\dot{\phi}$ sind. Diese Zustandsvariablen sind physikalisch nicht interpretierbar. Das Zustandsraummodell in kanonischer Normalform heißt

$$\frac{d\tilde{\boldsymbol{x}}}{dt} = \begin{pmatrix} -75{,}74 & 0 \\ 0 & -7{,}08 \end{pmatrix} \tilde{\boldsymbol{x}}(t) + \begin{pmatrix} -9{,}985 \\ -1{,}550 \end{pmatrix} u(t) \tag{5.53}$$

$$\tilde{\boldsymbol{x}}(0) = \begin{pmatrix} -1{,}098\, i_{\mathrm{A}}(0) - 0{,}668\, \dot{\phi}(0) \\ -0{,}171\, i_{\mathrm{A}}(0) - 1{,}274\, \dot{\phi}(0) \end{pmatrix}$$

$$y(t) = (0{,}021 \quad -0{,}136)\, \tilde{\boldsymbol{x}}(t). \tag{5.54}$$

In der Systemmatrix dieses Modells treten die beiden Eigenwerte des Gleichstrommotors auf.

Da die kanonische Normalform neue Zustandsvariablen verwendet, ändert sich auch das Vektorfeld des Gleichstrommotors. Abbildung 5.13 zeigt links das mit der Zustandsgleichung (5.51) gezeichnete Vektorfeld und rechts das Vektorfeld für das Modell in kanonischer Normalform, wobei in beiden Fällen $u = 0$ gesetzt wurde. Beide Abbildungen zeigen außerdem dieselbe Eigenbewegung, die durch $i_{\mathrm{A}}(0) = 2$ und $\dot{\phi}(0) = 2{,}5$ ausgelöst wird. Im rechten Bild ist derjenige Bereich des transformierten Zustandsraumes umrandet, der dem im linken Bild gezeigten Bereich des Zustandsraumes entspricht.

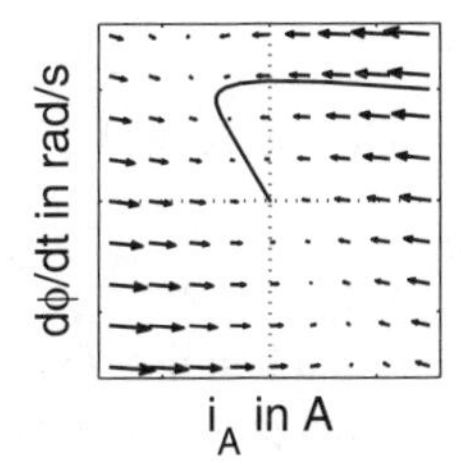

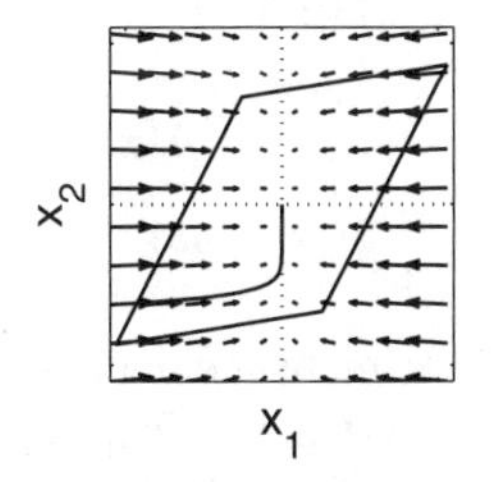

Abb. 5.13: Vektorfeld des Gleichstrommotors

Charakteristisch für das Vektorfeld des transformierten Zustandsraummodells ist die Tatsache, dass die Pfeile die Koordinatenachsen nicht kreuzen. Da der Gleichstrommotor zwei reelle Eigenwerte hat, zerfällt die Zustandsgleichung in zwei reelle, voneinander unabhängige Gleichungen für die Variablen $\tilde{x}_i$, $(i = 1,\, 2)$, für die beide $\lambda_i \tilde{x}_i = 0$ für $\tilde{x}_i = 0$ gilt, so dass keine Bewegung über die Koordinatenachsen auftreten kann. Eine derartige Bewegung ist für das Zustandsraummodell in allgemeiner Form möglich, wie der linke Teil der Abbildung illustriert. □

Die Umformung in die kanonische Normalform ist nicht eindeutig, denn mit $\boldsymbol{v}_i$ ist auch der a-fache Vektor $a\boldsymbol{v}_i$ ein Eigenvektor von $\boldsymbol{A}$. Alle Modelle führen jedoch auf dasselbe Produkt $\tilde{b}_i \tilde{c}_i$ der i-ten Elemente der Vektoren $\tilde{\boldsymbol{b}}$ und $\tilde{\boldsymbol{c}}$.

Behandlung konjugiert komplexer Eigenwerte. Treten konjugiert komplexe Eigenwerte auf, so führt das Modell (5.38) auf die Schwierigkeit, dass mit komplexwertigen Parametern und Zustandsvariablen gerechnet werden muss, obwohl die Eingangs- und Ausgangsgrößen natürlich reelle Werte haben. Die komplexen Zahlen kommen in das Modell hinein, weil neben den Eigenwerten auch die Eigenvektoren komplexwertig sind.

Eine Abhilfe schafft die folgende Vorgehensweise. An Stelle der konjugiert komplexen Eigenvektoren $\boldsymbol{v}_i$ und $\boldsymbol{v}_{i+1}$ der konjugiert komplexen Eigenwerte $\lambda_{i,i+1} = \delta \pm j\omega$ verwendet man den Realteil und den Imaginärteil von $\boldsymbol{v}_i$ als i- und $(i+1)$-te Spalte in der Matrix $\boldsymbol{V}$. Die neue Transformationsmatrix $\hat{\boldsymbol{V}}$ erfüllt dann natürlich die Gl. (5.36) nicht mehr, d. h., die Systemmatrix des transformierten Modells ist keine Diagonalmatrix mehr. Stattdessen ist $\tilde{\boldsymbol{A}}$ eine reelle Matrix, in deren i- und $(i+1)$-ter Zeile und Spalte der Block

$$\begin{pmatrix} \delta & \omega \\ -\omega & \delta \end{pmatrix}$$

steht. Hat beispielsweise $\boldsymbol{A}$ die beiden reellen Eigenwerte λ_1 und λ_4 und die konjugiert komplexen Eigenwerte $\lambda_{2,3} = \delta \pm j\omega$, so heißt die transformierte Matrix

$$\tilde{\boldsymbol{A}} = \begin{pmatrix} \lambda_1 & 0 & 0 & 0 \\ 0 & \delta & \omega & 0 \\ 0 & -\omega & \delta & 0 \\ 0 & 0 & 0 & \lambda_4 \end{pmatrix}.$$

Das transformierte System

$$\begin{aligned} \frac{d\tilde{\boldsymbol{x}}}{dt} &= \tilde{\boldsymbol{A}}\,\tilde{\boldsymbol{x}}(t) + \hat{\boldsymbol{V}}^{-1}\boldsymbol{b}u(t), \quad \tilde{\boldsymbol{x}}(0) = \hat{\boldsymbol{V}}^{-1}\boldsymbol{x}_0 \\ y(t) &= \boldsymbol{c}'\hat{\boldsymbol{V}}\,\tilde{\boldsymbol{x}}(t) + du(t) \end{aligned} \tag{5.55}$$

kann dann zwar nicht mehr in vollkommen unabhängige Differenzialgleichungen erster Ordnung zerlegt werden. Kopplungen treten jedoch nur zwischen jeweils zwei Zustandsvariablen $\tilde{x}_i$ und $\tilde{x}_{i+1}$ auf, die zu konjugiert komplexen Eigenwertpaaren gehören. Für numerische Rechnungen macht sich der damit verbundene Vorteil bezahlt, dass alle Parameter und Signale reell sind.

Beispiel 5.3 *Kanonische Normalform des Zustandsraummodells eines Schwingkreises*

Das auf S. 64 angegebene Zustandsraummodell (4.39) eines Schwingkreises wird für $R = 10\,\Omega$, $L = 100\,\text{mH}$ und $C = 9{,}975\,\mu\text{F}$ betrachtet, wofür man

$$\begin{aligned} \dot{\boldsymbol{x}} &= \begin{pmatrix} 0 & -0{,}01 \\ 100{,}25 & -0{,}1 \end{pmatrix} \boldsymbol{x} + \begin{pmatrix} 0{,}01 \\ 0{,}1 \end{pmatrix} u, \quad \boldsymbol{x}(0) = \begin{pmatrix} i_1(0) \\ u_2(0) \end{pmatrix} \\ y &= (0 \quad 1)\,\boldsymbol{x} \end{aligned}$$

erhält, wenn die Zeit in Millisekunden gemessen wird. Der Schwingkreis hat die Eigenwerte

$$\lambda_{1/2} = -0{,}05 \pm j$$

und die Eigenvektoren

$$\boldsymbol{v}_{1/2} = \begin{pmatrix} -0{,}01 \\ 0 \end{pmatrix} \pm \begin{pmatrix} 0{,}0005 \\ 1 \end{pmatrix} j.$$

Transformiert man das Modell unter Verwendung der Matrix

$$\boldsymbol{V} = \begin{pmatrix} -0{,}01 + j0{,}0005 & -0{,}01 - j0{,}0005 \\ j & -j \end{pmatrix}$$

in die kanonische Normalform, so erhält man

$$\begin{aligned} \frac{d}{dt}\tilde{\boldsymbol{x}} &= \begin{pmatrix} -0{,}05 + j & 0 \\ 0 & -0{,}05 - j \end{pmatrix} \tilde{\boldsymbol{x}} + \begin{pmatrix} -0{,}4988 - j0{,}05 \\ -0{,}4988 + j0{,}05 \end{pmatrix} u \\ \tilde{\boldsymbol{x}}(0) &= \begin{pmatrix} -50{,}13\, i_1(0) + (0{,}025 - j0{,}5)\, u_2(0) \\ -50{,}13\, i_1(0) + (0{,}025 + j0{,}5)\, u_2(0) \end{pmatrix} \\ y &= (j \quad -j)\,\tilde{\boldsymbol{x}}, \end{aligned}$$

also ein Modell, in dem viele Parameter und sogar der Anfangszustand komplex sind. Ungeachtet dessen können alle beschriebenen Analysemethoden angewendet werden. Die Schwierigkeit besteht darin, dass mit komplexen Zahlen gerechnet werden muss, obwohl für eine beliebige reelle Eingangsgröße u und beliebige reelle Anfangsbedingungen $i_1(0)$ und $u_2(0)$ natürlich eine reelle Ausgangsgröße y entsteht.

Verwendet man den Realteil und den Imaginärteil der angegebenen Eigenvektoren als Spalten der Transformationsmatrix

$$\hat{\boldsymbol{V}} = \begin{pmatrix} -0{,}01 & 0{,}0005 \\ 0 & 1 \end{pmatrix},$$

so erhält man das Modell

$$\begin{aligned} \frac{d}{dt}\tilde{\boldsymbol{x}} &= \begin{pmatrix} -0{,}05 & 1 \\ -1 & -0{,}05 \end{pmatrix} \tilde{\boldsymbol{x}} + \begin{pmatrix} -0{,}9975 \\ -0{,}1 \end{pmatrix} u, \\ \tilde{\boldsymbol{x}}(0) &= \begin{pmatrix} -100{,}225\, i_1(0) + 0{,}05\, u_2(0) \\ u_2(0) \end{pmatrix} \\ y &= (0 \quad 1)\, \tilde{\boldsymbol{x}}. \end{aligned}$$

Dieses Modell hat nicht die kanonische Normalform, aber in ihm treten nur reelle Parameter auf.

Diskussion. Das Beispiel zeigt, wie die beschriebene Transformation bei einem konjugiert komplexen Eigenwertpaar aussieht. Da das betrachtete System nur die Ordnung zwei besitzt, bringt diese Transformation für die Analyse keine wesentlichen Vorteile. Wie für das ursprünglich gegebene Modell muss die Bewegungsgleichung für beide Zustandsvariablen gemeinsam gelöst und dabei die Matrixexponentialfunktion für die Matrix $\tilde{\boldsymbol{A}}$ zweiter Ordnung bestimmt werden.

Für die Analyse ergeben sich Vorteile, sobald die Systemordnung größer als zwei ist. Man schreibt in die Transformationsmatrix $\hat{\boldsymbol{V}}$ alle reellen Eigenvektoren, die zu reellen Eigenwerten gehören sowie den Realteil und den Imaginärteil von Eigenvektoren, die zu konjugiert komplex auftretenden Eigenwerten gehören. Mit dieser Matrix erhält man ein transformiertes Gleichungssystem, bei dem die Systemmatrix in der Hauptdiagonalen die reellen Eigenwerte sowie für die konjugiert komplexen Eigenwerte reelle (2, 2)-Blöcke enthält. Damit zerfallen die Zustandsgleichung in einzelne Gleichungen mit reellen Eigenwerten sowie Gleichungspaare für die konjugiert komplexen Eigenwerte. □

5.3.3 Erweiterung der kanonischen Normalform für nichtdiagonalähnliche Systemmatrizen

Bisher wurde angenommen, dass die Eigenwerte der Matrix $\boldsymbol{A}$ paarweise voneinander verschieden sind. Unter dieser Voraussetzung ist $\boldsymbol{A}$ diagonalähnlich und kann folglich in die Diagonalmatrix $\mathrm{diag}\ \lambda_i$ transformiert werden. Treten Eigenwerte mehrfach auf, so kann $\boldsymbol{A}$ nur unter sehr einschränkenden Bedingungen auf Diagonalform gebracht werden. Dieser Fall soll nachfolgend untersucht werden.

Es wird zunächst angenommen, dass der Eigenwert λ_1 die algebraische Vielfachheit $l_1 > 1$ besitzt und alle anderen Eigenwerte paarweise verschieden sind. Das heißt, λ_1 ist eine l_1-fache Lösung der charakteristischen Gl. (5.33). Es sind nun die beiden Fälle zu unterscheiden, bei denen es l_1 bzw. weniger als l_1 linear unabhängige Vektoren $\boldsymbol{v}_1^j$ gibt, die die Eigenwertgleichung

$$A\,v_1^j = \lambda_1 v_1^j \tag{5.56}$$

erfüllen.

Im ersten Fall gilt

$$\mathrm{Rang}(A - \lambda_1 I) = n - l_1.$$

Da die Zahl der linear unabhängigen Eigenvektoren mit der Vielfachheit des Eigenwertes übereinstimmt, ist die entsprechend Gl. (5.35) gebildete Matrix

$$V = (v_1^1, v_1^2, ..., v_1^{l_1}, v_2, ..., v_{n-l_1})$$

regulär und die Transformation (5.36) führt wieder auf eine Diagonalmatrix $\mathrm{diag}\,\lambda_i$, deren erste l_1 Diagonalelemente gleich dem Eigenwert λ_1 sind:

$$V^{-1}AV = \left(\begin{array}{ccc|cccc} \lambda_1 & & & & & & \\ & \ddots & & & & & \\ & & \lambda_1 & & & & \\ \hline & & & \lambda_2 & & & \\ & & & & \lambda_3 & & \\ & & & & & \ddots & \\ & & & & & & \lambda_{n-l_1} \end{array}\right) \quad \left.\right\} l_1 \text{ Zeilen} \tag{5.57}$$

Die Matrix A ist also weiterhin diagonalähnlich, wenn zu Eigenwerten λ_i der Vielfachheit l_i auch l_i linear unabhängige Eigenvektoren existieren.

Beispiel 5.4 *Diagonalähnliche Matrix* A *mit mehrfachem Eigenwert*

Die Matrix

$$A = \begin{pmatrix} -2 & 0 & 3 \\ 0 & -2 & 2 \\ 0 & 0 & -1 \end{pmatrix}$$

hat die charakteristische Gleichung

$$\det(A - \lambda I) = -(\lambda + 2)^2(\lambda + 1) = -\lambda^3 - 5\lambda^2 - 8\lambda - 4 = 0$$

mit den Lösungen

$$\lambda_1 = -2,\ \lambda_2 = -1,$$

wobei λ_1 zweifach und λ_2 einfach ist. Für den zweifachen Eigenwert erhält man entsprechend Gl. (5.56) aus

$$\begin{pmatrix} -2 & 0 & 3 \\ 0 & -2 & 2 \\ 0 & 0 & -1 \end{pmatrix} v_1^j = -2 v_1^j$$

z. B. die beiden linear unabhängigen Eigenvektoren

$$\boldsymbol{v}_1^1 = \begin{pmatrix} 1 \\ 0 \\ 0 \end{pmatrix}, \quad \boldsymbol{v}_1^2 = \begin{pmatrix} 0 \\ 1 \\ 0 \end{pmatrix}.$$

Zusammen mit dem Eigenvektor

$$\boldsymbol{v}_2 = \begin{pmatrix} 3 \\ 2 \\ 1 \end{pmatrix},$$

für den Eigenwert λ_2 ergibt sich die Matrix **V** zu

$$\boldsymbol{V} = \begin{pmatrix} 1 & 0 & 3 \\ 0 & 1 & 2 \\ 0 & 0 & 1 \end{pmatrix}.$$

Die Transformation (5.57) führt auf

$$\boldsymbol{V}^{-1}\boldsymbol{A}\boldsymbol{V} = \begin{pmatrix} -2 & & \\ & -2 & \\ & & -1 \end{pmatrix}. \square$$

Im zweiten Fall gibt es für einen l_1-fachen Eigenwert weniger als l_1 linear unabhängige Eigenvektoren. Dann kann $\boldsymbol{A}$ nicht auf Diagonalform gebracht werden. Der Einfachheit halber wird im Folgenden angenommen, dass zum l_1-fachen Eigenwert λ_1 aus Gl. (5.56) nur ein einziger linear unabhängiger Eigenvektor $\boldsymbol{v}_1^1$ gefunden werden kann. Dann müssen aus $\boldsymbol{v}_1^1$ durch die Beziehungen

$$\begin{aligned} (\boldsymbol{A} - \lambda_1 \boldsymbol{I})\, \boldsymbol{v}_1^2 &= \boldsymbol{v}_1^1 \\ (\boldsymbol{A} - \lambda_1 \boldsymbol{I})\, \boldsymbol{v}_1^3 &= \boldsymbol{v}_1^2 \\ &\vdots \\ (\boldsymbol{A} - \lambda \boldsymbol{I})\, \boldsymbol{v}_1^{l_1} &= \boldsymbol{v}_1^{l_1 - 1} \end{aligned} \tag{5.58}$$

weitere Vektoren $\boldsymbol{v}_1^2, ..., \boldsymbol{v}_1^{l_1}$ gebildet werden, die verallgemeinerte Eigenvektoren oder Hauptvektoren von $\boldsymbol{A}$ heißen. Bildet man mit diesen Vektoren sowie den zu $\lambda_2, ..., \lambda_{n-l_1}$ gehörenden Eigenvektoren $\boldsymbol{v}_2$, ..., $\boldsymbol{v}_{n-l_1}$ die Matrix $\boldsymbol{V}$, so erhält man bei der Ähnlichkeitstransformation die neue Matrix

$$\boldsymbol{V}^{-1}\boldsymbol{A}\boldsymbol{V} = \left(\begin{array}{cccc|ccc} \lambda_1 & 1 & \dots & 0 & & & \\ 0 & \lambda_1 & \dots & 0 & & & \\ \vdots & \vdots & & \vdots & & & \\ 0 & 0 & \dots & 1 & & & \\ 0 & 0 & \dots & \lambda_1 & & & \\ \hline & & & & \lambda_2 & & \\ & & & & & \ddots & \\ & & & & & & \lambda_{n-l_1} \end{array}\right) \begin{matrix} \left.\begin{matrix} \\ \\ \\ \\ \\ \end{matrix}\right\} l_1 \text{ Zeilen} \\ \\ \\ \\ \end{matrix} \tag{5.59}$$

Die rechte Seite heißt *Jordannormalform* von $\boldsymbol{A}$.

Beispiel 5.5 *Jordannormalform der Matrix* $\boldsymbol{A}$

Die Matrix

$$\boldsymbol{A} = \begin{pmatrix} -2 & 0 & 3 \\ 1 & -2 & 2 \\ 0 & 0 & -1 \end{pmatrix}$$

hat dieselbe charakteristische Gleichung wie die Matrix $\boldsymbol{A}$ im Beispiel 5.4 und folglich den zweifachen Eigenwert $\lambda_1 = -2$ und den einfachen Eigenwert $\lambda_2 = -1$. Die Eigenwertgleichung (5.56) liefert jedoch nur den Eigenvektor

$$\boldsymbol{v}_1^1 = \begin{pmatrix} 0 \\ 1 \\ 0 \end{pmatrix},$$

so dass der zweite Vektor aus Gl. (5.58) gebildet werden muss:

$$(\boldsymbol{A} + 2\boldsymbol{I})\, \boldsymbol{v}_1^2 = \begin{pmatrix} 0 \\ 1 \\ 0 \end{pmatrix}.$$

Man erhält daraus den Vektor

$$\boldsymbol{v}_1^2 = \begin{pmatrix} 1 \\ 0 \\ 0 \end{pmatrix},$$

der zwar mit einem Eigenvektor aus Beispiel 5.4 übereinstimmt, für die hier verwendete Matrix $\boldsymbol{A}$ aber nur ein verallgemeinerter Eigenvektor ist. Der Eigenvektor zu λ_2 ist

$$\boldsymbol{v}_2 = \begin{pmatrix} 3 \\ 5 \\ 1 \end{pmatrix}.$$

Deshalb ergibt die Ähnlichkeitstransformation mit

$$\boldsymbol{V} = \begin{pmatrix} 0 & 1 & 3 \\ 1 & 0 & 5 \\ 0 & 0 & 1 \end{pmatrix}$$

die Jordannormalform der Matrix $\boldsymbol{A}$:

$$\boldsymbol{V}^{-1}\boldsymbol{A}\boldsymbol{V} = \left(\begin{array}{cc|c} -2 & 1 & \\ 0 & -2 & \\ \hline & & -1 \end{array}\right). \quad \square$$

Im Allgemeinen kann es zu einem l_i-fachen Eigenwert λ_i r_i Eigenvektoren geben, wobei $1 \leq r_i \leq l_i$ gilt. Dann müssen $l_i - r_i$ Hauptvektoren gebildet werden. Zum Eigenwert λ_i gehört in der Jordannormalform dann ein Jordanblock $\boldsymbol{J}_i$, der eine Blockdiagonalmatrix $\boldsymbol{J}_i = \text{diag}\; \boldsymbol{J}_{ik}$ mit den Diagonalblöcken $\boldsymbol{J}_{ik}$ darstellt. $\boldsymbol{J}_{ik}$ ist eine Teilmatrix der Dimension r_{ik}, die dieselbe Struktur wie der obere linke Block in Gl. (5.59) hat. Da derartige Matrizen für regelungstechnische Anwendungen äußerst selten sind, soll hier lediglich ein Beispiel die allgemeine Jordannormalform veranschaulichen:

$$
\boldsymbol{J} = \left(\begin{array}{ccc|cc|c|cc}
\lambda_1 & 1 & 0 & & & & & \\
0 & \lambda_1 & 1 & & & & & \\
0 & 0 & \lambda_1 & & & & & \\
\hline
 & & & \lambda_2 & 0 & & & \\
 & & & 0 & \lambda_2 & & & \\
\hline
 & & & & & \underbrace{\lambda_3}_{\mathbf{J}_{31}} & & \\
\hline
 & & & & & & \lambda_3 & 1 \\
 & & & & & & 0 & \lambda_3
\end{array}\right)
\begin{array}{l}
l_1 = 3, \quad r_1 = 1 \\
l_2 = 2, \quad r_2 = 2 \\
l_3 = 3, \quad r_3 = 2
\end{array}
\tag{5.60}
$$

(Der untere rechte 2×2-Block ist mit $\mathbf{J}_{32}$ bezeichnet.)

5.3.4 Bewegungsgleichung in kanonischer Darstellung

Im Folgenden wird davon ausgegangen, dass die Systemmatrix $\boldsymbol{A}$ diagonalähnlich ist und entsprechend Gl. (5.36) auf Diagonalform gebracht wurde. Die Bewegungsgleichung kann aus der kanonischen Zustandsgleichung (5.38) in genau derselben Weise abgeleitet werden, wie Gl. (5.13) aus der Zustandsgleichung (5.24) hergeleitet wurde. Es müssen also nur die „Schlangen" auf die transformierten Größen gesetzt werden. Dabei entsteht die Beziehung

$$
\tilde{\boldsymbol{x}}(t) = \mathrm{e}^{\,\mathrm{diag}\,\lambda_i t}\, \tilde{\boldsymbol{x}}_0 + \int_0^t \mathrm{e}^{\,\mathrm{diag}\,\lambda_i (t-\tau)}\, \tilde{\boldsymbol{b}} u(\tau)\, d\tau. \tag{5.61}
$$

Gleichung (5.61) wird als *Bewegungsgleichung in kanonischer Darstellung* bezeichnet. Diese Gleichung setzt sich wie Gl. (5.13) aus zwei Summanden zusammen, von denen der erste die Eigenbewegung $\tilde{\boldsymbol{x}}_{\mathrm{frei}}(t)$ des Systems und der zweite die erzwungene Bewegung $\tilde{\boldsymbol{x}}_{\mathrm{erzw}}(t)$ beschreibt.

Freie Bewegung. Obwohl sich die Gl. (5.61) äußerlich nicht wesentlich von (5.13) unterscheidet, lässt sie sich auf Grund der Unabhängigkeit der kanonischen Zustandsvariablen wesentlich vereinfachen. Für $\mathrm{e}^{\,\mathrm{diag}\,\lambda_i t}$ gilt, wie man aus der Definition (5.12) der Matrixexponentialfunktion leicht ermitteln kann, die folgende Beziehung [1]:

[1] Diese sehr einfache Darstellung der Übergangsmatrix als Diagonalmatrix mit e-Funktionen gilt nur, wenn $\boldsymbol{A}$ eine Diagonalmatrix $\mathrm{diag}\,\lambda_i$ ist!

$$\mathrm{e}^{\operatorname{diag} \lambda_i t} = \begin{pmatrix} \mathrm{e}^{\lambda_1 t} & & & \\ & \mathrm{e}^{\lambda_2 t} & & \\ & & \ddots & \\ & & & \mathrm{e}^{\lambda_n t} \end{pmatrix} = \operatorname{diag} \mathrm{e}^{\lambda_i t}. \tag{5.62}$$

Für die freie Bewegung des Systems erhält man damit die Beziehung

$$\tilde{x}_i = \mathrm{e}^{\lambda_i t} \tilde{x}_i(0),$$

d. h., die Eigenbewegungen der kanonischen Zustandsvariablen hängen nur von der Anfangsbedingung der jeweiligen Zustandsvariablen ab und können unabhängig voneinander berechnet werden:

$$\tilde{\boldsymbol{x}}_{\text{frei}}(t) = \begin{pmatrix} \mathrm{e}^{\lambda_1 t}\, \tilde{x}_1(0) \\ \mathrm{e}^{\lambda_2 t}\, \tilde{x}_2(0) \\ \vdots \\ \mathrm{e}^{\lambda_n t}\, \tilde{x}_n(0) \end{pmatrix}. \tag{5.63}$$

Werden die kanonischen Zustandsvariablen in den ursprünglichen Zustand zurücktransformiert, so ergibt sich für die freie Bewegung die Beziehung

$$\boldsymbol{x}_{\text{frei}}(t) = \boldsymbol{v}_1 \mathrm{e}^{\lambda_1 t} \tilde{x}_1(0) + \,...\, + \boldsymbol{v}_n \mathrm{e}^{\lambda_n t} \tilde{x}_n(0) = \sum_{i=1}^{n} \boldsymbol{v}_i \mathrm{e}^{\lambda_i t} \tilde{x}_i(0). \tag{5.64}$$

Das heißt, die freie Bewegung setzt sich aus Funktionen der Form $\boldsymbol{v}_i \mathrm{e}^{\lambda_i t} \tilde{x}_i(0)$ zusammen, bei denen die e-Funktion die zeitliche Abhängigkeit und der Skalar $\tilde{x}_i(0)$ die vom Anfangszustand $\boldsymbol{x}_0$ abhängige „Amplitude“ darstellen. Die Funktionen $\mathrm{e}^{\lambda_i t}$ werden *Modi* oder *Eigenvorgänge* des Systems genannt. Wie stark diese Funktionen in die einzelnen Komponenten des Zustandsvektors $\boldsymbol{x}$ eingehen, wird durch die Vektoren $\boldsymbol{v}_i$ bestimmt. Für die freie Bewegung des Systemausgangs gilt

Eigenbewegung in kanonischer Darstellung:

$$y_{\text{frei}}(t) = \boldsymbol{c}' \boldsymbol{v}_1 \mathrm{e}^{\lambda_1 t} \tilde{x}_1(0) + ... + \boldsymbol{c}' \boldsymbol{v}_n \mathrm{e}^{\lambda_n t} \tilde{x}_n(0) = \sum_{i=1}^{n} \boldsymbol{c}' \boldsymbol{v}_i \mathrm{e}^{\lambda_i t} \tilde{x}_i(0). \tag{5.65}$$

Aus Gl. (5.64) bzw. (5.65) wird offensichtlich, dass alle Eigenvorgänge und deshalb auch die Eigenbewegungen $\boldsymbol{x}_{\text{frei}}(t)$ und $y_{\text{frei}}(t)$ genau dann für $t \to \infty$ abklingen, wenn die Stabilitätsbedingung (5.15)

$$\mathrm{Re}\{\lambda_i\} < 0 \qquad (i = 1, 2, ..., n)$$

erfüllt ist.

Erzwungene Bewegung. Die erzwungenen Bewegungen der kanonischen Zustandsvariablen $\tilde{x}_i$ können ebenfalls unabhängig voneinander berechnet werden, denn der zweite Summand in Gl. (5.61) kann in unabhängige Anteile zerlegt werden. Ist das System zur Zeit $t = 0$ in der Ruhelage, so gilt für die i-te Zustandsvariable

$$\tilde{x}_i(t) = \int_0^t \mathrm{e}^{\lambda_i(t-\tau)}\, \tilde{b}_i u(\tau)\, d\tau,$$

wobei $\tilde{b}_i$ die i-te Komponente des Vektors $\tilde{\boldsymbol{b}}$ ist. Die erzwungene Bewegung berechnet sich also aus

$$\tilde{\boldsymbol{x}}_{\mathrm{erzw}}(t) = \begin{pmatrix} \int_0^t \mathrm{e}^{\lambda_1(t-\tau)}\, \tilde{b}_1 u(\tau)\, d\tau \\ \int_0^t \mathrm{e}^{\lambda_2(t-\tau)}\, \tilde{b}_2 u(\tau)\, d\tau \\ \vdots \\ \int_0^t \mathrm{e}^{\lambda_n(t-\tau)}\, \tilde{b}_n u(\tau)\, d\tau \end{pmatrix}. \tag{5.66}$$

Erweiterung für nicht diagonalähnliche Systemmatrizen. Wenn die Matrix $\boldsymbol{A}$ nicht diagonalähnlich ist, kann die Übergangsmatrix $\tilde{\boldsymbol{\Phi}}$ nicht in die einfache Form (5.62) gebracht werden, sondern in ihr stehen Terme der Form $t^k \mathrm{e}^{\lambda_i t}$, die dann auch sowohl in der freien Bewegung $\tilde{\boldsymbol{x}}_{\mathrm{frei}}$ als auch in der erzwungenen Bewegung $\tilde{\boldsymbol{x}}_{\mathrm{erzw}}$ auftauchen. Da eine allgemeine Darstellung dieses Sachverhaltes auf sehr unübersichtliche Formeln führt, hier aber nur das prinzipielle Verständnis einer derartigen Erweiterung der Bewegungsgleichung vermittelt werden soll, wird die Erweiterung am Beispiel der in Gl. (5.60) angegebenen Matrix veranschaulicht, wobei nur die zum oberen linken Block gehörigen Zustandsvariablen betrachtet werden. Für diesen Modellteil gilt

$$\begin{pmatrix} \dot{\tilde{x}}_1 \\ \dot{\tilde{x}}_2 \\ \dot{\tilde{x}}_3 \end{pmatrix} = \begin{pmatrix} \lambda_1 & 1 & 0 \\ 0 & \lambda_1 & 1 \\ 0 & 0 & \lambda_1 \end{pmatrix} \begin{pmatrix} \tilde{x}_1 \\ \tilde{x}_2 \\ \tilde{x}_3 \end{pmatrix}, \qquad \begin{pmatrix} \tilde{x}_1(0) \\ \tilde{x}_2(0) \\ \tilde{x}_3(0) \end{pmatrix} = \begin{pmatrix} \tilde{x}_{10} \\ \tilde{x}_{20} \\ \tilde{x}_{30} \end{pmatrix}.$$

Für die zugehörige Eigenbewegung erhält man

$$\begin{pmatrix} \tilde{x}_1(t) \\ \tilde{x}_2(t) \\ \tilde{x}_3(t) \end{pmatrix} = \begin{pmatrix} \tilde{x}_{10}\mathrm{e}^{\lambda_1 t} + \tilde{x}_{20} t \mathrm{e}^{\lambda_1 t} + \frac{\tilde{x}_{30}}{2} t^2 \mathrm{e}^{\lambda_1 t} \\ \tilde{x}_{20}\, \mathrm{e}^{\lambda_1 t} + \tilde{x}_{30} t \mathrm{e}^{\lambda_1 t} \\ \tilde{x}_{30}\, \mathrm{e}^{\lambda_1 t} \end{pmatrix}.$$

Wie erwartet treten darin die Zeitfunktionen $\mathrm{e}^{\lambda_1 t}$, $t\mathrm{e}^{\lambda_1 t}$ und $t^2 \mathrm{e}^{\lambda_1 t}$ auf.

Beispiel 5.6 *Zustandsraummodell für die Rollbewegung eines Flugzeugs*

Das Flugzeug als Regelstrecke ist ein Beispiel für ein System, das keine diagonalähnliche Systemmatrix besitzt. Der Grund liegt in der Tatsache, dass durch Stelleingriffe wie z. B.

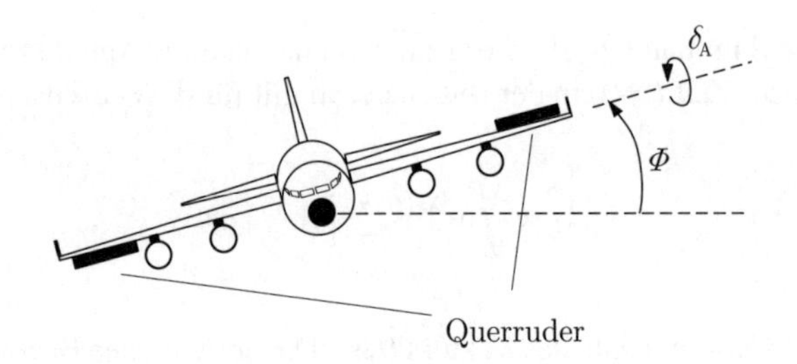

Abb. 5.14: Vereinfachte Darstellung der Regelstrecke „Flugzeug“

die Verstellung der Querruder Momente auf das Flugzeug wirken, aus denen der Rollwinkel als Regelgröße durch zweimalige Integration entsteht.

Diese Tatsache soll etwas genauer untersucht werden. Unter Rollen versteht man die Drehbewegung des Flugzeugs um seine Längsachse (x-Achse). Der Rollwinkel $\Phi(t)$ ist der Winkel zwischen den Flügeln und dem Horizont. Beim Geradeausflug soll $\Phi = 0$ gelten; um eine Kurve fliegen zu können, wird das Flugzeug um einen bestimmten Winkel ϕ_{Soll} gerollt. Stellgröße ist der Winkel $\delta_{\mathrm{A}}(t)$ der Querruder.

Stellt man das Momentengleichgewicht in Bezug zur Längsachse des Flugzeugs auf, so erhält man in der Notation der Flugmechanik

$$L(t) = I_{\mathrm{xx}}\,\dot{P},$$

wobei I_{xx} das Trägheitsmoment bezüglich der x-Achse, P die Rollwinkelgeschwindigkeit und L das auf das Flugzeug wirkende Moment in der in Abb. 5.14 gezeigten yz-Ebene darstellt. Für kleine Rollgeschwindigkeiten können die durch den Luftwiderstand auf die Flügelflächen wirkenden Kräfte vernachlässigt werden. Für den Rollwinkel $x = \Phi$ gilt also

$$P(t) = \dot{x}.$$

Das Drehmoment wird durch den Ausschlag $u = \delta_{\mathrm{A}}$ der Querruder erzeugt, wobei für kleine Ausschläge die Beziehung

$$L(t) = ku(t)$$

mit k als flugzeugspezifischem Proportionalitätsfaktor gilt. Fasst man diese Gleichungen zusammen, so erhält man das Zustandsraummodell

$$\frac{d}{dt}\begin{pmatrix} x \\ P \end{pmatrix} = \begin{pmatrix} 0 & 1 \\ 0 & 0 \end{pmatrix}\begin{pmatrix} x \\ P \end{pmatrix} + \begin{pmatrix} 0 \\ \frac{k}{I_{\mathrm{xx}}} \end{pmatrix} u \tag{5.67}$$

$$y = (1 \quad 0)\begin{pmatrix} x \\ P \end{pmatrix}.$$

In der Zustandsgleichung steht die Systemmatrix bereits in Jordannormalform. Das Modell hat offensichtlich die Form

$$\frac{d}{dt}\begin{pmatrix} \tilde{x}_1 \\ \tilde{x}_2 \end{pmatrix} = \begin{pmatrix} 0 & 1 \\ 0 & 0 \end{pmatrix}\begin{pmatrix} \tilde{x}_1 \\ \tilde{x}_2 \end{pmatrix} + \begin{pmatrix} 0 \\ \tilde{b}_2 \end{pmatrix} u, \quad \begin{pmatrix} \tilde{x}_1(0) \\ \tilde{x}_2(0) \end{pmatrix} = \begin{pmatrix} \tilde{x}_{10} \\ \tilde{x}_{20} \end{pmatrix}$$

$$y = (1 \quad 0)\begin{pmatrix} \tilde{x}_1 \\ \tilde{x}_2 \end{pmatrix}.$$

Untersucht man zunächst die Eigenbewegung, so erhält man die beiden Differenzialgleichungen

$$\begin{aligned}\dot{\tilde{x}}_1 &= \tilde{x}_2, \qquad \tilde{x}_1(0) = \tilde{x}_{10}\\ \dot{\tilde{x}}_2 &= 0, \qquad \tilde{x}_2(0) = \tilde{x}_{20}\end{aligned}$$

und daraus die Eigenbewegungen

$$\begin{aligned}\tilde{x}_{frei\,1}(t) &= e^{0t}\,\tilde{x}_{10} + t\,\tilde{x}_{20} = \tilde{x}_{10} + t\,\tilde{x}_{20}\\ \tilde{x}_{frei\,2}(t) &= \mathrm{e}^{0t}\,\tilde{x}_{20} = \tilde{x}_{20},\end{aligned}$$

wobei man zweckmäßigerweise die zweite Gleichung zuerst löst. Im Unterschied zu Gl. (5.63) können die Eigenbewegungen der einzelnen Zustandsvariablen nicht mehr unabhängig voneinander berechnet werden. Die Bewegungen setzen sich nicht nur aus e-Funktionen, sondern aus Termen der Form $t^k\,\mathrm{e}^{\lambda_i t}$ zusammen, wobei in dem hier behandelten Beispiel $k = 0, 1$ und $\lambda_{1,2} = 0$ ist. Diese Terme treten auch in der Ausgangsgröße auf, die sich für dieses Beispiel aus

$$y_{\mathrm{frei}}(t) = \tilde{x}_{10} + t\,\tilde{x}_{20}$$

ergibt.

Für die erzwungene Bewegung erhält man eine ähnliche Verkopplung der Bewegungsgleichungen der Zustandsvariablen:

$$\begin{aligned}\tilde{x}_1(t) &= \int_0^t \mathrm{e}^{0(t-\tau)}\tilde{x}_1(\tau)\,d\tau = \tilde{b}_2 \int_0^t \int_0^{\tau_2} u(\tau_1)\,d\tau_1\,d\tau_2\\ \tilde{x}_2(t) &= \int_0^t \mathrm{e}^{0(t-\tau)}\tilde{b}_2 u(\tau)\,d\tau = \tilde{b}_2 \int_0^t u(\tau)\,d\tau.\end{aligned}$$

Diskussion. Dieses Beispiel zeigt, dass in technisch relevanten Anwendungen nichtdiagonalähnliche Systemmatrizen auftreten können. Es soll jedoch nicht unerwähnt bleiben, dass die Systemmatrix diagonalähnlich wird, sobald man bei der Rollbewegung den Luftwiderstand berücksichtigt, der eine von der Rollgeschwindigkeit P abhängige Kraft auf die Flügel ausübt. Das Element a_{22} der in Gl. (5.67) stehenden Systemmatrix ist dann von null verschieden und die Systemmatrix diagonalähnlich. □

Aufgabe 5.7* *Bewegungsgleichung in kanonischer Darstellung*

Gegeben ist folgendes Zustandsraummodell:

$$\begin{aligned}\dot{\boldsymbol{x}} &= \begin{pmatrix} -\frac{1}{T_1} & 0 \\ \frac{1}{T_2} & -\frac{1}{T_2}\end{pmatrix}\boldsymbol{x} + \begin{pmatrix}\frac{1}{T_1}\\ 0\end{pmatrix}u(t), \qquad \boldsymbol{x}(0) = \boldsymbol{x}_0\\ y(t) &= (1 \quad -1)\,\boldsymbol{x}.\end{aligned}$$

1. Berechnen Sie die Eigenwerte und Eigenvektoren der Systemmatrix.
2. Transformieren Sie die gegebenen Gleichungen in ein Modell mit kanonischen Zustandsvariablen und zeichnen Sie den dazugehörigen Signalflussgrafen.
3. Stellen Sie die Bewegungsgleichung des transformierten Zustandsraummodells auf.
4. Berechnen Sie aus der Bewegungsgleichung die Eigenbewegung des Systems. Wie heißen die Modi des Systems? □

5.3.5 Weitere Normalformen des Zustandsraummodells

Außer der kanonischen Normalform gibt es eine Reihe weiterer Normalformen des Zustandsraummodells, von denen hier die Regelungsnormalform und die Beobachtungsnormalform erwähnt werden sollen. Auch diese Normalformen führen für bestimmte Analyse- und Entwurfsaufgaben auf einfachere Lösungen als das Modell in beliebiger Form.

Regelungsnormalform. Die Regelungsnormalform wurde bereits im Abschn. 4.4.1 eingeführt. Bei der Ableitung des Zustandsraummodells

$$\begin{aligned} \dot{\boldsymbol{x}}_{\rm R} &= \boldsymbol{A}_{\rm R}\boldsymbol{x}_{\rm R}(t) + \boldsymbol{b}_{\rm R}u(t), \qquad \boldsymbol{x}_{\rm R}(0) = \boldsymbol{x}_{\rm R0} \\ y(t) &= \boldsymbol{c}'_{\rm R}\boldsymbol{x}_{\rm R}(t) + du(t) \end{aligned}$$

aus der Differenzialgleichung

$$\frac{d^n y}{dt^n} + ... + a_1 \frac{dy}{dt} + a_0 y(t) = b_q \frac{d^q u}{dt^q} + ... + b_1 \frac{du}{dt} + b_0 u(t) \tag{5.68}$$

entstanden spezielle Formen (4.55) – (4.58) für $\boldsymbol{A}_{\rm R}$, $\boldsymbol{b}_{\rm R}$ und $\boldsymbol{c}_{\rm R}$:

$$\boldsymbol{A}_{\rm R} = \begin{pmatrix} 0 & 1 & 0 & \cdots & 0 \\ 0 & 0 & 1 & \cdots & 0 \\ \vdots & \vdots & \vdots & \ddots & \vdots \\ 0 & 0 & 0 & \cdots & 1 \\ -a_0 & -a_1 & -a_2 & \cdots & -a_{n-1} \end{pmatrix} \tag{5.69}$$

$$\boldsymbol{b}_{\rm R} = \begin{pmatrix} 0 \\ 0 \\ \vdots \\ 1 \end{pmatrix} \tag{5.70}$$

$$\boldsymbol{c}'_{\rm R} = (b_0 - b_n a_0, \, b_1 - b_n a_1, \, ..., \, b_{n-1} - b_n a_{n-1}) \tag{5.71}$$

$$d = b_n. \tag{5.72}$$

Für nicht sprungfähige Systeme hat $\boldsymbol{c}_{\rm R}$ die einfachere Form

$$\boldsymbol{c}'_{\rm R} = (b_0 \;\; b_1 \; ... \; b_q \;\; 0 \; ... \; 0) \tag{5.73}$$

und es gilt $d = 0$. Der Index „R" dient zur Kennzeichnung der Regelungsnormalform.

Die Matrix $\boldsymbol{A}_{\rm R}$ hat die Form einer Begleitmatrix, deren letzte Zeile die Koeffizienten des charakteristischen Polynoms mit einem Minuszeichen enthält. Wie man unter Ausnutzung dieser speziellen Struktur der Matrix $\boldsymbol{A}_{\rm R}$ schnell nachrechnen kann, gilt

$$\det(\lambda \boldsymbol{I} - \boldsymbol{A}_{\mathrm{R}}) = \lambda^n + a_{n-1}\lambda^{n-1} + \ldots + a_1\lambda + a_0.$$

Ein Vorteil der Regelungsnormalform besteht also in der Tatsache, dass man aus der Matrix $\boldsymbol{A}_{\mathrm{R}}$ sofort das charakteristische Polynom ablesen kann.

Ein weiterer Vorzug der Regelungsnormalform besteht darin, dass die Eingangsgröße nur die letzte Zustandsvariable $x_{\mathrm{R}n}$ direkt beeinflusst, wenngleich sich dieser Einfluss natürlich auf die anderen Zustandsvariablen fortpflanzt (vgl. Signalflussplan in Abb. 4.15). Die Regelungsnormalform spielt deshalb beim Reglerentwurf eine wichtige Rolle, woraus sich auch ihr Name ableitet. Als Beispiel sei auf den im Kap. II–6 behandelten Entwurf von Zustandsrückführungen verwiesen.

Auf die Regelungsnormalform kommt man von einem Zustandsraummodell in beliebiger Form

$$\begin{aligned} \dot{\boldsymbol{x}} &= \boldsymbol{A}\boldsymbol{x}(t) + \boldsymbol{b}u(t) \\ y(t) &= \boldsymbol{c}'\boldsymbol{x}(t) + du(t) \end{aligned}$$

durch eine Transformation

$$\boldsymbol{x}_{\mathrm{R}} = \boldsymbol{T}_{\mathrm{R}}^{-1}\boldsymbol{x}.$$

Wie man die Transformationsmatrix $\boldsymbol{T}_{\mathrm{R}}$ wählt, wird im Kap. II–6 erläutert, hier jedoch der Vollständigkeit halber bereits ohne Beweis angegeben. Man bildet zunächst die Matrix

$$\boldsymbol{S}_{\mathrm{S}} = (\boldsymbol{b} \;\; \boldsymbol{A}\boldsymbol{b} \;\; \boldsymbol{A}^2\boldsymbol{b} \ldots \boldsymbol{A}^{n-1}\boldsymbol{b}), \tag{5.74}$$

der im Zusammenhang mit der Steuerbarkeit von Systemen noch eine besondere Bedeutung zukommen wird (Kap. II–3). Die Regelungsnormalform existiert nur dann, wenn die Matrix $\boldsymbol{S}_{\mathrm{S}}$ invertierbar ist. Bezeichnet man die letzte Zeile von $\boldsymbol{S}_{\mathrm{S}}^{-1}$ mit $\boldsymbol{s}_{\mathrm{R}}'$

$$\boldsymbol{s}_{\mathrm{R}}' = (0 \;\; 0 \ldots 0 \;\; 1)\, \boldsymbol{S}_{\mathrm{S}}^{-1},$$

dann erhält man die Transformationsmatrix $\boldsymbol{T}_{\mathrm{R}}$ aus folgender Beziehung:

$$\boldsymbol{T}_{\mathrm{R}} = \begin{pmatrix} \boldsymbol{s}_{\mathrm{R}}' \\ \boldsymbol{s}_{\mathrm{R}}'\boldsymbol{A} \\ \boldsymbol{s}_{\mathrm{R}}'\boldsymbol{A}^2 \\ \vdots \\ \boldsymbol{s}_{\mathrm{R}}'\boldsymbol{A}^{n-1} \end{pmatrix}^{-1}. \tag{5.75}$$

Für die Regelungsnormalform gelten mit dieser Transformationsmatrix die Gln. (5.27), (5.28), (5.31) und (5.32) in der Form

$$\begin{aligned} \boldsymbol{A}_{\mathrm{R}} &= \boldsymbol{T}_{\mathrm{R}}^{-1}\boldsymbol{A}\boldsymbol{T}_{\mathrm{R}} \\ \boldsymbol{b}_{\mathrm{R}} &= \boldsymbol{T}_{\mathrm{R}}^{-1}\boldsymbol{b} \\ \boldsymbol{c}_{\mathrm{R}}' &= \boldsymbol{c}'\boldsymbol{T}_{\mathrm{R}} \\ \boldsymbol{x}_{\mathrm{R}0} &= \boldsymbol{T}_{\mathrm{R}}^{-1}\boldsymbol{x}_0. \end{aligned}$$

Beobachtungsnormalform. In Analogie zur Regelungsnormalform gibt es eine Beobachtungsnormalform des Zustandsraummodells

$$\begin{aligned}\dot{\boldsymbol{x}}_{\mathrm{B}} &= \boldsymbol{A}_{\mathrm{B}}\boldsymbol{x}_{\mathrm{B}}(t) + \boldsymbol{b}_{\mathrm{B}}u(t), \qquad \boldsymbol{x}_{\mathrm{B}}(0) = \boldsymbol{x}_{\mathrm{B}0}\\ y(t) &= \boldsymbol{c}'_{\mathrm{B}}\boldsymbol{x}_{\mathrm{B}}(t) + du(t)\end{aligned}$$

mit

$$\boldsymbol{A}_{\mathrm{B}} = \begin{pmatrix} 0 & 0 & \cdots & 0 & -a_0 \\ 1 & 0 & \cdots & 0 & -a_1 \\ 0 & 1 & \cdots & 0 & -a_2 \\ \vdots & \vdots & \ddots & \vdots & \vdots \\ 0 & 0 & \cdots & 1 & -a_{n-1} \end{pmatrix} \tag{5.76}$$

$$\boldsymbol{b}_{\mathrm{B}} = \begin{pmatrix} b_0 - b_n a_0 \\ b_1 - b_n a_1 \\ \vdots \\ b_{n-1} - b_n a_{n-1} \end{pmatrix} \tag{5.77}$$

$$\boldsymbol{c}'_{\mathrm{B}} = (0\ 0 \ldots 1) \tag{5.78}$$

$$d = b_n. \tag{5.79}$$

Auch hier vereinfacht sich das Modell für nicht sprungfähige Systeme, denn $\boldsymbol{b}_{\mathrm{B}}$ erhält für diese Systeme die Form

$$\boldsymbol{b}_{\mathrm{B}} = \begin{pmatrix} b_0 \\ b_1 \\ \vdots \\ b_q \\ 0 \\ \vdots \\ 0 \end{pmatrix} \tag{5.80}$$

und es gilt $d = 0$. Charakteristisch für die Beobachtungsnormalform ist die Tatsache, dass die Ausgangsgröße nur von der letzten Komponente des Zustandsvektors $\boldsymbol{x}_{\mathrm{B}}$ direkt abhängt.

Die Beobachtungsnormalform kann durch die Zustandstransformation

$$\boldsymbol{x}_{\mathrm{B}} = \boldsymbol{T}_{\mathrm{B}}^{-1}\boldsymbol{x}$$

aus einem in beliebiger Form gegebenen Zustandsraummodell erzeugt werden. Die Transformationsmatrix erhält man in Analogie zu $\boldsymbol{T}_{\mathrm{R}}$, wenn man zunächst die Matrix

$$\boldsymbol{S}_{\mathrm{B}} = \begin{pmatrix} \boldsymbol{c}' \\ \boldsymbol{c}'\boldsymbol{A} \\ \boldsymbol{c}'\boldsymbol{A}^2 \\ \vdots \\ \boldsymbol{c}'\boldsymbol{A}^{n-1} \end{pmatrix} \tag{5.81}$$

bildet, die bei der Untersuchung der Beobachtbarkeit eine wichtige Rolle spielt (Kap. II–3). Die Beobachtungsnormalform existiert nur dann, wenn die Matrix $\boldsymbol{S}_{\mathrm{B}}$ invertierbar ist. Bezeichnet man die letzte Spalte von $\boldsymbol{S}_{\mathrm{B}}^{-1}$ mit $\boldsymbol{s}_{\mathrm{B}}$

$$\boldsymbol{s}_{\mathrm{B}} = \boldsymbol{S}_{\mathrm{B}}^{-1} \begin{pmatrix} 0 \\ \vdots \\ 0 \\ 1 \end{pmatrix},$$

so folgt für die Transformationsmatrix die Beziehung

$$\boldsymbol{T}_{\mathrm{B}} = (\boldsymbol{s}_{\mathrm{B}} \;\; \boldsymbol{A}\,\boldsymbol{s}_{\mathrm{B}} \; ... \; \boldsymbol{A}^{n-1}\boldsymbol{s}_{\mathrm{B}}). \tag{5.82}$$

Damit gilt

$$\begin{aligned} \boldsymbol{A}_{\mathrm{B}} &= \boldsymbol{T}_{\mathrm{B}}^{-1}\boldsymbol{A}\boldsymbol{T}_{\mathrm{B}} \\ \boldsymbol{b}_{\mathrm{B}} &= \boldsymbol{T}_{\mathrm{B}}^{-1}\boldsymbol{b} \\ \boldsymbol{c}_{\mathrm{B}}' &= \boldsymbol{c}'\boldsymbol{T}_{\mathrm{B}} \\ \boldsymbol{x}_{\mathrm{B}0} &= \boldsymbol{T}_{\mathrm{B}}^{-1}\boldsymbol{x}_0. \end{aligned}$$

Vergleich beider Normalformen. Beide Normalformen können direkt aus der Differenzialgleichung (5.68) abgelesen werden. Sie haben die bemerkenswerte Eigenschaft, dass sie mit der minimal notwendigen Anzahl von Parametern auskommen. In $\boldsymbol{A}_{\mathrm{R}}$ bzw. $\boldsymbol{A}_{\mathrm{B}}$ stehen n Parameter, in $\boldsymbol{c}_{\mathrm{R}}$ bzw. $\boldsymbol{b}_{\mathrm{B}}$ weitere $q+1$ Parameter. Bei sprungfähigen Systemen ($q = n$) steht ein zusätzlicher Parameter im Durchgriff d. Damit stimmt die Zahl der Parameter bei der Regelungs- und der Beobachtungsnormalform mit der Zahl $n+q+1$ der Koeffizienten der Differenzialgleichung (5.68) überein.

Im Gegensatz dazu hat das Zustandsraummodell in allgemeiner Form n^2 Parameter in der Matrix $\boldsymbol{A}$, je n weitere Parameter in den Vektoren $\boldsymbol{b}$ und $\boldsymbol{c}$ sowie den Parameter d. Die Zahl n^2+2n+1 der möglicherweise von null verschiedenen Elemente ist somit größer als $n+q+1$, obwohl auch dieses Modell ein durch eine Differenzialgleichung mit $n+q+1$ Koeffizienten beschreibbares System darstellt. $\boldsymbol{A}$, $\boldsymbol{b}$, $\boldsymbol{c}'$ und d enthalten also redundante Informationen. Diese Redundanz sieht man beispielsweise im Modell (4.39) auf S. 64, für das die Beziehungen

$$a_{12} = -b_1 \qquad \text{und} \qquad a_{22} = -b_2$$

unabhängig von den Werten R und L gelten. Die Redundanz drückt sich also darin aus, dass die Elemente von $\boldsymbol{A}$ und $\boldsymbol{b}$ nicht unabhängig voneinander sind.

Zusammenhang zwischen beiden Normalformen. Die Regelungsnormalform und die Beobachtungsnormalform stehen in einem einfachen Zusammenhang. Für die Systemmatrizen gilt

$$\boldsymbol{A}_{\rm R} = \boldsymbol{A}'_{\rm B}.$$

Die Vektoren $\boldsymbol{b}$ und $\boldsymbol{c}$ sind gerade vertauscht:

$$\begin{aligned} \boldsymbol{b}_{\rm R} &= \boldsymbol{c}_{\rm B} \\ \boldsymbol{c}_{\rm R} &= \boldsymbol{b}_{\rm B}. \end{aligned}$$

Man spricht deshalb von einer *Dualität* zwischen beiden Modellformen. Diese Eigenschaft wird bei den Untersuchungen zur Steuerbarkeit und Beobachtbarkeit im Kap. II–3 näher untersucht.

5.4 Eigenschaften und Berechnungsmethoden für die Übergangsmatrix

Eigenschaften. Die Übergangsmatrix wurde in der Gl. (5.12) definiert:

$$\boldsymbol{\Phi}(t) = {\rm e}^{\boldsymbol{A}t}.$$

Im Folgenden werden die Eigenschaften dieser Matrix sowie Methoden für die Berechnung zusammengestellt.

Die Übergangsmatrix wurde im Abschn. 5.2 zur Lösung der homogenen Differenzialgleichung (5.10) eingeführt. Wird $\boldsymbol{\Phi}$ differenziert und in die homogene Differenzialgleichung eingesetzt, so wird offensichtlich, dass $\boldsymbol{\Phi}(t)$ die Lösung der Differenzialgleichung

$$\dot{\boldsymbol{\Phi}} = \boldsymbol{A}\boldsymbol{\Phi}(t), \quad \boldsymbol{\Phi}(0) = \boldsymbol{I} \tag{5.83}$$

ist.

Schreibt man die Lösung der homogenen Differenzialgleichung unter Verwendung der Matrix $\boldsymbol{\Phi}$ ausführlich

$$\begin{pmatrix} x_1(t) \\ x_2(t) \\ \vdots \\ x_n(t) \end{pmatrix} = \begin{pmatrix} \Phi_{11}(t) & \Phi_{12}(t) & \cdots & \Phi_{1n}(t) \\ \Phi_{21}(t) & \Phi_{22}(t) & \cdots & \Phi_{2n}(t) \\ \cdots & \cdots & \cdots & \cdots \\ \Phi_{n1}(t) & \Phi_{n2}(t) & \cdots & \Phi_{nn}(t) \end{pmatrix} \begin{pmatrix} x_1(0) \\ x_2(0) \\ \vdots \\ x_n(0) \end{pmatrix},$$

so erkennt man, dass das Element $\Phi_{ij}(t)$ der Übergangsmatrix beschreibt, wie die i-te Zustandsvariable von der Anfangsauslenkung der j-ten Zustandsvariable abhängig ist.

Weitere Eigenschaften erhält man, wenn man von der Lösung

$$\boldsymbol{x}(t) = \boldsymbol{\Phi}(t - t_0)\, \boldsymbol{x}(t_0)$$

der homogenen Differenzialgleichung (5.10) ausgeht, die für beliebige Anfangszeit t_0 analog der Gl. (5.13) abgeleitet werden kann. Da die Übergangsmatrix regulär ist, kann diese Gleichung von links mit der Inversen multipliziert werden, wodurch

$$\boldsymbol{x}(t_0) = \boldsymbol{\Phi}^{-1}(t - t_0)\, \boldsymbol{x}(t)$$

entsteht. Andererseits gilt die Beziehung

$$\boldsymbol{x}(t_0) = \boldsymbol{\Phi}(t_0 - t)\, \boldsymbol{x}(t).$$

Folglich ist

$$\boldsymbol{\Phi}(t - t_0) = \boldsymbol{\Phi}^{-1}(t_0 - t).$$

Da

$$\mathrm{e}^{\boldsymbol{A}t_1}\, \mathrm{e}^{\boldsymbol{A}t_2} = \mathrm{e}^{\boldsymbol{A}(t_1 + t_2)} = \mathrm{e}^{\boldsymbol{A}t_2}\, \mathrm{e}^{\boldsymbol{A}t_1}$$

aus der Definition der Matrixexponentialfunktion abgeleitet werden kann, erhält man für die Übergangsfunktion außerdem die Eigenschaft

$$\boldsymbol{\Phi}(t_2 - t_0) = \boldsymbol{\Phi}(t_2 - t_1)\, \boldsymbol{\Phi}(t_1 - t_0).$$

Berechnung. Die erste Berechnungsvorschrift für $\boldsymbol{\Phi}(t)$ leitet sich unmittelbar aus der für die Definition verwendeten Reihe (5.12) ab. Bricht man die Reihe nach p Gliedern ab, so weist die berechnete Übergangsmatrix einen Fehler auf, der jedoch bei numerischer Berechnung mit hoher Gliedzahl p klein gehalten werden kann. Problematisch kann für die numerische Berechnung jedoch die Tatsache sein, dass die ersten Summanden sehr groß sind und Elemente des Zwischenergebnisses außerhalb des zur Verfügung stehenden Zahlenbereiches liegen. Abhilfe schafft hier eine Normierung der Matrix $\boldsymbol{A}$, die nach der Berechnung wieder rückgängig gemacht wird.

Eine zweite Berechnungsmöglichkeit bietet die Formel von SYLVESTER, die angewendet werden kann, wenn alle Eigenwerte von $\boldsymbol{A}$ einfach sind:

$$\boldsymbol{\Phi}(t) = \mathrm{e}^{\boldsymbol{A}t} = \sum_{i=1}^{n} \mathrm{e}^{\lambda_i t} \boldsymbol{F}_i \tag{5.84}$$

mit

$$\boldsymbol{F}_i = \prod_{j=1, j \neq i}^{n} \frac{\boldsymbol{A} - \lambda_j \boldsymbol{I}}{\lambda_i - \lambda_j}.$$

Bei dieser Formel muss $\boldsymbol{\Phi}(t)$ nicht für jeden Zeitpunkt getrennt berechnet werden, sondern die Übergangsmatrix entsteht in direkter Beziehung zu den Modi des Systems. Dasselbe erreicht man über die Ähnlichkeitstransformation der Matrix $\boldsymbol{A}$. Wird diese auf alle Glieder der Reihe (5.12) angewendet, so erhält man die Beziehung

$$\boldsymbol{\Phi}(t) = \mathrm{e}^{\boldsymbol{A}t} = \boldsymbol{V}\, \mathrm{diag}\, \mathrm{e}^{\lambda_i t}\, \boldsymbol{V}^{-1}, \tag{5.85}$$

aus der wieder $\boldsymbol{\Phi}(t)$ in Abhängigkeit von den Modi des Systems erhalten wird.

Eine weitere Berechnungsmöglichkeit führt über die Laplace-Transformation und wird später behandelt (Aufgabe 6.16).

Aufgabe 5.8 *Berechnung der Übergangsmatrix*

Gegeben ist die Systemmatrix

$$\boldsymbol{A} = \begin{pmatrix} -\frac{1}{T_1} & 0 & 0 \\ \frac{1}{T_2} & -\frac{1}{T_2} & 0 \\ 0 & \frac{1}{T_3} & -\frac{1}{T_3} \end{pmatrix}.$$

Bestimmen Sie die Übergangsmatrix nach der SYLVESTER-Formel (5.84). □

Aufgabe 5.9[**] *Übergangsmatrix für kanonische Zustandsvariable*

Die Übergangsmatrix $\tilde{\boldsymbol{\Phi}}(t)$, die für den Zustandsraum mit kanonischen Zustandsvariablen $\tilde{x}_i$ gilt, lässt sich in der Form

$$\tilde{\boldsymbol{\Phi}} = \text{diag } \mathrm{e}^{\lambda_i t}$$

darstellen.

1. Beweisen Sie durch Transformation der Gl. (5.83), dass $\tilde{\boldsymbol{\Phi}}$ die Differenzialgleichung

$$\dot{\tilde{\boldsymbol{\Phi}}}(t) = \text{diag } \lambda_i \, \tilde{\boldsymbol{\Phi}}(t), \quad \tilde{\boldsymbol{\Phi}}(0) = \boldsymbol{I} \tag{5.86}$$

erfüllt.

2. Beweisen Sie die Gl. (5.85), indem Sie die Definitionsgleichungen (5.12), (5.14) für $\tilde{\boldsymbol{\Phi}}(t)$ anwenden. □

5.5 Kennfunktionen des dynamischen Übertragungsverhaltens im Zeitbereich

Das dynamische Übertragungsverhalten eines Systems beschreibt die Abhängigkeit des Ausgangssignals vom Eingangssignal, wenn das System zur Zeit $t = 0$ im Ruhezustand $\boldsymbol{x}(0) = \boldsymbol{0}$ ist. Die Abhängigkeit von $y(t)$ von $u(t)$ ist durch das Zustandsraummodell (4.40) für $\boldsymbol{x}(0) = \boldsymbol{0}$ sowie durch die Gl. (5.21) beschrieben:

$$y(t) = \int_0^t \boldsymbol{c}' \mathrm{e}^{\boldsymbol{A}(t-\tau)} \boldsymbol{b} u(\tau) \, d\tau + d \, u(t).$$

Beide Beschreibungen sind äquivalent. Außer diesen beiden Darstellungen sind in der Regelungstechnik eine Reihe von Kennfunktionen zur Beschreibung des dynamischen Übertragungsverhaltens verbreitet. Diese Kennfunktionen lassen sich grafisch sehr anschaulich darstellen und geben einen optischen Eindruck von der Verhaltensweise des betrachteten Systems. Zwei dieser Kennfunktionen werden jetzt behandelt.

5.5.1 Übergangsfunktion

Die Übergangsfunktion beschreibt, wie das System auf eine sprungförmige Eingangsgröße reagiert. Die Eingangsgröße wird durch die Sprunghöhe u_0 und die *Sprungfunktion*

$$\sigma(t) = \begin{cases} 0 & \text{für} \quad t < 0 \\ 1 & \text{für} \quad t \geq 0 \end{cases} \tag{5.87}$$

dargestellt, d. h., es gilt

$$u(t) = u_0\, \sigma(t). \tag{5.88}$$

$\sigma(t)$ wird auch als HEAVISIDE-Funktion[2] bezeichnet. Aus Gl. (5.21) erhält man für $y(t)$ mit der Substitution $t - \tau = \tau'$ die Beziehung

$$y(t) = \left(\int_0^t \boldsymbol{c}' \mathrm{e}^{\boldsymbol{A}\tau'} \boldsymbol{b}\, d\tau' + d\sigma(t) \right) u_0. \tag{5.89}$$

Diese Ausgangsgröße wird als *Sprungantwort* bezeichnet. Ist $u_0 = 1$, so spricht man von der Übergangsfunktion, die mit $h(t)$ bezeichnet wird. Aus Gl. (5.89) erhält man

$$\text{Übergangsfunktion:} \qquad h(t) = \int_0^t \boldsymbol{c}' \mathrm{e}^{\boldsymbol{A}\tau} \boldsymbol{b}\, d\tau + d. \tag{5.90}$$

$\sigma(t)$ wurde in dieser Gleichung auf Grund der Vereinbarung weggelassen, so dass alle Signale, also auch $h(t)$, für $t < 0$ verschwinden und diese Gleichung deshalb nur für $t > 0$ gilt.

Gilt $\det \boldsymbol{A} \neq 0$, so lässt sich das Integral geschlossen lösen und man erhält

$$\begin{aligned} h(t) &= \boldsymbol{c}' \boldsymbol{A}^{-1} \mathrm{e}^{\boldsymbol{A}\tau} \boldsymbol{b} \Big|_{\tau=0}^{\tau=t} + d\sigma(t) \\ &= \boldsymbol{c}' \boldsymbol{A}^{-1} \mathrm{e}^{\boldsymbol{A}t} \boldsymbol{b} - \boldsymbol{c}' \boldsymbol{A}^{-1} \boldsymbol{b} + d\sigma(t) \end{aligned} \tag{5.91}$$

und nach Weglassen von $\sigma(t)$ auf Grund der genannten Vereinbarung

$$h(t) = d - \boldsymbol{c}' \boldsymbol{A}^{-1} \boldsymbol{b} + \boldsymbol{c}' \boldsymbol{A}^{-1} \mathrm{e}^{\boldsymbol{A}t} \boldsymbol{b}. \tag{5.92}$$

Für $\det \boldsymbol{A} = 0$ besitzt die Matrix $\boldsymbol{A}$ einen oder mehrere verschwindende Eigenwerte ($\lambda_i = 0$). Dann treten Terme mit t, t^2, t^3 usw. in der Übergangsfunktion auf. Beispiele sind die auf S. 167 angegebenen Übergangsfunktionen (5.129) und (5.131) von Integriergliedern.

Eine typische Übergangsfunktion ist in Abb. 5.15 gezeigt. Für stabile Systeme nähert sich die Übergangsfunktion für $t \to \infty$ einem Endwert $h(\infty)$, der die statische Verstärkung des Systems beschreibt und mit k_s bezeichnet wird. Aus Gl. (5.90) erhält man

[2] OLIVER HEAVISIDE (1850 – 1925), britischer Physiker, leistete Beiträge zur Netzwerktheorie

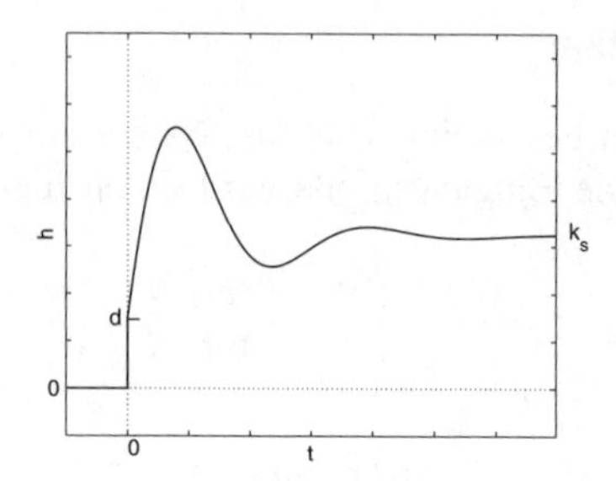

Abb. 5.15: Übergangsfunktion eines Systems zweiter Ordnung

$$k_{\rm s} = -\boldsymbol{c}'\boldsymbol{A}^{-1}\boldsymbol{b} + d. \tag{5.93}$$

Dies sind gerade die linken beiden Summanden in Gl. (5.92).

Abbildung 5.15 zeigt, dass sich die Ausgangsgröße des Systems aus zwei Anteilen zusammensetzt: Zu einem durch d bestimmten Grade folgt $y(t)$ der sprungförmigen Eingangsgröße sofort. Dann nähert sich die Ausgangsgröße dem statischen Endwert $k_{\rm s}$ verzögert. Systeme, für die $d \neq 0$ gilt, werden deshalb als *sprungfähige Systeme* bezeichnet.

Aufgabe 5.10** *Berechnung der statischen Verstärkung*

1. Leiten Sie die Formel (5.93) direkt aus dem Zustandsraummodell (4.40) ab. (Hinweis: Beachten Sie, dass die statische Verstärkung dann am Systemausgang gemessen werden kann, wenn das System nach Erregung durch die Sprungfunktion zur Ruhe gekommen ist.)
2. Die statische Verstärkung $k_{\rm s}$ kann auch aus den Koeffizienten der Differenzialgleichung (4.1) des Systems bestimmt werden:

$$k_{\rm s} = \frac{b_0}{a_0}. \tag{5.94}$$

Leiten Sie diese Beziehung aus der Differenzialgleichung (4.1) und aus dem Zustandsraummodell in Regelungsnormalform ab. □

5.5.2 Gewichtsfunktion

Die Kennzeichnung der dynamischen Übertragungseigenschaften durch die Gewichtsfunktion geht von der Vorstellung aus, dass das System durch einen sehr kurzen Impuls erregt wird. Der Rechteckimpuls

$$r_\varepsilon(t) = \begin{cases} \frac{1}{\varepsilon} & \text{für} \quad 0 \le t \le \varepsilon \\ 0 & \text{sonst} \end{cases}$$

ist in Abb. 5.16(a) zu sehen. Er schließt eine Fläche der Größe 1 ein. Da die Ausgangsgröße des durch diesen Rechteckimpuls erregten Systems von ε abhängig ist, wird mit einem Impuls gearbeitet, der aus r_ε für $\varepsilon \rightarrow 0$ entsteht. Diese Impulsfunktion wird *Einheitsimpuls*, *Dirac*-Impuls oder *Stoßfunktion* genannt und mit $\delta(t)$ bezeichnet:

$$\delta(t) = \lim_{\varepsilon \rightarrow 0} r_\epsilon. \tag{5.95}$$

Dieser Impuls ist unendlich hoch und unendlich kurz.

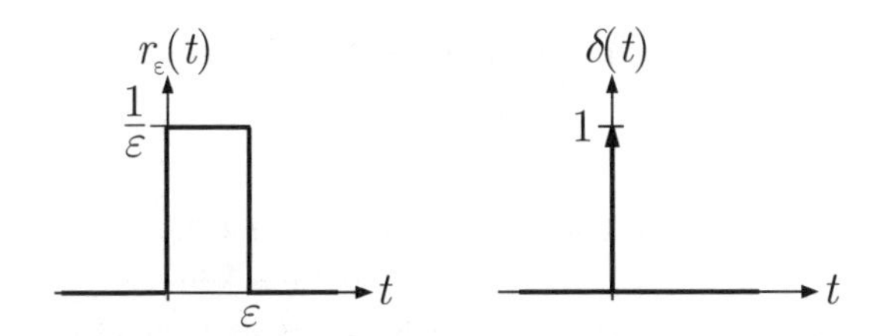

Abb. 5.16: Definition und Darstellung des Diracimpulses

Die Funktion $\delta(t)$ ist keine Funktion im klassischen Sinne, sondern eine verallgemeinerte Funktion oder *Distribution*. Sie wird durch folgende Gleichungen definiert:

$$\begin{aligned} \delta(t) &= 0 \quad \text{für} \quad t \neq 0 \\ \int_{-\infty}^{t} \delta(\tau)\, d\tau &= \sigma(t). \end{aligned} \tag{5.96}$$

Für sie gilt

$$\int_{-\infty}^{+\infty} \delta(\tau)\, d\tau = 1.$$

Grafisch wird sie durch einen Pfeil der Länge 1 symbolisiert (Abb. 5.16 (rechts)).

Obwohl sich der Einheitsimpuls in der praktischen Anwendung nicht realisieren lässt, hat er mehr als eine mathematische Bedeutung. Das System verhält sich nämlich sehr ähnlich, wenn an Stelle von $\delta(t)$ mit dem Impuls $r_\epsilon(t)$ gearbeitet und die Impulsdauer ϵ klein gegenüber den maßgebenden Zeitkonstanten des Systems gewählt wird (vgl. Aufgabe 5.12).

Für die Antwort des Systems auf die impulsförmige Erregung $u(t) = \delta(t)$ erhält man aus Gl. (5.21) die Beziehung

$$\begin{aligned} y(t) &= \int_0^t \boldsymbol{c}' \mathrm{e}^{\boldsymbol{A}(t-\tau)} \boldsymbol{b}\, \delta(\tau)\, d\tau + d\delta(t) \\ &= \int_{-0}^{+0} \boldsymbol{c}' \mathrm{e}^{\boldsymbol{A}(t-\tau)} \boldsymbol{b}\, \delta(\tau)\, d\tau + d\delta(t), \end{aligned}$$

wobei das Integrationsintervall auf $-0...+0$, also ein winziges die Null umschließendes Intervall, eingeschränkt wurde, da für alle anderen Werte von τ die Stoßfunktion gleich null ist. In diesem Intervall ist $\mathrm{e}^{\boldsymbol{A}(t-\tau)} = \mathrm{e}^{\boldsymbol{A}t}$ eine konstante Größe und kann vor das Integralzeichen gezogen werden. Damit erhält man

$$\begin{aligned} y(t) &= \boldsymbol{c}'\mathrm{e}^{\boldsymbol{A}t}\boldsymbol{b}\int_{-0}^{+0}\delta(\tau)\,d\tau + d\delta(t) \\ &= \boldsymbol{c}'\mathrm{e}^{\boldsymbol{A}t}\boldsymbol{b} + d\delta(t). \end{aligned}$$

Diese Funktion wird als Gewichtsfunktion oder Impulsantwort bezeichnet und durch $g(t)$ symbolisiert:

$$\text{Gewichtsfunktion:} \quad g(t) = \boldsymbol{c}'\mathrm{e}^{\boldsymbol{A}t}\boldsymbol{b} + d\,\delta(t). \tag{5.97}$$

Da für viele reale Systeme der Skalar d gleich null ist, enthalten Gewichtsfunktionen physikalischer Systeme in der Regel keinen Impulsanteil, d. h., der zweite Summand in Gl. (5.97) entfällt. Für ein stabiles System zweiter Ordnung mit $d = 0$ ist die Gewichtsfunktion in Abb. 5.17 dargestellt. Für die Gewichtsfunktion gilt, wie für alle Signale, $g(t) = 0$ für $t < 0$.

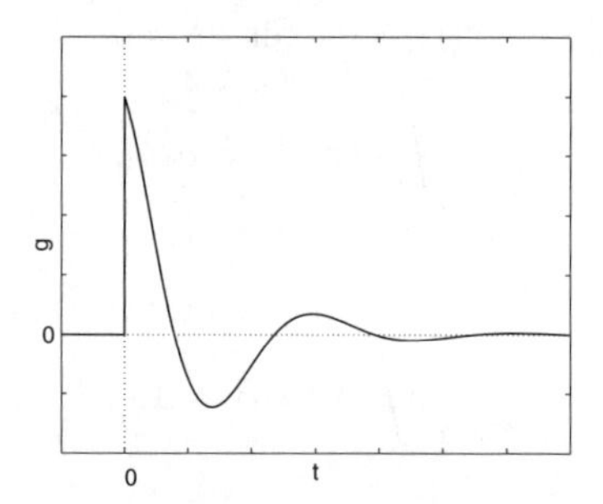

Abb. 5.17: Gewichtsfunktion eines Systems zweiter Ordnung

Gewichtsfunktion in kanonischer Darstellung. Wie aus dem Abschnitt 5.3.4 bekannt ist, setzen sich alle Elemente der Matrixexponentialfunktion $\mathrm{e}^{\boldsymbol{A}t}$ aus Termen der Form $\mathrm{e}^{\lambda_i t}$ zusammen, wenn $\boldsymbol{A}$ diagonalähnlich ist. Diese Tatsache kann man für die Gewichtsfunktion durch folgende Transformation verdeutlichen, in der $\boldsymbol{V}$ wieder die Matrix der Eigenvektoren von $\boldsymbol{A}$ ist:

$$\begin{aligned} g(t) &= \boldsymbol{c}'\mathrm{e}^{\boldsymbol{A}t}\boldsymbol{b} + d\,\delta(t) \\ &= \boldsymbol{c}'\,\boldsymbol{V}\,\boldsymbol{V}^{-1}\,\mathrm{e}^{\boldsymbol{A}t}\,\boldsymbol{V}\,\boldsymbol{V}^{-1}\,\boldsymbol{b} + d\,\delta(t) \\ &= \tilde{\boldsymbol{c}}'\,\boldsymbol{V}^{-1}\,\mathrm{e}^{\boldsymbol{A}t}\,\boldsymbol{V}\,\tilde{\boldsymbol{b}} + d\,\delta(t) \end{aligned}$$

$$= \tilde{\boldsymbol{c}}' \,\mathrm{diag}\, \mathrm{e}^{\lambda_i t}\, \tilde{\boldsymbol{b}} + d\,\delta(t)$$

$$g(t) = \sum_{i=1}^{n} \tilde{c}_i \tilde{b}_i \,\mathrm{e}^{\lambda_i t} + d\,\delta(t). \tag{5.98}$$

Die Vektoren $\tilde{\boldsymbol{c}}$ und $\tilde{\boldsymbol{b}}$ sind die in den Gln. (5.39) und (5.40) definierten Vektoren des Zustandsraummodells in kanonischer Normalform und $\tilde{c}_i$ und $\tilde{b}_i$ die Elemente dieser Vektoren. Gleichung (5.98) kann durch

$$g(t) = \sum_{i=1}^{n} g_i \,\mathrm{e}^{\lambda_i t} + d\,\delta(t) \tag{5.99}$$

abgekürzt geschrieben werden, wobei $g_i = \tilde{c}_i \tilde{b}_i$ gilt.

Diese Darstellung zeigt, dass in die Gewichtsfunktion dieselben Funktionen $\mathrm{e}^{\lambda_i t}$ eingehen, die die Eigenbewegung des Systems bestimmen (vgl. Gl. (5.64)). Die Gewichtsfunktion ist von einem oder mehreren dieser Terme unabhängig, wenn

$$g_i = \tilde{c}_i \tilde{b}_i = 0 \tag{5.100}$$

gilt. Es wird sich später herausstellen, dass diese Bedingung bedeutet, dass der Eigenwert λ_i entweder nicht steuerbar oder nicht beobachtbar ist, d. h., dass der Eigenvorgang $\mathrm{e}^{\lambda_i t}$ nicht durch die Eingangsgröße angeregt wird oder nicht die Ausgangsgröße beeinflusst (Kap. II–3). Diese Tatsache wird aus dem Signalflussgrafen des Systems in kanonischer Normalform offensichtlich. Gilt $\tilde{b}_1 = 0$ oder $\tilde{c}_1 = 0$, so gibt es in Abb. 5.11 auf S. 124 entweder keine Kante vom Knoten u zum Knoten $\dot{\tilde{x}}_1$ oder keine Kante vom Knoten $\tilde{x}$ zum Knoten y. Der Term $\mathrm{e}^{\lambda_1 t}$ geht deshalb nicht in die Gewichtsfunktion ein. Wenn die Bedingung (5.100) für mindestens ein i erfüllt ist, besteht die Gewichtsfunktion (5.99) also aus weniger als n Summanden.

Erweiterung auf nicht diagonalähnliche Matrizen. Die Darstellung (5.98) kann auf Systeme erweitert werden, deren Systemmatrix nicht diagonalähnlich ist. Wie im Abschn. 5.3.4 erläutert wurde, treten in der Eigenbewegung $\boldsymbol{x}_{\mathrm{frei}}(t)$ bzw. $y_{\mathrm{frei}}(t)$ neben den e-Funktionen dann Terme der Form $t^k \mathrm{e}^{\lambda_i t}$ auf. Gleiches trifft auch auf die Gewichtsfunktion zu, so dass deren allgemeine Form

$$g(t) = \sum_{i=1}^{\bar{n}} \sum_{k=0}^{l_i - r_i} g_{ik}\, t^k \mathrm{e}^{\lambda_i t} + d\,\delta(t) \tag{5.101}$$

lautet, wobei l_i die Vielfachheit des Eigenwertes λ_i und r_i die Anzahl der linear unabhängigen Eigenvektoren zu λ_i bezeichnen. $\bar{n}$ gibt die Anzahl der verschiedenen Eigenwerte (unabhängig von deren Vielfachheit) an.

Zusammenhang zwischen Gewichtsfunktion und Übergangsfunktion. Ein Vergleich von Gl. (5.90) und Gl. (5.97) zeigt, dass sich die Übergangsfunktion und die Gewichtsfunktion entsprechend

$$h(t) = \int_0^t g(\tau) d\tau \tag{5.102}$$

$$g(t) = \frac{dh}{dt} \tag{5.103}$$

ineinander umrechnen lassen (Abb. 5.18). Es gelten für den Ausgang also dieselben Beziehungen wie für den Eingang:

$$\sigma(t) = \int_0^t \delta(\tau)\, d\tau\,.$$

Aus Gl. (5.102) folgt für die statische Verstärkung des Systems die Beziehung

$$k_{\rm s} = \int_0^\infty g(\tau)\, d\tau. \tag{5.104}$$

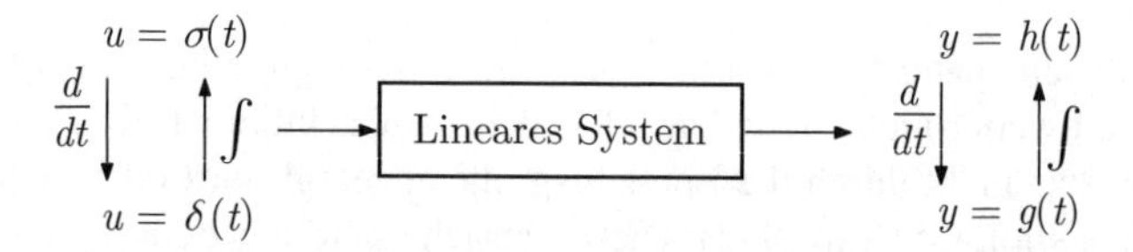

Abb. 5.18: Zusammenhang zwischen Gewichtsfunktion und Übergangsfunktion

Um zu erkennen, dass die in Gl. (5.103) angegebene Beziehung tatsächlich zwischen der Übergangsfunktion (5.90) und der Gewichtsfunktion (5.97) gilt, muss man beachten, dass beide Funktionen für $t < 0$ verschwinden und der Summand $+d$ in Gl. (5.90) genauer $+d\sigma(t)$ heißt. Im Übrigen ergibt sich Gl. (5.103) auch direkt aus der Beziehung (4.54).

Darstellung des E/A-Verhaltens mit Hilfe der Gewichtsfunktion. Unter Verwendung der Gewichtsfunktion (5.97) kann man die Beziehung (5.21)

$$y(t) = \int_0^t g(t-\tau) u(\tau)\; d\tau$$

für das E/A-Verhalten in einer anderen Form darstellen. Die rechte Seite stellt ein *Faltungsintegral* dar, das durch den Operator $*$ abgekürzt wird:

$$g * u = \int_0^t g(t-\tau)\, u(\tau)\; d\tau. \tag{5.105}$$

Dabei gilt

$$g * u = \int_0^t g(t-\tau)\, u(\tau)\, d\tau = \int_0^t g(\tau)\, u(t-\tau)\, d\tau. \qquad (5.106)$$

Es sei darauf hingewiesen, dass das Faltungsintegral nur berechnet werden kann, wenn die Verläufe von g und u für das Intervall $0 \ldots t$ bekannt sind. Um an diese Tatsache zu erinnern, wird die Faltung als $g * u$ und nicht als $g(t) * u(t)$ geschrieben, weil die zweite Schreibweise die falsche Interpretation nahe legt, dass nur die zur Zeit t vorkommenden Werte $g(t)$ und $u(t)$ in die Faltung eingehen. Mit dieser Schreibweise verkürzt sich Gl. (5.21) auf

$$\boxed{\text{E/A-Verhalten:} \qquad y = g * u.} \qquad (5.107)$$

Diese Gleichung zeigt, dass die Gewichtsfunktion das dynamische Übertragungsverhalten vollständig beschreibt. Ist $g(t)$ bekannt, so kann die Systemtrajektorie für beliebige Eingangsgrößen berechnet werden, vorausgesetzt, dass das System aus dem Ruhezustand erregt wird.

Die in Gl. (5.106) angegebene Faltungsdefinition ist übrigens identisch mit der in vielen Literaturstellen angegebenen Beziehung

$$g * u = \int_{-\infty}^{+\infty} g(\tau)\, u(t-\tau)\, d\tau.$$

Auf Grund der Kausalität gilt $g(t) = 0$ für $t < 0$, so dass das Integrationsintervall $-\infty \ldots 0$ keinen Beitrag zum Wert des Integrals bringt und die untere Integrationsgrenze auf 0 gesetzt werden kann. Die obere Integrationsgrenze kann von $+\infty$ auf t verschoben werden, weil nach der hier verwendeten Vereinbarung das Eingangssignal $u(t)$ für $t < 0$ verschwindet.

Interpretation der Gewichtsfunktion. Die Gewichtsfunktion hat eine sehr anschauliche Interpretation. Um diese abzuleiten, wird ein System mit der Anfangsbedingung $\boldsymbol{x}_0 = \boldsymbol{0}$ betrachtet und Gl. (5.105) in

$$y(t) = \int_0^t u_{\rm g}(\tau) d\tau$$

mit

$$u_{\rm g}(\tau) = g(t-\tau)\, u(\tau)$$

umgeschrieben. Die Ausgangsgröße zu einem festen Zeitpunkt t ergibt sich also aus der Integration von $u_{\rm g}(\tau)$ nach τ für $0 \le \tau \le t$. $u_{\rm g}(\tau)$ erhält man für einen festen Zeitpunkt τ' aus der Multiplikation von $u(\tau')$ mit $g(t-\tau')$. Das ist grafisch in

Abb. 5.19 dargestellt. Dabei wurde, um Verwechslungen der Variablen vorzubeugen, $t - \tau$ durch ϑ ersetzt. $g(\vartheta)$ ist für steigendes ϑ nach links abgetragen, wobei auf Grund des betrachteten Integrationsintervalls für τ nur das Intervall $0 \leq \vartheta \leq t$ von Interesse ist. $u_{\mathrm{g}}(\tau')$ erhält man, wenn man die in der Abbildung untereinander stehenden Werte $u(\tau')$ und $g(\vartheta')$ mit $\vartheta' = t - \tau'$ miteinander multipliziert. Dies kann für das Integrationsintervall punktweise für alle $\tau' = 0...t$ geschehen. $y(t)$ ergibt sich durch Integration von $u_{\mathrm{g}}(\tau)$ im Intervall $0 \leq \tau \leq t$ und entspricht deshalb der grauen Fläche zwischen der Kurve von u_{g} und der Zeitachse.

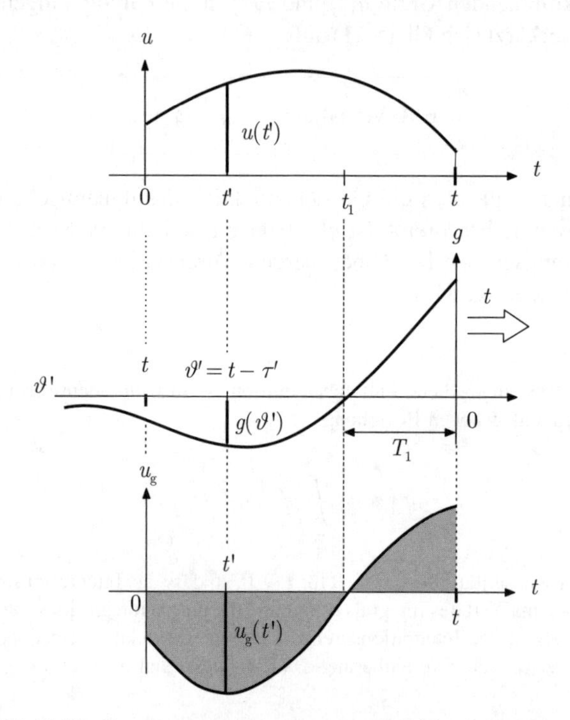

Abb. 5.19: Berechnung der Ausgangsgröße $y(t)$ mit Hilfe des Faltungsintegrals

Die Abbildung zeigt, dass die Ausgangsgröße y zu einem gegebenen Zeitpunkt t durch das Integral über die gewichtete Eingangsgröße u_{g} bestimmt wird, wobei die Wichtung durch g bestimmt ist. Durch diese Tatsache ist auch der Begriff „Gewichtsfunktion" begründet. $g(\vartheta)$ ist das Gewicht, mit dem der Wert $u(t - \vartheta)$ in die aktuelle Ausgangsgröße $y(t)$ eingeht. Da die Gewichtsfunktion typischerweise für kleine Zeiten ϑ groß und für große Zeiten klein ist, heißt das, dass die Ausgangsgröße stark von der aktuellen und den wenig zurückliegenden Werten der Eingangsgröße bestimmt wird und wenig von den sehr weit zurückliegenden Werten der Eingangsgröße abhängt.

Da $g(t) = 0$ für $t < 0$ gilt, ist die aktuelle Ausgangsgröße $y(t)$ nicht von zukünftigen Werten der Eingangsgröße abhängig (Kausalität). Gleichbedeutend damit ist, dass der Wert $u(T)$ der Eingangsgröße zur Zeit T die Ausgangsgröße nur für Zeitpunkte $t \geq T$ beeinflussen kann (vgl. Abschn. 4.2.4).

Für fortschreitende Zeit t muss in der grafischen Darstellung die Funktion $g(\vartheta)$ nach rechts verschoben werden. Damit verschiebt sich die Wichtung, die die Werte der Eingangsgröße bei der Berechnung von $y(t)$ erfahren. Insbesondere verschiebt sich auch das Intervall $[t_1, t]$ mit der Länge T_1, in dem die in der Abbildung verwendete Gewichtsfunktion die Eingangsgröße $u(t)$ positiv bewertet. In die Ausgangsgröße $y(t)$ gehen deshalb die Werte der Eingangsgröße des unmittelbar vor der Zeit t liegenden Intervalls mit positivem Gewicht ein, während alle länger als T_1 zurückliegenden Werte den Systemausgang mit negativem Gewicht beeinflussen. Diese Überlegungen zeigen sehr deutlich, dass bei dynamischen Systemen der Wert der Ausgangsgröße durch alle zurückliegenden Werte der Eingangsgröße beeinflusst wird. Nur bei statischen Systemen ist $y(t)$ allein von der zur selben Zeit wirkenden Eingangsgröße $u(t)$ abhängig. Dynamische Systeme transformieren also die gesamte Funktion $u : \mathrm{I\!R}_+ \longrightarrow \mathrm{I\!R}$ in eine andere Funktion $y : \mathrm{I\!R}_+ \longrightarrow \mathrm{I\!R}$. Wenn das System zur Zeit $t = 0$ sich nicht in der Ruhelage $\boldsymbol{x}(0) = \boldsymbol{0}$ befindet, hängt diese Transformation von $\boldsymbol{x}(0)$ ab.

Verwendet man als Eingangsgröße den Diracimpuls $\delta(t)$, so gilt

$$y(t) = \int_0^t g(t-\tau)\,\delta(\tau)\,d\tau = \int_0^t g(\tau)\,\delta(t-\tau)\,d\tau = g(t),$$

d. h., der Systemausgang ist (erwartungsgemäß) gleich der Gewichtsfunktion. Für das Rechnen mit $\delta(t)$ ist die allgemeinere Darstellung dieser Gleichung durch

$$y(t_0) = \int_{-\infty}^{+\infty} g(t_0-\tau)\,\delta(\tau)\,d\tau = \int_{-\infty}^{+\infty} g(\tau)\,\delta(t_0-\tau)\,d\tau = g(t_0)$$

interessant. Durch die Faltung mit $\delta(t - t_0)$ wird aus der Funktion $g(t)$ der Funktionswert $g(t_0)$ „ausgeblendet“.

Aufgabe 5.11 *Gewichtsfunktion und Übergangsfunktion eines RC-Gliedes*

Das in Abb. 5.4 dargestellte RC-Glied kann durch das folgende Zustandsraummodell beschrieben werden:

$$\begin{aligned} \dot{x} &= -\frac{1}{C(R_1+R_2)}\,x(t) + \frac{1}{C(R_1+R_2)}\,u(t), \qquad x(0) = 0 \\ y(t) &= \frac{R_1}{R_1+R_2}\,x(t) + \frac{R_2}{R_1+R_2}\,u(t) \end{aligned}$$

1. Ermitteln Sie die Gewichtsfunktion und die Übergangsfunktion.

2. Stellen Sie den Verlauf beider Funktionen für $R_1 = R_2 = 10\ \mathrm{k}\Omega$ und $C = 1\mu\mathrm{F}$ für das Zeitintervall $0 \leq t \leq 100$ ms grafisch dar.
3. Berechnen Sie für verschwindende Anfangsbedingungen die Ausgangsgröße $y(t)$ mit Hilfe des Faltungsintegrals für die Eingangsgröße

$$u(t) = u_0 \frac{t}{T}$$

mit $u_0 = 5$ V und $T = 0{,}1$ s zu den Zeitpunkten $t_1 = 50$ ms und $t_2 = 100$ ms. Zeichnen Sie die in Abb. 5.19 angegebenen Kurven für $t = t_1$ und $t = t_2$ und interpretieren Sie das Faltungsintegral. □

Aufgabe 5.12* *Näherungsweise Berechnung der Gewichtsfunktion*

Die in Abb. 5.9 auf S. 119 gezeigten Vorratsbehälter können unter den in Aufgabe 5.5 angegebenen Voraussetzungen durch folgendes Zustandsraummodell beschrieben werden:

$$\frac{d}{dt}\begin{pmatrix} c_1 \\ c_2 \end{pmatrix} = \begin{pmatrix} -0{,}5 & 0 \\ 0{,}67 & -0{,}67 \end{pmatrix}\begin{pmatrix} c_1 \\ c_2 \end{pmatrix} + \begin{pmatrix} 0{,}5 \\ 0 \end{pmatrix} u, \quad \begin{pmatrix} c_1(0) \\ c_2(0) \end{pmatrix} = \begin{pmatrix} 0 \\ 0 \end{pmatrix}$$

$$y = (0\ \ 1)\begin{pmatrix} c_1 \\ c_2 \end{pmatrix}.$$

1. Berechnen Sie die Gewichtsfunktion des Behältersystems.
2. Experimentell wollen Sie eine Näherung $\tilde{g}$ der Gewichtsfunktion dadurch bestimmen, dass Sie die Systemantwort auf die Eingangsgröße

$$u(t) = \begin{cases} 5\ \frac{\mathrm{mol}}{\mathrm{m}^3} & 0 \leq t \leq 0{,}25 \text{ min} \\ 0\ \frac{\mathrm{mol}}{\mathrm{m}^3} & t > 0{,}25 \text{ min} \end{cases}$$

messen. Ist die Impulsdauer klein genug, um eine gute Näherung erwarten zu können?
3. Berechnen Sie die Näherung (gegebenenfalls unter Verwendung der Lösung aus Aufgabe 5.5) und vergleichen Sie sie mit der exakten Lösung. □

Aufgabe 5.13** *Eigenschaften des Faltungsintegrals*

1. Das Faltungsintegral (5.105) ist, genau genommen, für das unendliche Integrationsintervall $-\infty .... +\infty$ definiert. Auf Grund welcher Voraussetzungen kann man mit dem in Gl. (5.105) verwendeten Integrationsintervall $0 ... t$ arbeiten?
2. Beweisen Sie, dass das rechte Gleichheitszeichen in (5.106) gilt. □

5.6 Übergangsverhalten und stationäres Verhalten

Dieser Abschnitt greift noch einmal die bereits mehrfach behandelte Frage auf, aus welchen Anteilen das am Ausgang des Systems beobachtbare Verhalten $y(t)$ besteht. Gleichung (5.17) zeigt zunächst, dass sich $y(t)$ aus der Eigenbewegung $y_{\rm frei}(t)$ und der erzwungenen Bewegung $y_{\rm erzw}(t)$ zusammensetzt. Unter Verwendung der kanonischen Zustandsvariablen entstand für die Eigenbewegung die Darstellung (5.65) auf S. 134, die zeigt, dass $y_{\rm frei}(t)$ aus n e-Funktionen ${\rm e}^{\lambda_i t}$ besteht. Jetzt soll eine ähnliche Darstellung für die erzwungene Bewegung abgeleitet werden, wobei davon ausgegangen wird, dass $\boldsymbol{x}_0 = \boldsymbol{0}$ gilt, so dass

$$y(t) = y_{\rm erzw}(t)$$

ist.

Die folgenden Untersuchungen werden für Eingangsgrößen durchgeführt, die sich entsprechend

$$u(t) = \sum_{j=1}^{m} u_j {\rm e}^{\mu_j t} \tag{5.108}$$

als Summe von e-Funktionen darstellen lassen. Die Faktoren u_j und die im Exponenten auftretenden Parameter μ_j sind reell oder treten als konjugiert-komplexe Paare auf. Damit ist $u(t)$ eine reellwertige Funktion. Die Darstellung (5.108) schließt beispielsweise die sprungförmige Eingangsgröße

$$u(t) = u_1 {\rm e}^{0t} = u_1 \sigma(t)$$

und die kosinusförmige Eingangsgröße

$$u(t) = {\rm e}^{j\omega t} + {\rm e}^{-j\omega t} = 2\cos\omega t \tag{5.109}$$

ein. Im Kap. 6 wird gezeigt, dass alle praktisch interessanten Eingangssignale in der Form (5.108) dargestellt werden können, wobei möglicherweise unendlich viele Summanden auftreten.

Zur Vereinfachung der folgenden Rechnungen wird angenommen, dass $\lambda_i \neq \mu_j$ für alle i, j gilt und dass das System nicht sprungfähig ist ($d = 0$).

Das E/A-Verhalten $y = g * u$ wird für die Eingangsgröße (5.108) mit Hilfe der Gewichtsfunktion in kanonischer Darstellung (5.99) untersucht. Es gilt

$$\begin{aligned} y(t) &= \int_0^t \sum_{i=1}^{n} \sum_{j=1}^{m} g_i u_j {\rm e}^{\lambda_i (t-\tau)} {\rm e}^{\mu_j \tau} d\tau \\ &= \sum_{i=1}^{n} \sum_{j=1}^{m} g_i u_j {\rm e}^{\lambda_i t} \int_0^t {\rm e}^{(\mu_j - \lambda_i)\tau} d\tau \\ &= \sum_{i=1}^{n} \sum_{j=1}^{m} \frac{g_i u_j}{\lambda_i - \mu_j} {\rm e}^{\lambda_i t} + \sum_{i=1}^{n} \sum_{j=1}^{m} \frac{g_i u_j}{\mu_j - \lambda_i} {\rm e}^{\mu_j t}, \end{aligned}$$

also

$$y(t) = \sum_{i=1}^{n} g_i \left(\sum_{j=1}^{m} \frac{u_j}{\lambda_i - \mu_j} \right) \mathrm{e}^{\lambda_i t} + \sum_{j=1}^{m} u_j \left(\sum_{i=1}^{n} \frac{g_i}{\mu_j - \lambda_i} \right) \mathrm{e}^{\mu_j t}. \quad (5.110)$$

Kürzt man die in den Klammern stehenden Terme mit $y_{\text{ü}i}$ und $y_{\text{s}j}$ ab, so erhält man

$$y(t) = \sum_{i=1}^{n} y_{\text{ü}i}\, g_i \mathrm{e}^{\lambda_i t} + \sum_{j=1}^{m} y_{\text{s}j}\, u_j \mathrm{e}^{\mu_j t}. \quad (5.111)$$

Diese Darstellung zeigt, dass sich die erzwungene Bewegung

Zerlegung der erzwungenen Bewegung:

$$y_{\text{erzw}}(t) = y_{\text{ü}}(t) + y_{\text{s}}(t) \quad (5.112)$$

aus zwei Anteilen zusammensetzt, nämlich aus

$$y_{\text{ü}}(t) = \sum_{i=1}^{n} y_{\text{ü}i}\, g_i \mathrm{e}^{\lambda_i t} \quad (5.113)$$

und

$$y_{\text{s}}(t) = \sum_{j=1}^{m} y_{\text{s}j}\, u_j \mathrm{e}^{\mu_j t}. \quad (5.114)$$

Der erste Anteil beschreibt das *Übergangsverhalten* (das transiente Verhalten, den Einschwingvorgang), der zweite das *stationäre Verhalten* (den eingeschwungenen Zustand). Wie später noch ausführlich behandelt wird, klingt das Übergangsverhalten – wie auch die Eigenbewegung – stabiler Systeme für $t \to \infty$ ab, so dass der Ausgang stabiler Systeme für große Zeiten nur durch das stationäre Verhalten beeinflusst wird:

$$y(t) \to y_{\text{s}}(t) \quad \text{für } t \to \infty. \quad (5.115)$$

Übergangsverhalten. Das Übergangsverhalten entsteht, weil die Eigenvorgänge des Systems durch die Eingangsgröße $u(t)$ angeregt werden. Es besteht aus gewichteten Termen $\mathrm{e}^{\lambda_i t}$.

Aus Gl. (5.113) ist ersichtlich, dass der Term $\mathrm{e}^{\lambda_i t}$ für einen bestimmten Index i im Übergangsverhalten nicht vorkommt, wenn $g_i = 0$ gilt. Diese Bedingung stimmt mit Gl. (5.100) auf S. 149 überein. Sie trifft für Modi zu, die entweder nicht durch die Eingangsgröße angeregt werden ($\tilde{b}_i = 0$) oder keinen Einfluss auf die Ausgangsgröße haben ($\tilde{c}_i = 0$). Diese Modi werden später als nicht steuerbar bzw. nicht beobachtbar bezeichnet (vgl. Kap. II–3). Ob sämtliche Modi im Übergangsverhalten auftreten oder nicht, hängt von den Systemeigenschaften ab und ist unabhängig von der verwendeten Eingangsgröße.

Stationäres Verhalten. Das stationäre Verhalten setzt sich aus e-Funktionen $\mathrm{e}^{\mu_j t}$ zusammen, die ausschließlich durch die Eingangsgröße vorgegeben sind. Das System verändert jedoch die „Wichtungen", mit denen diese e-Funktionen in der Summe auftreten. An Stelle von u_j steht in $y(t)$ die Wichtung $y_{\mathrm{ü}j}\, u_j$.

Von besonderem Interesse ist der Fall, dass ein Term $\mathrm{e}^{\mu_j t}$ zwar in $u(t)$, nicht jedoch in $y(t)$ auftritt. Aus Gl. (5.110) ist ersichtlich, dass dies genau dann der Fall ist, wenn $y_{\mathrm{s}j} = 0$ gilt, wenn also für μ_j die Bedingung

$$\boxed{\text{Nullstelle } \mu_j: \qquad \sum_{i=1}^{n} \frac{g_i}{\mu_j - \lambda_i} = 0} \tag{5.116}$$

erfüllt ist. Ob Gl. (5.116) gilt, hängt ausschließlich von den durch g_i und λ_i beschriebenen Systemeigenschaften, aber nicht von der Amplitude u_j der Eingangsgröße ab. Der Wert μ_j aus Gl. (5.116) beschreibt eine Funktion $\mathrm{e}^{\mu_j t}$, die das System nicht überträgt. Er wird deshalb als *Nullstelle* bezeichnet.

Nullstellen sind neben den Eigenwerten der Systemmatrix wichtige Kenngrößen eines Systems. Es wird sich im Kap. 6 zeigen, dass die Nullstellen in der Frequenzbereichsbeschreibung besonders leicht zu erkennen sind. Die hier durchgeführten Betrachtungen zeigen jedoch, dass die Nullstellen keine Spezifik von Frequenzbereichsbetrachtungen sind, sondern Systemeigenschaften beschreiben, die das zeitliche Verhalten beeinflussen und folglich auch aus der Zeitbereichsbeschreibung des Systems abgelesen werden können.

Eigenbewegung und Übergangsverhalten. Entsprechend Gl. (5.65) setzt sich die freie Bewegung des Systems genauso wie das Übergangsverhalten (5.113) aus einer Summe von Termen mit $\mathrm{e}^{\lambda_i t}$ zusammen, wobei jedoch die Eigenbewegung durch einen Anfangszustand $\boldsymbol{x}_0 \neq \mathbf{0}$ und das Übergangsverhalten durch die Eingangsgröße $u(t)$ $(t \geq 0)$ hervorgerufen wird. Da sich in $\boldsymbol{x}_0$ die Wirkung der Eingangsgröße für $t < 0$ niederschlägt, zeigen Eigenbewegung und Übergangsverhalten gemeinsam, wie die Eigenvorgänge durch die Eingangsgröße angeregt werden. Es ist deshalb interessant zu fragen, ob es einen Anfangszustand $\boldsymbol{x}_0$ gibt, für den zu einer gegebenen Eingangsgröße $u(t)$ das Übergangsverhalten gerade durch die Eigenbewegung kompensiert wird

$$y_{\mathrm{frei}}(t) + y_{\mathrm{s}}(t) = 0, \tag{5.117}$$

so dass am Ausgang des Systems nur das stationäre Verhalten erscheint:

$$y(t) = y_{\mathrm{s}}(t).$$

Obwohl eine allgemeingültige Antwort auf diese Frage erst im Kap. II–2 gegeben wird, soll hier bereits darauf hingewiesen werden, dass eine derartige Wahl des Anfangszustandes immer möglich ist. Dieser Anfangszustand ist für eine gegebene Eingangsgröße eindeutig, d. h., Gl. (5.117) gilt für genau einen Anfangszustand $\boldsymbol{x}_0$ und für alle anderen nicht.

Beispiel 5.7 *Übergangsverhalten und stationäres Verhalten eines Systems erster Ordnung*

Als einfaches Beispiel wird das System erster Ordnung

$$\dot{x} = ax + bu, \quad x(0) = 0 \tag{5.118}$$

mit der Gewichtsfunktion

$$g(t) = b\mathrm{e}^{at}$$

behandelt. Wird mit der sinusförmigen Erregung

$$u(t) = \sin \omega t = \frac{1}{2j}\mathrm{e}^{j\omega t} + \frac{-1}{2j}\mathrm{e}^{-j\omega t} \tag{5.119}$$

gearbeitet, erhält man aus Gl. (5.110) mit

$$\begin{array}{lll} n = 1 & g_1 = b & \lambda_1 = a \\ m = 2 & u_1 = \frac{1}{2j} & \mu_1 = j\omega \\ & u_2 = \frac{-1}{2j} & \mu_1 = -j\omega \end{array}$$

für die Ausgangsgröße den Ausdruck

$$\begin{aligned} y(t) &= \frac{b\omega}{\omega^2 + a^2}\mathrm{e}^{at} + \frac{b}{2}\frac{-\omega + ja}{\omega^2 + a^2}\mathrm{e}^{j\omega t} + \frac{b}{2}\frac{-\omega - ja}{\omega^2 + a^2}\mathrm{e}^{-j\omega t} \\ &= \frac{b\omega}{\omega^2 + a^2}\mathrm{e}^{at} - \frac{b}{\omega^2 + a^2}(\omega \cos \omega t + a \sin \omega t). \end{aligned}$$

Der erste Term entspricht dem Übergangsverhalten, der zweite dem stationären Verhalten. Abbildung 5.20 verdeutlicht diesen Sachverhalt für $a = -1$, $b = 1$ und $\omega = 10$.

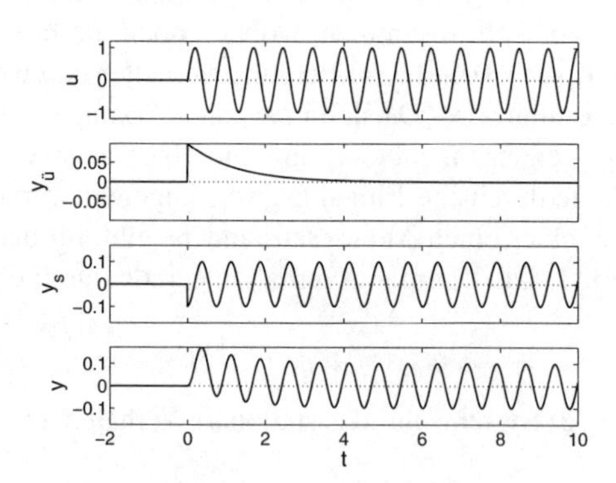

Abb. 5.20: Übergangsverhalten und stationäres Verhalten eines Systems erster Ordnung

Beginnt das System seine Bewegung bei einer Anfangsauslenkung $x_0 \neq 0$, so wird die bisher betrachtete erzwungene Bewegung

$$y_{\mathrm{erzw}}(t) = \frac{b\omega}{\omega^2 + a^2}\mathrm{e}^{at} - \frac{b}{\omega^2 + a^2}(\omega \cos \omega t + a \sin \omega t)$$

von der Eigenbewegung

$$y_{\text{frei}}(t) = x_0 \mathrm{e}^{\,at}$$

überlagert. Offenbar kompensiert die freie Bewegung gerade das Übergangsverhalten, wenn für den Anfangszustand die Beziehung

$$x_0 = -\frac{b\omega}{\omega^2 + a^2}$$

gilt. Für genau diese eine Anfangsbedingung folgt das System sofort seinem stationären Verhalten ($y(t) = y_{\text{s}}(t)$). □

Erweiterungen. Die bisherigen Betrachtungen lassen sich auf allgemeinere Systemklassen und allgemeinere Eingangsgrößen erweitern. Wenn das System eine nichtdiagonalähnliche Systemmatrix $\boldsymbol{A}$ besitzt, so treten in der Gewichtsfunktion $g(t)$ außer den e-Funktionen auch Terme der Form $t^k \mathrm{e}^{\,\lambda_i t}$ auf (vgl. Gl. (5.101)). Demzufolge erscheinen derartige Terme auch in der Ausgangsgröße $y(t)$.

Ähnlich verhält es sich mit der Erweiterung der Eingangsgrößen auf Signale der Form

$$u(t) = \sum_{j=1}^{\bar{m}} \sum_{k=0}^{m_j} u_{jk}\, t^k \mathrm{e}^{\,\mu_j t}.$$

Auch hier treten Terme der Form $t^k \mathrm{e}^{\,\mu_j t}$ im Ausgangssignal auf.

Ist das System sprungfähig, so gilt Gl. (5.110), wenn die zweite Klammer durch den Ausdruck

$$\left(d + \sum_{i=1}^{n} \frac{g_i}{\mu_j - \lambda_i} \right)$$

ersetzt wird. μ_j ist dann eine Nullstelle des Systems, wenn an Stelle von Gl. (5.116) die Beziehung

$$y_{\text{s}j} = d + \sum_{i=1}^{n} \frac{g_i}{\mu_j - \lambda_i} = 0 \qquad (5.120)$$

gilt.

Alle diese Erweiterungen lassen sich einfach nachvollziehen, wenn man den oben angegebenen Rechenweg noch einmal unter den erweiterten Voraussetzungen durchgeht.

Resonanz. Terme mit Potenzen von t erscheinen im Ausgangssignal auch dann, wenn die soeben behandelten Erweiterungen nicht zutreffen, jedoch $\lambda_i = \mu_j$ für ein oder mehrere Paare (i, j) gilt. In diesem Fall ist die Eingangsgröße in Resonanz mit den Eigenvorgängen des Systems. Dieser Fall ist aus vielen Anwendungen bekannt. Erregt man ein schwingfähiges System wie beispielsweise einen Schwingkreis oder einen Feder-Masse-Schwinger mit einem Signal, in dem die Eigenfrequenz des Systems vorkommt, so erhält man am Ausgang ein aufklingendes Signal. Abbildung 5.21 zeigt die Ausgangsgröße eines Systems 2. Ordnung mit den Eigenwerten $\lambda_{1/2} = \pm j\omega$, das durch die Eingangsgröße $u(t) = \sin \omega t$ erregt wird. In der

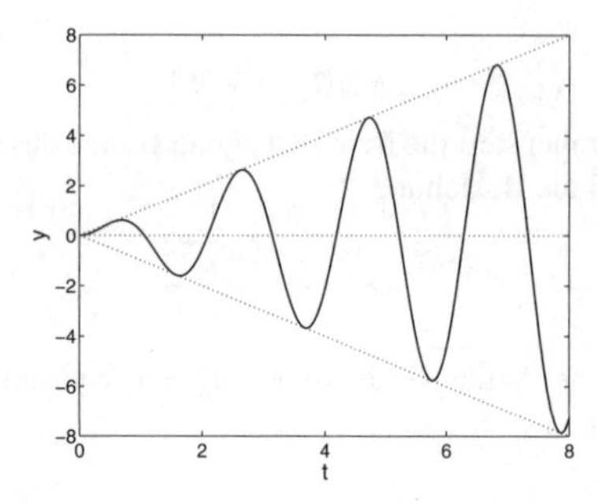

Abb. 5.21: Verhalten eines Oszillators bei Resonanz

Systemantwort $y(t)$ kommen Summanden der Form $t \sin \omega t$ und $t \cos \omega t$ vor, die das in der Abbildung gezeigte aufklingende Ausgangssignal erzeugen.

Diskussion. Die in diesem Abschnitt eingeführte Zerlegung der erzwungenen Bewegung in Übergangsverhalten und stationäres Verhalten ist für die Regelungstechnik sehr wichtig. Beim Reglerentwurf wird sich zeigen, dass der Sollwert nur dann ohne bleibende Regelabweichung erreicht wird, wenn das stationäre Verhalten $y_{\rm s}(t)$ des Regelkreises genau mit dem Führungssignal $w(t)$ übereinstimmt ($y_{\rm s}(t) = w(t)$). Für die Bewertung des dynamischen Verhaltens des Regelkreises ist das Übergangsverhalten $y_{\rm ü}(t)$ maßgebend, denn dieses beschreibt, wie lange es dauert, bis die Regelgröße den Sollwert annimmt.

Das Übergangsverhalten spielt in anderen Wissenschaften eine untergeordnete Rolle. Beispielsweise beruht die in der Wechselstromlehre verwendete Darstellung der Signale durch Zeigerdiagramme auf der Annahme, dass das Übergangsverhalten abgeklungen ist und das Systemverhalten nur durch das (sinusförmige) stationäre Verhalten $y_{\rm s}(t)$ beschrieben wird. Unter der bei Wechselstromschaltungen gültigen Einschränkung, dass die Eingangsgröße eine reine Sinusfunktion ist, kann dann das ebenfalls rein sinusförmige Ausgangssignal durch einen rotierenden Zeiger symbolisiert werden.

Aufgabe 5.14* *Übergangsverhalten und stationäres Verhalten eines Regelkreises*

Betrachten Sie einen einfachen Regelkreis, der aus der Regelstrecke erster Ordnung

$$\begin{aligned} \dot{x} &= ax + bu \\ y &= cx \end{aligned}$$

und einer proportionalen Rückführung

$$u(t) = k(w(t) - y(t))$$

besteht.

1. Stellen Sie das Zustandsraummodell des geschlossenen Regelkreises auf.

2. Ermitteln Sie die Gewichtsfunktion zwischen der Eingangsgröße $w(t)$ und der Ausgangsgröße $y(t)$ in der Form (5.99).
3. Berechnen Sie die Regelgröße $y(t)$ für eine sprungförmige Führungsgröße $w(t) = \bar{w}\sigma(t)$ und stellen Sie das Übergangsverhalten, das stationäre Verhalten sowie die Summe beider Bewegungen grafisch dar. Interpretieren Sie das Ergebnis bezüglich der Zielstellung der Regelung $y(t) \stackrel{!}{=} w(t)$. □

Aufgabe 5.15** *Verschwindende Ausgangsgröße bei Erregung „in der Nullstelle"*

Ein System wird mit der Eingangsgröße $u(t) = u_1 \mathrm{e}^{\mu_1 t}$ erregt, wobei μ_1 die Bedingung (5.116) erfüllt und folglich die Beziehung $y_\mathrm{s} = 0$ für das stationäre Verhalten gilt. Zeigen Sie, dass es einen Anfangszustand $\boldsymbol{x}_0$ gibt, so dass für diese Erregung auch das Übergangsverhalten verschwindet und deshalb sogar $y(t) = 0$ für alle t gilt. □

5.7 Eigenschaften wichtiger Übertragungsglieder im Zeitbereich

Anhand des qualitativen Verlaufs der Übergangsfunktion bzw. der Gewichtsfunktion können einfache Übertragungsglieder in Proportional-, Integrier-, Differenzier- und Totzeitglieder unterteilt werden. Auf diese Gruppen wird jetzt einzeln eingegangen.

5.7.1 Proportionalglieder

Unter Proportionalgliedern (abgekürzt: *P-Glieder*) werden dynamische Übertragungsglieder verstanden, die für konstante Eingangsgröße $u(t) = \bar{u}$ im stationären Zustand eine dem Wert der Eingangsgröße proportionale Ausgangsgröße aufweisen (Abb. 5.23)

$$y_\mathrm{s}(t) \sim \bar{u}.$$

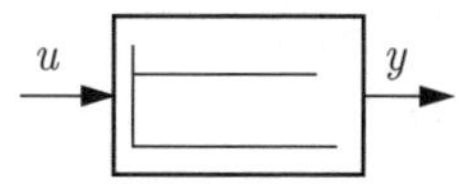

Abb. 5.22: Symbol des P-Gliedes

Das verzögerungsfreie *P-Glied* ist ein statisches Übertragungsglied, dessen Ausgangsignal zum Zeitpunkt t den k_s-fachen Wert des Eingangs zum selben Zeitpunkt hat:

$$y(t) = k_\mathrm{s} u(t).$$

Die Übergangsfunktion

$$h(t) = k_\mathrm{s}$$

dieses Gliedes ist in Abb. 5.23 dargestellt. Die Ausgangsgröße folgt der Eingangsgröße ohne Verzögerung. Dieses Verhalten ist auch im Symbol des P-Gliedes dargestellt (Abb. 5.22).

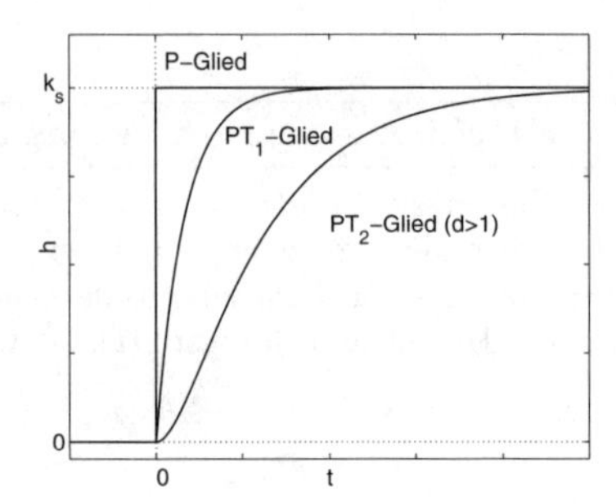

Abb. 5.23: Übergangsfunktion von P-Gliedern

PT$_1$-Glied. Reagiert das Übertragungsglied im statischen Zustand proportional zur Eingangsgröße und besitzt es ein ausgeprägtes Übergangsverhalten, so spricht man von einem PT$_n$-Glied, wobei n die Systemordnung angibt. Ein *PT$_1$-Glied* ist also ein proportional wirkendes Verzögerungsglied erster Ordnung. Es folgt der Differenzialgleichung

$$T\dot{y} + y(t) = k_\mathrm{s}u(t), \qquad y(0) = y_0\,, \tag{5.121}$$

in der T als Zeitkonstante bezeichnet wird. T hat dieselbe Maßeinheit wie die Zeit, also i. Allg. Sekunde oder Minute. k_s stellt die statische Verstärkung des PT$_1$-Gliedes dar (wie man leicht nachrechnen kann!). Aus Gl. (5.121) erhält man nach Einführung der Zustandsvariablen $x(t) = \frac{1}{k_\mathrm{s}}y(t)$ das Zustandsraummodell

$$\begin{aligned} \dot{x} &= -\frac{1}{T}\,x(t) + \frac{1}{T}\,u(t), \qquad x(0) = \frac{1}{k_\mathrm{s}}y_0 \\ y(t) &= k_\mathrm{s}\,x(t). \end{aligned} \tag{5.122}$$

Das PT$_1$-Glied kann als Reihenschaltung eines Systems erster Ordnung mit u als Eingangsgröße und der Zustandsvariablen x als Ausgangsgröße (erste Gleichung) sowie eines verzögerungsfreien P-Gliedes mit x als Eingangsgröße und y als Ausgangsgröße (zweite Gleichung) gedeutet werden.

Die Übergangsfunktion des PT$_1$-Gliedes lautet

$$h(t) = k_\mathrm{s}(1 - \mathrm{e}^{-\frac{t}{T}})$$

(Abb. 5.23). Sie kann in das stationäre Verhalten

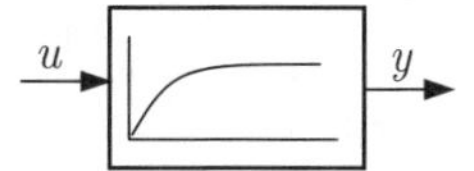

Abb. 5.24: Symbol des PT_1-Gliedes

$$y_{\mathrm{s}}(t) = k_{\mathrm{s}}\sigma(t)$$

und das Übergangsverhalten

$$y_{\ddot{\mathrm{u}}}(t) = -k_{\mathrm{s}}\,\mathrm{e}^{-\frac{t}{T}}$$

zerlegt werden. In Blockschaltbildern stellt man PT_1-Glieder häufig durch das in Abb. 5.24 gezeigte Symbol dar, das den prinzipiellen Verlauf der Übergangsfunktion zeigt.

Die Gewichtsfunktion des PT_1-Gliedes heißt

$$g(t) = \frac{k_{\mathrm{s}}}{T}\mathrm{e}^{-\frac{t}{T}}, \tag{5.123}$$

was man entweder aus Gl. (5.97) oder durch Differenziation der Übergangsfunktion berechnen kann.

PT_2-Glied. Ein PT_2-Glied hat die Differenzialgleichung

$$T^2\ddot{y} + 2dT\dot{y} + y(t) = k_{\mathrm{s}}u(t), \tag{5.124}$$

in der T eine Zeitkonstante und d ein Dämpfungsfaktor bezeichnet. In Abhängigkeit von d und T kann das PT_2-Glied sehr unterschiedliche Übergangsfunktionen erzeugen. Darauf wird im Abschn. 6.7 ausführlich eingegangen.

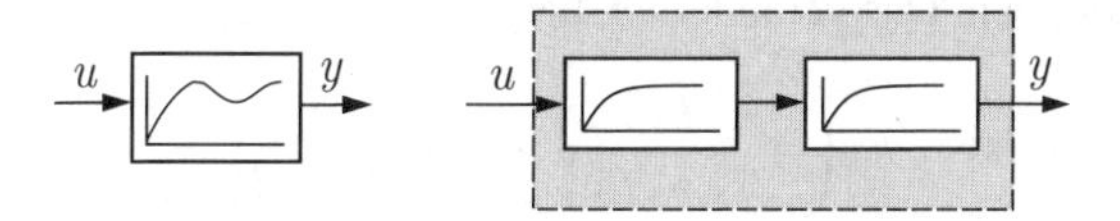

Abb. 5.25: Blockschaltbild eines schwingungsfähigen PT_2-Gliedes (links) und eines aus zwei PT_1-Gliedern zusammengesetzten PT_2-Gliedes (rechts)

Hier sollen PT_2-Glieder (5.124) mit $d > 1$ noch etwas genauer betrachtet werden. Wie im Abschn. 6.7 erläutert wird, erreicht die Übergangsfunktion dieser PT_2-Glieder den statischen Endwert aperiodisch, wie es in Abb. 5.23 gezeigt ist. Diese PT_2-Glieder können deshalb als Reihenschaltung zweier PT_1-Glieder mit den Zeitkonstanten T_1 und T_2 dargestellt werden (Abb. 5.25 (rechts)), wobei zweckmäßigerweise für das erste PT_1-Glied mit einer statischen Verstärkung von eins gearbeitet wird.

Das Zustandsraummodell dieser PT_2-Glieder erhält man durch Verknüpfung zweier Modelle der Form (5.122):

$$\begin{aligned}
\dot{x}_1 &= -\frac{1}{T_1}x_1(t) + \frac{1}{T_1}u(t) \\
\dot{x}_2 &= -\frac{1}{T_2}x_2(t) + \frac{1}{T_2}x_1(t) \\
y(t) &= k_{\rm s}x_2(t).
\end{aligned}$$

Mit dem Zustandsvektor

$$\boldsymbol{x}(t) = \begin{pmatrix} x_1(t) \\ x_2(t) \end{pmatrix}$$

ergibt sich daraus das Modell

$$\begin{aligned}
\dot{\boldsymbol{x}}(t) &= \begin{pmatrix} -\frac{1}{T_1} & 0 \\ \frac{1}{T_2} & -\frac{1}{T_2} \end{pmatrix} \boldsymbol{x}(t) + \begin{pmatrix} \frac{1}{T_1} \\ 0 \end{pmatrix} u(t), \qquad \boldsymbol{x}(0) = \boldsymbol{x}_0 \\
y(t) &= (0 \quad k_{\rm s})\, \boldsymbol{x}(t).
\end{aligned} \tag{5.125}$$

Für die Übergangsfunktion erhält man aus der Bewegungsgleichung die Beziehung

$$h(t) = k_{\rm s} \left(1 - \frac{T_1}{T_1 - T_2}\, {\rm e}^{-\frac{t}{T_1}} + \frac{T_2}{T_1 - T_2}\, {\rm e}^{-\frac{t}{T_2}}\right), \tag{5.126}$$

wobei auf Grund der gemachten Voraussetzung $d > 1$ die Bedingung $T_1 \neq T_2$ erfüllt ist. In der grafischen Darstellung verläuft die Übergangsfunktion zunächst entlang der Zeitachse, denn es gilt $\dot{h}(0) = 0$. Die Übergangsfunktion nähert sich dem statischen Endwert $k_{\rm s}$ ohne Überschwingen (Abb. 5.23). Im Vergleich zum PT_1-Glied ist das stationäre Verhalten

$$y_{\rm s}(t) = k_{\rm s}\sigma(t)$$

unverändert geblieben. Das veränderte Übergangsverhalten

$$y_{\ddot{\rm u}}(t) = k_{\rm s} \left(-\frac{T_1}{T_1 - T_2}\, {\rm e}^{-\frac{t}{T_1}} + \frac{T_2}{T_1 - T_2}\, {\rm e}^{-\frac{t}{T_2}}\right)$$

bewirkt eine größere Verzögerung, mit der das PT_2-Glied der Sprungfunktion $y_{\rm s} = k_{\rm s}\sigma(t)$ folgt.

Für die Gewichtsfunktion erhält man die Beziehung

$$g(t) = \frac{k_{\rm s}}{T_1 - T_2} \left({\rm e}^{-\frac{t}{T_1}} - {\rm e}^{-\frac{t}{T_2}}\right). \tag{5.127}$$

Liegt die Dämpfung im Intervall $0 < d < 1$, so erreicht die Übergangsfunktion des PT_2-Gliedes den statischen Endwert mit Überschwingen, wobei das Überschwingen umso größer und die Zeitdauer der abklingenden Schwingung umso länger ist, je kleiner d ist. Abbildung 5.26 zeigt zwei Beispiele. Das schwingungsfähige Verhalten wird auch im Blockschaltbild gekennzeichnet (linkes Symbol in Abb. 5.25)

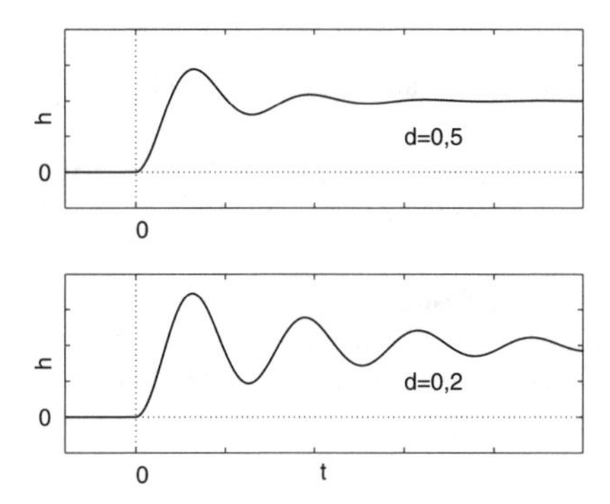

Abb. 5.26: Übergangsfunktion von PT_2-Gliedern mit kleiner Dämpfung

PT_n-Glieder. Durch Reihenschaltung von PT_1-Gliedern kann man PT_n-Glieder beliebiger Ordnung erzeugen, wobei n die Anzahl der Glieder und gleichzeitig die dynamische Ordnung bezeichnet. Das Eingangssignal wird dann immer stärker verzögert, bis es am Ausgang sichtbar wird. Diese Tatsache wird in Abb. 5.27 anhand der Übergangsfunktion und der Gewichtsfunktion verdeutlicht. Die Kurven zeigen die Ausgangsgrößen der Reihenschaltung von bis zu fünf PT_1-Gliedern, von denen jedes durch das Zustandsraummodell (5.122) mit $k_\mathrm{s} = 1$ beschrieben ist. Je mehr Glieder in Reihe geschaltet sind, desto langsamer nähert sich die Übergangsfunktion ihrem statischen Endwert und umso flacher und „breiter" ist der Verlauf der Gewichtsfunktion.

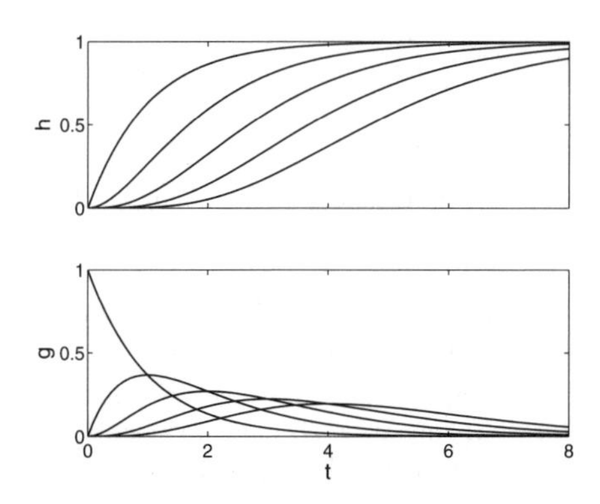

Abb. 5.27: Übergangsfunktionen und Gewichtsfunktionen von PT_n-Gliedern ($n = 1, 2, ..., 5$)

Aufgabe 5.16 *Verzögerungsglieder zweiter Ordnung*

Ein PT$_2$-Glied kann als Reihenschaltung zweier PT$_1$-Glieder mit den Zeitkonstanten T_1 und T_2 aufgebaut werden.

1. Stellen Sie die Differenzialgleichung dieser Reihenschaltung auf und zeigen Sie, dass diese Gleichung die Form (5.124) hat. Wie berechnen sich T und d in (5.124) aus T_1 und T_2?
2. Berechnen Sie aus dem Zustandsraummodell (5.125) die Übergangsfunktion und stellen Sie diese grafisch dar. Wie unterscheidet sich diese Funktion qualitativ von der Übergangsfunktion eines PT$_1$-Gliedes? Was passiert für $T_2 \rightarrow 0$? □

Aufgabe 5.17* *Wirkstoffkonzentrationsverlauf im Blut*

Ein mit einer Tablette eingenommener wasserlöslicher Wirkstoff wird zunächst im Darm verdünnt, vom Blut aufgenommen, später von der Niere wieder aus dem Blut entfernt und schließlich mit dem Urin ausgeschieden. Zur Vereinfachung der Betrachtungen wird angenommen, dass der Wirkstoff chemisch nicht verändert wird, so dass lediglich ein Stofftransport zu betrachten ist. Da der Stoffübergang von einem Organ zu einem anderen maßgeblich durch Diffusion erfolgt, ist die pro Zeiteinheit von einem Organ in ein anderes übergehende Stoffmenge proportional zum Konzentrationsunterschied dieses Stoffes in beiden Organen. Man kann deshalb den Stofftransport näherungsweise durch PT$_1$-Glieder beschreiben, wobei der beschriebene Weg des Wirkstoffes einer Reihenschaltung dreier PT$_1$-Glieder entspricht, deren Ausgangsgrößen die Stoffkonzentrationen c_{D}, c_{B} und c_{N} des Stoffes im Darm, im Blut und in dem von der Niere gesammelten Urin darstellen (Abb. 5.28). Diese Modellvorstellung wird in der Biologie als Kompartimentmodell bezeichnet. Jedes PT$_1$-Glied entspricht einem *Kompartiment* (einem vorgegebenen Volumen), in dem der Stoffkonzentrationsverlauf durch ein Differenzialgleichung erster Ordnung beschrieben wird.

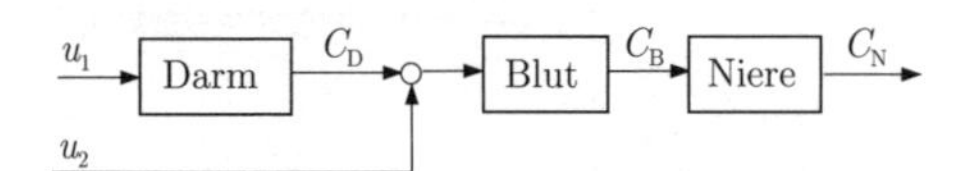

Abb. 5.28: Kompartimentmodell zur Berechnung des Wirkstoffverlaufes

1. Betrachten Sie die Einnahme u_1 einer Tablette als Diracimpuls und skizzieren Sie qualitativ den Verlauf der Konzentrationen c_{D}, c_{B} und c_{N}.
2. Wenn ein Medikament intravenös (in die Vene) gespritzt wird, entfällt der Weg durch den Darm. Der Wirkstoff kann dann als ein Diracimpuls am Eingang u_2 in Abb. 5.28 interpretiert werden. Wie verhält sich jetzt die Konzentration im Blut?
3. Berechnen Sie mit einer ähnlichen Modellvorstellung den Verlauf des Blutalkoholspiegels für eine Person, die in kurzer Zeit 1 Liter Bier (4,5 % Alkoholgehalt) und zwei Weinbrand (2 cl mit 40 Vol%) getrunken hat. Nehmen Sie dabei vereinfachend an, dass sich der Alkohol in der Hälfte der Körperflüssigkeit (5 l Blut + 23 l extrazelluläre Flüssigkeit + 17 l Zellflüssigkeit) verteilt und der Alkohol mit einer Zeitkonstante von 25 Minuten vom Blut aufgenommen und mit einer Zeitkonstante von 35 Minuten von der Leber abgebaut wird. □

5.7.2 Integrierglieder

Integrierglieder (abgekürzt: *I-Glieder*) sind Übertragungsglieder, deren Ausgang bei konstanter Eingangsgröße $u(t) = \bar{u}$ für große Zeiten in eine Rampenfunktion übergeht (Abb. 5.29). Das heißt, dass der Ausgang von I-Gliedern im Wesentlichen durch Integration der Eingangsgröße gebildet wird und nur dann einem konstanten Wert zustrebt, wenn die Eingangsgröße gleich null ist. Für das stationäre Verhalten gilt

$$y_s(t) \sim \int_0^t \bar{u}\, dt = \bar{u}t.$$

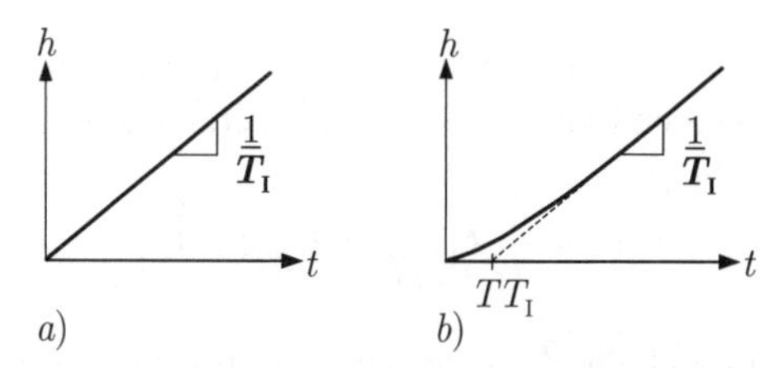

Abb. 5.29: Übergangsfunktion eines I-Gliedes (a) und eines IT_1-Gliedes (b)

Das verzögerungsfreie *I-Glied* wird durch die Differenzialgleichung

$$T_I \dot{y} = u(t), \qquad y(0) = y_0$$

beschrieben. Daraus erhält man

$$y(t) = \frac{1}{T_I} \int_0^t u(\tau)\, d\tau + y(0),$$

und das Zustandsraummodell

$$\begin{aligned} \dot{x} &= \frac{1}{T_I} u(t), \quad x(0) = y_0 \\ y(t) &= x(t) \end{aligned} \tag{5.128}$$

mit T_I als Integrationszeitkonstante. Die grafische Darstellung der Übergangsfunktion

$$h(t) = \frac{1}{T_I} t \tag{5.129}$$

ist eine Gerade („Rampenfunktion") mit dem Anstieg $\frac{1}{T_I}$ (Abb. 5.29(a)).

Ein I-Glied mit Verzögerung erster Ordnung heißt *IT_1-Glied*. Es wird durch die Differenzialgleichung

$$T_I T \ddot{y} + T_I \dot{y} = u(t), \qquad y(0) = 0, \quad \dot{y}(0) = 0 \tag{5.130}$$

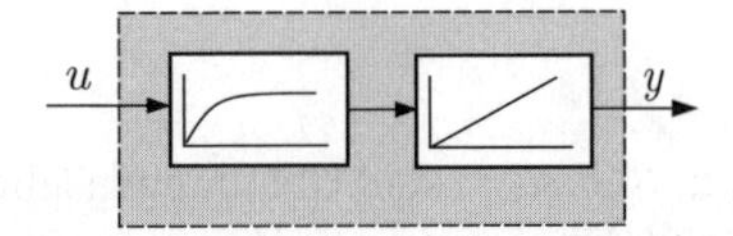

Abb. 5.30: IT_1-Glied bestehend aus einem PT_1-Glied und einem I-Glied

bzw. durch das Zustandsraummodell

$$\begin{aligned} \dot{x}_1 &= -\tfrac{1}{T}x_1(t) + \tfrac{1}{T}u(t), \quad x_1(0) = 0 \\ \dot{x}_2 &= \tfrac{1}{T_{\rm I}}x_1(t), \qquad\qquad\quad x_2(0) = 0 \\ y(t) &= x_2(t) \end{aligned}$$

beschrieben. Es kann als Reihenschaltung eines PT_1-Gliedes und eines reinen I-Gliedes interpretiert werden (Abb. 5.30). Seine Übergangsfunktion

$$h(t) = \frac{1}{T_{\rm I}}\,t - \frac{T}{T_{\rm I}}\left(1 - {\rm e}^{-\frac{t}{T}}\right) \tag{5.131}$$

erreicht erst mit einer durch die Zeitkonstante T festgelegten Verzögerung die durch $T_{\rm I}$ bestimmte Rampenfunktion (Abb. 5.29(b)). Ähnlich wie das PT_1-Glied kann auch das IT_1-Glied als Reihenschaltung eines Verzögerungsgliedes und eines verzögerungsfreien I-Gliedes interpretiert werden. Das Verzögerungsglied hat den Eingang u und den Ausgang x_1, das I-Glied den Eingang x_1 und den Ausgang y.

Aufgabe 5.18 *Übergangsfunktion eines IT_1-Gliedes*

Berechnen Sie die Übergangsfunktion eines IT_1-Gliedes aus dem Zustandsmodell in folgenden Schritten:

1. Bestimmen Sie die Eigenwerte und Eigenvektoren der Systemmatrix $\boldsymbol{A}$.
2. Transformieren Sie das Zustandsraummodell in kanonische Normalform.
3. Bestimmen Sie über die Bewegungsgleichung die Übergangsfunktion des IT_1-Gliedes.

□

5.7.3 Differenzierglieder

Differenzierglieder (abgekürzt: *D-Glieder*) sind Übertragungsglieder, deren Ausgang im Wesentlichen durch Veränderungen der Eingangsgröße bestimmt wird und bei konstanter Eingangsgröße dem Wert null zustrebt. Für das stationäre Verhalten gilt

$$y_{\rm s}(t) \sim \frac{du}{dt}.$$

Das verzögerungsfreie *D-Glied* wird durch die Gleichung

$$y(t) = T_{\mathrm{D}} \frac{du}{dt}$$

beschrieben. Es verletzt die Kausalitätsbedingung (4.35) und kann deshalb nicht durch ein Zustandsraummodell dargestellt werden. Dies ist nicht problematisch, da physikalisch reale Systeme kein unverzögertes D-Verhalten haben. Als Übergangsfunktion erhält man den Diracimpuls

$$h(t) = T_{\mathrm{D}} \delta(t)$$

(Abb. 5.33(a)), der vereinfacht im Blockschaltbildsymbol des D-Gliedes dargestellt ist (Abb. 5.31).

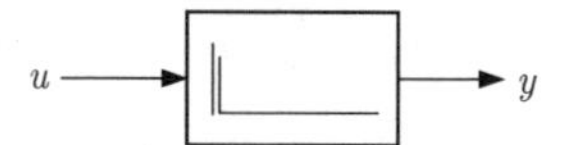

Abb. 5.31: Symbol des D-Gliedes

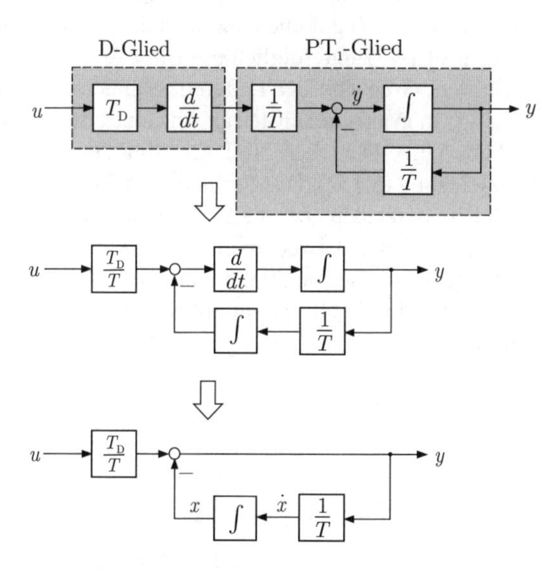

Abb. 5.32: Umformung des Blockschaltbildes bei der Aufstellung des Zustandsraummodells des DT_1-Gliedes

Das verzögerungsbehaftete D-Glied wird DT_n-Glied genannt, wobei n die Anzahl der Verzögerungselemente angibt. Beim *DT_1-Glied* (*Vorhalteglied*) wird der differenzierende Charakter durch ein Verzögerungsglied erster Ordnung „gedämpft“, wobei zweckmäßigerweise die statische Verstärkung dieses Verzögerungsgliedes gleich eins gewählt wird. Die Differenzialgleichung des DT_1-Gliedes ist

$$T\dot{y} + y(t) = T_{\mathrm{D}}\dot{u}, \qquad y(0) = 0. \tag{5.132}$$

Durch Einführung des Zustandes

$$x = \frac{T_{\mathrm{D}}}{T}u - y \tag{5.133}$$

erhält man

$$\dot{x} = \frac{T_{\mathrm{D}}}{T}\dot{u} - \dot{y} = \frac{1}{T}y$$

und $y = \frac{T_{\mathrm{D}}}{T}u - x$ sowie durch Einsetzen der zweiten in die erste Beziehung das Zustandsraummodell

$$\dot{x} = -\frac{1}{T}x(t) + \frac{T_{\mathrm{D}}}{T^2}u(t), \qquad x(0) = 0 \tag{5.134}$$

$$y(t) = -x + \frac{T_{\mathrm{D}}}{T}u. \tag{5.135}$$

Bemerkenswerterweise hat dieses System einen direkten Durchgriff von u auf y. Bei der Festlegung des Anfangszustandes wurde berücksichtigt, dass entsprechend Gl. (5.132) die Beziehung $y(0) = 0$ gilt und außerdem definitionsgemäß $u(-0) = 0$ ist. Für $u(t) = \sigma(t)$ ist $u(+0) = 1$ und folglich $y(+0) = \frac{T_{\mathrm{D}}}{T}$.

Der soeben beschrittene Weg von der Differenzialgleichung (5.132) zum Zustandsraummodell (5.135) kann am einfachsten anhand eines Blockschaltbildes nachvollzogen werden (Abb. 5.32). Der obere Teil der Abbildung zeigt eine Darstellung der Differenzialgleichung (5.132). Das Problem besteht in der Elimination des Blockes $\frac{d}{dt}$, was durch Hinüberziehen über die Mischstelle gelingt. Aus dem unteren Bild ist ersichtlich, dass der Zustand zweckmäßigerweise entsprechend Gl. (5.133) gewählt wird. Diese Vorgehensweise zur Elimination von D-Gliedern kann man immer dann anwenden, wenn reine D-Glieder in ein System eingeführt werden, beispielsweise bei Verwendung von D-Reglern (vgl. Abschn. 7.5).

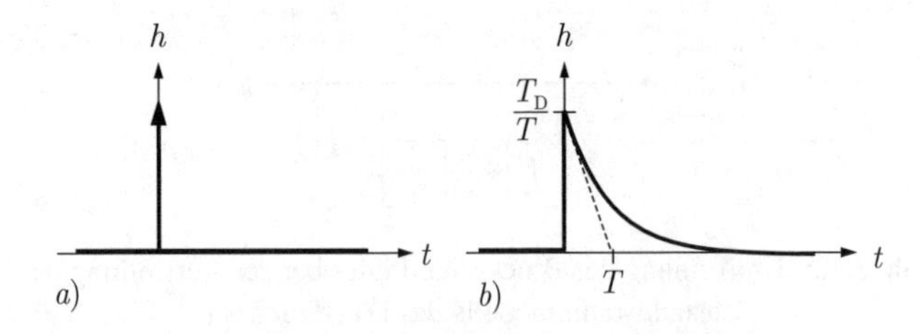

Abb. 5.33: Übergangsfunktion von D-Gliedern

Wie Abb. 5.33(b) zeigt, steigt die Übergangsfunktion des DT_1-Gliedes zunächst sprungförmig auf den Wert $\frac{T_{\mathrm{D}}}{T}$ an und verschwindet dann exponentiell.

5.7.4 Totzeitglieder

Totzeitglieder (4.119)

$$y(t) = u(t - T_t) \tag{5.136}$$

verschieben das Eingangssignal auf der Zeitachse um T_t nach rechts. Das wird für die Übergangsfunktion und die Gewichtsfunktion aus den Gleichungen

$$h(t) = \sigma(t - T_t) \tag{5.137}$$

$$g(t) = \delta(t - T_t) \tag{5.138}$$

ersichtlich. Gelegentlich führt man auch einen Verstärkungsfaktor k ein, so dass das Totzeitglied auch die Amplitude des Signals verändern kann (Abb. 5.34). Das Symbol des Totzeitgliedes zeigt die um T_t verschobene Sprungfunktion (Abb. 5.35).

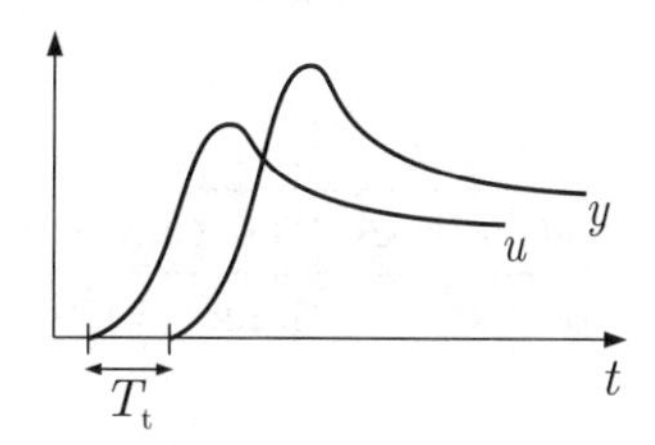

Abb. 5.34: Verhalten eines Totzeitgliedes

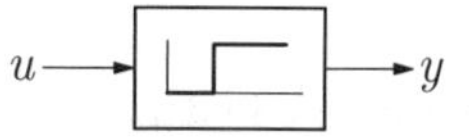

Abb. 5.35: Symbol des Totzeitgliedes

Totzeitglieder treten i. Allg. mit anderen Übertragungsgliedern kombiniert auf. Beispielsweise wird die Reihenschaltung eines PT_1-Gliedes mit einem Totzeitglied als *PT_1T_t-Glied* bezeichnet und durch

$$\begin{aligned} \dot{x} &= -\frac{1}{T}\,x(t) + \frac{1}{T}\,u(t), \quad x(0) = x_0 \\ y(t) &= k_s x(t - T_t) \end{aligned} \tag{5.139}$$

beschrieben.

Aufgabe 5.19 *Verhalten von RC-Gliedern*

Stellen Sie für die in Abb. 5.36 gezeigten RC-Glieder die Differenzialgleichung auf und bestimmen Sie den Typ der dynamischen Übertragungseigenschaften dieser Glieder. Stellen Sie die Übergangsfunktionen qualitativ grafisch dar und überlegen Sie sich, wie sich die Übergangsfunktionen in Abhängigkeit von den Parametern R und C verändern. □

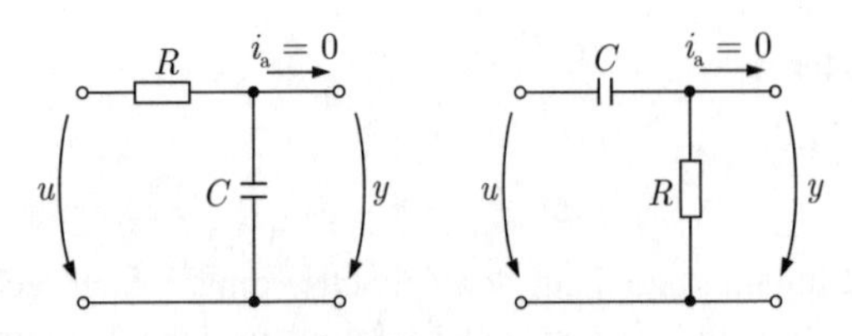

Abb. 5.36: RC-Glieder

Aufgabe 5.20 *Verhalten einer Badewanne*

Betrachten Sie den Zulauf von Wasser in Ihre Badewanne als Eingangsgröße und den Wasserstand als Ausgangsgröße.

1. Welchem Typ von Übertragungsgliedern ist Ihre Badewanne zuzuordnen?
2. Unter welchen Voraussetzungen ist Ihre Badewanne ein *lineares* System? □

Aufgabe 5.21 *Übergangsfunktion eines PT_1T_t-Gliedes*

Wie sieht die Übergangsfunktion des $\mathrm{PT_1T_t}$-Gliedes (5.139) aus? □

Aufgabe 5.22 *Dynamisches Verhalten einer Stufenreaktion*

In einem homogen durchmischten Rührkessel läuft die Stufenreaktion

$$A \rightarrow B \rightarrow C$$

ab, bei der der Stoff A zunächst in den Stoff B und später in den Stoff C umgewandelt wird. Dafür können die Zustandsgleichungen

$$\begin{aligned} \dot{x}_{\mathrm{A}} &= -x_{\mathrm{A}}(t) \\ \dot{x}_{\mathrm{B}} &= x_{\mathrm{A}}(t) - 2x_{\mathrm{B}}(t) \\ \dot{x}_{\mathrm{C}} &= 2x_{\mathrm{B}}(t) \end{aligned}$$

aufgestellt werden, in denen die Zustandsvariablen x_{A}, x_{B} und x_{C} die Konzentrationen der drei Stoffe bezeichnen.

1. Aus welchen elementaren Übertragungsgliedern besteht dieses Modell? Zeichnen Sie ein Blockschaltbild. Welchen zeitlichen Verlauf der Reaktion erwarten Sie aufgrund der im Blockschaltbild ersichtlichen Eigenschaften der Stufenreaktion?
2. Zum Zeitpunkt $t = 0$ liegen die Stoffe mit den Konzentrationen $x_{\mathrm{A}}(0) = 1$, $x_{\mathrm{B}}(0) = x_{\mathrm{C}}(0) = 0$ vor. Wie verläuft die Reaktion? Zeichnen Sie die Konzentrationsverläufe in ein gemeinsames Diagramm. Welche Stoffkonzentrationen ergeben sich für $t \rightarrow \infty$?
3. Wie können die angegebenen Modellgleichungen zu einem Zustandsraummodell der Form (4.40) zusammengefasst werden, wenn die Konzentration des Stoffes C gemessen wird? □

Aufgabe 5.23* *Klassifikation alltäglicher Vorgänge nach ihrem dynamischen Verhalten*

Die systemtheoretische Betrachtungsweise, einen gegebenen Prozess als Abbildung seiner Eingangsgröße in seine Ausgangsgröße aufzufassen, lässt sich auf sehr unterschiedliche Gegebenheiten anwenden. Man muss nur genau definieren, was als Eingangsgröße und was als Ausgangsgröße bezeichnet wird.

Klassifizieren Sie die im Folgenden angegebenen Systeme entsprechend ihres qualitativen Verhaltens als Proportional-, Integrier- oder Differenzierglieder und schätzen Sie anhand der auftretenden Speicherelemente ab, ob Verzögerungen erster, zweiter oder höherer Ordnung auftreten. Welche Systeme sind schwingungsfähig? □

Sachverhalt	Eingangsgröße $u(t)$	Ausgangsgröße $y(t)$
Stellventil	Spannung am Stellmotor	Ventilöffnung
Kochtopf auf einem Elektroherd	Schalterstellung	Temperatur des Topfinhaltes
Hörsaal (o. Klimaanlage)	Außentemperatur	Innentemperatur
Mensa	Durchschnittlicher Essenpreis	Zahl der Essenteilnehmer
Fahrendes Auto	Straßenoberfläche	Stoßstangenabstand von Straßenoberfläche
Zeitung	Börsenstand (Aktienindex)	Länge des Börsenkommentars

Aufgabe 5.24* *Bestimmung der Systemtypen aus dem E/A-Verhalten*

Abbildung 5.37 zeigt im oberen Teil den Verlauf einer Eingangsgröße $u(t)$ und darunter drei Systemantworten $y(t)$. Welchen Typ haben die drei Übertragungsglieder, die diese Ausgangsgrößen (beginnend in der Ruhelage $\boldsymbol{x}_0 = \boldsymbol{0}$) erzeugen? □

5.8 Modellvereinfachung und Kennwertermittlung

Auf Grund der in jedem Regelkreis vorhandenen Rückführung der tatsächlich auftretenden Regelgröße auf die Stellgröße besitzt jeder Regelkreis eine gewisse Robustheit gegenüber Modellfehlern. Das heißt, dass sich das Verhalten des Regelkreises bei konstanten Reglerparametern nur „langsam“ ändert, wenn sich die Regelstreckenparameter von den im Modell stehenden Werten entfernen. Unsicherheiten des Regelstreckenmodells führen deshalb i. Allg. nicht zu einem vollkommen anderen Verhalten des Regelkreises, als es mit Hilfe des Modells vorhergesagt wurde. Näherungsmodelle der Regelstrecke sind für den Reglerentwurf ausreichend.

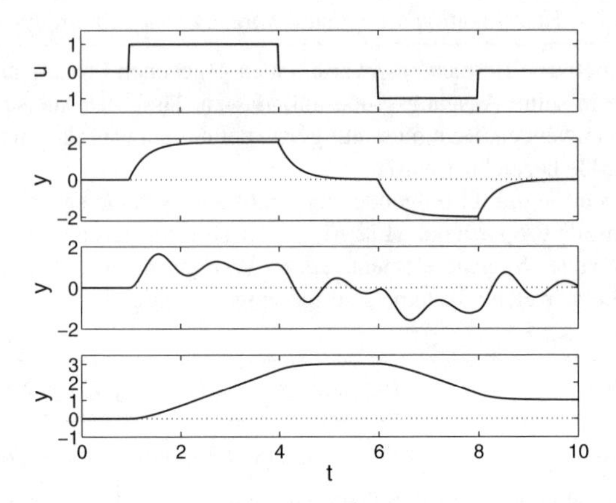

Abb. 5.37: Verlauf der Eingangs- und Ausgangsgrößen einfacher Übertragungsglieder

Auf die Robustheitseigenschaften von Regelkreisen wird im Kap. 8 noch ausführlicher eingegangen. Hier soll diese Eigenschaft als Begründung dafür verwendet werden, dass es häufig ausreicht, an Stelle eines möglichst exakten Modells lediglich eine Näherungsbeschreibung der Regelstrecke aufzustellen.

Zu derartigen einfachen Modellen kommt man auf zwei Wegen. Wenn ein Modell sehr hoher Ordnung bekannt ist, nutzt man Verfahren der Modellvereinfachung, um aus diesem Modell ein Näherungsmodell niedrigerer Ordnung abzuleiten. Darauf wird im Abschn. 5.8.1 eingegangen. Andererseits kann man einfache Modelle dadurch gewinnen, dass man Übergangsfunktionen der Regelstrecke aufzeichnet und aus diesen die Kennwerte einfacher Übertragungsglieder ermittelt. In den Abschnitten 5.8.2 - 5.8.4 wird dieses Vorgehen genauer erläutert.

5.8.1 Modellvereinfachung

Ziel der Modellvereinfachung (Ordnungsreduktion, Modellaggregation) ist es, zu einem gegebenen Modell hoher Ordnung

$$\dot{\boldsymbol{x}} = \boldsymbol{A}\boldsymbol{x}(t) + \boldsymbol{b}u(t), \quad \boldsymbol{x}(0) = \boldsymbol{x}_0 \tag{5.140}$$

$$y(t) = \boldsymbol{c}'\boldsymbol{x}(t) \tag{5.141}$$

ein Modell

$$\dot{\hat{\boldsymbol{x}}} = \hat{\boldsymbol{A}}\hat{\boldsymbol{x}}(t) + \hat{\boldsymbol{b}}u(t), \quad \hat{\boldsymbol{x}}(0) = \hat{\boldsymbol{x}}_0 \tag{5.142}$$

$$\hat{y}(t) = \hat{\boldsymbol{c}}'\hat{\boldsymbol{x}}(t) \tag{5.143}$$

mit wesentlich niedrigerer dynamischer Ordnung zu finden, dessen E/A-Verhalten das des gegebenen Modells (5.140), (5.141) möglichst gut wiedergibt. Das heißt, dass für eine beliebige Eingangsgröße $u(t)$ die Forderung

$$\hat{y}(t) \overset{!}{\approx} y(t)$$

erfüllt sein soll. Für das statische Verhalten fordert man häufig Gleichheit:

$$\hat{\boldsymbol{c}}'\hat{\boldsymbol{A}}^{-1}\hat{\boldsymbol{b}} = \boldsymbol{c}'\boldsymbol{A}^{-1}\boldsymbol{b}.$$

Diese Eigenschaft wird auch als *stationäre Genauigkeit* eines Modells bezeichnet.

Da sich die dynamischen Eigenschaften beider Modelle in den jeweiligen Modi äußern, ist es naheliegend, die Modi des gegebenen Systems in Bezug auf ihre Wirkung auf das E/A-Verhalten zu untersuchen und das Näherungsmodell so auszuwählen, dass es die wichtigsten Modi enthält. Verfahren, die wie das im Folgenden vorgestellte auf dieser Vorgehensweise beruhen, werden als *modale Verfahren* bezeichnet.

Für die Auswahl der in das Näherungsmodell zu übernehmenden Eigenvorgänge wird das Modell (5.140), (5.141) durch

$$\tilde{\boldsymbol{x}}(t) = \boldsymbol{V}^{-1}\boldsymbol{x}(t)$$

in die kanonische Normalform (5.38) transformiert:

$$\begin{aligned}\frac{d\tilde{\boldsymbol{x}}}{dt} &= \text{diag}\,\lambda_i\,\tilde{\boldsymbol{x}}(t) + \tilde{\boldsymbol{b}}u(t), \quad \tilde{\boldsymbol{x}}(0) = \boldsymbol{V}^{-1}\boldsymbol{x}_0\\ y(t) &= \tilde{\boldsymbol{c}}'\,\tilde{\boldsymbol{x}}(t).\end{aligned}$$

Da im Näherungsmodell nur die „dominanten" Modi berücksichtigt werden sollen, muss man bewerten, wie stark jeder einzelne Eigenvorgang die Ausgangsgröße beeinflusst. Dafür sind in der Literatur vielfältige *Dominanzmaße* vorgeschlagen worden. Als Beispiel sei das durch

$$d_i = \left|\frac{\tilde{b}_i\tilde{c}_i}{\lambda_i}\right| \tag{5.144}$$

definierte Dominanzmaß angeführt, das den Beitrag des i-ten Eigenvorgangs zum statischen Endwert der Übergangsfunktion bewertet. Dabei bezeichnen $\tilde{b}_i$ und $\tilde{c}_i$ die i-ten Elemente der Vektoren $\tilde{\boldsymbol{b}}$ bzw. $\tilde{\boldsymbol{c}}$.

Um das Näherungsmodell zu finden, wählt man die dominierenden Modi aus, wobei man sich anhand des Vergleiches der Dominanzmaße für eine zweckmäßige Modellordnung entscheiden muss. Haben beispielsweise drei Modi ein sehr großes und alle anderen Modi ein wesentlich kleineres Dominanzmaß, so verwendet man ein Näherungsmodell dritter Ordnung. Diese Vorgehensweise gilt bei stabilen Systemen. Besitzt das System instabile Modi ($\text{Re}\{\lambda_i\} \geq 0$), so müssen diese unabhängig vom Wert ihres Dominanzmaßes in das Näherungsmodell übernommen werden.

Im Folgenden wird angenommen, dass die $\hat{n}$ ersten Modi dominant sind und im Näherungsmodell auftreten sollen. Diese Voraussetzung kann man durch Umordnung der kanonischen Zustandsvariablen erfüllen. Zerlegt man den Zustandsvektor dementsprechend in den zu den dominierenden Modi gehörenden Teilvektor und einen verbleibenden Teilvektor

$$\tilde{\boldsymbol{x}} = \begin{pmatrix} \tilde{\boldsymbol{x}}_{\rm d} \\ \tilde{\boldsymbol{x}}_{\rm r} \end{pmatrix},$$

so zerfällt auch die kanonische Normalform des gegebenen Modells in die beiden Modellteile

$$\frac{d}{dt}\tilde{\boldsymbol{x}}_{\rm d} = \begin{pmatrix} \lambda_1 & 0 & \dots & 0 \\ 0 & \lambda_2 & \dots & 0 \\ & & \ddots & \\ 0 & 0 & \dots & \lambda_{\hat{n}} \end{pmatrix} \tilde{\boldsymbol{x}}_{\rm d} + \tilde{\boldsymbol{b}}_{\rm d} u(t) \tag{5.145}$$

$$\frac{d}{dt}\tilde{\boldsymbol{x}}_{\rm r} = \begin{pmatrix} \lambda_{\hat{n}+1} & 0 & \dots & 0 \\ 0 & \lambda_{\hat{n}+2} & \dots & 0 \\ & & \ddots & \\ 0 & 0 & \dots & \lambda_n \end{pmatrix} \tilde{\boldsymbol{x}}_{\rm r} + \tilde{\boldsymbol{b}}_{\rm r} u(t),$$

wobei die Zerlegung

$$\tilde{\boldsymbol{b}} = \begin{pmatrix} \tilde{\boldsymbol{b}}_{\rm d} \\ \tilde{\boldsymbol{b}}_{\rm r} \end{pmatrix}$$

des Vektors $\tilde{\boldsymbol{b}}$ verwendet wurde. Für die Ausgangsgröße erhält man nach einer Zerlegung des Vektors $\tilde{\boldsymbol{c}}'$ entsprechend

$$\tilde{\boldsymbol{c}}' = (\tilde{\boldsymbol{c}}'_{\rm d} \;\; \tilde{\boldsymbol{c}}'_{\rm r})$$

die Beziehung

$$y(t) = \tilde{\boldsymbol{c}}'_{\rm d}\, \tilde{\boldsymbol{x}}_{\rm d} + \tilde{\boldsymbol{c}}'_{\rm r}\, \tilde{\boldsymbol{x}}_{\rm r}.$$

Diese Gleichung gibt die Ausgangsgröße $y(t)$ *exakt* wieder.

Eine Näherung kommt nun dadurch zustande, dass im Modell nur noch die im Vektor $\tilde{\boldsymbol{x}}_{\rm d}$ stehenden Zustandsvariablen berücksichtigt und die zu den nicht dominierenden Modi gehörenden Zustandsvariablen vernachlässigt werden:

$$\hat{\boldsymbol{x}} = \tilde{\boldsymbol{x}}_{\rm d}. \tag{5.146}$$

Gleichbedeutend damit ist, dass die Gl. (5.145) als Zustandsgleichung des Näherungsmodells verwendet wird. Für den Ausgang gilt dann die Näherung

$$\hat{y}(t) = \tilde{\boldsymbol{c}}'_{\rm d}\, \tilde{\boldsymbol{x}}_{\rm d}. \tag{5.147}$$

Damit erhält man die Gln. (5.145), (5.147) als Näherungsmodell mit der dynamischen Ordnung $\hat{n}$.

Dieses Näherungsmodell enthält offensichtlich die dominierenden Eigenvorgänge des gegebenen Modells (5.140), (5.141). Es ist jedoch nicht stationär genau, da mit dem Wegfall der nicht dominierenden Modi auch deren Beitrag zum statischen Verhalten entfällt. Das Näherungsmodell hat an Stelle von $k_{\rm s}$ die statische Verstärkung

$$\hat{k}_{\mathrm{s}} = \sum_{i=1}^{\hat{n}} \frac{\tilde{b}_i \tilde{c}_i}{|\lambda_i|}.$$

Eine Korrektur der Statik erreicht man dadurch, dass man den Anteil der im Näherungsmodell verbliebenen Eigenvorgänge am statischen Verhalten proportional zu ihrem bisherigen Anteil erhöht bzw. verkleinert. Dies kann durch Veränderung der Ausgabegleichung erfolgen, so dass man schließlich für das gesuchte Näherungsmodell (5.142), (5.143) die Beziehungen

$$\hat{\boldsymbol{A}} = \begin{pmatrix} \lambda_1 & 0 & \dots & 0 \\ 0 & \lambda_2 & \dots & 0 \\ & & \ddots & \\ 0 & 0 & \dots & \lambda_{\hat{n}} \end{pmatrix} \quad (5.148)$$

$$\hat{\boldsymbol{b}} = \tilde{\boldsymbol{b}}_{\mathrm{d}} \quad (5.149)$$

$$\hat{\boldsymbol{c}} = \frac{k_{\mathrm{s}}}{\hat{k}_{\mathrm{s}}} \tilde{\boldsymbol{c}}'_{\mathrm{d}} \quad (5.150)$$

erhält.

Beispiel 5.8 *Modellvereinfachung für einen Gleichstrommotor*

Die modale Ordnungsreduktion soll am Beispiel eines Gleichstrommotors veranschaulicht werden, für den in der Aufgabe 6.31 ein Modell zweiter Ordnung angegeben ist. Die Reduktion eines Modells zweiter auf ein Näherungsmodell erster Ordnung ist zwar keine typische Anwendung der Modellvereinfachung, denn diese Methoden sind nur für Modelle sehr hoher Ordnung ($n = 20...100$) sinnvoll. Die einfachen Modelle erlauben es jedoch, die beschriebene Vorgehensweise im Detail an einem Zahlenbeispiel zu veranschaulichen.

Das Modell beschreibt das Übertragungsverhalten des Motors mit der Ankerspannung als Eingangsgröße und der Motordrehzahl als Ausgangsgröße. In der kanonischen Normalform heissen die Modellgleichungen (5.53), (5.54):

$$\begin{aligned} \frac{d\tilde{\boldsymbol{x}}}{dt} &= \begin{pmatrix} -75{,}74 & 0 \\ 0 & -7{,}08 \end{pmatrix} \tilde{\boldsymbol{x}}(t) + \begin{pmatrix} -9{,}985 \\ -1{,}550 \end{pmatrix} u(t) \\ \tilde{\boldsymbol{x}}(0) &= \begin{pmatrix} -1{,}098\, i_{\mathrm{A}}(0) - 0{,}668\, \dot{\phi}(0) \\ -0{,}171\, i_{\mathrm{A}}(0) - 1{,}274\, \dot{\phi}(0) \end{pmatrix} \\ y(t) &= (0{,}021 \quad -0{,}136)\, \tilde{\boldsymbol{x}}(t). \end{aligned}$$

Die statische Verstärkung beträgt

$$k_{\mathrm{s}} = 0{,}027.$$

Als Dominanzmaße erhält man aus Gl. (5.144)

$$\begin{aligned} d_1 &= \left| \frac{\tilde{b}_1 \tilde{c}_1}{\lambda_1} \right| = \frac{9{,}985 \cdot 0{,}021}{75{,}74} = 0{,}00277 \\ d_2 &= \frac{1{,}55 \cdot 0{,}136}{7{,}08} = 0{,}0298. \end{aligned}$$

Der zweite Eigenvorgang ist offensichtlich dominant und muss in das Näherungsmodell übernommen werden. Entsprechend Gl. (5.148) – (5.150) erhält man als Näherungsmodell erster Ordnung

$$\begin{aligned} \dot{\hat{x}} &= -7{,}08\,\hat{x}(t) - 1{,}55\,u(t), \quad \hat{x}(0) = \hat{x}_0 \\ \hat{y}(t) &= 0{,}136\,\hat{x}(t). \end{aligned}$$

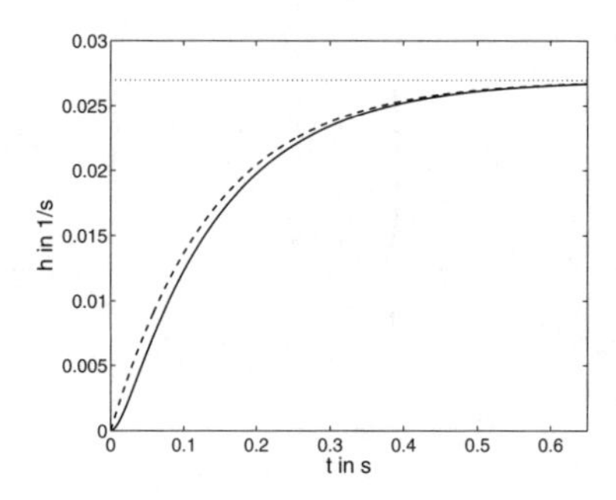

Abb. 5.38: Vergleich der Übergangsfunktionen des gegebenen —– und des vereinfachten - - - Modells des Gleichstrommotors

Abbildung 5.38 zeigt die Übergangsfunktionen, die mit dem gegebenen Modell zweiter Ordnung und mit dem Näherungsmodell erster Ordnung erhalten werden. Es ist offensichtlich, dass sich beide Übergangsfunktionen wenig unterscheiden und dass diese Unterschiede auf den vernachlässigten Eigenvorgang mit $\lambda_1 = -75{,}74$ zurückzuführen ist. Für den Gleichstrommotor ist dies der Eigenvorgang, der im Wesentlichen durch den Ankerkreis bestimmt wird und der gegenüber dem durch die Trägheit der rotierenden Teile bestimmten Eigenvorgang um etwa eine Zehnerpotenz schneller ist.

Diskussion. Das Beispiel zeigt, dass die Modellvereinfachung nicht nur die Dimension des Modells verkleinert, sondern auch dazu beiträgt, dass man die das Systemverhalten maßgebend beeinflussenden Prozesse erkennen kann. In dem Beispiel wurde der durch den Erregerkreis bestimmte Eigenvorgang weggelassen. Das dynamische Verhalten des Gleichstrommotors ist also im Wesentlichen durch seine mechanischen Eigenschaften bestimmt. □

5.8.2 Approximation dynamischer Systeme durch PT_1-Glieder

PT_1-Approximation mit Summenzeitkonstante. Für eine Näherungsbeschreibung, die u. U. sehr grob ist, werden PT_1-Glieder auch dann eingesetzt, wenn das betrachtete dynamische System eine viel größere Ordnung, aber eine näherungsweise aperiodisch einschwingende Übergangsfunktion besitzt. Auch für diese Systeme gibt die Zeitkonstante T der PT_1-Approximation einen Eindruck von der Geschwindigkeit, mit der das System auf Änderungen am Eingang reagiert. Beispielsweise wird im Abschn. 11.1.4 bei der Untersuchung des Störverhaltens eines Regelkreises mit einer PT_1-Näherung für die Störung gearbeitet, um die Verzögerungen, mit denen die Störungen in den Regelkreis eintreten, mit den im Regelkreis selbst auftretenden Verzögerungen vergleichen zu können.

Eine in der regelungstechnischen Praxis geläufige Näherung eines PT_n-Gliedes durch ein PT_1-Glied beruht auf der Verwendung der *Summenzeitkonstante*, die sich aus den Zeitkonstanten $T_1, T_2, ..., T_n$ des PT_n-Gliedes entsprechend

$$T_\Sigma = T_1 + T_2 + ... + T_n \tag{5.151}$$

berechnet. Die Summenzeitkonstante ist Ausdruck für die gesamte durch das PT_n-Glied auf die Eingangsgröße ausgeübte Verzögerung.

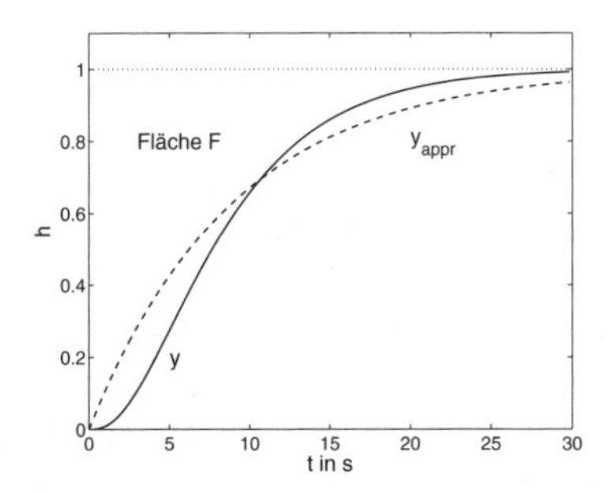

Abb. 5.39: Näherung eines PT_3-Gliedes durch ein PT_1-Glied mit derselben Summenzeitkonstante

Betrachtet man beispielsweise ein PT_3-Glied, das in Erweiterung des Modells (5.125) durch die Gleichungen

$$\begin{aligned} \dot{\boldsymbol{x}}(t) &= \begin{pmatrix} -\frac{1}{T_1} & 0 & 0 \\ \frac{1}{T_2} & -\frac{1}{T_2} & 0 \\ 0 & \frac{1}{T_3} & -\frac{1}{T_3} \end{pmatrix} \boldsymbol{x}(t) + \begin{pmatrix} \frac{1}{T_1} \\ 0 \\ 0 \end{pmatrix} u(t) \qquad \boldsymbol{x}(0) = \boldsymbol{x}_0 \\ y(t) &= (0 \;\; 0 \;\; k_\text{s})\, \boldsymbol{x}(t) \end{aligned} \tag{5.152}$$

beschrieben ist, so führt die PT_1-Approximation unter Verwendung der Summenzeitkonstante

$$T_\Sigma = T_1 + T_2 + T_3$$

auf das Näherungsmodell

$$\begin{aligned} \frac{d}{dt}\hat{x} &= -\frac{1}{T_\Sigma}\hat{x}(t) + \frac{1}{T_\Sigma}u(t) \\ \hat{y}(t) &= k_\text{s}\hat{x}(t). \end{aligned}$$

Abb. 5.39 zeigt für ein System mit k_s=1, T_1=1, T_2=3 und T_3=5, dass die Approximation zu einem relativ guten Ergebnis führt. Insbesondere führt diese Näherung stets zu einem Modell, dessen statische Verstärkung korrekt ist.

Die Summenzeitkonstante hat übrigens die bemerkenswerte Eigenschaft, dass sie proportional ist zu der durch die Übergangsfunktion und den statischen Endwert begrenzten Fläche F (vgl. Abb. 5.39). Für diese Fläche gilt

$$F = k_\mathrm{s}\, T_\Sigma = \int_0^\infty (k_\mathrm{s} - \hat{y}(t))dt.$$

Kennwertermittlung. Bisher wurde stets davon ausgegangen, dass das Modell durch theoretische Modellbildung (vgl. Abschn. 3.1) erhalten wurde, wobei die im System wirkenden physikalischen Vorgänge durch die entsprechenden Gesetze beschrieben und dass die dabei erhaltenen Gleichungen in ein Zustandsraummodell umgeformt wurden. Diese Vorgehensweise ist jedoch nur dann erfolgreich, wenn die sich in dem System abspielenden Prozesse im Einzelnen bekannt sind und wenn alle für die Beschreibung dieser Vorgänge verwendeten Parameter genau bestimmt werden können.

Häufig kommt man in die Situation, ein einfaches (wenn auch nur näherungsweise richtiges) Modell für ein System angeben zu müssen, ohne dass der relativ langwierige Weg der theoretischen Modellbildung beschritten werden kann. Statt dessen muss das Modell aus gemessenen Eingangs- und Ausgangsgrößen aufgestellt werden. Diese Aufgabenstellung wird in der umfangreichen Literatur über Prozessidentifikation behandelt. Hier soll lediglich gezeigt werden, wie man von einer gemessenen Übergangsfunktion für einfache Übertragungsglieder zum Zustandsraummodell kommt.

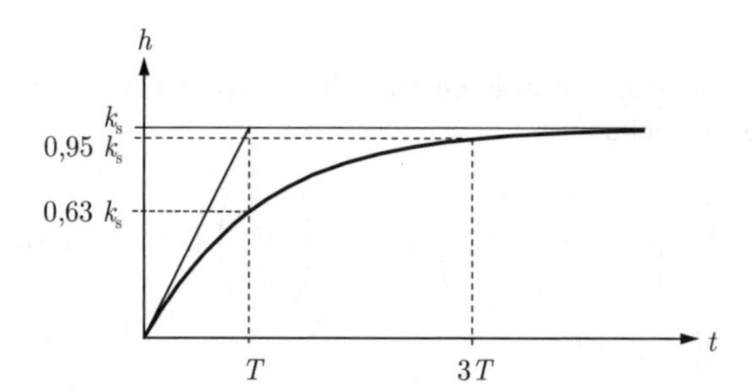

Abb. 5.40: Übergangsfunktion eines PT_1-Gliedes

Die Übergangsfunktion eines PT_1-Gliedes hat den in Abb. 5.40 angegebenen Verlauf. Gesucht sind die Parameter T und k_s des Modells (5.122)

$$\begin{aligned} \dot{x} &= -\frac{1}{T}x(t) + \frac{1}{T}u(t), \qquad x(0) = 0 \\ y(t) &= k_\mathrm{s}x(t). \end{aligned}$$

Aus dem Modell erhält man für die Übergangsfunktion die Beziehung

$$h(t) = k_{\rm s}\left(1 - {\rm e}^{-\frac{t}{T}}\right). \tag{5.153}$$

Hat man $h(t)$ gemessen, so können die beiden gesuchten Parameter $k_{\rm s}$ und T aus der grafischen Darstellung von h abgelesen werden. Die statische Verstärkung $k_{\rm s}$ ist gleich dem Endwert der Übergangsfunktion. Um die Zeitkonstante T zu ermitteln, wird die Ableitung der Übergangsfunktion gebildet:

$$\dot{h}(t) = k_{\rm s}\frac{1}{T}{\rm e}^{-\frac{t}{T}}.$$

Wird zur Zeit $t = 0$ an die Übergangsfunktion die Tangente gelegt, so hat diese Tangente die Beschreibung

$$h_{\rm Tang} = \dot{h}(0)\,t = k_{\rm s}\frac{t}{T}.$$

Die Tangente erreicht den Wert $k_{\rm s}$ also gerade zur Zeit $t = T$. Folglich erhält man T aus der grafischen Darstellung von h, indem man die Tangente an die Übergangsfunktion zur Zeit $t = 0$ legt und aus dem Schnittpunkt dieser Tangente mit der Parallelen zur Zeitachse mit dem Abstand $k_{\rm s}$ die Zeitkonstante T abliest (Abb. 5.40).

Ein anderer Weg zur Bestimmung von T ist durch die Tatsache begründet, dass zur Zeit $t = T$ die Übergangsfunktion den Wert

$$h(T) = k_{\rm s}(1 - {\rm e}^{-1}) \approx 0{,}63\,k_{\rm s} \tag{5.154}$$

bzw. zur Zeit $t = 3T$ den Wert

$$h(3T) = k_{\rm s}(1 - {\rm e}^{-3}) \approx 0{,}95\,k_{\rm s}$$

annimmt. Das heißt, man bestimmt die Zeitkonstante T als den Zeitpunkt, bei dem der Wert der gemessenen Übergangsfunktion 63% des Endwertes beträgt („63%-Regel“), oder als ein Drittel der Zeit, die vergeht, bis die Übergangsfunktion 95% des Endwertes erreicht hat („95%-Regel“).

Aufgabe 5.25 *Kennwertermittlung für ein PT_1-Glied*

Gegeben ist die in Abb. 5.41 gezeigte Übergangsfunktion, die experimentell an einem Prozess ermittelt wurde.

1. Wie sieht das Experiment aus, mit dem diese Übergangsfunktion gemessen wurde?
2. Bestimmen Sie mit den drei angegebenen Methoden die Parameter einer PT_1-Approximation des Systems und vergleichen Sie die Ergebnisse untereinander. □

Aufgabe 5.26** *Kennwertermittlung für ein I-Glied*

Überlegen Sie, wie ähnlich dem für das PT_1-Glied angegebenen Weg die Parameter eines IT_1-Gliedes experimentell bestimmt werden können. □

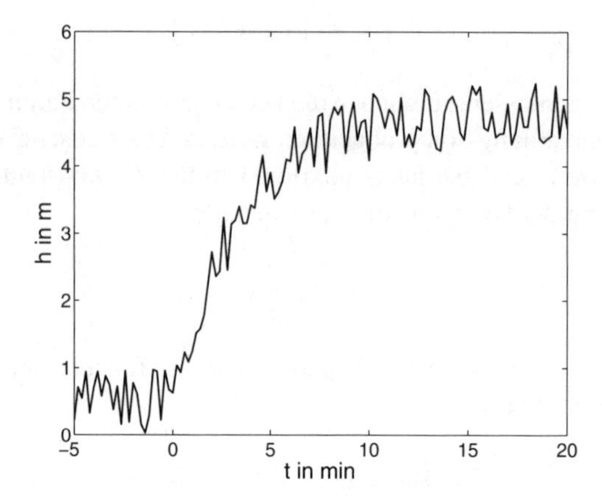

Abb. 5.41: Experimentell bestimmte Übergangsfunktion

Aufgabe 5.27[**] *Summenzeitkonstante zusammengesetzter Übertragungsglieder*

Wie kann die Summenzeitkonstante einer Reihen-Parallel-Schaltung von Übertragungsgliedern aus den Summenzeitkonstanten der einzelnen Übertragungsglieder berechnet werden? (Hinweis: Stellen Sie diesen Zusammenhang zunächst für je zwei Übertragungsglieder auf und verallgemeinern Sie dann für beliebig viele Glieder.) □

Aufgabe 5.28 *Approximation eines Totzeitgliedes*

Zeichnen Sie die Übergangsfunktion des Totzeitgliedes (4.119) und der Approximation erster Ordnung, die durch Gl. (5.153) gegeben ist, und vergleichen Sie beide Kurven. Wie groß ist der Approximationsfehler für $t = T$ bzw. $t = 3T$? □

5.8.3 Kennwertermittlung für PT$_2$-Glieder

Viele Regelstrecken haben das in Abb. 5.42 gezeigte Verhalten. Ihre Übergangsfunktion beginnt in Richtung der Zeitachse, steigt dann stärker an und erreicht den statischen Endwert ohne nennenswertes Überschwingen. Derartige Systeme lassen sich gut durch PT$_2$-Glieder (5.125) approximieren.

Die Übergangsfunktionen von PT$_2$-Gliedern haben im Anfangsteil eine positive, später eine negative Krümmung. Man kann deshalb, wie in Abb. 5.42 gezeigt ist, eine Wendetangente bestimmen, die die Übergangsfunktion zum Zeitpunkt $t_{\rm w}$ berührt. Durch diese Wendetangente werden die *Verzugszeit* $T_{\rm u}$ und die *Anstiegszeit* $T_{\rm a}$ festgelegt. Das System kann mit guter Genauigkeit als PT$_2$-Glied betrachtet werden, wenn die aus der gemessenen Übergangsfunktion erhaltenen Werte für $T_{\rm u}$ und $T_{\rm a}$ die Bedingung

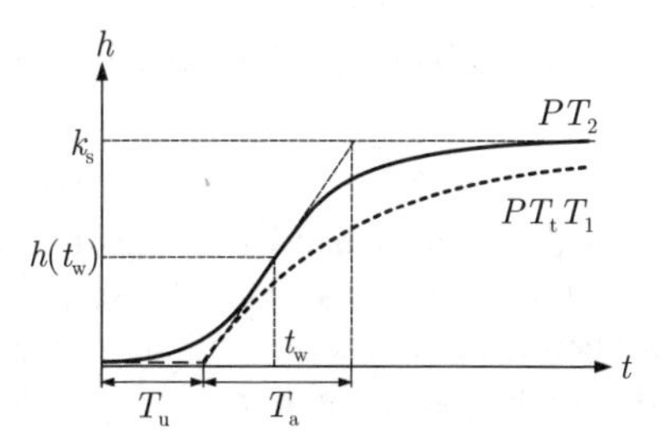

Abb. 5.42: Verzugszeit T_u und Anstiegszeit T_a der Übergangsfunktion von PT_2-Gliedern

$$\frac{T_\mathrm{a}}{T_\mathrm{u}} > 10$$

erfüllen.

Aus der Übergangsfunktion (5.126)

$$h(t) = k_\mathrm{s} \left(1 - \frac{T_1}{T_1 - T_2}\,\mathrm{e}^{-\frac{t}{T_1}} + \frac{T_2}{T_1 - T_2}\,\mathrm{e}^{-\frac{t}{T_2}}\right) \qquad (T_1 \neq T_2)$$

erhält man die Zeit t_w, indem man die zweite Ableitung von $h(t)$ gleich null setzt:

$$\ddot{h}(t_\mathrm{w}) = k_\mathrm{s} \left(-\frac{1}{T_1(T_1 - T_2)}\,\mathrm{e}^{-\frac{t_\mathrm{w}}{T_1}} + \frac{1}{T_2(T_1 - T_2)}\,\mathrm{e}^{-\frac{t_\mathrm{w}}{T_2}}\right) = 0. \tag{5.155}$$

Daraus folgt die Gleichung

$$t_\mathrm{w} = \frac{T_1 T_2}{T_1 - T_2} \ln \frac{T_1}{T_2} \tag{5.156}$$

sowie die für die weitere Rechnung wichtige Beziehung

$$\frac{1}{T_1}\,\mathrm{e}^{-\frac{t_\mathrm{w}}{T_1}} = \frac{1}{T_2}\,\mathrm{e}^{-\frac{t_\mathrm{w}}{T_2}}. \tag{5.157}$$

Für die Anstiegszeit T_a und die Verzugszeit T_u kann man aus der in Abb. 5.42 eingetragenen Wendetangente die Gleichungen

$$T_\mathrm{a} = \frac{k_\mathrm{s}}{\dot{h}(t_\mathrm{w})}$$

und

$$T_\mathrm{u} = t_\mathrm{w} - \frac{h(t_\mathrm{w})}{\dot{h}(t_\mathrm{w})}$$

abgelesen. Für den zweiten Term der letzten Gleichung erhält man

$$\frac{h(t_\mathrm{w})}{\dot{h}(t_\mathrm{w})} = \frac{k_\mathrm{s}\left(1 - \frac{T_1}{T_1 - T_2}\,\mathrm{e}^{-\frac{t_\mathrm{w}}{T_1}} + \frac{T_2}{T_1 - T_2}\,\mathrm{e}^{-\frac{t_\mathrm{w}}{T_2}}\right)}{k_\mathrm{s}\left(\frac{1}{T_1 - T_2}\,\mathrm{e}^{-\frac{t_\mathrm{w}}{T_1}} - \frac{1}{T_1 - T_2}\,\mathrm{e}^{-\frac{t_\mathrm{w}}{T_2}}\right)}$$

$$= T_\mathrm{a} + T_1 + T_2,$$

wenn man die Beziehungen (5.157) und (5.156) nacheinander einsetzt. Damit erhält man die Relation

$$T_\mathrm{u} + T_\mathrm{a} - t_\mathrm{w} = T_1 + T_2. \tag{5.158}$$

Da man T_u, T_a und t_w aus der gemessenen Übergangsfunktion mit Hilfe der Wendetangente ermitteln kann, können die gesuchten Zeitkonstanten T_1 und T_2 aus den Gln. (5.156) und (5.158) berechnet werden. k_s erhält man wie beim $\mathrm{PT_1}$-Glied aus dem statischen Endwert der Übergangsfunktion.

5.8.4 Kennwertermittlung für $\mathrm{PT_1T_t}$-Glieder

Besitzt das betrachtete System eine Übergangsfunktion, für die das Verhältnis von T_u zu T_a groß ist, so ist es zweckmäßig, die Verzugszeit als Totzeit des Systems aufzufassen und den Übergangsvorgang durch ein Verzögerungsglied erster Ordnung zu beschreiben. Das System wird also als $\mathrm{PT_1T_t}$-Glied aufgefasst.

Das Modell (5.139) hat die drei Parameter k_s, T_t und T. Der statische Verstärkungsfaktor kann wie bisher aus dem statischen Endwert der Übergangsfunktion bestimmt werden. Für die Festlegung der beiden verbleibenden Parameter gibt es zwei Möglichkeiten. Wählt man

$$T_\mathrm{t} = T_\mathrm{u} \quad \text{und} \quad T = T_\mathrm{a},$$

so liegt die durch das Modell erzeugte Übergangsfunktion vollständig unterhalb der Wendetangente und ist damit stets kleiner als die gemessene Funktion. Dieser Verlauf ist in Abb. 5.42 durch die gestrichelte Kurve veranschaulicht.

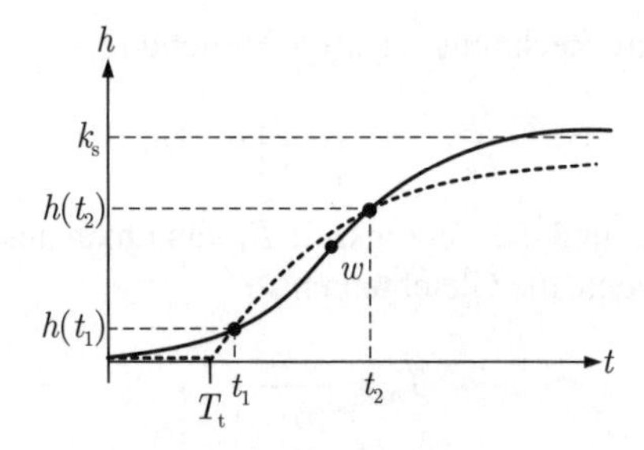

Abb. 5.43: Approximation der gemessenen Übergangsfunktion durch die eines $\mathrm{PT_tT_1}$-Gliedes

Andererseits kann man die Übergangsfunktion des Modells näher an die gemessene Kurve heranrücken, indem man T_t und T mit Hilfe zweier Werte der gemessenen Übergangsfunktion bestimmt. Die in Abb. 5.43 gekennzeichneten Punkte sind so gewählt, dass sie „vor" bzw. „nach" dem Wendepunkt W liegen. Sie sind durch die Zeiten t_1 und t_2 sowie durch die Werte $h(t_1)$ und $h(t_2)$ der Übergangsfunktion bestimmt.

Aus der Übergangsfunktion

$$h(t) = k_\mathrm{s}\,(1 - \mathrm{e}^{-\frac{t-T_\mathrm{t}}{T}})$$

des $\mathrm{PT_1T_t}$-Gliedes (5.139) erhält man für die beiden genannten Punkte die Beziehungen

$$\begin{aligned} h(t_1) &= k_\mathrm{s}\left(1 - \mathrm{e}^{-\frac{t_1-T_\mathrm{t}}{T}}\right) \\ h(t_2) &= k_\mathrm{s}\left(1 - \mathrm{e}^{-\frac{t_2-T_\mathrm{t}}{T}}\right) \end{aligned}$$

und daraus

$$\begin{aligned} T_\mathrm{t} &= T\,\ln\left(1 - \frac{h(t_1)}{k_\mathrm{s}}\right) + t_1 \qquad (5.159) \\ T_\mathrm{t} &= T\,\ln\left(1 - \frac{h(t_2)}{k_\mathrm{s}}\right) + t_2. \end{aligned}$$

Subtrahiert man die zweite von der ersten Gleichung, so entsteht die Beziehung

$$T = \frac{t_2 - t_1}{\ln \frac{k_\mathrm{s} - h(t_1)}{k_\mathrm{s} - h(t_2)}} \qquad (5.160)$$

für die Bestimmung der Zeitkonstanten T aus den Messwerten. Die Totzeit kann anschließend aus Gl. (5.159) berechnet werden.

Die behandelten Verfahren der Kennwertermittlung zeigen, dass diese Vorgehensweise auf Systeme mit „einfachem“ dynamischen Verhalten beschränkt ist. Sie zielt auf eine grobe Approximation, die für viele Regelungsaufgaben ausreichend ist.

5.9 MATLAB-Funktionen für die Analyse des Zeitverhaltens

Im Folgenden werden die Analysefunktionen behandelt, mit denen die in diesem Kapitel behandelten Rechenoperationen ausgeführt werden können.

Die Eigenwerte der Matrix $\boldsymbol{A}$ kann man sich mit der Funktion

```
>> eig(A)
```

ausgeben lassen. Für die Berechnung der Kennfunktionen im Zeitbereich stehen mehrere Funktionen zur Verfügung. Die Übergangsfunktion des Systems erhält man als grafische Darstellung auf dem Bildschirm durch den Aufruf

```
>> step(System);
```

Auf diese Weise entstand z. B. Abb. 5.39 auf S. 179, wobei auf die dort genutzten Möglichkeiten, zwei Kurven gleichzeitg in ein Koordinatensystem zu zeichnen, die Achsenbezeichnung zu ändern und zusätzlichen Text einzutragen, hier nicht eingegangen wird. Um die Gewichtsfunktion zu erhalten, schreibt man

```
>> impulse(System);
```

wobei wiederum die grafische Darstellung auf dem Bildschirm erscheint. Die Eigenbewegung erhält man für einen vorgegebenen Anfangszustand `x0` mit der Anweisung

```
>> initial(System, x0);
```

Will man die Ausgangsgröße des Systems für eine beliebig vorgegebene Eingangsgröße berechnen, so müssen zunächst zwei Zeilenvektoren `u` und `t` gleicher Länge mit den Werten der Eingangsgröße bzw. mit den dazugehörigen Zeitpunkten belegt werden. Die Lösung der Bewegungsgleichung erhält man dann mit dem Funktionsaufruf

```
>> lsim(System, u, t, x0);
```

grafisch auf dem Bildschirm dargestellt.

Die statische Verstärkung $k_{\rm s}$ kann man sich entsprechend Gl. (5.93) für stabile Systeme mit der Funktion

```
>> dcgain(System)
```

berechnen lassen. Für instabile Systeme wird dieselbe Formel angewendet, das Ergebnis kann jedoch nicht als statische Verstärkung interpretiert werden.

Alle Funktionen sind auch bei Mehrgrößensystemen anwendbar. Das kann man beispielsweise nutzen, um sich an Stelle der Ausgangsgröße y den Verlauf aller Zustandsvariablen x_i ausgeben zu lassen. Man arbeitet dann an Stelle des Vektors $\boldsymbol{c}'$ mit einer Einheitsmatrix entsprechender Dimension, also mit der Ausgabegleichung

$$\boldsymbol{y}(t) = \boldsymbol{I}\boldsymbol{x}(t).$$

Modelltransformationen. Für die im Abschn. 5.3 angegebenen Transformationen des Zustandsraummodells steht in MATLAB die Funktionen `ss2ss` und `canon` zur Verfügung (die Bezeichnung `ss2ss` kann man sich an der „freien Übersetzung" von *state space to (two) state space* merken). Hat man eine Transformationsmatrix $\boldsymbol{T}$ gewählt, mit der man die Zustandstransformation (5.26) ausführen möchte, so weist man diese der Variablen `T` zu und ruft die Funktion `ss2ss` auf:

```
>> SystemTransf = ss2ss(System, inv(T));
```

Das transformierte System (5.27) – (5.31) ist durch `At`, `bt`, `ct` und `dt` beschrieben, das man durch

```
>> [At, bt, ct, dt] = ssdata(transfSystem);
```

auslesen kann. Da die Funktion `ss2ss` für eine andere Notation der Transformationsmatrix geschrieben ist, muss man an Stelle von `T` die inverse Matrix `inv(T)` als Argument einsetzen.

Die kanonische Normalform und die inverse Transformationsmatrix `Vinv` erhält man aus

```
>> [SystemKNF, Vinv] = canon(System, 'modal');
```

wobei das gegebene Zustandsraummodell mit dem Zustand $\boldsymbol{x}$ durch

$$\tilde{\boldsymbol{x}} = \boldsymbol{V}^{-1}\boldsymbol{x}$$

in die kanonische Normalform (5.55) überführt wird. Die ausgegebene Matrix `Vinv` ist $\boldsymbol{V}^{-1}$. Verwendet man die Funktion `canon` mit der Typangabe `'companion'`

```
>> [SystemBNF, Tinv] = canon(A, b, c, d, 'companion');
```

so erhält man die Beobachtungsnormalform (5.76) – (5.79) des Systems.

Beispiel 5.9 *Analyse des Zeitverhaltens einer Raumtemperaturregelung*

Der Regelkreis einer Raumtemperaturregelung hat dieselbe Struktur wie in Abb. 2.2 auf S. 15, nur dass jetzt die Ventilstellung am Heizkörper als Stellgröße wirkt. Für die Regelstrecke wurde das Modell

$$\dot{x} = -0{,}2x(t) + 0{,}2u(t), \qquad x(0) = x_0 \tag{5.161}$$

$$y(t) = 5x(t) \tag{5.162}$$

aufgestellt, das in MATLAB durch

```
>> A = [-0.2];
>> b = [0.2];
>> c = [5];
>> d = 0;
>> Raum = ss(A, b, c, d);
>> printsys(A, b, c, d)
   a =
                     x1
          x1   -0.20000

   b =
                     u1
          x1    0.20000

   c =
                     x1
          y1    5.00000

   d =
                     u1
          y1          0
```

definiert wird. Als Maßeinheiten werden festgelegt

Millimeter	für den Ventilhub u
Grad Celsius	für die Raumtemperatur y
Minuten	für die Zeit.

Die Übergangsfunktion wird durch den Befehl

```
>> step(Raum);
```

berechnet, wodurch man den oberen Teil der Abb. 5.44 erhält. Die Abbildung besagt, dass sich bei einer Vergrößerung der Ventilöffnung um einen Millimeter die Raumtemperatur nach 30 Sekunden um $5^o C$ ändert. Die Gewichtsfunktion erhält man mit der Funktion

```
>> impulse(Raum);
```

wodurch der untere Teil der Abb. 5.44 entsteht.

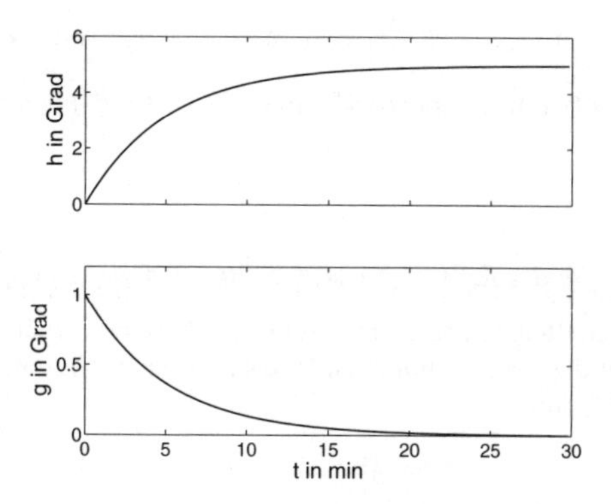

Abb. 5.44: Übergangsfunktion und Gewichtsfunktion eines Raumes

Die statische Verstärkung des Raumes, die auch als Endwert der Übergangsfunktion abgelesen werden kann, erhält man mit dem Funktionsaufruf

```
>> dcgain(Raum)
ans=
      5
```

Für die Raumtemperaturregelung soll der Regler

$$u(t) = 0{,}3(w(t) - y(t)) \tag{5.163}$$

eingesetzt werden, bei dem die Stellgröße $u(t)$ proportional zur Regelabweichung gebildet wird. Dieser Regler ist ein statisches Übertragungsglied, der durch

```
>> Regler = ss(0.3);
```

beschrieben werden kann. In dieser Verwendung der Funktion `ss` fehlen die Elemente $\boldsymbol{A}$, $\boldsymbol{b}$ und $\boldsymbol{c}$ (vgl. Beschreibung von `ss` auf S. 104).

Zur Berechnung des Regelkreises muss man zunächst die Reihenschaltung von Regler und Regelstrecke zusammenfassen (vgl. Abb. 2.2 auf S. 15), was durch den Funktionsaufruf

```
>> offeneKette = series(Raum, Regler);
```

geschieht. Anschließend wird der Regelkreis mit einer Einheitsrückführung geschlossen,

```
>> Regelkreis = feedback(offeneKette, 1);
```

bei der das Übertragungsglied im Rückwärtszweig durch die angegebene `1` dargestellt wird. Der Regelkreis hat die Eingangsgröße w und die Ausgangsgröße y (vgl. Abb. 2.2). Das Modell des Regelkreises kann man sich durch Aufruf des Modellnamens

```
>> Regelkreis
```

oder in besser kommentierter Form durch Nutzung der Funktion `printsys` ausgeben lassen:

```
>> [Akreis, bkreis, ckreis, dkreis] = ssdata(Regelkreis);
>> printsys(Akreis, bkreis, ckreis, dkreis);
```

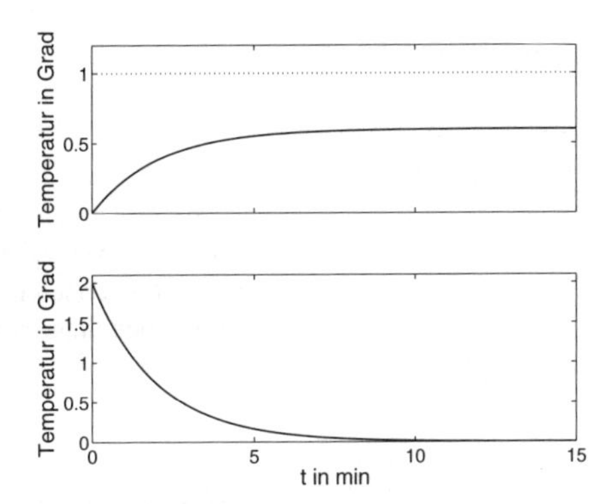

Abb. 5.45: Übergangsfunktion und Eigenbewegung des Raumtemperaturregelkreises

Die Übergangsfunktion des Regelkreises, die die Veränderung der Raumtemperatur bei sprungförmiger Erhöhung des Temperatursollwertes auf den Wert 1 beschreibt, erhält man durch

```
>> step(Regelkreis);
```

wodurch der obere Teil von Abb. 5.45 entsteht. Offensichtlich erreicht die Temperatur den Sollwert nie, sondern erhöht sich nur um etwa 0,6 Grad. Den Endwert kann man durch

```
>> dcgain(Regelkreis)
ans =
      0.6000
```

berechnen. Die Tatsache, dass der Temperaturregelkreis mit der hier verwendeten proportionalen Rückführung (5.163) den vorgegebenen Sollwert nie erreicht, wird im Abschn. 7.3.3 genauer untersucht werden.

Programm 5.1 *Systemanalyse im Zeitbereich*
(Beispiel 5.9: Analyse einer Raumtemperaturregelung)

Modell der Regelstrecke

```
>> A = [-0.2];
>> b = [0.2];
>> c = [5];
>> d = 0;
>> Raum = ss(A, b, c, d);
>> printsys(A, b, c, d)
   a =
                    x1
          x1   -0.20000

   b =
                    u1
          x1    0.20000

   c =
                    x1
          y1    5.00000

   d =
                    u1
          y1         0
```

Analyse der Regelstrecke

```
>> step(Raum);                ...erzeugt den oberen Teil von Abb. 5.44
>> impulse(Raum);             ...erzeugt den unteren Teil von Abb. 5.44
>> dcgain(Raum)
  ans=
      5                       statische Verstärkung
```

Bestimmung des Regelkreismodells

```
>> Regler = ss(0.3);                                   Regler (5.163)
>> offeneKette = series(Raum, Regler);
>> Regelkreis = feedback(offeneKette, 1);
```

Analyse des Regelkreises

```
>> step(Regelkreis);               ...erzeugt den oberen Teil von Abb. 5.45
>> initial(Regelkreis, 2/1.5);     ...erzeugt den unteren Teil von Abb. 5.45
```

Weicht die Raumtemperatur zur Zeit $t = 0$ um 2 Grad vom Sollwert 0 ab, so kann das Verhalten des Regelkreises dadurch berechnet werden, dass man mit der Funktion `initial` die Eigenbewegung für den Anfangszustand $x_0 = \frac{2}{1.5}$ erzeugt (wobei x_0 so gewählt ist, dass $y(0) = 2$ gilt, vgl. Modelldaten des Regelkreises):

```
>> initial(Regelkreis, 2/1.5);
```

Dabei entsteht der untere Teil von Abb. 5.45, der deutlich macht, dass die Raumtemperatur nach etwa 10 Minuten den Sollwert erreicht hat.

Die für dieses Beispiel durchgeführte Analyse ist im Programm 5.1 zusammengefasst, das als Vorbild für ähnliche Aufgaben dienen kann. □

Aufgabe 5.29 *Analyse des Übergangsverhaltens gekoppelter Behälter*

Berechnen Sie die Übergangsfunktion, die Gewichtsfunktion sowie die Eigenbewegung des in Aufgabe 5.12 auf S. 154 angegebenen Behältersystems, wobei Sie bei der Betrachtung der Eigenbewegung den Anfangszustand

$$\begin{pmatrix} c_1(0) \\ c_2(0) \end{pmatrix} = \begin{pmatrix} 1 \\ 0 \end{pmatrix}$$

zu Grunde legen. Verändern Sie die Parameter des ersten bzw. des zweiten Behälters, wobei Sie die beiden mit 0,67 bzw. mit 0,5 angegebenen Parameter auf Werte zwischen 0,2 und 10 setzen. Wie verändert sich das Zeitverhalten? Diskutieren Sie die Veränderungen unter Beachtung der Eigenwerte, die die jeweils verwendete Systemmatrix hat. □

Literaturhinweise

Die Modellvereinfachung ist ein ausführlich untersuchtes Gebiet, das bisher keinen Eingang in die Grundlagenbücher der Regelungstechnik gefunden hat und vor allem in Monografien über „große Systeme“ ausführlicher dargestellt wird, z. B. in [50] und [29]. Das im Abschn. 5.8.1 beschriebene Verfahren wurde in [42] vorgeschlagen.

Die Identifikation dynamischer Systeme ist ausführlich in den Lehrbüchern [28] und [71] dargestellt. Die im Abschn. 5.8.2 behandelte Kennwertermittlung mit deterministischen Testsignalen beruht auf Verfahren, die Ende der fünfziger Jahre mit dem Ziel entwickelt wurden, einfache Modelle ohne großen Rechenaufwand und auf grafisch möglichst anschaulichem Wege bilden zu können. Das im Abschn. 5.8.4 behandelte Verfahren wurde von STREJC 1959 in [69] vorgeschlagen. SCHWARZE erweiterte das im Abschn. 5.8.2 angegebene Vorgehen, die Modellparameter aus Zeitprozentkennwerten der Übergangsfunktion zu bestimmen, auf Systeme höherer als erster Ordnung. Ausführlich ist die Kennwertermittlung in [62], Kap. 5 abgehandelt.

Für das Programmsystem MATLAB stehen Einführungen und Handbücher in jedem Rechenzentrum für die Nutzer zur Verfügung. Für die Lösung der hier beschriebenen Aufgaben reicht die im Anhang 2 gegebene Kurzbeschreibung aus.

Numerische Verfahren zur Analyse dynamischer Systeme und zum Reglerentwurf haben sich mit Einführung der Rechentechnik zu einem eigenen Forschungsgebiet entwickelt, auf dessen Ergebnisse in diesem Buch nicht eingegangen wird. Interessenten seien auf den Sammelband [58] der wichtigsten Arbeiten dieses Gebietes hingewiesen.

Für eine ausführliche Modellbildung der in Beispiel 5.1 behandelten Verladebrücke wird auf [17] verwiesen.

6

Beschreibung und Analyse linearer Systeme im Frequenzbereich

Die Beschreibung und die Analyse linearer Systeme im Frequenzbereich beruhen auf der Zerlegung aller betrachteten Signale in sinusförmige Elementarsignale mit Hilfe der Fourier- bzw. Laplacetransformation. Beide Transformationen werden in den Abschnitten 6.2 und 6.4 behandelt, wobei es vor allem auf ihre ingenieurtechnische Interpretation ankommt. Als Modelle dynamischer Systeme werden in den Abschnitten 6.3 bzw. 6.5 der Frequenzgang und die Übertragungsfunktion eingeführt. Im Abschn. 6.7 werden die Eigenschaften wichtiger Übertragungsglieder im Frequenzbereich untersucht.

6.1 Zielstellung

Die Betrachtungen im Frequenzbereich beruhen auf der Verwendung sinusförmiger Eingangsgrößen. Dass man trotz der Beschränkung auf diese *spezielle* Art von Signalen $u(t)$ das Verhalten eines dynamischen Systems in seiner Vielfalt beschreiben und analysieren kann, ist auf den ersten Blick verwunderlich, denn die Menge *aller* denkbaren Funktionen $u(t)$ ist unendlich groß. Zwei Tatsachen sorgen jedoch dafür, dass man aus den sich bei sinusförmigen Eingangsgrößen offenbarenden Eigenschaften des Systems auf alle interessanten Systemeigenschaften schließen kann.

Erstens ist aus der Fourieranalyse bekannt, dass sich jedes periodische Signal durch eine Summe sinusförmiger Signale darstellen lässt. Diese Aussage kann auf nichtperiodische Signale erweitert werden, wenn man die Fouriertransformation heranzieht. Noch weniger Einschränkungen bezüglich der betrachteten Klasse von Zeitfunktionen muss man bei Verwendung der Laplacetransformation machen, durch die (fast) jede Funktion in auf- und abklingende Sinusschwingungen zerlegt wird. Die Betrachtung sinusförmiger Eingangsgrößen ist deshalb keine Einschränkung der Allgemeinheit.

Zweitens erlaubt es das Superpositionsprinzip, dass man die Übertragung der einzelnen sinusförmigen Komponenten von $u(t)$ durch das lineare System getrennt voneinander untersuchen und aus den dabei erhaltenen Ergebnissen die Systemantwort $y(t)$ zusammen setzen kann. Die folgenden Betrachtungen sind damit jedoch streng an die Linearität der betrachteten Systeme gebunden.

Diese beiden Tatsachen ermöglichen folgendes Vorgehen:

Algorithmus 6.1 *Systemanalyse im Frequenzbereich*

Gegeben: dynamisches System, Verlauf der Eingangsgröße u

1. Zerlegung der Eingangsgröße $u(t)$ in sinusförmige Anteile
2. Getrennte Berechnung der Systemantworten für jeden einzelnen sinusförmigen Anteil von $u(t)$
3. Bestimmung der Ausgangsgröße $y(t)$ durch Überlagerung aller berechneten Systemantworten.

Ergebnis: Verlauf der Ausgangsgröße y

Dieser Weg ist für bestimmte Fragestellungen einfacher und anschaulicher als eine Analyse im Zeitbereich. Einfacher ist er, weil sinusförmige Eingangssignale durch ein lineares System nur bezüglich ihrer Amplitude und ihrer Phase verändert werden. Aus einem sinusförmigen Signal der Frequenz ω am Eingang entsteht wieder ein sinusförmiges Signal derselben Frequenz am Ausgang. Damit ist die Übertragungseigenschaft des linearen Systems für ein sinusförmiges Signal mit der Frequenz ω durch zwei skalare Größen gegeben, nämlich der „Verstärkung", auf Grund derer sich die Amplitude des Signals verändert, und die Phasenverschiebung, die einer Verschiebung der Sinusfunktion auf der Zeitachse entspricht. In der mathematischen Darstellung des Systems und im Rechenweg hat dies zur Folge, dass keine Differenzialgleichungen mehr auftreten, sondern nur noch algebraische Gleichungen. In der Frequenzbereichsbetrachtung kann das System also mit Mitteln beschrieben werden, die im Zeitbereich nur für statische Systeme angewendet werden können.

Diese Vorgehensweise ist vor allem in der Elektrotechnik von der Wechselstromlehre bekannt und wird im Maschinenbau bei der Analyse von Resonanzerscheinungen eingesetzt. Für lineare dynamische Systeme hat sie sich als ein zur Zeitbereichsbetrachtung alternativer Weg für die Beschreibung und Analyse von linearen Systemen und für den Entwurf von Reglern etabliert.

In den folgenden Abschnitten wird zunächst auf die erwähnte Zerlegung beliebiger Funktionen in sinusförmige Anteile eingegangen. Dann wird mit dem Frequenzgang eine Systembeschreibung eingeführt, die die Übertragungseigenschaften linearer Systeme für sinusförmige Signale erfasst. Um auch instabile Systeme auf diese Weise beschreiben zu können, muss von rein sinusförmigen auf exponentiell aufklingende oder abklingende Sinusfunktionen übergegangen werden. Dafür wird als mathematisches Hilfsmittel die Laplacetransformation eingeführt und der Frequenzgang auf die Übertragungsfunktion erweitert.

In den Abschnitten zur Fouriertransformation und Laplacetransformation wird erwartet, dass der Leser diese Funktionaltransformationen bereits kennt. Es wird deshalb keine mathematisch exakte und vollständige Einführung gegeben, sondern vor allem auf die ingenieurtechnische Interpretation dieser Transformationen eingegangen. Die Eigenschaften dieser Transformationen werden, soweit sie für das Weitere wichtig sind, kurz zusammengefasst.

6.2 Fouriertransformation

6.2.1 Zerlegung periodischer Signale

Fouriertheorem. In diesem Abschnitt wird gezeigt, dass sich sehr viele nicht sinusförmige Signale in eine Summe sinusförmiger Signale zerlegen lassen. Es werden zunächst periodische Funktionen $f(t)$ betrachtet, für die die Beziehung

$$f(t) = f(t + lT_0) \qquad \text{für} \qquad l = 0, 1, 2, ..., \tag{6.1}$$

gilt und die folglich die Periode T_0, die Frequenz $f_0 = \frac{1}{T_0}$ und die Kreisfrequenz $\omega_0 = 2\pi f_0$ haben.

Nach dem Fouriertheorem können solche Funktionen in eine Summe von Sinus- und Kosinusfunktionen zerlegt werden, deren Kreisfrequenzen ω ganzzahlige Vielfache von ω_0 sind:

$$f(t) = \frac{A_0}{2} + \sum_{k=1}^{\infty} A_k \cos(k\omega_0 t) + \sum_{k=1}^{\infty} B_k \sin(k\omega_0 t). \tag{6.2}$$

Die rechte Seite dieser Gleichung heißt *Fourierreihe* von $f(t)$. A_k und B_k sind reelle Koeffizienten, die Fourierkoeffizienten. Sie können folgendermaßen aus $f(t)$ berechnet werden:

$$A_k = \frac{2}{T_0} \int_0^{T_0} f(t) \cos(k\omega_0 t)\, dt \qquad (k = 0, 1, ...) \tag{6.3}$$

$$B_k = \frac{2}{T_0} \int_0^{T_0} f(t) \sin(k\omega_0 t)\, dt \qquad (k = 1, 2, ...). \tag{6.4}$$

In einer zu Gl. (6.2) alternativen Darstellung kann man $f(t)$ in reine Sinusschwingungen zerlegen, wobei jedoch Phasenverschiebungen auftreten:

$$f(t) = C_0 + \sum_{k=1}^{\infty} C_k \sin(k\omega_0 t + \phi_k). \tag{6.5}$$

Dabei gilt im Vergleich zur ersten Darstellung

$$\begin{aligned} C_0 &= \frac{A_0}{2} \\ C_k &= \sqrt{A_k^2 + B_k^2} \qquad k = 1, 2, ... \\ \phi_k &= \arctan \frac{A_k}{B_k} \qquad k = 1, 2, ... \end{aligned}$$

In den Gln. (6.2) und (6.5) stellt der Summand $\frac{A_0}{2}$ ein zeitunabhängiges Absolutglied dar. Die Summanden für $k = 1$ heißen Grundwellen (erste Harmonische). Alle anderen Summanden sind Funktionen mit höherer Frequenz als ω_0. Sie werden als Oberwellen (höhere Harmonische) bezeichnet.

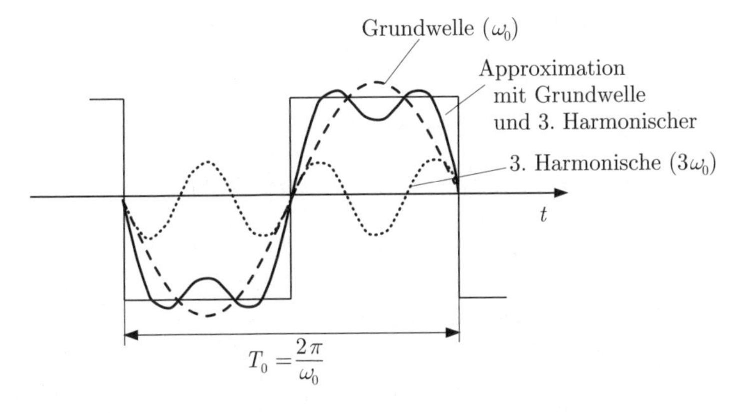

Abb. 6.1: Zerlegung einer Rechteckschwingung in Sinusschwingungen

Abbildung 6.1 zeigt ein Beispiel für die Fourierzerlegung. Für die Rechteckfunktion sind die Näherungen gezeichnet, die man aus der ersten bzw. aus den ersten drei Summanden von (6.2) erhält, wobei beachtet werden muss, dass die zweite Harmonische in diesem Beispiel verschwindet und deshalb im zweiten Fall die Summe von Grundwelle und dritter Harmonischer maßgebend ist.

Die Voraussetzungen dafür, dass die Zerlegung (6.2) möglich ist, sind die *dirichletschen Bedingungen*, die für regelungstechnische Betrachtungen häufig erfüllt sind, wenn es sich bei den betrachteten Funktionen um periodische handelt. Für die Funktion $f(t)$ wird gefordert, dass sich der Definitionsbereich in endlich viele Intervalle zerlegen lässt, in denen $f(t)$ stetig und monoton ist, wobei an jeder Unstetigkeitsstelle $\bar{t}$ die Werte $f(\bar{t} + 0)$ und $f(\bar{t} - 0)$ definiert sind. Weiterhin muss gelten

$$\int_{T_0}^{-T_0} |f(t)| \, dt < \infty. \tag{6.6}$$

Exponentialdarstellung der Fourierreihe. Durch die Einführung komplexer Amplituden F_k kann die Fourierzerlegung (6.2) in die Exponentialform gebracht werden, auf die später zurückgegriffen wird. Die Euler'sche Formel lautet

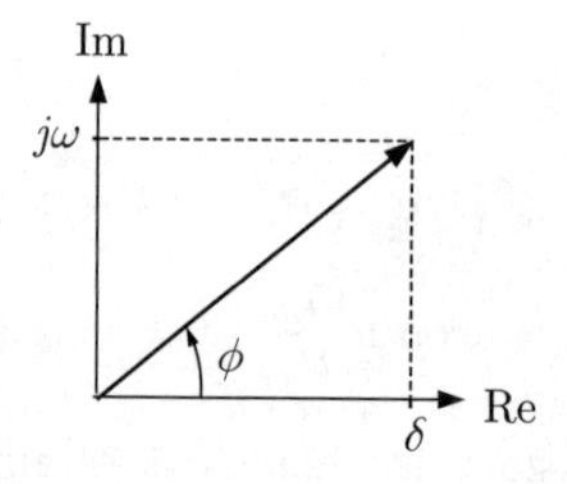

Abb. 6.2: Interpretation der Eulerformel in der komplexen Ebene

$$\delta + j\,\omega = k\,\mathrm{e}^{j\,\phi} = k\,(\cos\phi + j\,\sin\phi) \tag{6.7}$$

mit

$$k = \sqrt{\delta^2 + \omega^2} \quad \text{und} \quad \phi = \arctan\frac{\omega}{\delta}$$

(Abb. 6.2). Wendet man diese Formel an, so erhält man

$$\cos(k\omega_0 t) = \frac{1}{2}\left(\mathrm{e}^{\,jk\omega_0 t} + \mathrm{e}^{\,-jk\omega_0 t}\right) \tag{6.8}$$

$$\sin(k\omega_0 t) = \frac{1}{j2}\left(\mathrm{e}^{\,jk\omega_0 t} - \mathrm{e}^{\,-jk\omega_0 t}\right) \tag{6.9}$$

für beliebige $k = 0, 1, 2....$ Deshalb folgt aus Gl. (6.2)

$$\begin{aligned} f(t) &= \frac{A_0}{2} + \sum_{k=1}^{\infty}\left(\frac{A_k}{2}\,(\mathrm{e}^{\,jk\omega_0 t} + \mathrm{e}^{\,-jk\omega_0 t}) + \frac{B_k}{j2}\,(\mathrm{e}^{\,jk\omega_0 t} - \mathrm{e}^{\,-jk\omega_0 t})\right) \\ &= \frac{A_0}{2} + \sum_{k=1}^{\infty}\frac{1}{2}\,(A_k - jB_k)\,\mathrm{e}^{\,jk\omega_0 t} + \sum_{k=1}^{\infty}\frac{1}{2}\,(A_k + jB_k)\,\mathrm{e}^{\,-jk\omega_0 t}. \end{aligned}$$

Führt man die komplexen Fourierkoeffizienten

$$F_k = \frac{1}{2}\,(A_k - jB_k) \qquad (k = 1, 2, ...) \tag{6.10}$$

$$F_{-k} = \frac{1}{2}\,(A_k + jB_k) \qquad (k = 1, 2, ...) \tag{6.11}$$

$$F_0 = \frac{A_0}{2} \tag{6.12}$$

ein, so lässt sich die zweite Zeile zu einer Summe zusammenfassen und man erhält die komplexe Darstellung der Fourierreihe:

$$\boxed{\text{Fourierreihe:} \qquad f(t) = \sum_{k=-\infty}^{\infty} F_k\,\mathrm{e}^{\,jk\omega_0 t}.} \tag{6.13}$$

Die Koeffizienten F_k sind i. Allg. komplex. Gleichung (6.10) zeigt, dass F_k und F_{-k} (für denselben Index k) konjugiert komplex sind, d. h., es gilt

$$|F_k| = |F_{-k}| \tag{6.14}$$
$$\arg F_k = -\arg F_{-k}. \tag{6.15}$$

Deshalb entstehen in der Summe (6.13) für jeden Zeitpunkt t reelle Funktionswerte $f(t)$.

Um diese für die folgenden Betrachtungen sehr wichtige Tatsache zu veranschaulichen, wird die Funktion

$$f(t) = \bar{f}\sin(\omega_0 t + \phi) = \left(-j\frac{\bar{f}}{2}\,\mathrm{e}^{\,j\phi}\right)\mathrm{e}^{\,j\omega_0 t} + \left(j\frac{\bar{f}}{2}\,\mathrm{e}^{\,-j\phi}\right)\mathrm{e}^{\,-j\omega_0 t}$$

betrachtet. Es treten nur Summanden für $k = \pm 1$ auf, wobei die in den Klammern stehenden Ausdrücke die Koeffizienten F_1 bzw. F_{-1} darstellen. Beide Summanden sind komplex, ihre Summe ist jedoch reell. Die komplexe Darstellung einer periodischen Funktion enthält also komplexwertige e-Funktionen und komplexe Koeffizienten, die Funktion hat aber reelle Werte.

Die komplexe Darstellung sinusförmiger Signale ist in der Elektrotechnik als Zeigerdiagramm geläufig. Dabei wird der Summand $-j\frac{\bar{f}}{2}\mathrm{e}^{\,j\phi}\mathrm{e}^{\,j\omega_0 t}$ als rotierender Zeiger aufgefasst, wobei man die Bewegung der durch den Summand beschriebenen komplexen Zahl in der komplexen Ebene verfolgt (Abb. 6.3). Die Sinusfunktion $\bar{f}\sin(\omega_0 t + \phi)$ entsteht als Summe zweier sich mit entgegengesetzter Drehrichtung bewegender Zeiger.

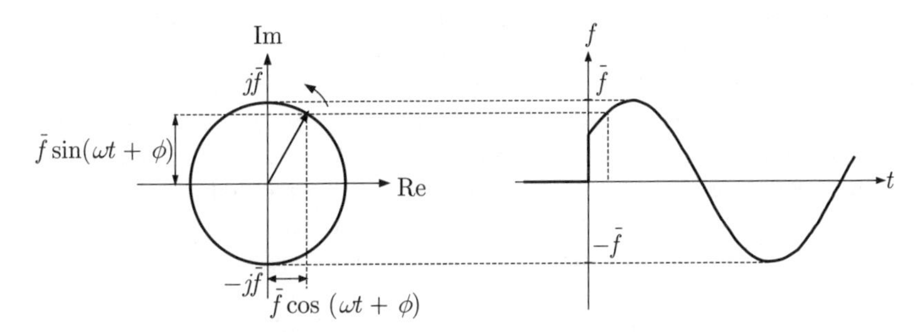

Abb. 6.3: Erzeugung der Funktion $f(t) = \bar{f}\sin(\omega t + \phi)$ durch einen rotierenden Zeiger

Eine Bestimmungsgleichung für die komplexen Amplituden F_k erhält man aus Gl. (6.10) in Verbindung mit Gln. (6.3), (6.4) und (6.7):

$$\boxed{F_k = \frac{1}{T_0}\int_{t_0}^{t_0+T_0} f(t)\,\mathrm{e}^{\,-jk\omega_0 t}\,dt \qquad (k = 0, \pm 1, \pm 2, ...).} \tag{6.16}$$

Man kann sich leicht davon überzeugen, dass die Gl. (6.16) auch für negative Indizes k gilt und dass das Integrationsintervall durch Wahl von t_0 beliebig verschoben werden kann, ohne dass sich etwas am Wert von F_k ändert. In Bezug zu den Koeffizienten C_k in Gl. (6.5) gilt

$$F_0 = C_0 \tag{6.17}$$

$$|F_k| = \frac{1}{2}|C_k| \qquad (k \neq 0) \tag{6.18}$$

$$\arg F_k = \phi_k \qquad (k \neq 0). \tag{6.19}$$

Im Folgenden wird sowohl die reelle als auch die komplexe Darstellung der Fourierreihe gebraucht und zwar die reelle immer dann, wenn es auf die Interpretation der Ergebnisse ankommt. Auf die komplexe Darstellung wird zurückgegriffen, um die Rechnungen zu vereinfachen. Diese Darstellung ist jedoch nicht ohne weiteres interpretierbar, denn die negativen Frequenzen haben keine physikalische Bedeutung.

Bedeutung des Fouriertheorems. Das Fouriertheorem zeigt, dass periodische Funktionen – unter praktisch wenig einschränkenden Bedingungen – in eine Summe von Sinusfunktionen zerlegt werden können. Die Sinusfunktionen haben dieselbe Frequenz ω_0 oder ein Vielfaches der Frequenz des zu zerlegenden Signals. Wichtig sind ihre Amplitude $|F_k|$ und ihre Phasenverschiebung $\arg F_k$.

Bisher wurde die Funktion $f(t)$ stets als eine Funktion der Zeit t aufgefasst. Auf Grund der angegebenen Darstellung als Summe von Sinusschwingungen kann man sie nun aber auch als Funktion der Frequenz ω interpretieren, wobei nur die diskreten Frequenzen $k\omega_0$ von Bedeutung sind. $|F_k|$ und $\arg F_k$ sind dann Funktionen, die die Menge der ganzen Zahlen k in die Menge der reellen Zahlen abbilden. k beschreibt die betrachtete Frequenz, $|F_k|$ die Amplitude der zugehörigen e-Funktion und $\arg F_k$ die Phasenverschiebung. Man nennt deshalb den Verlauf von $|F_k|$ für $k = -\infty...\infty$ das *Amplitudenspektrum* und den Verlauf von $\arg F_k$ das *Phasenspektrum*. Beide gemeinsam bilden die Frequenzbereichsdarstellung der periodischen Funktion $f(t)$.

Beide Spektren sind diskret, denn die komplexen Amplituden F_k sind nur für ganzzahlige Indizes k definiert. Abbildung 6.4 zeigt dies am Beispiel von Rechteckimpulsen, für die die Koeffizienten F_k reell sind und $\arg F_k = 0$ für alle k gilt.

Das Fouriertheorem zeigt, dass die auf S. 155 beschriebene Art von Eingangsgrößen (5.108) sehr allgemein ist. Viele periodische Funktionen können in dieser Weise dargestellt werden. Die Gl. (5.111) zeigt, dass sich die Ausgangsgröße des Systems in ähnlicher Weise aus einer Summe von e-Funktionen zusammensetzt. Diese Tatsache ist ein wichtiger Grund, um für lineare Systeme anstelle des Zustandsraummodells den Frequenzgang als alternative Modellform einzuführen, wie es im Abschn. 6.3 getan wird. Vorher muss die bisher behandelte Zerlegung noch auf nichtperiodische Signale erweitert werden.

6.2.2 Zerlegung nichtperiodischer Signale

Was mit der Fourierzerlegung beim Übergang von periodischen zu nichtperiodischen Funktionen passiert, kann dadurch veranschaulicht werden, dass man die Zerlegung einer Folge von Rechteckimpulsen betrachtet und die Periodendauer T_0 vergrößert. In Abb. 6.4 ist das mit Gl. (6.16) berechnete Amplitudenspektrum

$$F_k = \frac{T_1}{T_0} \frac{\sin(k\pi \frac{T_1}{T_0})}{k\pi \frac{T_1}{T_0}}$$

für unterschiedliche Tastverhältnisse $\frac{T_0}{T_1}$ dargestellt. Es wird offensichtlich, dass bei der Vergrößerung von T_0 die Hüllkurve qualitativ ihre Form behält. Der auf der ω-Achse gemessene Abstand $\omega_0 = \frac{2\pi}{T_0}$ zwischen den Spektrallinien verkleinert sich und die Amplituden $|F_k|$ werden kleiner. Diese Beobachtung gilt allgemein: Beim Übergang vom periodischen zum nichtperiodischen Signal wird aus dem diskreten ein kontinuierliches Spektrum. Das heißt, zur Darstellung nichtperiodischer Funktionen reichen Sinusfunktionen, deren Kreisfrequenzen ω ganzzahlige Vielfache der Grundfrequenz ω_0 darstellen, nicht mehr aus. Es sind unendlich viele Sinusfunktionen mit allen reellen Frequenzen ω notwendig.

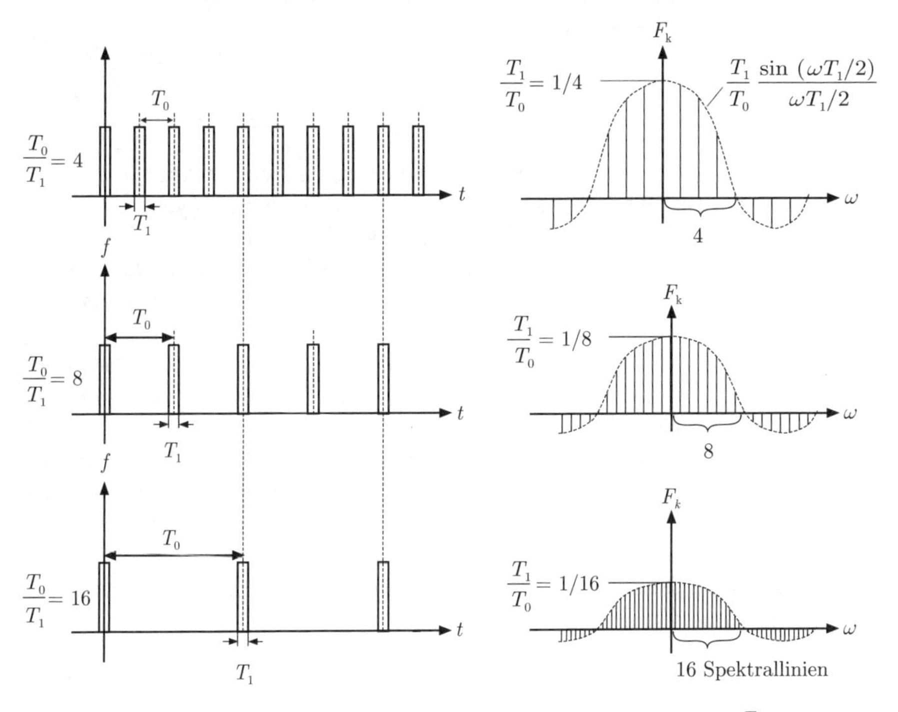

Abb. 6.4: Spektrum von Pulsfolgen verschiedener Tastverhältnisse $\frac{T_0}{T_1}$

Da die Beträge der komplexen Amplituden F_k für $T_0 \to \infty$ immer kleiner werden, geht man dazu über, mit der auf die Frequenz $f_0 = \frac{1}{T_0} = \frac{\omega_0}{2\pi}$ bezogenen Amplitude $F(jk\omega_0)$ zu rechnen:

$$F(jk\omega_0) = \frac{F_k}{\frac{\omega_0}{2\pi}} = \int_{-\frac{T_0}{2}}^{\frac{T_0}{2}} f(t)\,\mathrm{e}^{-jk\omega_0 t}\,dt.$$

Für $T_0 \to \infty$ gilt

$$\omega_0 = \frac{2\pi}{T_0} \to d\omega \quad \text{und} \quad k\omega_0 \to \omega,$$

d. h., der Abstand ω_0 der Spektrallinien auf der ω-Achse geht in den differenziellen Abstand $d\omega$ über und an Stelle der diskreten Kreisfrequenzen $\omega = k\omega_0$ muss mit der kontinuierlichen Variablen ω gerechnet werden. Aus $F(jk\omega_0)$ entsteht

$$\text{Fouriertransformation:} \qquad F(j\omega) = \int_{-\infty}^{\infty} f(t)\,\mathrm{e}^{-j\omega t}\,dt. \tag{6.20}$$

Auf der rechten Seite dieser Gleichung steht das Fourierintegral. $F(j\omega)$ heißt Fouriertransformierte von $f(t)$.

Das Fourierintegral existiert unter den für das Fouriertheorem angegebenen Voraussetzungen, wobei Gl. (6.6) durch

$$\int_{-\infty}^{\infty} |f(t)|\,dt < \infty \tag{6.21}$$

zu ersetzen ist ($T_0 \to \infty$). Diese Bedingung besagt, dass die Funktion $f(t)$ absolut integrierbar sein muss. Funktionen, die dieser Bedingung genügen, werden im Folgenden als „stabile Funktionen" bezeichnet. Der Grund für diese Wortwahl wird im Kap. 8 offensichtlich werden, wenn dort gezeigt wird, dass die Gewichtsfunktion stabiler Systeme wie auch die bei vielen stabilen Systemen auftretenden Signale die Bedingung (6.21) erfüllen.

Die Fouriertransformierte $F(j\omega)$ ist eine komplexwertige Funktion der reellen Frequenz ω. $|F(j\omega)|$ heißt *Amplitudendichte* und $\arg F(j\omega)$ *Spektraldichte*. Die grafischen Darstellungen von $|F(j\omega)|$ und $\arg F(j\omega)$ für $\omega = 0...\infty$ heißen *Amplitudendichtespektrum* bzw. *Phasenspektrum*. Für Amplitudendichtespektrum wird häufig – nicht ganz korrekt – auch Amplitudenspektrum gesagt. Als Beispiel zeigt Abb. 6.5 das Amplitudendichtespektrum des Rechteckimpulses, der aus der in Abb. 6.4 betrachteten Pulsfolge für $T_0 \to \infty$ hervorgeht.

In Analogie zu den Eigenschaften (6.14) und (6.15) der Fourierkoeffizienten gilt für die Fouriertransformierte

$$|F(j\omega)| = |F(-j\omega)| \tag{6.22}$$

$$\arg F(j\omega) = -\arg F(-j\omega). \tag{6.23}$$

Aus dem Fouriertheorem (6.13) erhält man die Beziehung

$$f(t) = \sum_{k=-\infty}^{\infty} \frac{F_k}{\frac{\omega_0}{2\pi}}\,\mathrm{e}^{jk\omega_0 t}\,\frac{\omega_0}{2\pi}$$

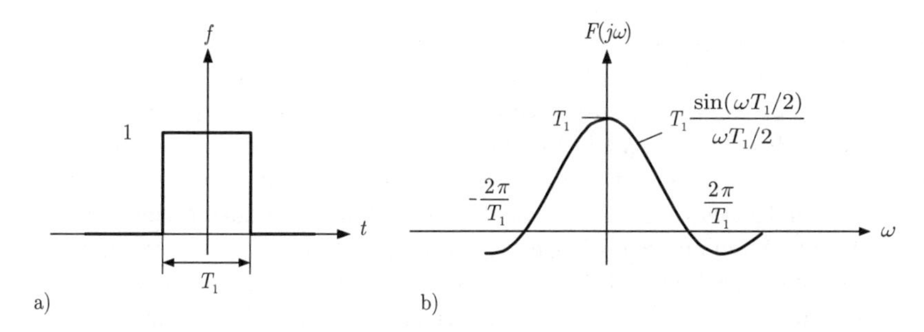

Abb. 6.5: Zeitverlauf (a) und Amplitudendichtespektrum (b) für einen Impuls

und nach dem Grenzübergang $T_0 \to \infty$ das Fourierumkehrintegral:

Fourierrücktransformation:

$$f(t) = \frac{1}{2\pi} \int_{-\infty}^{\infty} F(j\omega)\, \mathrm{e}^{j\omega t} d\omega = \frac{1}{2\pi j} \int_{-j\infty}^{j\infty} F(j\omega)\, \mathrm{e}^{j\omega t} dj\omega. \tag{6.24}$$

Die Funktionen $f(t)$ und $F(j\omega)$ werden durch die Gln (6.20) und (6.24) einander eineindeutig zugeordnet. Die Überführung vom Zeitbereich in den Frequenzbereich und umgekehrt erfolgt durch die Fouriertransformation bzw. die Fourierrücktransformation, die mit $\mathcal{F}$ bzw. $\mathcal{F}^{-1}$ abgekürzt werden:

$$\begin{aligned} F(j\omega) &= \mathcal{F}\{f(t)\} \\ f(t) &= \mathcal{F}^{-1}\{F(j\omega)\}. \end{aligned}$$

Bedeutung der Fouriertransformation. Die Fouriertransformation zeigt, dass nichtperiodische Signale als Summe sinusförmiger Signale dargestellt werden können, wobei möglicherweise alle Frequenzen $\omega = -\infty ... \infty$ vorkommen. Amplitudenspektrum und Phasenspektrum sind kontinuierlich.

Gleichung (6.24) stellt eine Zerlegung der Funktion $f(t)$ in Elementarsignale

$$F(j\omega)\, \mathrm{e}^{j\omega t} \frac{d\omega}{2\pi}$$

dar. Bei der Anwendung muss man sich stets vor Augen halten, dass es sich bei $F(j\omega)$ um die Amplituden*dichte*, also um eine auf einen differenziell kleinen Frequenzbereich bezogene Amplitude der Sinusfunktionen handelt. Im Gegensatz dazu beschreiben die Koeffizienten F_k oder C_k der Fourierzerlegungen (6.13) bzw. (6.5) die *absolute* Amplitude einer einzelnen Sinusschwingung.

Dieser Unterschied hat beispielsweise zur Folge, dass zwar die Fourierzerlegung einer reinen Sinusfunktion $\sin \omega_0 t$ möglich ist, nicht jedoch die Fouriertransformation. Aus mathematischer Sicht ist dies offensichtlich, denn für eine Sinusfunktion ist die Bedingung (6.21) nicht erfüllt. Für das Verständnis des Sachverhaltes, dass eine Sinusschwingung nicht durch die Fouriertransformation in eine Summe von Sinusschwingungen zerlegt werden kann, ist wichtig zu beachten, dass die Zerlegung natürlich auf eine einzige Sinusschwingung führt und deshalb die auf den verwendeten Frequenzbereich bezogene Amplitudendichte für die Frequenz ω_0 der zu zerlegenden Sinusfunktion unendlich groß ist, also einen Diracimpuls $\delta(\omega - \omega_0)$ darstellt.

Auf Grund dieser Eigenschaften der Signalzerlegung in Sinusschwingungen wird der folgende Abschnitt zwei Dinge zeigen. Einerseits wird offensichtlich werden, dass das Systemverhalten dadurch beschrieben werden kann, dass sinusförmige Eingangs- und Ausgangssignale miteinander verglichen und daraus die Verstärkung und die Phasenverschiebung des Systems ermittelt werden. Beide Größen sind frequenzabhängig und bilden den Frequenzgang $G(j\omega)$. Für lineare Systeme ist der Frequenzgang eine vollständige Beschreibung des E/A-Verhaltens, also eine alternative Modellform zur Differenzialgleichung oder zum Zustandsraummodell.

Andererseits wird offensichtlich werden, dass die dem Fouriertheorem bzw. der Fouriertransformation zu Grunde liegenden Voraussetzungen für die weitere Analyse dynamischer Systeme und für den Reglerentwurf zu einschränkend sind. Das bereits genannte Beispiel, dass sinusförmige Eingangssignale nicht der Fouriertransformation unterworfen werden können, macht diesen Sachverhalt deutlich. Deshalb wird die im Folgenden erläuterte Vorgehensweise anschließend unter Verwendung der Laplacetransformation verallgemeinert, wodurch eine Zerlegung beliebiger Signale in aufklingende und abklingende Sinusfunktionen stattfindet.

6.3 Frequenzgang

6.3.1 Verhalten linearer Systeme bei sinusförmigen Eingangssignalen

Es wird jetzt ein stabiles lineares System unter dem Einfluss des sinusförmigen Eingangssignals

$$\begin{aligned} u(t) &= \bar{u}\,\sin(\omega t + \phi_{\rm u}) \\ &= \left(-j\frac{\bar{u}}{2}\,{\rm e}^{j\phi_{\rm u}}\right)\,{\rm e}^{j\omega t} + \left(j\frac{\bar{u}}{2}\,{\rm e}^{-j\phi_{\rm u}}\right)\,{\rm e}^{-j\omega t} \\ &= U{\rm e}^{j\omega t} + U^*{\rm e}^{-j\omega t} \end{aligned} \qquad (6.25)$$

untersucht, wobei $\bar{u}$ die (reelle) Amplitude und U, U^* die konjugiert komplexen Amplituden der Exponentialdarstellung sind, die in der zweiten Zeile den beiden Klammern entsprechen. Betrachtet man den Systemausgang für eine große Zeit t, so wird er nur noch von der stationären Bewegung $y_{\rm s}$ des Systems beeinflusst, da das Übergangsverhalten $y_{\rm ü}$ abgeklungen ist. Entsprechend Gl. (5.114) lässt sich $y_{\rm s}$ in der Form

$$y_{\rm s}(t) = Y{\rm e}^{j\omega t} + Y^*{\rm e}^{-j\omega t} = \bar{y}\,\sin(\omega t + \phi_{\rm y}) \qquad (6.26)$$

darstellen, wobei die Amplituden Y und Y^* konjugiert komplex sind.

Im Folgenden sollen die Amplituden Y und Y^* aus der E/A-Beschreibung

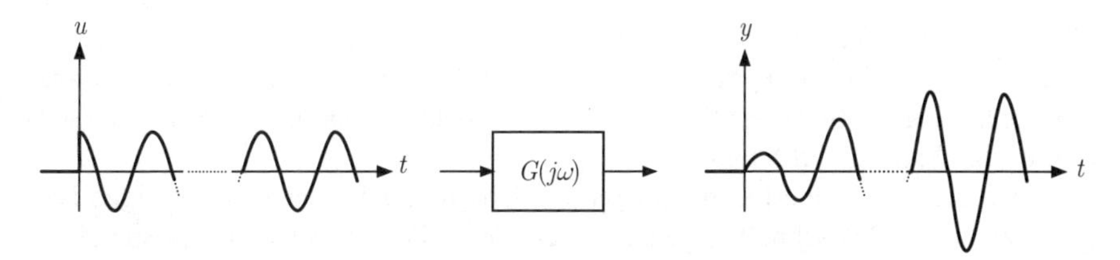

Abb. 6.6: Definition des Frequenzgangs

$$y = g * u$$

des Systems bestimmt werden. Als Vorüberlegung dazu wird zunächst die Übertragung einer einzelnen e-Funktion

$$u(t) = \mathrm{e}^{j\omega t}$$

betrachtet. Aus dem Faltungsintegral erhält man

$$\begin{aligned} y(t) &= \int_0^t g(\tau)\, u(t-\tau)\, d\tau \\ &= \int_0^t g(\tau)\, e^{j\omega(t-\tau)}\, d\tau \\ &= \int_0^\infty g(\tau)\, e^{j\omega(t-\tau)}\, d\tau + \int_\infty^t g(\tau)\, e^{j\omega(t-\tau)}\, d\tau \\ y(t) &= \underbrace{\int_0^\infty g(\tau)\, e^{-j\omega\tau}\, d\tau\;\, \mathrm{e}^{j\omega t}}_{y_{\mathrm{s}}(t)} + \underbrace{\int_\infty^t g(\tau)\, e^{-j\omega\tau}\, d\tau\;\, \mathrm{e}^{j\omega t}}_{y_{\ddot{\mathrm{u}}}(t)}. \end{aligned}$$

Beachtet man, dass der zweite Term für $t \to \infty$ auf Grund des immer kleiner werdenden Integrationsintervalls verschwindet, so ist offensichtlich, dass der erste Summand das stationäre Verhalten und der zweite Summand das Übergangsverhalten des stabilen Systems beschreibt. Für die folgenden Betrachtungen ist also nur der erste Summand maßgebend:

$$y_{\mathrm{s}}(t) = \left(\int_0^\infty g(\tau) e^{-j\omega\tau}\, d\tau \right) \mathrm{e}^{j\omega t}.$$

In diesem Summand tritt die Fouriertransformierte

$$\boxed{\text{Frequenzgang:} \qquad G(j\omega) = \mathcal{F}(g(t))} \tag{6.27}$$

der Gewichtsfunktion $g(t)$ auf (vgl. Gl. (6.20)). Folglich gilt

$$y_{\mathrm{s}}(t) = G(j\omega)\, \mathrm{e}^{j\omega t}. \tag{6.28}$$

$G(j\omega)$ heißt der Frequenzgang des Systems.

Das uneigentliche Integral $\int_0^\infty g(\tau)\,\mathrm{e}^{-j\omega\tau}d\tau$ existiert, wenn die Gewichtsfunktion die Bedingung (6.21) erfüllt. Diese Voraussetzung ist bei stabilen Systemen stets erfüllt (vgl. Satz 8.2 auf S. 350).

Nach diesen Vorüberlegungen kann die Übertragung eines sinusförmigen Eingangssignals (6.25) schnell abgehandelt werden. Da sich das Eingangssignal aus zwei Summanden zusammensetzt und sich die Ausgangsgröße des linearen Systems aus der Summe der von beiden Summanden erzeugten Ausgangssignale berechnen lässt, erhält man

$$y_\mathrm{s}(t) = U\,G(j\omega)\,\mathrm{e}^{j\omega t} + U^*\,G(-j\omega)\,\mathrm{e}^{-j\omega t}.$$

Aus einem Vergleich mit Gl. (6.26) erhält man die gesuchten Amplituden:

$$\begin{aligned} Y &= U\,G(j\omega) \\ Y^* &= U^*\,G(j\omega). \end{aligned} \tag{6.29}$$

Wie man unter Beachtung der Eigenschaften (6.22) und (6.23) für $G(j\omega)$ sieht, sind die beiden Amplituden Y und Y^* tatsächlich konjugiert komplex. Für das stationäre Verhalten y_s erhält man mit der Zerlegung des komplexen Frequenzganges in der Form

$$G(j\omega) = |G(j\omega)|\,\mathrm{e}^{j\phi(j\omega)}, \tag{6.30}$$

wobei $|G(j\omega)|$ die Amplitude und $\phi(j\omega)$ das Argument des Frequenzganges bezeichnet, die Beziehung

$$\boxed{y_\mathrm{s}(t) = |G(j\omega)|\,\bar{u}\sin(\omega t + \phi_\mathrm{u} + \phi(j\omega)).} \tag{6.31}$$

Dabei werden $\bar{u}$ und ϕ_u durch die Eingangsgröße und $G(j\omega)$ und $\phi(j\omega)$ durch das System vorgegeben.

Interpretation des Frequenzganges. Entsprechend Gl. (6.31) beschreibt der Frequenzgang, wie ein dynamisches System eine sinusförmige Eingangsgröße überträgt, wobei nur das stationäre Verhalten berücksichtigt wird. $|G(j\omega)|$ ist ein Maß für die Amplitudenveränderung. Es kann als frequenzabhängiger Verstärkungsfaktor aufgefasst werden, denn man erhält es aus dem Verhältnis der Amplituden der sinusförmigen Ausgangsgröße und der sinusförmigen Eingangsgröße mit der Frequenz ω

$$|G(j\omega)| = \frac{\bar{y}}{\bar{u}} = \frac{|Y|}{|U|} \tag{6.32}$$

(vgl. Gln. (6.25), (6.26) und (6.31)). Das Argument von $G(j\omega)$ stellt die Phasenverschiebung dar

$$\arg G(j\omega) = \phi(j\omega) = \phi_\mathrm{y} - \phi_\mathrm{u} = \arg Y - \arg U,$$

mit der sinusförmige Signale übertragen werden. In älteren Literaturstellen wird an Stelle von $\arg G$ oder ϕ auch das Symbol $\angle G$ gebraucht. Amplituden- und Phasenbeziehung ergeben

$$\boxed{\text{Frequenzgang:} \qquad G(j\omega) = \frac{Y(j\omega)}{U(j\omega)},} \tag{6.33}$$

wobei die Frequenzabhängigkeit aller drei Größen explizit angegeben ist.

Die Phasenverschiebung ist i. Allg. negativ, so dass $\phi_{\rm y} < \phi_{\rm u}$ gilt und $\arg\, G(j\omega)$ also typischerweise negativ ist. Zu den Ausnahmen gehören phasenanhebende Korrekturglieder, bei denen die Phasenverschiebung für bestimmte Frequenzen ω positiv ist. Das negative Vorzeichen der Phasenverschiebung eines Systems ist Ausdruck der Verzögerung, mit der dieses System das Eingangssignal überträgt. Das Ausgangssignal als Wirkung folgt dem Eingangssignal als Ursache der Systembewegung mit einiger „Verspätung". Die Sinusfunktion (6.26) eilt der Funktion (6.25) nach. Die grafische Darstellung der Ausgangsgröße ist gegenüber der der Eingangsgröße entlang der Zeitachse nach rechts verschoben.

Betrachtet man Eingangssignale mit unterschiedlicher Kreisfrequenz ω, so nehmen $|G|$ und ϕ i. Allg. verschiedene Werte an. Beide Größen können deshalb als Funktion der Kreisfrequenz ω aufgefasst werden. Man spricht dann vom *Amplitudengang* $|G(j\omega)|$ und vom *Phasengang* $\phi(j\omega)$. Beide Funktionen zusammen stellen den *Frequenzgang* des Systems dar. Da die Frequenz ω stets als Produkt mit j auftritt, hat es sich eingebürgert, sie als unabhängige Variable $j\omega$ zu schreiben. Man hätte natürlich aus $G(\omega)$ schreiben können. Mit der hier verwendeten Bezeichnungsweise ist später auch die Laplacetransformation einfacher darzustellen.

Der Frequenzgang über den gesamten Frequenzbereich $\omega = 0...\infty$ betrachtet ist eine eindeutige Beschreibung des E/A-Verhaltens des Systems. Das heißt, dass an Stelle der Differenzialgleichung (6.34) (mit verschwindenden Anfangsbedingungen!) oder der Gewichtsfunktion auch der Frequenzgang zur Berechnung der Ausgangsgröße herangezogen werden kann.

Experimentelle Bestimmung des Frequenzganges. Aus den bisherigen Betrachtungen kann man auch erkennen, wie der Frequenzgang für ein gegebenes unbekanntes System experimentell bestimmt werden kann. Man legt für eine bestimmte Kreisfrequenz ω die sinusförmige Eingangsgröße (6.25) an das System an und wartet, bis das Übergangsverhalten abgeklungen ist, bis sich also die Amplitude der Ausgangsgröße von Periode zu Periode nicht mehr ändert. Dann zeichnet man das Eingangs- und das Ausgangssignal in dasselbe Diagramm. $\bar{y}$ liest man als Maximalwert von $y(t)$ ab (Abb. 6.6) und berechnet daraus den Betrag des Frequenzganges entsprechend Gl. (6.32). Zur Bestimmung von $\phi_{\rm y}$ vergleicht man die Zeitpunkte gleichartiger Nulldurchgänge der Eingangs- und Ausgangsgrößen. Hat u einen Nulldurchgang bei T und y seinen nächsten Nulldurchgang bei T', so gilt $\phi_{\rm y} = \omega(T - T')$ (Vorsicht bei positiver Phasenverschiebung bzw. bei $\phi_{\rm y} > 360^o$!).

Beispiel 6.1 *Frequenzgang eines Feder-Masse-Schwingers*

Zur Illustration des Begriffes des Frequenzganges wird der im Beispiel 4.2 auf S. 53 beschriebene Feder-Masse-Schwinger für die Parameter $m = 0{,}2\,\mathrm{kg}$, $c = 1\,\mathrm{N/m}$ und $d = 0{,}8\,\mathrm{Ns/m}$ bei sinusförmiger Erregung $u(t) = \sin(\omega t)\,\mathrm{cm}$ betrachtet. Die Eingangs- und Ausgangsgröße werden im folgenden in Zentimetern und die Frequenz in Hertz gemessen.

Abbildung 6.7 zeigt das Ergebnis von drei Experimenten, bei denen der Schwinger aus der Ruhelage durch die Eingangsgröße mit den Frequenzen $\omega = 0{,}4$, $\omega = 2{,}1$ bzw. $\omega = 5$ erregt wurde. Auf Grund der gewählten Zeitachsen erscheint die gestrichelt dargestellte Eingangsgröße für alle drei Fälle in derselben Weise. Das Übergangsverhalten ist nach vier Perioden abgeklungen, so dass die Werte des Frequenzganges an dem gepunktet eingetragenen Koordinatensystem abgelesen werden können.

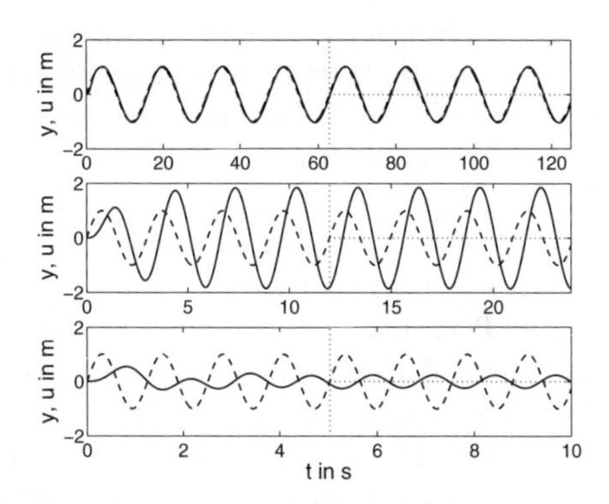

Abb. 6.7: Verhalten eines Feder-Masse-Schwingers bei sinusförmiger Erregung unterschiedlicher Frequenz

Die Abbildung zeigt, dass für kleine Frequenzen die Bewegung der Masse der Bewegung des oberen Federendes ohne Verzögerung folgt, so dass $y(t) \approx u(t)$ gilt (vgl. Abb. 4.3 auf S. 53). Damit erhält man

$$|G(j0{,}4)| = 1 \qquad \text{und} \qquad \arg(G(j0{,}4)) = 0.$$

Beim zweiten Experiment ist die Amplitude der Ausgangsgröße größer als die der Eingangsgröße, d. h., die Masse bewegt sich mit größerer Amplitude als das obere Federende. Außerdem folgt die Masse der Eingangsgröße nur mit einer zeitlichen Verzögerung, die man beispielsweise aus einem Vergleich der Nulldurchgänge beider Größen ablesen kann. Diese Zeitverzögerung von ca. 0,6 Sekunden entspricht bei der verwendeten Frequenz einer Phasenverschiebung von etwa -90°, wie man aus einem Vergleich der Verzögerungszeit mit der Periodendauer erkennen kann. Es gilt also

$$|G(j2{,}1)| \approx 1{,}9 \qquad \text{und} \qquad \arg(G(j2{,}1)) \approx -90^o.$$

Bei sehr hohen Frequenzen bewegt sich die Masse nur mit kleiner Amplitude und eilt der Eingangsgröße noch weiter nach. Aus dem Diagramm kann man die Werte

$$|G(j5)| \approx 0{,}2 \qquad \text{und} \qquad \arg(G(j5)) = -180^o.$$

ablesen.

Das Beispiel zeigt für den Feder-Masse-Schwinger, dass sich Amplitude und Phasenveschiebung in Abhängigkeit von der Frequenz ω ändern, wobei die Amplitude der Ausgangsgröße größer oder kleiner als die Amplitude der Eingangsgröße ist, während die Phasenverschiebung bei Frequenzerhöhung zunimmt. □

6.3.2 Berechnung des Frequenzganges

Es wird nun untersucht, wie der Frequenzgang aus der Differenzialgleichung (4.1)

$$a_n \frac{d^n y}{dt^n} + ... + a_1 \frac{dy}{dt} + a_0 y(t) = b_q \frac{d^q u}{dt^q} + ... + b_1 \frac{du}{dt} + b_0 u(t) \tag{6.34}$$

bestimmt werden kann. Auf die sinusförmige Eingangsgröße (6.25) antwortet das System mit einer Ausgangsgröße, deren stationärer Anteil die Form (6.26) hat. Um zu $G(j\omega)$ zu kommen, muss mit Hilfe der Differenzialgleichung die komplexe Amplitude Y der stationären Lösung y_s für eine vorgegebene komplexe Amplitude U der Eingangsgröße bestimmt werden. Der Rechenweg vereinfacht sich, wenn man dabei zunächst nur die ersten Terme der Eingangsgröße (6.25) und der Ausgangsgröße (6.26) betrachtet.

Für die Differenziation der e-Funktionen gilt

$$\frac{d^i \,\mathrm{e}^{j\omega t}}{dt^i} = (j\omega)^i \,\mathrm{e}^{j\omega t}$$

und folglich

$$\frac{d^i}{dt^i} U \mathrm{e}^{j\omega t} = U (j\omega)^i \,\mathrm{e}^{j\omega t} \qquad \text{und} \qquad \frac{d^i}{dt^i} Y \mathrm{e}^{j\omega t} = Y (j\omega)^i \,\mathrm{e}^{j\omega t}.$$

Dies in die Differenzialgleichung (6.34) eingesetzt, die auch für $y = y_\mathrm{s}$ gilt, ergibt die Beziehung

$$\begin{aligned} & Y \,\left(a_n (j\omega)^n + a_{n-1} (j\omega)^{n-1} + ... + a_1 (j\omega) + a_0\right) \mathrm{e}^{j\omega t} \\ = \; & U \,\left(b_q (j\omega)^q + b_{q-1} (j\omega)^{q-1} + ... + b_1 (j\omega) + b_0\right) \mathrm{e}^{j\omega t}, \end{aligned}$$

die für alle Zeitpunkte t genau dann erfüllt ist, wenn die Gleichung

$$Y = \frac{b_q (j\omega)^q + b_{q-1} (j\omega)^{q-1} + ... + b_1 (j\omega) + b_0}{a_n (j\omega)^n + a_{n-1} (j\omega)^{n-1} + ... + a_1 (j\omega) + a_0} U \tag{6.35}$$

gilt. Entsprechend Gl. (6.33) folgt daraus für den Frequenzgang $G(j\omega)$ die Beziehung

$$\boxed{G(j\omega) = \frac{b_q (j\omega)^q + b_{q-1} (j\omega)^{q-1} + ... + b_1 (j\omega) + b_0}{a_n (j\omega)^n + a_{n-1} (j\omega)^{n-1} + ... + a_1 (j\omega) + a_0}.} \tag{6.36}$$

Diese Gleichung macht deutlich, dass G – wie erwartet – tatsächlich von der Kreisfrequenz ω abhängt. Diese Abhängigkeit wird auf der rechten Seite der Gleichung durch eine gebrochene rationale Funktion der unabhängigen Variablen $j\omega$ dargestellt.

Aufgabe 6.1** *Experimentelle Bestimmung der Differenzialgleichungskoeffizienten*

Bei den Experimenten entsprechend Abb. 6.6 sollen sinusförmige Eingangssignale unterschiedlicher Frequenz verwendet werden. Wie können die Koeffizienten a_i und b_j der Differenzialgleichung (6.34) auf diese Weise experimentell bestimmt werden? □

6.3.3 Eigenschaften und grafische Darstellung

Die Beziehung (6.36) zeigt, dass der Frequenzgang $G(j\omega)$ eine gebrochen rationale Funktion ist, wobei für technisch interessante Systeme der Zählergrad q den Nennergrad n nicht übersteigt: $q \leq n$. Für $\omega = 0$ ist $G(j\omega)$ eine reelle Zahl, die entsprechend Gl. (5.94) gleich der statischen Verstärkung $k_{\rm s}$ des Systems ist:

$$G(0) = \frac{b_0}{a_0} = k_{\rm s}. \tag{6.37}$$

Für $\omega \rightarrow \infty$ ist $G(j\omega)$ ebenfalls reellwertig:

$$\lim_{\omega \rightarrow \infty} G(j\omega) = \begin{cases} 0 & \text{für } q < n \\ \frac{b_n}{a_n} = d & \text{für } q = n \end{cases}. \tag{6.38}$$

Das heißt, dass nicht sprungfähige Systeme Signale sehr hoher Frequenzen nicht übertragen können. Für sprungfähige Systeme nähert sich $|G(j\omega)|$ dem direkten Durchgriff der Eingangsgröße auf die Ausgangsgröße. Der Wert $\frac{b_n}{a_n}$ ist gleich dem Parameter d im Zustandsraummodell (4.40), wie aus Gl. (4.58) ersichtlich wird, wenn man berücksichtigt, dass diese Gleichung für eine Differenzialgleichung mit $a_n = 1$ abgeleitet wurde.

Weitere wichtige Eigenschaften des Frequenzganges werden durch die Beziehungen

$$|G(-j\omega)| = |G(j\omega)| \tag{6.39}$$

$$\arg G(-j\omega) = -\arg G(j\omega) \tag{6.40}$$

beschrieben, die entsprechend Gln. (6.22), (6.23) jede Fouriertransformierte besitzt.

Ortskurve. Die Ortskurve ist die grafische Darstellung von $G(j\omega)$ in der komplexen Ebene für $\omega = -\infty...\infty$, wobei man sich auf Grund der Beziehungen (6.39) und (6.40) meist auf das Intervall $\omega = 0...\infty$ beschränkt. Fasst man den Frequenzgang als Zeiger mit der Länge $|G(j\omega)|$ und dem Winkel $\phi(j\omega)$ auf, so beschreibt die

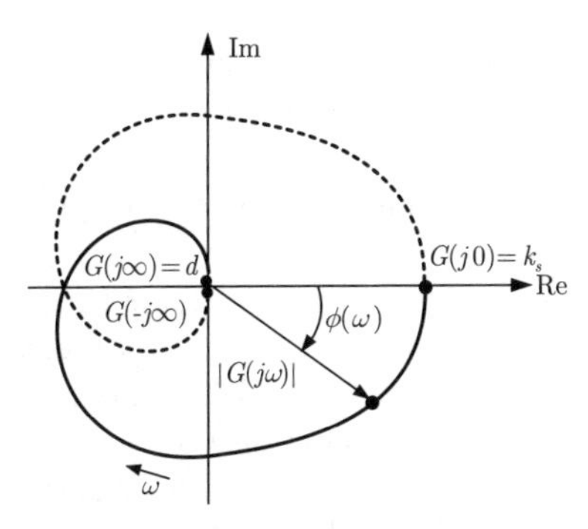

Abb. 6.8: Ortskurve eines nicht sprungfähigen Systems

Zeigerspitze die Ortskurve des Systems, wenn ω von null an vergrößert wird. Abbildung 6.8 zeigt ein Beispiel. Auf Grund der Eigenschaften (6.39) und (6.40) geht die Ortskurve für den Frequenzbereich $\omega = -\infty...0$ (in der Abbildung gestrichelt dargestellt) aus der für $\omega = 0 \ldots \infty$ gezeichneten Ortskurve durch Spiegelung an der reellen Achse hervor.

Entsprechend Gl. (6.37) beginnt die Ortskurve bei der statischen Verstärkung $k_{\rm s}$. Für hohe Frequenzen nähert sich die Ortskurve für nicht sprungfähige Systeme dem Ursprung der komplexen Ebene bzw. für sprungfähige Systeme dem Punkt d auf der reellen Achse, der durch den Durchgriff bestimmt wird (vgl. Gl. (6.38)).

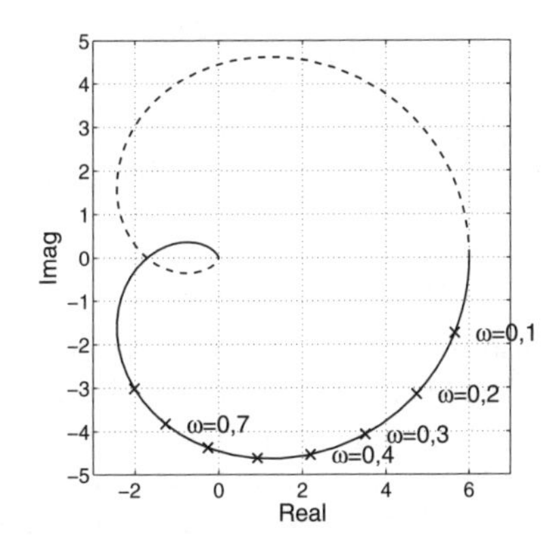

Abb. 6.9: Ortskurve mit Angabe ausgewählter Frequenzen

Um sehen zu können, wie „schnell" die Ortskurve durchlaufen wird, sind in Abb. 6.9 für ein Beispiel ausgewählte Punkte mit der dazugehörigen Frequenz versehen. Offensichtlich wird der Hauptteil der Ortskurve nur durch ein kleines Frequenzintervall bestimmt. Die Werte von ω zwischen 0 und ∞ sind also keinesfalls gleichmäßig über die Ortskurve verteilt.

Frequenzkennliniendiagramm. Das Frequenzkennliniendiagramm (BODE-*Diagramm*[1]) umfasst getrennte Darstellungen des Betrages und der Phase des Frequenzganges in Abhängigkeit von der Kreisfrequenz ω. Die beiden Kennlinien werden als *Amplitudengang* (Amplitudenkennlinie) bzw. *Phasengang* (Phasenkennlinie) bezeichnet.

Da sich der für praktische Aufgaben interessante Frequenzbereich über mehrere Zehnerpotenzen erstreckt und sich der Betrag des Frequenzganges um mehrere Größenordnungen verändert, wird für beide Größen mit logarithmischen Maßstäben gearbeitet. Die Amplitudenkennlinie stellt also den (meist dekadischen) Logarithmus des Amplitudenganges in Abhängigkeit vom Logarithmus der Kreisfrequenz dar ($\lg|G|$-$\lg\omega$-Diagramm). Auf der Abszissenachse wird die Kreisfrequenz ω mit einer logarithmischen Skala oder $\lg\omega$ mit einer linearen Skala aufgetragen. Die Ordinatenachse wird i. Allg. linear geteilt und der Amplitudengang in Dezibel (dB) aufgetragen, wobei sich der in Dezibel angegebene Betrag $|G|_{\rm dB}$ aus dem dimensionslosen Betrag $|G|$ des Frequenzganges entsprechend

$$|G|_{\rm dB} = 20\lg|G| \tag{6.41}$$

berechnet (Abb. 6.10 oben)[2]. Für den technisch interessanten Wertebereich für $|G|$ erhält man folgende Entsprechungen:

$\lvert G\rvert$	$\lvert G\rvert_{\rm dB}$
100	40
10	20
1	0
0,1	–20
0,01	–40

Um die Zuordnung ausgewählter Werte von $|G|$ zu $|G|_{\rm dB}$ zu verdeutlichen, wurden in Abb. 6.10 zwei Ordinatenachsen gezeichnet, von denen man in der Regel jedoch nur eine verwendet.

Die Phasenkennlinie ist die Darstellung der Phase ϕ als Funktion des Logarithmus der Kreisfrequenz (ϕ-$\lg\omega$-Diagramm; Abb. 6.10 unten).

Die grafische Konstruktion der Ortskurve anhand eines gegebenen Bodediagramms ist leicht möglich. Man wählt sich ausgezeichnete Punkte auf der Frequenzachse und liest am Bodediagramm Amplitude und Phase ab. Trägt man diese als Zeiger in die komplexe Ebene ein, so kann man den Verlauf der Ortskurve gut approximieren. Auf dem umgekehrten Weg ist die Konstruktion des Bodediagramms

---

[1] HENDRIK WADE BODE (*1905) amerikanischer Elektrotechniker, führte wichtige, heute in der Regelungstechnik genutzte Analyseverfahren für elektrische Netzwerke ein

[2] Der Beziehung (6.41) liegt die Definition des logarithmischen Maßes Bel zu Grunde, wonach für ein dimensionsloses Spannungsverhältnis k gilt: $|k|_{\rm Bel} = \lg|k|$. Will man nun im Bodediagramm mit $|G|^2$ (an Stelle von $|G|$) ein Maß für die Energie logarithmisch auftragen und geht zur Einheit Dezibel = 1/10 Bel über, so erhält man $|G|_{\rm dB} = 10\lg|G|^2 = 20\lg|G|$.
Diese Einheit ist nach dem amerikanischen Erfinder ALEXANDER GRAHAM BELL (1847 – 1922) benannt.

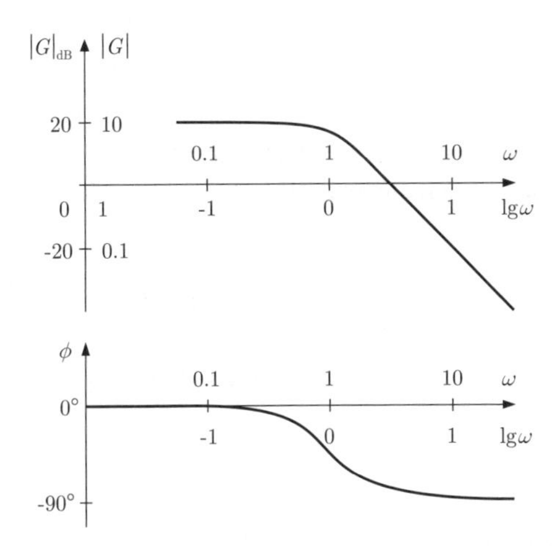

Abb. 6.10: Bodediagramm: Darstellung des Amplitudengangs (oben) und des Phasengangs (unten) in logarithmischer Darstellung

anhand der Ortskurve nicht ganz so einfach, weil die Frequenz ω als Parameter an der Ortskurve nicht explizit angegeben ist.

6.4 Laplacetransformation

6.4.1 Definition

Die Laplacetransformation dient in ähnlicher Weise wie die Fouriertransformation der Zerlegung einer gegebenen Funktion $f(t)$ in Elementarsignale. Die folgenden Betrachtungen zur Laplacetransformation stellen unmittelbare Parallelen zum Abschn. 6.2 dar.

Für die Behandlung dynamischer Systeme hat die Fouriertransformation die Beschränkung, dass die zu transformierenden Funktionen die dirichletschen Bedingungen zu erfüllen haben und folglich Gl. (6.21)

$$\int_{-\infty}^{\infty} |f(t)|\, dt < \infty$$

gelten muss. Das bedeutet, dass die Funktion $f(t)$ für große Zeit t gegen null gehen muss und demzufolge Signale, die bei instabilen Systemen auftreten, nicht transformiert werden können. Auch für die in der Regelungstechnik häufig als Eingangsgröße verwendete Sprungfunktion $\sigma(t)$ existiert keine Fouriertransformierte.

Aus diesem Grund wird an Stelle des Signals $f(t)$ das modifizierte Signal

$$\tilde{f}(t) = f(t)\,\mathrm{e}^{-\delta t}, \qquad \delta \geq 0$$

betrachtet. Für dieses Signal ist die dirichletsche Bedingung

$$\int_{-\infty}^{\infty} |\tilde{f}(t)|\, dt = \int_{-\infty}^{\infty} |f(t)|\, \mathrm{e}^{-\delta t}\, dt < \infty$$

erfüllt, wenn δ hinreichend groß gewählt ist und $|f(t)|$ nicht stärker als exponentiell wächst. Auf $\tilde{f}(t)$ kann folglich die Fouriertransformation (6.20) angewendet werden, womit man

$$\begin{aligned}
\tilde{F}(j\omega) &= \int_{-\infty}^{\infty} \tilde{f}(t)\, \mathrm{e}^{-j\omega t}\, dt \\
&= \int_{-\infty}^{\infty} f(t)\, \mathrm{e}^{-(\delta + j\omega)t}\, dt \\
&= F(\delta + j\omega)
\end{aligned}$$

erhält. Die Fouriertransformierte $\tilde{F}(j\omega)$ der modifizierten Funktion $\tilde{f}(t)$ entsteht also aus der Fouriertransformierten $F(j\omega)$ der Funktion $f(t)$, indem $j\omega$ durch $\delta + j\omega$ ersetzt wird. Nach Einführung der komplexen Frequenz

$$s = \delta + j\omega$$

heißt der letzte Teil der Gleichung

$$F(s) = \int_{-\infty}^{\infty} f(t)\, \mathrm{e}^{-st}\, dt. \tag{6.42}$$

Dieses Integral heißt *zweiseitiges Laplaceintegral*. Es beschreibt die zweiseitige Laplacetransformation, aus der für eine gegebene Funktion $f(t)$ die Laplacetransformierte $F(s)$ berechnet wird. $f(t)$ heißt auch Originalfunktion und $F(s)$ Bildfunktion.

Formal wird der Übergang von der Fouriertransformation zur Laplacetransformation vollzogen, indem man die Frequenz $j\omega$ durch die komplexe Frequenz s ersetzt. Deshalb kann man aus der Laplacetransformierten die Fouriertransformierte dadurch gewinnen, dass man s durch $j\omega$ ersetzt. Dies gilt jedoch, streng genommen, nur für „stabile Funktionen“, die die dirichletschen Bedingungen erfüllen und für die folglich sowohl die Fouriertransformierte als auch die Laplacetransformierte existiert.

Da für alle Signale vorausgesetzt wird, dass sie für $t < 0$ verschwinden, vereinfacht sich das zweiseitige Laplaceintegral zu

$$\text{Laplacetransformation:} \quad F(s) = \int_{-0}^{\infty} f(t)\, \mathrm{e}^{-st}\, dt. \tag{6.43}$$

Dieses Integral wird *einseitiges Laplaceintegral* genannt und die dargestellte Transformation einseitige Laplacetransformation. Die untere Integrationsgrenze -0 bedeutet, dass ein bei $t = 0$ in $f(t)$ möglicherweise auftretender Diracimpuls in die Integration einbezogen wird.

Die Laplacetransformation wird durch das Symbol $\mathcal{L}$ dargestellt. Man schreibt dann für den Zusammenhang von Zeitfunktion $f(t)$ und Laplacetransformierter $F(s)$

$$F(s) = \mathcal{L}\{f(t)\}$$

oder auch

$$F(s) \quad \bullet\!\!-\!\!\circ \quad f(t).$$

Ähnlich wie bei der Fouriertransformation spricht man bei $f(t)$ von der Darstellung der Funktion im *Zeitbereich* bzw. Originalbereich und bei $F(s)$ von der Darstellung im *Frequenzbereich* oder Bildbereich. Im Folgenden wird für die Zeitfunktion ein kleiner und die Bildfunktion ein großer Buchstabe verwendet.

Die Laplacetransformierte $F(s)$ ist eine äquivalente Beschreibung der Zeitfunktion $f(t)$ (sofern $F(s)$ existiert), d. h., der Funktion $f(t)$ im Zeitbereich ist eindeutig eine Funktion $F(s)$ im Frequenzbereich zugeordnet und umgekehrt. Wichtige Funktionen und ihre Laplacetransformierten sind in Korrespondenztabellen angegeben, so dass es nicht notwendig ist, das Laplaceintegral in jedem Falle selbst auszurechnen (Anhang 6).

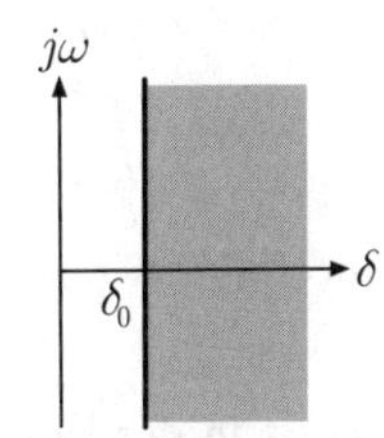

Abb. 6.11: Konvergenzhalbebene

Konvergenz des Laplaceintegrals. Das Laplaceintegral konvergiert nur dann, wenn der Realteil der komplexen Frequenz s hinreichend groß gewählt ist, so dass die Funktion $\tilde{f}(t) = f(t)\,\mathrm{e}^{-\delta t}$ absolut integrierbar ist (vgl. Gl. (6.21)). Der kleinste Wert von $\delta = \mathrm{Re}\{s\}$, für den das Laplaceintegral konvergiert, wird *minimale Konvergenzabszisse* genannt und mit δ_0 bezeichnet. Für dieses δ_0 erfüllt die Funktion $f(t)$ für eine genügend groß gewählte reelle Zahl a die Bedingung

$$|f(t)| < a\,\mathrm{e}^{\delta_0 t}, \qquad t \geq 0. \tag{6.44}$$

Das Laplaceintegral konvergiert dann für alle s, deren Realteil nicht kleiner als δ_0 ist. Diese Werte von s stellen die Konvergenzhalbebene dar (Abb. 6.11). Es kann gezeigt werden, dass die Laplacetransformierte $F(s)$ in der Konvergenzhalbebene eine analytische Funktion in s ist. Für die in der Regelungstechnik interessanten Funktionen $f(t)$ kann man stets davon ausgehen, dass es eine Konvergenzhalbebene gibt.

Beispiel 6.2 *Laplacetransformation einiger Funktionen*

Für die Sprungfunktion $u(t) = \sigma(t)$ führt das Laplaceintegral auf

$$\mathcal{L}\{\sigma(t)\} = \int_{-0}^{\infty} \sigma(t)\,\mathrm{e}^{-st}\,dt = -\frac{\mathrm{e}^{-st}}{s}\bigg|_0^{\infty} = -\frac{\mathrm{e}^{-\delta t}}{s}(\cos\omega t - j\sin\omega t)\bigg|_0^{\infty} = \frac{1}{s}$$

mit $s = \delta + j\omega$. Da das Integral auf Sinusschwingungen führt, existiert die Laplacetransformierte nur für $\mathrm{Re}\{s\} = \delta > 0$. Demgegenüber existiert die Fouriertransformierte nicht.

Für den Diracimpuls erhält man

$$\mathcal{L}\{\delta(t)\} = \int_{-0}^{\infty} \delta(t)\,\mathrm{e}^{-st}\,dt = \int_{-0}^{+0} \delta(t)\,dt = 1. \tag{6.45}$$

Die Laplacetransformierte ist für beliebige s definiert.

Für die Exponentialfunktion

$$f(t) = \begin{cases} \mathrm{e}^{at} & t \geq 0 \\ 0 & t < 0 \end{cases}$$

konvergiert das Laplaceintegral für $\delta \geq \delta_0 = a$ und ergibt

$$\mathcal{L}\{f(t)\} = \int_{-0}^{\infty} \mathrm{e}^{at}\,\mathrm{e}^{-st}\,dt = \int_{-0}^{\infty} \mathrm{e}^{-(s-a)t}\,dt = \frac{1}{s-a}. \tag{6.46}$$

Die Laplacetransformierte existiert für $\mathrm{Re}\{s\} > a$. □

Die Laplacetransformierte $F(s)$ ist in der Konvergenzhalbebene eine reguläre Funktion, die in eine Potenzreihe entwickelt werden kann. Sie kann deshalb über die Konvergenzebene hinaus in den verbleibenden Teil der komplexen Ebene analytisch fortgesetzt werden. Beispielsweise konvergiert das Laplaceintegal der Funktion e^{at} nur für $\mathrm{Re}\{s\} > a$. Die Laplacetransformierte $\frac{1}{s-a}$ kann aber mit Ausnahme von $s = a$ auch für $\mathrm{Re}\{s\} \leq a$ für alle Rechnungen verwendet werden. Für den praktischen Gebrauch spielt es keine Rolle, dass das Integral (6.46) dort nicht existiert, denn der Definitionsbereich der Funktion $\frac{1}{s-a}$ umfasst auch diesen Bereich außerhalb der Konvergenzhalbebene.

Im Folgenden wird deshalb davon ausgegangen, dass die Laplacetransformierte in einer Halbebene konvergiert und in die andere Halbebene – bis auf singuläre Punkte – fortgesetzt werden kann. Indem man die Laplacetransformierte zusammen mit ihrer Fortsetzung über die Konvergenzhalbene hinaus verwendet, wird es möglich, stets mit einer über die ganze komplexe Ebene mit Ausnahme weniger singulärer Punkte definierten Funktion $F(s)$ zu arbeiten. Dabei kann insbesondere auch für instabile Systeme mit dem Frequenzgang $G(j\omega)$ gerechnet werden, obwohl für diese Systeme die Fouriertransformierte $\mathcal{F}\{g(t)\} = G(j\omega)$ der Gewichtsfunktion gar nicht existiert. Das Bodediagramm und die Ortskurve haben also auch für instabile Systeme eine mathematische Bedeutung.

Laplacerücktransformation. Die Laplacerücktransformation kann aus der Fourierrücktransformation (6.24) abgeleitet werden, wenn diese auf die modifizierte Funktion $\tilde{F}(j\omega)$ angewendet wird:

$$\tilde{f}(t) = f(t)\,\mathrm{e}^{-\delta t} = \frac{1}{2\pi j}\int_{-j\infty}^{j\infty} \tilde{F}(j\omega)\,\mathrm{e}^{j\omega t} dj\omega.$$

Nach der Multiplikation mit $\mathrm{e}^{\delta t}$ und der Substitution $s = \delta + j\omega$ erhält man das Laplaceumkehrintegral

$$\text{Laplacerücktransformation:} \qquad f(t) = \frac{1}{2\pi j}\int_{\delta - j\infty}^{\delta + j\infty} F(s)\,\mathrm{e}^{st}\, ds. \tag{6.47}$$

Auch dieses Integral konvergiert für $\delta \geq \delta_0$. Die inverse Laplacetransformation wird durch $\mathcal{L}^{-1}$ symbolisiert.

Interpretation der Laplacetransformation. In Analogie zur Fouriertransformation kann die Laplacetransformation als Zerlegung einer gegebenen Zeitfunktion $f(t)$ in eine unendlich große Zahl von Exponentialsignalen

$$F(s)\,\frac{ds}{2\pi j}\,\mathrm{e}^{st}$$

für $s = \delta + j\omega$ mit festem δ und $\omega = -\infty ... \infty$ aufgefasst werden (vgl. Gl. (6.47)). Die komplexe Amplitudendichte („Amplitude") dieses Signals ist durch den ersten Teil und das Zeitverhalten durch die Exponentialfunktion e^{st} bestimmt. Der wesentliche Unterschied zur Fouriertransformation besteht darin, dass Elementarsignale mit $\mathrm{Re}\{s\} = \delta > 0$ bzw. $\mathrm{Re}\{s\} = \delta < 0$ verwendet werden können, die für $t \to \infty$ eine ansteigende bzw. eine abfallende Amplitude besitzen (Abb. 6.12). Während für die bei der Fouriertransformation verwendeten Elementarsignale die Beziehung

$$|\mathrm{e}^{j\omega t}| = 1 \quad \text{für alle } t$$

galt, gilt hier

$$\lim_{t\to\infty} |\mathrm{e}^{(\delta + j\omega)t}| = \infty \qquad \text{für} \quad \delta > 0$$

bzw.

$$\lim_{t\to\infty} |\mathrm{e}^{(\delta + j\omega)t}| = 0 \qquad \text{für} \quad \delta < 0.$$

Der Faktor $\mathrm{e}^{\delta t}$, der die Amplitude der Sinusfunktion verändert, beschreibt die Einhüllende der in der Abbildung dargestellten Kurven.

e^{st} kann als umlaufender Zeiger mit sich ständig verändernder Länge dargestellt werden (Abb. 6.13).

Vergleicht man die durch das Fouriertheorem, die Fouriertransformation und die Laplacetransformation beschriebenen Zerlegungen einer Funktion $f(t)$ untereinander, so werden folgende Merkmale und Anwendungsgebiete offensichtlich:

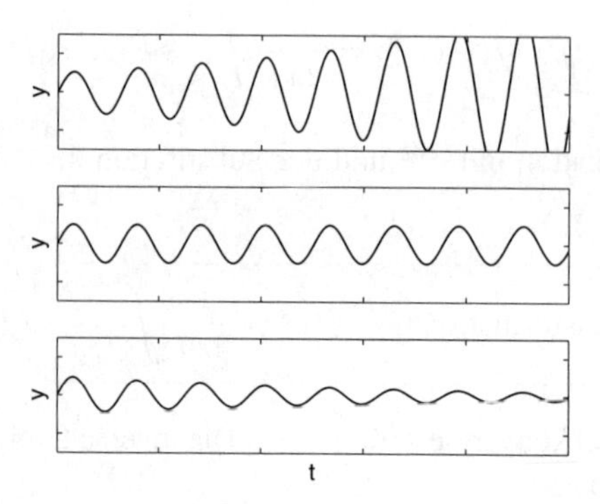

Abb. 6.12: Funktionen $y(t) = \mathrm{e}^{\delta t} \sin \omega t$ mit unterschiedlicher Dämpfung δ (oben: $\delta > 0$; Mitte: $\delta = 0$; unten: $\delta < 0$)

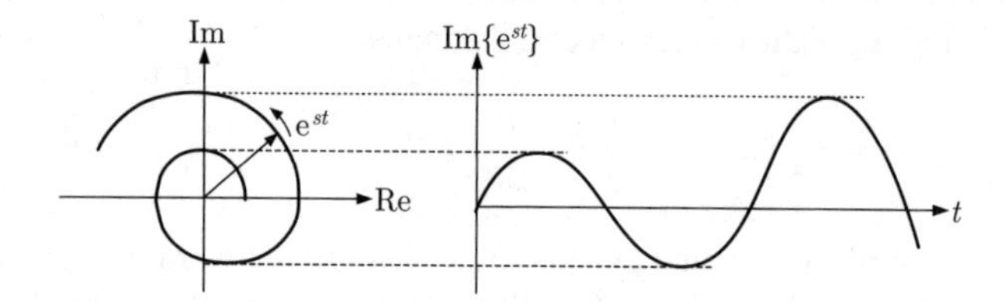

Abb. 6.13: Darstellung der Funktion e^{st} durch einen rotierenden Zeiger (hier: $\mathrm{Re}\{s\} > 0$)

Zerlegungsvorschrift	Elementarsignale	Anwendungsbereich
Fouriertheorem (6.13)	$F_k \mathrm{e}^{jk\omega_0 t}$	periodische Funktionen $f(t)$ der Form (6.1)
Fouriertransformation (6.24)	$F(j\omega) \frac{d\omega}{2\pi} \mathrm{e}^{j\omega t}$	Funktionen $f(t)$, die die Bedingung (6.21) erfüllen
Laplacetransformation (6.47)	$F(s) \frac{ds}{2\pi j} \mathrm{e}^{st}$	Funktionen $f(t)$, die die Bedingung (6.44) erfüllen

In dieser Tabelle wurde nicht auf die Berechnungsvorschriften verwiesen, mit Hilfe derer die Koeffizienten F_k, die Fouriertransformierte $F(j\omega)$ bzw. die Laplacetransformierte $F(s)$ berechnet werden kann, sondern auf die jeweiligen Rücktransformationen, denn aus diesen wird offensichtlich, wie die gegebene Funktion $f(t)$ in eine Summe von Elementarsignalen zerlegt wird. Ein wesentlicher Unterschied zwischen der Fourierzerlegung und den beiden Transformationen besteht in der Tatsache, dass die Koeffizienten F_k der Fourierzerlegung die Amplitude der Sinusschwingung mit der Frequenz $k\omega_0$ beschreiben, während $F(j\omega)$ und $F(s)$ die Amplitudendichte darstellen, also die Amplitude bezogen auf das Frequenzintervall $d\omega$ bzw. ds.

Je „komplizierter" die Elementarsignale werden, desto „komplizierter" darf auch die zu zerlegende Funktion $f(t)$ sein. Deshalb hat die Laplacetransformation das breiteste Anwendungsgebiet.

Es entsteht die Frage, warum der Übergang von der (real existierenden) Zeitfunktion zu den schwer vorstellbaren auf- oder abklingenden Sinusfunktionen mit komplexer Amplitude einen Vorteil bei der Analyse dynamischer Systeme bringen kann. Der wichtige Grund wurde schon mehrfach genannt: Es lässt sich sehr einfach darstellen, wie ein dynamisches System Exponentialsignale e^{st} überträgt. Ein weiterer Grund ist die Tatsache, dass analytisch schwierig beschreibbare Zeitfunktionen $f(t)$ im Bildbereich zu einfach darstellbaren Funktionen $F(s)$ führen können. Beispielsweise ist die nur stückweise stetige Funktion

$$f(t) = \begin{cases} 2 & 0 \le t < t_1 \\ 1 & t_1 \le t < t_2 \\ 0 & t_2 \le t \end{cases}$$

im Laplacebereich durch die stetige Funktion

$$F(s) = \frac{1}{s}\left(2 - \mathrm{e}^{-st_1} - \mathrm{e}^{-st_2}\right)$$

beschrieben. Folglich lässt sich die Laplacetransformierte $F(s)$ einfacher analysieren als ihr äquivalente Darstellung $f(t)$ im Zeitbereich.

Aufgabe 6.2 *Laplacetransformation des Diracimpulses*

Der Diracimpuls $\delta(t)$ ist keine Funktion im eigentlichen Sinne, sondern eine Distribution („Pseudofunktion"). Zur Herleitung der Laplacetransformierten (6.45) wurden die Definitionsgleichung (5.96) verwendet. Überprüfen Sie das Ergebnis, indem Sie die Laplacetransformation auf die alternative Definition (5.95) anwenden. □

6.4.2 Wichtige Eigenschaften

In diesem Abschnitt werden Eigenschaften der Laplacetransformation zusammengestellt, die für regelungstechnische Anwendungen gebraucht werden. Hier wie in allen weiteren Kapiteln wird mit der Konvention gearbeitet, dass die mit demselben Buchstaben und demselben Index bezeichneten Funktionen durch die Laplacetransformation ineinander überführt werden können, wobei der Großbuchstabe die Funktion im Frequenzbereich beschreibt, also z. B.

$$F_1(s) \bullet\!\!-\!\!\circ f_1(t), \qquad F \bullet\!\!-\!\!\circ f$$

gilt. Außerdem sei noch einmal an die Voraussetzung erinnert, dass alle Zeitfunktionen für $t < 0$ verschwinden:

$$f(t) = 0 \quad \text{für } t < 0. \tag{6.48}$$

Überlagerungssatz. Die Laplacetransformation ist eine lineare Integraltransformation. Die Linearkombination zweier Zeitfunktionen führt im Bildbereich auf dieselbe Linearkombination der Transformierten:

$$a_1 f_1(t) + a_2 f_2(t) \;\circ\!\!-\!\!\bullet\; a_1 F_1(s) + a_2 F_2(s). \tag{6.49}$$

Dabei sind a_1 und a_2 beliebige reelle oder komplexe Konstanten.

Ähnlichkeitssatz. Wird die Zeitachse um den reellen Faktor a gestreckt $(a > 1)$ oder gestaucht $(a < 1)$, so verändern sich Frequenz und komplexe Amplitude der Laplacetransformierten:

$$f(at) \;\circ\!\!-\!\!\bullet\; \frac{1}{a} F(\frac{s}{a}). \tag{6.50}$$

Dieser Satz kann aus dem Laplaceintegral durch Substitution $\tau = at$ abgeleitet werden.

Verschiebungssatz. Wird die Zeitachse um T nach rechts verschoben, so gilt für die neue Zeitvariable $t' = t - T$ und für die Laplacetransformierte

$$f(t') = f(t - T) \;\circ\!\!-\!\!\bullet\; \mathrm{e}^{-sT} F(s) \tag{6.51}$$

(Beispiel: Totzeitglied). Der Verschiebungssatz gilt auch für $T < 0$, wenn $f(t)$ die Bedingung $f(t) = 0$ für $t < T$ erfüllt.

Dämpfungssatz. Wird die Funktion $f(t)$ durch einen Faktor e^{at} gedämpft (a reell und negativ) oder entdämpft (a reell und positiv), so gilt

$$\mathrm{e}^{at} f(t) \;\circ\!\!-\!\!\bullet\; \int_0^\infty \mathrm{e}^{at} f(t)\, \mathrm{e}^{-st}\, dt = \int_0^\infty f(t)\, \mathrm{e}^{-(s-a)t}\, dt, \tag{6.52}$$

also

$$\mathrm{e}^{at} f(t) \;\circ\!\!-\!\!\bullet\; F(s - a). \tag{6.53}$$

Diese Beziehung gilt auch für komplexe Werte von a.

Differenziationssatz. Wird die erste Ableitung von $f(t)$ der Laplacetransformation unterzogen, so erhält man

$$\begin{aligned} \mathcal{L}\left\{\frac{df}{dt}\right\} &= \int_{-0}^\infty \mathrm{e}^{-st} \frac{df}{dt}\, dt \\ &= \mathrm{e}^{-st} f(t)\Big|_{-0}^\infty + s \int_{-0}^\infty f(t)\, \mathrm{e}^{-st}\, dt \\ &= -f(-0) + sF(s) \end{aligned}$$

(partielle Integration $\int u\,dv = uv - \int v\,du$). Also gilt

$$\frac{df}{dt} \circ\!\!-\!\!\bullet\ sF(s) - f(-0) \tag{6.54}$$

und für höhere Ableitungen

$$\frac{d^k f}{dt^k} \circ\!\!-\!\!\bullet\ s^k F(s) - s^{k-1} f(-0) - s^{k-2} \dot{f}(-0) - \ldots - f^{(k-1)}(-0).$$

Sind alle Anfangsbedingungen $f(-0)$, $\dot{f}(-0)$, ... gleich null, so entspricht der Differenziation im Zeitbereich eine Multiplikation der Laplacetransformierten mit s.

Integrationssatz. Für das Integral der Funktion $f(t)$ erhält man die Laplacetransformierte

$$\begin{aligned}\mathcal{L}\left\{\int_0^t f(\tau)\,d\tau\right\} &= \int_{-0}^{\infty} \int_0^t f(\tau)\,d\tau\, \mathrm{e}^{-st}\,dt \\ &= -\frac{1}{s} \int_0^t f(\tau)\,d\tau\, \mathrm{e}^{-st} \Big|_{t=-0}^{t=\infty} + \frac{1}{s} \int_{-0}^{\infty} f(t)\, \mathrm{e}^{-st}\,dt \\ &= \frac{1}{s} \int_{-0}^{\infty} f(t)\, \mathrm{e}^{-st}\,dt.\end{aligned}$$

Also gilt der Integrationssatz

$$\int_0^t f(\tau)\,d\tau \circ\!\!-\!\!\bullet\ \frac{1}{s} F(s) \tag{6.55}$$

für $s \neq 0$. Der Integration im Zeitbereich entspricht eine Division der Laplacetransformierten durch s.

Differenziation der Bildfunktion. Der folgende Satz zeigt, dass sich eine Differenziation der Bildfunktion $F(s)$ im Zeitbereich durch eine Multiplikation mit der Zeit t äußert:

$$t^k f(t) \circ\!\!-\!\!\bullet\ (-1)^k \frac{d^k F(s)}{ds^k}. \tag{6.56}$$

Faltungssatz. Die Faltung zweier Zeitfunktionen ist in Gl. (5.105) definiert:

$$f_1 * f_2 = \int_0^t f_1(t-\tau)\, f_2(\tau)\,d\tau.$$

Der Faltungssatz besagt, dass die Faltung der Originalfunktionen einer Multiplikation der Bildfunktionen entspricht:

$$f_1 * f_2 \circ\!\!-\!\!\bullet\ F_1(s)\, F_2(s). \tag{6.57}$$

Grenzwertsätze. Der *Satz vom Anfangswert* betrifft die Berechnung des Grenzwertes $f(+0)$ aus der Laplacetransformierten $F(s)$. Unter der Voraussetzung, dass die Funktion $f(t)$ und deren Ableitung $\dot{f}(t)$ Laplacetransformierte besitzen, gilt

$$f(+0) = \lim_{t \to +0} f(t) = \lim_{s \to \infty} sF(s). \tag{6.58}$$

Der *Satz vom Endwert* gilt unter denselben Voraussetzungen sowie der Bedingung, dass $\lim_{t \to \infty} f(t)$ existiert, und besagt

$$\lim_{t \to \infty} f(t) = \lim_{s \to 0} sF(s). \tag{6.59}$$

Um sich die kompliziert erscheinenden Voraussetzungen beider Sätze nicht merken zu müssen, ersetzt man sie durch die näherungsweise äquivalenten Bedingungen, dass die auf beiden Seiten der Gleichungen stehenden Grenzwerte existieren müssen, damit die Sätze anwendbar sind. Der Endwertsatz ist also z. B. für $f(t) = \sin \omega t$ *nicht* anwendbar.

Aufgabe 6.3 *Anwendungen der Eigenschaften der Laplacetransformation*

1. Überzeugen Sie sich von der Richtigkeit der Grenzwertsätze, indem Sie diese auf $f_1(t) = a \sin(\omega t)$ und $f_2(t) = be^{\lambda t}$ anwenden.
2. Nehmen Sie an, Ihnen sei nur die Laplacetransformierte der Sprungfunktion bekannt (Zeile 2 in der Korrespondenztabelle im Anhang 6). Wie können Sie unter Ausnutzung der Eigenschaften der Laplacetransformation aus dieser bekannten Korrespondenz die im Anhang 6 in den Zeilen 1, 3 – 7, 9 und 10 angegebenen Korrespondenzen ableiten, ohne das Laplaceintegral selbst zu verwenden? □

Aufgabe 6.4** *Beweis des Faltungssatzes*

Beweisen Sie den Faltungssatz (6.57). □

6.5 Übertragungsfunktion

6.5.1 Definition

Im Abschn. 6.3 wurde gezeigt, dass der Frequenzgang die Übertragungseigenschaft eines dynamischen Systems für sinusförmige Eingangsgrößen beschreibt. Im Folgenden wird diese Vorgehensweise auf Exponentialsignale erweitert und in Analogie zum Frequenzgang die Übertragungsfunktion eingeführt.

Die Übertragungsfunktion wird definiert als Quotient der Laplacetransformierten der Ausgangsgröße und der Eingangsgröße des Systems:

$$\text{Übertragungsfunktion:} \qquad G(s) = \frac{Y(s)}{U(s)}. \tag{6.60}$$

Da die Übertragungsfunktion zur Beschreibung des E/A-Verhaltens verwendet werden soll, wird bei ihrer Definition (6.60) davon ausgegangen, dass das System keine Anfangsauslenkung besitzt, d. h., dass für die Differenzialgleichung (6.34) alle Anfangsbedingungen gleich null sind bzw. im Zustandsraummodell (4.40) der Anfangszustand verschwindet: $\boldsymbol{x}_0 = \mathbf{0}$.

Der Wert der Übertragungsfunktion an der Stelle s ist eine komplexe Größe

$$G(s) = \text{Re}\{G(s)\} + j\,\text{Im}\{G(s)\}, \tag{6.61}$$

die in Betrag und Phase zerlegt werden kann

$$G(s) = |G(s)|\,\text{e}^{j\phi(s)}, \tag{6.62}$$

wobei

$$\begin{aligned} |G(s)| &= \sqrt{(\text{Re}\{G(s)\})^2 + (\text{Im}\{G(s)\})^2} \\ \phi(s) &= \arctan\frac{\text{Im}\{G(s)\}}{\text{Re}\{G(s)\}} \end{aligned}$$

gilt. Die Darstellung (6.62) bezeichnet man übrigens als *Exponentialform* der Übertragungsfunktion. Zerlegt man die Laplacetransformierten der Eingangsgröße und der Ausgangsgröße ebenfalls in Betrag und Phase

$$U(s) = |U(s)|\,\text{e}^{j\phi_\text{u}(s)}, \qquad Y(s) = |Y(s)|\,\text{e}^{j\phi_\text{y}(s)},$$

so erhält man die Beziehung

$$G(s) = \frac{|Y(s)|}{|U(s)|}\,\text{e}^{j(\phi_\text{y}(s) - \phi_\text{u}(s))}.$$

Offensichtlich stellt die Übertragungsfunktion (6.60) eine Erweiterung des Frequenzganges dar, wobei jetzt auch exponentiell auf- oder abklingende Funktionen betrachtet werden können. Der Frequenzgang $G(j\omega)$ geht entsprechend Gl. (6.33) durch den Grenzübergang $s \rightarrow j\omega$ aus der Übertragungsfunktion hervor:

$$G(j\omega) = \lim_{s \rightarrow j\omega} G(s).$$

Interpretation der Übertragungsfunktion. In direkter Analogie zu Gl. (6.31) kann man bei Verwendung der Eingangsgröße

$$u(t) = \bar{u}\,\text{e}^{\delta t}\sin(\omega t + \phi_\text{u}) \tag{6.63}$$

die Beziehung

$$\boxed{y_{\mathrm{s}}(t) = |G(\delta + j\omega)|\, \bar{u}\, \mathrm{e}^{\delta t} \sin(\omega t + \phi_{\mathrm{u}} + \phi(\delta + j\omega))} \tag{6.64}$$

ableiten. Diese Beziehung besagt, dass der Betrag $|G(\delta + j\omega)|$ der Übertragungsfunktion die Verstärkung und das Argument $\arg G(\delta + j\omega) = \phi(\delta + j\omega)$ die Phasenverschiebung einer entsprechend $\mathrm{e}^{\delta t}$ auf- oder abklingenden Sinusfunktion mit der Frequenz ω, also einer e-Funktion mit komplexer Frequenz s, beschreibt. Dabei wird nur das stationäre Verhalten des Systems betrachtet.

Experimentell kann $G(s)$ also ähnlich wie der Frequenzgang $G(j\omega)$ bestimmt werden. An Stelle der sinusförmigen Erregung muss jetzt mit exponentiell aufklingenden bzw. abklingenden Sinusfunktionen gearbeitet werden. Dies ist praktisch nur für solche Frequenzen $s = \delta + j\omega$ möglich, die wesentlich langsamer abklingen als die Eigenvorgänge des Systems. Ungeachtet der Tatsache, dass damit die praktische Durchführbarkeit der Experimente eingeschränkt ist, kann man anhand dieses Weges der experimentellen Modellbildung die Bedeutung der komplexen Zahl $G(s)$ verstehen.

Die Beziehung (6.64) zeigt, dass die Frequenzbereichsbetrachtungen auch für instabile Systeme eine Bedeutung haben, was vielleicht nicht auf den ersten Blick einzusehen ist. Erregt man ein instabiles System sinusförmig, so wächst die Ausgangsgröße exponentiell und man kann darin keinen Sinusanteil erkennen, dessen Amplitude sich nur um den Faktor $|G(j\omega)|$ von der Amplitude der Eingangsgröße unterscheidet. Gleichung (6.64) weist jedoch darauf hin, dass für die Bestimmung von $|G(j\omega)|$ nicht der „gesamte" Ausgang y, sondern nur das stationäre Verhalten y_{s} betrachtet werden muss. Dieses ist auch bei instabilen Systemen eine Sinusfunktion (wenn man davon ausgeht, dass das System nicht in Resonanz erregt wurde, vgl. S. 160).

Beispiel 6.3 *Frequenzgang eines instabilen Systems*

Die Bedeutung des Frequenzganges für instabile Systeme verdeutlicht Abb. 6.14 für das im Beispiel 5.7 betrachtete System erster Ordnung, für das jetzt $a = 1$ gesetzt wird und das folglich instabil ist. Für die im oberen Teil der Abbildung gezeigte Eingangsgröße (5.119) erhält man die im untersten Teil dargestellte Ausgangsgröße $y(t)$, die sich aus einer exponentiell wachsenden Komponente $y_{\ddot{\mathrm{u}}}(t)$ und einer sinusförmigen Komponente $y_{\mathrm{s}}(t)$ zusammensetzt. Für die Bestimmung von $|G(j\omega)|$ ist nur das stationäre Verhalten maßgebend, das gegenüber dem stabilen System aus Beispiel 5.7 unverändert geblieben ist (vgl. Abb. 5.20 auf S. 158). Obwohl die Ausgangsgröße y unendlich groß wird, hat der Frequenzgang einen endlichen Betrag $|G(j\omega)|$. Die Übertragungsfunktion $G(s)$ hat also für instabile Systeme dieselbe Bedeutung wie für stabile Systeme, man kann sie nur nicht mehr mit den hier betrachteten Experimenten bestimmen. □

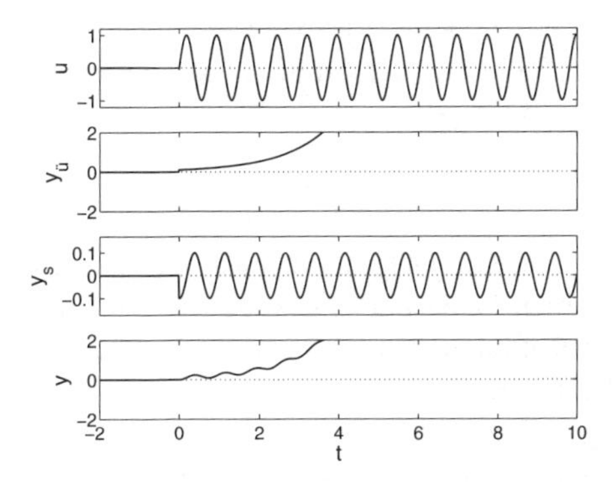

Abb. 6.14: Übergangsverhalten und stationäres Verhalten eines instabilen Systems erster Ordnung

Filterwirkung dynamischer Systeme. Man bezeichnet lineare dynamische Systems auch als Filter, weil sie jede an ihren Eingang angelegte Sinusschwingung mehr oder weniger gut übertragen, wobei am Ausgang stets eine Sinusschwingung derselben Frequenz entsteht und das Eingangssignal beim Durchlaufen des Systems außer einer Phasenverschiebung nur eine Amplitudenänderung erfährt. Ob $|G(\delta + j\omega)$ größer oder kleiner als eins ist, hängt vom System und von der betrachteten Frequenz $s = \delta + j\omega$ ab.

Wenn das betrachtete System eine Regelstrecke ist, die man näherungsweise als einen Tiefpass beschreiben kann, so „filtert" sie schnelle Stellgrößenänderungen aus, d. h., die Regelstrecke ist zu träge, um auf diese schnellen Stellgrößenänderungen zu reagieren. Dies erweist sich oft als eine entscheidende Schranke in Bezug auf die Zeit, in der die Regelgröße einer vorgegebenen Sollwertänderung folgen kann. Andererseits wirkt die Regelstrecke auch als Filter in Bezug zu ihren Störgrößen. Hochfrequente Störungen haben deshalb u. U. gar keinen nennenswerten Einfluss auf das Verhalten der Regelstrecke und die Regclung muss gar nicht auf diese Störungen reagieren.

Andererseits kann man auch den Regler aufgrund seiner Filtereigenschaften bemessen. Wenn beispielsweise die Messung der Regelgröße stark gestört ist, so kann man einen Tiefpass als Regler einsetzen, der die hochfrequenten Messstörungen unterdrückt.

In Bezug auf diese Filterwirkungen haben die Betrachtungen im Regelkreis einen engen Zusammenhang zu Untersuchungen der Nachrichtentechnik, bei der diese Eigenschaften dynamischer Systeme im Mittelpunkt des Interesses stehen.

Berechnung des Übertragungsverhaltens mit Hilfe der Übertragungsfunktion. Durch Umstellung der Definitionsgleichung (6.60) der Übertragungsfunktion erhält man

$$Y(s) = G(s)\,U(s) \tag{6.65}$$

als E/A-Beschreibung des Systems. Entsprechend der für die Definitionsgleichung gemachten Voraussetzung berücksichtigt diese Gleichung nur die erzwungene Bewegung des Systems, d. h., es gilt

$$y_{\text{erzw}}(t) \quad \circ\!\!-\!\!\bullet \quad G(s)\,U(s). \tag{6.66}$$

Diese Beziehung ist die Grundlage dafür, dass das Systemverhalten im Frequenzbereich berechnet werden kann. Für eine gegebene Funktion $u(t)$ bestimmt man durch Laplacetransformation die Bildfunktion $U(s)$, daraus $Y(s)$ und durch Rücktransformation schließlich $y_{\text{erzw}}(t)$. Wie später noch ausführlich beschrieben wird, ist dieser Rechenweg u. U. einfacher als die Lösung der Zustandsgleichung oder die Faltung der Eingangsgröße mit der Gewichtsfunktion.

Diskussion. Vergleicht man die Gln. (6.64) und (6.66) miteinander, so erscheinen beide Gleichungen auf den ersten Blick im Widerspruch zueinander zu stehen. In der ersten Gleichung steht, dass $G(\delta + j\omega)$ das stationäre Verhalten y_{s} bei der Eingangsgröße (6.63) zu berechnen gestattet. In der zweiten Gleichung wird behauptet, dass mit Hilfe von $G(\delta + j\omega)$ die Summe von stationärem Verhalten und Übergangsverhalten bestimmt werden kann. Wird diese Gleichung für die Eingangsgröße (6.63) angewendet, so scheint sie der ersten Gleichung zu widersprechen.

Dieser scheinbare Widerspruch löst sich auf, wenn man sich die im zweiten Rechenweg enthaltene Rücktransformation genauer ansieht. Auf Grund von Gl. (6.47) gilt

$$y_{\text{erzw}}(t) = \frac{1}{2\pi j} \int_{\delta - j\infty}^{\delta + j\infty} G(s)\,U(s)\,\mathrm{e}^{\,st}\,ds.$$

Zur Berechnung der erzwungenen Bewegung muss folglich das Produkt $G(s)U(s)$ für alle $s = \delta - j\infty ... \delta + j\infty$ bekannt sein. Das heißt, der gesamte Verlauf der Übertragungsfunktion geht in die Berechnung von y_{erzw} ein. Demgegenüber wird das stationäre Verhalten y_{s}, das sich für die spezielle Eingangsgröße (6.63) ergibt, nur vom Wert der Übertragungsfunktion an der Stelle $s = \delta + j\omega$ bestimmt, wobei δ und ω durch die verwendete Eingangsgröße vorgegeben sind. Gleichung (6.64) weist also in sehr anschaulicher Weise auf die Bedeutung der Zahl $G(\delta + j\omega)$ für festgelegte Werte von δ und ω hin. Zur Berechnung der Ausgangsgröße ist aber bei allen anderen Eingangsgrößen als der durch (6.63) gegebenen der gesamte Verlauf der Funktion $G(s)$ $(s = \delta - j\infty ... \delta + j\infty)$ wichtig.

6.5.2 Berechnung

Berechnung der Übertragungsfunktion aus der Gewichtsfunktion. Aus der E/A-Beschreibung

$$y = g * u$$

eines Systems erhält man unter Verwendung des Faltungssatzes der Laplacetransformation gemäß Gl. (6.57) die Beziehung

$$Y(s) = G(s)\,U(s).$$

Aus einem Vergleich beider Gleichungen geht hervor, dass die Übertragungsfunktion die Laplacetransformierte der Gewichtsfunktion ist:

$$\boxed{G(s) = \mathcal{L}\{g(t)\}.} \tag{6.67}$$

Verwendet man für die Gewichtsfunktion die kanonische Darstellung (5.99) auf S. 149

$$g(t) = \sum_{i=1}^{n} g_i \mathrm{e}^{\lambda_i t} + d\,\delta(t),$$

so erhält man für die Übertragungsfunktion die Beziehung

$$\begin{aligned} G(s) &= \int_{-0}^{\infty} \left(\sum_{i=1}^{n} g_i \mathrm{e}^{\lambda_i t} + d\,\delta(t) \right) \mathrm{e}^{-st}\, dt \\ &= \int_{0}^{\infty} \sum_{i=1}^{n} g_i \mathrm{e}^{(\lambda_i - s)t} dt + d \end{aligned}$$

und folglich

$$G(s) = \sum_{i=1}^{n} \frac{g_i}{s - \lambda_i} + d, \tag{6.68}$$

wobei der größte Realteil der Eigenwerte λ_i die Konvergenzabszisse beschreibt:

$$\mathrm{Re}\{s\} \geq \max_{i=1,\ldots,n} \mathrm{Re}\{\lambda_i\}.$$

In Gl. (6.68) ist die Übertragungsfunktion durch ihre Partialbrüche $\frac{g_i}{s-\lambda_i}$ dargestellt. Eine solche Darstellung ist genau dann möglich, wenn die Systemmatrix des Zustandsraummodells diagonalähnlich ist, denn genau dann gibt es die oben verwendete kanonische Darstellung der Gewichtsfunktion. Die Koeffizienten g_i lassen sich aus den Elementen der transformierten Vektoren $\tilde{\boldsymbol{b}}$ und $\tilde{\boldsymbol{c}}$ entsprechend $g_i = \tilde{c}_i \tilde{b}_i$ berechnen. Betrachtet man den Signalflussgraf in Abb. 5.11 auf S. 124, so stellt jeder Partialbruch die Übertragungsfunktion eines Pfades vom Knoten u zum Knoten y des mit kanonischen Zustandsvariablen beschriebenen Systems dar.

Berechnung der Übertragungsfunktion aus der Differenzialgleichung. Die Übertragungsfunktion kann mit Hilfe der Laplacetransformation aus der Differenzialgleichung (6.34)

$$a_n \frac{d^n y}{dt^n} + \ldots + a_1 \frac{dy}{dt} + a_0 y(t) = b_q \frac{d^q u}{dt^q} + \ldots + b_1 \frac{du}{dt} + b_0 u(t) \tag{6.69}$$

berechnet werden, wobei von verschwindenden Anfangsbedingungen ausgegangen wird. Dafür werden beide Seiten der Gleichung der Laplacetransformation unterzogen. Unter Verwendung des Überlagerungssatzes und des Differenziationssatzes entsteht dann

$$Y(s)\,(a_n s^n + ... + a_1 s + a_0) = U(s)\,(b_q s^q + ... + b_1 s + b_0).$$

Aus dieser Gleichung lässt sich für die Übertragungsfunktion die Beziehung

$$\boxed{G(s) = \frac{b_q s^q + b_{q-1} s^{q-1} + ... + b_1 s + b_0}{a_n s^n + a_{n-1} s^{n-1} + ... + a_1 s + a_0}} \tag{6.70}$$

ablesen.

Entsprechend Gl. (6.70) bildet man mit den Koeffizienten b_i der rechten Seite der Differenzialgleichung das Zählerpolynom und mit den Koeffizienten a_i der linken Seite das Nennerpolynom der Übertragungsfunktion. Man kann die Beziehung (6.70) jedoch auch andersherum lesen und für eine gegebene Übertragungsfunktion die dazugehörige Differenzialgleichung ermitteln. Erinnert man sich außerdem an den im Abschn. 4.4.1 angegebenen Weg von der Differenzialgleichung zum Zustandsraummodell, so kann man von der Übertragungsfunktion auch direkt zum Zustandsraummodell übergehen. Dabei ist die Verwendung der Regelungsnormalform bzw. der Beobachtungsnormalform zweckmäßig, weil diese Formen des Zustandsraummodells direkt mit den Koeffizienten a_i und b_i der Differenzialgleichung hingeschrieben werden können.

Für alle Systeme, die durch eine gewöhnliche Differenzialgleichung mit konstanten Koeffizienten beschrieben werden können, entstehen Übertragungsfunktionen, die als Quotienten (6.70) darstellbar sind, wobei Zähler und Nenner rationale Funktionen in s sind. Derartige Übertragungsfunktionen werden als *gebrochen rational* bezeichnet. Dabei gilt für den Zählergrad q und den Nennergrad n die Beziehung $q \leq n$.

Im Weiteren werden bis auf eine Ausnahme ausschließlich gebrochen rationale Übertragungsfunktionen betrachtet. Die Ausnahme bilden Totzeitsysteme (4.119), aus deren Gewichtsfunktion

$$g(t) = \delta(t - T_{\mathrm{t}})$$

man durch Laplacetransformation unter Verwendung des Verschiebungssatzes die Übertragungsfunktion

$$G(s) = \mathrm{e}^{-sT_{\mathrm{t}}} \tag{6.71}$$

erhält. Diese Funktion ist irrational.

Berechnung der Übertragungsfunktion aus dem Zustandsraummodell. Für den im Zustandsraummodell (4.40)

$$\begin{aligned} \dot{\boldsymbol{x}} &= \boldsymbol{A}\boldsymbol{x}(t) + \boldsymbol{b}u(t), \quad \boldsymbol{x}(0) = \boldsymbol{0} \\ y(t) &= \boldsymbol{c}'\boldsymbol{x}(t) + du(t) \end{aligned}$$

auftretenden Zustandsvektor $\boldsymbol{x}(t)$ entsteht durch elementeweise Laplacetransformation ein Vektor $\boldsymbol{X}(s)$[3] mit den Elementen $X_i(s)$:

[3] Hier muss von der üblichen Konvention abgewichen werden, wonach halbfett gesetzte Großbuchstaben Matrizen bezeichnen: **X** ist keine Matrix, sondern ein Vektor! Der Großbuchstabe symbolisiert die Laplacetransformierte.

$$\boldsymbol{X}(s) = \begin{pmatrix} X_1(s) \\ X_2(s) \\ \vdots \\ X_n(s) \end{pmatrix} \bullet\!\!-\!\!\circ \ \boldsymbol{x}(t) = \begin{pmatrix} x_1(t) \\ x_2(t) \\ \vdots \\ x_n(t) \end{pmatrix}.$$

Aus der Zustandsgleichung erhält man unter Verwendung des Differenziationssatzes und des Überlagerungssatzes die Gleichung

$$s\,\boldsymbol{X}(s) = \boldsymbol{A}\boldsymbol{X}(s) + \boldsymbol{b}\,U(s),$$

die nach $\boldsymbol{X}$ umgeformt werden kann:

$$(s\boldsymbol{I} - \boldsymbol{A})\ \boldsymbol{X}(s) = \boldsymbol{b}\,U(s)$$

$$\boldsymbol{X}(s) = (s\boldsymbol{I} - \boldsymbol{A})^{-1}\boldsymbol{b}\ U(s).$$

Die inverse Matrix existiert für alle Frequenzen s bis auf die n Ausnahmen $s = \lambda_i$, $(i = 1, 2, ..., n)$. Aus der Ausgabegleichung folgt die Beziehung

$$Y(s) = \boldsymbol{c}'\boldsymbol{X}(s) + d\,U(s)$$

und damit

$$Y(s) = (\boldsymbol{c}'\,(s\boldsymbol{I} - \boldsymbol{A})^{-1}\,\boldsymbol{b} + d\,)\ U(s).$$

Daraus ergibt sich für die Übertragungsfunktion die Beziehung

$$\boxed{G(s) = \boldsymbol{c}'\,(s\boldsymbol{I} - \boldsymbol{A})^{-1}\,\boldsymbol{b} + d.} \tag{6.72}$$

FADDEEV-**Algorithmus.** Will man die Beziehung (6.72) anwenden, so muss man die Matrix $(s\boldsymbol{I} - \boldsymbol{A})$ invertieren. Dafür eignet sich der Faddeevalgorithmus, der für Systeme niedriger Ordnung auch ohne Rechner schnell durchgeführt werden kann.

Dieser Algorithmus geht davon aus, dass die in

$$(s\boldsymbol{I} - \boldsymbol{A})^{-1} = \frac{\mathrm{adj}(s\boldsymbol{I} - \boldsymbol{A})'}{\det(s\boldsymbol{I} - \boldsymbol{A})}$$

vorkommende adjungierte Matrix in der Form

$$\mathrm{adj}(s\boldsymbol{I} - \boldsymbol{A})' = \boldsymbol{R}_{n-1}s^{n-1} + \boldsymbol{R}_{n-2}s^{n-2} + ... + \boldsymbol{R}_1 s + \boldsymbol{R}_0$$

dargestellt werden kann. Für die Determinante gilt bekanntlich

$$\det(s\boldsymbol{I} - \boldsymbol{A}) = a_n s^n + a_{n-1}s^{n-1} + ... + a_1 s + a_0$$

mit $a_n = 1$. Mit dem Startwert

$$\boldsymbol{R}_{n-1} = \boldsymbol{I}$$

werden die Koeffizientenmatrizen $\boldsymbol{R}_i$ der adjungierten Matrix und die Koeffizienten des charakteristischen Polynoms folgendermaßen rekursiv berechnet:[4]

$$\begin{aligned} a_{n-k} &= -\frac{1}{k}\,\mathrm{Sp}\,(\boldsymbol{A}\boldsymbol{R}_{n-k}) \quad (k = 1, 2, ..., n) \\ \boldsymbol{R}_{n-k-1} &= \boldsymbol{A}\boldsymbol{R}_{n-k} + a_{n-k}\boldsymbol{I} \quad (k = 1, 2, ..., n-1) \end{aligned} \tag{6.73}$$

Als Probe kann man $\boldsymbol{R}_{-1}$ aus der letzten Gleichung für $k = n$ berechnen, wobei $\boldsymbol{R}_{-1} = \boldsymbol{0}$ entstehen muss.

Aufgabe 6.5* *Berechnung der Übertragungsfunktion aus der Differenzialgleichung*

Gegeben ist das RC-Glied in Abb. 6.15. Es wird durch die Differenzialgleichung

$$i = C\,\frac{dx}{dt} \tag{6.74}$$

und die algebraischen Gleichungen

$$u = i(R_1 + R_2) + x \tag{6.75}$$

$$y = iR_2 + x \tag{6.76}$$

beschrieben.

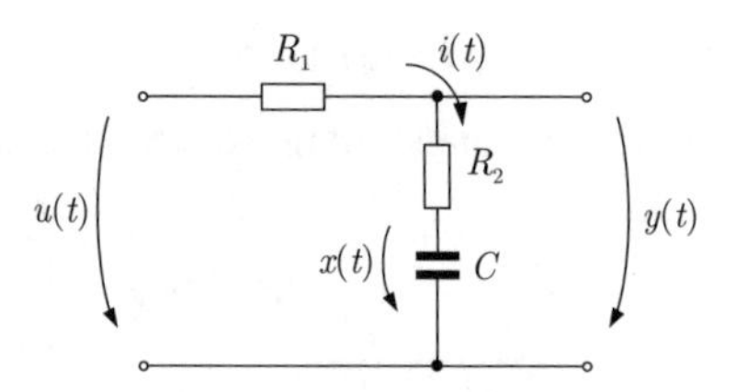

Abb. 6.15: RC-Glied

1. Bestimmen Sie die Differenzialgleichung des RC-Gliedes und daraus die Übertragungsfunktion.
2. Transformieren Sie die angegebenen Gleichungen sofort in den Frequenzbereich und bestimmen Sie auf diesem Wege die Übertragungsfunktion. Welche Vereinfachung des Rechenweges ergibt sich dabei gegenüber dem ersten Rechenweg? □

Aufgabe 6.6 *Übertragungsfunktion für ein Zustandsraummodell in Frobeniusform*

Im Abschn. 4.4.1 wurde aus der Differenzialgleichung (4.44) das Zustandsraummodell mit den Matrizen (4.47), (4.48) und (4.49) abgeleitet. Berechnen Sie für dieses Zustandsraummodell die Übertragungsfunktion nach Gl. (6.72) und vergleichen Sie das Ergebnis mit der Übertragungsfunktion, die Sie unter Verwendung der Beziehung (6.70) aus der Differenzialgleichung (4.44) erhalten. □

[4] Sp bezeichnet die Spur der angegebenen Matrix, also die Summe aller Hauptdiagonalelemente

Aufgabe 6.7** *Statische Verstärkung von Systemen*

Für die statische Verstärkung k_s eines dynamischen Systems wurden die Gleichungen (5.93), (5.94) und (6.37) abgeleitet. Beweisen Sie diese Beziehungen mit Hilfe der Grenzwertsätze der Laplacetransformation sowie den Gln. (6.70) und (6.72). □

Aufgabe 6.8** *Übertragungsfunktion von Deskriptorsystemen*

Zeigen Sie in Analogie zu Gl. (6.72), dass ein durch die Gln. (4.65), (4.66) beschriebenes System die Übertragungsfunktion

$$G(s) = \boldsymbol{h}'(s\boldsymbol{E} - \boldsymbol{F})^{-1}\boldsymbol{g} + k \tag{6.77}$$

besitzt und das für das Differenzierglied (4.72), (4.73) daraus die Übertragungsfunktion $G(s) = s$ folgt. □

6.5.3 Eigenschaften und grafische Darstellung

Die Übertragungsfunktion ist eine komplexwertige Funktion der komplexwertigen Variablen s. Sie kann für jeden Wert für s entsprechend Gl. (6.61) in Realteil und Imaginärteil oder entsprechend Gl. (6.62) in Betrag und Phase zerlegt werden.

In Erweiterungen der für den Frequenzgang in den Gln. (6.37) und (6.38) angegebenen Eigenschaften gilt

$$G(0) = \frac{b_0}{a_0} = k_\mathrm{s} \tag{6.78}$$

$$\lim_{|s|\to\infty} G(s) = \begin{cases} 0 & \text{für} \quad q < n \\ \frac{b_n}{a_n} = d & \text{für} \quad q = n\,. \end{cases} \tag{6.79}$$

Die zweite Beziehung folgt aus der Eigenschaft von $G(s)$, eine gebrochen rationale Funktion zu sein. Nur für sprungfähige Systeme, für die der Zählergrad der Übertragungsfunktion gleich dem Nennergrad ist, ist der Grenzwert von null verschieden, und zwar gleich dem Durchgriff d. Diese Tatsache erkennt man z. B. aus den Gln. (6.68) und (6.72).

Da der Frequenzgang aus der Übertragungsfunktion durch die Substitution $s \to j\omega$ entsteht, gelten auch für $G(s)$ die Eigenschaften (6.39) und (6.40).

Für die grafische Darstellung von $|G(s)|$ und $\arg G(s)$ braucht man ein dreidimensionales Koordinatensystem. Über der komplexen Ebene ($\mathrm{Re}\{s\}$-$\mathrm{Im}\{s\}$-Ebene) wird $|G(s)|$ bzw. $\arg G(s)$ als „Höhe“ aufgetragen, wie es in Abb. 6.16 für die Übertragungsfunktion

$$G(s) = \frac{s-2}{(s+1-j3)(s+1+j3)}$$

gezeigt ist. Man erkennt deutlich, dass für $s = 2$ der Wert $|G(2)| = 0$ bzw. $|G(2)|_\mathrm{dB} \to -\infty$ und für $s = -1 \pm j3$ der Grenzwert $|G(-1 \pm j3)| \to \infty$ bzw.

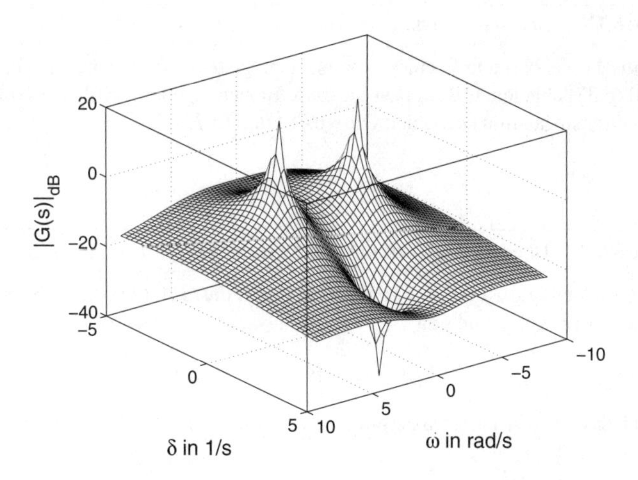

Abb. 6.16: Dreidimensionale Darstellung von $|G(s)|$

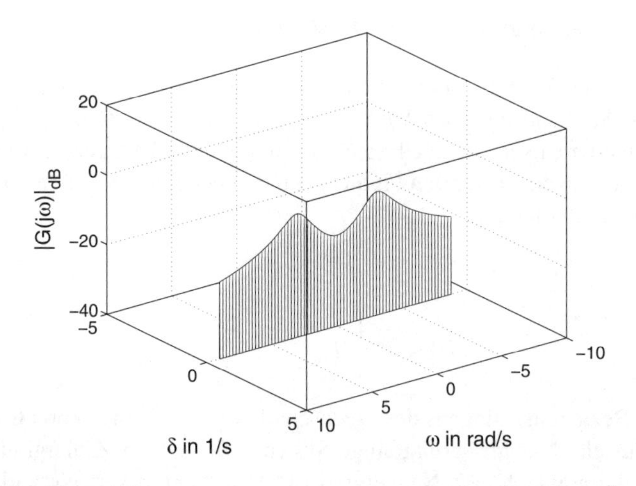

Abb. 6.17: Dreidimensionale Darstellung des Amplitudenganges $|G(j\omega)|$

$|G(-1 \pm j3)|_{\mathrm{dB}} \to \infty$ angenommen wird. Die Spitzen sind in der durch die Einheit Dezibel bedingten logarithmischen Skala unendliche hoch bzw. tief.

Diese dreidimensionale Darstellung von $|G(s)|$ ist schwer überschaubar und glücklicherweise auch gar nicht notwendig, denn es wird sich zeigen, dass viele Eigenschaften mit Hilfe der grafischen Darstellung des Frequenzganges $G(j\omega)$ untersucht werden können. Dies ist insofern erstaunlich, als dass der Frequenzgang lediglich den Schnitt durch die dreidimensionale Darstellung von $|G(s)|$ entlang der Imaginärachse darstellt (Abb. 6.17). Es wird später offensichtlich werden, dass $G(j\omega)$ dennoch genügend Informationen für die Systemanalyse und den Reglerentwurf enthält.

Diskussion. Die Möglichkeit, an Stelle von $G(s)$ nur $G(j\omega)$ zu betrachten und folglich vom Verlauf des Frequenzganges auf die Übertragungsfunktion zu schließen, kann man sich auf unterschiedliche Weise klar machen.

- Mathematisch ist diese Tatsache durch die *Integralformel von Cauchy* begründet. Diese Formel gilt für eine im geschlossenen Gebiet $\mathcal{G}$ reguläre Funktion $G(s)$. Liegt der Integrationsweg vollständig in $\mathcal{G}$ und umschließt er den Punkt s_1, so gilt der Residuensatz

$$G(s_1) = \frac{1}{2\pi j} \oint \frac{G(s)}{s - s_1} ds. \tag{6.80}$$

Mit dieser Formel lassen sich die Funktionswerte $G(s_1)$ aller in $\mathcal{G}$ liegenden Punkte s_1 aus den Werten berechnen, die die Funktion $G(s)$ auf dem Rand von $\mathcal{G}$ besitzt.
Ist die Übertragungsfunktion $G(s)$ in der rechten komplexen Halbebene regulär, d. h., besitzt sie dort keine Pole, so kann $G(s)$ entsprechend Gl. (6.80) aus dem Frequenzgang $G(j\omega)$ und dem sprungfähigen Anteil $\lim_{|s| \to \infty} G(s) = d$ berechnet werden, wenn man den Integrationsweg $\mathcal{D}$ entsprechend Abb. 8.4 mit hinreichend großem Radius R wählt. Ist das System nicht sprungfähig, so gilt $\lim_{|s| \to \infty} G(s) = 0$ und folglich

$$G(s_1) = \frac{1}{2\pi j} \int_{s \in \mathcal{D}} \frac{G(j\omega)}{j\omega - s_1} ds = \frac{1}{2\pi} \int_{-\infty}^{\infty} \frac{G(j\omega)}{j\omega - s_1} d\omega \qquad \text{für } \mathrm{Re}\{s_1\} > 0.$$

Diese Beziehungen zeigen, dass die Übertragungsfunktion $G(s)$ aus dem Frequenzgang $G(j\omega)$ berechnet werden kann, also der Frequenzgang sämtliche Informationen über ein gegebenes System enthält.
- Betrachtet man die Laplacerücktransformation (6.47), so wird offensichtlich, dass man $G(s)$ nur für die Frequenzen s kennen muss, die auf einer Parallelen zur Imaginärachse mit dem Realteil δ liegen. Diese Kenntnis reicht aus, um die zu $G(s)$ gehörige Zeitfunktion $g(t)$ (also die Gewichtsfunktion) zu berechnen. Die in $G(s)$ enthaltenen Informationen stecken also vollständig in $G(\delta + j\omega)$ für $\omega = -\infty ... + \infty$.
- Schließlich kann man sich auch überlegen, dass gebrochen rationale Funktionen $G(s)$ entsprechend Gl. (6.70) durch $n + q + 2$ Punkte $(s_i, G(s_i))$ eindeutig festgelegt ist. Man braucht also gar nicht unendlich viele Punkte, um den Verlauf von $G(s)$ eindeutig zu fixieren. Deshalb ist es nicht verwunderlich, dass ohne Kenntnis von n und q der Verlauf von $G(j\omega)$ ausreicht, um $G(s)$ für alle s zu bestimmen.

6.5.4 Pole und Nullstellen

Da Zähler und Nenner der Übertragungsfunktion (6.70)

$$G(s) = \frac{b_q s^q + b_{q-1} s^{q-1} + ... + b_1 s + b_0}{a_n s^n + a_{n-1} s^{n-1} + ... + a_1 s + a_0}$$

Polynome in s sind, spricht man bei dieser Darstellung auch von der *Polynomform* der Übertragungsfunktion. $G(s)$ kann in eine andere Form überführt werden, wenn man die Polynome im Zähler und Nenner als Produkte von Linearfaktoren schreibt (Fundamentalsatz der Algebra). Es gilt

$$b_q s^q + b_{q-1} s^{q-1} + ... + b_1 s + b_0 = b_q \prod_{i=1}^{q} (s - s_{0i})$$

$$a_n s^n + a_{n-1} s^{n-1} + ... + a_1 s + a_0 = a_n \prod_{i=1}^{n} (s - s_i),$$

wobei s_{0i} und s_i die Nullstellen des Zählerpolynoms bzw. des Nennerpolynoms von $G(s)$ darstellen, also aus den Gleichungen

$$b_q s^q + b_{q-1} s^{q-1} + ... + b_1 s + b_0 = 0 \tag{6.81}$$

$$a_n s^n + a_{n-1} s^{n-1} + ... + a_1 s + a_0 = 0 \tag{6.82}$$

berechnet werden.

s_{0i} heißen die *Nullstellen* und s_i die *Pole* der Übertragungsfunktion. Die für die Bestimmung der Pole verwendete Gleichung (6.82) heißt *charakteristische Gleichung* des Systems und das auf der linken Seite von (6.82) stehende Polynom *charakteristisches Polynom*. Pole und Nullstellen haben die Maßeinheit einer Frequenz, also beispielsweise $\frac{1}{\text{s}} = \text{Hz}$ oder $\frac{1}{\text{min}}$, je nach gewählter Maßeinheit für die Zeit.

Gleichung (6.82) ist offensichtlich dasselbe wie die charakteristische Gleichung (5.33) der Matrix $\boldsymbol{A}$. Folglich stimmen die Pole der Übertragungsfunktion mit den Eigenwerten der Matrix $\boldsymbol{A}$ des Zustandsraummodells (4.40) – bis auf später behandelte Ausnahmen – überein:

$$\lambda_i = s_i.$$

Stabile Systeme haben deshalb Pole mit negativen Realteilen.

Die Nullstellen stimmen mit den Koeffizienten μ_j derjenigen Terme $\mathrm{e}^{\mu_j t}$ der Eingangsgröße (5.108) auf S. 155 überein, die durch das System nicht übertragen werden und für die folglich die Bedingung (5.116) erfüllt ist.

Pol-Nullstellen-Form der Übertragungsfunktion. Unter Verwendung der Pole und Nullstellen kann die Übertragungsfunktion in der Form

$$G(s) = k \, \frac{\prod_{i=1}^{q} (s - s_{0i})}{\prod_{i=1}^{n} (s - s_i)} \tag{6.83}$$

dargestellt werden, wobei $k = \frac{b_q}{a_n}$ gilt. Man sagt, dass $G(s)$ in Gl. (6.83) in *Pol-Nullstellen-Form* geschrieben ist. Die Differenz $n - q$ zwischen der die Anzahl der Pole und der Anzahl der Nullstellen bezeichnet man als *Polüberschuss*.

Die Begriffe Pole und Nullstellen wurden gewählt, weil die Übertragungsfunktion für die komplexe Frequenzen $s = s_{0i}$ gleich null ist und für $s = s_i$ unendlich groß wird (vgl. Abb. 6.16). Da die Polynome, aus denen s_i und s_{0i} berechnet werden, reelle Koeffizienten haben, sind die Pole entweder reell oder treten als konjugiert komplexe Paare auf. Pole und Nullstellen werden im *Pol-Nullstellen-Bild* (PN-Bild) grafisch dargestellt, wobei Pole durch „x" und Nullstellen durch "○" gekennzeichnet werden (Abb. 6.18).

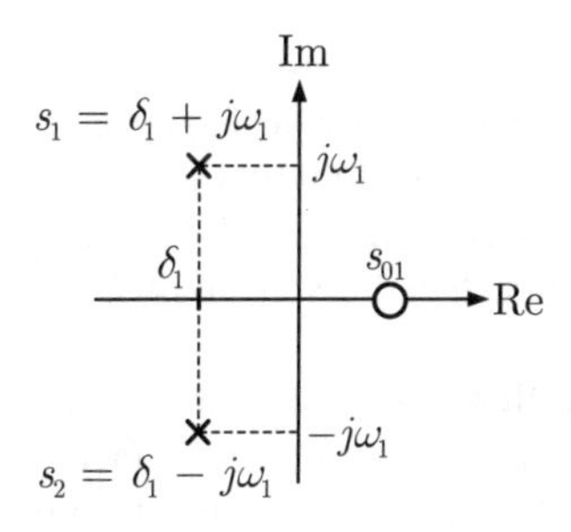

Abb. 6.18: Pol-Nullstellen-Bild einer Übertragungsfunktion

Kürzen der Übertragungsfunktion. Fallen Pole und Nullstellen der Übertragungsfunktion $G(s)$ zusammen, so kann der Quotient (6.83) gekürzt werden und erhält die einfachere Form

$$G(s) = k\,\frac{\prod_{i=1}^{q'}(s - s_{0i})}{\prod_{i=1}^{n'}(s - s_i)}, \tag{6.84}$$

in der weniger Linearfaktoren auftreten. Das Nennerpolynom hat dann einen kleineren Grad n' als in Gl. (6.83). Gleiches gilt für die charakteristische Gl. (6.82) und die Zahl der Pole s_i. Die Menge der Eigenwerte der Matrix $\boldsymbol{A}$ des Zustandsraummodells ist dann nicht mehr gleich, sondern eine Obermenge der Menge der Pole der Übertragungsfunktion $G(s)$.

Derartige Systeme sind dadurch gekennzeichnet, dass nicht alle kanonischen Zustandsvariablen $\tilde{x}_i(t)$ durch die Eingangsgröße $u(t)$ angeregt werden oder die Ausgangsgröße $y(t)$ beeinflussen. Sie erfüllen die Bedingung (5.100) auf S. 149 für diejenigen Indizes i, für die die Eigenwerte λ_i nicht in der kanonischen Darstellung (5.99) der Gewichtsfunktion bzw. nicht als Pole $\lambda_i = s_i$ in der Partialbruchzerlegung (6.68) und in der Pol-Nullstellen-Form (6.84) der Übertragungsfunktion vorkommen. Im Signalflussgrafen dieser Systeme in kanonischer Normalform gibt es also für eine oder mehrere kanonische Zustandsvariablen $\tilde{x}_i$ entweder keine Kante vom Knoten u zum Knoten $\frac{d\tilde{x}}{dt}$ oder von $\tilde{x}_i$ nach y (vgl. Kap. II–3). Bei den folgenden Betrachtungen wird davon ausgegangen, dass die Übertragungsfunktion gegebenenfalls gekürzt wurde, so dass Zähler und Nenner teilerfremd (koprim) sind. Nichtsdestotrotz wird stets mit den alten Bezeichnungen n und q für den Nenner- bzw. Zählergrad gearbeitet.

Interpretation der Pole. Die Pole und Nullstellen der Übertragungsfunktion sind wichtige Kenngrößen des Systemverhaltens. Beide Größen werden deshalb im Folgenden sowohl bei der Analyse der Regelstrecke und des geschlossenen Kreises als auch beim Reglerentwurf eine große Rolle spielen.

Die Interpretation der Pole s_i ist auf Grund der genannten Beziehung zu den Eigenwerten der Matrix $\boldsymbol{A}$ offensichtlich. Die Pole treten in den Modi $\mathrm{e}^{s_i t}$ auf. Die Eigenbewegung des Systems setzt sich aus e-Funktionen zusammen, in deren Exponenten die Pole vorkommen. Haben sämtliche Pole negativen Realteil, so klingt die Eigenbewegung ab; das System ist stabil (vgl. Kap. 8).

Betrachtet man die Übertragungsfunktion $G(s)$ in Gl. (6.83), so wird deutlich, dass das System Signale mit der Frequenz $s = s_i$ unendlich stark verstärkt, denn es gilt $|G(s_i)| = \infty$. Daraus entstehen die Spitzen nach „oben“ in Abb. 6.16.

Interpretation der Nullstellen. Auf das Vorkommen von Nullstellen s_{0i} wurde bereits bei den Zustandsraumbetrachtungen hingewiesen. Sie hießen dort μ_j und beschrieben Elementarfunktionen $\mathrm{e}^{\mu_j t}$ der Eingangsgröße $u(t)$, die nicht im stationären Verhalten vorkamen (vgl. Gl. (5.116)). In der Frequenzbereichsdarstellung sind die Nullstellen diejenigen Frequenzen $s = s_{0i}$, für die $|G(s_{0i})| = 0$ gilt. Das heißt, dass die Ausgangsgröße $Y(s)$ keine Komponente enthält, die die Frequenz s_{0i} besitzt.

Um diesen Sachverhalt genauer zu erläutern, wird ein stabiles System mit der Übertragungsfunktion $G(s)$ nach Gl. (6.83) betrachtet und mit der Eingangsgröße $u(t) = \mathrm{e}^{s_{0i}t}$ erregt. Zur Vereinfachung der Darstellung wird zunächst angenommen, dass die Nullstelle $s_{0i} = \delta_{0i}$ reell sei, so dass für die nicht durch das System übertragene Eingangsgröße

$$u(t) = \mathrm{e}^{s_{0i}t} = \mathrm{e}^{\delta_{0i}t}$$

gilt. Wegen $G(s_{0i}) = 0$ erhält man dafür aus Gl. (6.64)

$$y_\mathrm{s}(t) = 0 \qquad \text{für alle } \ t \geq 0.$$

Im Falle konjugiert komplexer Nullstellen s_{0i}, $s_{0i+1} = s_{0i}^*$ muss man beide Nullstellen in der Eingangsgröße berücksichtigen, um die reellwertige Funktion

$$\begin{aligned} u(t) &= \mathrm{e}^{s_{0i}t} + \mathrm{e}^{s_{0i}^*t} \\ &= 2\mathrm{e}^{\delta_{0i}t} \cos\omega t \\ &= 2\mathrm{e}^{\delta_{0i}t} \sin(\omega t + \frac{\pi}{2}) \end{aligned}$$

zu erhalten. Gleichung (6.64) führt dann ebenfalls auf das Ergebnis $y_\mathrm{s}(t) = 0$.

Für die angegebenen Erregungen erhält man die erzwungene Bewegung aus der Beziehung

$$Y(s) = G(s)U(s)$$

mit $U(s) = \frac{1}{s-s_{0i}}$. Da im Produkt $G(s)U(s)$ der Linearfaktor $(s - s_{0i})$ gekürzt werden kann, kommt er in der Ausgangsgröße $Y(s)$ nicht mehr vor. $Y(s)$ ist *nicht* identisch null, aber seine Partialbruchzerlegung enthält keinen Bruch mit dem Nenner $(s - s_{0i})$. Das heißt, dass es in der Ausgangsgröße $y(t)$ keinen Summanden der Form $k\mathrm{e}^{s_{0i}t}$ gibt. Folglich verschwindet die stationäre Lösung und die erzwungene Bewegung enthält nur das Übergangsverhalten

$$y_\mathrm{erzw}(t) = y_\mathrm{ü}(t),$$

was mit dem vorher abgeleiteten Ergebnis übereinstimmt.

Diese Überlegungen zeigen, dass eine Nullstelle s_{0i} die Übertragung eines Signales mit der Frequenz s_{0i} durch das System blockiert. Dies heißt nicht, dass sich das System gar nicht bewegt, aber die Frequenz s_{0i} kommt im Ausgangssignal nicht mehr vor.

Beispiel 6.4 *Nullstellen eines Feder-Masse-Dämpfer-Systems*

Als Beispiel wird das Feder-Masse-System in Abb. 6.19 betrachtet, dessen Übertragungsfunktion für die Federkonstanten c_0=1, c_1=0,75 und c_2=0,4, den Dämpfungskoeffizienten d=3 und die Massen m_0=1 und m_1=1 unter Vernachlässigung der Erdbeschleunigung

$$G(s) = \frac{s^3 + 1{,}45s + 0{,}099}{s^5 + 0{,}33s^4 + 2{,}55s^3 + 0{,}5115s^2 + 1{,}45s + 0{,}099}$$

ist. Das System hat die Nullstellen

$$\begin{aligned} s_{01,2} &= 0{,}0344 \pm j1{,}206 \\ s_{03} &= -0{,}06806. \end{aligned}$$

Wird das System mit der aus dem konjugiert komplexen Nullstellenpaar abgeleiteten Eingangsgröße

$$\begin{aligned} U(s) &= \frac{1}{(s - s_{01})(s - s_{02})} \\ &= \frac{1}{s^2 - 0{,}0688s + 1{,}4556} \quad \bullet\!\!-\!\!\circ \quad u(t) = \frac{1}{1{,}206} \mathrm{e}^{\,0{,}0344t} \sin 1{,}206\, t \end{aligned}$$

angeregt, so erhält man die in Abb. 6.20 (Mitte) gezeigte Ausgangsgröße $y(t)$. Offensichtlich gilt $y(t) \to 0$, obwohl das Eingangssignal eine aufklingende Sinusschwingung darstellt. Das System überträgt diese Schwingung nicht, da deren Frequenz mit den Nullstellen $s_{01,2}$ übereinstimmt.

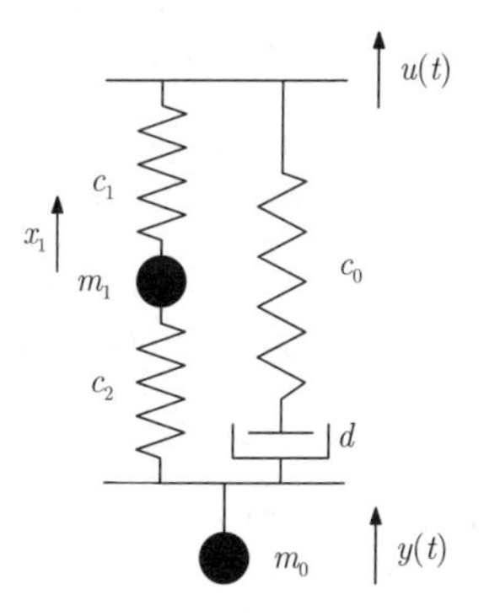

Abb. 6.19: Feder-Masse-System zur Interpretation von Nullstellen

Physikalisch ist diese Beobachtung dadurch begründet, dass sich die Masse m_1 so bewegt, dass die Summe der Kräfte auf die Masse m_0 verschwindet und der Dämpfer die

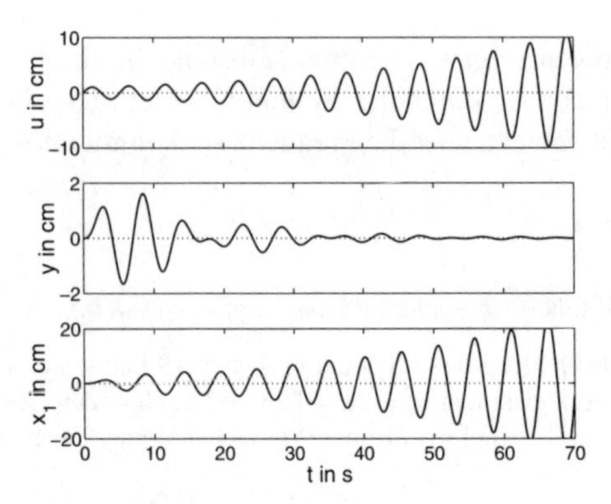

Abb. 6.20: Verhalten des Feder-Masse-Systems bei Erregung durch
$u(t) = \mathrm{e}^{0{,}0344t} \sin 1{,}206\, t$

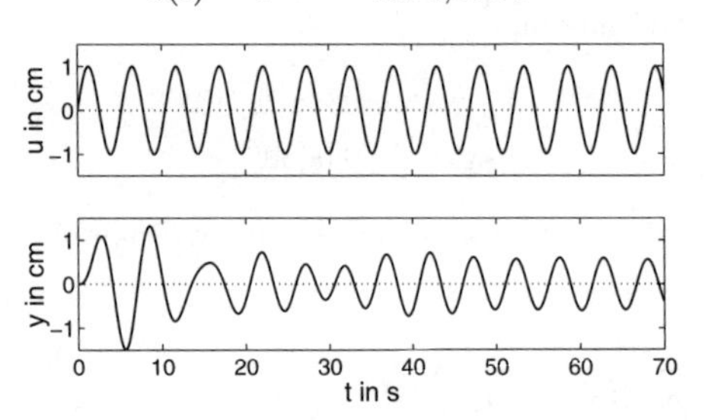

Abb. 6.21: Verhalten des Feder-Masse-Systems bei sinusförmiger Erregung
$u(t) = \sin 1{,}206\, t$

Masse zur Ruhe kommen lässt. Wie der untere Teil von Abb. 6.20 zeigt, wird die Masse m_1 in eine aufklingende Schwingung versetzt. Das lineare Modell gilt natürlich nur solange, wie die Massen die Federn nicht vollständig zusammendrücken.

Verändert man die Erregung nur geringfügig, so besitzt das System ein nicht verschwindendes Verhalten, wie es Abb. 6.21 für $u(t) = \sin 1{,}206\, t$ zeigt.

Diskussion. Das Beispiel zeigt, dass Nullstellen typischerweise dann auftreten, wenn sich zwei oder mehr „parallele" Ursache-Wirkungs-Ketten überlagern. Bei dem mechanischen System führen diese Wirkungswege von der Eingangsgröße über die beiden linken Federn und die Masse m_1 einerseits und über die rechte Feder und den Dämpfer andererseits. Die Nullstellen sind die Frequenzen, für die die Überlagerung beider Wirkungsketten verschwindet.

Im Allgemeinen können die zwei sich überlagernden Wirkungsketten durch die Übertragugsfunktionen $G_1(s)$ und $G_2(s)$ beschrieben werden, deren gemeinsame Wirkung durch $G_1(s) + G_2(s)$ dargestellt ist (vgl. Gl. (6.104) für die Parallelschaltung zweier Übertragungsglieder). Selbst wenn man sehr einfache Übertragungsfunktionen ohne Nullstellen wie z. B. $G_1(s) = \frac{1}{T_1 s+1}$ und $G_2(s) = \frac{1}{T_2 s+1}$ verwendet, hat die Überlagerung

$$G_1(s) + G_2(s) = \frac{(T_1 + T_2)s + 2}{(T_1 s + 1)(T_2 s + 1)}$$

eine oder mehrere Nullstellen, im Beispiel die Nullstelle $s_0 = \frac{-2}{T_1+T_2}$. □

Zeitkonstantenform der Übertragungsfunktion. Eine weitere geläufige Form von $G(s)$ erhält man durch Definition der *Zeitkonstanten* T_i:

$$T_i = \frac{1}{|s_i|}. \tag{6.85}$$

Für negative reelle Pole s_i ist T_i diejenige Zeit, in der der zugehörige Eigenvorgang $\mathrm{e}^{-\frac{t}{T_i}} = \mathrm{e}^{s_i t}$ auf den $\frac{1}{\mathrm{e}}$-ten Teil des Anfangswertes abgenommen hat (vgl. Gl. (5.154) auf S. 181), d. h., für $t = T_i$ gilt

$$\mathrm{e}^{-\frac{t}{T_i}} = \frac{1}{\mathrm{e}} = 0{,}368.$$

Zeitkonstanten werden i. Allg. nur für stabile Systeme verwendet, für die s_i negativen Realteil hat. Um Analogien zwischen stabilen und instabilen Systemen zeigen zu können, wird gelegentlich für instabile Systeme auch mit negativen Zeitkonstanten $T_i = \frac{1}{s_i}$ gearbeitet (s. S. 262). Die Definition (6.85) ist auf Nullstellen s_{0i} übertragbar:

$$T_{0i} = \frac{1}{|s_{0i}|}.$$

Für reelle Pole gilt

$$(s - s_i) = \frac{1}{T_i}\,(T_i s + 1).$$

Für konjugiert komplexe Pole s_i, s_{i+1} werden die beiden zugehörigen Linearfaktoren zu einem quadratischen Term zusammengefasst

$$(s - s_i)(s - s_{i+1}) = \frac{1}{T_i^2}(T_i^2 s^2 + 2d_i\,T_i\,s + 1),$$

wobei für $s_{i,i+1} = \delta_i \pm j\omega_i$ für T_i und d_i folgende Beziehungen gelten:

$$T_i = \frac{1}{|s_i|} = \frac{1}{\sqrt{\delta_i^2 + \omega_i^2}}$$

$$d_i = -\frac{\delta_i}{\sqrt{\delta_i^2 + \omega_i^2}}\,.$$

Damit kann $G(s)$ für negative reelle bzw. konjugiert komplexe Pole und Nullstellen mit negativen Realteilen auf die Form

$$G(s) = \frac{k}{s^r}\;\frac{(T_{0i}s + 1)\ldots(T_{0j}^2 s^2 + 2d_{0j}T_{0j}s + 1)}{(T_k s + 1)\ldots(T_l^2 s^2 + 2d_l T_l s + 1)} \tag{6.86}$$

gebracht werden, die als *Zeitkonstantenform* oder *Produktform* der Übertragungsfunktion bezeichnet wird. r gibt die Anzahl der verschwindenden Pole ($s_i = 0$) an.

Mit dieser Darstellung kann auch der im Abschn. 5.8.2 eingeführte Begriff der Summenzeitkonstante allgemeiner gefasst werden. Die Summenzeitkonstante als

Ausdruck der durch das System ausgeübten Verzögerung ist nur sinnvoll anwendbar, wenn alle Pole und Nullstellen reell sind und sich die Übertragungsfunktion in der Form

$$G(s) = k_{\rm s} \frac{\prod_{i=1}^{q} (T_{0i}s + 1)}{\prod_{i=1}^{n} (T_i s + 1)}$$

darstellen lässt. Man erhält dann in Erweiterung von Gl. (5.151)[5]

$$T_\Sigma = \sum_{i=1}^{n} T_i - \sum_{j=1}^{q} T_{0i}. \tag{6.87}$$

Aufgabe 6.9 *Pole und Nullstellen der Übertragungsfunktion*

Gegeben ist die Übertragungsfunktion

$$G(s) = \frac{2s+1}{s^2+4s+5}.$$

Berechnen Sie die Pole und Nullstellen der Übertragungsfunktion und schreiben Sie $G(s)$ in Pol-Nullstellen-Form und in Zeitkonstantenform. □

Aufgabe 6.10* *Beschreibung des Systemverhaltens durch Übertragungsfunktionen*

Ein System wird aus der Ruhelage $\boldsymbol{x}_0 = \boldsymbol{0}$ durch die Eingangsgröße $u(t) = \sin 2t$ erregt und erzeugt die in Abb. 6.22 (unten) angegebene Ausgangsgröße. Durch welche der folgenden Übertragungsfunktionen wird das System beschrieben?

$$G(s) = \frac{2s+1}{(s+1)(s+2)^2} \quad G(s) = \frac{4}{(s+1)^2} \quad G(s) = \frac{s^2+4}{(s+1)(s+2)(s+3)}$$

$$G(s) = \frac{4s+1}{s^2+2s+1} \quad G(s) = \frac{s^2-4}{(s+3)^2}\mathrm{e}^{-2s} \quad G(s) = \frac{25}{7s+1}$$

Begründen Sie Ihre Antwort und ermitteln Sie die Funktion $y(t)$. □

Aufgabe 6.11* *Übertragungsfunktion der Verladebrücke*

Für die in Abb. 5.5 auf S. 115 gezeigte Verladebrücke kann man durch Betrachtung der Kräftegleichgewichte mit dem Zustandsvektor

$$\boldsymbol{x}(t) = \begin{pmatrix} s_{\rm k}(t) \\ \dot{s}_{\rm k}(t) \\ \theta(t) \\ \dot{\theta}(t) \end{pmatrix}$$

[5] Besitzt das System einen Totzeitanteil (6.134), so erhöht sich die Summenzeitkonstante um die Totzeit $T_{\rm t}$.

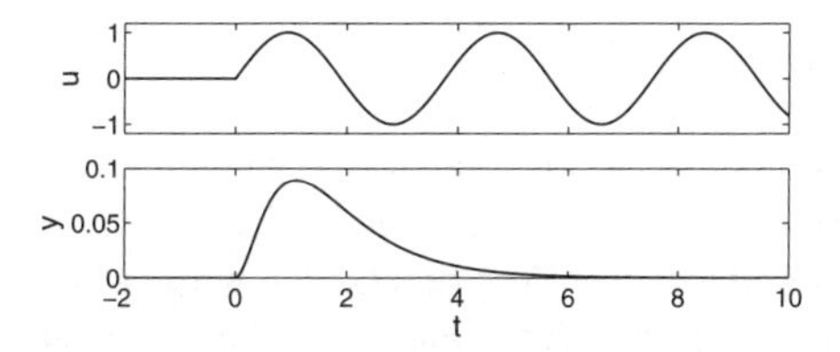

Abb. 6.22: Eingangsgröße und Ausgangsgröße des in Aufgabe 6.10 betrachteten Systems

folgendes linearisiertes Zustandsraummodell ableiten:

$$\dot{\boldsymbol{x}} = \begin{pmatrix} 0 & 1 & 0 & 0 \\ 0 & 0 & \frac{m_G g}{m_K} & 0 \\ 0 & 0 & 0 & 1 \\ 0 & 0 & -\frac{(m_K+m_G)g}{m_K l} & 0 \end{pmatrix} \boldsymbol{x}(t) + \begin{pmatrix} 0 \\ \frac{1}{m_K} \\ 0 \\ -\frac{1}{m_K l} \end{pmatrix} u(t). \tag{6.88}$$

$$y(t) = (1 \;\; 0 \;\; l \;\; 0)\, \boldsymbol{x}(t), \tag{6.89}$$

wobei m_G die Masse des Greifers, m_K die Masse der Laufkatze, l die Seillänge und g die Erdbeschleunigung bezeichnet. Die an der Laufkatze angreifende Kraft F ist die Eingangsgröße u, die seitliche Position des Greifers s die Ausgangsgröße y.

1. Berechnen Sie die Übertragungsfunktion der Verladebrücke.
2. Welche Pole und Nullstellen hat die Verladebrücke?
3. Berechnen Sie die Übertragungsfunktion, wenn anstelle der Position s des Greifers der Seilwinkel θ als Ausgangsgröße gemessen wird.
4. Vergleichen Sie beide Übertragungsfunktionen. Erklären Sie anhand des Signalflussgrafen, wodurch der prinzipielle Unterschied zwischen beiden Übertragungsfunktionen begründet ist. □

Aufgabe 6.12** *Nullstellen eines Parallelschwingkreises*

Betrachten Sie einen Parallelschwingkreis mit der Kapazität C und der Induktivität L, wobei die Spannung über dem Schwingkreis als Eingangsgröße und der Strom durch den Schwingkreis als Ausgangsgröße dient.

1. Ermitteln Sie die Übertragungsfunktion des Systems und berechnen Sie die Pole und Nullstellen in Abhängigkeit von L und C.
2. Interpretieren Sie die Nullstellen.
3. Um den Schwingkreis als „Sperrkreis“ einsetzen und die Wirkung von Nullstellen ausnutzen zu können, wird in Reihe zum Schwingkreis ein ohmscher Widerstand R eingefügt und die Spannung über dem Widerstand, die proportional zum Strom durch den Schwingkreis und folglich proportional zu der bisher betrachteten Ausgangsgröße ist, als neue Ausgangsgröße verwendet. Welche Nullstellen hat die neue Anordnung?
4. Interpretieren Sie das Ergebnis in Bezug auf die Realisierbarkeit von Nullstellen mit verschwindendem Realteil durch passive Schaltungen. □

6.5.5 Berechnung des Systemverhaltens

Mit Hilfe der Übertragungsfunktion kann das Verhalten des Systems im Frequenzbereich berechnet werden, womit ein zur Lösung der Differenzialgleichung bzw. des Zustandsraummodells alternativer Weg beschritten wird (Abb. 6.23).

Im ersten Schritt erfolgt die Zerlegung des gegebenen Eingangssignals $u(t)$ in Elementarsignale. Im zweiten Schritt wird berechnet, wie Amplitude und Phase dieser Elementarsignale durch das System mit einer bekannten Übertragungsfunktion verändert werden. Im dritten Schritt wird die Ausgangsgröße $y(t)$ durch Zusammenfügen aller Elementarsignale gebildet. Dieser Rechenweg ist im folgenden Algorithmus zusammengefasst:

Algorithmus 6.2 *Berechnung des Systemverhaltens mit Hilfe der Übertragungsfunktion (Abb. 6.23)*

Gegeben: Übertragungsfunktion $G(s)$, Eingangsgröße $u(t)$

1. Berechnung der Laplacetransformierten des Eingangssignals $u(t)$:

$$U(s) = \mathcal{L}\{u(t)\}.$$

2. Berechnung der Laplacetransformierten der Ausgangsgröße aus der Laplacetransformierten der Eingangsgröße und der Übertragungsfunktion:

$$Y(s) = G(s)\,U(s).$$

3. Bestimmung des Ausgangssignals $y(t)$ durch Laplacerücktransformation

$$y(t) = \mathcal{L}^{-1}\{Y(s)\}.$$

Ergebnis: Ausgangssignal $y(t)$

Die Berechnung des Systemverhaltens nach dem o.a. Algorithmus ist sehr einfach, weil sich die Ausgangsgröße im Frequenzbereich aus einer Multiplikation der Eingangsgröße mit der Übertragungsfunktion ergibt. Die Laplacetransformation der Eingangsgröße kann unter Verwendung der Korrespondenztabelle erfolgen und macht in der Regel keine Schwierigkeiten. Problematischer ist es mit der Rücktransformation der Ausgangsgröße, da diese i. Allg. als gebrochen rationale Funktion

$$Y(s) = \frac{d_r s^r + d_{r-1} s^{r-1} + ... + d_1 s + d_0}{c_s s^s + c_{s-1} s^{s-1} + ... + c_1 s + c_0} \tag{6.90}$$

vorliegt, in der d_i und c_i bekannte Koeffizienten sowie r und s den Zähler- bzw. Nennergrad der Polynome bezeichnen. Derartige gebrochen rationale Funktionen sind in dieser Form in Korrespondenztafeln nicht zu finden. Im Folgenden wird auf die Rücktransformation derartiger Funktionen eingegangen, weil dies für die praktische Anwendung des beschriebenen Rechenweges wichtig ist.

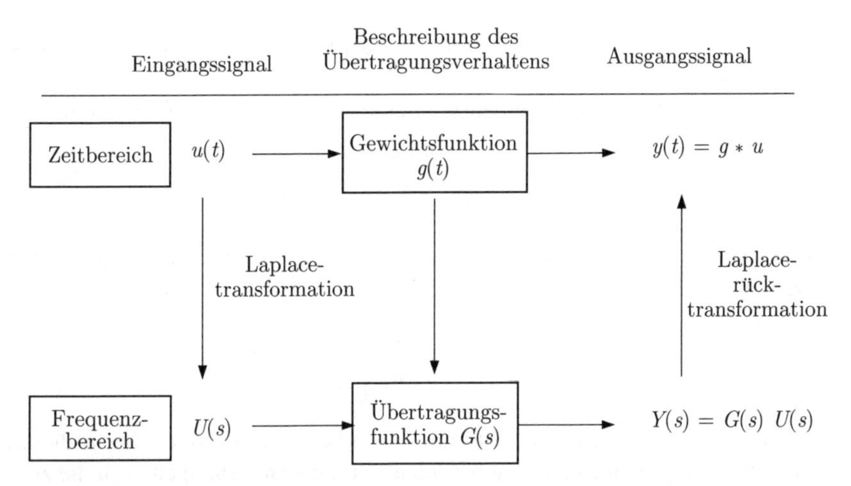

Abb. 6.23: Rechenschema für die Berechnung des Systemverhaltens mit Hilfe der Laplacetransformation

Laplacerücktransformation rationaler Funktionen. Als erstes wird die Laplace-transformierte $Y(s)$ in die Form

$$Y(s) = k\,\frac{d_r s^r + d_{r-1}s^{r-1} + ... + d_1 s + d_0}{\prod_{i=1}^{s}(s - s_i)} \tag{6.91}$$

mit $k = \frac{1}{c_s}$ überführt und anschließend in Partialbrüche zerlegt:

$$Y(s) = k_0 + \frac{k_1}{s - s_1} + \frac{k_2}{s - s_2} + ... + \frac{k_s}{s - s_s}. \tag{6.92}$$

Dabei bezeichnen s_i die Nullstellen des Nennerpolynoms von $Y(s)$, also die Pole von $Y(s)$. Im Folgenden wird zunächst angenommen, dass diese Pole einfach sind.

Um die Partialbruchzerlegung (6.92) auszuführen, sind zwei Schritte notwendig. Erstens sind die Nullstellen s_i des Nennerpolynoms zu bestimmen. Zweitens sind die Koeffizienten k_i zu berechnen. Dabei geht man folgendermaßen vor:

- *Bestimmung von* k_0. k_0 verschwindet für gebrochen rationale Funktionen $Y(s)$ mit $r < s$ und lässt sich für $r = s$ durch den Grenzübergang $s \to \infty$ berechnen, denn aus Gl. (6.92) folgt
$$k_0 = \lim_{s\to\infty} Y(s). \tag{6.93}$$
Für diesen Grenzübergang erhält man aus Gl. (6.90)
$$k_0 = \frac{d_s}{c_s}.$$
- *Bestimmung von* k_i *für einen einfachen Pol* s_i. Ist der Pol s_i eine reelle Nullstelle des Nennerpolynoms von $Y(s)$, so erhält man aus Gl. (6.92)

$$k_i = \lim_{s \to s_i} \left((s - s_i) \, Y(s) \right) \tag{6.94}$$

(Residuensatz der Funktionentheorie). In Gl. (6.91) eingesetzt, folgt daraus

$$k_i = k \, \frac{d_r s_i^r + d_{r-1} s_i^{r-1} + ... + d_1 s_i + d_0}{\prod_{j=1, j \neq i}^{s} (s_i - s_j)}.$$

- Sind zwei *Pole* s_i, s_{i+1} *konjugiert komplex*, so sind auch die entstehenden Koeffizienten k_i, k_{i+1} konjugiert komplex:

$$s_i = \delta_i + j\omega_i \ , \quad s_{i+1} = \delta_i - j\omega_i \tag{6.95}$$

$$k_i = \alpha_i + j\beta_i \ , \quad k_{i+1} = \alpha_i - j\beta_i. \tag{6.96}$$

k_i und k_{i+1} können entsprechend Gl. (6.94) bestimmt werden. Um in diesem Falle das Rechnen mit komplexen Zahlen zu umgehen, kann man auch die zu s_i und s_{i+1} gehörenden Partialbrüche zusammenfassen

$$\begin{aligned} \frac{k_i}{s - s_i} + \frac{k_{i+1}}{s - s_{i+1}} &= \frac{(\alpha_i + j\beta_i)(s - \delta_i + j\omega_i) + (\alpha_i - j\beta_i)(s - \delta_i - j\omega_i)}{(s - \delta_i - j\omega_i)(s - \delta_i + j\omega_i)} \\ &= \frac{2\alpha_i s - 2(\alpha_i \delta_i + \beta_i \omega_i)}{(s - \delta_i)^2 + \omega_i^2} \\ &= \frac{\bar{k}_{1i} s + \bar{k}_{0i}}{(s - \delta_i)^2 + \omega_i^2} \end{aligned}$$

und an Stelle der beiden Partialbrüche $\frac{k_i}{s - s_i}$ und $\frac{k_{i+1}}{s - s_{i+1}}$ mit komplexen Werten den reellwertigen Bruch

$$\frac{\bar{k}_{1i} s + \bar{k}_{0i}}{(s - \delta_i)^2 + \omega_i^2}$$

in die Zerlegung (6.92) einsetzen. Die reellen Koeffizienten $\bar{k}_{1i}$ und $\bar{k}_{0i}$ werden wieder mit Hilfe des Residuensatzes bestimmt:

$$\bar{k}_{1i} s_i + \bar{k}_{0i} = \lim_{s \to s_i} \left((s - s_i) \, (s - s_{i+1}) \, Y(s) \right).$$

Beide Seiten dieser Gleichung sind komplex. $\bar{k}_{1i}$ und $\bar{k}_{2i}$ erhält man aus einem Vergleich beider Real- bzw. Imaginärteile.

Die Summanden von $Y(s)$ in Gl. (6.92) können einzeln entsprechend der Korrespondenztabelle in den Zeitbereich transformiert werden. Für reelle $s_i = \delta_i$ und k_i gilt

$$\frac{k_i}{s - \delta_i} \quad \bullet\!\!-\!\!\circ \quad k_i \mathrm{e}^{\delta_i t}. \tag{6.97}$$

Konjugiert komplexe Paare $s_i, s_{i+1} = \delta_i \pm j\omega_i$ und $k_i, k_{i+1} = \alpha_i \pm j\beta_i$ können direkt über die Beziehung

$$\frac{\alpha_i + j\beta_i}{s - \delta_i - j\omega_i} + \frac{\alpha_i - j\beta_i}{s - \delta_i + j\omega_i} \quad \bullet\!\!-\!\!\circ \quad -2\sqrt{\alpha_i^2 + \beta_i^2}\, \mathrm{e}^{\delta_i t} \sin\left(\omega_i t - \arctan\frac{\alpha_i}{\beta_i}\right)$$

in den Zeitbereich transformiert werden. Partialbrüche der Form $\frac{\bar{k}_{1i}s+\bar{k}_{0i}}{(s-\delta_i)^2+\omega_i^2}$ müssen in Summen der Gestalt

$$\frac{\bar{k}_{1i}s + \bar{k}_{0i}}{(s - \delta_i)^2 + \omega_i^2} = \frac{\bar{k}_{1i}(s - \delta_i)}{(s - \delta_i)^2 + \omega_i^2} + \frac{\tilde{k}_{0i}\,\omega_i}{(s - \delta_i)^2 + \omega_i^2}$$

zerlegt werden. Dann können die Korrespondenzen

$$\frac{\bar{k}_{1i}(s - \delta_i)}{(s - \delta_i)^2 + \omega_i^2} \quad \bullet\!\!-\!\!\circ \quad \bar{k}_{1i}\, \mathrm{e}^{\delta_i t} \cos\omega_i t \tag{6.98}$$

$$\frac{\tilde{k}_{0i}\,\omega_i}{(s - \delta_i)^2 + \omega_i^2} \quad \bullet\!\!-\!\!\circ \quad \tilde{k}_{0i}\, \mathrm{e}^{\delta_i t} \sin\omega_i t \tag{6.99}$$

angewendet werden. Summanden mit reellen Polen führen also zu Teilvorgängen mit auf- oder abklingenden „reinen" e-Funktionen, während für konjugiert komplexe Pole ab- oder aufklingende harmonische Schwingungen entstehen.

- *Erweiterung auf Mehrfachpole.* Besitzt das Nennerpolynom von $Y(s)$ Nullstellen s_i mit der Vielfachheit $l_i > 1$, so hat die Partialbruchzerlegung (6.92) die Form

$$Y(s) = k_0 + \sum_{i=1}^{n'} \sum_{j=1}^{l_i} \frac{k_{ij}}{(s - s_i)^j}.$$

  Die Summe auf der rechten Seite umfasst weiterhin n Partialbrüche, aber die Zähler sind in Abhängigkeit von der Vielfachheit l_i anders aufgebaut. Da Pole mehrfach auftreten, erfolgt die linke Summation nur bis $n' < n$. Die Zähler k_{ij} der Partialbrüche erhält man für einen festen Index i aus der Gleichung

$$k_{ij} = \frac{1}{(l_i - j)!} \lim_{s \to s_i} \frac{d^{l_i - j}}{ds^{l_i - j}} (Y(s)(s - s_i)^{l_i}). \qquad (j = 1, ..., l_i) \tag{6.100}$$

Für die Rücktransformation der zu mehrfachen Polen gehörenden Partialbrüche erhält man aus dem Dämpfungssatz (6.53) und dem Satz über die Differenziation der Bildfunktion (6.56) die Beziehung

$$\sum_{j=1}^{l_i} \frac{k_{ij}}{(s - s_i)^j} \quad \bullet\!\!-\!\!\circ \quad \mathrm{e}^{s_i t} \sum_{j=1}^{l_i} k_{ij} \frac{t^{j-1}}{(j-1)!}.$$

Interpretation. Die Partialbruchzerlegung von $Y(s) = G(s)U(s)$ führt auf Summanden, in deren Nennern Linearfaktoren mit den Polen der Übertragungsfunktion $G(s)$ und der Eingangsgröße $U(s)$ stehen. Die Rücktransformation ergibt deshalb Summanden mit Exponentialfunktionen, in deren Exponenten die Pole von $G(s)$

und von $U(s)$ stehen. Die Darstellung von $y(t)$ hat deshalb die bereits in Gl. (5.110) auf S. 156 gezeigte Form. Die Summanden mit den Polen von $G(s)$ stellen das Übergangsverhalten $y_{\ddot{u}i}$ und die Summanden mit den Polen von $U(s)$ das stationäre Verhalten $y_{\rm s}$ dar. Bei Mehrfachpolen treten Ausdrücke auf, in denen die Exponentialfunktionen mit t^k multipliziert werden.

Beispiel 6.5 *Berechnung der Ausgangsgröße eines PT$_1$-Gliedes mit Hilfe der Laplacetransformation*

Es ist die Ausgangsgröße des PT$_1$-Gliedes

$$\dot{x} = -\frac{1}{T}x + \frac{1}{T}u, \quad x(0) = 0 \tag{6.101}$$

$$y = k_{\rm s}x \tag{6.102}$$

bei rampenförmiger Erregung $u(t) = kt$ zu ermitteln. Entsprechend dem Algorithmus 6.2 wird in drei Schritten vorgegangen.

1. **Transformation der Zeitfunktionen in den Frequenzbereich:** Für die Eingangsgröße erhält man mit Hilfe der Korrespondenztabelle

$$u(t) \circ\!\!-\!\!\bullet \frac{k}{s^2}.$$

Die Übertragungsfunktion des PT$_1$-Gliedes ermittelt man entsprechend Gl. (6.72):

$$G(s) = k_{\rm s}\left(s + \frac{1}{T}\right)^{-1}\frac{1}{T} = \frac{k_{\rm s}}{Ts+1}.$$

2. **Berechnung der Laplacetransformierten $Y(s)$:** Es gilt

$$Y(s) = G(s)\,U(s) = \frac{k_{\rm s}k}{s^2(Ts+1)}.$$

3. **Rücktransformation:** Die Pole von $Y(s)$ sind $s_1 = 0$ (zweifacher Pol, $l_1 = 2$) und $s_2 = -\frac{1}{T}$ (einfacher Pol). Die Partialbruchzerlegung führt folglich auf

$$Y(s) = k_0 + \frac{k_{11}}{s} + \frac{k_{12}}{s^2} + \frac{k_2}{(s+\frac{1}{T})}.$$

Mit Hilfe von Gl. (6.93) erhält man

$$k_0 = 0.$$

Der Koeffizient k_2 für den einfachen Pol folgt aus Gl. (6.94)

$$k_2 = \lim_{s \to -\frac{1}{T}} \left(s + \frac{1}{T}\right)\frac{k_{\rm s}k}{s^2(Ts+1)} = \lim_{s \to -\frac{1}{T}} \frac{k_{\rm s}k}{Ts^2} = k_{\rm s}kT.$$

Für den Mehrfachpol wird Gl. (6.100) angewendet:

$$\begin{aligned} k_{11} &= \frac{1}{(2-1)!} \lim_{s\to 0} \frac{d}{ds}\left(\frac{k_\mathrm{s}k}{s^2(Ts+1)}s^2\right) \\ &= \lim_{s\to 0} \frac{d}{ds}\left(\frac{k_\mathrm{s}k}{Ts+1}\right) = \lim_{s\to 0} \frac{-k_\mathrm{s}kT}{(Ts+1)^2} \\ &= -k_\mathrm{s}kT, \end{aligned}$$

$$k_{12} = \frac{1}{0!} \lim_{s\to 0} \frac{k_\mathrm{s}k}{s^2(Ts+1)} s^2 = k_\mathrm{s}k.$$

Als Partialbruchzerlegung ergibt sich folglich

$$Y(s) = -\frac{k_\mathrm{s}kT}{s} + \frac{k_\mathrm{s}k}{s^2} + \frac{k_\mathrm{s}kT}{s+\frac{1}{T}}.$$

Mit Hilfe der Korrespondenztabelle und dem Überlagerungssatz der Laplacetransformation erhält man für $y(t)$

$$\begin{aligned} y(t) &= -k_\mathrm{s}kT + k_\mathrm{s}kt + k_\mathrm{s}kT\mathrm{e}^{-\frac{t}{T}} \\ &= k_\mathrm{s}kT(\mathrm{e}^{-\frac{t}{T}} - 1) + k_\mathrm{s}kt. \end{aligned}$$

Das System folgt der Rampenfunktion $k_\mathrm{s}kt$ mit der durch den ersten Summanden beschriebenen Verzögerung.

Bei der Zerlegung von $y(t)$ in das stationäre Verhalten und das Übergangsverhalten muss man beachten, dass die Eingangsgröße

$$u(t) = kt = u_1\mathrm{e}^{0t} + u_2t\mathrm{e}^{0t} \quad \text{mit } u_1 = 0,\ u_2 = k$$

nicht als eine Summe der Form (5.108) dargestellt werden kann, sondern auch einen Term der Form $t\mathrm{e}^{\mu t}$ enthält. Deshalb gehört der Summand $-k_\mathrm{s}kT$ zum stationären Verhalten und es gilt

$$\begin{aligned} y_\mathrm{ü}(t) &= k_\mathrm{s}kT\,\mathrm{e}^{-\frac{t}{T}} \\ y_\mathrm{s}(t) &= k_\mathrm{s}kt\,\mathrm{e}^{0t} - k_\mathrm{s}kT\,\mathrm{e}^{0t}. \end{aligned}$$

Der im Übergangsverhalten auftretende Exponent ist gleich dem Pol des betrachteten Systems erster Ordnung. Er steht im Nenner des dritten Summanden der Partialbruchzerlegung. Das stationäre Verhalten hat zwei Summanden mit verschwindenden Exponenten der e-Funktion. Beide Summanden stammen aus der Eingangsgröße. Die Exponenten stehen in den Nennern der beiden ersten Summanden der Partialbruchzerlegung. □

Aufgabe 6.13 *Rücktransformation einer gebrochen rationalen Bildfunktion*

Gegeben ist die Laplacetransformierte

$$Y(s) = \frac{2s+1}{(s+1+j1)(s+1-j1)(s+4)}.$$

Bestimmen Sie die dazugehörige Funktion $y(t)$ ○—● $Y(s)$.□

Aufgabe 6.14 *Lösung einer Differenzialgleichung mit Hilfe der Laplacetransformation*

Gegeben ist die Differenzialgleichung eines ungestörten Systems

$$\ddot{y} + a_1\dot{y} + a_0 y(t) = 0, \qquad \dot{y}(-0) = \dot{y}_0, \quad y(-0) = y_0.$$

Berechnen Sie unter Verwendung der Laplacetransformation die Eigenbewegung $y(t)$ in Abhängigkeit von den Anfangsbedingungen $\dot{y}_0$ und y_0, wobei Sie der Einfachheit halber das System für den Fall untersuchen, dass die Eigenwerte reell sind. □

Aufgabe 6.15 *Übergangsfunktion und Gewichtsfunktion eines PT$_2$-Gliedes*

Berechnen Sie die Übergangsfunktion und die Gewichtsfunktion des PT$_2$-Gliedes

$$G(s) = \frac{1}{(s+1)(s+3)}$$

und skizzieren Sie die Verläufe beider Funktionen. Welche Rechenschritte ändern sich, wenn Sie anstelle des PT$_2$-Gliedes das IT$_1$-Glied

$$G(s) = \frac{1}{s(s+3)}$$

betrachten? □

Aufgabe 6.16* *Berechnung der Übergangsmatrix mit Hilfe der Laplacetransformation*

1. Die Übergangsmatrix $\boldsymbol{\Phi}(t)$ erfüllt die Differenzialgleichung (5.83). Beweisen Sie, dass daraus die Beziehung
$$\boldsymbol{\Phi}(s) = (s\mathbf{I} - \boldsymbol{A})^{-1} \qquad (6.103)$$
folgt und $\boldsymbol{\Phi}(t)$ durch Rücktransformation der rechten Seite dieser Gleichung berechnet werden kann.
2. Ermitteln Sie auf diesem Rechenweg die Übergangsmatrizen zu
$$\boldsymbol{A} = \begin{pmatrix} 0 & 1 \\ 0 & -1 \end{pmatrix} \quad \boldsymbol{A} = \begin{pmatrix} \lambda_1 & 0 \\ 0 & \lambda_2 \end{pmatrix}$$
$$\boldsymbol{A} = \begin{pmatrix} \lambda & 1 \\ 0 & \lambda \end{pmatrix} \quad \boldsymbol{A} = \begin{pmatrix} \delta & \omega \\ -\omega & \delta \end{pmatrix}. \square$$

Aufgabe 6.17** *Stationäres Verhalten und Übergangsverhalten*

Beweisen Sie mit Hilfe einer Betrachtung im Frequenzbereich, dass sich die Ausgangsgröße eines Systems bei Verwendung der in Gl. (5.108) angegebenen Art von Eingangsgrößen in der Form (5.110) darstellen lässt. Stimmen die Nullstellen s_{0i} des Systems mit denjenigen Exponenten μ_j überein, die durch das System nicht übertragen werden? □

6.5.6 Übertragungsfunktion gekoppelter Systeme

Die Übertragungsfunktion eignet sich sehr gut für die Berechnung von Systemen, die aus mehreren Teilsystemen zusammengesetzt sind. Die Übertragungsfunktion des Gesamtsystems kann dann sehr einfach aus den Übertragungsfunktionen der Teilsysteme gebildet werden. Dabei spielen im Wesentlichen drei Formen der Zusammenschaltung eine Rolle, die hier für jeweils zwei Teilsysteme

$$\begin{aligned} Y_1(s) &= G_1(s)\,U_1(s) \\ Y_2(s) &= G_2(s)\,U_2(s) \end{aligned}$$

untersucht werden.

Reihenschaltung. Bei der in Abb. 6.24 gezeigten Reihenschaltung wirkt die Ausgangsgröße des ersten Übertragungsgliedes als Eingangsgröße des zweiten Übertragungsgliedes. Bekannt sind die beiden Übertragungsfunktionen $G_1(s)$ und $G_2(s)$, gesucht ist die Übertragungsfunktion $G(s)$ der Reihenschaltung.

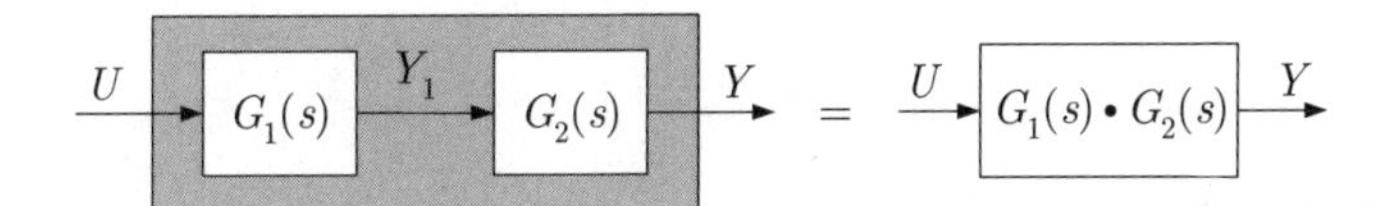

Abb. 6.24: Reihenschaltung zweier Übertragungsglieder

Für die Reihenschaltung gilt

$$\begin{aligned} Y(s) &= Y_2(s) \\ U_2(s) &= Y_1(s) \\ U_1(s) &= U(s). \end{aligned}$$

Aus diesen Gleichungen entsteht

$$Y(s) = G_2(s)\,G_1(s)\,U(s),$$

woraus sich für die Übertragungsfunktion $G(s)$ der Reihenschaltung

$$\boxed{\text{Reihenschaltung:} \qquad G(s) = G_2(s)\,G_1(s)}$$

ergibt. Wären an Stelle der Übertragungsfunktionen die Gewichtsfunktionen

$$g_1(t) \circ\!\!-\!\!\bullet\; G_1(s) \text{ und } g_2(t) \circ\!\!-\!\!\bullet\; G_2(s)$$

bekannt gewesen, so würde sich die Gewichtsfunktion der Reihenschaltung entsprechend

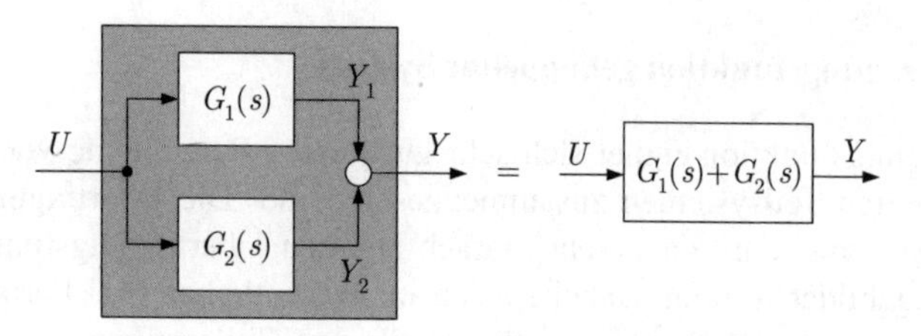

Abb. 6.25: Parallelschaltung zweier Übertragungsglieder

$$g = g_2 * g_1$$

aus den Gewichtsfunktionen der Teilsysteme zusammensetzen (vgl. Faltungssatz der Laplacetransformation).

Parallelschaltung. Bei der Parallelschaltung wirkt die Eingangsgröße auf beide Übertragungsglieder und die Ausgangsgrößen summieren sich (Abb. 6.25):

$$\begin{aligned} Y(s) &= Y_1(s) + Y_2(s) \\ U_1(s) &= U_2(s) = U(s). \end{aligned}$$

Daraus erhält man

$$Y(s) = G(s)\, U(s)$$

mit

$$\boxed{\text{Parallelschaltung:} \qquad G(s) = G_1(s) + G_2(s)} \tag{6.104}$$

und als Analogon im Zeitbereich

$$g(t) = g_1(t) + g_2(t).$$

Rückkopplungsschaltung. Bei der in Abb. 6.26 gezeigten Rückkopplungsschaltung wird die Ausgangsgröße des Übertragungsgliedes mit der Übertragungsfunktion $G_1(s)$ mit negativem Vorzeichen zur Eingangsgröße $U(s)$ addiert:

$$\begin{aligned} Y(s) &= Y_1(s) \\ U_1(s) &= U(s) - Y_2(s). \end{aligned}$$

Folglich gilt

$$Y(s) = G_1(s)\, U(s) - G_1(s)\, G_2(s)\, Y(s). \tag{6.105}$$

Daraus erhält man

$$Y(s) = \frac{G_1(s)}{1 + G_1(s) G_2(s)}\, U(s) = G(s) U(s)$$

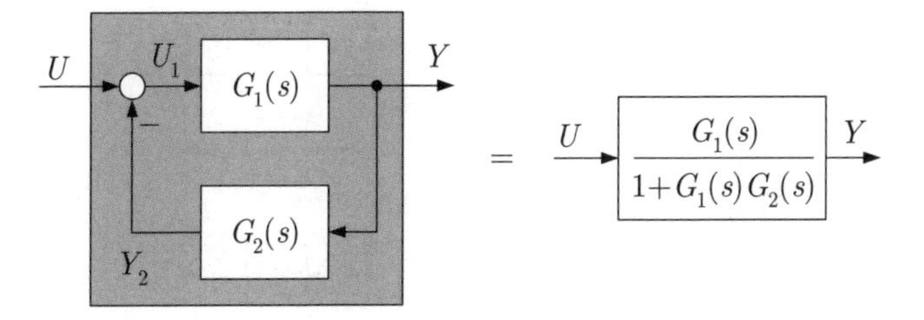

Abb. 6.26: Rückkopplungsschaltung zweier Übertragungsglieder

mit

$$\text{Rückkopplungsschaltung:} \qquad G(s) = \frac{G_1(s)}{1 + G_1(s)G_2(s)}.$$

Im Zeitbereich erhält man an Stelle von Gl. (6.105)

$$y = g_1 * u - g_1 * g_2 * y \tag{6.106}$$

und

$$y + g_1 * g_2 * y = g_1 * u.$$

Diese Gleichung kann nicht weiter umgeformt werden, weil dafür die inverse Operation der Faltung $*$ gebraucht würde. Deshalb erhält man für die Gewichtsfunktion $g(t)$, mit der die Rückkopplungsschaltung in der Form

$$y = g * u$$

dargestellt ist, aus Gl. (6.106) nur die implizite Darstellung

$$g = g_1 - g_1 * g_2 * g.$$

Diese Darstellung ist nicht sehr anschaulich. Für $u(t) = \delta(t)$ erhält man in Gl. (6.106) jedoch, wie gefordert, $y(t) = g(t)$.

Umformregeln für Blockschaltbilder. Die angegebenen Beziehungen kann man auch als Umformregeln für Blockschaltbilder auffassen, wie es in den Abbildungen bereits angedeutet ist. Weitere Umformregeln sind in Abb. 6.27 angegeben. Sie betreffen das Vertauschen von Blöcken, die in Reihe angeordnet sind sowie das „Hinüberziehen" von Blöcken über Mischstellen und Verzweigungspunkte.

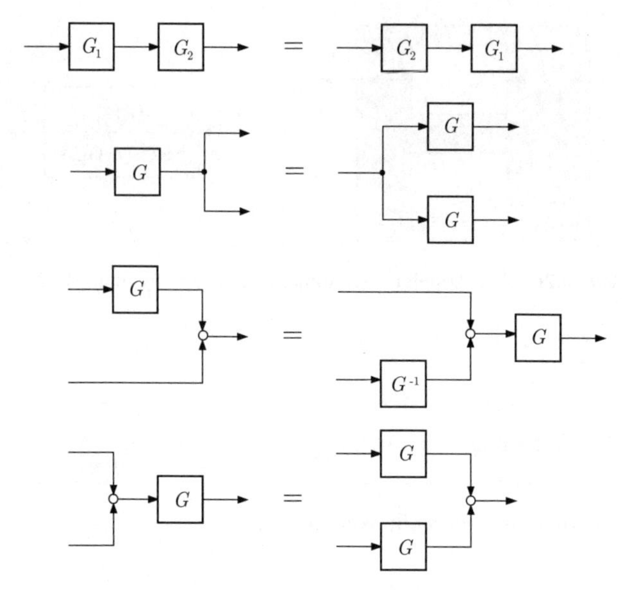

Abb. 6.27: Regeln für das Umformen von Blockschaltbildern

Aufgabe 6.18 *Umformung eines Blockschaltbildes*

In Abb. 6.28 ist das Blockschaltbild eines Regelkreises gezeigt, in dem G_{D}, G_{M}, G_{S}, G_{Y} und G_{R} die Übertragungsfunktionen der Störeinwirkung auf den Streckenausgang, des

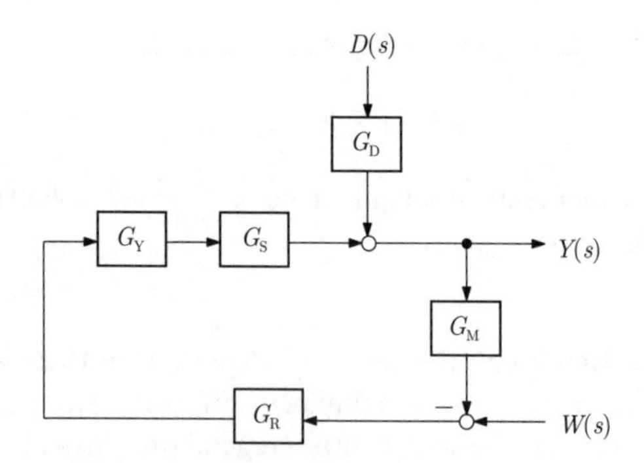

Abb. 6.28: Blockschaltbild eines Regelkreises

Messgliedes, der Regelstrecke, des Stellgliedes bzw. des Reglers darstellen. Formen Sie das Bild so um, dass es nur noch zwei Blöcke mit d bzw. w als Eingangsgrößen und y als Ausgangsgröße enthält. Welche Übertragungsfunktionen $G_{\mathrm{d}}(s)$ und $G_{\mathrm{w}}(s)$ erhält man für das Stör- bzw. Führungsverhalten, wenn G_{d} und G_{w} durch $G_{\mathrm{d}}(s) = \frac{Y(s)}{D(s)}$ und $G_{\mathrm{w}}(s) = \frac{Y(s)}{W(s)}$ definiert sind? □

Aufgabe 6.19 *Analyse zweier Blockschaltbilder*

Bestimmen Sie die Übertragungsfunktionen der beiden in Abb. 12.7 auf S. 483 gezeigten Blockschaltbilder. Sie sie, wie in der Bildunterschrift behauptet wird, gleich? □

Aufgabe 6.20* *Frequenzgang einer Operationsverstärkerschaltung*

Für die Operationsverstärkerschaltung in Abb. 6.29 soll der Frequenzgang $G(j\omega) = \frac{U_\mathrm{a}(j\omega)}{U_\mathrm{e}(j\omega)}$ berechnet werden. Es wird angenommen, dass der Operationsverstärker als statisches Übertragungsglied mit unendlich großer Verstärkung beschrieben werden kann

$$G_{OV}(j\omega) = \frac{U_\mathrm{a}(j\omega)}{U_\mathrm{D}(j\omega)} = k \longrightarrow \infty$$

und einen unendlich großen Eingangswiderstand besitzt, so dass die Differenzspannung zwischen dem positiven und dem negativen Eingang des Operationsverstärkers verschwindet: $U_\mathrm{D} \to 0$. Operationsverstärker werden häufig als invertierende Verstärker betrieben und durch komplexe Impedanzen Z_1 und Z_2 beschaltet, die wahlweise durch ohmsche Widerstände, Kapazitäten oder Induktivitäten ersetzt werden können.

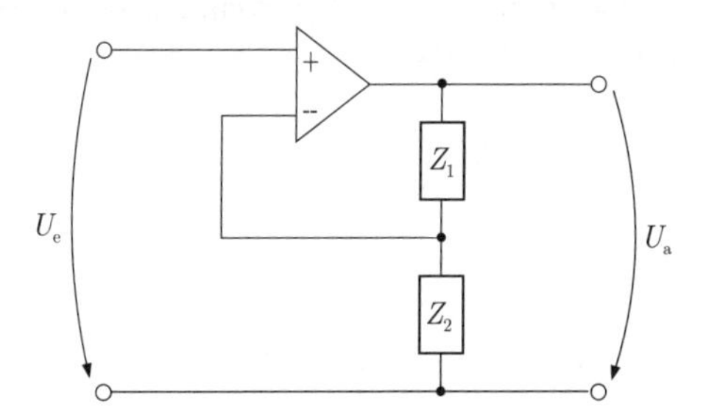

Abb. 6.29: Operationsverstärker mit Beschaltung

1. Warum kann die Schaltung aus Abb. 6.29 als Rückkopplungsanordnung entsprechend Abb. 6.30 interpretiert werden? Begründen Sie die Existenz der Rückkopplung.

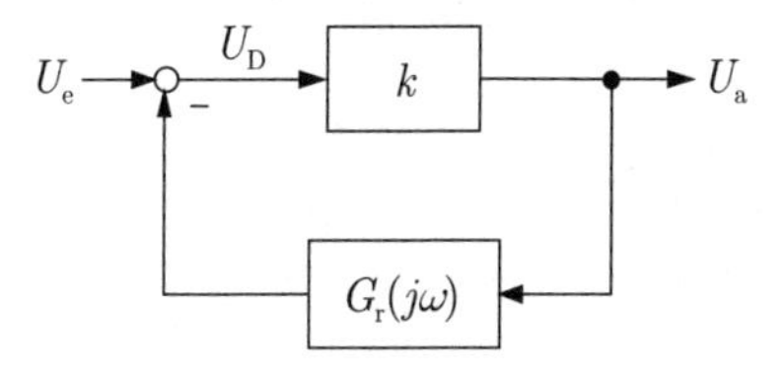

Abb. 6.30: Interpretation der Operationsverstärkerschaltung

2. Stellen Sie $G_\mathrm{r}(j\omega)$ in Abhängigkeit von Z_1 und Z_2 dar. Welchen Charakter hat $G_\mathrm{r}(j\omega)$?

3. Berechnen Sie den Frequenzgang $G(j\omega)$ der Schaltung unter der Annahme $k \to \infty$.
4. Wie verändert sich $G_r(j\omega)$ und $G(j\omega)$, wenn für Z_1 und Z_2 ohmsche Widerstände R_1 und R_2 bzw. abwechselnd Kapazitäten C_1 und C_2 eingesetzt werden? □

6.6 Beziehungen zwischen den Kennfunktionen im Zeitbereich und im Frequenzbereich

Im Folgenden werden Beziehungen zwischen der Übergangsfunktion und der Gewichtsfunktion einerseits sowie dem Frequenzgang und der Übertragungsfunktion andererseits hergestellt.

Aus Gl. (6.67) ist bereits bekannt, dass die Übertragungsfunktion die Laplacetransformierte der Gewichtsfunktion darstellt:

$$G(s) \bullet\!\!-\!\!\circ\; g(t). \tag{6.107}$$

Da die Übergangsfunktion entsprechend Gl. (5.102) durch Integration aus der Gewichtsfunktion hervorgeht, erhält man unter Verwendung des Integrationssatzes (6.55) der Laplacetransformation die Beziehung

$$h(t) \circ\!\!-\!\!\bullet\; \frac{1}{s}\, G(s).$$

Die statische Verstärkung $k_s = h(\infty)$ kann man nun mit dem Grenzwertsatz (6.59) ermitteln:

$$k_s = \lim_{t\to\infty} h(t) = \lim_{s\to 0} \left(s\,\frac{1}{s}\, G(s) \right) = G(0).$$

In der grafischen Darstellung entspricht k_s dem Anfangswert des Frequenzganges bzw. dem Wert, dem sich die Übergangsfunktion für große Zeit asymptotisch nähert (Abb. 6.31). Für den Anfangswert $h(+0)$ der Übergangsfunktion bzw. den Endwert des Frequenzganges gilt entsprechend dem Grenzwertsatz (6.58)

$$h(+0) = \lim_{t\to +0} h(t) = \lim_{|s|\to\infty} s\,\frac{1}{s}\, G(s) = G(\infty) = \begin{cases} 0 & \text{für } q < n \\ \frac{b_n}{a_n} = d & \text{für } q = n. \end{cases}$$

Für sprungfähige Systeme gilt $h(+0) \neq 0$. Die Ortskurve derartiger Systeme endet für große Frequenzen also nicht im Ursprung der komplexen Ebene, sondern auf der reellen Achse im Punkt $h(+0)$ (Abb. 6.31).

Aufgabe 6.21 *Sprungfähige Systeme im Zeit- und Frequenzbereich*

Berechnen Sie $h(+0)$ über die Laplacetransformation des Zustandsraummodells (4.40). □

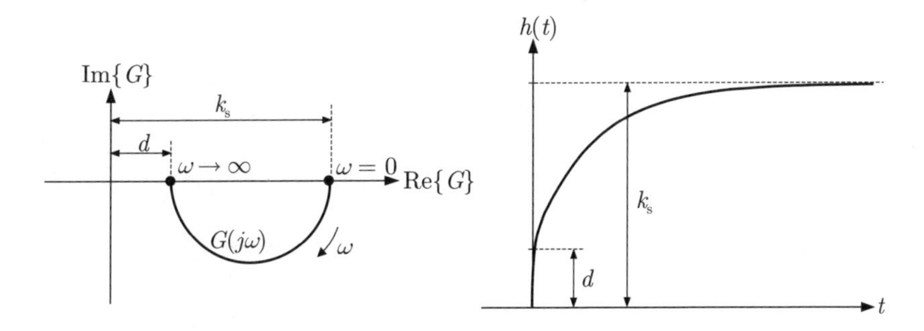

Abb. 6.31: Zusammenhang zwischen Frequenzgang $G(j\omega)$ und Übergangsfunktion $h(t)$

6.7 Eigenschaften wichtiger Übertragungsglieder im Frequenzbereich

Für die im Abschn. 5.7 eingeführten einfachen Übertragungsglieder werden im Folgenden die Übertragungsfunktion und der Frequenzgang angegeben. Dabei kann die früher eingeführte Klassifikation verfeinert werden.

6.7.1 Proportionalglieder

Verzögerungsglied erster Ordnung (PT$_1$-Glied). Für das Verzögerungsglied erster Ordnung erhält man aus dem Zustandsraummodell die Übertragungsfunktion

$$G(s) = \frac{k_s}{Ts + 1} \tag{6.108}$$

und den Frequenzgang

$$G(j\omega) = \frac{k_s}{j\omega T + 1}. \tag{6.109}$$

Der Amplitudengang $|G(j\omega)|$ und der Phasengang $\arg G(j\omega)$ sind durch

$$|G(j\omega)| = |k_s| \frac{1}{\sqrt{\omega^2 T^2 + 1}}$$

und

$$\phi(j\omega) = \arg G(j\omega) = -\arctan \omega T$$

gegeben. Abbildung 6.32 zeigt ihre grafische Darstellung im Bodediagramm sowie die Ortskurve von $G(j\omega)$.

Für den Amplitudengang gibt es eine einfache Approximation durch zwei Geraden. Umgerechnet in Dezibel erhält man für $G(j\omega)$

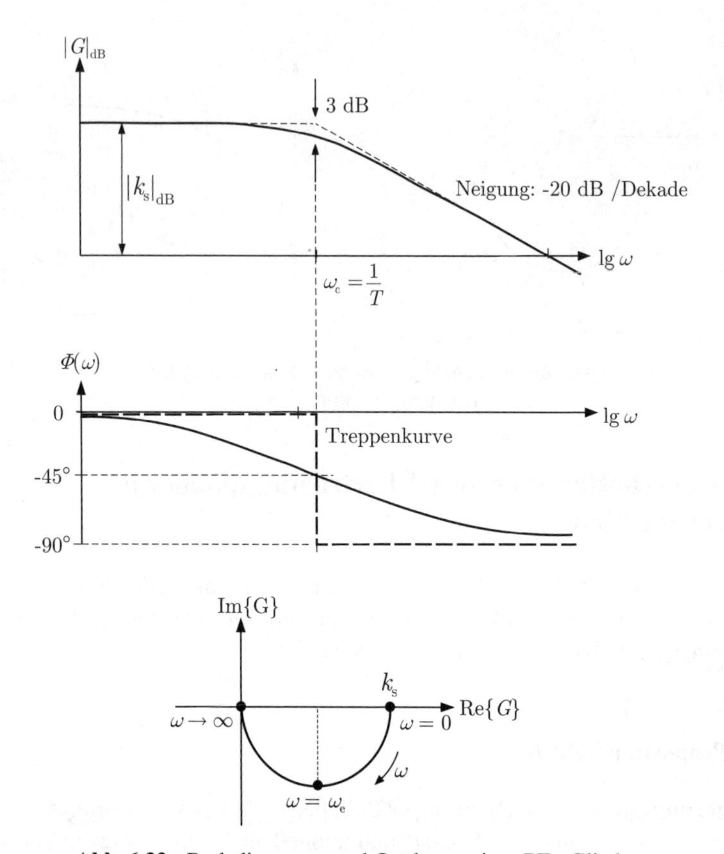

Abb. 6.32: Bodediagramm und Ortskurve eines PT_1-Gliedes

$$\begin{aligned}
|G(j\omega)|_{\mathrm{dB}} &= 20\lg\left(|k_{\mathrm{s}}|\frac{1}{\sqrt{\omega^2T^2+1}}\right) \\
&= 20\lg|k_{\mathrm{s}}| - 20\lg\sqrt{\omega^2T^2+1} \\
&= 20\lg|k_{\mathrm{s}}| - 20\lg\sqrt{\left(\frac{\omega}{\omega_{\mathrm{e}}}\right)^2+1},
\end{aligned}$$

wobei $\omega_{\mathrm{e}} = \frac{1}{T}$ verwendet wurde. Für den Phasengang gilt

$$\phi(j\omega) = \arg G(j\omega) = -\arctan\frac{\omega}{\omega_{\mathrm{e}}}.$$

Aus diesen Beziehungen ergeben sich folgende Näherungen. Für $\frac{\omega}{\omega_{\mathrm{e}}} \ll 1$ ist der Amplitudengang nahezu konstant

$$|G(j\omega)|_{\mathrm{dB}} \approx 20\lg|k_{\mathrm{s}}| = |k_s|_{\mathrm{dB}}$$

und die Phase gleich null

$$\phi(j\omega) \approx 0.$$

Für $\frac{\omega}{\omega_e} \gg 1$ fällt der Amplitudengang linear mit 20 dB/Dekade

$$|G(j\omega)|_{\mathrm{dB}} \approx 20 \lg |k_s| - 20 \lg \frac{\omega}{\omega_e},$$

d. h., bei einer Erhöhung der Frequenz ω auf das Zehnfache vermindert sich die Amplitude um 20 dB. Für die Phase gilt

$$\phi(j\omega) \approx -90^o.$$

Beide Approximationen sind in Abb. 6.32 mit gestrichelten Linien eingetragen. Während die Annäherung des Phasenganges durch eine Treppenkurve in der Umgebung der Frequenz ω_e sehr grob ist, ist die Approximation des Amplitudenganges sehr gut. Die beiden Asymptoten schneiden sich bei der Frequenz ω_e, die deshalb als *Knickfrequenz* bezeichnet wird. Der exakte Verlauf des Amplitudenganges hat bei $\omega = \omega_e$ die größte Abweichung von der Geradenapproximation. Diese Abweichung beträgt jedoch nur 3 dB.

Bezogen auf das Zustandsraummodell (5.122) des PT_1-Gliedes liegt die Knickfrequenz gerade beim Betrag des vor x stehenden Parameters $-\frac{1}{T}$, der bei diesem System erster Ordnung die Systemmatrix $\boldsymbol{A}$ ersetzt und damit auch den einzigen Eigenwert des PT_1-Gliedes darstellt.

Die Ortskurve des PT_1-Frequenzganges ist ein Halbkreis, der für $\omega = 0$ beim reellen Wert k_s beginnt und für $\omega \to \infty$ im Ursprung der komplexen Ebene endet.

Der Begriff PT_1-Glied wird i. Allg. für ein *stabiles* System erster Ordnung gebraucht. In der Übertragungsfunktion (6.108) tritt deshalb eine positive Zeitkonstante T und folglich ein negativer Pol $s_1 = -\frac{1}{T}$ auf. Dennoch gilt alles daraus abgeleitete auch für instabile Systeme mit negativem T. Dabei bleibt der Amplitudengang unverändert, denn T geht nur quadratisch in $|G(j\omega)|$ ein. Die Phase erhält ein positives Vorzeichen, wodurch die Ortskurve an der reellen Achse gespiegelt wird (Abb. 6.33). k_s im Zähler der Übertragungsfunktion hat nicht mehr die Bedeutung der statischen Verstärkung, denn es gilt $\lim_{t\to\infty} h(t) = \infty$.

Eine weitere charakteristische Kenngröße für das Übertragungsverhalten ist die *Grenzfrequenz* ω_{gr}. Es ist diejenige Kreisfrequenz, bei der die durch $|Y(j\omega)|^2$ beschriebene Energie des Ausgangssignales nur noch halb so groß ist wie in statischen Fall. Wegen

$$|Y(j\omega)|^2 = |G(j\omega)|^2\, |U(j\omega)|^2$$

gilt für die Grenzfrequenz die Beziehung

$$|G(j\omega_{\mathrm{gr}})|^2 = \frac{1}{2}|G(0)|^2 \tag{6.110}$$

bzw.

$$|G(j\omega_{\mathrm{gr}})|_{\mathrm{dB}} \approx |G(0)|_{\mathrm{dB}} - 3\mathrm{dB}.$$

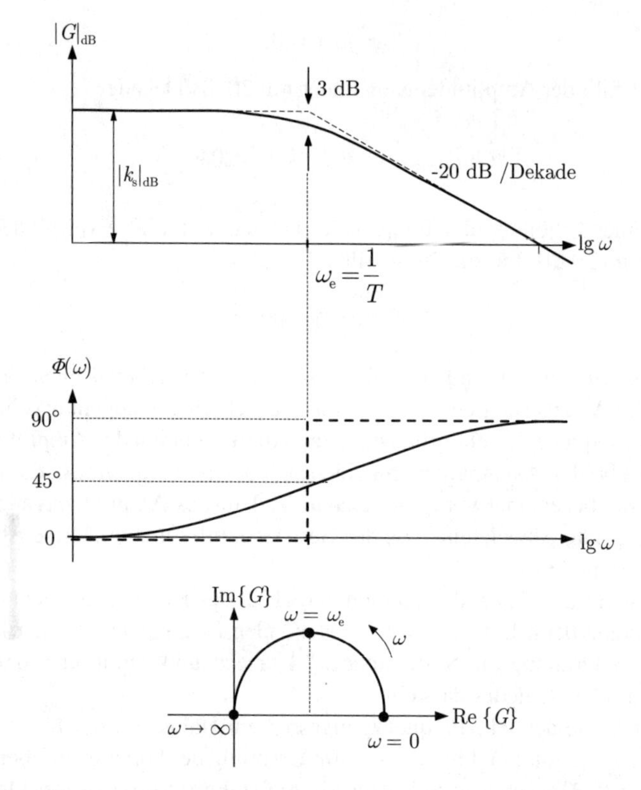

Abb. 6.33: Bodediagramm und Ortskurve eines instabilen Systems erster Ordnung

Diese Beziehung ist übrigens dasselbe wie die Aussage, dass die Amplitude bei der Grenzfrequenz auf das $\frac{1}{2}\sqrt{2}$-fache des Anfangswertes $|G(0)|$ abgefallen ist, eine Formulierung, die vor allem in der Nachrichtentechnik üblich ist. Das Intervall $\omega = 0...\omega_{\mathrm{gr}}$ heißt Bandbreite des Systems. Da ein PT_1-Glied niedrige Frequenzen gut überträgt und hohe schlecht, wird es auch als *Tiefpass* bezeichnet. Unter Nutzung der Grenzfrequenz kann der Frequenzgang (6.109) des PT_1-Gliedes auch in der Form

$$G(j\omega) = \frac{k_{\mathrm{s}}}{j\frac{\omega}{\omega_{\mathrm{gr}}} + 1}. \tag{6.111}$$

geschrieben werden.

Für das PT_1-Glied erhält man die Bezeichnung

$$\omega_{\mathrm{gr}} = \frac{1}{T},$$

derzufolge die Grenzfrequenz mit der Knickfrequenz übereinstimmt:

$$\omega_{\mathrm{gr}} = w_{\mathrm{e}}.$$

Dies kann *nicht* aus der Geradenapproximation des Amplitudenganges abgelesen werden, denn diese liegt bei der Knickfrequenz noch bei $|G(0)|$. Der tatsächliche Amplitudengang ist bei dieser Frequenz um 3 dB kleiner, was gerade die Bedingung (6.110) erfüllt.

Eine andere Charakterisierung der Zeitkonstante T ist aus Gl. (5.154) auf S. 181 bekannt. T beschreibt diejenige Zeit $t_{63\%}$, in der die Übergangsfunktion auf 63% des statischen Endwertes angestiegen ist ($t_{63\%} = T$). Daraus folgt, dass das Produkt dieser Anstiegszeit und der Grenzfrequenz $\omega_{\rm gr}$ gerade eins ergibt:

$$\omega_{\rm gr}\, t_{63\%} = 1$$

(Zeit-Bandbreiten-Produkt). Diese Beziehung gilt unabhängig von den Parametern T und $k_{\rm s}$ für alle PT$_1$-Glieder. Sie besagt, dass PT$_1$-Glieder mit langsam ansteigender Übergangsfunktion eine niedrige Grenzfrequenz und folglich eine geringe Bandbreite besitzen. Liegt andererseits der Pol in der linken komplexen Halbebene sehr weit links, so besitzt das System eine große Bandbreite.

Verzögerungsglied zweiter Ordnung (PT$_2$-Glied). Das Verzögerungsglied zweiter Ordnung (5.124) hat die Übertragungsfunktion

$$G(s) = \frac{k_{\rm s}}{T^2 s^2 + 2dTs + 1} \tag{6.112}$$

und den Frequenzgang

$$G(j\omega) = \frac{k_{\rm s}}{-T^2\omega^2 + j2dT\omega + 1}. \tag{6.113}$$

Wird an Stelle der Zeitkonstante T mit der Eigenfrequenz $\omega_0 = \frac{1}{T}$ gearbeitet, so erhält man die Beziehung

$$G(s) = \frac{k_{\rm s}}{\frac{1}{\omega_0^2}s^2 + \frac{2d}{\omega_0}s + 1}. \tag{6.114}$$

Das PT$_2$-Glied weist in Abhängigkeit von der Dämpfung d unterschiedliches Verhalten auf. Das wird aus der Übergangsfunktion offensichtlich, die aus

$$h(t) \circ\!\!-\!\!\bullet \frac{1}{s}G(s)$$

berechnet werden kann. Um die Partialbruchzerlegung für $\frac{1}{s}G(s)$ ausführen zu können, müssen die Pole von $\frac{1}{s}G(s)$ bestimmt werden, die sich aus dem Pol $s_3 = 0$ der Eingangsgröße $\frac{1}{s}$ und den beiden Polen $s_{1/2}$ des PT$_2$-Gliedes zusammensetzen. Die charakteristische Gleichung des PT$_2$-Gliedes lautet

$$\frac{1}{\omega_0^2}s^2 + \frac{2d}{\omega_0}s + 1 = 0,$$

woraus man die Pole

$$s_{1/2} = -\omega_0 d \pm \omega_0\sqrt{d^2 - 1}$$

erhält. Entsprechend der Größe von d sind sieben Fälle zu unterscheiden (Abb. 6.34):

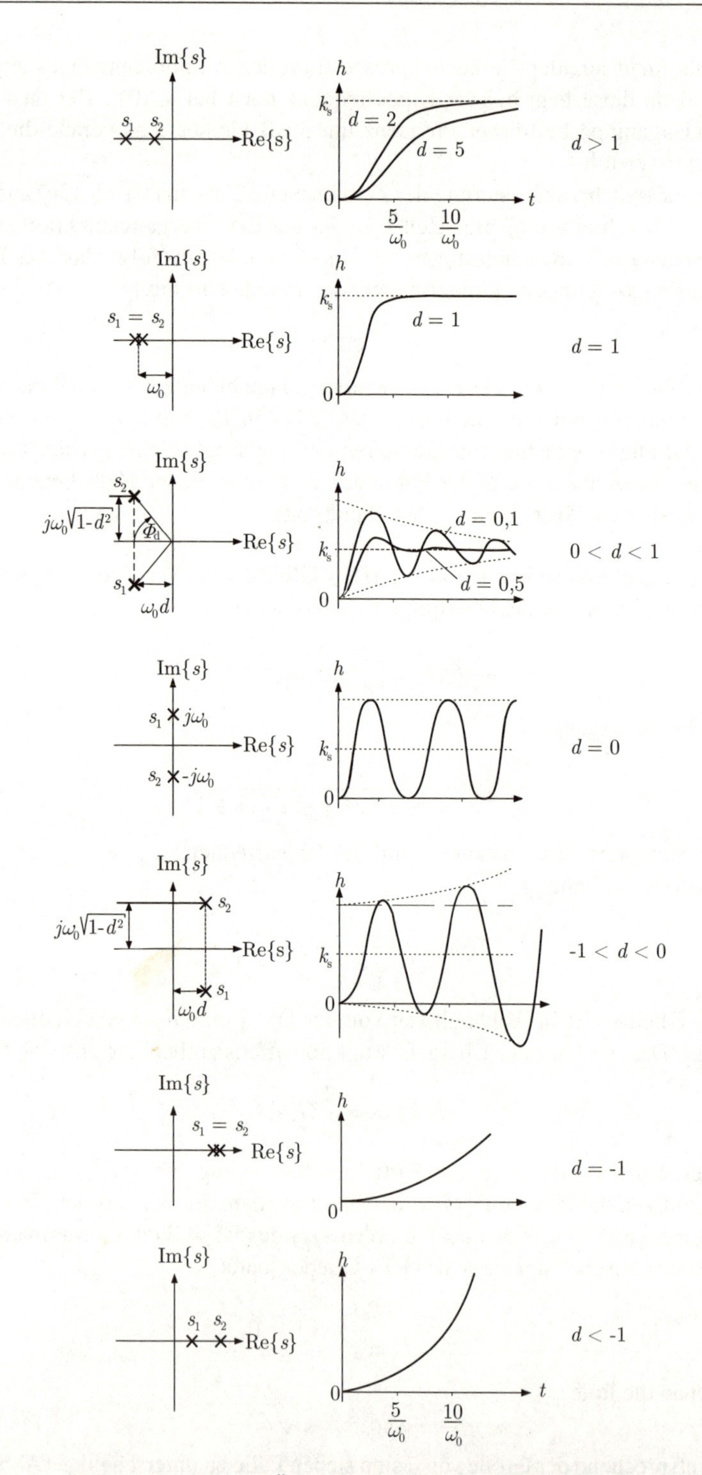

Abb. 6.34: Pole und Übergangsfunktion eines PT_2-Gliedes

- Für $d > 1$ ergeben sich zwei negative reelle Pole

$$s_1 = -\omega_0 d + \omega_0\sqrt{d^2 - 1}, \qquad s_2 = -\omega_0 d - \omega_0\sqrt{d^2 - 1}.$$

Nach Einführung der Zeitkonstanten $T_1 = -\frac{1}{s_1}$ und $T_2 = -\frac{1}{s_2}$ erhält man die Übertragungsfunktion

$$G(s) = \frac{k_s}{(T_1 s + 1)(T_2 s + 1)},$$

die als Reihenschaltung zweier PT_1-Glieder mit unterschiedlichen Zeitkonstanten gedeutet werden kann. Diese Reihenschaltung hat die Übergangsfunktion

$$h(t) = k_s \left(1 - \frac{T_1}{T_1 - T_2}\,\mathrm{e}^{-\frac{t}{T_1}} + \frac{T_2}{T_1 - T_2}\,\mathrm{e}^{-\frac{t}{T_2}}\right). \tag{6.115}$$

In der grafischen Darstellung ist ersichtlich, dass die Übergangsfunktion in Richtung der Zeitachse beginnt ($\dot{h}(0) = 0$). Je größer die Dämpfung d ist, umso langsamer erreicht $h(t)$ den statischen Endwert 1.

- Für $d = 1$ tritt ein zweifacher Pol

$$s_{1,2} = -\omega_0$$

auf. Setzt man $T = \frac{1}{\omega_0}$, so erhält man für die Übertragungsfunktion (6.112) die Darstellung

$$G(s) = \frac{k_s}{(Ts + 1)(Ts + 1)},$$

die als Reihenschaltung zweier PT_1-Glieder mit derselben Zeitkonstanten T interpretiert werden kann. Die Rücktransformation von $\frac{1}{s}G(s)$ ergibt die Übergangsfunktion

$$h(t) = k_s\,(1 - \mathrm{e}^{-\omega_0 t}(1 + \omega_0 t)). \tag{6.116}$$

Die grafische Darstellung in Abb. 6.34 zeigt, dass die Übergangsfunktion zunächst in Richtung der Zeitachse beginnt ($\dot{h}(0) = 0$) und dann aperiodisch den Endwert 1 erreicht.

- Für $0 < d < 1$ erhält man ein konjugiert komplexes Polpaar

$$s_{1/2} = -\omega_0 d \pm j\omega_0\sqrt{1 - d^2} \tag{6.117}$$

mit negativem Realteil $-\omega_0 d$. Die Übergangsfunktion

$$h(t) = k_s \left(1 - \frac{1}{\sqrt{1 - d^2}}\,\mathrm{e}^{-d\omega_0 t}\,\sin(\omega_0\sqrt{1 - d^2}\,t + \arccos d)\right) \tag{6.118}$$

ist im Wesentlichen eine Sinusfunktion, für deren Kreisfrequenz die Beziehung $\omega_0\sqrt{1 - d^2} < \omega_0$ gilt. Die Schwingung klingt auf Grund der e-Funktion mit

negativem Exponenten ab, so dass das System schließlich den statischen Endwert $k_{\rm s}$ erreicht.
Die relative Dämpfung der Schwingungen, die die Abnahme der Amplitude von einer zur nächsten Periode beschreibt, ist vom Quotienten

$$\rho = \left| \frac{\mathrm{Re}\{s_i\}}{\mathrm{Im}\{s_i\}} \right| = \frac{d}{\sqrt{1-d^2}} = \cot \phi_{\rm d} \qquad (6.119)$$

abhängig. Der Winkel $\phi_{\rm d}$ kann im PN-Bild abgelesen werden (Abb. 6.34). Die Pole $s_{1/2}$ für PT_2-Glieder mit derselben Dämpfung d, aber unterschiedlicher Zeitkonstante T liegen auf Geraden, die nur durch d bzw. den Winkel $\phi_{\rm d}$ bestimmt sind. Je größer die Dämpfung d ist, umso näher liegen die Eigenwerte an der reellen Achse und umso schneller klingt das Übergangsverhalten ab. Abbildung 6.35 zeigt die Übergangsfunktionen des PT_2-Gliedes für unterschiedliche Dämpfungen.

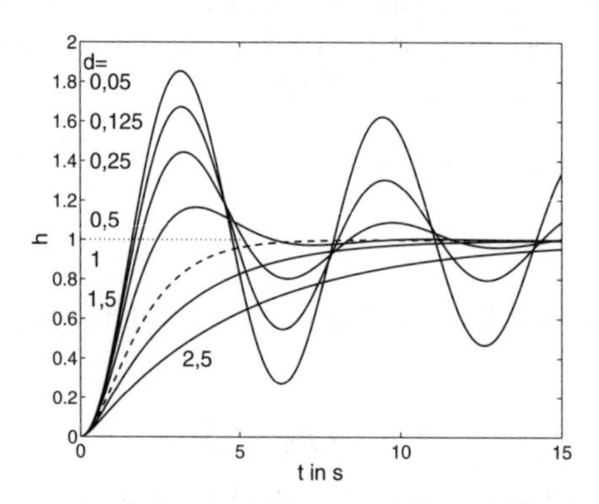

Abb. 6.35: Übergangsfunktionen eines Schwingungsgliedes mit $T = 1$ und $k_{\rm s} = 1$

Die Abbildung zeigt auch, dass das System für große Dämpfung (etwa $d > 0{,}5$) keine eigentliche Schwingung mehr ausführt, sondern nur noch einmal über den statischen Endwert hinaus schwingt. Die anderen Anteile der Sinusfunktion in Gl. (6.118) treten auf Grund des Dämpfungsfaktors $\mathrm{e}^{-d\omega_0 t}$ nicht mehr in Erscheinung. Da für den Bereich $0{,}5 < d < 1$ der Ausdruck $\sqrt{1-d^2}$ näherungsweise gleich eins ist, schwingt das System also mit einer Frequenz nahe $\omega_0 = \frac{1}{T}$. PT_2-Glieder mit demselben Exponenten der e-Funktion $\mathrm{e}^{-d\omega_0 t}$ schwingen in derselben Zeit in ihren statischen Endwert ein. Es sind dies PT_2-Glieder, deren Pole auf einer Parallelen zur Imaginärachse mit dem Abstand $-d\omega_0$ liegen (Abb. 6.36).
Das exponentielle Einschwingen in den statischen Endwert kann man durch zwei Schranken beschreiben, die man aus Gl. (6.118) erhält:

$$k_{\rm s}\left(1 - \frac{1}{\sqrt{1-d^2}}\,\mathrm{e}^{-d\omega_0 t}\right) \le h(t) \le k_{\rm s}\left(1 + \frac{1}{\sqrt{1-d^2}}\,\mathrm{e}^{-d\omega_0 t}\right)$$

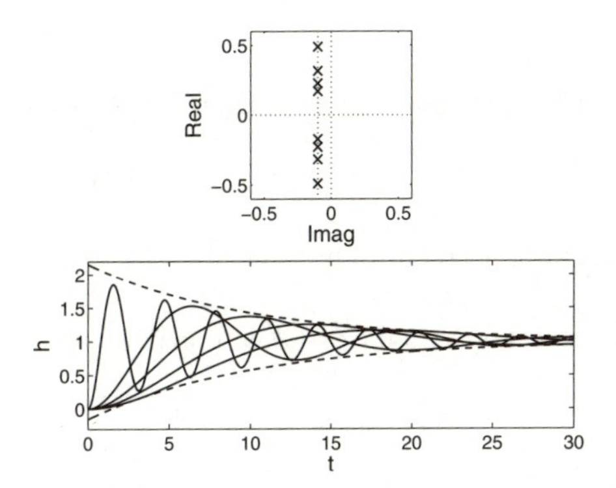

Abb. 6.36: Übergangsfunktion von PT_2-Gliedern, deren Pole auf einer Parallelen zur Imaginärachse durch $-0{,}1$ liegen

Diese Schranke ist für das PT_2-Glied mit der größten verwendeten Dämpfung im unteren Teil von Abb. 6.36 durch die gestrichelten Linien eingetragen.

- Für $d = 0$ ist das System ungedämpft und hat die Pole

$$s_{1/2} = \pm j\omega_0,$$

die Übertragungsfunktion

$$G(s) = k_s \frac{\omega_0^2}{s^2 + \omega_0^2}$$

und die Übergangsfunktion

$$h(t) = k_s\,(1 - \cos\,\omega_0 t).$$

Das System schwingt mit gleichbleibender Amplitude mit der Frequenz ω_0 um den Mittelwert k_s. Dies zeigt, dass $\omega_0 = \frac{1}{T}$ die Frequenz des ungedämpften PT_2-Gliedes ist. Sie wurde deshalb bereits die Bezeichnung „Eigenfrequenz" des PT_2-Gliedes eingeführt.

- Für $-1 < d < 0$ ist das System instabil mit den konjugiert komplexen Polen

$$s_{1/2} = |d|\omega_0 \,\pm\, j\omega_0\sqrt{1 - d^2}.$$

Als Übergangsfunktion erhält man die bereits für $0 < d < 1$ berechnete Funktion (6.118), nur dass der Exponent der e-Funktion jetzt positiv ist und die Sinusschwingung folglich aufklingt.

- Für $d = -1$ erhält man den positiven Doppelpol

$$s_{1/2} = \omega_0.$$

Die Übergangsfunktion ist ähnlich wie in Gl. (6.116) zusammengesetzt,

$$h(t) = k_{\rm s}\left(1 - {\rm e}^{\omega_0 t}\left(1 - \omega_0 t\right)\right),$$

nur dass die e-Funktion jetzt aufklingt.

- Für $d < -1$ besitzt das System die instabilen reellen Pole

$$s_{1/2} = |d|\omega_0 \pm \omega_0\sqrt{d^2 - 1}.$$

Für die Übergangsfunktion erhält man wieder Gl. (6.115), jetzt allerdings mit negativen Zeitkonstanten T_1 und T_2. Die Übergangsfunktion klingt auf, wobei für das Verhalten bei großen Zeiten t die betragsmäßig kleinere Zeitkonstante und folglich der größere Pol $|d|\omega_0 + \omega_0\sqrt{d^2 - 1}$ maßgebend ist.

Die Betrachtungen sind in Tabelle 6.1 zusammengefasst. Die Tabelle zeigt, dass das qualitative Verhalten sich nur in Abhängigkeit von der Dämpfung d verändert. Die Zeitkonstante T beeinflusst die Zeitskala, streckt oder staucht also die Zeitachse, hat aber keinen Einfluss auf den prinzipiellen Verlauf von y. Abbildung 6.37 zeigt, wie sich die Pole bei einer Veränderung der Dämpfung d bei konstanter Zeitkonstante T in der komplexen Ebene verschieben.

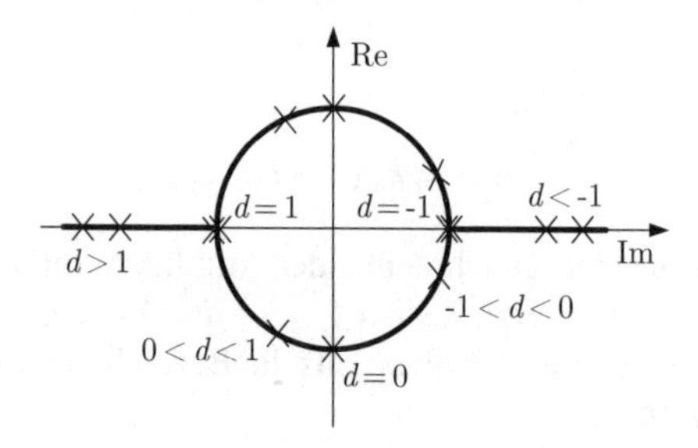

Abb. 6.37: Lage der beiden Pole des PT_2-Gliedes in Abhängigkeit vom Dämpfungsfaktor d

Für das Intervall $-1 < d < 1$ sind die Pole konjugiert komplex und können in der Form

$$s_{1/2} = -\delta_{\rm e} \pm j\omega_{\rm e} \tag{6.120}$$

mit

$$\delta_{\rm e} = \omega_0 d \quad \text{und} \quad \omega_{\rm e} = \omega_0\sqrt{1 - d^2}$$

Tabelle 6.1. Verhalten von PT_2-Gliedern

Dämpfung	Systemeigenschaft	Pole
$d > 1$	überkritisch gedämpft	negative reelle Pole
$d = 1$	kritisch gedämpft	negativer reeller Doppelpol
$\frac{1}{\sqrt{2}} < d < 1$	gedämpft ohne Resonanzüberhöhung	konjugiert komplexe Pole mit negativen Realteilen
$0 < d \leq \frac{1}{\sqrt{2}}$	gedämpft mit Resonanzüberhöhung	konjugiert komplexe Pole mit negativen Realteilen
$d = 0$	ungedämpft	konjugiert komplexe Pole mit verschwindenden Realteilen
$-1 < d < 0$	instabil	konjugiert komplexe Pole mit positiven Realteilen
$d = -1$	instabil	positiver reeller Doppelpol
$d < -1$	instabil	positive reelle Pole

geschrieben werden. Bei einer Veränderung von d bewegen sich diese Pole auf einem Kreis, denn es gilt

$$\delta_{\mathrm{e}}^2 + \omega_{\mathrm{e}}^2 = \omega_0^2 + \omega_0^2(1 - d^2) = \omega_0^2,$$

wobei der Radius des Kreises durch die Eigenfrequenz ω_0 des PT_2-Gliedes bestimmt wird.

Abbildung 6.38 zeigt die Übergangsfunktionen von PT_2-Gliedern mit derselben Eigenfrequenz $\omega_0 = 1$, aber unterschiedlicher Dämpfung. Diese Systeme schwingen mit derselben Frequenz, erreichen den statischen Endwert $k_{\mathrm{s}} = 1$ aber unterschiedlich schnell. Je größer die Dämpfung ist, desto schneller bleibt der Ausgang des PT_2-Gliedes in der Nähe seines statischen Endwertes an.

Der logarithmische Amplitudengang des PT_2-Gliedes kann für große bzw. kleine Frequenzen ähnlich wie beim PT_1-Glied durch Geraden approximiert werden. Es gilt

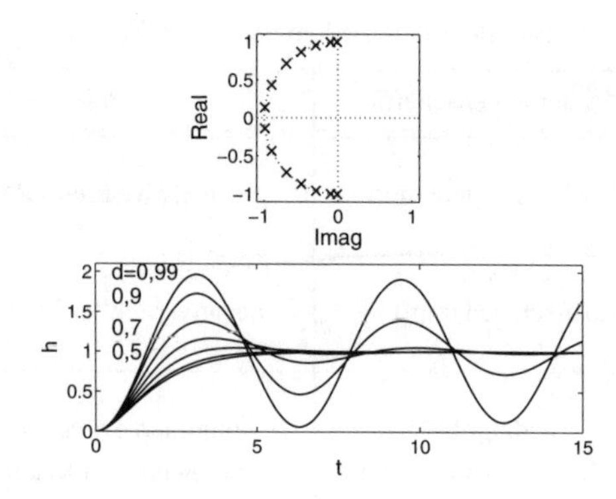

Abb. 6.38: Übergangsfunktionen von PT_2-Gliedern mit unterschiedlicher Dämpfung d und derselben Eigenfrequenz $\omega_0 = 1$

$$|G(j\omega)|_{\text{dB}} = 20\lg|k_{\text{s}}| - 20\lg\sqrt{\left(1 - \frac{\omega^2}{\omega_0^2}\right)^2 + \left(2d\frac{\omega}{\omega_0}\right)^2},$$

woraus für $\frac{\omega}{\omega_0} \ll 1$

$$|G(j\omega)|_{\text{dB}} \approx 20\lg|k_{\text{s}}|$$

und für $\frac{\omega}{\omega_0} \gg 1$

$$|G(j\omega)|_{\text{dB}} \approx 20\lg|k_{\text{s}}| - 20\lg\left(\frac{\omega}{\omega_0}\right)^2 = 20\lg|k_{\text{s}}| - 40\lg\frac{\omega}{\omega_0}$$

folgt. Die zweite Asymptote stellt im Bodediagramm eine Gerade mit der Steigung –40 dB/Dekade dar. Der Schnittpunkt beider Asymptoten liegt bei der Kreisfrequenz $\omega = \omega_0 = \frac{1}{T}$.

Die Approximationsgenauigkeit in der Umgebung von ω_0 ist allerdings von der Dämpfung abhängig (Abb. 6.39). Für große Dämpfung, z. B. $d = 2{,}5$, geht der Amplitudengang „glatt" von einer Geraden in die andere über. Je kleiner die Dämpfung ist, umso größer wird der Amplitudengang in der Nähe von $\omega_0 = 1$. Als Orientierung dient die gestrichelte Kurve, die für die Dämpfung $d = 1$ gilt.

Aus der Analyse der Übergangsfunktion wurde offenkundig, dass für $0 < d < 1$ das PT_2-Glied eine gedämpfte Schwingung ausführt, die umso langsamer abklingt, je kleiner d ist. Dies macht sich im Amplitudengang durch eine Spitze („Resonanzüberhöhung") bemerkbar, die umso höher ist, je kleiner d ist (Abb. 6.40).

Eine genaue Betrachtung der Amplitudengänge für $|k_{\text{s}}| = 1$ zeigt, dass das Maximum von $|G(j\omega)|$ für $d < \frac{1}{\sqrt{2}}$ bei der als Resonanzfrequenz bezeichneten Kreisfrequenz

$$\omega_{\text{r}} = \omega_0\sqrt{1 - 2d^2}$$

auftritt und die Größe

$$|G(j\omega_{\text{r}})| = \frac{1}{2d\sqrt{1-d^2}} \qquad (0 < d < \frac{1}{\sqrt{2}}) \tag{6.121}$$

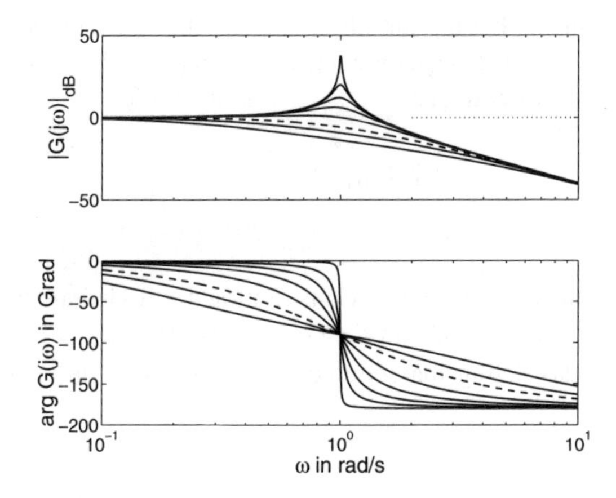

Abb. 6.39: Bodediagramm eines PT_2-Gliedes mit $k_s = 1$ und $T = 1$

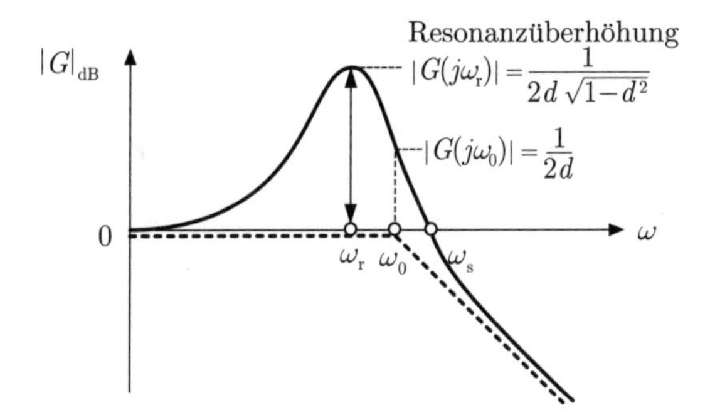

Abb. 6.40: Resonanzüberhöhung beim PT_2-Glied

hat. Die zugehörige Ortskurve zeigt Abb. 6.41. Im linken Abbildungsteil ist die Ortskurve für ein stark gedämpftes PT_2-Glied dargestellt $(d > \frac{1}{\sqrt{2}})$, für das $|G(j\omega)|_{\max} = |G(0)|$ gilt, während der rechte Abbildungsteil die Ortskurve für ein schwingendes System zeigt. Die Resonanzüberhöhung $|G|_{\max}$ wird bei $\omega = \omega_r$ erreicht.

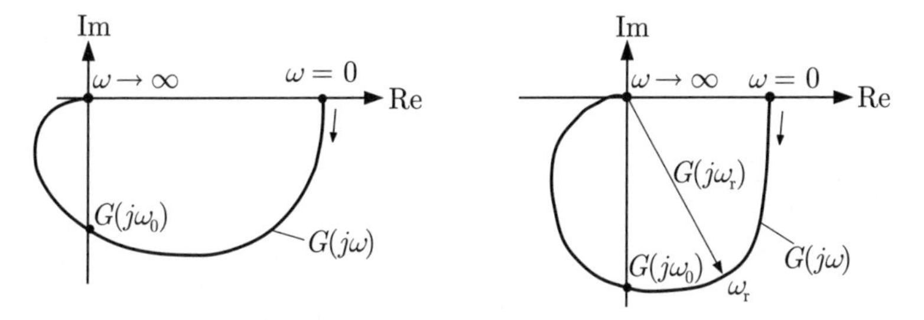

Abb. 6.41: Ortskurve eines PT_2-Gliedes

ω_0 ist die Frequenz, bei der die Phase gleich -90° ist und die Ortskurve folglich vom vierten in den dritten Quadranten der komplexen Ebene übergeht. Für diese Frequenz gelten die Beziehungen

$$\begin{aligned}|G(j\omega_0)| &= \frac{1}{2d},\\ |G(j\omega_0)|_{\mathrm{dB}} &= -20\log 2d,\end{aligned}$$

die man sich für eine näherungsweise Konstruktion des Bodediagramms besser merken kann als die oben angegebene für $G(j\omega_{\mathrm{r}})$. Da für $|d| < \frac{1}{\sqrt{2}}$ die Beziehung $\omega_{\mathrm{r}} < \omega_0$ gilt, liegt das Betragsmaximum der Ortskurve stets im vierten Quadranten.

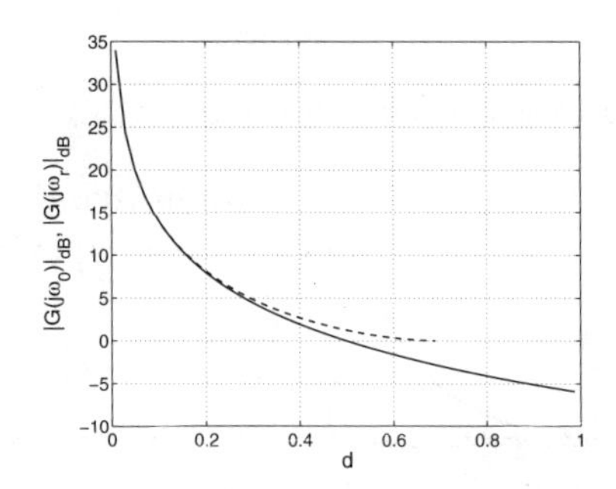

Abb. 6.42: Abhängigkeit von $|G(j\omega_{\mathrm{r}})|$ - - - und $|G(j\omega_0)|$ — von der Dämpfung d ($|k_{\mathrm{s}}| = 1$)

Um sich ein Bild von der Größe der Resonanzüberhöhung machen zu können, sind in Abb. 6.42 $|G(j\omega_0)|$ und $|G(j\omega_{\mathrm{r}})|$ in Abhängigkeit von der Dämpfung d aufgetragen. Beide Größen sind für $d < 0{,}6$ fast gleich groß. Das heißt, dass die Frequenzen ω_{r} und ω_0 näherungsweise gleich groß sind, die Verschiebung der Resonanzüberhöhung also nicht wesentlich ist. Einen erheblichen Betrag erreicht die Resonanzüberhöhung nur dann, wenn die Dämpfung d kleiner als 0,2 ist.

Für $d > 0{,}5$ ist $|G(j\omega_0)|_{\mathrm{dB}}$ kleiner als null und für $d > \frac{1}{\sqrt{2}}$ tritt keine Resonanzüberhöhung auf. Dafür gilt

$$|G(j\omega)|_{\max} = |G(0)| = |k_{\mathrm{s}}|.$$

Aufgabe 6.22* *Verhalten von PT$_2$-Gliedern*

Abbildung 6.43 zeigt das PN-Bild sowie fünf Übergangsfunktionen von PT$_2$-Gliedern. Welche Polpaare gehören zu welcher Übergangsfunktion? □

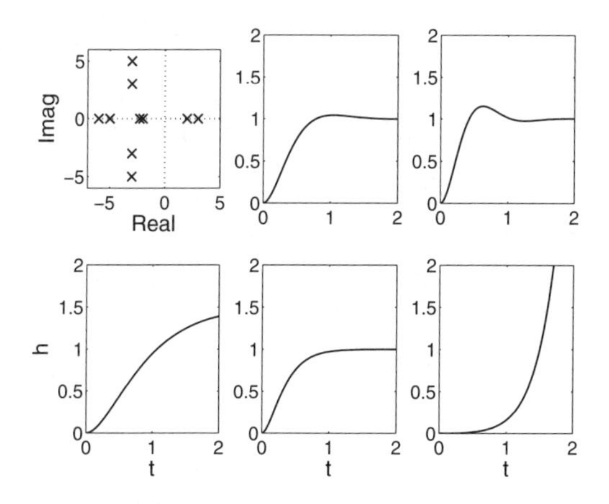

Abb. 6.43: PN-Bild und Übergangsfunktionen von PT_2-Gliedern

6.7.2 Integrierglieder

Das reine I-Glied nach Gl. (5.128) hat die Übertragungsfunktion

$$G(s) = \frac{1}{T_\mathrm{I} s}$$

Die Ortskurve des Frequenzganges

$$G(j\omega) = \frac{1}{j\omega T_\mathrm{I}}$$

liegt auf der negativen Imaginärachse. Der Amplitudengang ist eine Gerade

$$|G(j\omega)|_\mathrm{dB} = -20 \lg T_\mathrm{I} \; - \; 20 \lg \omega$$

mit Neigung –20 dB/Dekade, die die Frequenzachse bei $\omega = \frac{1}{T_\mathrm{I}}$ schneidet. Die Phase liegt konstant bei -90°.

Für das IT_1-Glied erhält man aus der Differenzialgleichung (5.130) die Übertragungsfunktion

$$G(s) = \frac{1}{T_\mathrm{I} s(Ts+1)}. \tag{6.122}$$

Ortskurve und Frequenzkennliniendiagramm sind in Abb. 6.44 dargestellt, wobei wiederum vorausgesetzt wird, dass T und T_I positiv sind. Für kleine Frequenzen ω verläuft die Ortskurve näherungsweise auf einer Parallelen zur Imaginärachse durch den Punkt $-\frac{T}{T_\mathrm{I}}$, was man sich anhand der Zerlegung

$$\begin{aligned} G(j\omega) &= \frac{1}{j\omega T_\mathrm{I}(j\omega T+1)} \\ &= \frac{-j(-j\omega T+1)}{\omega T_\mathrm{I}(\omega^2 T^2+1)} \end{aligned}$$

$$= \frac{-\omega T - j}{\omega T_{\rm I}(\omega^2 T^2 + 1)}$$
$$= -\frac{T}{T_{\rm I}} \frac{1}{\omega^2 T^2 + 1} - j \frac{1}{\omega T_{\rm I}(\omega^2 T^2 + 1)}$$

und den Grenzübergang

$$\lim_{\omega \to 0} \mathrm{Re}\{G(j\omega)\} = -\frac{T}{T_{\rm I}} \tag{6.123}$$
$$\lim_{\omega \to 0} \mathrm{Im}\{G(j\omega)\} = -\infty \tag{6.124}$$

überlegen kann.

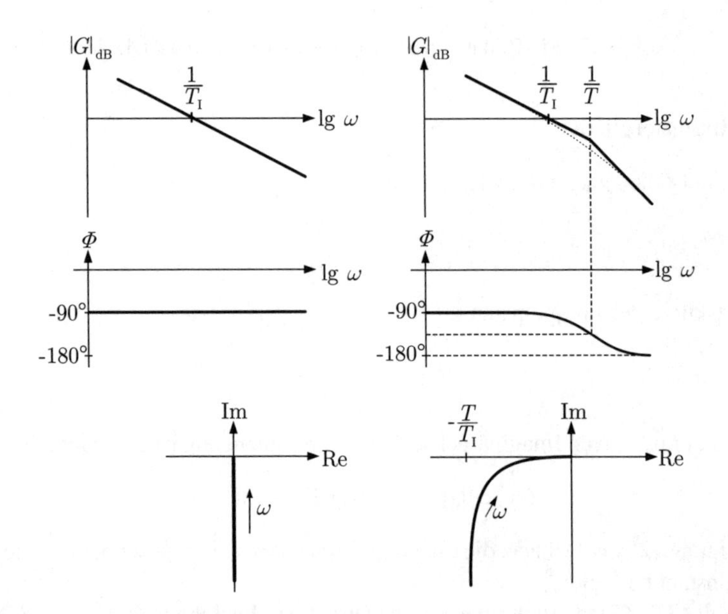

Abb. 6.44: Ortskurve und Bodediagramm eines I- und eines IT_1-Gliedes

6.7.3 Differenzierglieder

Das D-Glied hat die Übertragungsfunktion

$$G(s) = sT_{\rm D}. \tag{6.125}$$

Die Ortskurve ihres Frequenzganges liegt auf der positiven imaginären Achse der komplexen Zahlenebene. Der Amplitudengang

$$|G(j\omega)|_{\text{dB}} = 20\ \lg T_{\text{D}}\omega = 20\ \lg T_{\text{D}} + 20\ \lg \omega$$

stellt im Bodediagramm eine Gerade mit der Neigung +20 dB/Dekade und dem Schnittpunkt mit der Abszisse bei $\omega = \frac{1}{T_{\text{D}}}$ dar. Das D-Glied hat eine konstante Phase von $+90^o$.

Für das DT_1-Glied erhält man aus der Differenzialgleichung (5.132) die Übertragungsfunktion

$$G(s) = \frac{T_{\text{D}}s}{Ts + 1}. \tag{6.126}$$

Der Frequenzgang dieses Systems ist in Abb. 6.45 dargestellt. Das System überträgt Signale hoher Frequenzen besser als Signale mit niedriger Frequenz. Es ist deshalb ein Hochpass. Mit einer ähnlichen Definition wie beim PT_1-Glied erhält man

$$\omega_{\text{gr}} = \frac{1}{T}$$

als Grenzfrequenz und $\omega_{\text{gr}}...\infty$ als Bandbreite.

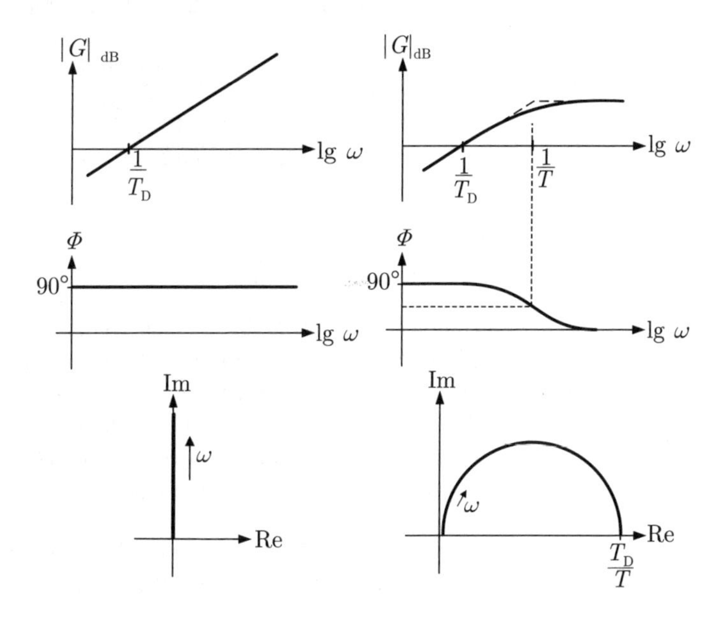

Abb. 6.45: Ortskurve und Bodediagramm eines D- und eines DT_1-Gliedes

6.7.4 Übertragungsglieder mit Nullstellen

Bei den bisher behandelten Übertragungsgliedern traten keine Nullstellen auf. Es soll deshalb im Folgenden erläutert werden, wie sich das Übertragungsverhalten durch Nullstellen ändert.

Da nur die Pole der Übertragungsfunktion (bzw. die Eigenwerte der Systemmatrix $\boldsymbol{A}$) im Exponenten der e-Funktionen in der freien Bewegung und im Übergangsverhalten auftreten, können Nullstellen die Geschwindigkeit der Bewegung eines Systems nicht beeinflussen. Sie haben insbesondere auch keinen Einfluss auf die Stabilität des Systems, denn die Frage, ob alle e-Funktionen abklingen, also „stabile Funktionen" darstellen oder nicht, wird nur durch die Pole bestimmt.

Die Nullstellen haben jedoch einen entscheidenden Einfluss auf die Amplitude, mit der die Eigenvorgänge in die Ausgangsgröße eingehen. In der kanonischen Darstellung der Gewichtsfunktion beeinflussen sie die Koeffizienten g_i (vgl. Gl. (5.99) auf S. 149).

Dieser Sachverhalt soll an zwei einfachen Übertragungsgliedern verdeutlicht werden. Als erstes wird das PT_2-Glied ohne Nullstelle

$$G(s) = \frac{3}{(s+1)(s+3)} = \frac{\frac{3}{2}}{s+1} + \frac{\frac{-3}{2}}{s+3}$$

mit einem System zweiter Ordnung verglichen, das eine Nullstelle bei $-s_0$

$$\begin{aligned} G(s, s_0) &= \frac{-3}{s_0} \frac{s - s_0}{(s+1)(s+3)} \\ &= \frac{3}{(s+1)(s+3)} - s\frac{1}{s_0} \frac{3}{(s+1)(s+3)} \\ &= \frac{\frac{3(1+s_0)}{2s_0}}{s+1} + \frac{\frac{-3(3+s_0)}{2s_0}}{s+3} \end{aligned}$$

und dieselbe statische Verstärkung hat. Die zweite Darstellung von $G(s, s_0)$ zeigt, dass sich das Übertragungsglied mit Nullstelle aus dem ohne Nullstelle und einem parallel geschalteten Übertragungsglied zusammensetzt, dessen Ausgangsgröße die Ableitung der Ausgangsgröße des ersten Übertragungsgliedes darstellt. Die Nullstelle beschleunigt deshalb das Übergangsverhalten. Da s_0 in den Nenner des zweiten Summanden eingeht, ist die Veränderung des Verhaltens umso größer, je kleiner die Nullstelle ist.

Aus der dritten Zeile können zwei Spezialfälle abgelesen werden. Für $s_0 = -3$ kürzt sich der Linearfaktor der Nullstelle gegen den eines Pols, so dass das System zum PT_1-Glied degeneriert:

$$G(s, 3) = \frac{1}{s+1}.$$

Für große Werte für s_0 geht die zweite Übertragungsfunktion in die erste über

$$\lim_{s_0 \to \infty} G(s, s_0) = G(s).$$

Das Verhalten des zweiten Übertragungsgliedes ist dann überhaupt nicht von der Nullstelle abhängig.

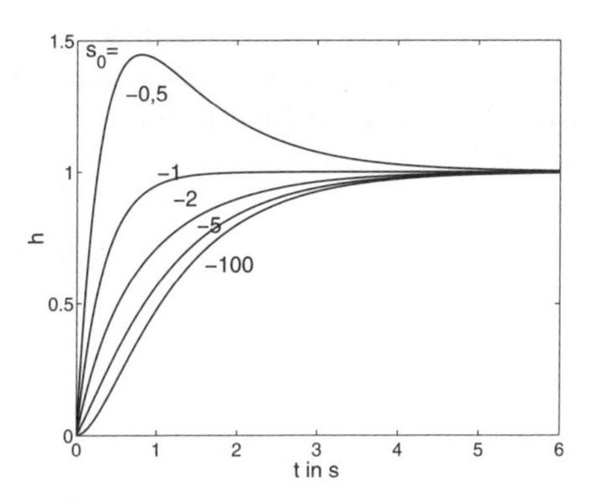

Abb. 6.46: Übergangsfunktion des Systems $G(s, s_0) = -\frac{3}{s_0} \frac{s-s_0}{(s+1)(s+3)}$ für unterschiedliche Werte von s_0

Um diesen Sachverhalt zu verdeutlichen, ist in Abb. 6.46 die Übergangsfunktion des Systems für unterschiedliche Werte der Nullstelle aufgetragen. Für sehr große Werte der Nullstelle erhält man das Verhalten des Übertragungsgliedes ohne Nullstelle. Liegt die Nullstelle im PN-Bild in der Nähe der Imaginärachse, so verändert sie das Übergangsverhalten sehr stark. Für $s_0 = -0{,}5$ beispielsweise ist ein sehr großes Überschwingen zu erkennen.

Eine ähnliche Abhängigkeit des Übergangsverhaltens von der Nullstelle erhält man für schwingfähige Systeme.

6.7.5 Übertragungsglieder mit gebrochen rationaler Übertragungsfunktion

Alle hier betrachteten Systeme haben eine gebrochen rationale Übertragungsfunktion, deren Frequenzgang in PN-Form oder Zeitkonstantenform

$$\begin{aligned} G(j\omega) &= k \frac{\prod_{i=1}^{q}(j\omega - s_{0i})}{\prod_{i=1}^{n}(j\omega - s_i)} \\ &= k_\mathrm{s} \frac{\prod_{i=1}^{q}(1 + \frac{j\omega}{\omega_{0i}})}{\prod_{i=1}^{n}(1 + \frac{j\omega}{\omega_i})} \end{aligned}$$

dargestellt werden kann, wenn s_{0i} und s_i reell und negativ sind, also

$$\omega_{0i} = -s_{0i} > 0 \qquad \text{und} \qquad \omega_i = -s_i > 0 \tag{6.127}$$

gilt, was zunächst vorausgesetzt wird. Für die Konstruktion des Amplitudenganges kann die oben eingeführte Geradenapproximation angewendet werden. Die Neigung der Amplitudenkennlinie ändert sich an jeder Knickfrequenz ω_i des Nenners um -20 dB/Dekade und an jeder Knickfrequenz ω_{0i} des Zählers um +20 dB/Dekade.

Mit dieser Regel kann eine gute Approximation des Bodediagramms konstruiert werden, wenn die Knickfrequenzen genügend weit auseinander liegen. Der Phasengang ändert sich mit jeder Knickfrequenz des Nenners um -90° und an jeder Knickfrequenz des Zählers um $+90^o$.

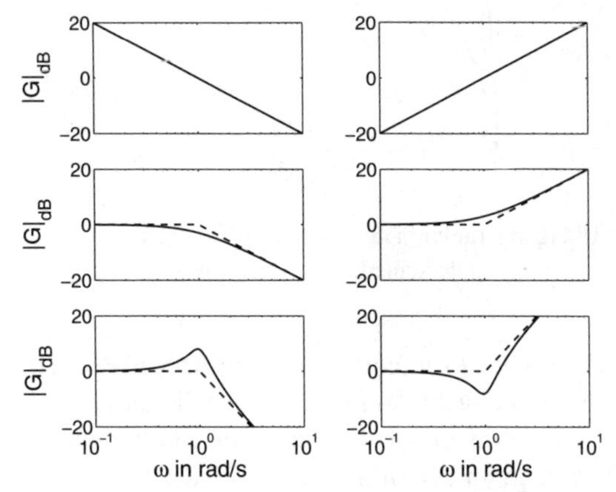

Abb. 6.47: Amplitudengang wichtiger elementarer Übertragungsglieder mit $T = 1$ in folgender Anordnung:

$$\begin{array}{cc} \frac{1}{Ts} & Ts \\ \frac{1}{Ts+1} & Ts+1 \\ \frac{1}{T^2s^2+2dTs+1} & T^2s^2+2dTs+1 \end{array}$$

Für konjugiert komplexe Pole oder Nullstellen fasst man im Nenner bzw. im Zähler zwei Linearfaktoren zu Termen der Form $T^2s^2 + 2dTs + 1$ zusammen. Die Geradenapproximation ändert die Richtung bei der Frequenz $\omega = \frac{1}{T}$ um -40 dB/Dekade bzw. +40 dB/Dekade, je nachdem, ob der Term im Nenner oder im Zähler steht. Der Amplitudengang entfernt sich für diese Terme von der Geradenapproximation in Abhängigkeit von d mehr oder weniger stark, wie aus den Abbildungen 6.39 und 6.42 abgelesen werden kann. Gleichzeitig verändert sich die Phase um $\pm 180^o$.

Liegen Pole bzw. Nullstellen bei null, so stellt der Amplitudengang eine Gerade mit der Neigung von $\pm$20dB/Dekade dar.

Abbildung 6.47 zeigt die Amplitudengänge der sechs elementaren Übertragungsfunktionen, die als Bestandteile gebrochen rationaler Übertragungsfunktionen auftreten können. Für Übertragungsfunktionen $G(s)$ beliebiger Ordnung kann man den Amplitudengang dadurch konstruieren, dass man $G(j\omega)$ in ein Produkt aus diesen elementaren Gliedern zerlegt und die Amplitudengänge dieser Glieder addiert. Ein zusätzlicher Verstärkungsfaktor verschiebt den erhaltenen Amplitudengang als Ganzes nach oben oder unten.

Beispiel 6.6 *Bodediagramme schwingungsfähiger Systeme*

Die folgenden Beispiele zeigen, wie Amplitudengang und Phasengang für gebrochen rationale Übertragungsfunktionen konstruiert werden können.

1. Gegeben ist die Übertragungsfunktion

$$G(s) = \frac{1}{s}\frac{1}{0{,}25s + 0{,}1s + 1}, \tag{6.128}$$

die eine Reihenschaltung eines I-Gliedes und eines PT_2-Gliedes beschreibt und sich aus den Anteilen

$$\frac{1}{s} \quad \text{und} \quad \frac{1}{0{,}25s + 0{,}1s + 1}$$

zusammensetzt. Für das PT_2-Glied gilt $T = 0{,}5$ und $d = 0{,}1$. Der Amplitudengang beginnt mit einer Geraden, die -20 dB/Dekade abfällt und die die 0dB-Achse bei $\omega = 1$ schneidet (Abb. 6.48). Der durch das PT_2-Glied bewirkte Knick in der Geradenapproximation des Amplitudenganges liegt bei $\omega = \frac{1}{T} = 2$. Danach fällt der Amplitudengang mit -60 dB/Dekade ab (gestrichelte Linie in Abb. 6.48).

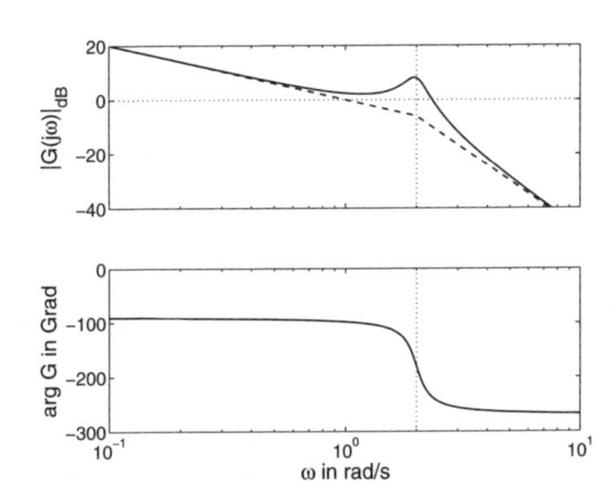

Abb. 6.48: Bodediagramm zur Übertragungsfunktion (6.128)

Der wahre Amplitudengang unterscheidet sich von der Geradenapproximation nur in der Umgebung der Knickfrequenz. Dort liegt eine durch den Dämpfungsfaktor $d = 0{,}1$ bestimmte Resonanzüberhöhung von etwa 15 dB (Abb. 6.42).
Der Phasengang beginnt bei -90° und fällt in der Nähe der Knickfrequenz um -180° auf -270°.

2. Betrachtet wird jetzt die Übertragungsfunktion

$$G(s) = \frac{1{,}6}{s^2}\frac{0{,}7s^2 + 1}{0{,}1s^2 + 1}, \tag{6.129}$$

die in die Anteile

$$\frac{1{,}6}{s^2} = \frac{1}{0{,}79s}\frac{1}{0{,}79s}, \quad 0{,}7s^2 + 1, \quad \frac{1}{0{,}1s^2+1}$$

zerlegt werden kann. Der Amplitudengang hat für sehr hohe und sehr niedrige Frequenzen eine Neigung von -40 dB/Dekade. Die für niedrige Frequenzen geltende Geradenapproximation schneidet die 0dB-Achse bei $\omega = \frac{1}{0{,}79} = 1{,}26$. Die beiden anderen Anteile beschreiben ungedämpfte Schwingungsglieder, wobei der Term

$$0{,}7s^2 + 1 = T^2s^2 + 2dTs + 1 \quad \text{mit } T = 0{,}84, \;\; d = 0$$

bei der Knickfrequenz $\omega_1 = \frac{1}{0{,}84} = 1{,}19$ eine Anhebung des Amplitudenganges um 20 dB/Dekade bewirkt, während der Faktor

$$\frac{1}{0{,}1s^2+1} = \frac{1}{T^2s^2 + 2dTs + 1} \quad \text{mit } T = 0{,}32, \;\; d = 0$$

eine Absenkung des Amplitudenganges um -20 dB/Dekade ab der Knickfrequenz $\omega_2 = \frac{1}{0{,}32} = 3{,}1$ bewirkt. Die Geradenapproximation hat deshalb das in Abb. 6.49 gezeigte Plateau.

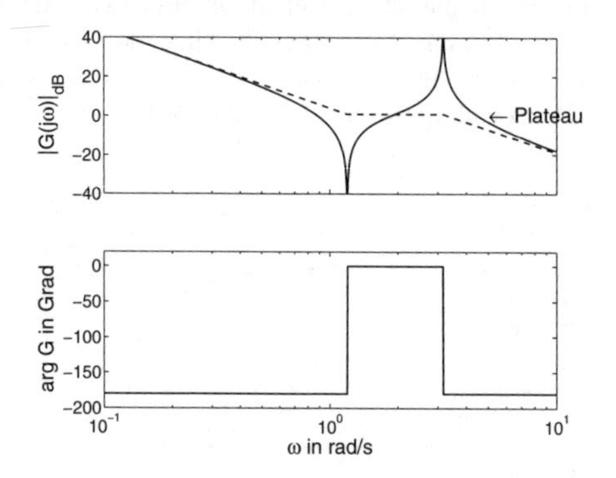

Abb. 6.49: Bodediagramm zur Übertragungsfunktion (6.129)

In der Nähe der Knickfrequenzen hat der wahre Amplitudengang eine unendlich große Resonanzabsenkung bzw. Resonanzüberhöhung. Der Phasengang wechselt für die ungedämpften Anteile seinen Wert abrupt von -180° auf null und zurück zu -180°.

3. Wenn die zu den schwingungsfähigen Anteilen der Übertragungsfunktion (6.129) gehörenden Frequenzen näher zusammenrücken, so wird das Plateau schmäler. Abbildung 6.50 zeigt das Bodediagramm für die Übertragungsfunktion

$$G(s) = \frac{1{,}6}{s^2}\frac{0{,}41s^2+1}{0{,}33s^2+1} \tag{6.130}$$

das ein konjugiert komplexes Polpaar bei $\pm j1{,}75$ sowie Nullstellen bei $\pm j1{,}57$ hat. □

In Bezug auf das Zustandsraummodell sollte man sich merken, dass die Knickfrequenzen des Nenners für reelle Pole gerade mit den Beträgen der zugehörigen Eigenwerte λ_i der Systemmatrix $\boldsymbol{A}$ übereinstimmen.

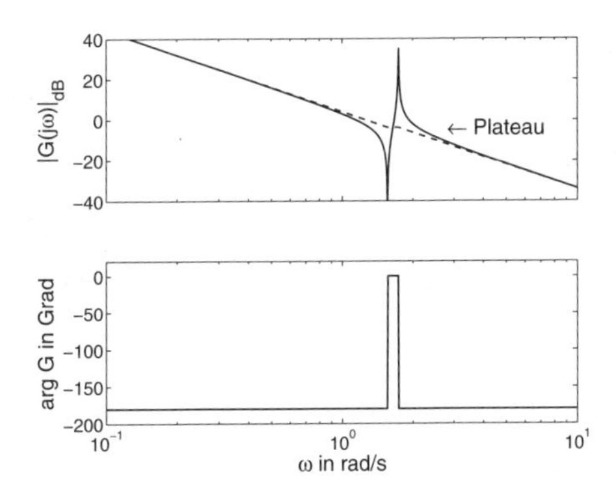

Abb. 6.50: Bodediagramm des Systems (6.130)

Für sehr hohe Frequenzen wird die durch das System bewirkte Phasenverschiebung durch den Polüberschuss bestimmt, denn es gilt

$$\lim_{\omega \to \infty} \phi(\omega) = (q - n)\, 90^o,$$

sofern alle Pole und Nullstellen negative Realteile haben. Sie ist der Grund dafür, dass der Polüberschuss als ein Maß für die Verzögerung betrachtet werden kann, die das Eingangssignal beim Durchlaufen des Systems erfährt. Dementsprechend wirken Systeme mit großem Polüberschuss sehr stark verzögernd, während Systeme, die zwar eine sehr hohe dynamische Ordnung haben können, aber nur einen kleinen Polüberschuss besitzen, wenig verzögernd wirken. Diese Aussagen gelten, wie in der Formel angegeben, für sehr hohe Frequenzen.

Für eine Reihe weiterer Übertragungsglieder sind die Übergangsfunktion, die Übertragungsfunktion und die grafische Darstellung des Frequenzganges als Ortskurve und als Bodediagramm in Abb. 6.51 zusammengestellt. Gleichzeitig ist das geläufige Blockschaltbild angegeben, in dem der Charakter des Elementes durch eine stilisierte Übergangsfunktion angegeben ist.

Aufgabe 6.23 *Amplitudengang für gebrochen rationale Übertragungsfunktionen*

Gegeben sind zwei Systeme mit den Übertragungsfunktionen

$$G(s) = \frac{10}{s(5s+1)(20s+1)}$$

und

$$G(s) = \frac{s+3}{(s+1)(s+10)}.$$

Konstruieren Sie die Geradenapproximationen der Bodediagramme beider Systeme. □

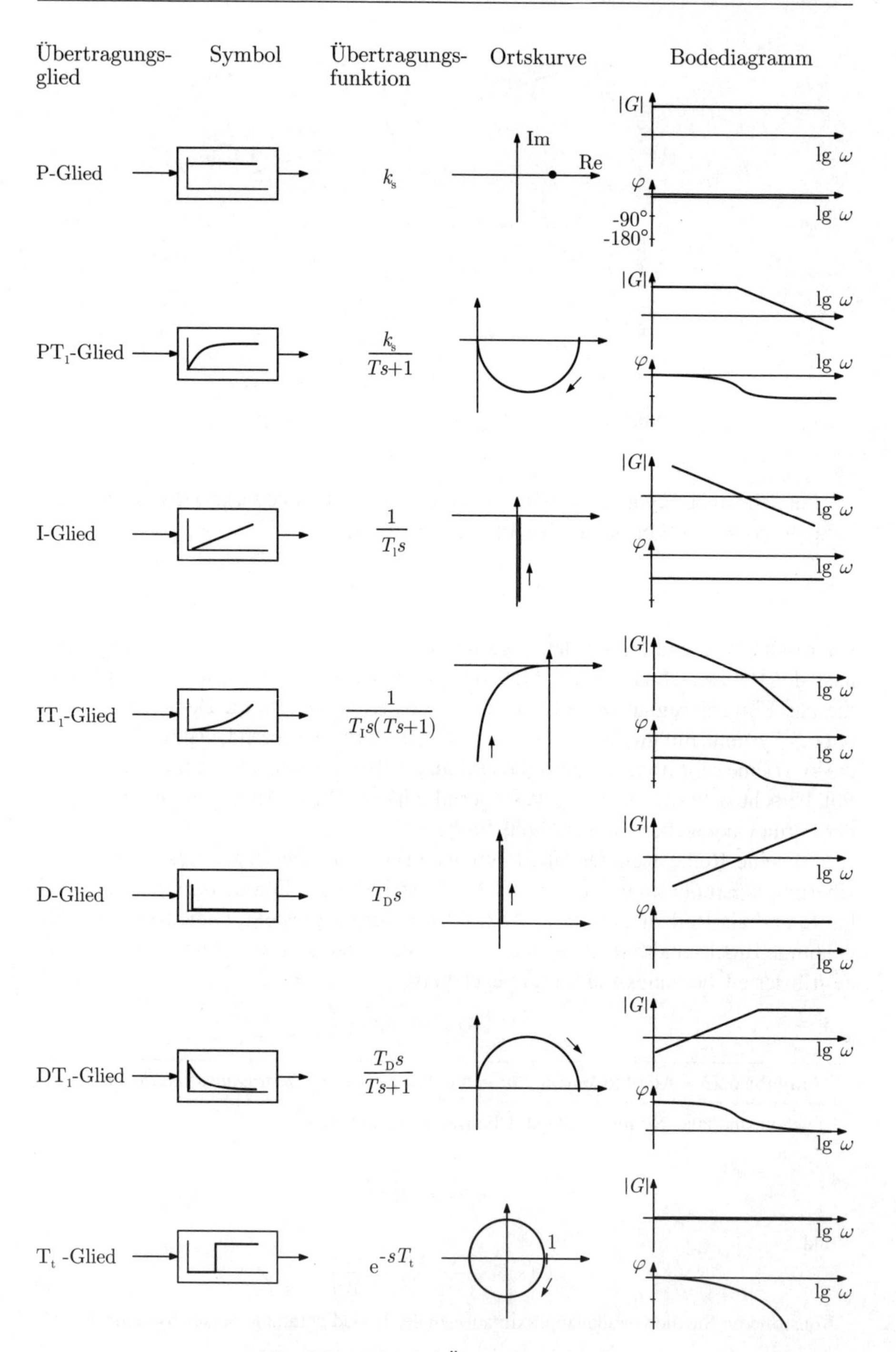

Abb. 6.51: Wichtige Übertragungsglieder

Aufgabe 6.24* *Bestimmung der Übertragungsfunktion aus dem Amplitudengang*

In der Praxis ist häufig die Aufgabe zu lösen, aus einem gegebenen Amplitudengang die Übertragungsfunktion (wenigstens näherungsweise) abzulesen. Diese Aufgabe soll hier an zwei Beispielen gelöst werden.

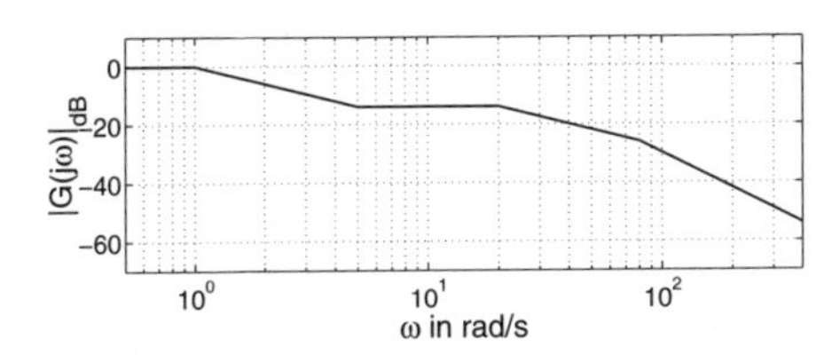

Abb. 6.52: Geradenapproximation eines Amplitudenganges

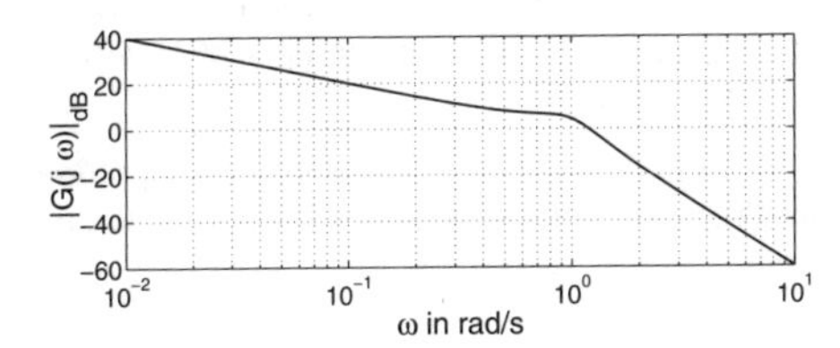

Abb. 6.53: Amplitudengang eines hydraulischen Ruderstellsystems

1. Gegeben ist der in Abb. 6.52 gezeigte Amplitudengang, für den bereits eine Geradenapproximation vorliegt. Es ist bekannt, dass das betrachtete System stabil ist und nur Nullstellen mit negativem Realteil besitzt. Wie heisst die Übertragungsfunktion dieses Systems?
2. Abbildung 6.53 zeigt den Amplitudengang des in Aufgabe 10.9 auf S. 434 genauer beschriebenen hydraulischen Ruderstellsystems. Welche Übertragungsfunktion hat dieses System? □

Aufgabe 6.25* *Bodediagramm eines Feder-Masse-Schwingers*

Zeichnen Sie das Bodediagramm des Feder-Masse-Schwingers aus Beispiel 4.2 auf S. 53 mit den im Beispiel 6.1 auf S. 206 gegebenen Parametern. Bestimmen Sie diejenigen Punkte des Amplitudenganges, die zu den im Beispiel 6.1 auf S. 206 verwendeten Frequenzen gehören. □

Aufgabe 6.26* *Bodediagramm der Verladebrücke*

Die im Beispiel 5.1 auf S. 115 beschriebene Verladebrücke hat bezüglich der auf die Laufkatze wirkende Kraft F als Eingangsgröße und die Position s des Greifers als Ausgangsgröße die Übertragungsfunktion

$$G(s) = \frac{0{,}00123}{s^4 + 3{,}066 s^2}. \tag{6.131}$$

Zeichnen Sie das Bodediagramm. □

Aufgabe 6.27** *Dynamik der Rollbewegung eines Flugzeugs*

Für die Rollbewegung eines Flugzeugs wurde in Beispiel 5.6 auf S. 135 ein Modell angegeben.

1. Zeichnen Sie den qualitativen Verlauf des Amplitudenganges, des Phasenganges und der Ortskurve.
2. Wie verändert sich das Modell, wenn das auf die Rollbewegung wirkende geschwindigkeitsproportionale Dämpfungsmoment berücksichtigt wird, das auf Grund des Luftwiderstandes auf die Flügel wirkt?
3. Wie verändern sich dadurch das Frequenzkennliniendiagramm und die Ortskurve in Abhängigkeit vom Proportionalitätsfaktor des Dämpfungsmomentes? □

Aufgabe 6.28** *Konstruktion des Amplitudenganges aus dem Zustandsraummodell*

Gegeben ist das Zustandsraummodell

$$\begin{aligned} \dot{\boldsymbol{x}} &= \begin{pmatrix} -3 & 0 \\ 1 & -8 \end{pmatrix} \boldsymbol{x} + \begin{pmatrix} 1 \\ 0 \end{pmatrix} u \\ y &= (0 \quad 1)\, \boldsymbol{x}. \end{aligned}$$

1. Aus welchen Übertragungsgliedern setzt sich dieses System zusammen?
2. Wie können die Knickfrequenzen abgelesen werden?
3. Zeichnen Sie die Geradenapproximation des Amplitudenganges dieses Systems, ohne vorher den Frequenzgang explizit auszurechnen. Welche spezielle Eigenschaft des Modells können Sie ausnutzen? □

6.7.6 Allpassglieder und nichtminimalphasige Systeme

Allpassglieder. Übertragungsglieder, die alle Frequenzen in gleicher Weise verstärken

$$|G(j\omega)| = 1 \quad \text{für alle } \omega, \tag{6.132}$$

werden Allpassglieder genannt. Diese Glieder verändern nur die Phasenlage sinusförmiger Signale.

Allpasssysteme mit gebrochen rationaler Übertragungsfunktion sind dadurch gekennzeichnet, dass es – abgesehen von Polen $s_i = 0$ – zu jeder Nullstelle $s_{0i} = \delta_i + j\omega_i$ einen Pol $s_i = -\delta_i + j\omega_i$ mit „entgegengesetztem" Realteil gibt und umgekehrt. Die Pole und Nullstellen liegen im PN-Bild also symmetrisch zur Imaginärachse. Die Übertragungsfunktion kann deshalb in der Form

$$G_{\mathrm{A}}(s) = \frac{s - s_{01}}{s - s_1} \frac{s - s_{02}}{s - s_2} \dots \frac{s - s_{0n}}{s - s_n} \tag{6.133}$$

geschrieben werden, wobei die Pole und Nullstellen jedes Bruches die erwähnte Eigenschaft besitzen.

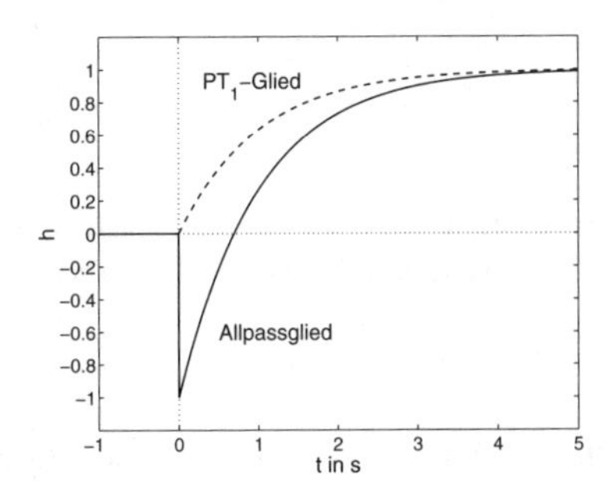

Abb. 6.54: Übergangsfunktion des Allpassgliedes $G_{\mathrm{A}}(s) = \frac{-Ts+1}{Ts+1}$ im Vergleich zu der des PT$_1$-Gliedes $\frac{1}{Ts+1}$

Für das einfachste Allpassglied

$$G_{\mathrm{A}}(s) = \frac{-Ts + 1}{Ts + 1}$$

erkennt man aus

$$|G_{\mathrm{A}}(j\omega)| = \sqrt{\frac{\omega^2 T^2 + 1}{\omega^2 T^2 + 1}} = 1,$$

dass die Bedingung (6.132) eingehalten wird und das Glied lediglich die Phasendrehung

$$\arg G_{\mathrm{A}}(j\omega) = \arctan \frac{2\omega T}{\omega^2 T^2 - 1} \approx \begin{cases} \arctan 2\omega T & \text{für } \omega T \ll 1 \\ \arctan \frac{2}{\omega T} & \text{für } \omega T \gg 1 \end{cases}$$

bewirkt. Das Allpassglied wirkt verzögernd, wie aus seiner in Abb. 6.54 angegebenen Übergangsfunktion zu sehen ist. Typisch ist, dass das Allpassglied für eine sprungförmige Erregung zunächst in die „falsche" Richtung reagiert, d. h., für kleine Zeiten hat die Übergangsfunktion ein negatives Vorzeichen. Diese Eigenschaft überträgt sich auf Systeme der Form

$$G(s) = \hat{G}(s)\, G_{\mathrm{A}}(s),$$

die aus einem Allpassglied $G_{\mathrm{A}}(s)$ und einem Systemteil $\hat{G}(s)$ ohne Allpassanteil bestehen. Für den Systemteil $\hat{G}(s)$ wird später noch die Bezeichnung „minimalphasiges System“ eingeführt. Abbildung 6.55 zeigt einen Vergleich der Übergangsfunktion eines Systems mit und ohne Allpassanteil.

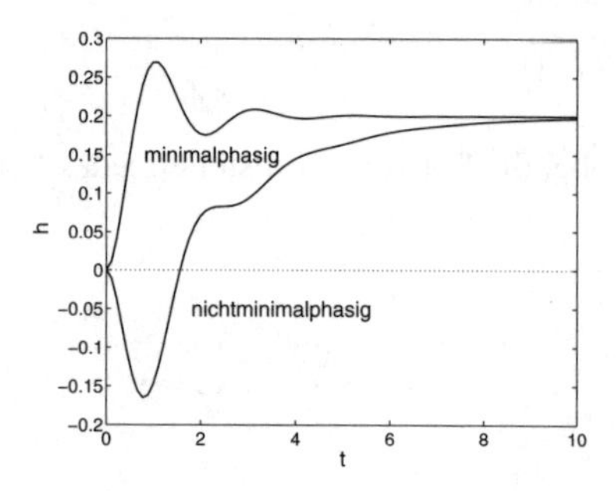

Abb. 6.55: Übergangsfunktion eines minimalphasigen Systems und der Reihenschaltung dieses Systems mit einem Allpassglied $G_{\mathrm{A}}(s) = \frac{-Ts+1}{Ts+1}$

Totzeitglied. Ein wichtiges Allpassglied ist das Totzeitglied (5.136). Es hat die Übertragungsfunktion

$$G(s) = \mathrm{e}^{-sT_{\mathrm{t}}}, \tag{6.134}$$

wie man anhand des Verschiebungssatzes (6.51) der Laplacetransformation berechnen kann. Für dieses System gilt außer Gl. (6.132) die Phasenbeziehung

$$\arg G(j\omega) = -\omega T_{\mathrm{t}} = -\frac{\omega}{\omega_0}, \tag{6.135}$$

wobei $\omega_0 = \frac{1}{T_{\mathrm{t}}}$ gilt. Im Frequenzkennliniendiagramm liegt der Amplitudengang auf der 0dB-Achse, während die Phase von 0° stetig abnimmt (Abb. 6.56). Die Ortskurve verläuft auf dem Einheitskreis, der für steigende Frequenz ω beliebig oft „umrundet“ wird.

In Reihenschaltung mit anderen Übertragungsgliedern führt ein Totzeitglied zu einer Ortskurve, die den Ursprung der komplexen Ebene häufig umrunden, wie Abb. 6.57 (oben links) für die Reihenschaltung eines PT_1- und eines Totzeitgliedes

$$G(s) = \frac{1}{s+1}\mathrm{e}^{-10s}$$

zeigt. Die zugehörige Übergangsfunktion ist darunter zu sehen.

Dass Totzeitglieder zu überraschenden Ortskurven führen können, wird durch die Parallelschaltung

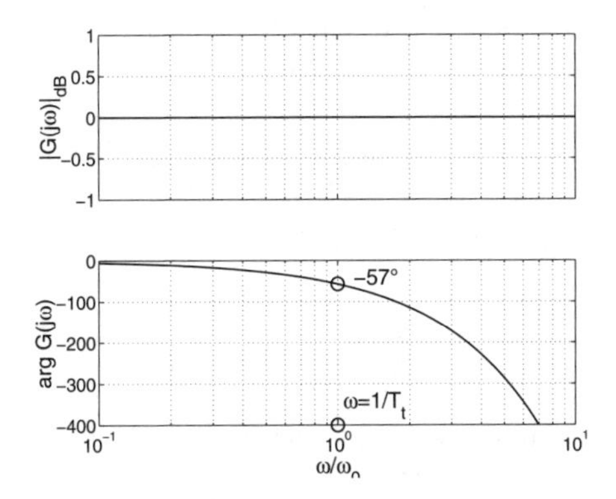

Abb. 6.56: Bodediagramm des Totzeitgliedes

$$G(j\omega) = \mathrm{e}^{-60s} + \frac{1}{(s+\frac{1}{2})(s+\frac{1}{3})(s+\frac{1}{4})} \tag{6.136}$$

eines Totzeitgliedes mit einem PT_3-Glied illustriert. Auf Grund der Phasenverschiebung des Totzeitgliedes verläuft die Ortskurve in den in Abb. 6.57 (oben rechts) gezeigten Schlaufen und geht für hohe Frequenzen in den Einheitskreis über, was in der Abbildung aus Gründen der Übersichtlichkeit weggelassen ist. Der Übergangsfunktion des PT_3-Gliedes ist nach Ablauf der Totzeit ein sprungförmiger Anteil überlagert (Abb. 6.57 (unten rechts)).

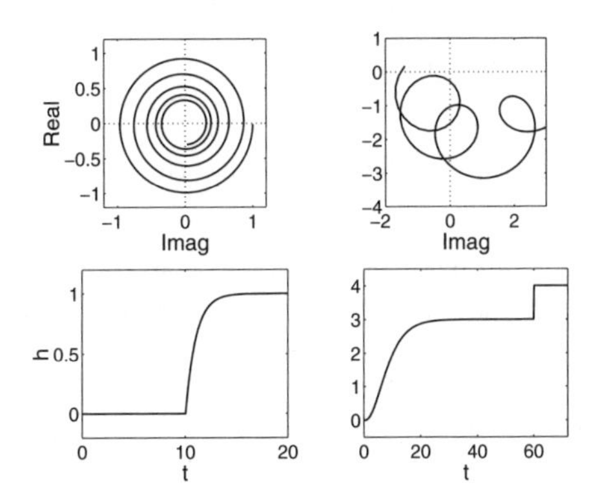

Abb. 6.57: Ortskurven und Übergangsfunktionen zweier totzeitbehafteter Systeme

Während sich alle totzeitfreien Systeme durch gebrochen rationale Übertragungsfunktionen beschreiben lassen, sprengen Totzeitglieder diese Systemklasse. Da dies für einige Analyse- und Entwurfsverfahren unzweckmäßig ist, behilft man sich häufig damit, das Totzeitglied durch ein Glied mit gebrochen rationaler Übertragungsfunktion zu approximieren. Die erste Möglichkeit der Approximation resultiert aus der Definitionsgleichung der e-Funktion

$$\mathrm{e}^{\,x} = \lim_{n\to\infty} \left(\frac{1}{1-\frac{x}{n}}\right)^n,$$

wobei man für x den Ausdruck $-sT_{\mathrm{t}}$ einsetzt. Es gilt

$$\mathrm{e}^{\,-sT_{\mathrm{t}}} = \lim_{n\to\infty} \left(\frac{1}{\frac{T_{\mathrm{t}}}{n}s+1}\right)^n \approx \frac{1}{(\frac{T_{\mathrm{t}}}{n}s+1)^n}. \tag{6.137}$$

Diese Übertragungsfunktion beschreibt eine Reihenschaltung von n PT_1-Gliedern mit der Zeitkonstante $\frac{T_{\mathrm{t}}}{n}$. Je größer n gewählt wird, desto besser ist die Approximation, desto größer ist allerdings auch die dynamische Ordnung des Näherungsmodells. Diese Tatsache wird aus den in Abb. 6.58 gezeigten Übergangsfunktionen des Totzeitgliedes und der PT_n-Näherungen deutlich.

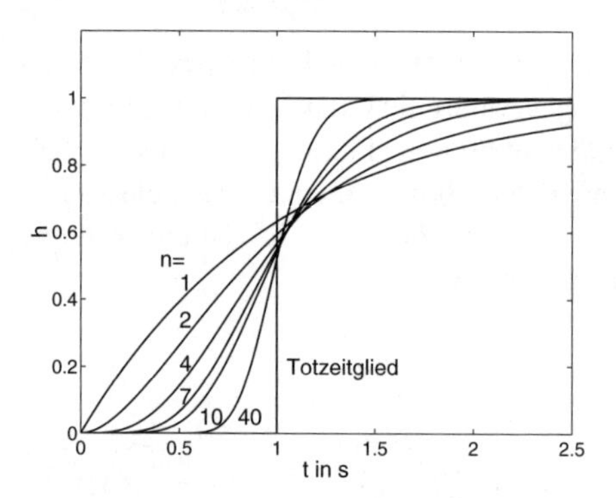

Abb. 6.58: Übergangsfunktion von PT_n-Näherungen des Totzeitgliedes

Die zweite Möglichkeit der Approximation von Totzeitgliedern verwendet die *Padéentwicklung* der e-Funktion in gebrochen rationale Funktionen mit Zählergrad q und Nennergrad n. Daraus entstehen z. B.

$$\text{für } q=0 \text{ und } n=1 \quad \mathrm{e}^{\,-sT_{\mathrm{t}}} \approx \frac{1}{T_{\mathrm{t}}s+1} \qquad (\mathrm{PT}_1\text{-Glied})$$

$$\text{für } q=1 \text{ und } n=1 \quad \mathrm{e}^{\,-sT_{\mathrm{t}}} \approx \frac{-\frac{T_{\mathrm{t}}}{2}s+1}{\frac{T_{\mathrm{t}}}{2}s+1} \qquad (\text{Allpassglied})$$

$$\text{für } q=0 \text{ und } n=2 \quad \mathrm{e}^{\,-T_{\mathrm{t}}s} \approx \frac{1}{T_{\mathrm{t}}s^2+\frac{T_{\mathrm{t}}^2}{2}s+1} \qquad (\mathrm{PT}_2\text{-Glied}).$$

Approximationen durch gebrochen rationale Funktionen höheren Grades können Tabellenbüchern entnommen werden. Auch bei diesem Weg der Approximation erhält man Näherungen mit akzeptabler Genauigkeit nur für hinreichend große Systemordnung n.

Minimalphasige Systeme. Im Folgenden werden wieder ausschließlich Systeme betrachtet, deren Übertragungsfunktion gebrochen rational ist. Der Frequenzgang kann in der Produktform durch

$$G(j\omega) = \frac{k}{(j\omega)^l} \frac{\prod_{i=1}^{q} (j\omega T_{0i} + 1)}{\prod_{i=1}^{n-l} (j\omega T_i + 1)} \tag{6.138}$$

dargestellt werden, wobei ein l-facher Pol bei null durch den ersten Term beschrieben wird. Es stellt sich die Frage, ob aus einem gegebenen Amplitudengang eines solchen Systems eindeutig der dazugehörige Phasengang konstruiert werden kann, z. B. indem der Steigung des Amplitudenganges von $z \cdot 20$ dB/Dekade eine Phase von $z \cdot 90^o$ zugeordnet wird, wobei z eine beliebige ganze Zahl ist.

Die Betrachtungen der Allpassglieder haben gezeigt, dass dies i. Allg. nicht möglich ist, denn unterschiedliche Allpassglieder haben zwar einen gemeinsamen Amplitudengang, jedoch unterschiedliche Phasengänge. Man kann sich jedoch leicht überlegen, dass sich alle Systeme, die denselben durch $|\hat{G}(j\omega)|$ gegebenen Amplitudengang haben, nur um einen Allpassanteil $G_{\mathrm{A}}(j\omega)$ unterscheiden können und folglich

$$G(j\omega) = \hat{G}(j\omega)\, G_{\mathrm{A}}(j\omega)$$

gilt, denn Allpassglieder sind ja gerade dadurch definiert, dass sie nur die Phase und nicht die Amplitude ändern.

Von besonderem Interesse ist dasjenige System, das zu einem gegebenen Amplitudengang die minimale Phase hat. Es wird durch folgende Definition gegeben:

> *Minimalphasige Systeme* (Minimalphasensysteme) sind Systeme der Form (6.138) mit positivem Faktor k, die keine Pole und Nullstellen mit nichtnegativem Realteil haben (außer l Polen bei null).

Derartige Systeme sind bei Verwendung der Produktform (6.138) daran zu erkennen, dass keiner der Parameter k, T_i und T_{0i} negativ ist.

Für minimalphasige Systeme kann aus dem Amplitudengang der Phasengang konstruiert werden. Für die Geradenapproximation gilt das bereits Gesagte: Der Steigung des Amplitudenganges von $z \cdot 20$ dB/Dekade wird eine Phase von $z \cdot 90^o$ zugeordnet, einem reinen D-Glied ($z = 1$) also 90°, einem I-Glied -90° ($z = -1$), einem PT_1-Glied für Frequenzen unterhalb der Knickfrequenz 0° ($z = 0$) Phasenverschiebung, oberhalb der Knickfrequenz -90° ($z = -1$) Phasenverschiebung usw.

Nichtminimalphasige Systeme. Aus den vorhergehenden Erläuterungen wird offensichtlich, dass sich jede Übertragungsfunktion in einen minimalphasigen und einen Allpassanteil zerlegen lässt:

$$G(s) = \hat{G}(s)\, G_{\mathrm{A}}(s).$$

Tritt ein Allpassanteil auf, so liegt ein nichtminimalphasiges System vor. Lässt sich kein Allpassanteil abspalten, so ist das System minimalphasig.

In welchen Situationen ein nichtminimalphasiges Verhalten auftritt, kann man sich anhand der Übertragungsfunktion des Allpassgliedes

$$G_{\mathrm{A}}(s) = \frac{-Ts+1}{Ts+1} = \frac{1}{Ts+1} - \frac{Ts}{Ts+1}$$

überlegen. Das Allpassglied besteht aus einer Parallelschaltung eines PT_1-Gliedes mit der Zeitkonstante T und einem DT_1-Glied (Abb. 6.59). Die Ausgangssignale beider Übertragungsglieder werden subtrahiert.

Die Übergangsfunktion der beschriebenen Parallelschaltung setzt sich aus einer schnellen Reaktion des DT_1-Gliedes mit negativem Vorzeichen und einer langsameren Reaktion des PT_1-Gliedes zusammen (Abb. 6.54). Dem Charakter eines DT_1-Gliedes entsprechend beeinflusst dieses Übertragungsglied die Übergangsfunktion der Parallelschaltung nur für kleine Zeiten, also etwa im Zeitintervall $0 < t < 3T$. Insbesondere hat es keinen Einfluss auf die statische Verstärkung. Das Verhalten bei großen Zeiten ist im Wesentlichen durch das PT_1-Glied bestimmt.

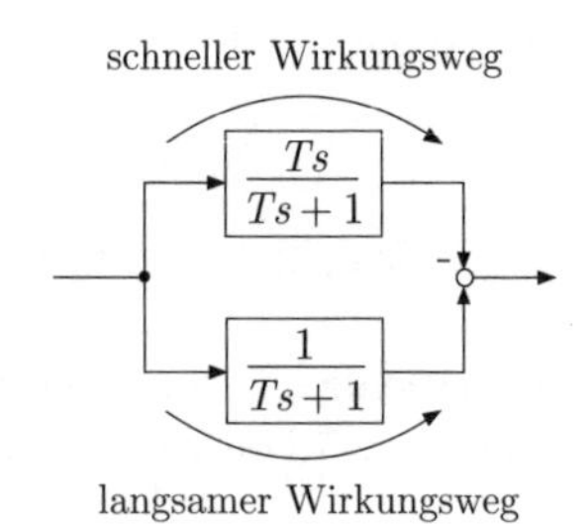

Abb. 6.59: Wirkung eines Allpassgliedes

Allpassglieder treten also stets dort auf, wo die Eingangsgröße zwei Wirkungsketten anregt, von denen die eine schnell und mit negativem Vorzeichen den Ausgang y beeinflusst, während die andere langsam und mit positivem Vorzeichen wirkt. Bei derartigen Systemen ist häufig die langsame Wirkungskette diejenige, die durch die Eingangsgröße angeregt werden soll, während die schnelle, negative Wirkung unbeabsichtigt, jedoch bei der Regelung unbedingt zu beachten ist.

Diese Betrachtungen zum Allpassglied kann man auf allgemeine nichtminimalphasige Systeme erweitern. An Stelle der beiden Übertragungsglieder besitzen derartige Systeme typischerweise zwei (oder mehrere) parallele Wirkungsketten vom Eingangs- zum Ausgangssignal. Diese Wirkungsketten sind unterschiedlich schnell und wirken in entgegengesetzter Weise auf das Ausgangssignal. Die das Ausgangssignal in negative Richtung beeinflussende Wirkungskette mit D-Charakter führt auf eine schnelle Antwort des Systems, hat aber nur einen kleinen Einfluss auf das statische Verhalten. Die Wirkungskette mit positivem Vorzeichen beeinflusst die sich längerfristig einstellende Ausgangsgröße. Natürlich können die Vorzeichen auch vertauscht sein.

Beispiel 6.7 *Nichtminimalphasenverhalten bei Wasserkraftwerken*

Abbildung 6.60 zeigt die drei wichtigsten Elemente eines Wasserkraftwerkes. Aus einem Stausee wird das Wasser über eine Rohrleitung zur Turbine befördert, über die es einen Generator antreibt. Diese Anordnung wird in Bezug auf eine Leistungsregelung betrachtet, bei der die Ventilstellung $u(t)$ des Einlaßventils die Stellgröße und die von der Turbine bzw. dem Generator abgegebene Leistung $y(t) = p_{\rm kin}(t)$ die Regelgröße darstellt.

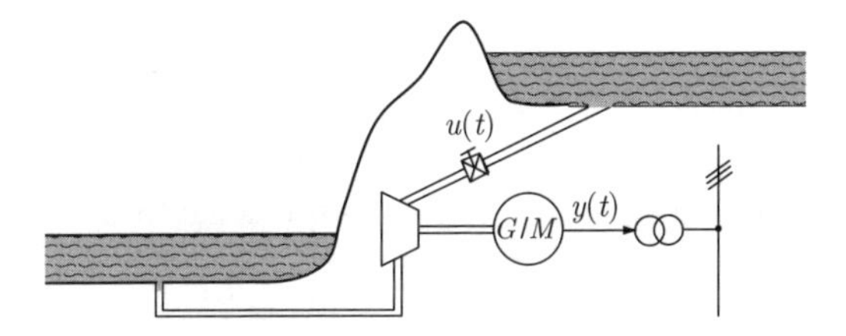

Abb. 6.60: Wasserkraftwerk

Öffnet man das Ventil etwas weiter, so erwartet man, dass mehr Wasser die Turbine antreibt und sich folglich die Leistung erhöht. Bei einer linearen Betrachtung beträgt die durch eine 10%-ige Vergrößerung der Ventilöffnung bewirkte Leistungserhöhung ebenfalls 10%, so dass die Übertragungsfunktion des Wasserkraftwerkes die statische Verstärkung $G(0) = 1$ hat.

Wie die folgenden Betrachtungen zeigen, wird diese langfristig wirkende Wirkungskette jedoch kurzfristig von einer anderen, entgegengesetzt wirkenden Beziehung überlagert. Die von der Turbine abgegebene Leistung hängt im Wesentlichen von der pro Zeiteinheit vom Wasser auf die Turbinenschaufeln abgegebenen kinetischen Energie ab, die sich entsprechend

$$p_{\rm kin}(t) = \frac{d}{dt}\frac{m(t)}{2}v(t)^2$$

aus der auf die Schaufeln strömenden Wassermasse m und der Wassergeschwindigkeit v berechnet. Die stationären Werte zur Zeit $t < 0$ werden mit einem Querstrich versehen

$$\bar{p}_{\rm kin} = \frac{\dot{\bar{m}}}{2}\bar{v}^2,$$

wobei mit $\dot{\bar{m}}$ die pro Zeiteinheit die Turbine antreibende Wassermasse bezeichnet.

Um die dynamischen Verhältnisse zu untersuchen, wird angenommen, dass zur Zeit $t = 0$ die Ventilöffnung sprungförmig um 10% vergrößert wird. Wenn man den Strömungswiderstand der Rohrleistung vernachlässigt, wird durch diese Maßnahme der Massenstrom für $t \to \infty$ um 10% erhöht, so dass erwartungsgemäß

$$p_{\rm kin}(\infty) = \frac{1{,}1\,\dot{\bar{m}}}{2}\,\bar{v}^2 = 1{,}1\,\bar{p}_{\rm kin}$$

gilt. Zur Zeit $t = 0$ kann sich jedoch der durch die Rohrleitung fließende Massenstrom $\dot{m}v$ nicht sprungförmig ändern. Folglich nimmt auf Grund des gestiegenden Ventilquerschnitts der Massenstrom zu, aber die Fließgeschwindigkeit des Wassers ab:

$$v(+0) = \frac{\dot{m}(-0)}{\dot{m}(+0)}\,\bar{v} = \frac{\bar{m}}{1{,}1\bar{m}}\,\bar{v} = 0{,}91\,\bar{v}.$$

Damit *verkleinert* sich die kinetische Energie und folglich die Turbinenleistung auf

$$p_{\text{kin}}(+0) = \frac{\bar{m}}{2}v(+0)^2 = 0{,}83\,\bar{p}_{\text{kin}}.$$

Die Leistung verändert sich also zunächst in der „verkehrten" Richtung.

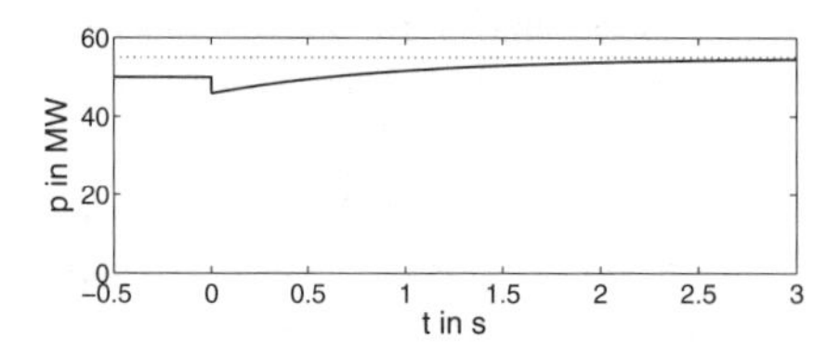

Abb. 6.61: Verhalten des Wasserkraftwerkes bei Lasterhöhung von 50 MW auf 55 MW

Langfristig vergrößert sich der Massenstrom durch die Rohrleitung und damit die Turbinenleistung auf den o. g. Endwert $p_{\text{kin}}(\infty)$. Wie lange dies dauert, kann man dadurch abschätzen, dass man eine Ausbreitungsgeschwindigkeit der Druckwelle im Rohr von $300\,\frac{\text{m}}{\text{s}}$ (Schallgeschwindigkeit) annimmt und damit bei einer Rohrlänge von 900 m auf eine Zeit von 3 s kommt. Bei einer Approximation dieses Zusammenhanges durch ein PT_1-Glied kann man folglich mit einer Zeitkonstante von 1 s rechnen.

Zusammengefasst erhält man für die Übertragungsfunktion des Kraftwerkes die Beziehung

$$G(s) = \frac{P_{\text{kin}}(s)}{U(s)} = \frac{-0.83s + 1}{s + 1}.$$

Das mit diesem Modell berechnete Verhalten für die hier diskutierte Öffnung des Ventilquerschnittes um 10% ist in Abb. 6.61 zu sehen.

Dieses Verhalten ist als Druckstoßverhalten dem Praktiker bekannt. Es ist der Grund dafür, dass man Wasserturbinen i. Allg. nicht nur durch Verstellung des Einlaßventils vor der Turbine regelt, sondern auch die Strahlführung verändert und damit dem Nichtminimalphasenverhalten entgegenwirkt. □

Beispiel 6.8 *Nichtminimalphasenverhalten eines Dampferzeugers*

Nichtminimalphasiges Verhalten tritt bei Dampferzeugern auf, wenn man die Frischwasserzufuhr als Eingangsgröße und den Druck des produzierten Dampfes als Ausgangsgröße betrachtet. Etwas vereinfacht dargestellt verkleinert eine Erhöhung der Wasserzufuhr das Volumen des Dampfes und führt deshalb zunächst zu einer Druckerhöhung. Langfristig wirkt jedoch eine andere Wirkungskette. Die Erhöhung der Frischwasserzufuhr (bei konstanter Brennstoffzufuhr) führt zum Absinken der Dampftemperatur und deshalb zum Absinken des Druckes. Das Verhalten ähnelt dem in Abb. 6.55 dargestellten. Man muss die für das nichtminimalphasige System angegebene Kurve nur an der Zeitachse spiegeln, denn die statische Verstärkung ist negativ, weil eine Erhöhung der Wasserzufuhr letztlich zu einer Verkleinerung des Druckes führt. □

Aufgabe 6.29 *RC-Glied mit nichtminimalphasigem Verhalten*

Geben Sie ein einfaches RC-Glied an, das nichtminimalphasiges Verhalten hat. □

Aufgabe 6.30 *Nichtminimalphasiges Verhalten von Flugzeugen*

Betrachten Sie das Verhalten des Flugzeugs bei einer Veränderung des Höhenruders. Eingangsgröße ist der Winkel des Höhenruders, Ausgangsgröße die Höhe des Schwerpunktes des Flugzeugs über dem Boden. Geben Sie eine physikalische Erklärung, warum das Übertragungsverhalten des Flugzeugs bezüglich dieser Signale nichtminimalphasig ist? □

Aufgabe 6.31* *Übertragungsfunktion eines Gleichstrommotors*

Für den in Abb. 5.12 dargestellten Gleichstrommotor wurden auf S. 125 die Gleichungen (5.43) – (5.47) angegeben.

1. Zeichnen Sie ein Blockschaltbild für den Motor mit Eingangsgröße $u(t) = u_{\mathrm{A}}(t)$ und Ausgangsgröße $y(t) = n(t)$, in dem jede der angegebenen Gleichungen durch einen Block repräsentiert wird.
   (Hinweis: Überlegen Sie sich zuerst, welche Wirkungskette von der angelegten Spannung zur Drehzahl führt. Diese Wirkungskette muss sich im Blockschaltbild wiederfinden lassen.)
2. Interpretieren Sie die interne Rückführung, die aus dem Blockschaltbild offensichtlich wird. Repräsentiert sie einen Regler?
3. Schreiben Sie die Übertragungsfunktionen in die Blöcke und fassen Sie das Blockschaltbild schrittweise zusammen, um die Übertragungsfunktion des Motors zu ermitteln. Welchen Charakter hat der Motor?
4. Wie verändern sich Blockschaltbild und Charakter des Übertragungsverhaltens des Motors, wenn an Stelle der Drehzahl der Drehwinkel $\phi(t)$ als Ausgangsgröße betrachtet wird?
5. Welche Pole und Nullstellen und welche statische Verstärkung besitzt der Motor für die auf S. 125 angegebenen Parameter? Hat der Motor ein minimalphasiges Verhalten? Skizzieren Sie das Bodediagramm. □

Aufgabe 6.32* *Klassifikation von Systemen anhand des Frequenzkennliniendiagramms*

In Abb. 6.62 sind die Frequenzkennliniendiagramme der vier Systeme

$$G(s) = \frac{100(s+1)(s+3)}{4s(s+10)(s+5)} \qquad G(s) = \frac{0{,}25s}{0{,}5s+1}\mathrm{e}^{-5s}$$

$$G(s) = \frac{1000}{(s+0{,}1)(s+1)(s+2)(s+10)} \qquad G(s) = \frac{s(s+2)}{s^2+4s+8}$$

dargestellt. Ordnen Sie die Übertragungsfunktionen den Diagrammen zu und zeichnen Sie die zugehörigen Ortskurven. □

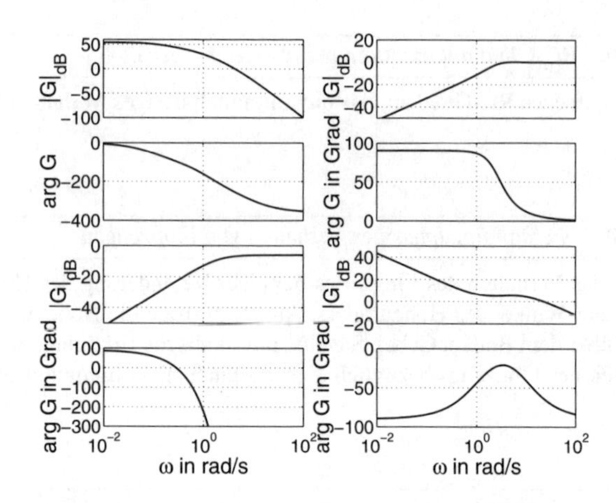

Abb. 6.62: Frequenzkennliniendiagramme von vier Systemen

Aufgabe 6.33 *Pole und Nullstellen einfacher Systeme*

Berechnen Sie von folgenden Systemen die Pol-Nullstellen-Form der Übertragungsfunktion und untersuchen Sie, unter welchen Bedingungen Pole bzw. Nullstellen positiven Realteil haben können.

- Parallelschaltung zweiter PT_1-Glieder
- Sprungfähiges System erster Ordnung
- Gleichstrommotor aus Aufgabe 6.31.

Wie sieht die Übergangsfunktion des sprungfähigen Systems erster Ordnung aus, dessen Nullstelle positiv ist? □

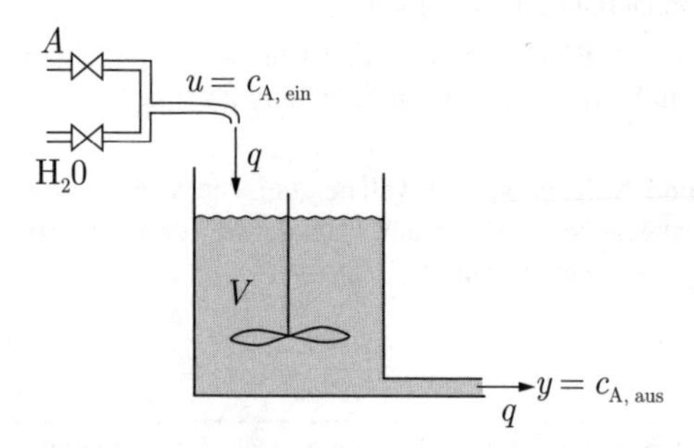

Abb. 6.63: Kontinuierlich durchflossener Reaktor

Aufgabe 6.34 *Stoffkonzentration in einem Behälter*

Ein kontinuierlich durchflossener Reaktor („Kontireaktor") mit dem Volumen V wird von einer Flüssigkeit mit konstanten Durchfluss q durchströmt. Die Konzentration des Stoffes

A am Zulauf ist die Eingangsgröße. Sie wird durch eine entsprechende Dosierung des Stoffes A und der Wasserzufuhr über die beiden in der Abbildung gezeigten Ventile erreicht. Der Behälter wird als homogen durchmischt betrachtet. Ausgangsgröße ist die am Auslauf gemessene Stoffkonzentration.

1. Welchen Charakter hat diese System? Geben Sie als Begründung Ihrer Antwort die Übertragungsfunktion an. Welche Pole und Nullstellen können Sie aus der Übertragungsfunktion ablesen? Wie sehen Übergangsfunktion, Bodediagramm und Ortskurve aus?
2. Was verändert sich, wenn der Behälter durch zwei nacheinander durchflossene Behälter mit Volumen $\frac{V}{2}$ ersetzt wird?
3. Welchen Charakter hat das Übertragungsverhalten, wenn eine große Zahl n kleinerer Behälter mit Volumen $\frac{V}{n}$ verwendet wird? (Hinweis: Beachten Sie die Beziehung (6.137).) □

6.8 MATLAB-Funktionen für die Systemanalyse im Frequenzbereich

Die gebrochen rationale Übertragungsfunktion

$$G(s) = \frac{Z(s)}{N(s)}$$

wird in MATLAB durch Vektoren z und n dargestellt, in denen die Polynomkoeffizienten der Polynome $Z(s)$ bzw. $N(s)$ in Richtung fallender Exponenten enthalten sind. Für das System

$$G(s) = \frac{6}{(T^2s^2 + 2dTs + 1)(T_3s + 1)} = \frac{6}{2s^3 + 3s^2 + 3s + 1}$$

(mit $T = 1$, $d = 0{,}5$ und $T_3 = 2$) notiert man Zähler- und Nennerpolynom also wie folgt

```
>> z = [6];
>> n = [2 3 3 1];
```

und fasst es zu einem System mit dem Namen System durch

```
>> System = tf(z, n);
```

zusammen. Andererseits können Zähler- und Nennerpolynom durch die Anweisung

```
>> [z, n] = tfdata(System, 'v');
```

wieder ausgelesen werden. Das durch die Polynome z und n festgelegte System kann man sich mit der Funktion

```
>> printsys(z, n)
```

als gebrochen rationalen Ausdruck auf dem Bildschirm ausgeben lassen.

Die Funktion `tfdata` kann auch angewendet werden, wenn das System zuvor mit der Funktion `ss` im Zustandsraum definiert wurde. Dann bewirkt der Aufruf von `tfdata` gleichzeitig die Umrechnung des Zustandsraummodells in die Übertragungsfunktion entsprechend Gl. (6.72). Andererseits bewirkt die Funktion `ssdata` auch die Überführung eines durch die Übertragungsfunktion `z` und `n` definierten Systems in ein Zustandsraummodell, was durch die Interpretation der gegebenen Polynomkoeffizienten als Koeffizienten einer Differenzialgleichung und die Festlegung des Zustandsraummodells in Regelungsnormalform entsprechend der Gln. (4.47) – (4.58) geschieht (vgl. auch die Erläuterungen auf S. 226):

```
>> [A, b, c, d] = ssdata(System);
```

Die Pole und Nullstellen des Systems erhält man mit der Funktion

```
>> pzmap(System);
```

grafisch in der komplexen Ebene dargestellt (PN-Bild).

Wird mit Übertragungsfunktionen gerechnet, bei denen sich Pole gegen Nullstellen kürzen, so kann dies zu numerischen Schwierigkeiten führen, wenn die Werte beider Parameter nicht exakt übereinstimmen. Mit der Funktion

```
>> minSystem = minreal(System);
```

werden die entsprechenden Linearfaktoren gekürzt. Diese Funktion kann unabhängig davon angewendet werden, ob `System` durch ein Zustandsraummodell oder eine Übertragungsfunktion definiert wurde.

Um Totzeitsysteme in gleicher Weise wie totzeitfreie Systeme behandeln zu können, arbeitet man mit der Padéapproximation, die man durch den Aufruf

```
>> [z, n] = pade(Tt, n);
```

mit der Totzeit `Tt` und der gewünschten dynamischen Ordnung `n` erhält. Ein totzeitbehaftetes System kann unter Verwendung einer solchen Approximation in ein totzeitfreies System überführt werden, wenn man die Funktion folgendermaßen aufruft:

```
>> SystemApprox = pade(System, n);
```

Auch die folgenden Funktionen können gleichermaßen für die durch ein Zustandsraummodell oder eine Übertragungsfunktion bestimmten Systeme aufgerufen werden, weil gegebenenfalls eine Umrechnung in den Frequenzbereich erfolgt. Das Bodediagramm erhält man als grafische Darstellung auf dem Bildschirm mit der Funktion

```
>> bode(System);
```

und die Ortskurve mit dem Aufruf

```
>> nyquist(System);
```

Abb. 6.9 auf S. 209 entstand beispielsweise durch Anwendung der letzten Funktion auf das oben angegebene Modell (allerdings ohne die zusätzlich in der Abbildung eingetragenen Frequenzwerte).

Die im Abschn. 5.9 erläuterten Funktionen, mit denen das zeitliche Verhalten eines Systems berechnet werden kann, können auch auf Systeme angewendet werden, die durch eine Übertragungsfunktion definiert sind:

```
>> step(System);
>> impulse(System);
>> lsim(System, u, t);
>> dcgain(System)
```

Übertragungsfunktion zusammengeschalteter Übertragungsglieder. Die im Abschn. 6.5.6 angegebenen Beziehungen für die Reihen-, Parallel- und Rückkopplungsschaltung von Übertragungsgliedern erlauben es, die Übertragungsfunktion der zweier gekoppelter Übertragungsglieder aus den Übertragungsfunktionen der beiden Elemente zu berechnen. Dafür sind dieselben Funktionen `series`, `parallel` und `feedback` anwendbar, die für die Zusammenschaltung von Teilsystemen in Zustandsraumdarstellung bereits behandelt wurden. Auch hier erfolgt bei Systemen, die nicht im selben Betrachtungsbereich definiert wurden, eine Umformung des Zustandsraummodells in die Übertragungsfunktion oder umgekehrt:

```
>> Reihenschaltung = series(System1, System2);
>> Parallelschaltung = parallel(System1, System2);
>> Rueckfuehrschaltung = feedback(System1, System2);
```

Beispiel 6.9 *Analyse einer Raumtemperaturregelung im Frequenzbereich*

Die Raumtemperaturregelung aus Beispiel 5.9 soll jetzt im Frequenzbereich analysiert werden. Dafür kann man entweder das Zustandsraummodell, das im Programm 5.1 auf S. 190 mit dem Namen `Raum` belegt wurde, in den Frequenzbereich transformieren

```
>> Raum=tf(Raum)

Transfer function
   1
-------
s + 0.2
```

oder man gibt die Übertragungsfunktion

$$G(s) = \frac{1}{s + 0{,}2}$$

durch die Anweisungen

```
>> z = [1];
>> n = [1 0.2];
>> Raum = tf(z, n);
```

ein.

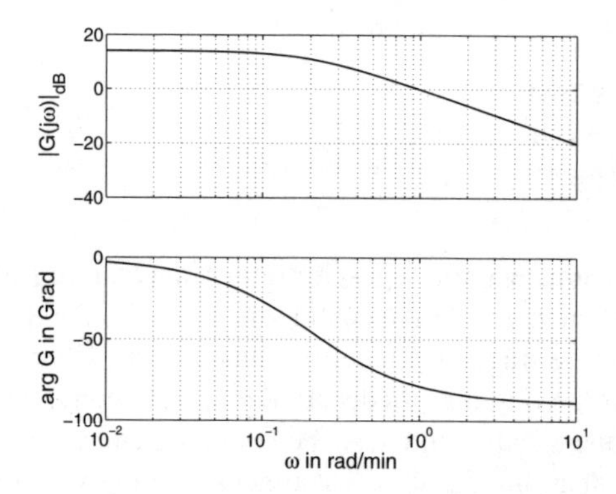

Abb. 6.64: Bodediagramm des Raumes

Die Übergangsfunktion oder die Gewichtsfunktion können jetzt genauso mit den Funktionen `step` bzw. `impulse` berechnet werden, wie es im Beispiel 5.9 unter Verwendung des Zustandsraummodells mit dem Namen `Raum` getan wurde:

```
>> step(Raum);
>> impulse(Raum);
```

Die in Abb. 6.64 dargestellte Frequenzkennlinie erhält man mit dem Funktionsaufruf

```
>> bode(Raum);
```

sowie die Ortskurve durch

```
>> nyquist(Raum);
```

Für den Regler

```
>> Regler = tf(0.3);
```

kann man wie bei der Zeitbereichsbetrachtung mit den Funktionsaufrufen

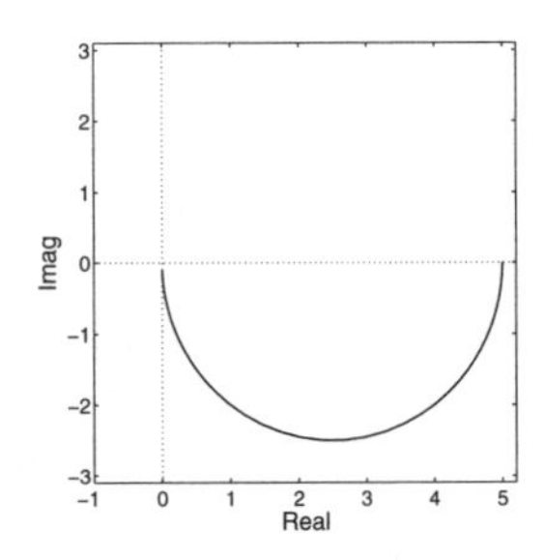

Abb. 6.65: Ortskurve des Raumes

Programm 6.1 *Systemanalyse im Frequenzbereich*
(Beispiel 6.9: Analyse einer Raumtemperaturregelung)

Modell der Regelstrecke

```
>> z = [1];
>> n = [1 0.2];
>> Raum = tf(z, n);
```

Analyse der Regelstrecke

```
>> step(Raum);
```
...erzeugt den oberen Teil von Abb. 5.44 auf S. 188

```
>> impulse(Raum);
```
...erzeugt den unteren Teil von Abb. 5.44

```
>> dcgain(Raum)
ans=
    5
```
statische Verstärkung

Bestimmung des Regelkreismodells

```
>> Regler = tf(0.3);
```
Regler (5.163)

```
>> offeneKette = series(Raum, Regler);
>> Regelkreis = feedback(offeneKette, 1);
```

Analyse des Regelkreises

```
>> step(Regelkreis);
```
...erzeugt den oberen Teil von Abb. 5.45 auf S. 189

```
>> Regelkreis = ss(Regelkreis);
>> initial(Regelkreis, 2/0.6);
```
...erzeugt den unteren Teil von Abb. 5.45

```
>> offeneKette = series(Raum, Regler);
>> Regelkreis = feedback(offeneKette, 1)
Transfer function
   0.3
-------
s + 0.5
```

den Regelkreis berechnen. Bei der letzten Anweisung wurde das Semikolon weggelassen, so dass der MATLAB-Interpreter die Übertragungsfunktion des Regelkreises ausgegeben hat. Dann kann man sich mit

```
>> bode(Regelkreis);
```

```
>> nyquist(Regelkreis);
```

das Bodediagramm bzw. die Ortskurve des Regelkreises anzeigen lassen oder durch

```
>> step(Regelkreis);
```

die Führungsübergangsfunktion berechnen. Will man auch die Eigenbewegung des Regelkreises für eine anfängliche Temperaturabweichung von 2 Grad ermitteln, so muss man das Regelkreismodell zunächst in den Zustandsraum transformieren:

```
>> Regelkreis = ss(Regelkreis);
```

In diesem Modell, das man sich wie bereits besprochen mit der Funktion `printsys` ausgeben lassen kann, steht in der Ausgabegleichung der Faktor 0,6, so dass der Anfangszustand $x_0 = \frac{2}{0,6}$ die gewünschte Temperaturabweichung von 2 Grad erzeugt. Die Eigenbewegung erhält man dann mit dem Funktionsaufruf

```
>> initial(Regelkreis, 2/0.6);
```

Die für dieses Beispiel verwendeten Funktionsaufrufe sind im Programm 6.1 zusammengefasst. □

Aufgabe 6.35 *Analyse eines Gleichstrommotors*

Die Übertragungsfunktion des in Aufgabe 6.31 auf S. 287 angegebenen Gleichstrommotors heißt

$$G(s) = \frac{0,159}{0,011s^2 + 0,911s + 5,9}.$$

Analysieren Sie mit Hilfe der Programme 5.1 und 6.1 das Verhalten dieses Systems im Zeitbereich und im Frequenzbereich. □

Aufgabe 6.36** *Padéapproximation von Totzeitgliedern*

Berechnen Sie mit der Funktion `pade` für ein Totzeitglied die Padéapproximationen unterschiedlicher dynamischer Ordnung. Wie verändern sich mit steigender dynamischer Ordnung das PN-Bild der erhaltenen Übertragungsfunktionen und die Approximationsgenauigkeit der Übergangsfunktion? □

Literaturhinweise

Für eine ausführliche Erläuterung der Laplacetransformation für Ingenieure wird auf [13] und [18] verwiesen. Der FADDEEV-Algorithmus ist in [22] erläutert.

7

Der Regelkreis

Dieses Kapitel behandelt grundlegende Eigenschaften von Regelkreisen, wobei die erreichbare Regelgüte, notwendige Entwurfskompromisse sowie die Wahl der Reglerstruktur im Vordergrund stehen.

7.1 Regelungsaufgabe

Nach Einführung der Modelle dynamischer Systeme im Zeitbereich und im Frequenzbereich kann die im Kap. 1 beschriebene Regelungsaufgabe genauer formuliert werden. Der Kern dieser Aufgabe besteht in dem Entwurf eines Reglers, der in Verbindung mit der Regelstrecke gegebene Güteforderungen erfüllt.

Reglerentwurfsaufgabe	
Gegeben:	Modell der Regelstrecke Forderungen an das Verhalten des Regelkreises
Gesucht:	Reglergesetz, für das der Regelkreis die gegebenen Güteforderungen erfüllt

Die Güte der Regelung wird i. Allg. anhand der folgenden vier Gruppen von Güteforderungen beurteilt:

(I) Stabilitätsforderung.

Der geschlossene Kreis muss stabil sein.

Die Eigenschaft der Stabilität dynamischer Systeme wird im Kap. 8 behandelt. Ist der Regelkreis stabil, so reagiert er auf endliche Erregungen durch Führungs- oder

Störsignale mit einem endlichen Ausgangssignal. Insbesondere klingen seine freie Bewegung und sein Übergangsverhalten ab:

$$\lim_{t\to\infty} y_{\rm frei}(t) = 0 \qquad \lim_{t\to\infty} y_{\rm ü}(t) = 0. \tag{7.1}$$

Das Regelkreisverhalten ist deshalb für große Zeiten durch das stationäre Verhalten bestimmt

$$y(t) \approx y_{\rm s}(t) \qquad \text{für große } t.$$

Verschwinden die äußeren Erregungen, so kehrt der Regelkreis in seine Ruhelage $\boldsymbol{x} = \boldsymbol{0}$ zurück.

(II) Forderung nach Störkompensation und Sollwertfolge.

Für vorgegebene Klassen von Führungs- und Störsignalen soll die Regelgröße der Führungsgröße asymptotisch folgen:

$$\lim_{t\to\infty} (w(t) - y(t)) = 0. \tag{7.2}$$

Da in der Zerlegung $y = y_{\rm frei} + y_{\rm ü} + y_{\rm s}$ des Regelkreisverhaltens die ersten beiden Summanden entsprechend Gl. (7.1) bei Erfüllung der Stabilitätsforderung (I) abklingen, ist die Forderung (7.2) gleichbedeutend mit

$$y_{\rm s}(t) \stackrel{!}{=} w(t). \tag{7.3}$$

Der Regelkreis soll ein vorgegebenes stationäres Verhalten besitzen.

Für die Erfüllung dieser Forderungen muss spezifiziert werden, welche Art von Führungssignalen $w(t)$ und Störsignalen $d(t)$ typischerweise auftreten, weil die Forderung (7.3) durch *einen* Regler nicht für *beliebige* Signale gleichzeitig erfüllt werden kann. Im Allgemeinen wird die Forderung für sprungförmige Führungs- und Störsignale aufgestellt, da sprungförmige Signale eine gute Näherung für sich zeitlich ändernde Signale darstellen, die für lange Zeit auf bestimmten Werten verbleiben. Aber auch rampenförmige oder sinusförmige Führungs- oder Störsignale sind gebräuchlich.

Sind die Stabilitätsforderung (I) und die Forderung (7.2) erfüllt, so hat der Regelkreis für große Zeit t keine *bleibende Regelabweichung* $e(\infty)$:

$$e(\infty) = 0.$$

Man sagt auch, der Regelkreis ist stationär genau.

Wie im Abschn. 7.3 gezeigt wird, hängt es im Wesentlichen von der Struktur des Reglergesetzes und nur unwesentlich von den Reglerparametern ab, ob eine bleibende Regelabweichung auftritt oder nicht.

(III) Dynamikforderungen.

> Der dynamische Zusammenhang zwischen der Führungsgröße $w(t)$ bzw. der Störgröße $d(t)$ und der Regelgröße $y(t)$ soll vorgegebene Güteforderungen erfüllen.

Sind die Forderungen (I) und (II) erfüllt und wird der Regelkreis aus der Ruhelage $\boldsymbol{x} = \mathbf{0}$ erregt, so wird die Regelabweichung ausschließlich durch das Übergangsverhalten des Regelkreises bestimmt:

$$e(t) = w(t) - y(t) = y_{\ddot{u}}(t).$$

Die Dynamikforderungen wenden sich an das Übergangsverhalten und damit an die Art und Weise, wie sich $y(t)$ an $w(t)$ annähert.

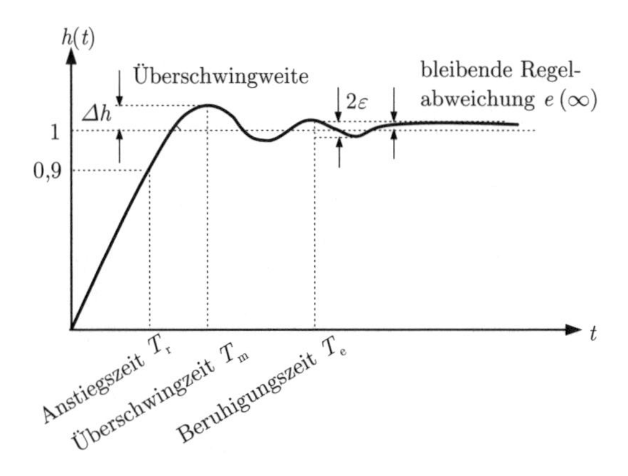

Abb. 7.1: Führungsübergangsfunktion des Regelkreises mit Kennzeichnung wichtiger Kennwerte

Dynamikforderungen werden häufig in Bezug zur Stör- oder Führungsübergangsfunktion formuliert. Dabei werden Vorgaben für die Zeit bis zum Erreichen von 90% des statischen Endwertes (Anstiegszeit), den Betrag und die Zeit des ersten Überschwingens der Übergangsfunktion (Überschwingweite und Überschwingzeit) bzw. die Zeit bis zum Einschwingen in einen Schlauch der Breite $\pm\varepsilon$ (Einschwingzeit, Beruhigungszeit) gemacht. Alternativ dazu können die Güteforderungen auch für die Störtragungsfunktion $G_{\mathrm{d}}(s)$ oder die Führungsübertragungsfunktion $G_{\mathrm{w}}(s)$ formuliert werden. Diese Übertragungsfunktionen beschreiben das E/A-Verhalten des Regelkreises bezüglich der Störgröße $D(s)$ bzw. der Führungsgröße $W(s)$ als Eingang und der Regelgröße $Y(s)$ als Ausgang. Als Güteforderungen werden z. B. die Resonanzfrequenz ω_{r}, die Amplitudenüberhöhung $G_{\max} = |G_{\mathrm{w}}(\omega_{\mathrm{r}})|$ und die Bandbreite vorgegeben. Für sprungförmige Führungssignale tritt Sollwertfolge ein, wenn $|G_{\mathrm{w}}(0)|_{\mathrm{dB}} = 0$ ist.

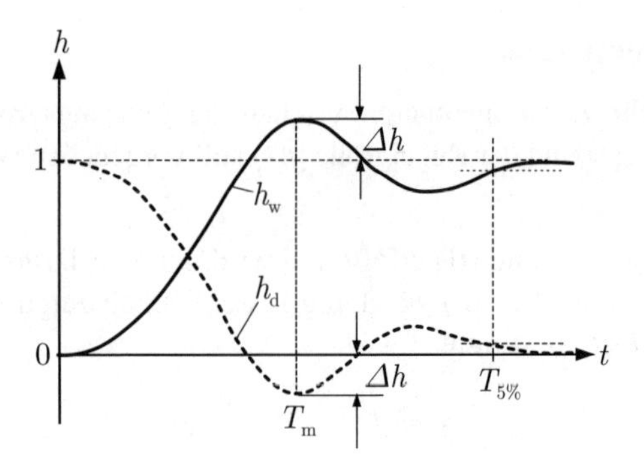

Abb. 7.2: Übergangsfunktionen bei sprungförmiger Störung bzw. Führung

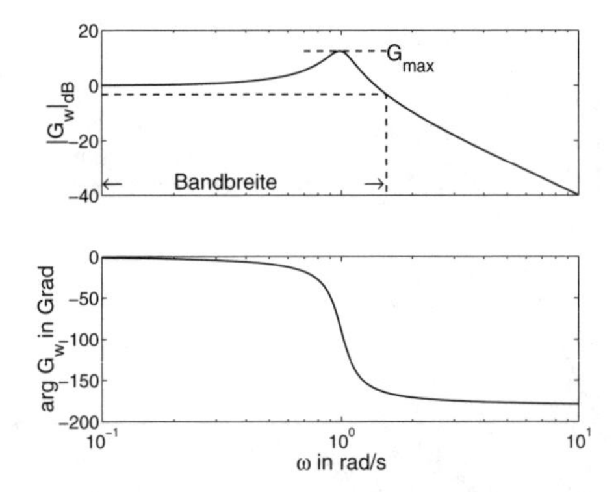

Abb. 7.3: Bodediagramm des Führungsfrequenzganges des Regelkreises mit Kennzeichnung wichtiger Kennwerte

In Abhängigkeit davon, welche Güteforderungen die Regelungsaufgabe am stärksten beeinflussen, wird zwischen einer Festwertregelung und einer Folgeregelung unterschieden.

- Bei der *Festwertregelung* (Störgrößenregelung) wird der Regler für konstante Führungsgröße vor allem im Hinblick auf die Störkompensation (Störunterdrückung) bemessen. Die Regelgröße soll auf einem gegebenen Sollwert $w(t) =$ konst. verbleiben, obwohl die Regelstrecke von außen gestört ist.

- Bei der *Folgeregelung* (Nachlaufregelung) spielt die Nachführung der Regelgröße an eine gegebene Sollwerttrajektorie $w(t)$ die maßgebende Rolle. Bei dieser Regelung wird i. Allg. von kleinen Störungen ausgegangen. Diese Störungen beeinflussen natürlich die Regelgröße und werden durch die Regelung kompensiert. Sie spielen aber bei der Auswahl des Reglers nicht die entscheidende Rolle.

(IV) Robustheitsforderungen.

Die Forderungen (I) – (III) sollen trotz Unsicherheiten im Regelstreckenmodell erfüllt werden.

Der an einem Modell der Regelstrecke entworfene Regler soll die Forderungen nach Stabilität des geschlossenen Kreises, nach Störkompensation und Sollwertfolge sowie die Dynamikforderungen auch dann an der realen Regelstrecke erfüllen, wenn das verwendete Modell Unsicherheiten aufweist. Derartige Modellunsicherheiten treten praktisch bei allen verwendeten Modellen auf. Sie resultieren aus einem oder mehreren der folgenden Gründe:

- Die Regelstrecke ist unvollständig bekannt, so dass kein genügend genaues Modell aufgestellt werden kann.
- Das Regelstreckenmodell entstand durch Modellvereinfachung eines genauen, aber sehr komplexen Modells.
- Es wird ein lineares Modell mit konstanten Parametern verwendet, obwohl die Regelstrecke wichtige nichtlineare Elemente enthält bzw. zeitlich veränderliche Parameter besitzt.

Wie im Abschn. 1.2 bereits erläutert wurde, sind Regelkreise i. Allg. sehr robust gegenüber Veränderungen im Regelstreckenverhalten, weil der Regler die Stellgröße $u(t)$ nicht in einer offenen Wirkungskette unter Verwendung des Regelstreckenmodells, sondern in Abhängigkeit von der aktuellen Regelgröße $y(t)$ berechnet. Das Rückführprinzip sorgt dafür, dass der für ein Modell entworfene Regler auch dann „funktioniert", wenn das Regelstreckenverhalten erheblich von dem des Modells abweicht. Bei der Robustheitsforderung (IV) werden deshalb *wesentliche* Modellunsicherheiten betrachtet.

Die Robustheitsforderung muss stets bezüglich einer vom Regelkreis zu erfüllenden Eigenschaft und bezüglich einer gegebenen Klasse von Modellunsicherheiten gestellt werden. In Abhängigkeit von der gewählten Beschreibung der Modellunsicherheit wird zwischen einer qualitativen und einer quantitativen Robustheitsanalyse unterschieden. Aus einer qualitativen Analyse erhält man eine Aussage darüber, ob von dem entworfenen Regler eine wesentliche Robustheit erwartet werden kann. Beispielsweise ist der im Abschn. 8.5.5 eingeführte Phasenrand ein Maß für die Robustheit des Regelkreises bezüglich der Forderung nach Stabilität. Ein Regelkreis mit einem Phasenrand von 60° ist „robuster" als ein Regelkreis mit einem Phasenrand von 30°. Die qualitative Analyse sagt aber nichts darüber aus, wie groß die vom Regler tolerierten Modellunsicherheiten tatsächlich sind.

Bei der quantitativen Robustheitsanalyse wird überprüft, ob die gegebenen Güteforderungen an den Regelkreis für alle Regelstrecken erfüllt sind, die durch das gegebene Modell innerhalb einer quantitativ beschränkten Modellunsicherheit beschrieben werden. Beispielsweise wird im Abschn. 8.6.3 von einer Modellunsicherheit $\delta G(j\omega)$ des Regelstreckenmodells ausgegangen, die durch die obere Schranke $\bar{G}_{\rm A}(j\omega) \geq |\delta G(j\omega)|$ beschrieben wird, und untersucht, ob der entworfene Regler mit allen Regelstrecken zu einem stabilen Regelkreis führt, die vom Nominalmodell $\hat{G}(j\omega)$ um höchstens $\bar{G}_{\rm A}(j\omega)$ abweichen.

Die Bewertung der Robustheit eines entworfenen Reglers gehört zu jedem Reglerentwurf dazu, sei es in Form einer qualitativen Betrachtung oder durch eine (genauere) quantitative Analyse. Häufig wird der zuvor nur unter Beachtung der Entwurfsforderungen (I) – (III) bestimmte Regler nachträglich bezüglich seiner Robustheit beurteilt. Es gibt jedoch auch Entwurfsverfahren, deren Grundidee wesentlich auf Robustheitsbetrachtungen des Regelkreises beruht. Als ein Beispiel wird im Abschn. 12.2 die IMC-Regelung beschrieben, bei der das Regelstreckenmodell direkter Bestandteil des Reglergesetzes ist und bei dem deshalb mit einem möglichst einfachen Streckenmodell gearbeitet wird. Dieses Prinzip ist deshalb besonders wirksam, wenn ein sehr einfaches Modell der Regelstrecke mit möglicherweise erheblichen Modellunsicherheiten verwendet und die Rückführverstärkung so gewählt wird, dass der Regelkreis die Modellunsicherheiten toleriert. Bei den meisten anderen hier behandelten Entwurfsverfahren wird die Robustheit jedoch nur qualitativ bewertet.

Güteforderungen bei praktischen Regelungsaufgaben. Die in diesem Buch aufgeführten Beispiele zeigen, dass die in der Praxis auftretenden Regelungsaufgaben i. Allg. *nicht* in der hier angegebenen Form auftreten. Es wird vielmehr gefordert, dass die in einem Produktionsprozess hergestellten Produkte eine hohe Qualität aufweisen, die Produktion energieoptimal und umweltverträglich ablaufen soll, dass sicherheitstechnische Fragen gelöst sein müssen oder dass Produktionsanlagen so ausgelegt sein sollen, dass man sie flexibel auf unterschiedliche Rohstoffe oder Produkte einstellen kann. Erst wenn man diese Forderungen in regelungstechnische Fragestellungen überführt hat, erhält man Regelungsaufgaben mit den o. g. Güteforderungen (I) – (IV). Aus diesem Grund wurde in Abb. 1.6 auf S. 10 auch von einem „Modell der Güteforderungen" gesprochen. Damit sind die in der Form (I) – (IV) gestellten Forderungen gemeint, während sich die praktischen Vorgaben auf Qualitäts-, Energie- oder andere Produktionskennwerte beziehen.

Ein wichtiges Merkmal regelungstechnischer Fragestellungen ist es, dass sie unabhängig von dem Anwendungsgebiet, in dem sie auftreten, in der o. g. Form formuliert werden können. Dadurch ist es möglich, eine allgemeingültige Methodik für die Lösung dieser Aufgaben zu entwickeln und diese auf Regelungsaufgaben aus sehr unterschiedlichen Anwendungsfeldern anzuwenden.

7.2 Modell des Standardregelkreises

7.2.1 Beschreibung im Frequenzbereich

Im Folgenden wird der Standardregelkreis nach Abb. 7.4 betrachtet. Für die Auswertung der Güteforderungen sind die *Führungsübertragungsfunktion*

$$G_{\mathrm{w}}(s) = \frac{Y(s)}{W(s)}, \tag{7.4}$$

die *Störübertragungsfunktion*

$$G_{\mathrm{d}}(s) = \frac{Y(s)}{D(s)} \tag{7.5}$$

und die Übertragungsfunktion

$$G_{\mathrm{r}}(s) = \frac{Y(s)}{R(s)},$$

die die Einwirkung des Messrauschens auf die Regelgröße beschreibt, maßgebend. Bei den angegebenen Definitionen für G_{w}, G_{d} und G_{r} wie auch bei den später in ähnlicher Form angegebenen Übertragungsfunktionen wird stets davon ausgegangen, dass die nicht im Nenner der jeweiligen Definitionsgleichung vorkommenden Eingangsgrößen des Regelkreises gleich null sind. Für die Berechnung dieser Übertragungseigenschaften können aus Abb. 7.4 folgende Gleichungen abgelesen werden:

$$\begin{aligned} Y(s) &= G(s)U(s) + D(s) \\ U(s) &= K(s)\,E(s) \\ E(s) &= W(s) - Y(s) - R(s). \end{aligned}$$

Daraus erhält man für $D(s) = R(s) = 0$

$$\boxed{\text{Führungsübertragungsfunktion:} \qquad G_{\mathrm{w}}(s) = \frac{G(s)\,K(s)}{1 + G(s)K(s)},} \tag{7.6}$$

für $W(s) = R(s) = 0$

$$\boxed{\text{Störübertragungsfunktion:} \qquad G_{\mathrm{d}}(s) = \frac{1}{1 + G(s)K(s)}} \tag{7.7}$$

und für $W(s) = D(s) = 0$

$$G_{\mathrm{r}}(s) = -\frac{G(s)\,K(s)}{1 + G(s)K(s)}. \tag{7.8}$$

Offensichtlich gilt

$$G_{\mathrm{r}}(s) = -G_{\mathrm{w}}(s),$$

d. h., die Führungsgröße und das Messrauschen werden bis auf das negative Vorzeichen in derselben Weise durch den Regelkreis übertragen. Es ist deshalb ausreichend, nur das Führungsverhalten zu betrachten, wie es im Folgenden häufig getan wird.

In den betrachteten Übertragungsfunktionen kommt das Produkt $G(s)K(s)$ vor, das als Übertragungsfunktion der offenen Kette mit

$$\boxed{\text{Übertragungsfunktion der offenen Kette:} \quad G_0(s) = G(s)\,K(s)} \tag{7.9}$$

abgekürzt wird. Zu beachten ist, dass bei der Berechnung von $G_0(s)$ das negative Vorzeichen in der Rückkopplung vorausgesetzt wird, aber nicht im Produkt erscheint. Ist die offene Kette stabil, so wird die statische Verstärkung

$$G_0(0) = G(0)K(0) = k_0$$

als *Kreisverstärkung* k_0 bezeichnet.

Der Regelkreis ist durch die Beziehung

$$\text{Regelkreis:} \quad Y(s) = G_{\rm w}(s)W(s) + G_{\rm d}(s)D(s) + G_{\rm r}(s)R(s) \tag{7.10}$$

beschrieben.

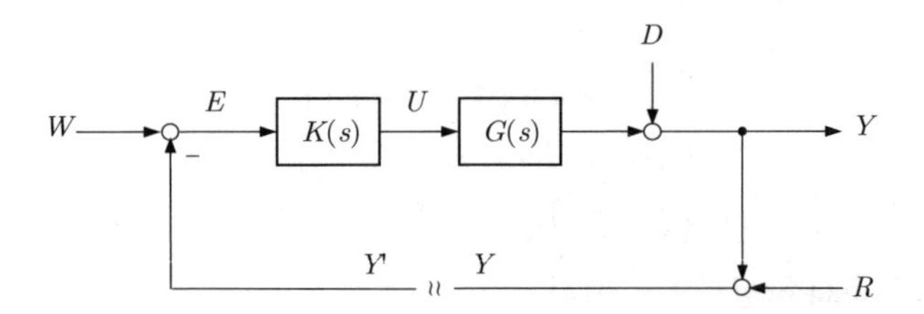

Abb. 7.4: Standardregelkeis

Außer den drei angegebenen Übertragungsfunktionen spielen gelegentlich noch die Übertragungsfunktionen

$$G_{\rm ew}(s) = \frac{E(s)}{W(s)}, \qquad G_{\rm ed}(s) = \frac{E(s)}{D(s)}, \qquad G_{\rm uw}(s) = \frac{U(s)}{W(s)}$$

eine Rolle, die die Eigenschaften des Kreises bezüglich der Regelabweichung bzw. der Stellgröße als Ausgang und der Führungs- bzw. Störgröße als Eingang beschreiben. Aus den o.a. Beziehungen erhält man

$$G_{\rm ew}(s) = \frac{1}{1 + G_0(s)} = G_{\rm d}(s) \tag{7.11}$$

$$G_{\rm ed}(s) = \frac{-1}{1 + G_0(s)} = -G_{\rm d}(s) \tag{7.12}$$

$$G_{\rm uw}(s) = \frac{K(s)}{1 + G_0(s)}. \tag{7.13}$$

Empfindlichkeitsfunktion. Alle aufgestellten Übertragungsfunktionen besitzen den gemeinsamen Faktor

$$\text{Empfindlichkeitsfunktion:} \qquad S(s) = \frac{1}{1 + G_0(s)}, \tag{7.14}$$

der Empfindlichkeitsfunktion genannt wird. $S(s)$ stimmt offensichtlich mit der Störübertragungsfunktion $G_d(s)$ überein. Die Empfindlichkeitsfunktion wird im Weiteren jedoch nicht nur für die Betrachtung des Störverhaltens eine wichtige Rolle spielen.

Es ist zweckmäßig, die

$$\text{komplementäre Empfindlichkeitsfunktion:} \quad T(s) = \frac{G_0(s)}{1 + G_0(s)} \tag{7.15}$$

einzuführen. Sie stimmt mit der Führungsübertragungsfunktion $G_w(s)$ überein. Es gilt

$$S(s) + T(s) = 1 \tag{7.16}$$

und, gleichbedeutend damit,

$$G_d(s) + G_w(s) = 1. \tag{7.17}$$

Abbildung 7.5 zeigt den typischen Verlauf des Amplitudenganges von $S(j\omega)$ und $T(j\omega)$. Obwohl aus Gl. (7.16) *nicht* folgt, dass sich die Beträge von S und T zu eins ergänzen, ist $|T(j\omega)| \approx 1$ in dem Frequenzbereich, in dem $|S(j\omega)| \ll 1$ gilt, und umgekehrt.

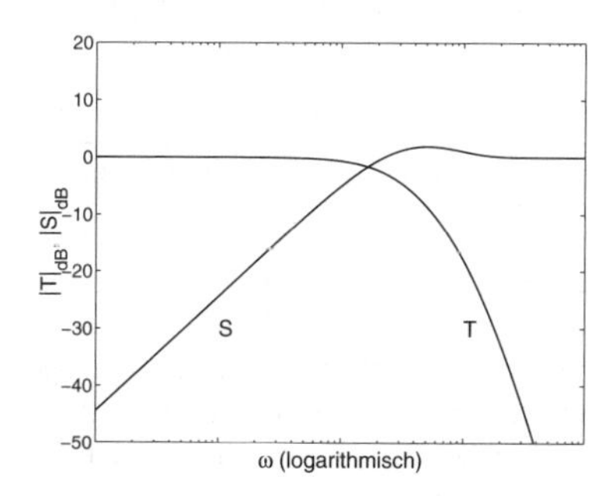

Abb. 7.5: Beispiel für die Amplitudengänge von $S(j\omega) = G_d(j\omega)$ und $T(j\omega) = G_w(j\omega)$

Schreibt man Gl. (7.10) in

$$Y(s) = T(s)W(s) + S(s)D(s) - T(s)R(s) \tag{7.18}$$

um, so erkennt man, dass durch die Wahl des Reglers $K(s)$ das Störverhalten bezüglich D und R nicht unabhängig vom Führungsverhalten beeinflusst werden kann. Für jede Regelungsaufgabe muss deshalb ein Kompromiss zwischen dem Stör- und dem Führungsverhalten gesucht werden.

Auf die Stör- bzw. Führungsübergangsfunktionen h_d und h_w bezogen folgt aus der Beziehung (7.17), dass die Überschwingweiten und Einschwingzeiten gleich sind (Abb. 7.2), denn aus Gl. (7.17) erhält man

$$\frac{1}{s}G_\mathrm{w}(s) + \frac{1}{s}G_\mathrm{d}(s) = \frac{1}{s}$$

und nach Laplacerücktransformation

$$h_\mathrm{w}(t) + h_\mathrm{d}(t) = 1. \tag{7.19}$$

Aufgabe 7.1* *Frequenzgang eines Regelkreises*

Gegeben ist die Regelstrecke

$$G(s) = \frac{k}{(s+1)(s+2)}$$

1. Zeichnen Sie die Ortskurve zu $G(s)$ für unterschiedliche Parameterwerte k.
2. Der Regelkreis wird mit einem PI-Regler

$$K_\mathrm{PI}(s) = k_\mathrm{P}\left(1 + \frac{1}{T_\mathrm{I}s}\right)$$

geschlossen. Zeichnen Sie die Ortskurve der offenen Kette $G_0(s) = K_\mathrm{PI}(s)\,G(s)$ sowie des Führungsfrequenzganges $G_\mathrm{w}(j\omega)$ und des Störfrequenzganges $G_\mathrm{d}(j\omega)$, wobei Sie für die Parameter $k = 2, k_\mathrm{P} = 1, T_\mathrm{I} = 1$ einsetzen. □

Aufgabe 7.2** *Vergleich von Regelkreisen mit unterschiedlichen Freiheitsgraden*

Der in Abb. 7.4 gezeigte Regelkreis wird auch als Regelkreis mit einem Freiheitsgrad bezeichnet, denn der Regler hat nur eine einzige Übertragungsfunktion $K(s)$, die frei gewählt werden kann. Für diesen Regelkreis gilt die Beschränkung (7.17). Der Regelkreis in Abb. 7.6 hat drei Freiheitsgrade, denn die drei Übertragungsfunktionen $V(s), C(s)$ und $K(s)$ können unabhängig voneinander gewählt werden. Bei einem Regelkreis mit zwei Freiheitsgraden ist z. B. $K(s)$ oder $C(s)$ gleich eins gesetzt.

1. Stellen Sie die Übertragungsfunktionen auf, die das Übertragungsverhalten des Regelkreises mit der Führungsgröße $W(s)$, der Störgröße $D(s)$ und dem Messrauschen $R(s)$ als Eingänge und der Regelgröße $Y(s)$ und der Stellgröße $U(s)$ als Ausgänge beschreiben.
2. Welche Entwurfsbeschränkungen der Form (7.17) haben Regelkreise mit einem, zwei bzw. drei Freiheitsgraden? □

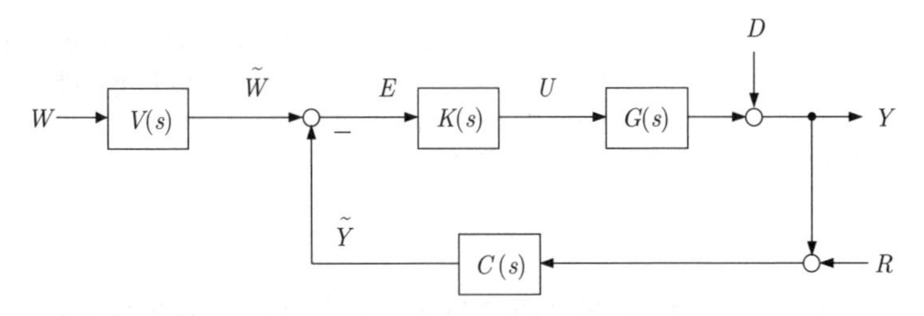

Abb. 7.6: Erweiterter Standardregelkreis

7.2.2 Beschreibung im Zeitbereich

Für eine gegebene Eingangsgröße kann die Ausgangsgröße $Y(s)$ im Frequenzbereich berechnet und dann in den Zeitbereich transformiert werden. So erhält man beispielsweise die Störübergangsfunktion für $W(s) = 0$, $R(s) = 0$ und $D(s) = \frac{1}{s}$ aus

$$h_{\mathrm{d}}(t) \circ\!\!-\!\!\bullet \frac{1}{s} G_{\mathrm{d}}(s) \tag{7.20}$$

und die Führungsübergangsfunktion für $R(s) = 0$, $D(s) = 0$ und $W(s) = \frac{1}{s}$ aus

$$h_{\mathrm{w}}(t) \circ\!\!-\!\!\bullet \frac{1}{s} G_{\mathrm{w}}(s). \tag{7.21}$$

Man kann aber auch ein Regelkreismodell im Zeitbereich verwenden. Dieses erhält man entweder durch Laplacerücktransformation aus Gl. (7.10), wobei als Modell des geregelten Systems die Gleichung

$$y = g_{\mathrm{w}} * w + g_{\mathrm{d}} * d + g_{\mathrm{r}} * r$$

mit

$$g_{\mathrm{w}}(t) \circ\!\!-\!\!\bullet G_{\mathrm{w}}(s), \qquad g_{\mathrm{d}}(t) \circ\!\!-\!\!\bullet G_{\mathrm{d}}(s), \qquad g_{\mathrm{r}}(t) \circ\!\!-\!\!\bullet G_{\mathrm{r}}(s)$$

entsteht. Andererseits kann man aus dem Zustandsraummodell

$$\dot{\boldsymbol{x}} = \boldsymbol{A}\boldsymbol{x}(t) + \boldsymbol{b}u(t) + \boldsymbol{e}d(t), \quad \boldsymbol{x}(0) = \boldsymbol{x}_0 \tag{7.22}$$

$$y(t) = \boldsymbol{c}'\boldsymbol{x}(t) \tag{7.23}$$

der Regelstrecke und dem des Reglers ein Zustandsraummodell des Regelkreises aufstellen, wie im Folgenden gezeigt wird. Das Regelstreckenmodell ist gegenüber dem Modell (4.40) um einen Term erweitert, der den Einfluss der Störung $d(t)$ beschreibt. Das in Abb. 7.4 eingetragene Messrauschen r bewirkt, dass an Stelle von y die Größe

$$y_{\mathrm{m}}(t) = y(t) + r(t)$$

durch den Regler zurückgeführt wird. Zur Vereinfachung der Darstellung wird davon ausgegangen, dass das System bezüglich der Eingangsgröße u und der Störgröße d nicht sprungfähig ist. Diese Voraussetzung ist einschränkend, wenn eine direkt den

Ausgang y beeinflussende Störung d betrachtet werden soll. Die folgenden Gleichungen können jedoch ohne weiteres unter Verwendung des im Folgenden gezeigten Rechenweges auf sprungfähige Regelstrecken erweitert werden.

Es wird zunächst der sehr einfache Regler

$$u(t) = k_{\rm P}\,(w(t) - y_{\rm m}(t)) \tag{7.24}$$

betrachtet, bei dem die Stellgröße proportional zur Regelabweichung $w(t) - y_{\rm m}(t)$ ist. Das Modell des geschlossenen Kreises erhält man durch Kombination der Gln. (7.22) – (7.24):

$$\begin{aligned} \dot{\boldsymbol{x}} &= (\boldsymbol{A} - \boldsymbol{b}\,k_{\rm P}\,\boldsymbol{c}')\,\boldsymbol{x}(t) + \boldsymbol{e}\,d(t) + \boldsymbol{b}\,k_{\rm P}\,w(t) - \boldsymbol{b}\,k_{\rm P}\,r(t) \\ y(t) &= \boldsymbol{c}'\boldsymbol{x}(t). \end{aligned} \tag{7.25}$$

In diesem Zustandsraummodell treten w, d und r als Eingänge auf. Den Einfluss des Reglers auf die Dynamik der Strecke erkennt man an der Veränderung der Systemmatrix. An Stelle von $\boldsymbol{A}$ steht im Modell jetzt die Matrix

$$\bar{\boldsymbol{A}} = \boldsymbol{A} - \boldsymbol{b}\,k_{\rm P}\,\boldsymbol{c}'.$$

Die im Abschn. 7.2.1 eingeführten Übertragungsfunktionen $G_{\rm w}$, $G_{\rm d}$ und $G_{\rm r}$ können entsprechend Gl. (6.72) aus dem Modell (7.25) abgelesen werden:

$$\begin{aligned} G_{\rm w}(s) &= k_{\rm P}\,\boldsymbol{c}'(s\boldsymbol{I} - \bar{\boldsymbol{A}})^{-1}\boldsymbol{b} \\ G_{\rm d}(s) &= \boldsymbol{c}'(s\boldsymbol{I} - \bar{\boldsymbol{A}})^{-1}\boldsymbol{e} \\ G_{\rm r}(s) &= -k_{\rm P}\,\boldsymbol{c}'(s\boldsymbol{I} - \bar{\boldsymbol{A}})^{-1}\boldsymbol{b}. \end{aligned}$$

Diese Gleichungen gelten für den Regler (7.24), der die Übertragungsfunktion $K(s) = k_{\rm P}$ hat.

Auf ähnlichem Wege erhält man das Zustandsraummodell von Regelkreisen, bei denen Regler mit eigener Dynamik verwendet werden.

7.3 Stationäres Verhalten des Regelkreises

7.3.1 Stör- und Führungssignale

Entsprechend der Güteforderung (II) muss durch eine geeignete Wahl des Reglers erreicht werden, dass der Regelkreis die auftretenden Störungen kompensiert und den Sollwert zumindest für hinreichend große Zeit t annimmt. Entsprechend Gl. (7.3) ist dafür das stationäre Verhalten des Regelkreises maßgebend. Dabei wird vorausgesetzt, dass der Regelkreis die Stabilitätsforderung (I) erfüllt.

Für die folgenden Untersuchungen muss zunächst festgelegt werden, welche Klassen von Störsignalen und Führungssignalen auf den Regelkreis einwirken, denn die Entwurfsforderung (7.3) kann nicht für beliebige Signale erfüllt werden. Im Gegenteil, es wird sich zeigen, dass das Modell der Stör- und Führungssignale im Regler erscheinen muss. Je größer die Klasse der auftretenden Signale ist, umso komplizierter wird also das Reglergesetz. Deshalb ist es zweckmäßig, beim Reglerentwurf nur die unbedingt notwendigen Signalklassen zu betrachten.

Störgrößenmodell. Um die Klasse der betrachteten Störsignale zu beschreiben, wird für $D(s)$ ein gebrochen rationaler Ausdruck

$$D(s) = \frac{Z_{\mathrm{d}}(s)}{N_{\mathrm{d}}(s)} \tag{7.26}$$

angesetzt, der auch als *Störgrößenmodell* bezeichnet wird. Für den Reglerentwurf ist nur die Kenntnis des Nennerpolynoms $N_{\mathrm{d}}(s)$ erforderlich. Die Störung kann ein beliebiges Zählerpolynom haben, wobei lediglich der Grad dieses Polynoms kleiner als der des Nennerpolynoms sein muss. Es wird im Folgenden also nicht ein einzelnes Störsignal, sondern die Klasse aller Signale betrachtet, die sich für ein gegebenes Nennerpolynom $N_{\mathrm{d}}(s)$ in der angegebenen Form darstellen lassen.

Dieser Ansatz ist gleichbedeutend mit der Annahme, die Störung werde durch ein Zustandsraummodell der Form

$$\dot{\boldsymbol{x}}_{\mathrm{d}} = \boldsymbol{A}_{\mathrm{d}}\boldsymbol{x}_{\mathrm{d}}, \quad \boldsymbol{x}_{\mathrm{d}}(0) = \boldsymbol{x}_{d0} \tag{7.27}$$

$$d(t) = \boldsymbol{c}_{\mathrm{d}}'\boldsymbol{x}_{\mathrm{d}} \tag{7.28}$$

mit beliebig wählbarem Anfangszustand $\boldsymbol{x}_{d0}$ erzeugt. Dieses Störgrößenmodell wird verwendet, wenn man das Störverhalten von Regelkreisen im Zeitbereich betrachtet.

Wichtigstes Kennzeichen der betrachteten Störsignale sind die Nullstellen $s_{\mathrm{d}i}$ des Nennerpolynoms $N_{\mathrm{d}}(s)$ bzw. die Eigenwerte der Matrix $\boldsymbol{A}_{\mathrm{d}}$. Diese Werte können auch als Pole der Störung bezeichnet werden, da sie das Nennerpolynom von $D(s)$ festlegen. Für vorgegebene $s_{\mathrm{d}i}$ $(i = 1, ..., n_{\mathrm{d}})$ kann $N_{\mathrm{d}}(s)$ in der Form

$$N_{\mathrm{d}}(s) = \prod_{i=1}^{n_{\mathrm{d}}} (s - s_{\mathrm{d}i})$$

dargestellt werden. Um Trivialfälle auszuschließen, wird angenommen, dass alle $s_{\mathrm{d}i}$ positiven (oder verschwindenden) Realteil haben. Die Störungen wachsen damit über alle Grenzen an. Diese Annahme ist damit zwar in erster Linie theoretischer Natur, denn derartige Störungen würden entweder das System zerstören oder auf Grund von Sättigungen, die das lineare Modell nicht wiedergibt, von begrenzter Wirkung sein. Man muss jedoch diese Annahme machen, denn hätten die Pole der Störung negativen Realteil, so würde die Störung abklingen und die Forderung (7.3) wäre für jeden stabilen Regelkreis automatisch erfüllt.

Bei allen Betrachtungen zur Störkompensation wird vom Standardregelkreis nach Abb. 7.4 ausgegangen, bei dem die Störung am Ausgang der Regelstrecke angreift. Dieser Eingriffsort für die Störung kann u. U. dadurch erzeugt werden, dass die an einem anderen Ort in der Regelstrecke eingreifende Störung an den Ausgang transformiert wird. Dann tritt jedoch zwischen der Störgröße D und dem Eingriffsort am Ausgang der Regelstrecke ein Übertragungsglied auf, das in Abb. 1.3 auf S. 5 mit „Störverhalten“ bezeichnet ist. Durch dieses Übertragungsglied kann sich der Charakter der Störung verändern. Hat beispielsweise dieses Übertragungsglied I-Charakter, so wird aus einer impulsförmigen Störung bei der Verschiebung des Störeingriffspunktes an den Streckenausgang eine sprungförmige Störung, die für die weiteren Untersuchungen maßgebend ist.

Führungsgrößenmodell. Zur Festlegung der Klasse der betrachteten Führungssignale wird ähnlich wie beim Störgrößenmodell verfahren und für $W(s)$ ein beliebiger gebrochen rationaler Ausdruck als *Führungsgrößenmodell*

$$W(s) = \frac{Z_{\mathrm{w}}(s)}{N_{\mathrm{w}}(s)} \tag{7.29}$$

angesetzt. Für den Reglerentwurf ist wiederum nur die Kenntnis des Nennerpolynoms $N_{\mathrm{w}}(s)$ erforderlich, so dass die Gl. (7.29) nicht ein einzelnes Signal, sondern ein Klasse von Führungssignalen repräsentiert.

Auch für das Führungsgrößenmodell kann eine Zustandsraumbeschreibung angegeben werden:

$$\dot{\boldsymbol{x}}_{\mathrm{w}} = \boldsymbol{A}_{\mathrm{w}}\boldsymbol{x}_{\mathrm{w}}, \quad \boldsymbol{x}_{\mathrm{w}}(0) = \boldsymbol{x}_{w0} \tag{7.30}$$

$$w(t) = \boldsymbol{c}'_{\mathrm{w}}\boldsymbol{x}_{\mathrm{w}}. \tag{7.31}$$

Dieses Modell beschreibt die Klasse aller Signale $w(t)$, die das System (7.30), (7.31) mit beliebig wählbarem Anfangszustand $\boldsymbol{x}_{w0}$ erzeugt.

Impulsförmige Stör- und Führungssignale. Impulsförmige Signale

$$d(t) = \bar{d}\delta(t)$$
$$w(t) = \bar{w}\delta(t)$$

verändern den aktuellen Zustand des Regelkreises, sie haben jedoch keine fortdauernde Wirkung auf den Regelkreis. So ist die Störung des im Beispiel 10.3 auf S. 427 behandelten Pendels durch eine Anfangsauslenkung des Pendels beschrieben, in die das Pendel durch eine kurzzeitige Krafteinwirkung (δ-Impuls) von der Ruhelage aus gebracht werden kann.

Im Frequenzbereich sind die impulsförmigen Funktionen durch die Beziehungen

$$D(s) = \bar{d}$$
$$W(s) = \bar{w}$$

dargestellt, deren Nennerpolynome

$$N_{\mathrm{d}}(s) = 1 \qquad \text{bzw.} \qquad N_{\mathrm{w}}(s) = 1$$

Konstante sind. Man kann für impulsförmige Signale kein Stör- bzw. Führungsgrößenmodell im Zustandsraum aufstellen, diese Signale jedoch durch einen geeignet gewählten Anfangszustand des Zustandsraummodells ersetzen (vgl. Abschn. 7.3.2).

Sprungförmige Stör- und Führungssignale. Für die praktische Anwendung sind die sprungförmigen Signale

$$d(t) = \bar{d}\sigma(t) \tag{7.32}$$

$$w(t) = \bar{w}\sigma(t) \tag{7.33}$$

von besonderem Interesse. Sie repräsentieren eine Standardsituation, die in vielen Regelungsaufgaben wenigstens näherungsweise auftritt. Soll die Temperatur durch einen Regelkreis auf einen Sollwert angehoben oder der Greifer eines Roboters über einer Bohrung positioniert werden, so kann dies durch die Vorgabe eines entsprechenden Sollwertes $\bar{w}$ beschrieben werden. In diesen Beispielen wird also mit einer sprungförmigen Führungsgröße (7.33) gearbeitet. Das Zuschalten einer Last in einem Energieversorgungsnetz, deren Wirkung auf die Netzfrequenz durch eine Regelung ausgeglichen werden muss, ist ein Beispiel für das Auftreten einer sprungförmigen Störgröße. Die meisten der im Folgenden behandelten Regelungsaufgaben enthalten deshalb die Forderung (II) nach Störkompensation und Sollwertfolge für sprungförmige Signale.

Das zu den Signalen (7.32) und (7.33) gehörende Störgrößenmodell (7.26) bzw. Führungsgrößenmodell (7.29) hat das Nennerpolynom

$$N_{\rm d}(s) = s \qquad \text{bzw.} \qquad N_{\rm w}(s) = s.$$

Die Zustandraummodelle heißen

$$\dot{x}_{\rm d} = 0, \quad x_{\rm d}(0) = \bar{d} \tag{7.34}$$

$$d(t) = x_{\rm d} \tag{7.35}$$

bzw.

$$\dot{x}_{\rm w} = 0, \quad x_{\rm w}(0) = \bar{w} \tag{7.36}$$

$$w(t) = x_{\rm w}. \tag{7.37}$$

7.3.2 Stationäres Verhalten bei impulsförmiger Erregung

Die sich bei impulsförmigen Signalen $d = \bar{d}\delta(t)$ oder $w = \bar{w}\delta(t)$ ergebenden Regelabweichungen

$$E(s) = G_{\rm ed}(s)\bar{d} \qquad \text{bzw.} \qquad E(s) = G_{\rm ew}(s)\bar{w}$$

verschwinden für große Zeit t immer dann, wenn der Regelkreis stabil ist. Deshalb müssen bei derartigen Signalen keine besonderen Vorkehrungen getroffen werden, um eine bleibende Regelabweichung zu verhindern.

Jeder stabile Regelkreis erfüllt die Forderung nach Störkompensation und Sollwertfolge für impulsförmige Stör- und Führungssignale.

Um den Regelkreis für impulsförmige externe Signale analysieren zu können, wird die Wirkung dieser Signale durch eine Verschiebung des Anfangszustandes beschrieben. Beispielsweise kann die durch den Term ed im Regelstreckenmodell (7.22), (7.23) dargestellte Einwirkung einer Störung d im Falle einer impulsförmigen Störung $\bar{d}\delta(t)$ durch die Veränderung des Anfangszustandes auf den neuen Wert $\boldsymbol{x}(0) = \boldsymbol{x}_0 + \boldsymbol{e}\bar{d}$ erfasst werden, denn das Modell

$$\begin{aligned} \dot{\boldsymbol{x}} &= \boldsymbol{A}\boldsymbol{x}(t) + \boldsymbol{b}u(t), \quad \boldsymbol{x}(0) = \boldsymbol{x}_0 + \boldsymbol{e}\bar{d} \\ y(t) &= \boldsymbol{c}'\boldsymbol{x}(t) \end{aligned}$$

hat dieselbe Zustands- und Ausgangstrajektorie wie das Modell (7.22), (7.23) mit der angegebenen impulsförmigen Störung. Auch aus diesem Modell wird offensichtlich, dass es bei einem stabilen Regelkreis für die angegebene Störung keine bleibende Regelabweichung gibt.

7.3.3 Stationäres Verhalten bei sprungförmiger Erregung

Für die sprungförmige Führungsgröße $w(t) = \sigma(t)$ erhält man im störungsfreien Fall $(d(t) = 0)$ aus dem Grenzwertsatz (6.59) der Laplacetransformation mit $G_{\rm ew}(s)$ aus Gl. (7.11) für das Führungsverhalten die Beziehung

$$\lim_{t\to\infty} e(t) = \lim_{s\to 0} s\,\frac{1}{s}\,G_{\rm ew}(s) = \lim_{s\to 0} \frac{1}{1 + G_0(s)},$$

also

$$\lim_{t\to\infty} e(t) = \frac{1}{1 + \lim_{s\to 0} G_0(s)} = \lim_{s\to 0} S(s), \tag{7.38}$$

sofern

$$G_0(0) \neq -1 \tag{7.39}$$

ist. Der Grenzwertsatz ist anwendbar, weil der Regelkreis voraussetzungsgemäß stabil ist.

Für das Verhalten bei Störungssprüngen $d = \sigma(t)$ und $w = 0$ folgt aus Gl. (7.12)

$$\lim_{t\to\infty} e(t) = \frac{-1}{1 + \lim_{s\to 0} G_0(s)} = -\lim_{s\to 0} S(s),$$

wobei wiederum die Gültigkeit der Bedingung (7.39) vorausgesetzt wird. Das heißt, in beiden Fällen ist die bleibende Regelabweichung $e(\infty)$ betragsmäßig gleich groß und von der Übertragungsfunktion der offenen Kette für $s \to 0$ abhängig.

Dies soll nun für zwei Arten von Übertragungsfunktionen $G_0(s)$ der offenen Kette näher untersucht werden. Da der geschlossene Kreis stabil ist, ist die Bedingung (7.39) erfüllt. Entsprechend Gl. (6.70) ist die Übertragungsfunktion der offenen Kette gebrochen rational und kann in der Form

$$G_0(s) = \frac{k}{s^l} \frac{b_q s^q + b_{q-1} s^{q-1} + ... + b_1 s + b_0}{a_{n-l} s^{n-l} + a_{n-l-1} s^{n-l-1} + ... + a_1 s + a_0} \tag{7.40}$$

geschrieben werden. Dabei gilt $n \geq q$, und es wird angenommen, dass das „Restpolynom" vom Grad $n - l$ im Nenner keine Nullstelle bei $s = 0$ hat, also $a_0 \neq 0$ gilt.

Proportionales Verhalten der offenen Kette. Für $l = 0$ hat die offene Kette proportionales Verhalten. Es gilt

$$G_0(0) = k_0 = k \frac{b_0}{a_0}$$

und

$$\lim_{t \to \infty} e(t) = \frac{1}{1 + k_0}.$$

Der Regelkreis hat eine bleibende Regelabweichung, deren Größe von der statischen Verstärkung k_0 der offenen Kette, also der „Kreisverstärkung", abhängt:

$$\text{Bleibende Regelabweichung:} \qquad e(\infty) = \frac{1}{1 + k_0}. \tag{7.41}$$

Je größer die Kreisverstärkung ist, umso kleiner ist die bleibende Regelabweichung.

Integrales Verhalten der offenen Kette. Für $l = 1$ (und allgemeiner für $l > 0$) gilt

$$\lim_{s \to 0} G_0(s) = \infty$$

und

$$\lim_{t \to \infty} e(t) = \frac{1}{1 + \lim_{s \to 0} G_0(s)} = 0.$$

Der geschlossene Kreis hat keine bleibende Regelabweichung und erfüllt die Güteforderung (II) für sprungförmige Führungs- und Störsignale. Dabei wird durch das integrale Verhalten der offenen Kette die bleibende Regelabweichung auch für gleichzeitige Störungs- und Führungsgrößensprünge verhindert.

Diese Ergebnisse lassen sich folgendermaßen zusammenfassen:

Satz 7.1 (Störkompensation und Sollwertfolge bei sprungförmigen Signalen) *Damit in einem stabilen Regelkreis die Regelgröße einem sprungförmigen Führungssignal ohne bleibende Regelabweichung nachgeführt wird und sprungförmige, auf den Ausgang der Regelstrecke wirkende Störungen ohne bleibende Regelabweichung kompensiert werden, muss die offene Kette I-Verhalten besitzen.*

Das heißt, in der Übertragungsfunktion $G_0(s)$ der offenen Kette muss man den Faktor $\frac{1}{s}$ ausklammern können.

Der I-Anteil der offenen Kette kann nun einerseits durch eine integrierend wirkende Regelstrecke hervorgerufen werden. Wie die in den nachfolgenden Aufgaben und Beispielen behandelten Anwendungen zeigen, tritt dies in der Praxis gelegentlich auf. Häufiger jedoch hat die Regelstrecke proportionales Verhalten, so dass der I-Anteil der offenen Kette durch den Regler eingeführt werden muss. Um die Sollwertfolge zu sichern, muss man einen I-Regler

$$K(s) = \frac{1}{T_{\mathrm{I}} s}$$

bzw. die im Abschn. 7.5 behandelten Erweiterungen dieses Reglers einsetzen. Ist der entstehende Regelkreis stabil, so besitzt er gleichzeitig die Eigenschaft der Sollwertfolge und Störkompensation.

Robustheit des Regelkreises bezüglich Sollwertfolge. Bezüglich der Forderungen nach Sollwertfolge und Störkompensation besitzt der Regelkreis eine bemerkenswerte Robustheit. Da alle bisherigen Betrachtungen unabhängig von konkreten Parameterwerten sind und nur die Stabilität des Regelkreises voraussetzen, hat der geschlossene Kreis keine bleibende Regelabweichung, solange die offene Kette integrales Verhalten besitzt und der Regelkreis stabil ist. Die Stabilität des Kreises und das integrale Verhalten bleiben häufig auch dann erhalten, wenn sich die Parameter der Regelstrecke in großen Bereichen ändern. Der Regelkreis ist also robust bezüglich der Eigenschaften „Störkompensation“ und „Sollwertfolge“.

Aufgabe 7.3* *Notwendigkeit des I-Anteils in der offenen Kette*

Wenn die Ausgangsgröße y einer Regelstrecke mit P-Verhalten ohne bleibende Regelabweichung auf den Sollwert $\bar{w}$ gebracht werden soll, so muss der Regler nach Satz 7.1 einen I-Anteil besitzen. Leiten Sie dieses Ergebnis ab, indem Sie sich anhand des Blockschaltbildes des Regelkreises überlegen, auf welchen Endwert die Stellgröße gebracht werden muss, um die Regelgröße der Sollvorgabe anzupassen. Zeigen Sie auf diesem Weg auch, dass bei einer proportionalen Regelung die in Gl. (7.41) angegebene bleibende Regelabweichung auftritt. □

Aufgabe 7.4* *Frequenzregelung eines Elektroenergieverteilungsnetzes*

Betrachten Sie ein elektrisches Netz, in dem ein Generator mehrere Abnehmer mit elektrischer Energie speist (vgl. Abschn 2.3). Bezogen auf einen Arbeitspunkt, bei dem die erzeugte Leistung gleich der verbrauchten Leistung ist, erhält man bei Veränderung des Energieverbrauchs um $p_{\mathrm{L}}(t)$ und Veränderung der erzeugten Leistung um $p_{\mathrm{G}}(t)$ eine Änderung $f(t)$ der Drehgeschwindigkeiten aller synchron laufenden Generatoren und Maschinen des Netzes um

$$f(t) = \frac{1}{T} \int_0^t (p_{\mathrm{G}}(\tau) - p_{\mathrm{L}}(\tau)) d\tau. \tag{7.42}$$

$f(t)$ beschreibt die Abweichung der Netzfrequenz vom Sollwert $w(t) = 0$.

Der Generator besitzt einen Leistungsregler mit der Führungsgröße $p_{\rm Gsoll}(t)$, so dass

$$p_{\rm G} = g_{\rm G} * p_{\rm Gsoll}$$

gilt, wobei $g_{\rm G}(t)$ die Gewichtsfunktion des Generators einschließlich des angeschlossenen Leistungsreglers bezeichnet. Durch eine Rückführung der Frequenzabweichung $e(t) = w(t) - f(t)$ auf den Sollwert des Leistungsreglers ($u(t) = p_{\rm Gsoll}(t)$) soll die durch sprungförmige Laständerungen $p_{\rm L}(t) = \bar{p}_{\rm L}\sigma(t)$ entstehende Frequenzabweichung abgebaut werden.

1. Zeichnen Sie das Blockschaltbild des Regelkreises.
2. Da die Regelstrecke das I-Glied (7.42) enthält, ist zu vermuten, dass Sollwertfolge

$$\lim_{t\to\infty} w(t) - f(t) = 0$$

für sprungförmige Führungs- und Störgrößen durch eine proportionale Rückführung

$$u(t) = k_{\rm P}\, e(t)$$

gesichert werden kann. Ist diese Vermutung richtig? Interpretieren Sie Ihr Ergebnis. □

Aufgabe 7.5** *Bleibende Regelabweichung bei sprungförmigen Signalen*

Zu der Aussage, dass Sollwertfolge für sprungförmige Führungs- und Störsignale genau dann gesichert ist, wenn die offene Kette $G_0(s)$ ein integrales Verhalten besitzt, kann man auch durch Betrachtung der Nullstellen des Regelkreises gelangen.

Bei einer Betrachtung des Störverhaltens ist die Eingangsgröße die Störung $d(t)$. Als Ausgangsgröße wählt man zweckmäßigerweise die Regelabweichung $e(t)$. Sollwertfolge bedeutet, dass für das stationäre Verhalten $e_{\rm s}(t) = 0$ gilt. Welche Konsequenzen hat dies für die Nullstellen des Regelkreises und was folgt daraus für die offene Kette?

Übertragen Sie diese Betrachtungen auf das Führungsverhalten des Regelkreises. □

7.3.4 Sollwertfolge bei Verwendung eines Vorfilters

Für eine sprungförmige Führungsgröße (7.33) kann man die Sollwertfolge des Regelkreises auch dadurch erreichen, dass man ein Vorfilter V vor den Regelkreis schaltet (Abb. 7.7). V ist ein Verstärkungsfaktor. Man spricht dennoch von einem Vorfilter, weil bei einer allgemeineren Betrachtung für V eine Übertragungsfunktion $V(s)$ eingesetzt werden kann, die die Führungsgröße filtert.

Dabei wird nach folgender Idee verfahren. Wenn die Regelstrecke kein I-Verhalten hat und man keinen integralen Anteil im Regler vorsehen will, so entsteht entsprechend Gl. (7.41) eine bleibende Regelabweichung $e(\infty) \neq 0$. Für eine proportional wirkende offene Kette mit $k_0 = 9$ ist beispielsweise $e(\infty) = 0{,}1$, d. h. es gilt $y(\infty) = 0{,}9$. Die Regelgröße wird also nur auf den Wert 0,9 an Stelle auf den Wert 1 angehoben.

Diesen Fehler kann man ausgleichen, wenn man an Stelle der Führungsgröße w mit einer modifizierten Führungsgröße $\tilde{w}$ arbeitet und diese auf den Wert $\frac{10}{9}$ anhebt.

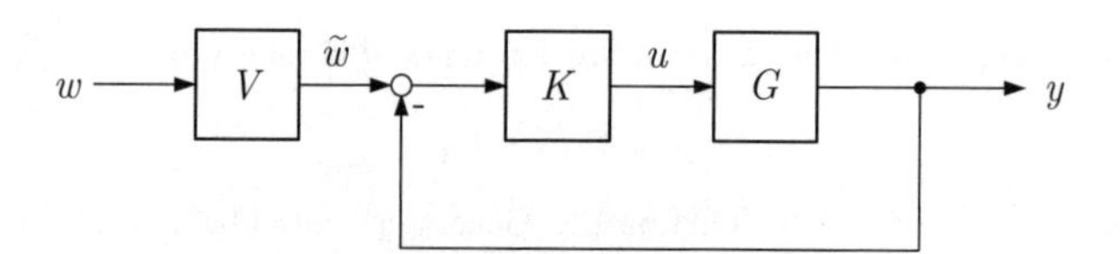

Abb. 7.7: Regelkreis mit Vorfilter

Der Regelkreis hat dann gegenüber dieser Vorgabe eine bleibende Regelabweichung von

$$e(\infty) = \frac{1}{1+k_0}\tilde{w} = \frac{1}{10}\frac{10}{9} = \frac{1}{9},$$

die Regelgröße also den gewünschten Endwert

$$y(\infty) = \tilde{w} - e(\infty) = 1.$$

Eine bleibende Regelabweichung wird also vermieden, indem die Führungsgröße so verändert wird, dass der Regelkreis mit einer gegenüber der modifizierten Sollwertvorgabe bleibenden Regelabweichung keine Regelabweichung gegenüber der ursprünglichen Führungsgröße hat.

Allgemein wird die modifizierte Führungsgröße entsprechend

$$\tilde{w} = Vw$$

durch geeignete Wahl des Faktors V gebildet. Um eine bleibende Regelabweichung zu vermeiden, muss die statische Verstärkung des Regelkreises zwischen der Führungsgröße w und der Regelgröße y gleich eins sein. Diese statische Verstärkung setzt sich aus dem Faktor V und der statischen Verstärkung zwischen $\tilde{w}$ und y zusammen:

$$V\frac{k_0}{1+k_0} \stackrel{!}{=} 1.$$

Für V erhält man damit die Bemessungsvorschrift

$$\boxed{\text{Vorfilter:} \qquad V = \frac{1+k_0}{k_0},} \tag{7.43}$$

wobei k_0 wie bisher die Kreisverstärkung des Regelkreises bezeichnet.

Diese Vorgehensweise hat den Vorteil, dass der Regler keine eigene Dynamik erhält, also Sollwertfolge mit einem proportional wirkenden Regler erreicht werden kann. Dies ist insbesondere dann wichtig, wenn bei der gerätetechnischen Realisierung keine Hilfsenergie zur Verfügung steht, die für die Realisierung eines integralen Anteils im Regler notwendig ist. Ein Beispiel für eine derartige Regelung ist die Temperaturregelung eines Zimmers mit einem Thermostatventil (Aufgabe 7.6).

Die Verwendung des Vorfilters hat jedoch zwei entscheidende Nachteile. Erstens kann mit dieser Maßnahme nur Sollwertfolge, nicht jedoch Störkompensation für sprungförmige Erregung erreicht werden. Zweitens muss die Verstärkung V genau der Kreisverstärkung k_0 angepasst werden. Die Eigenschaft der Sollwertfolge wird also nur bei genauer Kenntnis von k_0 erreicht. Sie ist nicht robust gegenüber Modellunsicherheiten!

Aufgabe 7.6 *Raumtemperaturregelung mit einem Thermostatventil*

Zeichnen Sie den Regelkreis einer Raumtemperaturregelung mit Thermostatventil. Klassifizieren Sie die dabei auftretenden Übertragungsglieder. Das Thermostatventil wirkt wie ein proportionaler Regler. Wie kann Sollwertfolge erreicht werden? □

7.3.5 Inneres-Modell-Prinzip

Die Ergebnisse des vorhergehenden Abschnittes können von sprungförmigen auf beliebig geartete Führungs- und Störsignale erweitert werden. Da es hier nicht auf eine vollständige Behandlung dieser Erweiterung, sondern nur auf das allgemeine Prinzip ankommt, wird im Folgenden nur das Störverhalten betrachtet ($w(t) = 0$) und untersucht, welche Eigenschaften der Regelkreis haben muss, damit für eine durch ein vorgegebenes Störgrößenmodell (7.26) beschriebene Klasse von Störsignalen die Güteforderung (II)

$$y_{\mathrm{s}}(t) \stackrel{!}{=} 0 \tag{7.44}$$

erfüllt werden kann. Vorausgesetzt wird wiederum, dass der Regelkreis stabil ist.

Das Störverhalten des Regelkreises ist durch die Beziehung

$$Y(s) = G_{\mathrm{d}}(s)D(s) = \frac{1}{1 + G_0(s)} D(s)$$

beschrieben. Im Abschn. 5.6 wurde gezeigt, dass ein Signal der Form

$$D(s) = \frac{1}{s - s_{\mathrm{d}i}}$$

gerade dann keinen Einfluss auf das stationäre Verhalten hat, wenn das System die Nullstelle $s_{\mathrm{d}i}$ besitzt. Angewendet auf das Störverhalten des Regelkreises heißt das, dass der Zähler der Störübertragungsfunktion das im Störgrößenmodell (7.26) vorkommende Polynom $N_{\mathrm{d}}(s)$ enthalten muss. Folglich muss sich die gebrochen rationale Funktion $G_{\mathrm{d}}(s)$ in der Form

$$G_{\mathrm{d}}(s) = \frac{1}{1 + G_0(s)} = \frac{N_{\mathrm{d}}(s)\,\tilde{Z}(s)}{\tilde{N}(s)}$$

darstellen lassen, wobei $\tilde{Z}(s)$ und $\tilde{N}(s)$ beliebige Polynome sind, für die der Zählergrad von G_{d} den Nennergrad nicht übersteigt. Stellt man diese Beziehung nach G_0 um

$$G_0(s) = \frac{\tilde{N}(s) - N_{\mathrm{d}}(s)\tilde{Z}(s)}{N_{\mathrm{d}}(s)\tilde{Z}(s)}, \tag{7.45}$$

so sieht man, dass das Polynom N_d im Nenner der Übertragungsfunktion $G_0 = G(s)K(s)$ auftritt. Mit anderen Worten, die Pole $s_{\mathrm{d}i}$ der Störung müssen Pole der offenen Kette sein. Man sagt auch, dass der Regelkreis ein *inneres Modell* der Störung besitzen muss.

Die bisher für Störungen durchgeführten Untersuchungen gelten auch für das Führungsverhalten. Damit für eine Klasse von Führungssignalen keine bleibende Regelabweichung auftritt, also

$$y_\mathrm{s}(t) \stackrel{!}{=} w(t)$$

gilt, muss die offene Kette ein inneres Modell der betrachteten Führungssignale besitzen.

Diese gleichartigen Forderungen für das Stör- und das Führungsverhalten wird als Inneres-Modell-Prinzip bezeichnet.

Satz 7.2 (Inneres-Modell-Prinzip)
Der stabile Regelkreis kann nur dann eine Störung vollständig unterdrücken bzw. dem Führungssignal ohne bleibende Regelabweichung folgen, wenn er ein „inneres Modell“ der Störungssignale bzw. der Führungssignale besitzt.

Wie im Abschn. 7.3.3 gezeigt wurde, muss die offene Kette das innere Modell $\frac{1}{s}$ enthalten, damit der stabile Regelkreis sprungförmige Führungsgrößen und Störgrößen ausregeln kann. Die offene Kette muss also I-Verhalten aufweisen. Diese Aussage stimmt mit der des Inneren-Modell-Prinzips für $N_\mathrm{d}(s) = s$ überein.

Wird der Regelkreis andererseits durch eine impulsförmige Störgröße beeinflusst, so braucht der Regelkreis keine zusätzlichen Forderungen zu erfüllen. Diese Störung wird durch jeden stabilen Regelkreis abgebaut. Zur Störung $d(t) = \bar{d}\delta(t)$ gehört das Störmodell mit dem Nennerpolynom $N_\mathrm{d}(s) = 1$, das in jedem Regler als „inneres Modell“ vorkommt.

Das Innere-Modell-Prinzip ist jedoch auch für andersgeartete Signale anwendbar, beispielsweise für rampenförmige Führungssignale, durch die die Regelstrecke vom aktuellen in einen anderen Arbeitspunkt überführt werden soll, oder für sinusförmige Störungen, die beispielsweise den Verlauf einer Temperatur über die Tageszeit wiedergeben.

Folgerungen für den Reglerentwurf. Aus dem Inneren-Modell-Prinzip erhält man Forderungen für die Wahl des Reglers. Stimmen Pole der Regelstrecke mit denen der Störung bzw. der Führung überein, so müssen diese Pole nicht durch den Regler erzeugt werden. Das innere Modell ist dann bereits in der Regelstrecke enthalten. Im Allgemeinen wird dies jedoch nicht der Fall sein, so dass die im Polynom $N_\mathrm{e}(s)$ enthaltenen Pole der auf den Regelkreis wirkenden Signale d und w durch den Regler in die offene Kette eingeführt werden müssen. Der Regler hat dann die Form

$$K(s) = \frac{Z_k(s)}{N_\mathrm{e}(s)\tilde{N}_k(s)}. \tag{7.46}$$

Das Zählerpolynom $Z_k(s)$ sowie das restliche Nennerpolynom $\tilde{N}_k(s)$ sind nicht durch das Innere-Modell-Prinzip festgelegt und bilden die Freiheitsgrade für den Reglerentwurf.

Durch das Innere-Modell-Prinzip wird die im Abschn. 7.1 beschriebene Regelungsaufgabe vereinfacht. Die Güteforderung (II) nach Sollwertfolge und Störkompensation wird auf eine geeignete Wahl der Reglerstruktur zurückgeführt. Ist für einen Regelkreis mit innerem Modell die Güteforderung (I) nach Stabilität erfüllt, so tritt in diesem Regelkreis keine bleibende Regelabweichung auf.

Allerdings muss darauf hingewiesen werden, dass die Stabilitätsforderung auf Grund des inneren Modells schwieriger zu erfüllen ist als für die „reine Regelstrecke". Da die Pole der Störung bzw. Führung einen nicht negativen Realteil haben, ist die offene Kette auf Grund des inneren Modells dieser Signale instabil. Zählt man das innere Modell nicht zum Regler, sondern zur Regelstrecke, zerlegt man also die offene Kette in

$$G_0(s) = G(s)\,K(s) = \left(G(s)\,\frac{1}{N_\mathrm{e}(s)}\right)\left(\frac{Z_k(s)}{\tilde{N}_k(s)}\right),$$

so beinhaltet die Wahl von $\frac{Z_k(s)}{\tilde{N}_k(s)}$ das Problem, die instabile erweiterte Regelstrecke $\frac{G(s)}{N_\mathrm{e}(s)}$ zu stabilisieren.

Aufgabe 7.7* *Füllstandsregelung einer Talsperre*

Bei der Regelung einer Talsperre soll durch Verstellung des Schiebers am Auslauf der Füllstand auf einem vorgegebenen Sollwert gehalten werden. Die Talsperre besitzt I-Verhalten, denn der Füllstand h erfüllt näherungsweise die Differenzialgleichung

$$\dot{h} = k(q_\mathrm{zu}(t) - q_\mathrm{ab}(t)), \tag{7.47}$$

wobei q_zu und q_ab die pro Zeiteinheit zu- bzw. abfließende Wassermenge bezeichnen und k ein von den geometrischen Abmaßen der Talsperre abhängiger Proportionalitätsfaktor ist. q_ab wird als Stellgröße verwendet, weil der Schieber durch eine unterlagerte Regelung so positioniert wird, dass eine vorgegebene Wassermenge die Talsperre pro Zeiteinheit verlässt. Die Zulaufmenge q_zu wird als über längere Zeit konstante Größe betrachtet.

Untersuchen Sie anhand des Blockschaltbildes des Regelkreises, ob auf Grund des I-Verhaltens der Regelstrecke Sollwertfolge und Störkompensation durch eine P-Regelung realisiert werden können. □

Aufgabe 7.8* *Struktur des Abstandsreglers bei Fahrzeugen*

In modernen Kraftfahrzeugen werden Regler eingebaut, die selbständig den Abstand zum vorausfahrenden Fahrzeug auf einem vorgegebenen Wert halten (Abb. 7.8). Da diese Regler in Fahrzeugkonvois eingesetzt werden, spricht man bei ihnen auch von einem Konvoiregler.

Der Regelkreis ist folgendermaßen aufgebaut. Das betrachtete Fahrzeug mit der Geschwindigkeit v_2 mißt den Abstand zum vorausfahrenden Fahrzeug, das mit der Geschwindigkeit v_1 fährt. Der Fahrzeugabstand d, der auf einem gegebenen Sollwert w gehalten

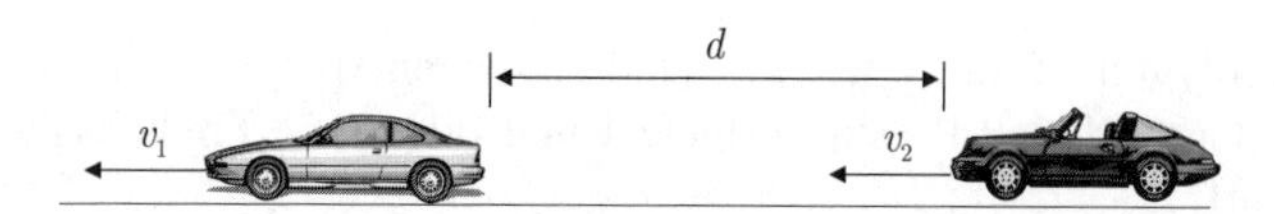

Abb. 7.8: Abstandsregelung für Fahrzeuge

werden soll, ergibt sich durch Integration der Differenzgeschwindigkeit $v_1 - v_2$. Stellgröße ist die Kraft f, mit der der Motor das Fahrzeug beschleunigt (oder bremst). Sie soll durch den Konvoiregler entsprechend dem aktuellen Fahrzeugabstand festgelegt werden.

Das Fahrzeug mit Eingangsgröße f und Ausgangsgröße v_2 hat proportionales, zeitlich verzögertes Verhalten, weil es bei jeder Gaspedalstellung aufgrund des Luftwiderstandes eine bestimmte stationäre Geschwindigkeit erreicht. Im folgenden wird mit einem um den Arbeitspunkt linearisierten Modell gerechnet (vgl. Beispiel 4.10 auf S. 98).

Der Regler soll den Fahrzeugabstand d ohne bleibende Regelabweichung einem geschwindigkeitsabhängig vorgegebenen Sollwert w angleichen. Als Störgrößen beeinflussen die Geschwindigkeit $v_1(t)$ des vorausfahrenden Fahrzeugs oder eine durch Hangabtriebskraft an Bergen zusätzlich wirkende Beschleunigung $a_{\rm B}(t)$ den Regelkreis. Außerdem muß der Regler das Fahrzeug ausgehend von einem Anfangsabstand d_0 an den Sollabstand führen, wenn sich der Konvoi bildet. Schließlich soll es durch den Regler möglich sein, den Fahrzeugabstand auf einen beliebig vorgegebenen Wert zu führen.

Zeichnen Sie das Blockschaltbild des Regelkreises und kennzeichnen Sie den Charakter aller darin vorkommenden Blöcke. Bestimmen Sie die Reglerstruktur (P-Regler, I-Regler usw.) für die genannten Fälle, die folgendermaßen zusammengefaßt werden können:

	$w(t)$	d_0	$v_1(t)$	$a_{\rm B}(t)$
1	0	$d_0\sigma(t)$	0	0
2	0	0	$\bar{v}_1\sigma(t)$	0
3	0	0	0	$\bar{a}_{\rm B}\sigma(t)$
4	$\sigma(t)$	0	0	0

Ermitteln Sie die Reglerstruktur zunächst unter Anwendung des Inneren-Modell-Prinzips und weisen Sie die Richtigkeit Ihrer Reglerwahl anschließend durch Berechnung des Abstandes $d(t)$ für $t \rightarrow \infty$ nach. □

Aufgabe 7.9* *Analyse des Fliehkraftreglers von Dampfmaschinen*

Der in Abb. 1.4 auf S. 7 gezeigte Fliehkraftregler soll die Drehzahl n der Dampfmaschine bei Laständerungen auf einem festen Sollwert halten. Kann er das bei sich sprungförmig ändernder Last? □

Aufgabe 7.10** *Inneren-Modell-Prinzip bei verschiedenen Störsignalen*

Wenden Sie das Innere-Modell-Prinzip auf folgende Regelungsaufgaben an:

1. Die Regelstrecke hat IT_2-Verhalten und die Störung ist rampenförmig ($d(t) = \bar{d}t$).
2. Die Regelstrecke hat PT_n-Verhalten und die Störung ist sinusförmig.

3. Die Regelstrecke hat PT_n-Verhalten und eine impulsförmige Störung tritt am Streckeneingang auf.
4. Die Regelstrecke ist ein IT_2-Glied und es tritt eine sprungförmige Störung am Regelstreckeneingang auf. □

7.4 Übergangsverhalten des Regelkreises: Entwurfskompromisse und erreichbare Regelgüte

7.4.1 Beschränkungen für die erreichbare Regelgüte

Perfekte Regelung. Die Forderung nach Störkompensation und Sollwertfolge kann mit Hilfe der in Gln. (7.6) und (7.7) eingeführten Stör- und Führungsübertragungsfunktionen als

$$G_{\mathrm{w}}(s) \stackrel{!}{=} 1 \qquad G_{\mathrm{d}}(s) \stackrel{!}{=} 0$$

dargestellt werden. Wenn diese Forderungen erfüllt sind und kein Messrauschen $R(s)$ vorhanden ist, folgt die Regelgröße der Führungsgröße über den gesamten betrachteten Zeitraum *exakt*:

$$y(t) = w(t).$$

Die Regelung ist perfekt. Die Betrachtungen dieses Abschnittes zeigen, dass es i. Allg. keinen Regler gibt, der dem Regelkreis diese idealen Eigenschaften gibt.

Auswirkungen der Gerätetechnik. Die in einem Regelkreis erreichbare Regelgüte hängt von mehreren gerätetechnischen Faktoren ab. Erstens ist die Regelgüte durch die Gerätetechnik beschränkt. Ein komplizierter Regler erfordert einen hohen gerätetechnischen Aufwand, den man nur so weit treiben will, wie es die gegebene Regelungsaufgabe erfordert. Die Raumtemperaturregelung mit einem Thermostatventil ist ein derartiger Kompromiss. Auf Grund des Konstruktionsprinzips des Reglers entsteht eine häufig fühlbare bleibende Regelabweichung (vgl. Aufgabe 7.6). Für Wohnräume wird man jedoch i. Allg. keinen größeren Aufwand für die Regelung betreiben und die bleibende Regelabweichung in Kauf nehmen oder gegebenenfalls durch Änderung des Sollwertes von Hand korrigieren.

Eine wichtige Begrenzung für die Regelgüte wird durch die begrenzte Bandbreite der Sensoren und Aktoren bestimmt. Wenn das Stellglied nur mit einer begrenzten Geschwindigkeit reagieren kann, können beispielsweise hochfrequente Störungen nicht ausgeglichen werden. In gleicher Weise begrenzt die Aktorik die Güte, mit die Regelgröße einer sich schnell ändernden Führungsgröße nachgeführt werden kann.

Auswirkung von Messfehlern. Systematische und zufällige Messfehler sind im Regelkreis durch die Größe $R(s)$ dargestellt. Da $G_{\mathrm{r}}(s) = -G_{\mathrm{w}}(s)$ gilt, werden Messfehler genauso gut bzw. genauso schlecht vom Regelkreis übertragen wie die Sollgröße $W(s)$. Bei einer perfekten Regelung gilt unter Beachtung der Messfehler die Beziehung

$$y(t) = w(t) - r(t),$$

d. h., Messfehler machen sich vollständig in der Regelgröße bemerkbar.

Die Sollwertfolge kann nur so genau sein, wie die Regelgröße gemessen wird.

Diese Aussage gilt prinzipiell auch im erweiterten Regelkreis nach Abb. 7.6 auf S. 305. Dort ist zwar das Filter $C(s)$ in den Kreis eingefügt, um das verrauschte Messsignal zu glätten. Dieses Filter macht jedoch den Regelkreis langsamer. Die obige Aussage gilt auch im zeitlichen Sinne:

Der Regelkreis kann nicht schneller sein, als die Regelgröße gemessen wird.

Auswirkungen von Modellunsicherheiten. Eine weitere Grenze für die erreichbare Regelgüte wird durch die Modellgenauigkeit bestimmt. Je genauer das Modell ist, umso besser kann man den Regler an das Regelstreckenverhalten anpassen und umso besser können die Güteforderungen erfüllt werden. Besitzt das Modell jedoch große Unsicherheiten, so spielt die Robustheit der Regelung eine maßgebende Rolle. Die Reglerverstärkung darf bei großen Modellunsicherheiten nicht zu groß gewählt werden, um die Stabilität nicht zu gefährden (vgl. Abschn. 8.6.3). Der Regler kann folglich die Dynamik des Regelkreises nur in Grenzen verändern.

Auswirkung von Stellgrößenbeschränkungen. Die Forderung

$$G_{\rm w}(s) \stackrel{!}{=} 1$$

bedeutet, dass der Regelkreis in verschwindend kurzer Zeit dem Führungssignal nachgeführt wird. Dafür wäre eine unendlich hohe Stellgröße notwendig. Begrenzungen der Stellgröße, die zwar in den hier verwendeten Regelstreckenmodellen nicht berücksichtigt sind, jedoch bei jeder praktischen Anwendung auftreten, sind ein weiterer Grund dafür, dass die erreichbare Regelgüte beschränkt ist.

Beispiel 7.1 *Begrenzung der erreichbaren Regelgüte durch Stellgrößenbeschränkungen*

Die Wirkung von Stellgrößenbeschränkungen lässt sich an einem einfachen Regelkreis demonstrieren, der aus der Regelstrecke erster Ordnung

$$G(s) = \frac{1}{Ts+1}$$

und dem Regler

$$K(s) = k_{\rm P}$$

besteht. Die offene Kette

$$G_0(s) = \frac{k_{\rm P}}{Ts+1}$$

hat offensichtlich den Polüberschuss von eins, so dass die Regelgüte nicht durch das Gleichgewichtstheorem begrenzt ist.

Für den geschlossenen Kreis erhält man die Führungsübertragungsfunktion

$$G_{\mathrm{w}}(s) = \frac{k_{\mathrm{P}}}{1+k_{\mathrm{P}}} \frac{1}{\frac{T}{1+k_{\mathrm{P}}}s+1},$$

die zeigt, dass die Zeitkonstante $\frac{T}{1+k_{\mathrm{P}}}$ des Regelkreises durch genügend große Reglerverstärkung beliebig klein gemacht werden kann. Dementsprechend nähert sich die Führungsübergangsfunktion ihrem Endwert beliebig schnell. Als Nebeneffekt wird auch die bleibende Regelabweichung beliebig klein gemacht. Der obere Teil von Abb. 7.9 verdeutlicht dies.

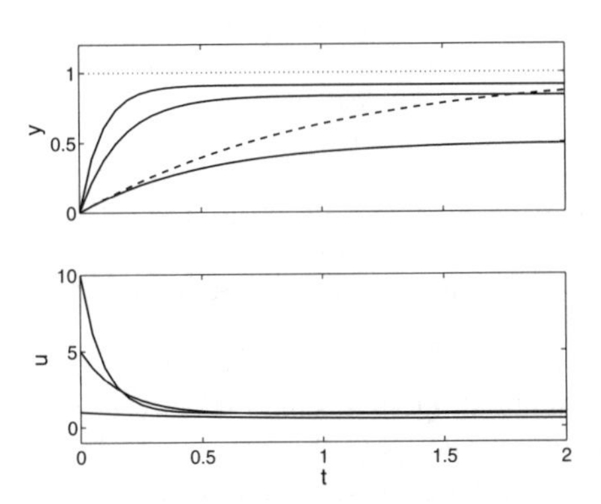

Abb. 7.9: Führungsübergangsfunktion eines Regelkreises mit Proportionalregler bei den Reglerverstärkungen $k_{\mathrm{P}} = 1, 5$ und 10 (oben: Regelgröße y; unten: Stellgröße u)

Die zugehörige Stellgröße erhält man aus der Übertragungsfunktion

$$G_{\mathrm{uw}}(s) = \frac{k_{\mathrm{P}}}{1+k_{\mathrm{P}}} \frac{Ts+1}{\frac{T}{1+k_{\mathrm{P}}}s+1}.$$

$G_{\mathrm{uw}}(s)$ beschreibt ein DT_1-Glied, dessen Pol durch Erhöhung von k_{P} beliebig klein gemacht werden kann. Damit wird gleichzeitig der Sprunganteil $h(0) = k_{\mathrm{P}}$ vergrößert. Der untere Teil von Abb. 7.9 verdeutlicht, dass mit Erhöhung der Reglerverstärkung eine Vergrößerung der maximalen Stellamplitude einhergeht.

Einen ähnlichen Zusammenhang zwischen Stellamplitude und Regelgüte erhält man bei I-Regelung (Abb. 7.10). Hier ist zwar stets gesichert, dass sich die Regelgröße der Führungsgröße ohne bleibende Regelabweichung annähert. Je schneller dies geschehen soll, umso größer muss jedoch die Stellgröße sein. Die maximale Stellamplitude wird nicht mehr zur Zeit $t = 0$ angenommen, weil hier $u(0) = 0$ gilt, sondern während des Übergangsvorganges.

Wie bei den beiden Beispielen kann man für viele Regelkreise zu einer beliebigen Stellgrößenbeschränkung

$$|u(t)| < u_{\max}$$

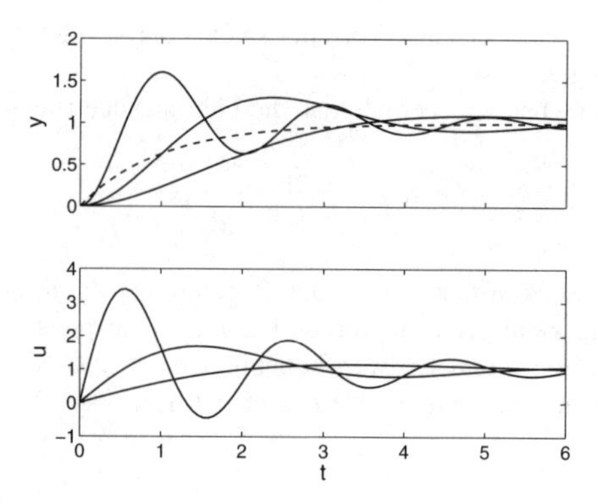

Abb. 7.10: Führungsübergangsfunktion eines Regelkreises mit I-Regler bei unterschiedlicher Integrationszeitkonstante (oben: Regelgröße y; unten: Stellgröße u)

eine maximale Reglerverstärkung ermitteln, für die die Stellgrößenbeschränkung durch den linearen Regelkreis gerade noch nicht verletzt wird. Diese Tatsache macht offensichtlich, dass Stellgrößenbeschränkungen die erreichbare Regelgüte maßgebend beeinflussen. □

Eine allgemeine Schlussfolgerung kann man aus diesem Beispiel ziehen, wenn man sich die Zeitkonstante des Regelkreises im Vergleich zur Zeitkonstante der Regelstrecke ansieht. Um diesen Vergleich anschaulich an der Übergangsfunktion durchführen zu können, wurde im oberen Teil von Abb. 7.9 die Übergangsfunktion der Regelstrecke (gestrichelt) eingetragen. Ist der Regelkreis langsamer als die Regelstrecke, so nähert sich die Stellgröße dem statischen Endwert näherungsweise asymptotisch. Eine Stellgrößenbeschränkung wird nicht wirksam. Soll der Regelkreis wesentlich schneller gemacht werden als die Regelstrecke, so sind dafür große Stellamplituden notwendig. Hier begrenzt die Stellgrößenbeschränkung die Realisierbarkeit der Regelung. Es gilt also:

Der Regelkreis kann nicht wesentlich schneller gemacht werden, als es die maßgebenden Zeitkonstanten des Stellgliedes, der Regelstreckendynamik und des Messgliedes zulassen.

In den meisten praktischen Anwendungen besitzt der Regelkreis also Zeitkonstanten, die in derselben Größenordnung liegen wie die der Regelstrecke. Eine schnelle Regelstrecke ermöglicht einen schnellen Regelkreis. Reagiert die Regelstrecke langsam auf Stelleingriffe, so ist auch der gesamte Regelkreis langsam. Andernfalls beschränken Sättigungseffekte in der Regelstrecke oder Stellgrößenbeschränkungen die Wirksamkeit der Regelung. Im praktischen Reglerentwurf geht man meist so vor, dass man den Regler zunächst unter Vernachlässigung dieser nichtlinearen Effekte entwirft, das Verhalten des Regelkreises dann aber unter Verwendung eines nichtlinearen Modells, das diese Effekte berücksichtigt, simuliert und bewertet.

7.4.2 Gleichgewichtstheorem

Die im Folgenden erläuterte Schranke für die erreichbare Regelgüte ist prinzipieller Natur, zumindest, solange man bei linearen Regelungen mit konstanten Parametern bleibt. Es wird sich zeigen, dass diese Schranke die Qualität einer Regelung selbst dann beschränkt, wenn man einen beliebig hohen gerätetechnischen Aufwand zu treiben bereit ist und wenn man über ein exaktes Modell der Regelstrecke verfügt.

Eine neue Interpretation der in Gl. (7.14) eingeführten Empfindlichkeitsfunktion $S(s)$ erhält man, wenn man das Führungsverhalten des Regelkreises mit dem des ungeregelten Systems vergleicht. Ohne Regler gilt $U(s) = 0$ und folglich $Y(s) = 0$. Für die Regelabweichung erhält man

$$E_{\text{ohneRegler}}(s) = W(s).$$

Ist ein Regler angeschlossen, so folgt aus der Definition von $G_{\text{ew}}(s)$ und Gl. (7.11) die Beziehung

$$E_{\text{mitRegler}}(s) = G_{\text{ew}}(s)\, W(s) = \frac{1}{1 + G_0(s)} W(s).$$

Damit erhält man

$$\frac{E_{\text{mitRegler}}(s)}{E_{\text{ohneRegler}}(s)} = \frac{1}{1 + G_0(s)} = S(s). \tag{7.48}$$

Das heißt, die Empfindlichkeitsfunktion ist das Verhältnis der Regelabweichung im Regelkreis und der Regelabweichung, die sich ohne Regler einstellen würde. Aus diesem Grunde bezeichnet man den Quotienten $\frac{1}{1+G_0}$ auch als *Regelfaktor* und bezeichnet ihn mit R (nicht zu verwechseln mit dem Messrauschen R!):

$$R(s) = \frac{1}{1 + G_0(s)} = S(s). \tag{7.49}$$

Um ein gutes Führungsverhalten zu erreichen, muss der Betrag des Regelfaktors durch geeignete Wahl des Reglers möglichst klein gemacht werden. Wegen $|R(j\omega)| = |S(j\omega)|$ wird damit gleichzeitig erreicht, dass sich eine am Ausgang der Regelstrecke angreifende Störung D wenig auf die Regelgröße auswirkt.

Der typische Verlauf des Betrages des Regelfaktors in Abhängigkeit von der Frequenz ist in Abb. 7.11 dargestellt. Diese Abbildung ergibt sich aus dem in Abb. 7.12 gezeigten Verlauf der Ortskurve $G_0(j\omega)$ einer stabilen offenen Kette, die einen stabilen Regelkreis ergibt (vgl. Kap. 8).

Drei charakteristische Frequenzbereiche können unterschieden werden:

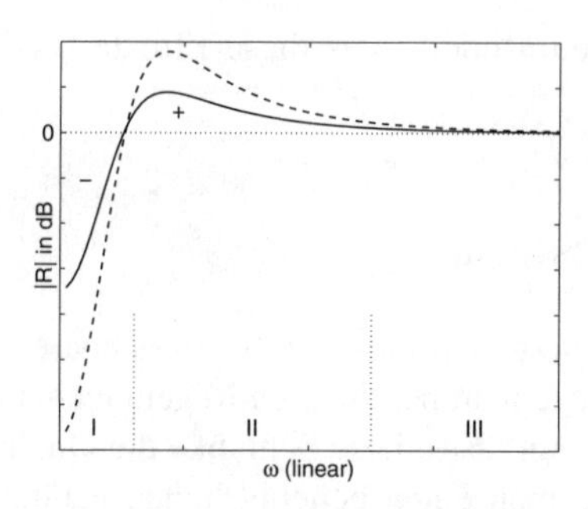

Abb. 7.11: Typischer Verlauf des Betrages des Regelfaktors $R(j\omega)$; die Kurve - - - entsteht nach Vergrößerung der Reglerverstärkung

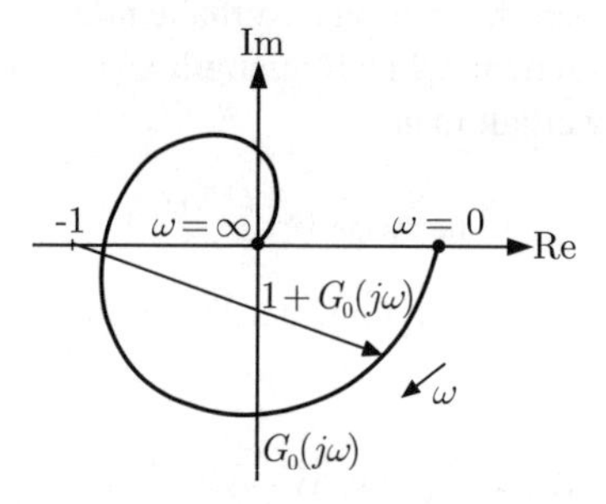

Abb. 7.12: Typischer Verlauf der Ortskurve der offenen Kette

- **Gegenkopplungsbereich I**: Der Betrag des Regelfaktors ist deutlich kleiner als eins. Die Regelgröße wird der Führungsgröße nachgeführt. Störungen werden mit einer entsprechend $|R(j\omega)|$ geminderten Amplitude an den Ausgang des Regelkreises übertragen. $|R(0)|$ ist die statische Regelabweichung, die bei einer sprungförmigen Störung am Ausgang der Regelstrecke auftritt, vgl. Gl. (7.7).

- **Mitkopplungsbereich II**: Der Betrag des Regelfaktors ist deutlich größer als eins. Das heißt, dass die Regelabweichung im Regelkreis größer ist als beim ungeregelten System. Die Störung wird um den Faktor $|R(j\omega)|$ verstärkt an den Ausgang des Regelkreises übertragen.

- **Unempfindlichkeitsbereich III**: Der Betrag des Regelfaktors ist näherungsweise gleich eins. Die Regelgröße wird der Führungsgröße nicht nachgeführt, und die Störung wird ungemindert an den Ausgang des Regelkreises übertragen. Die Regelung ist wirkungslos.

Eine wichtige Beziehung zwischen diesen drei Bereichen wird durch das folgende von WESTCOTT 1952 bewiesene *Gleichgewichtstheorem* wiedergegeben, das in der englischsprachigen Literatur als *Bode integral* bezeichnet wird. Sie gilt, wenn die offene Kette $G_0(s)$ stabil ist und einen Polüberschuss von mindestens zwei hat und wenn der Regelkreis stabil ist:

Gleichgewichtstheorem für stabile offene Kette:

$$\int_{-j\infty}^{+j\infty} \lg |R(j\omega)| \, dj\omega = \int_{-j\infty}^{+j\infty} \lg \left| \frac{1}{1+G_0(j\omega)} \right| dj\omega = 0. \tag{7.50}$$

Dieses Gesetz besagt, dass die in Abb. 7.11 mit + bzw. – gekennzeichneten Flächen, die von der $|R(j\omega)|$-Kurve und der durch 1 verlaufenden Parallelen zur ω-Achse eingeschlossen werden, gleich groß sind. Für den Reglerentwurf bedeutet dies:

> Jede Verbesserung des Regelkreisverhaltens im Gegenkopplungsbereich führt zu einer Verschlechterung im Mitkopplungsbereich und umgekehrt.

Abbildung 7.11 zeigt den Verlauf des Regelfaktors für einen Regelkreis, bei dem man durch eine Veränderung der Reglerverstärkung die Regelgüte im niederfrequenten Bereich verbessern kann (Übergang von der durchgezogenen zur gestrichelten Kurve). Aufgrund des Gleichgewichtstheorems verschlechters sich dabei jedoch der Regelfaktor im höherfrequenten Bereich.

Ziel des Reglerentwurfes muss es deshalb sein, die Grenze zwischen dem Gegenkopplungsbereich und dem Mitkopplungsbereich so zu legen, dass die in den wichtigsten Führungs- und Störsignalen enthaltenen Frequenzen im Gegenkopplungsbereich liegen.

Für einen Polüberschuss der offenen Kette von eins ist das in Gl. (7.50) angegebene Integral endlich und möglicherweise negativ. Das heißt, für den Reglerentwurf bestehen die genannten Beschränkungen nicht, denn die in Abb. 7.11 mit dem Minuszeichen versehene Fläche kann dann beliebig groß gemacht werden. Allerdings trifft die Voraussetzung an den Polüberschuss in der Praxis i. Allg. nicht zu. Da die meisten Regelstrecken wesentliche verzögernde Elemente enthalten, ist ihr Polüberschuss größer als eins. Dies wird offensichtlich, wenn man sich die Reihenschaltung aus Stellglied, der eigentlichen Regelstrecke und einem Messglied vorstellt. Jedes dieser Elemente hat i. Allg. einen Polüberschuss von eins, die Reihenschaltung deshalb häufig einen Polüberschuss von mindestens zwei oder drei. Folglich gilt das Gleichgewichtstheorem mit den beschriebenen Einschränkungen für die erreichbare Regelgüte.

Ist die offene Kette instabil, so steht auf der rechten Seite von Gl. (7.50) an Stelle der Null ein von den instabilen Polen der offenen Kette abhängiger positiver Ausdruck. Das heißt, dass die mit dem Pluszeichen gekennzeichnete Fläche größer ist als die mit dem Minuszeichen markierte Fläche. Diese Beschränkungen für den Reglerentwurf werden umso schärfer, je größer der Realteil der instabilen Pole ist. Da mit Hilfe des Reglers die instabile Strecke stabilisiert werden muss, verringern sich die Möglichkeiten, scharfe Forderungen an das Führungsverhalten zu erfüllen. Dieser ingenieurtechnisch plausible Sachverhalt wird quantitative durch das Gleichgewichtstheorem wiedergegeben.

Beispiel 7.2 *Auswirkungen des Gleichgewichtstheorems*

Um die Wirkung des Gleichgewichtstheorems für den Reglerentwurf zu illustrieren, wird ein Standardregelkreis nach Abb. 7.4 betrachtet, bei dem die Regelstrecke durch ein PT_1-Glied

$$G(s) = \frac{1}{s+1}$$

beschrieben ist und ein I-Regler

$$K(s) = \frac{1}{T_\mathrm{I} s}$$

eingesetzt wird. Im Folgenden wird das Verhalten des Regelkreises für die beiden Werte der Integrationszeitkonstanten

$$\begin{aligned} T_\mathrm{I} &= 5\,\mathrm{s} \quad \text{(durchgezogene Linie)} \\ T_\mathrm{I} &= 1\,\mathrm{s} \quad \text{(gestrichelte Linie)} \end{aligned}$$

miteinander verglichen.

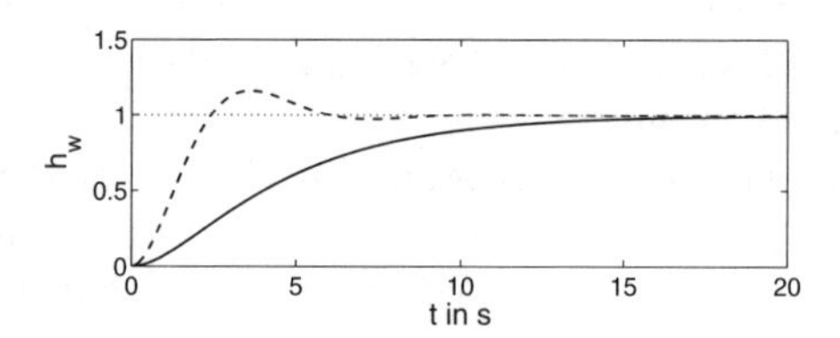

Abb. 7.13: Führungsübergangsfunktion des Regelkreises

Abbildung 7.13 zeigt, dass das Führungsverhalten bei der zweiten Reglereinstellung deutlich besser ist als bei der ersten, denn der Sollwert wird schon nach etwa 5 Sekunden erreicht, während der Übergangsvorgang bei der ersten Reglereinstellung etwa 15 Sekunden dauert. Der Regelfaktor ist in Abb. 7.14 zu sehen. Der Verbesserung des Regelfaktors im niederfrequenten Bereich steht dem Gleichgewichtstheorem entsprechend eine Verschlechterung im höherfrequenten Bereich gegenüber. Der Regelfaktor ist in der Abbildung oben über einer linear geteilten Frequenzachse und unten in der aus dem Bodediagramm geläufigen Weise über einer logarithmisch geteilten Frequenzachse aufgetragen. Die grafische Veranschaulichung des Gleichgewichtstheorems mit der Flächengleichheit der unter bzw. über der 0dB-Achse liegenden Flächen gilt für die lineare Frequenzteilung.

Erregt man den Regelkreis mit der Störung

$$d(t) = \sin 1{,}2\,t$$

so verhält sich der Regelkreis mit der zweiten Reglereinstellung erwartungsgemäß schlechter, wie Abb. 7.15 zeigt. Der Ausgang schwingt mit einer größeren Amplitude. Dies kann bei der Frequenz $\omega = 1{,}2\,\frac{\mathrm{rad}}{\mathrm{s}}$ aus Abb. 7.14 abgelesen werden, in der für die zweite Reglereinstellung der entsprechende Wert des Regelfaktors hervorgehoben ist.

Würde man das Störverhalten für sprungförmige Störungen am Ausgang der Regelstrecke für die beiden Reglereinstellungen miteinander vergleichen, so würde man zu demselben Ergebnis wie bei einem Vergleich des Führungsverhaltens kommen: Die zweite Reglereinstellung ist besser als die erste. Dies ergibt sich aus Abb. 7.2. Dies steht nicht im Widerspruch zum Gleichgewichtstheorem, denn über diesen Vergleich sagt dieses Theorem

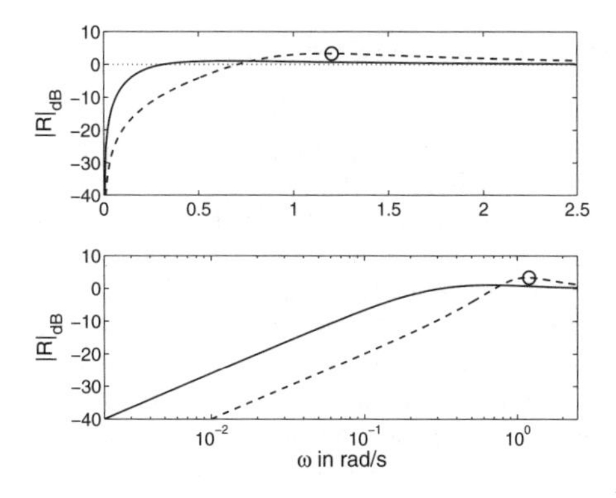

Abb. 7.14: Regelfaktor

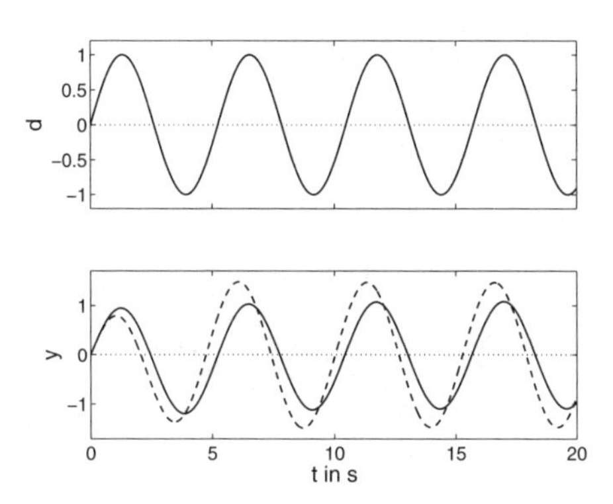

Abb. 7.15: Verhalten des Regelkreises bei sinusförmiger Störung

gar nichts aus. Es vergleicht nicht das Führungs- und Störverhalten für dieselben Eingangssignale (und folglich für dieselben Frequenzbereiche), sondern für Signale mit unterschiedlicher Frequenz. Für die Bewertung des Störverhaltens in Abb. 7.14 wurde deshalb eine sinusförmige Störung verwendet. □

Das Gleichgewichtstheorem gilt für die Empfindlichkeitsfunktion $S(s)$ und folglich für Störungen, die wie beim Standardregelkreis am Ausgang der Regelstrecke angreifen. Da jedoch einerseits das Störverhalten mit dem Führungsverhalten über die Beziehung (7.17) zusammenhängt und andererseits die Empfindlichkeitsfunktion als Faktor in allen für den Regelkreis eingeführten Übertragungsfunktionen vorkommt, gilt die durch das Gleichgewichtstheorem ausgedrückte Verknüpfung von einer Verbesserung des Regelkreisverhaltens im unteren Frequenzbereich und einer Verschlechterung im oberen Frequenzbereich auch für das Führungsverhalten und auch für andere Angriffsstellen der Störung. Das folgende Beispiel zeigt dies für eine am Eingang der Regelstrecke wirkende Störung.

Beispiel 7.3 *Wirkung einer aktiven Fahrzeugdämpfung*

Bei einer aktiven Dämpfung wird durch eine Regelung die durch Bodenunebenheiten angeregte Bewegung des Fahrzeugaufbaus gedämpft. Als Stellglied wirken hydraulisch arbeitende Stoßdämpfer, wobei der Regler den Druck des Hydrauliköls auf die Federung über ein Ventil beeinflusst. Gemessen wird die Bewegung des Fahrzeugaufbaus.

Im Folgenden wird angenommen, dass sich ein Fahrzeug auf einer sinusförmig gewellten Straße bewegt. Die gestrichelten Linien in Abb. 7.16 zeigen die Bewegung des Fahrzeugaufbaus bei langsamer Fahrt (oben) bzw. bei schneller Fahrt (unten). Da die Straßenoberfläche bei langsamer Fahrt eine Störung mit niedriger Frequenz erzeugt, folgt der Fahrzeugaufbau dem langsamen Auf und Ab der Straßenoberfläche mit großer Amplitude. Demgegenüber bewegt sich er sich bei schneller Fahrt nur mit kleiner Amplitude, denn die durch die schnelle Fahrt erzeugte Störung hat eine große Frequenz, die durch die Trägheit des Fahrzeugs „weggefiltert" wird.

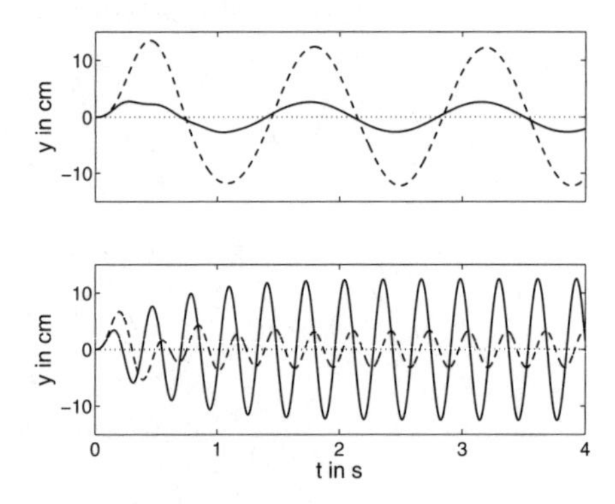

Abb. 7.16: Verhalten des Fahrzeugs bei sinusförmiger Störung (- - - ohne aktive Dämpfung, — mit aktiver Dämpfung; oben bei langsamer Fahrt, unten bei schneller Fahrt)

Um den Fahrkomfort bei langsamer Fahrt zu verbessern, wird eine proportionale Rückführung der Bewegung des Aufbaus auf das Hydraulikventil eingebaut. Damit kann die Bewegung wesentlich gedämpft werden, wie die durchgezogene Linie im oberen Teil der Abbildung zeigt. Die Regelung erfüllt für langsame Fahrt (niederfrequente Störung) ihren Zweck.

Bei schneller Fahrt wird jedoch die hochfrequente Bewegung des Fahrzeugaufbaus durch die Regelung verstärkt. Das Fahrverhalten ist wesentlich schlechter als ohne aktive Federung.

Der Grund für dieses Verhalten ist in Abb. 7.17 anhand der Störübertragungsfunktion zu erkennen. Der Amplitudengang des ungeregelten Fahrzeugs (gestrichelte Linie) wird durch die Regelung im unteren Frequenzbereich nach unten verschoben. Das Störverhalten für langsame Fahrt wird dabei von dem durch das Kreuz gekennzeichneten Punkt in den runden Punkt verschoben. Der Frequenzgang besitzt beim geregelten System wie auch bei der Regelstrecke eine Resonanzüberhöhung, die durch die Regelung verkleinert und nach rechts verschoben wird. Deshalb verschlechtert sich das Verhalten bei hochfrequenter Störung (schneller Fahrt).

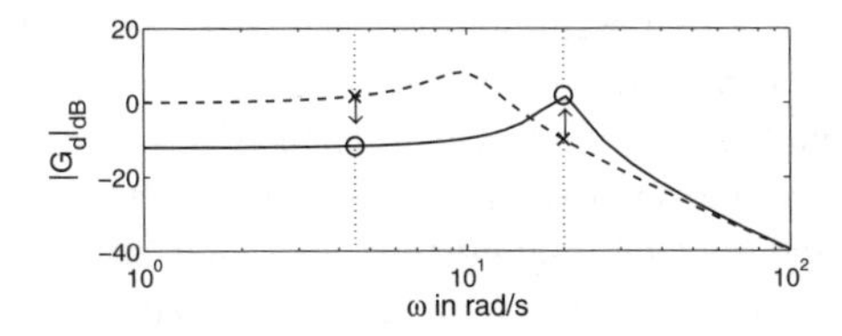

Abb. 7.17: Verschiebung der Störübertragungsfunktion durch die Regelung

Dieses Beispiel zeigt die Bedeutung des Gleichgewichtstheorems in sehr anschaulicher Weise. Damit die Wirkung dieses Theorems in der praktischen Anwendung keine Rolle spielt, muss mit einem Regler gearbeitet werden, der den „schlechten" Teil des Störfrequenzganges in den Frequenzbereich schiebt, in dem keine Störung auftritt (also in den Bereich der unzulässigen Fahrzeuggeschwindigkeit). Bei den in Fahrzeugen eingesetzten aktiven Dämpfungen versucht man außerdem, der Wirkung des Gleichgewichtstheorems durch die Verwendung nichtlinear wirkender Dämpfer zu umgehen, für die das Gleichgewichtstheorem nicht in dieser Form gilt. □

7.4.3 Empfindlichkeit und Robustheit von Regelkreisen

Regelkreise sind auf Grund der über den Regler vorgenommenen Informationsrückkopplung robust gegenüber Veränderungen der Eigenschaften der Regelstrecke. Diese Tatsache wurde im Abschn. 1.2 als eine wichtige Motivation für die Verwendung von Regelungen angeführt, wobei darauf verwiesen wurde, dass eine Steuerung in der offenen Wirkungskette keine Möglichkeiten hat, auf Veränderungen in der Regelstrecke zu reagieren. Im Folgenden soll diese Robustheitsbetrachtung zunächst durch eine Empfindlichkeitsanalyse des Regelkreises und dann durch einen Vergleich von Regelkreis und Steuerkette vertieft werden. Es wird sich dabei herausstellen, dass die o. g. Robustheitsaussage zwar prinzipiell richtig ist, jedoch nur in bestimmten Frequenzbereichen gilt.

Empfindlichkeit des Regelkreises bezüglich Modellunsicherheiten. Empfindlichkeitsuntersuchungen werden in der Technik sehr häufig angewendet, wenn ein System einen unsicheren Parameter a besitzt und man sich dafür interessiert, in welche Richtung und wie stark sich ein Qualitätsparameter q des Systems verändert, sobald sich der Parameter a von seinem Nominalwert $\hat{a}$ entfernt. Entwickelt man den Zusammenhang zwischen a und q in die Taylorreihe

$$q(a) = q(\hat{a}) + \frac{dq}{da}(a - \hat{a}) + ...$$

und vernachlässigt alle Glieder höherer als erster Ordnung, so erhält man

$$q(a) - q(\hat{a}) \approx \left.\frac{dq}{da}\right|_{a=\hat{a}} (a - \hat{a}).$$

Der Differenzialquotient $\frac{dq}{da}$ beschreibt also, wie stark sich eine Parameterabweichung $a - \hat{a}$ auf den das Systemverhalten beschreibenden Qualitätsparameter q auswirkt. Dieser Quotient beschreibt die *Empfindlichkeit* des Systems.

Auf den Regelkreis bezogen stellt die Führungsübertragungsfunktion $G_{\rm w}$ den Qualitätsparameter und die Übertragungsfunktion G der Strecke den unsicheren Parameter dar (wobei natürlich mehrere unsichere Streckenparameter die Änderung von G hervorrufen können). Aus

$$G_{\rm w}(s) = \frac{G(s)K(s)}{1 + G(s)K(s)}$$

erhält man für die Empfindlichkeit

$$\frac{dG_{\rm w}}{dG} = \frac{K(s)}{(1 + G(s)K(s))^2}. \tag{7.51}$$

Dieser Ausdruck beschreibt für jede Frequenz s die Empfindlichkeit der Führungsübertragungsfunktion bezüglich der Übertragungsfunktion der Regelstrecke.

Eine einfachere Darstellung dieser Empfindlichkeit erhält man, wenn man nicht die Übertragungsfunktionen selbst, sondern deren Logarithmus betrachtet, so wie es im Bodediagramm getan wird. Man untersucht also die Empfindlichkeit von $\lg G_{\rm w}$ bezüglich der Änderung von $\lg G$. Dafür gilt

$$\frac{d\,\lg G_{\rm w}}{d\,\lg G} = \frac{\dfrac{dG_{\rm w}}{G_{\rm w}}}{\dfrac{dG}{G}} = \frac{dG_{\rm w}}{dG}\,\frac{G}{G_{\rm w}},$$

woraus man mit Gl. (7.51)

$$\frac{d\,\lg G_{\rm w}}{d\,\lg G} = \frac{dG_{\rm w}}{dG}\,\frac{G}{G_{\rm w}} = \frac{1}{1 + G(s)\,K(s)} = S(s) \tag{7.52}$$

erhält. Diese Beziehung ist der Grund für die bereits eingeführte Bezeichnung „Empfindlichkeitsfunktion“ für $S(s)$.

Gleichung (7.52) beschreibt, wie sich eine Änderung der Regelstrecke auf die Führungsübertragungsfunktion auswirkt, wobei beide Übertragungsfunktionen im logarithmischen Maßstab gemessen werden. Je kleiner $|S(s)|$ ist, desto weniger ändert sich die Führungsübertragungsfunktion bei Veränderungen der Streckeneigenschaften. Wie alle Empfindlichkeitsuntersuchungen gilt diese Aussage jedoch nur für kleine, streng genommen nur für infinitesimal kleine Änderungen dG.

Wiederholt man dieselben Überlegungen für die Störübertragungsfunktion $G_{\rm d}$, so ergibt sich

$$\frac{d\,\lg G_{\rm d}}{d\,\lg G} = \frac{dG_{\rm d}}{dG}\,\frac{G}{G_{\rm d}} = -T(s). \tag{7.53}$$

Die komplementäre Empfindlichkeitsfunktion beschreibt, wie stark sich das Störverhalten des Regelkreises bei Modellunsicherheiten der Regelstrecke verändert.

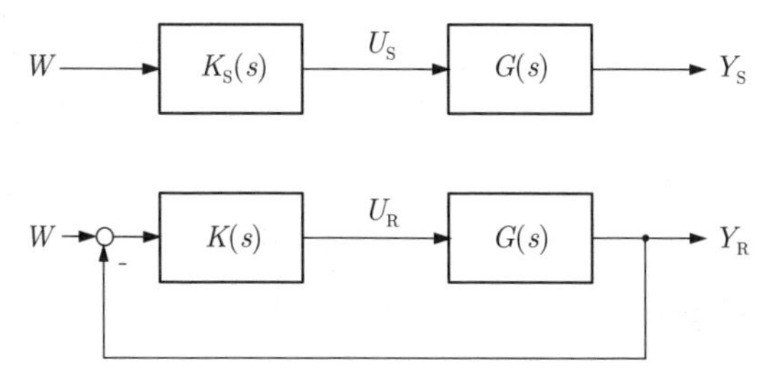

Abb. 7.18: Steuerkette und Regelkreis

Vergleich der Robustheit von Regelkreis und Steuerstrecke. Es wird nun ein System mit der Übertragungsfunktion $G(s)$ betrachtet, das einerseits mit der Steuerung $K_S(s)$ und andererseits mit dem Regler $K(s)$ gesteuert wird (Abb. 7.18). Um im Weiteren die durch die Steuerung und die Regelung erzeugten Stell- und Regelgrößen voneinander unterscheiden zu können, werden diese mit dem Index „S" bzw. „R" versehen. Aus Abb. 7.18 kann man folgende Gleichungen ablesen:

$$U_S(s) = K_S(s)W(s) \tag{7.54}$$

$$U_R(s) = \frac{K(s)}{1+G(s)K(s)}W(s) \tag{7.55}$$

$$Y_S(s) = G(s)U_S(s) = G(s)K_S(s)W(s) \tag{7.56}$$

$$Y_R(s) = G(s)U_R(s) = \frac{G(s)K(s)}{1+G(s)K(s)}W(s)\,. \tag{7.57}$$

Das gesteuerte System hat die nominale Übertragungsfunktion $\hat{G}(s)$, die von der tatsächlichen Übertragungsfunktion G um δG abweicht, wobei δG im Gegensatz zu dG bei der Empfindlichkeitsuntersuchung nicht infinitesimal klein sein muss, sondern beliebig groß sein darf:

$$G(s) = \hat{G}(s) + \delta G(s).$$

Die Steuerung und der Regler werden für das Nominalsystem $\hat{G}$ unter der Voraussetzung entworfen, dass beide Steuerungen dieselbe Eingangsgröße U erzeugen. Kennzeichnet man die sich für $G = \hat{G}$ einstellenden Stell- und Regelgrößen mit einem Dach „ˆ", so gilt nach Voraussetzung

$$\hat{U}_S(s) = \hat{U}_R(s) \tag{7.58}$$

$$\hat{Y}_S(s) = \hat{Y}_R(s). \tag{7.59}$$

Aus den Gln. (7.54) und (7.55) kann man erkennen, dass diese Beziehungen genau dann gelten, wenn die Steuerung K_S mit dem Regler K entsprechend

$$K_S(s) = \frac{K(s)}{1+\hat{G}(s)K(s)}$$

in Beziehung steht. Da die durch die Steuerung K_S erzeugte Stellgröße von G unabhängig ist, gilt

$$\hat{U}_\mathrm{S}(s) = \hat{U}_\mathrm{R}(s) = \frac{K(s)}{1+\hat{G}(s)K(s)}\, W(s) = U_\mathrm{S}(s). \tag{7.60}$$

Aus den Gln. (7.57) und (7.59) erhält man

$$\hat{Y}_\mathrm{S}(s) = \frac{\hat{G}(s)K(s)}{1+\hat{G}(s)K(s)}\, W(s). \tag{7.61}$$

Es wird nun untersucht, was sich in der Steuerkette und im Regelkreis ändert, wenn die Regelstrecke an Stelle von $\hat{G}(s)$ die Übertragungsfunktion $\hat{G}+\delta G$ besitzt. Die Ausgangsgrößen der Steuerkette bzw. des Regelkreises kann man dann entsprechend

$$\begin{aligned} Y_\mathrm{S}(s) &= \hat{Y}_\mathrm{S}(s) + \delta Y_\mathrm{S}(s) \\ Y_\mathrm{R}(s) &= \hat{Y}_\mathrm{R}(s) + \delta Y_\mathrm{R}(s). \end{aligned}$$

zerlegen. Im Folgenden werden die Abweichungen δY_S und δY_R miteinander verglichen, wobei zur Vereinfachung der Darstellung die Abhängigkeit von der Frequenz s nicht mehr gekennzeichnet wird. Aus (7.57) folgt

$$\begin{aligned} \delta Y_\mathrm{R} &= Y_\mathrm{R} - \hat{Y}_\mathrm{R} \\ &= \frac{GK}{1+GK}W - \frac{\hat{G}K}{1+\hat{G}K}W \\ &= \frac{1}{1+GK}\left(GK - (1+GK)\frac{\hat{G}K}{1+\hat{G}K}\right)W \\ &= \frac{1}{1+GK}\left(G\left(K - K\frac{\hat{G}K}{1+\hat{G}K}\right) - \frac{\hat{G}K}{1+\hat{G}K}\right)W \\ &= \frac{1}{1+GK}\left(G\frac{K}{1+\hat{G}K}W - \frac{\hat{G}K}{1+\hat{G}K}W\right). \end{aligned}$$

Der vor der Klammer stehende Bruch stellt die Empfindlichkeitsfunktion $S(s)$ dar. Der erste Term in der Klammer ergibt

$$G\frac{K}{1+\hat{G}K}W = GU_\mathrm{S} = Y_\mathrm{S},$$

wenn man nacheinander die Gln. (7.60) und (7.56) einsetzt. Der zweite Term ist entsprechend Gl. (7.61) gleich $\hat{Y}_\mathrm{S}$. Folglich gilt

$$\boxed{\delta Y_\mathrm{R}(s) = S(s)\, \delta Y_\mathrm{S}(s).} \tag{7.62}$$

Diese Gleichung beschreibt, wie sich die Ausgangsgröße des Regelkreises im Vergleich zur Ausgangsgröße der Steuerkette ändert, wenn die Strecke nicht die nominale Übertragungsfunktion $\hat{G}(s)$, für die beide Anordnungen dasselbe Verhalten haben, sondern die Übertragungsfunktion $G(s)$ besitzt.

Diskussion. Auf Grund der Beziehungen (7.52) und (7.62) gelten für die Empfindlichkeit des Regelkreises und für den Vergleich von Steuerkette und Regelkreis dieselben Aussagen wie für den Regelfaktor (Abb. 7.11). Bei Veränderung der Eigenschaften des zu steuernden Systems verändert sich das Verhalten des Regelkreises im Gegenkopplungsbereich weniger als das der Steuerkette. Der Regelkreis ist also robust gegenüber niederfrequenten Änderungen $\delta G(j\omega)$ des Streckenverhaltens. Im Mitkopplungsbereich sind die Auswirkungen der Streckenveränderungen im Regelkreis jedoch größer als in der Steuerkette. Für hohe Frequenzen wirken sich Änderungen der Streckeneigenschaften in beiden Anordnungen in gleicher Weise aus.

Eine Erhöhung der Kreisverstärkung k_0 verbessert das Regelkreisverhalten im niederfrequenten Bereich. Genauso wie beim Führungs- und Störverhalten muss diese Verbesserung jedoch durch eine Verschlechterung im höherfrequenten Bereich erkauft werden (Abb. 7.11).

7.4.4 Konsequenzen für den Reglerentwurf

Aus den vorhergehenden Betrachtungen können Richtlinien für die zweckmäßige Wahl des Reglers $K(s)$ abgeleitet werden. Aus den Gln. (7.14) und (7.15) kann man erkennen, dass gilt

$$\left.\begin{array}{l} |S(j\omega)| \ll 1 \\ |T(j\omega)| \approx 1 \end{array}\right\} \quad \text{wenn} \quad |G_0(j\omega)| \gg 1$$

$$\left.\begin{array}{l} |S(j\omega)| \approx 1 \\ |T(j\omega)| \ll 1 \end{array}\right\} \quad \text{wenn} \quad |G_0(j\omega)| \ll 1.$$

Um einerseits ein gutes Führungsverhalten bei gleichzeitiger guter Störunterdrückung sowie kleiner Empfindlichkeit gegenüber Modellunsicherheiten zu erreichen und andererseits das Messrauschen hinreichend zu unterdrücken, müssen beide Regeln in den durch die Führungsgröße und das Messrauschen bestimmten Frequenzbereichen angewendet werden. Wenn die Führungsgröße und die Störgröße maßgebend im niederfrequenten und das Messrauschen im hochfrequenten Bereich liegen, kann man folgendermaßen vorgehen:

- Wählen Sie $|G_0(j\omega)| \gg 1$ im unteren Frequenzbereich, um gutes Führungsverhalten und gute Störunterdrückung sowie geringe Empfindlichkeit des Führungsverhaltens bezüglich Änderungen der Regelstrecke zu erreichen.
- Wählen Sie $|G_0(j\omega)| \ll 1$ im oberen Frequenzbereich, um das Messrauschen zu unterdrücken und geringe Empfindlichkeit des Störverhaltens bezüglich Änderungen der Regelstrecke zu erreichen.

Diese Richtlinien können durch eine geeignete Wahl von $K(j\omega)$ befolgt werden. Dabei gilt, solange der Regelkreis stabil ist, dass eine Erhöhung der Kreisverstärkung k_0 zu einer Verbesserung des Verhaltens im unteren Frequenzbereich führt, gleichzeitig jedoch eine Verschlechterung des Verhaltens im oberen Frequenzbereich eintritt (Abb. 7.11).

Problematisch wird der Reglerentwurf, wenn die Frequenzbereiche der Führung, der Störung und des Messrauschens nicht deutlich voneinander getrennt sind. Da Gl. (7.18) zeigt, dass im Regelkreis nach Abb. 7.4 das Messrauschen genauso wie die Führungsgröße übertragen wird und auf Grund von Gl. (7.17) keine gleichzeitige Unterdrückung der Störung $d(t)$ und des Messrauschens $r(t)$ möglich ist, kann die Regelungsaufgabe dann nur mit Hilfe einer erweiterten Regelkreisstruktur gelöst werden. Abbildung 7.6 verdeutlicht, dass in den Regelkreis das zusätzliche Element $C(s)$ zur Unterdrückung des Messrauschens und das Vorfilter $V(s)$ zur Gestaltung des Führungsverhaltens eingefügt werden können. Im erweiterten Regelkreis gilt Gl. (7.16) weiterhin, wobei jedoch in der Empfindlichkeitsfunktion und der komplementären Empfindlichkeitsfunktion für G_0 jetzt $G_0(s) = G(s)K(s)C(s)$ einzusetzen ist. Die Übertragungseigenschaften des Regelkreises sind dann nicht mehr wie in Gl. (7.18) ausschließlich von S und T abhängig (Aufgabe 7.2).

Die angeführten grundlegenden Probleme beim Reglerentwurf haben zur Folge, dass die Lösung der Regelungsaufgabe i. Allg. nicht in einem Schritt, sondern iterativ erhalten wird. Man spricht deshalb nicht von der Berechnung des Reglers, sondern vom *Reglerentwurf* oder der *Reglersynthese*. Obwohl diese Begriffe nicht ganz einheitlich gebraucht werden, versteht man unter dem Entwurf vorrangig die Bestimmung geeigneter Reglerparameter bei vorgegebener Struktur des Reglergesetzes $K(s)$ und verwendet den Begriff der Synthese, wenn Struktur und Parameter des Regelkreises festgelegt werden müssen.

Die in diesem Abschnitt beschriebenen Beschränkungen für die erreichbare Regelgüte werden beim iterativen Entwurfsvorgehen offensichtlich, indem man bei wiederholten Parameteränderungen des Reglers und den nachfolgenden Simulationsuntersuchungen des Regelkreises bespielsweise feststellt,

- dass man einen Kompromiss zwischen einem guten Führungsverhalten und einem guten Störverhalten machen muss,
- dass aufgrund der verfügbaren Stellamplitude die Regelgröße nur einer sich mit begrenzter Geschwindigkeit verändernde Führungsgröße hinreichend genau folgen kann,
- dass man eine instabile Regelstrecke zwar stabilisieren, das Führungs- bzw. Störverhalten des Regelkreises jedoch nur begrenzt den gegebenen Güteforderungen anpassen kann,
- dass ein auf niederfrequente Führungsgrößenänderungen gut reagierender Regelkreis ein schlechtes Verhalten bei höherfrequenten Störungen hat,
- dass man für die nominalen Streckenparameter ein sehr gutes Regelkreisverhalten erzeugen kann, bei Parameteränderungen die Güte der Regelung jedoch drastisch abnimmt

- dass sich das Regelkreisverhalten erheblich verschlechtert, wenn man bei der Simulation des Regelkreises die begrenzte Bandbreite des Stellgliedes und die durch das Messglied hervorgerufene Verzögerung der Messgröße berücksichtigt.

7.5 Reglertypen und Richtlinien für die Wahl der Reglerstruktur

Unter der Reglerstruktur versteht man die Art des verwendeten Reglergesetzes. Sie beschreibt in der Darstellung des Reglers durch eine Übertragungsfunktion $K(s)$ den Zähler- und Nennergrad sowie weitere Eigenschaften wie z. B. die Typen von Übertragungsgliedern, aus denen der Regler besteht.

PID-Regler. Der PID-Regler ist aus den folgenden drei Bausteinen zusammengesetzt (Abb. 7.19):

P-Anteil mit der Übertragungsfunktion k_P

I-Anteil mit der Übertragungsfunktion $\frac{k_\mathrm{I}}{s}$

D-Anteil mit der Übertragungsfunktion $k_\mathrm{D}\, s$.

Die Parallelschaltung dieser drei Komponenten ergibt:

$$\text{PID-Regler:} \quad K_\mathrm{PID}(s) = k_\mathrm{P} + \frac{k_\mathrm{I}}{s} + k_\mathrm{D}\, s = k_\mathrm{P}\left(1 + \frac{1}{T_\mathrm{I} s} + T_\mathrm{D} s\right). \tag{7.63}$$

Dabei wird $T_\mathrm{I} = \frac{k_\mathrm{P}}{k_\mathrm{I}}$ als *Nachstellzeit* und $T_\mathrm{D} = \frac{k_\mathrm{D}}{k_\mathrm{P}}$ als *Vorhaltezeit* bezeichnet.

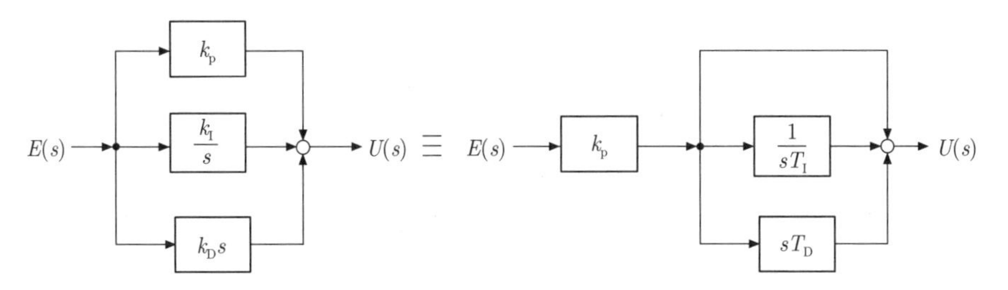

Abb. 7.19: Struktureller Aufbau eines PID-Reglers

Wie man aus der Rücktransformation des Reglergesetzes ermitteln kann, ist die Reglerausgangsgröße $u(t)$ beim PID-Regler folgendermaßen von der Regelabweichung $e(t)$ abhängig:

$$u(t) = k_\mathrm{P} e(t) + \frac{k_\mathrm{P}}{T_\mathrm{I}} \int_0^t e(\tau)\, d\tau + k_\mathrm{P} T_\mathrm{D} \frac{de(t)}{dt}. \tag{7.64}$$

Der P-Anteil arbeitet nach dem Prinzip

> „Je größer die Regelabweichung ist, umso größer muss die Stellgröße sein“.

Nach dieser Regel kann man Regelabweichungen zwar schnell abbauen, aber man kann i. Allg. nicht sichern, dass die Regelabweichung vollständig verschwindet. Dafür ist der I-Anteil notwendig, der nach der Regel

> „Solange eine Regelabweichung auftritt, muss die Stellgröße *verändert* werden.“

arbeitet. Ist $e = 0$, so wird die Stellgröße nicht verändert, was so interpretiert werden kann, dass der aktuelle Wert der Stellgröße derjenige ist, mit dem die Störung kompensiert bzw. der vorgegebene Sollwert erreicht wird. Der D-Anteil reagiert nur auf Veränderungen der Regelabweichung nach dem Prinzip

> „Je stärker sich die Regelabweichung verändert, umso stärker muss die Regelung eingreifen.“

Über den D-Anteil reagiert der Regler bereits dann mit einer großen Stellgröße, wenn die Regelabweichung stark zunimmt, selbst wenn sie noch keine großen Werte angenommen hat.

Diese Wirkung des Reglers kann man sich auch anhand der Übergangsfunktion klar machen. Für $e(t) = \sigma(t)$ erhält man

$$h_{\mathrm{PID}}(t) = k_{\mathrm{P}} + \frac{k_{\mathrm{P}}}{T_{\mathrm{I}}} t + k_{\mathrm{P}} T_{\mathrm{D}} \delta(t) \tag{7.65}$$

(Abb. 7.20). Auf Grund des D-Anteiles besitzt h_{PID} für $t = 0$ einen Diracimpuls mit der Wichtung $k_{\mathrm{P}} T_{\mathrm{D}}$. Der P-Anteil bringt einen Sprung der Übergangsfunktion zur Zeit $t = 0$ hervor, und der I-Anteil liefert den linearen Anstieg.

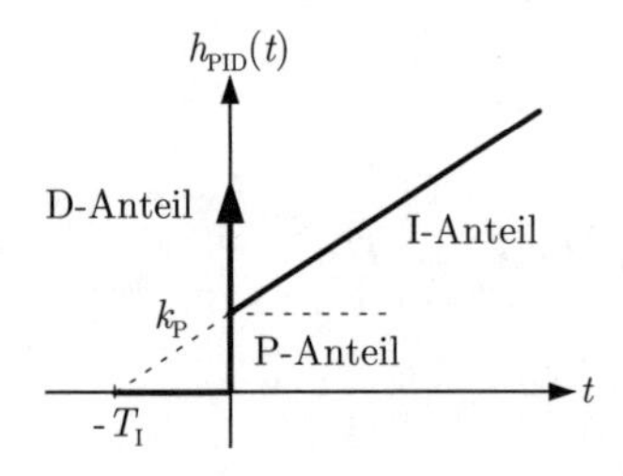

Abb. 7.20: Übergangsfunktion eines PID-Reglers

Aus dem PID-Regler entstehen durch Weglassen einzelner Anteile folgende Spezialfälle:

PI-Regler: $K_{\mathrm{PI}}(s) = k_{\mathrm{P}} \left(1 + \frac{1}{T_{\mathrm{I}} s}\right)$

PD-Regler: $K_{\mathrm{PD}}(s) = k_{\mathrm{P}} \left(1 + T_{\mathrm{D}} s\right)$

P-Regler: $K_{\mathrm{P}}(s) = k_{\mathrm{P}}$

I-Regler: $K_{\mathrm{I}}(s) = \frac{k_{\mathrm{P}}}{T_{\mathrm{I}} s} = \frac{k_{\mathrm{I}}}{s}.$

Beim Einsatz industrieller Standardregler sind P-, I- und D-Komponenten beliebig zusammenschaltbar, so dass aus ihnen der vollständige PID-Regler wie auch die aufgeführten „Spezialfälle“ zusammengesetzt werden können. Da der „reine“ D-Anteil $k_{\mathrm{P}} T_{\mathrm{D}} s$ technisch nicht realisierbar ist, wird er durch ein DT_1-Glied

$$k_{\mathrm{P}} \frac{T_{\mathrm{D}} s}{T s + 1}$$

realisiert, wobei die Zeitkonstante T sehr klein gewählt wird. Für $T \ll T_{\mathrm{D}}$ hat das zusätzliche Verzögerungsglied $\frac{1}{Ts+1}$ praktisch keine Wirkung, so dass man beim Entwurf davon ausgehen kann, dass der Regler einen reinen D-Anteil besitzt. Bei der Darstellung des I-Reglers in der ersten angegebenen Form wird k_{P} häufig mit der Integrationszeitkonstanten T_{I} zusammengefasst und mit

$$K_{\mathrm{I}}(s) = \frac{1}{T_{\mathrm{I}} s}$$

gearbeitet.

Korrekturglieder. Im Folgenden werden zwei wichtige Korrekturglieder behandelt, die genauso wie die angegebenen Regler zur Lösung von Regelungsaufgaben eingesetzt werden können. Der Unterschied zwischen einem „Regler“ und einem „Korrekturglied“ liegt vor allem in der Funktion dieser Elemente beim Entwurf. Ein Korrekturglied ist eine Rückführung oder ein Element einer Rückführung, das mit dem Ziel ausgewählt wird, das dynamische Verhalten der offenen Kette gegenüber dem bisherigen zu „korrigieren“ und auf diese Weise das Verhalten des geschlossenen Kreises zu beeinflussen. Korrekturglieder haben häufig eine statische Verstärkung von eins und sollen Phasenverschiebungen realisieren. Unter einem Regler versteht man eine Rückführung, deren Übertragungsverhalten im Hinblick auf das statische und dynamische Verhalten des geschlossenen Kreises festgelegt wird.

Im folgenden Abschnitt werden vor allem zwei Typen von Korrekturgliedern verwendet. Das *phasenabsenkende Korrekturglied* hat die Übertragungsfunktion

$$K(s) = \frac{T_{\mathrm{D}} s + 1}{T s + 1}, \qquad T > T_{\mathrm{D}}, \tag{7.66}$$

aus der das in Abb. 7.21 gezeigte Bodediagramm entsteht. Das Korrekturglied wirkt zwischen den Frequenzen $\omega_1 = \frac{1}{T}$ und $\omega_2 = \frac{1}{T_\mathrm{D}}$ integrierend und erzeugt dort eine Phasenabsenkung. Es wird deshalb auch als *Korrekturglied mit integrierendem Charakter* bezeichnet. Dieser Charakter wird auch aus dem qualitativen Verlauf der Übergangsfunktion offensichtlich.

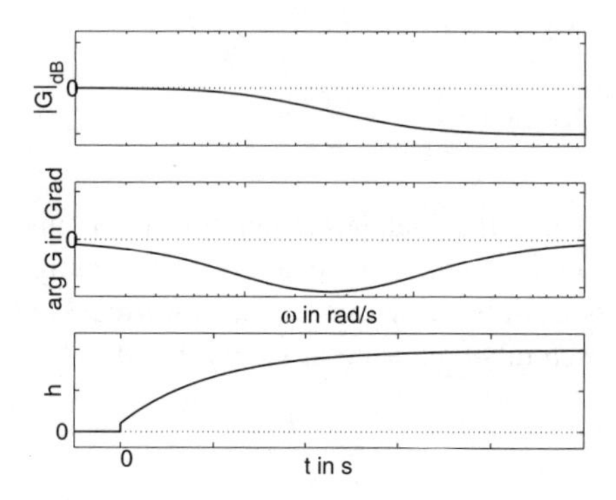

Abb. 7.21: Bodediagramm und Übergangsfunktion eines phasenabsenkenden Korrekturgliedes ($T = 10$, $T_\mathrm{D} = 1$)

Das *phasenanhebende Korrekturglied* hat die Übertragungsfunktion

$$K(s) = \frac{T_\mathrm{D}s + 1}{Ts + 1}, \qquad T < T_\mathrm{D} \tag{7.67}$$

und das in Abb. 7.22 gezeigte Bodediagramm. Das Korrekturglied hebt die Phase zwischen den Frequenzen $\omega_2 = \frac{1}{T_\mathrm{D}}$ und $\omega_1 = \frac{1}{T}$ an und führt gleichzeitig zu einer Verkleinerung des Amplitudenganges im niederfrequenten Bereich. Es wird auch als *Korrekturglied mit differenzierendem Charakter* bezeichnet, denn seine Übertragungsfunktion ähnelt der eines verzögerten D-Gliedes.

Richtlinien für die Wahl der Reglerstruktur. Die Lösung der Regelungsaufgabe beinhaltet als wichtigen Schritt die Auswahl der Reglerstruktur. Dabei muss festgelegt werden, ob mit einem PID-Regler gearbeitet werden muss oder ob einfachere Reglertypen für die Lösung der Aufgabe ausreichen. Diese Wahl hängt von den gestellten Güteforderungen und den Eigenschaften der Regelstrecke ab. Im Folgenden können deshalb nur grobe Richtlinien angegeben werden.

- Um zu verhindern, dass bei sprungförmigen Führungs- und Störsignalen eine bleibende Regelabweichung entsteht, muss die offene Kette integrales Verhalten aufweisen, vgl. Abschn. 7.3. Ist bereits in der Regelstrecke ein I-Anteil vorhanden, so reicht für die Verhinderung einer bleibenden Regelabweichung ein P-Regler aus. Zeigt die Strecke jedoch proportionales Verhalten, so muss der Regler einen I-Anteil aufweisen.

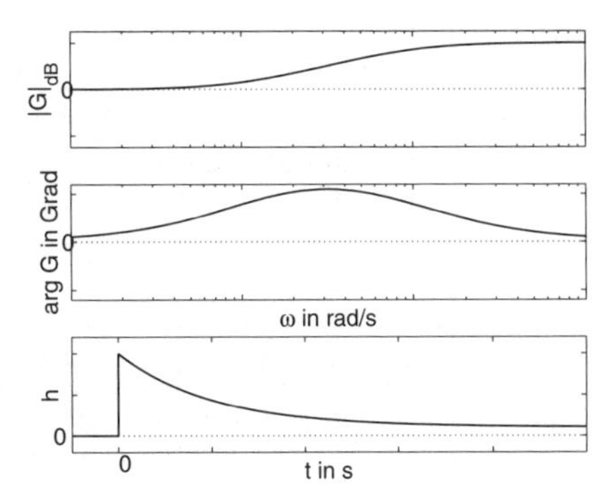

Abb. 7.22: Bodediagramm und Übergangsfunktion eines phasenanhebenden Korrekturgliedes ($T_\mathrm{I} = 1, T_\mathrm{D} = 10$)

In diesem Zusammenhang spricht man auch von Regelstrecken mit bzw. ohne Ausgleich. Hat die Regelstrecke proportionales Verhalten, so reagiert sie auf eine Stellgrößenänderung mit einer endlichen Regelgrößenänderung. Es liegt eine Regelstrecke mit Ausgleich vor. Besitzt die Regelstrecke jedoch integrales Verhalten, so antwortet sie auf eine Stellgrößenänderung mit unbegrenzt steigender oder fallender Regelgröße. Es ist eine Regelstrecke ohne Ausgleich.

Die beschriebene Richtlinie besagt, dass für Regelstrecken mit Ausgleich ein I-Anteil (Integrator) im Regler notwendig ist, um eine bleibende Regelabweichung zu verhindern.

- Bei reinen I-Reglern steigt die Stellgröße langsam an und verändert sich nicht sprungförmig. Der I-Regler kann also nicht schnell auf große Regelabweichungen reagieren. Der Regelkreis hat deshalb ein langsames Übergangsverhalten.
- P- und D-Anteile beschleunigen das Übergangsverhalten des Regelkreises, da der Regler sehr schnell auf Veränderungen der Regelabweichung reagiert. Der Regelkreis neigt aber auf Grund des D-Anteiles, insbesondere bei großen Werten von k_D, zu großen Schwingungen oder ist instabil. Mit dem D-Anteil sollte auch deshalb vorsichtig umgegangen werden, weil stochastische Störungen wie z. B. das Messrauschen durch das Differenzierglied verstärkt werden. Der D-Anteil darf nur bei gut gefilterten Messgrößen verwendet werden.

Für den Einsatz der Korrekturglieder gilt das Gesagte für den Frequenzbereich, in dem diese Glieder differenzierend bzw. integrierend wirken. Bei geeigneter Wahl der Parameter kann mit ihnen folgendes erreicht werden:

- Differenzierende Korrekturglieder wirken phasenanhebend. Sie verbessern den Phasenrand, vergrößern folglich die Dämpfung und mindern die Überschwingweite Δh. Sie haben jedoch bei hohen Frequenzen keine unendlich große Verstärkung wie (ideale) D-Anteile im Regler.
- Integrierende Korrekturglieder erhöhen die statische Verstärkung und mindern folglich die bleibende Regelabweichung $e(\infty)$, bewirken für hohe Frequenzen

jedoch nur eine kleine Veränderung des Phasenganges. Die Verkleinerung der Regelabweichung wird deshalb nicht wie bei reinen I-Reglern durch eine große Phasenverschiebung und den daraus entstehenden Stabilitätsproblemen erkauft. Allerdings kann mit diesen Korrekturgliedern allein eine bleibende Regelabweichung nicht verhindert werden.

Aufgabe 7.11 *Übertragungseigenschaften von Reglern und Korrekturgliedern*

Zeichnen Sie den prinzipiellen Verlauf von Übergangsfunktion, Gewichtsfunktion, Ortskurve und Bodediagramm sowie das PN-Bild aller angegebenen Regler und Korrekturglieder. □

Aufgabe 7.12 *Technische Realisierung von Reglern*

Lineare Regler können durch eine Operationsverstärkerschaltung realisiert werden, bei der im Vorwärtszweig ein Operationsverstärker mit sehr großem Verstärkungsfaktor und im Rückwärtszweig ein dynamisches Element mit der Übertragungsfunktion $G_\mathrm{r}(s)$ geschaltet ist (vgl. Aufgabe 6.20).

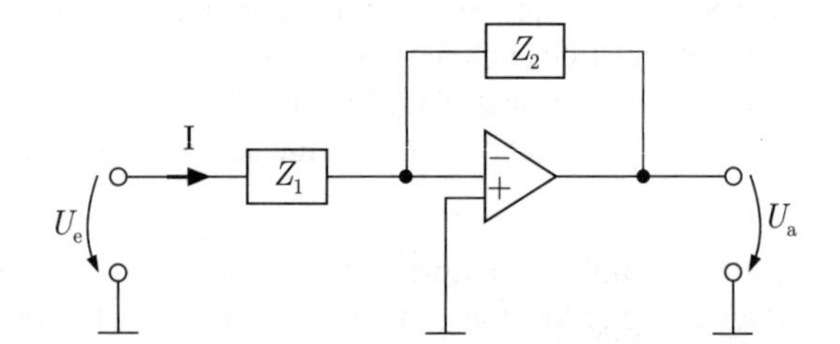

Abb. 7.23: Technische Realisierung von Reglern durch eine Operationsverstärkerschaltung

1. Stellen Sie die Übertragungsfunktion der in Abb. 7.23 gezeigten Schaltung in Abhängigkeit von den Impedanzen Z_1 und Z_2 dar.
2. Welche Bauelemente müssen Sie für Z_1 und Z_2 verwenden, damit die angegebene Schaltung einen P-, PD-, PI- und PID-Regler realisiert?
3. Zeichnen Sie die Operationsverstärkerschaltung des PI-Reglers.
4. Welche Einschränkungen bezüglich der Realisierbarkeit der Reglerelemente ergeben sich, wenn Sie an Stelle der hier gezeigten Schaltung die Schaltung aus Abb. 6.29 auf S. 251 verwenden? □

Aufgabe 7.13** *Technische Realisierung von Nullstellen im Regler*

Die praktische Anwendung von Reglern beinhaltet die Aufgabe, Übertragungsgliedern mit vorgeschriebenen Polen und Nullstellen zu realisieren. Die Realisierung der Pole, die in allen hier betrachteten Fällen negative Realteile besitzen, bereitet keine Schwierigkeiten, denn in der analogen Realisierung müssen lediglich Speicherelemente (z. B. Kondensatoren) mit den entsprechenden Zeitkonstanten bzw. bei einer Realisierung mit Hilfe eines Rechnerprogramms Integrationsalgorithmen eingesetzt werden. Problematisch erscheint auf den ersten Blick die Realisierung von Nullstellen, mit der sich diese Aufgabe befasst.

1. Stellen Sie die Übertragungsfunktion parallel geschalteter P- und I-Glieder auf und untersuchen Sie, wie Sie durch geeignete Parameterwahl beliebig vorgegebene Nullstellen erzeugen können. Ist es möglich, auf diese Weise auch Nullstellen mit positivem Realteil zu realisieren?
2. Welche Anordnung und welche Parameter müssen Sie wählen, um die Korrekturglieder zu realisieren? □

Literaturhinweise

Eine ausführliche Diskussion der Bedingungen, unter denen der Regelkreis bei unterschiedlichen Stör- und Führungssignalen stationäre Genauigkeit aufweist, ist in [44] angegeben.

8

Stabilität rückgekoppelter Systeme

Nach Einführung des Stabilitätsbegriffs dynamischer Systeme beschäftigt sich dieses Kapitels mit der Stabilität rückgeführter Systeme, wobei ausführlich das Nyquistkriterium behandelt wird. Es wird dann eine Erweiterung dieses Kriteriums zur Überprüfung der robusten Stabilität angegeben.

8.1 Zustandsstabilität

Unter Stabilität versteht man die Eigenschaft eines Systems, auf eine beschränkte Erregung mit einer beschränkten Bewegung zu reagieren. Diese sehr allgemeine Erklärung des Stabilitätsbegriffes kann ausgehend von zwei verschiedenen Betrachtungsweisen in exakte Definitionen überführt werden. Erstens kann unter „Erregung" eine Auslenkung $\boldsymbol{x}_0$ des Zustandes aus der Gleichgewichtslage verstanden werden. Unter Stabilität versteht man dann die Eigenschaft, dass das System von diesem Anfangszustand in die Gleichgewichtslage zurückkehrt (Zustandsstabilität). Zweitens kann das System von außen durch eine Eingangsgröße erregt werden. Stabilität heißt dann, dass das System eine betragsbeschränkte Ausgangsgröße besitzt (Eingangs-Ausgangs-Stabilität). Beide Definitionen werden in diesem und dem nächsten Abschnitt eingeführt. Anschließend werden Verfahren zur Überprüfung dieser Eigenschaften angegeben.

8.1.1 Definition der Zustandsstabilität

Die Definition der Zustandsstabilität bezieht sich auf lineare ungestörte Systeme ($u(t) = 0$) mit der Anfangsauslenkung $\boldsymbol{x}(0) = \boldsymbol{x}_0$. Aus Gl. (4.40) erhält man für ungestörte Systeme die Beschreibung

$$\dot{\boldsymbol{x}} = \boldsymbol{A}\,\boldsymbol{x}(t), \quad \boldsymbol{x}(0) = \boldsymbol{x}_0. \tag{8.1}$$

Dieses System befindet sich im *Gleichgewichtszustand* (Ruhelage) $\boldsymbol{x}_{\mathrm{g}}$, wenn $\dot{\boldsymbol{x}} = \mathbf{0}$ gilt. Aus Gl. (8.1) erhält man

$$\boldsymbol{A}\,\boldsymbol{x}_{\mathrm{g}} = \mathbf{0}$$

und für nichtsinguläre Matrizen $\boldsymbol{A}$

$$\boldsymbol{x}_{\mathrm{g}} = \mathbf{0}, \tag{8.2}$$

d. h., dass das lineare ungestörte System für $\det \boldsymbol{A} \neq 0$ genau *einen* Gleichgewichtszustand besitzt. Ist die Matrix $\boldsymbol{A}$ singulär, so besitzt das System unendlich viele Ruhelagen, wie man sich am Beispiel eines I-Gliedes veranschaulichen kann.

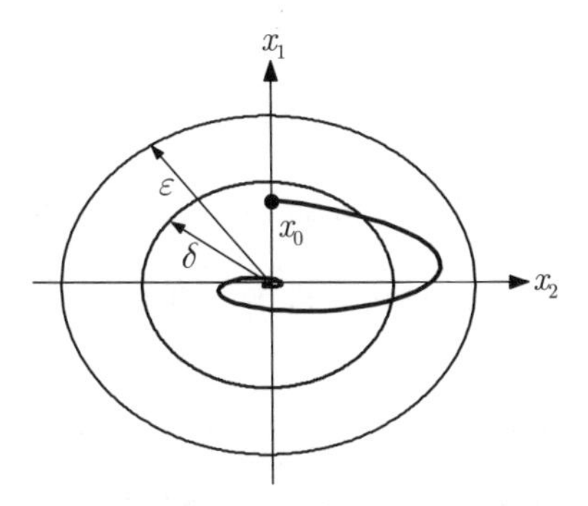

Abb. 8.1: Trajektorie eines asymptotisch stabilen Systems

Um den Abstand des aktuellen Zustandes $\boldsymbol{x}(t) = (x_1, x_2, ..., x_n)'$ vom Gleichgewichtszustand $\boldsymbol{x}_{\mathrm{g}}$ beschreiben zu können, wird die Vektornorm $\|\boldsymbol{x}(t)\|$ des Zustandes gebildet. Dabei kann eine beliebige Normdefinition verwendet werden, z. B. die euklidsche Vektornorm

$$\|\boldsymbol{x}(t)\| = \sqrt{\sum_{i=1}^{n} x_i^2(t)}.$$

Da der Zustand zeitabhängig ist, ist auch seine Norm eine zeitabhängige Größe.

Jede Vektornorm besitzt folgende drei Eigenschaften (Normaxiome):

$$\begin{aligned} \|\boldsymbol{x}\| &\geq 0 \qquad \text{und} \qquad \|\boldsymbol{x}\| = 0 \;\Leftrightarrow\; \boldsymbol{x} = \mathbf{0} \\ \|a\boldsymbol{x}\| &= |a|\,\|\boldsymbol{x}\| \\ \|\boldsymbol{x} + \boldsymbol{y}\| &\leq \|\boldsymbol{x}\| + \|\boldsymbol{y}\|. \end{aligned} \tag{8.3}$$

Dabei bezeichnen $\boldsymbol{x}$ und $\boldsymbol{y}$ n-dimensionale Vektoren und a einen reellen Skalar. Deshalb gilt

$$\|\boldsymbol{x}(t)\| \longrightarrow 0 \quad \text{genau dann wenn } |x_i(t)| \longrightarrow 0 \;\text{ für alle } i = 1, 2, ..., n$$

und

$$\|\boldsymbol{x}(t)\| \longrightarrow \infty \quad \text{genau dann wenn} \quad |x_i(t)| \longrightarrow \infty \quad \text{für mindestens ein } i.$$

Definition 8.1 (Zustandsstabilität)
Der Gleichgewichtszustand $\boldsymbol{x}_g = \mathbf{0}$ des Systems (8.1) heißt stabil *(im Sinne von* LJAPUNOW*) oder* zustandsstabil, *wenn für jedes $\varepsilon > 0$ eine Zahl $\delta > 0$ existiert, so dass bei einem beliebigen Anfangszustand, der die Bedingung*

$$\|\boldsymbol{x}_0\| < \delta \tag{8.4}$$

erfüllt, die Eigenbewegung des Systems (8.1) die Bedingung

$$\|\boldsymbol{x}(t)\| < \varepsilon \quad \text{für alle} \quad t > 0 \tag{8.5}$$

erfüllt. Der Gleichgewichtszustand heißt asymptotisch stabil, *wenn er stabil ist und*

$$\lim_{t\to\infty} \|\boldsymbol{x}(t)\| = 0 \tag{8.6}$$

gilt.

Abbildung 8.1 veranschaulicht die in der Stabilitätsdefinition nach LJAPUNOW[1] genannten Bedingungen. Beginnend bei einem Anfangszustand $\boldsymbol{x}_0$, dessen Abstand zum Gleichgewichtspunkt kleiner als δ ist, durchläuft das System eine Trajektorie, auf der es sich nicht weiter als um den Abstand ε vom Gleichgewichtspunkt entfernt. Das System ist stabil, wenn es für *jede* beliebige Vorgabe von ε eine durch δ beschriebene Beschränkung der Anfangsbedingung $\boldsymbol{x}_0$ gibt, so dass die Eigenbewegung des Systems diese Eigenschaft besitzt.

Die angegebene Stabilitätsdefinition ist für die Ruhelage $\boldsymbol{x}_g = \mathbf{0}$ formuliert. Sie kann aber auch auf alle anderen Ruhelagen angewendet werden, die Systeme mit singulären Systemmatrizen besitzen.

Da lineare Systeme mit $\det \boldsymbol{A} \neq 0$ nur den einen Gleichgewichtszustand $\boldsymbol{x}_g = \mathbf{0}$ haben, spricht man bei ihnen an Stelle von der Stabilität des Gleichgewichtszustandes häufig auch von der Stabilität des Systems. Dieselbe Sprachregelung kann man auch für Systeme mit singulärer Systemmatrix $\boldsymbol{A}$ anwenden, denn die unendlich vielen Gleichgewichtszustände dieser Systeme haben untereinander stets dieselbe Stabilitätseigenschaft.

8.1.2 Kriterien für die Zustandsstabilität

Aus der Bewegungsgleichung (5.13) erhält man für das ungestörte System (8.1) die Beziehungen

[1] ALEXANDER MICHAILOWITSCH LJAPUNOW (1857 – 1918), russischer Mathematiker

$$\boldsymbol{x}(t) = \mathrm{e}^{\boldsymbol{A}t}\,\boldsymbol{x}_0$$

und

$$\|\boldsymbol{x}(t)\| \leq \|\mathrm{e}^{\boldsymbol{A}t}\|\,\|\boldsymbol{x}_0\|.$$

Die Stabilitätsbedingung (8.5) lässt sich genau dann für ein beliebiges gegebenes ε durch geeignete Wahl von δ für alle Anfangszustände nach Gl. (8.4) erfüllen, wenn die Norm der Übergangsmatrix $\|\mathrm{e}^{\boldsymbol{A}t}\|$ für alle t beschränkt ist

$$\|\mathrm{e}^{\boldsymbol{A}t}\| < \Phi_{\max} < \infty. \tag{8.7}$$

Mit

$$\delta \leq \frac{\varepsilon}{\Phi_{\max}}$$

ist die Bedingung (8.5) erfüllt. Für die asymptotische Stabilität muss zusätzlich

$$\lim_{t\to\infty} \|\mathrm{e}^{\boldsymbol{A}t}\| = 0 \tag{8.8}$$

gelten.

Die Beziehungen (8.7) und (8.8) können mit Hilfe der Gl. (5.85)

$$\mathrm{e}^{\boldsymbol{A}t} = \mathrm{diag}\,\mathrm{e}^{\lambda_i t}$$

mit den Eigenwerten λ_i der Matrix $\boldsymbol{A}$ in Verbindung gebracht werden. Offenbar ist (8.8) genau dann erfüllt, wenn alle Modi $\mathrm{e}^{\lambda_i t}$ abklingen, d. h., wenn

$$\mathrm{Re}\{\lambda_i\} < 0 \qquad \text{für alle } i = 1, 2, ..., n \tag{8.9}$$

gilt. Alle Eigenwerte müssen also in der linken komplexen Halbebene liegen.

Um die Bedingungen (8.7) zu erfüllen, dürfen Eigenwerte auf der Imaginärachse liegen

$$\mathrm{Re}\{\lambda_i\} \leq 0, \tag{8.10}$$

denn die für $\lambda_i = j\omega$ in Gl. (5.85) vorkommenden Modi $\mathrm{e}^{j\omega t}$ erfüllen die Bedingung

$$|\mathrm{e}^{j\omega t}| = 1.$$

Dabei ist allerdings zu beachten, dass die Darstellung (5.85) für $\mathrm{e}^{\boldsymbol{A}t}$ nur für diagonalähnliche Matrizen $\boldsymbol{A}$ möglich ist (vgl. Abschn. 5.4).

Für nichtdiagonalähnliche Matrizen dürfen die Eigenwerte mit verschwindendem Realteil nur einfach auftreten, wie die folgenden Beispiele zeigen. Für die diagonalähnliche Matrix

$$\boldsymbol{A} = \begin{pmatrix} 0 & 0 \\ 0 & 0 \end{pmatrix}$$

mit den Eigenwerten $\lambda_{1,2} = 0$ gilt

$$x_1(t) = x_1(0)$$
$$x_2(t) = x_2(0).$$

Das System ist also stabil, wenn auch nicht asymptotisch stabil. Für die nicht diagonalähnliche Matrix

$$\boldsymbol{A} = \begin{pmatrix} 0 & 1 \\ 0 & 0 \end{pmatrix},$$

die dieselben Eigenwerte besitzt, erhält man entsprechend

$$x_1(t) = t x_2(0)$$
$$x_2(t) = x_2(0)$$

eine unbeschränkt anwachsende Zustandsgröße x_1. Das System ist also instabil.

Die Ergebnisse lassen sich folgendermaßen zusammenfassen:

Satz 8.1 (Kriterium für die Zustandsstabilität)

- *Der Gleichgewichtszustand $\boldsymbol{x}_{\rm g} = \boldsymbol{0}$ des Systems (8.1) ist stabil, wenn die Matrix $\boldsymbol{A}$ diagonalähnlich ist und alle Eigenwerte der Matrix $\boldsymbol{A}$ die Bedingung (8.10)*

$$\text{Re}\{\lambda_i\} \leq 0 \quad (i = 1, 2, ..., n)$$

erfüllen.

- *Der Gleichgewichtszustand $\boldsymbol{x}_{\rm g} = \boldsymbol{0}$ des Systems (8.1) ist genau dann asymptotisch stabil, wenn die Eigenwerte der Matrix $\boldsymbol{A}$ die Bedingung (8.9)*

$$\text{Re}\{\lambda_i\} < 0 \quad (i = 1, 2, ..., n)$$

erfüllen.

Die Bedingung (8.9) für die Eigenwerte asymptotisch stabiler Systeme hat zur Folge, dass die Modi des Systems sowie alle Zustandsvariablen und deshalb auch die Ausgangsgröße abklingt. Die Funktionen erfüllen folglich die dirichletsche Bedingung (6.21). Aus diesem Grunde wurde für asymptotisch verschwindende Funktionen bisher schon mehrfach der Begriff „stabile Funktionen" verwendet.

Das Stabilitätskriterium zeigt, dass im PN-Bild die Imaginärachse die Stabilitätsgrenze markiert. Liegen alle Eigenwerte der Matrix $\boldsymbol{A}$ links der Imaginärachse, so ist das System asymptotisch stabil. Liegen Eigenwerte auf der Imaginärachse und erfüllen sie die o. g. Bedingungen, so ist das System stabil, aber nicht asymptotisch stabil. Man sagt dann auch, dass das System „grenzstabil" ist. Liegt einer oder mehrere Eigenwerte rechts der Imaginärachse, so ist das System instabil.

Für die meisten regelungstechnischen Fragestellungen fordert man, dass das System nicht nur (grenz)stabil, sondern sogar asymptotisch stabil ist. Deshalb wird im Folgenden unter einem stabilen System stets ein asymptotisch stabiles System verstanden.

Exponentielle Stabilität. Wenn das System (8.1) asymptotisch stabil ist, so kann man zusätzlich zur Gl. (8.6) etwas über die „Geschwindigkeit" aussagen, mit der das System den Gleichgewichtszustand erreicht. Aus Gl. (5.85) erhält man für diagonalähnliche Matrizen $\boldsymbol{A}$

$$\|\mathrm{e}^{\boldsymbol{A}t}\| \leq \|\boldsymbol{V}\| \, \|\boldsymbol{V}^{-1}\| \, |\mathrm{e}^{\delta_{\max} t}|$$

wobei $\delta_{\max}$ den größten Realteil der Eigenwerte der Matrix $\boldsymbol{A}$ darstellt. Das System erfüllt folglich die Bedingung

$$\|\boldsymbol{x}(t)\| \leq k \, \mathrm{e}^{\delta t}$$

für einen geeignet gewählten Parameter $k > 0$ sowie $\delta_{\max} \leq \delta < 0$ und hat damit die Eigenschaft, *exponentiell stabil* zu sein. Jedes asymptotisch stabile lineare System besitzt also sogar die „schärfere" Eigenschaft der exponentiellen Stabilität.

Bestimmung der Stabilität aus dem Phasenporträt. Die Stabilitätseigenschaften schlagen sich im Phasenporträt nieder, wie Abb. 8.2 zeigt. Die oberen beiden Abbildungen zeigen asymptotisch stabile Systeme mit einem konjugiert komplexen bzw. zwei reellen Polen. Für beide Systeme verlaufen die Trajektorien in den Gleichgewichtspunkt $\boldsymbol{x}_{\mathrm{g}} = \boldsymbol{0}$. Die mittleren beiden Phasenporträts treten bei stabilen, jedoch nicht asymptotisch stabilen Systemen auf, wobei das erste System zwei imaginäre Pole und das zweite System einen Pol bei null besitzt. Das zweite System hat also eine singuläre Systemmatrix und folglich unendlich viele Gleichgewichtspunkte auf der x_1-Achse. Alle diese Gleichgewichtspunkte sind stabil. Die beiden unteren Systeme sind instabil, wobei das erste von ihnen zwei Pole bei null hat und somit die Stabilitätsbedingung verletzt. Die Trajektorien entfernen sich beliebig weit von jedem der auf der x_1-Achse liegenden Gleichgewichtspunkte. Das unterste System ist instabil mit einem konjugiert komplexen Polpaar mit positivem Realteil. Auch dieses System entfernt sich vom Gleichgewichtspunkt $\boldsymbol{x}_{\mathrm{g}} = \boldsymbol{0}$.

Aufgabe 8.1 *Verhalten stabiler und instabiler Systeme*

Betrachten Sie ein System zweiter Ordnung mit den Eigenwerten $\lambda_{1/2} = \delta \pm j\omega$. Welchen qualitativen Verlauf können die Zustandsvariablen $x_1(t)$ und $x_2(t)$ haben, wenn

- $\delta > 0, \quad \omega = 0$
- $\delta > 0, \quad \omega > 0$
- $\delta = 0, \quad \omega = 0$
- $\delta = 0, \quad \omega > 0$
- $\delta < 0, \quad \omega = 0$
- $\delta < 0, \quad \omega > 0$

gilt? □

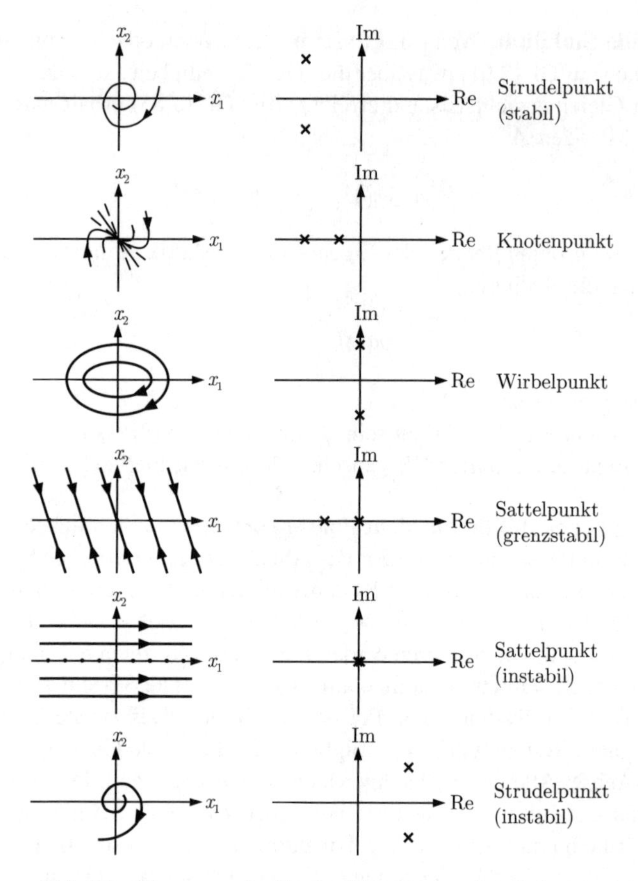

Abb. 8.2: Phasenporträts linearer Systeme zweiter Ordnung

8.2 Eingangs-Ausgangs-Stabilität

8.2.1 Definition der E/A-Stabilität

Die Definition der Eingangs-Ausgangs-Stabilität (E/A-Stabilität) geht von der Betrachtung eines Systems

$$\begin{aligned} \dot{\boldsymbol{x}} &= \boldsymbol{A}\,\boldsymbol{x}(t) + \boldsymbol{b}u(t), \qquad \boldsymbol{x}(0) = \boldsymbol{0} \\ y(t) &= \boldsymbol{c}'\,\boldsymbol{x}(t) + du(t) \end{aligned} \tag{8.11}$$

als Übertragungsglied aus. Das System mit verschwindender Anfangsauslenkung ($\boldsymbol{x}_0 = \boldsymbol{0}$) soll auf ein beliebiges beschränktes Eingangssignal $u(t)$ mit einem beschränkten Ausgangssignal $y(t)$ antworten.

Definition 8.2 (Eingangs-Ausgangs-Stabilität)
Ein lineares System (8.11) heißt eingangs-ausgangs-stabil (*E/A-stabil*), *wenn für verschwindende Anfangsauslenkung*

$$\boldsymbol{x}_0 = \mathbf{0}$$

und ein beliebiges beschränktes Eingangssignal

$$|u(t)| < u_{\max} \quad \text{für alle } t > 0$$

das Ausgangssignal beschränkt bleibt:

$$|y(t)| < y_{\max} \quad \text{für alle } t > 0. \tag{8.12}$$

Diese Definition wird häufig in allgemeinerer Form angegeben, wobei auf unterschiedliche Normen $\|u\|$ und $\|y\|$ der Funktionen $u(t)$, $y(t)$ $(0 \le t < \infty)$ Bezug genommen wird. Das System heißt dann E/A-stabil, wenn für eine beliebige Eingangsgröße $u(t)$ mit $\|u\| < \infty$ auch die Ausgangsgröße $y(t)$ eine endliche Norm $\|y\| < \infty$ hat. Wählt man die Normen

$$\begin{aligned} \|u\|_\infty &= \sup_t |u(t)| \\ \|y\|_\infty &= \sup_t |y(t)|, \end{aligned}$$

so erhält man die oben angegebene Stabilitätsdefinition.

8.2.2 Kriterien für die E/A-Stabilität

Stabilitätsprüfung anhand der Gewichtsfunktion. Im Abschn. 5.5 wurde die Gl. (5.107) als Beschreibung des E/A-Verhaltens des Systems (8.11) abgeleitet

$$y(t) = g * u,$$

wobei nach Gl. (5.97)

$$g(t) = \boldsymbol{c}' \,\mathrm{e}^{\boldsymbol{A}t}\, \boldsymbol{b} + d\,\delta(t) \tag{8.13}$$

gilt. Für ein beschränktes Eingangssignal erhält man daraus die Beziehung

$$\begin{aligned} |y(t)| &\le \int_0^t |g(t-\tau)|\,|u(\tau)|\,d\tau \\ &\le |u_{\max}| \int_0^t |g(t-\tau)|\,d\tau \\ &= |u_{\max}| \int_0^t |g(\tau)|\,d\tau. \end{aligned}$$

Folglich ist das System E/A-stabil, wenn das Integral

$$\int_0^t |g(\tau)|\, d\tau$$

für alle t existiert, also

$$\int_0^\infty |g(t)| dt < \infty \tag{8.14}$$

gilt. Wird die Eingangsgröße $u(t) = u_{\max}\, \mathrm{sgn}(g(t_1 - t))$ gewählt, so erhält man für den Ausgang zur Zeit t_1:

$$\begin{aligned} y(t_1) &= u_{\max} \int_0^{t_1} g(t_1 - \tau)\ \mathrm{sgn}(g(t_1 - \tau))\, d\tau = u_{\max} \int_0^{t_1} |g(t_1 - \tau)|\, d\tau \\ &= u_{\max} \int_0^{t_1} |g(\tau_1)|\, d\tau. \end{aligned}$$

Dabei bezeichnet sgn(.) die Signumfunktion

$$\mathrm{sgn}(x) = \begin{cases} 1 & \text{für } x > 0 \\ 0 & \text{für } x = 0 \\ -1 & \text{für } x < 0. \end{cases}$$

Aus diesen Beziehungen wird für $t_1 \rightarrow \infty$ offensichtlich, dass Gl. (8.14) auch notwendig für die E/A-Stabilität ist.

Satz 8.2 (Kriterium für die E/A-Stabilität)
Das System (8.11) ist genau dann E/A-stabil, wenn seine Gewichtsfunktion $g(t)$ die Bedingung (8.14)

$$\int_0^\infty |g(t)|\, dt < \infty$$

erfüllt.

Das Kriterium kann auch dann angewendet werden, wenn die Gewichtsfunktion nur grafisch gegeben ist, z. B. als Ergebnis eines Experiments mit dem zu untersuchenden System. Die Gewichtsfunktion muss für große Zeiten asymptotisch verschwinden.

Außerdem zeigt das Kriterium, dass die Stabilität anhand der Übergangsfunktion überprüft werden kann. Auf Grund der Beziehung (5.102) ist die Forderung (8.14) äquivalent zu der Bedingung

$$\int_0^\infty \left| \frac{dh}{dt} \right| dt < \infty.$$

Da die Übergangsfunktion des Systems (8.11) für $t > 0$ stetig ist und zum Zeitpunkt $t = 0$ eine endliche Sprunghöhe $h(+0) = d$ besitzt, bedeutet diese Bedingung lediglich, dass das System in einen statischen Endwert einschwingt. Auch diese Bedingung kann experimentell überprüft werden, so dass die Stabilitätsanalyse auch dann ausgeführt werden kann, wenn kein Modell (8.11) zur Verfügung steht.

Stabilitätsprüfung anhand der Übertragungsfunktion. Ist an Stelle der Gewichtsfunktion $g(t)$ die Übertragungsfunktion $G(s) \bullet\!-\!\circ\; g(t)$ bekannt, so kann die E/A-Stabilität anhand der Pole der Übertragungsfunktion überprüft werden. Entsprechend Gl. (6.84) ist $G(s)$ gebrochen rational und kann in der Form

$$G(s) = k \frac{\prod_{i=1}^{q'}(s - s_{0i})}{\prod_{i=1}^{n'}(s - s_i)}$$

dargestellt werden. Wie im Abschn. 6.5 über die Partialbruchzerlegung gezeigt wurde, setzt sich die zu $G(s)$ gehörende Zeitfunktion $g(t)$ – wenn die Nullstellen des Nennerpolynoms einfach sind – aus n' Summanden der Form

$$k_i\, \mathrm{e}^{\delta_i t}$$

für reelle Pole $s_i = \delta_i$ bzw.

$$-2|k_i|\, \mathrm{e}^{\delta_i t}\, \sin(\omega_i t - \arg \frac{1}{k_i})$$

für konjugiert komplexe Pole $s_i, s_{i+1} = \delta_i \pm j\omega_i$ zusammen. Die Bedingung (8.14) ist also genau dann erfüllt, wenn alle Pole der Übertragungsfunktion negativen Realteil haben.

Satz 8.3 (Kriterium für die E/A-Stabilität)
Das System (8.11) ist genau dann E/A-stabil, wenn sämtliche Pole seiner Übertragungsfunktion $G(s)$ die Bedingung

$$\mathrm{Re}\{s_i\} < 0 \quad (i = 1, 2, ..., n') \tag{8.15}$$

erfüllen.

Im Gegensatz zur Ljapunowstabilität dürfen keine Pole mit verschwindendem Realteil auftreten. Deshalb ist das in Beispiel 5.6 auf S. 135 behandelte Flugzeug in Bezug auf die Steuerung mit dem Querruder nicht E/A-stabil.

8.2.3 Beziehungen zwischen Zustandsstabilität und E/A-Stabilität

Der Zusammenhang zwischen beiden Stabilitätseigenschaften wird aus Gl. (8.13) deutlich. Ist das System asymptotisch stabil im Sinne von Ljapunow, so verschwindet die Norm der Übergangsmatrix asymptotisch. Das Gleiche gilt für die Gewichtsfunktion. Folglich existiert das Integral (8.14).

Satz 8.4 (Zustandsstabilität und E/A-Stabilität)
Ist ein System asymptotisch stabil, so ist es auch E/A-stabil.

Die Umkehrung dieses Satzes gilt, wenn alle Eigenvorgänge des Systems (8.11) in die Gewichtsfunktion eingehen und somit die Gewichtsfunktion unbeschränkt wächst, sobald mindestens ein Eigenwert der Matrix $\boldsymbol{A}$ einen nichtnegativen Realteil besitzt. Für diese Systeme gilt Gl. (5.100) für *keinen* Index i und alle Eigenwerte der Matrix $\boldsymbol{A}$ sind auch Pole der Übertragungsfunktion. Folglich stimmen die in den Sätzen 8.2 und 8.3 beschriebenen Stabilitätsbedingungen überein.

Auf Grund des o.a. Satzes kann die E/A-Stabilität mit den für die Zustandsstabilität angegebenen Kriterien überprüft werden. Diese Kriterien sind hinreichend für die E/A-Stabilität und unter der o.a. Bedingung auch notwendig. Dieser Zusammenhang wird in den Kap. 10 und 11 genutzt. Beim Reglerentwurf anhand des PN-Bildes des geschlossenen Kreises wird die Zustandsstabilität betrachtet und damit gleichzeitig gesichert, dass der Regelkreis die für das E/A-Verhalten wichtige E/A-Stabilität besitzt. Demgegenüber zielt der Reglerentwurf anhand der Frequenzkennlinie der offenen Kette auf die E/A-Stabilität des Regelkreises und liefert damit unter den o. g. Bedingungen gleichzeitig die Zustandsstabilität.

8.3 Stabilitätsprüfung anhand des charakteristischen Polynoms

8.3.1 Vorgehensweise

Die Kriterien für die Zustandsstabilität und für die E/A-Stabilität enthalten sehr ähnliche Forderungen: Einerseits sollen sämtliche Eigenwerte λ_i der Systemmatrix $\boldsymbol{A}$ negative Realteile haben, andererseits sollen die Realteile sämtlicher Pole s_i der Übertragungsfunktion negativ sein. Gemeinsam ist beiden Bedingungen, dass die Eigenwerte bzw. Pole die Nullstellen eines Polynoms sind und dass die genauen Werte dieser Nullstellen gar nicht von Interesse sind, sondern nur die Tatsache überprüft werden muss, ob alle diese Nullstellen negative Realteile haben.

Die im folgenden angegebenen Kriterien ermöglichen es zu entscheiden, ob sämtliche Nullstellen eines Polynoms

$$a_n\lambda^n + a_{n-1}\lambda^{n-1} + ... + a_1\lambda + a_0 \tag{8.16}$$

einen negativen Realteil haben, ohne dass dabei die Nullstellen selbst berechnet werden müssen. Es wird also eine Gleichung betrachtet, die man einerseits als charakteristische Gleichung

$$\det(\lambda \boldsymbol{I} - \boldsymbol{A}) = a_n\lambda^n + a_{n-1}\lambda^{n-1} + ... + a_1\lambda + a_0 = 0 \tag{8.17}$$

der Matrix $\boldsymbol{A}$ oder durch Nullsetzen des Nennerpolynoms $N(s)$ der Übertragungsfunktion $G(s) = \frac{Z(s)}{N(s)}$ erhalten kann:

$$N(s) = a_n s^n + a_{n-1} s^{n-1} + ... + a_1 s + a_0 = 0. \tag{8.18}$$

Die Ergebnisse der folgenden Untersuchungen betreffen im ersten Fall die Zustandsstabilität und im zweiten Fall die E/A-Stabilität. In den Kriterien wird deshalb nur von der Stabilität im Allgemeinen gesprochen.

8.3.2 Hurwitzkriterium

Das von HURWITZ[2] aufgestellte Kriterium verwendet die (n, n)-Matrix $\boldsymbol{H}$, in der die Koeffizienten des charakteristischen Polynoms folgendermaßen angeordnet sind:

$$\boldsymbol{H} = \begin{pmatrix} a_1 & a_3 & a_5 & a_7 & ... \\ a_0 & a_2 & a_4 & a_6 & ... \\ 0 & a_1 & a_3 & a_5 & ... \\ 0 & a_0 & a_2 & a_4 & ... \\ 0 & 0 & a_1 & a_3 & ... \\ \vdots & \vdots & \vdots & \vdots & \end{pmatrix}.$$

Dabei sind entsprechend der Systemordnung nur n Zeilen und Spalten anzugeben. Koeffizienten in $\boldsymbol{H}$, deren Index größer als n ist, werden durch Nullen ersetzt.

Die führenden Hauptabschnittsdeterminanten D_i dieser Matrix werden gebildet, indem die Determinanten der in der linken oberen Ecke stehenden (i, i)-Matrizen gebildet werden:

$$\begin{pmatrix} a_1 & a_3 & a_5 & a_7 & \cdots \\ a_0 & a_2 & a_4 & a_6 & \cdots \\ 0 & a_1 & a_3 & a_5 & \cdots \\ 0 & a_0 & a_2 & a_4 & \cdots \\ 0 & 0 & a_1 & a_3 & \cdots \\ \vdots & \vdots & \vdots & \vdots & \end{pmatrix}. \tag{8.19}$$

Es gilt

$$\begin{aligned} D_1 &= a_1 \\ D_2 &= \det \begin{pmatrix} a_1 & a_3 \\ a_0 & a_2 \end{pmatrix} \\ D_3 &= \det \begin{pmatrix} a_1 & a_3 & a_5 \\ a_0 & a_2 & a_4 \\ 0 & a_1 & a_3 \end{pmatrix} \end{aligned}$$

[2] ADOLF HURWITZ (1959 – 1919), deutscher Mathematiker

$$\vdots$$

$$D_n = \det \boldsymbol{H}.$$

Diese Determinanten werden auch als Hurwitzdeterminanten bezeichnet.

Satz 8.5 (Hurwitzkriterium)
Sämtliche Nullstellen des Polynoms (8.16) haben genau dann einen negativen Realteil, wenn die beiden folgenden Bedingungen erfüllt sind:

1. *Alle Koeffizienten a_i sind positiv:*

$$a_i > 0 \quad (i = 0, 1, 2, ..., n).$$

2. *Die n führenden Hauptabschnittsdeterminanten D_i der Matrix $\boldsymbol{H}$ sind positiv:*

$$D_i > 0 \quad (i = 1, 2, ..., n).$$

Diese beiden Bedingungen sind folglich notwendig und hinreichend für die Stabilität des betrachteten Systems.

Wenn das untersuchte Polynom (8.16) das charakteristische Polynom der Systemmatrix $\boldsymbol{A}$ ist und die beiden Bedingungen des Hurwitzkriteriums erfüllt sind, so ist das betrachtete System asymptotisch stabil. Erfüllt das Nennerpolynom der Übertragungsfunktion $G(s)$ das Hurwitzkriterium, dann ist das System E/A-stabil.

Die Vorzeichenbedingung $a_i > 0$ des Hurwitzkriteriums ist eine notwendige Stabilitätsbedingung[3], d. h., wenn diese Bedingung nicht erfüllt ist, so ist das System instabil. Bei der Durchführung des Stabilitätstest wird man diese einfache Bedingung stets zuerst nachprüfen. Dieser Bedingung zufolge müssen in dem betrachteten Polynom alle Potenzen von λ vorkommen und alle Koeffizienten *gleiches* Vorzeichen haben. Gegebenenfalls kann man durch Multiplikation mit -1 alle Koeffizienten *positiv* machen.

Ist das Hurwitzkriterium nicht erfüllt, so gibt die Anzahl der Vorzeichenwechsel von

$$a_1, \; D_1, \; \frac{D_2}{D_1}, \; \frac{D_3}{D_2}, \; ..., \; \frac{D_n}{D_{n-1}}$$

an, wieviele Nullstellen des Polynoms positiven Realteil haben, wieviele Eigenvorgänge des Systems demzufolge aufklingende („instabile“) e-Funktionen sind.

Im Zusammenhang mit diesem Kriterium seien noch zwei weitere Begriffe erwähnt. Wenn ein Polynom nur Nullstellen mit negativem Realteil besitzt, so bezeichnet man dieses Polynom auch als *Hurwitzpolynom*. Wenn eine Matrix nur Ei-

[3] In der Originalarbeit [26] wird nur gefordert, dass der Koeffizient a_n positiv ist. Diese sowie die zweite Bedingung können aber nur dann erfüllt werden, wenn sämtliche Koeffizienten positiv sind, so wie es hier in der ersten Bedingung gefordert wird.

genwerte mit negativem Realteil besitzt, so ist sie eine *Hurwitzmatrix*. Der letztgenannte Begriff wird nicht einheitlich verwendet, denn gelegentlich wird auch die Matrix $\boldsymbol{H}$ als Hurwitzmatrix bezeichnet.

Beispiel 8.1 *Anwendung des Hurwitzkriteriums*

Gegeben ist das charakteristische Polynom

$$3\lambda^3 + 2\lambda^2 + \lambda + 0{,}5$$

der Systemmatrix $\boldsymbol{A}$ eines linearen Systems. Für die Stabilitätsprüfung mit Hilfe des Hurwitzkriteriums wird die Matrix $\boldsymbol{H}$ für $n = 3$ gebildet:

$$\boldsymbol{H} = \begin{pmatrix} 1 & 3 & 0 \\ 0{,}5 & 2 & 0 \\ 0 & 1 & 3 \end{pmatrix}.$$

Die erste Bedinung des Hurwitzkriteriums ist erfüllt, denn alle Polynomkoeffizienten sind positiv. Für die führenden Hauptabschnittdeterminanten erhält man

$$\begin{aligned} D_1 &= 1 > 0 \\ D_2 &= \det\begin{pmatrix} 1 & 3 \\ 0{,}5 & 2 \end{pmatrix} = 0{,}5 > 0 \\ D_3 &= \det\, \boldsymbol{H} = 3 \cdot D_2 > 0, \end{aligned}$$

wobei D_3 nach der letzten Spalte entwickelt wurde. Alle Determinanten sind positiv. Das System ist folglich asymptotisch stabil. □

Aufgabe 8.2* *Hurwitzkriterium für ein System zweiter Ordnung*

Wenden Sie das Hurwitzkriterium auf ein System zweiter Ordnung an. Welche Vereinfachung ergibt sich für dieses System? □

Aufgabe 8.3* *Stabilisierbarkeit eines „invertierten Pendels“*

Das im Beispiel 10.3 auf S. 427 genauer beschriebene invertierte Pendel ist instabil und hat die Übertragungsfunktion

$$G(s) = \frac{-0{,}625}{s^2 - 21{,}46}.$$

Beweisen Sie mit dem Hurwitzkriterium, dass das Pendel nicht mit einer proportionalen Rückführung stabilisierbar ist, d. h., dass der Regelkreis für keine Reglerverstärkung k_{P} eines P-Reglers asymptotisch stabil ist. □

8.3.3 Routhkriterium

Das zweite Kriterium wurde von ROUTH[4] angegeben. Es vermeidet die Auswertung großer Determinanten. Die Koeffizienten des charakteristischen Polynoms werden in zwei Zeilen angeordnet:

a_n	a_{n-2}	a_{n-4}	...	a_0 bzw. a_1	0
a_{n-1}	a_{n-3}	a_{n-5}	...	0 bzw. a_0	0

Aus diesen beiden Zeilen werden jetzt nacheinander die nächsten Zeilen folgendermaßen berechnet:

$$\begin{array}{lllll} \text{Erste Zeile:} & t_1 = \frac{a_n}{a_{n-1}} & b_1 = a_{n-2} - t_1 a_{n-3} & b_2 = a_{n-4} - t_1 a_{n-5} & \text{usw.} \\ \text{Zweite Zeile:} & t_2 = \frac{a_{n-1}}{b_1} & c_1 = a_{n-3} - t_2 b_2 & c_2 = a_{n-5} - t_2 b_3 & \text{usw.} \\ \text{Dritte Zeile:} & t_3 = \frac{b_1}{c_1} & d_1 = b_2 - t_3 c_2 & d_2 = b_3 - t_3 c_3 & \text{usw.} \end{array} \tag{8.20}$$

usw.

Diese auf den ersten Blick kompliziert erscheinenden Berechnungsvorschriften merkt man sich am besten, wenn man sich in der Tabelle ansieht, welche Elemente miteinander zu verknüpfen sind. Beispielsweise entstehen t_1, t_2 und t_3, indem man die in der ersten Spalte über der zu berechnenden Zeile direkt untereinander stehenden Werte als Bruch interpretiert.

Damit ergibt sich das folgende Routhschema:

a_n	a_{n-2}	a_{n-4}	...	a_0 bzw. a_1	0
a_{n-1}	a_{n-3}	a_{n-5}	...	0 bzw. a_0	0
b_1	b_2	b_3	...	0	
c_1	c_2	c_3	...	0	
$\vdots$	$\vdots$	$\vdots$		$\vdots$	
k_1	0	0	...	0	
l_1	0	0	...	0	

(8.21)

Die Tabelle endet, wenn die beiden letzten aufgestellten Zeilen nur noch jeweils ein von null verschiedenes Element enthalten. Diese Elemente sind in der Tabelle mit k_1 und l_1 bezeichnet.

[4] EDWARD JOHN ROUTH (1831 – 1907), englischer Mathematiker

Satz 8.6 (Routhkriterium)
Sämtliche Nullstellen des Polynoms (8.16) haben genau dann einen negativen Realteil, wenn die beiden folgenden Bedingungen erfüllt sind:

1. *Alle Koeffizienten a_i sind positiv:*

$$a_i > 0 \quad (i = 0, 1, 2, ..., n).$$

2. *Sämtliche Koeffizienten $b_1, c_1, ..., l_1$ in der ersten Spalte des Routhschemas sind positiv.*

Diese beiden Bedingungen sind folglich notwendig und hinreichend für die Stabilität des betrachteten Systems.

Ist die zweite Bedingung des Routhkriteriums nicht erfüllt und kann man voraussetzen, dass keine Nullstelle des charakteristischen Polynoms verschwindenden Realteil hat, so stimmt die Anzahl der Vorzeichenwechsel in der ersten Spalte des Routhschemas mit der Anzahl der Nullstellen des charakteristischen Polynoms mit positivem Realteil überein.

Beispiel 8.2 *Anwendung des Routhkriteriums*

Für den Stabilitätstest des in Beispiel 8.1 betrachteten Systems werden die Koeffizienten des charakteristischen Polynoms in der vorgegebenen Form angeordnet:

3	1	0
2	0,5	0

Entsprechend den Gln. (8.20) erhält man für die erste Zeile

$$\begin{aligned} t_1 &= \frac{a_n}{a_{n-1}} = \frac{3}{2} \\ b_1 &= a_{n-2} - t_1\, a_{n-3} = 1 - \frac{3}{2}\, 0{,}5 = 0{,}25. \end{aligned}$$

Damit hat das Routhschema folgendes Aussehen:

3	1	0
2	0,5	0
0,25	0	0

Für die zweite Zeile ergibt sich

$$\begin{aligned} t_2 &= \frac{a_{n-1}}{b_1} = \frac{2}{0{,}25} = 8 \\ c_1 &= a_{n-3} - t_2\, b_2 = 0{,}5 - 0 = 0{,}5. \end{aligned}$$

Damit ist das Routhschema vollständig:

$$\begin{array}{ccc}
\hline
3 & 1 & 0 \\
2 & 0{,}5 & 0 \\
\hline
0{,}25 & 0 & 0 \\
0{,}5 & 0 & 0
\end{array}$$

Das System ist asymptotisch stabil, denn alle Koeffizienten des charakteristischen Polynoms sind positiv und die erste Spalte des Routhschemas enthält nur positive Elemente. □

Aufgabe 8.4 *Anwendung des Hurwitz- und des Routhkriteriums*

Gegeben ist folgendes charakteristisches Polynom

$$-\lambda^4 - 16\lambda^3 - 75\lambda^2 - 118\lambda - 90.$$

Überprüfen Sie die Stabilität des Systems mit Hilfe des Hurwitz- und des Routhkriteriums. □

Aufgabe 8.5 *Stabilitätsprüfung eines Kraftwerksblockes*

Die Regelstrecke der im Beispiel 11.1 auf S. 460 behandelten Knotenspannungsregelung, die aus dem klemmenspannungsgeregelten Kraftwerksblock und dessen Kopplung an das Verteilungsnetz besteht, hat die Übertragungsfunktion

$$G(s) = \frac{2{,}76s + 0{,}491}{s^3 + 4{,}45s^2 + 5{,}31s + 0{,}819}.$$

Überprüfen Sie die Stabilität dieses Systems mit dem Hurwitzkriterium. Bezieht sich Ihr Ergebnis auf die Zustandsstabilität oder die E/A-Stabilität? □

8.4 Stabilitätsprüfung von Regelkreisen anhand der Pole des geschlossenen Kreises

8.4.1 E/A-Stabilität von Regelkreisen

Im Folgenden wird die Stabilität des in Abb. 7.4 gezeigten Standardregelkreises untersucht. Das E/A-Verhalten dieses Kreises wird durch die Führungsübertragungsfunktion $G_{\mathrm{w}}(s)$ und die Störübertragungsfunktion $G_{\mathrm{d}}(s)$ beschrieben:

$$Y(s) = G_{\mathrm{w}}(s)W(s) + G_{\mathrm{d}}(s)D(s). \tag{8.22}$$

Dabei gilt entsprechend Gln. (7.6) und (7.7)

$$G_{\mathrm{w}}(s) = \frac{G_0(s)}{1+G_0(s)} \tag{8.23}$$

$$G_{\mathrm{d}}(s) = \frac{1}{1+G_0(s)} \tag{8.24}$$

mit $G_0(s)$ als Übertragungsfunktion der offenen Kette:

$$G_0(s) = G(s)K(s). \tag{8.25}$$

Die Übertragungsfunktionen $G_{\mathrm{w}}(s)$ und $G_{\mathrm{d}}(s)$ haben dasselbe Nennerpolynom

$$F(s) = 1 + G_0(s) \tag{8.26}$$

und folglich auch dieselben Pole. Es sind dies die Pole $\bar{s}_i$ des geschlossenen Kreises, die als Nullstellen von $F(s)$ berechnet werden können. Die charakteristische Gleichung des geschlossenen Kreises lautet also

$$\text{Charakteristische Gleichung des Regelkreises:} \quad 1 + G_0(s) = 0. \tag{8.27}$$

Im Folgenden wird angenommen, dass die offene Kette ein System n-ter Ordnung ist und der geschlossene Kreis n Pole $\bar{s}_1, \bar{s}_2, ..., \bar{s}_n$ besitzt, die zur Unterscheidung von den Polen s_i der offenen Kette mit einem Querstrich versehen sind. Sind diese Pole des geschlossenen Kreises bekannt, so kann die Stabilität entsprechend Satz 8.3 geprüft werden. Der geschlossene Kreis ist genau dann E/A-stabil, wenn alle Pole des geschlossenen Kreises einen negativen Realteil haben:

$$\mathrm{Re}\{\bar{s}_i\} < 0 \quad (i = 1, 2, ..., n). \tag{8.28}$$

Diese Eigenschaft kann mit dem Hurwitzkriterium oder dem Routhkriterium geprüft werden.

Rückführdifferenzfunktion. Die in Gl. (8.26) eingeführte Übertragungsfunktion $F(s)$ hat eine interessante Interpretation. Schneidet man den Regelkreis z. B. bei $Y(s)$ auf und gibt der in Abb. 7.4 der Mischstelle zugewandten Seite des Schnittes die Bezeichnung $Y'(s)$, so gilt mit $W = 0$ die Beziehung

$$Y(s) = -G_0(s)\; Y'(s).$$

Für die Differenz der beiden an der Schnittstelle auftretenden Signale gilt

$$Y'(s) - Y(s) = (1 + G_0(s))\, Y'(s) = F(s)\; Y'(s)$$

mit

$$\text{Rückführdifferenzfunktion:} \qquad F(s) = 1 + G_0(s). \tag{8.29}$$

Die Übertragungsfunktion $F(s)$ beschreibt also, wie groß diese Differenz bezogen auf das eingespeiste Signal $Y'(s)$ ist. Sie wird deshalb als Rückführdifferenzfunktion bezeichnet.

Die Rückführdifferenzfunktion ist für $s = \bar{s}_i$ gleich null:

$$F(\bar{s}_i) = 0.$$

Das heißt, die Pole $\bar{s}_i$ des geschlossenen Kreises beschreiben diejenigen komplexen Frequenzen, für die

$$Y(s) = Y'(s) \tag{8.30}$$

gilt. Für die Signale

$$Y'(s) = |Y| \, \mathrm{e}^{\bar{s}_i t}$$

kann der aufgeschnittene Kreis geschlossen werden, ohne dass sich an den Signalen etwas ändert. Diese Signale erfüllen die *Selbsterregungsbedingung* (8.30) von BARKHAUSEN[5]. Ist der Realteil von einem oder mehrerer Pole $\bar{s}_i$ positiv, so heißt das, dass sich ein oder mehrere entdämpfte Signale selbst erregen und der Kreis folglich instabil ist. Haben alle Pole einen negativen Realteil, so können sich nur gedämpfte Funktionen selbst erregen. Der Kreis ist stabil.

Die Rückführdifferenzfunktion ist unabhängig davon, wo der Regelkreis aufgeschnitten wird. Liegt die Schnittstelle bei der Stellgröße bzw. bei der Regelgröße, so gilt

$$F(s) = 1 + K(s)G(s) = 1 + G(s)K(s). \tag{8.31}$$

Wie man aus der Definitionsgleichung (7.14) für die Empfindlichkeitsfunktion sieht, gilt außerdem

$$F(s) = \frac{1}{S(s)}. \tag{8.32}$$

Aufgabe 8.6 *Stabilität eines Regelkreises*

Gegeben ist ein Regelkreis, der aus der Regelstrecke mit der Übertragungsfunktion

$$G(s) = \frac{2}{(5s+1)(3s+1)(s+1)}$$

und einem P-Regler mit dem Verstärkungsfaktor k_P besteht.

1. Ist die Regelstrecke stabil?
2. Stellen Sie die charakteristische Gleichung des geschlossenen Regelkreises auf.
3. Überprüfen Sie die Stabilität des Regelkreises mit dem Hurwitzkriterium. Für welche Reglerverstärkung k_P ist der Kreis stabil? □

[5] HEINRICH BARKHAUSEN (1881 – 1956), deutscher Physiker, untersuchte Rückkopplungen in Röhrenschaltungen

Aufgabe 8.7* *Stabilisierung einer instabilen Regelstrecke*

Gegeben ist eine instabile Regelstrecke

$$G(s) = \frac{3}{(s-1)(s+3)}.$$

Wie muss die Reglerverstärkung $k_{\rm P}$ eines P-Reglers gewählt werden, damit der geschlossene Kreis stabil ist. Was passiert mit der Reglerverstärkung, wenn der instabile Pol $s_1 = 1$ vergrößert wird? Erklären Sie, inwieweit dieser Regler zur Regelstrecke *gegengekoppelt* ist. □

Aufgabe 8.8* *Stabilität von Regelkreisen mit I-Regler*

Betrachten Sie einen Regelkreis, der aus einer stabilen Regelstrecke

$$G(s) = \frac{Z(s)}{N(s)}$$

und einem I-Regler

$$K_{\rm I}(s) = \frac{k_{\rm I}}{s}$$

besteht. Welche Vorzeichenbedingung muss $k_{\rm I}$ erfüllen, damit der Regelkreis stabil ist? Interpretieren Sie diese Bedingung als Gegenkopplungsbedingung für I-Regler.
(Hinweis: Leiten Sie die geforderte Bedingung aus der notwendigen Stabilitätsbedingung ab, dass die Koeffizienten der charakteristischen Polynome der Regelstrecke und des Regelkreises jeweils gleiches Vorzeichen haben. Gesucht ist eine *notwendige* Stabilitätsbedingung.) □

8.4.2 Innere Stabilität von Regelkreisen

Mit Hilfe von Frequenzbereichsmodellen kann nur die E/A-Stabilität des Regelkreises geprüft werden. In diese Analyse gehen nur diejenigen Modi ein, die durch die Pole der betrachteten Übertragungsfunktion bestimmt werden. Gibt es weitere Modi und sind diese instabil, so können im Regelkreis instabile Signale auftreten, obwohl die betrachtete Übertragungsfunktion nur stabile Pole besitzt.

Beispiel 8.3 *Instabile Signale in einem E/A-stabilen Regelkreis*

Stabilisiert man die Regelstrecke

$$G(s) = \frac{1}{s-3}$$

durch den Regler

$$K(s) = \frac{s-3}{s+5},$$

so erhält man die charakteristische Gl. (8.27)

$$1 + G_0(s) = 1 + \frac{1}{s+5} = 0$$

und daraus den Pol $\bar{s} = -6$ für den Regelkreis. Der Regelkreis ist folglich E/A-stabil.

Untersucht man nun das Verhalten der Regelgröße für den Fall, dass der Stellgröße additiv eine Störung D_{u} überlagert ist (vgl. Abb. 8.3), so erhält man die Übertragungsfunktion

$$G_{\mathrm{yd}}(s) = \frac{Y(s)}{D_{\mathrm{u}}(s)} = \frac{G(s)}{1 + G(s)K(s)} = \frac{s+5}{s^2 + 3s - 18},$$

die einen instabilen Pol besitzt, denn die Koeffizienten des Nennerpolynoms haben unterschiedliches Vorzeichen. Das heißt, dass die kleinste Erregung D_{u} zu einem über alle Grenzen aufklingenden Ausgangssignal Y führt, der Regelkreis also nicht E/A-stabil bezüglich D_{u} als Eingang und Y als Ausgang ist. □

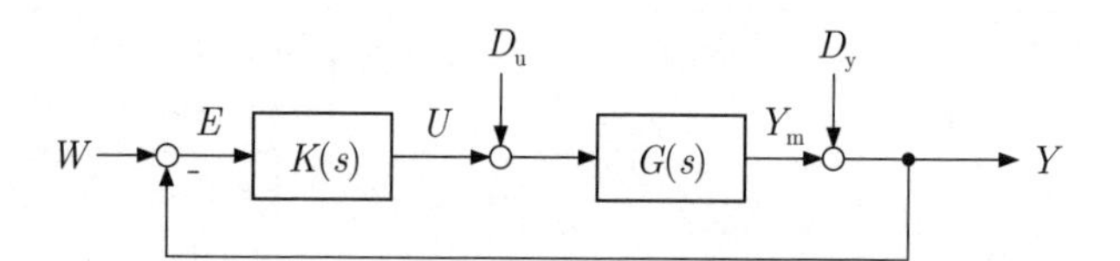

Abb. 8.3: Regelkreis mit Angabe der bei der inneren Stabilität untersuchten Signale

Die beschriebene Eigenschaft tritt auf, wenn in der offenen Kette instabile Pole gegen instabile Nullstellen gekürzt werden. Um dieses ungewollte Regelkreisverhalten zu verhindern, fordert man häufig nicht nur die E/A-Stabilität bezüglich W und D als Eingang und Y als Ausgang, sondern die E/A-Stabilität des Regelkreises bezüglich aller in Abb. 8.3 eingetragenen Signale. Diese Eigenschaft wird als *innere Stabilität* (I-Stabilität) bezeichnet[6].

Da sich die Signale Y und E nur um W unterscheiden und der Eingang D_{y} dieselbe Wirkung bezüglich der Stabilität wie W hat, genügt es, bei der Untersuchung des Regelkreises auf innere Stabilität die Signale W und D_{u} als Eingänge und Y und U als Ausgänge zu betrachten, also mit $D = 0$ zu rechnen. Für das Übertragungsverhalten des Regelkreises bezüglich dieser Signale gilt

$$\begin{aligned} Y(s) &= \frac{G(s)K(s)}{1 + G(s)K(s)} W(s) + \frac{G(s)}{1 + G(s)K(s)} D_{\mathrm{u}}(s) \\ U(s) &= \frac{K(s)}{1 + G(s)K(s)} W(s) - \frac{G(s)K(s)}{1 + G(s)K(s)} D_{\mathrm{u}}(s), \end{aligned}$$

was in der Form

[6] Für die englische Bezeichnung *internal stability* hat sich in der deutschsprachigen Literatur noch keine einheitliche Bezeichnungsweise durchgesetzt. Zu Verwechslungen kann die Tatsache führen, dass häufig die Stabilität nach LJAPUNOW als innere Stabilität bezeichnet wird.

$$\begin{pmatrix} Y(s) \\ U(s) \end{pmatrix} = \boldsymbol{G}_{\mathrm{EA}}(s) \begin{pmatrix} W(s) \\ D_{\mathrm{u}}(s) \end{pmatrix}$$

mit der Matrix

$$\boldsymbol{G}_{\mathrm{EA}}(s) = \begin{pmatrix} \dfrac{G(s)K(s)}{1+G(s)K(s)} & \dfrac{G(s)}{1+G(s)K(s)} \\ \dfrac{K(s)}{1+G(s)K(s)} & \dfrac{-G(s)K(s)}{1+G(s)K(s)} \end{pmatrix}$$

zusammengefasst werden kann.

Satz 8.7 (Kriterium für I-Stabilität)
Der Regelkreis ist genau dann I-stabil, wenn alle Elemente der Matrix $\boldsymbol{G}_{\mathrm{EA}}(s)$ nur Pole mit negativem Realteil haben.

Beispiel 8.3 (Forts.) *Instabile Signale in einem E/A-stabilen Regelkreis*

Prüft man die I-Stabilität des angegebenen Regelkreises, so erkennt man in der Matrix

$$\boldsymbol{G}_{\mathrm{EA}} = \begin{pmatrix} \dfrac{1}{s+6} & \dfrac{s+5}{s^2+3s-18} \\ \dfrac{s-3}{s+6} & \dfrac{-1}{s+6} \end{pmatrix},$$

dass das obere rechte Element mindestens einen Pol mit positivem Realteil besitzt. Der Kreis ist nicht I-stabil. □

Die Betrachtung der I-Stabilität hat wichtige Konsequenzen für den Reglerentwurf. Instabile Pole der Regelstrecke dürfen nicht gegen Nullstellen des Reglers mit positivem Realteil gekürzt werden. Beschränkt man die Stabilitätsforderung (I) an den Regelkreis auf die E/A-Stabilität, so wäre dieses Vorgehen möglich, vorausgesetzt, dass man mit der Reglernullstelle den instabilen Pol *exakt* „trifft". Die Forderung nach I-Stabilität verbietet dieses Vorgehen!

Werden in der offenen Kette keine instabilen Pole gegen entsprechende Nullstellen gekürzt, so ist die E/A-Stabiliät äquivalent zur I-Stabilität. Verhindert man also beim Reglerentwurf ein solches Kürzen, so reicht es für die Prüfung der I-Stabilität aus, die E/A-Stabilität bezüglich eines ausgewählten E/A-Paares zu überprüfen.

Aufgabe 8.9** *Regelkreis mit Allpassanteil*

Betrachten Sie einen Regelkreis mit nichtminimalphasiger Regelstrecke. Die Nachteile des Allpassanteils der Regelstrecke bezüglich des Übergangsverhaltens des Regelkreises kann man dadurch beseitigen, dass man einen Regler verwendet, der die Nullstellen des Allpassanteils näherungsweise oder exakt kompensiert. Kann dabei ein I-stabiler Regelkreis entstehen? □

8.5 Stabilitätsprüfung von Regelkreisen anhand des Frequenzganges der offenen Kette

8.5.1 Herleitung der Stabilitätsbedingung

In diesem Abschnitt wird das von NYQUIST[7] angegebene Kriterium abgeleitet, mit dem die Stabilität des geschlossenen Kreises geprüft werden kann, ohne die Pole zu berechnen. Dieses Kriterium wird in der Praxis sehr häufig angewendet, weil es anhand der Ortskurve der offenen Kette überprüft werden kann und sehr anschaulich ist.

Zur Ableitung des Kriteriums sind zunächst einige Umformungen von $G_0(s)$ notwendig. $G_0(s)$ ist eine gebrochen rationale Funktion und kann folglich als Quotient

$$G_0(s) = \frac{Z_0(s)}{N_0(s)}$$

eines Zählerpolynoms $Z_0(s)$ und eines Nennerpolynoms $N_0(s)$ dargestellt werden. Für die Rückführdifferenzfunktion gilt dann

$$F(s) = 1 + G_0(s) = \frac{N_0(s) + Z_0(s)}{N_0(s)}.$$

Entsprechend Gl. (8.27) sind die Nullstellen von $F(s)$ die Pole des geschlossenen Kreises. Andererseits sind die Nullstellen von $N_0(s)$ die Pole der offenen Kette. Folglich gilt

$$\boxed{\text{HSU-CHEN-Theorem:} \qquad F(s) = k\,\frac{\prod_{i=1}^{n}(s-\bar{s}_i)}{\prod_{i=1}^{n}(s-s_i)}.} \qquad (8.33)$$

Die Rückführdifferenzfunktion ist proportional zum Quotienten der charakteristischen Polynome des geschlossenen Kreises und der offenen Kette:

$$F(s) \sim \frac{\text{charakteristisches Polynom des geschlossenen Kreises}}{\text{charakteristisches Polynom der offenen Kette}}.$$

Die Gleichheit gilt bei nicht sprungfähigen Systemen. Dieses wichtige Ergebnis wird auch als HSU-CHEN-Theorem bezeichnet.

Streng genommen gilt die angegebene Beziehung nur dann, wenn $s_i \neq \bar{s}_j$ für alle i und j gilt, d. h., wenn keine Pole sowohl in der offenen Kette als auch im

[7] HARRY NYQUIST (1889 – 1976), amerikanischer Elektrotechniker

geschlossenen Kreis auftreten. Würde dies der Fall sein, so würden sich die entsprechenden Linearfaktoren aus dem Quotienten herauskürzen. Derartige Pole spielen jedoch keine Rolle für die E/A-Stabilität des Regelkreises, weshalb das angegebene Theorem ohne Beachtung dieses Sachverhaltes angewendet werden kann.

Zur Vereinfachung der folgenden Betrachtungen wird vorausgesetzt, dass keine Pole der offenen Kette mit Polen des geschlossenen Kreises zusammenfallen und sich die entsprechenden Linearfaktoren aus dem Quotienten herauskürzen.

Abbildung der Nyquistkurve. Gleichung (8.33) wird nun verwendet um festzustellen, wieviele Pole des geschlossenen Kreises in der rechten komplexen Halbebene liegen. Dabei wird zunächst angenommen, dass keine Pole der offenen Kette oder des geschlossenen Kreises auf der Imaginärachse liegen. Die Zahl der Pole der offenen Kette mit positivem Realteil ist n^+; die Zahl der Pole des geschlossenen Kreises mit positivem Realteil $\bar{n}^+$.

Wählt man den Radius R der in Abb. 8.4 gezeigten Kurve, die als *Nyquistkurve* $\mathcal{D}$ bezeichnet wird, hinreichend groß, so umschließt diese Kurve alle in der rechten Halbebene liegenden Pole der offenen Kette und des geschlossenen Kreises. Im Folgenden wird die Abbildung der auf der Nyquistkurve liegenden Punkte s durch die Funktion $F(s)$ betrachtet, wobei die Nyquistkurve im Uhrzeigersinn durchlaufen wird.

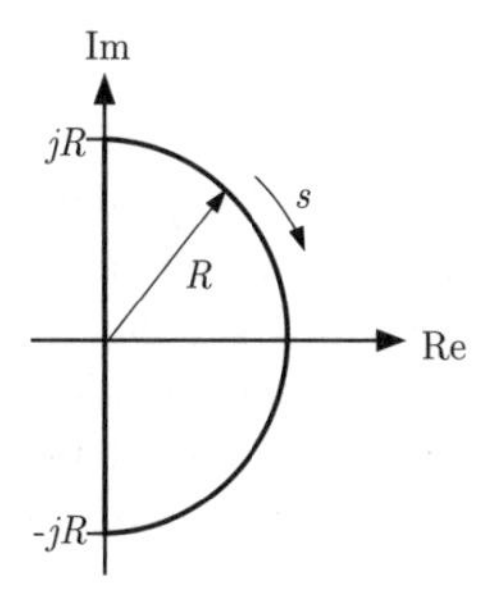

Abb. 8.4: Nyquistkurve $\mathcal{D}$

Alle auf der Nyquistkurve $\mathcal{D}$ liegenden komplexen Zahlen s bilden den Definitionsbereich der betrachteten Abbildung. Jeder dieser Zahlen wird der Wert von $F(s)$ zugeordnet. Da $F(s)$ ein komplexwertige Funktion ist, kann ihr Verlauf in der komplexen Ebene als „Ortskurve" dargestellt werden, wie dies in Abb. 8.5 für ein Beispiel getan wurde. Während s einmal um die Nyquistkurve herumläuft, durchläuft $F(s)$ einmal die gezeigte Kurve.

Im Folgenden ist nur die bei einem derartigen Umlauf stattfindende Argumentänderung von $F(s)$ von Bedeutung. Um dies zu verstehen, stelle man sich den zu einem gegebenen Wert $\bar{s}$ gehörenden Funktionswert $F(\bar{s})$ als Zeiger vor, der in Abb. 8.5 im Ursprung des Koordinatensystems beginnt und zu dem entsprechenden

Punkt der Ortskurve zeigt. Zerlegt man $F(\bar{s})$ in Betrag und Phase

$$F(\bar{s}) = |F(\bar{s})| \, \mathrm{e}^{j\phi_{\mathrm{F}}(\bar{s})},$$

so ist das Argument $\phi_{\mathrm{F}}(\bar{s})$ von $F(\bar{s})$ der Winkel, den dieser Zeiger mit der positiven reellen Achse einschließt.

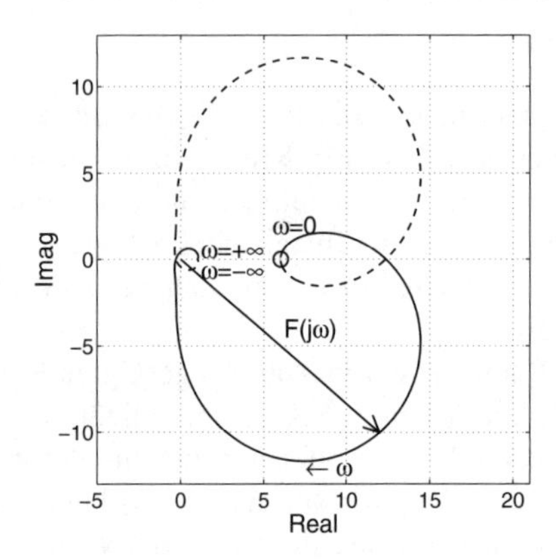

Abb. 8.5: Grafische Darstellung der Abbildung der Nyquistkurve durch $F(s)$ in der komplexen Ebene

Argumentänderung von $F(s)$. Die im Folgenden betrachtete Argumentänderung entsteht, wenn man den Zeiger $F(s)$ für einen geschlossenen Umlauf von s auf der Nyquistkurve $\mathcal{D}$ beobachtet. Dabei wird vereinbart, dass der Umlauf der Nyquistkurve bei $+j0$ auf der Imaginärachse beginnt und bei $-j0$ endet. $F(s)$ beginnt dann in dem in Abb. 8.5 dargestellten Beispiel bei dem durch einen kleinen Kreis gekennzeichneten Punkt auf der positiven reellen Achse, durchläuft die verschlungene Kurve im Uhrzeigersinn und endet wieder auf der positiven reellen Achse. Die Argumentänderung

$$\Delta \arg F(s) = \phi_{\mathrm{F}}(-j0) - \phi_{\mathrm{F}}(+j0)$$

beschreibt, wie sich das Argument von $F(s)$ während eines solchen Durchlaufs ändert. Dabei muss berücksichtigt werden, dass eine volle „Drehung" des Zeigers im Uhrzeigersinn einer Argumentänderung von 2π (oder 360°) entspricht. Im Beispiel dreht sich der Zeiger zweimal im Uhrzeigersinn, also ist die Argumentänderung gleich 4π.

Im Folgenden wird untersucht, wie die Argumentänderung $\Delta \arg F(s)$ von der Zahl der instabilen Pole der offenen Kette und des geschlossenen Regelkreises abhängt. Aus Gl. (8.33) folgt

$$\phi_{\mathrm{F}}(s) = \arg k + \sum_{i=1}^{n} \arg(s - \bar{s}_i) - \sum_{i=1}^{n} \arg(s - s_i)$$

und

$$\Delta \arg F(s) = \Delta \arg k + \sum_{i=1}^{n} \Delta \arg(s - \bar{s}_i) - \sum_{i=1}^{n} \Delta \arg(s - s_i). \quad (8.34)$$

Da k nicht von s abhängt, ist $\Delta \arg k = 0$. Für die anderen beiden Summen kann man die Argumentänderung aus Abb. 8.6 ablesen. Für einen gegebenen Pol s_i beschreibt $\arg(s - s_i)$ den Winkel, den der Vektor zwischen s_i und s mit der reellen Achse einschließt. Da s die Nyquistkurve durchläuft, ändert sich $\arg(s - s_i)$ stetig.

Die nachfolgende Überlegung zeigt, dass für einen geschlossenen Umlauf die Gesamtänderung von

$$\bar{\phi}_i = \arg(s - \bar{s}_i)$$

und von

$$\phi_i = \arg(s - s_i)$$

nur davon abhängig ist, ob $\bar{s}_i$ bzw. s_i in der rechten oder linken komplexen Halbebene liegt.

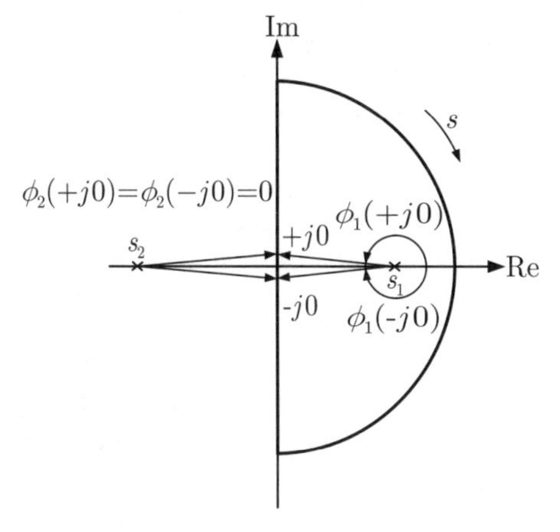

Abb. 8.6: Darstellung der Argumentänderungen für je einen Pol in der rechten und linken komplexen Halbebene

Für den in der linken Halbebene liegenden reellen Pol s_2 besitzt der Linearfaktor $(s - s_2)$ für $s = -j0$ und $s = +j0$ dasselbe Argument

$$\phi_2(-j0) = \phi_2(+j0) = 0,$$

so dass die Argumentänderung gleich null ist:

$$\Delta \arg(s - s_2) = \phi_2(-j0) - \phi_2(+j0) = 0.$$

Dasselbe gilt für jeden komplexen Pol in der linken Halbebene.

Für den in der rechten Halbebene liegenden reellen Pol s_1 hat der Linearfaktor $(s - s_1)$ für $s = -j0$ und $s = +j0$ unterschiedliche Argumente, denn der den Linearfaktor darstellende Pfeil hat sich beim Durchlauf der Nyquistkurve um 360° im Uhrzeigersinn gedreht:

$$\Delta \arg(s - s_1) = \phi_1(-j0) - \phi_1(+j0) = 2\pi.$$

Diese Beziehung gilt für alle reellen und konjugiert komplexen Pole in der rechten Halbebene.

Für die Argumentänderung $\Delta \arg F(s)$ von $F(s)$ erhält man aus diesen Vorbetrachtungen und Gl. (8.34) die Beziehung

$$\Delta \arg F(s) = 2(\bar{n}^+ - n^+)\pi, \tag{8.35}$$

wobei die Argumentänderung im Uhrzeigersinn positiv gezählt wird, weil die Nyquistkurve im Uhrzeigersinn durchlaufen wird.

Dieses Ergebnis führt zu einem Stabilitätskriterium, wenn man $\bar{n}^+ = 0$ fordert:

Satz 8.8 *Eine offene Kette mit der Übertragungsfunktion $G_0(s)$ führt genau dann auf einen E/A-stabilen Regelkreis, wenn*

$$\Delta \arg F(s) = -2n^+\pi$$

gilt, d. h., wenn die Abbildung $F(s) = 1 + G_0(s)$ der Nyquistkurve den Ursprung der komplexen Ebene $-n^+$-mal im Uhrzeigersinn umschließt. Dabei bezeichnet n^+ die Zahl der Pole von $G_0(s)$ mit positivem Realteil.

Die übliche Formulierung „$-n^+$-mal im Uhrzeigersinn“ kann durch „n^+-mal entgegen dem Uhrzeigersinn“ ersetzt werden. Man wählt bei der Nyquistkurve $\mathcal{D}$ und deren Abbildung jedoch üblicherweise dieselbe Durchlaufrichtung.

8.5.2 Nyquistkriterium

Das angegebene Stabilitätskriterium kann in eine besser anwendbare Form gebracht werden, wenn vorausgesetzt wird, dass die offene Kette nicht sprungfähig ist:

$$\lim_{s \to \infty} G_0(s) = 0.$$

Dann ist $F(s)$ für s entlang des großen Halbkreises der Nyquistkurve gleich 1, wenn der Radius R genügend groß gewählt wird. Die Abbildung des gesamten Halbkreises der Nyquistkurve fällt also in einen einzigen Punkt und es reicht aus, im Folgenden nur den Frequenzgang $F(j\omega)$ für $\omega = -\infty ... + \infty$ zu betrachten.

Bei stabilen offenen Ketten wird davon ausgegangen, dass die statische Verstärkung nicht negativ ist

$$k_0 = G_0(0) \geq 0, \tag{8.36}$$

was durch eine geeignete Vorzeichenfestlegung der Reglerparameter gesichert werden kann. Bei stabilen Regelstrecken wählt man ohnehin die Messbereiche der Stell- und Regelgröße so, dass die statische Verstärkung der Regelstrecke positiv ist ($k_s > 0$), so dass bei positiver Reglerverstärkung die Bedingung (8.36) erfüllt ist. Die Bedingung (8.36) wird eingeführt, um eine Vereinheitlichung in der grafischen Darstellung zu erreichen. Unter dieser Bedingung beginnen alle Ortskurven für $\omega = 0$ im Punkt $F(0) = 1 + k_0$ auf der positiven reellen Achse.

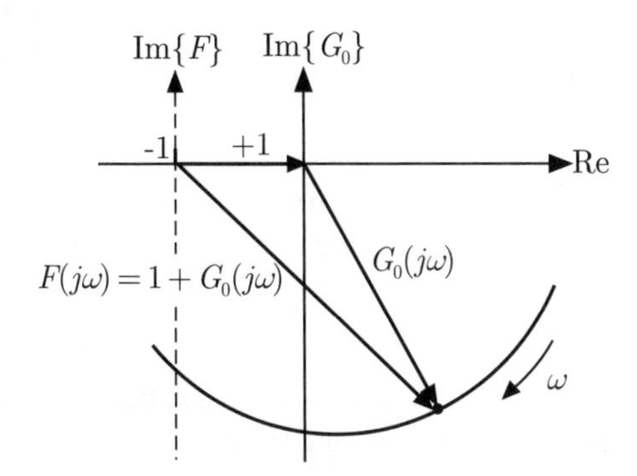

Abb. 8.7: Zusammenhang von $F(j\omega)$ und $G_0(j\omega)$

Als zweite Änderung gegenüber der bisherigen Betrachtung wird an Stelle der Abbildung der Nyquistkurve durch $F(s)$ jetzt die Abbildung durch $G_0(s)$ untersucht. Der Übergang von $F(s)$ zu $G_0(s)$ bedeutet lediglich eine Verschiebung der Ordinate um 1 (siehe Abb. 8.7). Der „kritische Punkt" , dessen Umschließung durch die Kurve untersucht wird, ist jetzt der Punkt $-1 + j0$ der komplexen Ebene für G_0.

Satz 8.9 (Nyquistkriterium)
Eine offene Kette mit der Übertragungsfunktion $G_0(s)$ führt genau dann auf einen E/A-stabilen Regelkreis, wenn die Ortskurve $G_0(j\omega)$ für $\omega = -\infty ... + \infty$ den Punkt $-1 + j0$ der komplexen Ebene $-n^+$-mal im Uhrzeigersinn umschließt. Dabei bezeichnet n^+ die Zahl der Pole von $G_0(s)$ mit positivem Realteil.

Auch hier ist die Formulierung „$-n^+$-mal im Uhrzeigersinn" durch die Festlegung der Durchlaufrichtung der Nyquistkurve begründet.

Das Nyquistkriterium wurde hier für gebrochen rationale Übertragungsfunktionen abgeleitet. Es gilt jedoch auch für Systeme mit Totzeit.

Nyquistkriterium für stabile offene Kette. In vielen Anwendungen ist die offene Kette stabil und die Frage zu beantworten, ob bei Schließung dieser offenen Kette ein stabiler Regelkreis entsteht. Es ist also $n^+ = 0$, so dass sich das Nyquistkriterium folgendermaßen vereinfachen lässt:

Satz 8.10 (Nyquistkriterium für stabile offene Kette)
Eine stabile offene Kette mit der Übertragungsfunktion $G_0(s)$ führt genau dann zu einem E/A-stabilen Regelkreis, wenn die Ortskurve $G_0(j\omega)$ für $\omega = -\infty ... + \infty$ den Punkt $-1 + j0$ der komplexen Ebene nicht umschließt.

Bei kompliziertem Verlauf der Ortskurve von $G_0(j\omega)$ hilft die folgende Regel bei der Entscheidung, ob der Punkt –1 umschlossen wird oder nicht.

Linke-Hand-Regel. *Eine stabile offene Kette führt genau dann auf einen E/A-stabilen Regelkreis, wenn der kritische Punkt $-1 + j0$ links von der in Richtung wachsender Frequenzen durchlaufenen Ortskurve von $G_0(j\omega)$ liegt.*

Da die Ortskurve von $G_0(j\omega)$ für $\omega = -\infty ...0$ und für $\omega = +\infty ...0$ symmetrisch zur reellen Achse liegt, wird i. Allg. nur die Ortskurve für positive Kreisfrequenzen gezeichnet. Der Prüfpunkt –1 wird dann natürlich nicht mehr umschlossen, denn die Ortskurve stellt keinen geschlossenen Kurvenzug dar. Die Umschließungsbedingungen sind dann sinngemäß anzuwenden, was bei stabiler offener Kette am einfachsten mit Hilfe der Linke-Hand-Regel geschieht. In allen Abbildungen ist der zu positiven Kreisfrequenzen gehörende Teil der Ortskurve als durchgezogene Linie und der für negative Frequenzen geltende Teil durch eine gestrichelte Linie dargestellt.

8.5.3 Beispiele

Die Anwendung des Nyquistkriteriums wird im Folgenden anhand mehrerer Beispiele demonstriert. Dabei wird einerseits gezeigt, wann eine Ortskurve den kritischen Punkt umschlingt. Diese Frage ist insbesondere für komplizierter aussehende Ortskurven nicht immer sofort zu beantworten. Die Beispiele werden den Blick dafür schulen.

Andererseits soll durch die Beispiele demonstriert werden, dass das Nyquistkriterium nicht nur eine ja-nein-Entscheidung über die Stabilität fällt, sondern auch die „Nähe zur Instabilität“ charakterisiert, also auch ein Maß dafür liefert, „wie stabil“ ein Regelkreis ist. Diese Tatsache wird im Abschn. 8.6 ausgenutzt, um mit der robusten Stabilität eine Stabilitätseigenschaft nachzuweisen, die auch bei beschränkten Parameteränderungen bestehen bleibt.

Beispiel 8.4 *Anwendung des Nyquistkriteriums für ein stabiles PT_2-Glied*

Die Umschlingungsbedingung des Nyquistkriteriums soll zunächst an einem einfachen Beispiel erläutert werden, bei dem der Regelkreis aus einem PT_2-Glied als Regelstrecke

$$G(s) = \frac{1}{(s-s_1)(s-s_2)}$$

und einem P-Regler

$$K(s) = k_P$$

besteht. Die offene Kette hat die Übertragungsfunktion

$$G_0(s) = \frac{k_P}{(s-s_1)(s-s_2)}. \tag{8.37}$$

Es wird angenommen, dass das PT_2-Glied stabil ist, also $\text{Re}\{s_1\} < 0$, $\text{Re}\{s_2\} < 0$ gilt.

Für den geschlossenen Kreis erhält man die charakteristische Gleichung (8.27), die nach Umformung auf

$$s^2 - (s_1 + s_2)s + k_P s_1 s_2 = 0$$

führt. Der Regelkreis ist für beliebige Reglerverstärkung $k_P > 0$ stabil, weil alle drei Koeffizienten des charakteristischen Polynoms positiv sind (vgl. Aufg. 8.2). Es soll jetzt untersucht werden, wie sich diese Tatsache aus dem Nyquistkriterium herleiten lässt.

Abbildung 8.8 zeigt die Ortskurve der offenen Kette

$$G_0(s) = \frac{k_P}{s^2 + s + 1}$$

für $k_P = 1$, 1,5, 2 und 2,5. Keine der Ortskurven umschließt den Punkt -1, vgl. Linke-Hand-Regel. Da die offene Kette stabil ist, bedeutet das Nichtumschlingen des Punktes -1, dass auch der geschlossene Kreis stabil ist.

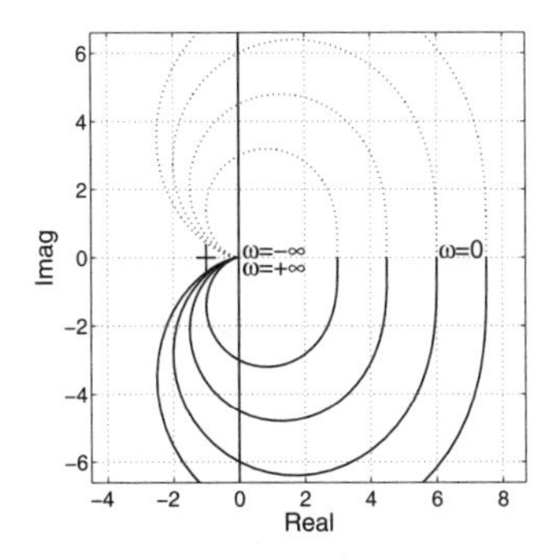

Abb. 8.8: Ortskurve einer offenen Kette zweiter Ordnung für veränderte Reglerverstärkung

Für eine feste Frequenz ω führt die Veränderung der Reglerverstärkung k_P zu einer Veränderung des Betrages $|G_0(j\omega)|$ des Frequenzganges $G_0(j\omega)$ der offenen Kette. Da dabei die Phase $\arg G_0(j\omega)$ unverändert bleibt, wandern die Punkte der Ortskurve entlang des Strahles, der den Ursprung der komplexen Ebene mit dem Punkt $G_0(j\omega)$ verbindet.

Deshalb liegen in Abb. 8.8 die zu derselben Frequenz gehörenden Punkte auf den vier Ortskurven auf derselben Verbindungslinie mit dem Ursprung der komplexen Ebene. Da die Phase von -180° erst bei $\omega \to \infty$ erreicht wird, wofür $|G_0(\infty)| = 0$ gilt, schneiden auch die für sehr große Reglerverstärkungen gezeichneten Ortskurven die negative reelle Achse nicht und das Nyquistkriterium kann nicht verletzt werden. Der Regelkreis ist für beliebig hohe Reglerverstärkungen stabil.

Diese Aussage gilt nicht nur für das Beispiel, sondern für PT_2-Glieder ganz allgemein. Die Ortskurve von $G_0(s)$ nach Gl. (8.37) hat qualitativ denselben Verlauf wie die in Abb. 8.8 gezeigte Ortskurve. Insbesondere durchläuft die Ortskurve für $\omega = 0...\infty$ nur den vierten und dritten Quadranten der komplexen Ebene, so dass die vollständige Kurve für $\omega = -\infty... + \infty$ durch den Koordinatenursprung verläuft und die negative reelle Achse nicht schneidet. Dies gilt auch bei beliebiger Erhöhung oder Verkleinerung der Reglerverstärkung k_P. Der Punkt -1 kann also niemals umschlungen werden. □

Beispiel 8.5 *Anwendung des Nyquistkriteriums für eine stabile offene Kette*

Wie im Beispiel 8.4 wird von einer stabilen offenen Kette ausgegangen, jetzt jedoch die Voraussetzung bezüglich der dynamischen Ordnung fallen gelassen. Als Beispiel wird die offene Kette

$$G_0(s) = \frac{k_P\,(s + 0{,}2)}{(s^2 + 2s + 10)(s + 4)(s^2 + 0{,}2s + 0{,}1)}$$

betrachtet, bei der k_P wieder die Verstärkung eines P-Reglers bezeichnet. Für $k_P = 100$ ist die Ortskurve von $G_0(s)$ im linken Teil von Abb. 8.9 zu sehen, wobei der Bildausschnitt so gewählt wurde, dass im Wesentlichen nur der für positive Frequenzen gültige Teil der Ortskurve zu sehen ist.

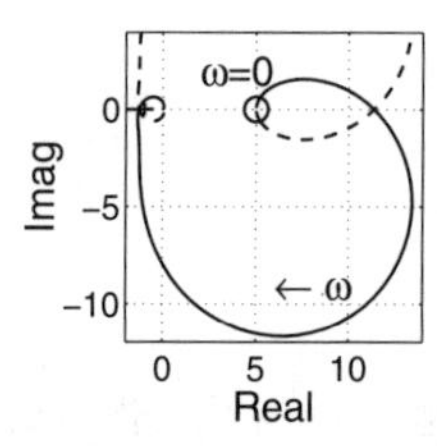

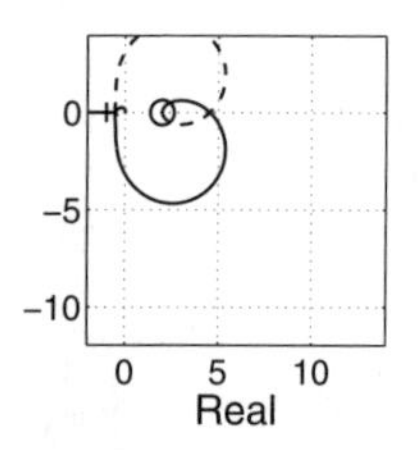

Abb. 8.9: Ortskurve der offenen Kette fünfter Ordnung für $k_P = 100$ (links) und $k_P = 40$ (rechts)

Da die offene Kette stabil ist, wovon man sich durch Betrachtung des Nennerpolynoms von $G_0(s)$ überzeugen kann, ist der Regelkreis entsprechend dem Nyquistkriterium genau dann stabil, wenn die Ortskurve der offenen Kette den Punkt -1 nicht umschlingt. Die Abbildung zeigt jedoch, dass für $k_P = 100$ der kritische Punkt -1 umschlungen wird (vgl. „Linke-Hand-Regel"). Der Regelkreis ist also instabil.

Die Stabilitätsprüfung hatte man natürlich genauso durch Berechnung der Pole des geschlossenen Kreises oder durch Anwendung des Hurwitzkriteriums auf die charakteristische Gleichung des Regelkreises durchführen können. Dies ist jedoch in der Regel komplizierter und bezüglich der Konsequenzen für die Wahl bzw. Veränderung der Reglerverstärkung nicht so anschaulich. Bei dem Beispiel entsteht ein charakteristisches Polynom fünfter

Ordnung, dessen Nullstellen man nur mit Hilfe eines Rechners bestimmen kann. Aus den erhaltenen Polen ist nicht zu sehen, nach welcher Veränderung der Reglerverstärkung der Kreis stabil ist.

Das Nyquistkriterium ist anschaulicher. Aus Abb. 8.9 ist zu erkennen, dass der Punkt -1 nicht umschlungen würde, wenn die Verstärkung $k_{\rm P}$ verkleinert wird. Dann behält die Ortskurve ihre Form, ist aber insgesamt kleiner, denn eine Verkleinerung von $k_{\rm P}$ verkleinert für jeden Punkt $G_0(j\omega)$ der Ortskurve dessen Abstand $|G_0(j\omega)|$ vom Ursprung der komplexen Ebene, nicht jedoch dessen Winkel $\arg G_0(j\omega)$.

Deshalb kann aus der Ortskurve sofort ermittelt werden, für welche Reglerverstärkung der geschlossene Kreis stabil ist. Dafür bestimmt man den Schnittpunkt der Ortskurve mit der negativen reellen Achse. Im Beispiel ist dies der Punkt $-1{,}35$, d. h., es gilt

$$G(j\omega_{-180^\circ}) = -1{,}35,$$

wobei ω_{-180° die Frequenz bezeichnet, bei der der Frequenzgang $G(j\omega)$ der Regelstrecke negativ reell ist. Wird nun an Stelle von $G_0(s)$ mit $\frac{1}{1{,}35}G_0(s)$ gearbeitet, so verläuft die „verkleinerte" Ortskurve durch den kritischen Punkt -1. Diese Veränderung der Ortskurve wird erreicht, wenn an Stelle von $k_{\rm P} = 100$ mit $\frac{k_{\rm P}}{1{,}35} = 74{,}1$ als Reglerverstärkung gearbeitet wird, denn dann gilt

$$74{,}1\, G(j\omega_{\rm s}) = -1.$$

Folglich ist der geschlossene Kreis genau dann stabil, wenn die Reglerverstärkung kleiner als 74,1 ist. Als Beispiel ist die Ortskurve für $k_{\rm P} = 40$ im rechten Teil von Abb. 8.9 gezeigt. Diese Ortskurve umschlingt den kritischen Punkt nicht. Der Regelkreis ist für diese Reglerverstärkung stabil. □

Beispiel 8.6 *Anwendung des Nyquistkriteriums für eine instabile offene Kette*

Das Nyquistkriterium soll jetzt auf die instabile offene Kette

$$G_0(s) = \frac{k_{\rm P}}{(s-1)(s+3)}$$

angewendet werden. Aus der charakteristischen Gleichung

$$1 + G_0(s) = 0$$

erhält man das charakteristische Polynom

$$s^2 + 2s - 3 + k_{\rm P},$$

dessen Nullstellen genau dann negative Realteile haben, wenn

$$k_{\rm P} > 3$$

gilt. Es soll jetzt untersucht werden, wie man dieses Ergebnis mit dem Nyquistkriterium erhalten kann.

Im linken Teil der Abb. 8.10 ist die Ortskurve von $G_0(s)$ für $k_{\rm P} = 4$ grafisch dargestellt. Es wird offensichtlich, dass die gezeichnete Kurve den Punkt -1 einmal entgegen dem Uhrzeigersinn umschlingt. Da die offene Kette *einen* Pol mit positivem Realteil besitzt,

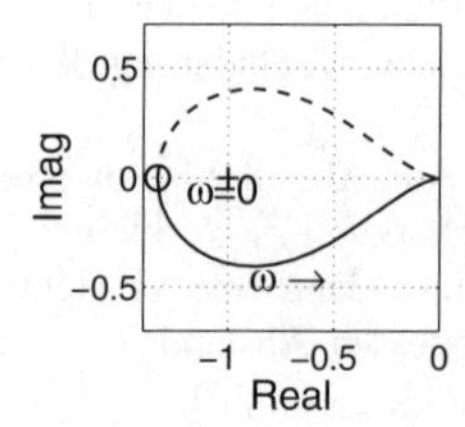

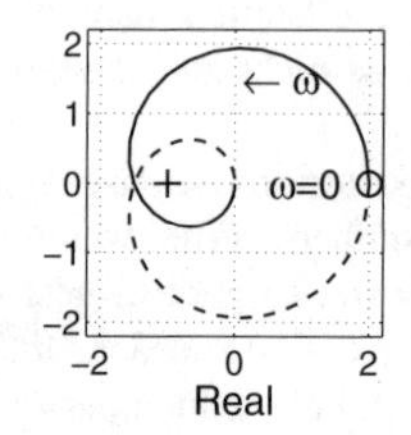

Abb. 8.10: Ortskurve zweier instabiler offener Ketten, die zu stabilen Regelkreises führen (links: ein instabiler Pol; rechts: zwei instabile Pole)

muss das Nyquistkriterium für $n^+ = 1$ angewendet werden. Folglich ist der Regelkreis stabil.

Auch hier kann die Stabilitätsgrenze sofort abgelesen werden. Da die Ortskurve für $k_\mathrm{P} = 4$ die negative reelle Achse bei $-\frac{4}{3}$ schneidet, ist das geregelte System für Reglerverstärkungen, die kleiner als 3 sind, instabil (vgl. Beispiel 8.5). Dieser Wert stimmt mit dem aus der charakteristischen Gleichung bestimmten Wert überein.

Der aus der offenen Kette

$$G_0(s) = \frac{6(s+1)}{(s-1)(s-3)}$$

mit zwei instabilen Polen entstehende Regelkreis ist stabil, denn die Ortskurve umschlingt den Punkt –1 zweimal entgegen dem Uhrzeigersinn, wie im rechten Teil von Abb. 8.10 gezeigt ist. □

Beispiel 8.7 *Stabilitätsprüfung eines Systems siebenter Ordnung*

Für das System

$$G_0(s) = \frac{1000(s+0{,}48)(s+0{,}96)(s+1{,}44)(s+1{,}92)}{(s+0{,}1)(s+0{,}2)(s+0{,}3)(s+0{,}4)(s+0{,}5)(s+20)(s+40)} \qquad (8.38)$$

erhält man eine Ortskurve, die die negative reelle Achse mehrfach schneidet. Abbildung 8.11 zeigt im linken Teil die vollständige Ortskurve, aus der man vermuten kann, dass der kritische Punkt umschlungen wird. Wie die Detaildarstellung rechts daneben jedoch zeigt, umschlingt die Ortskurve den Punkt –1 nicht. Der geschlossene Kreis ist folglich stabil. □

In allen genannten Umschlingungsbedingungen ist ausgeschlossen, dass die Ortskurve den Prüfpunkt durchdringt. Ein Kreuzen des kritischen Punktes würde bedeuten, dass mindestens ein Pol des geschlossenen Kreises auf der Imaginärachse liegt, so dass das System grenzstabil oder instabil ist.

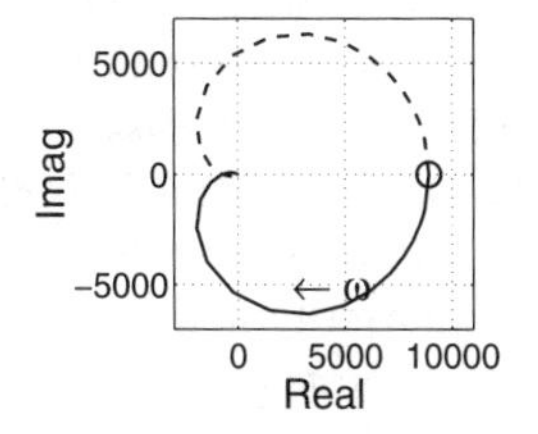

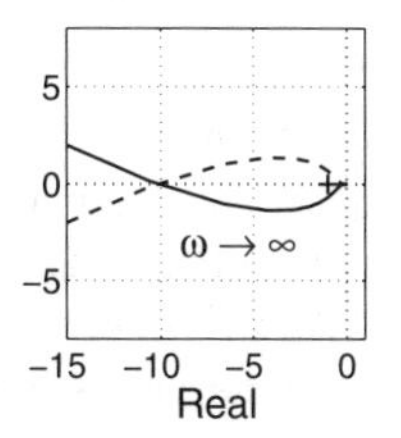

Abb. 8.11: Ortskurve einer offenen Kette siebenter Ordnung

8.5.4 Erweiterungen

Stabilitätsprüfung für positive Systeme. Positive Systeme sind dadurch gekennzeichnet, dass sie bei jeder positiven Eingangsgröße ein positives Ausgangssignal erzeugen. Für ihre Gewichtsfunktion gilt

$$g(t) \geq 0. \tag{8.39}$$

Ein Beispiel ist ein Behälter, dessen Zufluss als Eingangsgröße und dessen Füllstand als Ausgangsgröße wirkt.

Ist die offene Kette ein stabiles positives System, so kann das Nyquistkriterium vereinfacht werden, denn es gilt

$$\begin{aligned} |G_0(j\omega)| &= \left| \int_0^\infty g_0(t) \mathrm{e}^{-st} dt \right| \\ &\leq \int_0^\infty |g_0(t)| \left| \mathrm{e}^{-st} \right| dt \\ &= \int_0^\infty g_0(t) dt = k_0 \end{aligned}$$

und folglich

$$|G_0(j\omega)| \leq k_0, \tag{8.40}$$

wobei k_0 die statische Verstärkung der offenen Kette ist. Gilt

$$k_0 < 1, \tag{8.41}$$

so ist für jede stabile positive offene Kette die Stabilität des Regelkreises gesichert, denn dann kann die Ortskurve $G_0(j\omega)$ den kritischen Punkt -1 nicht umschlingen. Interessanterweise ist unter der angegebenen Bedingung die Stabilität unabhängig von den genauen dynamischen Eigenschaften der positiven offenen Kette.

Stabilitätsprüfung bei Ketten mit imaginären Polen. Die angegebenen Stabilitätskriterien gelten auch dann, wenn die offene Kette Pole auf der Imaginärachse besitzt und Totzeitelemente enthält. Für die Erweiterung auf rein imaginäre Pole wird das konjugiert komplexe Paar $s_1, s_2 = \pm j\omega_0$ betrachtet. Die Abbildung $F(\pm j\omega_0)$

hat dort einen unendlich großen Betrag. Deshalb wird die Nyquistkurve an dieser Stelle durch einen Kreis mit dem Radius R' um die Polstellen herumgeführt (siehe Abb. 8.12). Die Abbildung bleibt dann im Endlichen, so dass ihre grafische Darstellung einen geschlossenen Linienzug ergibt. Die imaginären Polstellen liegen wie die Pole in der linken Halbebene außerhalb der Nyquistkurve und tragen nichts zur Argumentänderung $\Delta \arg F(s)$ bei. Das Stabilitätskriterium bleibt unverändert bis auf die Tatsache, dass mit der veränderten Nyquistkurve gearbeitet wird.

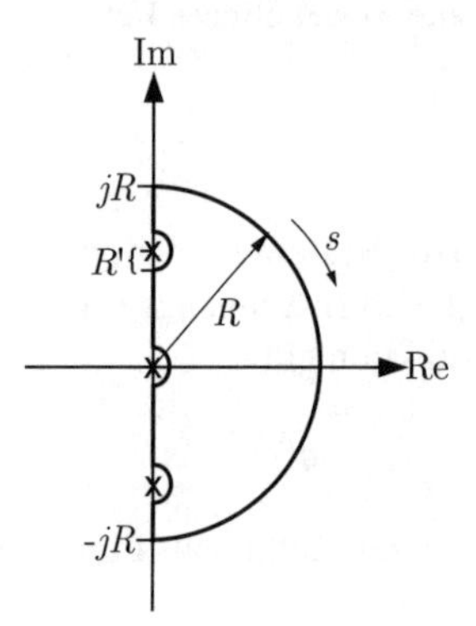

Abb. 8.12: Modifizierte Nyquistkurve für eine offene Ketten mit Polen auf der Imaginärachse

Wird der Radius R' hinreichend klein gewählt, so spart die Nyquistkurve lediglich die imaginären Polstellen und eine sehr kleine Umgebung um diese herum aus. Das Stabilitätskriterium versagt also lediglich, wenn in dieser Umgebung, die theoretisch unendlich klein gemacht werden kann, ein Pol des geschlossenen Kreises liegt. Dies hat praktisch nur für den (sehr unwahrscheinlichen) Fall eine Bedeutung, dass Pole des geschlossenen Kreises mit den imaginären Polen der offenen Kette zusammenfallen.

Beispiel 8.8 *Anwendung des Nyquistkriteriums für eine I-Kette*

Es wird die Stabilität eines Regelkreises untersucht, der aus der I-Kette

$$G_0(s) = \frac{k_\mathrm{P}}{s(s+1)(s+3)}$$

entsteht. Die Ortskurve ist im linken Teil der Abb. 8.13 gezeigt. Würde man die beiden Enden der Ortskurve über $-\infty$ schließen, so wäre der kritische Punkt umschlossen. Schließt man die Ortskurve über $+\infty$, so ist der Punkt nicht umschlungen. Um die Frage zu beantworten, welche Vorgehensweise richtig ist, wenn man auf der in Abb. 8.12 gezeigten Weise dem Pol $s_1 = 0$ der Kette ausweicht, kann man sich folgendes überlegen.

Das Ausweichen des im Koordinatenursprung liegenden Poles kann man näherungsweise dadurch erreichen, dass man die Nyquistkurve in der in Abb. 8.4 gezeigten Form

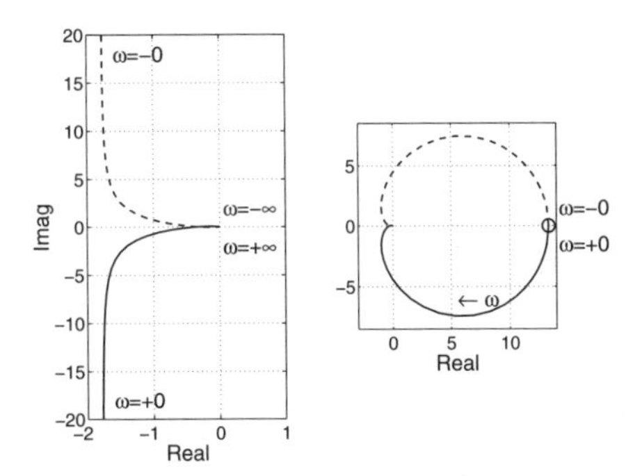

Abb. 8.13: Ortskurve einer I-Kette (links) und einer Kette mit Pol $s_1 = -0{,}1$

belässt, aber den Pol $s_1 = 0$ der offenen Kette um ein kleines Stück in die linke Halbebene verschiebt. Dann ist die Kette stabil und hat eine positive statische Verstärkung. Ihre Ortskurve beginnt auf der positiven reellen Achse, ist also „rechts herum“ geschlossen. Der rechte Teil der Abb. 8.13 zeigt die entstehende Ortskurve für $s_1 = -0{,}1$. Mit Hilfe der Linken-Hand-Regel wird offensichtlich, dass der betrachtete Regelkreis stabil ist.

Dieses Beispiel zeigt, dass man das Nyquistkriterium für stabile offene Ketten (Satz 8.9) auch für I-Ketten anwenden kann, wenn man die Ortskurve der offenen Kette über die positive Halbebene schließt. □

Stabilitätsprüfung bei Totzeitsystemen. Die Erweiterung auf Totzeitsysteme erfordert einen wesentlich längeren Beweis, da die Übertragungsfunktion nicht mehr gebrochen rational ist. Es soll deshalb an dieser Stelle nur darauf hingewiesen werden, dass das Stabilitätskriterium unverändert bleibt, wenn die Übertragungsfunktion G_0 der offenen Kette in einen gebrochen rationalen Anteil $\bar{G}_0(s)$ und einen Totzeitanteil $\mathrm{e}^{-sT_\mathrm{t}}$ zerlegt werden kann:

$$G_0(s) = \bar{G}_0(s)\,\mathrm{e}^{-sT_\mathrm{t}}.$$

Das Stabilitätskriterium gilt dann unverändert.

Totzeitglieder in einem Regelkreis verursachen häufig Stabilitätsprobleme. Diese Erfahrung findet man im Nyquistkriterium sehr schnell bestätigt. Der Faktor $\mathrm{e}^{-sT_\mathrm{t}}$ verändert nur die Phase von G_0, nicht jedoch den Betrag. Jeder Punkt $\bar{G}_0(j\omega)$ der Ortskurve des totzeitlosen Systems wird also im Uhrzeigersinn auf dem Kreis um den Ursprung der komplexen Ebene mit dem Radius $|\bar{G}_0(j\omega)|$ verschoben und zwar um den Winkel ωT_t. Dieser Winkel ist umso größer, je größer die zu diesem Ortskurvenpunkt gehörige Frequenz ω ist.

Diese Verschiebung ist in Abb. 8.14 für eine offene Kette mit I-Verhalten zu sehen. Die Ortskurve ist nur für einen sehr kleinen Frequenzbereich ($\omega = 0{,}1 \ldots 1{,}26$) gezeichnet, so dass man die Wirkung der Totzeit auch an den Verschiebungen der „Anfangs-“ und „Endpunkte“ der Ortskurve erkennen kann. Der eingetragene Kreis zeigt, wie der durch ein Kreuz markierte Ortskurvenpunkt bei Vergrößerung der Totzeit verschoben wird.

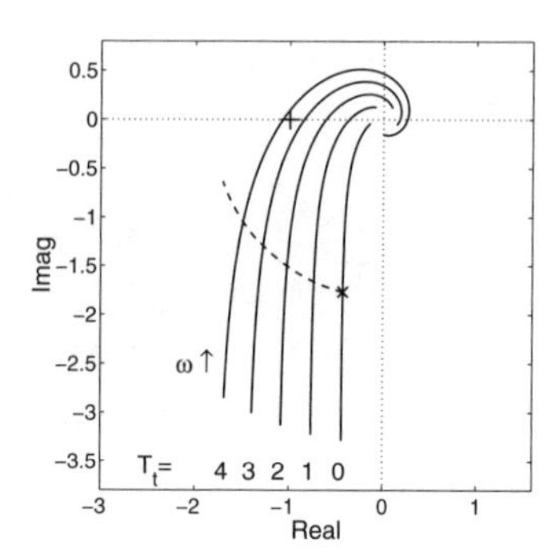

Abb. 8.14: Ortskurve einer I-Kette mit Totzeit $T_t = 0...4$

Offensichtlich wird der kritische Punkt –1 für das totzeitfreie System nicht umschlungen, wohl aber für die offene Kette mit $T_t = 4$. Je größer die Totzeit ist, umso größer ist der Betrag der Ortskurve bei der Phase -180°. Diese für die Anwendung des Nyquistkriteriums wichtige Tatsache ist nicht auf eine Veränderung des Betrages von G_0 zurückzuführen (die das Totzeitsystem gar nicht vornehmen kann!), sondern resultiert aus einer Phasenveränderung, bei der Ortskurvenpunkte mit größerem Betrag auf die negative reelle Achse geschoben werden. Diese Überlegung gilt für viele rückgekoppelte Systeme: Wenn die Totzeit T_t zu groß wird, werden die Systeme instabil.

Diese Erkenntnis hat auch eine sehr wichtige regelungstechnische Interpretation, denn sie zeigt die Bedeutung der Informationsrückkopplung im Regelkreis. Es genügt nicht, dass der Regler die Information über die aktuelle Regelgröße y „irgendwann" einmal erhält, sondern er muss diese Information rechtzeitig haben, um durch eine geeignete Reaktion darauf den Regelkreis stabil halten zu können.

Aufgabe 8.10 *Stabilitätsprüfung mit dem Nyquistkriterium*

Betrachtet wird der in Aufgabe 8.6 gegebene Regelkreis, der aus der Regelstrecke mit der Übertragungsfunktion

$$G(s) = \frac{2}{(5s+1)(3s+1)(s+1)}$$

und einem P-Regler mit dem Verstärkungsfaktor k_P besteht.

1. Zeichnen Sie die Ortskurven der offenen Kette für $k_P = 3,\;\; 6{,}4$ und $7{,}5$. Berechnen Sie den Schnittpunkt der Ortskurve mit der reellen Achse in Abhängigkeit von k_P.
2. Wie sieht die Ortskurve für $k_P < 0$ aus?
3. Prüfen Sie die Stabilität des geschlossenen Kreises mit Hilfe des Nyquistkriteriums.
4. Vergleichen sie den in Aufgabe 8.6 berechneten unteren Grenzwert für die Kreisverstärkung mit dem Wert, der sich aus der Anwendung des Nyquistkriteriums ergibt.
5. Welchen qualitativen Verlauf hat die Ortskurve, wenn an Stelle des P-Reglers ein PI-Regler verwendet wird? □

Aufgabe 8.11* *Stabilitätsanalyse einer Lautsprecheranlage*

Ein Problem, das regelungstechnisch ein Stabilitätsproblem darstellt, tritt auf, wenn bei einer Lautsprecheranlage eine Rückkopplung des ausgestrahlten Tones auf das Mikrofon auftritt. Der berühmte Pfeifton entsteht, wenn die Übertragungseigenschaften vom Mikrofon über die Verstärkeranlage, den Lautsprecher und den Luftweg vom Lautsprecher zum Mikrofon eine Verstärkung größer als eins und eine Phasedrehung von -180° besitzt (vgl. Nyquistkriterium). Da Verstärkung und Phasendrehung von der Länge d des Luftweges, der als Totzeitglied mit entfernungsabhängiger Verstärkung aufgefasst werden kann, bestimmt wird, kann man bekanntlich die Rückkopplung dadurch verändern, dass man das Mikrofon gegenüber dem Lautsprecher abschirmt (kleine Kreisverstärkung) oder die Entfernung zwischen Lautsprecher und Mikrofon verändert (Veränderung von Verstärkung und Phasenverschiebung). In dieser Aufgabe soll die Stabilität des Systems in Abhängigkeit von der Entfernung d untersucht werden.

Folgende Verstärkungen und Grenzfrequenzen sind gegeben:

Mikrofon	PT_1-Glied	$k_M = 0{,}02\,\frac{\text{Vm}^2}{\text{N}}$
		$\omega_M = 60\,000\,\frac{\text{rad}}{\text{s}}$
Verstärker	PT_1-Glied	$k_V = 1\,000$
		$\omega_V = 125\,000\,\frac{\text{rad}}{\text{s}}$
Lautsprecher	PT_1-Glied	$k_L = 1\,\frac{\text{N}}{\text{Vm}^2}$
		$\omega_L = 60\,000\,\frac{\text{rad}}{\text{s}}$

Das Totzeitglied hängt von der Entfernung d zwischen Lautsprecher und Mikrofon ab. Die Schallgeschwindigkeit wird mit $v_s = 335\,\frac{\text{m}}{\text{s}}$ angenommen. Der Schalldruck nimmt quadratisch mit der Entfernung d ab, wobei angenommen wird, dass sich auf Grund der Geometrie des Lautsprechers der Schalldruck bei einer Entfernung von 5 Metern halbiert hat.

1. Zeichnen Sie das Blockschaltbild der Anlage.
2. Stellen Sie die Übertragungsfunktion der offenen Kette auf.
3. Ermitteln Sie, für welchen Mikrofon-Lautsprecher-Abstand das System instabil ist und folglich der Pfeifton auftritt.
4. Dasselbe Problem tritt auf, wenn ein Rundfunksender ein Gespräch mit einem Hörer sendet und der Hörer sein Radio neben dem Telefonhörer stehen hat. Auf Grund des begrenzten Übertragungsbereiches des Telefons und der kleineren Leistung des Radiolautsprechers verändern sich das für die vom Lautsprecher abgestrahlte Leistung wichtige Produkt $k_V k_L$ sowie die Grenzfrequenz des Mikrofons und der daran angeschlossenen Übertragungsstrecke folgendermaßen:

Mikrofon	$\omega_M = 5\,000\,\frac{\text{rad}}{\text{s}}$
Verstärker/Lautsprecher	$k_V \cdot k_L = 10$

   Der Schalldruck halbiert sich jetzt bereits nach einer Entfernung von 1 Meter. Überprüfen Sie, ob beim Abstand $d = 30\text{cm}$ eine instabile Rückkopplung auftritt.
5. Wodurch unterscheiden sich die Quellen der Instabilität in beiden Fällen? Diskutieren Sie die Verläufe der Ortskurve bzw. der Frequenzkennlinien in Bezug auf die Stabilitätsforderung. □

Aufgabe 8.12** *PI-Regelung für eine stabile Regelstrecke*

Für eine stabile Regelstrecke $G(s)$ mit $k_S = G(0) > 0$ soll ein PI-Regler

$$G_{PI}(s) = k_P + \frac{k_I}{s}$$

so entworfen werden, dass der Regelkreis stabil ist.

1. Zeichnen Sie den qualitativen Verlauf der Ortskurve $G_0(j\omega)$ der offenen Kette.
2. Begründen Sie mit Hilfe des Nyquistkriteriums, dass die Stabilität des Regelkreises für beliebige stabile Regelstrecken dadurch gesichert werden kann, dass für k_P und k_I hinreichend kleine positive Werte verwendet werden. □

8.5.5 Phasenrandkriterium

Das im Folgenden behandelte Phasenrandkriterium geht aus einer Interpretation des Nyquistkriteriums für die Ortskurve bzw. das Bodediagramm hervor, die hier nur für den Fall besprochen wird, dass die offene Kette stabil ist.

Für die Entscheidung, ob entsprechend des Nyquistkriteriums der kritische Punkt $-1 + j0$ umschlungen wird oder nicht, ist offenbar nur der Teil des Frequenzganges maßgebend, bei dem entweder der Betrag von $G_0(j\omega)$ gleich 1 oder der Phasengang den Wert $-180°$ erreicht. Aus diesen Gründen werden zwei Begriffe eingeführt, die den Frequenzgang in diesem Bereich charakterisieren. Unter der *Schnittfrequenz* ω_s wird eine Frequenz ω verstanden, bei der die Amplitudenkennlinie die 0dB-Achse schneidet, d. h., für die gilt

$$|G_0(j\omega_s)| = 1 \quad \text{bzw.} \quad |G_0(j\omega_s)|_{dB} = 0.$$

Der *Phasenrand* Φ_R bezeichnet den Abstand der Phase $\phi(\omega_s) = \arg G_0(j\omega_s)$ von $-180°$:

$$\Phi_R = 180° - |\phi(\omega_s)|.$$

Der Phasenrand ist also genau dann positiv, wenn die Schnittphase $\phi(\omega_s)$ betragsmäßig kleiner als $180°$ ist.

Betrachtet man eine offene Kette, deren Ortskurve den Einheitskreis nur einmal schneidet, so muss nach dem Nyquistkriterium der Schnittpunkt im dritten Quadranten der komplexen Ebene liegen (Abb. 8.15). Das heißt:

Satz 8.11 (Phasenrandkriterium)
Eine stabile offene Kette, deren Phasengang nur eine Schnittfrequenz ω_s besitzt, führt genau dann auf einen E/A-stabilen Regelkreis, wenn der Phasenrand positiv ist.

Im Bodediagramm heißt das, dass bei der Frequenz ω_s, bei der der Amplitudengang die 0dB-Achse schneidet, der Phasengang $-180°$ noch nicht unterschritten haben darf (Abb. 8.15 und Abb. 8.16).

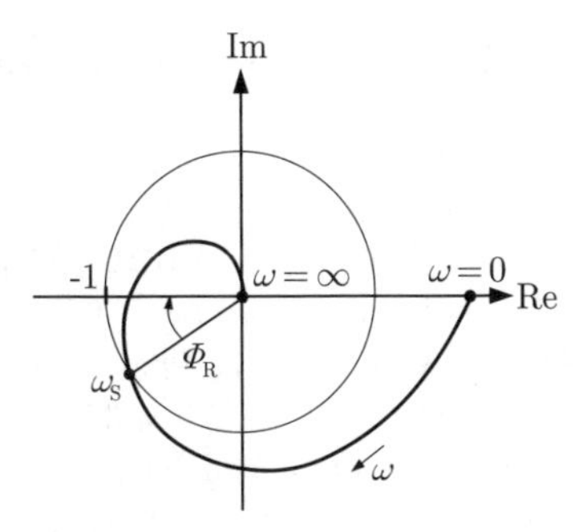

Abb. 8.15: Phasenrand einer Ortskurve

Die Bedingung des Phasenrandkriteriums, dass der Amplitudengang die 0dB-Achse nur einmal schneidet, ist bei I- und P-Ketten meistens erfüllt. Durch diese Annahme werden jedoch D-Ketten ausgeklammert (vgl. Aufgabe 8.14).

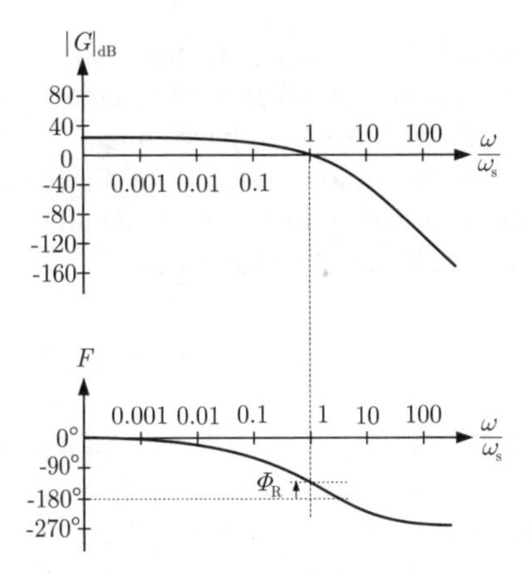

Abb. 8.16: Phasenrand im Bodediagramm

Phasenrandkriterium für Totzeitsysteme. Beim Phasenrandkriterium wird die Wirkung von Totzeitgliedern auf die Stabilitätseigenschaft rückgeführter Systeme besonders deutlich. Die offene Kette sei durch

$$G_0(j\omega) = \bar{G}_0(j\omega)\,\mathrm{e}^{-j\omega T_t}$$

beschrieben, wobei das totzeitfreie System $\bar{G}_0(j\omega)$ auf den Phasenrand $\bar{\Phi}_R$ führt. Da das Totzeitsystem nur die Phase von $G_0(j\omega)$, nicht jedoch die Amplitude beeinflusst, verändert es den Phasengang „nach unten", ohne den Amplitudengang zu beeinflussen (vgl. Abb. 8.16). Die Schnittfrequenz bleibt dieselbe, aber die bei dieser Schnittfrequenz auftretende Phase ist kleiner. Totzeitglieder verkleinern den Phasenrand und führen zu instabilen Regelkreisen, wenn die Phasenveränderung größer als der Phasenrand ist.

Welche Beschränkungen sich aus der Totzeit T_t für den totzeitfreien Anteil $\bar{G}_0(j\omega)$ ergeben, geht aus folgender Abschätzung hervor: Schneidet der Amplitudengang die 0dB-Achse mit einer Neigung von $-20\,\mathrm{dB/Dekade}$, so führt das totzeitfreie System auf eine Phasenverschiebung von etwa -90°. Liegt die Schnittfrequenz bei $\omega_s = \frac{1}{T_t}$, so verschiebt das Totzeitglied die Phase dort um $-1\,\mathrm{rad} = -57^o$, so dass ein Phasenrand von $\Phi_R = 180^o - 90^o - 57^o = 33^o$ entsteht, den man für einen Regelkreis mindestens fordern sollte, um neben der Stabilität auch noch ein schnelles Einschwingverhalten zu erzielen (vgl. S. 447). Tritt also in der offenen Kette die Totzeit T_t auf, so sollte die Schnittfrequenz des totzeitfreien Anteils $\bar{G}_0(j\omega)$ der offenen Kette die Bedingung

$$\omega_s \overset{!}{<} \frac{1}{T_t} \tag{8.42}$$

erfüllen. Diese Bedingung zeigt, wie eine Totzeit in der Regelstrecke die Freiheiten in der Gestaltung der offenen Kette durch den Regler einschränkt.

Amplitudenrand. In ähnlicher Weise kann der Spielraum bestimmt werden, in dem die Verstärkung der offenen Kette verändert werden kann, bis der Regelkreis instabil wird. Dieser Wert wird *Amplitudenrand* k_R bezeichnet.

Dazu bestimmt man die Amplitude $|G_0(j\omega)|$ für diejenige Frequenz ω_{-180°}, für die die Phasenverschiebung -180° beträgt. Entsprechend dem Phasenrandkriterium ist diese Verstärkung kleiner als eins. Der Kehrwert

$$k_R = \frac{1}{|G_0(j\omega_{-180^o})|}$$

gibt an, um welchen Faktor die Kreisverstärkung angehoben werden darf, ohne dass der Regelkreis instabil wird. Dieser Wert stimmt übrigens mit dem überein, den man aus dem Schnittpunkt der Ortskurve mit der negativen reellen Achse erhält (vgl. Diskussion der Wahl der Reglerverstärkung in den Beispielen 8.4 – 8.6).

Beispiel 8.9 *Phasenrand des Systems (8.38)*

Das Bodediagramm der offenen Kette (8.38) ist in Abb. 8.17 dargestellt. Offensichtlich besitzt die offene Kette einen positiven Phasenrand, so dass der geschlossene Kreis stabil ist. Der Verlauf der Phase begründet, warum die Ortskurve, wie im Beispiel 8.7 gezeigt, die negative reelle Achse mehrfach schneidet. Für die „entscheidende" Frequenz $\omega = \omega_s$ ist die Phasenverschiebung kleiner als -180°. □

Aufgabe 8.13* *Lageregelung von Raumflugkörpern*

Einige Raumflugkörper oder Experimente in Raumflugkörpern werden von der Erde aus gesteuert, beispielsweise Experimente mit Robotern während der D2-Mission, bei denen ein

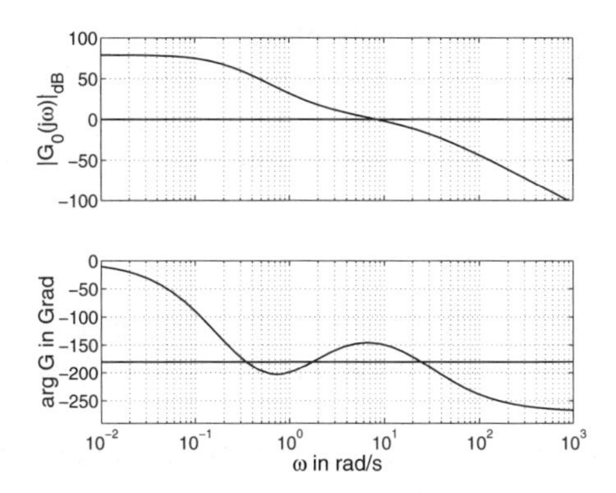

Abb. 8.17: Bodediagramm eines Systems mit positivem Phasenrand

Mensch von der Kontrollstation auf der Erde aus den Greifer eines Roboters in unterschiedliche Positionen führen musste.

Um die dabei auftretenden Stabilitätsprobleme untersuchen zu können, wird vereinfachend angenommen, dass der Raumflugkörper oder der Roboterarm wie ein PT_1-Glied mit der Zeitkonstante T_1 (in der Größenordnung von 30 Sekunden) auf Stelleingriffe reagiert und der Mensch wie ein I-Regler mit der Nachstellzeit T_I arbeitet. Um die Stellsignale und die aktuellen Werte der Regelgröße zwischen der Kontrollstation und dem Flugkörper zu übermitteln, tritt für jede Strecke eine Totzeit T_t (in der Größenordnung von 10 Sekunden) auf.

Unter welcher Bedingung ist der Regelkreis stabil? Wie muss man die Regelungsstruktur verändern, damit diese Stabilitätsprobleme nicht auftreten können? □

Aufgabe 8.14* *Phasenrandkriterium bei D-Ketten*

Zeichnen Sie die Ortskurve und das Bodediagramm der D-Kette

$$G_0(s) = \frac{0{,}0005s^3}{(s+0{,}1)^8} \tag{8.43}$$

und kennzeichnen Sie den Phasenrand und den Amplitudenrand. □

8.6 Robuste Stabilität

8.6.1 Zielsetzung

Die Stabilitätskriterien haben gezeigt, dass es nicht nur möglich ist, über die Stabilität eine ja/nein-Entscheidung zu fällen, sondern auch den Abstand von der Stabilitätsgrenze abzuschätzen. So wird durch den Abstand der Ortskurve vom kritischen

Punkt –1 offenkundig, wie weit der geschlossene Kreis von einem instabilen Kreis entfernt ist. Ähnliches gilt für den Phasenrand und den Amplitudenrand.

Diese Größen charakterisieren die *Robustheit* des Regelkreises bezüglich Modellunsicherheiten. Genauer gesagt, beschreiben sie, wie groß Modellunsicherheiten werden dürfen, bevor der Regelkreis die Eigenschaft der Stabilität verliert. Dabei gilt:

> Je größer der Phasenrand und der Amplitudenrand sind, desto größer ist die Robustheit der Stabilität des Regelkreises gegenüber Modellunsicherheiten.

Man kann sich leicht überlegen, dass diese qualitative Beschreibung zwar einige Anhaltspunkte für die Robustheit des Regelkreises vermittelt, jedoch in vielen praktischen Fällen keine Gewißheit über die Stabilität des Regelkreises gibt. Ein Phasenrand von 60° wird i. Allg. als Indiz für eine große Robustheit gewertet. Man vergleiche nur, wieviel kleiner die Phasenränder der im letzten Abschnitt angegebenen Beispiele waren. Bedenkt man jedoch, dass bereits die Vernachlässigung eines Messgliedes erster Ordnung für hohe Frequenzen eine Phasendrehung von -90° bringen kann, so sieht man, dass dieser Phasenrand u. U. nicht ausreicht, um die Stabilität trotz Modellunsicherheiten zu sichern.

Im Folgenden wird untersucht, wie diese Aussagen quantifiziert werden können. Es soll ein Kriterium aufgestellt werden, mit dem geprüft werden kann, wie groß der Abstand $|G_0(j\omega) - \hat{G}_0(j\omega)|$ des wahren Frequenzganges G_0 der offenen Kette vom Frequenzgang $\hat{G}_0$ des Modells sein darf, bevor der Regelkreis instabil wird. Dafür sind zwei Schritte notwendig. Zuerst muss ein Maß für die Differenz zwischen dem Verhalten des Modells und des realen Systems definiert werden. Danach ist ein Kriterium aufzustellen, das sich auf dieses Maß für die Modellunsicherheiten bezieht und prüft, ob der Regelkreis trotz dieser Modellunsicherheiten stabil ist.

8.6.2 Beschreibung der Modellunsicherheiten

Im Folgenden wird davon ausgegangen, dass sich die wahre Übertragungsfunktion $G(s)$ der Regelstrecke um $\delta G(s)_{\rm A}$ von der Übertragungsfunktion $\hat{G}(s)$ des Regelstreckenmodells unterscheidet:

$$G(s) = \hat{G}(s) + \delta G_{\rm A}(s). \tag{8.44}$$

Für den Modellfehler δG sei eine obere Schranke $\bar{G}_{\rm A}$ bekannt, so dass

$$|\delta G_{\rm A}(s)| \leq \bar{G}_{\rm A}(s) \tag{8.45}$$

gilt. Da für die Stabilitätsanalyse an Stelle von G nur $\hat{G}$ und $\bar{G}_{\rm A}$ bekannt sind, kommt für die Regelstrecke jede Übertragungsfunktion der Menge

$$\mathcal{G} = \{G(s) = \hat{G}(s) + \delta G_{\rm A}(s) \ : \ |\delta G_{\rm A}(s)| \leq \bar{G}_{\rm A}(s)\} \tag{8.46}$$

in Betracht. Für einen gegebenen Regler $K(s)$ muss deshalb die Stabilität aller Regelkreise geprüft werden, die aus dem Regler und einer Regelstrecke $G(s) \in \mathcal{G}$ gebildet wird. Diese Regelkreise haben die im oberen Teil der Abb. 8.18 angegebene Struktur.

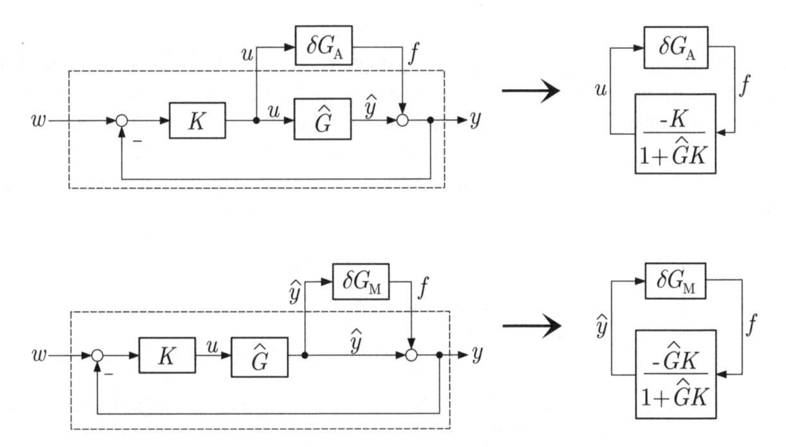

Abb. 8.18: Regelkreis mit additiver bzw. multiplikativer Modellunsicherheit

Da die bisher betrachtete Modellunsicherheit auf eine Zerlegung der Übertragungsfunktion der Regelstrecke in die Summe (8.44) führt, wird sie auch als *additive Modellunsicherheit* bezeichnet. In ähnlicher Weise können *multiplikative Modellunsicherheiten* eingeführt werden. G wird entsprechend

$$G(s) = \hat{G}(s)\,(1 + \delta G_{\mathrm{M}}(s)) \tag{8.47}$$

in ein Produkt der Übertragungsfunktion des Näherungsmodells $\hat{G}$ und einen Term mit der Modellunsicherheit zerlegt. Für die Modellunsicherheit wird eine obere Schranke $\bar{G}_{\mathrm{M}}(s)$ bestimmt, so dass

$$|\delta G_{\mathrm{M}}(s)| \leq \bar{G}_{\mathrm{M}}(s) \tag{8.48}$$

gilt. Die Regelstrecke besitzt folglich eine Übergangsfunktion aus der Menge

$$\mathcal{G} = \{G(s) = \hat{G}(s)\,(1 + \delta G_{\mathrm{M}}(s)) \;:\; |\delta G_{\mathrm{M}}(s)| \leq \bar{G}_{\mathrm{M}}(s)\}. \tag{8.49}$$

Die zugehörige Modellstruktur des Regelkreises ist im unteren Teil der Abb. 8.18 zu sehen.

Beispiel 8.10 *Modellunsicherheiten eines drehzahlgeregelten Gleichstrommotors*

Die Drehzahl des in Aufgabe 6.31 beschriebenen Gleichstrommotors wird über ein Messglied mit der Übertragungsfunktion

$$G_{\mathrm{m}}(s) = \frac{1}{0{,}008s + 1}$$

gemessen. Wenn der Motor als Last unterschiedliche Werkstücke bewegt, so wirkt die Last nicht als bremsendes Drehmoment und damit als Störgröße, sondern als Veränderung des Trägheitsmomentes und folglich als Modellunsicherheit. Für jeden Wert aus dem Intervall $J = 0{,}1, ..., 0{,}5$ entsteht ein Modell mit neuen Parametern, das deshalb als $G(j\omega, J)$ geschrieben werden kann. Der Näherungswert $\hat{J} = 0{,}1$ des Trägheitsmomentes entspricht dem Wert, für den die Regelung entworfen wurde:

$$\hat{G}(j\omega) = G(j\omega, \hat{J}).$$

Für alle anderen Parameter tritt ein Modellfehler

$$\delta G_{\mathrm{A}}(j\omega, J) = G(j\omega, J) - \hat{G}(j\omega)$$

auf, der ebenfalls von J abhängt. Für die obere Fehlerschranke $\bar{G}_{\mathrm{A}}(j\omega)$, die von J unabhängig sein soll, muss Gl. (8.45) gelten.

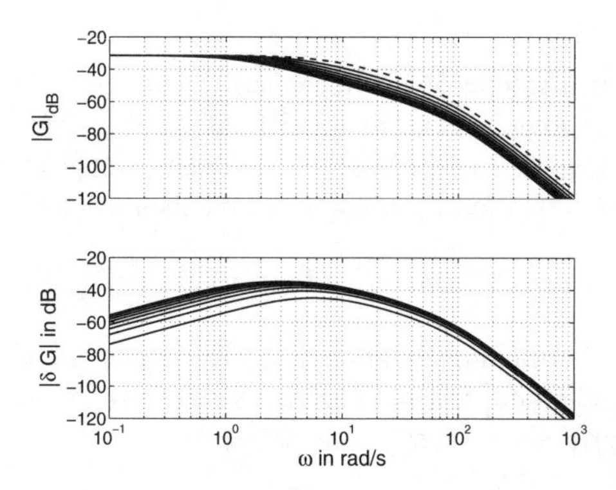

Abb. 8.19: Modell des Gleichstrommotors

Der obere Teil von Abb. 8.19 zeigt, wie sich der Amplitudengang von $G(j\omega, J)$ für $J = 0{,}1, ..., 0{,}5$ verändert. Die oberste, gestrichelt dargestellte Kurve ist das Näherungsmodell $\hat{G}(j\omega)$. Aufgrund des logarithmischen Maßstabs, in dem der Betrag des Frequenzgangs aufgetragen ist, kann die Fehlerschranke nicht aus diesem Diagramm abgelesen werden, sondern es muss die im unteren Teil der Abbildung gezeigte Differenz $G(j\omega, J) - \hat{G}(j\omega)$ betrachtet werden. Der obere Rand dieser Kurvenschar ist eine obere Fehlerschranke $\bar{G}_{\mathrm{A}}(j\omega)$.

Für die Ortskurven der Systeme, die zur Menge aus Gl. (8.46) gehören, kann man ein Toleranzband konstruieren, indem man um alle Ortskurvenpunkte $\hat{G}(j\omega)$ einen Kreis mit dem Radius $\bar{G}_{\mathrm{A}}(j\omega)$ schlägt. Dieses Ortskurvenband ist in Abb. 8.20 zu sehen.

Man kann auch den relativen Fehler des Gleichstrommotors ausrechnen, wenn man anstelle der Gl. (8.44) die Zerlegung (8.47) verwendet. Für das angegebene Intervall des

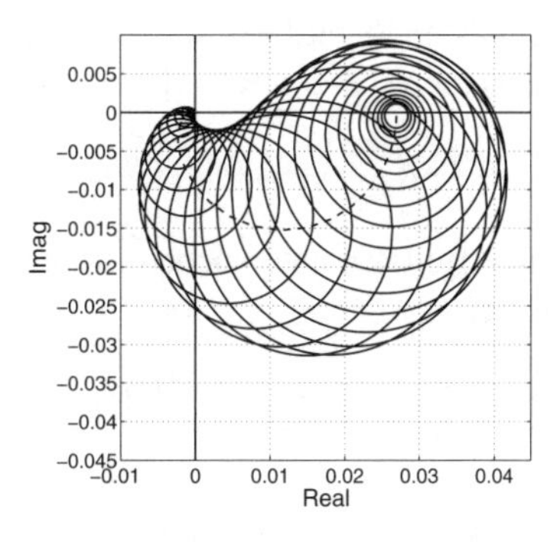

Abb. 8.20: Toleranzband für die Ortskurve des Gleichstrommotors

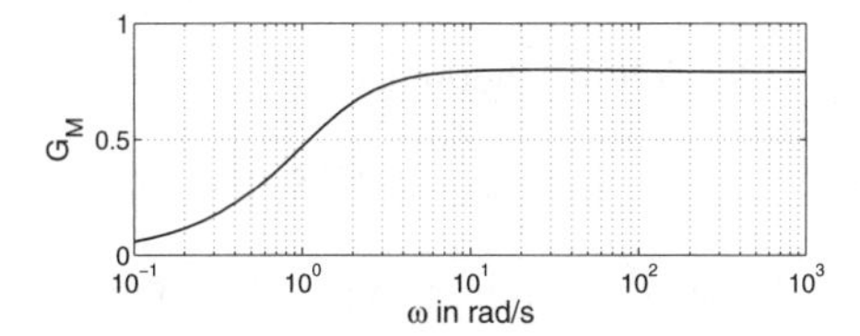

Abb. 8.21: Fehlerschranke $\bar{G}_{\rm M}(j\omega)$ für das Regelstreckenmodell

Trägheitsmomentes erhält man eine obere Fehlerschranke $\bar{G}_{\rm M}(s)$, deren Amplitudengang in Abb. 8.21 dargestellt ist. Obwohl das Trägheitsmoment auf den fünffachen Wert ansteigt, ist der relative Fehler kleiner als eins. Die Abbildung zeigt außerdem, dass der Fehler sehr stark mit der Frequenz steigt. Das statische Verhalten des Motors ist sogar unabhängig von J (warum?). □

8.6.3 Nachweis der robusten Stabilität

Die Modellunsicherheit, die einen Block der in Abb. 8.18 gezeigten Regelkreise darstellt, kann zur Instabilität des Regelkreises führen, auch wenn der aus K und $\hat{G}$ gebildete Kreis stabil ist. Dies erkennt man aus der Zusammenfassung der Kreise im rechten Teil der Abbildung. Die Übertragungsfunktion $\delta G_{\rm A}$ bzw. $\delta G_{\rm M}$ bildet mit dem Rest des Regelkreises eine Rückführschaltung, die bei „ungünstigen" Eigenschaften der Modellunsicherheit Instabilität verursacht.

Im Folgenden wird untersucht, wie die Stabilität des Regelkreises für alle Übertragungsfunktionen der Menge $\mathcal{G}$ gesichert werden kann.

Definition 8.3 (Robuste Stabilität)
Ein Regelkreis, der aus dem Regler $K(s)$ und einer durch die Menge $\mathcal{G}$ beschriebenen Regelstrecke besteht, ist robust E/A-stabil, wenn alle aus $K(s)$ und $G(s) \in \mathcal{G}$ bestehenden Regelkreise E/A-stabil sind.

Bei der Prüfung der robusten Stabilität wird davon ausgegangen, dass der Regler mit dem Näherungsmodell einen stabilen Regelkreis bildet, der Frequenzgang

$$\hat{G}_0(j\omega) = K(j\omega)\,\hat{G}(j\omega)$$

also das Nyquistkriterium erfüllt. Zu untersuchen ist, ob die Modellunsicherheit die Ortskurve der offenen Kette

$$G_0(j\omega) = G(j\omega)\,K(j\omega)$$

so weit von der Ortskurve von $\hat{G}_0(j\omega)$ verschiebt, dass der kritische Punkt nicht mehr in der erforderlichen Weise umschlossen wird.

Da

$$G_0(j\omega) - \hat{G}_0(j\omega) = G(j\omega)\,K(j\omega) - \hat{G}(j\omega)\,K(j\omega)$$

und folglich für additive Modellunsicherheiten

$$|G_0(j\omega) - \hat{G}_0(j\omega)| = |\delta G_{\mathrm{A}}(j\omega)\,K(j\omega)| \leq \bar{G}_{\mathrm{A}}(j\omega)\,|K(j\omega)|$$

gilt, ändert sich die Zahl der Umschlingungen nicht, solange $|K(j\omega)|\,\bar{G}_{\mathrm{A}}(j\omega)$ die Beziehung

$$\bar{G}_{\mathrm{A}}(j\omega)\,|K(j\omega)| < |1 + \hat{G}_0(j\omega)|$$

erfüllt (Abb. 8.22). Daraus erhält man die Bedingung

$$\bar{G}_{\mathrm{A}}(j\omega)\,|K(j\omega)| < \left|1 + \hat{G}(j\omega)K(j\omega)\right|, \tag{8.50}$$

die nicht nur hinreichend, sondern auch notwendig für die Stabilität aller genannter Regelkreise ist. Diese Bedingung ist äquivalent der Forderung

$$\text{Robuste Stabilität:} \qquad \bar{G}_{\mathrm{A}}(j\omega) < \left|\frac{1 + \hat{G}(j\omega)K(j\omega)}{K(j\omega)}\right|. \tag{8.51}$$

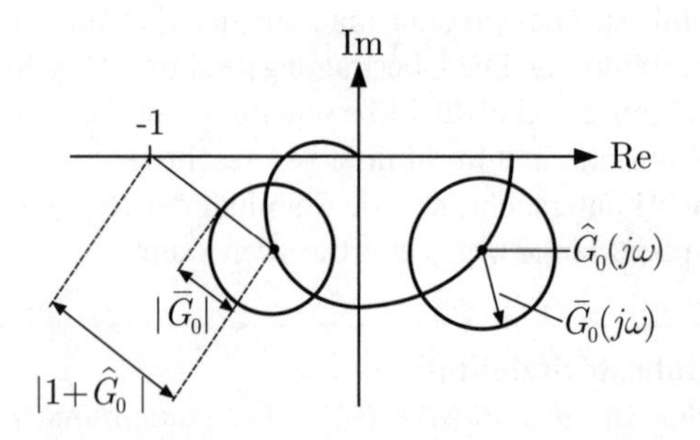

Abb. 8.22: Untersuchung der robusten Stabilität

Die Bedingung (8.50) lässt sich anschaulich interpretieren. Die Ortskurve der offenen Kette beschreibt den Frequenzgang

$$G_0(j\omega) = G(j\omega)\, K(j\omega),$$

der von der Ortskurve

$$\hat{G}_0(j\omega) = \hat{G}(j\omega)\, K(j\omega)$$

für alle Frequenzen um

$$|G_0(j\omega) - \hat{G}_0(j\omega)| = |\delta G(j\omega)\, K(j\omega)| \leq \bar{G}_{\mathrm{A}}(j\omega)\, |K(j\omega)|$$

entfernt ist. Das heißt, der zu $G_0(j\omega)$ gehörende Punkt der Ortskurve liegt in einem Kreis mit dem Radius

$$\bar{G}_0(j\omega) = \bar{G}_{\mathrm{A}}(j\omega)\, |K(j\omega)|$$

um den Punkt $\hat{G}_0(j\omega) = \hat{G}(j\omega) K(j\omega)$. Zeichnet man alle diese Kreis um die Ortskurve des Näherungsmodells $\hat{G}_0$ der offenen Kette, so erhält man ein aus vielen Kreisen gebildetes Band von Ortskurven, die alle den kritischen Punkt in gleicher Häufigkeit und Richtung umschlingen müssen. Ein solches Band ist in Abb. 8.23 für eine stabile offene Kette aufgezeichnet. Da in der Abbildung nicht nur das Näherungsmodell der offenen Kette, sondern das gesamte Toleranzband den kritischen Punkt nicht umschlingt, ist der Regelkreis robust stabil.

Die Bedingung (8.51) besagt, dass die Kreisverstärkung des im rechten Teil der Abb. 8.18 gezeigten Kreises kleiner als eins sein muss

$$\left| \frac{K(j\omega)}{1 + \hat{G}(j\omega) K(j\omega)} \right| \bar{G}_{\mathrm{A}}(j\omega) < 1.$$

Der linke Faktor stellt den Betrag des Frequenzganges des unteren Blockes mit Eingang f und Ausgang u dar, während $\bar{G}_{\mathrm{A}}(j\omega)$ eine obere Schranke für den Betrag des Frequenzganges des Blockes mit der Übertragungsfunktion $\delta G(s)$ beschreibt.

Auf ähnliche Weise kann die Bedingung für robuste Stabilität bei multiplikativer Modellunsicherheit angegeben werden. Hier ist zu sichern, dass die Kreise mit dem Radius

$$|G_0(j\omega) - \hat{G}_0(j\omega)| = |\hat{G}(j\omega)\, K(j\omega)\, \delta G_{\mathrm{M}}(j\omega)| \leq |\hat{G}(j\omega)\, K(j\omega)|\, \bar{G}_{\mathrm{M}}(j\omega)$$

den kritischen Punkt nicht einschließen und sich demzufolge die Zahl der Umschlingungen aller zu betrachtenden Ortskurven nicht ändert. An Stelle der Bedingung (8.51) erhält man jetzt die Forderung

$$\text{Robuste Stabilität:} \qquad \bar{G}_{\mathrm{M}}(j\omega) < \left| \frac{1 + \hat{G}(j\omega) K(j\omega)}{\hat{G}(j\omega) K(j\omega)} \right|, \tag{8.52}$$

die auch als

$$\hat{T}(j\omega)\, \bar{G}_{\mathrm{M}}(j\omega) < 1$$

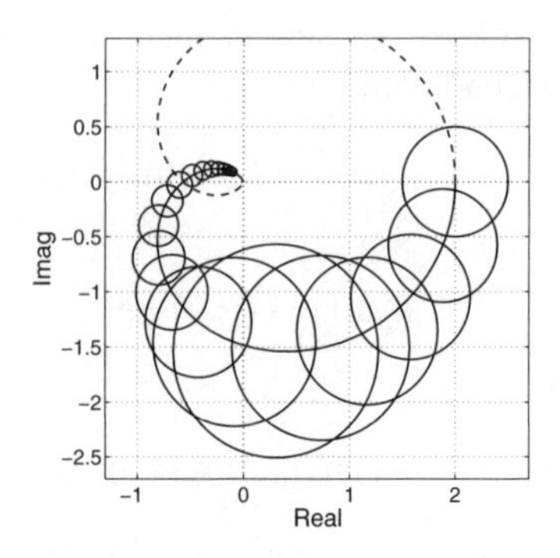

Abb. 8.23: Toleranzband für die Ortskurve eines Systems dritter Ordnung mit Modellunsicherheiten

mit der komplementären Empfindlichkeitsfunktion

$$\hat{T}(j\omega) = \frac{\hat{G}(j\omega)K(j\omega)}{1 + \hat{G}(j\omega)K(j\omega)}$$

geschrieben werden kann. Der Durchmesser der in Abb. 8.23 dargestellten Kreise ist jetzt $|\hat{G}(j\omega)\, K(j\omega)\, \bar{G}_{\mathrm{M}}(j\omega)|$. Wie beim Vorhandensein einer additiven Modellunsicherheit fordert auch diese Bedingung, dass die Kreisverstärkung des im rechten Teil der Abb. 8.18 gezeigten Kreises kleiner als eins sein muss.

Satz 8.12 (Kriterium für robuste Stabilität)
Ist der aus der nominalen Regelstrecke $\hat{G}(s)$ und dem Regler $K(s)$ gebildete Regelkreis stabil und ist die Anzahl der Pole mit nichtnegativem Realteil für alle Regelstrecke $G(s) \in \mathcal{G}$ dieselbe, so ist der Regelkreis genau dann robust stabil, wenn die Bedingung (8.51) bzw. (8.52) erfüllt ist.

Mit anderen Worten: Wenn die angegebenen Bedingungen erfüllt sind, führt der Regler K nicht nur im Zusammenspiel mit dem Näherungsmodell, sondern auch mit jeder Regelstrecke $G \in \mathcal{G}$ zu einem stabilen Regelkreis.

Die Bedingung (8.52) gibt quantitative Schranken für den Amplitudengang $|\hat{G}(j\omega)\, K(j\omega)|$ der offenen Kette an, damit der Regelkreis trotz Änderungen im Verhalten der Regelstrecke stabil bleibt. Sie unterstreicht die auf S. 333 angegebene Richtlinie, für hohe Frequenzen durch eine geeignete Wahl des Reglers zu sichern, dass $|\hat{G}_0(j\omega)| << 1$ gilt und damit zu erreichen, dass $|T(j\omega)| << 1$ ist. Die Bedingung (8.52) gibt diese Vorschrift genauer wieder: $|\hat{G}_0(j\omega)| << 1$ muss für alle diejenigen Frequenzen gelten, für die $\bar{G}_{\mathrm{M}}(j\omega)$ groß ist.

Beispiel 8.11 *Robustheitsanalyse der Drehzahlregelung eines Gleichstrommotors*

Der in Aufgabe 6.31 beschriebene Gleichstrommotor wird mit einer Drehzahlregelung

$$K(s) = \frac{0{,}039s + 3}{0{,}013s}$$

versehen. Wie man mit Hilfe des Nyquistkriteriums leicht überprüfen kann, ist der geschlossene Kreis für die im Aufgabe 6.31 angegebenen Motordaten stabil. Es entsteht die Frage, ob der Kreis weiterhin stabil ist, wenn der Motor an unterschiedlichen Lasten betrieben wird und folglich das Modell des Motors die im Beispiel 8.10 beschriebenen Modellunsicherheiten aufweist. Diese Frage kann mit Hilfe der angegebenen Bedingungen für die robuste Stabilität für alle Betriebsfälle gemeinsam geprüft werden.

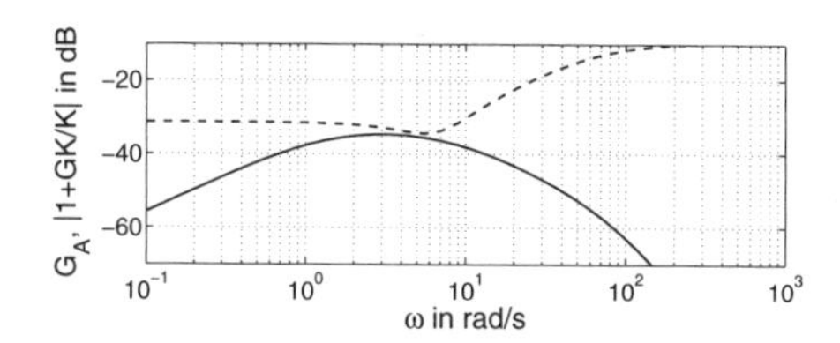

Abb. 8.24: Prüfung der Stabilitätsbedingung (8.51)

In Abb. 8.24 ist als durchgezogene Linie die obere Fehlerschranke $\bar{G}_{\rm A}$ aus Beispiel 8.10 aufgetragen. Diese Kurve ist entsprechend Gl. (8.51) mit dem Betrag $|\frac{1+\hat{G}K}{K}|$ zu vergleichen, der aus dem Näherungsmodell und dem Regler berechnet werden kann und als gestrichelte Linie in Abb. 8.24 eingetragen ist. Offensichtlich gilt die Ungleichung (8.51) für alle Frequenzen ω.

Es ist allerdings zu sehen, dass sich beide Kurven fast berühren, also die Grenze der robusten Stabilität fast erreicht ist. Eine Verletzung der Bedingung (8.51) würde bedeuten, dass der Regelkreis für ein bestimmtes Trägheitsmoment aus dem Intervall seiner möglichen Werte instabil ist.

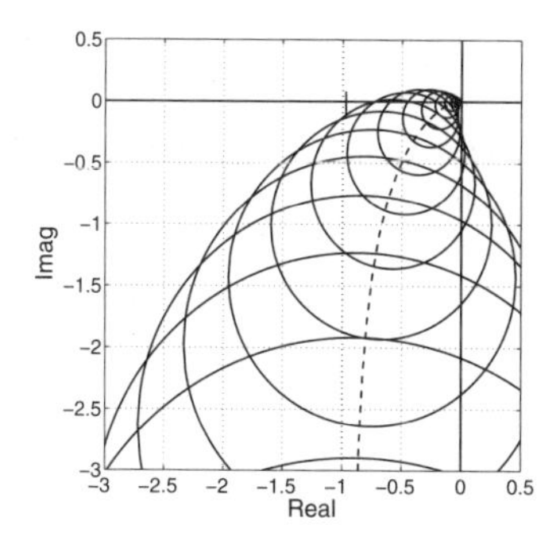

Abb. 8.25: Toleranzband für die Ortskurve der offenen Kette des Motorregelkreises

Verwendet man die Interpretation des Stabilitätskriteriums entsprechend Abb. 8.22 und zeichnet das Toleranzband für die Ortskurve der offenen Kette, so erhält man Abb. 8.25. Die gestrichelt dargestellte Kurve in der Mitte des Bandes ist die Ortskurve der mit dem Näherungsmodell gebildeten offenen Kette $\hat{G}K$. Offensichtlich umschlingt dieses Toleranzband den kritischen Punkt nicht, so dass der Regelkreis robust stabil ist. Allerdings sieht man auch hier, dass die Stabilitätsgrenze fast erreicht ist, denn das Toleranzband kommt dem kritischen Punkte -1 sehr nahe. Für die Überprüfung der robusten Stabilität muss man dieses Toleranzband nicht zeichnen. Es genügt, die Gültigkeit der Ungleichung (8.51) zu überprüfen.

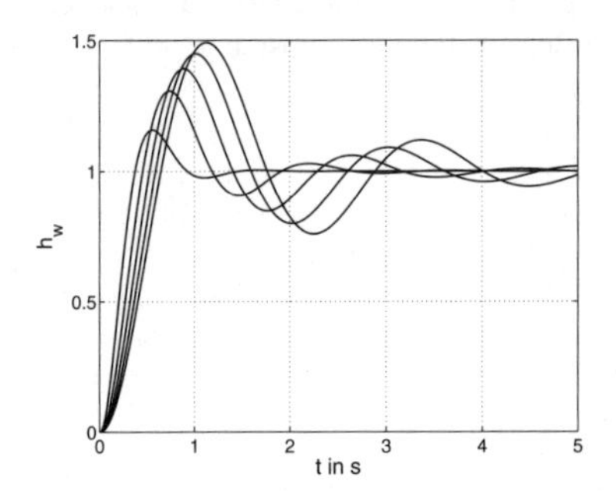

Abb. 8.26: Schar der Führungsübergangsfunktionen des geregelten Motors bei $J = 0{,}1, ..., 0{,}5$

Natürlich ändert sich das Übergangsverhalten des Regelkreises erheblich, wenn der Motor mit den unterschiedlichen Lasten betrieben wird. Abbildung 8.26 zeigt die für unterschiedliche Trägheitmomente aus dem angegebenen Bereich berechneten Führungsübergangsfunktionen. Es ist offensichtlich, dass alle Regelkreise stabil sind, sich die Überschwingweite und die Einschwingzeit jedoch erheblich ändern. □

Aufgabe 8.15 *Robustheitsprobleme beim Autofahren*

Beim Autofahren stellt der Chauffeur den Regler und das Auto die Regelstrecke dar.

1. Zeichnen Sie den Regelkreis.
2. Wodurch verändert sich das Verhalten des Reglers(!) und der Regelstrecke? Wie wirken sich diese Veränderungen auf die Amplitude bzw. die Phasenverschiebung dieser (als linear angenommenen) Übertragungsglieder aus?
3. Suchen Sie nach Erklärungen, warum dieser Regelkreis so robust ist, dass er trotz wechselnder Fahrer und bei unterschiedlichen Wetter- und Straßenverhältnissen und bei unterschiedlicher körperlicher Verfassung des Fahrers „funktioniert". □

Aufgabe 8.16** *Robustheit gegenüber einer vernachlässigten Messdynamik*

Im Näherungsmodell $\hat{G}(s)$ der Regelstrecke wurde das Übertragungsverhalten $G_{\rm m}(s) = \frac{1}{T_{\rm m}s+1}$ des Messgliedes vernachlässigt.

1. Wie groß ist die obere Schranke $\bar{G}_{\mathrm{M}}(j\omega)$ der daraus resultierenden multiplikativen Modellunsicherheit? Stellen Sie den prinzipiellen Verlauf im Bodediagramm dar.
2. In welchem Bereich darf der Betrag der komplementären Empfindlichkeitsfunktion liegen, damit der Regelkreis robust stabil ist? □

Aufgabe 8.17 *Robustheit von Thermostatventilen*

Thermostatventile sind Raumtemperaturregler (vgl. Aufg. 7.6 auf S. 315). Man kann sie in vielen Baumärkten kaufen und setzt sie ein, ohne ihre Parameter vorher an die Regelstrecke (d. h. an den entsprechenden Raum und die verwendete Heizung) anzupassen. Begründen Sie, warum das geht. □

8.7 Stabilitätsanalyse mit MATLAB

Da sich die Stabilitätskriterien entweder auf die Eigenwerte einer Systemmatrix bzw. die Pole einer Übertragungsfunktion oder auf die Ortskurve einer offenen Kette beziehen, sind für ihre praktische Durchführung nur wenige neue Funktionen notwendig. Auf die Funktion `eig` zur Eigenwertberechnung bzw. die Funktion `nyquist` zur grafischen Darstellung der Ortskurve wurde bereits in früheren Kapiteln eingegangen.

Ist das charakteristische Polynom

$$a_n\lambda^n + a_{n-1}\lambda^{n-1} + ... + a_1\lambda + a_0$$

einer Matrix bzw. das Nennerpolynom einer Übertragungsfunktion bekannt, so werden die Koeffizienten beginnend mit dem höchsten Index einem Vektor `n` zugewiesen. Die Eigenwerte bzw. Pole können dann mit der Funktion

```
>> roots(n)
```

als Nullstellen des Polynoms bestimmt werden.

Bei der Anwendung des Nyquistkriteriums kann für eine gegebene offene Kette mit Hilfe der Funktionen `roots` die Zahl n^+ der instabilen Pole der offenen Kette bestimmt und mit der Funktion `nyquist` das Bodediagramm gezeichnet werden. In der grafischen Darstellung ist der kritische Punkt –1 besonders markiert.

Für die Bestimmung des Amplitudenrandes und des Phasenrandes steht die Funktion

```
>> margin(System)
```

zur Verfügung. Mit dieser Funktion wird das Bodediagramm auf dem Bildschirm dargestellt und beide Kenngrößen markiert. Außerdem werden die Werte von Amplitudenrand und Phasenrand sowie die Frequenzen ω_{-180° und ω_{s}, bei denen sie auftreten, ausgegeben.

Für die Untersuchung der robusten Stabilität gibt es eine Sammlung spezieller Funktionen, die in der *Robust Control Toolbox* zusammengefasst sind. Die im Abschn. 8.6 angegebenen Beispiele wurden jedoch ohne größeren Aufwand ohne Verwendung dieser Toolbox erstellt. Der Leser sollte sich in Erweiterung dieses Abschnitts überlegen, welche Funktionen für die Prüfung der robusten Stabilität notwendig sind.

Aufgabe 8.18* *Stabilitätseigenschaften von Drehrohrofen und Klinkerkühler*

Beim praktischen Betrieb der im Beispiel 3.1 auf S. 36 beschriebenen Kopplung von Drehrohrofen und Klinkerkühler treten häufig große Schwankungen der Sekundärlufttemperatur auf, die man sich in grober Näherung als sinusförmige Veränderungen mit einer Periodendauer zwischen 30 Minuten und 1 Stunde vorstellen kann. Bei dieser Aufgabe sollen Sie zeigen, dass diese Schwankungen bei dem gegebenen Aufbau der Anlage zu erwarten sind.

Um die Aufgabe zu vereinfachen, werden in Abänderung des Blockschaltbildes 3.4 auf S. 38 die beiden Signale „Klinkertemperatur" und „Klinkermassenstrom" zu einem Signal „Klinkerenergiestrom" zusammengefasst, das den für das Systemverhalten maßgebenden Energiefluss vom Ofen in den Kühler beschreibt. Bei konstanter Rostgeschwindigkeit und Lüfterdrehzahl kann der Kühler wie ein PT_1-Glied beschrieben werden, dessen Übergangsverhalten nach etwa 6 Minuten abgeklungen ist. Bei einer langzeitlichen Erhöhung des Klinkerenergiestromes um 15% verändert sich die bei 950 ^oC liegende Sekundärlufttemperatur um 40 Kelvin.

Im Ofen beeinflusst die Sekundärlufttemperatur die Brenntemperatur. Die Veränderung der Brenntemperatur bei veränderter Sekundärlufttemperatur betrifft das Störverhalten des Temperaturregelkreises des Ofens, das als DT_1-Glied mit einer Zeitkonstante von 3 Minuten beschrieben werden kann. Würde sich die Sekundärlufttemperatur sprungförmig verändern, so würde die Brenntemperatur zunächst auch um diesen Betrag springen, dann aber auf Grund der Regelung den alten Wert annehmen.

Die Brenntemperatur beeinflusst die Klinkertemperatur und die Abwurfmenge, weil bei unterschiedlicher Temperatur der Klinker unterschiedlich schnell in Ofenrichtung „rutscht". Bei als sprungförmig gedachter Erhöhung der Brenntemperatur geht der Klinkerabwurf zunächst zurück, erhöht sich später und nimmt stationär näherungsweise den alten Wert an. Dieses Verhalten kann durch die Übertragungsfunktion

$$G_{\mathrm{M}}(s) = \frac{-2{,}5s^2}{(s+0{,}1)(s+0{,}2)^2} \tag{8.53}$$

dargestellt werden, die den Klinkerenergiestrom in Abhängigkeit von der Brenntemperatur beschreibt.

1. Zeichnen Sie das Blockschaltbild unter Berücksichtigung der beschriebenen Annahmen.
2. Wie lautet die Übertragungsfunktion der offenen Kette? Welchen Charakter besitzt sie?
3. Zeigen Sie anhand der mit MATLAB gezeichneten Ortskurve, dass das System an der Stabilitätsgrenze arbeitet und die auftretenden Schwankungen der Sekundärlufttemperatur folglich aus der Anlagenstruktur resultieren.
4. Berechnen Sie den Verlauf der Sekundärlufttemperatur, wenn Ofen und Kühler durch eine impulsförmige Erhöhung des Klinkerenergiestromes erregt werden. Erregungen dieser Art treten im Betrieb der Anlage durch einen sogenannten Durchbruch auf, bei

dem sich eine im Ofen festgebackene Klinkermenge plötzlich löst und in den Kühler fällt.

5. Im Kühler soll eine Regelung der Sekundärlufttemperatur eingebaut werden, die die Rostgeschwindigkeit und damit die Verweilzeit des heißen Klinkers in dem für die Sekundärlufttemperatur maßgebenden Bereich des Kühlers beeinflusst. Das Kühlerverhalten bei Erhöhung des Klinkerenergiestromes entspricht dem Störverhalten dieser Regelung. Wenn die Regelung keine bleibende Regelabweichung hat, kann für das Verhalten des Kühlers bezüglich des Klinkerenergiestroms als Eingangsgröße und der Sekundärlufttemperatur als Ausgangsgröße näherungsweise ein DT_2-Verhalten angenommen werden, wobei der D-Anteil durch die Regelung bedingt ist, die bei konstanter Klinkertemperatur keine Abweichung der Sekundärlufttemperatur vom Sollwert zulässt. Die beiden verzögernden Anteile resultieren aus der bereits im ungeregelten Betrieb vorhandenen Verzögerung zwischen Klinkertemperatur und Sekundärlufttemperatur einerseits sowie der Verzögerung in der Wirkung der Regelung andererseits:

$$G_{\mathrm{Kr}}(s) = \frac{4s}{(4s+1)(2s+1)}. \tag{8.54}$$

Kann eine solche Regelung die Schwankungen der Sekundärlufttemperatur deutlich mindern? □

Aufgabe 8.19** *Stabilitätsprüfung mit dem Nyquistkriterium*

Lösen Sie die Aufgabe 8.10 unter Verwendung von MATLAB. Untersuchen Sie dabei auch, wie sich die Ortskurve verändert, wenn Sie einen PID-Regler verwenden. □

Literaturhinweise

Die klassischen Arbeiten zur Stabilität dynamischer Systeme, auf die sich die Regelungstheorie noch heute bezieht, wurden u. a. 1860 von ROUTH, 1892 von LJAPUNOW und 1895 von HURWITZ in [63], [43] bzw. [26] veröffentlicht. Das Kriterium von NYQUIST stammt aus dem Jahr 1932 [55]. Eine gute Zusammenfassung des mathematischen Hintergrundes dieser Kriterien findet man in [22].

Die Beziehung (8.33) wurde von HSU und CHEN 1968 in [25] für Mehrgrößensysteme bewiesen.

Die robuste Stabilität von Regelkreisen ist in den letzten zwanzig Jahren ausführlich untersucht worden, wobei von unterschiedlichen Beschreibungsformen für die Modellunsicherheiten ausgegangen wurde. Eine Übersicht gibt [45], wo auch die Erweiterung der in diesem Kapitel angesprochenen Stabilitätsuntersuchungen auf die Abschätzung des E/A-Verhaltens des Regelkreises unter dem Einfluss von Modellunsicherheiten behandelt wird.

9

Entwurf einschleifiger Regelkreise

Dieses Kapitel gibt einen Überblick über die Entwurfsverfahren für einschleifige Regelkreise und behandelt Einstellregeln, bei denen die Reglerparameter mit Hilfe experimentell ermittelter Übergangsfunktionen der Regelstrecke bestimmt werden.

9.1 Allgemeines Vorgehen beim Reglerentwurf

Um eine Regelungsaufgabe lösen zu können, müssen folgende Entscheidungen getroffen werden:

1. **Wahl der Regelkreisstruktur.** Es muss festgelegt werden, welche Signalverkopplungen durch den Regler herzustellen sind. Dabei geht es um die Wahl der zu verwendenden Regelgröße und Stellgröße (Regelgröße-Stellgröße-Zuordnung). Im Folgenden wird stets vom Standardregelkreis aus Abb. 7.4 ausgegangen. Wie in Kap. 13 gezeigt wird, ist es jedoch möglich, mit wesentlich allgemeineren Rückführstrukturen zu arbeiten. Deshalb können sie bei besonders scharfen Dynamikforderungen zum Erfolg führen, für deren Erfüllung der Standardregelkreis zu wenige Freiheitsgrade besitzt.

2. **Wahl der Reglerstruktur.** Es ist zu entscheiden, welcher Regler eingesetzt werden muss. Richtlinien hierfür sind im Abschn. 7.5 behandelt worden. Weitere Entscheidungskriterien resultieren aus den später behandelten Entwurfsverfahren.

3. **Wahl der Reglerparameter.** Die Reglerparameter sind so zu wählen, dass die an den Regelkreis gestellten Güteforderungen erfüllt werden. Bei dieser Aufgabe spricht man auch von der Bemessung des Regelkreises. Mit ihr befassen sich die folgenden Kapitel.

Das Ziel dieser Schritte ist es, einen Regler zu finden, mit dem die im Abschn. 7.1 beschriebenen Güteforderungen an den Regelkreis erfüllt werden. Die genannten Schritte werden i. Allg. in der angegebenen Reihenfolge ausgeführt. Typisch für den Reglerentwurf ist jedoch, dass die Entscheidungen später revidiert werden, bis ein befriedigender Regler gefunden ist.

Die im Folgenden und im Band 2 behandelten Entwurfsverfahren gehen davon aus, dass die Regelkreisstruktur festgelegt ist und Struktur und Parameter des Reglers noch zu finden sind. Die große Zahl der für diese Aufgabe entwickelten Verfahren ist dadurch begründet, dass auf Grund der praktischen Randbedingungen für die Lösung der Regelungsaufgabe unterschiedliche Voraussetzungen und Zielstellungen gelten. Deshalb unterscheiden sich die einzelnen Entwurfsverfahren in ihren Anforderungen an die Kenntnisse der Regelstrecke sowie in den wichtigsten Güteforderungen an den Regelkreis. Die Übersicht im Abschn. 9.2 macht dies deutlich.

Für den Reglerentwurf werden die gegebenen, häufig verbal formulierten Güteforderungen durch andere, mathematisch besser handhabbare Forderungen ersetzt. Beispielsweise wird an Stelle der Einschwingzeit und der Überschwingweite mit der Schnittfrequenz und Forderungen an die Steigung der Amplitudenkennlinie gearbeitet, weil diese Kenngrößen direkt aus dem Bodediagramm abgelesen werden können. Der Auswahl des Reglers schließt sich deshalb i. Allg. eine Simulation des Regelkreisverhaltens an, bei der überprüft wird, inwieweit die ursprünglich gegebenen Güteforderungen erfüllt werden. Sind diese Forderungen nicht erfüllt, so wird der Reglerentwurf mit veränderten „Ersatzforderungen" wiederholt.

Unabhängig vom gewählten Entwurfsverfahren sind zur Lösung einer Regelungsaufgabe folgenden Schritte zu durchlaufen:

Entwurfsverfahren 9.1 *Lösung einer Regelungsaufgabe*

1. Wahl der Regelkreisstruktur.
2. Aufstellung eines Modells der Regelstrecke.
3. Wahl der Reglerstruktur.
4. Überführung der gegebenen Güteforderungen in „Ersatzforderungen", die im gewählten Entwurfsverfahren direkt berücksichtigt werden können.
5. Reglerentwurf: Festlegung der Reglerstruktur und Reglerparameter.
6. Simulation des Regelkreisverhaltens.
7. Bewertung der Güte des Regelkreises: Sind die Güteforderungen erfüllt, ist das Entwurfsproblem gelöst. Andernfalls wird der Reglerentwurf mit einem der Schritte 1 – 4 fortgesetzt.

Während beim Reglerentwurf mit einem linearen Regelstreckenmodell gearbeitet wird, kann in der Simulation auch ein nichtlineares Modell eingesetzt werden, so dass die Wirkung von Stellgrößenbeschränkungen oder wichtigen nichtlinearen Eigenschaften auf das Verhalten des Regelkreises berücksichtigt wird.

Für den Reglerentwurf ist typisch, dass die angegebenen Schritte i. Allg. mehrfach durchlaufen werden. Die Entwurfsaufgabe kann nicht so gestellt werden, dass sie eine eindeutige Lösung besitzt und der Regler in einem Schritt berechnet werden kann. Die im Folgenden behandelten Entwurfsverfahren geben wichtige Anhaltspunkte dafür, wie Struktur und Parameter gewählt werden sollen. Sie lassen jedoch mehrere Möglichkeiten offen, von denen der Ingenieur die eine oder andere auswählt, um ihre Brauchbarkeit anhand der Simulationsergebnisse zu bewerten. Die Entwurfsverfahren sind deshalb „systematische Probierverfahren“, wenngleich sich auch an den später behandelten Beispielen herausstellen wird, dass sie die „Probiermöglichkeiten“ gewaltig einschränken und damit zu einer schnellen Lösung der Entwurfsaufgabe beitragen.

9.2 Übersicht über die Entwurfsverfahren

Heuristische Einstellregeln. Viele praktische Regelungsaufgaben sind dadurch gekennzeichnet, dass kein Modell der Regelstrecke verfügbar ist und ein Regler gesucht ist, der relativ schwache Güteforderungen zu erfüllen hat. In diesem Falle wird häufig so vorgegangen, dass der Regler an die Regelstrecke angeschlossen und mit Hilfe von Experimenten nach günstigen Reglerparametern gesucht wird. Die Experimente dienen einerseits zum Kennenlernen wichtiger dynamischer Eigenschaften der Regelstrecke und andererseits zum Beurteilen des Regelkreisverhaltens mit den gewählten Reglerparametern.

Da nur schwache Güteforderungen zu erfüllen sind, kann der im Algorithmus 9.1 beschriebene längere Weg über die Modellbildung der Regelstrecke bis zum Reglerentwurf abgekürzt werden. Voraussetzung für dieses Vorgehen ist, dass die Regelstrecke stabil ist und mit der Regelstrecke experimentiert werden kann. Weiterhin muss bereits entschieden sein, welche Regelkreisstruktur verwendet und welcher Regelungstyp eingesetzt werden soll. Die Einstellregeln dienen lediglich der Wahl der Reglerparameter.

Der Vorteil der Reglereinstellung liegt darin, dass kein genaues Modell der Regelstrecke aufgestellt werden muss und damit der häufig sehr aufwändige Modellierungsschritt entfällt. Das Anwendungsgebiet ist jedoch auf relativ einfache Regelungsaufgaben beschränkt (vgl. Abschn. 9.4).

Reglerentwurf durch Loopshaping. Einschleifige Regelkreise werden i. Allg. dadurch entworfen, dass man die an den Regelkreis gestellten Güteforderungen in Forderungen an die offene Kette übersetzt und dann durch eine geeignete Wahl des Reglers eine offene Kette erzeugt, die diese Forderungen erfüllt. Da die offene Kette dabei eine neue Form (*shape*) erhält, verwendet man für dieses Vorgehen auch den englischen Begriff *Loopshaping*.

Der Vorteil dieser Vorgehensweise resultiert aus der Tatsache, dass die Übertragungsfunktion $G_0 = GK$ der offenen Kette linear von den Übertragungsfunktionen G und K der Strecke bzw. des Reglers abhängt, während die Übertragungsfunktion des geschlossenen Kreises mit G und K in einem nichtlinearen Zusammenhang steht (z. B. $G_{\rm w} = \frac{GK}{1+GK}$).

Auf dieser Tatsache sind Entwurfsverfahren begründet, die die Frequenzkennlinie oder die Ortskurve der offenen Kette durch die Auswahl eines geeigneten Reglers zielgerichtet beeinflussen. Der Frequenzgang des Reglers wird aus dem Vergleich der Frequenzkennlinie der Regelstrecke und der gewünschten Frequenzkennlinie für die offene Kette ermittelt (Kap. 11).

Reglerentwurf anhand des Pol-Nullstellen-Bildes des Regelkreises. Im Abschn. 5.3 wurde gezeigt, dass die Ausgangsgröße eines linearen Systems in Abhängigkeit von den Modi dargestellt werden kann, die von den Eigenwerten der Systemmatrix bzw. den Polen der Übertragungsfunktion abhängig sind. Dies gilt natürlich nicht nur für die Regelstrecke, sondern auch für den Regelkreis. Die Grundidee einer Reihe von Entwurfsverfahren ist es deshalb, durch geeignete Wahl der Reglerparameter die Eigenwerte der Systemmatrix bzw. die Pole der Übertragungsfunktion des geschlossenen Kreises zielgerichtet zu beeinflussen. Es sollen Reglerparameter ausgewählt werden, für die der Regelkreis eine vorgegebene Menge von Polen (und Nullstellen) besitzt. Durch geeignete Vorgabe der Pole können auf diese Weise die wichtigsten dynamischen Eigenschaften des Regelkreises festgelegt werden. Liegen die Pole in der linken komplexen Halbebene, so ist der entstehende Regelkreis stabil. Liegen die Pole darüber hinaus in der Nähe der reellen Achse, so sind die Eigenschwingungen des Systems stark gedämpft.

Diese Verfahren gehen vom Zustandsraummodell oder der Übertragungsfunktion der Regelstrecke aus. Sie beinhalten i. Allg. systematische Berechnungsverfahren für die Reglerparameter. Da der Zusammenhang zwischen den vorgegebenen Eigenwerten des geschlossenen Kreises und den in der Regelungsaufgabe festgelegten Dynamikforderungen nicht eindeutig ist, schließt sich an die Bestimmung der Reglerparameter eine Simulationsuntersuchung des geschlossenen Kreises an. Sind die Güteforderungen nicht befriedigend erfüllt, werden neue Eigenwerte des geschlossenen Kreises vorgegeben und der Berechnungsweg wird erneut durchlaufen.

Ein Verfahren für den Reglerentwurf einschleifiger Regelkreise anhand des PN-Bildes wird in Kap. 10 erläutert.

Für die Mehrgrößenregelung wird im Zusammenhang mit proportionalen Zustandsrückführungen, proportionalen Ausgangsrückführungen und dynamischen Mehrgrößenreglern in den Kap. II–6 und II–8 auf weitere Entwurfsverfahren dieses Typs eingegangen.

Parameteroptimierung des Reglers. Sind die Güteforderungen an den Regelkreis durch ein Gütefunktional beschrieben, so kann die Aufgabe des Reglerentwurfes als Optimierungsproblem formuliert werden. So ist es beispielsweise wünschenswert, dass die Regelabweichung im zeitlichen Mittel möglichst klein ist, wobei große Abweichungen stärker bewertet werden sollen als kleine. Diese Forderung kann man gut in der Form

$$J = \int_0^\infty e^2(t)\,dt \tag{9.1}$$

darstellen. Der Wert von J wird als quadratische Regelfläche bezeichnet. Er hängt bei vorgegebener Regelstrecke und gewählter Regelkreisstruktur von den verwendeten Reglerparametern ab. Ziel des Entwurfsverfahrens ist es, den Wert des Gütekriteriums möglichst klein zu machen. Ein Verfahren zur Lösung des Optimierungsproblems

$$\min_{K(s)} J$$

wird im Abschn. 12.2.2 behandelt.

In Erweiterung der genannten Zielstellung versucht man, den Aufwand, der für die Überführung des Systems in die Gleichgewichtslage notwendig ist, in die Gütebewertung einzubeziehen. Dieses Ziel kann beispielsweise durch das Gütefunktional

$$J = \int_0^\infty (\boldsymbol{x}'\boldsymbol{Q}\boldsymbol{x} + \boldsymbol{u}'\boldsymbol{R}\boldsymbol{u})\,dt$$

ausgedrückt werden. Wie man einen optimalen Regler findet, der diese Gütefunktional minimiert, wird in Kap. II–7 erläutert.

9.3 Rechnergestützter Entwurf

Die Lösung der Regelungsaufgabe umfasst viele, teilweise iterativ zu durchlaufende Schritte, bei denen ein oder mehrere Verfahren aus einer Menge verfügbarer Verfahren ausgewählt und angewendet werden. Ziel des rechnergestützten Entwurfes ist es, so viele Schritte wie möglich durch den Rechner ausführen zu lassen. Die Entwurfsaufgabe kann dann arbeitsteilig durch den Regelungstechniker und den Rechner gelöst werden.

Der Rechner kann folgende Schritte übernehmen:

- die Ausführung numerischer Operationen und die Lösung von Suchproblemen,
- die Verwaltung der Daten, die das Regelstreckenmodell, den Regler, den daraus entstehenden Regelkreis usw. beinhalten,
- die grafische Aufbereitung der Entwurfsergebnisse, z. B. die grafische Darstellung der Führungsübergangsfunktion.

Diese Schritte gehen in Bezug auf die Datenverwaltung und die Dialoggestaltung wesentlich über die Unterstützung hinaus, die der Ingenieur durch das Programmsystem MATLAB erhält. Bezüglich der Zahl und der Zuverlässigkeit der numerischen Algorithmen ist MATLAB jedoch bereits ein sehr leistungsfähiges Werkzeug.

Vom Ingenieur müssen weiterhin folgende Schritte ausgeführt werden:

- die Aufbereitung der Aufgabenstellung in eine mit bekannten Entwurfsverfahren lösbare Form,
- die Auswahl des im nächsten Analyse- oder Entwurfsschritt anzuwendenden Verfahrens oder Algorithmus,

- die Bewertung der Entwurfsergebnisse in Bezug auf die gestellten Güteforderungen,
- die Entscheidung über den Fortgang des Entwurfes.

Heute gibt es eine größere Zahl kommerziell verfügbarer Programmpakete für den rechnergestützten Reglerentwurf. Für ihre Anwendung reicht i. Allg. ein leistungsfähiger PC.

9.4 Einstellregeln für PID-Regler

Dieser Abschnitt behandelt Einstellregeln, bei denen die Parameter von PID-Reglern anhand von Experimenten mit der Regelstrecke und dem Regelkreis festgelegt werden. Dieses Vorgehen hat gegenüber den später behandelten Entwurfsverfahren den Vorteil, dass kein Modell von der Regelstrecke aufgestellt werden muss. Die im Folgenden behandelten Beispiele werden jedoch zeigen, dass Einstellregeln nur dann eingesetzt werden können, wenn die Regelstrecke stabil ist, wenn sie für Experimente zur Verfügung steht und wenn die Güteforderungen keine strengen Maßstäbe an das dynamische Übergangsverhalten des Regelkreises anlegen.

Voraussetzungen an die Regelstrecke. Viele Regelstrecken, die eine aperiodische Übergangsfunktion besitzen, kann man näherungsweise durch ein $\mathrm{PT_1T_t}$-Modell

$$G(s) \approx \hat{G}(s) = \frac{k_{\mathrm{s}}}{Ts+1}\,\mathrm{e}^{-sT_{\mathrm{t}}} \qquad (9.2)$$

beschreiben. Die drei Modellparameter k_{s}, T und T_{t} können aus der gemessenen Übergangsfunktion abgelesen werden (Abb. 9.1).

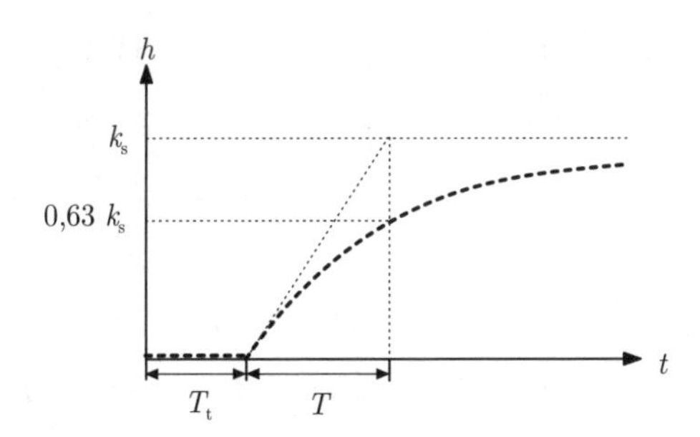

Abb. 9.1: Übergangsfunktion eines $\mathrm{PT_1T_t}$-Gliedes

Werden an den Regelkreis nur relativ „schwache“ Güteforderungen gestellt, so können die Parameter von P-, PI- und PID-Reglern für diese Regelstrecken mit Hilfe empirisch ermittelter Einstellregeln festgelegt werden. Die bekanntesten sind die von ZIEGLER und NICHOLS[1], die im Folgenden behandelt werden.

[1] NATHANIEL B. NICHOLS (1914 – 1997), amerikanischer Regelungstechniker

Erste Einstellregel. Das folgende Einstellverfahren verwendet das Modell (9.2) und bestimmt die Parameter aus der Übergangsfunktion der Regelstrecke.

Entwurfsverfahren 9.2 *Reglereinstellung mit näherungsweiser Beschreibung der Regelstrecke*

Voraussetzungen: Die Regelstrecke ist stabil und weist näherungsweise aperiodisches Übergangsverhalten auf.

1. Durch Experimente mit der Regelstrecke wird die Übergangsfunktion bestimmt.
2. Die Übergangsfunktion wird durch die eines $\mathrm{PT_1T_t}$-Gliedes approximiert, indem statische Verstärkung k_{s}, Totzeit T_{t} und Zeitkonstante T bestimmt werden.
3. Die Reglerparameter werden entsprechend Tabelle 9.1 (oben) festgelegt.

Ergebnis: Reglerparameter für P-, PI bzw. PID-Regler.

Die in der Tabelle angegebenen Reglerparameter wurden empirisch bzw. durch Simulationsuntersuchungen so festgelegt, dass der geschlossene Kreis mit mäßigem Überschwingen schnell einschwingt.

Tabelle 9.1. Reglereinstellung nach ZIEGLER und NICHOLS

Voraussetzung	Regler	Reglerparameter
Approximation der	P	$k_{\mathrm{P}} = \frac{1}{k_{\mathrm{s}}}\frac{T}{T_{\mathrm{t}}}$
Regelstrecke durch	PI	$k_{\mathrm{P}} = \frac{0{,}9}{k_{\mathrm{s}}}\frac{T}{T_{\mathrm{t}}},\quad T_{\mathrm{I}} = 3{,}33\,T_{\mathrm{t}}$
$\mathrm{PT_1T_t}$-Glied	PID	$k_{\mathrm{P}} = \frac{1{,}2}{k_{\mathrm{s}}}\frac{T}{T_{\mathrm{t}}},\quad T_{\mathrm{I}} = 2\,T_{\mathrm{t}},\quad T_{\mathrm{D}} = 0{,}5\,T_{\mathrm{t}}$
Kritische Verstär-	P	$k_{\mathrm{P}} = 0{,}5\,k_{\mathrm{krit}}$
kung und Perioden-	PI	$k_{\mathrm{P}} = 0{,}45\,k_{\mathrm{krit}},\quad T_{\mathrm{I}} = 0{,}85\,T_{\mathrm{krit}}$
dauer bekannt	PID	$k_{\mathrm{P}} = 0{,}6\,k_{\mathrm{krit}},\ T_{\mathrm{I}} = 0{,}5\,T_{\mathrm{krit}},\ T_{\mathrm{D}} = 0{,}12\,T_{\mathrm{krit}}$

Beispiel 9.1 *Einstellung einer Temperaturregelung*

Diese Einstellregel soll am Beispiel einer Temperaturregelung demonstriert werden. Die Regelstrecke besteht aus einem kontinuierlich durchströmten Reaktor, dessen Inhalt als homogen durchmischt angenommen wird. Regelgröße ist die Temperatur der aus dem Reaktor abgezogenen Flüssigkeit. Durch Veränderung der Heizleistung sollen Störungen, die sich in Änderungen der Temperatur am Zulauf bemerkbar machen, ausgeglichen werden.

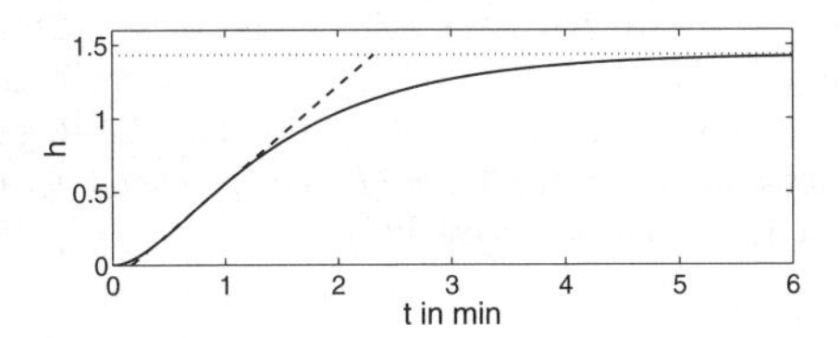

Abb. 9.2: Übergangsfunktion der Regelstrecke

Die Übergangsfunktion der Regelstrecke ist in Abb. 9.2 gezeigt. Sie führt näherungsweise auf ein PT_1T_t-Glied mit der Totzeit T_t =0,18 min und der Verzögerungszeit $T = 2{,}1\,\mathrm{min}$. Die Verzögerungen entstehen dadurch, dass die Heizung den Stahlmantel des Reaktors und die durchströmende Flüssigkeit erwärmen muss. Die statische Verstärkung beträgt k_s =1,4.

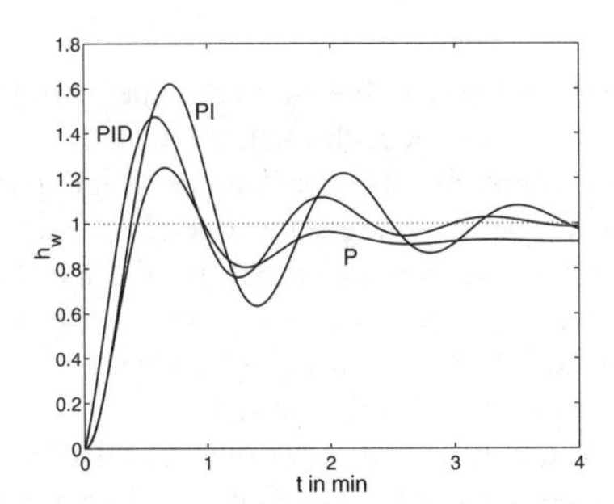

Abb. 9.3: Führungsübergangsfunktion des Temperaturregelkreises

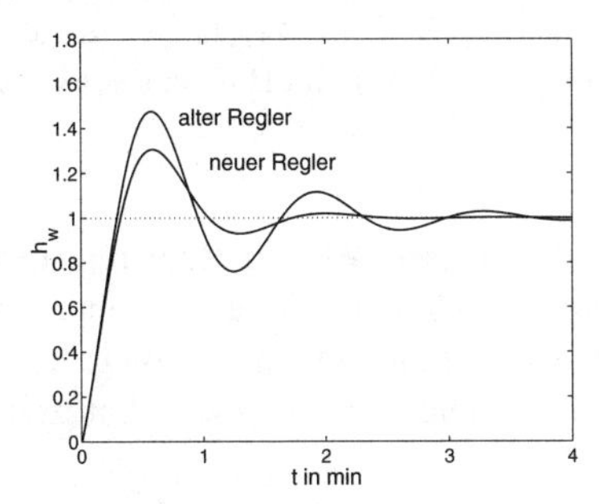

Abb. 9.4: Führungsübergangsfunktion des PID-Regelkreises mit zwei unterschiedlichen Nachstellzeiten T_I

Die Reglerparameter werden entsprechend Tabelle 9.1 (oben) eingestellt. Die Führungsübergangsfunktion ist in Abb. 9.3 zu sehen. Es wurde dieselbe Zeitskala verwendet wie für die Übergangsfunktion der Regelstrecke. Wie man sieht, sind alle drei Regelkreise sehr schnell im Vergleich zur Regelstrecke. Dies ist dadurch begründet, dass in den I- und den D-Anteil des Reglers nur die Totzeit $T_{\rm t}$ eingeht, die bei diesem Beispiel wesentlich kleiner als die Zeitkonstante T ist. Das Überschwingen kann man deshalb dadurch verkleinern, dass man die Integrationszeitkonstante $T_{\rm I}$ vergrößert. Für den PID-Regelkreis sind in Abb. 9.4 die Führungsübergangsfunktionen für $T_{\rm I} = 2T_{\rm t}$ (entsprechend der Einstellregel) sowie für $T_{\rm I} = 4T_{\rm t}$ im Vergleich zueinander dargestellt.

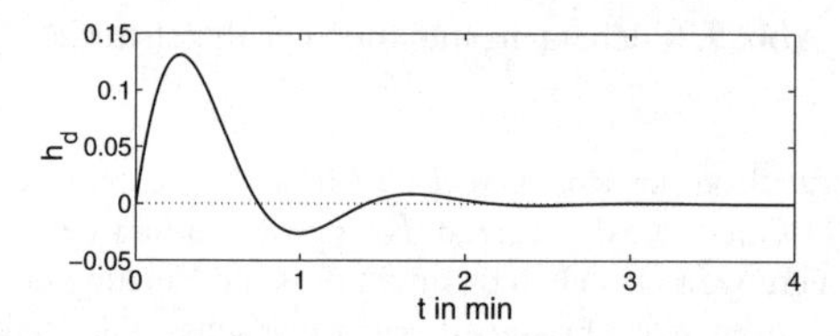

Abb. 9.5: Störübergangsfunktion des Temperaturregelkreises

Diskussion. Die Einstellregeln ermöglichen eine schnelle und unkomplizierte Festlegung der Reglerparameter, sie lassen es jedoch nicht zu, dass Forderungen an das dynamische Übergangsverhalten des Regelkreises bei der Wahl der Reglerparameter berücksichtigt werden. Deshalb können sie nur bei Regelkreisen verwendet werden, an die keine wesentlichen Dynamikforderungen gestellt werden. Dass man für die hier betrachtete Temperaturregelung eine viel bessere Regelung entwerfen kann, zeigt das Beispiel 12.1 auf S. 473, bei dem für dieselbe Regelstrecke ein Kompensationsregler berechnet wurde, der zu einem Regelkreis mit wesentlich schnellerer Sollwertfolge führt.

Das Regelungsziel besteht bei diesem Beispiel vor allem im Ausgleich von Störungen, also Temperaturänderungen am Zulauf. Die Güte des Regelkreises wird deshalb auch anhand der Störübergangsfunktion bewertet (Abb. 9.5). Das Überschwingen der Temperatur ist relativ klein, da die Störung nur verzögert auf die Strecke wirkt, denn eine sprungförmige Temperaturänderung am Zulauf breitet sich nur langsam auf den gesamten Reaktorinhalt aus.

Das Korrigieren der Reglerparameter nach der experimentellen Erprobung des Regelkreises ist insbesondere dann eine typische Vorgehensweise, wenn die Reglerparameter wie hier durch heuristische Regeln und nicht mit Hilfe eines „exakten" Entwurfsverfahrens gefunden wurden. □

Zweite Einstellregel. Ein anderer Weg der Reglereinstellung beruht darauf, dass zunächst die Stabilitätsgrenze des proportional geregelten Systems experimentell ermittelt wird. Diese Methode kommt vollkommen ohne Regelstreckenmodell aus, ist jedoch nur bei Prozessen einsetzbar, die zumindest kurzzeitig an der Stabilitätsgrenze betrieben werden können.

Entwurfsverfahren 9.3 *Reglereinstellung ohne Regelstreckenmodell*

Voraussetzung: Die Regelstrecke ist stabil und kann zeitweise im grenzstabilen Bereich betrieben werden.

1. Der Regelkreis wird mit Hilfe eines P-Reglers geschlossen.
2. Die Reglerverstärkung wird solange erhöht, bis der geschlossene Kreis nach einer Sollwertänderung eine Dauerschwingung ausführt. Die dabei eingestellte Reglerverstärkung heißt $k_{\rm krit}$, die Periodendauer der Schwingung $T_{\rm krit}$.
3. Die Reglerparameter werden entsprechend Tabelle 9.1 (unten) festgelegt.

Ergebnis: Reglerparameter für P-, PI- und PID-Regler.

Bei diesem Verfahren sind die Informationen über das Verhalten der Regelstrecke implizit in den Parametern $k_{\rm krit}$ und $T_{\rm krit}$ enthalten.

Aufgabe 9.1** *Stabilitätsanalyse der nach Tabelle 9.1 eingestellten Regelkreise*

Untersuchen Sie die Stabilität von Regelkreisen, die aus einem $\rm PT_2$-Glied bzw. einem $\rm PT_1T_t$-Glied und einem Regler bestehen, dessen Parameter entsprechend Tabelle 9.1 gewählt werden. Unter welchen Bedingungen kann ein instabiler Regelkreis entstehen, wenn Sie ausser den genannten Übertragungsgliedern auch Regelstrecken höherer Ordnung betrachten? □

Literaturhinweise

Eine sehr ausführliche Darstellung der Entwurfsverfahren für einschleifige Regelkreise wird in [62], Kap. 7 gegeben. Darin sind insbesondere eine größere Zahl von Entwurfsverfahren für einschleifige Regelkreises beschrieben, die hier nicht behandelt werden, aber eine praktische Bedeutung haben, wenn die Regelstrecke in guter Näherung durch einfache Übertragungsglieder beschrieben werden kann.

Ferner sei auf einige Entwurfs- und Einstellverfahren hingewiesen, auf die auch in der weiterführenden Literatur, beispielsweise zur robusten Regelung, Bezug genommen wird, die für die praktische Anwendung jedoch mit der Verfügbarkeit rechnergestützter Entwurfswerkzeuge an Bedeutung verloren haben. Die Verwendung des *Nicholsdiagramms*, das einen grafischen Zusammenhang zwischen den Frequenzgängen der offenen Kette und des geschlossenen Kreises herstellt und somit zum Entwurf für direkt im Frequenzbereich formulierte Gütekriterien dient, wird in [62], Abschnitt 7.3.6. erläutert. Dieses Verfahren spielte eine große Rolle, als der Entwurf noch nicht durch Rechner unterstützt werden konnte und auf grafische Verfahren besonderer Wert gelegt wurde. Für den Entwurf auf Robustheit wurde dieses Verfahren von I. M. HOROWITZ in [24] erweitert.

Da Einstellregeln für die Inbetriebnahme von Regelungen mit einfacher Regelstreckendynamik und schwachen Güteforderungen in der Praxis eine große Rolle spielen, werden sie nach wie vor ausführlich in der Literatur diskutiert. Außer den klassischen Arbeiten [75] und [11] seien deshalb auch die neueren Arbeiten [38], [40] und [59] erwähnt.

Für die praktische Durchführung der hier behandelten Entwurfsverfahren werden heute überwiegend rechnergestützte Entwurfswerkzeuge eingesetzt. Weit verbreitet ist das in diesem Buch behandelte Programmpaket MATLAB. Mit den durch dieses Programmpaket dem Ingenieur zur Verfügung gestellten Funktionen können viele Entwurfsschritte dem Rechner übertragen werden, ohne dass das Programmpaket die einzelnen Entwurfsschritte selbst vorschlägt. Dem Anwender muss bekannt sein, welche Modellformen für den Entwurf zweckmäßig sind, wie diese Modellformen miteinander kombiniert werden können und welche Analyse- und Entwurfsschritte nacheinander auszuführen sind.

Für die Gestaltung von Programmpaketen, die auf einzelne Entwurfsverfahren zugeschnitten sind, gibt es eine umfangreiche Literatur. Hier sei nur auf [30] verwiesen, wo aus einer Zusammenfassung der für die einzelnen Entwurfsschritte notwendigen theoretischen Grundlagen direkt zur Rechnerimplementierung übergegangen wird.

Verwendet man ein rechnergestütztes Analyse- und Entwurfswerkzeug, so ist man von numerischen Betrachtungen befreit (zumindest bis zum ersten offensichtlichen Rechenfehler!). Die Gestaltung numerisch zuverlässiger Algorithmen für die beim Entwurf verwendeten Lösungsschritte wird in diesem Buch ausgeklammert, da dies ein umfangreiches Thema ist, das einer eingehenden Behandlung bedarf. Als Beispiel aus der umfangsreichen Literatur zu diesem Thema wird auf [58] und [70] verwiesen.

10

Reglerentwurf anhand des PN-Bildes des geschlossenen Kreises

Der Reglerentwurf anhand des Pol-Nullstellen-Bildes des geschlossenen Kreises beruht auf der Konstruktion der Wurzelortskurve, die die Abhängigkeit der Pole des geschlossenen Kreises von der Reglerverstärkung beschreibt. Mit Hilfe der Konstruktionsvorschriften für Wurzelortskurven können aus gegebenen Forderungen an die Lage der Pole des geschlossenen Kreises sowohl die Reglerstruktur als auch die Reglerparameter bestimmt werden.

10.1 Beziehungen zwischen dem PN-Bild des geschlossenen Kreises und den Güteforderungen

10.1.1 Regelkreise mit dominierendem Polpaar

Näherungsweise Beschreibung des Regelkreises als PT$_2$-Glied. Die Idee des in diesem Kapitel beschriebenen Entwurfverfahrens besteht darin, dass dem geschlossenen Kreis durch die Auswahl eines geeigneten Reglers bestimmte Pole zugewiesen werden. Da diese Pole das Übertragungsverhalten des Regelkreises maßgebend beeinflussen, kann auf diesem Weg ein Regler gefunden werden, der vorgegebene Güteforderungen erfüllt. Voraussetzung dafür ist jedoch, dass bekannt ist, wie die Pole des geschlossenen Kreises mit den das Zeitverhalten betreffenden Güteforderungen im Zusammenhang stehen.

Dieser Zusammenhang wird im Folgenden untersucht. Dabei wird angenommen, dass der geschlossene Kreis näherungsweise das Verhalten eines PT$_2$-Gliedes besitzt. Das heißt, es wird von einer Führungsübertragungsfunktion $G_{\mathrm{w}}(s) = \frac{G_0(s)}{1+G_0(s)}$ ausgegangen, für die die Näherung

$$G_{\mathrm{w}}(s) \approx \hat{G}_{\mathrm{w}}(s) = \frac{1}{T^2 s^2 + 2dTs + 1} \tag{10.1}$$

gilt. In diesem Ansatz für $G_w(s)$ wurde – im Gegensatz zu Gl. (6.112) – der statische Übertragungsfaktor gleich eins gesetzt, weil der Regelkreis die Forderung nach Sollwertfolge erfüllen soll. Das Verhalten des PT_2-Gliedes wurde im Abschn. 6.7 ausführlich untersucht. Es ist vollständig durch die Dämpfung d und die Eigenfrequenz $\omega_0 = \frac{1}{T}$ bestimmt.

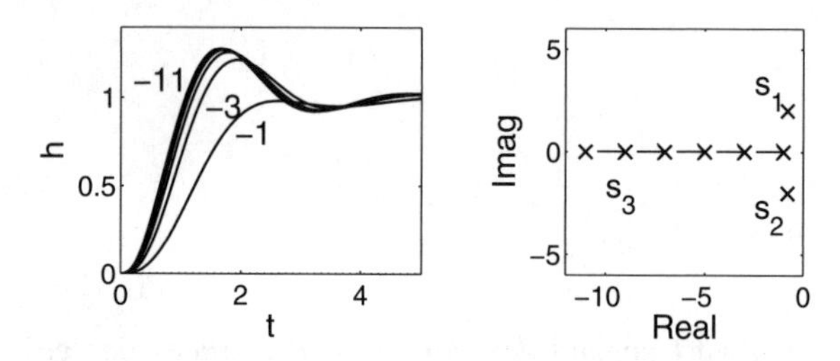

Abb. 10.1: Übergangsfunktion eines Systems dritter Ordnung für unterschiedliche Lage des dritten Pols s_3

Die Approximation (10.1) ist dann besonders gut, wenn der geschlossene Kreis ein *dominierendes Polpaar* besitzt, d. h., wenn im PN-Bild ein konjugiert komplexes Polpaar weit rechts von allen anderen Polen liegt (Abb. 10.2). Dies wird an dem in Abb. 10.1 gezeigten Beispiel deutlich. Bei dem dort untersuchten System liegt ein dritter Pol s_3 in unterschiedlicher Entfernung von einem konjugiert komplexen Polpaar $s_{1/2} = -1 \pm j2$. Ist die Entfernung groß, so spielt der dritte Pol eine vernachlässigbar kleine Rolle für den Verlauf der Übergangsfunktion. Schiebt man den Pol immer weiter an das konjugiert komplexe Polpaar heran, so tritt erst bei $s_3 = -3$ eine sichtbare Veränderung der Übergangsfunktion auf. Hat der Pol denselben Realteil –1 wie das Polpaar $s_{1/2}$, so verändert sich der Charakter der Übertragungsfunktion wesentlich.

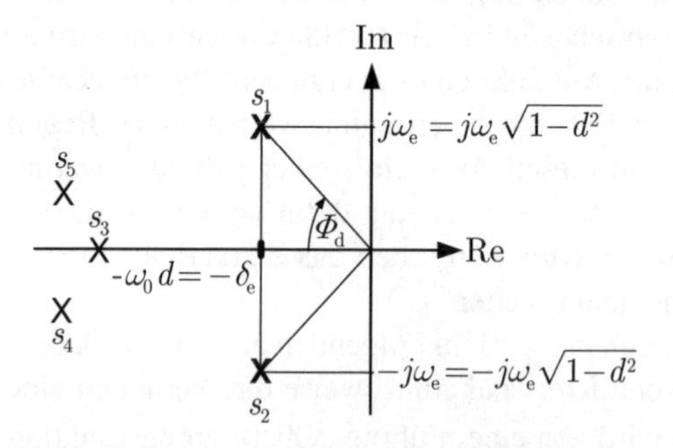

Abb. 10.2: PN-Bild eines Regelkreises mit dominierendem Polpaar

Im Folgenden werden Beziehungen zwischen den an den Regelkreis gestellten Güteforderungen und der Lage der Pole des Näherungsmodells (10.2) abgeleitet. Diese Beziehungen gelten exakt nur dann, wenn das geregelte System tatsächlich ein System zweiter Ordnung ist. Sie können aber als Näherungswerte für Regelkreise höherer Ordnung verwendet werden, wobei die Approximationsgenauigkeit umso besser ist, je größer der Abstand des dominierenden Polpaares von den anderen Polen des geschlossenen Kreises ist.

Zusammenhang zwischen dem dominierenden Polpaar und dem Regelkreisverhalten. Die Pole des Systems (10.1) sind

$$s_{1/2} = -\omega_0 d \pm \omega_0 \sqrt{d^2 - 1}.$$

Sie können für $0 < d < 1$ in der Form

$$s_{1/2} = -\delta_{\rm e} \pm j\omega_{\rm e}$$

mit

$$\delta_{\rm e} = \omega_0 d \qquad \text{und} \qquad \omega_{\rm e} = \omega_0 \sqrt{1 - d^2}$$

geschrieben werden. Ihre Lage in der komplexen Ebene ist durch den Winkel $\phi_{\rm d}$ gekennzeichnet, für den die Beziehung

$$\boxed{\text{Dämpfungsgerade:} \qquad \cos \phi_{\rm d} = d} \qquad (10.2)$$

gilt (Abb. 10.2). Wenn also eine Vorgabe für die Dämpfung d – oder für die entsprechend Gl. (6.121) direkt damit zusammenhängende Resonanzüberhöhung des Führungsfrequenzganges – gemacht wird, so erhält man daraus eine Forderung an den im PN-Bild ablesbaren Winkel $\phi_{\rm d}$ des dominierenden Polpaares. Häufig wird die Vorgabe nicht in einem exakten Wert für d, sondern in einer unteren Schranke $\underline{d}$ und möglicherweise in einer oberen Schranke $\bar{d}$ bestehen, woraus man eine obere und eine untere Schranke $\phi_{\rm max}$ bzw. $\phi_{\rm min}$ für $\phi_{\rm d}$ erhält, die in der komplexen Ebene zwei durch die entsprechenden Geraden eingeschlossene Sektoren für das dominante Polpaar ergeben. (Abb. 10.8).

Das System hat für $d < 1$ die im Abschn. 6.7 abgeleitete Übergangsfunktion, die hier die zum Näherungsmodell $\hat{G}_{\rm w}(s)$ gehörige Führungsübergangsfunktion $\hat{h}_{\rm w}(t)$ darstellt:

$$\hat{h}_{\rm w}(t) = 1 - \frac{1}{\sqrt{1 - d^2}}\, {\rm e}^{-d\omega_0 t} \sin(\omega_0 \sqrt{1 - d^2}\, t + \arccos d), \qquad (10.3)$$

vgl. Gl. (6.118). Typische Übergangsfunktionen dieser Art sind in Abb. 10.3 gezeigt, wobei die Dämpfung in dem für den geschlossenen Kreis wichtigen Bereich $d = 0{,}4 \ldots 0{,}8$ verändert wurde. Dies entspricht Polen, deren Winkel $\phi_{\rm d}$ im Bereich von $\arccos 0{,}4 \ldots 0{,}8 = 37^\circ \ldots 66^\circ$ liegt. Eine kleine Dämpfung führt auf ein großes Überschwingen, eine große Dämpfung auf ein kleines Überschwingen.

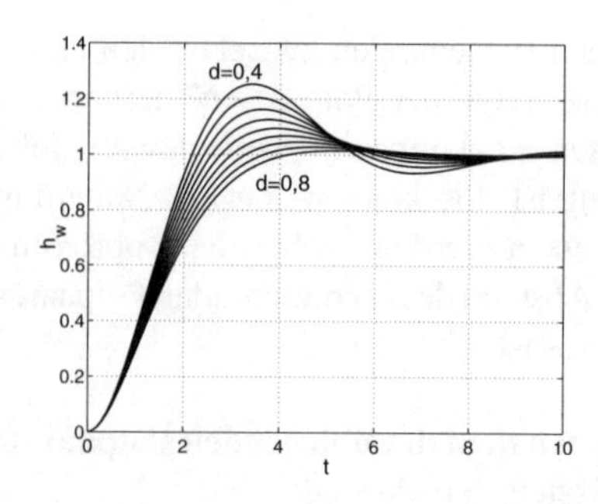

Abb. 10.3: Führungsübergangsfunktion $\hat{h}_{\mathrm{w}}(t)$ des Regelkreises für Dämpfungsfaktor d=0,4 ... 0,8

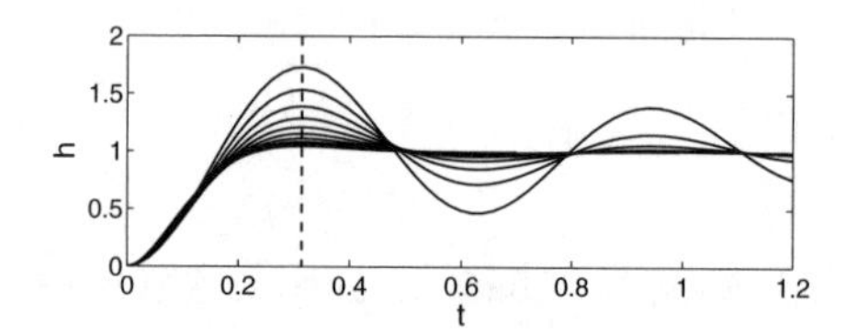

Abb. 10.4: Übergangsfunktion eines Schwingungsgliedes bei $\omega_{\mathrm{e}} = 10$ und $\delta_{\mathrm{e}} = 1, ..., 10$: Für alle Kurven gilt $T_{\mathrm{m}} \approx 0{,}3$.

Aus Gl. (10.3) können wichtige Kenngrößen der Führungsübergangsfunktion wie die Überschwingweite und die Beruhigungszeit berechnet werden. Die Überschwingweite Δh erhält man aus

$$\Delta h = \hat{h}_{\mathrm{w}}(T_m) - 1,$$

wobei T_m die Überschwingzeit, also den Zeitpunkt des ersten Maximums von $\hat{h}_{\mathrm{w}}(t)$ bezeichnet. Aus Gl. (10.3) folgt

$$\text{Überschwingzeit:} \qquad T_{\mathrm{m}} = \frac{\pi}{\omega_0 \sqrt{1-d^2}} = \frac{\pi}{\omega_{\mathrm{e}}}. \tag{10.4}$$

Das heißt, die Überschwingzeit ist nur vom Imaginärteil des Polpaares $s_{1/2}$ abhängig. Abbildung 10.4 illustriert diesen Sachverhalt. Die Übergangsfunktionen wurden für konstanten Wert von ω_{e}, aber veränderten Wert von δ_{e} gezeichnet. Alle Kurven erreichen das erste Überschwingen zur selben Zeit. Eine Verschiebung der Pole parallel zur reellen Achse verändert T_{m} nicht. Allerdings ist die Überschwingweite umso größer, je kleiner δ_{e} ist.

Aus Gl. (10.3) erhält man auch einen Ausdruck für Δh:

$$\text{Überschwingweite:} \quad \Delta h = \mathrm{e}^{-\frac{\pi d}{\sqrt{1-d^2}}} = \mathrm{e}^{-\frac{\delta_{\mathrm{e}}}{\omega_{\mathrm{e}}}\pi} = \mathrm{e}^{-\pi \cot \phi_{\mathrm{d}}}. \tag{10.5}$$

Das heißt, die Überschwingweite hängt nur vom Winkel $\phi_{\rm d}$ ab, wobei Δh umso größer ist, je größer $\phi_{\rm d}$ ist (Abb. 10.5). Alle Polpaare, die auf derselben in Abb. 10.2 eingezeichneten Geraden mit dem Winkel $\phi_{\rm d}$ zur reellen Achse liegen, führen auf dieselbe Überschwingweite (Abb. 10.6). Als Richtwert sollte man sich die in Abb. 10.5 markierten Punkte merken: Zu Polen mit $\phi_{\rm d} = 45°$ gehört ein Überschwingen von $\Delta h \approx 5\%$ und zu $\phi_{\rm d} = 54°$ die Überschwingweite $\Delta h \approx 10\%$.

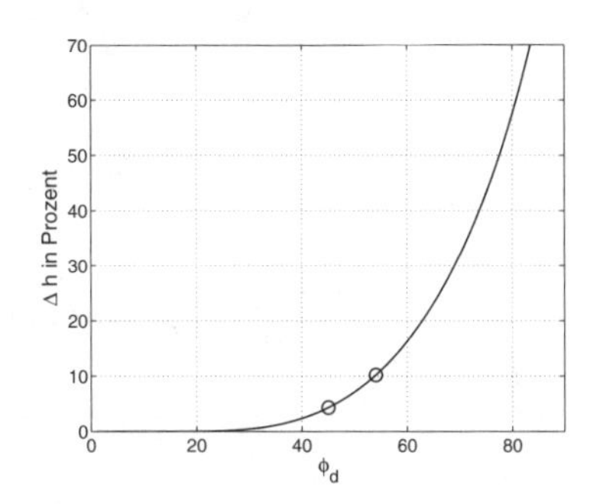

Abb. 10.5: Abhängigkeit der Überschwingweise Δh vom Winkel $\phi_{\rm d}$

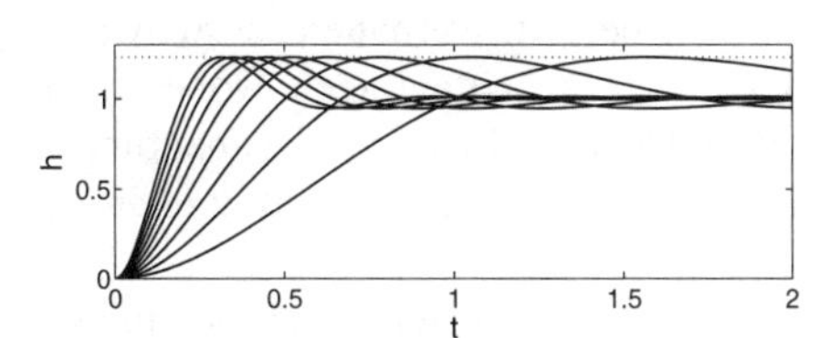

Abb. 10.6: Übergangsfunktion eines Schwingungsgliedes mit Polen bei $\phi_{\rm d} = 65°$: Alle Kurven haben dieselbe Überschwingweite $\Delta h = 23\%$.

Die Forderung, dass die Dämpfung d des geschlossenen Kreises im Bereich $d = 0{,}4 \ldots 0{,}8$ liegen soll, bedeutet also, dass die Überschwingweite bei $\Delta h = 0{,}25 \ldots 0{,}02$ liegt. Die dominierenden Pole dieser Regelkreise liegen in zwei durch $\phi_{\min}$ und $\phi_{\max}$ begrenzten Sektoren der linken komplexen Halbebene (Abb. 10.8). Allgemein führen zwei für die Überschwingweite gegebenen Schranken $\overline{\Delta h}$ und $\underline{\Delta h}$, mit denen

$$\underline{\Delta h} \leq \Delta h \leq \overline{\Delta h}$$

gelten soll, zu einem Sektor, wobei $\phi_{\max}$ durch $\overline{\Delta h}$ und $\phi_{\min}$ durch $\underline{\Delta h}$ bestimmt wird.

Die Beruhigungszeit $T_{5\%}$ beschreibt den Zeitpunkt, bei dem die Übergangsfunktion $h_{\rm w}(t)$ zum letzten Mal in einen $2 \cdot 5\%$ breiten Schlauch um den statischen Endwert „eintaucht". Sie kann näherungsweise dadurch berechnet werden, dass man diejenige Zeit bestimmt, bei der die Umhüllende $\frac{1}{\sqrt{1-d^2}}\mathrm{e}^{-d\omega_0 t}$ der Übergangsfunktion $\hat{h}_{\mathrm{w}}(t)$ den Wert 0,05 hat. Auf diesem Wege erhält man für $d < 0{,}8$ die Beziehung

$$\boxed{\text{Beruhigungszeit:} \quad T_{5\%} \approx \frac{3}{\delta_{\mathrm{e}}} = \frac{3}{d\omega_0}} \tag{10.6}$$

und für die 2%-Zeit

$$T_{2\%} \approx \frac{4{,}5}{\delta_{\mathrm{e}}}. \tag{10.7}$$

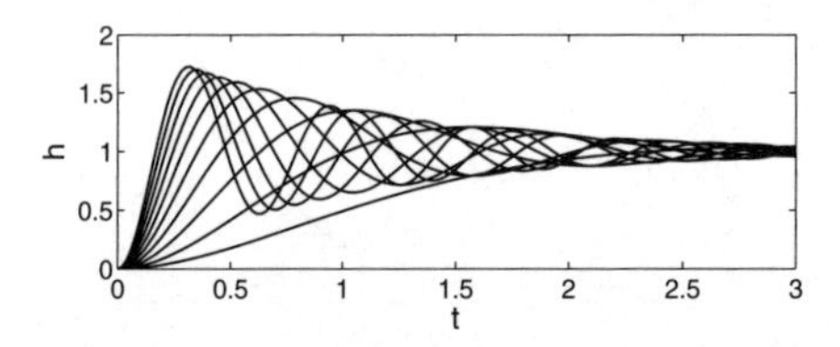

Abb. 10.7: Übergangsfunktion eines Schwingungsgliedes bei $\delta_{\mathrm{e}} = 1$ und $\omega_{\mathrm{e}} = 1, ..., 10$: Für alle Kurven gilt $T_{5\%} \approx 3$.

Die Beruhigungszeit hängt also nur vom Realteil δ_{e} des dominierenden Polpaars ab. In der Abb. 10.7 ist das Übergangsverhalten des Schwingungsgliedes für $\delta_{\mathrm{e}} = 1$ und unterschiedliche Werte von ω_{e} aufgetragen, wobei die Kurven umso schneller oszillieren, je größer ω_{e} ist. Die Einschwingzeit ist aber für alle Kurven entsprechend Gl. (10.6) gleich, nämlich $T_{5\%} \approx 3$. Die $T_{5\%}$-Zeit wird am rechten Ende des Bildes erreicht.

Je weiter das Polpaar in der komplexen Ebene nach links verschoben wird, umso schneller schwingt die Führungsübergangsfunktion in den 5 %-Schlauch ein. Dabei ist folgender Richtwert interessant: Hat das Polpaar den Realteil -3, so schwingt der Regelkreis nach etwa 1 Zeiteinheit ein ($T_{5\%} \approx 1$).

Folgerungen für den Reglerentwurf. Aus den abgeleiteten Beziehungen wird deutlich, dass je eine Vorgabe für Δh und $T_{5\%}$ (oder T_{m}) die Lage des dominierenden Polpaares und folglich auch die Übertragungsfunktion $\hat{G}_{\mathrm{w}}(s)$ zweiter Ordnung eindeutig festlegt. Für eine gegebene Regelstrecke muss dann nach einem Regler $K(s)$ gesucht werden, für den die Führungsübertragungsfunktion die durch $\hat{G}_{\mathrm{w}}(s)$ angegebene Form besitzt.

In der bisher behandelten Form folgt aus den Gütevorgaben genau *eine* Funktion $\hat{G}_{\mathrm{w}}(s)$, aus der eindeutig ein Regler $K(s)$ für die betrachtete Regelstrecke gefunden werden kann. Für praktische Anwendungen geht die Eindeutigkeit dieser Lösungsschritte allerdings aus zwei Gründen verloren. Erstens ist der Regelkreis i. Allg. nicht von zweiter Ordnung, so dass die angegebenen Beziehungen nur näherungsweise gelten und nur als mehr oder weniger gute Anhaltspunkte für den Entwurf verwendet werden können. Zweitens sind die zu erreichenden Werte für die Überschwingweite und die Beruhigungszeit nicht exakt vorgegeben, sondern durch Grenzwerte charakterisiert. Aus oberen und unteren Schranken für Δh und $T_{5\%}$ können dann obere und untere Schranken für $\delta_{\rm e}$ und $\phi_{\rm d}$ ermittelt werden, so dass die Entwurfsforderungen im PN-Bild durch Gebiete dargestellt sind (Abb. 10.8). Die eingetragene obere Grenze für die Frequenz $\omega_{\rm e}$ entsteht aus einer unteren Schranke für die Einschwingzeit $T_{\rm m}$, die durch $\phi_{\rm min}$ gekennzeichnete untere Schranke für die Dämpfung durch eine untere Schranke für die Überschwingweite Δh. Wenn es beide Schranken nicht gibt, so entsteht ein zusammenhängendes Gebiet für das dominierende Polpaar.

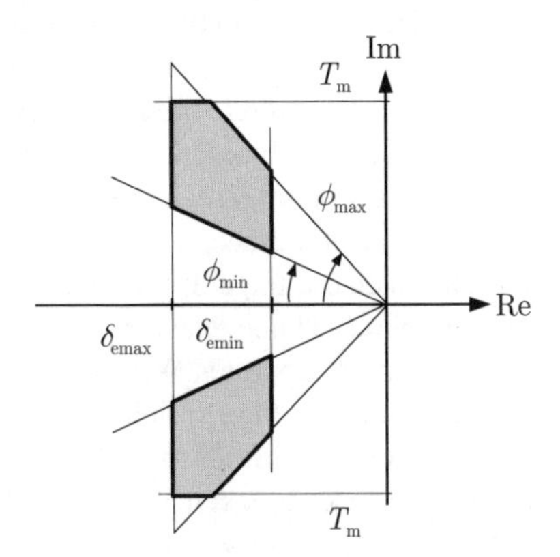

Abb. 10.8: Gebiete für die angestrebte Lage des dominierenden Polpaares des Regelkreises

Ähnliche Beziehungen können auch für andere Charakteristika des Zeitverhaltens bzw. andere Übertragungseigenschaften des Regelkreises abgeleitet werden. Betrachtet man an Stelle des Führungsverhaltens das Verhalten des Regelkreises bei Störung am Regelstreckenausgang, so gilt für die Störübertragungsfunktion

$$G_{\rm d}(s) = 1 - G_{\rm w}(s).$$

Folglich erhält man für die Störübergangsfunktion

$$h_{\rm d}(t) = 1 - h_{\rm w}(t).$$

Aus dieser Beziehung ist zu erkennen, dass das Überschwingen der Störübergangsfunktion (also ein „Unterschwingen“ unter die Zeitachse) zur selben Zeit $T_{\rm m}$ und mit derselben Amplitude Δh eintritt wie das Überschwingen von $h_{\rm w}(t)$ (Abb. 7.2 auf S. 298).

Bezieht man an Stelle der Übergangsfunktion die Gewichtsfunktion des Regelkreises in die Gütebewertung ein, so beschreibt die in gleicher Weise definierte Beruhigungszeit, von welcher Zeit ab die Gewichtsfunktion keine nennenswerte Amplitude mehr aufweist und folglich die Systemantwort auf eine impulsförmige Erregung abgeklungen ist. Aus dieser Überlegung wird deutlich, dass die für die Gewichtsfunktion definierte Beruhigungszeit etwa denselben Wert wie die Beruhigungszeit der Übergangsfunktion hat.

Diese Überlegungen zeigen, dass man ähnliche Gebiete für die Lage des dominierenden Polpaares erhält, wenn man die Güteforderungen nicht an die Führungsübergangsfunktion, sondern an das Störverhalten oder an das Verhalten des Regelkreises bei impulsförmiger Erregung stellt.

„Schöne Stabilität". Die in Abb. 10.8 veranschaulichte Forderung an die Lage der Eigenwerte des Regelkreises weist auf eine praktisch wichtige Erkenntnis der Regelungstechnik hin: Die Stabilitätsforderung (I) ist eine Minimalforderung, die „sehr gut" erfüllt werden muss, damit der Regelkreis brauchbar ist. Es genügt nämlich in der Praxis nicht, die Eigenwerte des geschlossenen Kreises in die linke komplexe Halbebene zu schieben. Typische Forderungen an das Regelkreisverhalten wie die hier untersuchten Forderungen nach hinreichend kurzer Überschwingzeit und akzeptablem Überschwingen schränken die Lage der (dominierenden) Pole auf relativ kleine Gebiete in der linken komplexen Halbebene ein. Um einen Regelkreis in einer für die praktische Aufgabenstellung akzeptablen Weise einzustellen, muss man also mehr tun als nur die Stabilität zu sichern. Man spricht in der Literatur deshalb auch davon, dass man eine „schöne Stabilität" erreichen will, wobei dieser Begriff durch die Vorgabe eines Gebietes der linken komplexen Halbebene definiert ist, in dem die dominierenden (oder alle) Pole des Regelkreises liegen sollen .

Die Bedeutung, die die Stabilitätsanalyse in der Regelungstechnik hat, ist dadurch begründet, dass man für die Stabilität notwendige und hinreichende Kriterien angeben kann und aus diesen Intervalle für die Reglerparameter ausrechnen kann. Auf diesem Wege kann man zeigen, unter welchen Bedingungen die Stabilitätsforderung überhaupt erfüllbar ist, und zwischen lösbaren und unlösbaren Regelungsaufgaben unterscheiden. Dennoch bleibt die Stabilität eine *Minimal*forderung an den Regelkreis, die durch Forderungen an das Übergangsverhalten wesentlich verschärft wird.

Aufgabe 10.1 *Beziehung zwischen Beruhigungszeit und dominierendem Polpaar*

Stellen Sie die Beziehung (10.6) grafisch dar. Welche Schlussfolgerungen ergeben sich daraus für den Reglerentwurf? □

10.1.2 Regelkreise mit einem dominierenden Pol

Alternativ zu den im vorhergehenden Abschnitt betrachteten Fall, dass das Regelkreisverhalten maßgebend durch ein dominierendes Polpaar bestimmt wird, gibt es Regelkreise, deren Übergangsverhalten durch einen dominierenden reellen Pol festgelegt ist. Das Führungsverhalten dieser Regelkreise lässt sich durch ein PT_1-Glied approximieren, so dass

$$G_{\mathrm{w}}(s) \approx \hat{G}_{\mathrm{w}}(s) = \frac{1}{Ts+1} \tag{10.8}$$

gilt. Die Zeitkonstante T erhält man aus dem dominierenden Pol $\bar{s}$ entsprechend der Beziehung

$$T = -\frac{1}{\bar{s}}. \tag{10.9}$$

Diese Näherung trifft vor allem bei „langsam eingestellten" Regelkreisen zu, insbesondere dann, wenn mit I-Reglern mit großer Integrationszeitkonstante gearbeitet wird. Stellt man die Gleichung

$$\hat{G}_{\mathrm{w}} = \frac{\hat{G}_0(s)}{1+\hat{G}_0(s)} \approx \frac{1}{Ts+1}$$

nach $\hat{G}_0(s)$ um, so erhält man

$$\hat{G}_0(s) \approx \frac{1}{Ts}.$$

Die PT_1-Approximation des Führungsverhaltens ist also für Regelkreise angemessen, bei denen die offene Kette näherungsweise ein I-Glied darstellt. Das ist insbesondere dann der Fall, wenn die Pole der Regelstrecke weit links in der linken komplexen Halbebene liegen und das Verhalten der offenen Kette durch den Integratorpol dominiert wird.

Aus den in den Abschnitten 5.7.1 und 5.8.2 angegebenen Eigenschaften von PT_1-Gliedern ergeben sich folgende Konsequenzen für das Regelkreisverhalten:

Die Führungsübergangsfunktion von Regelkreisen mit einem dominierenden reellen Pol $\bar{s}$ hat kein Überschwingen. Für die Beruhigungszeit gilt

$$T_{5\%} \approx \frac{3}{|\bar{s}|}. \tag{10.10}$$

10.2 Wurzelortskurve

10.2.1 Definition

Um durch eine geeignete Wahl der Reglerparameter Pole im geschlossenen Kreis zu erzeugen, die in den in Abb. 10.8 gezeigten Gebieten liegen, muss untersucht werden, wie die Pole des geschlossenen Kreises von den Reglerparametern abhängen. Für den geschlossenen Regelkreis berechnen sich die Pole als Wurzeln (Lösungen) der charakteristischen Gleichung

$$1 + G(s)\,K(s) = 0 \tag{10.11}$$

(vgl. Gln. (8.25) und (8.27)). Sie verändern sich mit den Reglerparametern, die in die Übertragungsfunktion $K(s)$ des Reglers eingehen.

Aus diesen Gründen ist es sinnvoll, die Abhängigkeit der Wurzeln der charakteristischen Gleichung von den Reglerparametern explizit darzustellen. Übersichtlich ist diese Abhängigkeit nur für einen (oder zwei) Reglerparameter. Sie wird hier für den häufig auftretenden Fall untersucht, dass die Reglerverstärkung k positiv ist ($0 \leq k \leq \infty$). Die Übertragungsfunktion $K(s)$ des Reglers wird deshalb in $K(s) = k\hat{K}(s)$ zerlegt, wobei $\hat{K}(s)$ eine fest vorgegebene Reglerdynamik darstellt. Die charakteristische Gl. (10.11) erhält dann die Form

$$1 + kG(s)\,\hat{K}(s) = 1 + k\,\hat{G}_0(s) = 0. \tag{10.12}$$

Definition 10.1 (Wurzelortskurve)
Der Wurzelort ist der geometrische Ort der Wurzeln der charakteristischen Gl. (10.12) in der komplexen Ebene. Die Wurzelortskurve stellt die Abhängigkeit der Wurzelorte vom Verstärkungsfaktor k dar.

Die Begriffe Wurzelort und Wurzelortskurve werden durch das folgende Beispiel veranschaulicht.

Beispiel 10.1 *Wurzelortskurve eines Regelkreises*

Es wird eine Regelstrecke mit PT_2-Verhalten betrachtet, deren Ausgangsgröße über ein Messglied mit einer gegenüber der Zeitkonstanten T des PT_2-Glieds vergleichsweise kleinen Zeitkonstante T_M gemessen wird, so dass die Regelstrecke durch die Übertragungsfunktion

$$G(s) = \frac{1}{(T^2s^2 + 2dTs + 1)(T_M s + 1)} = \frac{1}{(0{,}1s^2 + 0{,}6s + 1)(0{,}15s + 1)}$$

beschrieben ist. Zur Regelung wird der PI-Regler

$$K(s) = k_P\left(1 + \frac{1}{T_I s}\right) = k_P\left(\frac{T_I s + 1}{T_I s}\right) = k_P\left(\frac{0{,}25s + 1}{0{,}25s}\right)$$

eingesetzt, wobei die Reglerverstärkung noch festzulegen ist. Zeichnet man die Wurzeln der charakteristischen Gleichung

$$1 + k\,\frac{(0{,}25s + 1)}{0{,}25s(0{,}1s^2 + 0{,}6s + 1)(0{,}15s + 1)} = 0$$

(mit $k = k_P$) auf, so erhält man Abb. 10.9. Für eine gegebene Reglerverstärkung beschreibt der Wurzelort die Lage der Pole des geschlossenen Kreises in der komplexen Ebene. Da es sich um einen Regelkreis vierter Ordnung handelt, gibt es in diesem Beispiel vier Wurzeln. Für $k = 0 \ldots +\infty$ entstehen folglich vier Kurven, die als Äste der Wurzelortskurve bezeichnet werden. Für $k = 0{,}25$ sind die Wurzeln in der Abbildung durch ein Viereck markiert.

Aus der Wurzelortskurve als Ganzem kann man erkennen, wie sich die Eigenschaften des geschlossenen Kreises bei Erhöhung der Reglerverstärkung verändern. In diesem Beispiel ist der Kreis für $k = 0$ auf Grund des I-Anteils im Regler grenzstabil, denn ein Pol liegt im Koordinatenursprung. Er ist für kleine Verstärkungen stabil und wird instabil, sobald k einen kritischen Wert $k_{\rm krit}$ überschreitet. $k_{\rm krit} = 2$ ist der Wert, bei dem zwei Wurzelorte auf der Imaginärachse liegen. □

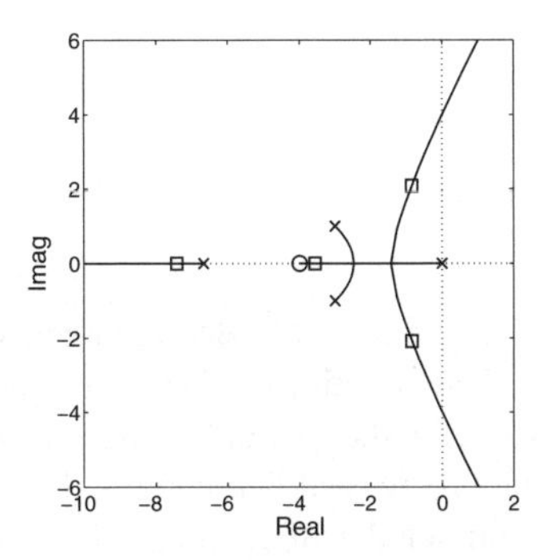

Abb. 10.9: Wurzelortskurve eines Regelkreises: Für $k = 0{,}25$ besitzt der Regelkreis die durch Striche markierten Pole.

10.2.2 Eigenschaften und Konstruktionsvorschriften

In diesem Abschnitt werden Eigenschaften der Wurzelortskurve abgeleitet und Regeln angegeben, die die Konstruktion der Wurzelortskurve erleichtern. Es wird von einer Übertragungsfunktion $G_0(s)$ der offenen Kette in folgenden Darstellungsformen ausgegangen:

$$G_0(s) = k\,\hat{G}_0(s) = k\,\frac{s^q + b_{q-1}s^{q-1} + ... + b_1 s + b_0}{s^n + a_{n-1}s^{n-1} + ... + a_1 s + a_0} \tag{10.13}$$

$$= k\,\frac{\prod_{i=1}^{q}(s - s_{0i})}{\prod_{i=1}^{n}(s - s_i)} \tag{10.14}$$

$$= k\,\frac{\prod_{i=1}^{q}|s - s_{0i}|}{\prod_{i=1}^{n}|s - s_i|}\,\mathrm{e}^{j(\sum_{i=1}^{q}\phi_{0i} - \sum_{i=1}^{n}\phi_i)}. \tag{10.15}$$

Dabei bezeichnen ϕ_{0i} und ϕ_i die Argumente der komplexen Zahlen $s - s_{0i}$ bzw. $s - s_i$, also der Vektoren von den Punkten s_{0i} bzw. s_i zum Punkt s. Es wird vorausgesetzt, dass der Verstärkungsfaktor k positiv ist. Aus der Darstellung (10.13) geht hervor, dass auch die vor der höchsten Potenz s^q im Zähler bzw. s^n im Nenner stehenden Koeffizienten positiv sein müssen (andernfalls siehe Gl. (10.22)) und diese Faktoren gleich eins gesetzt sein müssen, indem man sie in k hineinmultipliziert.

Aus Gl. (10.12)

$$k\,\hat{G}_0(s) = -1$$

folgen die

$$\text{Amplitudenbedingung:} \quad \frac{\prod_{i=1}^{q} |s - s_{0i}|}{\prod_{i=1}^{n} |s - s_i|} = \frac{1}{|k|} \tag{10.16}$$

und die

$$\text{Phasenbedingung:} \quad \sum_{i=1}^{q} \phi_{0i} - \sum_{i=1}^{n} \phi_i = (2l+1)\pi, \tag{10.17}$$

wobei l eine ganze Zahl darstellt. Beide Bedingungen können geometrisch geprüft werden, wie es in Abb. 10.10 gezeigt ist. Damit ein beliebiger Punkt s der komplexen Ebene auf der Wurzelortskurve liegt, muss sein Abstand zu allen Polen und Nullstellen die Bedingung (10.16) erfüllen und die durch die Winkel ϕ_{0i} und ϕ_i beschriebenen Richtungen müssen der Bedingung (10.17) genügen.

Die Amplituden- und Phasenbedingungen können herangezogen werden, um zu bestimmen, ob ein Punkt s der komplexen Ebene auf der Wurzelortskurve liegt oder nicht. Für die Konstruktion der Wurzelortskurve ist dieser Weg allerdings zu aufwändig. Es werden deshalb im Folgenden einige Regeln angegeben, die die Konstruktion wesentlich vereinfachen. Die Amplitudenbedingung ist jedoch auch nützlich, um für einen ausgewählten Punkt einer bekannten Wurzelortskurve die zugehörige Reglerverstärkung auszurechnen. Dafür muss man den mit Gl. (10.16) berechneten Wert in die Reglerverstärkung und einen aus der Umformung der Übertragungsfunktion in die Form (10.13) gegebenenfalls herausgezogenen Faktor aufteilen.

Bestimmung des Parameters k für einen gegebenen Wurzelort. Zu jedem Wert des Verstärkungsfaktors k gehört je ein Punkt auf jedem Ast der Wurzelortskurve. Für diese Punkte gilt die Amplitudenbedingung (10.16), die zur Berechung von k in

$$k = \frac{\prod_{i=1}^{n} |s - s_i|}{\prod_{i=1}^{q} |s - s_{0i}|} \tag{10.18}$$

umgeformt wird. Folglich kann k aus den Abständen des betrachteten Punktes von allen Polen und Nullstellen bestimmt werden. Für Systeme ohne Nullstellen ($q = 0$) wird für den Nenner eine Eins eingesetzt. Bei der Anwendung dieser Methode müssen die reelle und die imaginäre Achse mit gleichem Maßstab gezeichnet sein, was bei „Handskizzen“ selbstverständlich ist, bei Rechnerausdrucken auf Grund der automatischen Skalierung jedoch kontrolliert werden muss.

Symmetrie. Da die Wurzeln der charakteristischen Gleichung reell oder konjugiert komplex sind, ist die Wurzelortskurve symmetrisch zur reellen Achse.

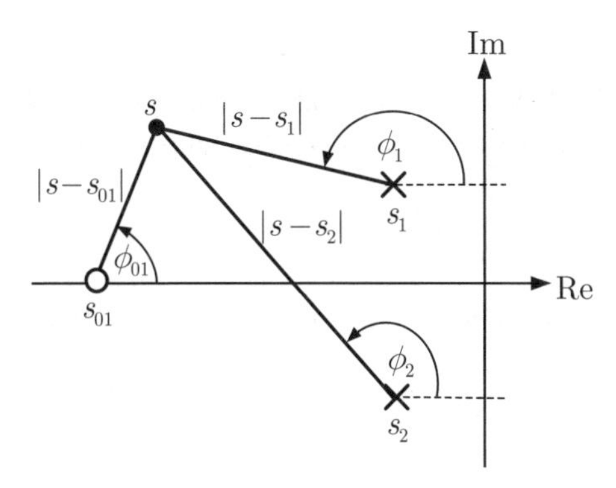

Abb. 10.10: Analyse der Wurzelortskurve

Beziehungen der Wurzelortskurve zum PN-Bild. Aus der charakteristischen Gl. (10.12) folgt aus Darstellung (10.14) von $G_0(s)$ die Beziehung

$$k \prod_{i=1}^{q} (s - s_{0i}) + \prod_{i=1}^{n} (s - s_i) = 0.$$

Für $k = 0$ erhält man daraus als Wurzelorte erwartungsgemäß die Pole s_i der offenen Kette. Für $k \to \infty$ folgt aus der Amplitudenbedingung (10.16), dass die Nullstellen s_{0i} Wurzelorte sind. Das heißt, dass die Wurzelortskurve aus n Ästen besteht, die in den Polen der offenen Kette beginnen und von denen q in den Nullstellen der offenen Kette enden. $n - q$ Äste der Wurzelortskurve enden im Unendlichen. Ist die Vielfachheit von Polen oder Nullstellen größer als eins, so beginnen bzw. enden genau soviele Äste in diesen Punkten wie die Vielfachheit angibt.

Eine direkte Konsequenz dieser Tatsache ist, dass Regelkreise mit allpasshaltigen Elementen für große Kreisverstärkungen instabil werden. Ein Allpassanteil in der Regelstrecke beschränkt die mögliche Reglerverstärkung und damit die Möglichkeit, durch den Regler das dynamische Verhalten der Regelstrecke zu beeinflussen.

Asymptoten der Wurzelortskurve. Die Äste der Wurzelortskurve, die nicht in Nullstellen enden, können für große Verstärkung k näherungsweise durch Geraden approximiert werden. Aus der charakteristischen Gleichung und (10.13) erhält man für betragsmäßig große s

$$1 + k\hat{G}_0(s) \overset{|s|\to\infty}{\longrightarrow} 1 + ks^{q-n} = 0$$

und daraus für betragsmäßig große s die Bedingung

$$s^{n-q} = -k,$$

unter der s für $k \to \infty$ auf der Wurzelortskurve liegt. Folglich sind alle komplexen Zahlen s Wurzelorte, die einen sehr großen Betrag haben und für die die Phasenbedingung

$$(n-q)\arg s = (2l+1)\pi$$

erfüllt ist, wobei l eine beliebige ganze Zahl ist. Die Äste der Wurzelortskurve sind also näherungsweise durch Geraden mit den Neigungswinkeln

$$\boxed{\phi_{\text{Asympt}} = \frac{180^o + l\,360^o}{n-q} \qquad l = 0, 1, ..., n-q-1} \tag{10.19}$$

beschrieben. Diese Geraden haben einen gemeinsamen Schnittpunkt auf der reellen Achse im Punkt

$$\boxed{s_{\text{Asympt}} = \frac{\sum_{i=1}^{n} s_i - \sum_{i=1}^{q} s_{0i}}{n-q} = \frac{b_{q-1} - a_{n-1}}{n-q}.} \tag{10.20}$$

Dieser Punkt kann als „Schwerpunkt" der Pole und Nullstellen der offenen Kette gedeutet werden.

In Abb. 10.11 sind die Asymptoten für verschiedene Differenzen $n-q$ aufgezeichnet.

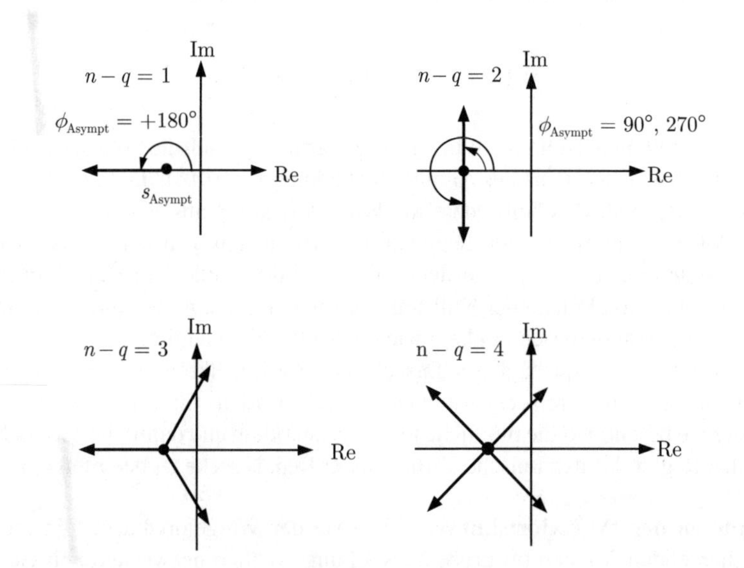

Abb. 10.11: Asymptoten der Wurzelortskurve für unterschiedlichen Polüberschuss der offenen Kette

Wurzelorte auf der reellen Achse. Anhaltspunkte für die Konstruktion der Wurzelortskurve gibt auch die folgende Aussage, die sich auf reelle Wurzelorte bezieht. Aus der Phasenbedingung (10.17) folgt:

> Zur Wurzelortskurve gehören genau diejenigen reellen Werte s, für die die Anzahl der von diesem Punkt s aus gesehen rechts liegenden Pole und Nullstellen der offenen Kette ungerade ist.

Da konjugiert komplexe Paare von Polen bzw. Nullstellen rechts von s gemeinsam einen Winkel von $\pm 360^o$ zur Phasenbedingung (10.17) beitragen, müssen nur die reellen Pole und Nullstellen gezählt werden. Die bezüglich s links liegenden Pole und Nullstellen haben keinen Einfluss, da für reelle Pole bzw. Nullstellen dieser Art das Argument von $s - s_{0i}$ bzw. $s - s_i$ null ist bzw. für konjugiert komplexe Pole oder Nullstellen die Summe der Argumente verschwindet (vgl. Abb. 10.10, wenn der Punkt s auf die reelle Achse verschoben wird).

Verzweigungs- und Vereinigungspunkte. Verzweigungs- und Vereinigungspunkte der Wurzelortskurve stellen mehrfache Wurzeln der charakteristischen Gleichung dar. In ihnen muss deshalb außer der charakteristischen Gleichung $1 + G_0(s) = 0$ auch die Beziehung

$$\frac{dG_0(s)}{ds} = G_0'(s) = 0$$

gelten. Diese Beziehung ist nur notwendig, aber nicht hinreichend für einen Vereinigungs- oder Verzweigungspunkt. Aus Gl. (10.14) erhält man

$$\ln G_0(s) = \ln k + \sum_{i=1}^{q} \ln(s - s_{0i}) - \sum_{i=1}^{n} \ln(s - s_i)$$

und durch Differenziation

$$\frac{d}{ds} \ln G_0(s) = \frac{G_0'(s)}{G_0(s)} = \sum_{i=1}^{q} \frac{1}{s - s_{0i}} - \sum_{i=1}^{n} \frac{1}{s - s_i}.$$

s ist ein Wurzelort, wenn $G_0(s) = -1$ gilt. Folglich gilt für diese Punkte $\frac{G_0'(s)}{G_0(s)} = -G_0'(s)$. Verzweigungspunkte und Vereinigungspunkte sind deshalb durch die Gleichung

$$\sum_{i=1}^{q} \frac{1}{s - s_{0i}} = \sum_{i=1}^{n} \frac{1}{s - s_i} \tag{10.21}$$

beschrieben.

Es wurde schon darauf hingewiesen, dass diese Beziehung notwendig, aber nicht hinreichend für Verzweigungs- und Vereinigungspunkte ist. Man muss deshalb für jeden aus Gl. (10.21) bestimmten Punkt überprüfen, ob die Phasenbedingung (10.17) erfüllt ist.

Für reelle Verzweigungs- und Vereinigungspunkte lassen sich aus Gl. (10.21) folgende Regeln ableiten (vgl. Abb. 10.12):

- Liegt ein Ast der Wurzelortskurve zwischen zwei reellen Polen auf der reellen Achse, so gibt es mindestens einen Verzweigungspunkt zwischen diesen beiden Polen.
- Liegt ein Ast der Wurzelortskurve zwischen zwei reellen Nullstellen auf der reellen Achse, so existiert mindestens ein Vereinigungspunkt zwischen den beiden Nullstellen.

- Liegt ein Ast der Wurzelortskurve zwischen einem reellen Pol und einer reellen Nullstelle auf der reellen Achse, dann sind entweder keine Verzweigungs- und Vereinigungspunkte vorhanden, oder diese Punkte treten paarweise auf.

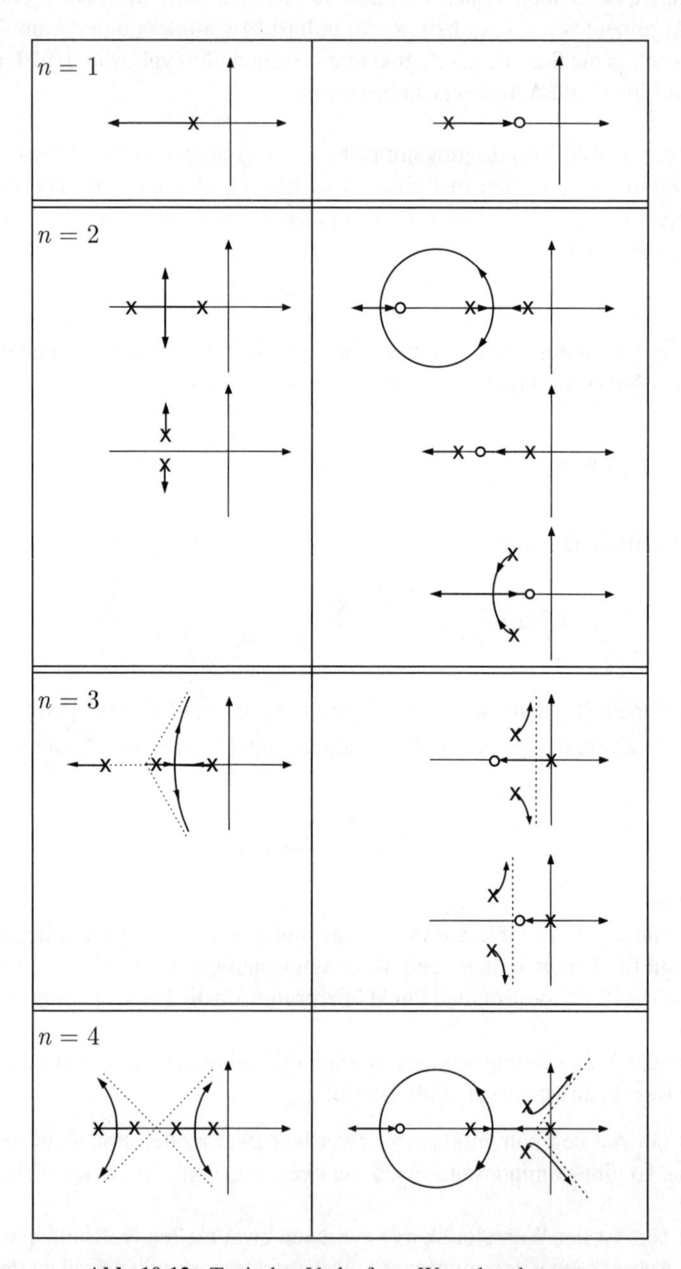

Abb. 10.12: Typischer Verlauf von Wurzelortskurven

Wurzelortskurve bei negativer Verstärkung. Die bisherigen Betrachtungen gingen von der Darstellungsform (10.13) der offenen Kette aus, wobei k eine positive Reglerverstärkung bezeichnete. Sie werden jetzt für die Übertragungsfunktion

$$G_0(s) = k\,\hat{G}_0(s) \;=\; k\,\frac{b_q s^q + b_{q-1}s^{q-1} + ... + b_1 s + b_0}{s^n + a_{n-1}s^{n-1} + ... + a_1 s + a_0} \tag{10.22}$$

$$= kb_q\,\frac{\prod_{i=1}^{q}(s - s_{0i})}{\prod_{i=1}^{n}(s - s_i)} \tag{10.23}$$

$$= kb_q\,\frac{\prod_{i=1}^{q}|s - s_{0i}|}{\prod_{i=1}^{n}|s - s_i|}\;\mathrm{e}^{j(\sum_{i=1}^{q}\phi_{0i} - \sum_{i=1}^{n}\phi_i)} \tag{10.24}$$

erweitert. Solange das Produkt kb_q positiv ist, ändert sich nichts an den bisher behandelten Konstruktionsvorschriften. Für

$$kb_q < 0 \tag{10.25}$$

gelten die Amplituden- und Phasenbedingungen in der Form

$$|b_q|\frac{\prod_{i=1}^{q}|s - s_{0i}|}{\prod_{i=1}^{n}|s - s_i|} \;=\; \frac{1}{|k|} \tag{10.26}$$

$$\sum_{i=1}^{q}\phi_{0i} - \sum_{i=1}^{n}\phi_i \;=\; 2l\,\pi. \tag{10.27}$$

Mit Hilfe der Gl. (10.26) ist k aus der Wurzelortskurve für einen gegebenen Punkt s bestimmbar, wobei die Gleichung den Betrag $|k|$ liefert und das Vorzeichen aus der Bedingung (10.25) für das gegebene b_q festgelegt wird. Die veränderte Phasenbedingung hat zwei Konsequenzen. Erstens gehören jetzt alle reellen Werte s zur Wurzelortskurve, bezüglich derer die Anzahl der rechts liegenden Pole und Nullstellen der offenen Kette *gerade* ist. Zweitens ändern sich die Neigungswinkel der Asymptoten:

$$\phi_{\mathrm{Asympt}} = \frac{l\,360^o}{n - q} \qquad l = 0, 1, ..., n - q - 1. \tag{10.28}$$

Das heißt, die in Abb. 10.11 gezeigten Schemata müssen um $\frac{180^o}{n-q}$ gedreht werden, so dass beispielsweise die Asymptote für $n - q = 1$ nicht in Richtung der negativen, sondern in Richtung der positiven reellen Achse zeigt.

Beispiel 10.2 *Wurzelortskurve eines nichtminimalphasigen Systems*

Die Veränderung, die sich durch das negative Vorzeichen von kb_q ergibt, ist in Abb. 10.13 veranschaulicht. Wird der Allpass $G(s) = \frac{-2s+1}{2s+1}$ mit einem I-Regler $K(s) = \frac{k}{s}$ zurückgeführt, so kann die Übertragungsfunktion der offenen Kette

$$G_0(s) = k\frac{-2s + 1}{s(2s + 1)}$$

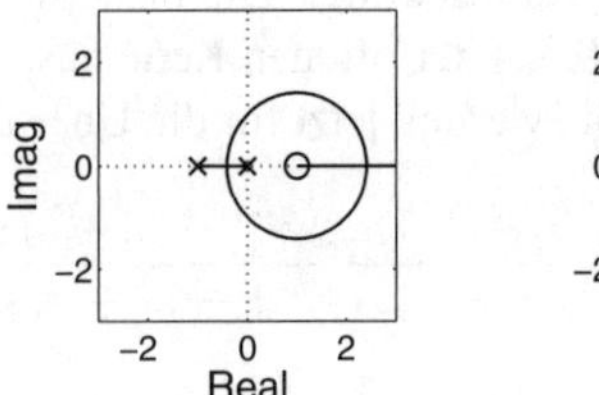

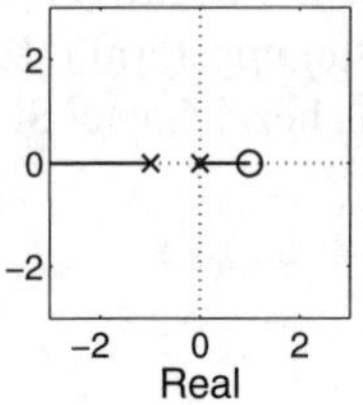

Abb. 10.13: Wurzelortskurve eines nichtminimalphasigen Systems

nicht in die Form (10.13) überführt werden. Der Koeffizient $b_q = -2$ ist negativ.

Würde man die Wurzelortskurve anhand der für $kb_q > 0$ erläuterten Konstruktionsvorschriften zeichnen, so erhielte man das in Abb. 10.13 rechts gezeigte Bild und würde daraus folgern, dass der Regelkreis für alle Werte von k instabil ist. Da jetzt jedoch kb_q negativ ist, ändern sich die Konstruktionsvorschriften. Reelle Werte gehören zur Wurzelortskurve, wenn die Anzahl der von s rechts liegenden Pole und Nullstellen gerade ist. Außerdem zeigt die Asymptote jetzt nach rechts. Man erhält die linke Wurzelortskurve, aus der man ablesen kann, dass der Regelkreis für kleine Verstärkungen k stabil ist. □

Für die Verwendung der Wurzelortskurve zum Reglerentwurf ist es wichtig, die hier angegebenen Konstruktionsprinzipien zu kennen, um daraus ableiten zu können, *warum* die Wurzelortskurven so wie dargestellt verlaufen. Dies gilt auch, wenn man die Wurzelortskurven nicht per Hand zeichnet, sondern sich von einem Rechner ausgeben lässt. Nur wenn man die Konstruktionsprinzipien kennt, kann man beim Reglerentwurf durch die Einführung von Nullstellen oder Polen des Reglers die Wurzelorte zielgerichtet so verändern, dass die Pole des Regelkreises für eine geeignet gewählte Reglerverstärkung in die gewünschten Gebiete geschoben werden.

Aufgabe 10.2 *Wurzelortskurve eines Regelkreises mit I-Regler*

Die Regelstrecke

$$G(s) = \frac{22}{s^2 + 6s + 11}$$

wir mit einem I-Regler

$$K_{\rm I} = \frac{1}{T_{\rm I} s}$$

geregelt. Zeichnen Sie die Wurzelortskurve bezüglich der Integrationszeitkonstanten $T_{\rm I}$. Für welche Integrationszeitkonstante kann die Führungsübertragungsfunktion des Regelkreises wie in Gl. (10.8) durch ein PT_1-Glied approximiert werden? □

Aufgabe 10.3 *Wurzelortskurven von Regelkreisen*

Gegeben sind folgende Regelstrecken:

$$G(s) = \frac{1}{(s+1)(s+2)} \qquad G(s) = \frac{5}{s^2+2s+1}$$
$$G(s) = \frac{5}{(s+1)(s-1)} \qquad G(s) = \frac{10}{(s+1)(s+3)(s-1)}$$

Zeichnen Sie die Wurzelortskurven der Regelkreise, die bei Verwendung eines P-Reglers entstehen. Wie verändern sich die Wurzelortskurven, wenn Sie anstelle des P-Reglers einen I- bzw. einen PI-Regler verwenden? □

Aufgabe 10.4* *Wurzelortskurve für P-geregelte Systeme*

Die im Folgenden angegebenen Regelstrecken werden mit einer P-Regelung versehen. Zeichnen Sie die Wurzelortskurven und interpretieren Sie Ihr Ergebnis.

1. Gleichstrommotor aus Aufgabe 6.31 auf S. 287 mit der Übertragungsfunktion
$$\frac{0{,}159}{0{,}011s^2+0{,}911s+5{,}9} \tag{10.29}$$
(Eingangsgröße: Motorspannung; Ausgangsgröße: Drehzahl).
2. Verladebrücke aus Beispiel 5.1 auf S. 115 mit der Übertragungsfunktion
$$G(s) = \frac{0{,}00123}{s^4+3{,}066s^2} \tag{10.30}$$
(Eingangsgröße: Kraft an der Laufkatze; Ausgangsgröße: Position des Greifers). □

10.3 Reglerentwurf unter Verwendung der Wurzelortskurve

10.3.1 Entwurfsverfahren

Beim Reglerentwurf am PN-Bild geht man davon aus, dass die Dynamikforderungen an das Zeitverhalten des geschlossenen Kreises in Forderungen an die Lage des dominierenden Polpaares übersetzt sind. Für eine Regelstrecke mit gegebener Übertragungsfunktion $G(s)$ wird dann nach einem Regler mit der unbekannten Übertragungsfunktion $K(s) = k\hat{K}(s)$ gesucht, für den die Übertragungsfunktion $G_{\rm w}(s)$ des geschlossenen Kreises das geforderte dominierende Polpaar besitzt. Dieses Vorgehen wird durch die Wurzelortskurve folgendermaßen unterstützt:

- Für gegebene Pole und Nullstellen der offenen Kette, die sich aus $G(s)\hat{K}(s)$ berechnen lassen, ist aus dem qualitativen Verlauf der Wurzelortskurve bekannt, wie sich die Pole des geschlossenen Kreises in Abhängigkeit von der Reglerverstärkung k verändern. Daraus kann abgeleitet werden, welche Pole bzw. Nullstellen in die offene Kette durch entsprechende Wahl des dynamischen Teils $\hat{K}(s)$ des Reglers eingeführt werden müssen, damit der geschlossene Kreis ein dominierendes Polpaar mit vorgegebenen Werten haben *kann*.

- Für die gegebene Übertragungsfunktion $G(s)\hat{K}(s)$ der offenen Kette kann mit Hilfe der Wurzelortskurve eine solche Reglerverstärkung k bestimmt werden, für die das dominierende Polpaar des Regelkreises (annähernd) die geforderte Lage im PN-Bild besitzt.

Der Reglerentwurf mit Hilfe der Wurzelortskurve läuft deshalb in folgenden Schritten ab:

Entwurfsverfahren 10.1 *Reglerentwurf mit Hilfe der Wurzelortskurve*

Gegeben: Regelstrecke $G(s)$, Güteforderungen

1. Aus den Güteforderungen an den geschlossenen Kreis werden Gebiete für die Lage des dominierenden Polpaares des Regelkreises abgeleitet.
2. Die qualitative Lage der Wurzelortskurve wird durch Einführen von Polen und Nullstellen des Reglers festgelegt, wobei zunächst mit möglichst wenigen Polen und Nullstellen gearbeitet wird. Aus den neu eingeführten Polen und Nullstellen folgt der dynamische Teil $\hat{K}(s)$ des Reglers.
3. Für die offene Kette mit der Übertragungsfunktion $kG(s)\hat{K}(s)$ wird die Wurzelortskurve gezeichnet.
4. Die Reglerverstärkung k wird aus Punkten der Wurzelortskurve ermittelt, die in den vorgegebenen Gebieten für das dominierende Polpaar liegen. Für den erhaltenen Wert von k werden alle Wurzelorte bestimmt und es wird überprüft, dass ein dominierendes Polpaar vorhanden ist und der Einfluss der übrigen Pole auf das Regelkreisverhalten voraussichtlich klein ist.
5. Das Zeitverhalten des geschlossenen Kreises wird simuliert. Entspricht das Verhalten nicht den gegebenen Güteforderungen, so wird der Entwurf unter Verwendung anderer Regler $\hat{K}(s)$ ab Schritt 2 wiederholt.

Ergebnis: Regler $K(s) = k\,\hat{K}(s)$

Problematisch ist die Wahl der Pole und Nullstellen des Reglers. Auf die Wurzelortskurve des geschlossenen Kreises bezogen sollen die neu eingeführten Pole bzw. Nullstellen die Äste der Wurzelortskurve so „verbiegen“, dass das dominierende Polpaar an die gewünschte Stelle in der komplexen Ebene verschoben werden kann und dass dieses Polpaar auch insofern „dominiert“, als dass alle anderen Pole des geschlossenen Kreises weit genug links von diesem Polpaar liegen. Für die Wahl der Reglerpole und -nullstellen gibt es keine exakten Vorschriften. Aus den folgenden Beispielen wird offensichtlich, wie dieses Problem mit Hilfe der behandelten Eigenschaften und Konstruktionsvorschriften für Wurzelortskurven gelöst werden kann.

Wenn der Regelkreis nur einen dominierenden Pol haben soll, wird der Reglerentwurf in derselben Weise, aber mit entsprechend modifizierter Zielstellung durchgeführt.

PN-Bilder linearer Regler und Korrekturglieder. Die Einführung neuer Pole und Nullstellen in das PN-Bild ist an eine Reihe von Bedingungen geknüpft, da sämt-

Regler bzw. Korrekturglied	Übertragungsfunktion	PN-Bild
PD (ideal)	$k_{\mathrm{P}}\,(T_{\mathrm{D}}s+1)$	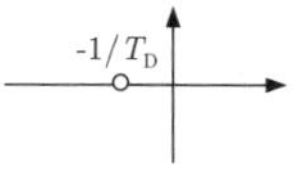 $-1/T_{\mathrm{D}}$
PI	$\frac{1}{T_{\mathrm{I}}s}\,(T_{\mathrm{D}}s+1)$	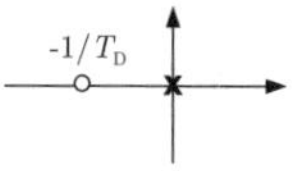 $-1/T_{\mathrm{D}}$
PID	$\frac{1}{T_{\mathrm{I}}s}(T_{\mathrm{Da}}s+1)(T_{\mathrm{Db}}s+1)$	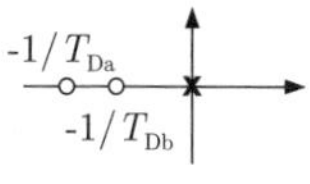 $-1/T_{\mathrm{Da}}$, $-1/T_{\mathrm{Db}}$
phasenabsenkendes Korrekturglied	$\frac{T_{\mathrm{D}}s+1}{Ts+1} \quad T > T_{\mathrm{D}}$	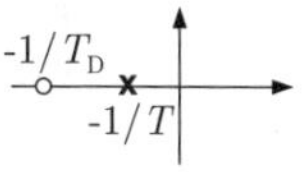 $-1/T_{\mathrm{D}}$, $-1/T$
phasenanhebendes Korrekturglied	$\frac{T_{\mathrm{D}}s+1}{Ts+1} \quad T < T_{\mathrm{D}}$	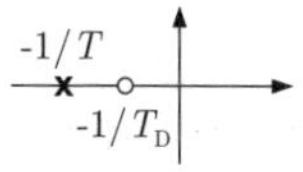 $-1/T$, $-1/T_{\mathrm{D}}$

Abb. 10.14: PN-Bilder wichtiger Regler und Korrekturglieder

liche neu eingeführten Pole und Nullstellen im Regler realisiert werden müssen. In Abb. 10.14 sind deshalb die PN-Bilder wichtiger Reglertypen und Korrekturglieder gezeigt. Aus diesen Abbildungen wird offensichtlich, dass die Einführung von Nullstellen in das PN-Bild die Einführung mindestens genauso vieler Pole nach sich zieht. Eine Ausnahme bilden der ideale PD- oder PID-Regler, deren (idealer) differenzierender Anteil in der praktischen Realisierung allerdings auch einen zusätzlichen, in der komplexen Ebene sehr weit links liegenden Pol mit sich bringt. Das in der Tabelle verwendete PID-Reglergesetz stimmt mit zwei Nullstellen sowie einem Pol bei null mit dem bisher verwendeten überein (vgl. Gl. (7.63)). Es wurde hier umgeschrieben, um die Wirkung im PN-Bild besser darstellen zu können.

Regler und Korrekturglieder sind Bestandteile der zu realisierenden Rückführung und können beim Entwurf am PN-Bild in Kombination miteinander verwendet werden. Natürlich ist es möglich, mehrere dieser Elemente in Reihe zu schalten oder die Übertragungsfunktion $\hat{K}(s)$ beliebig zu wählen.

Beispiel 10.3 *Stabilisierung eines „invertierten Pendels"*

Es ist ein Regler zu entwerfen, der das in Abb. 10.15 gezeigte „invertierte Pendel" stabilisiert. Stellgröße ist die Kraft auf den Wagen; Regelgröße der Winkel ϕ.

Vernachlässigt man die Reibung und linearisiert das Modell um den Arbeitspunkt $\bar{\phi} = 0$, so erhält man das Zustandsraummodell

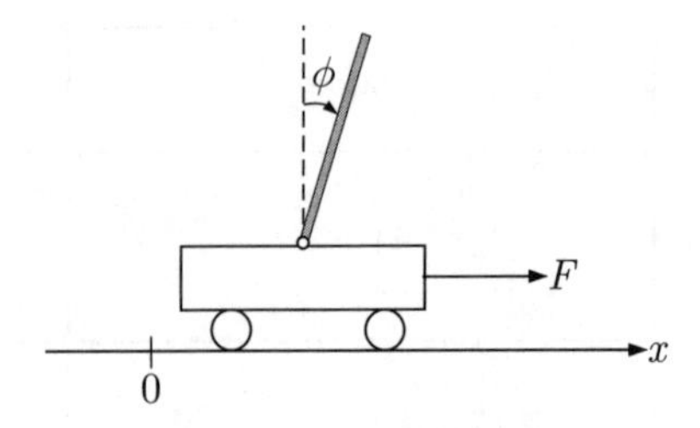

Abb. 10.15: „Invertiertes Pendel“

$$\frac{d}{dt}\begin{pmatrix}\phi\\ \dot{\phi}\end{pmatrix} = \begin{pmatrix}0 & 1\\ \frac{m+m_{\mathrm{w}}}{m_{\mathrm{w}}}\frac{g}{l} & 0\end{pmatrix}\begin{pmatrix}\phi\\ \dot{\phi}\end{pmatrix} + \begin{pmatrix}0\\ -\frac{1}{m_{\mathrm{w}}l}\end{pmatrix}u \tag{10.31}$$

$$\begin{pmatrix}\phi(0)\\ \dot{\phi}(0)\end{pmatrix} = \begin{pmatrix}\phi_0\\ \dot{\phi}_0\end{pmatrix}$$

$$y = (1\ \ 0)\begin{pmatrix}\phi\\ \dot{\phi}\end{pmatrix}, \tag{10.32}$$

das hier für die folgenden Parameter verwendet wird:

Masse des Wagens	m_{w}	$= 3{,}2$ kg
Masse der Stange	m	$= 0{,}3$ kg
Länge der Stange	l	$= 0{,}5$ m
Erdbeschleunigung	g	$= 9{,}81\ \frac{\mathrm{m}}{\mathrm{s}^2}$
Zeit	t	in s.

Daraus ergibt sich für die Regelstrecke die Übertragungsfunktion

$$G(s) = \frac{-0{,}625}{s^2 - 21{,}46}$$

mit den Polen $s_1 = -4{,}62$ und $s_2 = 4{,}62$.

Wird eine proportionale Rückführung $K(s) = k_{\mathrm{P}}$ verwendet, so erhält man die in Abb. 10.16 gezeigte Wurzelortskurve. Für alle Reglerverstärkungen ist der geschlossene Kreis instabil bzw. grenzstabil. Der Grund dafür liegt in der Tatsache, dass die Asymptoten entsprechend der Konstruktionsvorschrift auf der Imaginärachse liegen, was übrigens für beliebige Systemparameter gilt.

Durch die Pole und Nullstellen eines dynamischen Reglers $K(s)$ muss die Wurzelortskurve so verändert werden, dass für einen Bereich der Reglerverstärkung alle Äste in der linken Halbebene liegen. Dafür muss das PN-Bild der offenen Kette modifiziert werden. Eine Möglichkeit besteht darin, einen Regler mit einem Pol und einer Nullstelle zu verwenden, wobei die Nullstelle auf dem linken Pol der Regelstrecke liegt und der Pol weiter links davon. Die Nullstelle des Reglers kürzt sich dann mit dem Pol der Strecke, so dass die offene Kette wiederum zwei Pole hat, deren linker Pol jetzt allerdings weiter links in der komplexen Ebene liegt als der der Regelstrecke. Damit wird die Wurzelortskurve insgesamt nach links geschoben, wie Abb. 10.17 zeigt.

Für die Durchführung dieses Entwurfsschrittes wird ein phasenanhebendes Korrekturglied mit einer zusätzlichen Proportionalverstärkung k_{P} verwendet

$$K(s) = k_{\mathrm{P}}\frac{T_{\mathrm{D}}s + 1}{Ts + 1}$$

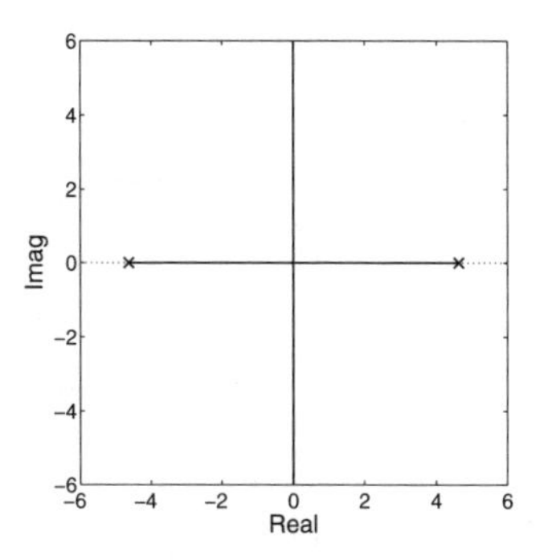

Abb. 10.16: Wurzelortskurve des geschlossenen Kreises mit P-Regler

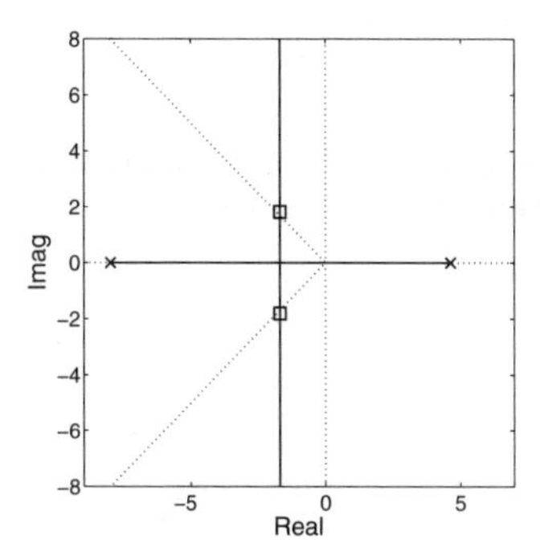

Abb. 10.17: Wurzelortskurve des Pendels mit Korrekturglied: Markiert sind die für $k_{\mathrm{P}} = 43$ erhaltenen Pole

und dessen Nullstelle so gewählt, dass sie mit dem Pol s_1 übereinstimmt:

$$T_{\mathrm{D}} = -\frac{1}{s_1} = 0{,}216\,.$$

Die Zeitkonstante T wird deutlich kleiner als die zu s_1 gehörende Zeitkonstante $\frac{1}{4{,}62} = 0{,}216$ gewählt, beispielsweise

$$T = 0{,}125\,.$$

Mit diesem Regler hat die offene Kette außer dem instabilen Pol einen Pol bei $-\frac{1}{T} = -8$. Die in Abhängigkeit von der Reglerverstärkung k_{P} gezeichnete Wurzelortskurve zeigt Abb. 10.17. Die Asymptoten liegen jetzt in der linken Halbebene. Wenn die Verstärkung k_{P} groß genug gewählt wird, ist der Regelkreis stabil.

In Erweiterung der bisherigen Betrachtungen soll der Regler sicherstellen, dass die Eigenbewegung des Regelkreises nach etwa 1,5 s abgeklungen ist und wenig Überschwingen auftritt. Entsprechend Gl. (10.6) muss der Realteil der Pole bei $\delta_{\mathrm{e}} \approx \frac{3}{T_{5\%}} \approx 2$ liegen. Annähernd asymptotisches Verhalten erreicht man, wenn die Pole unterhalb der Winkelhalbierenden liegen, die in Abb. 10.17 punktiert eingetragen sind. Die erste Forderung wird auf Grund der gewählten Zeitkonstante T erfüllt. Das konjugiert komplexe Polpaar des Regelkreises liegt auf der Winkelhalbierenden, wenn $k_{\mathrm{P}} = 43$ gewählt wird.

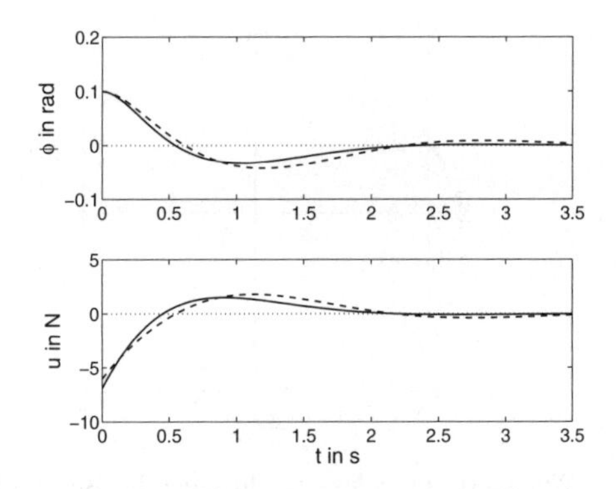

Abb. 10.18: Eigenbewegung des Regelkreises bei $\phi(0) = 0{,}1$ (— erste Reglereinstellung, - - - zweite Reglereinstellung)

Die durchgezogenen Linien von Abb. 10.18 zeigen die Eigenbewegung des Regelkreises für den Anfangszustand $\phi(0) = 0{,}1$, $\dot{\phi}(0) = 0$.

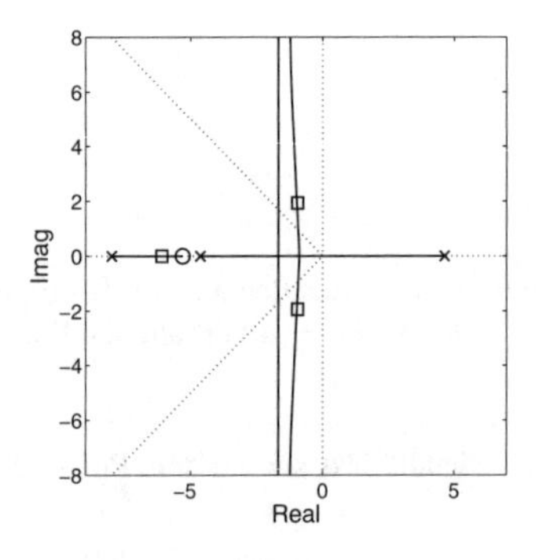

Abb. 10.19: Wurzelortskurve bei ungenauer Kompensation des Regelstreckenpols durch die Nullstelle

Diskussion. Die bisherige Lösung beruht auf einer Pol-Nullstellen-Kompensation, bei der ein Pol der Strecke in der Übertragungsfunktion der offenen Kette gegen die Nullstelle des Reglers gekürzt wird. Es erhebt sich die Frage, welche Veränderung das Regelkreisverhalten aufweist, wenn die Nullstelle des Reglers den Regelstreckenpol s_1 nicht exakt kompensiert, weil entweder die Regelstreckenparameter nicht exakt bekannt sind oder die Reglerparameter nicht genau eingestellt wurden. Abbildung 10.19 zeigt die Wurzelortskurve, die sich bei Veränderung von T_{D} auf 70 Prozent des bisherigen Wertes ergibt. Die Wurzelortskurve hat jetzt drei Äste. Das dominierende Polpaar rutscht von dem links eingetragenen Ast der Wurzelortskurve, die zu der ersten Reglereinstellung gehört, zu Polen mit geringerer Dämpfung. Der Regelkreis bleibt jedoch stabil. Die Eigenbewegung ist in Abb. 10.18 als gestrichelte Kurve zu erkennen. Die Veränderung im Verhalten des Regelkreises ist auf Grund der veränderten Pollage zu erwarten.

Diese Betrachtungen zeigen, dass es „ungefährlich" ist, stabile Pole der Strecke gegen Reglernullstellen zu kürzen. Anders verhält es sich, wenn man versucht, instabile Pole auf diese Weise unwirksam zu machen. Sobald die Reglernullstelle den betreffenden Pol nicht exakt trifft, hat die Wurzelortskurve einen Ast, der von dem instabilen Pol in die daneben liegende Nullstelle verläuft. Folglich besitzt der geschlossene Kreis für beliebige Reglerverstärkungen einen instabilen Pol. Wie im Abschn. 8.4.2 erläutert wurde, wird diese Vorgehensweise ohnehin verboten, wenn man vom Regelkreis nicht nur E/A-Stabilität, sondern auch die I-Stabilität fordert. □

10.3.2 Regelung mit hoher Kreisverstärkung

Anhand der in Abb. 10.11 dargestellten Asymptotenmuster für die Wurzelortskurve lässt sich leicht erklären, auf welcher Überlegung die Regelung mit hoher Kreisverstärkung beruht, die in der Literatur ausführlich unter dem Begriff *High-gain feedback* untersucht worden ist. Setzt man voraus, dass die Regelstrecke einen Polüberschuss von eins besitzt

$$n - q = 1$$

und dass sämtliche Nullstellen in der linken komplexen Ebene liegen

$$\mathrm{Re}\{s_{0i}\} < 0,$$

so tritt bei sehr hoher Kreisverstärkung k folgendes ein. $n - 1$ Äste der Wurzelortskurve nähern sich den Nullstellen der offenen Kette. Die auf diesen Ästen liegenden Pole des Regelkreises sind somit für hinreichend große Reglerverstärkung stabil. Der verbleibende Pol nähert sich der Asymptoten, die auf der negativen reellen Achse nach $-\infty$ führt. Folglich ist auch dieser Pol für hinreichend große Verstärkung stabil. Die Stabilität des Regelkreises kann also dadurch gesichert werden, dass eine genügend hohe Reglerverstärkung gewählt wird.

Wichtig für die Anwendung dieses Regelungsprinzips ist, dass es vollkommen gleichgültig ist, welche dynamische Ordnung und wieviele instabile Pole die Regelstrecke besitzt. Auch kann dem Regler ein beliebiges dynamisches Verhalten $\tilde{K}(s)$ gegeben werden. Man muss nur darauf achten, dass der Regler einen P-Anteil und folglich keinen Polüberschuss besitzt und dass alle seine Nullstellen negativen Realteil haben. Der Polüberschuss der offenen Kette ist dann derselbe wie der der Strecke, also nach Voraussetzung gleich eins.

Der entstehende Regelkreis besitzt also eine bemerkenswerte Robustheitseigenschaft. Da die Stabilität gesichert ist, wenn die genannten Voraussetzungen erfüllt sind und eine hinreichend große Reglerverstärkung gewählt wurde, kann die Stabilität des Regelkreises unabhängig von den Parametern der Regelstrecke gesichert werden. Um das beschriebene Regelungsprinzip anzuwenden, muss man noch nicht einmal ein Modell der Regelstrecke aufstellen. Vielfach können die Voraussetzungen geprüft werden, indem man die in der Regelstrecke auftretenden Wirkprinzipien analysiert, ohne dabei ein exaktes mathematisches Modell aufzustellen.

Bezüglich der praktischen Anwendung sollte man sich jedoch vor Augen halten, dass die genannten Voraussetzungen sehr scharf sind. Dabei ist die Forderung nach hinreichend großer Kreisverstärkung oft nicht der entscheidende Mangel, denn in vielen Anwendungen fängt der Bereich der „genügend hohen“ Verstärkungen schon bei $k = 1$ oder $k = 10$ an. Viel entscheidender ist die Forderung, dass der Polüberschuss höchstens eins betragen darf. Das heißt, dass für hohe Frequenzen nur eine Phasenverschiebung von -90° auftreten kann. Beachtet man, dass im Regelkreis nach Abb. 1.3 auf S. 5 außer dem Stellverhalten der Regelstrecke ein Stellglied und ein Messglied liegen, so wird offensichtlich, dass der Polüberschuss in den meisten praktischen Anwendungen größer als eins ist. Man stelle sich nur vor, dass ein Messglied mit PT_1-Verhalten verwendet wird. Dann darf weder das Stellverhalten der Strecke noch das Stellglied einen Polüberschuss besitzen. Beide Übertragungsglieder müssen sprungfähig sein!

10.3.3 Zusammenfassende Bewertung des Reglerentwurfs anhand des PN-Bildes

Im Mittelpunkt des hier behandelten Entwurfsverfahrens steht die Gestaltung der Eigendynamik des Regelkreises. Die Pole des Regelkreises sollen durch eine geeignete Wahl des Reglers so in der komplexen Ebene platziert werden, dass der Regelkreis ein gutes dynamisches Verhalten aufweist. Wohin die Pole zu verschieben sind, geht aus der im Abschn. 10.1 beschriebenen vereinfachten Betrachtung hervor, bei der Gebiete für das dominierende Polpaar in Abhängigkeit von den Güteforderungen an den Regelkreis ermittelt wurden.

Das Verfahren eignet sich damit sehr gut für Stabilisierungsprobleme, bei denen instabile Pole der Regelstrecke durch den Regler in die linke komplexe Halbebene verschoben werden sollen. Gleichfalls lässt das Verfahren sehr gut erkennen, wie die Dämpfung eines Systems durch den Regler verbessert werden kann.

Um Sollwertfolge zu erreichen, muss die offene Kette entsprechend dem Inneren-Modell-Prinzip über bestimmte dynamische Eigenschaften verfügen, beispielsweise bei sprungförmigen Führungs- und Störsignalen über integrales Verhalten. Darauf muss zusätzlich zu den bisherigen Überlegungen geachtet werden. So muss der Regler $\hat{K}(s)$ einen I-Anteil besitzen, wodurch ein Pol im Ursprung der komplexen Ebene eingeführt wird.

Aufgabe 10.5 *Stabilität von Regelkreisen*

Begründen Sie anhand des prinzipiellen Verlaufs der Wurzelortskurve, dass folgende Aussagen richtig sind:

1. Ein Regelkreis, der aus einer stabilen Regelstrecke mit PT_2-Verhalten und einem proportionalen Regler besteht, ist für alle Reglerverstärkungen $k = 0 ... + \infty$ E/A-stabil.
2. Wenn die Regelstrecke stabil ist und $k_s > 0$ gilt, so können für den geschlossenen Kreis Stabilität und Sollwertfolge dadurch gesichert werden, dass ein I-Regler mit hinreichend kleiner Reglerverstärkung verwendet wird.

3. Wird eine Nullstelle des Reglers so gewählt, dass sie mit einem Pol der Regelstrecke übereinstimmt und folglich Pol und Nullstelle nicht mehr in der Übertragungfunktion der offenen Kette vorkommen, so ist der geschlossene Kreis instabil, wenn es sich dabei um einen instabilen Pol handelt und bei der technischen Realisierung der Reglernullstelle der Pol nicht exakt getroffen wird. Demgegenüber ist die Kompensation eines stabilen Pols in dieser Beziehung unkritisch. □

Aufgabe 10.6* *Reglerentwurf mit Hilfe der Wurzelortskurve*

Gegeben ist die Regelstrecke

$$G(s) = \frac{1}{s(s+1)(s+3)}.$$

1. Überprüfen Sie mit Hilfe der Wurzelortskurve, ob die Regelstrecke durch einen P-Regler stabilisiert werden kann.
2. Wie muss der Regler gewählt werden, damit der Regelkreis bei sprungförmigen Führungs- und Störgrößen keine bleibende Regelabweichung besitzt?
3. Entwerfen Sie einen Regler, mit dem der geschlossene Kreis ein Überschwingen der Führungsübergangsfunktion von $\Delta h < 16\%$ und eine Beruhigungszeit von $T_{5\%} < 4$ besitzt. □

Aufgabe 10.7 *Entwurf stabilisierender Regler*

In den beiden Aufgaben 8.6 und 8.7 auf S. 361 mussten Intervalle für den Reglerparameter k_{P} bestimmt werden, für die der Regelkreis stabil ist. Lösen Sie diese Aufgaben jetzt mit Hilfe der Wurzelortskurve. □

Aufgabe 10.8* *Steuerung eines Schiffes*

Ein Schiff soll auf einem Kurs $w(t)$ gehalten werden, wobei der Kapitän den Ruderausschlag $u(t)$ in Abhängigkeit von der Abweichung $e(t) = w(t) - y(t)$ der Fahrtrichtung y von der vorgegebenen Richtung w festlegt. Zur Vereinfachung der Betrachtungen kann $w(t) = 0$ festgelegt und angenommen werden, dass sich das Schiff in einem von den Vorgaben abweichenden Kurs $y \neq 0$ befindet.

1. Stellen Sie die Differenzialgleichung bzw. das Zustandsraummodell des Schiffes als Regelstrecke auf und bestimmen Sie daraus die Übertragungsfunktion.
2. Zeigen Sie, dass der Kapitän das Schiff nicht auf dem vorgegebenen Kurs halten kann, wenn er als P-Regler fungiert, also die Ruderstellung proportional zur Kursabweichung festlegt.
3. Wie muss der Kapitän reagieren, damit er das Schiff auf den vorgegebenen Kurs führen kann? □

Aufgabe 10.9* *Lageregelung hydraulischer Ruderstellsysteme*

Durch hydraulische Stellsysteme werden die Ruder von Flugzeugen auf vorgegebene Positionen w gebracht. Abbildung 10.20 zeigt links den hydraulischen Schaltplan. Durch die Stellgröße u wird das Servoventil ausgelenkt und damit der Weg von der Hochdruckseite der Hydraulikversorgung p_S in den Gleichlaufzylinder mit größerem oder kleinerem Querschnitt freigegeben, so dass Öl in die rechte oder die linke Seite des Hydraulikzylinders gepresst wird. Die parallelen und überkreuzten Pfeile zeigen, dass das Servoventil wahlweise die Hochdruckseite auf die rechte oder die linke Hälfte des Zylinders leiten und damit eine Links- bzw. Rechtsbewegung des Zylinders auslösen kann.

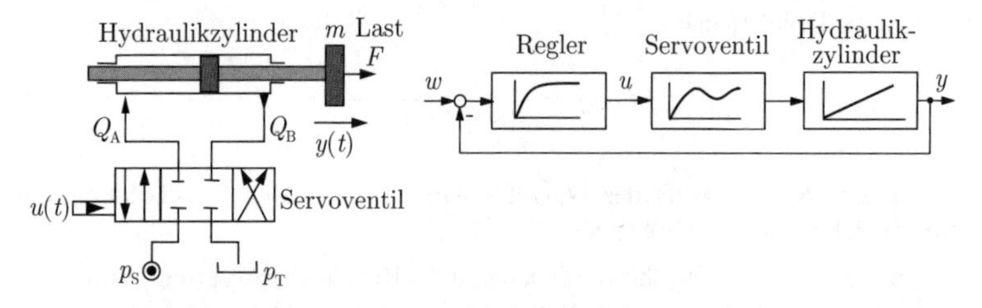

Abb. 10.20: Hydraulischer Schaltplan und Regelkreis des Ruderstellsystems

Die Lageregelung hat die Aufgabe, die Position y des Ruders auf den vorgegebenen Sollwert w zu bringen, unabhängig davon, wie groß die Kraft F auf das Ruder ist.

Die Stellgröße u ist die Spannung bzw. der Strom durch den elektrischen Antrieb des Servoventils. Die im linken Teil der Abbildung gezeigte Anordnung hat IT_2-Verhalten, wobei der I-Anteil durch die integrierende Wirkung des Hydraulikzylinders hervorgerufen wird. Stellantriebe sind unterschiedlich gedämpft, wobei hier mit dem für Ruderstellantriebe typischen Dämpfungsfaktor von $d = 0{,}3$ gearbeitet werden soll.

Stellantriebe für Flugzeuge werden mit proportionalen Reglern geregelt. Die damit nicht zu verhindernde bleibende Regelabweichung bei Störungen wie z. B. Seitenwinden wird durch den Piloten ausgeglichen, der die Sollgröße für die Ruderbewegung entsprechend größer oder kleiner wählt, so dass das Ruder die geforderte Wirkung auf das Flugverhalten hat.

Das Störverhalten des lagegeregelten Antriebes ist durch die Laststeifigkeit beschrieben, die die Empfindlichkeit der Kolbenposition von der äußeren Kraft auf den Kolben beschreibt. Aus regelungstechnischer Sicht wird damit die bleibende Regelabweichung in Bezug zur Amplitude der Störung bewertet. Deshalb ist die Laststeifigkeit umso besser, je größer die Kreisverstärkung des Regelkreises ist. Aus diesem Grund wird für die Lageregelung mit verzögernden Reglern gearbeitet, so dass $K(s)$ beispielsweise ein PT_1-Glied beschreibt. Warum? □

Aufgabe 10.10 *Wurzelortskurve bei negativer Reglerverstärkung k*

1. Welche Änderungen in den Konstruktionsregeln und in den Beispielen aus Tabelle 10.12 ergeben sich, wenn die Reglerverstärkung k negativ ist?
2. Zeigen Sie anhand der Wurzelortskurve, dass für jede nicht sprungfähige stabile Regelstrecke mit positiver statischer Verstärkung ($k_s > 0$) eine betragsmäßig große, jedoch negative Kreisverstärkung ($k < 0$) zu einem instabilen Regelkreis führt. □

Aufgabe 10.11* *Stabilisierung eines Fahrrades*

Beim Fahrradfahren wirkt der Mensch als Regler. Dies soll im folgenden anhand des Balanciervorganges untersucht werden. Durch Vorgabe eines geeigneten Lenkwinkels β beeinflusst der Mensch dabei den Neigungswinkel θ des Fahrrades, wobei man im Wesentlichen von einem proportionalen Verhalten des Reglers „Mensch" ausgehen kann:

$$\beta(t) = -k_\mathrm{P}\theta(t). \tag{10.33}$$

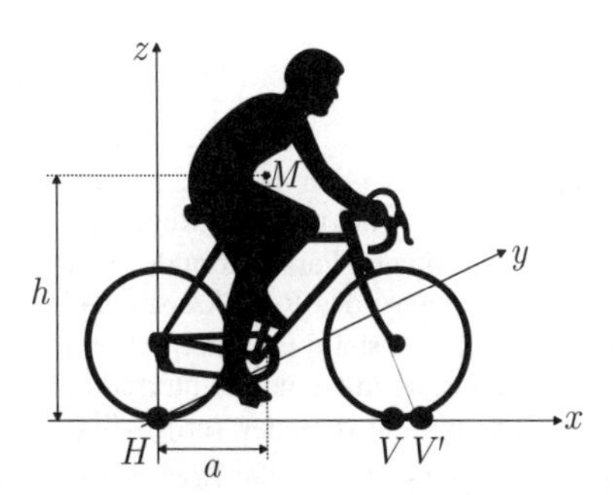

Abb. 10.21: Fahrradfahrer

Die wichtigsten Größen des Fahrrades sind in den Abbildungen 10.21 und 10.22 markiert. Der Radabstand wird mit b bezeichnet. Der Schwerpunkt M des Fahrrades einschließlich dem Fahrer wird durch die Abstände a und h beschrieben. Der Lenkwinkel β beschreibt, wie stark das Vorderrad gegenüber der Längsachse des Fahrrades eingeschlagen ist. Entsprechend Abb. 10.22 legt β den auf der y-Achse liegenden Punkt O fest, um den sich das Fahrrad bei einer Kurvenfahrt dreht, und folglich auch den Winkel α sowie die Abstände r und r_0 zwischen den Punkten O und M bzw. O und H.

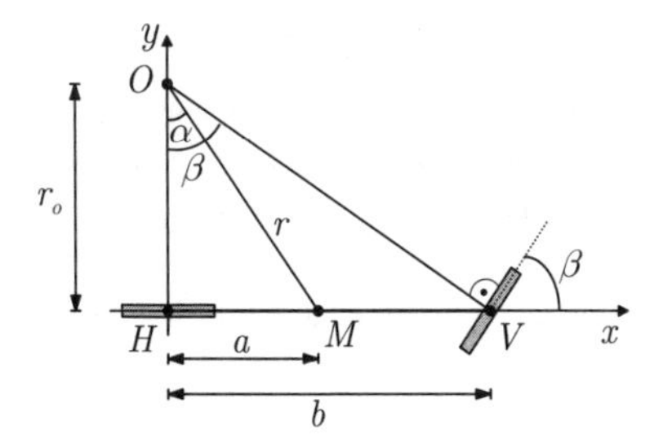

Abb. 10.22: Fahrradkinematik in der x/y-Ebene

Das Fahrrad wirkt als Regelstrecke mit der Stellgröße β und der Regelgröße θ. Zu einem Modell kommt man, wenn man das Fahrrad als ein „invertiertes" Pendel auffasst und berechnet, welche Kräfte in Abhängigkeit vom Lenkwinkel β auf das Pendel wirken. Nach Linearisierung um den Punkt $\bar{\theta} = 0$ erhält man die lineare Differenzialgleichung:

$$\frac{d^2\theta}{dt^2} - \frac{mgh}{J_p}\theta = \frac{mahv_0}{bJ_p}\frac{d\beta}{dt} + \frac{mhv_0^2}{bJ_p}\beta. \qquad (10.34)$$

Parameterbezeichnung	Symbol	Wert
x-Koordinate des Schwerpunktes	a	0,60 m
z-Koordinate des Schwerpunktes	h	1,00 m
Radabstand	b	1,20 m
Masse von Fahrrad und Fahrer	m	75 kg
Trägheitsmoment bezüglich der Balancierbewegung	J_p	75 kg m^2
Erdbeschleunigung	g	9,81 $\frac{\mathrm{m}}{\mathrm{s}^2}$
Geschwindigkeit	v_0	2 $\frac{\mathrm{m}}{\mathrm{s}}$

1. Zeichnen Sie den Regelkreis, durch den das Balancierproblem gelöst werden soll.
2. Berechnen Sie die Übertragungsfunktion der Regelstrecke und daraus die Pole und Nullstellen in Abhängigkeit von den Parametern des Fahrrades.
3. Zeichnen Sie die Wurzelortskurve des Regelkreises und untersuchen Sie, für welche Reglerverstärkung der Regelkreis stabil ist. Interpretieren Sie Ihr Ergebnis.
4. Betrachten Sie nun ein Fahrrad mit einer Hinterradlenkung, für das sich das Modell (10.34) nur insofern ändert, als dass der Term $\frac{mahv_0}{bJ_p}\frac{d\beta}{dt}$ mit einem Minuszeichen in die Differenzialgleichung eingeht. Welche Konsequenzen hat diese Veränderung für das Balancieren des Fahrrades? Diskutieren Sie Ihr Ergebnis anhand der Wurzelortskurve. □

Aufgabe 10.12* *Reglerentwurf für eine allpasshaltige Regelstrecke*

Gegeben ist die nichtminimalphasige Regelstrecke

$$G(s) = \frac{s-1}{s+2},$$

für die die Reglerverstärkung k_{P} des PI-Reglers

$$K(s) = k_{\mathrm{P}}\left(1 + \frac{1}{s}\right)$$

so bestimmt werden soll, dass ein stabiler Regelkreis entsteht.

1. Stellen Sie die charakteristische Gleichung des Regelkreises auf und bestimmen Sie diejenigen Intervalle für die Reglerverstärkung k_{P}, für die der Regelkreis stabil ist. Interpretieren Sie dieses Ergebnis.
2. Zeigen Sie, dass man dasselbe Ergebnis durch Betrachtung der Wurzelortskurve erhalten kann. □

Aufgabe 10.13** *Robustheitsanalyse mit Hilfe der Wurzelortskurve*

Wie kann mit Hilfe der Wurzelortskurve die Robustheit des Regelkreises gegenüber Parameterunsicherheiten des Regelstreckenmodells untersucht werden? Für welche Arten von Unsicherheiten in der Beschreibung der Regelstrecke eignet sich dieses Hilfsmittel besonders gut? □

10.4 MATLAB-Funktionen zum Reglerentwurf anhand des PN-Bildes

Außer der bereits erwähnten Funktion `pzmap` zur Berechnung des PN-Bildes sind für die Konstruktion der Wurzelortskurve zwei Funktionen notwendig. Mit

```
>> rlocus(offeneKette);
```

kann man sich die Wurzelortskurve grafisch auf dem Bildschirm ausgeben lassen, wenn man zuvor das Modell der offenen Kette festgelegt hat. Beispielsweise entstand die in Abb. 10.9 dargestellte Wurzelortskurve als Ergebnis des folgenden Funktionsaufrufs:

```
>> z = [0.25, 1];
>> n = [0.00375, 0.0475, 0.1875, 0.25, 0];
>> offeneKette = tf(z, n);
>> rlocus(offeneKette);
```

Die zweite Funktion dient der Auswahl einer geeigneten Reglerverstärkung. Nach dem Funktionsaufruf

```
>> [k, Pole] = rlocfind(offeneKette)
```

erscheint ein Fadenkreuz auf dem Bildschirm, mit dem ein Punkt der Wurzelortskurve ausgewählt („angeklickt") werden kann. Anschließend steht in der Variablen `k` der zugehörige Wert der Verstärkung k und in der Matrix `Pole` die Werte aller Pole des geschlossenen Kreises. Der erhaltene Wert für k gibt den in der Darstellung (10.13) der Übertragungsfunktion der offenen Kette vorkommenden Faktor an, der in einen Anteil für die Regelstrecke und die Reglerverstärkung zerlegt werden muss.

Für den Entwurf des im Beispiel 10.3 behandelten Reglers für das invertierte Pendel kann mit diesen Funktionen das Programm 10.1 aufgestellt werden. Die Begründung der einzelnen Entwurfsschritte kann dem Beispiel 10.3 entnommen werden. Um die MATLAB-Eingaben hier auf das Wichtigste zu beschränken, wurden alle Funktionsaufrufe weggelassen, die lediglich der besseren grafischen Ausgaben dienen. Bis auf diese geringfügigen Änderungen entstanden die Abbildungen 10.16 und 10.17 mit dem angegebenen Programm.

Geht man das Programm Schritt für Schritt durch, so erkennt man, dass der Rechner nur die aufwändigen numerischen Berechnungen übernehmen kann und die Entwurfsentscheidungen dem Ingenieur überlassen bleiben. Das Verständnis der Wurzelortskurve und die Kenntnisse darüber, wie sich der qualitative Verlauf der Wurzelortskurve bei unterschiedlichen Reglern verändert, sind entscheidend, um die behandelte Aufgabe lösen zu können.

Die in Abb. 10.19 gezeigte Wurzelortskurve, die bei nicht exakter Kompensation des Regelstreckenpols durch die Reglernullstelle entsteht, kann auf ähnliche Weise erzeugt werden. Für die Simulationsuntersuchungen des geschlossenen Kreises

Programm 10.1 *Reglerentwurf mit Hilfe der Wurzelortskurve*
Beispiel 10.3: Stabilisierung des invertierten Pendels

```
>> zs = [0.625];
>> ns = [1 0 -21.46];
>> Pendel = tf(zs, ns);
>> rlocus(Pendel);                              ...erzeugt Abb. 10.16
```

Verwendung eines Korrekturgliedes, das den negativen reellen Pol kompensiert

```
>> T=0.125;
>> TD=0.216;
>> kP=1;
>> zPD=[kP*TD kP];
>> nPD=[T 1];
>> PDRegler = tf(zPD, nPD)
```

Berechnung der Übertragungsfunktion der offenen Kette

```
>> offeneKette = series(PDRegler, Pendel);
>> minOffeneKette = minreal(offeneKette);
                                          ...kürzt die Übertragungsfunktion
```

Zeichnen der Wurzelortskurve und Auswahl eines Poles auf der Winkelhalbierenden

```
>> rlocus(minOffeneKette);                      ...erzeugt Abb. 10.17
>> [k, Pole] = rlocfind(minOffeneKette)
  k =
       39.904
  Pole =
       -1.6838 + 1.7893i
       -1.6838 + 1.7893i
```

wurde in diesem Beispiel mit dem Zustandsraummodell gearbeitet, da die Eigenbewegung maßgebend ist, die sich sehr einfach mit der Funktion `initial` aus dem Zustandsraummodell berechnen lässt.

Aufgabe 10.14* *Wurzelortskurve eines Schwingkreises*

Wurzelortskurven können nicht nur zur Untersuchung von Regelkreisen bei veränderlicher Reglerverstärkung, sondern auch zur Analyse von Systemen in Abhängigkeit von bestimmten Parametern eingesetzt werden. Voraussetzung für die Nutzung der in diesem Kapitel angegebenen Konstruktionsvorschriften ist, dass das dynamische System als ein rückgeführtes System mit variabler Rückführverstärkung interpretiert wird.

Untersuchen Sie auf diese Weise, wie sich die Eigenwerte des in Gl. (4.39) auf S. 64 beschriebenen Schwingkreises in Abhängigkeit vom Wert des Widerstandes R verändern, wenn $L = 100\,\mathrm{mH}$ und $C = 10\,\mu\mathrm{F}$ vorgegeben sind.

1. Wie kann das Modell
$$\begin{pmatrix} \frac{di_1}{dt} \\ \frac{du_2}{dt} \end{pmatrix} = \begin{pmatrix} 0 & -\frac{1}{L} \\ \frac{1}{C} & -\frac{R}{L} \end{pmatrix} \begin{pmatrix} i_1 \\ u_2 \end{pmatrix} \tag{10.35}$$
des ungestörten Schwingkreises als rückgekoppeltes System mit variabler Rückführverstärkung R interpretiert werden?
2. Bestimmen Sie die Wurzelortskurve und ermitteln sie den Wertebereich für den Widerstand R, für den der Schwingkreis reelle Eigenwerte besitzt und folglich so stark gedämpft ist, dass er keine periodischen Schwingungen ausführt. □

Aufgabe 10.15* *Dämpfung der Rollbewegung eines Schiffes*

Wie Abb. 10.23 zeigt, liegt der Drehpunkt von Schiffen um die Längsachse oberhalb des Schwerpunktes, weil Luft und Wasser unterschiedliche Dichte haben. Die Drehbewegung um diesen Punkt, die Rollen genannt wird, wird durch Wellen angeregt, die als impulsförmige Erregung betrachtet werden. Das Störverhalten des (ungeregelten) Schiffes soll als PT_2-Glied beschrieben werden, wobei sich die Modellparameter aus der Beobachtung ergeben, dass das Schiff mit einer Periodendauer von 6 Sekunden rollt. Die Dämpfung ist sehr schwach, so dass im Modell mit $d = 0{,}1$ gearbeitet wird. Bei einer „Normwelle" rollt das Schiff bis zu einem maximalen Winkel von 3°.

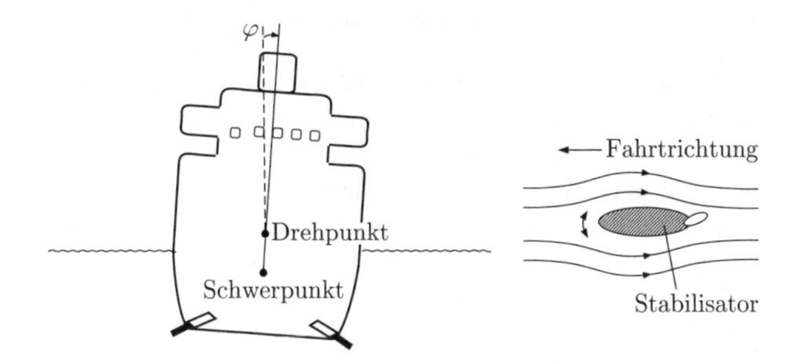

Abb. 10.23: Rollbewegung eines Schiffes

Die Rollbewegung großer Schiffe wird durch Stabilisatoren gedämpft. Unter den Stabilisatoren versteht man die in Abb. (10.23) durch die beiden schwarzen Striche eingetragenen Stahlkonstruktionen. Sie funktionieren ähnlich wie das Auftriebsprinzip eines Flugzeugflügels. Durch die Längsbewegung des Schiffes wird der Stabilisatorquerschnitt umströmt und erzeugt eine Auftriebskraft, die bei Nullstellung beider Stabilisatoren auf beiden Seiten des Schiffes gleich groß ist. Durch Verdrehen der Stabilisatoren verändert sich diese Auftriebskraft. Verstellt man beide Stabilisatoren gegenläufig, so wirken die Kräfte auf beiden Seiten des Schiffes in entgegengesetzter Richtung und erzeugen eine Drehbeschleunigung. Zur Vereinfachung kann man annehmen, dass sich die Kraftwirkungen der Wellen und der Stabilisatoren additiv überlagern.

Die Dämpfung der Rollbewegung erfolgt durch eine P-Rückführung der Rollgeschwindigkeit $\dot{\varphi}$ auf die Verstellung der Stabilisatoren. Regelungstechnisch gesehen ist also der Stabilisator nur das Stellglied und die Stabilisierung erfolgt durch die beschriebene Rückführung, die so eingestellt wird, dass die Störübertragungsfunktion eine Dämpfung von

$d = 0{,}7$ besitzt, sich das Schiff nach Anregung durch eine impulsförmige Welle also ohne Überschwingen wieder in die senkrechte Position ($\varphi = 0$) zurückbewegt.

1. Zeichnen Sie das Blockschaltbild des Regelkreises.
2. Stellen Sie das Modell des Schiffes als Regelstrecke auf. Berechnen Sie mit MATLAB die Schiffsbewegung bei impulsförmiger Anregung und überprüfen Sie die von Ihnen gewählten Parameter.
3. Zeichnen Sie die Wurzelortskurve des Regelkreises und wählen Sie die Reglerverstärkung.
4. Berechnen Sie das Verhalten des stabilisierten Schiffes bei impulsförmiger Anregung durch eine Windböe.
5. Vergleichen Sie den Frequenzgang des ungeregelten und des geregelten Schiffes bezüglich der Erregung durch die Welle als Eingang und den Rollwinkel als Ausgang. Diskutieren Sie Ihr Ergebnis (Würden Sie mit einem solchen Schiff mitfahren?). □

Literaturhinweise

Die Idee, die Abhängigkeit der Pole des geschlossenen Kreises von der Reglerverstärkung durch Wurzelortskurven zu veranschaulichen, stammt von W. R. EVANS (1950) [16]. Seit dieser Zeit ist der Reglerentwurf im PN-Bild ein Standardverfahren für einschleifige Regelungen.

Regelungen mit hohen Rückführverstärkungen (*High-gain feedback*) wurden bereits von BODE [9] und HOROWITZ [23] eingesetzt, wobei durch die hohe Reglerverstärkung eine geringe Empfindlichkeit des Regelkreises bezüglich der Parameterunsicherheiten erreicht werden sollte. Das hier anhand der Wurzelortskurve erläuterte Vorgehen zur Sicherung der Stabilität wurde u. a. in [34] zur Erzeugung einer perfekten Regelung erweitert. Abschätzungen für die durch den Regelkreis tolerierbaren Modellunsicherheiten bzw. zur Berechnung der für die Sicherung der Stabilität erforderlichen Reglerverstärkung sind u. a. in [56] angegeben.

Die in der Aufgabe 10.9 verwendete Regelungsstruktur ist in [4] und [5] beschrieben. Aufgabe 10.11 entstand aus den in [2] dargestellten Untersuchungen zur Stabilisierung eines Fahrrades.

11

Reglerentwurf anhand der Frequenzkennlinie der offenen Kette

Ausgehend von den Dynamikforderungen an den geschlossenen Regelkreis werden Bedingungen an die Frequenzkennlinie der offenen Kette aufgestellt, die durch eine geeignete Wahl des Reglers erfüllt werden müssen. Dann wird gezeigt, wie Entwurfsaufgaben gelöst werden können, bei denen einerseits das Führungsverhalten und andererseits das Störverhalten des Regelkreises maßgebend für die Erfüllung der gestellten Güteforderungen ist.

11.1 Beziehungen zwischen der Frequenzkennlinie der offenen Kette und den Güteforderungen im Zeitbereich

11.1.1 Näherung des Regelkreises durch ein PT_2-Glied

Das in diesem Kapitel vorgestellte Entwurfsverfahren nutzt die Tatsache, dass die Störübertragungsfunktion $G_{\mathrm{d}}(s)$ und die Führungsübertragungsfunktion $G_{\mathrm{w}}(s)$ in Abhängigkeit von der Übertragungsfunktion $G_0(s)$ der offenen Kette dargestellt werden können, vgl. Gln. (7.7), (7.6). Durch eine geeignete Wahl des Reglers $K(s)$ soll $G_0(s) = G(s)K(s)$ so verändert werden, dass der geschlossene Kreis die gestellten Güteforderungen erfüllt. Als Voraussetzung für dieses Entwurfsvorgehen müssen die wichtigsten Charakteristika des Zeitverhaltens des geschlossenen Kreises mit Kennwerten des Bodediagramms von $G_0(s)$ in Beziehung gesetzt werden.

Um diesen Zusammenhang herstellen zu können, wird auf die bereits im Kap. 10 verwendete Näherung des Regelkreisverhaltens durch ein PT_2-Glied zurückgegriffen. Entsprechend Gl. (10.1) gilt

$$G_{\mathrm{w}}(s) \approx \hat{G}_{\mathrm{w}}(s) = \frac{1}{T^2 s^2 + 2dTs + 1}. \tag{11.1}$$

Die Übertragungsfunktion $\hat{G}_0(s)$ der offenen Kette, die bei Schließung des Regelkreises dieses Führungsverhalten erzeugt, erhält man gemäß Gl. (7.6) aus der Formel

$$\begin{aligned} \hat{G}_0(s) &= \frac{\hat{G}_\mathrm{w}(s)}{1-\hat{G}_\mathrm{w}(s)} \\ &= \frac{1}{T^2 s^2 + 2dTs} \\ &= \frac{1}{2dTs} \frac{1}{\frac{T}{2d}s+1} \\ &= \frac{1}{T_\mathrm{I} s (T_1 s + 1)} \end{aligned} \tag{11.2}$$

mit

$$T_\mathrm{I} = 2dT = \frac{2d}{\omega_0}, \qquad T_1 = \frac{T}{2d} = \frac{1}{2d\omega_0}, \tag{11.3}$$

wobei wie immer $T = \frac{1}{\omega_0}$ gesetzt wurde. Gleichung (11.2) zeigt, dass die offene Kette näherungsweise ein IT_1-Verhalten haben muss, damit der geschlossene Kreis durch ein Schwingungsglied approximiert werden kann.

Im Folgenden wird von einer Dreiteilung des Frequenzbereiches nach Abb. 11.1 ausgegangen, die etwa der in Abb. 7.11 angegebenen Einteilung entspricht. Der untere Frequenzbereich bestimmt im Wesentlichen das statische Verhalten des geschlossenen Kreises, der mittlere Bereich wichtige dynamische Eigenschaften und der obere Bereich stellt den Unempfindlichkeitsbereich dar, in dem die Regelung wirkungslos ist. Im Folgenden wird angenommen, dass die Approximation $\hat{G}_\mathrm{w}(s)$ für $G_\mathrm{w}(s)$ im mittleren Frequenzbereich gültig ist.

11.1.2 Statisches Verhalten des Regelkreises

Die Approximation $\hat{G}_0(s)$ hat die in Gl. (7.40) angegebene typische Form, wobei $q = 0,\ n = 2,\ l = 1$ gilt. Für sprungförmige Führungs- und Störsignale gibt es deshalb keine bleibende Regelabweichung:

$$\lim_{t\to\infty} e(t) = 0.$$

Wie im Abschn. 7.3 untersucht wurde, gilt diese Aussage auch dann, wenn die offene Kette von höherer Ordnung als $\hat{G}_0(s)$ ist und I-Verhalten besitzt ($l \geq 1$).

Hat die offene Kette P-Verhalten ($l = 0$ in Gl. (7.40)), so kann $G_0(s)$ für sehr kleine Frequenzen s nicht durch $\hat{G}_0(s)$ approximiert werden, sondern es gilt

$$|G_0(s)| \approx k_0 \quad \text{für kleines } s.$$

Der Regelkreis besitzt deshalb für sprungförmige Erregung eine bleibende Regelabweichung entsprechend Gl. (7.41)

$$\lim_{t \to \infty} e(t) = \frac{1}{1 + k_0},$$

wobei k_0 die statische Verstärkung der offenen Kette darstellt.

Im Bodediagramm unterscheiden sich P- und I-Ketten im Amplitudengang für kleine Kreisfrequenzen (Abb. 11.1). Während bei P-Ketten $|G_0(j\omega)|_{\mathrm{dB}}$ für kleine Frequenzen konstant ist, hat der Amplitudengang von I-Ketten auch bei kleinen Frequenzen eine Neigung von -20 dB/Dekade.

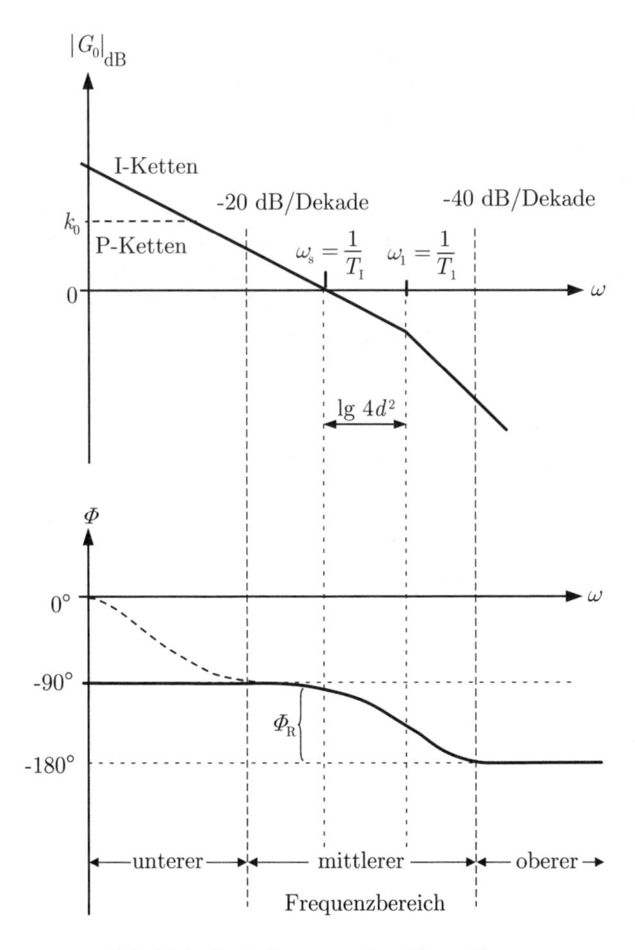

Abb. 11.1: Bodediagramm der offenen Kette

11.1.3 Führungsverhalten des Regelkreises

Der Amplitudengang von $\hat{G}_0(j\omega)$ hat den in Abb. 11.1 gezeigten prinzipiellen Verlauf, wobei $\omega_1 = \frac{1}{T_1}$ gilt. ω_s bezeichnet die Schnittfrequenz. Ob die Knickfrequenz ω_1 rechts oder links von ω_s liegt, hängt von der Wahl von d und T in Gl. (10.1) ab. Wie sich im Folgenden herausstellen wird, ist anzustreben, dass

$$\omega_\mathrm{s} < \omega_1$$

gilt.

Aus dem im Abschn. 8.5.5 angegebenen Phasenrandkriterium geht hervor, dass die Schnittphase $\phi(\omega_\mathrm{s})$ betragsmäßig kleiner sein muss als 180°, damit der Regelkreis stabil ist. Andererseits haben die im Abschn. 6.7 eingeführten Approximationen für Amplituden- und Phasengang rationaler Übertragungsglieder gezeigt, dass zwischen der Neigung des Amplitudengangs und der Phase ein enger Zusammenhang besteht. Liegen die Knickfrequenzen von $G_0(j\omega)$ weit genug auseinander, so ist bekannt, dass zu einem Amplitudengang mit der Neigung von –20 dB/Dekade eine Phase zwischen -90° und -180° gehört. Deshalb ist es zweckmäßig zu fordern, dass der Amplitudengang von $G_0(j\omega)$ in der Nähe der Schnittfrequenz ω_s um 20 dB pro Dekade abfällt. Dann ist der Phasenrand Φ_R positiv und der Regelkreis stabil. Für die Approximation $\hat{G}_0(j\omega)$ wird deshalb $\omega_\mathrm{s} < \omega_1$ gefordert, woraus $\omega_\mathrm{s} < \frac{1}{T_\mathrm{I}}$ folgt.

Welche weiteren Konsequenzen diese Forderung auf das dynamische Verhalten des Regelkreises hat, kann aus der Beziehung $|\hat{G}_0(j\omega_\mathrm{s})| = 1$ abgeleitet werden. Aus (11.2) erhält man

$$\left| \frac{1}{j2d\,\frac{\omega_\mathrm{s}}{\omega_0} - (\frac{\omega_\mathrm{s}}{\omega_0})^2} \right| = 1$$

$$\frac{\omega_\mathrm{s}}{\omega_0} = \sqrt{\sqrt{4d^4+1} - 2d^2}. \qquad (11.4)$$

Andererseits gilt

$$\omega_1 = \frac{1}{T_1} = 2d\omega_0.$$

Die Forderung $\omega_\mathrm{s} < \omega_1$ ist also genau dann eingehalten, wenn die Bedingung

$$\sqrt{\sqrt{4d^4+1} - 2d^2} < 2d$$

erfüllt ist, was für $d > 0{,}42$ der Fall ist.

Abbildung 10.3 auf S. 410 zeigt die Übergangsfunktionen, die zu $\hat{G}_\mathrm{w}(s)$ nach (10.1) für unterschiedliche Dämpfungsfaktoren d gehören. Dabei wird offensichtlich, dass die zu $d > 0{,}4$ gehörenden Funktionen ein für Regelkreise sehr zweckmäßiges Einschwingen aufweisen. Das heißt, dass mit der Forderung $\omega_\mathrm{s} < \omega_1$ neben der Stabilität des Regelkreises auch ein ausreichend gedämpftes Einschwingen der Führungsübergangsfunktion erreicht wird.

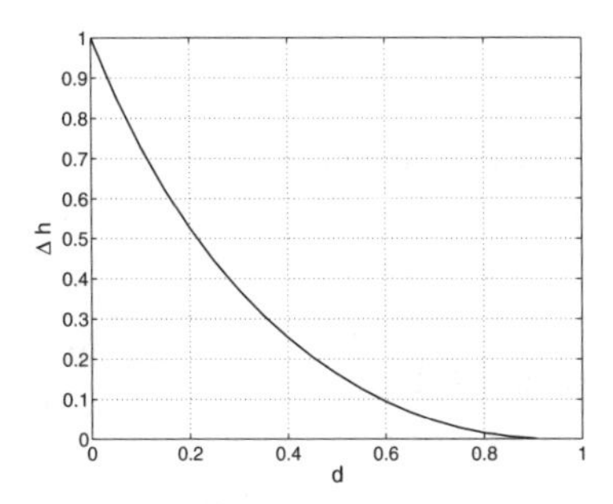

Abb. 11.2: Abhängigkeit der Überschwingweite Δh von der Dämpfung d

Diese qualitative Aussage über das Führungsverhalten kann genauer gefasst werden, wenn die Überschwingweite Δh in Abhängigkeit von den Parametern von $\hat{G}_0(s)$ dargestellt wird. Dafür wird $\hat{G}_0$ aus Gl. (11.2) in

$$\hat{G}_0(s) = \frac{1}{aT_1 s\,(T_1 s + 1)}$$

umgeformt, wobei der *Einstellfaktor* a entsprechend

$$a = \frac{T_\mathrm{I}}{T_1} = 4d^2$$

eingeführt wurde und die rechte Seite aus Gl. (11.3) folgt. Die Bezeichnung „Einstellfaktor" ist dadurch begründet, dass dieser Faktor – wie sich später herausstellen wird – zur Einstellung der Überschwingweite verwendet werden kann. Auf Grund der Forderung $d > 0{,}42$ wird $\hat{G}_0$ im Folgenden nur für $a > 1$ betrachtet.

Zunächst ist festzustellen, dass a direkt aus dem Bodediagramm in Abb. 11.1 abgelesen werden kann. Ist $a \gg 1$, so liegen Schnittfrequenz ω_s und Knickfrequenz ω_1 so weit auseinander, dass der Amplitudengang für $\omega = 0 \ldots \omega_\mathrm{s}$ durch die Geradenapproximation für den I-Anteil gut angenähert wird. Folglich gilt $\omega_\mathrm{s} = \frac{1}{T_\mathrm{I}} = \frac{1}{aT_1}$. Daraus folgt

$$\lg \omega_1 - \lg \omega_\mathrm{s} = \lg \frac{\omega_1}{\omega_\mathrm{s}} \approx \lg \frac{\frac{1}{T_1}}{\frac{1}{aT_1}} = \lg a.$$

Das heißt, $\lg a$ beschreibt näherungsweise den Abstand des Knickpunktes auf der logarithmisch geteilten Frequenzachse von der Schnittfrequenz. Man spricht auch vom *Knickpunktabstand.*

Für die Führungsübertragungsfunktion $\hat{G}_\mathrm{w}(s)$ nach Gl. (11.1) erhält man durch Umstellung der Gl. (11.3) nach T und d unter Nutzung des eingeführten Einstellfaktors a die Beziehungen

$$T = \sqrt{a}T_1, \qquad d = \frac{\sqrt{a}}{2}.$$

Daraus folgt mit Gl. (10.5)

$$\Delta h = \mathrm{e}^{-\frac{\pi d}{\sqrt{1-d^2}}} = \mathrm{e}^{-\frac{\pi\sqrt{a}}{2\sqrt{1-\frac{a}{4}}}} \quad \text{für } d < 1 \tag{11.5}$$

Das heißt, die Überschwingweite hängt nur vom Einstellfaktor a ab.

Abbildung 11.3 zeigt, dass die Überschwingweite monoton mit steigendem Knickpunktabstand abnimmt. Nach a aufgelöst erhält man

$$\text{Knickpunktabstand:} \qquad a = 4\frac{(\ln \Delta h)^2}{\pi^2 + (\ln \Delta h)^2}$$

als Bemessungsvorschrift für a bei vorgegebener Überschwingweite Δh. Man nutzt aber i. Allg. die Abb. 11.3, um a für ein vorgegebenes Δh festzulegen.

Die Abbildung zeigt, dass für $a > 4$ kein Überschwingen auftritt. Dies entspricht im Bodediagramm einem Knickpunktabstand, der größer als $\lg 4 = 0{,}6$ ist. Für $a < 1$ stellt die angegebene Beziehung zwischen a und Δh nur eine grobe Näherung dar, wie man aus der angegebenen Ableitung dieser Formel erkennen kann.

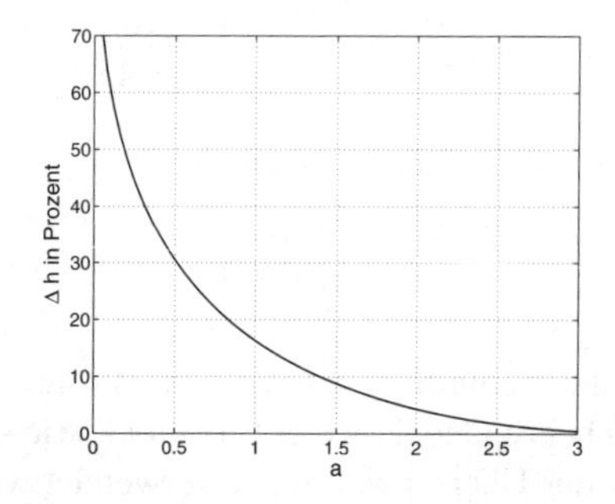

Abb. 11.3: Abhängigkeit der Überschwingweite Δh vom Einstellfaktor a

Weitere Zusammenhänge können auf ähnlichem Wege abgeleitet werden. Hier sei nur noch auf einen näherungsweisen Zusammenhang zwischen der Phase an der Schnittfrequenz und der Überschwingweite hingewiesen. Es gilt

$$\phi(\omega_\mathrm{s}) = \begin{cases} -109^o(1+\Delta h) & \text{für } \quad 0 \le \Delta h \le 0{,}3 \\ -122^o - \Delta h\, 66^o & \text{für } 0{,}3 < \Delta h \le 0{,}7. \end{cases}$$

Diese Beziehung gilt mit guter Genauigkeit auch für offene Ketten, deren Übertragungsfunktion gebrochen rational und nicht auf IT_1-Verhalten beschränkt ist. Sie zeigt, dass die Überschwingweite mit steigendem Betrag der Phase $\phi(\omega_\mathrm{s})$, also abnehmendem Phasenrand Φ_R, zunimmt.

Eine weitere Abschätzung betrifft die Zeit T_m, bei der die Übergangsfunktion den Wert $1 + \Delta h$ erreicht. Diese Zeit heißt *Überschwingzeit* oder Einschwingzeit. Als Näherung gilt

$$\text{Überschwingzeit:} \qquad T_\mathrm{m} \approx \frac{\pi}{\omega_\mathrm{s}}. \tag{11.6}$$

Das heißt, mit steigender Schnittfrequenz wird die Überschwingzeit kleiner.

Im oberen Frequenzbereich (Unempfindlichkeitsbereich), der in der Approximation $\hat{G}_0(s)$ deutlich oberhalb der Knickfrequenz ω_1 beginnt, wird gefordert, dass der Amplitudengang möglichst große Neigung aufweist. Dieser Bereich hat vernachlässigbaren Einfluss auf das Übergangsverhalten des Regelkreises.

Vorgaben für den Phasengang. Die bisherige Betrachtungen bezogen sich auf den Amplitudengang, den die offene Kette zur Erfüllung von Güteforderungen durch den Regelkreis besitzen soll. Am Beispiel des Zusammenhanges von Dämpfung d und Phasenrand Φ_{R} soll jetzt gezeigt werden, wie Forderungen an den Phasengang behandelt werden können.

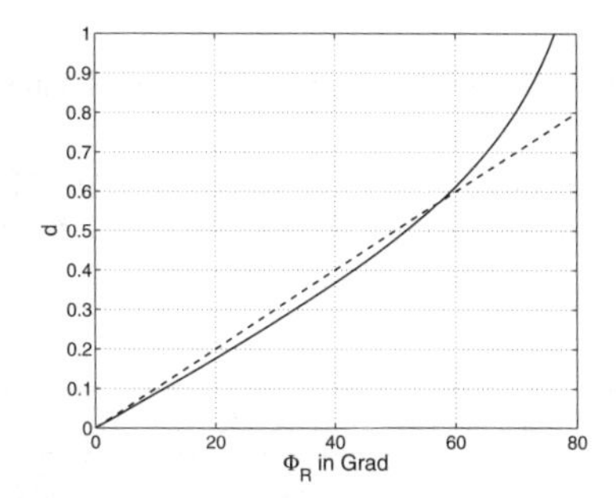

Abb. 11.4: Zusammenhang zwischen Phasenrand Φ_{R} und Dämpfung d

Für die IT_1-Approximation der offenen Kette kann man die Phasenverschiebung an der Schnittfrequenz ω_{s} und daraus den Phasenrand berechnen, wobei man unter Verwendung von Gl. (11.4) die Beziehung

$$\Phi_{\mathrm{R}} = \arctan \frac{2d}{\sqrt{\sqrt{4d^4+1}-2d^2}}$$

erhält. Dieser Zusammenhang zwischen dem Phasenrand Φ_{R} und der Dämpfung d ist in Abb. 11.4 grafisch dargestellt. Für den beim Reglerentwurf besonders interessanten Bereich von $d = 0{,}4...0{,}8$ liegt der Phasenrand bei $40^o...70^o$. Die in der Abbildung eingetragene Geradenapproximation dieses Zusammenhangs besagt, dass näherungsweise

$$d \approx \frac{\Phi_{\mathrm{R}}}{100^o} \tag{11.7}$$

gilt.

Auf Grund dieser Beziehung zwischen d und Φ_{R} sowie der bereits früher beschriebenen Beziehung zwischen d und Δh erkennt man, dass mit steigendem Phasenrand die Dämpfung steigt und die Überschwingweite sinkt. Man kann deshalb auch den Phasenrand direkt als Dynamikforderung vorschreiben. Dabei muss die

Forderung nach einem Phasenrand von 30° als eine Minimalforderung angesehen werden, die jeder Regelkreis erfüllen soll.

Aufgabe 11.1 *Forderung an das Bodediagramm für eine gegebene Beruhigungszeit*

Welche Forderungen muss das Frequenzkennliniendiagramm der offenen Kette erfüllen, damit der Regelkreis eine vorgegebene Beruhigungszeit $T_{5\%}$ (näherungsweise) besitzt? Leiten Sie diese Bedingungen aus der Näherung (10.6) her. □

Aufgabe 11.2 *Bleibende Regelabweichung bei rampenförmiger Führungsgröße*

Betrachtet wird ein Regelkreis, der mit einer rampenförmigen Führungsgröße $w(t) = t\sigma(t)$ beaufschlagt wird.

1. Berechnen Sie die bleibende Regelabweichung in Abhängigkeit vom Frequenzgang der offenen Kette.
2. Unter welcher Bedingung an die offene Kette tritt keine bleibende Regelabweichung auf? Woran erkennt man im Bodediagramm, dass diese Bedingung erfüllt ist? □

Aufgabe 11.3** *Reglerentwurf für Totzeitsysteme*

Welche Bedingungen müssen an die Frequenzkennlinie der offenen Kette gestellt werden, wenn die Regelstrecke ein Totzeitglied enthält? Überlegen Sie sich zur Beantwortung dieser Frage, wie die Betrachtungen des Abschnittes 11.1 modifiziert werden müssen, um die Totzeit zu berücksichtigen. Inwiefern beschränkt die Totzeit die erreichbare Regelgüte? □

11.1.4 Störverhalten des Regelkreises

Störungen am Regelstreckenausgang. Um das Störverhalten eines Regelkreises beurteilen zu können, betrachtet man häufig die auf den Ausgang der Regelstrecke verschobene Störung. Für die Störübertragungsfunktion des Regelkreises gilt

$$G_{\mathrm{d}}(s) = \frac{1}{1 + G(s)K(s)} = 1 - G_{\mathrm{w}}(s).$$

Das heißt, ein Regelkreis mit gutem Führungsverhalten hat gleichzeitig ein gutes Störverhalten.

Diese Tatsache trifft offensichtlich auf den (nicht realisierbaren) Idealfall zu, dass $G_{\mathrm{w}}(s) \approx 1$ und demzufolge $G_{\mathrm{d}}(s) \approx 0$ gilt. Er gilt aber auch in allen anderen Fällen, wenn man die Regelabweichung $e(t) = w(t) - y(t)$ betrachtet. Für sprungförmige Führungs- und Störsignale hat der Regelkreis die Übergangsfunktionen

$$h_{\mathrm{w}}(t) \circ\!\!-\!\!\bullet \frac{1}{s}\, G_{\mathrm{w}}(s)$$

und

$$h_{\mathrm{d}}(t) \circ\!\!-\!\!\bullet \; \frac{1}{s}\, G_{\mathrm{d}}(s) = \frac{1}{s} - \frac{1}{s}\, G_{\mathrm{w}}(s),$$

für die

$$h_{\mathrm{d}}(t) = 1 - h_{\mathrm{w}}(t) \qquad (11.8)$$

gilt. Da bei der Betrachtung der Führungsübergangsfunktion h_{w} mit der Führungsgröße $w(t) = \sigma(t)$ gearbeitet wird, während bei der Störübergangsfunktion die Beziehung $w(t) = 0$ gilt, erhält man aus den angegebenen Beziehungen für die Regelabweichung in den beiden betrachteten Fällen

$$e(t) = 1 - h_{\mathrm{w}}(t)$$

bzw.

$$e(t) = h_{\mathrm{d}}(t).$$

Auf Grund der Gl. (11.8) tritt also in beiden Fällen betragsmäßig dieselbe Regelabweichung auf (Abb. 7.2 auf S. 298).

Wird der Regler so entworfen, dass die Führungsübergangsfunktion ein kleines Überschwingen

$$\Delta h = h_{\mathrm{w}}(T_{\mathrm{m}}) - 1$$

aufweist und schnell einschwingt, so ist also gleichzeitig gesichert, dass der Regelkreis auch für Störungen am Ausgang ein kleines Überschwingen

$$\Delta h_{\mathrm{d}} = h_{\mathrm{d}}(T_{\mathrm{m}}) = 1 - h_{\mathrm{w}}(T_{\mathrm{m}}) = -\Delta h$$

besitzt und genauso schnell wie bei Führungsgrößenänderungen den stationären Endwert erreicht. Für den Reglerentwurf für sprungförmige Störungen am Regelstreckenausgang gelten deshalb dieselben Regeln wie für den Entwurf auf gutes Führungsverhalten. Die Forderungen an die Überschwingweite $\Delta h_{\mathrm{d}} = -\Delta h$ und die Überschwingzeit T_{m} werden in der im Abschn. 11.1.3 angegebenen Weise in Forderungen an die Schnittfrequenz ω_{s} und den Knickpunktabstand a überführt.

Verzögerte Störung. Die Transformation der Störung an den Regelstreckenausgang bringt es i. Allg. mit sich, dass nicht mehr mit sprungförmigen Störsignalen gerechnet werden darf. Tritt die Störung weiter vorn in die Regelstrecke ein, so ist ihre Wirkung am Ausgang y durch den Teil der Regelstrecke verzögert, den sie bis zur Regelgröße durchlaufen muss. Man kann auch in diesem Falle weiterhin davon ausgehen, dass die Störung am Regelstreckenausgang eintritt, darf jedoch nicht mehr gleichzeitig annehmen, dass die maßgebenden Störfälle durch sprungförmige Störsignale ausreichend gut beschrieben werden. Statt dessen muss mit einer verzögerten Störung gerechnet werden, die durch

$$D(s) = G_{\mathrm{yd}}(s)\, \frac{1}{s}$$

beschrieben ist, wobei $G_{\mathrm{yd}}(s)$ die Übertragungsfunktion von der Eintrittsstelle der Störung zum Regelstreckenausgang darstellt. Vereinfachend werden zur Beschreibung dieses Signalweges Verzögerungsglieder

$$G_{\mathrm{yd}}(s) = \frac{1}{\prod_{i=1}^{n_\mathrm{d}} (T_{\mathrm{d}i}s + 1)} \tag{11.9}$$

verwendet.

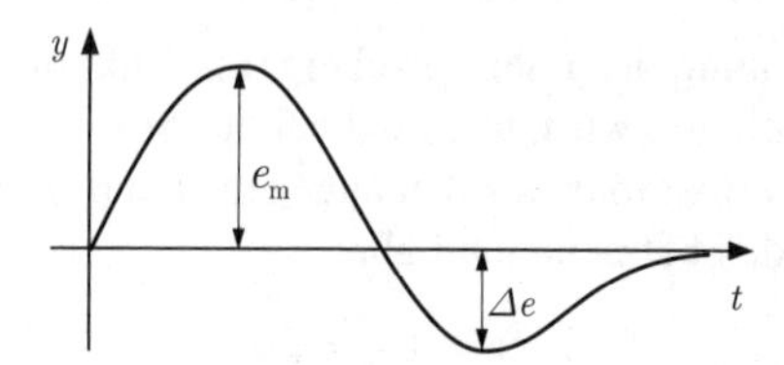

Abb. 11.5: Störverhalten des Regelkreises bei verzögerter Störung am Streckenausgang

Für verzögerte Störungen hat der Regelkreis ein anderes Verhalten als für sprungförmige Störungen, da der Regler der Störung bereits entgegenwirken kann, bevor die Störung ihre maximale Wirkung auf die Regelgröße erreicht hat. Zu Beginn der Störeinwirkung springt die Regelgröße nicht auf den Wert $y(0) = 1$, sondern steigt stetig auf den maximalen Wert e_m an. Das Überschwingen Δe, das der Überschwingweite Δh_d bei sprungförmiger Störung entspricht, tritt später auf und ist kleiner (Abb. 11.5).

Wie stark die Störung den Streckenausgang im geschlossenen Kreis beeinflusst, hängt vom Charakter der an den Streckenausgang transformierten Störung, der Regelstrecke und dem Regler ab und kann für jeden Regelkreis im Einzelnen nachgerechnet werden. Für den Entwurf ist es jedoch wichtig, Richtlinien für den Regler zu erhalten, um ähnlich wie beim Führungsverhalten die Reglerparameter zielgerichtet auswählen zu können. Im Folgenden werden deshalb e_m und Δe zur Überschwingweite Δh der Führungsübergangsfunktion in Beziehung gesetzt. Die dabei erhaltenen Richtwerte stellen einen Zusammenhang zwischen dem Entwurf auf Führungsverhalten und den dabei gleichzeitig erreichbaren Eigenschaften bezüglich einer verzögertern Ausgangsstörung her.

Wie zuvor wird mit einer PT_2-Approximation

$$\hat{G}_\mathrm{w}(s) = \frac{1}{T^2s^2 + 2dTs + 1}$$

der Führungsübertragungsfunktion des Regelkreises gearbeitet. Die Verzögerung der Störung wird durch ein PT_1-Glied beschrieben, wobei die Zeitkonstante als Summenzeitkonstante aller möglicherweise in Reihe geschalteter Verzögerungsglieder, die gemeinsam durch $G_\mathrm{yd}(s)$ beschrieben sind, dargestellt

$$\hat{G}_\mathrm{yd}(s) = \frac{1}{T_\Sigma s + 1},$$

wobei in Beziehung zu Gl. (11.9) die Relation

$$T_\Sigma = \sum_{i=1}^{n_\mathrm{d}} T_{\mathrm{d}i}$$

gilt.

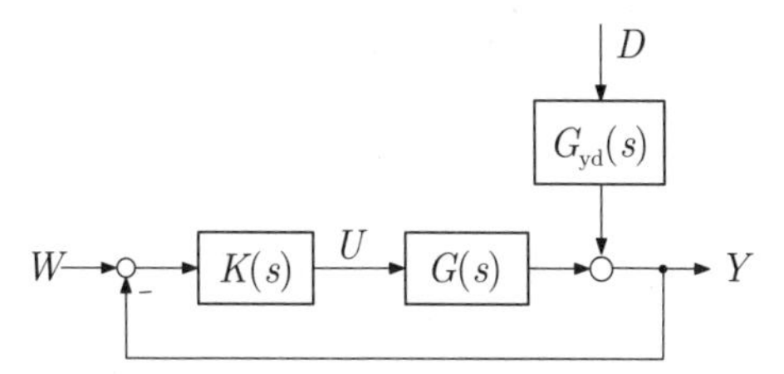

Abb. 11.6: Regelkreis mit der auf den Ausgang der Regelstrecke transformierten Störung

Unter Verwendung des in Abb. 11.6 gezeigten Blockschaltbildes kann jetzt ein Zusammenhang zwischen dem Führungsverhalten und dem Störverhalten des Regelkreises hergestellt werden. Für das Führungsverhalten gilt

$$G_\mathrm{w}(s) = \frac{Y(s)}{W(s)} = \frac{G(s)K(s)}{1+G(s)K(s)} \approx \hat{G}_\mathrm{w}(s),$$

während man für das Störverhalten die Beziehung

$$G_\mathrm{d}(s) = \frac{Y(s)}{D(s)} = \frac{1}{1+G(s)K(s)} G_\mathrm{yd}(s)$$

erhält. Aus diesen Gleichungen sieht man, dass sich aus der angegebenen PT_2-Approximation des Führungsverhaltens die Beziehungen

$$\begin{aligned} G_\mathrm{d}(s) &= (1-G_\mathrm{w}(s))\, G_\mathrm{yd}(s) \\ &\approx (1-\hat{G}_\mathrm{w}(s))\, \hat{G}_\mathrm{yd}(s) = \hat{G}_\mathrm{d}(s) \end{aligned}$$

und daraus

$$G_\mathrm{d}(s) \approx \hat{G}_\mathrm{d}(s) = \frac{T^2s^2+2dTs}{(T^2s^2+2dTs+1)(T_\Sigma s+1)} \tag{11.10}$$

für das Störverhalten ergeben. Während die Parameter d und T das Führungsverhalten kennzeichnen, charakterisiert T_Σ die Verzögerung, mit der die Störung auf den Regelkreis wirkt. Für jede Wertekombination (d, T, T_Σ) kann mit Hilfe der angegebenen Approximation das Störverhalten untersucht werden. Dabei entstanden die im Folgenden behandelten Abbildungen.

Welche Eigenschaften im gestörten Regelkreis zu erwarten sind, zeigt Abb. 11.7. Dort ist die Störübergangsfunktion für einen Regelkreis gezeigt, für den $T = 1$ und $d = 0{,}4$ gilt. Für die unverzögerte Störung erhält man das bereits in Abb. 7.2 gezeigte Verhalten, bei dem die sprungförmige Störung die Regelgröße sofort auf den Wert

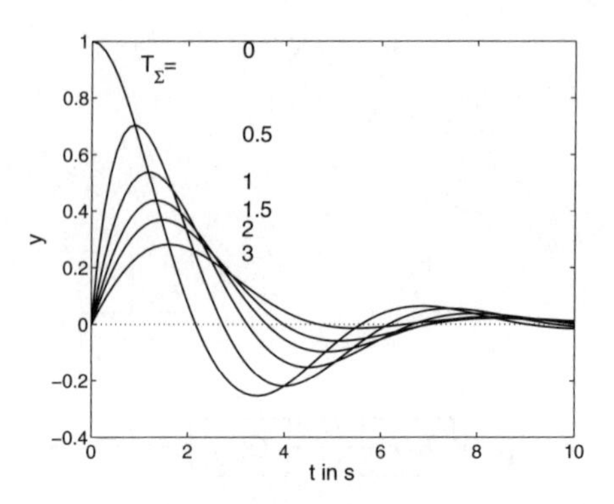

Abb. 11.7: Störübergangsfunktion bei verzögerter Störung ($d = 0{,}4,\ T = 1$)

eins verschiebt und bei dem diese Störwirkung mit mehr oder weniger Überschwingen durch die Regelung abgebaut wird. Ist $T_\Sigma > 0$, so hat die Störübergangsfunktion den bereits in Abb. 11.5 gezeigten prinzipiellen Verlauf. Die Störwirkung tritt langsamer ein und ist durch die maximale Störwirkung $e_{\rm m}$ und das Überschwingen Δe charakterisiert. Je größer T_Σ ist, desto flacher ist die Übergangsfunktion. Für $T_\Sigma > 3$ ist Δe gleich null.

Die Abbildung gilt übrigens für beliebige T, denn man kann die Zeitachse bezüglich T normieren. Die Kurven in Abb. 11.7 haben dann den Parameter $T_{\rm r} = \frac{T_\Sigma}{T}$.

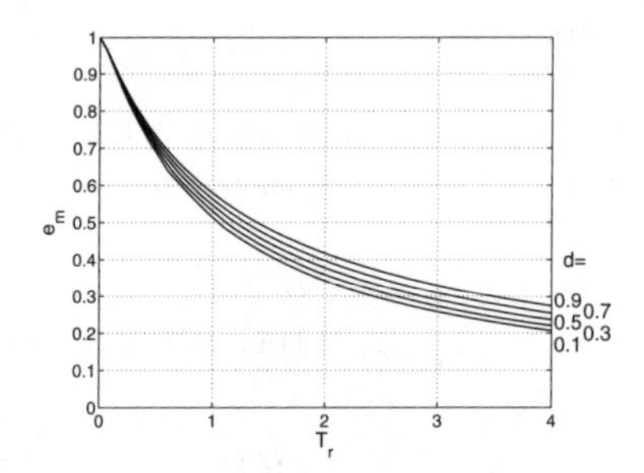

Abb. 11.8: $e_{\rm m}$ in Abhängigkeit von $T_{\rm r} = \frac{T_\Sigma}{T}$

Abbildung 11.8 zeigt, wie sich die maximale Störwirkung $e_{\rm m}$ in Abhängigkeit von $T_{\rm r}$ verändert. Wie bereits aus Abb. 11.7 bekannt ist, fällt $e_{\rm m}$ mit steigender Zeitkonstante des Störmodells. Wichtig für den Entwurf ist, dass dieser Zusammenhang praktisch unabhängig von der Dämpfung d des Führungsverhaltens ist. Das heißt, $e_{\rm m}$ hängt für eine vorgegebene Summenzeitkonstante T_Σ der Störung nur von der Zeitkonstante T des Regelkreises, nicht jedoch von der Dämpfung d ab. Je schneller das Führungsverhalten ist, d. h., je kleiner T im Vergleich zu T_Σ gemacht wird (was i. Allg. eine hohe Reglerverstärkung erfordert), desto weniger wirkt sich eine Störung auf den Regelkreis aus. Dieser Zusammenhang ist plausibel, denn die Zeitkonstante T beschreibt, wie schnell der Regelkreis auf eine Regelabweichung reagiert. Je schneller diese Reaktion eintritt, umso kleiner ist die maximale Störauswirkung.

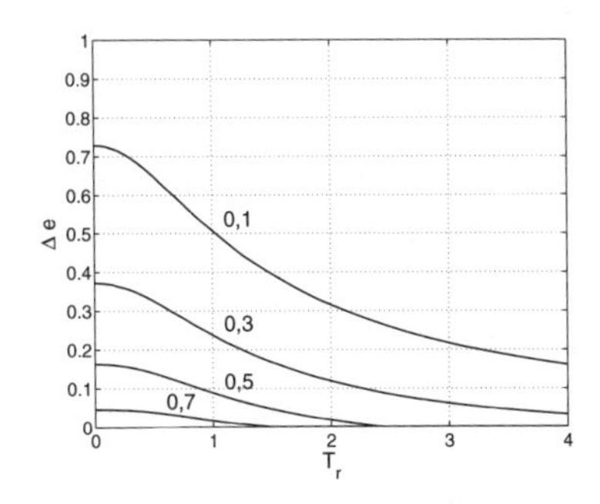

Abb. 11.9: Δe in Abhängigkeit von $T_\mathrm{r} = \frac{T_\Sigma}{T}$ und Parameter d

Wesentlich komplizierter ist der Zusammenhang von Δe und T_r. Zwar ist auch hier zu erkennen, dass die Störwirkung umso kleiner wird, je größer die Verzögerung T_Σ ist. Das betrachtete Verhältnis von Stör- und Führungsverhalten hängt jedoch stark von der Dämpfung d ab (Abb. 11.9). Je stärker das Führungsverhalten gedämpft ist, umso schneller verschwindet das Überschwingen Δe der Störübergangsfunktion. Bei einer Dämpfung von $d = 0{,}5$ des Führungsverhaltens ist Δe praktisch bedeutungslos, wenn die Zeitkonstante T_Σ mindestens doppelt so groß wie T ist. Für dieselbe Störung liegt der maximale Wert e_m der Störübergangsfunktion übrigens bei 0,4.

Diese Betrachtungen zeigen, wie Forderungen an das Störverhalten in Forderungen an das Führungsverhalten „übersetzt" werden können, so dass der Entwurf des Reglers dann wie bisher auf Führungsverhalten erfolgen kann.

- Forderungen bezüglich der maximalen Störwirkung e_m können nur dadurch erfüllt werden, dass der Regelkreis durch eine geeignete Wahl des Reglers eine genügend kleine Zeitkonstante T erhält. Dadurch wird für eine bekannte Summenzeitkonstante T_Σ das Verhältnis $T_\mathrm{r} = \frac{T_\Sigma}{T}$ festgelegt.
- Forderungen an die Überschwingweite Δe führen bei bekanntem T_r auf Vorgaben für die Dämpfung d des Führungsverhaltens.

Unter Verwendung von Gl. (11.3) erhält man aus T und d Vorgaben für

$$T_\mathrm{I} = 2dT \qquad \text{und} \qquad T_1 = \frac{T}{2d}$$

und daraus für die im Frequenzkennliniendiagramm der offenen Kette ablesbaren Parameter

$$a = \frac{T_\mathrm{I}}{T_1} = 4d^2$$

und

$$\omega_{\rm s} = \frac{1}{T_{\rm I}} = \frac{1}{2dT}.$$

Ein mit diesen Vorgaben für die offene Kette entworfener Regelkreis besitzt das gewünschte Störverhalten.

Aufgabe 11.4 *Störverhalten des Regelkreises bei Störung am Eingang der Regelstrecke*

Betrachten Sie Regelkreise, bei denen die maßgebende Störung am Eingang der Regelstrecke auftritt, also zur Stellgröße addiert wird.

1. Zeichnen Sie das Blockschaltbild.
2. Nennen Sie Regelungsaufgaben, bei denen der Regelkreis die gezeichnete Struktur besitzt.
3. Interpretieren Sie die Abbildungen 11.7 – 11.9 für derartige Regelkreise unter der Annahme, dass die Zeitkonstante T des Regelkreises in der Größenordnung der Summenzeitkonstante der Regelstrecke liegt. □

11.2 Reglerentwurf unter Beachtung des Führungsverhaltens

11.2.1 Entwurfsverfahren

Beim Entwurf unter Verwendung des Frequenzkennliniendiagramms wird das Ziel verfolgt, den Frequenzgang der offenen Kette durch Auswahl eines geeigneten Reglerfrequenzganges so zu verändern, dass er eine gewünschte Form erhält. Dieses Verformen des Frequenzganges wird sehr treffend in der englischen Sprache als *loopshaping* bezeichnet. Dabei wird davon ausgegangen, dass die Güteforderungen an den geregelten Kreis in Kennwerte für die Frequenzkennlinie umgeformt wurden, also eine oder mehrere Güteforderungen folgender Form vorliegen:

- Forderung, dass die offene Kette für kleine Frequenzen I-Verhalten besitzt
- Vorgaben für die Schnittfrequenz $\omega_{\rm s}$
- Forderung, dass die Neigung der Amplitudenkennlinie in der Nähe der Schnittfrequenz –20 dB/Dekade betragen soll
- Vorgaben für den Einstellfaktor a
- Vorgaben für den Phasenrand $\Phi_{\rm R}$.

Amplitudengang und Phasengang der offenen Kette setzen sich entsprechend

$$|G_0(j\omega)|_{\rm dB} = |G(j\omega)|_{\rm dB} + |K(j\omega)|_{\rm dB}$$

und

$$\arg G_0(j\omega) = \arg G(j\omega) + \arg K(j\omega)$$

additiv aus den Amplitudengängen bzw. Phasengängen der Strecke $G(j\omega)$ und des Reglers $K(j\omega)$ zusammen. Besteht der Regler aus der Reihenschaltung

$$K(j\omega) = K_1(j\omega)\, K_2(j\omega) \ldots.$$

mehrerer Komponenten, so werden die Amplituden- und Phasengänge dieser Komponenten schrittweise zu $G(j\omega)$ addiert

$$\begin{aligned} |G_0(j\omega)|_{\mathrm{dB}} &= |G(j\omega)|_{\mathrm{dB}} + |K_1(j\omega)|_{\mathrm{dB}} + |K_2(j\omega)|_{\mathrm{dB}} + \ldots \\ \arg G_0(j\omega) &= \arg G(j\omega) + \arg K_1(j\omega) + \arg K_2(j\omega) + \ldots \end{aligned}$$

(Abb. 11.10).

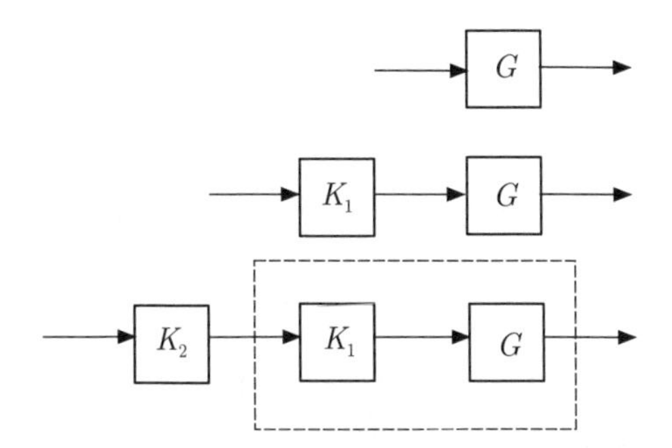

Abb. 11.10: Schrittweiser Entwurf des Reglers

Der Entwurf vollzieht sich in folgenden Schritten:

Entwurfsverfahren 11.1 *Reglerentwurf anhand der Frequenzkennlinie der offenen Kette*

Gegeben: Regelstrecke $G(s)$, Güteforderungen

1. Aus den Güteforderungen an den geschlossenen Kreis werden Vorgaben für das Frequenzkennliniendiagramm der offenen Kette abgeleitet.
2. Es wird das Frequenzkennliniendiagramm der Regelstrecke $G(s)$ gezeichnet.
3. Zur Frequenzkennlinie der Strecke wird die Frequenzkennlinie eines oder mehrerer Regler bzw. Korrekturglieder addiert. Ziel ist es, die an die Frequenzkennlinie der offenen Kette gestellten Güteforderungen zu erfüllen.
4. Das Zeitverhalten des geschlossenen Kreises wird simuliert. Entspricht das Verhalten nicht den gegebenen Güteforderungen, so wird der Entwurf unter Verwendung anderer Regler $K(s)$ wiederholt.

Ergebnis: Regler $K(s)$

Die Wirkung der bekannten Regler und Korrekturglieder für die Frequenzkennlinie der offenen Kette ist in Abb. 11.11 zusammengefasst. Für die Reglergesetze werden Darstellungen verwendet, aus denen die Bodediagramme besonders einfach abgelesen werden können.

Regler bzw. Korrekturglied	Übertragungsfunktion	Bodediagramm
PD (ideal)	$k_{\mathrm{P}}\,(T_{\mathrm{D}}s+1)$	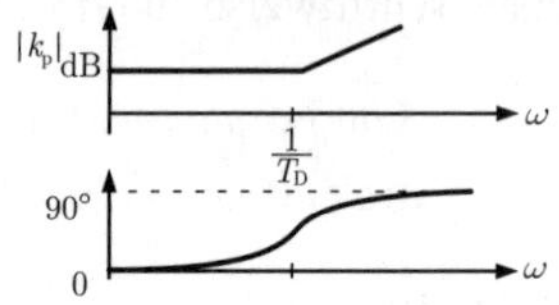 $\lvert k_{\mathrm{P}}\rvert_{\mathrm{dB}}$, ω, $\frac{1}{T_{\mathrm{D}}}$, 90°, 0
PI	$k_{\mathrm{P}}(1+\frac{1}{T_{\mathrm{I}}s})$	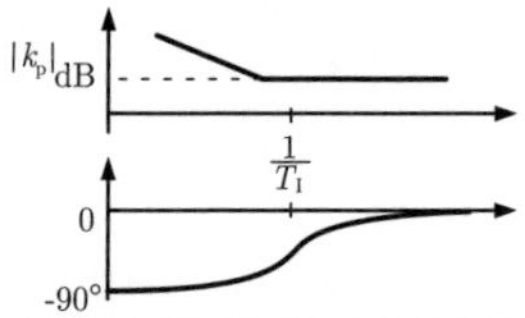 $\lvert k_{\mathrm{P}}\rvert_{\mathrm{dB}}$, $\frac{1}{T_{\mathrm{I}}}$, 0, -90°
PID	$k_{\mathrm{P}}(1+\frac{1}{T_{\mathrm{I}}s})(T_{\mathrm{D}}s+1)$ ($T_{\mathrm{D}} < T_{\mathrm{I}}$)	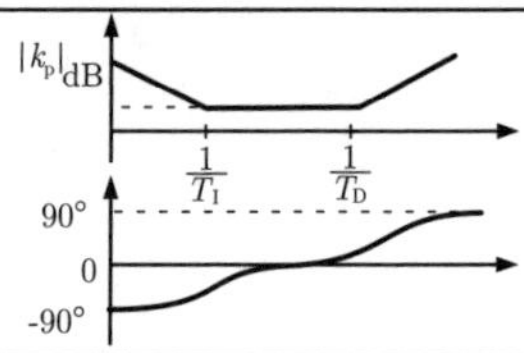 $\lvert k_{\mathrm{P}}\rvert_{\mathrm{dB}}$, $\frac{1}{T_{\mathrm{I}}}$, $\frac{1}{T_{\mathrm{D}}}$, 90°, 0, -90°
phasenabsenkendes Korrekturglied	$\frac{T_{\mathrm{D}}s+1}{Ts+1}$ $\quad T > T_{\mathrm{D}}$	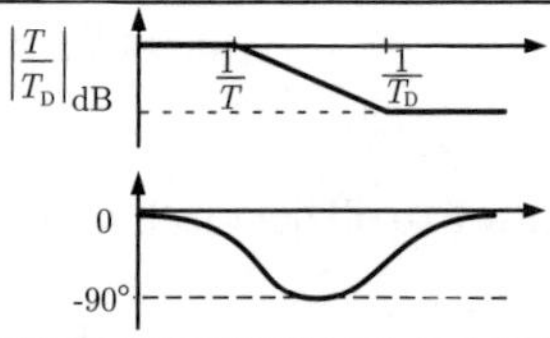 $\left\lvert\frac{T}{T_{\mathrm{D}}}\right\rvert_{\mathrm{dB}}$, $\frac{1}{T}$, $\frac{1}{T_{\mathrm{D}}}$, 0, -90°
phasenanhebendes Korrekturglied	$\frac{T_{\mathrm{D}}s+1}{Ts+1}$ $\quad T < T_{\mathrm{D}}$	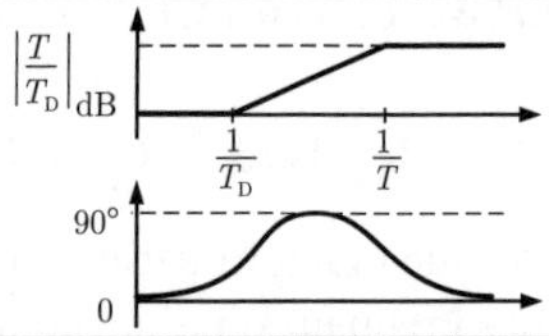 $\left\lvert\frac{T}{T_{\mathrm{D}}}\right\rvert_{\mathrm{dB}}$, $\frac{1}{T_{\mathrm{D}}}$, $\frac{1}{T}$, 90°, 0

Abb. 11.11: Frequenzkennlinien wichtiger Regler und Korrekturglieder

11.2.2 Entwurfsdurchführung

Im Folgenden wird gezeigt, wie die im Abschn. 11.1 abgeleiteten Forderungen an das Verhalten der offenen Kette schrittweise durch Einfügen von Reglern erfüllt werden können. Dann wird der Reglerentwurf an einem Beispiel demonstriert.

Verbesserung des statischen Verhaltens. Das statische Verhalten ist durch den niederfrequenten Teil der Frequenzkennlinien bestimmt. Entsprechend Gl. (7.41) wird die bleibende Regelabweichung umso kleiner, je größer die Kreisverstärkung ist. Wird also durch ein integrierendes Korrekturglied der niederfrequente Teil des Amplitudenganges angehoben, so verkleinert sich die Regelabweichung. Wird ein PI-Regler eingesetzt, so verschwindet die Regelabweichung.

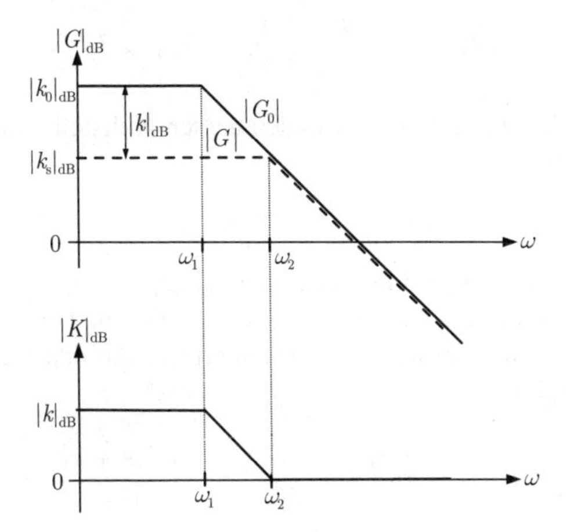

Abb. 11.12: Verbesserung des statischen Verhaltens mit Hilfe eines integrierenden Korrekturgliedes

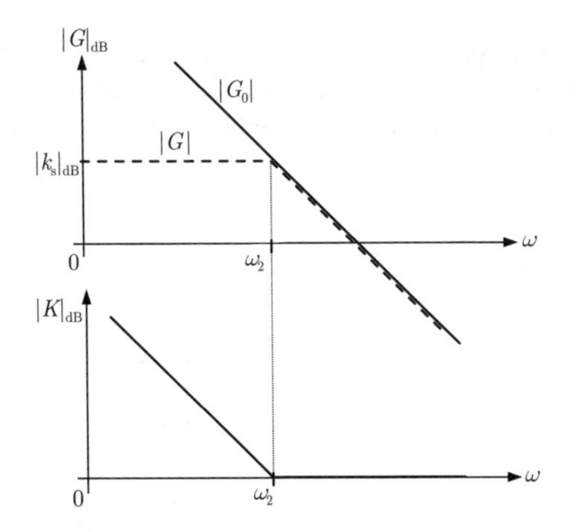

Abb. 11.13: Verbesserung des statischen Verhaltens durch Verwendung eines PI-Reglers

Diese Tatsachen sind in den Abbildungen 11.12 und 11.13 am Beispiel einer Strecke veranschaulicht, die (zumindest im niederfrequenten Teil) eine Übertragungsfunktion der Form

$$G(s) = \frac{k_\mathrm{s}}{T_2 s + 1}$$

hat. Die Geradenapproximation des Amplitudenganges der Regelstrecke hat bei $\omega_2 = \frac{1}{T_2}$ eine Knickfrequenz. Wird ein integrierendes Korrekturglied

$$K(s) = k\,\frac{T_2 s + 1}{T_1 s + 1}, \qquad T_1 > T_2$$

mit der statischen Verstärkung k verwendet, dessen Nullstelle mit dem Pol der Regelstrecke übereinstimmt

$$T_2 = \frac{1}{\omega_2},$$

so wird der Amplitudengang im Frequenzintervall $\omega_1 \leq \omega \leq \omega_2$ angehoben und die offene Kette hat die statische Verstärkung $k_0 = kk_\mathrm{s}$. Die bleibende Regelabweichung bei sprungförmigen Führungssignalen vermindert sich auf den Wert $e(\infty) = \frac{1}{1+kk_\mathrm{s}}$.

Wird ein PI-Regler

$$K(s) = k_\mathrm{P}\left(1 + \frac{1}{T_\mathrm{I} s}\right) = \frac{k_\mathrm{P} T_\mathrm{I} s + k_\mathrm{P}}{T_\mathrm{I} s}$$

mit $k_\mathrm{P} = 1$ und $T_\mathrm{I} = \frac{1}{\omega_2}$ verwendet, so entsteht das in Abb. 11.13 gezeigte Frequenzkennliniendiagramm für die offene Kette. Das System hat im niederfrequenten Bereich I-Verhalten, so dass der geschlossene Kreis für sprungförmige Führungs- und Störsignale keine bleibende Regelabweichung besitzt.

Verbesserung des Übergangsverhaltens. Für das Übergangsverhalten ist der mittelfrequente Teil des Frequenzkennliniendiagramms maßgebend, wobei Vorgaben für die Schnittfrequenz ω_s und den Knickpunktabstand $\lg a$ erfüllt werden müssen.

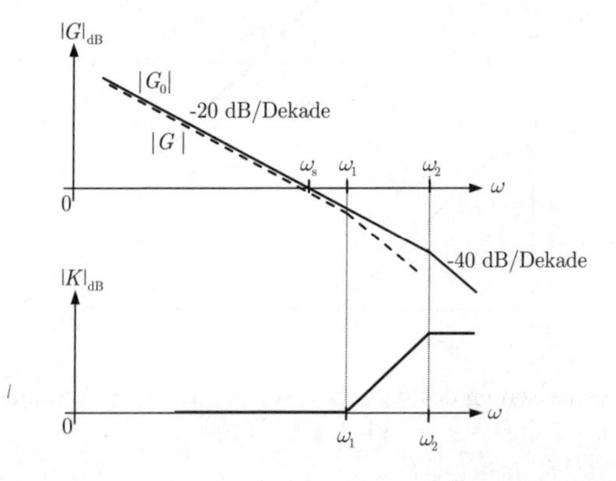

Abb. 11.14: Verbesserung des Übergangsverhaltens mit Hilfe eines differenzierenden Korrekturgliedes

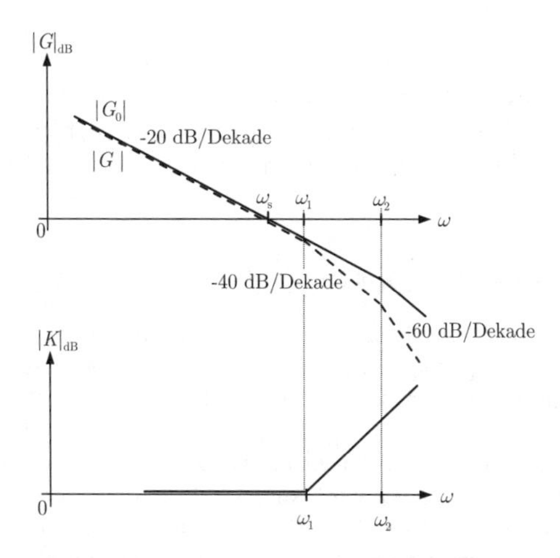

Abb. 11.15: Verbesserung des Übergangsverhaltens durch Verwendung eines PD-Reglers

In Abb. 11.14 verhält sich die Regelstrecke wie ein IT_1-Glied

$$G(s) = \frac{1}{T_\mathrm{I} s(T_1 s + 1)}, \qquad T_\mathrm{I} < T_1$$

und hat einen Knickpunktabstand von $\lg \omega_1 - \lg \omega_\mathrm{s}$. Durch Verwendung eines differenzierenden Korrekturgliedes

$$K(s) = \frac{T_1 s + 1}{T_2 s + 1}, \qquad T_1 > T_2$$

wird der Knickpunktabstand auf $\lg \omega_2 - \lg \omega_\mathrm{s}$ vergrößert. Dabei wird der Pol der Strecke durch die Nullstelle $-\frac{1}{T_1} = \omega_1$ des Korrekturgliedes kompensiert („gekürzt"). Der neue Knickpunktabstand wird durch die Wahl des Pols $-\frac{1}{T_2}$ des Korrekturgliedes festgelegt. Durch die Vergrößerung des Knickpunktabstandes verkleinert sich die Überschwingweite des geschlossenen Kreises. Die von ω_s abhängige Einschwingzeit bleibt unverändert.

Im zweiten Fall (Abb. 11.15) hat die Regelstrecke IT_2-Verhalten mit den Knickfrequenzen ω_1 und ω_2. Durch Verwendung des (idealen) PD-Reglers

$$K(s) = T_\mathrm{D} s + 1$$

wird der Knickpunktabstand auf $\lg \omega_2 - \lg \omega_\mathrm{s}$ angehoben. Das heißt, dass die Nullstelle $-\frac{1}{T_\mathrm{D}} = \omega_1$ des PD-Reglers den Pol der Regelstrecke kompensiert.

Auswirkung von Verstärkungsänderungen. Eine Veränderung der Reglerverstärkung verschiebt den Amplitudengang nach oben bzw. nach unten und hat folglich Einfluss sowohl auf das statische als auch auf das dynamische Verhalten des geschlossenen Kreises. Bei Betrachtung einer IT_2-Kette wird offensichtlich, dass eine

Erhöhung der Verstärkung eine Anhebung des Amplitudenganges und folglich eine Erhöhung der Schnittfrequenz ω_s mit sich bringt. Gleichzeitig verringert sich der Knickpunktabstand. Also wird die Überschwingzeit kleiner und die Überschwingweite größer. Die Verringerung der Reglerverstärkung bewirkt das Gegenteil.

Beispiel 11.1 *Entwurf einer Knotenspannungsregelung*

Das Entwurfsverfahren soll am Beispiel einer Knotenspannungsregelung demonstriert werden (Abb. 11.16). Die Regelungsaufgabe besteht in der Stabilisierung der Spannung am Einspeiseknoten eines Kraftwerkes in das Netz auf einem vorgegebenen Sollwert, wobei der Sollwert des Klemmenspannungsreglers des Kraftwerksblocks als Stellgröße dient. Da der Sollwert der Knotenspannung bezogen auf die Zeitkonstanten des zu entwerfenden Regelkreises nur sehr selten verändert wird, kann er als konstant betrachtet werden, so dass die Sollwertfolge durch Verwendung eines I-Anteils im Regler gesichert werden kann. Die Überschwingzeit T_m soll unter einer Sekunde, die Überschwingweite unter 10 Prozent liegen.

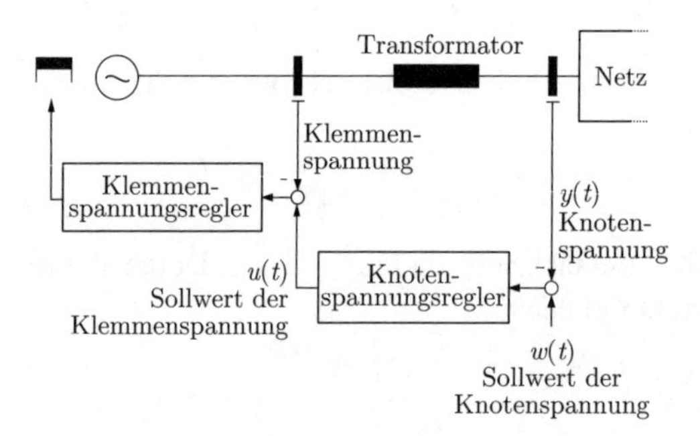

Abb. 11.16: Knotenspannungsregelung

Ein vereinfachtes Zustandsraummodell der Regelstrecke lautet

$$\begin{aligned} \dot{\boldsymbol{x}} &= \begin{pmatrix} -2{,}45 & -0{,}16 & 0 \\ 2{,}56 & 0 & 0 \\ 3{,}07 & 0 & -2 \end{pmatrix} \boldsymbol{x}(t) + \begin{pmatrix} 0{,}9 \\ -1 \\ 0 \end{pmatrix} u(t) \\ y(t) &= (0 \;\; 0 \;\; 1)\, \boldsymbol{x}(t), \end{aligned}$$

woraus man die Übertragungsfunktion

$$G(s) = \frac{2{,}76s + 0{,}491}{s^3 + 4{,}45s^2 + 5{,}31s + 0{,}819} \tag{11.11}$$

berechnen kann. Der Amplitudengang ist durch die untere Kurve in Abb. 11.17 beschrieben. Da das System drei Pole bei $-0{,}18$, -2 und $-2{,}27$ und eine Nullstelle bei $-0{,}17$ hat, verhält es sich näherungsweise wie ein PT_2-Glied. Als gestrichelte Kurve ist die Geradenapproximation eingetragen, die nur die Knickfrequenzen bei 2 und 2,27 berücksichtigt.

Da der Regler die Sollwertfolge sichern soll, wird zunächst ein PI-Regler

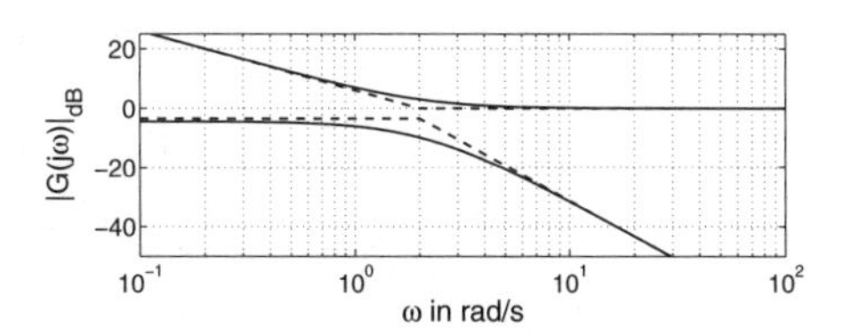

Abb. 11.17: Bodediagramm der Regelstrecke (untere Kurven) und des Reglers (obere Kurven)

$$K_{\rm PI}(s) = k_{\rm P}\left(1 + \frac{1}{T_{\rm I}s}\right) = k_{\rm P}\frac{T_{\rm I}s + 1}{T_{\rm I}s}$$

verwendet, dessen Parameter wie in Abb. 11.13 gezeigt bestimmt werden. Die Nullstelle des Reglers wird auf die erste Knickfrequenz $\omega_1 = 2$ der Regelstrecke gelegt und die Verstärkung so gewählt, dass der PI-Regler für hohe Frequenzen keine Amplitudenveränderung bewirkt, also dort $|K_{\rm PI}(j\omega)| = 1$ gilt. Aus diesen Überlegungen erhält man die Parameter

$$k_{\rm P} = 1, \qquad T_{\rm I} = \frac{1}{2}.$$

Für diese Parameter erhält man die oberen Kurven von Abb. 11.17, wobei die gestrichelte Kurve wieder die Geradenapproximation darstellt.

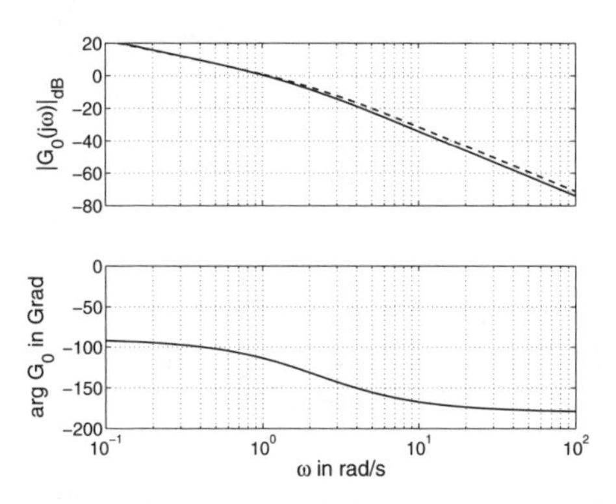

Abb. 11.18: Bodediagramm der offenen Kette mit PI-Regler

Die mit diesem Regler entstehende offene Kette hat das in Abb. 11.18 gezeigte Bodediagramm. Der Amplitudengang der offenen Kette ist durch die untere der beiden Kurven dargestellt. Darüber ist mit gestrichelter Linie der Amplitudengang des IT_1-Gliedes

$$\frac{1}{0{,}25\,s^2 + 0{,}8s} = \frac{1}{0{,}8s}\,\frac{1}{0{,}625\,s + 1}$$

gezeichnet, woraus ersichtlich wird, dass sich die offene Kette näherungsweise wie ein IT_1-Glied verhält. Aus der Schnittfrequenz $\omega_{\rm s} \approx 1{,}25\,\frac{\rm rad}{\rm s}$ der Geradenapproximation und dem Knickpunktabstand $a = 1{,}3$ ist zu schließen, dass der geschlossene Kreis eine Überschwingzeit von $T_{\rm m} \approx 2{,}4\,{\rm s}$ und 10 Prozent Überschwingen aufweist. Abbildung 11.19

zeigt, dass diese Abschätzungen zutreffen, obwohl es sich um ein System vierter Ordnung handelt.

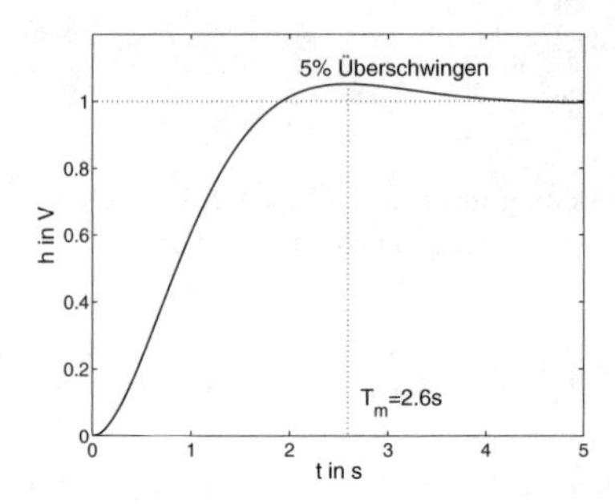

Abb. 11.19: Führungsübergangsfunktion des PI-geregelten Systems

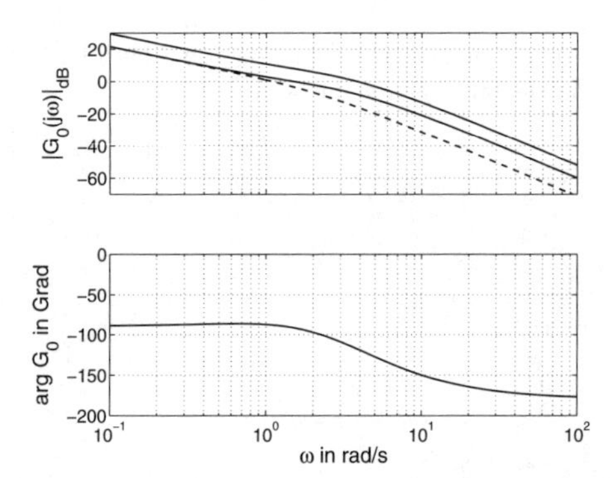

Abb. 11.20: Bodediagramm der offenen Kette mit PI-Regler und Korrekturglied

Die erreichte Regelgüte genügt in Bezug auf die Überschwingzeit den gestellten Forderungen noch nicht. Der Grund liegt in der zu kleinen Schnittfrequenz. Angestrebt werden die Werte

$$\omega_{\mathrm{s}} = 3\,\frac{\mathrm{rad}}{\mathrm{s}}, \qquad \omega_1 = 1{,}5\,\omega_{\mathrm{s}} = 4{,}5\,\frac{\mathrm{rad}}{\mathrm{s}}.$$

Die entsprechenden Veränderungen der offenen Kette erreicht man in zwei Schritten. Zunächst wird die Knickfrequenz von ihrem jetzigen Wert $\omega_1 = 1{,}25\,\frac{\mathrm{rad}}{\mathrm{s}}$ auf den neuen Wert $\omega_1 = 4{,}5\,\frac{\mathrm{rad}}{\mathrm{s}}$ verschoben, wofür das phasenanhebende Korrekturglied

$$\frac{0{,}8s+1}{0{,}22s+1}$$

verwendet wird, dessen Nullstelle sich aus der bisherigen Knickfrequenz und dessen Pol sich aus der angestrebten Knickfrequenz ergibt. Anschließend wird durch den Verstärkungsfaktor 2,5 der Amplitudengang soweit angehoben, dass die geforderte Schnittfrequenz

$\omega_\mathrm{s} \approx 3\frac{\mathrm{rad}}{\mathrm{s}}$ entsteht. Abbildung 11.20 zeigt beide Schritte, wobei für den Amplitudengang schließlich die oberste Kurve entsteht. Darunter ist der Amplitudengang vor der Verstärkungsanhebung und außerdem als Vergleich als gestrichelte Linie die in Abb. 11.18 gezeigte offene Kette mit PI-Regler dargestellt. Die Wirkung des phasenanhebenden Korrekturgliedes ist im Phasengang, der sich durch die Verstärkungsanhebung nicht ändert, deutlich zu erkennen.

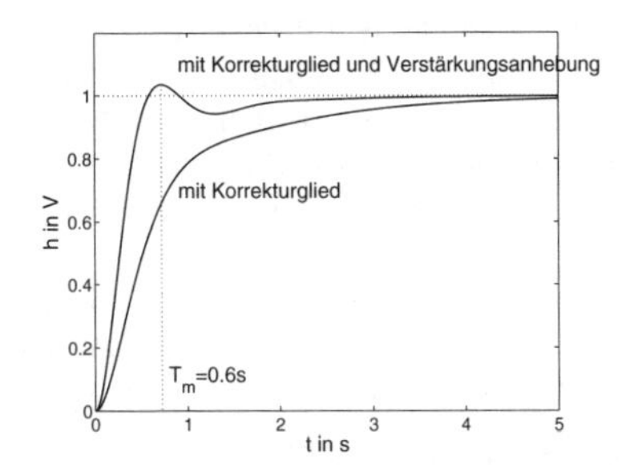

Abb. 11.21: Führungsübergangsfunktion des Regelkreises mit PI-Regler und Korrekturglied

Die in Abb. 11.21 gezeigte Führungsübergangsfunktion erfüllt die gestellten Güteforderungen. Die Abbildung lässt erkennen, welche Veränderung die Verstärkungsanhebung, die die Schnittfrequenz vergrößert, für das Übergangsverhalten bedeutet. □

Aufgabe 11.5 *Reglerentwurf mit Hilfe des Frequenzkennliniendiagramms*

Gegeben ist die Regelstrecke

$$G(s) = \frac{1}{s(s+1)(0{,}4s+1)}.$$

Es soll eine Regelung entworfen werden, so dass der geschlossene Kreis eine Überschwingweite von $\Delta h \leq 0,25$ bei einer Überschwingzeit von $T_\mathrm{m} \leq 1,5$ besitzt.

1. Bestimmen Sie Kennwerte der Amplitudenkennlinie der offenen Kette, für die der geschlossene Kreis die angegebenen Güteforderungen erfüllt.
2. Zeichnen Sie das Bodediagramm der Regelstrecke.
3. Bestimmen Sie den gesuchten Regler.
4. Welche Auswirkungen hat eine Verschärfung der Anforderungen an die Überschwingweite (z. B. $\Delta h \leq 0{,}1$) auf das Entwurfsergebnis? □
5. Wie wirkt sich eine begrenzte Bandbreite des Stellgliedes aus? Zeigen Sie die Wirkung eines Stellgliedes, das durch ein PT_1-Glied mit der Zeitkonstante T_1 dargestellt wird. Für welchen Bereich der Zeitkonstante kann das Stellglied beim Reglerentwurf vernachlässigt werden und für welchen beeinflusst es die erreichbare Regelgüte maßgebend?

Aufgabe 11.6* *Dämpfung der Rollbewegung eines Flugzeugs*

Entsprechend Beispiel 5.6 auf S. 135 kann das Flugzeug als Regelstrecke durch die Übertragungsfunktion

$$G(s) = \frac{k}{I_{\mathrm{xx}} s^2}$$

beschrieben werden, wobei unter Verwendung der Zeiteinheit Sekunden im Folgenden mit dem Parameter $\frac{k}{I_{\mathrm{xx}}} = 2$ gearbeitet werden soll.

Es ist ein Regler zu entwerfen, der den Rollwinkel $y = \phi$ gegenüber Störungen näherungsweise konstant hält. Störungen, die ein Rollen des Flugzeugs bewirken, entstehen beispielsweise aus einer Thermik oder aus Turbulenzen, bei denen sich der rechte Flügel im Aufwind und der linke Flügel im Abwind befindet. Störungen dieser Art haben näherungsweise impulsförmigen Charakter. Sie üben eine Kraft aus, die der durch die Querruder erzeugten Kraft überlagert ist und folglich am Eingang der Regelstrecke auftritt. Für die Analyse des Regelkreises wird eine Störung $0{,}1\delta(t)$ verwendet, die einer Amplitude von 10% der maximalen Stellamplitude entspricht. Die beschriebene Störung soll ohne Überschwingen ($\Delta e \approx 0$) und mit einer maximalen Störung von $e_{\mathrm{m}} \approx 0{,}5$ abgebaut werden.

1. Welche Struktur muss der Regler besitzen?
2. Welche Kennwerte soll die offene Kette haben, damit die Dynamikforderungen erfüllt werden?
3. Entwerfen Sie einen Regler, der die angegebenen Störungen möglichst schnell abbaut.
4. Was ändert sich an der Strecke, wenn die Dynamik des Stellgliedes, das das Querruder bewegt, im Modell durch ein zusätzliches Verzögerungsglied $\frac{1}{0{,}05s+1}$ berücksichtigt wird? □

Aufgabe 11.7* *Entwurf einer Abstandsregelung für Fahrzeuge*

Die Aufgabe, den Abstand eines Fahrzeugs zum vorherfahrenden Fahrzeug auf den Sollwert w zu bringen, kann mit einer proportionalen Regelung gelöst werden (vgl. Aufg. 7.8 und Lösung auf S. 559). Bei einer sprungförmigen Veränderung des Sollwertes muß der Abstandsfehler ohne Überschwingen ausgeglichen werden, um die „Kolonnenstabilität“ zu sichern, also zu verhindern, dass sich Abstandspendelungen in einer Fahrzeugkette von einem Fahrzeug zu den weiter hinten fahrenden Fahrzeugen ausbreitet und dabei die Amplitude der Schwingungen vergrößert wird. Der Übergangsvorgang soll nach etwa 10 Sekunden abgeschlossen sein.

Die Stellgröße ist die Kraft, mit der der Motor das Fahrzeug beschleunigt (bzw. mit der die Bremse das Fahrzeug abbremst), die Regelgröße der Fahrzeugabstand. Bei konstanter Geschwindigkeit des voranfahrenden Fahrzeugs erhält man für die Regelstrecke die Übertragungsfunktion

$$G(s) = \frac{-0.001}{s(s+0{,}04)}.$$

1. Entwerfen Sie den Regler mit Hilfe des Frequenzkennlinienverfahrens.
2. Untersuchen Sie, welche Veränderungen Ihre Entwurfsschritte für die Wurzelortskurve des Regelkreises bedeuten. □

11.3 Reglerentwurf unter Beachtung des Störverhaltens

Nachdem im Abschn. 11.1.4 gezeigt wurde, wie die das Störverhalten betreffenden Güteforderungen in Forderungen an das Führungsverhalten umgeformt werden können, ist das Vorgehen beim Reglerentwurf unter Beachtung des Störverhaltens dasselbe wie für Regelungsaufgaben, bei denen das Führungsverhalten die dominierende Rolle spielt. Der Entwurf erfolgt nämlich genauso wie bisher, nur dass andere Güteforderungen erfüllt werden sollen.

Beispiel 11.2 *Entwurf der Drehzahlregelung eines Gleichstrommotors*

Für den in Aufgabe 6.31 beschriebenen und in Abb. 5.12 abgebildeten Gleichstrommotor soll eine Regelung entworfen werden, so dass die Drehzahl auch bei Laständerungen näherungsweise konstant bleibt. Bei einer sprungförmigen Laständerung $d = \sigma(t)$ sollen für das Störverhalten die Forderungen $e_{\mathrm{m}} < 0{,}15$ und $\Delta e \approx 0$ erfüllt werden.

Die Störung besteht in einem durch die Last verursachtes Drehmoment d, durch das die vierte in Aufgabe 6.31 aufgeführte Gleichung in

$$M(t) = J\frac{d^2\phi}{dt^2} + k_{\mathrm{L}}\frac{d\phi}{dt} + d(t)$$

übergeht. Unter Verwendung der in Aufgabe 6.31 angegebenen Parameterwerte erhält man eine Störübertragungsfunktion der Regelstrecke, die man noch mit der Übertragungsfunktion des Messgliedes multiplizieren muss:

$$G_{\mathrm{yd}}(s) = -\frac{0{,}0175s + 1{,}43}{0{,}011s^2 + 0{,}911s + 5{,}9} \cdot \frac{1}{0{,}008s + 1} \approx -\frac{0{,}243}{0{,}15s + 1}.$$

Das exakte Modell und die Näherungsbeschreibung mit der Summenzeitkonstante $T_{\Sigma} = 0{,}15\,\mathrm{s}$ haben fast identische Bodediagramme, so dass mit der PT$_1$-Approximation für das Störmodell gerechnet werden kann.

Bei der Überführung der gegebenen Güteforderungen in Vorgaben für das Bodediagramm der offenen Kette muss beachtet werden, dass sich die Angaben im Abschn. 11.1.4 auf eine Störübertragungsfunktion mit der statischen Verstärkung $G_{\mathrm{yd}}(0) = 1$ beziehen. Für die hier verwendete Übertragungsfunktion gilt jedoch $G_{\mathrm{yd}}(0) = 0{,}243$, d. h., die Störung wirkt nur wie eine sprungförmige Störung $d(t) = 0{,}243\sigma(t)$. Dies wird dadurch berücksichtigt, dass anstelle von $e_{\mathrm{m}} < 0{,}15$ jetzt $e_{\mathrm{m}} < 0{,}6$ gefordert wird. Entsprechend Abb. 11.8 führt dies zu $T_{\mathrm{r}} > 0{,}8$ bzw.

$$T < \frac{T_{\Sigma}}{0{,}8} = \frac{0{,}15}{0{,}8} = 0{,}188.$$

Die zweite Forderung $\Delta e \approx 0$ ist für

$$d > 0{,}7$$

erfüllt. Damit muss der Regler so entworfen werden, dass die offene Kette die Forderungen

$$\omega_{\mathrm{s}} = \frac{1}{2dT} = 3{,}8\,\frac{\mathrm{rad}}{\mathrm{s}} \qquad \text{und} \qquad a = 4d^2 = 2$$

erfüllt.

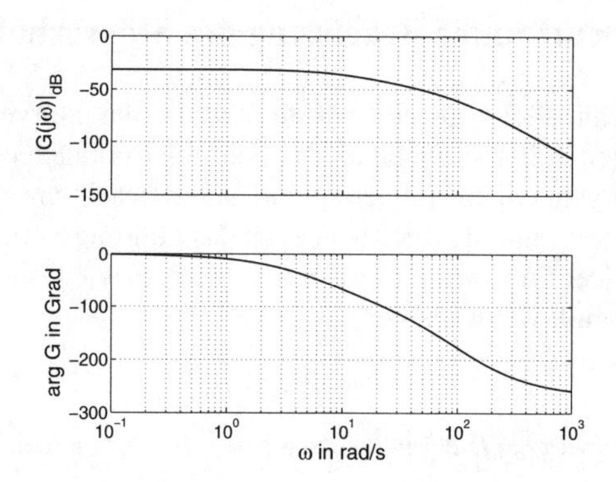

Abb. 11.22: Bodediagramm des Gleichstrommotors

Mit den angegebenen Parametern erhält man für die aus dem Motor und dem Drehzahlregler bestehende Regelstrecke die Übertragungsfunktion

$$G(s) = \frac{0{,}1592}{0{,}000088s^3 + 0{,}0183s^2 + 0{,}958s + 5{,}9}.$$

Das dazugehörige in Abb. 11.22 gezeigte Bodediagramm macht deutlich, dass der Amplitudengang durch den Regler deutlich angehoben werden muss, um die aufgestellten Bedingungen zu erfüllen. Für den PI-Regler

$$K(s) = 2 + \frac{1}{0{,}013s}$$

hat die offene Kette näherungsweise die geforderte Schnittfrequenz $\omega_{\mathrm{s}} = 4\,\frac{\mathrm{rad}}{\mathrm{s}}$. Die Nullstelle dieses Reglers liegt am größten Pol der Regelstrecke, d. h., die Knickfrequenz des Reglers liegt an der ersten Knickfrequenz der Strecke.

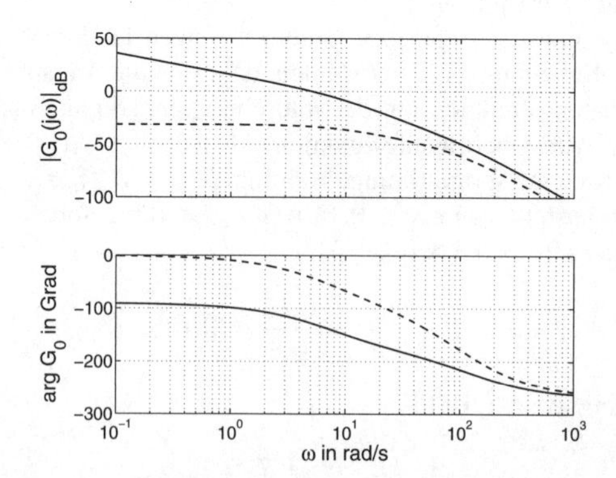

Abb. 11.23: Bodediagramm der offenen Kette bestehend aus Gleichstrommotor und PI-Regler

Die Störübergangsfunktion des Regelkreises ist gemeinsam mit der Führungsübergangsfunktion in Abb. 11.24 dargestellt. Die an das Störverhalten gestellten Güteforderungen sind erfüllt. Bezüglich e_{m} verhält sich der Kreis sogar deutlich besser als gefordert. Die Abweichung von dem durch die Schnittfrequenz und den Einstellfaktor bestimmten Verhalten ist u. a. auf die Tatsache zurückzuführen, dass der Regelkreis die dynamische Ordnung drei an Stelle wie in $\hat{G}_{\mathrm{d}}$ angenommen von zwei besitzt. Der Vergleich mit der Führungsübergangsfunktion soll zeigen, dass die Überschwingweite Δh für diesen Regler unter 10% liegt, was auf Grund des Knickpunktabstandes $a = 2$ zu erwarten war. □

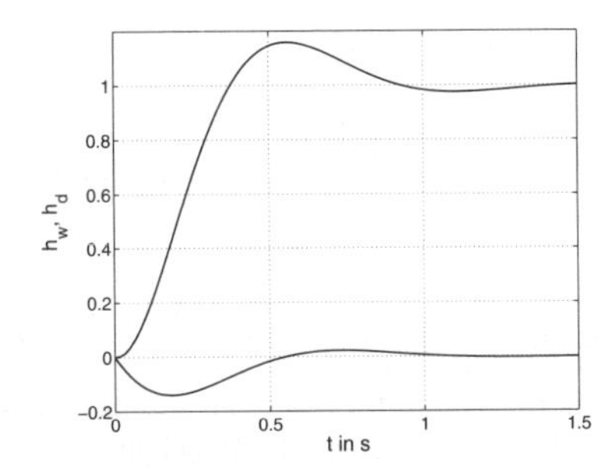

Abb. 11.24: Führungsübergangsfunktion und Störübergangsfunktion des geregelten Gleichstrommotors

Zusammenfassende Bewertung des Reglerentwurfs anhand der Frequenzkennlinie. Das hier behandelte Verfahren ist vor allem für Regelungsaufgaben gut geeignet, bei denen die Regelstrecke stabil ist und sprungförmige Störungs- und Führungssignale vorhanden sind, die offene Kette also I-Verhalten haben muss. Im Mittelpunkt steht dann die Festlegung eines Reglers, mit dem vorgegebene Dynamikforderungen an den Regelkreis erfüllt werden. Für diese Aufgabenstellung kann man mit denen im Abschn. 11.1 beschriebenen Überlegungen die gewünschte Frequenzkennlinie der offenen Kette festlegen und dann nach einem Regler suchen, mit dem die Frequenzkennlinie der Regelstrecke in diese „Wunschkennlinie“ überführt wird.

11.4 MATLAB-Programm zum Frequenzkennlinienentwurf

Das in diesem Kapitel behandelte Entwurfsverfahren kann mit Hilfe der bereits früher eingeführten MATLAB-Funktionen durchgeführt werden. Wie bei allen Entwurfsverfahren übernimmt der Rechner die aufwändigen numerischen Operationen sowie die grafische Darstellung des Systemverhaltens. Die eigentlichen Entwurfsentscheidungen muss der Ingenieur selbst treffen.

Als Beispiel wird der Entwurf der im Beispiel 11.2 behandelten Geschwindigkeitsregelung eines Gleichstrommotors ausgeführt. Da alle dafür notwendigen MATLAB-Funktionen bereits bekannt sind, ist das Programm 11.1 ohne weitere Erläuterungen verständlich.

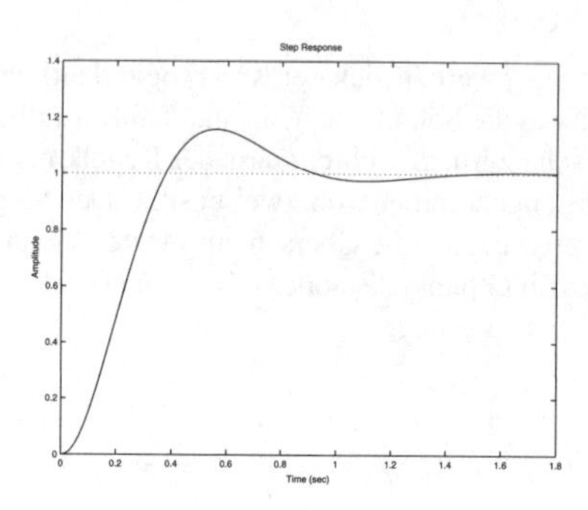

Abb. 11.25: MATLAB-Grafik der Führungsübergangsfunktion des geregelten Gleichstrommotors

Aufgabe 11.8 *Störübergangsfunktion des geregelten Gleichstrommotors*

Erweitern Sie das Programm 11.1, so dass auch das in Abb. 11.24 gezeigte Störverhalten des geschlossenen Kreises für die Bewertung der Regelgüte herangezogen werden kann. □

Literaturhinweise

Der Reglerentwurf unter Verwendung des Frequenzkennliniendiagramms ist ausführlich in [62], Abschnitt 7.3 beschrieben. Dabei wird auch auf eine Realisierung unterschiedlicher Korrekturglieder durch RC-Netzwerke und den Entwurf bei Vorgaben für den Phasengang eingegangen.

Programm 11.1 *Reglerentwurf mit dem Frequenzkennlinienverfahren (Beispiel 11.2: Geschwindigkeitsregelung eines Gleichstrommotors)*

Regelstreckenmodell

```
>> RA = 9;
>> LA = 0.11;
>> km = 5 ;
>> kL = 0.1;
>> kT = 1;
>> J = 0.1;
>> zs = [1/2/pi];
>> ns = [LA*J/kT (LA*kL/kT + RA*J/kT) (RA*kL/kT + km)];
>> Motor = tf(zs, ns);
```

Erweiterung um den Drehzahlgeber

```
>> Td = 0.008;
>> zm = 1;
>> nm = [Td, 1];
>> Messglied = tf(zm ,nm);
>> MotorMessglied = series(Motor, Messglied);
```

Bodediagramm der Regelstrecke

```
>> bode(MotorMessglied);
```

...erzeugt Abb. 11.22

Verwendung eines PI-Reglers

mit $k_P = 2$, $T_I = 0{,}013$

```
>> zr = [.026 2];
>> nr = [0.013 0];
>> PIRegler = tf(zr, nr);
>> offeneKette = series(MotorMessglied, PIRegler);
>> bode(offeneKette);
```

...erzeugt Abb. 11.23

Berechnung der Führungsübergangsfunktion

```
>> Regelkreis = feedback(offeneKette, 1);
>> step(Regelkreis);
```

...erzeugt Abb. 11.25

12

Weitere Entwurfsverfahren

In diesem Kapitel werden Entwurfsverfahren behandelt, bei denen das Regelstreckenmodell explizit im Regler enthalten ist.

12.1 Kompensationsregler

Grundidee des Entwurfsverfahrens. Der Reglerentwurf hat zum Ziel, dem geschlossenen Regelkreis durch die Festlegung eines geeigneten Reglers ein vorgegebenes dynamisches Verhalten zu verleihen. Bisher wurde das Regelungsziel durch Vorgaben für das Zeitverhalten oder die Übertragungseigenschaften im Frequenzbereich beschrieben, beispielsweise durch Forderungen an das Überschwingen oder die Einschwingzeit der Führungsübergangsfunktion. Bei dem in diesem Abschnitt behandelten Vorgehen wird das Verhalten des Regelkreises durch ein Modell $M(s)$ vorgegeben. Der Regler ist so zu bestimmen, dass der geschlossene Kreis gerade das durch M beschriebene Verhalten aufweist (Abb. 12.1). In der englischsprachigen Literatur wird dieses Vorgehen als *model matching*, also als Anpassung des Kreises an ein vorgegebenes Modell, bezeichnet. Im deutschen Sprachgebrauch hat sich aus einem später erkennbaren Grund der Begriff Kompensationsregler eingebürgert.

Im Vergleich zu den bisher betrachteten Güteforderungen enthält diese Entwurfsaufgabe wesentlich genauere Vorgaben für das Regelkreisverhalten, denn durch $M(s)$ sind die Übertragungseigenschaften vollständig fixiert. Deshalb entfällt auch die den Entwurf typischerweise begleitende Kompromissbildung zwischen der Erfüllung unterschiedlicher, sich teilweise widersprechender Regelungsziele. Die Entwurfsaufgabe hat entweder exakt eine Lösung, die zu genau dem durch $M(s)$ beschriebenen Führungsverhalten führt, oder gar keine Lösung.

In den folgenden Betrachtungen wird direkt mit den Zähler- und Nennerpolynomen der Übertragungsfunktionen der Regelstrecke, des Reglers und des geschlossenen Kreises gearbeitet. Dabei wird von folgenden Bezeichnungen ausgegangen. Die Regelstrecke ist durch

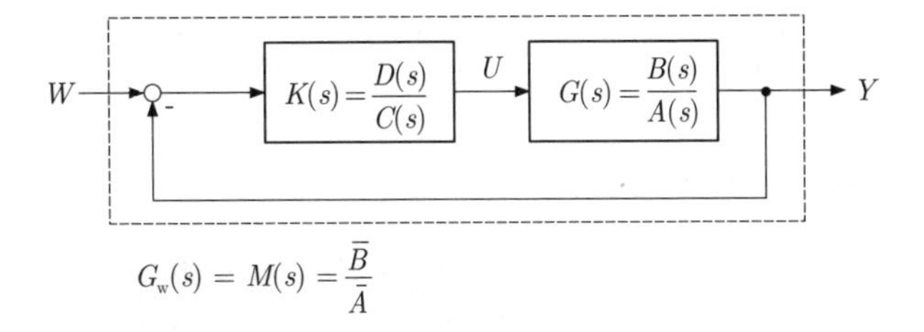

Abb. 12.1: Idee des Entwurfsverfahrens

$$G(s) = \frac{B(s)}{A(s)}$$

beschrieben, wobei $B(s)$ das Zählerpolynom und $A(s)$ das Nennerpolynom darstellt. Entsprechende Zerlegungen des Reglers und des Modells des geschlossenen Kreises lauten

$$K(s) = \frac{D(s)}{C(s)}$$

und

$$M(s) = \frac{\bar{B}(s)}{\bar{A}(s)}.$$

$M(s)$ stellt die geforderte Führungsübertragungsfunktion dar. Deshalb soll durch eine geeignete Wahl des Reglers erreicht werden, dass

$$G_{\mathrm{w}}(s) = \frac{G(s)K(s)}{1 + G(s)K(s)} \stackrel{!}{=} M(s)$$

gilt. Aufgelöst nach K erhält man daraus die Beziehung

$$K(s) = \frac{M(s)}{G(s) - G(s)M(s)} = \frac{1}{G(s)} \frac{M(s)}{1 - M(s)} \tag{12.1}$$

und unter Verwendung der Zähler- und Nennerpolynome

$$\text{Kompensationsregler:} \quad K(s) = \frac{A(s)}{B(s)} \frac{\bar{B}(s)}{\bar{A}(s) - \bar{B}(s)}. \tag{12.2}$$

Mit den bereits eingeführten Bezeichnungen für das Zähler- und das Nennerpolynom des Reglers gilt

$$D(s) = A(s)\,\bar{B}(s)$$

und

$$C(s) = B(s)\,(\bar{A}(s) - \bar{B}(s)).$$

Diskussion des Verfahrens. Gleichung (12.1) zeigt, dass der Regler das invertierte Modell der Regelstrecke sowie das mit einer Mitkopplung versehene Regelkreismodell M enthält (Abb. 12.2). Das Regelstreckenverhalten wird durch das inverse Modell $\frac{1}{G(s)}$ kompensiert, woraus sich die Bezeichnung Kompensationsregler ableitet. In der offenen Kette kürzt sich die Regelstrecke gegen ihr inverses Modell heraus

$$G(s)K(s) = G(s)\frac{1}{G(s)}\frac{M(s)}{1-M(s)} = \frac{M(s)}{1-M(s)},$$

so dass der Regelkreis nicht mehr von $G(s)$, sondern nur noch von $M(s)$ bestimmt wird.

Aus dieser Interpretation kann man drei Forderungen ableiten, die erfüllt sein müssen, damit man einen stabilen Regler erhält:

- Die Regelstrecke muss stabil sein, da andernfalls in der offenen Kette instabile Pole von $G(s)$ gegen entsprechende Nullstellen des Reglers gekürzt werden und der Regelkreis deshalb nicht I-stabil ist.
- Das invertierte Modell $\frac{1}{G(s)}$ der Regelstrecke muss stabil sein. Das heißt, $G(s)$ darf nur Nullstellen mit negativem Realteil haben. Die Regelstrecke muss also minimalphasig sein.
- Das mit einer positiven Rückführung versehene Modell M muss stabil sein. Das heißt, das $\bar{A}(s) - \bar{B}(s)$ ein Polynom sein muss, dessen Nullstellen negativen Realteil haben.

Abbildung 12.2 zeigt die Struktur des Kompensationsreglers. Man wird den Regler jedoch nicht in der gezeigten Weise realisieren, denn die Reihenschaltung enthält mit $\frac{1}{G(s)}$ ein Element mit Nullstellenüberschuss. Die folgenden Betrachtungen werden zeigen, unter welcher Bedingung ein physikalisch realisierbarer Regler mit Polüberschuss entsteht.

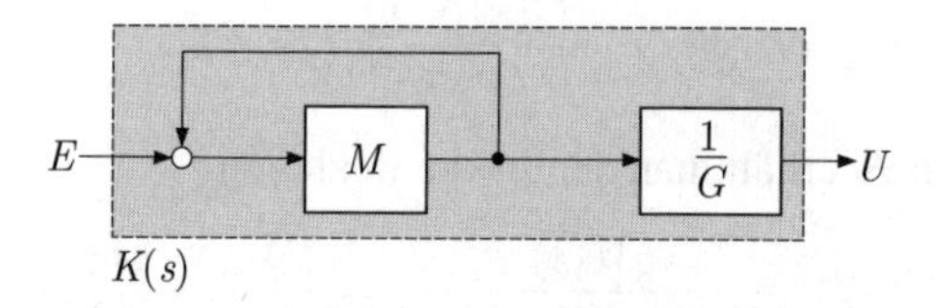

Abb. 12.2: Struktur des Kompensationsreglers

Die vierte Forderung an das vorgegebene Modell $M(s)$ erhält man, wenn man sich die in Gl. (12.2) stehenden Polynome ansieht. Abgesehen von dem Spezialfall, dass der Grad der Differenz $\bar{A} - \bar{B}$ kleiner als der Grad von $\bar{A}$ ist, gilt folgende Forderung:

- Damit der Regler $K(s)$ mindestens genauso viele Pole wie Nullstellen besitzt, muss gelten

$$\text{Grad}\, A(s) - \text{Grad}\, B(s) \overset{!}{\leq} \text{Grad}\, \bar{A}(s) - \text{Grad}\, \bar{B}(s). \tag{12.3}$$

Das heißt, das Modell M muss mindestens denselben Polüberschuss haben wie die Regelstrecke. Diese Forderung lässt sich anschaulich interpretieren, da der Polüberschuss als ein Maß für die durch das System vorgenommene Verzögerung der Ausgangsgröße gegenüber der Eingangsgröße angesehen werden kann (vgl. S. 275). Das

Führungsverhalten des Regelkreises hat mindestens dieselbe Verzögerung wie die Regelstrecke, denn der Signalweg vom Führungssignal w zur Regelgröße y führt durch die Regelstrecke und enthält mit dem Regler ein weiteres verzögerndes Element (Abb. 12.1). Also muss auch das Modell $M(s)$ mindestens dieselbe Verzögerung wie die Regelstrecke besitzen, wenn die Regelungsaufgabe lösbar sein soll.

Aus Gl. (12.2) folgt außerdem, dass für die dynamische Ordnung des Reglers die Beziehung

$$\mathrm{Grad}\, C(s) = \mathrm{Grad}\, B(s) + \mathrm{Grad}\, \bar{A}(s)$$

gilt, die Reglerordnung also durch die Zahl der Nullstellen der Regelstrecke und durch die dynamische Ordnung des vorgegebenen Modells M bestimmt wird. Man sollte deshalb im Sinne einer einfachen Realisierung des Reglers die Ordnung von M möglichst klein wählen.

Forderungen aus dem Inneren-Modell-Prinzip. Wie die Ableitung der Entwurfsgleichung (12.2) zeigt, wird durch den angegebenen Regler gesichert, dass der Regelkreis alle durch das Modell M vorgegebenen Eigenschaften besitzt. Es ist deshalb interessant zu untersuchen, wie der bei anderen Entwurfsverfahren auf Grund des Inneren-Modell-Prinzips durch den Entwurfsingenieur eingeführte I-Anteil „automatisch" im Kompensationsregler auftritt, wenn die Regelstrecke P-Verhalten besitzt und für sprungförmige Führungs- und Störsignale keine bleibende Regelabweichung auftreten soll.

Sollwertfolge für sprungförmige Führungssignale wird dadurch im Modell M vorgeschrieben, dass die statische Verstärkung auf $M(0) = 1$ festgelegt wird. Das heißt, dass die Polynome

$$\begin{aligned}\bar{B}(s) &= \bar{b}_{\bar{q}} s^{\bar{q}} + \bar{b}_{\bar{q}-1} s^{\bar{q}-1} + ... + \bar{b}_0 \\ \bar{A}(s) &= \bar{a}_{\bar{n}} s^{\bar{n}} + \bar{a}_{\bar{n}-1} s^{\bar{n}-1} + ... + \bar{a}_0\end{aligned}$$

gleiche Absolutglieder haben: $\bar{b}_0 = \bar{a}_0$. Deshalb ist die in Gl. (12.2) im Nenner von $K(s)$ auftretende Differenz $\bar{A}(s) - \bar{B}(s)$ ein Polynom $\bar{n}$-ter Ordnung mit verschwindendem Absolutglied. Der Regler hat also einen Pol bei null.

Besitzt andererseits die Regelstrecke bereits I-Verhalten, so hat auch das Polynom $A(s)$ ein verschwindendes Absolutglied. Dann tritt auch im Zähler von $K(s)$ eine Nullstelle bei null auf, die gegen die verschwindende Nullstelle von $\bar{A}(s) - \bar{B}(s)$ gekürzt wird. Der Regler hat dann kein I-Verhalten.

Beispiel 12.1 *Entwurf einer Temperaturregelung*

Die bereits im Beispiel 9.1 auf S. 402 behandelte Temperaturregelung soll jetzt auf anderem Wege neu entworfen werden. Für die Regelstrecke wurde das Modell

$$G(s) = \frac{0{,}714}{s^2 + 3{,}16s + 2} \tag{12.4}$$

aufgestellt.

Das Modell M für den Regelkreis erhält man aus folgenden Überlegungen. Da es einen Polüberschuss von mindestens zwei haben muss, ist ein Modellansatz der Form

$$M(s) = \frac{s_1 s_2}{(s-s_1)(s-s_2)}$$

sinnvoll. Dieses Modell hat die statische Verstärkung $M(0) = 1$, was die Forderung nach Sollwertfolge widerspiegelt. Die beiden Pole s_1 und s_2 werden so gewählt, dass der geschlossene Kreis kein bzw. ein sehr kleines Überschwingen besitzt und in etwa einer Minute einschwingt. Die erste Forderung ist für Temperaturregelkreise sinnvoll, denn Überschwingen bedeutet, dass die Regelstrecke zunächst zu weit aufgeheizt wird, bevor sie die Solltemperatur annimmt. Ein solches Verhalten würde Energieverluste verursachen. Die zweite Forderung führt auf Regelkreiseigenwerte, deren Realteil bei -3 liegt (vgl. Gl. (10.6) auf S. 412).

Für die Modellpole $s_1 = -3$ und $s_2 = -5$ erhält man aus Gl. (12.2) den Regler

$$K(s) = \frac{0{,}499 s^2 + 1{,}58 s + 1}{0{,}0955 s^2 + 0{,}764 s}$$

zweiter Ordnung. Der Regler hat einen I-Anteil. Für seinen Proportionalanteil gilt

$$k_{\rm P} = \frac{0{,}499}{0{,}0955} = 5{,}22.$$

Die Führungsübergangsfunktion ist als die untere Kurve in Abb. 12.3 zu sehen. Es tritt erwartungsgemäß kein Überschwingen auf, und die Regelgröße erreicht nach reichlich einer Minute den Sollwert.

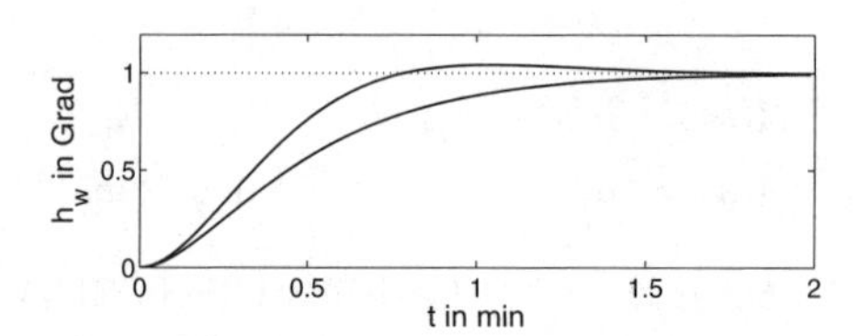

Abb. 12.3: Führungsübergangsfunktionen der entworfenen Temperaturregelkreise

Wählt man die Modellpole bei $s_{1,2} = -3 \pm j3$, so erhält man den Regler

$$K(s) = \frac{0{,}499 s^2 + 1{,}58 s + 1}{0{,}08 s^2 + 0{,}477 s},$$

der wie der erste Regler einen I-Anteil besitzt und dessen Proportionalanteil 6,24 größer ist als der des ersten Reglers. Der Regler hat denselben Zähler wie der erste, da nur der Nenner $\bar{A}$ des Modells verändert wurde. Das Einschwingen der Regelgröße erfolgt schneller, wie die obere Kurve in Abb. 12.3 zeigt. Allerdings tritt ein Überschwingen von etwa 5% auf, was durch die Vorgabe von Polen $s_{1,2}$ auf der Winkelhalbierenden in der komplexen Ebene bewirkt wird.

Im Vergleich zu der in Abb. 9.4 auf S. 403 gezeigten Führungsübergangsfunktion, für die der Regler mit einem Einstellverfahren festgelegt wurde, schwingt der Regelkreis jetzt etwas langsamer, dafür jedoch ohne Überschwingen ein. Im Gegensatz zum Einstellverfahren, bei dem man nach der Festlegung der Reglerparameter nur heuristische Veränderungen an den Parametern und folglich auch am Regelkreisverhalten vornehmen kann, kann jetzt jedoch durch zielgerichtete Veränderung des Modells M ein vollkommen anderes Verhalten des Kreises gefordert und der entsprechende Regler bestimmt werden. Dabei ist das Reglergesetz nicht auf das von PI- oder PID-Reglern beschränkt. Die Flexibilität bei der Wahl der Güteforderungen wird jedoch durch ein Reglergesetz mit möglicherweise wesentlich höherer dynamischer Ordnung erkauft. □

Wahl des Modells M. Wie das Beispiel gezeigt hat, kann man das Modell M für den Regelkreis mit einiger Überlegung aus den Güteforderungen an den geschlossenen Kreis ableiten. Für Systeme höherer Ordnung, die einen großen Polüberschuss besitzen und bei denen demzufolge auch der Polüberschuss von M groß sein muss, bereitet die Modellvorgabe jedoch einige Schwierigkeiten. Dabei ist insbesondere nicht einfach überschaubar, welche Änderungen im Regelkreisverhalten sich durch Änderungen einzelner Modellparameter ergeben.

Aus diesem Grunde wählt man Modelle in bestimmten Standardformen, beispielsweise in der Binomialform

$$M(s) = \frac{1}{(Ts+1)^n},$$

die eine Reihenschaltung von n PT_1-Gliedern beschreibt. Das Zeitverhalten derartiger Modelle für unterschiedliche Parameter kann in Tabellenbüchern nachgeschlagen werden (oder man berechnet es mit MATLAB). Man wählt entsprechend des geforderten Polüberschusses ein Modell aus, dessen Gewichtsfunktion oder Übergangsfunktion den Güteforderungen an den Regelkreis am nächsten kommt. Dabei muss man gegebenenfalls einen Kompromiss zwischen unterschiedlichen Güteforderungen finden. Diese Kompromissbildung erfolgt bei anderen Entwurfsverfahren bei der Auswahl des Reglers, hier also bei der Vorgabe des Modells M.

Erweiterungen. Bisher wurde nur das Führungsverhalten untersucht. Anhand des erläuterten Prinzips kann der Reglerentwurf auf Störverhalten in ähnlicher Weise durchgeführt werden, nur dass sich dann etwas veränderte Formeln ergeben.

Soll der Regler für Führungs- und Störverhalten gleichzeitig entworfen werden, so werden zwei Modelle $M_{\text{w}}(s)$ und $M_{\text{d}}(s)$ vorgegeben, wobei der Regelkreis den Forderungen

$$G_{\text{w}}(s) \stackrel{!}{=} M_{\text{w}}(s) \quad \text{und} \quad G_{\text{d}}(s) \stackrel{!}{=} M_{\text{d}}(s)$$

genügen soll. Diese beiden Forderungen können durch eine Regelung mit einem Freiheitsgrad (s. S. 304) nicht gleichzeitig erfüllt werden. Man muss deshalb den Regelkreis um ein Vorfilter erweitern. Die Rückführung $K(s)$ wird dann so entworfen, dass das Störverhalten die Vorgaben erfüllt. Anschließend wird das Vorfilter für den bestehenden Regelkreis festgelegt, wobei das Führungsverhalten auf die durch $M_{\text{w}}(s)$ festgelegte Weise verändert wird. Dabei wird – in Erweiterung zum Abschn. 7.3.4 – ein dynamisches Filter $V(s)$ verwendet.

12.2 Modellbasierte Regelung (*Internal Model Control*)

12.2.1 Grundidee des Verfahrens

Die Vielzahl der bisher behandelten Analyse- und Entwurfsverfahren hat gezeigt, dass für die Lösung regelungstechnischer Probleme dynamische Modelle der Regelstrecke und des Regelkreises unbedingt erforderlich sind. Die im Modell enthaltenen Informationen über das Verhalten der Regelstrecke gingen in entscheidender Weise in die Wahl der Reglerparameter ein. Das Reglergesetz selbst beinhaltete jedoch das Modell nicht (abgesehen vom Kompensationsregler).

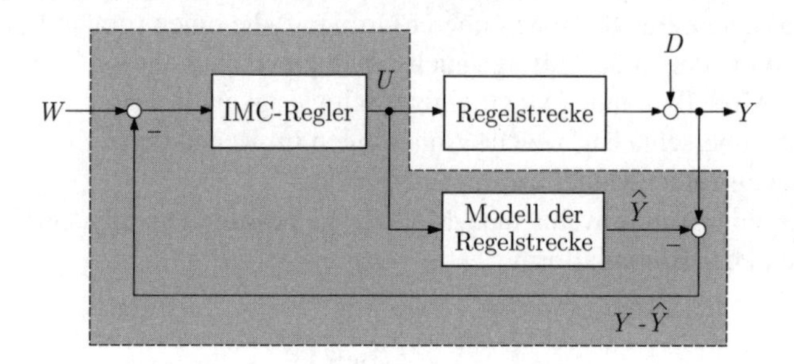

Abb. 12.4: Struktur des IMC-Regelkreises

Das in diesem Abschnitt behandelte Regelungsverfahren unterscheidet sich von den bisherigen dadurch, dass jetzt das Modell der Regelstrecke von vornherein als Bestandteil des Reglers verwendet wird, weshalb dieses Verfahren als *Internal Model Control*[1] (IMC) bezeichnet wird. Abbildung 12.4 zeigt die verwendete Struktur des Regelkreises. Das Modell der Regelstrecke wird der Regelstrecke parallel geschaltet, so dass nicht wie bisher die Regelgröße y, sondern nur die Differenz $y(t) - \hat{y}(t)$ zu dem als IMC-Regler bezeichneten Block zurückgeführt wird. Die vollständige Regeleinrichtung besteht aus den beiden umrahmten Blöcken. Sie ist wie alle bisherigen Regler eine Rückführung der Regelgröße y auf die Stellgröße u, wie die Umformung des Blockschaltbildes aus Abb. 12.4 in die dazu äquivalente Abb. 12.5 zeigt.

Die Wirkung, die das zur Regelstrecke

$$Y(s) = G(s)U(s) + D(s)$$

parallel geschaltete Modell

$$\hat{Y}(s) = \hat{G}(s)U(s)$$

hat, lässt sich am einfachsten dadurch erläutern, dass man zunächst einmal annimmt, das Modell repräsentiere die Regelstrecke vollkommen fehlerfrei ($\hat{G}(s) = G(s)$).

[1] Da sich der in [20] verwendete Begriff „Modellrückkopplung" im deutschen Sprachgebrauch nicht durchgesetzt hat, wird hier mit der Abkürzung IMC und den Begriffen IMC-Regler und IMC-Regelkreis gearbeitet.

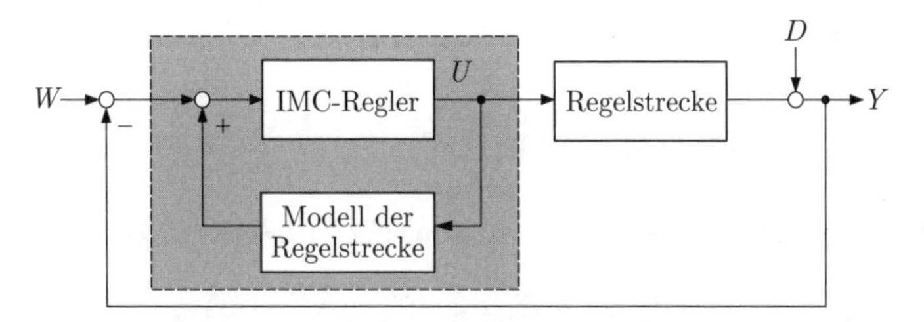

Abb. 12.5: Umgeformtes Blockschaltbild des IMC-Regelkreises

Die wahre und die durch das Modell vorhergesagte Regelgröße unterscheiden sich dann im störungsfreien Fall ($D = 0$) nicht und das Rückführsignal $Y - \hat{Y}$ verschwindet. Der IMC-Regler ist deshalb eine reine Vorwärtssteuerung und kann als solche entworfen werden. Im Regelkreis kann es keine Stabilitätsprobleme geben. Sind Strecke und IMC-Regler stabil, so ist auch der Regelkreis stabil.

Tritt nun eine Störung D auf, so beschreibt das Rückführsignal $Y - \hat{Y}$ die Wirkung dieser Störung auf die Regelgröße. Da die Übertragungseigenschaften zwischen U und Y bzw. U und $\hat{Y}$ nach Voraussetzung exakt dieselben sind, ist die Differenz

$$Y(s) - \hat{Y}(s) = D(s)$$

ausschließlich von D abhängig und von U unabhängig. Der IMC-Regler kann auf Störungen reagieren, was ihn von einer reinen Vorwärtssteuerung unterscheidet. Das Rückführsignal verändert den Sollwert W entsprechend der Wirkung der Störung D, wodurch der IMC-Regler die Eingangsgröße

$$W(s) - (Y(s) - \hat{Y}(s)) = W(s) - D(s)$$

erhält und die Störung ausregeln kann.

Da das Modell entgegen der bisherigen idealisierenden Annahme das Regelstreckenverhalten nicht genau wiedergibt, enthält das Rückführsignal $Y - \hat{Y}$ neben der Störung auch die Auswirkungen der Modellfehler:

$$Y(s) - \hat{Y}(s) = (G(s) - \hat{G}(s))\, U(s) + D(s).$$

Da der IMC-Regler jetzt eine von U abhängige Eingangsgröße erhält, muss er als Rückführsteuerung (und nicht als reine Vorwärtssteuerung) entworfen werden. Im Folgenden wird ein Einblick in dieses Regelungsverfahren gegeben und gezeigt, in welchen Fällen diese Reglerstruktur gegenüber den bisher behandelten von Vorteil sein kann.

Regelkreisverhalten mit IMC-Regler. Die bisherigen Erläuterungen lassen sich anhand des Modells des Regelkreises noch etwas genauer ausführen. Bezeichnet man die Übertragungsfunktion des IMC-Reglers mit $K_{\mathrm{IMC}}(s)$, so gilt

$$U(s) = K_{\mathrm{IMC}}(s)\,(W(s) - Y(s) + \hat{Y}(s)) \qquad (12.5)$$

$$Y(s) = G(s)\,U(s) + D(s) \qquad (12.6)$$

$$\hat{Y}(s) = \hat{G}(s)U(s) \qquad (12.7)$$

(vgl. Abb. 12.4) und

$$K(s) = \frac{U(s)}{W(s) - Y(s)} = \frac{K_{\mathrm{IMC}}(s)}{1 - \hat{G}(s)\, K_{\mathrm{IMC}}(s)} \tag{12.8}$$

(vgl. Abb. 12.5). Setzt man die Gln. (12.6) und (12.7) in Gl. (12.5) ein, so erhält man

$$\begin{aligned} U(s) = \; & K_{\mathrm{IMC}}(s)W(s) - K_{\mathrm{IMC}}(s)G(s)U(s) - K_{\mathrm{IMC}}(s)D(s) + \\ & + K_{\mathrm{IMC}}(s)\hat{G}(s)U(s) \end{aligned}$$

und nach Umstellung dieser Beziehung

$$U(s) = \frac{K_{\mathrm{IMC}}(s)}{1 + K_{\mathrm{IMC}}(s)(G(s) - \hat{G}(s))}(W(s) - D(s)).$$

Daraus folgt nach Einsetzen in Gl. (12.6) für die Führungsübertragungsfunktion des Regelkreises die Beziehung

$$G_{\mathrm{w}}(s) = \frac{Y(s)}{W(s)} = \frac{G(s)K_{\mathrm{IMC}}(s)}{1 + (G(s) - \hat{G}(s))\, K_{\mathrm{IMC}}(s)} \tag{12.9}$$

sowie für die Störübertragungsfunktion

$$G_{\mathrm{d}}(s) = \frac{Y(s)}{D(s)} = \frac{1 - \hat{G}(s)K_{\mathrm{IMC}}(s)}{1 + (G(s) - \hat{G}(s))\, K_{\mathrm{IMC}}(s)}. \tag{12.10}$$

Für den Fall, dass das Modell fehlerfrei ist, gelten die einfachen Beziehungen

$$G_{\mathrm{w}}(s) = G(s)\, K_{\mathrm{IMC}}(s) \tag{12.11}$$

und

$$G_{\mathrm{d}}(s) = 1 - \hat{G}(s)\, K_{\mathrm{IMC}}(s),$$

aus denen offensichtlich wird, dass der Regelkreis genau dann stabil ist, wenn die Strecke G und der IMC-Regler K_{IMC} stabil sind. Diese Beziehungen lassen sich auch aus dem Blockschaltbild in Abb. 12.6 ablesen, das durch Umformungen aus dem IMC-Regelkreis in Abb. 12.4 für $G = \hat{G}$ entstanden ist.

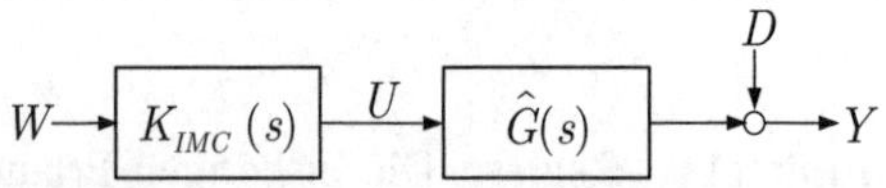

Abb. 12.6: Umgeformter IMC-Regelkreis für $G(s) = \hat{G}(s)$

Der IMC-Regelkreis mit exaktem Modell $G(s) = \hat{G}(s)$ hat noch eine weitere interessante Interpretation. Verwendet man die Gl. (12.8) unter der genannten Voraussetzung eines exakten Regelstreckenmodells, so erhält man mit

$$K(s) = \frac{K_{\mathrm{IMC}}(s)}{1 - G(s)\, K_{\mathrm{IMC}}(s)} \qquad (12.12)$$

eine Parametrierung der Menge $\mathcal{K}$ aller stabilisierenden Regler der Regelstrecke $G(s)$:

$$\mathcal{K} = \left\{ K(s) = \frac{K_{\mathrm{IMC}}(s)}{1 - G(s)\, K_{\mathrm{IMC}}(s)} \,:\, K_{\mathrm{IMC}}(s) \text{ beliebig, stabil} \right\} \qquad (12.13)$$

Das heißt folgendes: Wenn man für eine gegebene Regelstrecke $G(s)$ nach Reglern sucht, mit denen der geschlossene Kreis stabil ist, so muss man nach Übertragungsfunktionen $K(s)$ beliebiger Ordnung suchen, für die die Übertragungsfunktion des geschlossenes Kreises $\frac{1}{1+G(s)K(s)}$ stabil ist. Dabei muss man sowohl stabile als auch instabile Funktionen $K(s)$ betrachten.

Gleichung (12.13) beschreibt die Klasse aller derartigen Regler. Nimmt man eine beliebige stabile Übertragungsfunktion $K_{\mathrm{IMC}}(s)$ beliebiger Ordnung, so erhält man aus Gl. (12.12) einen Regler $K(s)$, mit dem der geschlossene Kreis stabil ist. $K_{\mathrm{IMC}}(s)$ tritt also als frei wählbarer „Parameter" in der Gleichung auf. Nach dem Entdecker dieses Zusammenhangs wird Gl. (12.13) auch als YOULA-Parametrierung bezeichnet.

12.2.2 Entwurf von IMC-Reglern durch H_2-Optimierung

Reglerentwurf als Optimierungsproblem. Bei den bisher behandelten Entwurfsverfahren wurden die Güteforderungen an den geschlossenen Kreis durch Richtwerte für das Übergangsverhalten vorgegeben. Bewertet wurden dabei nur einzelne Punkte der Übergangsfunktion wie beispielsweise die Überschwingweite und die Beruhigungszeit. In diesem Abschnitt wird ein Entwurfsverfahren erläutert, bei dem das Übergangsverhalten als Ganzes bewertet wird. Das Regelungsziel wird durch ein Gütefunktional ausgedrückt und es wird nach einem Regler gesucht, bei dem das Gütefunktional den kleinstmöglichen Wert annimmt. Dabei wird zunächst davon ausgegangen, dass die Regelstrecke exakt bekannt ist und folglich $\hat{G}(s) = G(s)$ gilt.

Bei der Festlegung des Gütefunktionals gibt es mehrere Möglichkeiten. Hier soll nur das ISE-Kriterium (*integral square error-Kriterium*)

$$J = \int_0^\infty e^2(t)\, dt \qquad (12.14)$$

behandelt werden, weil es für das damit formulierte Optimierungsproblem

$$\min_{K_{\mathrm{IMC}}} J \qquad (12.15)$$

eine geschlossene Lösung gibt. Das Gütefunktional bewertet den zeitlichen Verlauf der Regelabweichung $e(t)$, wobei durch Verwendung des Quadrates e^2 große Regelabweichungen stärker in den Gütefunktionalwert eingehen als kleine Abweichungen. Da das angegebene Gütefunktional die sogenannte H_2-Norm von $e(t)$

$$\|e(t)\|^2 = \int_0^\infty e^2(t)\,dt$$

darstellt, spricht man auch von H_2-Optimierung.

Um dieses Kriterium anwenden zu können, muss eine Eingangsgröße vorgegeben werden, wobei folgende Fälle von besonderer Bedeutung sind:

	Führungsgröße	Störgröße	Anfangsbedingung
1	$w(t) = 0$	$d(t) = 0$	$\boldsymbol{x}(0) = \boldsymbol{x}_0$
2	$w(t) = \delta(t)$	$d(t) = 0$	$\boldsymbol{x}(0) = \mathbf{0}$
3	$w(t) = \sigma(t)$	$d(t) = 0$	$\boldsymbol{x}(0) = \mathbf{0}$
4	$w(t) = 0$	$d(t) = \delta(t)$	$\boldsymbol{x}(0) = \mathbf{0}$
5	$w(t) = 0$	$d(t) = \sigma(t)$	$\boldsymbol{x}(0) = \mathbf{0}$

Die Optimierungsaufgabe besagt, dass ein Reglergesetz $K_{\rm IMC}(s)$ gesucht werden soll, für das der Wert des für den Regelkreis berechneten Gütefunktionals den kleinstmöglichen Wert annimmt. Typisch für dieses Optimierungsproblem ist, dass keine Vorgaben für die Struktur des Reglers $K_{\rm IMC}$ gemacht werden, also nicht nur nach besonders guten Reglerparametern, sondern gleichzeitig nach einer zweckmäßigen dynamischen Ordnung für den Regler gesucht wird. Dass diese gegenüber dem bisherigen Entwurfsvorgehen viel allgemeinere Formulierung des Entwurfsproblems nicht nur Vorteile, sondern auch Nachteile hat, wird sich schnell herausstellen.

Lösung des Optimierungsproblems. Das Optimierungsproblem (12.15) kann mit Hilfe des PARSEVALschen Theorems in

$$\int_0^\infty e^2(t)\,dt = \frac{1}{2\pi}\int_{-\infty}^\infty E(j\omega)^2\,d\omega$$

überführt werden. An dieser Formel sieht man, dass das Optimierungsproblem (12.15) die Aufgabe stellt, einen Regler zu suchen, für den die über den gesamten Frequenzbereich gemittelte Amplitude $|E(j\omega)|^2$ der Regelabweichung minimal wird.

Für die in der zweiten Zeile der oben angegebenen Tabelle verzeichneten Eingangsgröße kann $E(j\omega)$ entsprechend Gl. (12.11) in der Form

$$E(j\omega) = 1 - G(j\omega)K_{\rm IMC}(j\omega)$$

dargestellt werden, wobei $K(j\omega)$ den noch unbekannten Frequenzgang des Reglers bezeichnet. Für das Gütefunktional erhält man dann

$$I = \int_0^\infty e^2(t)\,dt = \frac{1}{2\pi}\int_{-\infty}^\infty \left(1 - G(j\omega)K_{\rm IMC}(j\omega)\right)^2\,d\omega.$$

Zur Lösung des Optimierungsproblems wird die Übertragungsfunktion der Regelstrecke entsprechend

$$G(s) = G_{\rm MP}(s)\,G_{\rm A}(s)$$

in den minimalphasigen Anteil $G_{\mathrm{MP}}(s)$ und den Allpassanteil $G_{\mathrm{A}}(s)$ zerlegt. Den optimalen IMC-Regler $K^*_{\mathrm{IMC}}(s)$, der das Problem (12.15) löst, erhält man dann aus der Beziehung

$$\boxed{\text{Optimaler IMC-Regler:} \quad K^*_{\mathrm{IMC}}(s) = \frac{1}{G_{\mathrm{MP}}(s)}.} \qquad (12.16)$$

Der Regler ist für beliebige Regelstrecken stabil, denn in ihn geht nur der minimalphasige Anteil der Regelstrecke ein.

Diskussion der Lösung. Für minimalphasige Regelstrecken erhält man mit dem Regler (12.16) eine perfekte Regelung, denn für den geschlossenen Kreis gilt

$$G_{\mathrm{w}}(s) = G(s)\, K^*_{\mathrm{IMC}}(s) = 1$$

und folglich

$$J = 0.$$

Die Regelgröße folgt der Führungsgröße ohne Verzögerung.

Wie kommt diese überraschende Lösung zustande? Zunächst ist festzustellen, dass der Regler (12.16) nur für sprungfähige Regelstrecken $G(s)$ realisierbar ist, denn für nicht sprungfähige Systeme übersteigt der Zählergrad des Reglers den Nennergrad, so dass das Reglergesetz die Kausalitätsbedingung (4.35) verletzt. Für sprungfähige Regelstrecken widerspricht das Ergebnis dem Gleichgewichtstheorem (7.50) auf S. 325 nicht, denn die offene Kette hat keinen Polüberschuss, so dass eine perfekte Regelung möglich ist.

Das beschriebene „ideale" Regelkreisverhalten ist jedoch i. Allg. aus drei Gründen nicht erreichbar:

- Das inverse Modell $\frac{1}{G_{\mathrm{MP}}(s)}$ hat mehr Nullstellen als Pole und ist deshalb physikalisch nicht realisierbar.
- Der Regler ist nur dann stabil, wenn die Regelstrecke minimalphasig ist. Bereits eine geringe Totzeit macht eine perfekte Regelung unmöglich. Für die Führungsübergangsfunktion gilt dann

$$G_{\mathrm{w}}(s) = G(s)\, K^*_{\mathrm{IMC}}(s) = G_{\mathrm{A}}(s).$$

- Modellunsicherheiten und Störungen führen dazu, dass die angegebenen vereinfachten Beziehungen nicht gelten.

Es muss deshalb untersucht werden, wie sich der „reale" Regelkreis verhält.

Besitzt die Regelstrecke einen nichtminimalphasigen Anteil $G_{\mathrm{A}}(s)$, so wird die erreichbare Regelgüte durch diesen Anteil bestimmt. Für das Gütekriterium gilt dann in dem mit dem Regler (12.16) geschlossenen Kreis

$$J^* = \frac{1}{2\pi} \int_0^\infty |1 - G_{\mathrm{A}}(j\omega)|^2\, d\omega.$$

12.2.3 Entwurf robuster IMC-Regler

In diesem Abschnitt wird untersucht, wie der IMC-Regler unter Beachtung der Modellunsicherheiten, durch die sich das Regelstreckenmodell $\hat{G}(s)$ von der Regelstrecke $G(s)$ unterscheidet, entworfen werden kann. Es wird so vorgegangen, dass der im letzten Abschnitt erläuterte H_2-Entwurf auf das Regelstreckenmodell $\hat{G}(s)$ angewendet und anschließend ein zusätzliches Filter entworfen wird, durch das einerseits der optimale IMC-Regler realisierbar gemacht und außerdem eine genügend hohe Robustheit für den Regelkreis gesichert wird.

Entwurf des IMC-Reglers am Regelsteckenmodell. Wendet man das im vorangegangenen Abschnitt beschriebene Entwurfsverfahren auf das Regelstreckenmodell $\hat{G}$ an, so ist zunächst eine Zerlegung des Modells in den minimalphasigen und den Allpassanteil notwendig:

$$\hat{G}(s) = \hat{G}_{\mathrm{MP}}(s)\,\hat{G}_{\mathrm{A}}(s).$$

Den IMC-Regler erhält man dann entsprechend Gl. (12.16) aus

$$K^*_{\mathrm{IMC}}(s) = \frac{1}{\hat{G}_{\mathrm{MP}}(s)}. \tag{12.17}$$

Für diesen Regler gelten dieselben Bemerkungen wie im vorhergehenden Abschnitt, wobei jedoch das Problem der technischen Realisierbarkeit zunächst ausgeklammert werden soll, weil der Regler im zweiten Schritt noch verändert wird.

Robustheit des IMC-Reglers. Die Robustheit des IMC-Reglers wird jetzt für Regelstrecken untersucht, deren Modell eine multiplikative Modellunsicherheit aufweist und für die deshalb die Beziehung

$$G(s) = \hat{G}(s)\,(1 + \delta G_{\mathrm{M}}(s)) \tag{12.18}$$

mit

$$|\delta G_{\mathrm{M}}(s)| \le \bar{G}_{\mathrm{M}}(s)$$

für bekanntes $\bar{G}_{\mathrm{M}}(s)$ gilt (vgl. Gl. (8.48) auf S. 385). Die robuste Stabilität des Regelkreises ist gesichert, wenn die Bedingung

$$|\hat{T}(s)|\,\bar{G}_{\mathrm{M}}(s) < 1 \qquad \text{für } s \in \mathcal{D}$$

erfüllt ist, wobei

$$\hat{T}(s) = K^*_{\mathrm{IMC}}(s)\,\hat{G}(s)$$

die komplementäre Empfindlichkeitsfunktion des IMC-Regelkreises (mit $\hat{G} = G$) ist (vgl. Gl. (12.11)). Aus der letzten Beziehung erhält man unter Verwendung von Gl. (12.17) die Forderung

$$|\hat{G}_{\mathrm{A}}(s)|\,\bar{G}_{\mathrm{M}}(s) < 1 \qquad \text{für } s \in \mathcal{D}. \tag{12.19}$$

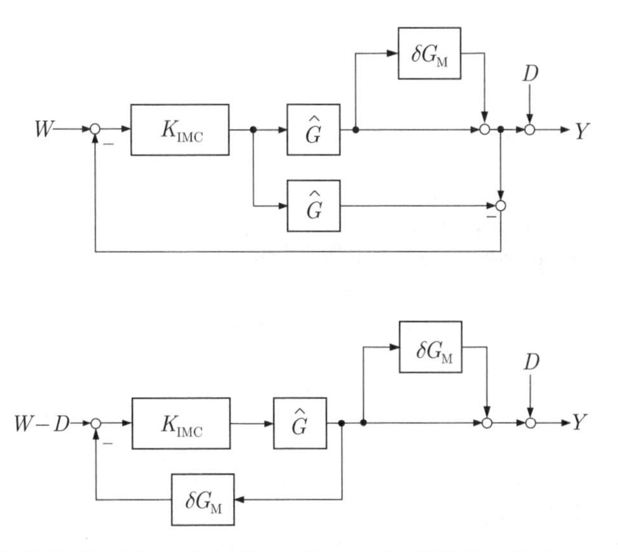

Abb. 12.7: Zwei äquivalente Darstellungen des IMC-Regelkreises mit Näherungsmodell

Ist diese Bedingung erfüllt, so führt der am Näherungsmodell $\hat{G}(s)$ entworfene Regler trotz der durch $\bar{G}_{\mathrm{M}}(s)$ beschränkten Modellunsicherheit zu einem stabilen Regelkreis.

Die erhaltene Robustheitsbedingung lässt sich anhand von Abb. 12.7 begründen. Das obere Blockschaltbild zeigt, wie der IMC-Regler mit dem Näherungsmodell $\hat{G}(s)$ an die reale Regelstrecke angeschlossen wird, deren Übertragungsfunktion entsprechend Gl. (12.18) aus dem Näherungsmodell und der Modellunsicherheit zusammengesetzt ist. Eine Umformung des Blockschaltbildes führt auf das darunter gezeigte Bild, aus dem die Robustheitsbedingung abgelesen werden kann (vgl. Gl. (8.52) auf S. 389).

Um zu erreichen, dass die Bedingung (12.19) erfüllt wird, wird zusätzlich zum IMC-Regler ein Filter $F(s)$ eingeführt, so dass sich der im Regelkreis realisierte IMC-Regler entsprechend

$$\text{Robuster IMC-Regler:} \quad K_{\mathrm{IMC}}(s) = K^*_{\mathrm{IMC}}(s)\, F(s)$$

aus dem optimalen IMC-Regler und diesem Filter zusammensetzt. Mit der Einführung dieses Filters werden zwei Zielstellungen verfolgt. Erstens soll der Regler K_{IMC} realisierbar gemacht werden. Dafür muss der Polüberschuss von $F(s)$ mindestens genauso groß sein wie der Polüberschuss von $\hat{G}_{\mathrm{MP}}$, denn dieser Polüberschuss bewirkt in K^*_{IMC} einen gleich großen Nullstellenüberschuss. Zweitens soll durch geeignete Wahl der Filterparameter erreicht werden, dass die hinreichende Bedingung (12.19) für die robuste Stabilität des Regelkreises erfüllt wird.

Im Prinzip kann dieses Filter beliebig gewählt werden. Zweckmäßig ist die Verwendung eines PT_n-Gliedes genügend hoher Ordnung, wobei entsprechend

$$F(s) = \frac{1}{(T_{\mathrm{f}} s + 1)^{n_{\mathrm{f}}}}$$

n_{f} Verzögerungsglieder erster Ordnung mit derselben Zeitkonstante T_{f} in Reihe geschaltet werden. n_{f} wird so gewählt, dass der Regler K_{IMC} realisierbar ist. Auf Grund der statischen Verstärkung $F(0) = 1$ verändert dieses Filter das statische Verhalten des Regelkreises nicht.

Die Robustheitsbedingung ist erfüllt, wenn

$$|F(j\omega)| < \frac{1}{|G_{\mathrm{A}}(j\omega)|\, \bar{G}_{\mathrm{M}}(j\omega)} \tag{12.20}$$

gilt, wobei gegenüber den bisher genannten Bedingungen s durch $j\omega$ ersetzt wurde, weil $F(s)$ in der angegebenen Form für $n_{\mathrm{f}} \geq 1$ nicht sprungfähig ist und die bisherigen Betrachtungen für $s \in \mathcal{D}$ auf $s = j\omega$ bechränkt werden können.

Bei der Wahl von T_{f} muss ein Kompromiss zwischen den folgenden beiden Zielstellungen gefunden werden:

- T_{f} muss groß genug gemacht werden, damit $F(j\omega)$ die Robustheitsbedingung erfüllt.
- T_{f} muss klein genug gemacht werden, damit sich die Regelgüte nicht zu stark gegenüber der des optimalen Regelkreises verschlechtert.

Ein Wert für T_{f}, der beiden Forderungen genügt, kann immer dann gefunden werden, wenn die Modellunsicherheit die Bedingung

$$\bar{G}_{\mathrm{M}}(0) < 1 \tag{12.21}$$

erfüllt. Diese Bedingung fordert lediglich, dass der *statische* Fehler des Regelstreckenmodells kleiner als 100% ist, d. h., dass das Vorzeichen der statischen Verstärkung der Regelstrecke genau bekannt ist.

Den beschriebenen Kompromiss kann man dadurch ermitteln, dass man die im Gütefunktional (12.14) enthaltene Forderung an die Regelkreisdynamik und die Robustheitsforderung (12.20) in der Beziehung

$$|F(j\omega)\, G_{\mathrm{A}}(j\omega)\, \bar{G}_{\mathrm{M}}(j\omega)| + |(1 - F(j\omega)\, G_{\mathrm{A}}(j\omega))v| \leq 1 \tag{12.22}$$

zusammenfasst. Der erste Summand stellt das in der Robustheitsforderung stehende Produkt aus komplementärer Empfindlichkeitsfunktion und oberer Schranke der Modellunsicherheit dar. Der zweite Summand beschreibt die Empfindlichkeitsfunktion für den Regelkreis mit $G = \hat{G}$. Der Faktor v wurde eingeführt, um beide Summanden gegeneinander zu wichten. Es beschreibt den größten zugelassenen Wert der Empfindlichkeitsfunktion, denn für die Frequenz $\bar{\omega}$, für die

$$F(j\bar{\omega})\, G_{\mathrm{A}}(j\bar{\omega})\, \bar{G}_{\mathrm{M}}(j\bar{\omega}) \approx 0$$

gilt, erfüllt das Filter bei kleinstmöglicher Wahl von T_{f} die Bedingung

$$1 - F(j\bar{\omega})\, G_{\mathrm{A}}(j\bar{\omega}) \approx \frac{1}{v}.$$

$F(j\omega)$ wird nun so gewählt, dass die Bedingung (12.22) für wenigstens eine Frequenz mit dem Gleichheitszeichen erfüllt ist. Durch geeignete Wahl von v kann man auf diese Weise zu einem guten Kompromiss für die beiden genannten Forderungen kommen.

Der erhaltene Regler hat die Übertragungsfunktion

$$\text{Rückführung im IMC-Regelkreis:} \quad K(s) = \frac{K^*_{\rm IMC}(s)F(s)}{1 - \hat{G}(s)\, K^*_{\rm IMC}(s)\, F(s)} \tag{12.23}$$

Zusammenfassung des Entwurfsverfahrens. Der Entwurf des IMC-Reglers kann in folgendem Algorithmus zusammengefasst werden.

Entwurfsverfahren 12.1 *Entwurf eines IMC-Reglers*

Gegeben: Modell der Regelstrecke $\hat{G}(s)$
Abschätzung $\bar{G}_{\rm M}(s)$ der multiplikativen Modellunsicherheit

1. Berechnung des optimalen IMC-Reglers $K^*_{\rm IMC}(s)$ entsprechend Gl. (12.17).
2. Wahl der Ordnung $n_{\rm f}$ des Filters $F(s)$, so dass der IMC-Regler $K^*_{\rm IMC}(s)F(s)$ realisierbar ist.
3. Vorgabe eines Wertes für die Wichtung v in Gl. (12.22).
4. Wahl der Zeitkonstante $T_{\rm f}$, so dass die Bedingung (12.22) für wenigstens eine Frequenz mit dem Gleichheitszeichen erfüllt ist.
5. Simulation des Regelkreisverhaltens und Bewertung der Eigenschaften im Sinne der gegebenen Güteforderungen. Entspricht das Verhalten nicht den gegebenen Güteforderungen, so wird der Entwurf ab Schritt 3 mit veränderter Wichtung v wiederholt.

Ergebnis: Regler $K(s)$ entsprechend Gl. (12.23)

Der beschriebene Rechenweg zeigt, dass im ersten Schritt zwar ein Optimierungsproblem gelöst wird, der entstehende Regler jedoch auf Grund der Realisierungsbedingung und der Robustheitsforderung nicht optimal ist. Das Optimierungsproblem wird also nicht zur Optimierung des Regelkreises im eigentlichen Sinne des Wortes, sondern als Hilfsmittel genutzt, um ein Entwurfsverfahren zu erhalten, bei dem die Dynamik des Regelkreises als Ganzes bewertet wird.

12.2.4 Beziehung zwischen klassischen Reglern und IMC-Reglern

Da das Modell der Regelstrecke im IMC-Regelkreis explizit verwendet wird und deshalb ein Bestandteil des Reglers ist, kann der entstehende Regler eine sehr hohe dynamische Ordnung haben. Andererseits haben die in den vorangegangenen Kapiteln behandelten Beispiele gezeigt, dass die in der Praxis auftretenden Regelstrecken häufig durch sehr einfache Modelle (näherungsweise) beschrieben werden können. Diese Tatsache ist für die IMC-Regelung insofern von Bedeutung, als dass im zweiten Schritt des Entwurfes auf Robustheitsforderungen Rücksicht genommen und damit die Möglichkeit eröffnet wird, sehr einfache Regelstreckenmodelle für den Entwurf einzusetzen. Das Modell $\hat{G}$ kann also u. U. durch Modellvereinfachung aus einem genaueren Modell gewonnen werden, wenn dabei gleichzeitig eine obere Schranke $\bar{G}_{\rm M}$ für die Modellunsicherheiten bestimmt wird. Im Folgenden wird gezeigt, dass sich bei sehr einfachen Modellen in der IMC-Regelung die bekannten Reglerstrukturen wiederfinden lassen.

PT$_1$-Glied als Regelstrecke. Verwendet man das sehr einfache Modell

$$\hat{G}(s) = \frac{k_{\rm s}}{T_1 s + 1}$$

für die Regelstrecke, so erhält man aus Gl. (12.16) den optimalen IMC-Regler

$$K^*_{\rm IMC}(s) = \frac{T_1 s + 1}{k_{\rm s}}.$$

Um diesen Regler realisieren zu können, ist ein Filter $F(s)$ erster Ordnung notwendig:

$$F(s) = \frac{1}{T_{\rm f} s + 1}.$$

Damit erhält man als vollständiges Reglergesetz aus Gl. (12.8) den PI-Regler

$$K(s) = \frac{T_1 s + 1}{k_{\rm s}(T_{\rm f} s + 1)\left(1 - \frac{1}{T_{\rm f} s + 1}\right)} = \frac{1}{k_{\rm s}} \frac{T_1}{T_{\rm f}} \left(1 + \frac{1}{T_1 s}\right),$$

dessen Zeitkonstante $T_{\rm f}$ noch entsprechend der im vorangegangenen Abschnitt angegebenen Forderungen gewählt werden muss.

PT$_2$-Glied als Regelstrecke. Approximiert man das Regelstreckenverhalten durch ein PT$_2$-Glied

$$\hat{G}(s) = \frac{k_{\rm s}}{(T_1 s + 1)(T_2 s + 1)},$$

so erhält man den optimalen IMC-Regler

$$K^*_{\rm IMC}(s) = \frac{(T_1 s + 1)(T_2 s + 1)}{k_{\rm s}},$$

der für die Realisierung ein Filter zweiter Ordnung

$$F(s) = \frac{1}{(T_{\rm f} s + 1)^2}$$

erforderlich macht. Der daraus entstehende Regler ist durch

$$
\begin{aligned}
K(s) &= \frac{(T_1 s+1)(T_2 s+1)}{k_{\mathrm{s}}(T_{\mathrm{f}} s+1)^2\left(1-\dfrac{1}{(T_{\mathrm{f}} s+1)^2}\right)} \\
&= \frac{1}{k_{\mathrm{s}}}\frac{T_1 T_2}{T_{\mathrm{f}}^2}\left(1+\frac{T_{\mathrm{f}}}{T_1 T_2}\frac{1}{s(2+sT_{\mathrm{f}})}+\frac{T_1 T_{\mathrm{f}}+T_2 T_{\mathrm{f}}+T_1 T_2}{T_{\mathrm{f}} s+2}\right)
\end{aligned}
$$

beschrieben. Er besteht aus einem proportionalen, einem verzögerten integralen sowie einem verzögerten proportionalen Anteil.

12.3 Smithprädiktor

Ein wie der IMC-Regler mit einem inneren Modell der Regelstrecke arbeitendes Regelungsprinzip ist der Smithprädiktor, der für Totzeitregelstrecken entwickelt wurde. Um die Grundidee dieses Prinzips zu erläutern, wird das Regelstreckenmodell zunächst in den totzeitfreien Anteil $\tilde{G}(s)$ und ein verbleibendes Totzeitglied zerlegt:

$$
G(s) = \tilde{G}(s)\,\mathrm{e}^{-sT_{\mathrm{t}}}. \tag{12.24}
$$

Auf Grund der Totzeit wird ein Stelleingriff zur Zeit t frühestens zur Zeit $t + T_{\mathrm{t}}$ am Ausgang der Regelstrecke erkennbar.

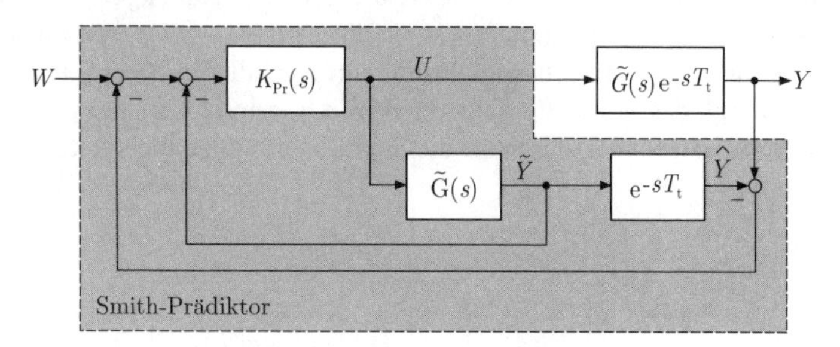

Abb. 12.8: Grundidee des Smithprädiktors

Auf die durch einen Stelleingriff in der Regelstrecke hervorgerufene Wirkung kann man schneller reagieren, wenn man diese Wirkung mit dem Modell $\tilde{G}(s)$ vorhersagt. Dafür kann die in Abb. 12.4 dargestellte Idee der IMC-Regelung genutzt werden, wobei der Regler jetzt jedoch nicht nur die Differenz $Y - \tilde{Y}$ der Ausgangsgrößen von Regelstrecke und Modell, sondern auch die Ausgangsgröße der totzeitfreien Strecke verarbeitet (Abb. 12.8). Mit dem Modell wird die in der Regelstrecke nicht messbare Wirkung $\tilde{G}(s)U(s)$ der Stellgröße vorhergesagt, so dass der Regler auf diese Wirkung reagieren kann, bevor diese anhand der Regelgröße Y erkennbar ist.

Die Rückführung $K_{\mathrm{Pr}}(s)$ gemeinsam mit dem zur Regelstrecke parallel angeordneten Modell bilden den nach seinem Erfinder benannten Smithprädiktor. Die

Bezeichnung „Prädiktor“ (prädiktive Regelung) weist darauf hin, dass innerhalb der Regelung ein Modell verwendet wird, mit dem die Wirkung der Stellgröße auf das Verhalten der Regelstrecke vorhergesagt wird. Die zum Prädiktor gehörenden Blöcke, die in Abb. 12.8 durch einen Rahmen zusammengefasst sind, können so umgeordnet werden, dass der in Abb. 12.9 gezeigte Regler mit der Übertragungsfunktion $K(s)$ entsteht.

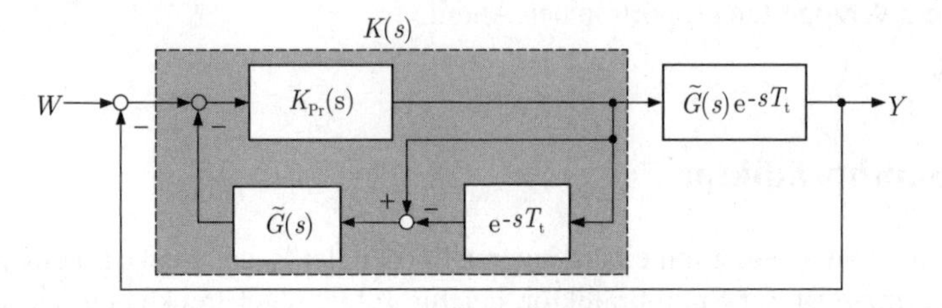

Abb. 12.9: Smithprädiktor

Wie die folgenden Überlegungen zeigen werden, können die in den Abbildungen 12.8 und 12.9 gezeigten Regelkreise auf die in Abb. 12.10 dargestellte Form gebracht werden. Die im Regelkreis wirkende Totzeit überschreitet die durch die Regelstrecke vorgegebene nicht. Der Regler wirkt so, als ob an Stelle der messbaren Regelgröße Y die vor der Totzeit wirkende Größe $\tilde{Y}$ zurückgeführt wird. Beim Entwurf der Übertragungsfunktion $K_{\rm Pr}(s)$ kann deshalb so getan werden, als ob die Regelstrecke gar keine Totzeit besitzt. Damit entfallen alle Forderungen an die offene Kette, die durch das Vorhandensein der Totzeit bestimmt sind, beispielsweise die Forderung (8.42) auf S. 382, durch die die Stabilität des totzeitbehafteten Regelkreises gesichert wird.

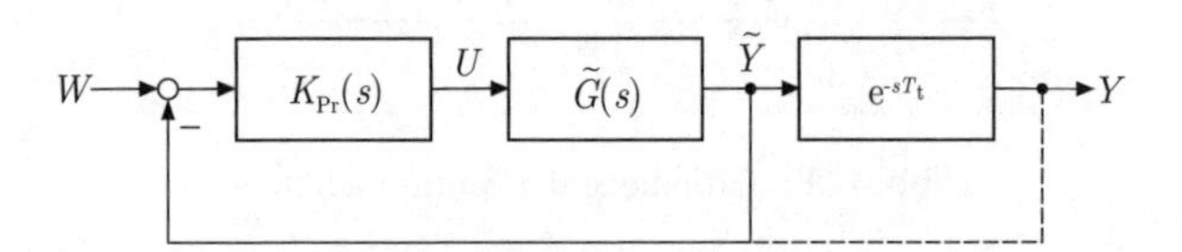

Abb. 12.10: Blockschaltbild des Regelkreises, der durch den Smithprädiktor erzeugt werden soll

Dass die in den Abbildungen 12.8 – 12.10 dargestellten Regelkreise tatsächlich äquivalent sind, erkennt man entweder durch eine schrittweise Umformung der Blockschaltbilder oder aus dem folgenden Vergleich der Führungsübertragungsfunktionen. Der Standardregelkreis in Abb. 12.9 mit Regler $K(s)$ und Regelstrecke $G(s)$ hat die Führungsübertragungsfunktion

$$G_{\rm w}(s) = \frac{G(s)K(s)}{1+G(s)K(s)} = \frac{\tilde{G}(s){\rm e}^{-sT_{\rm t}}K(s)}{1+\tilde{G}(s){\rm e}^{-sT_{\rm t}}K(s)}.$$

Die Führungsübertragungsfunktion des in Abb. 12.10 gezeigten Regelkreises heißt

$$G_{\mathrm{w}}(s) = \frac{\tilde{G}(s)K_{\mathrm{Pr}}(s)}{1+\tilde{G}(s)K_{\mathrm{Pr}}(s)}\,\mathrm{e}^{-sT_{\mathrm{t}}}.$$

Beide Übertragungsfunktionen sind gleich, wenn der Regler $K(s)$ die Bedingung

$$\text{Smithprädiktor:} \qquad K(s) = \frac{K_{\mathrm{Pr}}(s)}{1+K_{\mathrm{Pr}}(s)\,\tilde{G}(s)\,(1-\mathrm{e}^{-sT_{\mathrm{t}}})} \tag{12.25}$$

erfüllt, wenn er also die in Abb. 12.9 dargestellte Struktur besitzt.

Wie die Herleitung des Reglergesetzes gezeigt hat, ist der Regelkreis mit Smithprädiktor mit dem in Abb. 12.10 gezeigten Regelkreis äquivalent. Man kann den Regler $K_{\mathrm{Pr}}(s)$ deshalb für den totzeitfreien Teil der Regelstrecke entwerfen, wobei alle bisher vorgestellten Verfahren angewendet werden können. Bei der Bewertung der Regelgüte muss man lediglich beachten, dass die Ausgangsgröße $y(t)$ noch um die Totzeit T_{t} zu verschieben ist.

Beispiel 12.2 *Smithprädiktor für eine Konzentrationsregelung*

Es ist eine Konzentrationsregelung für den in Abb. 6.63 auf S. 288 gezeigten kontinuierlich durchflossenen Reaktor mit dem Volumen V zu entwerfen. Der Reaktor wird mit einem konstanten Durchfluss q durchströmt. Es wird angenommen, dass das zwischen den Ventilen und dem Zulauf zum Reaktor befindliche Rohr den Querschnitt A und die Länge l besitzt, so dass sich eine Totzeit

$$T_{\mathrm{t}} = \frac{V}{q}$$

ergibt. Die Konzentrationsmesseinrichtung wird durch ein PT_1-Glied mit der Zeitkonstante T_{m} und der statischen Verstärkung eins beschrieben.

Betrachtet man den Reaktor als homogen durchmischt, so erhält man für das Regelstreckenmodell die Beziehung

$$G(s) = \frac{1}{\left(\frac{V}{q}s+1\right)(T_{\mathrm{m}}s+1)}\,\mathrm{e}^{-sT_{\mathrm{t}}}, \tag{12.26}$$

mit dem nichtminimalphasigen Anteil

$$\tilde{G}(s) = \frac{1}{\left(\frac{V}{q}s+1\right)(T_{\mathrm{m}}s+1)}.$$

Für die Parameter

$$\begin{aligned} \text{Volumen}: \quad & V = 10\,\mathrm{dm}^3 \\ \text{Durchfluss:} \quad & q = 10\,\frac{\mathrm{dm}^3}{\mathrm{min}} \\ \text{Zeitkonstante der Messeinrichtung:} \quad & T_{\mathrm{m}} = 0{,}2\,\mathrm{min} \\ \text{Totzeit auf Grund der Rohrleitung:} \quad & T_{\mathrm{t}} = 0{,}4\,\mathrm{min} \end{aligned}$$

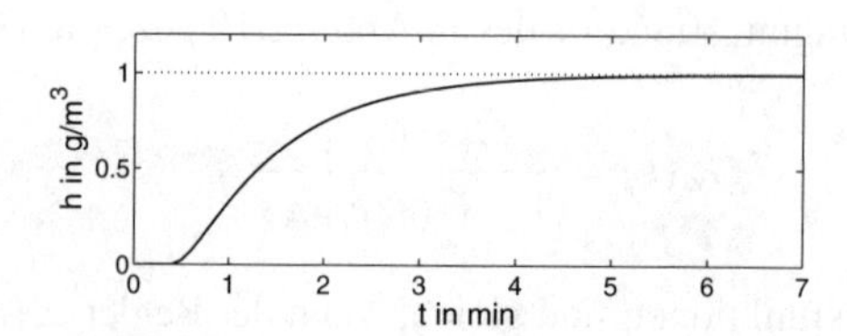

Abb. 12.11: Übergangsfunktion der Regelstrecke

hat die Regelstrecke die in Abb. 12.11 gezeigte Übergangsfunktion, bei der die Totzeit und das PT_2-Verhalten zu erkennen sind.

Unter Verwendung von $\tilde{G}(s)$ als totzeitfreies Regelstreckenmodell kann mit dem Frequenzkennlinienverfahren der PI-Regler

$$K_{\text{Pr}}(s) = k_{\text{P}} + \frac{1}{T_{\text{I}} s}$$

bestimmt werden, für den der totzeitfreie Regelkreis die in Abb. 12.12 gezeigte annähernd aperiodisch einschwingende Führungsübergangsfunktion besitzt. Für die angegebenen Regelstreckenparameter erhält man die Reglerparameter

$$k_{\text{P}} = 2 \qquad \text{und} \qquad T_{\text{I}} = 0{,}5\,\text{min}.$$

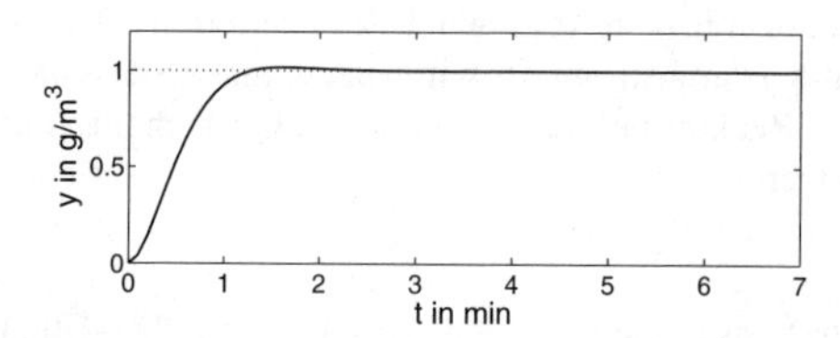

Abb. 12.12: Führungsübergangsfunktion des PI-geregelten Systems ohne Totzeit

Würde man diesen PI-Regler für die totzeitbehaftete Regelstrecke anwenden, so erhielte man die in Abb. 12.13 gezeigte Führungsübergangsfunktion, die auf Grund der durch die Totzeit hervorgerufenen Phasenverschiebung sehr stark schwingt. Berücksichtigt man die Streckentotzeit, indem man an Stelle des PI-Reglers den mit diesem Regler berechneten Smithprädiktor (12.25)

$$K(s) = \frac{2(1+\frac{1}{s})}{1+2\left(1+\frac{1}{s}\right)\frac{1}{(s+1)(0{,}2s+1)}\left(1-\mathrm{e}^{-0{,}4s}\right)} = \frac{2(0{,}2s+1)(s+1)}{s(1+0{,}2s)+2(1-\mathrm{e}^{-0{,}4s})}$$

verwendet, so erhält man als Führungsübergangsfunktion des totzeitbehafteten Regelkreises die um T_{t} verschobene Führungsübergangsfunktion des nicht totzeitbehafteten Kreises (vgl. Abb. 12.12 und 12.13).

Durch den Smithprädiktor kann das beim Entwurf des PI-Reglers festgelegte Verhalten des geschlossenen Kreises – bis auf die beschriebene Zeitverschiebung um T_{t} – für beliebige Streckentotzeiten erreicht werden. Voraussetzung dafür ist, dass die Totzeit exakt bekannt

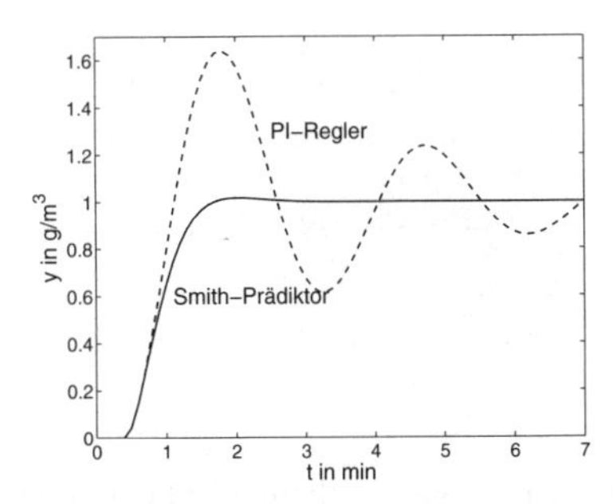

Abb. 12.13: Führungsübergangsfunktion des geregelten Reaktors bei Verwendung des PI-Reglers bzw. des Smithprädiktors

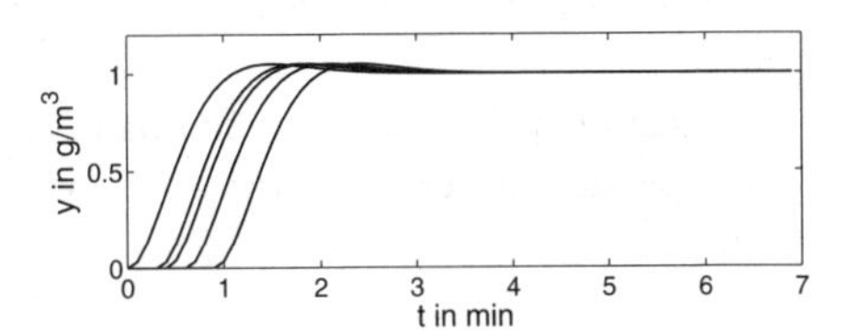

Abb. 12.14: Führungsübergangsfunktion des geregelten Reaktors mit Smithprädiktor bei unterschiedlichen Totzeiten

ist und im Smithprädiktor berücksichtigt wird. Abbildung 12.14 zeigt die Führungsübergangsfunktionen, die für Regelstrecken mit dem gegebenen minimalphasigen Anteil $\tilde{G}(s)$ und unterschiedlichen Totzeiten zwischen 0,2 min und 1 min entstehen. □

Vergleich von Smithprädiktor und IMC-Regelung. Interessant ist ein Vergleich des Smithprädiktors mit der im vorhergehenden Abschnitt behandelten IMC-Regelung. Entsprechend Abb. 12.5 würde der IMC-Regler das vollständige Modell $\tilde{G}(s)\,\mathrm{e}^{-sT_\mathrm{t}}$ des Regelkreises enthalten, während die Rückkopplung im Smithprädiktor durch

$$G(s) - \tilde{G}(s) = \tilde{G}(s)\,(1 - \mathrm{e}^{-sT_\mathrm{t}})$$

vorgenommen wird. Formt man den Smithprädiktor-Regelkreis um, so erhält man das in Abb. 12.15 dargestellte Blockschaltbild, aus dem für den äquivalenten IMC-Regler die Beziehung

$$K_\mathrm{IMC}(s) = \frac{K_\mathrm{Pr}(s)}{1 + \tilde{G}(s)K_\mathrm{Pr}(s)} \tag{12.27}$$

abgelesen werden kann.

Mit dieser Beziehung gelten alle für den IMC-Regler erhaltenen Ergebnisse auch für den Smithprädiktor. Ist das Regelstreckenmodell fehlerfrei und tritt keine Störung D auf, so gilt $Y = \hat{Y}$ und die Rückführung ist wirkungslos. Der Regelkreis wirkt wie eine offene Kette bestehend aus IMC-Regler K_IMC und Strecke G und ist genau

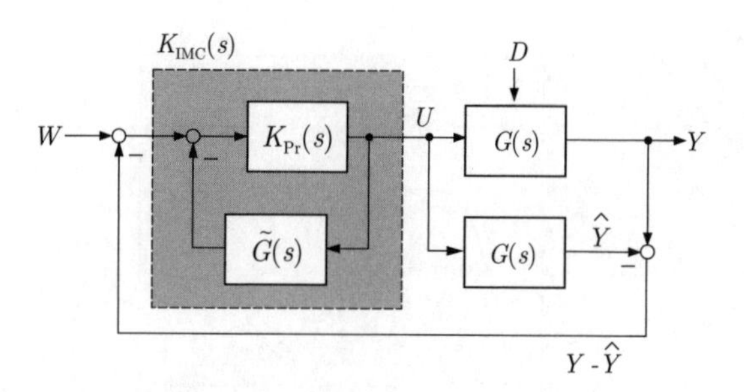

Abb. 12.15: Darstellung des Smithprädiktors als IMC-Regler

dann stabil, wenn $G(s)$ und $K_{\mathrm{IMC}}(s)$ aus Gl. (12.27) stabil sind. Aus dieser Überlegung wird offensichtlich, dass der Smithprädiktor nur für stabile Regelstrecken angewendet werden kann.

Der Regelkreis mit fehlerfreiem Modell ist genau dann stabil, wenn $K_{\mathrm{IMC}}(s)$ nach Gl. (12.27) stabil ist. Bemerkenswerterweise geht in diese Bedingung die Totzeit der Regelstrecke nicht ein.

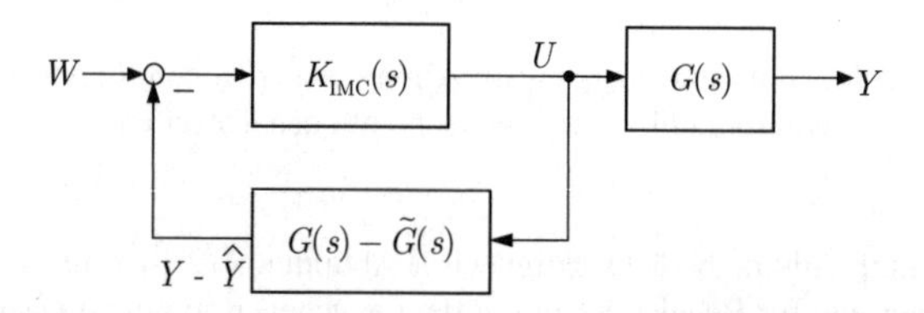

Abb. 12.16: Smithprädiktor-Regelkreis mit Modellunsicherheiten

Wird ein fehlerbehaftetes Regelstreckenmodell $\hat{G}(s)$ verwendet, so kann die Robustheit wie beim IMC-Regelkreis geprüft werden. Dabei arbeitet man zweckmäßigerweise mit einer additiven Modellunsicherheit

$$\delta G_{\mathrm{A}}(s) = G(s) - \hat{G}(s),$$

denn wie die Umformung von Abb. 12.15 in Abb. 12.16 zeigt, ist für die robuste Stabilität gerade der aus $K_{\mathrm{IMC}}(s)$ und $G(s) - \hat{G}(s)$ gebildete Kreis verantwortlich. Hat man eine obere Fehlerschranke

$$\bar{G}_{\mathrm{A}}(s) \geq |G(s) - \hat{G}(s)|$$

bestimmt, so kann man die Stabilität mit der auf S. 388 angegebenen Bedingung (8.51)

$$\bar{G}_{\mathrm{A}}(s)\,|K_{\mathrm{IMC}}(s)| < 1 \qquad \text{für } s \in \mathcal{D} \tag{12.28}$$

prüfen.

Beispiel 12.2 (Forts.) *Smithprädiktor für eine Konzentrationsregelung*

Für die praktische Realisierung wichtig ist die Frage, was passiert, wenn das Regelsteckenmodell erhebliche Fehler aufweist. Um die Robustheitseigenschaften für die Konzentrationsregelung zu verdeutlichen, wurde der für die Totzeit $T_{\mathrm{t}} = 0{,}4$ min entworfene Smithprädiktor auf Regelstrecken mit Totzeiten zwischen 0 min und 1,2 min angewendet, ohne dass dabei die im Smithprädiktor enthaltene Totzeit angepasst wurde. Die dabei erhaltenen Führungsübergangsfunktionen sind in Abb. 12.17 zusammengestellt, wobei die gestrichelte Kurve der Totzeit von 0,4 Minuten entspricht.

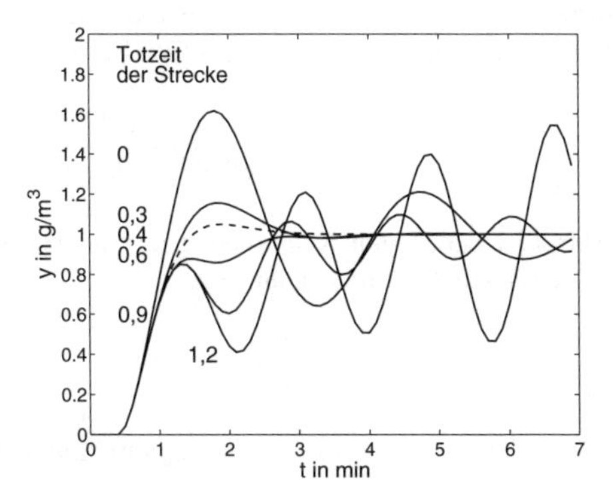

Abb. 12.17: Führungsübergangsfunktion des geregelten Reaktors, wenn der Smithprädiktor mit fehlerbehaftetem Modell realisiert wird

Hat die Regelstrecke eine kleinere Totzeit als das Modell, so hat der Regelkreis ein deutlich größeres Überschwingen als vorher. Für größere Totzeiten verzögert sich das Übergangsverhalten und lässt bei sehr großen Abweichungen Instabilität des Regelkreises erkennen. Um die Robustheit des Smithprädiktors richtig beurteilen zu können, sollte man berücksichtigen, dass die in der Simulation verwendeten Fehler relativ zum Nominalwert der Totzeit von 0,4 Minuten sehr groß sind.

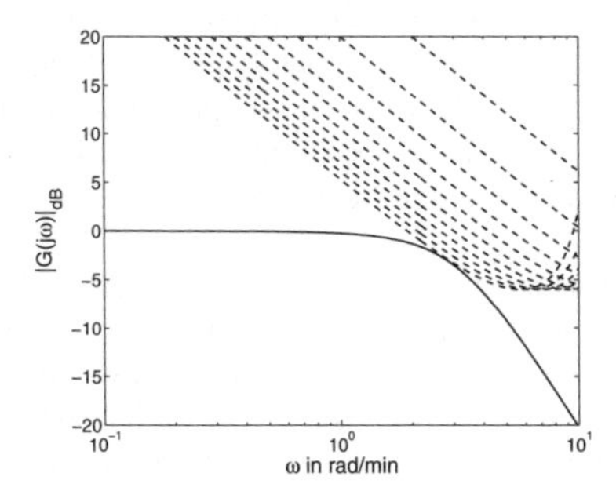

Abb. 12.18: Amplitudengang zur Überprüfung der robusten Stabilität des Smithprädiktor-Regelkreises: Die Kurvenschar zeigt den Amplitudengang des Modellfehlers für unterschiedliche Werte von δT_{t}.

Abbildung 12.17 wurde hier eingefügt, um den Einfluss der fehlerhaften Modelltotzeit auf das Regelkreisverhalten anschaulich darzustellen. Die Frage, wie groß der Totzeitfehler im Modell werden darf, bevor der Kreis instabil wird, sollte man jedoch nicht anhand von Simulationsuntersuchungen beantworten. Viel eleganter lässt sich die Antwort mit Hilfe der Stabilitätsbedingung (12.28) finden. Stellt $\hat{T}_t$ die im Modell verwendete und T_t die wahre Totzeit der Regelstrecke dar, so ist diese Bedingung erfüllt, wenn

$$|\tilde{G}(s)(\mathrm{e}^{-s\hat{T}_t} - \mathrm{e}^{-sT_t})|\,|K_{\mathrm{IMC}}(s)| = \left|\frac{\tilde{G}(s)K_{\mathrm{Pr}}(s)\mathrm{e}^{-s\hat{T}_t}}{1+\tilde{G}(s)K_{\mathrm{Pr}}(s)}\right| |1 - \mathrm{e}^{-s(T_t - \hat{T}_t)}| < 1$$

für $s \in \mathcal{D}$ gilt, wovon man sich unter Verwendung der Gl. (12.27) überzeugen kann. Mit den angegebenen Beispieldaten erhält man für den linken Faktor die Beziehung

$$\left|\frac{\tilde{G}(s)K_{\mathrm{Pr}}(s)\mathrm{e}^{-s\hat{T}_t}}{1+\tilde{G}(s)K_{\mathrm{Pr}}(s)}\right| = \left|\frac{0{,}67\mathrm{e}^{-0{,}4s}}{0{,}1s^2 + 0{,}5s + 1}\right|$$

und daraus den in Abb. 12.18 gezeigten Amplitudengang (untere Kurve). Für den Totzeitfehler $\delta T_t = T_t - \hat{T}_t$ muss der Amplitudengang von

$$\left|\frac{1}{1 - \mathrm{e}^{-\delta T_t s}}\right|$$

für alle Frequenzen über dem in der Abbildung gezeigten Amplitudengang liegen. Diese Forderung ist für

$$|\delta T_t| < 0{,}55\,\mathrm{min}$$

erfüllt, denn wie die in Abb. 12.18 gestrichelt dargestellten Kurven zeigen, berühren sich die beiden angegebenen Amplitudengänge gerade für $|\delta T_t| = 0{,}55$ min. Die wahre Totzeit kann also zwischen 0 und 0,95 Minuten liegen! □

Literaturhinweise

Die Idee des *Internal Model Control* wird seit langer Zeit vor allem bei prädiktiven Regelungen eingesetzt, z. B. bei dem von O.J.M. SMITH 1957 vorgeschlagenen Prädiktor [68]. In verallgemeinerter Form und unter Berücksichtigung der Robustheitseigenschaften ist sie in [52] beschrieben. Dort wie in [45] wird auch ausführlich auf die Robustheitseigenschaften des Smithprädiktors eingegangen, die aus praktischer Sicht als kritisch bewertet wird und deshalb vor der praktischen Anwendung des Prädiktors einer Prüfung mit analytischen Methoden bedarf.

Die Idee der prädiktiven Regelung wurde in den letzten Jahren ausführlich für die allgemeine Aufgabenstellung untersucht, zum Zeitpunkt $t = \bar{t}$ eine Steuerung $u(t)$ für das zukünftige Zeitintervall $\bar{t} \leq t \leq \bar{t} + T_u$ zu finden, so dass die Regelgröße der Führungsgröße möglichst gut folgt. Für diese Aufgabe ist der Verlauf der Führungsgröße für ein in die Zukunft reichendes Zeitintervall $\bar{t} \leq t \leq T_w$ bekannt und das Systemverhalten wird mit Hilfe eines Regelstreckenmodells für ein Zeitintervall $0 \leq t \leq T_v$ vorhergesagt. Die prädiktive Regelung beruht also darauf, die Steuerung für ein längeres Zeitintervall zu bestimmen (T_w, T_v groß), um sie dann nur für ein relativ kurzes Zeitintervall (T_u klein) tatsächlich anzuwenden. Mit fortschreitender Zeit $\bar{t}$ verschieben sich die drei betrachteten Zeitintervalle, so dass die Steuerung ständig neu berechnet werden muss, wobei auf Grund der Wirkung unvorhersehbarer Störungen auch ständig modifizierte Stelleingriffe als Ergebnis entstehen. Diese Betrachtungen werden vor allem für zeitdiskrete Systeme (vgl. Kap. II–11) durchgeführt. Den aktuellen Stand dieser Methoden kann man z. B. in [7] oder [49] nachlesen.

Die im Zusammenhang mit der IMC-Regelung behandelte Parametrierung aller stabilisierenden Regler wurde in allgemeiner Form von YOULA und Mitautoren 1976 in [73], [74] angegeben.

13
Erweiterungen der Regelungsstruktur

Die Wirkung von Regelungen kann wesentlich verbessert werden, wenn die Struktur des Regelkreises erweitert wird. Im Folgenden werden „näherungsweise einschleifige" Regelkreise behandelt, von denen sich in der Praxis vor allem die Störgrößenaufschaltung, die Regelung mit Hilfsregelgröße bzw. Hilfsstellgröße und die Kaskadenregelung bewährt haben.

13.1 Vermaschte Regelungen

Bisher wurden einschleifige Regelungen betrachtet, bei denen genau eine Ausgangsgröße der Regelstrecke als Messgröße vorlag und die Regelstrecke über genau eine Stellgröße beeinflusst werden konnte. Mit derartigen Regelungen können selbst bei bestmöglicher Wahl der Reglerstruktur und Reglerparameter nur beschränkte Güteforderungen erfüllt werden. Liegt z. B. zwischen der Eingriffsstelle der Störung an der Regelstrecke und der Messgröße ein Teil der Regelstrecke mit großer Verzögerung, so kann die Störung nur sehr langsam ausgeregelt werden, selbst wenn der Regler sehr schnell reagiert. Eine Verbesserung des Regelkreisverhaltens wäre möglich, wenn die Messgröße näher an den Störeintritt verlagert werden kann und der Regler folglich Informationen über die Störeinwirkung mit kürzerer Zeitverzögerung erhält.

Im Folgenden werden Erweiterungen der einschleifigen Regelkreise vorgenommen, wodurch Regelungen entstehen, die schneller auf Störungen reagieren können. Es entstehen vermaschte Regelungen, bei denen der Regler nicht mehr nur aus einem Element besteht. Voraussetzung ist, dass zusätzliche Mess- oder Stellgrößen vorhanden sind, also mehr Informationen über das Verhalten der Regelstrecke bzw. mehr Eingriffsmöglichkeiten in das Regelstreckenverhalten zur Verfügung stehen.

13.1.1 Störgrößenaufschaltung

Voraussetzung für eine Störgrößenaufschaltung ist die Messbarkeit der Störgröße d. Der Regler erhält Informationen über die aktuelle Störung nicht erst dann, wenn der Einfluss der Störung am Ausgang der Regelstrecke messbar ist, sondern er wird früher über Größe und Art der Störung informiert. Diese Information kann genutzt werden, um eine Stellgröße zu berechnen, durch die die Störung kompensiert wird (Abb. 13.1). Neben der Rückführung über den Regler $K(s)$ wird eine Vorwärtssteuerung mit der Übertragungsfunktion $K_{\rm d}(s)$ verwendet.

Eine Störgrößenaufschaltung kann z. B. bei einer Gebäuderegelung verwendet werden. Die wechselnde Umgebungstemperatur wirkt als Störung der Raumtemperatur. Die Regelstrecke kann zwar nicht von dieser Störung abgeschirmt werden, aber die Störung ist messbar und steht dem Regler als zusätzliche Information neben der Zimmertemperatur zur Verfügung.

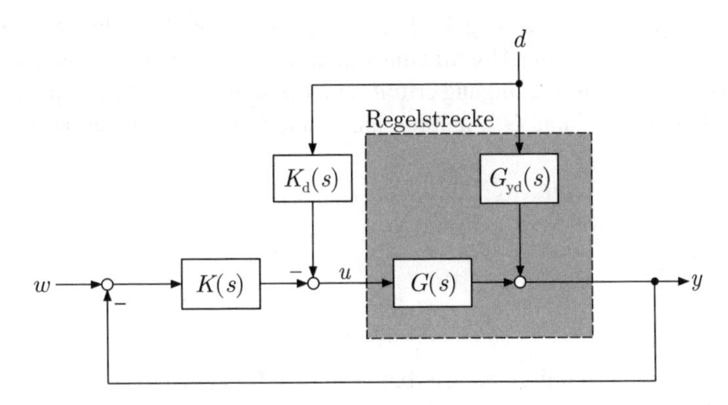

Abb. 13.1: Blockschaltbild einer Störgrößenaufschaltung

Aus Abb. 13.1 erhält man die Beziehungen

$$\begin{aligned} Y(s) &= G_{\rm yd}(s)D(s) + G(s)U(s) \\ U(s) &= -K_{\rm d}(s)D(s) + K(s)\left(W(s) - Y(s)\right) \end{aligned}$$

und durch Umstellung

$$Y = \frac{GK}{1+GK}\,W + \frac{G_{\rm yd} - GK_{\rm d}}{1+GK}\,D.$$

Auf die im Abschn. 7.2 verwendete Form gebracht erhält man daraus

$$Y(s) = G_{\rm w}(s)W(s) + G_{\rm d}(s)D(s)$$

mit

$$G_{\rm w}(s) = \frac{G(s)K(s)}{1+G(s)K(s)}, \qquad G_{\rm d}(s) = \frac{G_{\rm yd}(s) - G(s)K_{\rm d}(s)}{1+G(s)K(s)}.$$

$G_{\mathrm{w}}(s)$ ist gegebenüber dem Standardregelkreis unverändert (vgl. Gl. (7.6)). Der Regelkreis mit Störgrößenaufschaltung hat also auch dieselbe charakteristische Gleichung und folglich dieselben Stabilitätseigenschaften wie der Standardregelkreis. Das Störverhalten $G_{\mathrm{d}}(s)$ verändert sich jedoch auf Grund der Störgrößenaufschaltung. Gilt insbesondere

$$\boxed{\text{Störgrößenaufschaltung:} \qquad K_{\mathrm{d}}(s) = \frac{G_{\mathrm{yd}}(s)}{G(s)},} \tag{13.1}$$

so wird die Störung vollständig durch die Störgrößenaufschaltung kompensiert und macht sich am Ausgang y überhaupt nicht bemerkbar. Die parallelen Signalwege von d über den durch G_{yd} beschriebenen Teil der Regelstrecke bzw. durch die Störgrößenaufschaltung K_{d} und den durch G beschriebenen Teil der Regelstrecke heben sich an der Summationsstelle auf. Man sagt, dass die Ausgangsgröße gegenüber der Störgröße *invariant* ist.

Die Störgrößenaufschaltung kann die Bedingung (13.1) nicht ohne weiteres erfüllen. Erstens muss die Übertragungsfunktion $G_{\mathrm{yd}}(s)$ bekannt sein. Zweitens muss eine Realisierungsbedingung erfüllt sein, die sich aus der Zerlegung der Übertragungsfunktionen G und G_{yd} in ihre Zähler- und Nennerpolynome ergibt. Aus

$$G(s) = \frac{Z(s)}{N(s)}, \qquad G_{\mathrm{yd}}(s) = \frac{Z_{\mathrm{yd}}(s)}{N_{\mathrm{yd}}(s)}$$

und Gl. (13.1) folgt

$$K_{\mathrm{d}}(s) = \frac{Z_{\mathrm{yd}}(s)\, N(s)}{N_{\mathrm{yd}}(s)\, Z(s)}.$$

$K_{\mathrm{d}}(s)$ ist nur dann technisch realisierbar, wenn die Bedingung

$$\text{Grad}\, N_{\mathrm{yd}}(s) + \text{Grad}\, Z(s) \geq \text{Grad}\, Z_{\mathrm{yd}}(s) + \text{Grad}\, N(s) \tag{13.2}$$

erfüllt ist. Durch Umformung erhält man daraus die Forderung

$$\text{Grad}\, N_{\mathrm{yd}}(s) - \text{Grad}\, Z_{\mathrm{yd}}(s) \geq \text{Grad}\, N(s) - \text{Grad}\, Z(s),$$

die besagt, dass der Polüberschuss in dem durch G_{yd} bezeichneten Signalweg nicht kleiner sein darf als in dem durch G bezeichneten Signalweg durch die Regelstrecke.

Ist diese Bedingung nicht erfüllt, so soll wenigstens die einfachere Forderung nach *statischer Invarianz* erfüllt sein. Das heißt, dass im stationären Zustand die Ausgangsgröße von der Eingangsgröße unabhängig ist. Aus Gl. (13.1) erhält man die Beziehung

$$K_{\mathrm{d}}(0) = \frac{G_{\mathrm{yd}}(0)}{G(0)}, \tag{13.3}$$

die sich auf den statischen Verstärkungfaktor $K_{\mathrm{d}}(0)$ der Störgrößenaufschaltung bezieht.

Ist die Bedingung (13.3) erfüllt, so muss der Regler nur während des dynamischen Übergangsvorganges eingreifen. Sprungförmige Störungen werden deshalb ohne bleibende Regelabweichungen abgebaut, ohne dass der Regler einen I-Anteil besitzen muss.

Beispiel 13.1 *Regelung der menschlichen Körpertemperatur*

Die Körperkerntemperatur muss beim Menschen in engen Grenzen um 37 °C gehalten werden (Homiothermie), obwohl der Körper in Abhängigkeit von der aktuellen Belastung unterschiedlich viel Wärme produziert und der Wärmeaustausch mit der Umgebung von der dort wirkenden Temperatur, Feuchtigkeit und Luftbewegung abhängt. Dem Hypothalamus als Regler stehen dabei drei unterschiedliche Stellgrößen zur Verfügung. Durch Absonderung von Schweiß kann die Verdunstung erhöht und damit die Wärmeabgabe gesteigert werden. Andererseits kann die Wärmeproduktion im Körper durch Zittern vergrößert werden. Schließlich kann die Haut mehr oder weniger stark durchblutet werden, wodurch der Wärmetransport vom Körperinneren zur Haut verändert wird.

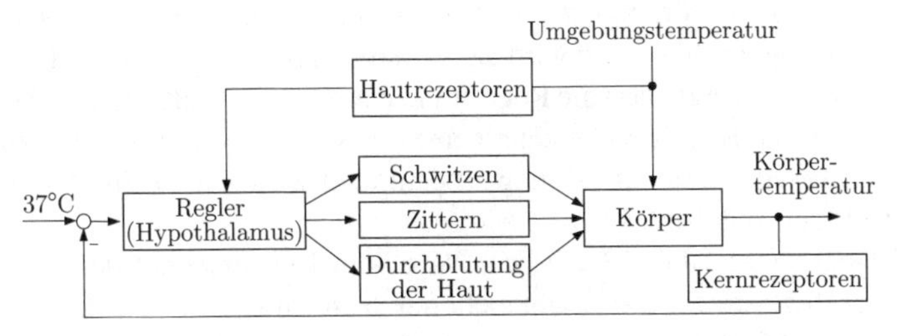

Abb. 13.2: Regelung der Körperkerntemperatur beim Menschen

Die Regelung reagiert auf Thermorezeptoren, die im Inneren des Körpers und auf der Haut angeordnet sind. Die Hautrezeptoren bewirken gleichzeitig eine Störgrößenaufschaltung, denn sie signalisieren dem Körper eine besonders hohe bzw. niedrige Umgebungstemperatur, so dass sich der Körper auf diese Störgröße einstellen kann (Abb. 13.2).

Bemerkenswerterweise haben diese Rezeptoren PD-Verhalten, d. h., sie reagieren besonders stark auf Temperatur*änderungen*. Dies kann man im Freibad beobachten, wenn man das Wasser nur am Anfang als besonders kalt empfindet, sich dann aber schnell an diese Wassertemperatur gewöhnt. Der durch den D-Anteil verstärkt aufgenommene Kältereiz führt dazu, dass die Durchblutung der Haut verringert wird, wodurch sich der Körper auf den größeren Temperaturunterschied zur Umgebung einstellt. Nach Abklingen des D-Anteils im Rezeptorsignal hat sich der Körper auf die neue Umgebungsbedingung eingestellt, und zwar sowohl durch die Wirkung der Rückführung als auch aufgrund der Störgrößenaufschaltung. □

Aufgabe 13.1 *Außentemperaturgeführte Vorlauftemperaturregelung*

Inwiefern beinhaltet die im Abschn. 2.1 behandelte außentemperaturgeführte Vorlauftemperaturregelung eine Störgrößenaufschaltung? Zeichnen Sie das Blockschaltbild der Regelung und vergleichen Sie es mit Abb. 13.1. Erwarten Sie, dass die Bedingung (13.2) erfüllt ist? □

Aufgabe 13.2 *Störgrößenaufschaltung bei einer Reaktortemperaturregelung*

Betrachten Sie den in Abb. 4.4 auf S. 55 dargestellten Rührkesselreaktor. Die durch die Heizung dem Reaktor zugeführte Wärmemenge $\dot{Q}$ soll durch eine Regelung so eingestellt werden, dass die Temperatur T im Reaktor einem vorgegebenen Sollwert entspricht, unabhängig davon, wie groß die Temperatur T_z der zulaufenden Flüssigkeit ist. Wie sieht das Blockschaltbild einer Regelung mit Störgrößenaufschaltung aus? Erläutern Sie, welchen Vorteil die Störgrößenaufschaltung bei der Lösung dieser Regelungsaufgabe bietet. □

13.1.2 Regelkreis mit Hilfsregelgröße

Die Voraussetzung für die Anwendung der Störgrößenaufschaltung, dass die Störgröße messbar ist, ist häufig nicht erfüllt. Um dennoch schnell auf eintretende Störungen reagieren zu können, muss die Auswirkung der Störung auf die Regelstrecke möglichst nahe dem Störeingriffspunkt gemessen werden. Diese Messung erfolgt zusätzlich zur Regelgröße y und wird als Hilfsregelgröße $y_{\rm H}$ bezeichnet.

Abbildung 13.3 zeigt, dass die Regelstrecke in zwei Teile zerlegt ist. Der Einfluss der Störung auf die Regelstrecke kann gemessen werden, wobei $y_{\rm H}$ sowohl von der Stellgröße u als auch von der Störung d beeinflusst wird. $y_{\rm H}$ ist Eingangsgröße des zweiten Teils der Regelstrecke.

Im Gegensatz zu Abb. 13.1 ist der Weg vom Eintrittspunkt der Störung zum Ausgang der Regelstrecke jetzt nicht mehr durch ein einziges Übertragungsglied mit der Übertragungsfunktion $G_{\rm yd}(s)$, sondern durch zwei in Reihe geschaltete Übertragungsglieder beschrieben. Der erste Teil des Signalweges hat die durch $G_{\rm y_H d}(s)$ beschriebenen Eigenschaften. Der zweite Teil ist durch $G_2(s)$ dargestellt. Zwischen $G_{\rm yd}(s)$ in Abb. 13.1 und $G_{\rm y_H d}(s)$ in Abb. 13.3 besteht also der Zusammenhang

$$G_{\rm yd}(s) = G_{\rm y_H d}(s)\, G_2(s).$$

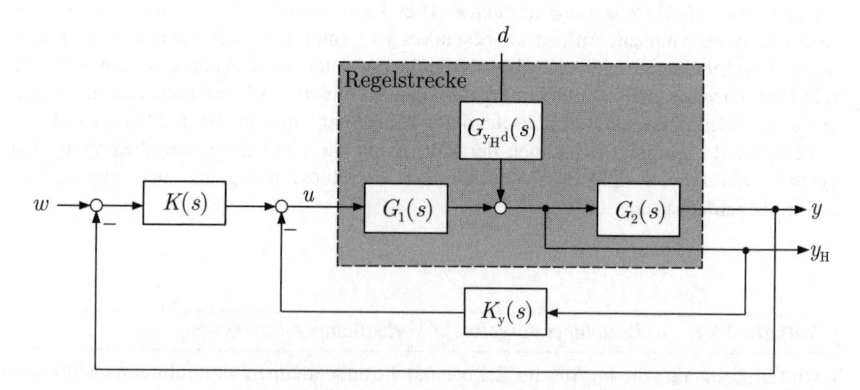

Abb. 13.3: Regelkreis mit Hilfsregelgröße

Aus Abb. 13.3 erhält man die Gleichungen

$$\begin{aligned} Y(s) &= G_2(s)\, G_{\mathrm{y_H d}}(s)\, D(s) + G_2(s)\, G_1(s)\, U(s) \\ Y_{\mathrm{H}}(s) &= G_{\mathrm{y_H d}}(s)\, D(s) + G_1(s)\, U(s) \\ U(s) &= K(s)\, (W(s) - Y(s)) - K_{\mathrm{y}}(s)\, Y_{\mathrm{H}}(s). \end{aligned}$$

Die ersten beiden Gleichungen beschreiben die Regelstrecke, die dritte den Regler. Daraus kann man für den Regelkreis die Darstellung

$$Y(s) = G_{\mathrm{w}}(s)\, W(s) + G_{\mathrm{d}}(s)\, D(s)$$

mit

$$G_{\mathrm{w}}(s) = \frac{G_1(s)\, G_2(s)\, K(s)}{1 + G_1(s)\, K_{\mathrm{y}}(s) + G_1(s)\, G_2(s)\, K(s)} \tag{13.4}$$

$$G_{\mathrm{d}}(s) = \frac{G_2(s)\, G_{y_{\mathrm{H}}d}(s)}{1 + G_1(s)\, K_{\mathrm{y}}(s) + G_1(s)\, G_2(s)\, K(s)} \tag{13.5}$$

ableiten. Die charakteristische Gleichung des Regelkreises heißt

$$1 + G_1(s)\, K_{\mathrm{y}}(s) + G_1(s)\, G_2(s)\, K(s) = 0.$$

Sie ist von der des Standardregelkreises verschieden, da jetzt zwei Rückführungen im Regelkreis auftreten (Abb. 13.3).

Als Invarianzbedingung folgt aus $G_{\mathrm{d}}(s) = 0$ die Beziehung

$$G_2(s)\, G_{\mathrm{y_H d}}(s) = 0,$$

in die weder $K(s)$ noch $K_{\mathrm{y}}(s)$ eingehen. Eine vollständige Invarianz gegenüber der Störgröße ist also nicht zu erreichen. Näherungsweise wird jedoch die Invarianz dann erreicht, wenn

$$G_{\mathrm{y_H d}}(s)\, \frac{G_2(s)}{1 + G_1(s)\, K_{\mathrm{y}}(s) + G_2(s)\, G_1(s)\, K(s)} \approx 0$$

gilt. Dies kann in dem für die Störung wesentlichen Frequenzbereich dadurch erreicht werden, dass der Nenner betragsmäßig groß gemacht wird. Für statische Invarianz erhält man daraus die Bedingung, dass entweder die offene Kette $G_1 K_{\mathrm{y}}$ des inneren Regelkreises oder die offene Kette $G_2 G_1 K$ des äußeren Regelkreises I-Charakter haben muss. Diese Forderung kann gegebenenfalls durch einen I-Anteil in K_{y} oder K erfüllt werden.

Die Einführung einer Hilfsregelgröße ist besonders dann vorteilhaft, wenn der Signalweg der Störung durch die Regelstrecke sehr lang ist, die Störung also in der Nähe der Stellgröße eingreift. Der aus der Rückführung $K_{\mathrm{y}}(s)$ und dem ersten Teil der Regelstrecke gebildete Kreis kann dann durch hohe Reglerverstärkung schnell gemacht werden, so dass die Störung nur eine kleine Wirkung auf den Eingang des zweiten Teils der Regelstrecke hat. Für $K(s) = 0$ berechnet sich der Eingang des zweiten Streckenteils gemäß

$$Y_{\rm H}(s) = \frac{G_{y_{\rm H}d}(s)}{1 + G_1(s)\, K_{\rm y}(s)}\, D(s).$$

Wird ein P-Regler $K_{\rm y}(s) = k_{\rm P}$ mit hoher Verstärkung $k_{\rm P}$ eingesetzt, so ist der Nenner groß und $|Y_{\rm H}(s)|$ klein. Die Störung wird also unter starker Abschwächung ihrer Amplitude am zweiten Streckenteil wirksam.

Aufgabe 13.3* *Modell des Regelkreises mit Hilfsregelgröße*

Leiten Sie die Beziehungen (13.4) und (13.5) für die Führungsübergangsfunktion und die Störübergangsfunktion des Regelkreises mit Hilfsregelgröße her. □

Aufgabe 13.4** *Smithprädiktor als Regelung mit Hilfsregelgröße*

Inwiefern kann ein Smithprädiktor als Regelung mit Hilfsregelgröße interpretiert werden? Muss diese Interpretation geändert werden, wenn das im Smithprädiktor verwendete Regelstreckenmodell fehlerbehaftet ist? □

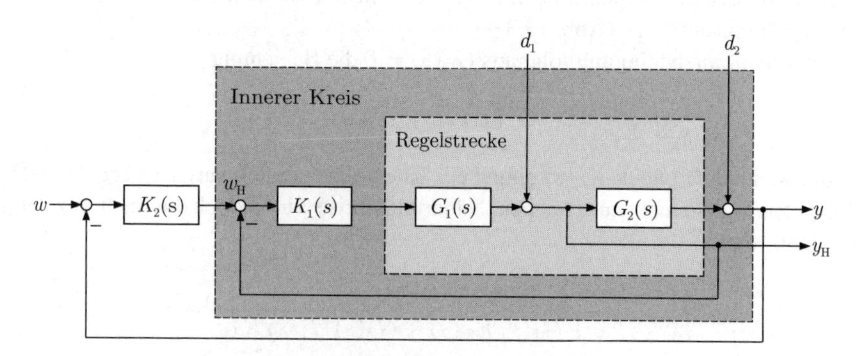

Abb. 13.4: Kaskadenregelung

13.1.3 Kaskadenregelung

Die in Abb. 13.4 gezeigte Regelungsstruktur ist ein wichtiger Spezialfall der Regelung mit Hilfsregelgröße. Hier wird der Regler in die zwei Teile $K_1(s)$ und $K_2(s)$ zerlegt und die zusätzliche Messgröße $y_{\rm H}$ als zweite Eingangsgröße an den zweiten Teil des Reglers angelegt. Es entstehen zwei einander überlagerte Regelkreise, bei dem der äußere Regelkreis den Sollwert für den inneren Regelkreis liefert. Der innere Kreis besteht aus dem Regler $K_1(s)$ und der Strecke $G_1(s)$. Er hat das Ziel, seine Regelgröße $y_{\rm H}$ dem Sollwert $w_{\rm H}$ nachzuführen. Dieser Sollwert wird vom Regler $K_2(s)$ des äußeren Kreises geliefert. Als Regelstrecke des äußeren Reglers wirkt der zweite Teil $G_2(s)$ der Regelstrecke in Reihenschaltung mit dem inneren Regelkreis.

Kaskadenregelungen werden folgendermaßen entworfen:

Algorithmus 13.1 *Entwurf einer Kaskadenregelung*

Gegeben: Regelstrecke bestehend aus der Reihenschaltung $G_1(s) \cdot G_2(s)$, Güteforderungen

1. Entwurf des inneren Reglers. Ziel des Entwurfes des inneren Kreises ist es, die Störung d_1 soweit auszuregeln, dass sie keinen wesentlichen Einfluss auf den äußeren Kreis hat.
2. Zusammenfassung des inneren Kreises zu einem Block mit der Eingangsgröße $w_{\rm H}$, dem Störeingang d_1 sowie der Ausgangsgröße $y_{\rm H}$. Dieser Block bildet zusammen mit $G_2(s)$ die Regelstrecke für den äußeren Regler $K_2(s)$.
3. Entwurf des äußeren Reglers. Der äußere Kreis wird so entworfen, dass die Regelgröße y ein gutes Führungsverhalten bezüglich der Führungsgröße w besitzt.

Ergebnis: Regler in Kaskadenstruktur $K_1(s)$, $K_2(s)$

Bei diesem Entwurf fordert man, dass der innere Kreis auch ohne das Wirken des äußeren Kreises stabil ist, also nicht erst durch den Regler K_2 stabilisiert wird. Außerdem ist es zweckmäßig zu fordern, dass der innere Kreis schneller als der äußere Kreis ist und beim Entwurf des äußeren Kreises als statisches Übertragungsglied betrachtet werden kann. Dieses Entwurfsvorgehen kann anhand des Modells des inneren Regelkreises folgendermaßen begründet werden.

Für den inneren Kreis liest man aus dem Blockschaltbild das Modell

$$Y_{\rm H} = \frac{G_1 K_1}{1 + G_1 K_1} W_{\rm H} + \frac{1}{1 + G_1 K_1} D_1$$

ab. Bis zu seiner Grenzfrequenz $\omega_{\rm gr1}$ gilt für diesen Kreis

$$G_{\rm w1}(j\omega) = \frac{G_1(j\omega) K_1(j\omega)}{1 + G_1(j\omega) K_1(j\omega)} \approx 1$$

und

$$G_{\rm d1}(j\omega) = \frac{1}{1 + G_1(j\omega) K_1(j\omega)} \approx 0.$$

Für langsame Veränderungen des Sollwertes $w_{\rm H}$ und niederfrequente Störungen, also für Führungs- und Störsignale mit Frequenz $\omega < \omega_{\rm gr1}$ gilt deshalb

$$Y_{\rm H}(j\omega) \approx W_{\rm H}(j\omega),$$

d. h., der innere Kreis ist unabhängig von der Störung D_1 und folgt der Führungsgröße $w_{\rm H}$ nahezu verzögerungsfrei. Der innere Kreis tritt deshalb gar nicht mehr in der Beschreibung des äußeren Kreises auf. Es gilt

$$Y(j\omega) \approx \frac{G_2(j\omega)K_2(j\omega)}{1+G_2(j\omega)K_2(j\omega)}\,W(j\omega) + \frac{1}{1+G_2(j\omega)K_2(j\omega)}\,D_2(j\omega).$$

Der äußere Kreis kann für $\omega < \omega_{\rm gr1}$ so entworfen werden, als würde der innere Kreis gar nicht existieren.

Aufgabe 13.5 *Kaskadenstruktur der Knotenspannungsregelung*

Zeichnen Sie das Blockschaltbild der im Beispiel 11.1 auf S. 460 behandelten Knotenspannungsregelung und begründen Sie, dass es sich dabei um eine Kaskadenregelung handelt. □

Aufgabe 13.6* *Kaskadenregelung des Fahrzeugabstandes*

Bei der in Aufgabe 7.8 auf S. 317 betrachteten Regelung des Fahrzeugabstandes ist es notwendig, für eine I-Strecke einen I-Regler zu verwenden, um eine bleibende Regelabweichung bei Wirkung einer Hangabtriebskraft zu vermeiden. Dadurch besitzt die offene Kette I_2-Verhalten, so dass nur bei starker Phasenanhebung ein stabiler Regelkreis entsteht.

Im folgenden soll deshalb untersucht werden, welche Vereinfachungen sich für diese Regelung ergeben, wenn man eine Kaskadenregelung verwendet, bei der der innere Regelkreis die Fahrzeuggeschwindigkeit auf den Sollwert $w_{\rm v}$ bringt und der äußere Regelkreis den Sollwert $w_{\rm v}$ so vorgibt, dass der Fahrzeugabstand auf dem vorgegebenen Wert $w_{\rm d}$ gehalten wird. Zeichnen Sie das Blockschaltbild und diskutieren Sie die Vorteile der Kaskadenregelung gegenüber der in Abb. A.40 auf S. 559 gezeigten Abstandsregelung. □

13.1.4 Regelkreis mit Hilfsstellgröße

Einer Störung kann auch dadurch schneller entgegengewirkt werden, dass zusätzlich zur Eingangsgröße u eine weitere Stellgröße verwendet wird, die in der Nähe des Eingriffsortes der Störung wirkt. Diese Stellgröße heißt Hilfsstellgröße $u_{\rm H}$. Abbildung 13.5 zeigt das Blockschaltbild einer Regelung mit Hilfsstellgröße.

Die beiden Teile des Reglers werden mit folgenden Zielstellungen entworfen:

- $K_2(s)$ bildet mit dem zweiten Streckenteil $G_2(s)$ einen Regelkreis, der die Störung d ausregeln soll. Dies ist gut möglich, wenn die Störung in der Nähe des Streckenausganges angreift und folglich $G_2(s)$ wenig Zeitverzögerung beinhaltet.
- Mit $K_1(s)$ soll wie üblich die Sollwertfolge für die Regelgröße y erreicht werden.

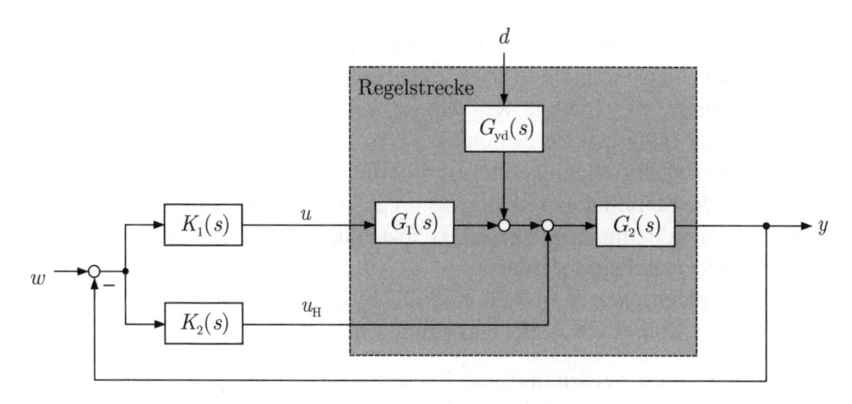

Abb. 13.5: Regelung mit Hilfsstellgröße

Aufgabe 13.7 *Stabilität der Kaskadenregelung und der Regelung mit Hilfsstellgröße*

Stellen Sie die charakteristischen Gleichungen für die in Abb. 13.4 gezeigte Kaskadenregelung sowie für die in Abb. 13.5 dargestellte Regelung mit Hilfsstellgröße auf. Wie beeinflussen die einzelnen Kreise die Stabilität des gesamten Systems? □

13.2 Mehrgrößenregelungen

Bei vielen technischen Anlagen muss man mehr als eine Größe in einem Arbeitspunkt stabilisieren bzw. einer gegebenen Führungsgröße nachführen. So sind bei einem Dampferzeuger Druck und Temperatur des erzeugten Dampfes auf vorgegebenen Werten zu halten, unabhängig davon, wieviel Dampf durch die angeschlossenen Maschinen abgenommen wird. Als Stellgrößen können die zugeführten Mengen von Speisewasser und Brennstoff dienen.

Die Zahl der Regelgrößen bereitet keine Schwierigkeit, solange die entstehenden Regelkreise dynamisch oder statisch schwach gekoppelt sind. Beeinflussen sich mehrere Stell- und Regelgrößen jedoch wie beim Beispiel des Dampferzeugers untereinander sehr stark, so müssen diese Kopplungen beim Reglerentwurf berücksichtigt werden. Der Regler besitzt dann mehr als eine Regelgröße bzw. Regelabweichung als Eingang und bildet mehr als eine Stellgröße als Ausgang. Werden die Eingangsgrößen $u_1(t), u_2(t), ..., u_m(t)$, die Ausgangsgrößen $y_1(t)$, $y_2(t)$,..., $y_r(t)$ sowie die Führungsgrößen $w_1(t)$, $w_2(t)$, ..., $w_r(t)$ zu Vektoren $\boldsymbol{u}(t)$, $\boldsymbol{y}(t)$ und $\boldsymbol{w}(t)$ zusammengefasst, so kann das Reglergesetz z. B. durch die Gleichung

$$\boldsymbol{u}(t) = \boldsymbol{K}\,(\boldsymbol{w}(t) - \boldsymbol{y}(t))$$

beschrieben werden. Beim Reglerentwurf muss dann die $(m,\, r)$-Reglermatrix $\boldsymbol{K}$ bestimmt werden.

Mehrgrößenregelungen werfen neue Probleme für die Modellierung, die Analyse rückgekoppelter Systeme und den Reglerentwurf auf. In Erweiterung der bisher behandelten Themen sind u. a. die folgenden Fragestellungen zu betrachten:

- Unter welchen Bedingungen sind die Stell- und Regelgrößen einer gegebenen Regelstrecke untereinander so stark verkoppelt, dass die Regelungsaufgabe nicht durch mehrere einschleifige Regelkreise gelöst werden kann und ein Mehrgrößenregler eingesetzt werden muss?
- Wie werden Mehrgrößenregelkreise beschrieben?
- Wie kann die Stabilität von Mehrgrößenregelkreisen überprüft werden?
- Unter welchen Bedingungen kann eine instabile Regelstrecke durch einen Mehrgrößenregler stabilisiert werden?
- Welche Reglerstrukturen sind für eine Mehrgrößenregelung zweckmäßig?
- Wie können Mehrgrößenregler entworfen werden?

Antworten darauf werden im Band 2 gegeben. Dabei wird sich zeigen, dass sich einerseits viele der bisher behandelten Methoden auf Mehrgrößensysteme übertragen lassen, wenn man die Mehrgrößenprobleme auf eine Menge gegenseitig verkoppelter Eingrößenprobleme reduziert. Andererseits werden neue Phänomene zu untersuchen sein, die insbesondere aus der Verkopplung mehrerer Stell- und Regelgrößen resultieren.

Auf besondere Probleme führen *dezentrale Regler*, bei denen sich der Regler zwar aus mehreren unabhängigen Ein- oder Mehrgrößenreglern zusammensetzt, die Regelstrecke jedoch starke Kopplungen zwischen allen Stellgrößen und allen Regelgrößen aufweist. Diese Regler sind zwar in der Realisierung mit mehreren unabhängigen Regelungen vergleichbar. Es muss jedoch bei ihrem Entwurf darauf Rücksicht genommen werden, dass sich die entstehenden Regelkreise dynamisch sehr stark beeinflussen. Auf die dezentrale Regelung wird für hinreichend schwach gekoppelte Stell- und Regelgrößen im Kap. II–9 eingegangen. Für eine ausführliche Darstellung muss jedoch auf [46] verwiesen werden.

13.3 Robuste und adaptive Regelungen

Robuste Regelung. Bei den meisten bisherigen Betrachtungen wurde vorausgesetzt, dass für die Regelstrecke ein exaktes Modell in Form eines Zustandsraummodells oder einer Übertragungsfunktion vorhanden ist. Diese Voraussetzung kann in vielen praktischen Anwendungsfällen nicht erfüllt werden. Maßgebende Gründe dafür sind die folgenden:

- Die Regelstrecke kann nicht genau identifiziert werden, weil entweder der Regler vor Inbetriebnahme der Regelstrecke entworfen werden muss oder die Regelstrecke keiner genauen theoretischen oder experimentellen Prozessanalyse zugänglich ist.
- Die Regelstrecke hat viele Eingangsgrößen und Ausgangsgrößen und eine hohe dynamische Ordnung, so dass das Modell sehr umfangreich ist und an Stelle des exakten Modells ein vereinfachtes Modell für den Reglerentwurf eingesetzt werden muss.

- Die Regelstrecke hat nichtlineare oder zeitabhängige Eigenschaften, so dass jedes lineare, zeitunabhängige Modell wesentliche Modellfehler aufweist.

Unter diesen Bedingungen muss bei der Analyse der Strecke und dem Entwurf des Reglers beachtet werden, dass das Streckenmodell nicht vernachlässigbare Modellunsicherheiten besitzt. Das für das Modell erhaltene Analyse- oder Entwurfsergebnis kann nicht ohne weiteres auf das reale System übertragen werden. So muss z. B. untersucht werden, ob ein Regler, der mit dem Streckenmodell einen stabilen Regelkreis bildet, auch mit der realen Regelstrecke zu einem stabilen Regelkreis führt. Ein solcher Regler heißt robuster Regler, denn er erfüllt die Güteforderung nach Stabilität trotz der beim Entwurf vorhandenen Modellunsicherheiten. Ein kleiner Einblick in die Robustheitsanalyse wurde im Abschn. 8.6 gegeben.

Um die Wirkung der Modellfehler auf das Regelkreisverhalten abschätzen zu können, muss quantitativ bekannt sein, wie groß die Modellfehler sind. Da Fehler naturgemäß nicht exakt erfasst werden können, muss mit Fehlerabschätzungen gearbeitet werden. Wie diese Fehlerabschätzungen für dynamische Systeme aussehen, wie unvollständig bekannte Systeme analysiert werden können und wie Regler so robust entworfen werden können, dass sie trotz der Modellfehler die Regelungsaufgabe erfüllen, wird in [1], [45], [76] erläutert.

Adaptive Regelung. Sind die Modellfehler so groß, dass sie von keinem linearen Regler toleriert werden können, so müssen die Reglerparameter dem aktuellen Verhalten der Regelstrecke angepasst werden. Man spricht dann von einem adaptiven Regler.

Ein wichtiges Grundprinzip der adaptiven Regelung beruht darauf, dass der Regler eine Komponente zur Identifikation der Regelstrecke und eine Komponente zur Festlegung der Reglerparameter enthält. Die Identifikation gibt Auskunft über das gegenwärtige dynamische Verhalten der Strecke, d. h., sie führt das Modell dem sich zeitlich verändernden Streckeneigenschaften nach. Durch den Entwurfsalgorithmus werden die Reglerparameter dem aktuellen Streckenmodell angepasst.

Mit der adaptiven Regelung wird die Klasse der linearen Regler verlassen, denn jeder adaptive Regler ist nichtlinear. Diese Tatsache erfordert neue Methoden zur Analyse von Regelkreisen und zum Reglerentwurf. Für die Realisierung des Reglergesetzes erhöht sich der Aufwand. Da aber viele Regler heute durch Mikrorechner realisiert werden, bringt der Übergang von der linearen zur adaptiven Regelung im Wesentlichen nur eine Erhöhung des Softwareaufwandes mit sich. Grundlage der adaptiven Regelung ist eine gut ausgearbeitete Theorie, die beispielsweise in [3] nachgelesen werden kann.

Literaturverzeichnis

1. Ackermann, J.: *Robust Control: The Parameter Space Approach*, Springer-Verlag, London 2002.
2. Åström, K. J.; Lunze, J.: Warum können wir Fahrrad fahren?, *Automatisierungstechnik* **49** (2001), S. 427-435.
3. Åström, K. J.; Wittenmark, B.: *Adaptive Control*, Addison-Wesley, Reading 1995.
4. Backé, W.: *Systematik der hydraulischen Widerstandsschaltungen in Ventilen und Regelkreisen*, Krausskopf-Verlag, Mainz 1974.
5. Backé, W.: *Servohydraulik*, Vorlesungsskript, RWTH Aachen 1992.
6. Becker, E. W.; Stehl, O.: Ein elektrisches Differenzialmanometer mit einer Empfindlichkeit von $2 \cdot 10^{-4}$ Torr, *Z. Angew. Physik* **4** (1952), 20-22.
7. Bitmead, R.; Gevers, M.; Wertz, V.: *Adaptive Optimal Control. The Thinking Man's GPC*, Prentice-Hall, Eaglewood Cliffs 1990.
8. Brockhaus, R.: *Flugregelung*, Springer-Verlag, Berlin 1994.
9. Bode, H. W.: *Network Analysis and Feedback Amplifier Design*, Van Nostrand, New York 1945.
10. Bossel, H.: *Systemdynamik*, Friedr. Vieweg & Sohn, Braunschweig 1987.
11. Cohen, G. H.; Coon, G. A.: Theoretical consideration of retarded control, *Trans. ASME* **75** (1953), 827-834.
12. Drischel, H.; Körner, E.: *Informationsaufnahme, -verarbeitung und -speicherung sowie Steuerungsprozesse in Lebewesen*, in: Phillipow, E. (Hrsg.): *Taschenbuch Elektrotechnik, Band 2: Grundlagen der Informationstechnik*, Verlag Technik, Berlin 1987.
13. Doetsch, G.: *Anleitung zum praktischen Gebrauch der Laplace-Transformation und der Z-Transformation*, Oldenbourg-Verlag, München 1985.
14. Edelkott, D.: *Regelung des Energiestroms zur Drehofensteuerung bei der Herstellung von Portlandzementklinker*, Schriftenreihe der Zementindustrie, Beton-Verlag, Düsseldorf 1995.
15. Engel, H. O.: *Stellgeräte für die Prozessautomatisierung*, VDI-Verlag, Düsseldorf 1994.
16. Evans, W. R.: Control systems synthesis by the root locus method, *Trans. AIEE* **69** (1950), 67-69.
17. Föllinger, O.: *Regelungstechnik*, Hüthig-Verlag, Heidelberg 1990.
18. Föllinger, O.: *Laplace- und Fourier-Transformation*, Hüthig-Verlag, Heidelberg 1986.
19. Frank, P.: Selbsttätige elektrostatische Membranrückstellung bei einem kapazitiven Membranmanometer, *Archiv für Technisches Messen und Industrielle Messtechnik* (1965), S. R 49-R 60.

20. Frank, P. M.: *Entwurf von Regelkreisen mit vorgeschriebenem Verhalten*, G. Braun, Karlsruhe 1974.
21. Franke, D.: *Systeme mit örtlich verteilten Parametern*, Springer-Verlag, Berlin 1987.
22. Gantmacher, F. R.: *Matrizentheorie*, Deutscher Verlag der Wissenschaften, Berlin 1986.
23. Horowitz, I. M.: *Synthesis of Feedback Systems*, Academic Press, New York 1963.
24. Horowitz, I. M.; Sidi, M.: Synthesis of feedback systems with large plant ignorance for prescribed time-domain tolerances, *Intern. J. Control* **16** (1972), 287-309.
25. Hsu, C.-H., Chen, C.-T.: A proof of the stability of multivariable feedback systems, *Proc. IEEE* **56** (1968), 2061-2062.
26. Hurwitz, A.: Über Bedingungen, unter welchen eine Gleichung nur Wurzeln mit negativen reellen Teilen besitzt, *Mathem. Annalen* **46** (1895), 273-284.
27. Isidori, A.: *Nonlinear Control Systems*, Springer-Verlag, Berlin 1995.
28. Isermann, R.: *Identifikation dynamischer Systeme*, Springer-Verlag, Berlin 1988.
29. Jamshidi, M.: *Large-Scale Systems*, North-Holland, New York 1983.
30. Jamshidi, M.; Malek-Zavarei, M.: *Linear Control Systems - A Computer-Aided Approach*, Pergamon Press, Oxford 1986.
31. Kalman, R. E.: On the general theory of control systems, *Proc. of the First IFAC Congress*, Moscow 1960, vol. 1, 481-492.
32. Khoo, M.C.: *Physiological Control Systems*, IEEE Press Series in Biomedical Engineering, New York 2000.
33. Kiencke, U.; Nielsen, L.: *Automative Control Systems for Engine, Driveline and Vehicle*, Springer-Verlag, Berlin 2000.
34. Kimura, H.: Perfect and subperfect regulation in linear multivariable control systems, *Automatica* **18** (1984), 125-145.
35. Korn, U.; Wilfert, H.-H.: *Mehrgrößenregelungen*, Verlag Technik, Berlin 1982.
36. Korn, U.; Jumar, U.: *PI-Mehrgrößenregler*, Oldenbourg-Verlag, München 1991.
37. Kortüm, W.; Lugner, P.: *Systemdynamik und Regelung von Fahrzeugen*, Springer-Verlag, Berlin 1994.
38. Kuhn, U.: Eine praxisnahe Einstellregel für PID-Regler: Die T-Summen-Regel, *Automatisierungstechnische Praxis* **37** (1995), 10-16.
39. Kwakernaak, H.; Sivan, R.: *Modern Signals and Systems*, Prentice-Hall, Englewood Cliffs 1991.
40. Latzel, W.: Einstellregeln für vorgegebene Überschwingweiten, *Automatisierungstechnik* **41** (1993), 103-113.
41. Leonhardt, S.; Böhm, S.; Lachmann, B.: Optimierung der Beatmung beim akuten Lungenversagen durch Identifikation physiologischer Kenngrößen, *Automatisierungstechnik* **46** (1998), S. 532-539.
42. Litz, L.: *Reduktion der Ordnung linearer Zustandsraummodelle mittels modaler Verfahren*, Hochschulverlag, Freiburg 1979.
43. Ljapunow, A.: *Stabilität der Bewegung* (russ.), Tipografia Silberberga, Charkow 1892; englische Übersetzung: The general problem of the stability of motion, *Intern. J. Control* **55** (1992), 531-773.
44. Ludyk, G.: *Theoretische Regelungstechnik* (2 Bände), Springer-Verlag, Berlin 1995.
45. Lunze, J.: *Robust Multivariable Feedback Control*, Prentice-Hall, London 1988.
46. Lunze, J.: *Feedback Control of Large Scale Systems*, Prentice-Hall, London 1992.
47. Lunze, J.: *Künstliche Intelligenz für Ingenieure. Band 2: Technische Anwendungen*, Oldenbourg-Verlag, München 1995.
48. Lunze, J.: *Automatisierungstechnik*, Oldenbourg-Verlag, München 2003.
49. Maciejowski, J. M.: *Predictive Control with Constraints*, Prentice-Hall, Harlow 2001.

50. Mahmoud, M. S.; Singh, M. G.: *Large Scale Systems Modelling*, Pergamon Press, Oxford 1981.
51. McLean, D.: *Automatic Flight Control Systems*, Prentice Hall, London 1990.
52. Morari, M.; Zafiriou, E.: *Robust Process Control*, Prentice-Hall, Englewood Cliffs 1989.
53. Müller, P. C.: *Stabilität und Matrizen*, Springer-Verlag, Berlin 1977.
54. Müller, R.; Bettenhäuser, W.: *Stelltechnik*, Oldenbourg-Verlag, München 1995.
55. Nyquist, H.: Regeneration theory, *The Bell System Technical Journal*, **XI** (1932), 126-147.
56. Owens, D. H.; Chotai, A.: Robust controller design for linear dynamic systems using approximate models, *Proc. IEE* **D-130** (1983), 45-54.
57. Pahl, M.: *Dynamische Modellierung und Regelung eines Biogas-Turmreaktors zur anaeroben Abwasserreinigung*, VDI-Fortschrittberichte, Reihe 8, Nr. 723, VDI-Verlag, Düsseldorf 1998.
58. Patel, R. V.; Laub, A. J.; Van Dooren, P. M. (Eds.): *Numerical Linear Algebra Techniques for Systems and Control*, IEEE Press, New York 1994.
59. Preuß, H.-P.: Prozessmodellfreier PID-Regler-Entwurf nach dem Betragsoptimum, *Automatisierungstechnik* **39** (1991), 15-22.
60. Reinisch, K.: Näherungsformeln zur Dimensionierung von Regelkreisen für vorgeschriebene Überschwingweiten, *Messen, Steuern, Regeln* **7** (1964), 4-10.
61. Reinisch, K.: *Kybernetische Grundlagen und Beschreibung kontinuierlicher Systeme*, Verlag Technik, Berlin 1974.
62. Reinisch, K.: *Analyse und Synthese kontinuierlicher Steuerungssysteme*, Verlag Technik, Berlin 1979.
63. Routh, E. J.: *Dynamics of a System of Rigid Bodies*, Dover Publications, New York 1860.
64. Schlitt, H.: *Systemtheorie für stochastische Prozesse*, Springer-Verlag, Berlin 1992.
65. Schwarze, G.: Bestimmung der regelungstechnischen Kennwerte von P-Gliedern aus der Übergangsfunktion ohne Wendetangentenkonstruktion, *Messen, Steuern, Regeln* **5** (1962), 447-449.
66. Seborg, D. E.; Edgar, T. F.; Mellichamp, D. A.: *Process Dynamics and Control*, J. Wiley & Sons, New York 1989.
67. Silbernagl, S.; Despopoulos, A.: *Taschenatlas der Physiologie*, Georg Thieme Verlag, Stuttgart 2001.
68. Smith, O. J. M.: Closer control of loops with dead time, *Chemical Engineering Progress* **53** (1957), 217-219.
69. Strejc, V.: Approximation aperiodischer Übertragungscharakteristiken, *Regelungstechnik* **7** (1959), 124-128.
70. Svaricek, F.: *Zuverlässige numerische Analyse linearer Regelungssysteme*, B. G. Teubner, Stuttgart 1995.
71. Wernstedt, J.: *Experimentelle Prozessanalyse*, Verlag Technik, Berlin 1989.
72. Wood, W.; Wollenberg, B. F.: *Power Generation, Operation and Control*, John Wiley & Sons, New York 1984.
73. Youla, D. C.; Bongiorno, J. J.; Jabr, H. A.: Modern Wiener-Hopf design of optimal controllers - Part I: The single input-output case, *IEEE Trans. Autom. Control* **AC-21** (1976), 3-13
74. Youla, D. C.; Jabr, H. A.; Bongiorno, J. J.: Modern Wiener-Hopf design of optimal controllers - Part II: The multivariable case, *IEEE Trans. Autom. Control* **AC-21** (1976), 319-338.
75. Ziegler, J. G.; Nichols, N. B.: Optimum settings for automatic controllers, *Trans. ASME* **64** (1942), 759-768.
76. Zhou, K.; Doyle, J.C.: *Essentials of Robust Control*, Prentice Hall, Upper Saddle River 1998.

Anhang 1

Lösungen der Übungsaufgaben

Aufgabe 2.4 *Lautstärkeregler*

Mit dem Lautstärkeregler kann man die Lautstärke der Hifi-Anlage verändern. Ein Regler in dem hier verwendeten Sinne würde die aktuelle Lautstärke selbstständig einem vorgegebenen Sollwert anpassen, was offensichtlich bei Hifi-Anlagen nicht passiert. Der Lautstärkeregler ist im regelungstechnischen Sinn also nur ein Stellglied, das der als Regler wirkende Mensch verwendet, um die Lautstärke dem durch seine Empfindung gegebenen Sollwert anzupassen.

Aufgabe 2.5 *Praktische Regelungsaufgaben*

Alle vier Aufgaben haben gemeinsam, dass eine oder mehrere Größen einen vorgegebenen Wert annehmen soll. Bei der Verfolgung des Raumflugkörpers verändert sich dieser Sollwert mit der Zeit. Würden keine Störungen auftreten, wären die Aufgaben durch eine einmalige Festlegung der Stellgröße zu lösen. Da die Sollwerte jedoch auch unter dem Einfluss von Störungen eingehalten werden sollen, muss ein Regler verwendet werden, der die Stellgröße der durch die Störung verursachten Bewegung des Systems anpasst und dadurch die Abweichung des Istwertes der Regelgröße von ihrem Sollwert klein hält.

Die Blockschaltbilder der vier Regelkreise sind in Abbildung A.1 dargestellt.

- Bei der Temperaturregelung der Kühlflüssigkeit verändert der Regler die Geschwindigkeit der Wasserpumpe oder schaltet den Lüfter an oder aus je nach dem, ob die Temperatur des Kühlwasser nach oben oder nach unten vom Sollwert abweicht. Beispiele für Störungen sind eine veränderliche Außentemperatur und die Leistungsabgabe des Motors.
- Wenn angenommen wird, dass sich die Flugbahn des Raumflugkörper nicht ändert und sich der Raumflugkörper radial um die Erde bewegt, kann seine Position mit dem Winkel ϕ exakt beschrieben werden (Abb. A.2). Ein Motor muss die Ausrichtung der Antenne so verändern, dass sie dem Flugkörper folgt. Die Regelung ist notwendig, selbst wenn die Regelstrecke „Raumflugkörper“ nicht gestört ist.
- Soll die Papiergeschwindigkeit in einer Druckmaschine konstant sein, muss die Drehzahl der Druckwalze geregelt werden. Da das Papier eine veränderliche Dicke haben kann und

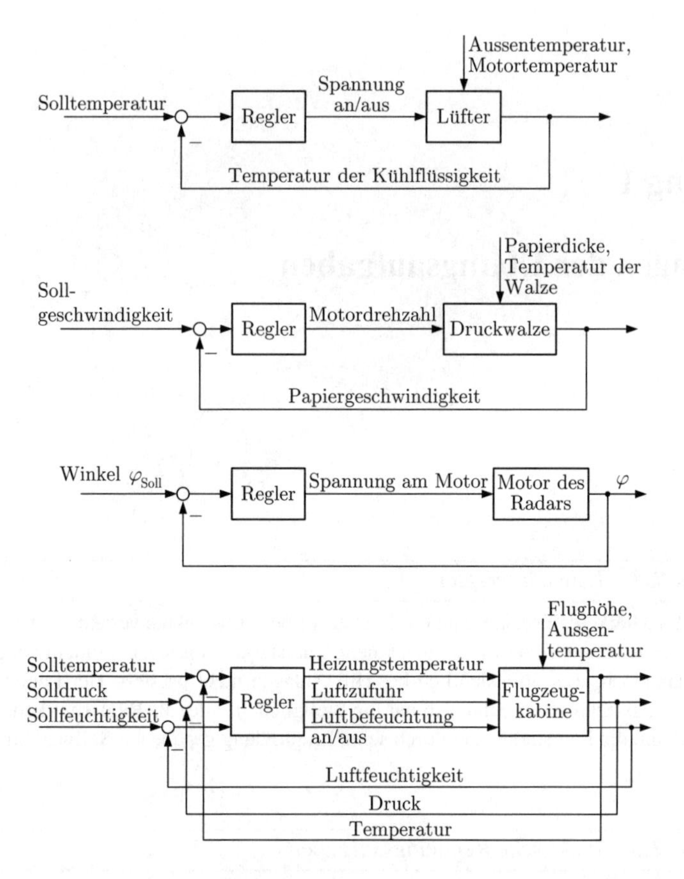

Abb. A.1: Blockschaltbilder der Regelkreise

der Umfang der beheizten Druckwalze von deren Temperatur abhängt, ist eine ständige Anpassung des Drehzahl nötig.

- Um in einem Flugzeug eine angenehme Atemluft zu schaffen, müssen sowohl Temperatur als auch Druck und Luftfeuchtigkeit konstant auf günstigen Werten gehalten werden. In dem dargestellten Blockschaltbild sind alle Größen separat dargestellt. Man kann die Größen auch vektoriell zusammenfassen und im Blockschaltbild durch einen Eingang und einen Ausgang kennzeichnen.

Aufgabe 3.2 *Blockschaltbild des Antriebsstranges eines Kraftfahrzeugs*

Abbildung A.3 zeigt das Blockschaltbild, bei dem das durch das Gaspedal, die Stellung der Kupplung und die Wahl des Gangs festgelegte Antriebsmoment um das durch den Fahrwiderstand entstehende Moment sowie um das Bremsmoment verkleinert wird. Das daraus resultierende Moment auf die Räder verkleinert oder vergrößert die Fahrzeuggeschwindigkeit.

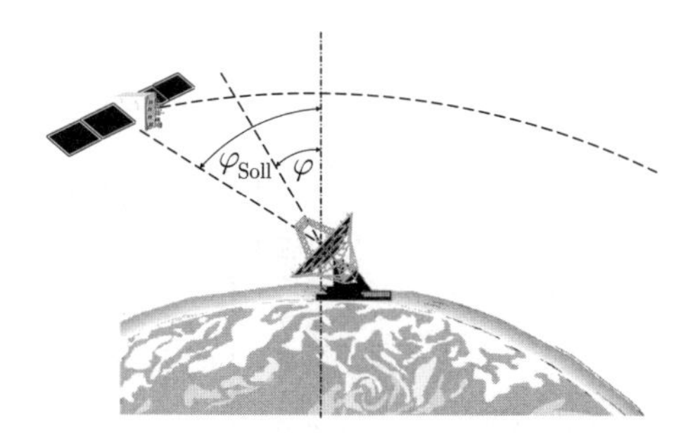

Abb. A.2: Verfolgung eines Satelliten mit einem Radar

Die Signalübertragung erfolgt in allen Blöcken über dynamische Systeme, bei denen der aktuelle Wert der Ausgangsgröße nicht nur vom aktuellen Wert, sondern vom vergangenen Verlauf der Eingangsgröße abhängt. Beispielsweise wirkt das Drehmoment auf die Räder als eine Beschleunigung, die die aktuelle Geschwindigkeit erhöht oder verkleinert. Man kann deshalb die aktuelle Geschwindigkeit nur dann ausrechnen, wenn man den Verlauf des Drehmomentes bis zur aktuellen Zeit kennt oder, was dasselbe ist, von der Geschwindigkeit zu einem Zeitpunkt t_0 die Beschleunigung bis zur aktuellen Zeit t integriert.

Die Geschwindigkeitsregelung verwendet die aktuelle Fahrzeuggeschwindigkeit als Istwert, vergleicht sie mit einer Sollgeschwindigkeit und verändert den Gaspedalwinkel (oder das Vergaserventil direkt) so, dass die Regelabweichung kleiner wird. Bei Fahrzeugen mit Automatikgetrieben wirkt darüber hinaus eine Rückführung von der Geschwindigkeit auf die Kupplung und das Getriebe.

Aufgabe 3.3 *Künstliche Beatmung*

1. Das in Abb. A.4 gezeigte Blockschaltbild besteht aus einer Reihenschaltung von drei Blöcken. Das Beatmungsgerät erzeugt am Mund des Patienten einen bestimmten Luftdruck bzw. einen bestimmten Luftvolumenstrom. Mit dem Block „Atemmechanik" ist das Zusammenwirken der in den Mund einströmenden Luft mit der Lunge und möglicherweise Atemreflexen des Patienten zusammengefasst. Für den Gasaustausch ist der Luftdruck und das Luftvolumen in der Lunge maßgebend. Die arteriellen Partialdrücke entstehen als Ergebnis eines Gasaustauschs, wobei nicht nur die physikalischen Verhältnisse auf der Gasseite der Alveolen (Lungenbläschen), sondern auch die Partialdrücke im Blut vor dem Gasaustausch von Bedeutung sind, so dass p_{O_2} und p_{CO_2} auch von den genannten Störungen abhängen.

2. Das Beatmungsgerät arbeitet in einer offenen Steuerkette, denn die Vorgaben p_{Luft}, RR und f_{O_2} werden nicht den aktuellen Werten p_{O_2} und p_{CO_2} nachgeführt, sondern durch den Arzt fest vorgegeben.

3. Man kann die aktuellen Partialdrücke p_{O_2} und p_{CO_2} nur dann vorgegebenen Sollwerten anpassen, wenn man sie kontinuierlich im Blut misst oder beispielsweise durch Analyse der Ausatemluft Rückschlüsse auf ihre aktuellen Werte zieht. Dann entsteht der in Abb. A.5 gezeigte Regelkreis, in dem der Arzt oder ein automatischer Regler die Vorgaben p_{Luft}, RR und f_{O_2} für das Beatmungsgerät den aktuellen Regelabweichungen anpasst.

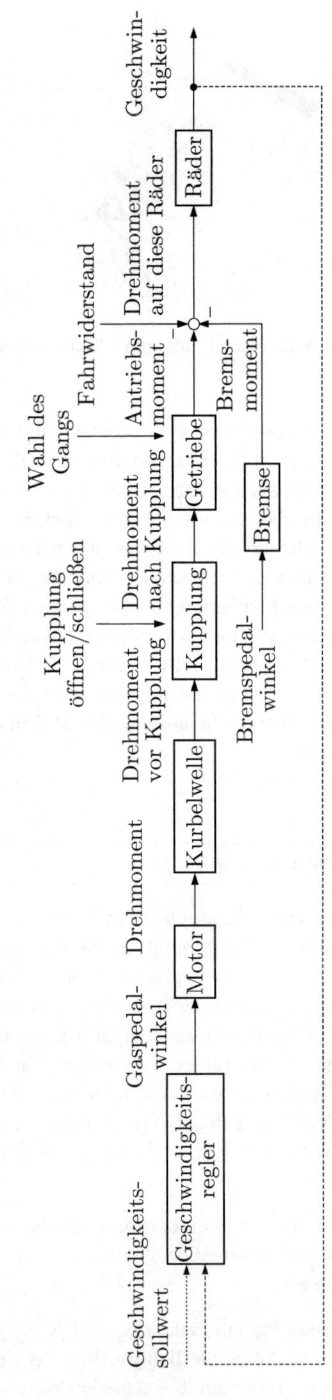

Abb. A.3: Blockschaltbild des Antriebsstranges

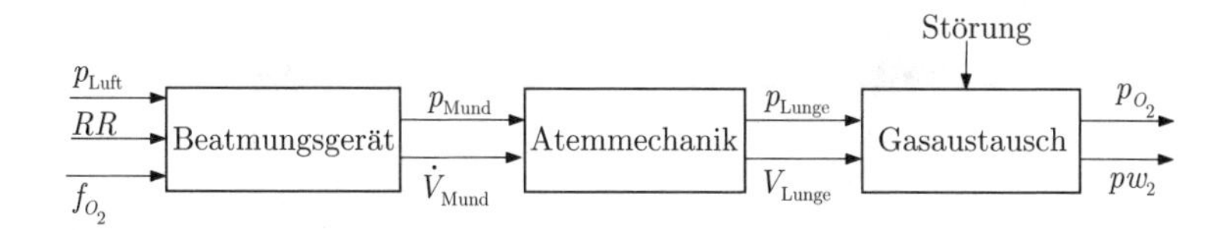

Abb. A.4: Blockschaltbild der künstlichen Beatmung

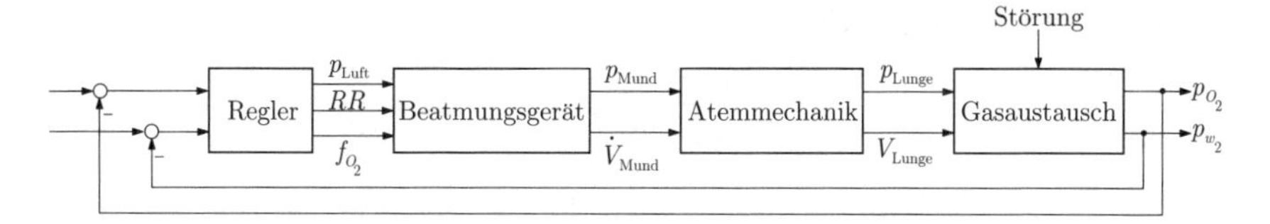

Abb. A.5: Erweitertes Blockschaltbild der künstlichen Beatmung

Aufgabe 4.4 *Zustandsraummodell eines gekoppelten Feder-Masse-Systems*

1. Im Schnittbild des Feder-Masse-Systems in Abb. A.6 sind die an den Massen befestigten Federn durch die angreifenden Federkräfte ersetzt. Entsprechend der angegebenen Modellierungssystematik werden zunächst die „Bauelementegleichungen“ aufgestellt. Die Kraft, mit der die linke Feder auf die Masse m_1 wirkt, ist

$$f_1(t) = c_1 y_1. \tag{A.1}$$

Die mittlere Feder übt auf die beiden Massen die Kraft

$$f_2(t) = c_2(y_2(t) - y_1(t)) \tag{A.2}$$

aus und die rechte Feder erzeugt die Kraft

$$f_3(t) = -c_3 y_2. \tag{A.3}$$

Für die beiden Massen gilt, dass die Summe der angreifenden Kräfte gleich der Trägheitskraft ist, also

$$f_{\mathrm{m1}}(t) = m_1 \ddot{y}_1 \tag{A.4}$$
$$f_{\mathrm{m2}}(t) = m_2 \ddot{y}_2 \tag{A.5}$$

gilt. Die Kopplung der Elemente erfolgt durch die in der Abbildung erkennbaren Kräftegleichgewichte:

$$f_{\mathrm{m1}}(t) + f_1(t) - f_2(t) = f_{\mathrm{e}}(t) \tag{A.6}$$
$$f_{\mathrm{m2}}(t) + f_2(t) - f_3(t) = 0. \tag{A.7}$$

In den folgenden Modellbildungsschritten muss aus den angegebenen Gleichungen ein Zustandsraummodell abgeleitet werden. Einsetzen der Gln. (A.1) - (A.5) in (A.6) und (A.7) ergibt

$$m_1\ddot{y}_1 + c_1 y_1 - c_2(y_2 - y_1) = f_{\mathrm{e}}$$
$$m_2\ddot{y}_2 + c_2(y_2 - y_1) + c_3 y_2 = 0.$$

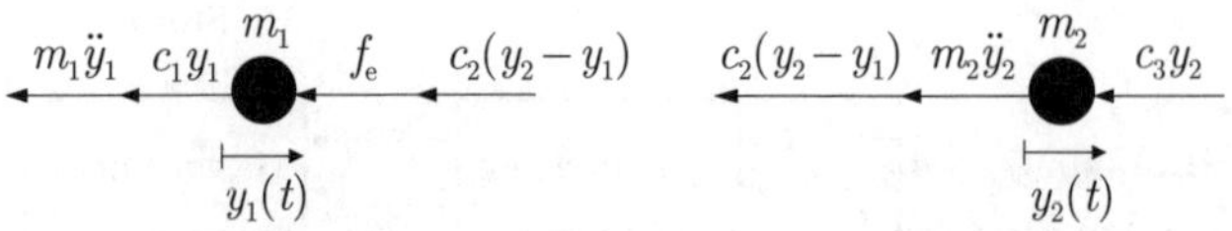

$m_1\ddot{y}_1$ $c_1 y_1$ m_1 f_e $c_2(y_2-y_1)$ $c_2(y_2-y_1)$ $m_2\ddot{y}_2$ m_2 $c_3 y_2$

$y_1(t)$ $y_2(t)$

Abb. A.6: Schnittbild des Feder-Masse-Systems

Auflösen nach $\ddot{y}_1$ und $\ddot{y}_2$ liefert

$$\ddot{y}_1 = -\left(\frac{c_1}{m_1} + \frac{c_2}{m_1}\right) y_1 + \frac{c_2}{m_1} y_2 + \frac{f_e}{m_1} \tag{A.8}$$

$$\ddot{y}_2 = -\left(\frac{c_3}{m_2} + \frac{c_2}{m_2}\right) y_2 + \frac{c_2}{m_2} y_1 . \tag{A.9}$$

Da die Gln. (A.8) und (A.9) zwei Differenzialgleichungen zweiter Ordnung darstellen, ergibt sich ein lineares Zustandsraummodell mit vier Zustandsvariablen. Wird der Zustandsvektor entsprechend

$$\boldsymbol{x} = \begin{pmatrix} y_1 \\ \dot{y}_1 \\ y_2 \\ \dot{y}_2 \end{pmatrix}$$

gewählt, so folgt aus den Gln. (A.8) und (A.9) mit $u(t) = f_e(t)$ das Zustandsraummodell

$$\dot{\boldsymbol{x}} = \begin{pmatrix} 0 & 1 & 0 & 0 \\ -\frac{c_1+c_2}{m_1} & 0 & \frac{c_2}{m_1} & 0 \\ 0 & 0 & 0 & 1 \\ \frac{c_2}{m_2} & 0 & -\frac{c_2+c_3}{m_2} & 0 \end{pmatrix} \boldsymbol{x} + \begin{pmatrix} 0 \\ \frac{1}{m_1} \\ 0 \\ 0 \end{pmatrix} u(t)$$

$$y = (1 \;\; 0 \;\; 0 \;\; 0)\, \boldsymbol{x}.$$

Diskussion. Die angegebenen Kräftegleichgewichte kann man für das Beispiel natürlich schneller aus der Abbildung ablesen, wobei man die Kräfte an den Federn und Massen nicht erst wie in den Gln. (A.1) – (A.5) einzeln hinschreibt. Dies ist nur deshalb möglich, weil man bei diesem einfachen Beispiel beide Schritte nach einiger Übung gleich zusammen ausführen kann. Das hier aufgeführte schrittweise Vorgehen soll verdeutlichen, dass die Modellierungssystematik hinter diesen Kräftegleichungen steckt und bei komplizierteren Beispielen hilft, Fehler zu vermeiden.

Bemerkenswerterweise hat das Zustandsraummodell nur die dynamische Ordnung vier, obwohl sich im System mit den drei Federn und zwei Massen insgesamt fünf Speicherelemente befinden. Der Grund dafür liegt in der Tatsache, dass die Gesamtlänge der Anordnung durch die beiden Seitenwände festgelegt ist und die in den Elementen gespeicherte Energie deshalb einer zusätzlichen Bedingung unterworfen ist. Wie in diesem Beispiel gilt allgemein, dass die dynamische Ordnung eines Systems gleich oder kleiner der Zahl der Speicherelemente ist.

2. Der Signalflussgraf ist in Bild A.7 dargestellt. Nur die Zustandsvariable x_2 wird direkt von der Eingangsgröße beeinflusst, weil die Kraft f_e *direkt* nur auf die Masse m_1 wirkt. Es gibt jedoch Pfade im Signalflussgraf von u zu allen Zustandsvariablen sowie von allen Zustandsvariablen zu y.

Die eingezeichnete Schnittlinie verdeutlicht, dass die beiden Massen nur über die mittlere Feder (Federkonstante c_2) miteinander gekoppelt sind.

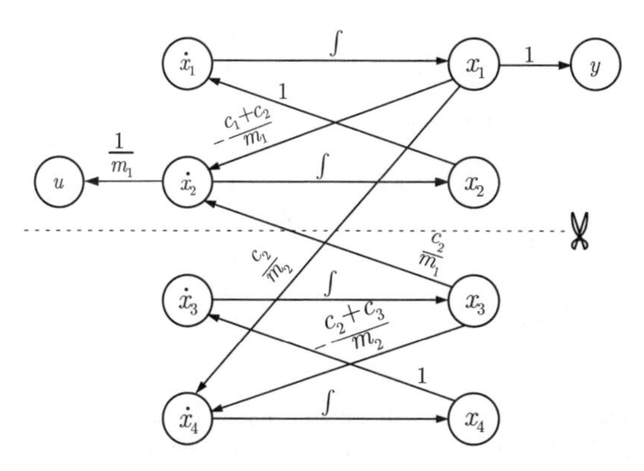

Abb. A.7: Signalflussgraf des Feder-Masse-Systems

Aufgabe 4.5 *Phasenporträt eines ungedämpften Schwingkreises*

Das Zustandsraummodell des ungedämpften Schwingkreises erhält man aus Gl. (4.39) für $u = 0$ durch Nullsetzen des ohmschen Widerstandes:

$$\dot{\boldsymbol{x}} = \begin{pmatrix} 0 & -\frac{1}{L} \\ \frac{1}{C} & 0 \end{pmatrix}.$$

Um das Phasenporträt zu bestimmen, muss die Zeit aus diesen Gleichungen eliminiert werden, die die Zeit kommt in Phasenporträts nicht vor. Aus den beiden Zustandsgleichungen

$$\begin{aligned} \frac{dx_1}{dt} &= -\frac{1}{L}x_2 \\ \frac{dx_2}{dt} &= \frac{1}{C}x_1 \end{aligned}$$

erhält man

$$dt = -L\frac{dx_1}{x_2} = C\frac{dx_2}{x_1}$$

und

$$\int_0^t Lx_1\,dx_1 = -\int_0^t Cx_2\,dx_2$$

sowie nach Integration

$$Lx_1^2 + Cx_2^2 = r.$$

Dabei ist r eine Konstante, in die die Anfangsbedingungen $x_1(0)$ und $x_2(0)$ eingehen. Diese Gleichung beschreibt im x_1-x_2-Raum eine Ellipse, die bei entsprechender Normierung des beiden Koordinatenachsen in einen Kreis übergeht. Für jede Anfangsauslenkung $\boldsymbol{x}_0$ beschreibt der ungedämpfte Schwingkreis im Phasenraum einen Kreis.

Aufgabe 4.8 *Zustandsraummodell eines RC-Gliedes*

1. Die Bauelemente sind durch folgende Gleichungen beschrieben:

$$\begin{aligned} u_{\mathrm{R1}}(t) &= R_1 i_{\mathrm{C1}}(t) \\ u_{\mathrm{R2}}(t) &= R_2 i_{\mathrm{R2}}(t) \\ i_{\mathrm{C1}} &= C_1 \frac{du_{\mathrm{C1}}}{dt} \qquad \text{(A.10)} \\ i_{\mathrm{C2}} &= C_2 \frac{du_{\mathrm{C2}}}{dt}. \qquad \text{(A.11)} \end{aligned}$$

Für die Kopplung der aufgestellten Bauelementegleichungen liefert die Anwendung der Kirchhoff'schen Gesetze die beiden Maschengleichungen für die in der Abb. A.8 gekennzeichneten Maschen I und II

$$u_{\mathrm{C2}}(t) - u(t) + u_{\mathrm{R2}}(t) = 0 \qquad \text{(A.12)}$$

$$u_{\mathrm{C1}}(t) - u_{\mathrm{C2}}(t) + u_{\mathrm{R1}}(t) = 0 \qquad \text{(A.13)}$$

sowie die Knotenpunktsgleichung

$$i_{\mathrm{R2}}(t) = i_{\mathrm{C1}}(t) + i_{\mathrm{C2}}(t). \qquad \text{(A.14)}$$

Mit diesen Gleichungen ist das RC-Glied vollständig beschrieben. Alle folgenden Umformungen dienen dazu, aus diesen Gleichungen das geforderte Zustandsraummodell abzuleiten.

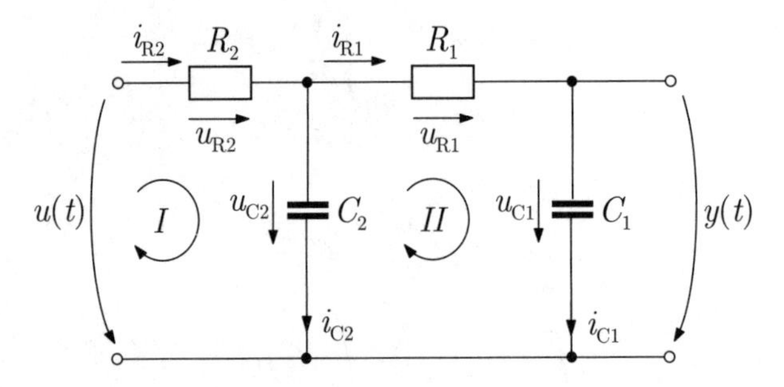

Abb. A.8: RC-Glied

Setzt man zunächst die Bauelementegleichungen für die ohmschen Widerstände und die Knotenpunktgleichung in die Maschengleichungen (A.12), (A.13) ein, so erhält man

$$u_{\mathrm{C2}} - u + R_2 \left(i_{\mathrm{C1}} + i_{\mathrm{C2}} \right) = 0 \qquad \text{(A.15)}$$

$$u_{\mathrm{C1}} - u_{\mathrm{C2}} + R_1 i_{\mathrm{C1}} = 0. \qquad \text{(A.16)}$$

Das RC-Glied enthält mit den beiden Kondensatoren zwei Energiespeicher, so dass als Zustandsvariablen die Kondensatorpannungen u_{C1} und u_{C2} eingeführt werden:

$$\boldsymbol{x}(t) = \begin{pmatrix} u_{\mathrm{C1}}(t) \\ u_{\mathrm{C2}}(t) \end{pmatrix}.$$

Um die Zustandsgleichung zu erhalten, werden die Gln. (A.15) und (A.16) folgendermaßen umgeformt:

$$\begin{aligned} i_{C1} &= \frac{u_{C2} - u_{C1}}{R_1} \\ u - u_{C2} &= R_2\left(\frac{u_{C2} - u_{C1}}{R_1} + i_{C2}\right) \\ i_{C2} &= \frac{u - u_{C2}}{R_2} - \frac{u_{C2} - u_{C1}}{R_1}. \end{aligned}$$

Einsetzen in Gln. (A.10) und (A.11) ergibt

$$\dot{u}_{C1} = -\frac{1}{R_1 C_1} u_{C1} + \frac{1}{R_1 C_1} u_{C2} \tag{A.17}$$

$$\dot{u}_{C2} = \frac{1}{R_1 C_2} u_{C1} - \frac{R_1 + R_2}{R_1 R_2 C_2} u_{C2} + \frac{1}{R_2 C_2} u \tag{A.18}$$

und damit die Zustandsgleichung der Form (4.40):

$$\begin{pmatrix} \dot{u}_{C1} \\ \dot{u}_{C2} \end{pmatrix} = \begin{pmatrix} -\frac{1}{R_1 C_1} & \frac{1}{R_1 C_1} \\ \frac{1}{R_1 C_2} & -\frac{R_1 + R_2}{R_1 R_2 C_2} \end{pmatrix} \begin{pmatrix} u_{C1} \\ u_{C2} \end{pmatrix} + \begin{pmatrix} 0 \\ \frac{1}{R_2 C_2} \end{pmatrix} u$$

mit dem Anfangszustand

$$\boldsymbol{x}_0 = \begin{pmatrix} u_{C1}(0) \\ u_{C2}(0) \end{pmatrix}.$$

2. Als Zustandsvariable wurden die beiden Kondensatorspannungen gewählt. Deshalb heißt die Ausgabegleichung

$$y = (1 \quad 0) \begin{pmatrix} u_{C1} \\ u_{C2} \end{pmatrix}.$$

3. Aus dem linearen Zustandsraummodell folgt der in Abb. A.9 dargestellte Signalflussgraf. Die Kantengewichte setzen sich wie im Modell angegeben aus den Parametern R_1, R_2, C_1 und C_2 zusammen, beispielsweise $a_{11} = \frac{-1}{R_1 C_1}$.

Der Signalflussgraf zeigt, dass die Eingangsgröße u direkt nur auf $\dot{x}_2$ wirkt. Die Ausgangsgröße y entspricht der Zustandsgröße x_1. Der Signalweg vom Eingang zum Ausgang führt jedoch über beide Zustandsgrößen.

4. Wie im Abschn. 4.4.1 erläutert wird, kann man generell die Ausgangsgröße und deren Ableitungen als Zustandsvariable verwenden. Für das Beispiel heißt der Zustandsvektor dann

$$\boldsymbol{x}(t) = \begin{pmatrix} u_{C1}(t) \\ \dot{u}_{C1}(t) \end{pmatrix}.$$

Als Zustandsraummodell erhält man nach Differenziation der Gl. (A.17) und Einsetzen der Gl. (A.18)

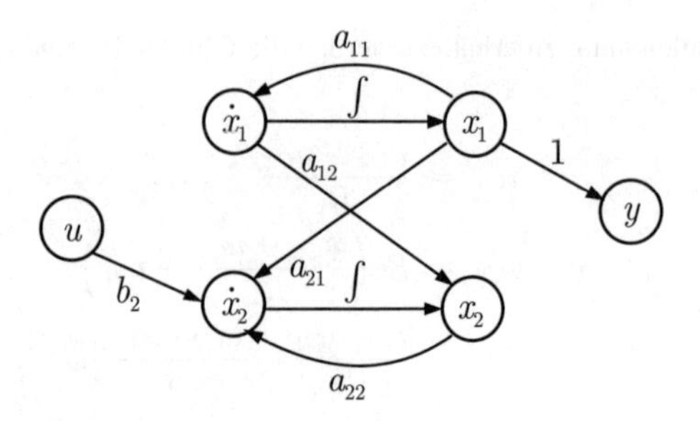

Abb. A.9: Signalflussgraf des RC-Gliedes

$$\begin{pmatrix} \dot{u}_{C1} \\ \ddot{u}_{C1} \end{pmatrix} = \begin{pmatrix} 0 & 1 \\ \dfrac{-1}{R_1R_2C_1C_2} & -\dfrac{R_1C_1 + R_2C_1 + R_2C_2}{R_1R_2C_1C_2} \end{pmatrix} \begin{pmatrix} u_{C1} \\ \dot{u}_{C1} \end{pmatrix} +$$

$$+ \begin{pmatrix} 0 \\ \dfrac{1}{R_1R_2C_1C_2} \end{pmatrix} u$$

$$y = (1 \quad 0) \begin{pmatrix} u_{C1} \\ \dot{u}_{C1} \end{pmatrix}.$$

Den Anfangszustand berechnet man aus den als bekannt vorausgesetzten Kondensatorspannungen entsprechend

$$\begin{pmatrix} u_{C1}(0) \\ \dot{u}_{C1}(0) \end{pmatrix} = \begin{pmatrix} u_{C1}(0) \\ \dfrac{1}{R_1C_1}(u_{C2}(0) - u_{C1}(0)) \end{pmatrix}.$$

5. Bei der Eingangsgröße $u(t)$, der Ausgangsgröße $y(t)$ sowie den im ersten Modell verwendeten Zustandsgrößen u_{C1} und u_{C2} handelt es sich um Spannungen mit der Maßeinheit Volt. Die Elemente der Systemmatrix $\boldsymbol{A}$ und des Steuervektors $\boldsymbol{b}$ haben die Einheit $\frac{\mathrm{AV}}{\mathrm{VAs}} = \mathrm{s}^{-1}$. Die Elemente des Beobachtungsvektors $\boldsymbol{c}'$ sind einheitenlos.

6. Für die Zeit wählt man zweckmäßigerweise die Einheit Millisekunden, so dass die Elemente von $\boldsymbol{A}$ und $\boldsymbol{b}$ dann die Maßeinheiten $\frac{1}{\mathrm{ms}}$ haben. Dann erhält man beispielsweise für das Element a_{12} der Systemmatrix

$$a_{12} = \frac{1}{R_1C_1} = \frac{1}{10^{-4}\,\mathrm{s}} = \frac{1}{10^{-4} \cdot 10^3\,\mathrm{ms}} = 10\,\mathrm{ms},$$

also mit den gewählten Maßeinheiten

$$a_{12} = 10.$$

Das Zustandsraummodell hat dann folgendes Aussehen:

$$\dot{\boldsymbol{x}} = \begin{pmatrix} -10 & 10 \\ 25 & -26{,}25 \end{pmatrix} \boldsymbol{x} + \begin{pmatrix} 0 \\ 1{,}25 \end{pmatrix} u$$

$$y = (1 \quad 0)\,\boldsymbol{x}.$$

Aufgabe 4.9 *Zustandsraummodell eines 3-Tank-Systems*

1. Das System besteht aus drei Behältern, von denen jeder als Speicherelement wirkt. Das Zustandsraummodell wird deshalb die Ordnung drei haben. Geeignete Zustandsvariable sind die Füllstände h_i, denn das zukünftige Verhalten jedes Behälters kann bei gegebenem Zufluss aus dem aktuellen Füllstand bestimmt werden.

2. Bezeichnet man den Zufluss (Volumenstrom pro Zeiteinheit) in jeden Behälter mit p_{zi} und den Abfluss mit p_{ai}, so gilt für jeden Behälter die Volumenbilanz

$$A_i \frac{dh_i}{dt} = p_{zi}(t) - p_{ai}(t),$$

wobei A_i den Querschnitt des i-ten Behälters bezeichnet. Der Zufluss zum ersten Behälter ist die Eingangsgröße

$$p_{z1}(t) = u(t).$$

Für die Kopplung zwischen den Behältern 1 und 2 gilt

$$p_{a1}(t) = p_{z2}(t),$$

wobei bei dem hier verwendeten linearen Ansatz der Volumenstrom proportional zu der Differenz der Füllstände in diesen Behältern ist

$$p_{a1}(t) = k_{12}(h_1(t) - h_2(t)).$$

Der Proportionalitätsfaktor k_{12} hängt von der Geometrie, insbesondere vom Querschnitt des Verbindungsrohres, ab. Ähnliche Gleichungen gelten für die Kopplung der beiden rechten Behälter. Für den Ablauf aus dem rechten Behälter gilt

$$p_{a3}(t) = k_3 h_3(t).$$

Damit erhält man das Zustandsraummodell

$$\frac{d}{dt}\begin{pmatrix} h_1 \\ h_2 \\ h_3 \end{pmatrix} = \begin{pmatrix} -\frac{k_{12}}{A_1} & \frac{k_{12}}{A_1} & 0 \\ \frac{k_{12}}{A_2} & -\frac{k_{23}+k_{12}}{A_2} & \frac{k_{23}}{A_2} \\ 0 & \frac{k_{23}}{A_3} & -\frac{k_{23}+k_3}{A_3} \end{pmatrix} \begin{pmatrix} h_1 \\ h_2 \\ h_3 \end{pmatrix} + \begin{pmatrix} \frac{1}{A_1} \\ 0 \\ 0 \end{pmatrix} u$$

$$y(t) = (0 \quad 0 \quad 1) \begin{pmatrix} h_1 \\ h_2 \\ h_3 \end{pmatrix}.$$

Als Anfangszustand müssen die drei Füllstände $h_1(0)$, $h_2(0)$, $h_3(0)$ bekannt sein.

3. Das Modell gilt nur, solange die Behälter weder leer- noch überlaufen. Eingangs- und Ausgangsgröße können nur positive Werte annehmen. Unter Verwendung von Schranken, die von der Geometrie der Behälter abhängen, können diese Einschränkungen in der Form (4.103) aufgeschrieben werden:

$$\begin{pmatrix} -u \\ h_1 \\ -h_1 \\ h_2 \\ -h_2 \\ h_3 \\ -h_3 \\ -y \end{pmatrix} \le \begin{pmatrix} 0 \\ \bar{h}_1 \\ 0 \\ \bar{h}_2 \\ 0 \\ \bar{h}_3 \\ 0 \\ 0 \end{pmatrix}.$$

Aufgabe 4.10 *Linearisierung der Pendelgleichungen*

1. In Tangentialrichtung ergibt sich an der Masse m das in Abb. A.10 dargestellte Kräftegleichgewicht, wobei der Winkel φ entgegen dem Uhrzeigersinn positiv gezählt wird:

$$ml\ddot{\varphi} + mg\sin\varphi = f(t). \tag{A.19}$$

Wird als Zustandsvektor

$$\boldsymbol{x} = \begin{pmatrix} \varphi \\ \dot{\varphi} \end{pmatrix}$$

gewählt, so erhält man mit Gl. (A.19) die Zustandsgleichungen

$$\dot{x}_1 = x_2 \tag{A.20}$$

$$\dot{x}_2 = -\frac{g}{l}\sin x_1 + \frac{1}{m\,l}u(t). \tag{A.21}$$

Die Ausgangsgröße $y(t)$ ist der Winkel $\varphi(t)$, die Eingangsgröße $u(t)$ die Kraft $f(t)$.

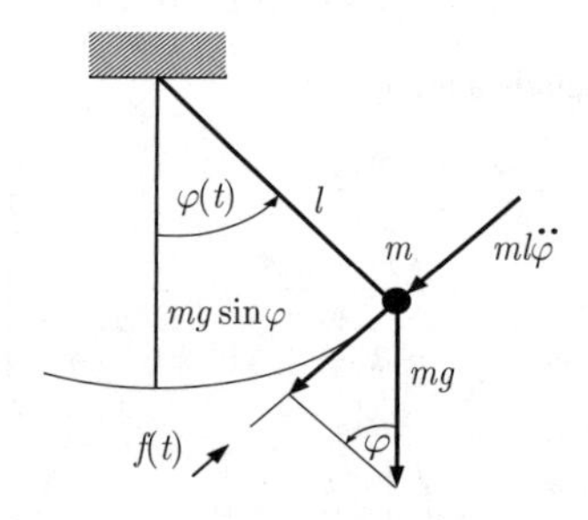

Abb. A.10: Kräftegleichgewicht am Pendel

Die Gln. (A.20) und (A.21) stellen ein nichtlineares Zustandsraummodell der Form (4.107), (4.108) dar:

$$\begin{pmatrix} \dot{x}_1 \\ \dot{x}_2 \end{pmatrix} = \begin{pmatrix} x_2 \\ -\frac{g}{l}\sin x_1 + \frac{1}{m\,l}u(t) \end{pmatrix}, \ \boldsymbol{x}(0) = \begin{pmatrix} \varphi(0) \\ \dot{\varphi}(0) \end{pmatrix}$$

$$y(t) = x_1. \tag{A.22}$$

Die Nichtlinearität äußert sich darin, dass $\dot{x}_2$ über die Sinusfunktion von x_1 abhängt.

2. Um ein lineares Zustandsraummodell zu erhalten, muss zunächst ein Arbeitspunkt $(\bar{\boldsymbol{x}}, \bar{y})$ ermittelt werden. Aus der Annahme

$$\bar{u} = \bar{f}$$

und den Bedingungen (4.109), (4.110) für den Arbeitspunkt ergibt sich

$$\begin{aligned} \bar{x}_1 &= \arcsin \frac{\bar{f}}{m\,g} \\ \bar{x}_2 &= 0 \\ \bar{y} &= \bar{x}_1. \end{aligned}$$

Die konstante Kraft $\bar{f}$ führt dazu, dass das Pendel bei der Auslenkung $\bar{\varphi}$ zur Ruhe kommt.

Für das linearisierte Modell erhält man entsprechend den Gln. (4.112), (4.113), (4.116) und (4.117)

$$\begin{aligned} \boldsymbol{A} &= \begin{pmatrix} 0 & 1 \\ -\frac{g}{l}\cos x_1 & 0 \end{pmatrix}_{x=\bar{x}, u=\bar{u}} = \begin{pmatrix} 0 & 1 \\ -\frac{g}{l}\cos \bar{x}_1 & 0 \end{pmatrix}, \\ \boldsymbol{b} &= \begin{pmatrix} 0 \\ \frac{1}{ml} \end{pmatrix}_{x=\bar{x}, u=\bar{u}} = \begin{pmatrix} 0 \\ \frac{1}{ml} \end{pmatrix}, \\ \boldsymbol{c}' &= (1 \quad 0), \\ d &= 0. \end{aligned}$$

Das linearisierte Modell

$$\begin{aligned} \delta\dot{\boldsymbol{x}} &\approx \begin{pmatrix} 0 & 1 \\ -g/l\cos\bar{x}_1 & 0 \end{pmatrix} \delta\boldsymbol{x} + \begin{pmatrix} 0 \\ \frac{1}{ml} \end{pmatrix} \delta u, \quad \delta\boldsymbol{x}(0) \approx \begin{pmatrix} \varphi(0) - \bar{x}_1 \\ \dot{\varphi}(0) \end{pmatrix} \\ \delta y &\approx (1 \quad 0)\, \delta\boldsymbol{x} \end{aligned}$$

beschreibt das Verhalten des Systems in der Nähe des angegebenen Arbeitspunktes.

3. Wählt man als Maßeinheiten für die Masse Kilogramm und die Länge Meter und misst den Winkel im Bogenmaß und die Zeit in Sekunden, so liegt der Arbeitspunkt bei

$$\bar{x}_1 = 0{,}205 \quad \text{also bei etwa } 11^o.$$

Das linearisierte Zustandsraummodell heißt

$$\begin{aligned} \delta\dot{\boldsymbol{x}} &\approx \begin{pmatrix} 0 & 1 \\ -9{,}6 & 0 \end{pmatrix} \delta\boldsymbol{x} + \begin{pmatrix} 0 \\ 1 \end{pmatrix} \delta u, \quad \delta\boldsymbol{x}(0) = \begin{pmatrix} \varphi(0) - 0{,}205 \\ \dot{\varphi}(0) \end{pmatrix} \\ \delta y &\approx (1 \quad 0)\, \delta\boldsymbol{x}. \end{aligned}$$

Dieses Zustandsraummodell ist mit

$$\delta u(t) = f(t) - \bar{f}$$

zu verwenden. Hat man δy berechnet, so erhält man den absoluten Wert aus der Beziehung

$$y(t) = \bar{y} + \delta y(t).$$

Aufgabe 5.1 *Eigenbewegungen zweier gekoppelter Wasserbehälter*

1. Im Gleichgewichtszustand sind beide Flüssigkeitsspiegel auf derselben Höhe h_0. Aus der Volumenbilanz der beiden Behältern erhält man

$$\dot{v}_1 = A_1 \frac{dh_1}{dt} \tag{A.23}$$

$$\dot{v}_2 = A_2 \frac{dh_2}{dt}, \tag{A.24}$$

wobei $\dot{v}_i$ den Volumenstrom in den Behälter i hinein bezeichnet. Der von den Flüssigkeiten in den beiden Behältern auf die Flüssigkeit im Verbindungsrohr ausgeübte Druck ist proportional dem Füllstand:

$$p_1 = \rho h_1 \tag{A.25}$$

$$p_2 = \rho h_2. \tag{A.26}$$

Der durch das Verbindungsrohr fließende Volumenstrom ist unter der Annahme linearer Zusammenhänge proportional zum Druckabfall über der Rohrleitung

$$\dot{v} = \bar{k} \Delta p. \tag{A.27}$$

Die beiden Behälter und das Verbindungsrohr sind über die Massenbilanz

$$\dot{v} = \dot{v}_1 = -\dot{v}_2 \tag{A.28}$$

und das Kräftegleichgewicht

$$\Delta p = p_1 - p_2 \tag{A.29}$$

verkoppelt. Mit diesen Gleichungen ist das Behältersystem vollständig beschrieben. Die folgenden Umformungen dienen dazu, aus diesen Gleichungen ein Zustandsraummodell abzuleiten.

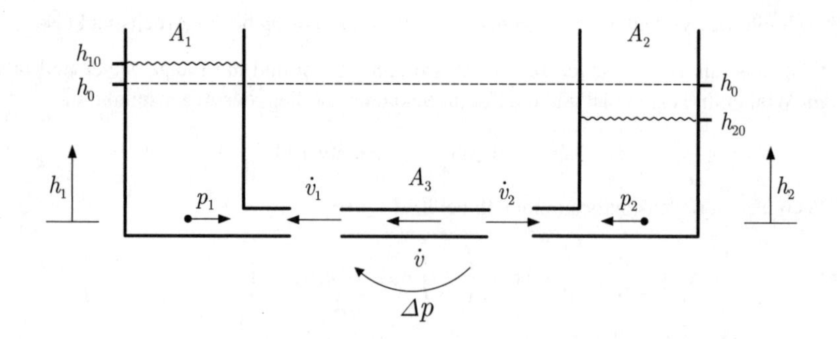

Abb. A.11: Zweitanksystem

Aus den Gln. (A.25) – (A.27) und (A.29) erhält man

$$\dot{v} = k\,(h_1 - h_2), \tag{A.30}$$

wobei k einen Proportionalitätsfaktor darstellt. Einsetzen in Gl. (A.28) und dann in Gl. (A.23) führt auf die Differenzialgleichung

$$\frac{dh_1}{dt} = \frac{k}{A_1}(h_2(t) - h_1(t)). \tag{A.31}$$

Andererseits führen die Gln. (A.23), (A.24) und (A.28) auf

$$A_1 \frac{dh_1}{dt} = -A_2 \frac{dh_2}{dt}$$

und nach Integration auf

$$A_1(h_1(t) - h_1(0)) = -A_2(h_2(t) - h_2(0))$$

und

$$h_2(t) = h_2(0) - \frac{A_1}{A_2}(h_1(t) - h_1(0)). \tag{A.32}$$

Diese algebraische Gleichung muss für alle Zeiten t gelten.

Die insgesamt in den beiden Behältern vorhandene Flüssigkeit ist durch die Füllhöhe h_0 im Gleichgewichtszustand bestimmt. Es gilt

$$h_2(0) = h_0 \frac{A_1 + A_2}{A_2} - \frac{A_1}{A_2} h_1(0).$$

Damit erhält man aus Gl. (A.32) als Relation zwischen den Füllständen beider Behälter die Beziehung

$$h_2(t) = h_0 \frac{A_1 + A_2}{A_2} - \frac{A_1}{A_2} h_1(t).$$

Diese Beziehung besagt, dass die beiden Behälterstände linear voneinander abhängen. Deshalb kann das Behältersystem durch ein Zustandsraummodell erster Ordnung beschrieben werden, obwohl das System zwei Speicherelemente enthält.

Zum Zustandsraummodell kommt man nun, indem man zunächst h_2 aus der Gl. (A.31) eliminiert:

$$\frac{dh_1}{dt} = -\frac{k}{A_1} \frac{A_1 + A_2}{A_2} h_1(t) + \frac{k(A_1 + A_2)}{A_1 A_2} h_0.$$

Diese Gleichung hat noch nicht die gewünschte Form, da sie einen konstanten Summanden enthält. Dieser Summand kann eliminiert werden, indem man als Zustandsgröße

$$x(t) = h_1(t) - h_0$$

einführt, wodurch sich die Zustandsgleichung

$$\frac{dx}{dt} = -\frac{k}{A_1} \frac{A_1 + A_2}{A_2} h_1(t)$$

ergibt, die die Form

$$\dot{x} = ax(t), \qquad x(0) = x_0$$

mit

$$\begin{aligned} a &= -\frac{k(A_1 + A_2)}{A_1 A_2} \\ x_0 &= h_1(0) - h_0 \end{aligned}$$

hat.

2. Aus dem gegebenen Anfangszustand $h_1(0) = h_{10}$ folgt für das Modell die Anfangsbedingung $x_0 = h_{10} - h_0$. Die Eigenbewegung hat gemäß der Bewegungsgleichung (5.13) die Form

$$x(t) = (h_{10} - h_0)e^{at},$$

wobei der Modellparameter a negativ ist. Der Verlauf der Eigenbewegung ist in Abb. A.12 grafisch dargestellt. Der Zustand x nähert sich asymptotisch dem Endwert $x = 0$, d. h., der Flüssigkeitsspiegel h_1 erreicht asymptotisch den Gleichgewichtszustand h_0.

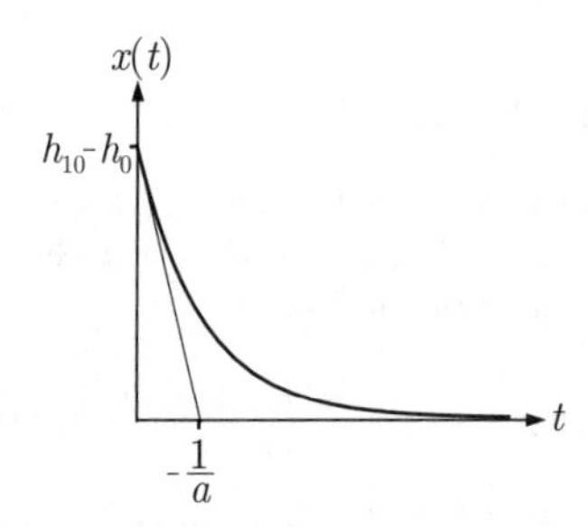

Abb. A.12: Eigenbewegung des Zweitanksystems

Diskussion. Das sehr einfache Systemverhalten ergibt sich auf Grund der als linear angenommenen Zusammenhänge zwischen Füllstand und Volumenstrom im Verbindungsrohr und der Vernachlässigung der Trägheitskräfte. Beide Annahmen sind sinnvoll, wenn der Querschnitt A_3 des Verbindungsrohres viel kleiner als die Querschnitte A_1 und A_2 der Behälter sind.

Ist diese Voraussetzung nicht erfüllt, so müssen die Trägheitskräfte berücksichtigt werden. Das heißt, die den Volumenstrom im Verbindungsrohr verursachenden Kräfte sind dann nicht nur von der Differenz der Füllstände, sondern auch von der Geschwindigkeit abhängig, mit der sich die Füllstände ändern. Es entsteht ein Zustandsraummodell zweiter Ordnung, das schwingfähig ist. Ausgehend von einer Anfangshöhe nähert sich der Füllstand h_1 dem Gleichgewichtszustand h_0, wobei er zunächst ein- oder mehrfach überschwingt.

Aufgabe 5.2 *Bewegungsgleichung für ein RC-Glied erster Ordnung*

1. Das dynamische Verhalten des in Abb. A.13 dargestellten RC-Gliedes wird durch die Bauelementegleichungen

$$u_{\mathrm{R}}(t) = (R_1 + R_2)\, i(t)$$
$$i(t) = C \frac{du_{\mathrm{C}}}{dt}$$

und die Maschengleichung

$$u_{\mathrm{R}}(t) + u_{\mathrm{C}}(t) - u(t) = 0$$

beschrieben (vgl. Aufgabe 4.8). Werden die Zeitkonstante $T = (R_1 + R_2)C$ und die Zustandsvariable $x = u_{\mathrm{C}}$ eingeführt, so ergibt sich die skalare Zustandsgleichung:

$$\dot{x} = \underbrace{-\frac{1}{T}}_{\mathrm{a}}x + \underbrace{\frac{1}{T}}_{\mathrm{b}}u, \qquad x(0) = u_{\mathrm{C}}(0).$$

Sie hat die Form (5.9), wobei an Stelle der Matrix $\boldsymbol{A}$ und des Vektors $\boldsymbol{b}$ skalare Faktoren a und b stehen.

Ausgangsgröße $y(t)$ ist die über dem Kondensator und dem Widerstand R_2 abfallende Spannung

$$\begin{aligned} y(t) &= u_{\mathrm{C}}(t) + i(t)\,R_2 = u_{\mathrm{C}}(t) + C\dot{u}_{\mathrm{C}}R_2 \\ &= u_{\mathrm{C}}(t) + R_2C(-\frac{1}{T}u_{\mathrm{C}}(t) + \frac{1}{T}u(t)). \end{aligned}$$

Damit lautet die Ausgabegleichung

$$y = \underbrace{\frac{R_1}{R_1 + R_2}}_{c}x + \underbrace{\frac{R_2}{R_1 + R_2}}_{d}u. \tag{A.33}$$

Das RC-Glied stellt ein sprungfähiges System erster Ordnung dar, denn es gilt $d \neq 0$.

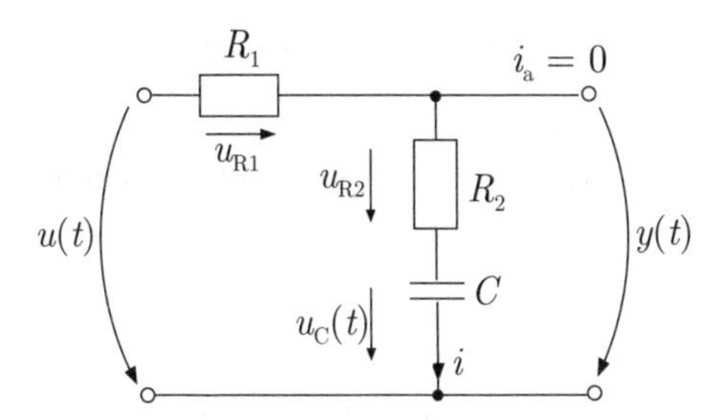

Abb. A.13: RC-Glied

2. Mit der Anfangsbedingung $x_0 = \frac{1}{2}$ ergibt sich gemäß der allgemeinen Lösung (5.7) für die Eigenbewegung

$$x_{\mathrm{frei}}(t) = \frac{1}{2}\,e^{-\frac{t}{T}}.$$

Mit Gl. (A.33) folgt für die Eigenbewegung $y_{\mathrm{frei}}(t)$ der Ausgangsgröße

$$y_{\mathrm{frei}}(t) = \frac{1}{2}\frac{R_1}{R_1 + R_2}e^{-\frac{t}{T}}.$$

Die Funktion hat den in Abb. A.14 (links) dargestellten Verlauf.

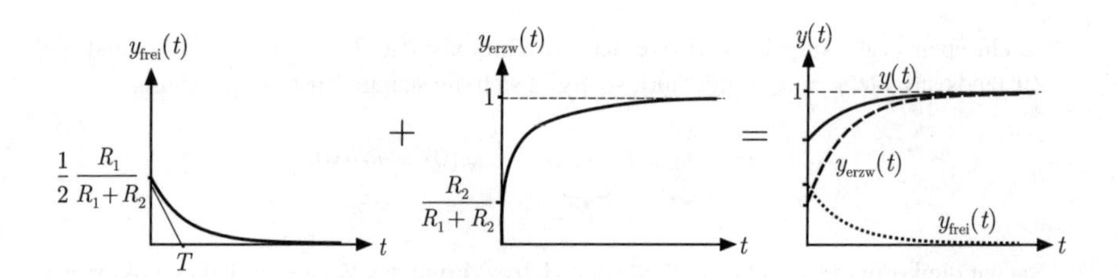

Abb. A.14: Überlagerung von Eigenbewegung und erzwungener Bewegung

3. Für die Eingangsgröße $u(t) = \sigma(t)$ und $x_0 = 0$ ergibt aus der Bewegungsgleichung (5.7)

$$x_{\text{erzw}}(t) = \frac{1}{T}\int_0^t e^{-\frac{t-\tau}{T}}\, d\tau = 1 - \mathrm{e}^{-\frac{t}{T}}$$

und mit Gl. (A.33) die Ausgangsgröße

$$y_{\text{erzw}}(t) = \frac{R_1}{R_1 + R_2}(1 - \mathrm{e}^{-\frac{t}{T}}) + \frac{R_2}{R_1 + R_2}.$$

In Abb. A.14(Mitte) ist der Verlauf von $y_{\text{erzw}}(t)$ qualitativ dargestellt.

Für die beiden Grenzfälle $t \to 0$ und $t \to \infty$ gilt

$$\begin{aligned} y_{\text{erzw}}(0) &= \frac{R_2}{R_1 + R_2} \\ y_{\text{erzw}}(\infty) &= 1. \end{aligned}$$

Die Sprungfähigkeit des Systems äußert sich in der sprungförmigen Veränderung von $y_{\text{erzw}}(-0) = 0$ zu $y_{erw}(+0) = \frac{R_2}{R_1+R_2}$.

4. Die Ausgangsspannung des RC-Gliedes ergibt sich aus der Überlagerung der erzwungenen Bewegung mit der Eigenbewegung:

$$y(t) = y_{\text{frei}}(t) + y_{\text{erzw}}(t).$$

In Abb. A.14(rechts) ist dargestellt, wie $y(t)$ grafisch durch Addition der beiden Teilbewegungen ermittelt werden kann.

Aufgabe 5.3 *Bewegungsgleichung eines Fahrzeugs*

1. An dem Fahrzeug wirken die in Abb. A.15 eingetragenen Kräfte. Die Trägheitskraft $m\dot{v}$ und die Widerstandskraft wirken entgegen der positiven v-Koordinate, so dass sich folgendes Kräftegleichgewicht ergibt:

$$m\dot{v} + c_{\text{w}}^*\, v(t) = u(t).$$

Im Arbeitspunkt gilt $u = \bar{u}$, d. h., der Pedalwinkel ist so groß, dass der Luftwiderstand gerade kompensiert wird und sich das Fahrzeug mit konstanter Geschwindigkeit $\bar{v}$ bewegt. Mit der Zustandsvariablen $x(t) = v(t)$ gilt für die Abweichung vom Arbeitspunkt

$$\delta x(t) = x(t) - \bar{v} \tag{A.34}$$

die lineare Zustandsgleichung

$$\begin{aligned}\delta \dot{x} &\approx -\frac{c_{\rm w}^*}{m}\,\delta x(t) + \frac{1}{m}\,\delta u(t)\\ \delta y &\approx \delta x,\end{aligned}$$

bei der im Folgenden das δ weggelassen und $\approx$ durch $=$ ersetzt wird:

$$\dot{x} = -\frac{c_{\rm w}^*}{m}\,x(t) + \frac{1}{m}\,u(t) \tag{A.35}$$

$$y = x. \tag{A.36}$$

Die Ausgabegleichung ergibt sich aus der Tatsache, dass die Geschwindigkeit mit der einzigen Zustandsvariablen dieses Modells übereinstimmt.

Bezüglich der Gültigkeit des Modells ist zu beachten, dass die mit Hilfe des Proportionalitätsfaktors $c_{\rm w}^*$ beschriebene lineare Abhängigkeit der Widerstandskraft von der Geschwindigkeit nur in der Nähe eines Arbeitspunktes gilt, denn wie im Beispiel 4.10 gezeigt wird, hängt der Parameter $c_{\rm w}^*$ vom Arbeitspunkt ab: $c_{\rm w}^* = c_{\rm w}^*(\bar{v})$.

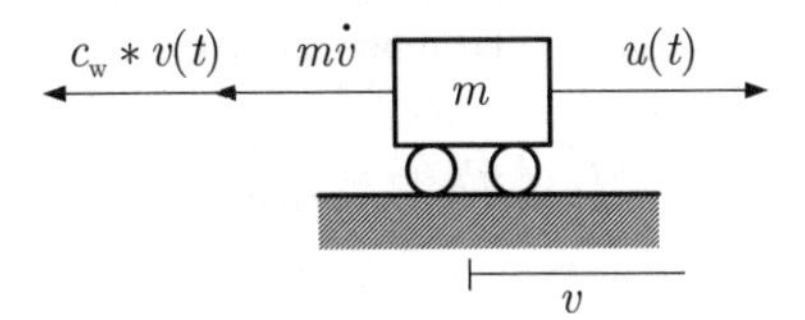

Abb. A.15: Kräftegleichgewicht am Fahrzeug

2. Aus der allgemeinen Bewegungsgleichung (5.7) ergibt sich die Beziehung

$$x(t) = {\rm e}^{-\frac{c_{\rm w}^*}{m}t}\,x(0) + \frac{1}{m}\int_0^t {\rm e}^{-\frac{c_{\rm w}^*}{m}(t-\tau)}\,u(\tau)\,d\tau. \tag{A.37}$$

3. Das Fahrzeug besitzt zum Zeitpunkt $t = 0$ eine Geschwindigkeit, die um δv_0 höher als die des Arbeitspunktes ist. Für das Modell gilt folglich $x_0 = \delta v_0$. Verbleibt die Gaspedalstellung für $t \geq 0$ im Arbeitspunkt, so gilt $u(t) = 0$. Als Eigenbewegung folgt aus der Bewegungsgleichung (A.37) die Funktion

$$x(t) = {\rm e}^{-\frac{c_{\rm w}^*}{m}t}\,\delta v_0,$$

die im oberen Teil der Abb. A.16 grafisch darstellt ist. Für den Geschwindigkeitsverlauf des Fahrzeugs muss man beachten, dass $x(t)$ die Abweichung um die Geschwindigkeit $\bar{v}$ im Arbeitspunkt beschreibt (vgl. Gl. (A.34)). Aus dieser Überlegung ergibt sich der mit dem linearen Modell berechnete Geschwindigkeitsverlauf $v(t) = \bar{v} + x(t)$, der im unteren Teil der Abb. A.16 dargestellt ist.

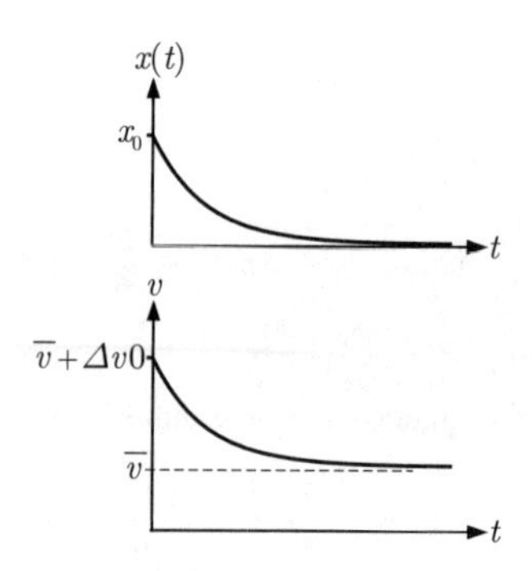

Abb. A.16: Eigenbewegung des Fahrzeugs

4. Befindet sich das Fahrzeug zum Zeitpunkt $t = 0$ im Arbeitspunkt, so gilt $x(0) = 0$ und der erste Summand der Bewegungsgleichung (A.37) verschwindet. Die erzwungene Bewegung folgt aus der Lösung des Integrals, das auf Grund der Unstetigkeit der Eingangsgröße $u(t)$ in zwei Teilintegrale mit den Integrationsintervallen $0...t_1$ und $t_1...t_2$ aufgespaltet werden muss. Das zweite Integral verschwindet, weil in diesem Integrationsintervall $u = 0$ gilt. Beim ersten Integral müssen zwei Fälle unterschieden werden, bei denen die aktuelle Zeit t, für die $x(t)$ bestimmt werden soll, größer oder kleiner als t_1 ist. Es gilt

$$x(t) = \frac{1}{m}\int_0^t \mathrm{e}^{-\frac{c_\mathrm{W}^*}{m}(t-\tau)}\, u_\mathrm{B}\, d\tau \qquad \text{für } t < t_1$$

und

$$x(t) = \frac{1}{m}\int_0^{t_1} \mathrm{e}^{-\frac{c_\mathrm{W}^*}{m}(t-\tau)}\, u_\mathrm{B}\, d\tau \qquad \text{für } t \geq t_1.$$

Dabei bezeichnet u_B den Wert der Eingangsgröße im Zeitintervall $0...t_1$. Aus den angegebenen Integralen erhält man

$$x(t) = \frac{u_\mathrm{B}}{c_\mathrm{W}^*}\left(1 - \mathrm{e}^{-\frac{c_\mathrm{W}^*}{m}t}\right) \qquad \text{für } t < t_1 \tag{A.38}$$

und

$$x(t) = \frac{u_\mathrm{B}}{c_\mathrm{W}^*}\left(\mathrm{e}^{-\frac{c_\mathrm{W}^*}{m}(t-t_1)} - \mathrm{e}^{-\frac{c_\mathrm{W}^*}{m}t}\right) = \mathrm{e}^{-\frac{c_\mathrm{W}^*}{m}t}\,\frac{u_\mathrm{B}}{c_\mathrm{W}^*}\left(\mathrm{e}^{\frac{c_\mathrm{W}^*}{m}t_1} - 1\right). \tag{A.39}$$

Der qualitative Verlauf von $x(t) = \bar{x} + \delta x(t)$ ist in Abb. A.17 dargestellt. Für sehr große Zeit t_1 nähert sich die in Gl. (A.38) beschriebene Trajektorie asymptotisch dem Endwert $\frac{u_\mathrm{B}}{c_\mathrm{W}^*}$, der nur von der Beschleunigung u_B und dem durch c_W^* beschriebenen Luftwiderstand bestimmt ist.

5. Kennt man den Anfangszustand eines Systems zu einem *beliebigen* Zeitpunkt t_0, so beschreibt das Zustandsraummodell den *weiteren* Verlauf der Zustandsgrößen. Die Lösung (A.39) für den zweiten Zeitabschnitt kann man deshalb so interpretieren, dass sie die Eigenbewegung des Systems beschreibt, wenn man $t_0 = t_1$ setzt, also mit der bei t_1 beginnenden Zeitachse $t' = t - t_1$ arbeitet und vom „Anfangszustand"

$$x(t' = 0) = x(t_1) = \frac{u_\mathrm{B}}{c_\mathrm{W}^*}\left(\mathrm{e}^{\frac{c_\mathrm{W}^*}{m}t_1} - 1\right)$$

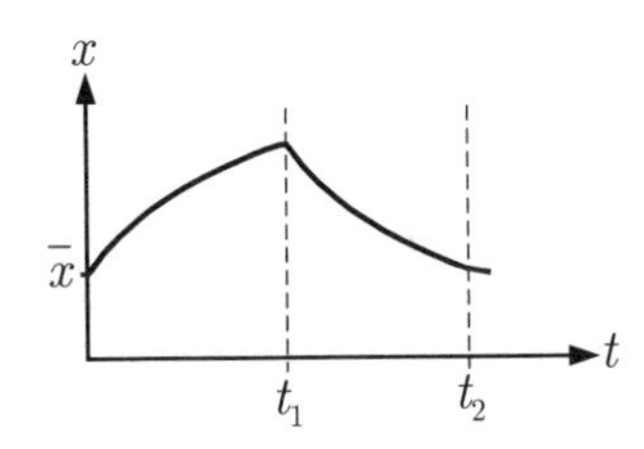

Abb. A.17: Erzwungene Bewegung des Fahrzeugs

ausgeht. Das Zustandsraummodell (A.35), (A.36) bleibt dasselbe, gilt jedoch jetzt für die neue Zeitvariable t' im Intervall $t' \geq 0$ und die oben angegebene Anfangsbedingung. Das Modell gilt für beliebige Eingangsgrößen $u(t')$.

Aufgabe 5.4 *Fahrt mit der Eisenbahn*

1. Auf die Eisenbahn wirken die in Abb. A.18 eingetragenen Kräfte. Die Trägheitskraft $m\dot{v}$ und die Widerstandskraft $F_\mathrm{w} = kv$ wirken entgegen der positiven Koordinatenrichtung, so dass sich folgendes Kräftegleichgewicht ergibt:

$$m\dot{v} + cv = u(t).$$

Mit der Zustandsvariablen $x = v$ erhält man daraus die skalare Zustandsgleichung

$$\begin{aligned} \dot{x} &= \underbrace{-\frac{c}{m}}_{\mathrm{a}} x + \underbrace{\frac{1}{m}}_{\mathrm{b}} u(t), \quad x(0) = v_0 \\ y(t) &= x(t). \end{aligned}$$

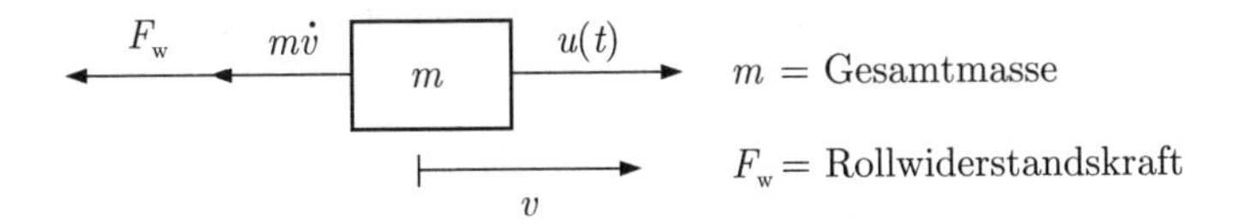

Abb. A.18: Kräftegleichgewicht an der fahrenden Eisenbahn

2. Für $u(t)$ gilt:

$$u(t) = \begin{cases} F_\mathrm{a} & \text{für} \quad 0 \leq t < t_1 \\ 0 & \text{für} \quad t_1 \leq t < t_2 \\ -F_\mathrm{b} & \text{für} \quad t_2 \leq t < t_3. \end{cases}$$

In Abb. A.19 ist der zeitliche Verlauf der Eingangsgröße dargestellt.

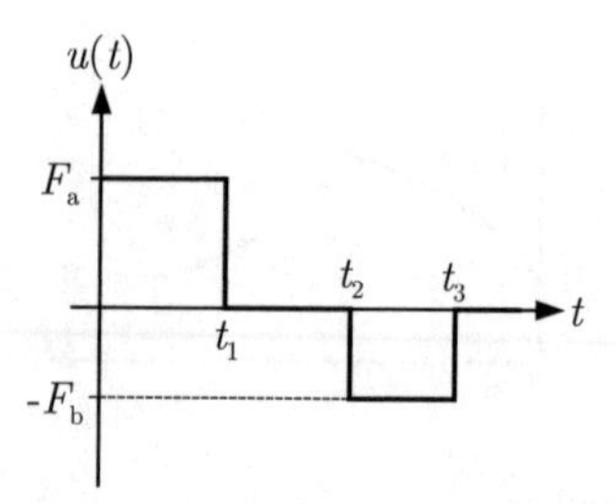

Abb. A.19: Eingangsgröße

Die Lösung der Bewegungsgleichung (5.7) muss für die drei Zeitintervalle getrennt vorgenommen werden und wird hier nur für das Intervall $t_2 \leq t \leq t_3$ angegeben. Man erhält

$$x(t) = \frac{1}{m}\left(\int_0^{t_1} \mathrm{e}^{\,a(t-\tau)} F_\mathrm{a}\, d\tau + \int_{t_1}^{t_2} \mathrm{e}^{\,a(t-\tau)}\; 0\; d\tau + \int_{t_2}^{t} \mathrm{e}^{\,a(t-\tau)}(-F_\mathrm{b})\, d\tau\right).$$

Das mittlere Integral verschwindet. Für die beiden anderen Integrale folgt

$$\begin{aligned} x(t) &= \frac{1}{m}\mathrm{e}^{\,at}\left(\int_0^{t_1} \mathrm{e}^{\,-a\tau} F_\mathrm{a}\, d\tau + \int_{t_2}^{t} \mathrm{e}^{\,-a\tau}(-F_\mathrm{b})\, d\tau\right) \\ &= \frac{1}{k}\mathrm{e}^{\,-\frac{c}{m}t}\left(F_\mathrm{a}\,\mathrm{e}^{\,\frac{c}{m}\tau}\Big|_0^{t_1} + F_\mathrm{b}\,\mathrm{e}^{\,\frac{c}{m}\tau}\Big|_t^{t_2}\right) \\ &= \frac{F_\mathrm{a}}{k}\mathrm{e}^{\,-\frac{c}{m}t}\left(\mathrm{e}^{\,\frac{c}{m}t_1} - 1\right) + \frac{F_\mathrm{b}}{k}\mathrm{e}^{\,-\frac{c}{m}t}\left(\mathrm{e}^{\,\frac{c}{m}t_2} - \mathrm{e}^{\,\frac{c}{m}t}\right) \\ &= \frac{F_\mathrm{a}}{k}\left(\mathrm{e}^{\,-\frac{c}{m}(t_1-t)} - \mathrm{e}^{\,-\frac{c}{m}t}\right) + \frac{F_\mathrm{b}}{k}\left(\mathrm{e}^{\,\frac{c}{m}(t_2-t)} - 1\right). \end{aligned}$$

3. Mit $x(t_3) = 0$ ergibt sich, dass der Zug zur Zeit $t_3 = 336$ zum Stillstand kommt. In Abb. A.20 ist der Geschwindigkeitsverlauf $x(t)$ qualitativ dargestellt.

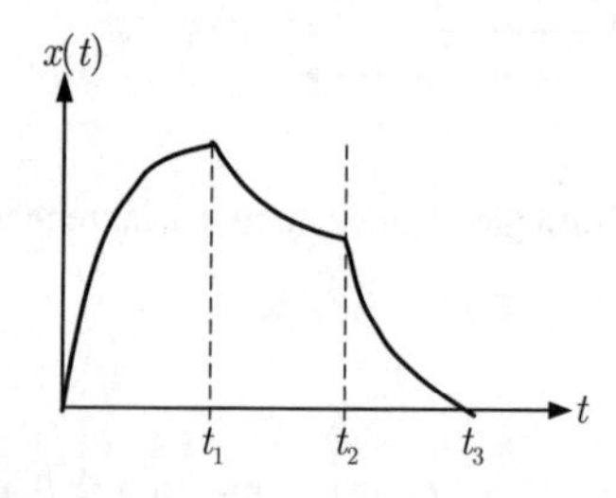

Abb. A.20: Geschwindigkeitsverlauf

Aufgabe 5.5 *Verhalten zweier Rührkessel*

1. Als Zustandsgrößen wählt man die Konzentrationen $x_1 = c_1$ und $x_2 = c_2$, mit denen der Stoff A im ersten bzw. zweiten Behälter vorliegt. Die Konzentration im ersten Behälter ändert sich, wenn die Konzentration von A im Zulauf um $u(t)$ vom Arbeitspunktwert $c_{\rm A}$ abweicht:

$$\dot{x}_1 = \frac{F}{V_1}(u(t) - x_1(t)). \tag{A.40}$$

Dabei bezeichnet F den konstanten Volumenstrom durch die Behälter und V_1 das Volumen des ersten Behälters. Zu dieser Gleichung kommt man, wenn man eine Teilchenbilanz aufstellt, in der die Änderung der Teilchenanzahl n_1 betrachtet wird. Es gilt

$$n_1 = c_1 V_1$$

und

$$\frac{dn_1}{dt} = \frac{c_1 V_1}{dt} = c_0 F - c_1 F$$

da das Volumen V_1 konstant ist. Mit

$$c_1 = \frac{n_1}{V_1}$$

erhält man Gl. (A.40).

Für den zweiten Behälter gilt

$$\dot{x}_2 = \frac{F}{V_2}(x_1(t) - x_2(t)).$$

Daraus erhält man als Zustandsraummodell die Gleichungen

$$\begin{pmatrix} \dot{x}_1 \\ \dot{x}_2 \end{pmatrix} = \begin{pmatrix} -\frac{F}{V_1} & 0 \\ \frac{F}{V_2} & -\frac{F}{V_2} \end{pmatrix} \begin{pmatrix} x_1 \\ x_2 \end{pmatrix} + \begin{pmatrix} \frac{F}{V_1} \\ 0 \end{pmatrix} u, \quad \begin{pmatrix} x_1(0) \\ x_2(0) \end{pmatrix} = \begin{pmatrix} c_{\rm A} \\ c_{\rm A} \end{pmatrix}$$

$$y = (0 \quad 1) \begin{pmatrix} x_1 \\ x_2 \end{pmatrix}.$$

2. Mit den in der Aufgabenstellung angegebenen Parametern erhält man das Modell

$$\begin{pmatrix} \dot{x}_1 \\ \dot{x}_2 \end{pmatrix} = \begin{pmatrix} -0{,}5 & 0 \\ 0{,}67 & -0{,}67 \end{pmatrix} \begin{pmatrix} x_1 \\ x_2 \end{pmatrix} + \begin{pmatrix} 0{,}5 \\ 0 \end{pmatrix} u$$

$$y = (0 \quad 1) \begin{pmatrix} x_1 \\ x_2 \end{pmatrix},$$

wobei die Zeit in Minuten und das Volumen in Kubikmetern gemessen wird.

3. Als Maßeinheit für die Konzentration wird $\frac{\rm mol}{\rm m^3}$ verwendet. Ist $u = 1$, so erhält man aus dem Zustandsraummodell für $\dot{x}_1 = 0$ und $\dot{x}_2 = 0$ die Beziehung $x_1 = x_2 = 1$, die als Anfangsbedingung

$$\begin{pmatrix} x_1(0) \\ x_2(0) \end{pmatrix} = \begin{pmatrix} 1 \\ 1 \end{pmatrix}$$

verwendet wird.

Führt man die neuen Signale

$$\begin{aligned}\tilde{x}_1(t) &= x_1(t) - 1\\ \tilde{x}_2(t) &= x_2(t) - 1\\ \tilde{u}(t) &= u(t) - 1\\ \tilde{y}(t) &= y(t) - 1\end{aligned}$$

ein, so erhält man das Modell

$$\frac{d}{dt}\begin{pmatrix}\tilde{x}_1\\ \tilde{x}_2\end{pmatrix} = \begin{pmatrix}-0{,}5 & 0\\ 0{,}67 & -0{,}67\end{pmatrix}\begin{pmatrix}\tilde{x}_1\\ \tilde{x}_2\end{pmatrix} + \begin{pmatrix}0{,}5\\ 0\end{pmatrix}\tilde{u}, \quad \begin{pmatrix}\tilde{x}_1(0)\\ \tilde{x}_2(0)\end{pmatrix} = \begin{pmatrix}0\\ 0\end{pmatrix}$$

$$\tilde{y} = (0 \quad 1)\begin{pmatrix}\tilde{x}_1\\ \tilde{x}_2\end{pmatrix},$$

das nur noch die Abweichungen vom Arbeitspunkt $\bar{u} = \bar{x}_1 = \bar{x}_1 = \bar{y} = 1$ darstellt.

4. Man rechnet zweckmäßigerweise mit dem zweiten Modell, da für dieses auf Grund der verschwindenden Anfangsbedingung keine Eigenbewegung zu ermitteln ist. Aus der gegebenen Eingangsgröße erhält man

$$\tilde{u}(t) = \begin{cases} 5 & 0 \le t \le 0{,}25\\ 0 & t > 0{,}25,\end{cases}$$

woraus für die Zustände der beiden Behälter die Beziehungen

$$\begin{pmatrix}\tilde{x}_1(t)\\ \tilde{x}_2(t)\end{pmatrix} = 5\int_0^t \mathrm{e}^{\boldsymbol{A}(t-\tau)}\boldsymbol{b}\, d\tau \quad \text{für } t \le 0{,}25$$

und

$$\begin{pmatrix}\tilde{x}_1(t)\\ \tilde{x}_2(t)\end{pmatrix} = 5\int_0^{0{,}25} \mathrm{e}^{\boldsymbol{A}(t-\tau)}\boldsymbol{b}\, d\tau \quad \text{für } t > 0{,}25$$

folgen. Dabei bezeichnen $\mathrm{e}^{\boldsymbol{A}t}$ und $\boldsymbol{b}$ die Transitionsmatrix bzw. den Steuervektor des oben angegebenen Modells.

Mit Hilfe der Formel (5.84) von SYLVESTER erhält man für die Übergangsmatrix

$$\mathrm{e}^{\boldsymbol{A}t} = \begin{pmatrix}1 & 0\\ 4 & 0\end{pmatrix}\mathrm{e}^{-0{,}5t} + \begin{pmatrix}0 & 0\\ -4 & 1\end{pmatrix}\mathrm{e}^{-0{,}67t}.$$

Damit gilt

$$\begin{pmatrix}\tilde{x}_1(t)\\ \tilde{x}_2(t)\end{pmatrix} = 5\begin{pmatrix}1 - \mathrm{e}^{-0{,}5t}\\ 1 - 4\mathrm{e}^{-0{,}5t} + 3\mathrm{e}^{-0{,}67t}\end{pmatrix} \quad \text{für } t \le 0{,}25 \tag{A.41}$$

und

$$\begin{pmatrix}\tilde{x}_1(t)\\ \tilde{x}_2(t)\end{pmatrix} = \begin{pmatrix}0{,}588\\ 2{,}35\end{pmatrix}\mathrm{e}^{-0{,}5t} + \begin{pmatrix}0\\ -2{,}303\end{pmatrix}\mathrm{e}^{-0{,}67t} \quad \text{für } t > 0{,}25. \tag{A.42}$$

Die Ausgangsgröße $\tilde{y}$ ist in Abb. A.21 dargestellt.

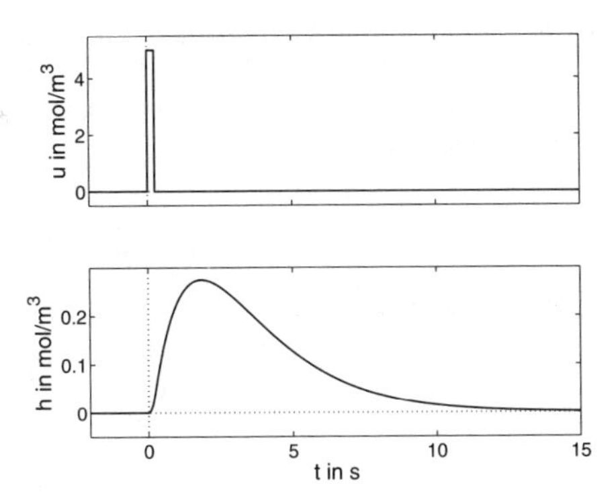

Abb. A.21: Ausgangsgröße des Behältersystems bei impulsförmiger Erregung

Aufgabe 5.6 *Transformation des Zustandsraumes eines RC-Gliedes*

1. Der neue Zustandsvektor ergibt sich durch eine Transformation der Form (5.26):

$$\begin{pmatrix} u_{C1} \\ \dot{u}_{C1} \end{pmatrix} = \begin{pmatrix} 1 & 0 \\ -\frac{1}{R_1 C_1} & \frac{1}{R_1 C_1} \end{pmatrix} \begin{pmatrix} u_{C1} \\ u_{C2} \end{pmatrix},$$

denn aus den Gln. (A.10) und (A.16) folgt

$$\dot{u}_{C1} = \frac{u_{C2} - u_{C1}}{R_1 C_1}.$$

Die Beziehungen (5.27), (5.28) und (5.31) sind also mit

$$\boldsymbol{T}^{-1} = \begin{pmatrix} 1 & 0 \\ -\frac{1}{R_1 C_1} & \frac{1}{R_1 C_1} \end{pmatrix}$$

anzuwenden. Man erhält

$$\begin{aligned} \tilde{\boldsymbol{A}} &= \begin{pmatrix} 0 & 1 \\ -\frac{1}{R_1 C_1 R_2 C_2} & -\frac{R_2 C_2 + C_1 (R_1 + R_2)}{R_1 C_1 R_2 C_2} \end{pmatrix}, \\ \tilde{\boldsymbol{b}} &= \begin{pmatrix} 0 \\ \frac{1}{R_1 R_2 C_1 C_2} \end{pmatrix}, \\ \tilde{\boldsymbol{c}}' &= (1 \quad 0). \end{aligned}$$

2. Die transformierte Systemmatrix $\tilde{\boldsymbol{A}}$ ist eine Frobeniusmatrix, weil die Ausgangsgröße und deren Ableitung als Zustandsvariable verwendet werden.

Aufgabe 5.7 *Bewegungsgleichung in kanonischer Darstellung*

1. Da es sich bei der gegebenen Systemmatrix um eine Dreiecksmatrix handelt, sind die Eigenwerte gleich den Diagonalelementen

$$\lambda_1 = -\frac{1}{T_1}, \qquad \lambda_2 = -\frac{1}{T_2}.$$

Die Eigenvektoren folgen aus der Beziehung

$$\begin{pmatrix} -\frac{1}{T_1} & 0 \\ \frac{1}{T_2} & -\frac{1}{T_2} \end{pmatrix} \boldsymbol{v}_i = \lambda_i \boldsymbol{v}_i.$$

Man erhält

$$\boldsymbol{v}_1 = \begin{pmatrix} v_{11} \\ \frac{T_1}{T_1 - T_2} v_{11} \end{pmatrix}$$

$$\boldsymbol{v}_2 = \begin{pmatrix} 0 \\ v_{22} \end{pmatrix},$$

wobei v_{11} und v_{22} beliebige reelle Werte sind, die im Folgenden gleich 1 gesetzt werden.

2. Die Transformationsmatrix und ihre Inverse lauten

$$\boldsymbol{V} = (\boldsymbol{v}_1 \;\; \boldsymbol{v}_2) = \begin{pmatrix} 1 & 0 \\ \frac{T_1}{T_1 - T_2} & 1 \end{pmatrix}$$

$$\boldsymbol{V}^{-1} = \begin{pmatrix} 1 & 0 \\ \frac{T_1}{T_2 - T_1} & 1 \end{pmatrix}.$$

Nach Gl. (5.26) wird mit dem neuen Zustandsvektor

$$\begin{pmatrix} \tilde{x}_1 \\ \tilde{x}_2 \end{pmatrix} = \begin{pmatrix} 1 & 0 \\ \frac{T_1}{T_2 - T_1} & 1 \end{pmatrix} \begin{pmatrix} x_1 \\ x_2 \end{pmatrix} \tag{A.43}$$

gearbeitet. Für das Modell mit kanonischen Zustandsvariablen erhält man

$$\tilde{\boldsymbol{A}} = \begin{pmatrix} -\frac{1}{T_1} & 0 \\ 0 & -\frac{1}{T_2} \end{pmatrix},$$

$$\tilde{\boldsymbol{b}} = \begin{pmatrix} \frac{1}{T_1} \\ \frac{1}{T_2 - T_1} \end{pmatrix},$$

$$\tilde{\boldsymbol{c}}' = \begin{pmatrix} \frac{T_2}{T_2 - T_1} & -1 \end{pmatrix}.$$

Auch der Anfangszustand muss gemäß $\tilde{\boldsymbol{x}}(0) = \boldsymbol{V}^{-1}\boldsymbol{x}_0$ transformiert werden:

$$\tilde{\boldsymbol{x}}_0 = \begin{pmatrix} x_1(0) \\ \frac{T_1}{T_2 - T_1} x_1(0) + x_2(0) \end{pmatrix}.$$

Das Zustandsraummodell in kanonischer Normalform lautet damit

$$\frac{d\tilde{\boldsymbol{x}}}{dt} = \begin{pmatrix} -\frac{1}{T_1} & 0 \\ 0 & -\frac{1}{T_2} \end{pmatrix} \tilde{\boldsymbol{x}} + \begin{pmatrix} \frac{1}{T_1} \\ \frac{1}{T_2-T_1} \end{pmatrix} u(t), \qquad \tilde{\boldsymbol{x}}(0) = \tilde{\boldsymbol{x}}_0$$
$$y(t) = \begin{pmatrix} \frac{T_2}{T_2 - T_1} & -1 \end{pmatrix} \tilde{\boldsymbol{x}}.$$

Der Signalflussgraf ist in Abb. A.22 dargestellt. Es ist ersichtlich, dass im Unterschied zum Signalflussgraf in Abb. 4.8 keine direkten Kopplungen zwischen den Zustandsvariablen mehr auftreten.

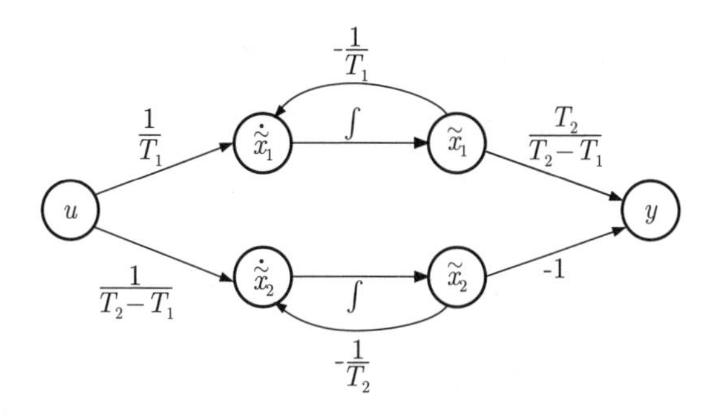

Abb. A.22: Signalflussgraf

3. Als Bewegungsgleichung ergibt sich gemäß der allgemeinen Form (5.13) die Beziehung

$$\begin{aligned}
\tilde{\boldsymbol{x}}(t) &= \mathrm{e}^{\operatorname{diag} \lambda_i t}\, \tilde{\boldsymbol{x}}_0 + \int_0^t \mathrm{e}^{\operatorname{diag} \lambda_i (t-\tau)}\, \tilde{\boldsymbol{b}} u(\tau)\, d\tau \\
&= \begin{pmatrix} \mathrm{e}^{-\frac{t}{T_1}} & 0 \\ 0 & \mathrm{e}^{-\frac{t}{T_2}} \end{pmatrix} \tilde{\boldsymbol{x}}_0 + \int_0^t \begin{pmatrix} \mathrm{e}^{-\frac{t-\tau}{T_1}} & 0 \\ 0 & \mathrm{e}^{-\frac{t-\tau}{T_2}} \end{pmatrix} \begin{pmatrix} \frac{1}{T_1} \\ \frac{1}{T_2-T_1} \end{pmatrix} u(\tau)\, d\tau \\
&= \begin{pmatrix} \mathrm{e}^{-\frac{t}{T_1}}\, \tilde{x}_1(0) \\ \mathrm{e}^{-\frac{t}{T_2}}\, \tilde{x}_2(0) \end{pmatrix} + \int_0^t \begin{pmatrix} \frac{1}{T_1}\, \mathrm{e}^{-\frac{t-\tau}{T_1}} \\ \frac{1}{T_2-T_1}\, \mathrm{e}^{-\frac{t-\tau}{T_2}} \end{pmatrix} u(\tau)\, d\tau.
\end{aligned} \tag{A.44}$$

4. Die Eigenbewegung folgt aus Gl. (A.44) für $u(t) = 0$:

$$\tilde{\boldsymbol{x}}_{\mathrm{frei}}(t) = \begin{pmatrix} \mathrm{e}^{-\frac{t}{T_1}}\, \tilde{x}_1(0) \\ \mathrm{e}^{-\frac{t}{T_2}}\, \tilde{x}_2(0) \end{pmatrix}.$$

Die Rücktransformation nach (5.64) liefert:

$$\boldsymbol{x}_{\mathrm{frei}}(t) = \underbrace{\begin{pmatrix} 1 \\ \frac{T_1}{T_1-T_2} \end{pmatrix} e^{-\frac{t}{T_1}}}_{\text{Eigenvorgang 1}} \tilde{x}_1(0) + \underbrace{\begin{pmatrix} 0 \\ 1 \end{pmatrix} e^{-\frac{t}{T_2}}}_{\text{Eigenvorgang 2}} \tilde{x}_2(0).$$

Aufgabe 5.12 *Berechnung der Gewichtsfunktion*

1. Für die Gewichtsfunktion erhält man mit den angegebenen Daten

$$\begin{aligned} g(t) &= (0 \quad 1)\exp\left(\begin{pmatrix} -0{,}5 & 0 \\ 0{,}67 & -0{,}67 \end{pmatrix} t\right)\begin{pmatrix} 0{,}5 \\ 0 \end{pmatrix} \\ &= (0 \quad 1)\left(\begin{pmatrix} 1 & 0 \\ 3{,}94 & 0 \end{pmatrix} \mathrm{e}^{-0{,}5t} + \begin{pmatrix} 0 & 0 \\ -3{,}94 & 1 \end{pmatrix} \mathrm{e}^{-0{,}67t}\right)\begin{pmatrix} 0{,}5 \\ 0 \end{pmatrix} \\ &= 1{,}97\left(\mathrm{e}^{-0{,}5t} - \mathrm{e}^{-0{,}67t}\right) \end{aligned}$$

(durchgezogene Kurve in Abb. A.23).

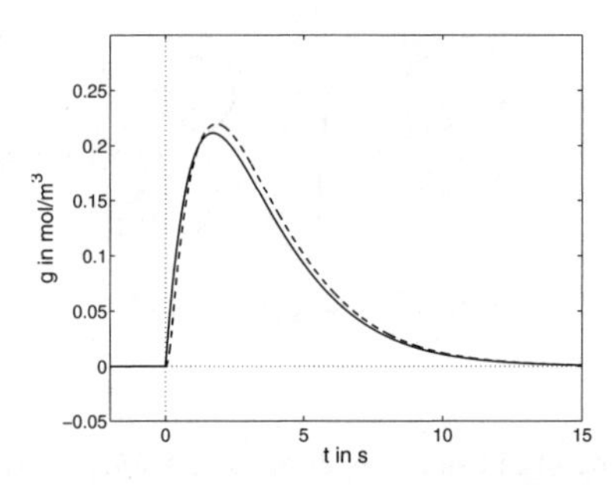

Abb. A.23: Gewichtsfunktion und Ausgangsgröße des Behältersystems bei impulsförmiger Erregung

2. Die Eigenvorgänge des Behältersystems enthalten die e-Funktionen $\mathrm{e}^{-0{,}5t}$ und $\mathrm{e}^{-0{,}67t}$, die sechs bzw. 4,5 Zeiteinheiten (Minuten) benötigen, um vom Anfangswert eins bei $t = 0$ auf den Wert 0,05 abzuklingen. Verglichen mit diesen Zeitangaben ist die Impulsdauer von 0,25 Zeiteinheiten sehr klein. Der verwendete Impuls ist in guter Näherung ein Einheitsimpuls. Allerdings muss beachtet werden, dass der verwendete Impuls die Fläche 5∗0,25=1,25 (an Stelle von eins) hat.

3. Aus den Gln. (A.41) und (A.42) erhält man für die Näherung

$$\tilde{g}(t) = \begin{cases} 4 - 15{,}76\,\mathrm{e}^{-0{,}5t} + 11{,}76\,\mathrm{e}^{-0{,}67t} & \text{für } t \le 0{,}25 \\ 2{,}09\,\mathrm{e}^{-0{,}5t} - 2{,}09\,\mathrm{e}^{-0{,}67t} & \text{für } t > 0{,}25. \end{cases}$$

Die Amplitude der in Aufgabe 5.5 angegebenen Lösung wurde mit $\frac{1}{1{,}25}$ = 0,8 multipliziert, da die Fläche des verwendeten Impulses nicht eins, sondern 1,25 beträgt. Die Näherung ist als gestrichelte Linie in Abb. A.23 eingetragen. Wie das Bild zeigt, stimmt sie gut mit der tatsächlichen Gewichtsfunktion überein.

Aufgabe 5.14 *Übergangsverhalten und stationäres Verhalten eines Regelkreises*

1. Aus der Aufgabengleichung der Regelstrecke und dem Reglergesetz erhält man

$$u = kw - kcx.$$

Setzt man diese Beziehung in das Regelstreckenmodell ein, so folgt das Zustandsraummodell des Regelkreises:

$$\begin{aligned} \dot{x} &= (a - bkc)x + bkw \\ y &= cx. \end{aligned}$$

2. Für die Gewichtsfunktion kann man aus dem Modell des Regelkreises die Beziehung

$$g(t) = bkc\mathrm{e}^{(a-bkc)t}$$

ablesen.

3. Die Ausgangsgröße entspricht der mit $\bar{w}$ multiplizierten Übergangsfunktion, für die man entsprechend Gl. (5.90) die Beziehung

$$y(t) = -\frac{bkc}{a - bkc}\left(1 - \mathrm{e}^{(a-bkc)t}\right)\bar{w}$$

enthält, wenn der Regelkreis stabil, d. h., wenn $a - bkc < 0$ ist. Die Übergangsfunktion des Regelkreises hat die in Abb. 5.23 für das PT_1-Glied angegebene Form.

Durch Umstellung erhält man

$$y(t) = -\frac{bkc}{a - bkc}\bar{w} + \frac{bkc}{a - bkc}\bar{w}\mathrm{e}^{(a-bkc)t}$$

wobei der erste Summand das stationäre Verhalten und der zweite Summand das Übergangsverhalten beschreibt (vgl. auch Gln. (5.112), (5.113), (5.114)).

Die Zielstellung $y(t) = \bar{w}$ der Regelung wird aus zwei Gründen nur näherungsweise erreicht. Erstens gilt für das stationäre Verhalten

$$y_{\mathrm{s}}(t) = -\frac{bkc}{a - bkc}\bar{w}$$

die Beziehung

$$y_{\mathrm{s}}(t) = \bar{w}$$

nur, wenn für die Regelstrecke der Parameter a verschwindet. Ist diese Bedingung erfüllt, so stimmt das stationäre Verhalten und folglich das Regelkreisverhalten für große Zeiten mit dem Sollwert $\bar{w}$ überein. Für $a \neq 0$ tritt eine bleibende Regelabweichung $w(\infty) - y(\infty) = \frac{a}{a-bkc}\,\bar{w}$ auf. Zweitens folgt der Regelkreis dem zum Zeitpunkt $t = 0$ auf den Wert $\bar{w}$ gesetzten Sollwert nur verzögert. Die Verzögerung ist durch das Übergangsverhalten

$$y_{\ddot{\mathrm{u}}}(t) = \frac{bkc}{a - bkc}\bar{w}\mathrm{e}^{(a-bkc)t}$$

beschrieben. Je kleiner der negative Parameter $a - bkc$ ist, umso schneller ist das Übergangsverhalten abgeklungen.

Aufgabe 5.17 *Wirkstoffkonzentrationsverlauf im Blut*

1. Die Konzentrationen verändern sich zeitlich so wie die Gewichtsfunktionen eines PT_n-Gliedes für $n = 1$, 2 bzw. 3 (vgl. Abb. 5.27 auf S. 165). Die Darmkonzentration nimmt nach einer e-Funktion ab, die Blutkonzentration steigt bis zu einem Maximalwert an und fällt dann wieder auf Null ab und die Konzentration im Urin verläuft noch flacher. Da es sich um Konzentrationen handelt, muss man die Kurven auf die Volumina normieren, denn die Stoffkonzentration ist beispielsweise im Darm schon auf Grund des kleineren Volumens deutlich höher als im Blut. Hinzu kommt, dass die maximalen Konzentrationswerte umso kleiner werden, je mehr Verzögerungsglieder durchlaufen werden.

2. Bei intravenöser Verabreichung des Medikaments springt die Blutkonzentration sofort auf den Maximalwert und fällt dann nach einer e-Funktion. Bei gleicher Dosierung wie durch eine Tablette ist die Maximalkonzentration also erheblich höher, allerdings ist der Wirkstoff auch schneller wieder aus dem Körper ausgeschieden. Bei der Verabreichung als Tablette wirkt also der Darm als Zwischenspeicher, durch den der Wirkstoff länger im Körper gehalten wird.

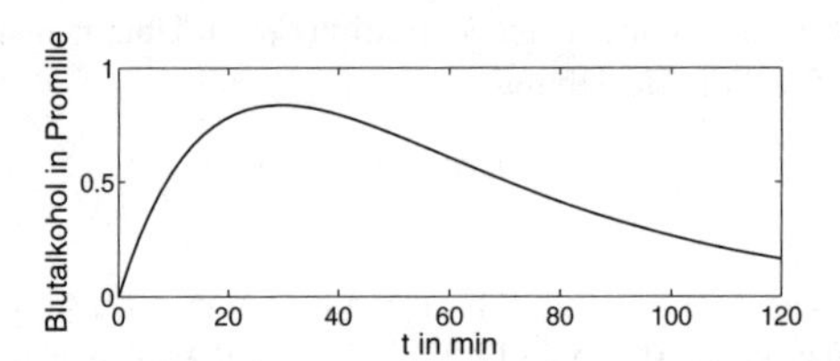

Abb. A.24: Verlauf des Blutalkoholspiegels

3. Der Blutalkoholspiegel ist bei der beschriebenen Modellvorstellung die Ausgangsgröße eines PT_2-Gliedes mit den Zeitkonstanten $T_1 = 25$ [Minuten] und $T_2 = 35$. Die statische Verstärkung ergibt sich aus der Verdünnung, die die Alkoholmenge in der betrachteten Flüssigkeitsmenge von $0{,}5 \cdot (17 + 23 + 5) = 22{,}5$ [Liter] erfährt: $k_\mathrm{s} = 1/22{,}5$. Die Eingangsgröße wird als Diracimpuls angesetzt, dessen Amplitude gleich der Alkoholmenge von $4{,}5\% \cdot 1 + 40\% \cdot 0{,}04$ ist. Mit Gl. (5.126) erhält man den in Abb. A.24 gezeigten Verlauf, aus dem jeder seine Schlüsse ziehen sollte!

   Anmerkung. Der Alkohol wird nicht proportional zur Konzentration (wie bei einem PT_1-Glied), sondern mit einer konstanten Rate von 0,15 $^o/oo$ pro Stunde abgebaut. Deshalb verläuft die Kurve nach Überschreiten des Maximums wesentlich flacher!

Aufgabe 5.23 *Klassifikation alltäglicher Vorgänge*

Das Übergangsverhalten der untersuchten Systeme ist qualitativ in Abb. A.25 dargestellt. Daraus ergibt sich folgende Klassifizierung:

1. Stellventil:
   Wird die Spannung am Stellmotor sprungförmig von null auf einen konstanten Wert u_0

erhöht, so fährt das Ventil mit einer konstanten Geschwindigkeit auf, d. h., der Öffnungsquerschnitt vergrößert sich immer mehr. Somit liegt ein integrales Verhalten vor.

2. Kochtopf:
Der Wärmeübergang wird nicht schlagartig erfolgen, aber es wird sich nach einiger Zeit eine stationäre Temperatur ϑ einstellen, die proportional zur Schalterstellung des Elektroherdes ist. Die Verzögerung ist von höherer Ordnung, wobei man näherungsweise die Kochplatte und den Kochtopf mit je einem Verzögerungsglied erster Ordnung beschreiben kann, so dass ein PT_n-Glied mit $n \geq 2$ entsteht.

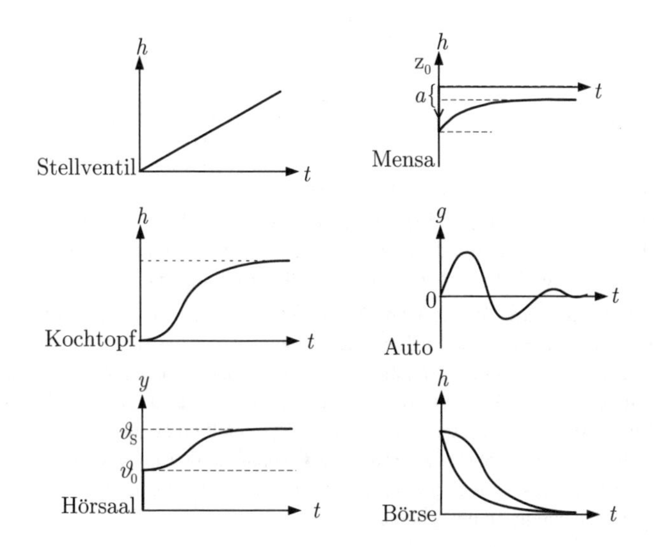

Abb. A.25: Qualitativer Verlauf der Übergangsfunktionen bzw. der Gewichtsfunktion

3. Hörsaal:
Das qualitative Verhalten entspricht dem eines Kochtopfes (siehe Abbildung A.25).

4. Mensa:
Eine Erhöhung des Essenspreises hat vermutlich eine schlagartige Verringerung der Anzahl z der Essensteilnehmer zur Folge. Nachdem der überwiegende Teil der „Essenverweigerer“ festgestellt hat, dass es keine preiswerte Alternative zur Mensa gibt, wird er wieder essen gehen. Es handelt sich also um ein differenzierendes Verhalten mit Verzögerung. Nimmt man an, dass je nach Preiserhöhung ein mehr oder weniger geringer Teil a der Teilnehmer dauerhaft wegbleibt, erhält man eine Kombination von P- und D-Verhalten, die sich in einer Parallelschaltung eines P- und eines DT_1-Gliedes darstellen lässt.

5. Fahrendes Auto:
Wird ein Schlagloch überfahren (= Impuls), so wird nach einer Verzögerung durch Trägheitskräfte je nach Dämpfungsgrad eine abklingende Schwingbewegung $y(t)$ entstehen. Auf Grund dieser Überlegung ist in Abb. A.25 nicht die Übergangsfunktion, sondern die Gewichtsfunktion dargestellt. Das Auto hat ein proportionales Verhalten höherer Ordnung,

wobei die Ordnung von der Anzahl der Federn und Massen abhängt, aus denen man sich das Fahrzeug zusammengesetzt vorstellen kann. Näherungsweise verhält sich das Fahrzeug wie ein schwingungsfähiges PT_2-Glied.

6. Börse:
Fällt der Aktienindex sprungartig, so wird die Länge L des Börsenkommentars zunächst schlagartig ansteigen, um dann mit einer Verzögerung, möglicherweise höherer Ordnung, wieder auf die ursprüngliche Länge abzunehmen. Das entspricht wie 4 einem differenzierenden Verhalten mit Verzögerung (wie viele journalistische Aktivitäten).

Aufgabe 5.24 *Bestimmung der Systemtypen aus dem E/A-Verhalten*

Um den Systemtyp bestimmen zu können, braucht man sich nur den ersten Übergangsvorgang anzusehen. Die erste Ausgangsgröße ist offensichtlich die eines PT_1-Gliedes, die zweite Ausgangsgröße die eines PT_2-Gliedes mit Dämpfung $d < 1$, denn die Übergangsfunktion schwingt erheblich über, und die dritte Ausgangsgröße ist die eines I-Gliedes, die sich genau so lange verändert, wie die Eingangsgröße von null verschieden ist.

Diskussion. Das stationäre Verhalten von Proportionalgliedern hängt vom Wert der Eingangsgröße ab. Ist u über einen längeren Zeitraum konstant, so klingt das Übergangsverhalten ab und die Ausgangsgröße nimmt einen dem Wert von u proportionalen Wert an. Dies ist an den beiden oberen Ausgangsgrößen zu erkennen. Im Gegensatz dazu ändert sich die Ausgangsgröße des dritten Systems nur dann, wenn eine nicht verschwindende Eingangsgröße anliegt. Deshalb hat die Ausgangsgröße einen positiven konstanten Wert, nachdem das I-Glied durch die angegebene Eingangsgröße mehrfach umgesteuert wurde. Die beiden Proportionalglieder sind demgegenüber wieder in der Ruhelage.

Aufgabe 6.5 *Berechnung der Übertragungsfunktion*

1. Wird Gl. (6.74) in Gl. (6.76) eingesetzt, so folgt daraus

$$y(t) = R_2 C\dot{x} + x(t)$$

und die zeitliche Ableitung

$$\dot{y} = R_2 C\ddot{x} + \dot{x}. \qquad \text{(A.45)}$$

Aus Gln. (6.74) und (6.75) erhält man

$$u(t) = R_1 C\dot{x} + y(t) \qquad \text{(A.46)}$$

und die zeitliche Ableitung

$$\dot{u} = R_1 C\ddot{x} + \dot{y} \qquad \text{(A.47)}$$

Kombiniert man die Gln. (A.45) und (A.46) zu

$$u(t) = R_1 C(\dot{y} - R_2 C\ddot{x}) + y(t).$$

und dann mit der Gl. (A.47), so folgt die gewünschte Differenzialgleichung

$$(R_1 + R_2)C\dot{y} + y(t) = R_2 C\dot{u} + u(t)$$

und aus dieser die Übertragungsfunktion gemäß Gl. (6.70):

$$G(s) = \frac{R_2 Cs + 1}{(R_1 + R_2)Cs + 1}. \tag{A.48}$$

2. Die Laplacetransformation jeweils beider Seiten der Gleichungen (6.74) – (6.76) liefert für $y(0) = 0$ unter Anwendung des Differenziationssatzes

$$I(s) = sCX(s) \tag{A.49}$$

$$U(s) = (R_1 + R_2)\,I(s) + X(s) \tag{A.50}$$

$$Y(s) = R_2\,I(s) + X(s). \tag{A.51}$$

Aus den Gln. (A.49) und (A.51) folgt

$$Y(s) = R_2 Cs\,X(s) + X(s) \tag{A.52}$$

$$X(s) = \frac{1}{R_2 Cs + 1} Y(s) \tag{A.53}$$

und aus den Gln. (A.49) und (A.50)

$$U(s) = ((R_1 + R_2)Cs + 1)\,X(s). \tag{A.54}$$

Aus Gln. (A.52), (A.53) und (A.54) ergibt sich wie im ersten Teil der Aufgabe die Übertragungsfunktion

$$G(s) = \frac{Y(s)}{U(s)} = \frac{R_2 Cs + 1}{(R_1 + R_2)Cs + 1},$$

der Rechenaufwand ist jedoch geringer.

Diskussion. Bei dem gegebenen RC-Glied handelt es sich um ein sprungfähiges System, denn in der Übertragungsfunktion sind Zähler- und Nennergrad gleich groß. Die Übergangsfunktion ist in Abb. A.26 dargestellt. Aus dem Anfangswertsatz ergibt sich aus Gl. (A.48) direkt der Anfangswert der Übergangsfunktion $h(+0)$. Physikalisch bedeutet dies, dass zum Zeitpunkt $t = +0$ (rechtsseitiger Grenzwert) durch den vorher vollständig entladenen Kondensator (Anfangsbedingung) ein Ladestrom fließt, der durch die Widerstände R_1 und R_2 begrenzt ist. Nach der Spannungsteilerregel ergibt sich deshalb am Ausgang die Anfangsspannung $\frac{R_2}{R_1+R_2}u_0$. Aus dem Endwertsatz folgt $G(0) = u_0$, d. h., nachdem sich der Kondensator aufgeladen hat, fließt kein Strom mehr und der Spannungsabfall an den beiden Widerständen ist somit null. Die Ausgangsspannung entspricht dann der Eingangsspannung ($y(\infty) = u(\infty)$).

Aufgabe 6.10 *Beschreibung des Systemverhaltens*

Die Lösung ist sehr einfach zu erkennen: Das gegebene System überträgt die sinusförmige Eingangsgröße nicht, besitzt also bei $\pm j2$ zwei Nullstellen, so dass $G(\pm j2) = 0$ gilt. Die einzige Übertragungsfunktion, die derartige Nullstellen aufweist, ist

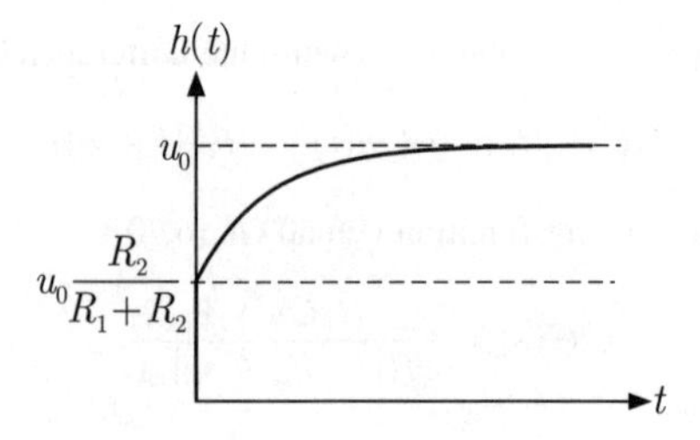

Abb. A.26: Übergangsfunktion des RC-Gliedes

$$G(s) = \frac{s^2+4}{(s+1)(s+2)(s+3)}.$$

Die abgebildete Ausgangsgröße beschreibt das Übergangsverhalten $y_{ü}(t)$, da das stationäre Verhalten $y_s(t)$ verschwindet.

Um dies nachzurechnen, transformiert man die gegebene Eingangsgröße

$$u(t) = \sin 2t \;\circ\!\!-\!\!\bullet\; U(s) = \frac{2}{s^2+4}$$

und berechnet mit dieser die Ausgangsgröße

$$\begin{aligned} Y(s) &= G(s)U(s) \\ &= \frac{s^2+4}{(s+1)(s+2)(s+3)} \frac{2}{s^2+4} \\ &= \frac{2}{(s+1)(s+2)(s+3)} \\ &= \frac{1}{s+1} + \frac{-2}{s+2} + \frac{1}{s+3} \\ y(t) &= \mathrm{e}^{-t} - 2\mathrm{e}^{-2t} + \mathrm{e}^{-3t}. \end{aligned}$$

Erwartungsgemäß tritt in dieser Summe kein Summand auf, der ein Vielfaches von $\sin 2t$ ist. Die Exponenten der e-Funktionen sind durch die Pole der Übertragungsfunktion bestimmt, nicht durch die Eingangsgröße. $y(t)$ ist also das Übergangsverhalten, während das stationäre Verhalten verschwindet.

Aufgabe 6.11 *Übertragungsfunktion der Verladebrücke*

Zur Vereinfachung des Lösungsweges wird das Zustandsraummodell in der Form

$$\begin{aligned} \dot{\boldsymbol{x}} &= \begin{pmatrix} 0 & 1 & 0 & 0 \\ 0 & 0 & a_{23} & 0 \\ 0 & 0 & 0 & 1 \\ 0 & 0 & a_{43} & 0 \end{pmatrix} \boldsymbol{x}(t) + \begin{pmatrix} 0 \\ b_2 \\ 0 \\ b_4 \end{pmatrix} u(t). \\ y(t) &= (c_1 \;\; 0 \;\; c_3 \;\; 0)\, \boldsymbol{x}(t) \end{aligned}$$

geschrieben.

1. Entsprechend Gl. (6.72) erhält man für die Übertragungsfunktion die Beziehung

$$G(s) = (c_1\ \ 0\ \ c_3\ \ 0)\begin{pmatrix} s & -1 & 0 & 0 \\ 0 & s & -a_{23} & 0 \\ 0 & 0 & s & -1 \\ 0 & 0 & -a_{43} & s \end{pmatrix}^{-1}\begin{pmatrix} 0 \\ b_2 \\ 0 \\ b_4 \end{pmatrix}.$$

Die inverse Matrix lässt sich folgendermaßen umformen

$$\begin{pmatrix} s & -1 & 0 & 0 \\ 0 & s & -a_{23} & 0 \\ 0 & 0 & s & -1 \\ 0 & 0 & -a_{43} & s \end{pmatrix}^{-1} = \frac{1}{s^2(s^2-a_{43})}\,\mathrm{adj}\begin{pmatrix} s & 0 & 0 & 0 \\ -1 & s & 0 & 0 \\ 0 & -a_{23} & s & -a_{43} \\ 0 & 0 & -1 & s \end{pmatrix}$$

$$= \frac{1}{s^2(s^2-a_{43})}\begin{pmatrix} * & s^2-a_{43} & * & a_{23} \\ * & * & * & * \\ * & 0 & * & s^2 \\ * & * & * & * \end{pmatrix},$$

wobei für die weitere Rechnung von der Inversen aufgrund der Gestalt der Vektoren $\boldsymbol{b}$ und $\boldsymbol{c}$ nur die eingetragenen Elemente wichtig sind. Damit erhält man für die Übertragungsfunktion die Beziehung

$$G(s) = \frac{(c_1 b_2 + c_3 b_4)s^2 + (c_1 b_4 a_{23} - c_1 b_2 a_{43})}{s^2(s^2-a_{43})}. \tag{A.55}$$

Erwartungsgemäß steht für die Verladebrücke mit dem Zustandsraummodell vierter Ordnung ein Polynom vierter Ordnung im Nenner der Übertragungsfunktion. Der Zähler vereinfacht sich jedoch, wenn man die Parameter des Zustandsraummodells durch die physikalischen Parameter ersetzt. Es gilt nämlich

$$\begin{aligned} &(c_1 b_2 + c_3 b_4)s^2 + (c_1 b_4 a_{23} - c_1 b_2 a_{43}) \\ &= \left(\frac{1}{m_{\mathrm{K}}} - l\frac{1}{m_{\mathrm{K}} l}\right)s^2 + \left(-\frac{1}{m_{\mathrm{K}} l}\frac{m_{\mathrm{G}} g}{m_{\mathrm{K}}} + \frac{1}{m_{\mathrm{K}}}\frac{(m_{\mathrm{K}}+m_{\mathrm{G}})g}{m_{\mathrm{K}} l}\right) \\ &= \frac{g}{m_{\mathrm{K}} l}, \end{aligned}$$

d. h., die Verladebrücke hat gar keine Nullstelle. Die in der letzten Zeile durchgeführte Vereinfachung gilt unabhängig von den physikalischen Parameterwerten. Als Übertragungsfunktion erhält man damit

$$G(s) = \frac{\frac{g}{m_{\mathrm{K}} l}}{s^2\left(s^2 + \frac{(m_{\mathrm{K}}+m_{\mathrm{G}})g}{m_{\mathrm{K}} l}\right)}. \tag{A.56}$$

2. Die Verladebrücke hat keine Nullstelle und vier Pole. Zwei Pole haben den Wert null, die beiden anderen die Werte

$$s_{3/4} = \pm\sqrt{\frac{(m_{\mathrm{K}}+m_{\mathrm{G}})g}{m_{\mathrm{K}} l}}. \tag{A.57}$$

3. Die Ausgabegleichung für den Seilwinkel lautet

$$y(t) = (0\ \ 0\ \ 1\ \ 0)\,\boldsymbol{x}(t),$$

so dass die Übertragungsfunktion (A.55) für $c_1 = 0$ gilt:

$$G(s) = \frac{c_3 b_4 s^2}{s^2(s^2 - a_{43})}.$$

Nach Kürzen von s^2 erhält man die Beziehung

$$G(s) = \frac{c_3 b_4}{s^2 - a_{43}} = \frac{-\frac{1}{m_\mathrm{K} l}}{s^2 + \frac{(m_\mathrm{K}+m_\mathrm{G})g}{m_\mathrm{K} l}}. \tag{A.58}$$

4. Der grundlagende Unterschied zwischen den beiden Übertragungsfunktionen (A.56) und (A.58) besteht in der Tatsache, dass bei der Verwendung des Seilwinkels als Ausgangsgröße das Nennerpolynom nur den Grad 2 hat, obwohl das Zustandsraummodell die dynamische Ordnung 4 hat. Bei der Berechnung wurde der Term s^2 gekürzt. Die Übertragungsfunktion (A.58) hat deshalb nur zwei Pole und zwar die in Gl. (A.57) angegebenen.

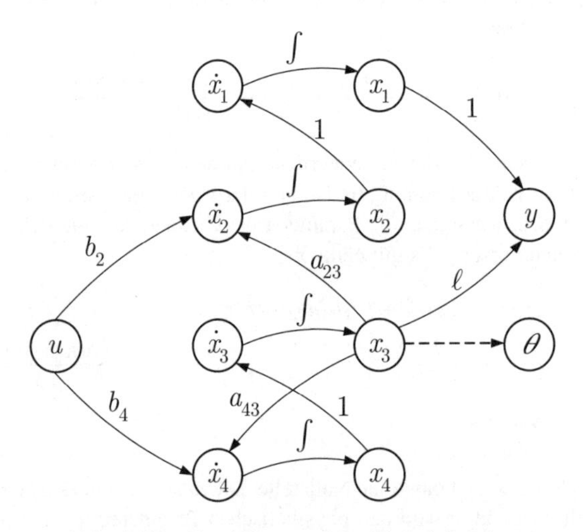

Abb. A.27: Signalflussgraf der Verladebrücke

Die Erklärung dafür findet man im Signalflussgraf (Abb. A.27). Wenn man θ als Ausgangsgröße verwendet, so gibt es keine Pfade von den Zustandsvariablen $x_1 = s_\mathrm{k}$ und $x_2 = \dot{s}_\mathrm{k}$ zum Systemausgang. Die Bewegung dieser beiden Zustandsvariablen kommt deshalb nicht in der E/A-Beschreibung der Verladebrücke vor und die Ordnung der Übertragungsfunktion ist niedriger als die des Zustandsraummodells.

Physikalisch lässt sich diese Tatsache dadurch erklären, dass die Position und die Geschwindigkeit der Laufkatze keinen Einfluss auf den Seilwinkel hat. Die Wirkung einer Kraft, die die Laufkatze beschleunigt, wird direkt von dem im Signalflussgraf unten dargestellten Teil des Modells mit den beiden Zustandsvariablen $x_3 = \theta$ und $x_4 = \dot{\theta}$ erfasst.

Aufgabe 6.16 *Berechnung der Übergangsmatrix*

1. Mit dem Differenziationssatz (6.54) der Laplacetransformation folgt aus der gegebenen Differenzialgleichung die Beziehung

$$\dot{\boldsymbol{\Phi}}(s) = -\boldsymbol{\Phi}(0) + s\boldsymbol{\Phi}(s) = \boldsymbol{A\Phi}(s)$$

und mit $\boldsymbol{\Phi}(0) = \boldsymbol{I}$

$$-\boldsymbol{I} + s\boldsymbol{\Phi}(s) = \boldsymbol{A\Phi}(s).$$

Somit kann die Übergangsmatrix durch die Gleichung

$$\boldsymbol{\Phi}(s) = (s\boldsymbol{I} - \boldsymbol{A})^{-1} = \frac{\text{adj}(s\boldsymbol{I} - \boldsymbol{A})'}{\det(s\boldsymbol{I} - \mathbf{A})}$$

berechnet werden. Aus der auf diese Weise ermittelten Matrix $\boldsymbol{\Phi}(s)$ kann jedes Element direkt in den Zeitbereich zurücktransformiert werden:

$$\phi_{ij}(t) = \mathcal{L}^{-1}\{\phi_{ij}(s)\}.$$

Diskussion. Ist $\boldsymbol{A}$ eine Diagonalmatrix

$$\boldsymbol{A} = \text{diag}\ \{\lambda_i\},$$

so ergibt sich die leicht nachprüfbare Beziehung

$$\boldsymbol{\Phi}(t) = \mathcal{L}^{-1} \begin{pmatrix} \frac{1}{s-\lambda_1} & & & \\ & \frac{1}{s-\lambda_2} & & \\ & & \ddots & \\ & & & \frac{1}{s-\lambda_n} \end{pmatrix} = \begin{pmatrix} e^{\lambda_1 t} & & & \\ & e^{\lambda_2 t} & & \\ & & \ddots & \\ & & & e^{\lambda_n t} \end{pmatrix}.$$

2. Als Übergangsmatrix folgt für die gegebene Matrix $\mathbf{A}$

$$\boldsymbol{\Phi}(s) = \begin{pmatrix} s & -1 \\ 0 & s+1 \end{pmatrix}^{-1} = \frac{1}{s(s+1)} \begin{pmatrix} s+1 & 1 \\ 0 & s \end{pmatrix} = \begin{pmatrix} \frac{1}{s} & \frac{1}{s(s+1)} \\ 0 & \frac{1}{s+1} \end{pmatrix}.$$

Die elementeweise Rücktransformation liefert

$$\boldsymbol{\Phi}(t) = \begin{pmatrix} 1 & 1 - e^{-t} \\ 0 & e^{-t} \end{pmatrix}.$$

Auf demselben Weg erhält man folgende weitere Ergebnisse:

$$\boldsymbol{A} = \begin{pmatrix} \lambda_1 & 0 \\ 0 & \lambda_2 \end{pmatrix} \quad \boldsymbol{\Phi}(t) = \begin{pmatrix} \mathrm{e}^{\lambda_1 t} & 0 \\ 0 & \mathrm{e}^{\lambda_1 t} \end{pmatrix}$$

$$\boldsymbol{A} = \begin{pmatrix} \lambda & 1 \\ 0 & \lambda \end{pmatrix} \quad \boldsymbol{\Phi}(t) = \begin{pmatrix} \mathrm{e}^{\lambda t} & t\mathrm{e}^{\lambda t} \\ 0 & \mathrm{e}^{\lambda t} \end{pmatrix}$$

$$\boldsymbol{A} = \begin{pmatrix} \delta & \omega \\ -\omega & \delta \end{pmatrix} \quad \boldsymbol{\Phi}(t) = \mathrm{e}^{\lambda t} \begin{pmatrix} \cos\omega t & \sin\omega t \\ -\sin\omega t & \cos\omega t \end{pmatrix}.$$

Aufgabe 6.20 *Frequenzgang einer Operationsverstärkerschaltung*

1. Es liegt eine Rückkopplung vor, weil ein Teil der Ausgangsspannung U_a den Eingang des Operationsverstärker beeinflusst (Abb. 6.29). Es gilt

$$U_\mathrm{D} = U_\mathrm{e} - \frac{Z_2}{Z_1 + Z_2} U_\mathrm{a}. \tag{A.59}$$

Diese Gleichung erhält man unter der bei Operationsverstärkerschaltungen üblichen Annahme, dass der Strom durch den Operationsverstärker vernachlässigbar klein und folglich der Spannungsteiler unbelastet ist. Deshalb trifft Abb. 6.30 zu, wobei $\frac{Z_2}{Z_1+Z_2} U_\mathrm{a}$ das rückgekoppelte Signal ist.

2. Aus Gl. (A.59) folgt unmittelbar

$$G_\mathrm{r} = \frac{Z_2}{Z_1 + Z_2}.$$

G_r ist eine Übertragungsfunktion, deren Charakter von Z_1 und Z_2 abhängt. Sind beide ohmsche Widerstände, so stellt G_r ein P-Glied dar.

3. Die Zusammenfassung der Rückführung in Abb. 6.30 liefert

$$G(j\omega) = \frac{k}{1 + k\, G_\mathrm{r}(j\omega)}.$$

Als Grenzwert ergibt sich $\lim_{k\to\infty} G(j\omega) = \frac{1}{G_\mathrm{r}}$, d. h., das Übertragungsverhalten der Schaltung wird nur durch die äußere Beschaltung des Operationsverstärkers festgelegt. Die in Abb. 6.29 dargestellte Schaltung ist daher das Übertragungsglied

$$G(j\omega) = 1 + \frac{Z_1}{Z_2}. \tag{A.60}$$

4. Die Übertragungsfunktionen für die in Abb. A.28 dargestellten Beschaltungen erhält man unmittelbar aus Gln. (A.60), beispielsweise:

$$\begin{aligned} G(s) &= \frac{R_1}{R_1 + R_2} && \text{P-Glied} \\ G(s) &= \frac{R_1}{\frac{1}{Cs}} + 1 = 1 + R_1 C\, s && \text{PD-Glied} \\ G(s) &= \frac{\frac{1}{Cs}}{R_2} + 1 = \frac{1 + R_2 Cs}{R_2 C\, s} && \text{PI-Glied.} \end{aligned} \tag{A.61}$$

Aufgabe 6.22 *Verhalten von PT_2-Gliedern*

Die Übergangsfunktion unten rechts ist die einzige mit instabilem Verhalten (aufklingenden e-Funktionen). Folglich gehören zu ihr die beiden Pole in der rechten komplexen Halbebene. Die

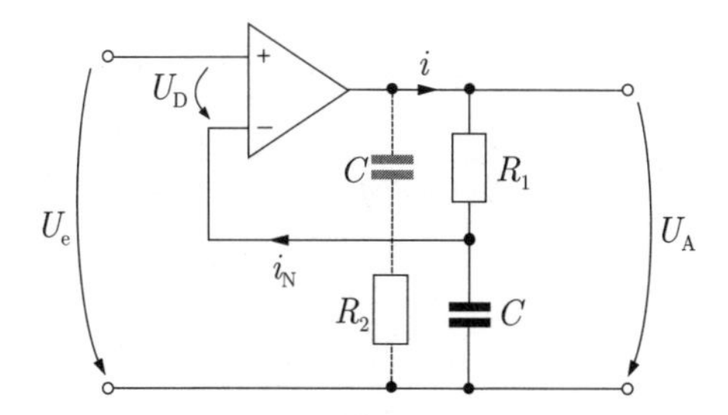

Abb. A.28: Beschaltung des Operationsverstärkers mit dynamischen Elementen

anderen Übergangsfunktionen unterscheiden sich bezüglich der Zeit, die bis zum Erreichen des statischen Endwertes vergeht, bzw. bezüglich der Schwingungsamplitude.

Die Zuordnung der Pole zu den Übergangsfunktionen ergibt sich aus folgender Tabelle, in der die Pole in derselben Position wie die zugehörigen Übergangsfunktionen in Abb. 6.43 auf S. 267 eingetragen sind:

	$-3 \pm 3j$	$-3 \pm 5j$
$-2,\ -2{,}3$	$-5,\ -6$	$+2,\ +3$

Aufgabe 6.24 *Bestimmung der Übertragungsfunktion aus dem Amplitudengang*

1. Aus der Geradenapproximation kann man die Knickfrequenzen

$$\begin{aligned} \omega_1 &= 1 \qquad & \omega_{01} &= 5 \\ \omega_2 &= 20 \\ \omega_3 &= 80 \end{aligned}$$

sowie die statische Verstärkung $k_s = 1$ ablesen. Entsprechend Gl. (6.127) auf S. 271 erhält man daraus eine reelle Nullstelle und drei reelle Pole

$$\begin{aligned} s_1 &= -1 \qquad & s_{01} &= -5 \\ s_2 &= -20 \\ s_3 &= -80, \end{aligned}$$

wobei alle Größen negativ sind, weil von dem System bekannt ist, dass es stabil ist und alle Nullstellen negative Realteile haben. Damit ergibt sich für die Übertragungsfunktion

$$G(s) = k\frac{s - s_{01}}{(s - s_1)(s - s_2)(s - s_3)} = k\frac{s + 5}{(s + 1)(s + 20)(s + 80)},$$

wobei der Faktor k so festzulegen ist, dass die statische Verstärkung gleich Eins ist:

$$k_s = G(0) = k\frac{5}{1 \cdot 20 \cdot 80} = 1.$$

Damit erhält man $k = 320$ und schließlich die Übertragungsfunktion

$$G(s) = 320\frac{s+5}{(s+1)(s+20)(s+80)} = \frac{0{,}2s+1}{(s+1)(0{,}05s+1)(0{,}0125s+1)}.$$

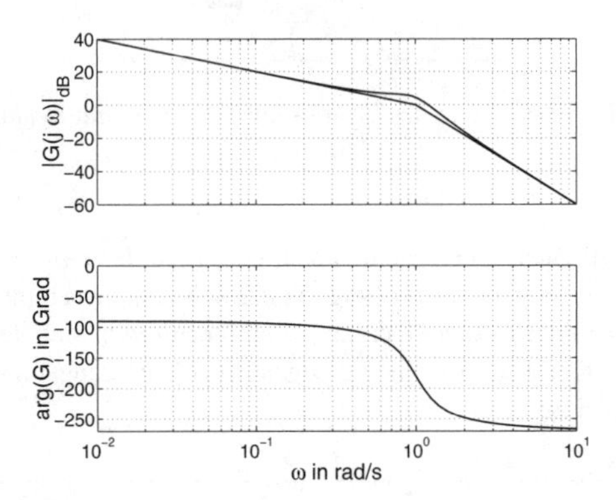

Abb. A.29: Geradenapproximation des hydraulischen Stellantriebs

2. Abbildung A.29 zeigt die Geradenapproximation des gegebenen Amplitudenganges, die man leicht mit Lineal und Bleistift konstruieren kann. Das System hat offenbar I-Verhalten, denn der Amplitudengang fällt für kleine Frequenzen um 20 dB/Dekade ab. Ab der Frequenz $\omega_1 = 1\,\frac{\text{rad}}{\text{s}}$ verändert sich die Neigung auf -60 dB/Dekade, wobei in der Umgebung der Frequenz ω_1 eine Resonanzüberhöhung von etwa 5dB auftritt. Das betrachtete System ist folglich eine Reihenschaltung eines I-Gliedes mit einem schwingungsfähigen PT$_2$-Glied, wofür man die Übertragungsfunktion

$$G(s) = \frac{1}{T_{\text{I}}s}\,\frac{k_{\text{s}}}{T^2s^2 + 2dTs + 1}$$

aufschreiben kann. Es gilt $T_{\text{I}} = 1\,\text{s}$ und $T = \frac{1}{\omega_1} = 1\,\text{s}$, weil die Knickfrequenz mit der Schnittfrequenz durch die 0db-Achse übereinstimmt und bei $1\,\frac{\text{rad}}{\text{s}}$ liegt. Für d liest man aus dem Diagramm 6.42 auf S. 266 bei $|G(j\omega_{\text{r}})| = 5\text{dB}$ den Wert $d = 0{,}3$ ab. Die statische Verstärkung ermittelt man aus dem Amplitudengang bei kleinen Frequenzen, für die

$$|G(j\omega)| \approx \frac{k_{\text{s}}}{s}$$

gilt. Da beispielsweise $|G(0{,}01j)|_{\text{dB}} = 40$ ist, erhält man aus dieser Betrachtung $k_{\text{s}} = 1$. Die gesuchts Übertragungsfunktion lautet somit

$$G(s) = \frac{1}{s(s^2 + 0{,}6s + 1)}.$$

Abbildung A.29 zeigt auch den dazugehörigen Phasengang, der für das hier betrachtete stabile System also aus der Kenntnis des Amplitudenganges konstruiert werden kann.

Aufgabe 6.25 *Bodediagramm eines Feder-Masse-Schwingers*

Mit den gegebenen Parametern erhält man die Differenzialgleichung (4.19) in der Form

$$0{,}2\ddot{y} + 0{,}25\dot{y} + y(t) = u(t)$$

und daraus die Übertragungsfunktion

$$G(s) = \frac{1}{0{,}2s^2 + 0{,}25s + 1} = \frac{k_\mathrm{s}}{T^2 + 2dTs + 1}$$

mit

$$k_\mathrm{s} = 1, \qquad T = 0{,}447\,\mathrm{s} \qquad \text{und} \qquad d = 0{,}27.$$

Der Amplitudengang verläuft deshalb für kleine Frequenzen auf der Frequenzachse und fällt oberhalb der Knickfrequenz

$$\omega_1 = \frac{1}{0{,}447} = 2{,}24\,\frac{\mathrm{rad}}{\mathrm{s}}$$

um 40 dB/Dekade. Entsprechend Abb. 6.42 auf S. 266 hat der Amplitudengang bei der Knickfrequenz eine Resonanzüberhöhung von etwa 5dB. Dazu gehört ein Phasengang, der von 0° in der Nähe der Knickfrequenz auf -180° fällt (Abb. A.30).

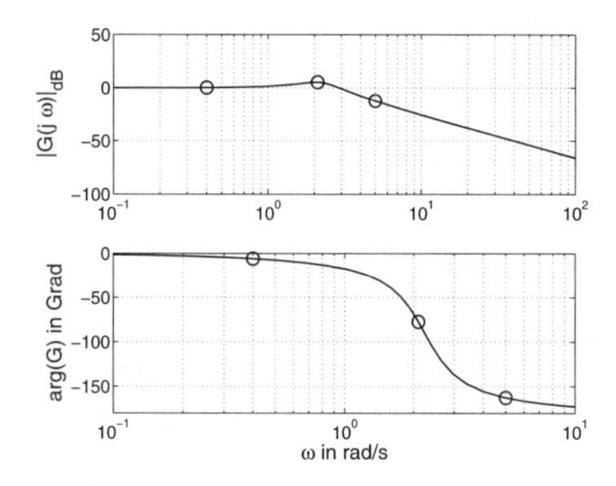

Abb. A.30: Bodediagramm des Feder-Masse-Schwingers

In der Abbildung sind die im Beispiel 6.1 auf S. 206 verwendeten Frequenzen gekennzeichnet. Es ist zu erkennen, dass je ein Experiment eine Eingangsgröße unterhalb, in der Nähe bzw. oberhalb der Resonanzfrequenz betrifft. Dies erklärt auch die im Beispiel beobachteten Phasenverschiebungen.

Aufgabe 6.26 *Bodediagramm der Verladebrücke*

Die Verladebrücke hat keine Nullstelle und vier Pole:

$$s_{1/2} = 0 \tag{A.62}$$

$$s_{3/4} = \pm j1{,}75. \tag{A.63}$$

Die Übertragungsfunktion (6.131) kann entsprechend

$$G(s) = \frac{1}{49{,}9s}\,\frac{1}{49{,}9s}\,\frac{1}{0{,}326s^2}$$

zerlegt werden. Für niedrige Frequenzen bis zur Knickfrequenz $1{,}75$ hat der Amplitudengang eine Neigung von -40 dB/Dekade, wozu eine Phase von -180° gehört. Der Schnittpunkt mit der 0 dB-Achse liegt bei $\frac{1}{49{,}9} = 0{,}02$. Oberhalb der Knickfrequenz hat die Geradenapproximation des Amplitudenganges die Neigung von -80 dB/Dekade, wozu eine Phasenverschiebung von -360° gehört.

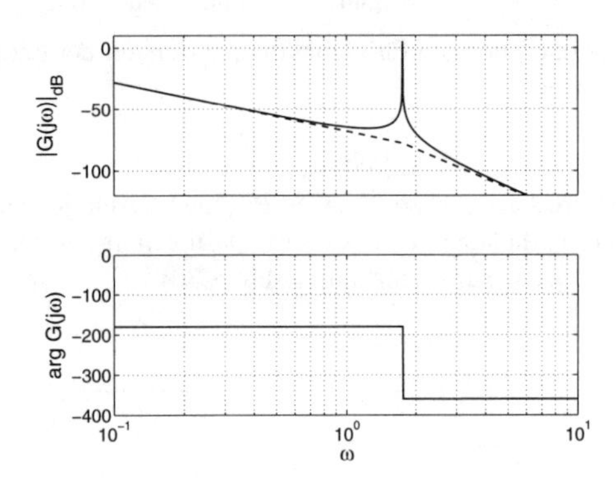

Abb. A.31: Bodediagramms der Verladebrücke

Da der letzte Faktor der zerlegten Übertragungsfunktion einem ungedämpften PT_2-Glied ($d = 0$) entspricht, hat die Verladebrücke bei der Knickfrequenz eine unendlich hohe Resonanzüberhöhung. Die unendliche Höhe resultiert aus der Tatsache, dass die Reibung in der Pendelbewegung des Greifers bei der Modellbildung vernachlässigt wurde. Für $d = 0$ fällt die Phasenverschiebung sprungförmig von -180° auf -360° (Abb. A.31).

Aufgabe 6.31 *Übertragungsfunktion eines Gleichstrommotors*

1. Abbildung A.32 zeigt das Blockschaltbild der Gleichstrommaschine. Da die Drehzahl – und nicht der Drehwinkel – die Ausgangsgröße darstellt und die Spannung $u_{\rm M}$ nicht von ϕ, sondern von $\frac{d\phi}{dt}$ abhängt, ist es nicht zweckmäßig, ϕ als Signal einzuführen und daraus $\frac{d\phi}{dt}$ durch ein Differenzierglied zu bestimmen.

2. Die in dem Block dargestellte Rückführung entsteht durch die auf Grund der Gegeninduktivität bewirkte Rückwirkung des Rotors auf den Ankerkreis. Sie ist Ausdruck dafür, dass sich die Belastung der Maschine auf den Ankerkreis auswirkt, der Motor zur Erzeugung einer höheren mechanischen Leisung eine höhere elektrische Leistung erfordert.

3. Die Übertragungsfunktionen, die in den Blöcken eingetragen sind, lassen sich direkt aus den in der Aufgabenstellung angegebenen Gleichungen ableiten. Eine Zusammenfassung der Blöcke ergibt

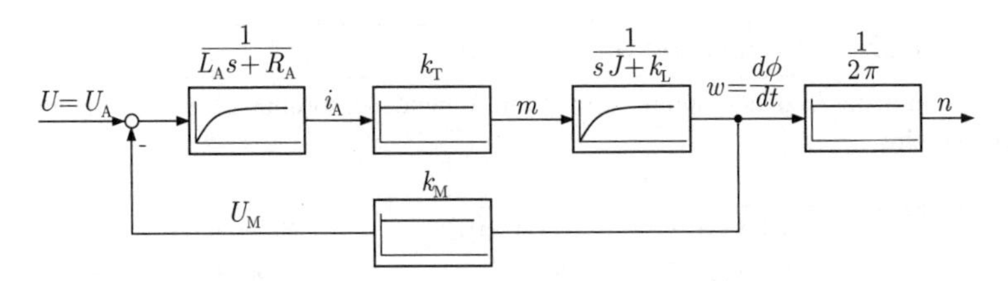

Abb. A.32: Blockschaltbild der Gleichstrommaschine

$$G(s) = \frac{\frac{1}{2\pi}}{\frac{JL_A}{k_T}s^2 + \frac{L_A k_L + JR_A}{k_T}s + \left(\frac{R_A k_L}{k_T} + k_M\right)}.$$

Der Motor hat PT_2-Verhalten.

4. Wird der Drehwinkel als Ausgangsgröße verwendet, so erhält das Blockschaltbild einen zusätzlichen Integrator, mit dem ϕ aus n berechnet wird. Der Motor hat dann IT_2-Verhalten.

5. Mit den angegebenen Parametern erhält man die Übertragungsfunktion

$$G(s) = \frac{0{,}159}{0{,}011s^2 + 0{,}911s + 5{,}9},$$

die keine Nullstellen und die Pole

$$s_1 = -75{,}7 \qquad \text{und} \qquad s_2 = -7{,}08$$

besitzt. Der Gleichstrommotor ist ein minimalphasiges System. Für die statische Verstärkung erhält man

$$k_s = G(0) = 0{,}027.$$

Das Bodediagramm ist in Abb. A.33 zu sehen.

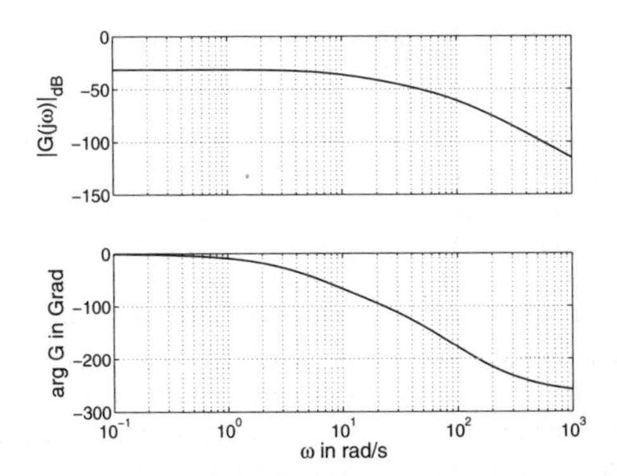

Abb. A.33: Bodediagramm des Gleichstrommotors

Aufgabe 6.32 *Klassifikation von Systemen*

Die Anordnung der Bodediagramme stimmt mit folgender Anordnung der Übertragungsfunktionen überein:

$$G(s) = \frac{1000}{(s+0{,}1)(s+1)(s+2)(s+10)} \qquad G(s) = \frac{s(s+2)}{s^2+4s+8}$$

$$G(s) = \frac{0{,}25s}{0{,}5s+1}\mathrm{e}^{-5s} \qquad G(s) = \frac{100(s+1)(s+3)}{4s(s+10)(s+5)}.$$

Die Systeme unterscheiden sich grundlegend, so dass sich die Zuordnung aus dem qualitativen Verlauf der Diagramme ergibt und man keine Knickfrequenzen und dergleichen berechnen muss. Das Diagramm oben links zeigt ein proportional wirkendes System. Die Phase fällt auf -360° ab; das System hat also mindestens vier Pole. Die oben rechts bzw. unten links dargestellten Systeme übertragen kleine Frequenzen nicht und haben dort eine Phase von -90°. Oben rechts ist die Phasenverschiebung endlich, so dass ein Totzeitanteil ausgeschlossen werden kann, während unten links eine stark ansteigende Phasenverschiebung zu sehen ist, was auf das Totzeitglied hinweist. Das System unten rechts hat I-Verhalten, was aus dem Amplitudengang (Neigung -20 dB/Dekade) und der Phase von -90° zu erkennen ist.

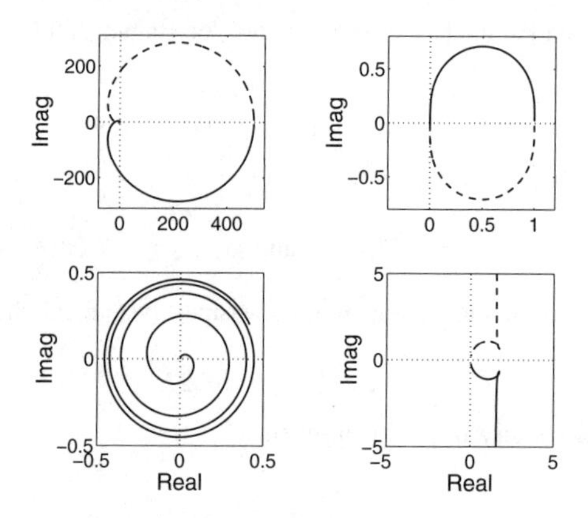

Abb. A.34: Ortskurven der vier Systeme

Die Ortskurven sind in Abb. A.34 dargestellt. Sie können direkt aus dem Frequenzkennliniendiagramm abgeleitet werden, wenn man die zu steigender Frequenz gehörende Amplitude und Phase in einen Vektor in der komplexen Ebene überträgt. Die Ortskurve oben links mündet, streng genommen, aus Richtung positiver reeller Achse in den O-Punkt, was aus der Phasenverschiebung zu erkennen ist, auf Grund der kleinen Amplitude aber keine Rolle spielt. Durch den D-Anteil übertragen die Systeme oben rechts und unten links auch sehr hohe Frequenzen. Daher beginnen die Ortskurven im O-Punkt. Dies gilt auch für die unten links gezeigte Spirale, die also von innen nach außen durchlaufen wird. Auf die Darstellung der Ortskurve für negative Frequenzen wurde bei dem Totzeitsystem verzichtet, um das Bild lesbar zu machen. Durch den I-Anteil des Systems rechts unten „kommt" die Ortskurve von $-j\infty$. Dass sie im vierten Quadranten verläuft, ist aus der Phasen zu erkennen, die für alle Frequenzen zwischen 0° und -90° liegt. Die kleine „Schlinge" kann aus dem Frequenzkennliniendiagramm nur bei sehr genauer Betrachtung abgelesen werden. Sie ist aber für den prinzipiellen Verlauf nicht entscheidend.

Aufgabe 7.1 *Frequenzgang eines Regelkreises*

1. Die Ortskurve der Regelstrecke ist für unterschiedliche Werte des Parameters k in Abb. A.35 gezeigt. Die Ortskurven unterscheiden sich für einen bestimmten Wert der Frequenz ω nur im Betrag, nicht in der Phase.

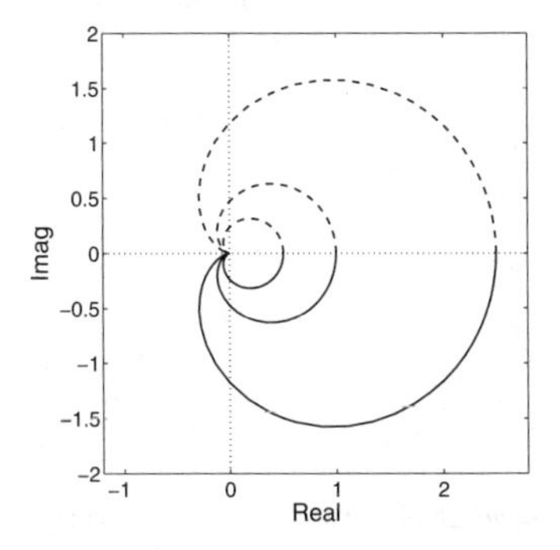

Abb. A.35: Ortskurve der Regelstrecke

2. Für die offene Kette mit PI-Regler erhält man die Übertragungsfunktion

$$G_0(s) = \left(1 + \frac{1}{s}\right) \frac{2}{(s+1)(s+2)} = \frac{2}{s(s+2)}.$$

Die zugehörige Ortskurve ist in Abb. A.36 dargestellt. Sie beginnt bei $-j\infty$ und nähert sich für hohe Frequenzen dem Koordinatenursprung.

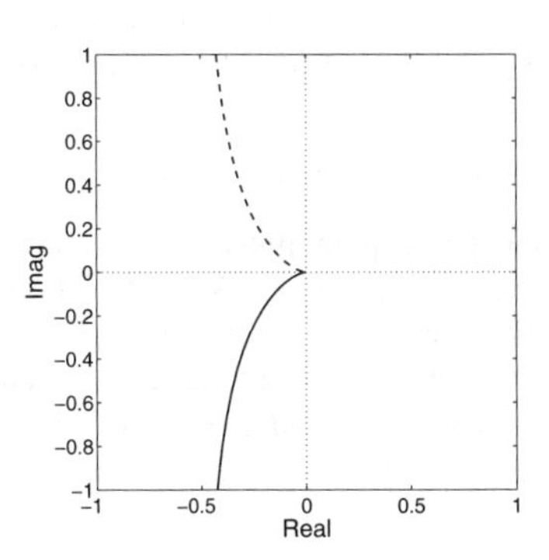

Abb. A.36: Ortskurve der offenen Kette

Die Frequenzgänge des Regelkreises sind

$$G_{\rm w}(j\omega) = \frac{2}{-w^2 + j2\omega + 2}$$

und

$$G_{\mathrm{d}}(j\omega) = \frac{-w^2 + j2\omega}{-w^2 + j2\omega + 2}.$$

Abbildung A.37 zeigt die Ortskurven. Das Führungsverhalten ist durch die statische Verstärkung von eins und $G_{\mathrm{w}}(\infty) = 0$ gekennzeichnet. Bezüglich des Störverhaltens ist der Regelkreis ein sprungfähiges System mit verschwindender statischer Verstärkung. Deshalb beginnt die Ortskurve im Koordinatenursprung und endet bei $G_{\mathrm{d}}(\infty) = 1$.

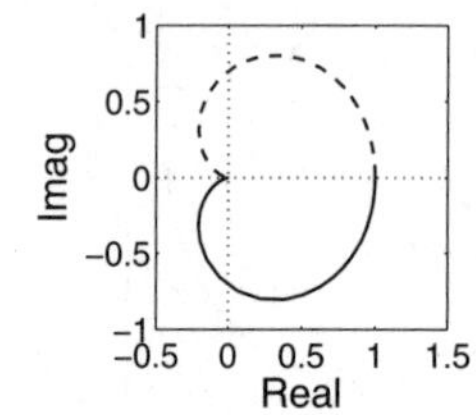

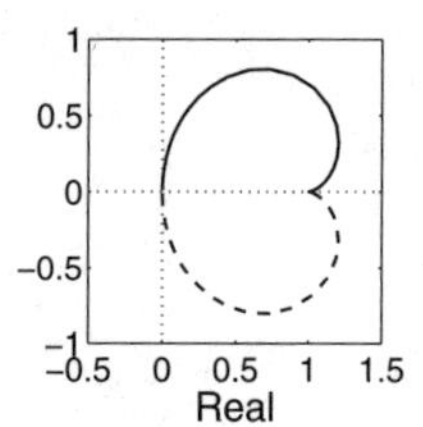

Abb. A.37: Ortskurve des Führungs- bzw. Störverhaltens des Regelkreises

Aufgabe 7.3 *Notwendigkeit des I-Anteils in der offenen Kette*

Aus dem Blockschaltbild des Standardregelkreises in Abb. 7.6 auf S. 305 erkennt man, dass bei $d(t) = 0$, $r(t) = 0$ und $w(t) = \bar{w}$ für die Stellgröße u die Beziehung

$$u(\infty) = \frac{1}{k_{\mathrm{s}}}\bar{w}$$

gelten muss, wenn die Regelgröße den Sollwert annehmen soll ($y(\infty) = \bar{w}$). Dabei ist k_{s} die statische Verstärkung der Regelstrecke. Unter der angegebenen Bedingung gilt nämlich wie gefordert

$$y(\infty) = k_{\mathrm{s}} u(\infty) = k_{\mathrm{s}} \frac{1}{k_{\mathrm{s}}} \bar{w} = \bar{w}.$$

Diese Stellgröße kann nicht mit einer proportionalen Regelung erzeugt werden, denn wenn die Regelgröße dem Sollwert angepasst ist, gibt es keine Regelabweichung ($e = 0$), so dass ein proportionaler Regler $u = k_{\mathrm{P}} e$ auch keine Stellgröße erzeugen würde. Der Regler muss deshalb die Eigenschaft besitzen, seine Stellgröße solange zu verändern, bis die Regelabweichung verschwindet, und wenn die Regelabweichung verschwindet, die Stellgröße unverändert lassen. Diese Eigenschaft besitzen nur Systeme mit I-Verhalten (vgl. Abschn. 5.7.2 auf S. 167).

Bei einer proportionalen Regelung gilt für die Stellgröße

$$u(t) = k_{\mathrm{P}} e(t),$$

d. h., der Regler wirkt nur, wenn eine Regelabweichung auftritt. Für den stationären Endwert gilt

$$\begin{aligned} e(\infty) &= \bar{w} - y(\infty) \\ y(\infty) &= k_{\mathrm{s}} u(\infty). \end{aligned}$$

Aus diesen drei Gleichungen erhält man mit $k_0 = k_\mathrm{P} k_\mathrm{s}$ die Beziehung

$$e(\infty) = \frac{1}{1+k_0}\bar{w},$$

die Gl. (7.41) unter der für diese Gleichung verwendeten Voraussetzung $\bar{w} = 1$ entspricht.

Diskussion. Aus dieser Betrachtung wird die Wirkungsweise des I-Reglers offensichtlich. Bei einer Sollwerterhöhung „dreht" der Regler die Stellgröße solange hoch, bis die Regelgröße ausreichend angehoben ist. Wenn man dies langsam genug macht, also mit einer hinreichend kleinen Reglerverstärkung arbeitet, kann das System dabei nicht instabil werden und die Regelung funktioniert wie gewünscht. Probleme kann es lediglich dadurch geben, dass der Regler die Stellgröße zu schnell anhebt. Die Regelgröße folgt dann dieser Anhebung erst mit einiger Zeitverzögerung, erreicht einen zu hohen Wert und erzeugt eine negative Regelabweichung, woraufhin der Regler die Stellgröße nach unten korrigiert. Durch eine zu große Reglerverstärkung kann der Regelkreis also instabil gemacht werden (vgl. Aufgabe 8.12 auf S. 380).

Aufgabe 7.4 *Frequenzregelung eines Elektroenergieverteilungsnetzes*

1. Der Regelkreis ist in Abb. A.38 zu sehen. $G(s)$ ist die zur Gewichtsfunktion $g(t)$ gehörende Übertragungsfunktion des leistungsgeregelten Generators.

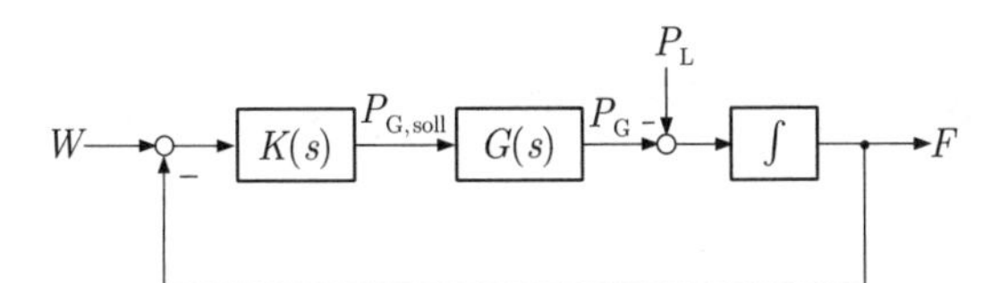

Abb. A.38: Blockschaltbild der Frequenzregelung

2. Für die Störübertragungsfunktion gilt

$$G_\mathrm{d}(s) = \frac{\frac{-1}{Ts}}{1+\frac{1}{Ts}G(s)K(s)} = \frac{-1}{Ts+G(s)K(s)},$$

woraus für den statischen Endwert der Störübergangsfunktion die Beziehung

$$h_\mathrm{d}(\infty) = \lim_{s\to 0} G_\mathrm{d}(s) = \frac{-1}{G(0)K(0)}$$

folgt. Wenn der Leistungsregler des Generators keine bleibende Regelabweichung zulässt, gilt $p_{G\mathrm{soll}}(\infty) = p_G(\infty)$ und folglich $G(0) = 1$. Wird der proportionale Regler eingesetzt, so erhält man

$$h_\mathrm{d}(\infty) = \frac{-1}{k_\mathrm{P}}.$$

Es entsteht also eine bleibende Regelabweichung. Folglich ist es notwendig, einen PI-Regler einzusetzen.

Diskussion. Die im Abschn. 7.3.3 angegebene „Regel", dass bei einer offenen Kette mit integralem Verhalten keine bleibende Regelabweichung auftritt, gilt für die am Regelstreckenausgang auftretende sprungförmige Störung. Wie in Abb. A.38 zu sehen ist, greift die Störung hier vor dem Integrator ein. Transformiert man diese Störung an den Ausgang der Regelstrecke, so hat man es mit einer rampenförmigen Störung zu tun, für die die oben angegebene Regel nicht anwendbar ist.

Bezüglich des Führungsverhaltens sind die Ergebnisse des Abschnitts 7.3.3 anwendbar. Die offene Kette mit integralem Verhalten verhindert eine bleibende Regelabweichung. In Bezug auf das Führungsverhalten ist also kein integraler Anteil im Regler notwendig. Mit einem P-Regler gilt für die Führungsübertragungsfunktion $G_{\rm w}(0) = 1$.

Aufgabe 7.7 *Füllstandsregelung einer Talsperre*

Aus Gl. (7.47) erhält man für die Regelstrecke das Modell

$$sH(s) = k(Q_{\rm zu}(s) - Q_{\rm ab}(s)),$$

weil $q_{\rm zu}$ als Störung und $q_{\rm ab}$ als Stellgröße wirken

$$sH(s) = k(D(s) - U(s))$$

und somit

$$G(s) = \frac{H(s)}{U(s)} = \frac{-k}{s},$$

(Abb. A.39). Die Regelstrecke hat I-Verhalten.

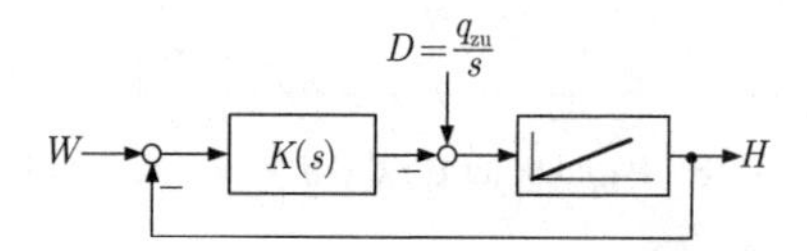

Abb. A.39: Regelkreis für die Talsperre

Um Sollwertfolge bezüglich sprungförmiger Führungssignale zu erhalten, ist keine besondere Reglerdynamik erforderlich, denn die offene Kette hat I-Charakter. Es kann mit einem P-Regler $K(s) = k_{\rm P}$ gearbeitet werden; es kann aber auch ein dynamischer Regler eingesetzt werden, wobei die Dynamik zur Gestaltung des dynamischen Übergangsverhaltens eingesetzt wird.

Bei Betrachtung der Störkompensation muss man die sprungförmige Störung $D(s) = \frac{q_{\rm zu}}{s}$ zunächst an den Ausgang der Regelstrecke transformieren (Abb. A.39), so dass das Innere-Modell-Prinzip anwendbar wird. Aus dem Blockschaltbild kann man die Beziehung

$$H(S) = G(s)\left(\frac{q_{\rm zu}}{s} - U(s)\right) = -G(s)U(s) + \frac{-kq_{\rm zu}}{s^2}$$

ablesen, in der die additiv am Ausgang wirkende Störung $\frac{-kq_{\rm zu}}{s^2}$ heißt. Um die Störung ohne bleibende Regelabweichung abbauen zu können, muss die Übertragungsfunktion der offenen

Kette den Faktor $1/s^2$ besitzen. Um dies zu erreichen, muss ein I-Regler verwendet werden. Ein P-Regler ist nicht ausreichend.

Aufgabe 7.8 *Struktur des Abstandsreglers bei Fahrzeugen*

Abbildung A.40 zeigt den Regelkreis, in dem $K(s)$ den Regler mit der hier zu bestimmenden Struktur darstellt. Das Übertragungsverhalten von der Kraft f auf die Geschwindigkeit v_2 ist proportional und zeitlich verzögert und wird im Folgenden mit $G(s)$ bezeichnet. Der Fahrzeugabstand wird, ausgehend vom Anfangsabstand d_0, durch Integration der Differenzgeschwindigkeit $v_1 - v_2$ bestimmt.

1. Bei der Konvoibildung wirkt der Anfangsabstand d_0 wie eine sprungförmige Störung $d_0\sigma(t)$, die direkt am Ausgang der Regelstrecke angreift. Das Innere-Modell-Prinzip schreibt für den Regler keine eigene Dynamik vor - es kann also ein P-Regler $K(s) = k_P$ eingesetzt werden.

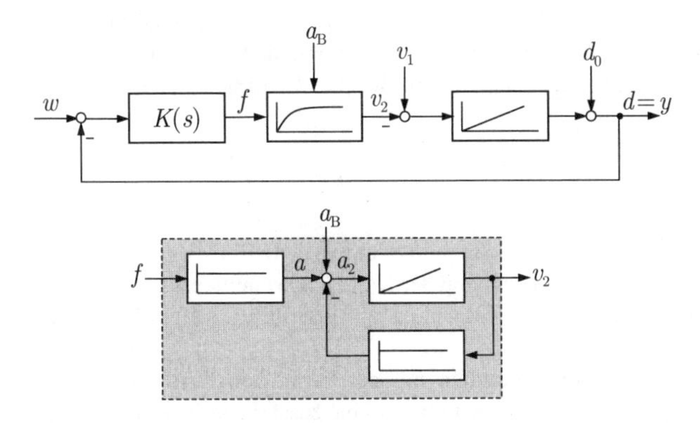

Abb. A.40: Regelung des Fahrzeugabstandes

Um diesen Sachverhalt nachzuweisen, wird das durch

$$Y(s) = \frac{1}{1 - \frac{G(s)}{s}k_P} \frac{d_0}{s}$$

beschriebene Störverhalten betrachtet, bei dem $G(s)$ das Übertragungsglied mit P-Verhalten beschreibt. Das Minuszeichen im Nenner erscheint wegen der zweimaligen Vorzeichenumkehr im Regelkreis. Nach dem Grenzwertsatz der Laplacetransformation erhält man

$$y(\infty) = \lim_{s\to 0} s \frac{1}{1 + \frac{G(s)}{s}k_P} \frac{d_0}{s} = 0.$$

2. Das Innere-Modell-Prinzip setzt voraus, dass die Störgröße an den Ausgang der Regelstrecke transformiert ist, was für den zweiten Störfall zu einer rampenförmigen Ausgangsstörung $\bar{v}_1 t$ führt. Die offene Kette muss also das Übertragungsglied

$$\frac{1}{s^2} \bullet\!\!-\!\!\circ\ t$$

enthalten. Da die Regelstrecke nur *einen* Integrator enthält, muss der Regler den Faktor $\frac{1}{s}$ in die offene Kette einbringen; es muss also mit einem I-Regler gerechnet werden.

Um dies zu veranschaulichen, wird für das Störverhalten aus dem Blockschaltbild die Beziehung

$$Y(s) = \frac{\frac{1}{s}}{1 - \frac{G(s)}{s}K(s)} \frac{\bar{v}_1}{s} = \frac{1}{s - G(s)K(s)} \frac{\bar{v}_1}{s}$$

abgelesen. Der Fahrzeugabstand

$$y(\infty) = \lim_{s \to 0} s \frac{1}{s - G(s)K(s)} \frac{\bar{v}_1}{s} = \frac{1}{-G(0) \lim_{s \to 0} K(s)} \bar{v}_1$$

verschwindet nur dann asymptotisch, wenn der Regler I-Charakter hat.

3. Bei der Betrachtung der Hangbeschleunigung muss der Block mit der proportionalen Übertragungsfunktion $G(s)$ wie in Abb. A.40 unten gezeigt aufgelöst werden. Die Größe a_2 ist die resultierende Beschleunigung des Fahrzeugs, also die Summe der Beschleunigung a des Motors, der Beschleunigung $a_{\rm B}$ durch die Hangabtriebskraft und der Bremsbeschleunigung $a_{\rm c}$. Entsprechend der im Beispiel 4.10 abgeleiteten linearisierten Beziehung gilt

$$\dot{v}_2 = a_2 = \underbrace{-2\frac{c_{\rm w}}{m} v_2}_{a_{\rm c}} + \underbrace{\frac{1}{m} f}_{a} + a_{\rm B},$$

was zu dem gezeigten Blockschaltbild führt, bei dem die P-Glieder die Verstärkungsfaktoren $\frac{1}{m}$ und $2\frac{c_{\rm w}}{m}$ haben. Eine Erhöhung der Kraft f führt nur solange zu einer zusätzlichen Beschleunigung, bis der mit der Geschwindigkeit steigende Luftwiderstand eine gleich große Gegenkraft erzeugt.

Da der Integrator zusammen mit der durch den Luftwiderstand hervorgerufenen Rückführung ein PT$_1$-Glied darstellt, hat eine zusätzliche Beschleunigung $\bar{a}_{\rm B}\sigma(t)$ bezüglich der Sollwertfolge dieselbe Wirkung wie eine am Ausgang der Regelstrecke angreifende rampenförmig Störung $-\bar{a}_{\rm B}t$. Die Übertragungsfunktion der offenen Kette muss deshalb den Faktor $\frac{1}{s^2}$ enthalten, was nur dann der Fall ist, wenn $K(s)$ einen I-Anteil enthält.

Aus dem Blockschaltbild erhält man die Beziehung

$$Y(s) = \frac{-\frac{\tilde{G}(s)}{s}}{1 - \frac{G(s)}{s}K(s)} \frac{\bar{a}_{\rm B}}{s} = \frac{-\tilde{G}(s)}{s - G(s)K(s)} \frac{\bar{a}_{\rm B}}{s}$$

wobei $\tilde{G}(s)$ und $G(s)$ die Übertragungsfunktionen von $a_{\rm B}$ nach v_2 und von f nach v_2 bezeichnen. Daraus ergibt sich

$$y(\infty) = \lim_{s \to 0} s \frac{-\tilde{G}(s)}{s - G(s)K(s)} \frac{\bar{a}_{\rm B}}{s} = \frac{-\tilde{G}(0)}{-G(0) \lim_{s \to 0} K(s)} \bar{a}_{\rm B},$$

was nur dann verschwindet, wenn $K(s)$ den Faktor $\frac{1}{s}$ enthält.

4. Um bei Änderung des Sollabstandes eine bleibende Regelabweichung zu verhindern, reicht ein P-Regler $K(s) = k_\mathrm{P}$, denn die offene Kette hat I-Verhalten. Aus dem Blockschaltbild erhält man dafür

$$Y(s) = \frac{-\frac{G(s)}{s}k_\mathrm{P}}{1 - \frac{G(s)}{s}k_\mathrm{P}} \frac{1}{s} = \frac{-G(s)k_\mathrm{P}}{s - G(s)k_\mathrm{P}} \frac{1}{s}$$

und

$$y(\infty) = \lim_{s \to 0} s \frac{-G(s)k_\mathrm{P}}{s - G(s)k_\mathrm{P}} \frac{1}{s} = \frac{-G(0)k_\mathrm{P}}{-G(0)k_\mathrm{P}} = 1.$$

Diskussion. Das Innere-Modell-Prinzip schreibt vor, welche dynamischen Elemente im Regler *notwendigerweise* vorkommen müssen, damit für vorgegebene Führungs- oder Störsignale keine bleibende Regelabweichung auftritt. Zusätzliche dynamische Elemente sind möglich. Bei dem hier betrachteten Fall würde man also mit einem I-Regler Sollwertfolge bzw. Störkompensation für alle vier Fälle erreichen, mit dem P-Regler nur in den Fällen 1 und 4.

Die Sollwertfolge bzw. Störkompensation setzt voraus, dass der Regelkreis stabil ist. Dies wird bei Verwendung des I-Reglers einige Schwierigkeiten mit sich bringen, weil die offene Kette den Faktor $\frac{1}{s^2}$ enthält, der über den gesamten Frequenzbereich eine Phasenverschiebung von -180° mit sich bringt, zu der die Phasenverschiebung der Verzögerungsglieder hinzukommt. Es müssen also zusätzliche dynamische Elemente in den Regler eingebracht werden, um die Phase in der Nähe der Schnittfrequenz soweit anzuheben, dass die Stabilität des Regelkreises gesichert ist.

Selbst wenn man den Regelkreis auf diese Weise stabil macht, ist es fraglich, ob man den hier betrachteten Regelkreis mit doppelt integrierender offener Kette dynamisch schnell genug machen kann. In Aufgabe 13.6 wird deshalb untersucht, wie man das Regelungsproblem für den Störfall 3 durch eine Kaskadenregelung vereinfachen kann, bei dem ein unterlagerter Regler zunächst die Geschwindigkeit v_2 kontrolliert und ein überlagerter Regler den Abstand auf den geforderten Wert bringt.

Aufgabe 7.9 *Analyse des Fliehkraftreglers von Dampfmaschinen*

Um die Sollwertfolge analysieren zu können, stellt man die im betrachteten Regelkreis vorhandenen Wirkungsketten in einem Blockschaltbild dar und bestimmt die wichtigsten Eigenschaften der auftretenden Blöcke. Abbildung A.41 zeigt, dass der Fliehkraftregler den Klappenwinkel β in Abhängigkeit von der Drehzahl n festlegt. Es findet kein expliziter Sollwertvergleich statt, weil die Solldrehzahl bei dieser Regelung durch die Position der Massen indirekt vorgegeben wird. Das im Regelkreis üblicherweise hervorgehobene Minuszeichen der Rückführung ist im Fliehkraftregler realisiert, denn eine Erhöhung von n führt auf eine Verkleinerung von β. Der Klappenwinkel β bestimmt die dem Kolben zugeführte Dampfmenge und damit das Drehmoment. Dieses wird als Signal im Blockschaltbild dargestellt, weil die angeschlossenen Maschinen ein Lastmoment erzeugen, das von diesem Signal abzuziehen ist. Die Differenz aus Antriebsmoment und Lastmoment bestimmt die Drehzahl n.

Der Fliehkraftregler hat ein proportionales Verhalten, denn eine bleibende Veränderung von n führt zu einer bleibenden Veränderung von β. Gleiches gilt für das Klappenventil. Die Dampfmaschine hat integrales Verhalten, denn eine bleibende Erhöhung der Differenz von

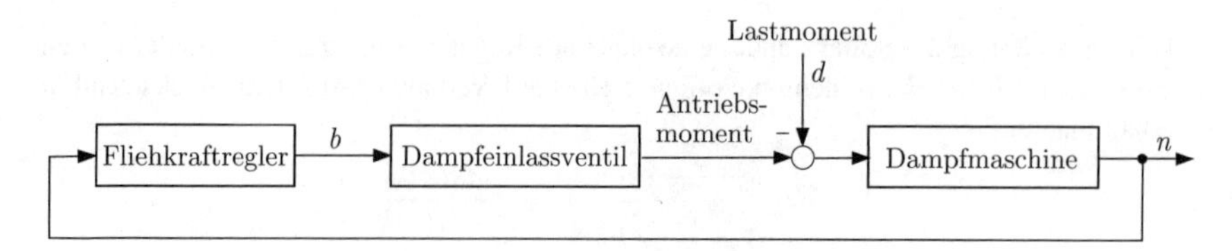

Abb. A.41: Regelkreis der Dampfmaschine

Antriebs- und Lastmoment führt auf einen rampenförmigen Anstieg der Drehzahl (bis die hier vernachlässigten Reibungskräfte dieses Moment kompensieren).

Es gibt zwei Wege um festzustellen, ob bei diesem Regelkreis eine bleibende Regelabweichung auftritt. Beim ersten Weg transformiert man den Regelkreis in die Standardform, bei der die Störung am Ausgang der Regelstrecke angreift. Dabei wird aus der hier als sprungförmig angenommenen Last $\bar{d}\sigma(t)$ eine rampenförmige Störung $\bar{d}t$. Das Störmodell ist also ein Doppelintegrator $\frac{1}{s^2}$, den der Regelkreis als inneres Modell besitzen muss. Da die Dampfmaschine nur eine einfache Integration bewirkt, muss der Regler I-Verhalten haben, um die Störung restlos ausgleichen zu können. Der Fliehkraftregler hat aber proportionales Verhalten. Folglich tritt eine bleibende Regelabweichung auf.

Alternativ zu dieser Argumentation kann man sehr schnell ausrechnen, dass eine bleibende Regelabweichung auftritt. Aus dem Blockschaltbild liest man für die Störübertragungsfunktion die Beziehung

$$G_{\mathrm{d}}(s) = \frac{N(s)}{D(s)} = \frac{-G_{\mathrm{D}}(s)}{1 - G_{\mathrm{D}}(s)G_{\mathrm{V}}(s)K(s)}$$

ab, wobei $K(s)$ die Übertragungsfunktion des Fliehkraftreglers, $G_{\mathrm{V}}(s)$ die des Dampfeinlassventils und $G_{\mathrm{D}}(s)$ die der Dampfmaschine ist und das Minuszeichen im Nenner auftritt, weil der geschlossene Kreis positiv rückgekoppelt ist (das Minuszeichen der Rückkopplung steckt in $K(s)$). Diese Übertragungsfunktion gilt bekanntermassen für einen auf Null normierten Sollwert. $N(s)$ ist also die Abweichung der Drehzahl vom Sollwert. Für sprungförmige Störung $D(s) = \frac{\bar{d}}{s}$ erhält man für diese Drehzahlabweichung die Beziehung

$$N(s) = \frac{-G_{\mathrm{D}}(s)}{1 - G_{\mathrm{D}}(s)G_{\mathrm{V}}(s)K(s)} \frac{\bar{d}}{s}$$

und daraus mit dem Grenzwertsatz der Laplacetransformation

$$\begin{aligned}
\lim_{t\to\infty} n(t) &= \lim_{s\to 0} s \frac{-G_{\mathrm{D}}(s)}{1 - G_{\mathrm{D}}(s)G_{\mathrm{V}}(s)K(s)} \frac{\bar{d}}{s} \\
&= \lim_{s\to 0} \frac{-G_{\mathrm{D}}(s)}{1 - G_{\mathrm{D}}(s)G_{\mathrm{V}}(s)K(s)} \bar{d} \\
&= \lim_{s\to 0} \frac{-1}{\frac{1}{G_{\mathrm{D}}(s)} - G_{\mathrm{V}}(s)K(s)} \bar{d} \\
&= \frac{-1}{-G_{\mathrm{V}}(0)K(0)} \bar{d} \neq 0,
\end{aligned}$$

wobei $G_{\mathrm{V}}(0)$ und $K(0)$ die statischen Verstärkungen des Dampfeinlassventils bzw. des Fliehkraftreglers sind. Für die letzte Umformung wurde die Tatsache verwendet, dass die Dampfmaschine integrales Verhalten hat und $G_{\mathrm{D}}(s)$ für $s \to 0$ unendlich gross wird. Die letzte

Zeile zeigt, dass eine bleibende Regelabweichung auftritt. Beachtet man noch, dass $G_V(0)$ positiv, aber $K(0)$ negativ ist, so erkennt man auch, dass sich bei der Lasterhöhung ($\bar{d} > 0$) die Drehzahl verkleinert, also $n(\infty)$ negativ ist.

Aufgabe 8.2 *Hurwitzkriterium für ein System zweiter Ordnung*

Für ein System zweiter Ordnung lautet die charakteristische Gleichung gemäß der allgemeinen Beziehung (8.17)

$$a_2\lambda^2 + a_1\lambda + a_0 = 0.$$

Die erste Stabilitätsbedingung des Hurwitzkriteriums fordert, dass alle Koeffizienten positiv sein müssen. Aus der allgemeinen Bildungsvorschrift für die Hurwitzmatrix (8.19) folgt

$$\boldsymbol{H} = \begin{pmatrix} a_1 & 0 \\ a_0 & a_2 \end{pmatrix}.$$

Zur Überprüfung der zweiten Bedingung müssen die Hauptabschnittsdeterminanten

$$\begin{aligned} D_1 &= a_1 \\ D_2 &= a_1 a_2 \end{aligned}$$

positiv sein, was für das hier betrachtete System zweiter Ordnung immer dann erfüllt ist, wenn die Koeffizienten a_i die Vorzeichenbedingung erfüllen. Bei einem System zweiter Ordnung ist also die erste Bedingung des Hurwitzkriteriums nicht nur notwendig, sondern auch hinreichend: Ein System zweiter Ordnung ist genau dann stabil, wenn die drei Koeffizienten a_0, a_1 und a_2 des charakteristischen Polynoms von null verschieden sind und gleiches Vorzeichen haben.

Aufgabe 8.3 *Stabilisierbarkeit eines „invertierten Pendels“*

Aus der Übertragungsfunktion

$$G_0(s) = \frac{0{,}625\, k_P}{s^2 - 21{,}46}$$

der offenen Kette erhält man die charakteristische Gleichung

$$\begin{aligned} 1 + \frac{0{,}625\, k_P}{s^2 - 21{,}46} &= 0 \\ s^2 - 21{,}46 + 0{,}625\, k_P &= 0. \end{aligned}$$

Da der Koeffizient a_1 für alle Reglerverstärkungen k_P verschwindet, ist das Hurwitzkriterium für keine Reglerverstärkung erfüllt, der Regelkreis also für keinen Parameterwert k_P E/A-stabil. Das Pendel ist folglich nicht durch einen P-Regler stabilisierbar.

Aufgabe 8.7 *Stabilisierung einer instabilen Regelstrecke*

Die charakteristische Gl. (8.27) heißt für den betrachteten Regelkreis

$$s^2 + 2s + 3(k_{\rm P} - 1) = 0.$$

Da es sich um ein System zweiter Ordnung handelt, ist die erste Bedingung des Hurwitzkriteriums notwendig und hinreichend (vgl. Aufgabe 8.2). Stabilität ist genau dann gewährleistet, wenn

$$3(k_{\rm P} - 1) \geq 0$$

gilt. Folglich ist der geschlossene Kreis für $k_{\rm P} > 1$ stabil. Für die Stabilisierung der instabilen Regelstrecke ist also ein Regler mit einer Mindestverstärkung notwendig.

Schreibt man die charakteristische Gleichung für den aus der Regelstrecke

$$G(s) = \frac{3}{(s - s_1)(s + 3)} \qquad \text{(A.64)}$$

und dem P-Regler bestehenden Regelkreis auf

$$s^2 + (3 - s_1)s + 3(k_{\rm P} - s_1) = 0,$$

so ergeben sich aus dem Hurwitzkriterium die Bedingungen

$$\begin{aligned} s_1 &< 3 \\ k_{\rm P} &> s_1. \end{aligned}$$

Diese Bedingungen zeigen, dass durch den P-Regler nur Regelstrecken der Form (A.64) stabilisiert werden können, für die der instabile Pol betragsmäßig den stabilen Pol nicht übersteigt. Für diese Regelstrecke braucht der Regler eine Mindestverstärkung, die von der Lage des instabilen Pols abhängt. Je weiter der Pol in der rechten komplexen Ebene auf der reellen Achse nach rechts wandert, umso größer muss die Reglerverstärkung sein.

Die Stabilität wird durch Gegenkopplung erreicht, denn durch das Reglergesetz

$$u(t) = -k_{\rm P}y(t) + k_{\rm P}w(t)$$

mit positiver Reglerverstärkung $k_{\rm P}$ wird das Signal $y(t)$ mit negativem Vorzeichen auf die Stellgröße zurückgeführt.

Diskussion. Um zu erkennen, dass der Regler einer Abweichung der Regelgröße vom Sollwert 0 tatsächlich entgegenwirkt, muss man berücksichtigen, dass das gegebene instabile System auf eine positive Erregung ($u(t) > 0$) mit einer positiven Regelgröße ($y(t) > 0$) reagiert. Eine negative Stellgröße hat deshalb eine Verkleinerunng der Regelgröße zur Folge. Da der Regler für $y > 0$ mit einer Stellgröße $u < 0$ reagiert, ist die Rückkopplung eine Gegenkopplung.

Würde die Regelstrecke an Stelle von $G(s)$ die Übertragungsfunktion $-G(s)$ besitzen, so würde ein P-Regler mit $k_{\rm P} > 0$ eine Mitkopplung erzeugen. In diesem Falle folgt aus dem Hurwitzkriterium als notwendige und hinreichende Stabilitätsbedingung $k_{\rm P} < -1$, womit wiederum eine *Gegen*kopplung entsteht.

Aufgabe 8.8 *Stabilität von Regelkreisen mit I-Regler*

Da die Regelstrecke stabil ist, haben alle Koeffizienten des Nennerpolynoms $N(s)$ dasselbe Vorzeichen. Dieses Vorzeichen stimmt mit dem des Absolutgliedes $N(0)$ überein.

Aus der charakteristischen Gl. (8.27) des Regelkreises erhält man nach Umstellung die Beziehung

$$s\,N(s) \;+\; k_{\rm I}\,Z(s) = 0.$$

Damit sämtliche Lösungen dieser Gleichung negativen Realteil haben, müssen alle Koeffizienten des auf der linken Seite stehenden Polynoms dasselbe Vorzeichen haben. Da für ein technisch realisierbares System der Grad von $Z(s)$ nicht größer als der Grad von $N(s)$ ist und da alle Koeffizienten von $N(s)$ dasselbe Vorzeichen haben, hat der Koeffizient der höchsten Potenz von s dasselbe Vorzeichen wie $N(0)$. Das Absolutglied hat dasselbe Vorzeichen wie $k_{\rm I}Z(0)$. Notwendig für die Stabilität des Regelkreises ist deshalb, dass $N(0)$ und $k_{\rm I}Z(0)$ dasselbe Vorzeichen haben müssen. Diese Bedingung kann auch als

$$k_{\rm I}\frac{Z(0)}{N(0)} = k_{\rm I}k_{\rm s} > 0 \qquad \text{(A.65)}$$

geschrieben werden, wobei $k_{\rm s}$ die statische Verstärkung der Regelstrecke bezeichnet. Die Bedingung (A.65) besagt, dass die durch den I-Regler erzeugte Rückkopplung eine Gegenkopplung sein muss (vgl. Diskussion der Aufgabe 8.7).

Aufgabe 8.13 *Lageregelung von Raumflugkörpern*

Die offene Kette besteht aus einem I-Regler, zwei $T_{\rm t}$-Gliedern sowie einem PT_1-Glied:

$$G_0(s) = \frac{1}{T_{\rm I}s(Ts+1)}{\rm e}^{-2sT_{\rm t}}.$$

Sie ist stabil, so dass die Stabilität des Regelkreises genau dann gesichert ist, wenn der Punkt -1 nicht von der Ortskurve umschlungen wird bzw. wenn der Phasenrand positiv ist. Die Phasenverschiebung der offenen Kette berechnet sich aus

$$\phi = -90^o - \arctan\omega T - 2\omega T_{\rm t}$$

und der Phasenrand aus

$$\Phi_{\rm R} = 90^o - \arctan\omega_{\rm s}T - 2\omega_{\rm s}T_{\rm t},$$

wobei $\omega_{\rm s}$ die Schnittfrequenz bezeichnet. Der zweite Summand liefert höchstens 90°, der letzte Summand steigt linear mit der Schnittfrequenz $\omega_{\rm s}$. Aus diesem Grund muss die Schnittfrequenz sehr klein sein, wenn ein positiver Phasenrand entstehen soll.

Da das Totzeitglied keinen Einfluss auf die Amplitude $|G_0(j\omega)|$ und folglich keinen Einfluss auf die Schnittfrequenz $\omega_{\rm s}$ hat, braucht man sich für die Diskussion der Stabilität nur den Amplitudengang eines IT_1-Gliedes aufzuzeichnen (vgl. Abb. 6.44 auf S. 268). Da in dem in der Aufgabenstellung angeführten Beispiel die Zeitkonstante T des PT_1-Gliedes in derselben Größenordnung liegt wie die (doppelte) Totzeit, trägt das Totzeitglied in der Nähe der Knickfrequenz $\frac{1}{T}$ erheblich zur Phasenverschiebung der offenen Kette bei. Man muss deshalb die Nachstellzeit $T_{\rm I}$ sehr groß wählen und damit den Amplitudengang im Bodediagramm weit nach unten schieben, um eine niedrige Schnittfrequenz zu erhalten und die Stabilität des Regelkreises zu gewährleisten. Damit verbunden ist eine schlechte Dynamik, d. h., der Raumflugkörper bzw. Weltraumroboter erreicht nur sehr langsam einen angestrebten Sollwert.

Diskussion. Dieses Stabilitätsproblem wird übrigens noch größer, wenn der Raumflugkörper beispielsweise ein Satellit ist, dessen Lage durch kleine Impulse eines Düsenantriebs geregelt werden soll. Dann ist die Stellgröße eine Kraft, aus der die Lage durch zweimalige Integration hervorgeht. Die Regelstrecke hat folglich I_2-Verhalten. Für diesen Fall zeigen die oben beschriebenen Überlegungen, dass die Lageregelung praktisch nicht von der Erde aus durchführbar ist.

Einen Ausweg erreicht man durch Installation des Regelkreises vor Ort im Flugkörper. Dann entfallen die Totzeiten der Signalübertragung. Der Mensch muss dann das Experiment nicht mehr Schritt für Schritt steuern, sondern nur noch Sollwerte vorgeben, die durch den schnelleren Regelkreis realisiert werden. Der Flugkörper bzw. Weltraumroboter erhält mehr Autonomie; der Mensch tritt aus dem Regelkreis heraus und übernimmt Überwachungsfunktionen. Dadurch tritt die Übertragungstotzeit nur dann in Erscheinung, wenn ein neuer Sollwert zum Flugkörper gesendet wird.

Aufgabe 8.11 *Stabilitätsanalyse einer Lautsprecheranlage*

1. Abbildung A.42 zeigt das Blockschaltbild der Lautsprecheranlage. Die Signale stellen den Schalldruck am Mikrofon, das vom Mikrofon ausgegebene Signal, das verstärkte Signal sowie den vom Lautsprecher erzeugten Schalldruck dar. Im Gegensatz zum Standardregelkreis enthält diese Rückkopplung kein Minuszeichen.

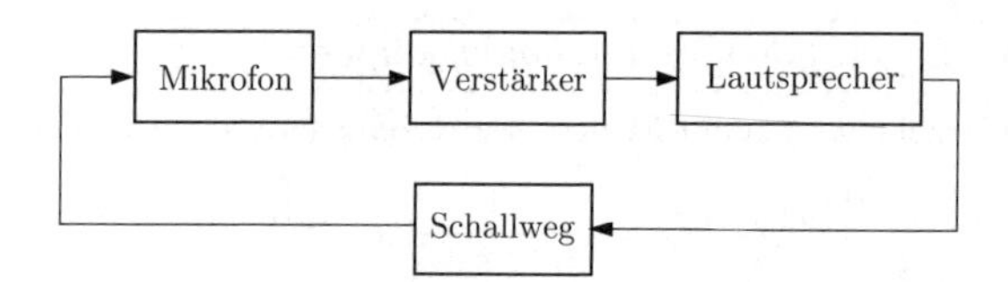

Abb. A.42: Blockschaltbild der Lautsprecheranlage

2. Die Übertragungsfunktion der offenen Kette setzt sich aus den Übertragungsfunktionen der vier Blöcke zusammen, die entsprechend der Aufgabenstellung als PT_1- bzw. PT_t-Glieder aufgefasst werden. Man erhält

$$G_0(s) = -\frac{k_M}{1+\frac{s}{\omega_M}} \frac{k_V}{1+\frac{s}{\omega_V}} \frac{k_L}{1+\frac{s}{\omega_L}} k_W e^{-sT_t}$$

mit

$$k_W = \frac{k_{\frac{1}{2}}}{d^2} \quad \text{und} \quad T_t = \frac{d}{v_S},$$

wobei das Minuszeichen eingefügt werden muss, weil die Rückkopplungsschaltung die für Regelkreise typische Vorzeichenumkehr nicht enthält. Durch k_W wird die quadratische Abnahme des Schalldrucks gegenüber der Entfernung vom Lautsprecher und durch T_t die Totzeit für die Schallausbreitung berücksichtigt. Für den Proportionalitätsfaktor gilt

$$k_{\frac{1}{2}} = \frac{25\,\mathrm{m}^2}{2} = 12{,}5\,\mathrm{m}^2.$$

3. Die offene Kette ist stabil. Entsprechend dem Nyquistkriterium darf die Ortskurve von $G_0(j\omega)$ den Punkt -1 nicht umschlingen.

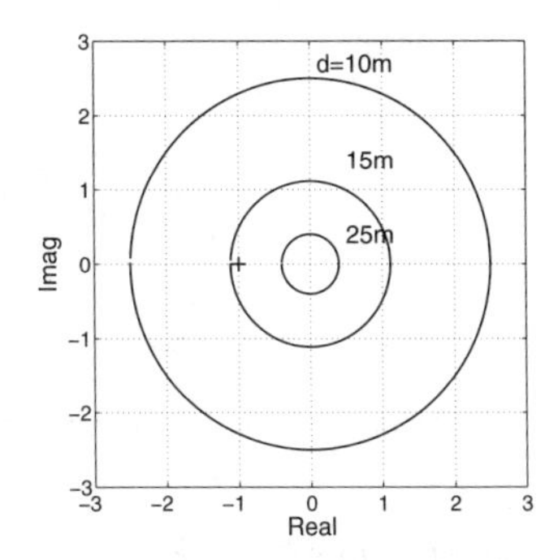

Abb. A.43: Ortskurve der offenen Kette der Lautsprecheranlage für unterschiedliche Mikrofon-Lautsprecher-Entfernungen

Abbildung A.43 zeigt die Ortskurven für unterschiedliche Entfernungen d über den für die Stabilitätsanalyse bestimmenden Frequenzbereich. Für höhere Frequenzen nähern sich alle Ortskurven in Form einer Spirale dem Ursprung der komplexen Ebene, was in der Abbildung weggelassen ist. Offenbar erfüllt das System für einen Mikrofon-Lautsprecher-Abstand von 25 Metern das Stabilitätskriterium, während es für Entfernungen kleiner als etwa $d = 15$ instabil ist.

4. Bei der Telefon-Radio-Anordnung hat die offene Kette kleinere Grenzfrequenzen, der Proportionalitätsfaktor

$$k_{\frac{1}{2}} = \frac{1}{2}$$

und die Verstärkung der offenen Kette sind kleiner und die betrachteten Entfernungen sind kleiner. Das Stabilitätskriterium ist dasselbe, die Ortskurve hat jedoch eine andere Form, wie Abb. A.44 zeigt. Das System ist für die angegebene Entfernung instabil, denn die Ortskurve umschlingt den Punkt –1. Stellen Sie sich also niemals zu nahe an Ihr Radio, wenn Sie mit dem eingeschalteten Sender telefonieren, weil sonst alle Rundfunkteilnehmer nur einen Pfeifton hören (sofern der Sender nicht eine „Sicherheitsschaltung“ eingebaut hat).

5. Das Prinzip der Stabilitätsprüfung ist bei beiden Anordnungen dasselbe. In beiden Fällen muss die mit wachsender Entfernung abnehmende „Verstärkung“ k_{W} so klein sein, dass die statische Verstärkung der offenen Kette kleiner als eins ist. Die Phasenverschiebung spielt eine untergeordnete Rolle. Um einen Pfeifton zu verhindern, muss man also in jedem Fall den Signalweg vom Lautsprecher zum Mikrofon dämpfen.

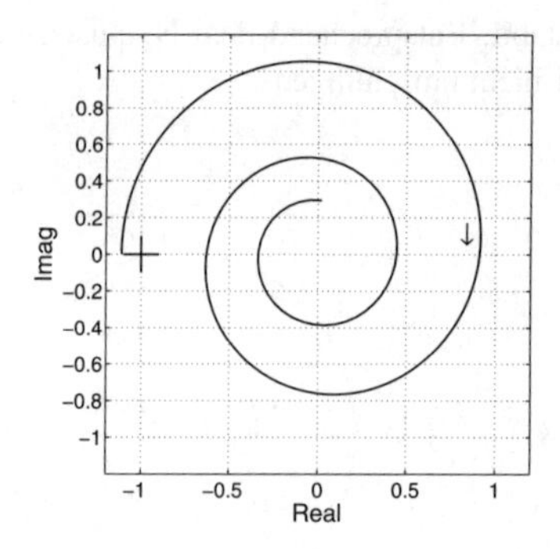

Abb. A.44: Ortskurve der Telefon-Radio-Anordnung für $d = 0.3$

Aufgabe 8.14 *Phasenrandkriterium bei D-Ketten*

Wie Abb. A.45 zeigt, umschlingt die Ortskurve der offenen Kette (8.43) den kritischen Punkt –1. Da die offene Kette stabil ist, ist der Regelkreis folglich instabil.

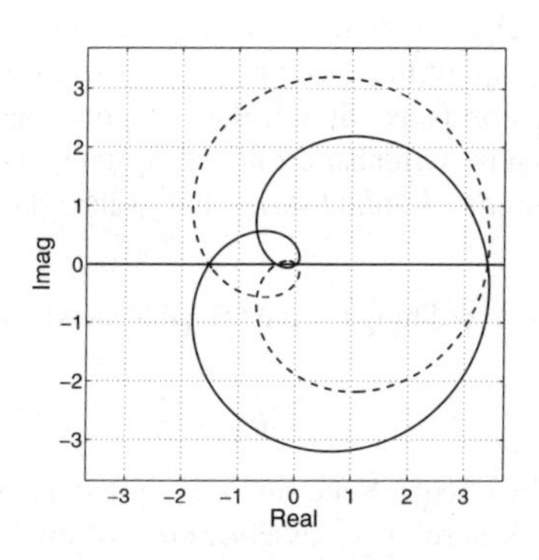

Abb. A.45: Ortskurve der D-Kette

Mit dem Bodediagramm in Abb. A.46 erfordert die Stabilitätsanalyse einige Überlegungen. Durch den dreifachen D-Anteil hat der Amplitudengang im niederfrequenten Bereich eine Neigung von 60 dB/Dekade, wozu eine Phasenverschiebung von +270° gehört. Im Bild wird dafür die Phase von $-90^o = 270^o - 360^o$ angegeben. Bei der Phase –180° liegt der Amplitudengang unterhalb der 0dB-Achse, was nach dem Phasenrandkriterium Stabilität bedeuten würde. Das Phasenrandkriterium ist jedoch nicht direkt anwendbar, weil der Amplitudengang die 0dB-Achse mehr als einmal schneidet. Bei der oberen Schnittfrequenz liegt die Phase unterhalb von -540°, woraus man ablesen muss, dass der Regelkreis instabil ist. Eine Amplitude von mehr als 0dB bei der Phase –540° führt nämlich zum Umschlingen des Punktes –1, wie man aus der Ortskurve erkennen kann.

Senkt man den Amplitudengang durch Verkleinerung der Reglerverstärkung ab, so dass beispielsweise im Zähler von G_0 jetzt $0{,}0001s^3$ steht, so kann bei der oberen Schnittfrequenz ein Phasenrand abgelesen werden, der nicht gegenüber –180°, sondern gegenüber –540° berechnet werden muss. Der Regelkreis ist mit der verkleinerten Verstärkung stabil.

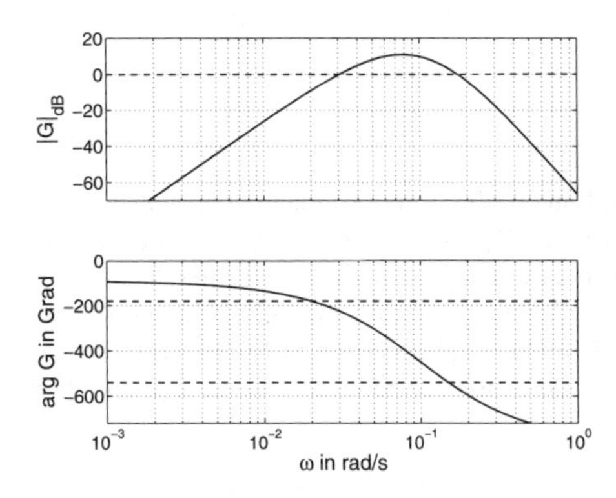

Abb. A.46: Bodediagramm der D-Kette

Das Beispiel zeigt, dass man bei offenen Ketten, deren Amplitudengang die 0dB-Achse mehrfach schneidet, auch einen Phasenrand und einen Amplitudenrand bestimmen kann, beide Größen jedoch besser an der Ortskurve als am Bodediagramm abgelesen werden können.

Aufgabe 8.18 *Stabilitätseigenschaften von Drehrohrofen und Klinkerkühler*

1. Abbildung A.47 zeigt das Blockschaltbild, in dem gegenüber Abb. 3.4 alle als konstant angenommenen Signale unberücksichtigt bleiben. Als Übertragungsglieder wurden entsprechend der Aufgabenstellung für die Brenntemperaturregelung ein $\mathrm{DT_1}$-Glied $G_{\mathrm{B}}(s)$, für die Veränderung des Klinkerenergiestromes in Abhängigkeit von der Brenntemperatur ein Übertragungsglied mit der Übertragungsfunktion $G_{\mathrm{M}}(s)$ aus Gl. (8.53) und für den Kühler ein $\mathrm{PT_1}$-Glied $G_{\mathrm{K}}(s)$ eingesetzt.

Abb. A.47: Vereinfachtes Blockschaltbild der Anordnung Drehrohrofen - Klinkerkühler

2. Die Rückkopplung erfolgt bei diesem System – im Gegensatz zu einem Regelkreis – nicht mit einer Vorzeichenumkehr. Es wird deshalb mit

$$G_0(s) = -G_{\mathrm{B}}(s)\, G_{\mathrm{M}}(s)\, G_{\mathrm{K}}(s)$$

gerechnet. Mit den in der Aufgabenstellung genannten Parametern erhält man für die Übertragungsfunktionen

$$G_{\rm B}(s) = \frac{3s}{3s+1}$$
$$G_{\rm K}(s) = \frac{\frac{40}{15}}{2s+1}.$$

Die Zeit wird in Minuten, die Temperaturänderungen in Kelvin gemessen. $G_{\rm B}$ ist ein DT_1-Glied der Form (6.126), bei dem $T_{\rm D} = T = 3\,{\rm min}$ gesetzt wurde, weil sich eine Erhöhung der Sekundärlufttemperatur im ersten Moment in einer betragsmäßig gleichgroßen Erhöhung der Brenntemperatur äußert und weil der Regler diesen Fehler mit einer Zeitkonstante von 3 Minuten abbaut. Für den Kühler ergibt sich die Zeitkonstante von 2 Minuten, wenn die in der Aufgabenstellung genannte Zeit als „95%-Zeit" angesetzt wird.

Programm A.1 *Lösung der Aufgabe 8.18: Stabilitätseigenschaften von Drehrohrofen und Klinkerkühler*

Modell der offenen Kette
bestehend aus Brennraum, Massenstrom und Ofen

```
>> zb = [3 0];
>> nb = [3 1];
>> Brennraum = tf(zb, nb);
>> zm = [-2.5 0 0];
>> nm = [1 0.5 0.08 0.004];
>> Massenstrom = tf(zm, nm);
>> zk = 1;
>> nk = [2 1];
>> Kuehler = tf(zk, nk);
>> Ofen = series(Massenstrom, Brennraum);
>> offeneKette = series(Ofen, Kuehler);
```

Analyse der offenen Kette

```
>> nyquist(-offeneKette);
```
...erzeugt Abb. A.48 (links)

Kühlerverhalten bei impulsförmiger Störung

```
>> Kreis = feedback(Kuehler, Ofen, 1);
>> Time = [0:0.01:200];
>> impulse(Kreis, Time);
```
...erzeugt Abb. A.49 (oben)

Wiederholung der Analyse mit geregeltem Kühler

```
>> zkr = [4 0];
>> nkr = [8 6 1];
```
DT_2-Approximation des geregelten Kühlers

```
>> gerKuehler = tf(zkr, nkr);
>> offeneKette2 = series(Ofen, gerKuehler);
>> nyquist(-offeneKette2);
```
...erzeugt Abb. A.48 (rechts)

```
>> Kreis2 = feedback(gerKuehler, Ofen, 1);
>> impulse(Kreis2, Time);
```
...erzeugt Abb. A.49 (unten)

3. Die Übertragungsfunktionen werden in MATLAB durch

```
>> zb = [3 0];
>> nb = [3 1];
>> Brennraum = tf(zb, nb);
>> zm = [-2.5 0 0];
>> nm = [1 0.5 0.08 0.004];
>> Massenstrom = tf(zm, nm);
>> zk = 1;
>> nk = [2 1];
>> Kuehler = tf(zk, nk);
```

eingegeben und durch

```
>> Ofen = series(Massenstrom, Brennraum);
>> offeneKette = series(Ofen, Kuehler);
```

zur Übertragungsfunktion des Ofens bzw. der offenen Kette zusammengefasst. Die in Abb. A.48 (links) gezeigte Ortskurve erhält man durch den Funktionsaufruf

```
>> nyquist(-offeneKette);
```

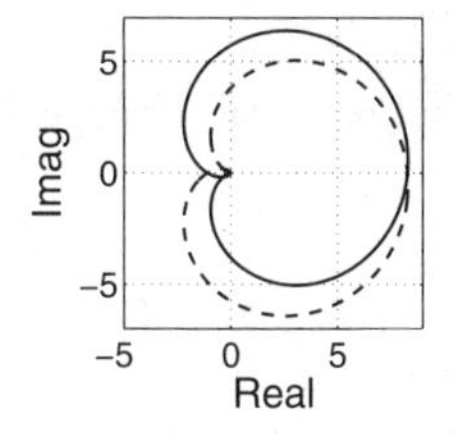

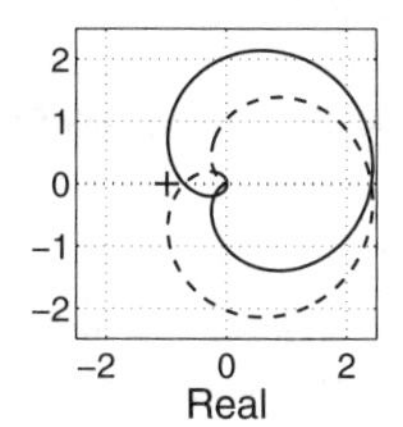

Abb. A.48: Ortskurve der Anordnung Drehrohrofen – Klinkerkühler

Die Ortskurve beginnt und endet im Ursprung der komplexen Ebene, weil die offene Kette D-Verhalten hat. Sie umschlingt den Punkt -1. Folglich ist der geschlossene Kreis instabil. Die gezeigte Funktion ist übrigens wenig von den verwendeten Parametern abhängig, die im Anlagenbetrieb beobachteten Schwingungen sind also für derartige Anlagen typisch.

4. Der geschlossene Kreis wird jetzt bezüglich einer am Eingang des Kühlers auftretenden impulsförmigen Störung untersucht. Für die Übertragungsfunktion von der Störung zur Sekundärlufttemperatur erhält man

$$G_{\mathrm{g}}(s) = \frac{G_{\mathrm{K}}(s)}{1 - G_{\mathrm{B}}(s)G_{\mathrm{M}}(s)G_{\mathrm{K}}(s)},$$

was man entsprechend

```
>> Kreis = feedback(Kuehler, Ofen, 1);
```

berechnen kann. Die Systemantwort auf eine impulsförmige Erregung berechnet man durch

```
>> Time = [0:0.01:200];
>> impulse(Kreis, Time);
```

wobei die explizite Angabe der Zeitachse `Time` notwendig ist, weil die für die Pendelungen verantwortlichen Zeitkonstanten sehr groß sind und sich die automatische Skalierung an den wesentlich kleineren Zeitkonstanten orientiert. Abb. A.49 (oben) zeigt das Ergebnis. Das System schwingt nach Abklingen des Übergangsvorganges mit einer Periodendauer von etwa 1 Stunde.

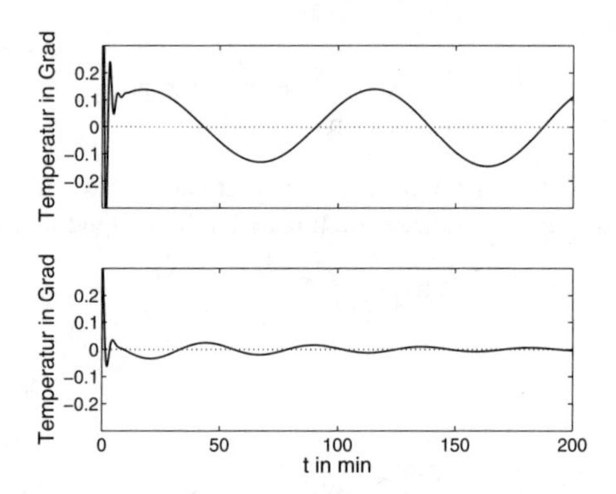

Abb. A.49: Sekundärlufttemperatur bei impulsförmiger Erregung

5. Um die Schwingungen zu dämpfen, muss die Regelung der Sekundärlufttemperatur im Kühler dafür sorgen, dass der Amplitudengang der Reihenschaltung von Drehrohrofen und Klinkerkühler kleiner wird, so dass die Ortskurve den kritischen Punkt nicht mehr umschlingt. Wie Abb. A.48 (rechts) zeigt, wird die Amplitude der Ortskurve durch die Regelung deutlich verkleinert. Der kritische Punkt ist nicht mehr umschlossen und die Anlage arbeitet stabil. AbbildungA.49 (unten) zeigt den Verlauf der Sekundärlufttemperatur bei impulsförmiger Erregung der Anlage. Die für die Berechnung der Ortskurve und die Darstellung des Verhaltens der Anlage notwendigen MATLAB-Befehle sind im Programm A.1 zusammengestellt.

Aufgabe 10.4 *Wurzelortskurve für P-geregelte Systeme*

1. Der Motor hat zwei Pole bei

$$s_1 = -75{,}7 \quad \text{und} \quad s_2 = -7{,}08$$

und keine Nullstellen. Deshalb besteht die Wurzelortskurve aus zwei Ästen, die in den beiden Polen beginnen und deren Asympotote genau in der Mitte zwischen den beiden Polen parallel zur Imaginärachse verläuft (Abb. A.50).

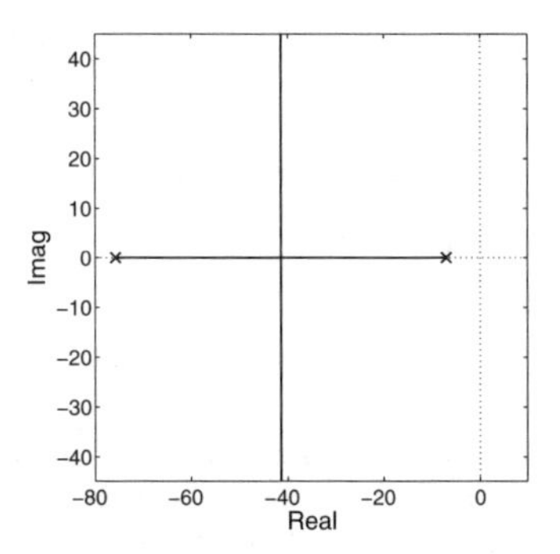

Abb. A.50: Wurzelortskurve des P-geregelten Gleichstrommotors

Für jede beliebige Reglerverstärkung ist der Regelkreis stabil. Für kleine Reglerverstärkung ist der geregelte Motor stark gedämpft, denn er hat zwei reelle Pole. Die Reglerverstärkung $k_{1/2}$, für die die beiden Pole zusammenfallen, kann folgendermaßen berechnet werden. Man bringt zunächst die Übertragungsfunktion der offenen Kette, die aus dem Motor mit der Übertragungsfunktion (10.29) und einem P-Regler besteht, in die Form (10.13):

$$\begin{aligned} k\hat{G}_0 &= k_{\rm P} \frac{0{,}159}{0{,}011s^2 + 0{,}911s + 5{,}9} \\ &= \frac{k_{\rm P} \cdot 0{,}159}{0{,}011} \frac{1}{s^2 + 82{,}82s + 536} \\ &= k \frac{1}{s^2 + 82{,}82s + 536}. \end{aligned}$$

Folglich ergibt sich die Reglerverstärkung $k_{\rm P}$ aus dem bei der Konstruktion der Wurzelortskurve verwendeten Faktor k nach der Formel

$$k_{\rm P} = k \frac{0{,}011}{0{,}159}.$$

Jetzt wird k aus der Wurzelortskurve bestimmt. Die Asympoten schneiden bei

$$\frac{s_1 + s_2}{2} = 41{,}4$$

die reelle Achse. Von diesem Punkt liegen die beiden Pole um

$$\frac{s_1 - s_2}{2} = 34{,}3$$

entfernt. Deshalb ergibt sich die Verstärkung $k_{1/2}$ entsprechend Gl. (10.16) aus

$$k_{1/2} = 34{,}4 \cdot 34{,}4 = 1176{,}5$$

und die dafür notwendige Reglerverstärkung aus

$$k_{\rm P} = 1176\,!5 \frac{0{,}011}{0{,}159} = 81{,}36.$$

Das heißt, dass der Regelkreis bei dieser Reglerverstärkung zwei reelle Pole bei $-41{,}4$ hat.

Für größere Reglerverstärkung fängt der Regelkreis an zu schwingen, und zwar umso weniger gedämpft, je größer die Reglerverstärkung ist.

2. Die Verladebrücke (10.30) hat vier Pole:

$$\begin{aligned} s_{1/2} &= 0 \\ s_{3/4} &= \pm j1{,}75. \end{aligned}$$

Deshalb beginnen die vier Äste der Wurzelortskurve in zwei Polen im Ursprung der komplexen Ebene und zwei Polen auf der Imaginärachse. Sie nähern sich für große Reglerverstärkung vier Asymptoten an, die sich im Ursprung der komplexen Ebene schneiden.

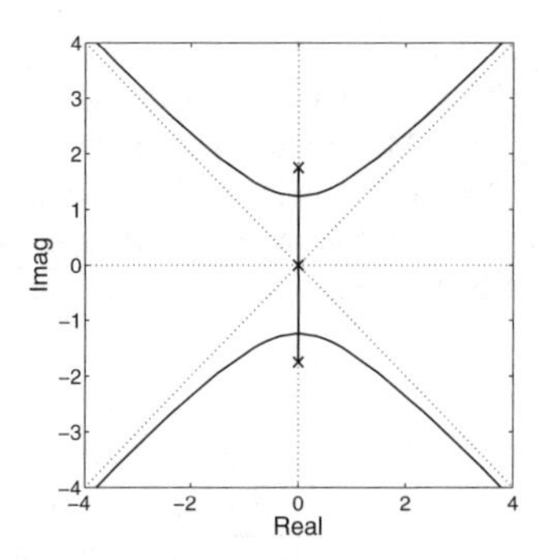

Abb. A.51: Wurzelortskurve der P-geregelten Verladebrücke

Da zwei Pole im Ursprung liegen, erfüllt kein Punkt auf der reellen Achse außer dem Ursprung die auf S. 420 angegebene Bedingung. Daraus ergibt sich, dass die im Ursprung der komplexen Ebene beginnenden Äste der Wurzelortskurve sich zunächst entlang der Imaginärachse bewegen. Dort „treffen" sie die von den beiden anderen Polen ausgehenden Äste, um sich anschließend in zwei konjugiert komplexe Äste aufzuteilen und den Asymptoten anzunähern (Abb. A.51).

Aufgabe 10.6 *Reglerentwurf mit Hilfe der Wurzelortskurve*

1. Der prinzipielle Verlauf der Wurzelortskurve lässt sich anhand der angegebenen Regeln leicht aufzeichnen. Da die offene Kette drei Pole und keine Nullstelle besitzt, ist die Wurzelortskurve durch die Asymptoten bestimmt, die für einen Polüberschuss von drei entstehen. Der „Schwerpunkt" der Pole liegt in der linken Halbebene (Abb. A.52). Folglich gibt es Reglereinstellungen, für die der Regelkreis stabil ist.

2. Sollwertfolge wird für P-Regler erreicht, da die Regelstrecke integrales Verhalten besitzt. Der Regler braucht also keine eigene Dynamik zu besitzen, wenn man allein Stabilität und Sollwertfolge als Güteforderungen betrachtet.

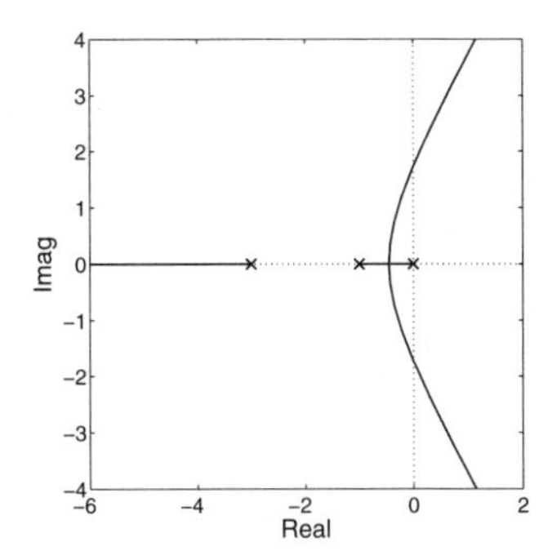

Abb. A.52: Wurzelortskurve für das P-geregelte System

3. Um das geforderte Überschwingen zu erreichen, müssen die dominierenden Pole innerhalb eines Sektors der linken Halbebene liegen, für die der Winkel ϕ kleiner als 60° ist. Die Beruhigungszeit fordert, dass die Pole links einer Parallelen zur Imaginärachse durch den Punkt –0,75 liegen.

Diese Güteforderungen können durch einen P-Regler nicht erfüllt werden, wie man aus Abb. A.52 erkennt, wenn man bedenkt, dass der „mittlere“ Pol bei –1 liegt. Zur Erfüllung der Dynamikforderungen ist deshalb eine Reglerdynamik erforderlich.

Wählt man den Regler

$$K(s) = k\frac{s+1}{s+4},$$

mit dem der Regelstreckenpol bei –1 kompensiert wird, so verschieben sich die Asymptoten nach links. Wie Abb. A.53 zeigt, kann man eine Reglerverstärkung wählen, für die die gewünschte Pollage erreicht wird. In Abb. A.54 ist die Führungsübergangsfunktion für

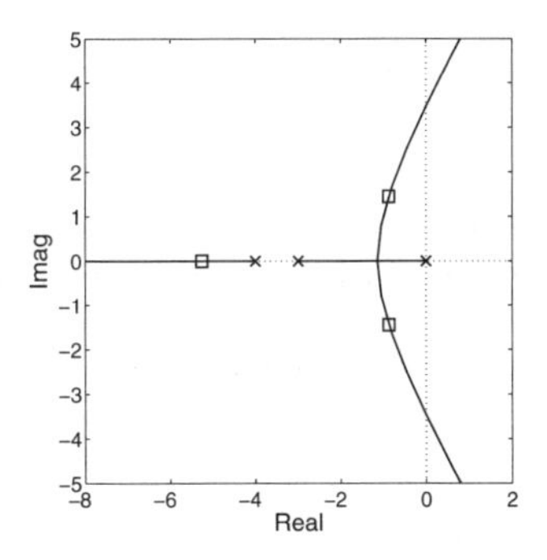

Abb. A.53: Wurzelortskurve mit dynamischem Regler (Die Markierungen kennzeichnen die Pole bei $k = 15$)

$k = 15$ dargestellt. Die Güteforderungen an den Regelkreis sind erfüllt.

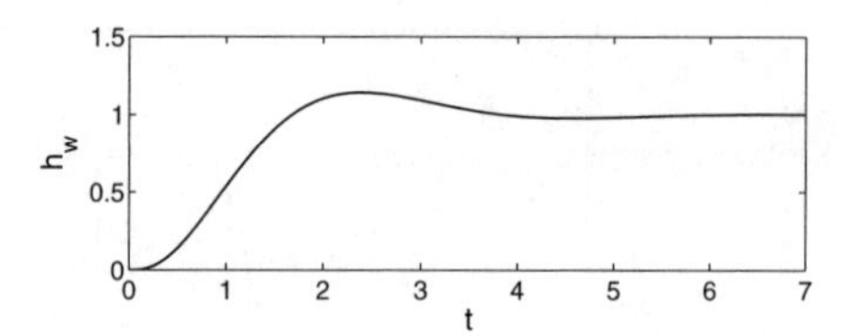

Abb. A.54: Führungsübergangsfunktion des Regelkreises

Aufgabe 10.8 *Steuerung eines Schiffes*

1. Die Regelung betrifft die Drehbewegung des Schiffes um seine senkrechte Achse, wobei y der Drehwinkel ist. Die rotatorische Bewegung kann durch

$$\ddot{y} = Jf(t)$$

beschrieben werden, wenn man, wie bei langsamen Drehungen möglich, den Widerstand durch das Wasser vernachlässigt. Diese Gleichung besagt, dass die Winkelbeschleunigung proportional zu der vom Ruder ausgeübten Kraft $f(t)$ ist. J ist das Trägheitsmoment des Schiffes bezüglich der genannten Drehachse. Die Kraft $f(t)$ ist abhängig von der Winkelstellung $u(t)$ des Ruders, wobei hier für kleine Ruderausschläge $u(t)$ eine proportionale Abhängigkeit angenommen wird

$$f(t) = k_{\mathrm{r}} u(t),$$

in der k_{r} ein Proportionalitätsfaktor ist. Damit erhält man für das Schiff als Regelstrecke die Übertragungsfunktion

$$G(s) = \frac{kJ}{s^2}.$$

2. Proportionales Verhalten des Kapitäns kann durch

$$u(t) = -k_{\mathrm{P}}\, y(t)$$

beschrieben werden. Der geschlossene Kreis besteht folglich aus einem I_2-Glied und einer P-Rückführung. Die offene Kette hat zwei Pole im Koordinatenursprung der komplexen Ebene und keine Nullstelle. Die Wurzelortskurve verläuft entlang der Imaginärachse. Folglich entsteht für beliebige Reglerverstärkungen ein rein imaginäres Polpaar für den Regelkreis. Der Kurs des Schiffes schlängelt sich sinusförmig um den vorgegebenen Kurs.

3. Es muss ein Regler eingesetzt werden, durch den die Wurzelortskurve in die linke komplexe Halbebene „verbogen" wird. Dies kann durch Einführung einer Nullstelle in der linken Halbebene erfolgen. Der Kapitän muss also wie ein PD-Regler außer auf die aktuelle Kursabweichung auch auf die Veränderung $\dot{y}$ der Kursabweichung reagieren. Der Regelkreis hat dann zwei Pole mit negativen Realteilen, so dass die Eigenbewegung abklingt, das Schiff also auf den vorgegebenen Kurs gesteuert wird.

Aufgabe 10.9 *Lageregelung hydraulischer Ruderstellsysteme*

Für ein IT_2-Glied erhält man die im linken Teil der Abb. A.55 dargestellte Wurzelortskurve, die zeigt, dass der Regelkreis schon bei kleiner Reglerverstärkung instabil wird und die Dämpfung des Regelkreises schlechter als die der Regelstrecke ist. Die in der Abbildung eingetragenen Asymptoten zeigen, warum die Wurzelortskurve wie angegeben verlaufen.

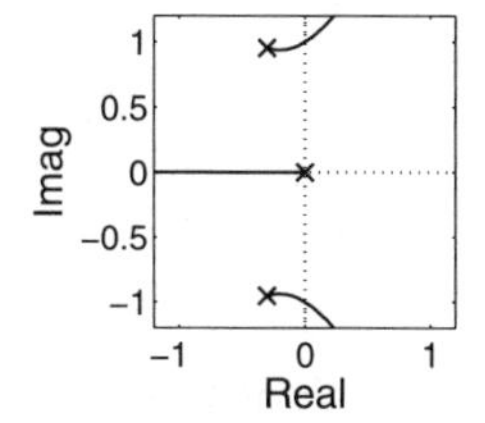

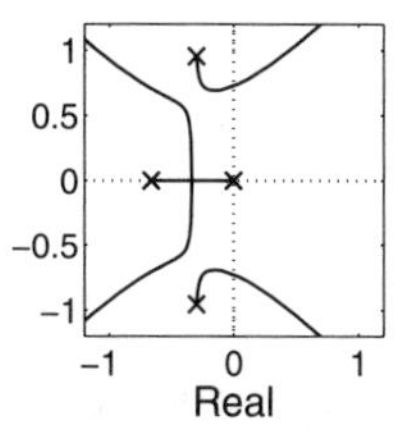

Abb. A.55: Wurzelortskurve des Hydraulikantriebs mit P-Regler (links) und PT_1-Regler (rechts)

Verwendet man eine PT_1-Rückführung, so ändert sich die Wurzelortskurve durch den neu eingeführten Pol, der auch die Asymptoten beeinflusst. Wie die rechte Abbildung zeigt, verbessert sich die Dämpfung des Regelkreises für kleine Reglerverstärkungen. Gleichzeitig erhöht sich die kritische Verstärkung, bei der der Regelkreis instabil wird. In dem gewählten Beispiel, bei dem die Zeitkonstante des PT_1-Gliedes auf $T = 1{,}5\,\mathrm{s}$ festgesetzt wurde, stieg die kritische Verstärkung von $0{,}6$ auf $0{,}7$. Natürlich wird man den Regelkreis nicht bei diesen kritischen Verstärkungen betreiben, aber der Spielraum für eine zweckmäßige Wahl der Reglerverstärkung steigt. Die größere Reglerverstärkung hat die gewünschte Wirkung auf die Laststeifigkeit, die proportional zur bleibenden Regelabweichung ist (vgl. Gl. (7.41 auf S. 311).

Aufgabe 10.11 *Stabilisierung eines Fahrrades*

1. Für den Balanciervorgang wirkt das Fahrrad als Regelstrecke mit der Stellgröße $\beta(t)$ und der Regelgröße $\theta(t)$ (Abb. A.56). Die Störung d repräsentiert Kräfte, die das Fahrrad aus der Gleichgewichtslage $\theta = 0$ bringen (Wind, Fahrbahnunebenheiten usw.).

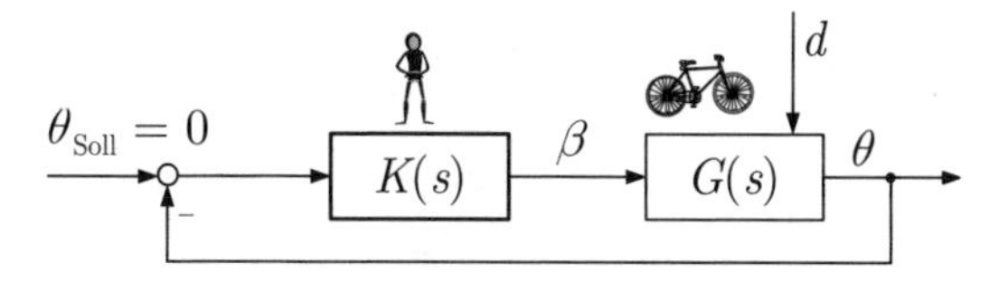

Abb. A.56: Fahrrad als Regelstrecke

2. Das lineare Modell (10.34) führt auf die Übertragungsfunktion

$$G(s) = \frac{\frac{mahv_0}{bJ_p}s + \frac{mhv_0^2}{bJ_p}}{s^2 - \frac{mgh}{J_p}} = k\frac{s - s_0}{(s - s_1)(s - s_2)} \tag{A.66}$$

mit dem Parameter k, der Nullstelle s_0 und den beiden Polen $s_{1/2}$

$$k = \frac{mahv_0}{bJ_p} \tag{A.67}$$

$$s_0 = -\frac{v_0}{a} \tag{A.68}$$

$$s_{1/2} = \pm\sqrt{\frac{mgh}{J_p}}. \tag{A.69}$$

Die Nullstelle ist negativ, die Regelstrecke also minimalphasig.

3. Wie die Wurzelortskurve im linken Teil von Abb. A.57 zeigt, ist der Regelkreis ab einer bestimmten Mindestverstärkung des Reglers stabil.

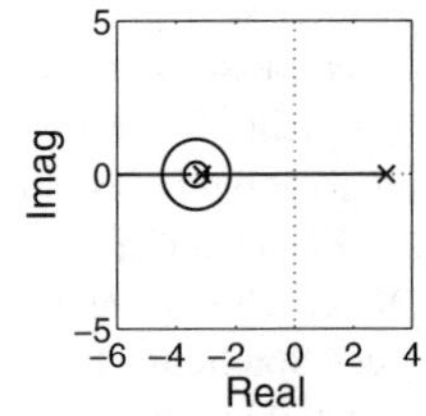

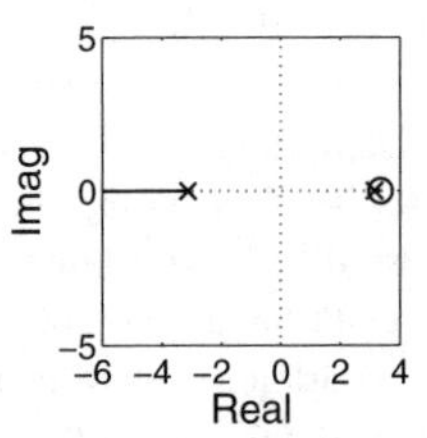

Abb. A.57: Wurzelortskurve für P-Regelung (links: Vorderradlenkung, rechts: Hinterradlenkung)

Aus der charakteristischen Gleichung $1 + G(s)K(s) = 0$ des Regelkreises folgt unter Beachtung von $s_1 = -s_2$ die Beziehung

$$s^2 + kk_P s + (-s_1^2 - kk_P s_0) = 0$$

und daraus als notwendige und hinreichende Stabilitätsbedingungen

$$kk_P > 0$$
$$(-s_1^2 - kk_P s_0) > 0$$

und nach Umrechnung

$$k_P > \frac{bg}{v_0^2}.$$

Man kann das Stabilitätskriterium auch von rechts nach links lesen: Wenn der Regler eine bestimmte Verstärkung k_P hat, dann ist das Fahrrad für Vorwärtsbewegungen mit der Geschwindigkeit

$$v_0 > \sqrt{\frac{bg}{k_P}}$$

stabil. Die rechte Seite dieser Ungleichung gibt eine Mindestgeschwindigkeit an. Je größer k_{P} ist, desto kleiner ist diese Mindestgeschwindigkeit, für die das Fahrrad stabil fährt. Das entspricht der Erfahrung: Je größer die Geschwindigkeit ist, umso kleinere Lenkausschläge stabilisieren das Rad.

Für die in der Tabelle angegebenen Parameter erhält man

$$k_{\mathrm{P}} > \frac{bg}{v_0^2} = 2{,}94.$$

Das heißt, wenn man den Lenkwinkel β mindestens 2,94 mal so groß wählt wie den aktuellen Neigungswinkel θ balanciert man das Fahrrad bei der angegebenen Geschwindigkeit $v_0 = 2\frac{\mathrm{m}}{\mathrm{s}}$. Abbildung A.58 zeigt das Verhalten des geschlossenen Kreises für die Reglerverstärkung

$$k_{\mathrm{P}} = 4.$$

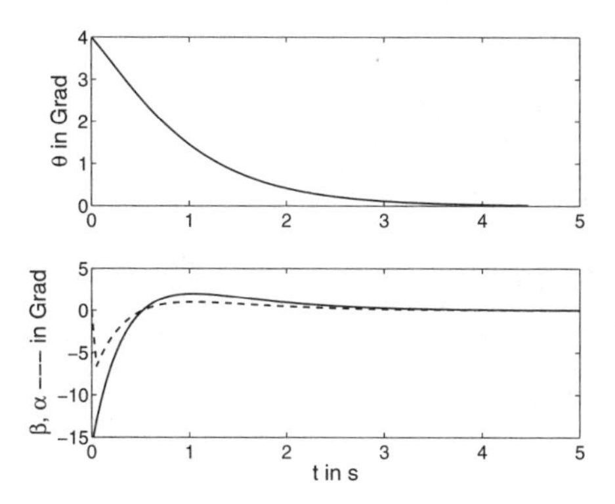

Abb. A.58: Verhalten des geregelten Fahrrades mit Vorderradlenkung

4. Das lineare Modell mit dem veränderten Vorzeichen führt auf die Übertragungsfunktion

$$G(s) = \frac{\frac{mahv_0}{bJ_p}s - \frac{mhv_0^2}{bJ_p}}{s^2 - \frac{mgh}{J_p}} = k\frac{s - s_0}{(s - s_1)(s - s_2)} \tag{A.70}$$

die sich nur im Zähler durch ein Minuszeichen von $G(s)$ in Gl. (A.66) unterscheidet. Die Parameter s_1 und s_2 sind dieselben wie in Gl. (A.69), die Nullstelle heißt jetzt jedoch

$$s_0 = \frac{v_0}{a}. \tag{A.71}$$

Die Regelstrecke hat eine positive Nullstelle, ist also ein nichtminimalphasiges System. Dies hat entscheidende Konsequenzen für die Stabilisierung des Fahrrades.

Die im rechten Teil von Abb. A.57 gezeichnete Wurzelortskurve zeigt, dass das System für keine Reglerverstärkung stabil ist. Dasselbe Ergebnis erhält man auch aus der charakteristischen Gleichung

$$s^2 + kk_{\mathrm{P}}s + (s_1 s_2 - kk_{\mathrm{P}}s_0) = 0$$

und den daraus folgenden notwendigen und hinreichenden Stabilitätsbedingungen

$$kk_{\mathrm{P}} > 0$$
$$(s_1 s_2 - kk_{\mathrm{P}} s_0) > 0$$

Da s_0 positiv und $s_1 s_2$ negativ ist, muss k_{P} negativ sein, um die zweite Bedingung zu erfüllen. Die erste Bedingung fordert aber positive Reglerverstärkungen. Für keinen Wert für k_{P} ist der Regelkreis stabil.

Diskussion. Die Unmöglichkeit, das Fahrrad mit einer proportionalen Regelung zu stabilisieren, ist auf die Nichtminimalphasigkeit der Regelstrecke zurückzuführen. Bei Vergrößerung des Lenkwinkels reagiert das Fahrrad zunächst mit einer Vergrößerung (und nicht wie bei Vorderradlenkung mit einer Verkleinerung) des Neigungswinkels θ. Dies führt zu einer Vergrößerung der Regelabweichung und folglich zu einer weiteren Vergrößerung des Lenkwinkels. Das Fahrrad kippt um.

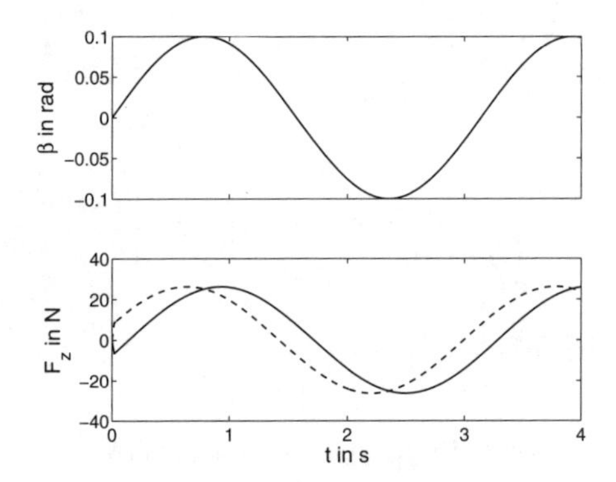

Abb. A.59: Lenkwinkel β und Kraftverlauf F_{z} bei Vorder- und Hinterradlenkung im Vergleich

Die Wirkung der Hinterradlenkung im Vergleich zur Vorderradlenkung ist in Abb. A.59 veranschaulicht. Verstellt man den Lenkwinkel sinusförmig, so erhält man die im unteren Teil der Abbildung gezeigten Kräfteverläufe. Der Kraftverlauf bei Hinterradlenkung eilt dem bei Vorderradlenkung nach, d. h., die für das Balancieren eingesetzte Kraft wirkt später. Tatsächlich wirkt sie bei einer Lenkwinkeländerung erst in die falsche Richtung. Dies ist in Abb. A.60 zu sehen, bei der ein rampenförmiger Verlauf des Lenkwinkels angenommen wurde.

Das in Abb. A.61 gezeigte Fahrrad ermöglicht Experimente mit der Vorderrad- und der Hinterradlenkung. Das Vorwärtsfahren soll lediglich zeigen, dass die am Fahrrad vorgenommenen Änderungen die bisherige Funktionsweise nicht beeinträchtigen. Beim Rückwärtsfahren, also der Verwendung des Fahrrades mit Hinterradlenkung, hat der Fahrer fast dieselbe Position wie beim Vorwärtsfahren. Die Lenkbewegung wird über zwei gekreuzte Seile auf die Gabel des drehbaren Rades übertragen.

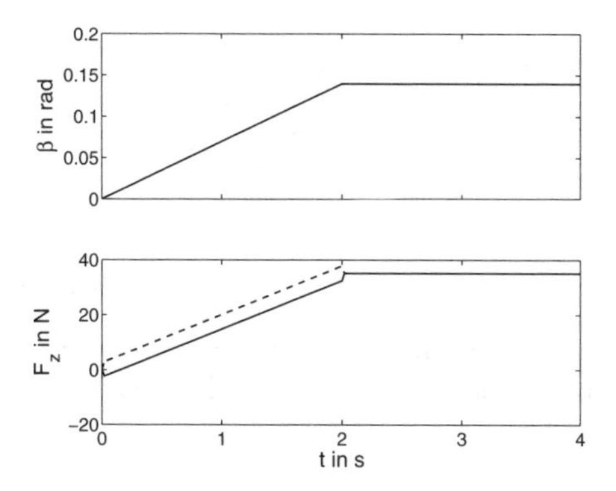

Abb. A.60: Lenkwinkel β und Kraftverlauf F_z bei rampenförmiger Lenkwinkelveränderung

Abb. A.61: Experimentalfahrrad: Um den Nachlauf zu beseitigen, wurde das Vorderrad weiter nach vorn geschoben. Das Fahrrad kann in beide Richtungen benutzt werden.

Aufgabe 10.12 *Reglerentwurf für eine allpasshaltige Regelstrecke*

1. Die charakteristische Gleichung des geschlossenen Kreises lautet

$$s^2(1 + k_P) + 2s - k_P = 0.$$

Der Regelkreis ist genau dann stabil, wenn alle Koeffizienten gleiches Vorzeichen haben, also

$$-1 < k_P < 0$$

gilt.

Der Grund dafür, dass die Reglerverstärkung negativ sein muss, liegt in der Tatsache, dass die statische Verstärkung der Regelstrecke negativ ist: $k_s = -0{,}5$. Regler und Regelstrecke sind also bei negativem k_P, wie gewohnt, gegengekoppelt. Die „Höchstverstärkung" stellt sicher, dass die beiden Pole des geschlossenen Kreises in der negativen Halbebene gehalten werden.

2. Die Wurzelortskurve muss mit negativem Parameter $k = k_P$ gezeichnet werden. Verwendet man zunächst, wie bei Wurzelortskurven üblich, positive Werte für k, so erhält man

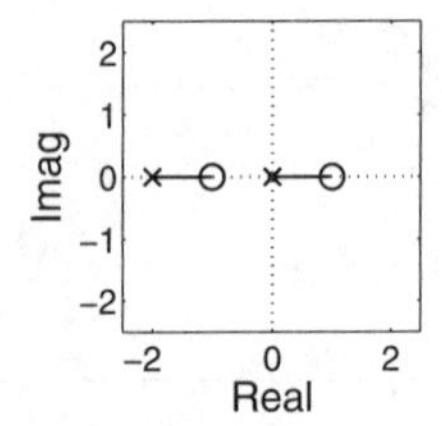

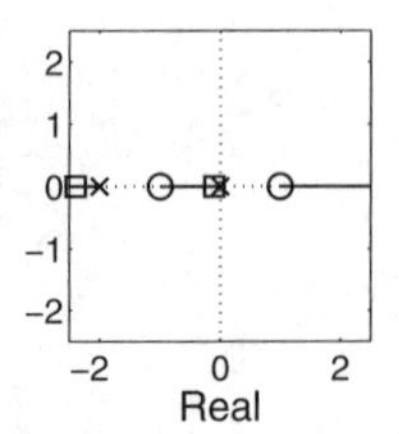

Abb. A.62: Wurzelortskurve für positive Reglerverstärkung k_{P} (links) und für negative Reglerverstärkung k_{P} (rechts; die zu $k_{\mathrm{P}} = 0{,}2$ gehörenden Pole sind markiert)

das in Abb. A.62 (links) gezeigte Bild. Beide Äste der Wurzelortskurve beginnen in den Polen und wandern in die jeweils rechts von den Polen liegende Nullstelle. Es gibt keinen Wert für k_{P}, für den der Regelkreis stabil ist.

Für negative Werte von k_{P} gehören diejenigen Teile der reellen Achse zur Wurzelortskurve, bezüglich derer die Anzahl rechts liegender Pole und Nullstellen gerade ist. Beide Äste der Wurzelortskurve beginnen wieder in den Polen der offenen Kette und erreichen wieder die Nullstellen, jetzt jedoch die jeweils links liegende Nullstelle (Abb. A.62 (rechts)). Der im Pol bei –1 beginnende Ast verlässt die reelle Achse bei $-\infty$ und kommt von $+\infty$ wieder in die komplexe Ebene. Für $|k_{\mathrm{P}}| < 1$ liegen beide Pole in der negativen komplexen Ebene. Der Regelkreis ist folglich stabil.

Aufgabe 10.14 *Wurzelortskurve eines Schwingkreises*

1. Eine äquivalente Darstellung für das System (10.35) ist durch die Gleichungen

$$\begin{aligned}\dot{\boldsymbol{x}} &= \begin{pmatrix} 0 & -\frac{1}{L} \\ \frac{1}{C} & 0 \end{pmatrix} \boldsymbol{x} + \begin{pmatrix} 0 \\ \frac{1}{L} \end{pmatrix} u \\ y &= (0 \quad 1)\, \boldsymbol{x} \\ u &= -Ry\end{aligned}$$

gegeben.

2. Auf Grund dieser Interpretation kann unter Verwendung der gegebenen Parameter der kritische Wert für R folgendermaßen bestimmt werden (auf Maßeinheiten achten!)

Die erhaltene Wurzelortskurve ist in Abb. A.63 dargestellt. Der kritische Wert für den Widerstand wird durch den Punkt bestimmt, an dem sich die beiden Äste der Wurzelortskurve treffen. Dieser Punkt entspricht einem Widerstand von $R = 200\,\Omega$. Für größere Widerstandswerte sind die Eigenwerte der Systemmatrix reell.

Diskussion. Die Wurzelortskurve zeigt ferner das erwartete Ergebnis, dass für keinen Widerstandswert ein oder beide Eigenwerte positiven Realteil haben. Betrachtet man die Konstruktionsvorschriften für die Wurzelortskurve, so wird offensichtlich, dass der „offene

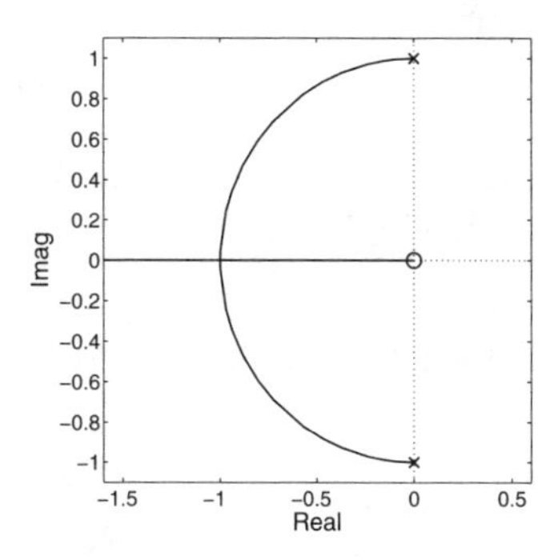

Abb. A.63: Wurzelortskurve zur Bestimmung des kritischen Widerstandes

Programm A.2 *Aufgabe 10.14: Wurzelortskurve eines Schwingkreises*

```
>> C = 0.01;
>> L = 100;
>> A = [0 -1/L; 1/C 0];
>> b = [0; 1/L];
>> c = [0 1];
>> d = 0;
>> offenerKreis = ss(A, b, c, d);
>> rlocus(offenerKreis);                ...erzeugt Abb. A.63
>> rlocfind(offenerKreis)     Punkt auf Wurzelortskurve auswählen
  ans =
       200.05
```

Schwingkreis“ eine Nullstelle im Ursprung des Koordinatensystems oder auf der negativen reellen Achse haben muss, damit man dieses Ergebnis erhält. Wie die Abbildung zeigt, liegt die Nullstelle im Ursprung.

Aufgabe 10.15 *Dämpfung der Rollbewegung eines Schiffes*

1. Abbildung A.64 zeigt das Blockschaltbild des Regelkreises. Im Schiff als Regelstrecke wirkt der Stabilisator als Stellglied, das eine Rollbeschleunigung für den Schiffskörper erzeugt. Die umrandeten Blöcke bilden gemeinsam ein schwingungsfähiges PT_2-Glied.

Die gemessene Rollgeschwindigkeit $\dot{\varphi}$ wird über einen proportionalen Regler an den Stabilisator geführt, der eine der Stellgröße proportionale Kraft auf den Schiffskörper ausübt. Der zugehörige Proportionalitätsfaktor wird zusammen mit der Reglerverstärkung zu k zusammengefasst. Die Welle wirkt additiv zu der vom Stabilisator ausgeübten Kraft.

2. Die in Abb. A.64 umrandeten Blöcke bilden ein PT_2-Glied mit der Übertragungsfunktion (6.114)

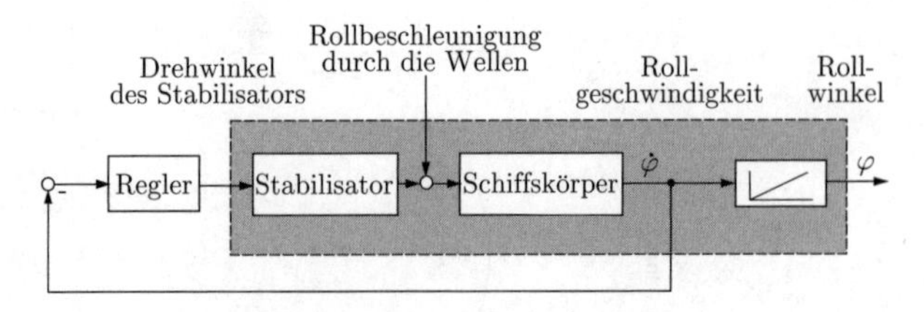

Abb. A.64: Blockschaltbild des Stabilisators

$$G_{\text{Schiff}}(s) = \frac{k_s}{\frac{1}{\omega_0^2}s^2 + \frac{2d}{\omega_0}s + 1},$$

für das $d = 0{,}1$ vorgegeben ist. Die Kreisfrequenz ω_0 kann man folgendermaßen aus der beobachteten Periodendauer ermitteln. Entsprechend Gl. (6.117) schwingt das PT_2-Glied mit der Frequenz f, für die

$$2\pi f = \omega_0\sqrt{1-d^2}\ \frac{\text{rad}}{\text{s}}$$

gilt. Die beobachtete Periodendauer von 6 Sekunden ist der Kehrwert der Frequenz f, so dass sich ω_0 aus

$$\omega_0 = \frac{\frac{2\pi}{6}}{\sqrt{1-0{,}1^2}} = 1{,}58\ \frac{\text{rad}}{\text{s}}$$

ergibt. k_s muss man an die Vorgabe anpassen, so dass eine impulsförmige Welle einen maximalen Rollwinkel von 3° erzeugt. Da der Stabilisator ein statisches Übertragungsglied ist, kann seine Verstärkung mit der Reglerverstärkung zu k zusammengefasst werden. Die Übertragungsfunktion $G_{\text{Schiff}}(s)$ stellt dann die Reihenschaltung des Blockes „Schiffskörper" und des I-Gliedes dar.

Zur Berechnung der Rollbewegung muss zunächst das Modell in MATLAB definiert werden:

```
>> z = 3.3;
>> omega = 1.05;
>> T = 1/omega;
>> d = 0.1;
>> n = [T*T, 2*d*T, 1];
>> Schiff = tf(z, n);
```

Die Rollbewegung kann man dann mit der Funktion `impulse` als Gewichtsfunktion des PT_2-Gliedes berechnen:

```
>> impulse(Schiff);
```

Wie man aus Abb. A.65 erkennt, ist $k_s = 2{,}2$ eine geeignete Parameterwahl.

3. Da der Regler nicht den Rollwinkel, sondern die Rollgeschwindigkeit zurückführt, zeichnet man die Wurzelortskurve für $\hat{G}(s) = sG_{\text{Schiff}}(s)$ mit der Funktion `rlocus` und erhält Abb. A.66:

```
>> z1 = z*[1 0];
>> sSchiff = tf(z1, n);
>> rlocus(sSchiff);
```

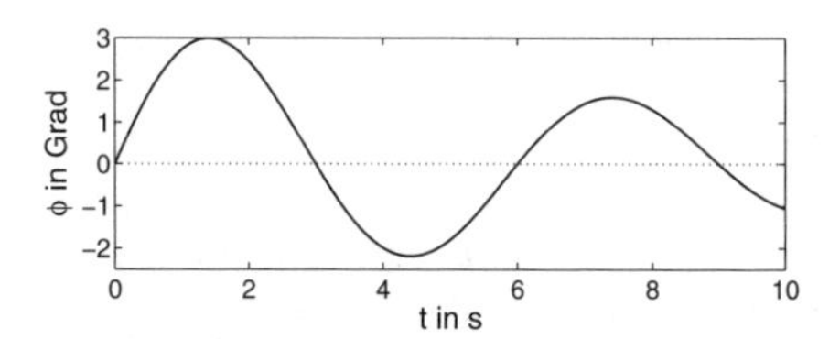

Abb. A.65: Rollbewegung des ungeregelten Schiffes

Die Reglerverstärkung k wählt man mit der Funktion `rlocfind` so aus, dass für die Pole

$$\cos\phi_{\rm d} = d = 0{,}7$$

gilt, die Pole also auf Dämpfungsgeraden mit dem Winkel von 45° liegen. Dabei erhält man etwa $k = 0{,}38$:

```
>> rlocfind(sSchiff)
  ans =
       0.38
```

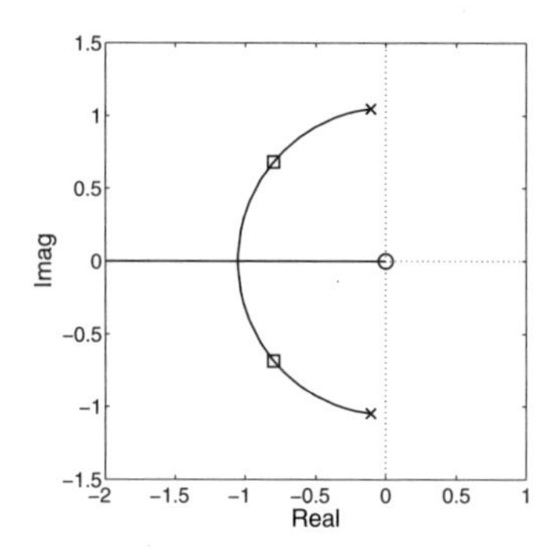

Abb. A.66: Wurzelortskurve des Stabilisatorregelkreises mit Markierung des Polpaares bei Kreisverstärkung $k = 0{,}35$

4. Für das Störverhalten des stabilisierten Schiffes muss man zunächst die Übertragungsfunktion

$$G_{\rm d}(s) = \frac{G_{\rm Schiff}(s)}{1 + ksG_{\rm Schiff}(s)}$$

aufstellen

```
>> kD = 0.38;
>> nd = n + [0 kD*z 0];
>> Gd = tf(z, nd);
```

und kann mit dieser dann die in Abb. A.67 im gleichen Maßstab wie in Abb. A.65 gezeigte Gewichtsfunktion berechnen:

```
>> impulse(Gd);
```

Wie gefordert bewegt sich das Schiff nach eine impulsförmigen Erregung durch eine Welle ohne Überschwingen in die senkrechte Position zurück.

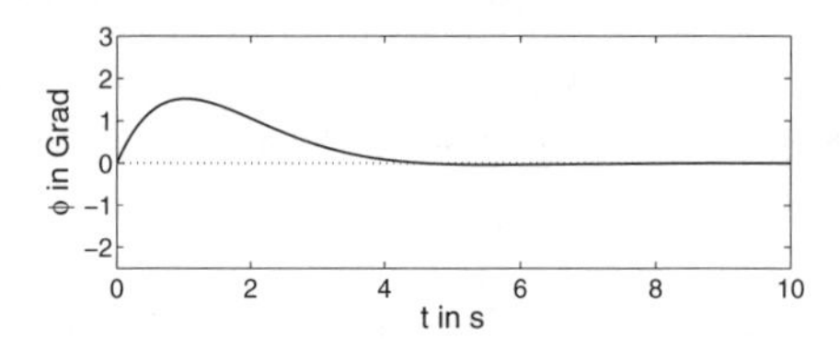

Abb. A.67: Bewegung des stabilisierten Schiffes bei impulsförmiger Anregung

5. Abbildung A.68 zeigt einen Vergleich der Störübertragungsfunktionen des geregelten und des ungeregelten Schiffes. Die Resonanzüberhöhung wird durch den Stabilisator vollständig abgebaut. Die verwendeten MATLAB-Befehle sind im Programm A.3 zusammengefasst.

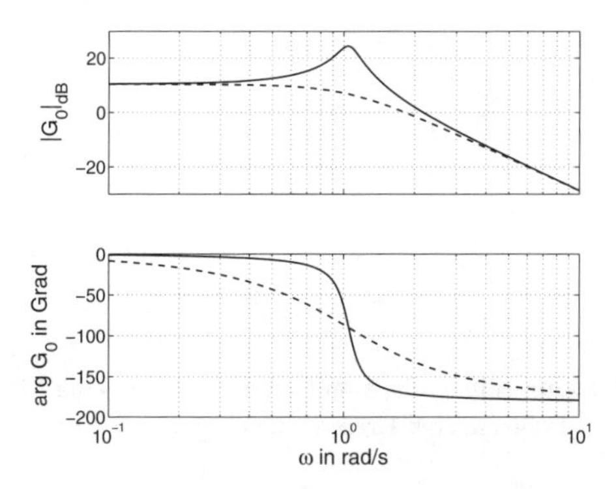

Abb. A.68: Bodediagramm des ungeregelten (—) und des stabilisierten Schiffes (- - -)

Diskussion. Die Störübertragungsfunktion zeigt, dass das Schiff langsamen Erregungen vollständig folgt. Dies ist auf Grund der verwendeten proportionalen Rückführung nicht verwunderlich. Dass man diese einfache Regelung verwendet, liegt an der Tatsache, dass die das Schiff maßgebend anregenden Wellen in einem Frequenzbereich oberhalb von $\omega = 1\ \frac{\mathrm{rad}}{\mathrm{s}}$ liegen. Tieferfrequente Wellen sind nicht so hoch, dass sie bei großen Schiffen eine spürbare

Programm A.3 *Lösung der Aufgabe 10.15: Dämpfung der Rollbewegung eines Schiffes*

Festlegung von $G_{\text{Schiff}}(s)$

```
>> z = 3.3;
>> omega = 1.05;
>> T = 1/omega;
>> d = 0.1;
>> n = [T*T, 2*d*T, 1];
>> Schiff = tf(z, n);

>> impulse(Schiff);          ...erzeugt Abb. A.65
>> bode(Schiff);             ...erzeugt durchgezogene Kurve in Abb. A.68
```

Zeichnen der Wurzelortskurve

```
>> z1 = z*[1 0];
>> sSchiff = tf(z1, n);
>> rlocus(sSchiff);          ...erzeugt Abb. A.66
>> rlocfind(sSchiff)         Punkt auf Wurzelortskurve auswählen
  ans =
       0.38
```

Analyse des stabilisierten Schiffes

```
>> kD = 0.38;
>> nd = n + [0 kD*z 0];
>> Gd = tf(z, nd);
>> impulse(Gd);              ...erzeugt Abb. A.67

>> bode(Gd);                 ...erzeugt gestrichelte Kurve in Abb. A.68
```

Rollbewegung auslösen. Wie man sieht, unterdrückt die Regelung den wichtigen Frequenzbereich wirksam. Dass wenige Teilnehmer an Kreuzfahrten seekrank werden, ist auf das hier (vereinfacht) beschriebene Wirkprinzip des Stabilisators zurückzuführen.

Die angegebenen Lösungsschritte dieser Regelungsaufgabe sind nicht nur für das hier betrachtete Schiff, sondern auch für größere Schiffe zweckmäßig. Wiederholen Sie die Modellbildung und den Reglerentwurf für Schiffe mit einer Rollperiode bei 20 Sekunden.

Bei der praktischen Realisierung muss man darauf achten, dass die vom Stabilisator ausgehende Kraftwirkung von der Fahrgeschwindigkeit abhängt. Mit einem fest eingestellten Regler hat man deshalb bei höherer Geschwindigkeit eine größere Kreisverstärkung als bei kleinerer Geschwindigkeit. Um dieser Veränderung der Kreisverstärkung entgegen zu wirken, wird die Reglerverstärkung der Fahrgeschwindigkeit angepasst.

Aufgabe 11.6 *Dämpfung der Rollbewegung eines Flugzeugs*

1. Die Regelstrecke hat I_2-Verhalten mit dem in Abb. A.69 angegebenen Bodediagramm. Impulsförmige Störungen $0{,}1\delta(t)$ am Eingang der Regelstrecke können als rampenförmige Störungen $0{,}2t$ am Streckenausgang dargestellt werden. Für diese Art von Störungen

erfüllt die offene Kette mit P-Regler das Innere-Modell-Prinzip. Das heißt, das Innere-Modell-Prinzip schreibt keine bestimmte Reglerstruktur (z. B. I-Anteile) vor. Wenn der Regelkreis stabil ist, gibt es keine bleibende Regelabweichung.

2. Um die Güteforderungen in Vorgaben für das Frequenzkennliniendiagramm der offenen Kette umzurechnen, wird zunächst aus Abb. 11.9 auf S. 453 für $\Delta e \approx 0$ abgelesen, dass die Dämpfung d größer als 0,7 sein muss. Daraus erhält man für den Knickpunktabstand $a = 4d^2 \geq 2$. Für die Schnittfrequenz $\omega_\mathrm{s} = \frac{1}{2dT} = \frac{1}{1{,}4T}$ erhält man den Wert $\omega_\mathrm{s} \approx$

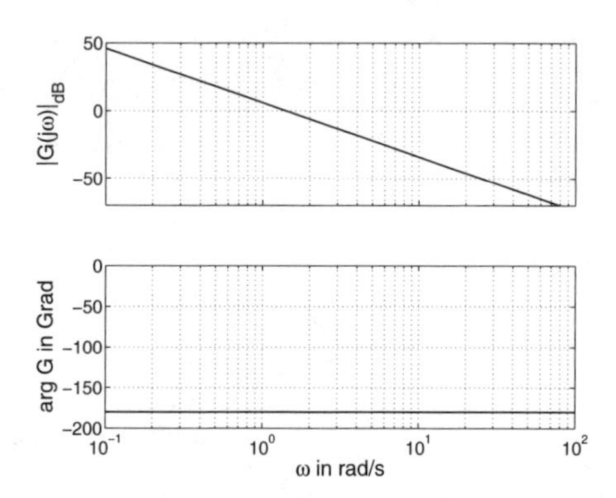

Abb. A.69: Bodediagramm des Flugzeugs als Regelstrecke

$1{,}5\,\frac{\mathrm{rad}}{\mathrm{s}}$, wenn man für die Vorgaben für e_m aus Abb. 11.8 die Forderung $\frac{T_\Sigma}{T} \approx 1$ abliest und beachtet, dass die auf den Ausgang transformierte Störung näherungsweise durch eine sprungförmige Störung, die über ein Verzögerungsglied mit der Zeitkonstanten $T_\Sigma = 0{,}5\,\mathrm{s}$ geführt wird, erzeugt werden kann.

3. Die Regelstrecke hat zwar die gewünschte Schnittfrequenz, nicht jedoch den Knickpunktabstand. Der zu verwendende Regler muss den Amplitudengang oberhalb der Schnittfrequenz „flacher" machen, was durch ein differenzierendes Korrekturglied nach Abb. A.70 geschehen kann:

$$K(s) = 2{,}5\frac{s + 0{,}7}{s + 4}.$$

Abbildung A.71 zeigt das Bodediagramm der offenen Kette. Der daraus entstehende Regelkreis ist stabil, denn er weist einen Phasenrand von etwa 40° auf.

Das Störverhalten des Regelkreises bei der betrachteten impulsförmigen Störung ist in Abb. A.72 (flachere Kurve) dargestellt. Die Abbildung zeigt, dass der Regelkreis die gegebenen Güteforderungen näherungsweise erfüllt.

4. Das Messglied verändert den Regelkreis nur geringfügig, weil die Zeitkonstante von $0,05$ Sekunden sehr klein ist gegenüber den anderen auftretenden Zeitkonstanten. Abbildung A.73 zeigt das Bodediagramm der offenen Kette mit Messglied (durchgezogene Linie) im Vergleich zur offenen Kette ohne Messglied (gestichelte Linie). Die Reaktion des Regelkreises auf Störungen ist nur geringfügig „langsamer" als ohne Messglied, wie die Kurve mit größerer Schwingweite in Abb. A.72 zeigt. Auch mit Messglied sind die Güteforderungen erfüllt.

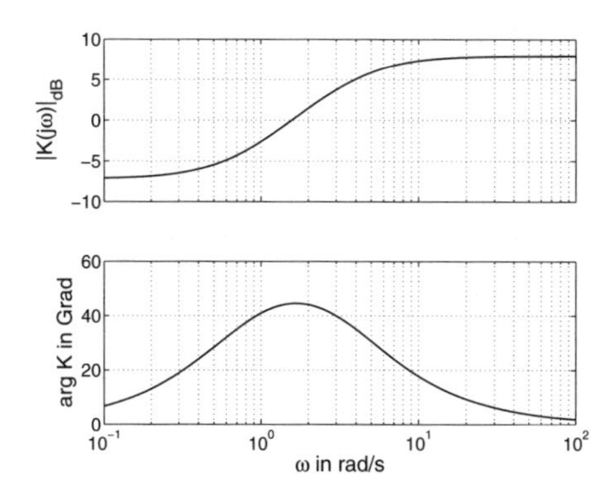

Abb. A.70: Bodediagramm des Reglers

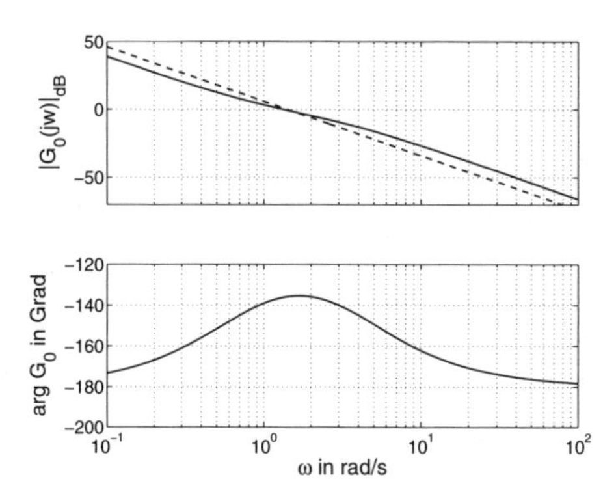

Abb. A.71: Bodediagramm der offenen Kette

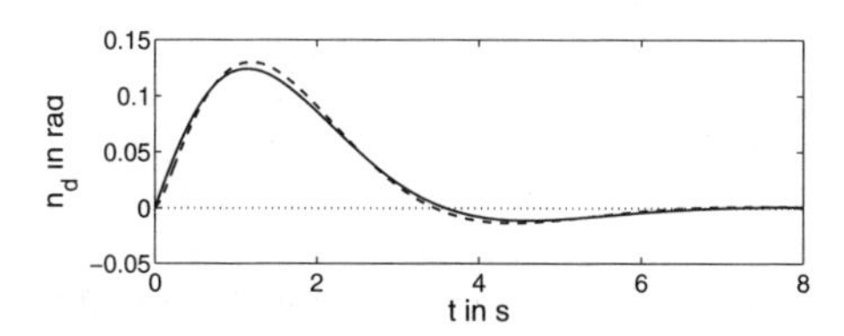

Abb. A.72: Störverhalten des Flugregelkreises

Aufgabe 11.7 *Entwurf einer Abstandsregelung für Fahrzeuge*

1. Da eine Erhöhung der Motorleistung eine Verkleinerung des Abstandes zur Folge hat, steht im Zähler der Übertragungsfunktion der Regelstrecke ein Minuszeichen. Deshalb muss auch der Regler mit einem negativen Vorzeichen versehen werden. Im folgenden wird mit positivem Zähler von $G(s)$ und ohne Minuszeichen vor $K(s)$ gearbeitet. Abbildung A.74 zeigt das Frequenzkennliniendiagramm der Regelstrecke.

Die Forderung nach überschwingfreiem Einschwingen bedeutet entsprechend Abb. 11.3 auf S. 446, dass der Knickpunktabstand die Bedingung $a \geq 3$ erfüllen muss. Aus der

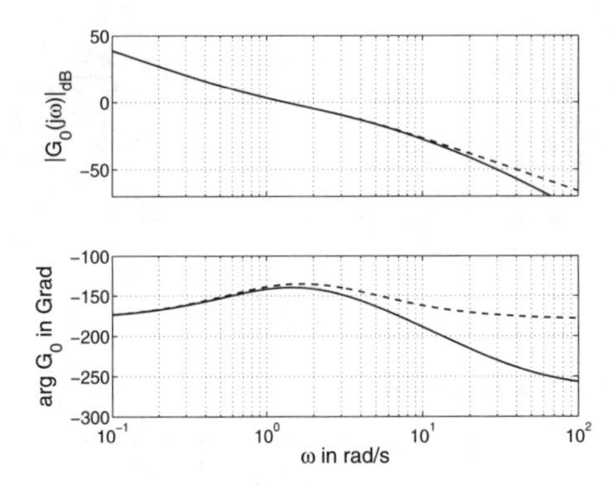

Abb. A.73: Bodediagramm der offenen Kette bei Berücksichtigung des Messgliedes

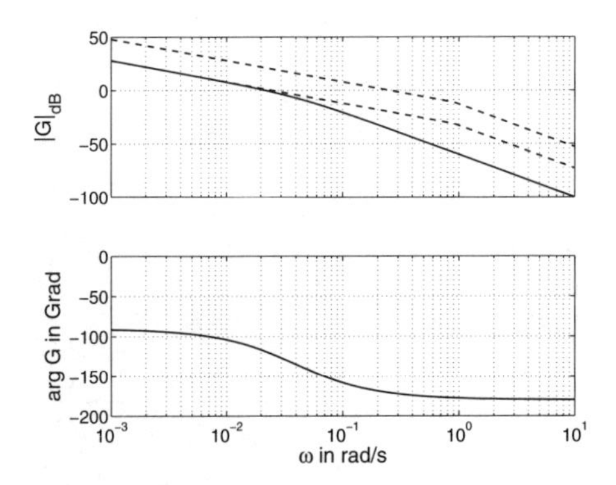

Abb. A.74: Bodediagramm der Regelstrecke und gewünschter Amplitudengang der offenen Kette

Vorgabe für die Einschwingzeit erhält man die Bedingung, dass die Schnittfrequenz bei $\omega_{\rm s} \approx 0{,}3$ liegen soll, denn für das überschwingfreie Verhalten kann man näherungsweise $T_{5\%} \approx T_{\rm m}$ setzen und Gl. (11.6) anwenden.

Der angestrebte Amplitudengang der offenen Kette ist in Abb. A.74 durch die obere gestrichelte Kurve eingetragen. Dieser Amplitudengang soll in zwei Schritten erhalten werden. Erstens wird die jetzt bei 0,04 liegende Knickfrequenz nach $\omega_1 = 0{,}9$ verschoben, wofür ein differenzierendes Korrekturglied

$$K_1(s) = \frac{\frac{1}{0{,}04}s + 1}{\frac{1}{0{,}9}s + 1}$$

notwendig ist. Dabei entsteht die untere gestrichelte Kurve. Zweitens wird der Amplitudengang durch eine Proportionalverstärkung

$$k_{\rm P} = 10$$

um 20 dB angehoben, so dass die Schnittfrequenz bei 0,3 $\frac{\text{rad}}{\text{s}}$ und der Knickpunktabstand bei 3 liegt.

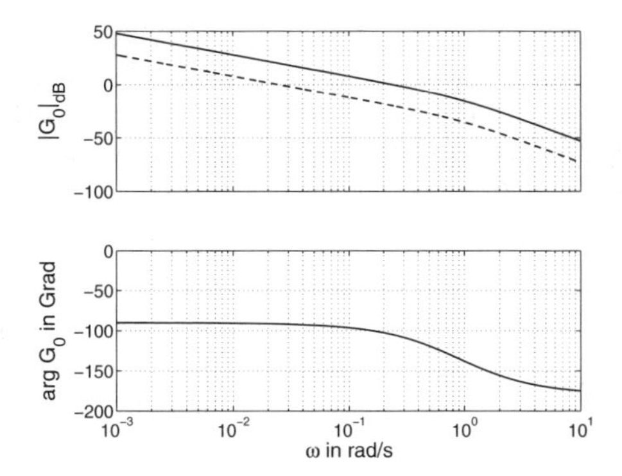

Abb. A.75: Bodediagramm der offenen Kette

Abbildung A.75 zeigt das Bodediagramm der offenen Kette, wobei der vor der Verstärkungserhöhung erreichte Amplitudengang gestrichelt dargestellt ist. Die Kurven stimmen bis auf den runderen Verlauf in der Nähe der Knickfrequenz mit den in Abb. A.74 gestrichelt eingetragenen Geradenapproximationen überein. Die Phase liegt jetzt zwischen -90° und -180°, weil das Minuszeichen im Zähler durch das entsprechende Vorzeichen im Regler berücksichtigt wurde. Auf Grund dieser Tatsache muss an Stelle des Reglers $k_{\mathrm{P}} K_1(s)$ mit dem Regler

$$K(s) = -k_{\mathrm{P}} K_1(s) = -10 \frac{25s + 1}{1{,}11s + 1}$$

gearbeitet werden.

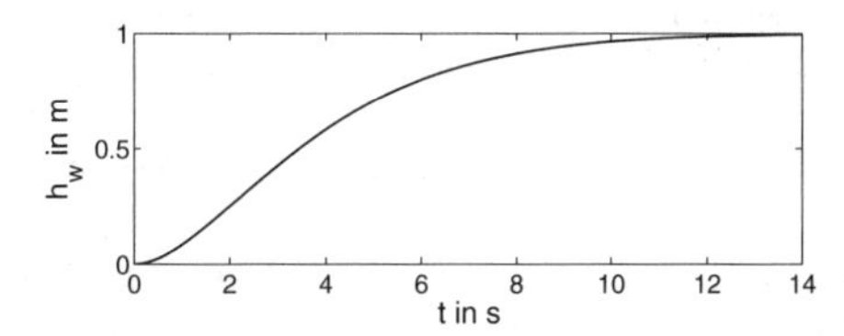

Abb. A.76: Führungsübergangsfunktion des Abstandsregelkreises

Abbildung A.76 zeigt die Führungsübergangsfunktion. Der Abstand wird forderungsgemäß ohne Überschwingen in etwa 10 Sekunden auf den neuen Sollwert geführt.

Man könnte auch auf die Idee kommen und mit einem PD-Regler den "Knick" im Amplitudengang der Regelstrecke aufheben, so dass eine reine I-Kette übrigbleibt. Der geschlossene Regelkreis wäre dann ein PT_1-Glied, das natürlich kein Überschwingen erzeugt. Ein derartiger PD-Regler hätte die Übertragungsfunktion $K(s) = \frac{1}{0{,}04}s + 1$, was gerade dem Zählerpolynom des bisher betrachteten differenzierenden Korrekturgliedes entsprechend würde. Da man bei der technischen Realisierung des PD-Regler wieder ein Zählerpolynom (also einen Verzögerungsanteil mit kleiner Zeitkonstante) einführen muss, kommt man wieder zur selben Lösung.

2. Die bisher am Bodediagramm durchgeführten Überlegungen lassen sich im PN-Bild folgendermaßen durchführen. Auf Grund der Güteforderungen an das Führungsverhalten muss die Dämpfung in der Nähe von eins liegen, die Pole des geschlossenen Kreises also reell sein oder sehr kleine Imaginärteile besitzen. Die Beruhigungszeit von $T_{5\%} = 10\,\mathrm{s}$ führt entsprechend Gl. (10.6) auf die Forderung $\delta_e \approx 0{,}3$.

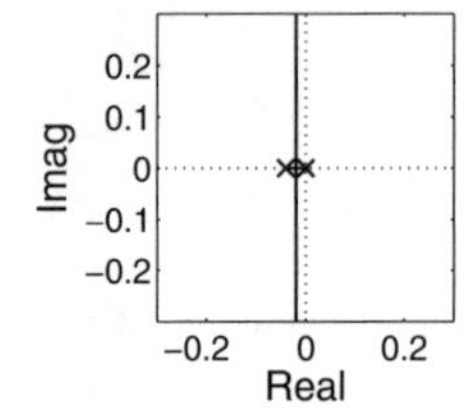

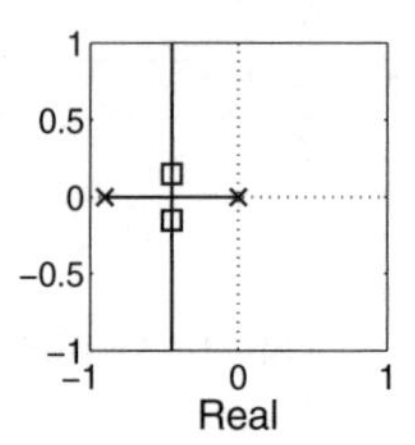

Abb. A.77: Wurzelortskurve mit P-Regler bzw. differenzierendem Korrekturglied

Wie die linke Wurzelortskurve in Abb. A.77 zeigt, sind diese Güteforderungen durch einen P-Regler nicht erfüllbar. Man muss versuchen, den linken Pol gegen eine Nullstelle zu kürzen und einen weiter links liegenden Pol einzuführen, so dass sich auch der Schnittpunkt der Asymptoten mit der reellen Achse nach links verschiebt. Diese Wirkung hat die Verwendung des differenzierenden Korrekturgliedes $K_1(s)$.

Der rechte Teil von Abb. A.77 zeigt die Wurzelortskurve für $\hat{G}_0(s) = G(s)K_1(s)$. Der Schnittpunkt der Asympoten mit der reellen Achse liegt jetzt bei $-0{,}45$. Die Pole können durch geeignete Wahl der Reglerverstärkung so ausgewählt werden, dass sie beide einen Realteil kleiner als $-0{,}3$ und kleine Imaginärteile haben. Die beim Entwurf mit dem Frequenzkennliniendiagramm ausgewählte Verstärkung von $k_P = 10$ legt die Pole an die in der Abbildung gezeigten Stellen, in denen sie ein näherungsweise überschwingfreies Einschwingen erzeugen.

Hätte man die Regelungsaufgabe von vornherein mit dem Wurzelortskurvenverfahren gelöst, so hätte man entsprechend Gl. (10.5) auf S. 410 reelle Pole erzeugt, denn nur für diese verschwindet das Überschwingen vollständig. Aus diese Formel geht aber auch hervor, dass für die hier erhaltene Pollage $-0{,}45 \pm j0{,}15$ die Überschwingweite den Wert $\Delta h \approx 0{,}0001$ hat und damit praktisch nicht sichtbar ist.

Diskussion. Das Innere-Modell-Prinzip schreibt für diese Regelungsaufgabe keine bestimmte Struktur für den Regler vor. Es kann mit einem proportional wirkenden Regler gearbeitet werden, da die Regelstrecke integrales Verhalten besitzt. Dies heißt jedoch nicht, dass zur Erfüllung der Dynamikforderungen an den Regelkreis keine dynamische Elemente in den Regler eingefügt werden müssen. Bei diesem Beispiel zeigen Bodediagramm und Wurzelortskurve, dass ein differenzierendes Korrekturglied verwendet werden muss, um die gewünschte Einschwingzeit zu erreichen. Der Regler hat damit weiterhin proportionales Verhalten.

Dass als Regler ein differenzierendes Korrekturglied verwendet werden muss, konnte man direkt aus dem Bodediagramm erkennen. Dieser Regler hat aber auch eine offensichtliche technische Interpretation. Er besitzt keinen integralen Anteil, da die Regelstrecke integrales Verhalten besitzt. Der über einen bestimmten Frequenzbereich wirkende differenzierende Anteil ist notwendig, um den Regelkreis schnell genug zu machen, so dass Störungen ohne Überschwingen abgebaut werden können. Die Wirkung dieses Anteils kann man sich anschaulich dadurch vergegenwärtigen, dass der Regler aus dem Fahrzeugabstand durch Differenziation die Relativgeschwindigkeit beider Fahrzeuge bestimmt. Reagiert der Regler bereits auf diese Geschwindigkeit (und nicht erst auf den sich durch diese Geschwindigkeit verändernden Abstand), so kann er die Regelabweichung schneller abbauen.

Aufgabe 13.3 *Modell des Regelkreises mit Hilfsregelgröße*

Aus Abb. 13.3 auf S. 500 erhält man die Gleichungen

$$\begin{aligned} Y(s) &= G_2(s)\, G_{\mathrm{y_H d}}(s)\, D(s) + G_2(s)\, G_1(s)\, U(s) \\ Y_{\mathrm{H}}(s) &= G_{\mathrm{y_H d}}(s)\, D(s) + G_1(s)\, U(s) \\ U(s) &= K(s)\,(W(s) - Y(s)) - K_{\mathrm{y}}(s)\, Y_{\mathrm{H}}(s). \end{aligned}$$

Daraus folgen durch Einsetzen die Beziehungen

$$\begin{aligned} Y_{\mathrm{H}} &= G_{\mathrm{y_H d}} D + G_1 K W - G_1 K Y - G_1 K_{\mathrm{y}} Y_{\mathrm{H}} \\ Y_{\mathrm{H}} &= \frac{G_{\mathrm{y_H d}}}{1 + G_1 K_{\mathrm{y}}} D + \frac{G_1 K}{1 + G_1 K_{\mathrm{y}}} W - \frac{G_1 K}{1 + G_1 K_{\mathrm{y}}} Y, \end{aligned}$$

und

$$\begin{aligned} U &= KW - KY - K_{\mathrm{y}} \left(\frac{G_{\mathrm{y_H d}}}{1 + G_1 K_{\mathrm{y}}} D + \frac{G_1 K}{1 + G_1 K_{\mathrm{y}}} W - \frac{G_1 K}{1 + G_1 K_{\mathrm{y}}} Y \right) \\ &= \left(K - K_{\mathrm{y}} \frac{G_1 K}{1 + G_1 K_{\mathrm{y}}} \right) W - \left(K - K_{\mathrm{y}} \frac{G_1 K}{1 + G_1 K_{\mathrm{y}}} \right) Y - K_{\mathrm{y}} \frac{G_{\mathrm{y_H d}}}{1 + G_1 K_{\mathrm{y}}} D \\ &= \frac{K}{1 + G_1 K_{\mathrm{y}}} W - \frac{K}{1 + G_1 K_{\mathrm{y}}} Y - \frac{G_{\mathrm{y_H d}} K_{\mathrm{y}}}{1 + G_1 K_{\mathrm{y}}} D \end{aligned}$$

sowie

$$Y = G_2 G_{\mathrm{y_H d}} D + G_2 G_1 \cdot \left(\frac{K}{1 + G_1 K_{\mathrm{y}}} W - \frac{K}{1 + G_1 K_{\mathrm{y}}} Y - \frac{G_{\mathrm{y_H d}} K_{\mathrm{y}}}{1 + G_1 K_{\mathrm{y}}} D \right)$$

$$\begin{aligned} Y \left(1 + G_1 G_2 \frac{K}{1 + G_1 K_{\mathrm{y}}} \right) &= \left(G_2 G_{\mathrm{y_H d}} - G_2 G_1 \frac{G_{\mathrm{y_H d}} K_{\mathrm{y}}}{1 + G_1 K_{\mathrm{y}}} \right) D + \\ &\quad + G_2 G_1 \left(\frac{K}{1 + G_1 K_{\mathrm{y}}} \right) W \\ Y &= \frac{G_2 G_{\mathrm{y_H d}}}{1 + G_1 K_{\mathrm{y}} + G_1 G_2 K} D + \frac{G_1 G_2 K}{1 + G_1 K_{\mathrm{y}} + G_1 G_2 K} W. \end{aligned}$$

Diese Gleichungen führen auf die in der Aufgabenstellung angegebenen Übertragungsfunktionen des Regelkreises.

Aufgabe 13.6 *Kaskadenregelung des Fahrzeugabstandes*

Abbildung A.78 zeigt die Kaskadenregelung. Der innere Regelkreis soll die Fahrzeuggeschwindigkeit v_2 auf dem Sollwert $w_{\rm v}$ halten, der als konstante bzw. sich langsam ändernde Größe angenommen wird. Die sprungförmige Störung $\bar{a}_{\rm B}\sigma(t)$ durch die Hangabtriebskraft bleibt eine sprungförmige Störung, wenn man sie an den Ausgang der Regelstrecke des inneren Regelkreises transformiert. Die offene Kette muss deshalb I-Verhalten besitzen, wenn man eine bleibende Regelabweichung vermeiden will. Da die Regelstrecke proportionales Verhalten hat, muss der Regler $K_{\rm v}(s)$ einen I-Anteil $\frac{1}{s}$ enthalten. Der Reglerentwurf besteht deshalb in der Wahl eines Geschwindigkeitsreglers $K_{\rm v}(s)$, für den der Geschwindigkeitsregelkreis stabil ist und durch den die Geschwindigkeit ausreichend schnell dem Sollwert $w_{\rm v}$ angepasst wird.

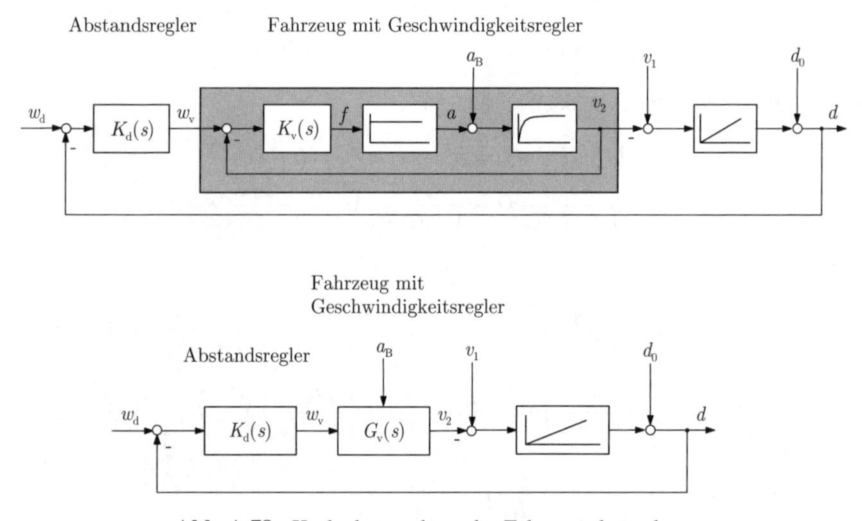

Abb. A.78: Kaskadenregelung des Fahrzeugabstandes

Für die Abstandsregelung ist maßgebend, dass der innere Regelkreis zu einem proportionalen Übertragungsglied mit der Übertragungsfunktion $G_{\rm v}(s)$ zusammengefasst werden kann. Um die impulsförmige Störung $d_0\delta(t)$ zu unterdrücken und um Sollwertfolge bezüglich der sprungförmigen Führungsgröße $w_{\rm d}$ zu erreichen, ist ein P-Regler ausreichend, weil die Regelstrecke I-Verhalten hat. Ein I-Anteil ist im Regler $K_{\rm d}(s)$ notwendig, um den Abstand trotz einer sprungförmigen Störung $\bar{v}_1\sigma(t)$, die am Ausgang der Regelstrecke als rampenförmige Störung $\bar{v}_1 t$ wirkt, auf dem Sollwert zu halten.

Diskussion. Der Vorteil der Kaskadenregelung gegenüber einer Abstandsregelung ohne unterlagerte Geschwindigkeitsregelung resultiert aus der Zerlegung der Regelungsaufgabe in zwei Teilaufgaben, die sich einfacher lösen lassen als die Gesamtaufgabe. Da auch die Geschwindigkeitsmessung keine technisch schwierigen Probleme aufwirft, ist es sehr zweckmäßig, zunächst in einem unterlagerten Regelkreis mit der relativ kurzen Ursache-Wirkungs-Kette von f zu v_2 die Geschwindigkeit zu regeln und dann die Abstandsregelung unter Verwendung des Geschwindigkeitssollwertes w_v als Stellgröße zu realisieren.

Dieser ingenieurtechnisch offensichtliche Vorteil ist auch aus einem Vergleich der Komplexität der beiden Teilaufgaben mit der der Gesamtaufgabe erkennbar. Die Abstandsregelung ohne unterlagerte Geschwindigkeitsregelung führt auf eine I_2-Kette (vgl. Aufg. 7.8 auf S. 559), die nur bei starker Phasenanhebung zu einem stabilen Regelkreis geschlossen werden kann. Demgegenüber muss beim Geschwindigkeitsregelkreis eine offene Kette mit I-Verhalten stabilisiert werden, was deutlich einfacher ist. Der Entwurf des äußeren Regelkreises erfordert dann lediglich die Wahl eines PI-Reglers für eine integral wirkende Regelstrecke. Insgesamt stecken in der Reihenschaltung von Abstandsregler und Geschwindigkeitsregler wieder zwei Integratoren. Das Gesamtsystem kann jedoch in zwei Schritten stabilisiert werden, was auch bedeutet, dass die für das Gesamtsystem notwendige Phasenanhebung in zwei Schritten vorgenommen wird.

Aufgabe A4.4 *Entwurf der Kompensationsrückführung im Airbag-Sensor*

Lösungsweg. Zur Lösung der Aufgabe kann das Kompensationsprinzip entweder als Regelkreis zur Störkompensation entsprechend Abb. A4.4 oder nach Umzeichnen des Blockschaltbildes als Regelkreis zur Sicherung der Sollwertfolge (A4.1) aufgefasst werden. Hier wird die zweite Methode beschrieben, weil bei dieser Darstellung die Aufgabe des Sensors, die Messgröße $a_m(t)$ der aktuellen Beschleunigung $a(t)$ anzupassen, besser sichtbar wird. Der umgezeichnete Regelkreis ist in Abb. A.79 zu sehen.

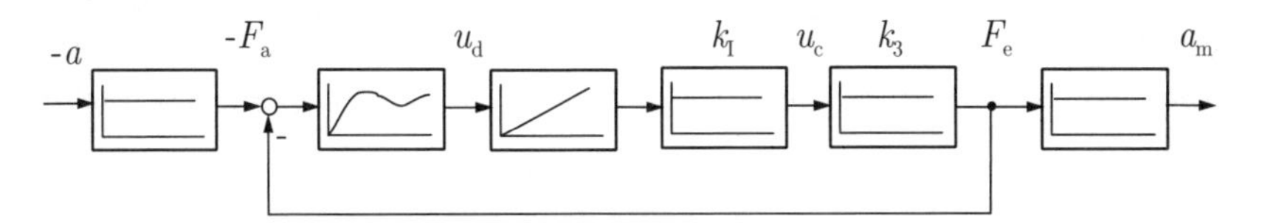

Abb. A.79: Umgezeichnetes Blockschaltbild des Sensors

Um dem Standardregelkreis möglichst nahe zu kommen, wurde die Mischstelle mit dem Minuszeichen verschoben und a und F_a durch $-a$ bzw. $-F_a$ ersetzt. Die Nichtlinearität wird durch ein P-Glied mit dem Verstärkungsfaktor k_3 dargestellt. Dieses Glied würde im Rückführzweig liegen, wenn man u_c als Regelgröße verwenden würde. Da ein solcher Block im Standardregelkreis nicht vorgesehen ist, wird statt dessen mit F_e als Regelgröße und $-F_a$ als Führungsgröße gearbeitet. Aus F_e kann a_m entsprechend

$$a_m(t) = \frac{1}{m} F_e(t) \tag{A.72}$$

bestimmt werden. Der Vorwärtszweig in Abb. A.79 kann noch so umgeordnet werden, dass der durch den Integrator und das P-Glied mit der Verstärkung k_I dargestellte Regler wie üblich hinter der Mischstelle und die durch das Schwingungsglied und das P-Glied mit der Verstärkung k_3 beschriebene Regelstrecke rechts davon liegt.

Die Aufgabe kann nun in folgenden Schritten gelöst werden:

1. Stellen Sie die Übertragungsfunktion für alle Elemente des Kompensationskreises auf.
2. Zeichnen Sie das Bodediagramm für die offene Kette (mit $k_{\rm I} = 1$).
3. Bestimmen Sie aus den Anforderungen an die Dynamik des Kompensationskreises den erwünschten Amplitudengang der offenen Kette und daraus die Rückführverstärkung $k_{\rm I}$.
4. Zeichnen Sie die Sensorausgangsgröße $a_{\rm m}(t)$ für $a = 3g\sigma(t)$, bewerten und korrigieren Sie gegebenenfalls Ihr Entwurfsergebnis.
5. Bestimmen Sie nun das lineare Näherungsmodell der Nichtlinearität, wenn die Beschleunigung an Stelle von $3g$ den Wert $20g$ besitzt.
6. Zeichnen Sie die Sensorausgangsgröße $a_{\rm m}(t)$ für $a = 20g\sigma(t)$ unter Verwendung des neuen Näherungsmodells der Nichtlinearität, aber des alten Wertes für $k_{\rm I}$ und bewerten Sie das Ergebnis. Ist der Kompensationskreis robust in dem Sinne, dass die für $a = 3g$ entworfene Rückführung auch für $a = 20g$ eingesetzt werden kann?

Beachten Sie, dass für die Aufstellung des Lösungsweges keine Rechenschritte unternommen werden müssen, sondern der Lösungsweg direkt aus einer Betrachtung des Blockschaltbildes abgeleitet werden kann.

Lösung. Im Folgenden wird die Zeit in Sekunden, die Masse in Kilogramm, der Weg in Metern, die Kraft in Newton und die Spannung in Volt angegeben.

1. Für die Pole des PT_2-Gliedes

$$G(s) = \frac{k_{\rm s}}{T^2 s^2 + 2dTs + 1}$$

erhält man entsprechend Gl. (6.117)

$$s_{1/2} = -\omega_0 d \pm \omega_0 \sqrt{d^2 - 1} = -25000 \pm 43301j,$$

wobei die Zeit in Sekunden gemessen wird. Die statische Verstärkung ergibt sich aus

$$k_{\rm s} = \frac{1}{F_{50a}} = 81{,}55,$$

wobei $F_{a50} = 50gm$ die Kraft bei einer Beschleunigung von $50g$ ist. Damit gilt

$$G(s) = \frac{81{,}55}{4 \cdot 10^{-10} s^2 + 2 \cdot 10^{-5} s + 1}.$$

Den Proportionalitätsfaktor α in der nichtlinearen Beziehung

$$F_{\rm e} = \alpha u_{\rm c}^2$$

erhält man aus dem Betriebsfall $a_{\rm max} = 50g$. Dabei wirkt auf die mittlere Elektrode die Kraft F_{a50}, die durch eine gleichgroße Kraft F_{e50} kompensiert werden muss. Dafür steht die Maximalspannung von $u_{\rm cmax} = 10$ zur Verfügung (Abb. A.80). Es gilt also

$$\alpha = \frac{50gm}{u_{\rm cmax}^2} = 0{,}0012.$$

Die Nichtlinearität wird für den Betriebsfall $a = 3g$ durch die lineare Beziehung

$$F_{\rm e} = k_3 u_{\rm c}$$

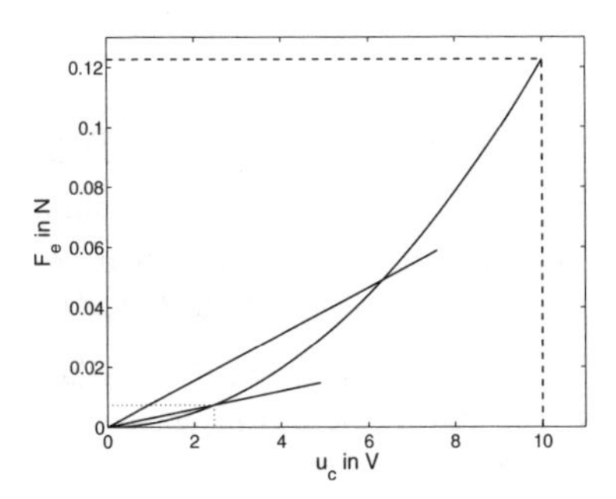

Abb. A.80: Linearisierung des nichtlinearen Zusammenhanges zwischen u_c und F_e

ersetzt. Für diesen Betriebsfall wird die Kompensationskraft

$$F_e = F_{e3} = 3gm$$

durch die Spannung

$$u_c = u_{c3} = \sqrt{\frac{F_{e3}}{\alpha}}$$

erzeugt, so dass man für den Verstärkungsfaktor k_3

$$k_3 = \frac{F_{e3}}{u_{c3}} = \sqrt{3gm\alpha} = 0{,}003 \tag{A.73}$$

erhält. Die quadratische Kennlinie wird also durch die untere lineare Kennlinie in Abb. A.80 ersetzt.

Der Proportionalitätsfaktor des P-Gliedes ganz links im Blockschaltbild ist m. Für den Block ganz rechts erhält man entsprechend Gl. (A.72) den Faktor $\frac{1}{m}$. Am E/A-Verhalten des Kompensationskreises ändert sich nichts, wenn man beide Blöcke weglässt und damit zum Standardregelkreis übergeht.

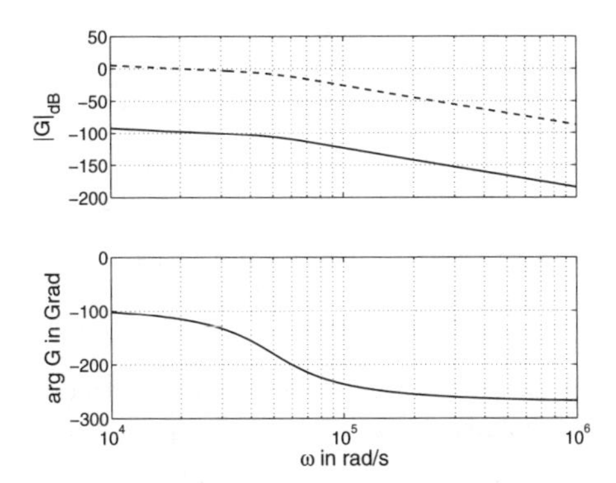

Abb. A.81: Frequenzkennlinien der offenen Kette

2. Die offene Kette ist durch

$$G_0(s) = G(s)\,k_3 \frac{k_\mathrm{I}}{s} = \frac{0{,}245 k_\mathrm{I}}{4 \cdot 10^{-10} s^3 + 2 \cdot 10^{-5} s^2 + s}$$

beschrieben, woraus man für $k_\mathrm{I} = 1$ die in Abb. A.81 mit den durchgezogenen Linien dargestellten Frequenzkennlinien erhält. Bei der Knickfrequenz $\omega_0 = 5 \cdot 10^4 \, \frac{\mathrm{rad}}{\mathrm{s}}$ verändert sich die Neigung des Amplitudenganges von –20 dB/Dekade auf –60 dB/Dekade.

3. Der Kompensationskreis muss bezüglich seines Führungsverhaltens entworfen werden. Der Sensor soll innerhalb von $100 \mu\mathrm{s}$ eine Beschleunigung detektieren, die größer als $3g$ ist. Diese Forderung kann dadurch realisiert werden, dass der Kreis für ein kleines Überschwingen ($\Delta h \approx 10\%$) und die Überschwingzeit $T_\mathrm{m} \approx 10^{-4}$ s entworfen wird. Entsprechend Abb. 11.3 bzw. Gl. (11.6) auf S. 446 muss der Einstellfaktor a größer als 1,5 sein und die Schnittfrequenz bei $\omega_\mathrm{s} \approx 3 \cdot 10^4 \, \frac{\mathrm{rad}}{\mathrm{s}}$ liegen.

Um den Amplitudengang der offenen Kette an diese Vorgaben anzupassen, steht nur ein frei wählbarer Parameter k_I zur Verfügung. Daher kann man die Kenngrößen nicht genau, sondern nur näherungsweise erreichen. Verschiebt man den in Abb. A.81 mit der durchgezogenen Linie dargestellten Amplitudengang um 100 dB nach oben, so liegt die Schnittfrequenz bei $\omega_\mathrm{s} = 2 \cdot 10^4 \, \frac{\mathrm{rad}}{\mathrm{s}}$, während die Knickfrequenz bei $5 \cdot 10^4 \, \frac{\mathrm{rad}}{\mathrm{s}}$ bleibt. Der Abstand der Knickfrequenz von der Schnittfrequenz ist also größer, als es durch den Einstellfaktor von 1,5 vorgegeben ist. Der Amplitudengang hat oberhalb der Knickfrequenz jedoch nicht die gewünscht Neigung von –40 dB/Dekade, sondern –60 dB/Dekade.

Der entstehende Amplitudengang ist in Abb. A.81 durch die gestrichelte Linie gezeigt. Der Abstand beider Kurven entspricht

$$k_\mathrm{I} = 75\,000 \approx 100\,\mathrm{dB}.$$

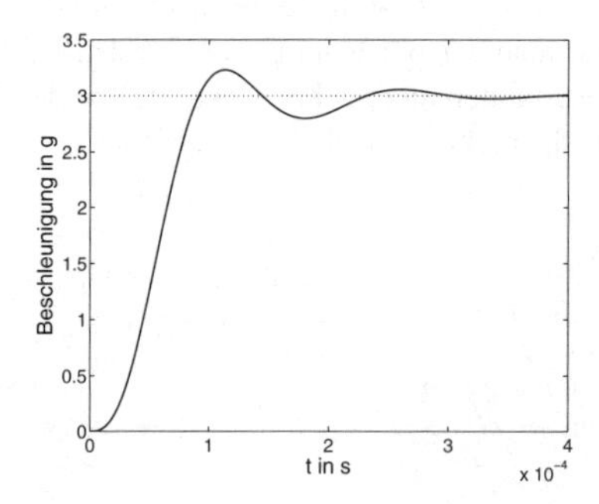

Abb. A.82: Messergebnis bei Beschleunigung $3g$

4. Abbildung A.82 zeigt die Ausgangsgröße des Sensors für die Führungsgröße $a(t) = 3g\sigma(t)$. Die Dynamik erfüllt die angegebenen Forderungen.

5. Linearisiert man die Nichtlinearität für $a = 20g$, so erhält man

$$F_\mathrm{e} = k_{20} u_\mathrm{c}$$

mit

$$k_{20} = \sqrt{20gm\alpha} = 0{,}0078$$

(vgl. Gl. (A.73)). Die nichtlineare Kennlinie wird jetzt also durch die obere der beiden in Abb. A.80 eingetragenen Geraden angenähert. Das betreffende P-Glied hat eine größere Verstärkung als das der ersten Näherung.

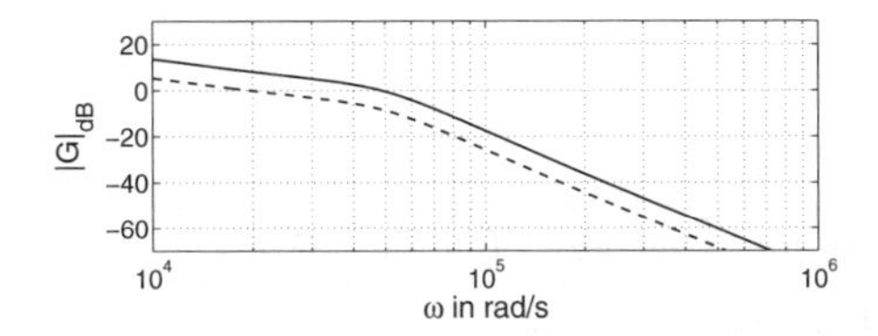

Abb. A.83: Verschiebung des Amplitudenganges der offenen Kette

6. Ersetzt man im Kompensationskreis den Faktor k_3 durch k_{20}, so hat der offene Kreis eine höhere Verstärkung, die sich im Amplitudengang in einer Verschiebung nach oben bemerkbar macht. Dies ist in Abb. A.83 durch den Übergang vom gestrichelten zum durchgezogenen Amplitudengang veranschaulicht. Die Schnittfrequenz ω_{s} wird vergrößert, was zu einem schnelleren Einschwingen des Kreises führt. Da der Phasengang durch die Verstärkungserhöhung nicht beeinflusst wird, wird der Phasenrand des Kreises erheblich reduziert, was zu einem erheblichen Schwingen führt. Dies kann man auch bei Betrachtung des Knickpunktabstandes erkennen. Wie Abb. A.83 zeigt, ist die Knickfrequenz jetzt kleiner als die Schnittfrequenz, also $a < 1$, was entsprechend Abb. 11.6 zu einer hohen Überschwingweite Δh führt.

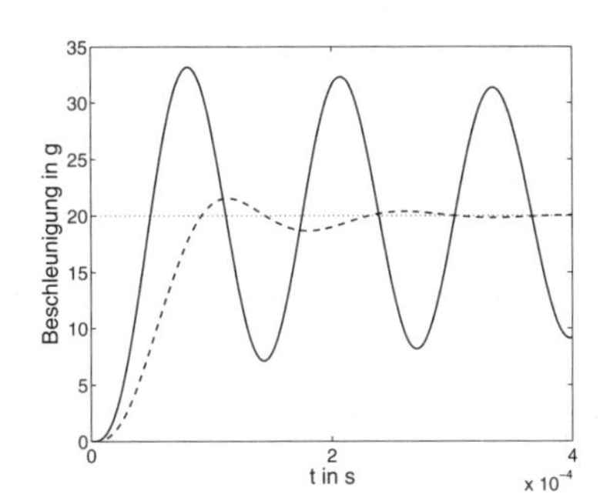

Abb. A.84: Messergebnis bei $a(t) = 20g\sigma(t)$

Die durchgezogene Linie in Abb. A.84 zeigt das Messergebnis. Als gestrichelte Linie ist im Vergleich dazu die auf den Endwert $20g$ bezogene Kurve aus Abb. A.82 eingetragen. Dieses Verhalten würde man erhalten, wenn der Zusammenhang zwischen u_{c} und F_{e} linear wäre. Durch die Nichtlinearität erhält der Kompensationskreis aber eine wesentliche höhere Kreisverstärkung, die zu dem Schwingen führt.

Der Sensor ist robust gegenüber einer Veränderung des Arbeitspunktes in dem Sinne, dass er auch bei $a = 20g$ das Überschreiten des Grenzwertes von $3g$ innerhalb der vorgegebenen Zeit signalisiert. Möglichkeiten zur Verbesserung des Verhaltens bei hohen Beschleunigungen und damit der Robustheit liegen einerseits in der Verwendung der PI- an Stelle der I-Rückführung sowie andererseits in einer konstruktiven Veränderung des Sensors. Wenn man die Membran, die in der mikrosystemtechnischen Realisierung die mittlere Platte der Kapazität trägt, verändert, modifiziert man die Parameter der PT_2-Approximation und kann dann ebenfalls eine größere Robustheit des linearen Kreises erreichen.

Aufgabe A4.5 *Positionierung eines Radioteleskops*

Hinweise zur Modellbildung. Die Modellierung der Elevationsbewegung erfolgt über den Drallsatz:

$$J_\mathrm{s} \ddot{\Phi} = u - M_\mathrm{R} - M_\mathrm{A} + M_\mathrm{G}.$$

J_s ist das Trägheitsmoment der beiden Gewichte um den Schwerpunkt, der im Drehpunkt der Antenne liegt und wie folgt berechnet wird:

$$J_\mathrm{s} = m_\mathrm{A}\, l_\mathrm{A}^2 + m_\mathrm{G}\, l_\mathrm{G}^2.$$

Φ ist der Elevationswinkel. Das Antriebsmoment u des Elevationsantriebs greift in Φ-Richtung an. M_R ist das geschwindigkeitsproportionale Reibmoment

$$M_\mathrm{R} = k_\mathrm{R}\, \dot{\Phi}.$$

M_A und M_G sind die Momente, die durch die Gewichtskraft über die Hebel l_A und l_G auf den Drehpunkt wirken. Bei dem in Abb. A4.5 gezeigten Aufbau heben sich diese Momente auf:

$$m_\mathrm{A}\, l_\mathrm{A} = m_\mathrm{G}\, l_\mathrm{G}.$$

Mit der Drehwinkelgeschwindigkeit $\omega = \dot{\Phi}$ ergibt sich aus dem Drallsatz die folgende Differentialgleichung für die Elevation:

$$J_\mathrm{s}\, \dot{\omega} + k_\mathrm{R}\, \omega = u.$$

Hinweise zur Systemanalyse und zum Reglerentwurf. Gehen Sie in folgenden Schritten vor:

1. Zeichnen Sie das Blockschaltbild der Regelstrecke. Welche Übertragungsglieder enthält die Regelstrecke? Welches Übertragungsverhalten hat die Regelstrecke?
2. Stellen Sie das Zustandsraummodell der Regelstrecke mit dem Zustandsvektor

$$\boldsymbol{x} = \begin{pmatrix} \Phi \\ \dot{\Phi} \end{pmatrix}$$

auf.
3. Berechnen Sie zunächst das Übertragungsverhalten der Regelstrecke für impulsförmige Stellmomente $u(t) = \delta(t)$ und stellen Sie den Verlauf von $\Phi(t)$ in Grad dar. Beachten Sie die große Zeitkonstante des Systems.
4. Stellen Sie die Übertragungsfunktion der Regelstrecke $G(s) = \frac{Y(s)}{U(s)}$ auf und geben Sie die Zahlenwerte der Parameter an.

5. Zeichnen Sie das Bodediagramm der Regelstrecke.
6. Zeichnen Sie das Blockschaltbild des geschlossenen Regelkreises. Nehmen Sie an, dass Windböen als impulsförmige Störgrößen wirken. Wo greift diese Störung an?
7. Welcher Regler muss gewählt werden, damit Sollwertfolge bei sprungförmigen Führungsgrößen erreicht wird?
8. Damit die maximale Winkelgeschwindigkeit nicht überschritten wird, muss die Überschwingzeit T_{m} ausreichend groß gewählt werden. Nehmen Sie $\omega_{max} = \frac{10\,\mathrm{Grad}}{\mathrm{min}}$ an und ermitteln Sie T_{m} aus

$$\frac{1\,\mathrm{rad}}{T_{\mathrm{m}}} \approx \frac{10\,\mathrm{Grad}}{\mathrm{min}}.$$

9. Führen Sie den Reglerentwurf mit Hilfe des Frequenzkennliniendiagramms durch.
10. Simulieren Sie das Führungsverhalten für sprungförmige Führungsgrößen mit $w(t) = \sigma(t)$ (im Bogenmaß) und stellen sie den Verlauf von Φ in Grad dar. Werden die Güteforderungen erfüllt?

Anhang 2

Kurze Einführung in MATLAB

A2.1 Der MATLAB-Interpreter

MATLAB ist ein Programmpaket für numerische Berechnungen, das insbesondere die Matrizenrechnung unterstützt. Es besteht aus einem MATLAB-Kern, der Algorithmen zur Durchführung wichtiger Matrizenoperationen wie beispielsweise Matrizenmultiplikation oder Eigenwertberechnung umfasst und außerdem über Funktionen für die grafische Aufbereitung der Ergebnisse verfügt. Für regelungstechnische Anwendung gibt es als Ergänzung dazu die *Control System Toolbox*, in der viele Algorithmen für die Analyse dynamischer Systeme und den Reglerentwurf enthalten sind. Die im Folgenden behandelten Funktionen sind entweder im MATLAB-Kern oder in dieser Toolbox verfügbar. Die Syntax entspricht der Version 6.5.

Um die hier beschriebenen Übungen durchführen zu können, reicht die in diesem Anhang gegebene Kurzbeschreibung von MATLAB aus. Wer „richtig" programmieren will, sollte sich über den vollen Funktionsumfang von MATLAB anhand der Handbücher *MATLAB Reference Manual* und *MATLAB User Guide* informieren oder das Programmsystem z. B. mit dem Befehl `demo` am Rechner erkunden.

A2.2 Die wichtigsten MATLAB-Befehle

Aufruf. Das Anklicken des MATLAB-Icons öffnet ein Fenster, den sogenannten *Workspace*, in dem man nach dem Prompt >> die in MATLAB implementierten Funktionen aufrufen kann.

Hilfen und Demos. Alle Befehle haben eine On-line-Hilfe, die mit dem Befehl

```
>> help <name>
```

aufgerufen wird, wobei für `<name>` ein Funktionsname oder der Name einer Toolbox steht. Darüberhinaus können Stichwortsuchen mit dem Befehl:

```
>> lookfor <stichwort>
```

durchgeführt werden, wobei `<stichwort>` ein englischer Suchbegriff ist. Die Befehlsübersicht über die regelungstechnischen Anwendungen der *Control System Toolbox* erhält man mit

```
>> help control
```

Eine kurze Übersicht über die *Control System Toolbox* erhält man nach dem Funktionsaufruf

```
>> ctrldemo
```

MATLAB wird mit

```
>> quit
```

beendet.

Funktionsaufrufe. MATLAB kennt im Wesentlichen nur einen Datentyp. Alle Variablen sind Matrizen, deren Elemente Fließkommazahlen doppelter Genauigkeit sind (möglicherweise komplexwertig). Skalare sind Matrizen der Dimension (1, 1). Es wird zwischen Zeilenvektoren $(1, n)$ und Spaltenvektoren $(n, 1)$ unterschieden.

Mit MATLAB führt man Berechnungen durch, indem man die Funktion `befehl` mit der Eingangsvariablen `einvar` aufruft und das Ergebnis einer Ausgabevariablen `ausvar` durch das Gleichheitszeichen zuordnet:

```
>> ausvar=befehl(einvar)
```

Definiert man keine neue Ausgabevariable, so wird das Ergebnis in der Variable `ans` (für *answer*) gespeichert. Mehrere Eingabevariablen werden durch Kommas getrennt. Besteht das Ergebnis des Funktionsaufrufes aus mehreren Elementen, so sind die Ausgabevariablen in eckige (Matrix)-Klammern zu setzen:

```
>> [aus1,aus2]=befehl(ein1,ein2,ein3)
```

Will man die Bildschirmausgabe der Ergebnisse unterdrücken (was insbesondere bei Zwischenergebnissen in Form großer Matrizen sinnvoll ist), so wird der Funktionsaufruf mit einem Semikolon abgeschlossen:

```
>> ausvar=befehl(einvar);
```

Dateneingabe. Matrizen werden interaktiv durch eckige Klammern umrahmt zeilenweise eingegeben. Jede Spalte wird durch einen Leerraum oder ein Komma, jede Zeile durch einen Zeilenvorschub (<Return>-Taste) oder ein Semikolon abgeschlossen. Die imaginäre Einheit j wird durch ein `i` oder `j` dargestellt (Vorsicht: `i` und `j` dürfen deshalb nicht als Variablennamen verwendet werden!).

Beispielsweise kann eine Matrix durch

```
>> A=[  2+0.1i  0
        0       2-0.1i];
```

eingegeben werden. Als zweites Beispiel wird die Festlegung einer (4, 3)-Matrix `A` gezeigt, bei der auch auf einige elementare Funktionen und Konstanten zurückgegriffen wird

```
>> A=[  2.4   5e-2     5+i      ; 5          -7          8
        pi    log(2)   exp(1)   ; sqrt(2),   sin(3.1),   cos(0)]
A=
       2.4000   0.0500    5.0000+1.000i
       5.0000   -7.0000   8.0000
       3.1416   0.6931    2.7183
       1.4142   0.0416    1.0000
```

Für größere Matrizen ist die interaktive Dateneingabe nicht geeignet. Mit einem beliebigen Editor legt man sich deshalb eine Datei an, in die die Elemente der Matrix zeilenweise geschrieben werden, wobei hier nur Zahlen und keine Funktionsaufrufe benutzt werden dürfen. Ist der Name einer solchen Datei z. B. `B.dat`, so sind nach der Ausführung des Befehls

```
>> load B.dat
```

der Matrix `B` die mit dem Editor eingegebenen Elemente zugeordnet.

Die Dimension einer Matrix `A` erhält man mit dem Befehl

```
>> size(A)
```

Das Ergebnis ist eine (1, 2)-Matrix, deren erstes Element die Zeilenanzahl und deren zweites Element die Spaltenanzahl angibt. Für die o.a. Matrix gilt

```
>> size(A)
ans=
        4      3
```

Indizierung. Auf die Elemente einer Matrix kann einzeln zugegriffen werden. Benötigt man beispielsweise das Element mit dem Index (2, 3) der Matrix `A` als Variable `element`, so gibt man

```
>> element=A(2,3)
```

ein.

Spezielle Befehle. Um spezielle Matrizen einfacher anlegen zu können, gibt es den Befehl

```
>> I = eye(n);
```

der eine (n, n)-Einheitsmatrix `I` anlegt, und die Befehle

```
>> O = zeros(n,m);
>> E = ones(n,m);
```

die eine (n, m)-Nullmatrix `O` bzw. eine ausschließlich mit Einsen gefüllte Matrix `E` anlegen.

Durch

```
>> At=A';
```

wird die Matrix `A` transponiert bzw. die zu ihr konjugiert komplexe, transponierte Matrix gebildet. Auf diese Weise ist auch eine Umwandlung von Zeilen- in Spaltenvektoren und umgekehrt möglich.

Die wichtigsten Matrizenfunktionen dienen der Eigenwertberechnung

```
>> eig(A)
```

der Berechnung der Inversen

```
>> inv(A)
```

und der Berechnung des Rangs

```
>> rank(A)
```

einer Matrix `A`. In den ersten beiden Fällen muss die Matrix selbstverständlich quadratisch sein.

Scripts. Wenn man eine bestimmte Befehlsfolge häufig wiederholen will, wie es bei Analyse- und Entwurfsaufgaben üblich ist, so legt man sich zweckmäßigerweise eine Datei `script.m` mit einem beliebigen Namen `script` und der Erweiterung `.m` an. Durch den Aufruf

```
>> script
```

wird dann die in der Datei aufgeführte Befehlsfolge ausgeführt. Will man bestimmte Analyse- und Entwurfsschritte oder Parameter ändern, so muss man dies nur mit einem Editor in der Datei `script` tun und kann die Befehlsfolge von neuem starten.

Grafische Ausgaben. MATLAB vereinfacht die grafische Darstellung von Funktionen in vielfältiger Weise. Darauf soll hier nicht eingegangen werden, weil der Aufruf von Funktionen wie `step` oder `bode` sofort zur grafischen Ausgabe der Übergangsfunktion bzw. des Frequenzkennliniendiagramms führt. Eine Veränderung der Skalierung kann nach Aufruf der Funktion

```
>> zoom
```

durch Einrahmen des interessierenden Bereiches der Grafik erfolgen. Dafür markiert man durch Drücken der linken Maustaste die obere linke und untere rechte Ecke eines Rechtecks, das den gewünschten Ausschnitt umrahmt, oder erzeugt durch mehrfaches Drücken der rechten oder der linken Maustaste eine Folge von Bildern in kleineren bzw. größeren Maßstäben. Dieselbe Wirkung erreicht man mit der Funktion

```
>> axis([xmin xmax ymin ymax]);
```

wobei die den Variablen `xmin`, `xmax`, `ymin` bzw. `ymax` zugewiesenen Zahlenwerte die Grenzen der darzustellenden Bereiche der x- bzw. y-Achse bezeichnen.

A2.3 Modellformen und Analysemethoden

Analyse linearer Systeme im Zeitbereich

Das Zustandsraummodell

$$\begin{aligned} \dot{\boldsymbol{x}}(t) &= \boldsymbol{A}\boldsymbol{x}(t) + \boldsymbol{b}u(t), \qquad \boldsymbol{x}(0) = \boldsymbol{x}_0 \\ y(t) &= \boldsymbol{c}'\boldsymbol{x}(t) + du(t) \end{aligned}$$

wird durch die Matrix $\boldsymbol{A}$, die Vektoren $\boldsymbol{b}$ und $\boldsymbol{c}$ und den Skalar d sowie durch die Dimensionen $n = \dim \boldsymbol{x}$, $m = \dim \boldsymbol{u}$ und $r = \dim \boldsymbol{y}$ festgelegt. Bei den nachfolgenden MATLAB-Aufrufen werden Variable mit denselben Namen `A, b, c` und `d` bzw. `n, m` und `r` verwendet.
Die Definition eines Systems in Zustandsraumdarstellung erfolgt durch

```
>> System = ss(A, b, c, d);
```

wobei `System` die Bezeichnung eines Systems darstellt, wofür man beispielsweise `Strecke` oder `Regler` verwendet kann.
Folgende Funktionen werden benötigt:

```
>> [A, b, c, d]=ssdata(System)
```

Auslesen des Zustandsraummodells eines Systems; man erhält auch dann ein Zustandsraummodell, wenn `System` durch eine Übertragungsfunktion definiert wurde (vgl. Abschn. A2.3)

```
>> printsys(A, b, c, d)
```

Ausgabe des Zustandsraummodells auf dem Bildschirm

```
>> eig(A)
>> damp(A)
```

Berechnung der Eigenwerte bzw. der Eigenfrequenzen und Dämpfungsfaktoren

Da die Ausgaben auf dem Bildschirm ausreichend kommentiert sind, lernt man die Wirkung der Befehle am besten dadurch kennen, dass man sie an einem Beispiel ausprobiert.

Analyse linearer Systeme im Frequenzbereich

Kontinuierliche Systeme

$$Y(s) = G(s)\, U(s)$$

werden im Frequenzbereich durch die gebrochen rationale Übertragungsfunktion $G(s)$ beschrieben, die in Zähler- und Nennerpolynom zerlegt werden kann:

$$G(s) = \frac{Z(s)}{N(s)}.$$

Polynome werden in MATLAB durch Vektoren dargestellt, die die Polynomkoeffizienten in Richtung fallender Exponenten enthalten, beispielsweise

$$\mathtt{n} = [\mathtt{1\ 3\ 0\ 1}] \qquad \text{für} \qquad N(s) = s^4 + 3s^3 + 1.$$

Dementsprechend wird $G(s)$ durch ein Paar `z`, `n` von Polynomen beschrieben und ein System in Frequenzbereichsdarstellung durch

```
System = tf(z, n);
```

definiert.
Folgende Funktionen werden benötigt:

`>> [z, n]=tfdata(System, 'v')`	Auslesen der Übertragungsfunktion eines Systems; man erhält auch dann eine Übertragungsfunktion, wenn `System` durch ein Zustandsraummodell definiert wurde (vgl. Abschn. A2.3)
`>> printsys(z, n);`	Ausgabe der Übertragungsfunktion auf dem Bildschirm

Da Totzeitsysteme keine gebrochen rationale Übertragungsfunktion haben, können diese Systeme nicht ohne eigenen Programmieraufwand mit MATLAB behandelt werden. Man kann jedoch mit der Funktion

```
>> [z, n] = pade(Tt, n);
```

die Padé-Approximation `n`-ter Ordnung für das Totzeitglied $G(s) = \exp(-sT_{\rm t})$ berechnen, wenn der Variablen `Tt` zuvor der Wert der Totzeit zugewiesen wurde. Um keine numerischen Probleme zu bekommen, wählt man `n` nicht größer als fünf. Die totzeitfreie Approximation `n`-ter Ordnung von `System` erhält man mit dem Funktionsaufruf

```
>> SystemApprox = pade(System, n);
```

Weitere Analysefunktionen

Die folgenden Funktionen sind für Zeitbereichs- und Frequenzbereichsmodelle sehr ähnlich:

```
>> dcgain(System)
```
Berechnung von

$$k_\mathrm{s} = -\boldsymbol{c}'\boldsymbol{A}^{-1}\boldsymbol{b} + d \text{ bzw. } k_\mathrm{s} = G(0)$$

(auch für instabile Systeme, für die k_s nicht die Bedeutung der statischen Verstärkung hat!)

```
>> tzero(System)
```
Berechnung der Nullstellen eines Systems

```
>> minSystem = minreal(System)
```
Bestimmung der minimalen Realisierung eines Systems, was in der Frequenzbereichsdarstellung das Kürzen von Linearfaktoren in Zähler- und Nennerpolynom bedeutet, aber auch im Zustandsraummodell durchgeführt werden kann.

```
>> pzmap(System)
```
Grafische Darstellung des PN-Bildes

```
>> step(System)
```
Berechnung der Übergangsfunktion und grafische Ausgabe auf dem Bildschirm

```
>> impulse(A, b, c, d)
```
Berechnung der Gewichtsfunktion und grafische Ausgabe auf dem Bildschirm

```
>> initial(System, x0)
```
Berechnung der Eigenbewegung des Systems mit Anfangszustand $\boldsymbol{x}_0$

```
>> lsim(A, b, c, d, u, t, x0)
```
Berechnung der Ausgangsgröße für eine beliebig vorgegebene Eingangsgröße; `u` und `t` sind zwei Zeilenvektoren gleicher Länge, in denen der Wert der Eingangsgröße $u(t)$ und der zugehörige Zeitpunkt t stehen.

```
>> bode(System)
```
Berechnung des Bodediagramms und grafische Darstellung auf dem Bildschirm

```
>> nyquist(System)
```
Berechnung der Ortskurve und grafische Darstellung auf dem Bildschirm

`>> margin(System)` Berechnung des Amplitudenrandes und des Phasenrandes eines Systems, grafische Ausgabe des Bodediagramms und Markierung der Stabilitätsränder

`>> rlocus(offeneKette)` Berechnung der Wurzelortskurve der offenen Kette und grafische Darstellung

`>> rlocfind(offeneKette)` Auswahl eines Punktes der Wurzelortskurve der offenen Kette, die auf dem Bildschirm dargestellt wird

Transformationen zwischen unterschiedlichen Modellformen

Die folgenden Funktionen dienen der Überführung eines Zustandsraummodells mit verschwindendem Anfangszustand $\boldsymbol{x}_0 = \mathbf{0}$ in eine Übertragungsfunktion oder umgekehrt bzw. der Überführung des Zustandsraummodells in eine kanonische Normalform.

`>> [z, n] = tfdata(System)`

Auslesen der Übertragungsfunktion mit Zählerpolynom `z` und Nennerpolynom `n` bzw. Berechnung der Übertragungsfunktion $G(s)$

$$G(s) = \boldsymbol{c}'(s\boldsymbol{I} - \boldsymbol{A})^{-1}\boldsymbol{b} + d$$

aus dem Zustandsraummodell (je nach Definition von `System`)

`>> [A, b, c, d] = ssdata(System)`

Auslesen des Zustandsraummodells bzw. Berechnung des Zustandsraummodells in Regelungsnormalform, das die gegebene Übertragungsfunktion besitzt (je nach Definition von `System`)

`>> kanonSystem = ss2ss(System, inv(T))`

Berechnung des transformierten Zustandsraummodells (5.27) – (5.31), wobei die Transformationsmatrix `T` wie in Gl. (5.26) verwendet wird.

`>> [kanonSystem, Tinv] = canon(System, 'modal')`

Berechnung der kanonischen Normalform (5.55) des Zustandsraummodells; wird die Typangabe `'companion'` verwendet, so entsteht die Beobachtungsnormalform

Zusammenfassung zweier Übertragungsglieder

Für die drei Standardfälle einer Zusammenschaltung zweier Übertragungsglieder gibt es Funktionen, die aus den Übertragungsfunktionen bzw. den Zustandsraummodellen der beiden Elemente das Modell der Zusammenschaltung berechnen.

Reihenschaltung:

```
>> Reihenschaltung = series(System1, System2)
```

Parallelschaltung:

```
>> Parallelschaltung = parallel(System1, System2)
```

Rückführschaltung:

```
>> Rueckfuehrschaltung
   = feedback(Vorwaertszweig, Rueckwaertszweig, -1)
```

Bei der Rückführschaltung wird von einer negativen Rückkopplung ausgegangen (-1 kann weggelassen werden) oder es muss durch +1 die positive Rückkopplung angegeben werden.

A2.4 Zusammenstellung der Programme

Anhang 3

Aufgaben zur Prüfungsvorbereitung

Dieser Anhang enthält Aufgaben, für deren Lösung der gesamte Stoff dieses Buches verwendet werden muss und die sich deshalb für die Prüfungsvorbereitung eignen.

Aufgabe A3.1 *Modelle dynamischer Systeme*

In der Regelungstechnik werden sowohl Modelle für das zeitliche Verhalten dynamischer Systeme als auch Frequenzbereichsbeschreibungen eingesetzt. Einige von ihnen erfassen nur das E/A-Verhalten.

1. Stellen Sie diese Modelle einschließlich der Voraussetzungen zusammen, unter denen diese Modelle verwendet werden können.
2. Kennzeichnen Sie, durch welche Transformationen bzw. unter welchen zusätzlichen Annahmen Sie von einer Modellform zu einer anderen kommen können. □

Aufgabe A3.2 *Wichtige Eigenschaften von Übertragungsgliedern*

1. Wie können Übertragungsglieder klassifiziert werden?
2. Wie lauten Zustandsraummodell und Übertragungsfunktion dieser Übertragungsglieder in ihrer einfachsten Form?
3. Welche Eigenschaften besitzen diese Übertragungsglieder? Zeichnen Sie qualitativ die Übergangsfunktion, die Gewichtsfunktion, das PN-Bild, die Ortskurve und das Bodediagramm der wichtigsten Übertragungsglieder auf.
4. Kennzeichnen Sie in den Diagrammen, wo Sie wichtige Kenngrößen wie statische Verstärkung, Summenzeitkonstante, Dämpfung usw. ablesen können bzw. wie Sie Aussagen über die Sprungfähigkeit, Minimalphasigkeit und Stabilität erhalten.
5. Welches Übergangsverhalten und welches stationäre Verhalten haben diese Übertragungsglieder? □

Aufgabe A3.3 *Stabilität dynamischer Systeme*

1. Welche Stabilitätsdefinitionen kennen Sie? Welcher Zusammenhang besteht zwischen diesen Eigenschaften?
2. Mit welchen Modellen können Sie diese Eigenschaften untersuchen?
3. Mit welchen Kriterien können Sie diese Stabilitätseigenschaften für die Regelstrecke bzw. für den Regelkreis überprüfen? □

Aufgabe A3.4 *Stabilität von Regelkreisen*

Das Verhalten vieler Regelstrecken lässt sich in guter Näherung durch PT_2- bzw. PT_tT_1-Glieder beschreiben. Diese Näherungen haben nicht nur den Vorteil, dass die Modelle eine kleine dynamische Ordnung und wenige festzulegende Parameter besitzen. Die Stabilitätseigenschaften der mit diesen Regelstreckenmodellen entstehenden Regelkreise sind überschaubar.

1. Wird ein P-Regler verwendet, so ist der Regelkreis mit PT_2-Strecke für beliebige (positive) Reglerverstärkungen stabil. Für die PT_tT_1-Strecke gibt es eine obere Schranke $k_{\rm krit}$, so dass die Stabilität für $k < k_{\rm krit}$ gesichert ist. Wie können Sie diese Aussagen anhand des charakteristischen Polynoms des geschlossenen Kreises, anhand des Bodediagramms und der Ortskurve der offenen Kette bzw. mit Hilfe der Wurzelortskurve beweisen?
2. Die angegebenen Aussagen gelten nur, solange man die Regelstrecke tatsächlich als PT_2- bzw. PT_tT_1-Glied auffassen kann. Zeigen Sie, dass die entstehenden realen Regelkreise robust gegenüber Approximationsfehlern sind, d.h., dass man trotz kleiner Approximationsfehler von der Stabilität des Modells des Regelkreises auf die Stabilität des realen Regelkreises schließen kann. Woran erkennen Sie Grenzen für die Robustheit? Begründen Sie, warum es eine obere Schranke $\bar{k}_{\rm krit}$ für die Reglerverstärkung gibt, so dass der reale Regelkreis für $k > \bar{k}_{\rm krit}$ instabil sein kann.
3. Wie verändern sich alle vorherigen Betrachtungen, wenn an Stelle eines P- ein I-Regler verwendet wird? □

Aufgabe A3.5 *Auswahl der Reglerstruktur*

Die Reglerstruktur wird anhand „struktureller" Eigenschaften der Regelstrecke festgelegt. Stellen Sie die Regeln für die Wahl der Reglerstruktur zusammen, wenn folgende Forderungen erfüllt werden sollen:

- Der Regelkreis soll stabil bzw. I-stabil sein.
- Der Regelkreis soll die Eigenschaft der Sollwertfolge besitzen.
- Das Messrauschen soll ausreichend unterdrückt werden.
- Der Regelkreis soll robust gegenüber Unsicherheiten des Regelstreckenmodells sein.
- Das Führungsverhalten und das Störverhalten sollen gegebene Dynamikforderungen erfüllen.

Klassifizieren Sie die Regelungsaufgaben in Abhängigkeit davon, welche dieser Forderungen von besonderer Bedeutung sind, und stellen Sie die für die einzelnen Klassen von Regelungsaufgaben zutreffenden Forderungen an die Reglerstruktur zusammen. Welche Beschränkungen ergibt sich für die Wahl der Reglerparameter auf Grund des Gleichgewichtstheorems? □

Aufgabe A3.6 *Reglerentwurf*

1. Welche Entwurfsverfahren für einschleifige Regelkreise haben Sie kennengelernt?
2. Vergleichen Sie die Annahmen, von denen die einzelnen Verfahren ausgehen, und charakterisieren Sie, für welche Anwendungsfälle sich diese Verfahren deshalb besonders gut eigenen.
3. Schreiben Sie das Vorgehen beim Entwurf für die einzelnen Verfahren in Form eines Programmablaufplanes auf. Wo treten „Iterationsschleifen" auf? Wann werden diese Schleifen durchlaufen und welche Veränderungen gegenüber vorhergehenden Entwurfsschritten finden in ihnen statt? □

Anhang 4

Projektaufgaben

Die in diesem Anhang zusammengestellten Projektaufgaben betreffen den gesamten Lösungsweg von Regelungsaufgaben beginnend bei der Modellbildung über die Analyse der Regelstrecke bis zum Reglerentwurf. Sie eigenen sich für vorlesungsbegleitende Übungen, bei denen die einzelnen Lösungsschritte unter Verwendung von MATLAB an praxisnahen Beispielen erprobt werden. Die Studenten erfahren dabei, wie sich die einzelnen Verfahren unter den für die unterschiedlichen Anwendungsbeispiele charakteristischen Randbedingungen, Regelstreckeneigenschaften und Güteforderungen anwenden lassen, und es wird auch erkennbar, welche von mehreren möglichen Vorgehensweisen die für das betrachtete Beispiel günstigste ist. Die Projektaufgaben haben steigenden Schwierigkeitsgrad. Für die erste Aufgabe sind die wichtigsten Lösungsschritte in Beispielen bzw. Lösungshinweisen für Übungsaufgaben in diesem Buch erläutert und müssen lediglich nachvollzogen werden. Für die zweite Aufgabe wird der Lösungsweg in der Aufgabenstellung vorgegeben. Für die folgenden Beispiele muss auch der Lösungsweg selbst geplant werden. Die Leser sollen selbst entscheiden, welche Lösungsschritte sie im Einzelnen gehen wollen. Die folgenden Hinweise dienen lediglich als Anregung:

- Beginnen Sie mit einem Blockschaltbild für die zu entwerfende Regelung.
- Planen Sie den Lösungsweg und lösen Sie die Teilaufgaben anschließend in den zuvor festgelegten Schritten.
- Analysieren Sie die Regelstrecke und bewerten Sie die Regelungsaufgabe und die zu erwartende Regelgüte anhand der Stabilitätseigenschaften, der statischen Verstärkung, der Pole und Nullstellen sowie der Ortskurve und des Frequenzkennliniendiagramms der Regelstrecke.
- Entscheiden Sie, ob die Güte der Regelung im Wesentlichen durch das Führungsverhalten oder das Störverhalten bestimmt wird.
- Vergleichen Sie die Eigenwerte des geschlossenen Regelkreises mit denen der Regelstrecke. Kann der Regelkreis wesentlich schneller gemacht werden als die Regelstrecke?
- Sehen Sie sich bei der Bewertung der Regelgüte nicht nur den Verlauf der Regelgröße, sondern auch den Verlauf der Stellgröße an.

- Untersuchen Sie den erhaltenen Regelkreis auch unter der Wirkung von Messstörungen[1].

Aufgabe A4.1 *Drehzahlregelung eines Gleichstrommotors*

Für den in Abb. A4.1 gezeigten Gleichstrommotor soll eine Drehzahlregelung entworfen werden, die als Stellgröße die Spannung u_{A} verwendet. Einer sprungförmigen Änderung des Drehzahlsollwertes soll die Drehzahl innerhalb von einer Sekunde folgen, wobei das Überschwingen höchstens 20 Prozent betragen darf.

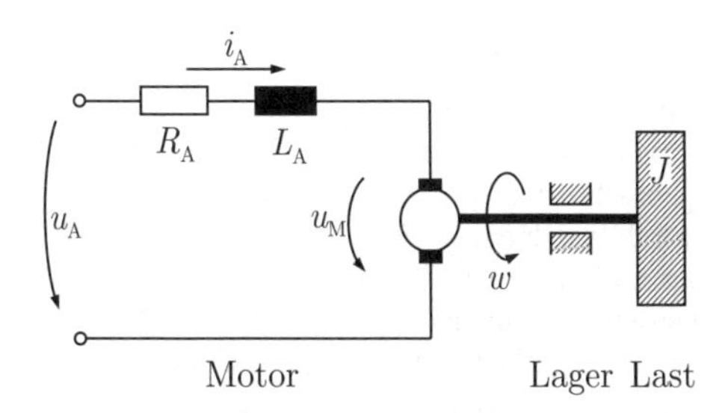

Abb. A4.1: Gleichstrommotor

Der Motor hat folgende Parameter:

$$
\begin{aligned}
R_{\mathrm{A}} &= 15\,\Omega \\
L_{\mathrm{A}} &= 200\,\mathrm{mH} \\
J &= 0{,}3\,\frac{\mathrm{Nms}^2}{\mathrm{rad}} \\
k_{\mathrm{T}} &= 2\,\frac{\mathrm{Nm}}{\mathrm{A}} \\
k_{\mathrm{M}} &= 7\,\frac{\mathrm{Vs}}{\mathrm{rad}} \\
k_{\mathrm{L}} &= 0{,}2\,\frac{\mathrm{Nms}}{\mathrm{rad}}
\end{aligned}
$$

Untersuchen Sie auch die Robustheit des Reglers bezüglich einer Veränderung des Trägheitsmomentes J. □

Aufgabe A4.2 *Stabilität einer Flugregelung*

Als Beispiel für eine Flugregelung wurde in Aufgabe 11.6 die Regelung der Rollbewegung betrachtet, wobei als vereinfachtes Regelstreckenmodell die Übertragungsfunktion

[1] Die MATLAB-Funktion `randn(n)` erzeugt eine (n, n)-Matrix mit normalverteilten Zufallszahlen (Mittelwert 0, Standardabweichung 1)

$$G(s) = \frac{k}{I_{\rm xx} s^2}$$

verwendet wurde (Beispielparameter: $\frac{k}{I_{\rm xx}} = 2$). Bei dieser Regelung ist der Ausschlag des Querruders die Stellgröße u und der Rollwinkel die Regelgröße y. Die Regelstrecke ist offensichtlich instabil.

Man könnte auf die Idee kommen, dass man die Rollbewegung am besten dadurch stabilisiert, dass man den Ruderausschlag u umso größer macht, je größer der Rollwinkel y ist. Begründen Sie in den folgenden Schritten, warum dieses Regelungsprinzip nicht funktioniert und entwerfen Sie einen Regler, mit dem die Rollbewegung stabilisiert werden kann.

1. Welchen Charakter hat die beschriebene Regelung? Stellen Sie das Reglergesetz auf.
2. Untersuchen Sie die Stabilität des Regelkreises in Abhängigkeit von der Reglerverstärkung mit dem Hurwitzkriterium, dem Nyquistkriterium, anhand des Bodediagramms und anhand der Wurzelortskurve.
3. Bei schnellen Änderungen der Stellgröße muss man berücksichtigen, dass das Querruder durch ein hydraulisches Ruderstellsystem in die durch den Regler vorgeschriebene Winkelstellung gebracht wird (vgl. Aufgabe 10.9). Zur Vereinfachung der Betrachtungen wird dieses Stellglied durch ein PT$_1$-Glied mit der Zeitkonstante T_1 approximiert. Wie verändert das Stellglied das Bodediagramm der offenen Kette bzw. die Wurzelortskurve und wie wirkt es sich auf die Stabilität des Regelkreises aus? Untersuchen Sie diese Frage in Abhängigkeit von der Zeitkonstanten T_1.
4. Welchen Regler müssen Sie einsetzen, damit der Regelkreis mit und ohne verzögerndes Stellglied stabil ist?
5. Bewerten Sie die Regelgüte anhand von Simulationsuntersuchungen und untersuchen Sie die Robustheit bezüglich einer Veränderung des Trägheitsmomentes, die aus einer unterschiedlichen Beladung des Flugzeugs resultiert. □

Aufgabe A4.3 *Temperaturregelung eines Wärmeübertragers*

Bei Wärmeübertragern wird die mit dem Massenstrom w_1 und der Temperatur T_{10} einströmende Flüssigkeit durch eine Kühlflüssigkeit auf die Temperatur T_1 abgekühlt, wobei sich die Kühlflüssigkeit mit dem Massenstrom w_2 von der Temperatur T_{20} auf die Temperatur T_2 erwärmt (Abb. A4.2).

Im stationären Zustand stellt sich bei den Eintrittstemperaturen $T_{10} = 85\,^\circ\mathrm{C}$ und $T_{20} = 20\,^\circ\mathrm{C}$ der Arbeitspunkt $\bar{T}_1 = 52{,}25\,^\circ\mathrm{C}$ und $\bar{T}_2 = 41{,}83\,^\circ\mathrm{C}$ ein. Um die Eigenschaften des Wärmetauschers zu ermitteln, werden zwei Experimente durchgeführt, deren Ergebnisse in Abb. A4.3 gezeigt werden. Im ersten Experiment wird zur Zeit $t = 2\,\mathrm{min}$ der Zufluss der Kühlflüssigkeit vom Arbeitspunktwert $w_2 = 3\,\frac{\mathrm{kg}}{\mathrm{min}}$ um $0{,}5\,\frac{\mathrm{kg}}{\mathrm{min}}$ verändert. Die dabei gemessene Temperaturverlauf T_1 ist im oberen Teil der Abbildung zu sehen. Im zweiten Experiment wird die Temperatur T_{10} von $85\,^\circ\mathrm{C}$ auf $90\,^\circ\mathrm{C}$ erhöht, wobei die im unteren Teil der Abbildung gezeigte Kurve erhalten wird.

Es soll eine Regelung entworfen werden, die die Temperatur T_1 auf einem vorgegebenen Sollwert hält. Bei Sollwertänderung soll der neue Sollwert ohne Überschwingen erreicht werden. Bei einer angenommenen sprungförmigen Änderung der Temperatur T_{10} um 10 Kelvin soll die Störverhalten ohne Überschwingen ($\Delta e = 0$) zum Sollwert zurückkehren. □

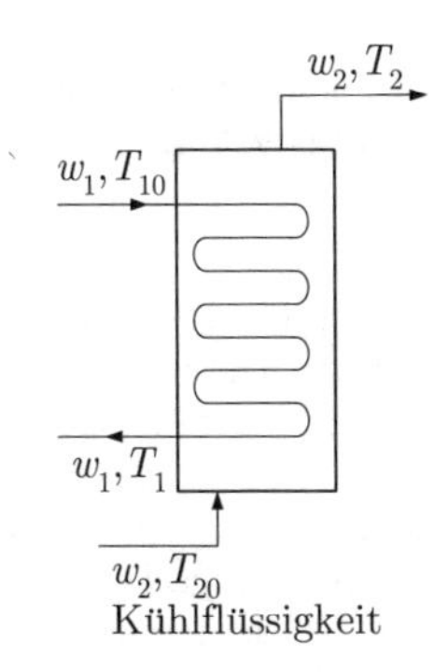

Abb. A4.2: Wärmeübertrager

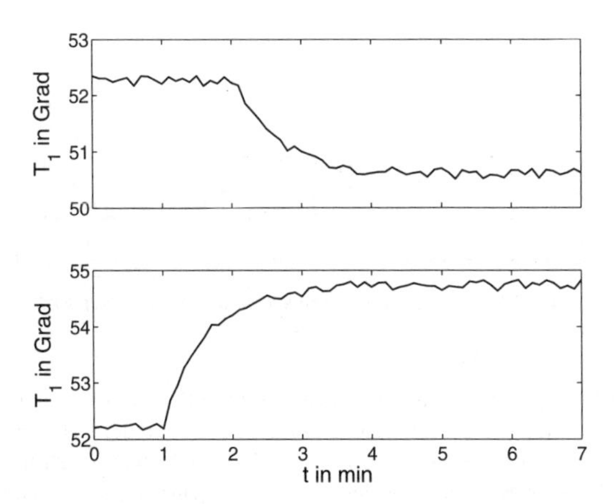

Abb. A4.3: Ergebnisse der zwei Experimente mit dem Wärmetauscher

Aufgabe A4.4* *Entwurf der Kompensationsrückführung im Airbag-Sensor*

Der heute in vielen Autos eingebaute Airbag soll auslösen, wenn die Bremsbeschleunigung die dreifache Erdbeschleunigung überschreitet ($a \geq 3g$). Der dafür notwendige Beschleunigungssensor besteht aus einem kapazitiven Sensor sowie einer Kompensationsschaltung, die im Mittelpunkt der folgenden Betrachtungen steht.

Der Sensor besteht im Prinzip aus drei Elektroden, die man sich vereinfacht als drei parallel angeordnete Platten vorstellen kann, von denen die mittlere elastisch gelagert ist und die Masse m hat. Zwischen jeweils zwei benachbarten Platten bestehen Kapazitäten, die zunächst gleich groß sind. Durch eine Beschleunigung a des Sensors wird die mittlere Platte gegenüber den beiden äußeren durch die Kraft $F_{\mathrm{a}} = ma$ verschoben, wodurch sich die eine Kapazität vergrößert und die andere verkleinert. Diese Kapazitätsänderung wird in einer Brückenschaltung gemessen, wobei die dafür verwendete Wechselspannung eine so hohe Frequenz hat, dass sie die Kapazitätsänderung detektiert, ohne die Elektroden zu bewegen. Für die folgenden Betrachtungen ist nur wichtig, dass die durch Demodulation gewonnene Gleichspannung u_{d} der Kapazitätsänderung (näherungsweise) proportional ist.

Die Spannung u_{d} wird nicht direkt als Messsignal verarbeitet. Statt dessen wird ein Kompensationskreis aufgebaut, durch den an die vergrößerte Kapazität eine so hohe Gleichspannung u_c angelegt wird, dass die durch diese Spannung erzeugte elektrostatische Kraft F_e die mittlere Platte in ihre Ausgangsstellung zurückzieht. Im Gleichgewichtszustand muss also

$$F_e \stackrel{!}{=} -F_a = -ma \tag{A4.1}$$

gelten. Auf Grund des Kompensationsprinzips ist das Messergebnis unabhängig von den elastischen Eigenschaften der Elektroden. Diese Eigenschaften beeinflussen nur die Dynamik des Sensors, insbesondere die Zeit, die der Sensor braucht, um den richtigen Messwert anzuzeigen. Diese Dynamik muss beim Entwurf des Kompensationskreises berücksichtigt werden, denn es wird für den Airbagsensor gefordert, dass er eine Beschleunigung, die größer als 3g ist, nach spätestens 100 μs anzeigt. Um das Auslösen des Airbags bei kleineren Beschleunigungen zu vermeiden, darf der Messwert während des Übergangsvorganges seinen Endwert nicht wesentlich überschreiten.

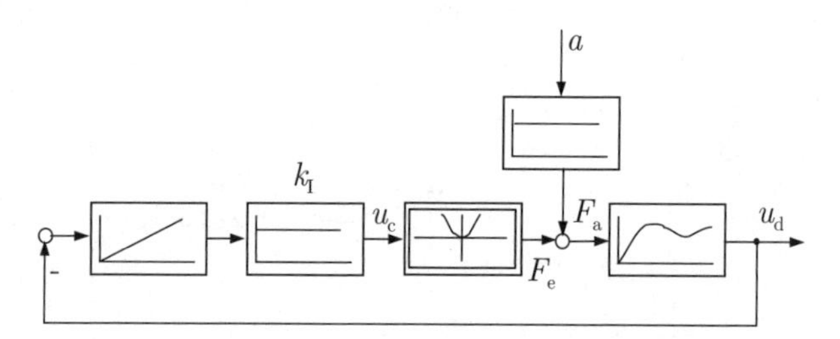

Abb. A4.4: Kompensationskreis des Airbag-Sensors

Der Kompensationskreis kann als Regelkreis aufgefasst werden (Abb. A4.4). Die Summe $F_a + F_e$ der Kräfte, die von der Beschleunigung bzw. von der an die Elektroden angelegten Spannung erzeugt werden, bewegen die mittlere Elektrode, verstimmen eine Brückenschaltung und führen schließlich zur demodulierten Spannung $u_d(t)$. Diese Wirkungskette kann vereinfachend durch ein PT$_2$-Glied mit der Grenzfrequenz $\omega_0 = 50$kHz und der Dämpfung $d = 0{,}5$ dargestellt werden. Die Verstärkung dieses Übertragungsgliedes ist so groß, dass bei maximaler Beschleunigung $a_{\max} = 50g$ ohne Kompensationsrückführung die demodulierte Spannung den statischen Endwert 10 V hat.

Stellgröße für die Kompensation ist die Spannung $u_c(t)$ an den Elektroden. Die Relation zwischen der an die vergrößerte Kapazität angelegten Spannung $u_c(t)$ und der dadurch auf die Elektroden wirkende Kraft $F_e(t)$ ist nichtlinear, denn es gilt

$$F_e(t) = \alpha u_c(t)^2,$$

wobei α ein Proportionalitätsfaktor ist, der von der Geometrie der Elektroden und dem Dielektrikum abhängt. α kann berechnet werden, weil bekannt ist, dass der Sensor bis zur Beschleunigung $a_{\max}$ verwendet wird, wobei die maximale Spannung $u_{c\max} = 10$ V auftritt. Für die Bemessung der Rückführverstärkung wird die Nichtlinearität durch ein lineares statisches Übertragungsglied ersetzt, dessen Verstärkung aus der quadratischen Beziehung für den Betriebsfall $a = 3g$ bestimmt wird. Wenn der Sensor richtig eingebaut ist, treten nur positive Positionsverschiebungen und folglich nur positive Spannungen auf.

Da die demodulierte Spannung $u_d(t)$ durch die Rückführung auf null gehalten werden soll, wirkt die Beschleunigung als Störung auf den Kreis. Die Rückführung muss einen integralen Anteil aufweisen, damit das Kompensationsprinzip verwirklicht werden kann. Es wird hier mit einer reinen I-Rückführung $\frac{k_I}{s}$ gearbeitet, die in Abb. A4.4 durch den

Integrator und das P-Glied mit der Verstärkung k_{I} dargestellt ist. Zu bestimmen ist der Verstärkungsfaktor k_{I}.

Das Messergebnis $a_{\mathrm{m}}(t)$ für die Beschleunigung erhält man aus der Spannung $u_{\mathrm{c}}(t)$, die proportional zu $a_{\mathrm{m}}(t)$ ist.

Die heute verwendeten Beschleunigungssensoren werden in Mikrosystemtechnik hergestellt, wobei der kapazitive Sensor mit der den Kompensationskreis realisierenden Schaltung auf einem Chip zusammengefasst sind. Die Masse der auf einer Membran beweglich angeordneten Elektrode beträgt nur etwa 0,25g und die durch die Bewegung der Elektrode hervorgerufene Kapazitätsänderung liegt in der Größenordnung von 0,01 pF.

Bestimmen Sie k_{I} für den Betriebspunkt $a(t) = 3g\sigma(t)$ und überprüfen Sie das Entwurfsergebnis für $a(t) = 20g\sigma(t)$, wobei Sie die Nichtlinearität dabei für den jeweiligen Arbeitspunkt linearisieren.

Hinweise. In der angegebenen regelungstechnischen Interpretation wirkt die Beschleunigung als Störung. Man kann den Kreis aber auch so umzeichnen, dass das Ziel (A4.1) der Kompensation als Forderung nach Sollwertfolge erscheint.

Das hier für den Airbag-Sensor beschriebene Kompensationsprinzip wurde in den fünfziger Jahren für kapazitive Membranmanometer zur Messung sehr kleiner Druckdifferenzen entwickelt [6], wobei das Kompensationsprinzip zunächst durch manuelle Einstellung verwirklicht wurde. Die selbsttätige Membranrückstellung ist in [19] beschrieben. Die in dieser Aufgabe verwendcten Parameter gelten für die heute in Mikrosystemtechnik hergestellten Airbag-Sensoren. □

Aufgabe A4.5 *Positionierung eines Radioteleskops*

Im Bundesstaat Maharashtra im Westen Indiens sind 30 Radioteleskope über eine Distanz von 25 km aufgebaut. Die Teleskope werden als Giant Metre Radio Teleskope (GMRT) bezeichnet. Sie dienen zur Vermessung von Himmelskörpern mit elektromagnetischer Strahlung mit Wellenlängen im Meterbereich. Durch die Baugröße der Antennen können langwellige Strahlungen mit einer hohen Empfindlichkeit empfangen werden. Bei einer Winkelabweichung von bis zu 2 Grad von der optimalen Ausrichtung zum Messobjekt können mit jedem der Telskope noch gute Messergebnisse erzielt werden. Die 30 Teleskope sind baugleich und haben einen Antennendurchmesser von 45 m mit einer Brennweite von 18,5 m.

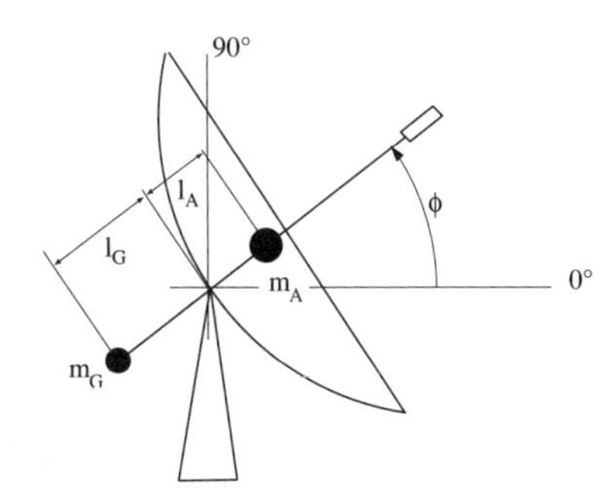

Abb. A4.5: Elevation der Antenne

Die Teleskope müssen bei der Vermessung von Himmelskörpern nachgeführt werden, indem sie um die vertikale Achse (Azimut-Achse) und um die horizontale Achse (Elevation-Achse) gedreht werden. Die Ausrichtung soll mit Hilfe einer Positionsregelung erfolgen, die den Elevations- und Azimutwinkel entsprechend einer Sollwertvorgabe möglichst exakt nachführt. Um die Haltekraft bei der Elevation der Antenne zu reduzieren ist ein Gegengewicht so montiert, das es das Gewicht der Antenne und des Empfängers im Gleichgewicht hält.

In dieser Aufgabe soll die Positionsregelung für die Elevation entworfen werden. Für die Modellbildung können die Antenne und das Gegengewicht als Punktmassen m_{A} und m_{G} betrachtet werden, die in einem Abstand von l_{A} bzw. l_{G} um den Drehpunkt der Antenne angeordnet sind. Die Anordnung ist in Abb. A4.5 dargestellt. Die Tabelle fasst die wichtigsten Parameter zusammen.

Parameter	Bedeutung	Wert
m_{A}	Gewicht der Antenne und des Empfängers	80 t
m_{G}	Gegengewicht	40 t
l_{A}	Hebelarm des Antennengewichts	3 m
l_{G}	Hebelarm des Gegengewichts	6 m
k_{R}	Reibungsbeiwert der Elevationsbewegung	0,1 Nms

Die Regelung soll folgende Forderungen erfüllen. Es muss Sollwertfolge erreicht werden und bei sprungförmigen Änderungen des Sollwertes von $w(t) = \sigma(t)$ (w in rad) darf das Überschwingen maximal $\Delta h = 2\%$ betragen. Die Drehwinkelgeschwindigkeit ω darf den Maximalwert von $\omega_{max} = \frac{20°}{\mathrm{min}}$ nicht überschreiten. □

Anhang 5

Verzeichnis der wichtigsten Formelzeichen

Dieses Verzeichnis enthält die wichtigsten Formelzeichen und Symbole. Die Wahl der Formelzeichen hält sich an folgende Konventionen: Kleine kursive Buchstaben bezeichnen Skalare, z.B. x, a, t. Vektoren sind durch kleine halbfette Buchstaben, z.B. $\boldsymbol{x}$, $\boldsymbol{a}$, und Matrizen durch halbfette Großbuchstaben, z.B. $\boldsymbol{A}$, $\boldsymbol{X}$, dargestellt. Entsprechend dieser Festlegung werden die Elemente der Matrizen und Vektoren durch kursive Kleinbuchstaben, die gegebenenfalls mit Indizes versehen sind, symbolisiert, beispielsweise x_1, x_2, x_i für Elemente des Vektors $\boldsymbol{x}$ und a_{12}, a_{ij} für Elemente der Matrix $\boldsymbol{A}$. Mengen sind durch kalligrafische Buchstaben dargestellt, z.B. $\mathcal{Q}, \mathcal{P}$.

$\boldsymbol{A}$	Systemmatrix	Gl. (4.40)
a_i	Koeffizienten der Differenzialgleichung, des charakteristischen Polynoms, des Nennerpolynoms der Übertragungsfunktion	Gl. (4.1)
$\boldsymbol{B}, \boldsymbol{b}$	Eingangsmatrix, Eingangsvektor	Gl. (4.40)
b_i	Koeffizienten der Differenzialgleichung, des Zählerpolynoms der Übertragungsfunktion	Gl. (4.1)
$\boldsymbol{C}, \boldsymbol{c}'$	Ausgabematrix, Ausgabevektor	Gl. (4.40)
$\boldsymbol{D}, d$	Durchgangsmatrix, „Durchgriff“ (skalar)	Gl. (4.40)
d	Dämpfungsfaktor bei PT_2-Gliedern	Gl. (6.112)
$d(t),\ \boldsymbol{d}(t)$	Störgröße (skalar, vektoriell)	
$e(t),\ \boldsymbol{e}(t)$	Regelabweichung (skalar, vektoriell)	
$F(s)$	Rückführdifferenzfunktion	Gl. (8.29)
$g(t)$	Gewichtsfunktion	Gl. (5.97)
$G(s)$	Übertragungsfunktion	Abschn. 6.5
$\hat{G}(s), \delta G(s)$	Näherungsmodell, Modellfehler	Abschn. 8.6
$\bar{G}(s)$	Fehlerschranke	Abschn. 8.6
G_0	Übertragungsfunktion der offenen Kette	Gl. (7.9)

$G_{\mathrm{d}}, G_{\mathrm{w}}$	Störübertragungsfunktion, Führungsübertragungsfunktion	Gln. (7.5), (7.4)
$h(t)$	Übergangsfunktion	Gl. (5.90)
$\boldsymbol{I}$	Einheitsmatrix	
j	imaginäre Einheit $j = \sqrt{-1}$	
k	Verstärkungsfaktor	
k_{s}	statische Verstärkung	Gl. (5.93)
$K(s)$	Übertragungsfunktion eines Reglers	
m	Zahl der Eingangsgrößen (bei Mehrgrößensystemen)	Gl. (4.42)
n	dynamische Ordnung eines Systems; Grad des Nennerpolynoms von $G(s)$	
$N(s)$	Nennerpolynom einer Übertragungsfunktion	
$\mathbf{0}$	Nullmatrix, Nullvektor	
q	Grad der höchsten Ableitung der Eingangsgröße in der Differenzialgleichung; Grad des Zählerpolynoms von $G(s)$	
r	Zahl der Ausgangsgrößen (bei Mehrgrößensystemen)	Gl. (4.43)
s	komplexe Frequenz	Kap. 6
s_i, s_{0i}	Pole, Nullstellen dynamischer Systeme	
t	Zeitvariable	
$\boldsymbol{T}$	Transformationsmatrix	Abschn. 5.3
$T,\ T_{\Sigma}$	Zeitkonstante, Summenzeitkonstante	
$u(t),\ \boldsymbol{u}(t)$	Eingangsgröße, Stellgröße (skalar, vektoriell)	
$\boldsymbol{V}$	Modalmatrix (Matrix der Eigenvektoren)	
$\boldsymbol{v}_i$	Eigenvektor zum i-ten Eigenwert	
$w(t),\ \boldsymbol{w}(t)$	Führungsgröße (skalar, vektoriell)	
$\boldsymbol{x}(t),\ x_i(t)$	Zustand, Zustandsvariable	
$y(t),\ \boldsymbol{y}(t)$	Ausgangsgröße, Regelgröße (skalar, vektoriell)	
$y_{\mathrm{s}}(t),\ y_{\mathrm{ü}}(t)$	stationäres Verhalten, Übergangsverhalten	Abschn. 5.6
$Z(s)$	Zählerpolynom einer Übertragungsfunktion	
$\delta(t)$	Diracimpuls	Gl. (5.95)
$\delta G(s), \delta \boldsymbol{A}$	Modellunsicherheiten	Abschn. 8.6
λ	Eigenwert (der Matrix $\boldsymbol{A}$)	
$\sigma(t)$	Sprungfunktion	Gl. (5.87)
ϕ	Argument der Übertragungsfunktion, des Frequenzganges	
Φ_{R}	Phasenrand	Abschn. 8.5.5
ω	Frequenz	
ω_{s}	Schnittfrequenz (im Bodediagramm)	
ω_{gr}	Grenzfrequenz, Parameter des PT_1-Gliedes	Gl. (6.111)
ω_0	Parameter des PT_2-Gliedes	Gl. (6.114)

Anhang 6

Korrespondenztabelle der Laplacetransformation

Nr.	Funktion $f(t)$ mit $f(t) = 0$ für $t < 0$	$F(s) = \mathcal{L}\{f(t)\}$
1	$\delta(t)$	1
2	$\sigma(t)$	$\frac{1}{s}$
3	t	$\frac{1}{s^2}$
4	t^2	$\frac{2}{s^3}$
5	$\frac{t^{n-1}}{(n-1)!}$	$\frac{1}{s^n}$
6	$\mathrm{e}^{-\delta t}$	$\frac{1}{s+\delta}$
7	$\frac{1}{T}\mathrm{e}^{-\frac{t}{T}}$	$\frac{1}{Ts+1}$

Nr.	Funktion $f(t)$ mit $f(t) = 0$ für $t < 0$	$F(s) = \mathcal{L}\{f(t)\}$
8	$t\,\mathrm{e}^{-\delta t}$	$\dfrac{1}{(s+\delta)^2}$
9	$1-\mathrm{e}^{-\frac{t}{T}}$	$\dfrac{1}{s(Ts+1)}$
10	$1-\dfrac{T_1}{T_1-T_2}\,\mathrm{e}^{-\frac{t}{T_1}}+\dfrac{T_2}{T_1-T_2}\,\mathrm{e}^{-\frac{t}{T_2}}$	$\dfrac{1}{s(T_1s+1)(T_2s+1)}$
11	$\sin\omega t$	$\dfrac{\omega}{s^2+\omega^2}$
12	$\cos\omega t$	$\dfrac{s}{s^2+\omega^2}$
13	$\mathrm{e}^{-\delta t}\,\sin\omega t$	$\dfrac{\omega}{(s+\delta)^2+\omega^2}$
14	$\mathrm{e}^{-\delta t}\,\cos\omega t$	$\dfrac{s+\delta}{(s+\delta)^2+\omega^2}$
15	$1-\dfrac{1}{\sqrt{1-d^2}}\,\mathrm{e}^{-\dfrac{dt}{T}}\,\sin(\sqrt{1-d^2}\,\dfrac{t}{T}+\arccos d)$	$\dfrac{1}{s(T^2s^2+2dTs+1)}$

Anhang 7

Fachwörter deutsch – englisch

In diesem Anhang sind die wichtigsten englischen und deutschen regelungstechnischen Begriffe einander gegenübergestellt, wobei gleichzeitig auf die Seite verwiesen wird, auf der der deutsche Begriff erklärt ist. Damit soll dem Leser der Zugriff auf die sehr umfangreiche englischsprachige Literatur erleichtert werden.

Allpass, 278	*all-pass*
Amplitude, 193	*magnitude*
Amplitudengang, 210	*magnitude plot*
Amplitudenrand, 382	*gain margin*
Anstiegszeit, 182	*rise time*
Ausgabegleichung, 65	*output equation*
Ausgangsrückführung, 399	*output feedback*
Ausgangsvektor, 71	*output vector*
Bandbreite, 256	*bandwidth*
Begleitmatrix, 74	*companion matrix*
Beobachtungsnormalform, 140	*controllable standard form*
Beruhigungszeit, 297	*settling time*
Blockschaltbild, 35	*block diagram*
bleibende Regelabweichung, 310	*steady-state error*
Bodediagramm, 210	*Bode plot*
charakteristische Gleichung, 122	*characteristic equation*
charakteristisches Polynom, 122	*characteristic polynomial*
Dämpfung, 257	*damping*
Deskriptorsystem, 79	*descriptor system*
dezentrale Regelung, 20	*decentralised control*
Differenzialgleichung, 50	*differential equation*
Dynamikforderung, 297	*speed-of-response specification*
dynamisches System, 2	*dynamical system*
E/A-Stabilität, 348	*input-output stability*
E/A-Beschreibung, 117	*input-output description, external description*
E/A-Verhalten, 114	*input-output performance*
Eigenbewegung, 109	*zero-input response, natural response*

Eigenvorgang, 134	*mode*
Eingangsvektor, 71	*input vector*
eingeschwungener Zustand, 156	*steady state*
Einstellfaktor, 445	*tuning factor*
Empfindlichkeit, 329	*sensitivity*
Empfindlichkeitsfunktion, 303	*sensitivity function*
Entwurf, 396	*design*
erzwungene Bewegung, 109	*zero-state response, forced response*
Faltungsintegral, 150	*convolution integral*
Folgeregelung, 298	*servocontrol*
Fouriertransformation, 201	*Fourier transform*
freie Bewegung, 109	*free motion*
Frequenzbereich, 213	*frequency domain*
Frequenzgang, 204	*frequency response*
Führungsgröße, 3	*command signal, reference signal*
Führungsübergangsfunktion, 300	*command step response*
Führungsverhalten, 300	*command response*
Fundamentalmatrix, 113	*fundamental matrix, state-transition matrix*
Fuzzyregelung, 11	*fuzzy control*
Gegenkopplung, 361	*negative feedback*
Gewichtsfunktion, 146	*impulse response*
Gleichgewichtstheorem, 324	*Bode's sensitivity integral*
Gleichgewichtszustand, 343	*equilibrium state*
Güteforderung, 295	*performance specification*
Gütefunktional, 399	*performance index*
Hurwitzkriterium, 354	*Hurwitz criterion*
Hurwitzmatrix, 355	*Hurwitz matrix*
Inneres-Modell-Prinzip, 316	*Internal Model Principle*
Integrator, 339	*integrator*
Integrierglied, 167	*Type I system*
kanonische Normalform, 120	*canonical form*
Kaskadenregelung, 502	*cascaded controller*
Kausalität, 153	*causality*
Knickfrequenz, 255	*break point*
komplementäre Empfindlichkeitsfunktion, 303	*complementary sensitivity function*
Korrekturglied (phasenanhebend), 337	*lead compensator*
Korrekturglied (phasenabsenkend), 337	*lag compensator*
Kreisverstärkung, 302	*loop gain*
Laplacetransformation, 211	*Laplace transform*
Linearisierung, 94	*linearisation*
Matrixexponentialfunktion, 112	*matrix exponential*
Mehrgrößenregelung, 18	*multivariable control*
Messglied, 5	*sensor*
Messrauschen, 4	*measurement noise*
minimalphasiges System, 283	*minimumphase system*
Modellunsicherheiten, 384	*model uncertainties*
Modellvereinfachung, 174	*model aggregation, model simplification*

Nicholsdiagramm, 405	*Nichols plot*
Nullstelle, 232	*zero*
Nyquistkriterium, 368	*Nyquist criterion*
Nyquistkurve, 365	*Nyquist contour*
Ortskurve, 208	*Nyquist plot, polar plot*
offene Kette, 301	*open-loop system*
Parallelschaltung, 248	*parallel connection*
Phasengang, 205	*phase plot*
Partialbruchzerlegung, 241	*partial fraction expansion*
Phasenrand, 380	*phase margin*
PID-Regler, 335	*proportional-plus-integral-plus-derivative (PID) controller, three term controller*
PN-Bild, 232	*pole-zero map*
Pol, 232	*pole*
Polüberschuss, 232	*pole-zero excess*
prädiktive Regelung, 488	*predictive control*
Proportionalglied, 161	*Type 0 system*
Prozessregelung, 16	*process control*
rechnergestützter Entwurf, 400	*computer-aided design*
Regelabweichung, 5	*control error*
Regelgröße, 3	*variable to be controlled, plant output*
Regelkreis, 4	*closed-loop system*
Regelstrecke, 3	*plant*
Regelungsnormalform, 75	*controllable standard form*
Regler, 3	*controller*
Reglerentwurf, 13	*controller design*
Reglergesetz, 5	*control law*
Reglerverstärkung, 321	*feedback gain*
Reihenschaltung, 247	*series connection*
Resonanzfrequenz, 297	*resonance frequency*
Resonanzüberhöhung, 264	*resonant peak*
robuster Regler, 507	*robust controller*
Robustheit, 9	*robustness*
Rückführdifferenzfunktion, 360	*return difference*
Rückkopplungsschaltung, 248	*feedback connection*
Rückkopplung, 9	*feedback*
Ruhelage, 343	*equilibrium state*
Schnittfrequenz, 444	*crossover frequency*
Signalflussgraf, 45	*signal flow graf*
Sollwertfolge, 296	*asymptotic regulation, asymptotic tracking, setpoint following*
Sprungantwort, 145	*step response*
Sprungfunktion, 145	*step function*
Störgröße, 3	*disturbance*
Störunterdrückung, 298	*disturbance rejection, disturbance attenuation*
Stabilisierung, 325	*stabilisation*
Stabilität, 342	*stability*
statische Verstärkung, 145	*DC gain, static reinforcement*
Stellglied, 4	*actuator*
Stellgröße, 3	*control signal, actuating signal, plant input*
Steuermatrix, 71	*input matrix*

Steuerung, 2	*control*
Steuerung im geschlossenen Wirkungskreis, 9	*feedback control*
Steuerung in der offenen Wirkungskette, 9	*feedforward control*
Systemmatrix, 65	*system matrix*
Totzeit, 102	*time delay*
Trajektorie, 68	*trajectory*
Übergangsmatrix, 113	*state transition matrix*
Übertragungsfunktion, 220	*transfer function*
Übergangsfunktion, 145	*step response*
Übergangsverhalten, 156	*transient response*
Überschwingweite, 297	*peak overshoot*
Überschwingzeit, 446	*peak time*
Verhalten, 155	*performance*
Vorfilter, 334	*prefilter*
Wurzelort, 416	*root locus*
Zeitbereich, 213	*time domain*
Zeitkonstante, 237	*time constant*
Zeitkonstantenform der Übertragungsfunktion, 237	*Bode form of the transfer function*
Zustand, 67	*state, state vector*
Zustandsgleichung, 65	*state equation*
Zustandsraum, 68	*state space*
Zustandsstabilität, 344	*internal stability, Lyapunov stability*
Zustandsvariable, 67	*state variable*

Sachwortverzeichnis

Druck: Mercedes-Druck, Berlin
Verarbeitung: Stein + Lehmann, Berlin